L'ORDRE ET LE TEMPS

L'HISTOIRE DES SCIENCES
TEXTES ET ÉTUDES

L'ORDRE ET LE TEMPS

L'ANATOMIE COMPARÉE ET L'HISTOIRE DES VIVANTS AU XIXe SIÈCLE

PAR
BERNARD BALAN

PARIS
LIBRAIRIE PHILOSOPHIQUE J. VRIN
6, PLACE DE LA SORBONNE, Ve

1979

A Marie-Yvonne Balan-Nicolas,
ma femme.

Joseph FLOCH, Maître-Imprimeur à Mayenne

ERUDITISSIMO BENEVOLENTIQUE LECTORI

Ce travail doit l'existence à Monsieur Georges Canguilhem, Professeur honoraire à la Sorbonne, qui un jour du printemps 1957, a bien voulu me recevoir sur recommandation de Monsieur Louis Guillermit, qui avait été mon maître au Lycée Henry IV, et me proposer de travailler sur le concept d'homologie en Anatomie comparée. Candidat à l'agrégation, je venais d'apprendre que ma carrière devait passer par un Sanatorium pour un temps indéterminé.

Il me sera toujours impossible d'oublier la chaleur de son accueil, et je dois avouer que le souvenir de ce moment m'a permis de surmonter les périodes de découragement qui jalonnent l'élaboration d'un ouvrage de cette nature.

Ce travail doit également à Monsieur Georges Canguilhem son fonds théorique et méthodologique. J'ai le sentiment d'avoir simplement exploité, pour le traitement d'une question particulière, un capital d'idées, de conseils et d'indications dont je lui suis redevable. Je souhaite que les intérêts ne soient pas indignes du principal, et puissent témoigner de toute ma reconnaissance.

Je remercie aussi ceux qui m'ont aidé, guidé et encouragé : Monsieur Dagognet, mon Directeur de recherches ; Mademoiselle Bachelard, Directrice de l'Institut d'Histoire des Sciences de l'Université Paris I ; Monsieur Anthony, Directeur du Laboratoire d'Anatomie comparée du Muséum d'Histoire naturelle de Paris, et ses collaborateurs, parmi lesquels Jacques Lessertisseur, disparu prématurément cette année ; Monsieur Laissus, Conservateur en Chef de la Bibliothèque Centrale du Muséum d'Histoire naturelle, dont j'ai exploité abondamment les ressources ; Monsieur Simondon, Professeur de Psychologie à l'Université Paris V ; mon regretté beau-père, Louis Nicolas, Agrégé d'Histoire ; et tous mes amis de Montpellier, de Paris et d'ailleurs, avec lesquels j'ai eu l'occasion de discuter tel ou tel point du contenu de cette thèse.

Je remercie le Centre National de la Recherche Scientifique de m'avoir accordé le privilège d'un détachement de quatre années, qui se sont révélées décisives et suffisantes pour la mise au point de l'ordre du texte.

Je remercie enfin ma femme, Docteur Marie-Yvonne Balan-Nicolas, Psychiatre des Hôpitaux, qui a pu constater à quel point la vie était difficile avec l'auteur d'un ouvrage à prétention scientifique. Elle a veillé sur moi, m'a procuré une sédation nécessaire et la confiance dans une carrière dont l'intérêt m'échappe quelquefois. Quant à mes fils, Etienne et Antoine, à leur manière, ils ont pris aussi une part entière à tous mes travaux.

Pour Georges Canguilhem, les « Recherches sur la formation et l'histoire du concept d'homologie en Anatomie comparée » constituaient un sujet « à la fois technique et philosophique », dont il m'a ensuite proposé l'élargissement sous la forme de « L'introduction de l'idée de temps dans l'Anatomie comparée au XIXème siècle, après 1830 ». Il s'agissait de comprendre la contribution de l'Anatomie comparée à l'élaboration d'une conception historique de monde vivant, telle qu'elle va émerger à travers l'œuvre de Darwin, en s'appuyant sur les travaux et les débats anatomiques de la première moitié du siècle. La conclusion pouvait porter sur l'impact de l'œuvre de Darwin dans les recherches morphologiques. Pour m'orienter dans ce cadre, mes trois lectures fondamentales ont été celles de E. S. Russel, de Henri Daudin, et du numéro spécial de Thalès « du Développement à l'évolution », publié en 1960.

Au premier plan des travaux anatomiques de cette époque, j'ai trouvé la théorie du Développement, théorie peut-être plus envahissante que synthétique, mais qui assurait au moins une communauté de vocabulaire entre les divers domaines de la morphologie animale et entre les multiples approches théoriques qui partageaient les anatomistes. On acceptait ou on récusait tel aspect ou tel concept lié à l'idée d'un développement du monde vivant, dont le développement embryonnaire était censé constituer la miniature. Cette théorie a assuré le triomphe de l'Embryologie comparée, chargée de fournir le critère de l'homologie, et lui a subordonné les autres sciences morphologiques et zoologiques, y compris la Paléontologie. Mais la théorie de l'évolution, formulée par Darwin, n'était plus possible dans un tel contexte : il ne restait de place que pour Spencer.

Parce que le concept de Développement subordonnait la séquence temporelle des formes concrètes à l'intemporalité d'un monde d'essences, il m'a donc fallu chercher ailleurs la possibilité d'une lecture temporelle et historique du monde vivant. Mais auparavant, j'ai pu constater que les recherches de Morphologie proprement dites avaient mis en évidence l'impossibilité d'appliquer au développement des organes et des organismes des modèles trop simples et trop rigides : des crises, des révolutions organiques, des substitutions, des transferts de fonction, tendaient à limiter, voire à condamner, une lecture du réel à partir d'une problématique du type ou de l'essence.

C'est avec Cuvier, comme l'a signalé en premier lieu Henri Daudin, qu'une histoire des vivants a été amorcée, parce que, d'une part, la méthode qui consistait à décrire toute la série des organes sensibilisait le chercheur aux « différences », c'est-à-dire, aux mutations organiques dont l'embryologie pouvait fournir l'écho dans la perspective du Développement, et parce que, d'autre part, contrairement à Lamarck, il a pris au sérieux la mort des espèces, et par conséquent, l'Histoire. C'est pourquoi il fallait aborder l'ensemble du problème en précisant pourquoi, chez ce même Cuvier, l'Anatomie comparée et la Paléontologie étaient devenues des sciences à travers la prise de conscience que les espèces relevaient moins d'un ordre que d'une économie, et s'avéraient aussi mortelles.

La première partie de ce travail, consacrée au bouleversement de l'ordre par la vie et par la mort, a donc été écrite après la seconde partie, où il est question du Développement et de l'Embryologie, et la troisième partie, centrée sur les vicissitudes du Développement. La quatrième partie cherche à montrer comment, en un lieu un peu marginal par rapport à l'Anatomie comparée, mais en liaison avec elle, une histoire du monde vivant va s'affranchir de l'histoire de la Terre, en l'absence d'une théorie de cette histoire. Dans la cinquième partie, j'ai voulu montrer que la formulation par Darwin de cette théorie jusque-là inexistante, fait de l'organisme vivant le résultat et l'écho de son histoire ancestrale, sans que, pour autant, il soit besoin de transformer la méthodologie anatomique. Telle qu'elle est constituée, elle est l'instrument souhaité d'une enquête historique.

Ce sujet est « à la fois technique et philosophique ». Il n'y est donc question ni des découvertes, ni des idées pour elles-mêmes. Je me suis, avant tout, préoccupé de la manière dont les problèmes techniques, c'est-à-dire, conceptuels, parce que ce sont les concepts qui commandent les mises en œuvre instrumentales, engagent nécessairement des présuppositions philosophiques et conduisent à des conclusions qui renouvellent par étapes la philosophie existante des vivants et de la vie.

Dans cette perspective, ce ne sont pas les individus qui comptent, mais les options prises par la société des savants. Pourtant, en règle générale, à chaque tournant, à chaque mutation, surgit un nom autour duquel le travail des autres savants s'organise, et qu'il est impossible de méconnaître. Tant pis pour ceux qui crieront au culte de la personnalité et qui se sont spécialisés dans la découverte des génies méconnus, j'ai refusé de confondre les savants de premier plan et les épigones. Je ne veux pas dire que les épigones ne servent à rien dans ce développement multiple et contrasté de la science : en exploitant les idées de leurs maîtres, ils préparent un matériel nouveau qui requiert un esprit plus puissant que le leur pour être porté à l'intelligibilité.

C'est pourquoi j'ai évité, dans la mesure du possible, les aspects biographiques et anecdotiques, en appuyant exclusivement ma documentation sur les textes scientifiques imprimés et diffusés. Pour apprécier l'importance de ces textes, je me suis guidé sur la fréquence des références qui en étaient faites à partir de leur publication. J'ai donc considéré tout texte isolé et inconnu comme inexistant : c'est leur reconnaissance qui fait la valeur historique des travaux scientifiques, indépendamment de leur intérêt intrinsèque. Par contre, je me suis largement appuyé sur les Manuels, les Leçons, et les Traités, en tant qu'expression du statut public de la science en un moment et un lieu donné, formant une sorte d'écrin aux innovations théoriques et pratiques.

Accipe, Lector candidissime, hunc meum librum, eumque aequo animo legito et cognoscito, de ipsoque tuum etiam judicium benigne interponito. Vale.

B. BALAN

Que soient remerciés Monsieur Gérard Paulhac et les Editions Philosophiques Vrin d'avoir bien voulu prendre en charge la publication de cet ouvrage.

Je tiens à souligner ma reconnaissance vis à vis de Monsieur Paulhac qui a cherché à me faciliter toutes les tâches de mise au point et de Mademoiselle Anne Aurières, qui a été chargée du lourd travail de transposition du manuscrit en texte imprimé.

DISCOURS PRÉLIMINAIRE

Mutabilitas est quaedam mortalitas , dum enim quid de praeterito in futurum movetur, quasi praeterito moritur.
St Augustin : De cognitione verae vitae.

Le concept d'homologie a été traité par Richard Owen en 1846 comme le concept majeur de l'Anatomie comparée : l'homologie spéciale, définie par la position relative des parties et leurs connexions, fonde sa méthodologie ; l'homologie générale lui assigne l'archétype comme noyau théorique, et le caractère segmentaire de l'archétype est le principe de l'homologie sériale. En 1859, Darwin relève l'impossibilité reconnue par Owen lui-même, de rapporter la signification des homologies à la doctrine des causes finales, et il en conclut que le plan primitif représenté par l'archétype doit être compris comme le noyau d'un système de variations adaptatives, au moins dans leur principe, dont la raison est à rechercher dans le jeu de la sélection naturelle, c'est-à-dire, dans les conditions de l'existence réelle des espèces, autrement dit, dans leur histoire. Les homologies deviennent ainsi les indices d'une généalogie : l'Anatomie comparée se trouve confrontée à la temporalité d'un monde vivant qu'elle contribue à faire reconnaître.

Mais qu'il y ait confrontation de l'Anatomie comparée et du temps à partir de ce moment de l'histoire des sciences naturelles où le temps est reconnu par Darwin comme la dimension fondamentale du monde vivant, cela ne signifie pas pour autant qu'il doive y avoir une contamination quelconque de l'Anatomie comparée par le temps, et il est possible que, si une telle contamination paraît avoir existé, elle n'ait reposé que sur un système de confusions. En effet, si Darwin a pu se servir à bon droit de l'unité de plan comme d'un argument supplémentaire pour convaincre son lecteur de l'existence d'une parenté entre toutes les espèces de même type, les tentatives ultérieures pour construire des séries phylogénétiques à partir des homologies reconnues, parce que les homologies seraient des traductions directes de la parenté des espèces, se sont heurtées à des contradictions dont le moindre n'est pas la transposition de certaines homologies dans des systèmes organiques distincts (choanes ectodermiques des poissons et amniotes, qui passent à l'entoderme des Amphibiens actuels – Peter, 1938, cité par Kälin) (1). Une telle transposition contredit non seulement le principe de la précédence ontogénétique des homologies, qui répond aux lois de différenciation des ébauches formulées bien auparavant par Von Baer, mais encore, et à plus forte raison, les conclusions phylogénétiques que des disciples de Haeckel pourraient tirer de cette précédence, en lui appliquant la loi biogénétique fondamentale, c'est-à-dire, de récapitulation de la phylogénèse par l'ontogénèse. Kälin peut donc en prendre prétexte pour souligner que le concept d'homologie est un concept essentiellement morphologique et non pas un concept généalogique, et que, s'il n'est pas contraire à une pensée généalogique, il ne peut remplir vis-à-vis d'elle qu'une fonction critique (2), parce qu'il relève d'une tout autre épistémologie : celle de la reconnaissance des identités, qui, comme telle, est indifférente au temps. C'est la raison pour laquelle ce concept a été élaboré dans le cadre d'une biologie idéaliste, dans laquelle la diversité des êtres vivants peut être comprise à partir des variations formelles d'une unité idéale de plan et de composition, sans mention directe d'un processus temporel qui peut être évoqué ou récusé sans modifier en quoi que ce soit la procédure anatomique ou sa théorie.

Le problème posé par la confrontation de ces deux domaines épistémologiquement disjoints de la recherche biologique, morphologie idéaliste et théorie darwinienne de l'évolution, se limite alors à celui des conditions qui ont permis à Darwin une interprétation généalogique de la morphologie : la principale de ces conditions est la possibilité même d'une pensée généalogique. Or, on a pu constater que cette pensée généalogique a été préparée en premier lieu par des recherches portant sur l'élaboration d'une classification naturelle des êtres vivants, dans lesquelles, selon Henri Daudin, les naturalistes se seraient « guidés, dès le début, sur un pressentiment de la réalité génétique des groupes » (3). Mais l'Anatomie comparée intervient encore à ce niveau, depuis Cuvier qui s'est donné pour tâche en 1817 de trouver réciproquement : « un système zoologique propre à servir d'introduction et de guide dans le champ de l'anatomie, et un corps de doctrine anatomique propre à servir de développement et d'explication au système zoologique ». L'anatomie comparée, sous une autre forme que la morphologie idéaliste, est donc engagée depuis longtemps dans la construction d'un édifice scientifique, qui conduit à la perception du règne animal comme produit d'un devenir. La seconde condition d'une telle perception est la découverte de la succession des êtres vivants à travers les couches sédimentaires de l'écorce terrestre, ce qui suppose d'une part l'identification des fossiles, et d'autre part la comparaison de leurs rapports taxinomiques et de leur position stratigraphique, ce qui permet de construire des séries de formes successives, dont il reste à préciser la signification. L'Anatomie comparée est l'instrument de cette identification et de cette sériation, instrument dont les géographes et les minéralogistes du XVIIIème siècle déplorent constamment l'inexistence ou l'imperfection, et dont la création par Cuvier coïncide avec la naissance d'une Paléontologie scientifique. Tout se passe donc comme si la fonction accordée par Darwin aux homologies, dans la démonstration du bien fondé de la théorie de l'évolution, ne représentait que le dernier moment de cette confrontation plus ancienne et plus cachée de l'Anatomie comparée et de l'idée de temps, qui date de la fondation même de l'Anatomie comparée comme science, à l'extrême fin du XVIIIème siècle. On peut même aller jusqu'à dire que l'Anatomie comparée n'a pu se constituer qu'au moment précis où elle s'est trouvée requise par ces deux tâches, la classification naturelle et surtout la Paléontologie, au fond desquelles elle était guettée par le temps.

Qu'en est-il alors de la Morphologie idéaliste ? Elle représente une seconde forme d'Anatomie comparée, issue de Gœthe, de la Philosophie de la Nature romantique, et des travaux de Geoffroy Saint-Hilaire. En 1830, Geoffroy Saint-Hilaire l'oppose à celle de Cuvier. Elle est fondée sur la recherche des analogies, et se distingue donc ipso facto de la construction de la série dégradée des différences qui caractérise la méthode de Cuvier. Si cette Anatomie comparée est ainsi centrée sur les analogies qui se rapportent à l'unité immobile du plan et de la compostion, dont elles peuvent réciproquement être déduites géométriquement sous la forme de variations, et si la recherche de la loi formelle des variations la dispense de l'analyse de toute la série animale (on verra qu'il lui suffit de prendre en considération deux cas extrêmes et une forme moyenne dans cette série : crâne humain, crâne de poisson et crâne de crocodile), elle s'est appliquée cependant de son propre mouvement à deux sortes de variations particulières, qui, au-delà des concordances géométriques, visent des processus réels, et par conséquent temporels, chez les êtres vivants ; les modifications tératologiques et le devenir ontogénétique. Mais, lorsque l'analyse proprement morphologique se double de considérations physiologiques sur la production matérielle de ces processus, et sur leur modification expérimentale tentée par Geffroy Saint-Hilaire lui-même, elle peut introduire un transformisme : les types spécifiques, dans leur variété, peuvent alors être conçus comme le produit de transformations qui partent de formes communes, au caractère à la fois inférieur et plus primitif, et l'action des conditions de milieu sur la métamorphose des batraciens semble pouvoir justifier un tel transformisme (à travers les expériences de W. Edwards) au niveau le plus élevé, celui des classes zoologiques, puisque la forme branchiée de la larve se rapporte aux poissons, tandis que la forme adulte les rattache aux quadrupèdes terrestres. Il était donc possible de regrouper dans une même « Anatomie transcendante » non seulement l'embryogénie et la tératologie, mais encore la zoologie et la paléontologie : le développement du règne animal pouvait apparaître dans son unité et dans sa totalité comme la démultiplication infinie d'une même série de processus ontogénétiques, liés aux conditions de milieu en ce qui concerne leur réalisation, et dont la production de l'homme est le terme et la raison. Ici encore, il est donc question du temps, mais ce n'est plus un temps qui se cherche dans la dispersion et la succession, c'est le temps de la manifestation des essences et des lois géométriques, ou, si l'on veut, le temps de la déchéance des essences dans le monde des générations et des altérations, dont elles restent la loi : le devenir constitue une catégorie négative. Il en résulte que la morphologie idéaliste, par sa méthode comme par sa philosophie, ou bien reste indifférente à une possible histoire de la vie, ou bien la réduit à un projet de Dieu à travers les espèces qui se trouve modulé par les vicissitudes de l'histoire géologique de la terre.

Le temps est donc réduit ici à une ombre : il n'en reste pas moins le cadre obligé des développements et des progressions, que l'on ne peut confondre avec l'existence intemporelle d'une hiérarchie donnée une fois pour toutes dans l'acte créateur du monde. Une telle hiérarchie des êtres est donnée sans doute une fois pour toutes sous la forme de semences ou d'idées, mais lorsque Dieu, après la Création, est rentré dans son repos, il a donné le travail comme loi, non seulement à l'homme, mais encore à la terre :

> « Les astres et les planètes ne sont pas oisives, la mer se promène d'un côté et d'autre, et se travaille à produire choses profitables, la terre semblablement n'est jamais oisive : ce qui se consomme naturellement en elle, elle le renouvelle et le reforme derechef, si ce n'est en une sorte, elle le refait en une autre. » (4)

On peut dire que le temps mesure le pouvoir de la terre en travail, pouvoir qui s'exerce aussi bien sur les matières qu'elle transforme, que sur les espèces qui l'habitent, et qui, depuis Bernard Palissy, se révèle capable d'introduire la succession, là où Dieu a instauré la hiérarchie et l'immobilité. Succession et travail, cela signifiera au XXème siècle, la mort et la reproduction sexuelle, c'est-à-dire les deux inventions de la vie sur lesquelles François Jacob fonde l'évolution (5), et sans lesquelles un renouvellement biologique n'est pas pensable. Or, pour que la sexualité révèle ses pouvoirs dans l'intimité du monde vivant, il a fallu que l'on reconnaisse l'indépendance des lignées cellulaires somatiques et germinales, et, par conséquent, l'impossibilité d'une explication des variations par les influences physiques, c'est-à-dire par le seul pouvoir primitif de la terre sur le monde vivant, au profit des recombinations nucléaires liées à cette sexualité : cela nous mène à la fin du XIXème siècle. Au contraire, si l'évidence physique de la mort des individus a été quelquefois mise à distance au cours des temps modernes par la doctrine de la rançon du péché (par exemple, chez Van Helmont), et si Descartes a pu envisager la possibilité d'un report indéfini de l'échéance ultime grâce à une médecine fondée sur les principes du mécanisme, toute la médecine et toute la culture témoignent alors de son caractère inéluctable et souvent précoce (6). C'est donc seulement l'extrapolation de la mort du niveau des individus vivants à celui des espèces qui fait problème et qui va être la condition d'une perception géologique des successions et des développements à l'intérieur du règne animal, condition absolue d'un clivage théorique entre une vision purement hiérarchique et intemporelle de la série animale, et l'approche concrète d'un monde vivant en devenir. Cette extrapolation est l'œuvre des temps modernes : amorcée dès le XVIème siècle par l'œuvre marginale puis méconnue de Bernard Palissy dans la perspective d'un monde en travail, redécouverte comme possible au XVIIIème siècle, elle s'impose largement au public scientifique, malgré des exceptions notables, au cours des vingt dernières années du XVIIIème siècle. Il apparaît alors que la reconnaissance de la mort des espèces est contemporaine d'un bouleversement complet non seulement de l'histoire naturelle, mais de tout le domaine des sciences qui ont le vivant pour objet : l'économie naturelle se substitue à l'échelle des êtres dans l'interprétation de la diversité du règne animal ; l'anatomie comparée se dégage des limites étroites qui lui sont jusqu'ici imposées assez généralement par la perspective médicale et anthropocentrique de l'usage des parties, pour établir les dépendances générales internes et externes des vivants et des organes par rapport à leurs conditions d'existence ; la morphologie s'inscrit dans une théorie du développement progressif du règne animal suivant l'ordre des complexités croissantes, et enfin, on assiste à la fondation de la paléontologie, puis de l'embryologie, aux lieux occupés au préalable par l'histoire naturelle des fossiles (et par ce terme, on confond les restes des êtres vivants avec les minéraux), et par la théorie de la génération. Certes, simultanéité ne signifie pas causalité, mais ces événements pourraient se relier de manière intelligible, et apparaître comme les symptômes d'une même transposition : l'être vivant n'est plus désormais la manifestation d'une essence, mais une production de la nature ; il ne s'agit donc plus de décrire et d'ordonner des caractères, mais, en visant beaucoup plus haut, de rendre raison de l'existence même du vivant qui les supporte grâce aux deux moyens disponibles, la physique et l'histoire, parce qu'il s'instaure une distance entre son existence concrète et le fondement métaphysique que lui assignait une problématique platonicienne ou aristotélicienne. Peu importe si l'histoire temporelle des vivants, encore privée des concepts écologiques et statistiques qui seront forgés plus tard et lui donneront corps, se rabat d'abord sur une téléologie conservatrice, son caractère historique est marqué par les modèles dont elle s'inspire à travers les concepts d'économie naturelle et d'économie animale, empruntés à une tradition déjà ancienne, et qui vont l'emporter irrésistiblement sur les tentatives d'explications mécaniques et physiques, qui s'appliquaient mieux à la manifestation matérielle des essences animales spécifiques qu'à la variation profonde des structures ou au système de leurs substitutions, malgré des résurgences spectaculaires.

A la limite, on peut dire ainsi sans paradoxe, que la mort des espèces est la mort des essences, et, de ce fait, signe l'acte de fondation d'une biologie qui saisit le vivant dans son intégralité, parce que l'histoire permet de surmonter la coupure traditionnelle de l'essence et de l'existence qui le scindait en objet d'analyse et objet de spéculation : la théologie de la nature ne peut plus être constitutive, mais simplement régulatrice. Toutes les recherches qui ont le vivant pour objet changent radicalement de base en ce tournant du XVIIIème siècle dans le XIXème, et la reconnaissance de la mort des espèces est l'acte philosophiquement le plus décisif que toute l'histoire des sciences naturelles ait connu jusqu'à nos jours.

Si donc il y a contemporanéité entre la transformation de l'Anatomie comparée en science majeure et la naissance de la Paléontologie sous le signe de la mort des espèces, cette contemporanéïté n'est pas l'expression du hasard, mais d'un lien d'essence. En effet, lorsque Cuvier croit faire de l'Anatomie comparée la science substitutive d'une Physiologie impossible, sous le prétexte que le physiologiste détruit son objet, il ne lui assigne pas encore sa portée fondamentale et constitutive, et méconnaît le sens de la Physiologie expérimentale naissante : fonder une Physiologie sur l'Anatomie comparée, c'est juger le vivant à partir de structures sans vie, tandis que, si le Physiologiste détruit son objet, en expérimentant, il en débusque directement la vitalité dans l'acte même où il la met aux prises avec la mort, et c'est la signification d'une telle procédure qui sous-tend la définition donnée de la vie par Bichat, comme « l'ensemble des forces qui résistent à la mort ». C'est donc une vie encore abstraite que Cuvier teste à travers l'Anatomie comparée, ce en quoi, du point de vue physiologique, il est en moins bonne position que les physiologistes expérimentateurs, quoiqu'il prétende le contraire. On constate alors que, si les expériences de la nature, invoquées par lui, ne sont pas imaginaires, leur lecture est en fait limitée par une téléologie dont le principe des conditions d'existence rend compte : or, le domaine dans lequel le principe des conditions d'existence révèle sa fécondité, en même temps que le principe de la corrélation des formes qui en est l'application aux structures internes, est la Paléontologie. L'illusion physiologique que la fraîcheur des cadavres pouvait entretenir chez l'anatomiste est ici dissipé par l'ancienneté des ossements fossiles : ces expériences imaginaires désignent la réalité d'événements historiques, et ce n'est pas la Physiologie, mais l'Histoire des rapports de la structure, de la fonction et du monde, que Cuvier s'efforce d'écrire, Histoire du monde vivant, qui, en dernier ressort, va éclairer l'Histoire de la Terre. L'Anatomie comparée trouve donc la plénitude de sa signification en regard de son application aux espèces perdues qu'elle sert à identifier et à reconstruire, dans cet effort gigantesque d'évocation du passé terrestre, physique et biologique, qui les savants du XIXème siècle développent, depuis Werner et Cuvier.

L'Embryologie représente une orientation scientifique entièrement distincte de la précédente, symétriquement opposée, puisqu'elle étudie directement le devenir des processus biologiques, structureux et fonctionnels, mais d'importance historique équivalente et réciproque.

Ces mêmes dernières années du XVIIIème siècle voient la fin du préformationnisme qui plaçait la structure complète du vivant dans la semence, et concevait le développement des êtres sous la forme d'un passage de l'invisible au visible par augmentation du volume des parties, et, par conséquent, avec Blumenbach en particulier, le retour à une conception épigénétique de la génération qui va rendre possible au début du XIXème siècle la diffusion retardée des travaux de C.F. Wolff. Malgré Cuvier qui s'attarde au préformationnisme, on peut donc établir une réciprocité non seulement chronologique, mais aussi théorique, entre l'épigénèse et la mort des espèces dans un traitement des êtres vivants comme production radicalement naturelle, sous la forme au moins d'une convergence évidente :

> « S'il y a genèse à partir du germe, pourquoi n'y aurait-il pas genèse pour en venir au germe ? L'épigenèse entraîne au fond l'omnigenèse et contredit la Genèse. » (7).

Or, les recherches qui vont porter sur l'origine des processus embryogénétiques et sur la loi de l'épigenèse aboutissent en 1817 à la naissance de l'embryologie, c'est-à-dire de la science du développement du vivant, fondée sur l'observation chronologique directe des phénomènes morphogénétiques depuis leur origine. Peu importe qu'en un premier temps, cette origine ait été reculée de la fécondation à l'incubation et que le matériel de la recherche ait été limité aux œufs de poulet pour des raisons évidentes de commodité, ces insuffisances seront corrigées plus tard, mais le principe fondamental de la démarche embryologique est définitivement établi : la lecture du développement ontogénétique dans l'ordre temporel direct, lecture qui distingue désormais absolument l'embryologie de l'anatomie comparée de l'embryon.

Le passage de l'embryologie descriptive à une véritable embryologie comparée est effectué en 1828 par Von Baer. Il en est résulté un modèle de développement par différenciation subordonné au type que représente la forme adulte, et par conséquent, une doctrine des types qui s'explicite à travers des schémas de développement qui suivent un ordre défini, allant des structures les plus générales auxquelles correspondent les groupes zoologiques les plus extensifs jusqu'aux traits les plus spéciaux et les plus spécifiques. L'embryologie comparée fonde de cette manière une classification zoologique naturelle, qui exclut non seulement le parallélisme de la série zoologique et de la série des développements embryologiques des groupes supérieurs, caractéristiques de l'anatomie transcendante contemporaine, parce que ces séries, d'unitaires, se sont démultipliées, mais encore, tout modèle de développement qui engloberait dans le même système l'embryologie et la paléontologie, parce que l'existence paléontologique d'une espèce pose des problèmes entièrement différents de ceux que la genèse embryonnaire des espèces supérieures : une espèce paléontologique est une espèce qui a existé et qui, pour cela, a dû présenter le même degré d'adaptation à des circonstances particulières, donc de spécialisation, que n'importe quelle espèce actuelle, quel que soit son archaïsme ou sa simplicité apparentes. C'est donc au nom de Von Baer que Huxley peut rejeter la théorie du développement progressif du groupe vertébré formulée par Agassiz. A ce niveau, la disjonction qui s'opère entre le temps du développement embryologique et celui de la succession paléontologique va oppposer l'historicité des existences à la loi interne de la réalisation des semences, et cette disjonction, malgré Darwin qui reste marqué par l'œuvre d'Agassiz, est une condition de la prise au sérieux du temps paléontologique, c'est-à-dire de l'histoire réelle des êtres, ou, en d'autres termes, de leur Evolution, comme irréductible à tout Développement. Derechef, la science morphologique qui revient au premier plan pour la théorie de l'Evolution, est l'Anatomie comparée : elle supplante l'Embryologie, parce qu'elle est seule capable de rendre compte de la réalité des structures des vivants et des fossiles et de leurs adaptations, au lieu de chercher à les penser à partir de schémas virtuels, comme c'était le cas pour une théorie du Développement fondé sur le modèle ontogénétique du devenir progressif. Mais par ailleurs, l'Embryologie n'est pas tenue pour autant à en rester au statut qui lui a été assigné par Von Baer, qui exclut du développement par différenciation toute néoformation, et réintroduit par ce biais dans l'épigénèse un préformationnisme de l'Idée : grâce en particulier à Rathke et à Johannès Müller, on constate que c'est un modèle de développement par substitution d'organes nouveaux à des organes archaïques régressés qui se fait jour dès la première moitié du XIXème siècle, modèle qui rappelle, il est vrai, de très loin, la succession des âmes végétative, sensitive et rationnelle, décrite par Saint Thomas comme un mouvement de progression vers la rationalité, à travers des processus réitérés de corruption et de génération (8). Or, une telle substitution, que démontre la successsion des reins, par exemple, (pronéphros, mésonéphros, métanéphros, entraîne avec elle l'idée que le développement organique interne lui-même peut être décrit en termes de conflit entre les organes, au cours de la réalisation du même programme organique, dont l'achèvement n'est plus la conséquence d'une loi préétablie, mais une victoire sur les adversités possibles, internes et externes, préparée dans les conditions du germe, plutôt que prévue au niveau d'une Idée. C'est donc encore un temps historique, une suite indispensable d'événements originaux, qui s'insinue dans les organismes pour en chasser le temps géométrique des développements sans contrastes.

Les rapports de l'Anatomie comparée et de l'idée de temps, depuis l'origine de l'Anatomie comparée jusqu'à son usage dans l'édifice évolutionniste, mettend donc en jeu un processus extraordinairement complexe d'élaborations théoriques, de transferts de concepts, d'ouverture de nouveaux domaines d'investigation scientifique, où les questions de genèse idéale ou réelle des espèces, prennent leur sens à travers une conscience nouvelle de la dépendance radicale de la vie par rapport à la mort entre deux dates : la reconnaissance scientifique de la mort des espèces par Cuvier en 1796 et la théorie de l'Evolution par sélection naturelle, formulée par Darwin en 1859. Entre ces deux dates, on passe d'une succession des espèces disparues parce que victimes des vicissitudes de l'histoire de la Terre, à l'idée que la mort est l'instrument providentiel du progrès du règne animal jusqu'à l'époque actuelle, marquée par la présence de l'homme, toujours conçu comme le couronnement de la création : la mort devient ainsi une condition de la diversification du monde vivant. Après l'abandon de la théorie géologique des révolutions, comme causes principales de destruction totale ou partielle des faunes, il restera à savoir si la mort doit être comprise comme un attribut interne de chaque espèce prise individuellement, ou si elle atteint les espèces à travers une dialectique propre au monde vivant en son ensemble, dialectique fondée sur la diversité dans les conditions d'existence et les aptitudes réciproques des populations et des individus. Brocchi avait répondu dès 1806 dans le premier sens ; Darwin répond dans le second.

L'horizon sur lequel se profilent les théories anatomiques et les problèmes qu'elles rencontrent est donc le suivant : les vivants sont désormais définis par leurs possibilités et par leurs limites ; leur forme et leur structure constituent le fondement de ces possibilités et par conséquent, les indices de l'existence des espèces, de ses facteurs, de ses modalités, et de ses limites, à travers l'espace des faunes actuelles et à travers le temps des dépôts géologiques, où les seules parties dures, que les lois de corrélation physiologique transforment en représentations de tout l'animal, se trouvent conservées. Lorsque les parentés animales, idéales et /ou réelles, sont perçues comme la source et l'origine de ces structures, dont la raison est l'existence réelle, elles deviennent ainsi le fondement du fondement de la possibilité de cette existence réelle et de ses adaptations : la Progression, le Développement et l'Evolution représentent donc la métaphysique de l'Anatomie comparée, tandis que les questions téléologiques d'adaptation sont liées à son épistémologie. Les rapports de l'Anatomie comparée et du temps que décrivent ces trois concepts sont donc des rapports métaphysiques.

Comment une métaphysique de l'Anatomie comparée est-elle possible ? Quelle est la signification philosophique qui peut lui être assignée, et quelle est la portée philosophique des transformations historiques qui peuvent être décrites à son niveau ?

En 1926, Henri Daudin a fait remarquer le caractère fruste et même naïf de la philosophie des savants :

> « On ne peut s'empêcher parfois, en voyant quelle action a exercée, même au début du XIXème siècle, la croyance en un ordre de perfection des animaux, de songer à cette Préface de la IVème partie de l'Ethique, où Spinoza expose avec tant de force que les idées de perfection et d'imperfection, comme toutes celles qui établissent des idées de valeur entre les parties d'une même réalité, n'on de sens intelligible que par rapport aux fins d'un appétit humain. Et on est tenté de se demander comment des savants ont pu, si longtemps, les admettre sans inquiétude dans des essais qui tendaient précisément à s'affranchir de tout arbitraire, pour reproduire fidèlement les seuls rapports des choses. » (9).

Ainsi, il leur suffit d'avoir à leur disposition quelques préjugés solides, quelques idées préconçues simples, mais susceptibles de se traduire en « schèmes empiriques assez substantiels » pour être confirmés ou infirmés, et par conséquent, introduire un « commerce de l'idée et du fait » qui se trouve au cœur de tout rationalisme appliqué. Dans ces conditions, une science constituée ne développe pas ou n'illustre pas une philosophie dont les racines lui seraient étrangères : à un moment donné du devenir de la problématique qui lui est propre, elle prend la philosophie dont elle a besoin là où elle peut la trouver, dans les poncifs à la mode, dans une tradition universitaire ou académique, dans une doctrine ancienne renouvelée pour la circonstance, dans la philosophie avouée d'une autre science. C'est la forme d'efficacité requise par le travail scientifique proprement dit qui détermine l'optique sélectionnée. Autrement dit, les philosophies s'importent lorsque leurs concepts peuvent se déplacer, même au prix d'usages très différents.

Elles s'importent aussi pour clore un vide théorique ouvert à un niveau donné de l'élaboration d'une science : au moment où une physiologie expérimentale naissante rencontre les matériaux descriptifs fournis par une physiologie comparée en développement, sans posséder les moyens cytologiques, histologiques ou chimiques d'en rendre compte, la biologie trouve à sa porte la division du travail, c'est-à-dire un modèle économique qui assure la croissance de la productivité dans une collectivité manufacturière par une organisation technologique à la fois précise et largement adaptable dans ses applications. En important ce modèle sous la forme de la division « physiologique du travail », qui va remplir la fonction d'une métaphore unificatrice de la physiologie aux sciences zoologiques, elle en transpose le contexte philosophique, et la Progression, définie auparavant en référence à l'Echelle des Etres, c'est-à-dire, à la fois, à une théologie et à un anthropocentrisme, est reconvertie en Croissance quantitative et qualitative, dans une philosophie de l'efficacité caractéristique de l'Economie libérale. Spencer pourra ensuite traiter l'organisme comme un capital.

A ce niveau, il n'y aura donc que rarement, (et peut-être jamais) homogénéïté complète des superstructures mentales de la science : la multiplicité des philosophèmes est de règle : la division physiologique du travail n'abolit pas le concept de différenciation et n'absorbe pas toutes ses implications ; l'intervention providentiellement adaptative sur les espèces, n'élimine pas l'idée contemporaine d'un transformisme, dû aux influences physiques, particulièrement vivaces, etc. Une telle diversité, qui alimente sans doute bien des débats académiques parfaitement stériles et superficiels (mentionnons en passant ce qui peut advenir avec les concepts d'idéalisme, de matérialisme, de vitalisme, de mécanisme), lorsqu'elle se spécifie en thèmes plus précis, peut devenir la source de contradictions fécondes en nouvelles perspectives de recherche, ou servir d'indice de mutation.

Si ce n'est pas la philosophie avouée par les savants qui commande le mouvement scientifique, où se situe donc le principe de ce mouvement ? — dans le processus de découverte lui-même, comme la circulation du sang en fournit l'exemple. La perception scientifique d'un objet varie du fait même des opérations dont cet objet représente la visée dans le cadre d'une connaissance approchée, opérations qui supposent des institutions, des habitudes, des techniques, au même titre que des concepts, des théories, des philosophies, et enfin, un acquis empirique. Ces opérations sont constantes dans une cité scientifique au travail, et les informations qu'elles apportent sont également constantes, qu'elles soient positives ou négatives, et même si elles apparaissent comme cumulatives, elles induisent un bougé constant de la perception : les objets appartenant à un catalogue complet n'ont pas la même signification que si ce catalogue est incomplet, la question de la position des lacunes zoologiques en Paléontologie l'a prouvé. Que ce bougé puisse être maintenu quelque temps dans des cadres théoriques déterminés, son mouvement est cependant de les faire éclater, soit sur un fait critique, soit sur la pression d'une accumulation de faits qui épuise la tolérance du système. C'est alors qu'une pensée sensible aux écarts, aux déformations, aux perturbations, à ses propres échecs, transforme de tels échecs en changement de logique : c'est une représentation et une logique nouvelles du vivant qui se trouvent fondées par la découverte de Harvey, et par conséquent, de nouvelles possibilités philosophiques.

Le problème le plus important reste donc celui de la signification philosophique du mouvement scientifique lui-même, à travers la manière dont il définit ses objets, et les transformations de ces définitions. Si cette signification a une histoire, cette histoire est tributaire de la radicalité des transormations opéréres, parce que la transformation radicale dans la perception et dans l'approche d'un objet scientifique conduit non seulement à la structuration différente de l'ensemble naturel où cet objet se situe, mais encore à la révision de la métaphysique implicite qui rendait intelligible la coordination préalable d'un tel ensemble. Par exemple, la mise en évidence de la nature inerte des cristaux met en cause non seulement les propriétés d'organisation propres à la matière elle-même, mais encore, la spécificité des vivants qui s'en trouve accentuée , elle découvre l'inconsistance du schéma ontologique qui encadrait ces deux catégories d'êtres, et c'est la métaphysique qui supportait ce schéma qui s'en trouve aussi ébranlée, métaphysique située au cœur d'un système complexe de propositions qui règlent la manière dont l'homme se situe par rapport à la nature et à sa nature. On constate que cet exemple, pris très loin du domaine qui sera occupé par l'Anatomie comparée, aboutit à la constatation du même bouleversement : celui qui, à travers le démantèlement de l'Echelle des Etres, aboutit au traitement des vivants comme de pures productions naturelles et historiques, y compris l'homme.

Or, quand le vivant et l'homme sont en question, le mot philosophie peut être pris en son sens le plus classique et le plus englobant : si, par la dissociation de la chaîne des êtres et la mort des espèces, le vivant ne peut plus être traité comme la manifestation d'une essence, mais comme le résultat d'une histoire limitée au monde, une telle mutation scientifique engage un renversement dans les réponses à apporter aux trois questions par lesquelles Kant définit la philosophie : que puis-je savoir ? Que dois-je faire ? Que m'est-il permis d'espérer ? La signification purement historique du destin humain devient alors corrélative d'une connaissance limitée au monde, et tout ceci, dans la dépendance d'une vie naturelle. Une interrogation scientifique sur la vie est donc aussi dans ces conditions une interrogation philosophique ; et lorsqu'un savant met à l'épreuve les processus vitaux, ne serait-ce qu'à travers un organisme aussi élémentaire d'Escherischia coli, il sonde ses propres possibilités d'être et d'être malade, puis de mourir, c'est-à-dire les fondements et les limites de son destin terrestre, d'une manière qui reste inconnue aussi bien du physicien que du linguiste. Une recherche biologique est directement philosophique, parce qu'elle met en question le sujet de la recherche.

Or, d'un point de vue historique, on constate que la question de l'origine du vivant est indissociable de la question de la nature et de l'origine du monde auquel il appartient, et dont il a été compris aussi comme l'analogon. Comme le souligne E. Gilson, « il n'est pas de grand système métaphysique à qui ne se soit imposé le problème de l'origine radicale des choses » (10) : c'est dans une telle métaphysique que philosophie de la nature et philosophie de la vie culminent d'abord, métaphysique qui traite en termes de nature les problèmes de l'éternité et du temps.

L'origine des êtres a été tout d'abord définie à travers une théorie des semences chez les penseurs présocratiques : les semences vont constituer le fondement de l'éternité au cœur du monde soumis à un destin temporel sous la forme d'individualités discrètes dont proviennent aussi bien les vivants que les choses – solution alternative de la définition d'une substance éternelle ou d'un principe éternel dans la nature, soit élémentaire, soit infra-élémentaire dont proviendraient toutes les apparences sensibles dans leur diversité. L'avantage de cette doctrine des semences pour une philosophie de la vie, c'est que l'individualité qui caractérise le vivant risque d'y trouver un fondement ontologique, par opposition aux conceptions qui découpent la nature sur un continuum homogène, où l'individualité est sitée au niveau des apparences les plus précaires.

Ces doctrines des semences ont constitué un foyer de résistance aux doctrines des formes qui subordonnent la matière à l'idée ou la puissance à l'acte, c'est-à-dire, à l'essence, qui traitent le monde visible comme un moindre être, et qui font du temps la catégorie par laquelle s'exprime la négativité des générations et des corruptions, commandées d'en-haut par la hiérarchie métaphysique. Le travail, catégorie servile, ne vaut que par l'ordre qui l'impose, dans une philosophie qui met sur le même plan l'activité et la mort. Au contraire, une doctrine des semences enveloppe l'idée que la corruption elle-même représente un travail de transformation productrice qui appartient à la terre, que les fermentations sont des créations. Mais pour reprendre toute leur importance, il va falloir que les semences rencontrent des doctrines qui aient surmonté la séparation de l'être et du devenir, ou qu'elles commendent d'elles-mêmes l'ordre des devenirs : c'est ce qui se passe avec le Stoïcisme et l'Augustinisme.

Pour Aristote, c'est l'âme qui, dans la semence, est le principe formel et le principe moteur, mais elle n'est pas de la nature de la semence : à ce niveau surtout, la proximité n'empêche pas la disjonction métaphysique d'être entière, disjonction que l'on peut représenter par la métaphore de l'architecte qui se construit la maison qu'il habite. Pour qu'une telle disjonction perde tout son sens, il suffit que l'unique modalité d'existence reconnue soit corporelle, hors de laquelle il n'y ait que l'inexprimable, le vide, le lieu et le temps. Le concept de raison séminale traduit alors la nécessaire insertion matérielle de la loi productrice des développements, tant sur le plan du monde, où le Zeus universel est défini comme un feu artiste, organisateur du devenir macrocosmique, que sur le plan homologue de la genèse des êtres individuels, loi qui n'implique plus aucune autre forme d'éternité que celle qui est liée à la circularité rythmique du mouvement du monde, et que l'expérience humaine peut concentrer dans l'instant présent.

Or, le terme de développement ne doit pas ici faire illusion : il ne s'agit pas du passage d'un état inchoatif simple à une réalisation complexe et parfaite. La consubstantialité de l'Univers et du Dieu, qui se traduit dans la série des engendrements et des réabsorptions sans fin, suppose la perfection permanente du tout dont le devenir ne fait qu'exploiter successivement les faces (11) : tout ce qui existe, existe nécessairement et en même temps, si bien que les incompatibilités sont résolues par une simple différence de statut, celle qui distingue les semences et les êtres : Hadès et Zeus. Le statut séminal est celui qui caractérise les êtres dont la présence est incompatible en un temps donné à la surface de la terre avec la bonne administration du monde. Cette valeur est à peu près celle qui a été accordée aux semences par Saint Augustin, du fait que leur raison d'être dérive de l'unité de la création d'un monde voué par ailleurs au temps : la nécessité originaire d'un maximum de perfection de l'acte divin, implique l'existence de la totalité des êtres qui seront appelés ensuite à se manifester successivement ; les raisons séminales sont alors leur modalité initiale d'existence. Les semences sont les « primordia rerum », qui contiennent réellement à l'état enveloppé la totalité de l'être dont elles sont l'origine : « Membra omnia sunt latenter in semine » (12). Dans ce contexte, le développement est bien évidemment le contraire d'une progression, puisque la perfection est posée au départ : le travail que cette préexistence laisse à la terre se limite à une opération de révélation.

On peut donc concevoir une telle opération non plus comme l'activité d'une âme, mais comme l'action mécanique d'une nature, dirigée de l'intérieur par les semences matérielles qui la constituent. Cette action répond à des lois, dont le concept réunit ici les deux versants, civil et physique, puisque ces lois sont à la fois au service des volontés de Dieu sur les créatures, et l'expression des nécessités mécaniques qui relient les phénomènes en leur permettant d'exister. La prépondérance du second versant sur le premier est la condition du traitement des êtres naturels comme des productions de la nature sans référence théologique directe, traitement par lequel les savants se distinguent progressivement des clercs, jusqu'au moment où un passage à la limite deviendra possible, celui du traitement des semences elles-mêmes comme des produits non de la volonté divine, mais de la nature, passage contemporain de l'émergence de nouvelles théories épigénétiques (applicables aux seules semences des êtres vivants, caractérisées par l'organisation croissante), et de la prise de conscience de la mort des espèces. C'est donc une Physique qui provoque l'abandon de l'Augustinisme. Quelle Physique ? Celle de Newton. C'est le modèle newtonien de la science qui semble avoir constitué l'opérateur des convergences et des déplacements les plus décisifs, sinon les plus apparents, dans le domaine des sciences naturelles au XVIIIème siècle, parce que, en disjoignant totalement l'idée de loi, c'est-à-dire de rapport nécessaire entre les phénomènes, et celle de développement interne d'une forme substantielle, qui se trouvaient regroupées par Leibniz à la racine d'une théorie préformationniste de la génération, c'est lui qui permet de traiter la reproduction des vivants comme une pure et simple production naturelle. Et parce que l'être vivant est une production naturelle, il est pénétré jusqu'au plus intime de sa constitution par les grandes lois de la nature qui deviennent en lui les lois de l'organisation : c'est ainsi que pour Buffon, l'organisation est en dernier ressort le résultat de l'attraction des molécules organiques, et, pour les physiologistes de la fin du siècle, le produit d'une forme spéciale d'affinité, directement comparable aux affinités chimiques, mais renvoyant en dernier ressort à l'attraction universelle des physiciens.

C'est aussi ce nouveau statut théorique du vivant, contemporain de la science newtonienne, qui va permettre l'exclusion de l'Echelle des Etres, parce que l'idée d'une origine métaphysique des êtres permet de regrouper dans un même traitement ontologique l'ensemble des êtres naturels dont la distinction s'appuie sur la description empirique des propriétés manifestes. Or, si les propriétés naturelles n'ont pour fondement que les lois de la nature, les différences empiriques vont opposer une différence dans les conditions d'exercice de ces lois et par conséquent une différence structurale insurmontable entre les catégories d'êtres : si la figuration des cristaux représente encore pour Buffon un degré inférieur de l'organisation des végétaux et des animaux, des savants moins hantés par une vision générale de la Nature vont souligner bientôt l'absence de passage entre la cristallisation et l'organisation, qui fait présumer une différence radicale de nature.

Mais il faut alors repenser le vivant en tenant compte de l'originalité des manifestations vitales qui excluent une explication mécaniste, suffisante jusqu'ici pour rendre compte du développement de semences métaphysiquement préformées. Cette originalité se traduit alors par l'invocation d'une force spéciale, toujours comprise à partir du modèle de la force attractive, et remplissant pour le vivant la fonction de cette dernière pour les corps organisés : force formatrice ou force vitale qui encombre les théories épigénétiques. C'est ainsi que le vivant, qui survit parce qu'il regroupe et équilibre des forces vitales et naturelles dont la fonction est de régulariser les flux matériels subordonnés, ne peut plus se penser comme une Machine dont le fonctionnement est structuralement prévu de toute éternité, mais comme une Economie, c'est-à-dire, un principe d'ordre conjoncturel et conjectural. Autrement dit, si la Machine a pu représenter pour un temps une Economie providentielle, l'Economie s'en disjoint bientôt comme un principe régulateur immanent des mécanismes, constituant un objet scientifique entièrement distinct. Or, si l'être vivant se définit comme une économie, ses rapports aux autres vivants deviennent également des rapports économiques, si bien que l'ordre du monde, qui ne peut plus être imaginé comme scalaire, se présente sous la forme d'une Economie naturelle.

Une dernière conséquence, également capitale, de ce nouveau statut théorique, c'est que, si les âmes et les semences peuvent se voir attribuer l'éternité, les êtres naturels sont soumis à la génération et à la corruption, et les vivants sont soumis à la mort.Puisqu'ils sont radicalement naturels, ils sont radicalement soumis à la transformation et à la mort, concepts traités un moment comme antagonistes, et devenus entièrement complémentaires. C'est pourquoi, comme on l'a vu, la mort des espèces s'introduit dans un tableau qu'elle couronne – mais au prix d'une contradiction apparente avec le caractère providentiel de l'Economie. Il faut donc que la mort ait elle-même quelque chose de providentiel, qu'elle prenne dans l'Economie une place semblable en quelque sorte à la place de la mort du Christ dans l'Economie divine, c'est-à-dire dans le projet de Dieu sur l'histoire humaine. C'est ainsi que la mort est comprise comme purification et renouvellement. On constate alors que, si la mort a joué un rôle positif depuis Aristote dans la réalisation des équilibres naturels, elle devient maintenant plutôt un principe de rénovation de la nature, où le Déluge purificateur de Moïse fait quelquefois écran à l'idée d'une rénovation plus radicale du Monde, telle qu'elle a été comprise par les Stoïciens à travers l'idée de Révolutions universelles périodiques reprise d'Heraclite. Mais ce que les Stoïciens décrivaient comme répétition des cycles de l'Univers, les Chrétiens, pour lesquels la mort est liée au salut, c'est-à-dire au passage à un état supérieur, le conçoivent comme progrès.

On constate alors que les concepts d'Economie du Monde et d'Economie animale sont déjà stoïciens, renvoyant à l'analogie du macrocosme et du microcosme, et que la caractéristique majeure de la Philosophie stoïcienne de la Nature est l'homogénéité du Monde, au nom de laquelle il n'est d'êtres que naturels, c'est-à-dire corporels. Il n'est donc pas philosophiquement indifférent que l'expansion du modèle newtonien de la science soit contemporaine de la résurgence de concepts originairement stoïciens, car tout se passe alors comme si les stoïciens avaient réussi à forger le modèle philosophique de la Nature dont la pensée scientifique a eu besoin beaucoup plus tard pour assurer son essor, ce qui est très différent de la construction de novo d'une vision strictement scientifique du monde. On pourrait conclure alors de ce décalage et de cette conjonction que, s'il n'existe pas de conception scientifique du monde, il existe des philosophies de valeur inégale en présence d'un aspect de toute recherche scientifique qui réfléchit sur ses conditions et ses implications : la prolongation de l'intelligibilité régionale des opérations scientifiques dans une intelligibilité totale, dont l'idée alimente l'essor de la science. Il ne s'agit donc pas de systèmes ou d'idéologies, mais de foyers d'élaboration conceptuelle qui soutiennent des intelligences au travail en développant devant elles des horizons philosophiques mobiles.

Le problème des rapports de l'Anatomie comparée et de l'idée de temps qui se pose à la naissance de l'Anatomie comparée renvoie donc à cet horizon philosophique du travail des savants, horizon où la permanence des essences comprises comme « causes » du devenir a fait place à une réflexion sur les relations de la mutabilité et de la mort dans une Nature qui, de radicalement distincte de l'éternité de Dieu parce que radicalement inférieure et subordonnée, devient libre par rapport à Dieu, justement parce que la mutabilité et la mort ne sont plus des marques d'infériorité et de dépendance mais les conditions mêmes d'un dynamisme de la Nature, perçu comme l'analogon ou le substitut de l'action divine. De ce fait, si certaines des conceptions éternitaires représentées par l'Echelle des Etres vont subsister après sa dissociation, grâce à une temporalisation à travers l'image du Développement, les modèles de la Nature et du Vivant impliqués par l'Economie, et les implications de la mort des espèces permettent d'engager une Histoire par laquelle l'Anatomie comparée et les sciences morphologiques, dont elle constitue le noyau, préparent l'avènement d'une philosophie dans laquelle la vie traduit sa pérennité immanente par la production infinie et le gaspillage insensé des vivants. L'illusion subjective d'une hiérarchie, d'une perpétuité et d'un progrès, destinée tout d'abord à satisfaire le narcissisme humain, est condamnée ainsi à faire place à la reconnaissance de la puissance du hasard qui se manifeste dans le jeu contrasté des formes. Cette histoire, en définitive, est celle du retentissement dans les sciences de la nature du premier choc subi par le narcissisme humain du fait de Copernic, à travers les conséquences de la physique de Galilée et de Newton, ou plus exactement l'histoire de la manière dont ce retentissement a préparé et induit le second choc qui lui a été infligé par Darwin : un Dieu absent, un Univers infini, une Nature autonome dont les lois sont nécessaires, abandonnant le vivant et l'homme à la Terre et au Temps.

Première Partie

LA DESTABILISATION DES HIERARCHIES

Chapitre Premier

L'ECHELLE DES ETRES

1. – L'ANATOMIE COMPARÉE ET L'ORDRE.

Aristote est le fondateur de l'Anatomie comparée parce qu'il a décrit la structure de nombreux animaux et de nombreux organes, et parce qu'il a cherché à les classer de manière scientifique (1). Mais, dans la mesure où il ne s'est pas spécialement intéressé à des problèmes de morphologie pure, il n'en a pas fait un corps de doctrine autonome, comportant des principes théoriques distincts, une méthodologie propre, et un domaine d'investigation particulier. Elle n'est donc qu'une Zootomie, qui existe en marge, soit de l'Histoire Naturelle, soit de la Médecine, et dont l'importance est relative à la place que les naturalistes et les médecins voudront bien lui accorder en fonction de leurs propres perspectives théoriques. Au XVIIIème siècle, l'Encyclopédie lui assigne une position misérable, que Tarin signale en ces termes :

« *L'Anatomie comparée* est cette branche de l'Anatomie qui s'occupe de la recherche et de l'examen des différentes parties des animaux, considérées relativement à leur structure particulière, et à la forme qui convient le mieux avec leur façon de vivre et de satisfaire leurs besoins... »

Dans *l'Anatomie comparée,* on examine les brutes et même les végétaux, afin de parvenir, par la comparaison de ce qui s'y passe en nous, à une plus parfaite connaissance du corps humain. C'est la méthode qu'Aristote a suivie. » (2).

Cette position misérable est encore soulignée par De Jaucourt en termes lapidaires, à l'article Zootomie :

« *Zootomie* : anatomie des animaux, ou, si vous l'aimez mieux, anatomie comparée ; elle est quelquefois curieuse, et en même temps, d'une utilité fort médiocre. » (3).

On comprend, dans ces conditions, la facilité avec laquelle Buffon a pu mettre fin à la collaboration de Daubenton à « l'Histoire naturelle générale et particulière... » : ni pour lui, ni pour ses contemporains, les descriptions anatomiques dont Daubenton était chargé ne constituaient une partie essentielle d'un projet d'Histoire naturelle (4). Il n'en sera plus de même à partir de Cuvier qui constitue l'Anatomie comparée comme la science des organisations animales, à laquelle il assigne le rôle d'une physiologie jugée impossible parce qu'elle détruit son objet : si c'est l'ombre de la physiologie qui garantit à l'Anatomie comparée la possession d'un premier modèle de scientificité, le développement d'une Physiologie expérimentale lui assurera son domaine propre, celui de la Morphologie et de l'Histoire.

Cependant, à travers la signification fonctionnelle qu'il accorde aux organes, et à travers la classification des êtres naturels, Aristote engage déjà l'anatomie comparée dans deux perspectives : celle de la dépendance réelle des êtres vivants par rapport aux conditions qui les entourent, et celle d'un ordre général de la nature, dont les êtres vivants constituent une partie, et, du fait de leur proximité par rapport à l'homme, la partie la plus importante. Ces deux types d'ordre seront désignés au XVIIIème siècle par les termes d'Economie naturelle et d'Echelle des Etres. Ils appréhendent l'animal à deux niveaux distincts : celui de l'appartenance au monde des générations et des corruptions, où tout l'appareil des organes a pour fonction d'assurer la survie et la succession des individus, et celui du fondement ontologique de l'espèce, considéré comme transcendant par rapport aux individus, et de ce fait, par rapport au temps, auquel seuls les individus sont subordonnés. Or, pour Aristote, il n'y a de science qu'à ce second niveau :

« Nous estimons posséder la science d'une chose d'une manière absolue, et non pas à la façon des sophistes d'une manière purement accidentelle, quand nous croyons que nous connaissons la cause par laquelle la chose est, que nous savons que cette cause est celle de la chose, et qu'en outre, il n'est pas possible que la chose soit autre qu'elle n'est. » (5).

Si la science exclut ainsi l'accident, et par conséquent le temps, pour situer la connaissance sur le plan des nécessités causales, elle introduit une hiérarchie entre les causes observables :

« De plus, étant donné que nous apercevons plusieurs causes en tout devenir naturel, par exemple celle qui explique en vue de quoi et celle qui explique à partir de quoi se produit le mouvement, il faut déterminer, là encore, laquelle est par nature première et laquelle seconde. Il semble que la première soit celle que nous appelons « en vue de quoi ». Car elle est raison et la raison est principe, aussi bien dans les productions de l'art que dans celles de la nature. » (6).

Cette cause finale est raison et principe, parce qu'elle se rattache au plan des nécessités absolues qui fondent la connaissance scientifique, c'est-à-dire vraie, et cette vérité se confond avec la réalité des essences qui sont posées par Aristote à la racine du devenir, au même titre que, du point de vue de l'art, la forme de la maison commande la mise en œuvre de la maison, et l'idée créatrice préexiste à la statue dont elle guide la production :

> « Car la genèse est en vue de l'existence, et non l'existence en vue de la genèse. C'est pourquoi Empedocle a eu tort de dire que bien des particularités se rencontrent chez les animaux parce qu'elles se sont produites ainsi au cours de leur genèse, que s'ils n'ont, par exemple, la colonne vertébrale disposée comme elle est, c'est qu'à la suite d'une torsion, il lui est arrivé de se briser. En cela, il méconnaît deux faits : d'abord que le germe constituant doit exister avec une puissance appropriée à son action, ensuite que l'agent producteur existait avant son produit non seulement selon une priorité logique, mais encore selon le temps. En effet, l'homme engendre un homme en sorte que si l'être qu'il produit possède tels caractères déterminés c'est parce que l'homme est lui-même constitué de telle manière. » (7).

Aristote généralise :

> « Aussi faut-il surtout insister sur cette idée que l'essence de l'homme explique son organisation... Et il en va ainsi uniformément pour tous les êtres que la nature organise. » (8).

Le problème de l'œuf et de la poule trouve enfin sa solution, en faveur de la poule, et cette solution est fondée métaphysiquement ; la priorité logique et chronologique de l'agent producteur sur son produit se ramène à celle de l'acte sur la puissance, et Dieu, principe de toute forme est Acte pur :

> « Mais il est par là même alors bien évident, que, dans ce sens aussi, c'est-à-dire selon la génération et le temps, l'acte est antérieur à la puissance. Mais il l'est aussi assurément sous le rapport de la substance, d'abord parce que ce qui est postérieur dans l'ordre de la génération est antérieur dans l'ordre de la forme et de la substance (par exemple, l'homme fait est antérieur à l'enfant, et l'homme est antérieur à la semence, car l'un a déjà la forme et l'autre ne l'a pas), ensuite, parce que tout ce qui devient tend vers son principe et sa fin, car le principe est cause finale et le devenir est en vue de la fin. Or, la fin, c'est l'acte et c'est en vue de l'acte que la puissance est conçue. » (9).

Conséquence : la négativité du temps :

> « On voit donc que le temps est cause par soi de destruction plutôt que de génération, comme on l'a dit plus haut, car le changement est par soi défaisant ; s'il est bien cause de génération et d'existence, ce n'est que par accident. » (10).

La juxtaposition de ces divers textes, choisis parmi un grand nombre d'autres de portée équivalente, démontre, s'il en était besoin, que le vivant est le lieu d'application d'une métaphysique qui, dans l'œuvre d'Aristote, confisque à son profit la signification des faits observés, par exclusion des autres possibilités d'interprétation, et en particulier de celles qui se justifieraient à partir des rapports vitaux concrets. L'exclusion d'un processus d'innovation chez le vivant, tel qu'il est envisagé par Empedocle à partir de la nécessité d'une correction organique réalisée au cours de la genèse en réponse à des exigences vitales, est fonction pour Aristote de l'antériorité du producteur sur son produit, de l'antériorité de la forme productrice vis-à-vis du producteur lui-même, qui, dans son individualité ne fait que la transmettre et lui donner l'occasion d'œuvrer, et, en dernier ressort, de l'antériorité et de la primauté de l'acte sur la puissance. Si l'adaptation à des conditions d'existence est un aspect de la perfection du vivant, elle ne peut pas rendre compte directement de cette perfection au point d'être censée la produire, parce que cette perfection prend tout son sens ailleurs, par référence à l'idée d'une dignité ontologique, qui se définit hors du temps : les exigences vitales supposent donc un ordre préalable du monde dans lequel elles s'inscrivent, ordre qui relève d'un autre mode de connaissance ; elles ne peuvent rendre compte à elles seules des vertus des espèces parce qu'elles sont sous la dépendance du temps dont elles reçoivent le caractère négatif et simplement destructeur. Dans un tel cadre, l'analyse anatomique des parties procède de l'observation concrète des adaptations structurales, qui peuvent présenter quelques fluctuations du fait de leurs appartenances empiriques, jusqu'à la norme qui les instaure et à l'essence que cette norme manifeste : la forme substantielle. Elle est une introduction à la science plus que la science elle-même dont le principe ne peut se situer que dans l'ordre ontologique. A la limite, une telle introduction peut être considérée comme négligeable ou inutile, si un calcul des caractères visibles suffit au savant philosophe pour remplir sa tâche : la démonstration de l'ordre ontologique. Pour cette raison, si Aristote est le fondateur de l'Anatomie comparée, il en a assuré en même temps la ruine pour de longs siècles, parce qu'il n'a pas placé en elle le centre de gravité théorique dont elle aurait eu besoin, et cette raison rend raison des autres lacunes qui la laissent à l'état de zootomie, malgré les virtualités de nombreuses observations. Réciproquement, si l'élévation de l'Anatomie comparée à l'état de science accomplie par Cuvier s'accompagne d'une définition fonctionnelle des organes qui reste conforme à la doctrine aristotélicienne, au point que la valeur fonctionnelle est primordiale par rapport aux aspects structuraux (11), ce n'est plus seulement la manifestation d'une loi d'essence à travers l'organisation, mais l'expression d'un principe vital d'existence capable de rendre directement raison de la diversité locale et temporelle des formes zoologiques, sans passer par une perspective hiérarchique contredite en certains points par la classification naturelle. Tout se passe comme si la vie était devenue la médiation des vivants par rapport à leur nature et non plus une simple propriété de cette nature, et comme si cette transformation était liée à l'existence même de l'Anatomie comparée.

En résumé, l'anatomie comparée, pour exister comme science, suppose que l'ordre zoologique des espèces vivantes soit dissocié d'un ordre ontologique des formes substantielles et des dignités métaphysiques. Une telle exigence implique une référence nouvelle de l'ordre zoologique à l'espace et au temps, parce que l'espace et le temps marquent la distance des phénomènes aux êtres, et il en résulte une réhabilitation du temps dans la science, à un moment où le temps n'est plus seulement pensé comme l'indice de la subordination des générations et des corruptions par rapport aux mouvements éternels du soleil et à l'action des formes substantielles, mais la condition du travail constructif de la nature qui produit les êtres vivants à la surface de la terre en fonction des vicissitudes de cette surface. Cette émergence du temps suppose un changement de métaphysique, et l'histoire de l'Echelle des Etres permet de repérer le moment de cette mutation à travers ses dissociations. Elle permet de reconnaître quand, et à quelles conditions la pensée sériale, dont l'Echelle représente l'activité libre va passer sous le contrôle des conditions temporelles de l'existence réelle des êtres vivants et de leur diversité, telles qu'elles sont révélées par l'Anatomie comparée scientifique dans l'analyse systématique des organes et de leurs enchaînements.

2. – L'ORDRE DES VIVANTS CHEZ ARISTOTE.

On a crédité depuis longtemps Aristote d'un rôle dans la construction d'une Echelle des Etres (1), mais l'application aux êtres vivants d'un ordre hiérarchique reste chez lui multiforme, et par conséquent, imprécise, à l'exception de plusieurs traits qui serviront ensuite de fondement ou de justification à la distribution scalaire des espèces : caractère fonctionnel de la hiérarchie, principe de continuité, place supérieure attribuée à l'homme, qui sert de référence à toute la série.

Il existe d'abord pour Aristote une hiérarchie fonctionnelle dans le vivant, liée à la traduction psychologique qu'il donne aux dépendances métaphysiques fondamentales qui le caractérisent, en passant du concept d'essence à celui d'âme :

> « L'âme est cause et principe du corps vivant. Ces termes, « cause » et « principe », se prennent en plusieurs acceptions, mais l'âme est pareillement cause selon les trois modes que nous avons déterminés ; elle est, en effet, l'origine du mouvement, elle est la fin, et c'est aussi comme la substance formelle des corps animés que l'âme est cause. Qu'elle soit cause comme substance formelle, c'est évident, car la cause de l'être est pour toutes choses, la substance formelle ; or, c'est la vie qui, chez les êtres vivants, constitue leur être, et la cause et le principe de leur vie, c'est l'âme. » (2).

Dans ces conditions,

> « ... le corps existe en quelque sorte en vue de l'âme et les parties du corps en vue des fonctions que la nature a assignées à chacune. » (3).

La fonction donne la raison des organes au même titre que la fin donne la raison des choses, et la vie est précisément ce qui permet le passage du concept métaphysique de fin au concept physiologique de fonction, en subsumant le second sous le premier, au point que :

> « ... Ce qu'est une chose est toujours déterminé par sa fonction : car une chose est véritablement elle-même quand elle peut accomplir sa fonction, un œil, par exemple, quand il peut voir ; au contraire, la

chose incapable d'accomplir sa fonction n'existe que par homonymie... » (4). Mais la distance qui s'instaure entre fin et fonction ne va pas jusqu'à rompre toute parenté entre les êtres vivants et les êtres naturels inorganiques dont ils se servent comme matière et dont ils sont composés : il y a une gradation qui va des uns aux autres, car les éléments ont aussi une fin qui les fait dépasser leur caractère purement matériel. Toute réalité est donc comprise dans une série qui va de la matière à la définition, c'est-à-dire à l'essence, et se situe dans la hiérarchie des êtres proportionnellement à l'importance fonctionnelle qu'elle peut recevoir : la « matière des éléments » est faite en vue des parties homéomères, c'est-à-dire, la chair et le sang, celles-ci en vue des parties anhoméomères ou organiques, ces derbières en vue du dorps entier, et le corps entier est l'instrument immédiat de l'âme (5), qui introduit la sensibilité jusque dans la chair.

Cette première hiérarchie des disponibilités fonctionnelles des parties est doublée par une seconde hiérarchie des principes entre lesquels se répartissent les diverses fonctions organiques, principes qui superposent la vie, caractéristique des végétaux, définie par l'accroissement et le décroissement résultant de la nutrition, la sensation, qui rend raison de l'organisation animale et de son activité, et la faculté théorique qui permet l'accès de l'âme à l'immortalité (6). Cette hiérarchie est interne au corps humain, mais elle décrit des niveaux qui peuvent être représentés isolément dans la nature ; par conséquent, au contraire de la précédente qui garantissait simplement l'homogénéité du réel, elle semble pouvoir se traduire sous la forme d'une série progressive des êtres. Or, Aristote n'a fait qu'indiquer une telle possibilité, sans réellement chercher à construire « un tableau zoologique, même sommaire, de la hiérarchie des modes d'organisation par lesquels les animaux se distinguent les uns des autres. » (7). La raison en est que la perspective fonctionnelle dans laquelle Aristote situe son analyse de l'organisation, et dont le point culminant est la définition du corps comme instrument de l'âme, tend à réduire les différences anatomiques à un système de variations équivalentes dans les dispositifs matériels qui sont susceptibles d'accomplir toutes les fonctions commune à la vie. Dans un tel contexte, les idées de décroissance fonctionnelle, et de réduction des appareils anatomiques, font place à la conscience des modes relativement élevés de la vitalité des animaux inférieurs (8), qui leur est diamétralement opposée. Il ne pouvait être question qu'Aristote mette en valeur l'ordre de complexité croissante des parties qu'il observe à un niveau très général, pour définir une série, malgré la supériorité qu'il reconnaît aux formes complexes :

> « Or, la nature des plantes étant de rester immobiles, ces êtres ne présentent pas une grande variété de parties anhoméomères. En effet, pour un petit nombre de fonctions, il n'est besoin que d'un petit nombre d'organes. Aussi, convient-il d'étudier à part la forme propre des plantes. Au contraire, les êtres qui, outre la vie, possèdent encore la sensibilité, ont une forme beaucoup plus variée, et chez certains cette variété est plus grande que chez les autres ; cette forme est aussi plus complexe chez ceux dont la nature participe non seulement à la vie, mais encore au bien-être. » (9).

Une telle supériorité générale du complexe sur le simple ne permet, en effet, aucune sériation réelle, parce que dans le détail de l'analyse anatomique, on observe aussi que les mêmes résultats sont obtenus tantôt par une augmentation de la division du travail, tantôt par le réemploi des mêmes organes dans diverses fonctions, ce qui représente un principe d'économie, une promotion du simple, qui contredirait cette sériation. Enfin, il apparaît que la supériorité organique de l'homme ne peut être confirmée sur tous les points. Si donc il y a hiérarchie par référence à l'homme, elle ne pourra se réduire à une série simple et elle n'aura pas une signification purement anatomique ou physiologique (10).

Cette signification est philosophique : ell est fondée sur la position assignée par Aristote à l'homme dans le monde. Il divise les êtres naturels en deux catégories : ceux qui sont engendrés, incorruptibles et éternels, ceux qui sont sujets à la génération et à la corruption. La connaissance des premiers, parce qu'ils sont supérieurs, est supérieure, mais la connaissance des seconds est plus accessible, et peut fournir une science plus vaste avec des jouissances de même ordre que la précédente, si on remonte aux causes (11). Or, à ce niveau inférieur, l'homme possède une place privilégiée parce que « sa nature et son essence sont divines » (12), supériorité qui se traduit par une station droite, alors que les animaux qui ne sont plus soulevés au même degré par l'âme deviennent quadrupèdes et rapetissent, tandis que les pattes se multiplient à mesure que la terre l'emporte dans leur composition, jusqu'à une inversion complète chez les plantes : comparés à l'homme, tous les animaux sont « conformés comme des nains » ou comme des enfants, « car tous les petits enfants sont des nains », dont les proportions respectives du corps sont inverses de celles de l'homme adulte, et dont la dignité est par conséquent moindre (13). Puisque cette station droite est liée à la pensée et à la sagesse « fonction de l'être divin par excellence », s'il doit y avoir une traduction anatomique de la supériorité de l'homme, elle ne relève pas d'une complexité générale, mais ne peut être fournie que par l'organe qui est le plus étroitement lié à l'intelligence, c'est-à-dire, la main, dont les usages révèlent la valeur d'outil universel : les particularités structurales de l'homme vont dépendre ainsi de la station droite et de la présence de la main (14). Cette même supériorité est également traitée par Aristote en termes d'achèvement ; or, le monde représente pour les anciens la réalité la plus achevée, si bien que la supériorité de l'homme implique son accord structural avec l'Univers dont son organisation représente l'ordre (15). Image du monde, il devient de ce fait même un modèle anatomique général pour les autres vivants : il va servir à interpréter les parties des animaux, et réciproquement, les parties des animaux vont éclairer les parties internes de l'homme qui, du fait des interdits qui pèsent sur les dissections humaines, sont les moins connues (16). Aristote transpose donc la supériorité philosophique de l'homme en principe méthodologique de comparaison qui suppose de ce fait l'unité de plan qui est impliquée par l'homonymie des parties, si bien que les animaux sont simultanément des dégradations et des variations d'un modèle général dont l'homme est le seul représentant complet. Mais ces dégradations et ces variations sont toujours à la fois structurales et fonctionnelles, si bien que l'idée d'une distinction qui pourrait correspondre à ce que l'on a appelé depuis analogies et homologies, reste étrangère au fonctionnement de ce modèle. Un tel modèle sert à démontrer l'unité de la nature dans la diversité de ses opérations, dont les instruments sont l'objet d'une description anatomique étrangère par principe à une recherche morphologique portant sur les aspects géométriques et structuraux indépendamment de leur valeur fonctionnelle, à de très rares exceptions près, dont la signification n'est pas développée (17). Les analogies qui peuvent être relevées au cours du développement embryonnaire relèvent d'un même traitement.

Par conséquent, il n'y a pas de série progressive unique chez Aristote, mais une nature qui se diversifie de diverses manières, et qui produit plusieurs séries fonctionnelles distinctes, permettant de rapprocher et de ranger les animaux « sous un aspect déterminé de leur conformation ou de leurs habitudes ». On peut dire ainsi que les êtres les plus divergents ne sont pas étrangers les uns aux autres, parenté fondamentale de nature, qui se traduit par une gradation continuelle des affinités (18). Les gradations ne constituent des progrès que lorsqu'elles portent sur des aspects avantageux « sous le rapport de la vie et du mouvement » (19). Pour qu'il y ait hiérarchie, il faut donc quitter l'analyse proprement dite des vivants, pour prendre en considération les niveaux du monde, où la supériorité se définit dans l'espace par la distance à l'égard de la terre : la hiérarchie marque une distance plutôt qu'elle n'exprime un lien. C'est donc ailleurs qu'il faut y chercher un principe ontologique de liaison, et cet ailleurs, c'est le Platonisme, et ses avatars théologiques, dans leur effort d'union du ciel à la terre, qui répond à l'Echelle de Jacob et à la Catena aurea d'Homère.

3. – LA PRODUCTION ET L'ORDRE DU MONDE.

Si la métaphysique d'Aristote garantit la cohérence d'un monde aux multiples dimensions dont le niveau inférieur est accessible à la génération et à la corruption, au hasard et à la fortune, grâce au fondement intemporel des causalités qui le déterminent, cette cohérence du monde étant réciproque pour Platon d'une genèse mythique. Cette genèse subordonne les sensibles à un ordre de dérivation depuis les intelligibles, traités comme principes, dont l'efficacité permet de concevoir le monde comme un Vivant parce qu'elle implique une Ame. Vivant, le monde est composé d'une infinité d'autres vivants, éternels et temporels, formant une série d'engendrements et de dégradations successives. Ce n'est donc pas à une métaphysique que se rattache l'Echelle des Etres dans son principe, mais à une mythique où le problème de l'âme est en position centrale (1).

L'affirmation d'Aristote selon laquelle l'homme mort n'est homme que par homonymie, est réciproque de la conception générale chez les Anciens selon laquelle l'âme est principe de mouvement, et par conséquent de vie.

Chez Platon, plus particulièrement, elle est aussi ce qui fonde la personnalité, permet l'attribution du nom, et constitue l'homme intérieur (2) : de physiologique, l'orientation platonicienne devient métaphysique, psychologique et morale. Le statut de l'âme doit en effet, rendre compte à la fois de la possibilité de la connaissance, laquelle fonde la possibilité du langage, aussi bien que de sa fonction vis-à-vis du corps, fonction double d'après les traités hippocratiques : « Calidum innatum », origine des forces vitales, mais aussi, principe individuel d'équilibre organique (3).

Connaissance d'abord : en tant que principe de connaissance, l'âme est intelligence, ce qui suppose participation aux Formes ; elle est donc également invisible, intelligible, divine, mais sans qu'il y ait jamais identité complète entre l'âme et les formes (4). D'après Victor Goldschmidt, si Platon « tend », selon une expression de Festugière, à voir dans l'âme une Forme, « à vouloir donner à cette tendance un aboutissement autre qu'en foi et en espérance, on risque de dépasser la doctrine platonicienne, de la forcer, et même de la trahir » (5). Le maintien d'une telle différence est lié à l'autre fonction de l'âme : ce pouvoir vis-à-vis du corps que Platon distingue de la participation à l'intelligible sur laquelle il est pourtant fondé, mais qu'il place en regard de cette participation, parce que l'harmonie qui en découle et qui fonde le « tempérament », est visiblement divine. Comme le montre Goldschmidt, « l'âme a pour office de faire pénétrer les lois immuables de l'harmonie, qui règnent sans contestation dans le monde céleste, en elle-même et dans le corps » (6). Une telle différence fonctionnelle de l'âme par rapport aux Formes qui constituent ces lois immuables, entraîne cette conséquence que la nature de l'âme ne peur relever directement de la dialectique qui a pour objet les relations et les mouvements internes aux Formes, ni des sciences qui dépendent de la mesure et du nombre, c'est-à-dire, de l'intelligibilité réalisée. L'âme est réalisante : tout se passe donc comme si l'opération qui assure l'insertion de l'intelligible dans le sensible renfermait cette dose infinitésimale, mais insurmontable d'inintelligibilité qui fait que l'âme échappe en quelque chose à un savoir rationnel, et se trouve de ce fait, vouée au Mythe. Une activité démiurgique ne peut se décrire que sur le mode mythique : il n'y a pas d'autre intermédiaire possible entre la Vérité et l'Opinion, l'Etre et le Devenir.

Dans le Timée, la Genèse du Monde est l'histoire mythique de la pénétration du Chaos par l'Intelligence, pénétration qui répond à la fonction d'une âme dont le Démiurge n'est qu'une autre désignation, équivalente et interchangeable (7). La rection de l'Univers par l'Intellect, cause universelle et principe d'harmonie (8), dont la fonction divine renvoie en dernier ressort au Bien comme opérateur suprême dont l'équivalence avec Dieu peut difficilement être récusée (9) est ainsi homologue au rapport de l'âme au corps vivant qu'elle régit et dont elle assure l'harmonie. La signification de la Genèse consiste à rendre compte de cette structure commune : dans ces conditions, l'analogie du macrocosme et du microcosme n'est pas une conséquence du mythe, mais son principe, car le Monde est un Vivant (10) parce qu'il n'y a pas d'autre moyen que le vivant pour penser une activité intelligible et ordonnée à l'intérieur du Devenir. Il n'y a que l'Ame pour assurer la liaison entre le monde idéal et le monde sensible (11), ou plus exactement, entre ces trois niveaux que Platon décrit comme le Modèle, intelligible et éternel, la Copie, sujette à la naissance et accessible au sens, et ce qu'il décrit comme une troisième espèce difficile et obscure, support et nourrice de la genèse, lieu inqualifié mais qualifiable, réceptacle, mouvement désordonné et primitif (12). Comme « de tous les êtres, le seul auquel il appartienne de posséder l'intelligence, c'est l'âme » (13), et comme l'âme est directement en rapport avec le Modèle, elle est le premier être formé, qui contient ensuite le corps de l'Univers (14), auquel elle transmet les mouvements mesurés qui constituent sa nature propre.

Du rapport de l'Ame, qui possède l'intellect, au Modèle où elle aperçoit les Formes, et de son opération informante, va résulter la production des vivants intérieurs au Monde, immortels et mortels, c'est-à-dire, de la série des êtres qui se présente dans l'ordre des dégradations successives par croissance de l'indétermination (15). L'homme est situé dans cette série à la charnière des êtres immortels et mortels, d'où résulte la dualité de sa nature et une fragilité responsable de métamorphoses dégradantes à travers lesquelles se poursuit la genèse des êtres inférieurs, alors que, jusqu'ici, le principe de cette genèse était la plénitude exigée par le Bien (16). Ces dégradations, qui constituent la série animale marquent aussi la distance accrue des êtres par rapport à l'intelligence, et cette obnubilation intellectuelle se traduit dans la morphologie et dans l'habitat des animaux, considérés comme reflets de leur psychologie à travers leurs habitudes (17). Mais dans le Timée, Platon mentionne aussi, entre les dieux astraux et l'espèce terrestre dont l'homme constitue le point de départ, l'espèce ailée et l'espèce aquatique (18), au nom du principe de plénitude qui veut que la ressemblance du Monde à son Modèle soit parfaite, c'est-à-dire que la réalité épuise les possibilités intelligibles et que les éléments soient peuplés d'êtres qui répondent à leur perfection propre. Ce thème est repris dans l'Epinomis : les cinq éléments, à savoir, le feu, l'eau, l'air, la terre et l'éther, sont pleins des vivants qu'il ont servi à former, si bien qu'entre les vivants visibles, dont les uns, qui relèvent du feu, sont immortels et constituent les dieux astraux, et les autres, terrestres, sont mortels, il faut placer des vivants invisibles ou évanescents, produits de l'éther, de l'air et de l'eau, c'est-à-dire des démons et des demi-dieux qui unissent les dieux aux hommes par un tissu de renseignements et d'enseignements réciproques qui fonde les pratiques religieuses (19). Ces êtres intermédiaires sont des messagers qui correspondent parfaitement à ces anges qui, dans le songe de Jacob, montent et descendent l'Echelle qui était posée sur la terre et dont le sommet touchait le ciel (20), puisque pour Platon également, les songes sont un moyen privilégié de communiquer avec ces êtres.

C'est Philon d'Alexandrie qui assure la jonction explicite entre l'Echelle de Jacob et la déduction des êtres intermédiaires à partir d'un élément aérien qu'on ne peut concevoir privé de vivants :

> « L'Echelle, c'est, symboliquement, dans le monde, l'air, dont la base est la terre, et le sommet le ciel... Cet air est la demeure d'âmes incorporelles, car il a paru beau au créateur de remplir d'animaux toutes les parties du monde. Aussi, à la terre il réservait les animaux terrestres,

à la mer et aux fleuves les aquatiques, au ciel les astres (car chacun d'eux est non seulement un animal, mais dit-on, intelligence dans toutes ses parties et très pure) ; mais dans la section restante de l'univers, l'air, il est né aussi des animaux. S'ils ne sont pas perceptibles, qu'importe ? L'âme aussi est bien invisible. ...comme une cité, il est peuplé de citoyen incorruptibles et a autant d'âmes immortelles qu'il y a d'astres. De ces âmes les unes descendent pour se lier aux corps terrestres, celles qui sont les plus voisines de la terre et aussi du corps, les autres montent, se séparent par un mouvement inverse, suivant les nombres et les temps fixés par la nature. De celles-ci les unes qui désirent les coutumes de la vie mortelle reviennent par une course inverse ; les autres en ayant reconnu la vanité ont appelé le corps prison, tombe, et s'en échappant comme d'une prison et d'un tombeau, s'élèvent sur des ailes légères en haut vers l'éther pour l'éternité. D'autres, les plus pures et les meilleures, ayant eu un sort plus pur et plus divin, n'ont jamais désiré aucune des choses terrestres, mais lieutenants du tout-puissant comme l'ouïe et la vue du grand roi, ils surveillent et entendent tout. Ce sont celles que les philosophes appellent démons. L'Ecriture sacrée a l'habitude de les nommer anges, qui est le nom le plus propre. En effet, ils annoncent aux enfants les ordres du père et au père les besoins des enfants : ainsi, elle les a représentées montant et descendant, non parce que Dieu qui devance tout en a besoin pour être averti, mais parce que, à nous misérables, il est besoin de logoi intermédiaires et d'arbitres ; car ce n'est pas seulement les châtiments, mais même les bienfaits excessifs que nous ne pourrions recevoir si Dieu les présentait par lui-même sans se servir d'intermédiaires. » (21).

La cosmogonie mythique de Platon permet ainsi à Philon de traiter la démonologie biblique ou mythologique d'une manière plus symbolique et plus abstraite que ses contemporains (22), si bien que le terme d'Echelle, qui provient de la Genèse rencontre à la fois l'idée d'une série dégradée des êtres par laquelle le Monde épuise les virtualités du Modèle intelligible, développée dans le Timée et l'Epinomis, le principe de l'homogénéïté du Cosmos propre au Stoïcisme (23), qui permet de concevoir Dieu et les âmes au même titre que l'ensemble des êtres comme des figures relevant d'un même continuum matériel, et un modèle administratif qui se trouve surajouté à la définition ontologique de la hiérarchie des âmes. Mais la fonction du concept de Vie chez Platon et les Stoïciens, et son extension à tout l'univers, entraîne cette conséquence que si les animaux et l'homme appartiennent à cette immense série des Vivants, la vie corporelle qui leur est propre n'est pas le centre des préoccupations philosophiques concernant cette série, mais elle cède la place à la vie des âmes que leur nature aérienne rend plus représentative de l'essence même de toute vitalité, par extrapolation de la valeur fondamentale de la respiration dans les textes hippocratiques. Par conséquent, si d'une part la distribution sériale des espèces est largement étrangère à la pensée d'Aristote pour lequel les séries sont multiples, et si d'autre part la hiérarchie est fondamentalement une hiérarchie mythique des âmes, elle apparaît avant tout comme destinée à une exploitation théologique, ce qui signifie qu'elle est non seulement mal adaptée par principe à un travail de mise en ordre de la réalité zoologique, mais encore et surtout qu'elle contribue à la désuétude de la philosophie zoologique et des recherches anatomiques qui lui sont liées chez Aristote pendant la plus grande partie de l'Antiquité et du Moyen-Age. Il n'y a de hiérarchie que céleste, et le seul intérêt qui justifie la prise en considération du corps vivant est un intérêt médical bien extérieur à Aristote, intérêt qui se trouve élargi dans la comparaison anatomique et physiologique utilisée par Galien. On ne s'éloigne donc plus de l'homme, échelon inférieur de l'Echelle des esprits et le plus parfait des corps terrestres, parce qu'il est plus que terrestre.

Par conséquent, là où les âmes comptent, les animaux ne comptent pas : par rapport à cet ordre philosophique et théologique, ils sont une simple valeur d'illustration sensible qui renvoie symboliquement la pensée à l'invisible essentiel. Réciproquement leur prise au sérieux provoque nécessairement un affrontement entre cet ordre sans contenu autre que mythique ou formel, où la pensée hiérarchisante fonctionne en quelque sorte à vide, et une variété inépuisable d'êtres réels qui portent en eux leur raison d'exister et dont le classement doit tenir compte de ces raisons, – affrontement qui va être ruineux pour la hiérarchie à long terme, et dont l'amorce apparaît comme une remise à jour de ce qu'il y avait de plus profondément zoologique dans les descriptions et les regroupements aristotéliciens. Or, du fait que la hiérarchie des êtres a constitué une conception totalisante du monde, son effraction, même partielle, même limitée à son étage le plus bas, met en question sa consistance d'ensemble. La constitution d'une zoologie scientifique n'est donc pas seulement un événement scientifique, c'est aussi un tournant dans la succession des approches philosophiques du monde : c'est en définitive la charnière entre deux explications de l'Univers, « deux hypothèses totales », celle de la hiérarchie et celle de l'évolution qui constituent sans doute l'une et l'autre des « mythes » (24), mais à condition de reconnaître qu'elles se situent à des niveaux radicalement distincts du point de vue ontologique, et qu'elles ne font pas appel au même type de vraisemblance, ou, si l'on veut, de science.

4. – LA HIERARCHIE CELESTE.

Avec Denys l'Areopagite, la hiérarchie des êtres reçoit sa formulation la plus achevée dans le prolongement d'un néo-platonisme dont l'Augustinisme constitue un autre versant. Elle est reprise par les Augustiniens du XIIème siècle, à partir desquels elle infiltre la pensée médiévale, y compris le Thomisme (1), puis la pensée moderne (2). C'est le néo-platonisme qui a accentué son caractère central et totalisant, que la Théologie Mystique se chargera de développer : en effet, si l'identification accomplie par Plotin entre Ame et Forme (3) supprime la distance maintenue par Platon entre science et mythique, au point de faire oublier le caractère mythique d'une genèse idéale du monde, il en résulte que la procession des êtres tend à occuper une position centrale dans la philosophie, qu'elle n'avait pas chez Platon. Les deux traits principaux d'une telle procession sont d'une part la réciprocité entre la plénitude de l'Univers (4) et la surabondance de l'Un (5), et d'autre part, la délégation de cette puissance productrine aux êtres subordonnés, conformément au modèle fourni par le Timée (6). Mais, alors que dans le Timée, le terme de la hiérarchie est celui de la production des êtres animés, jusqu'aux plantes auxquelles il reste une âme végétative (7), à l'exclusion des minéraux qui naissent des éléments par combinaison mécanique (8), ce qui suppose une différence absolue de statut entre les êtres animés et les êtres inanimés, Plotin semble ranger l'ensemble des êtres sous une seule et même hiérarchie, marquée par un principe de subordination instrumentale ou militaire, là où la hiérarchie des perfections dégradées se transforme en hiérarchie des pouvoirs croissants :

> « Mais, dans l'Univers, tous les êtres sans exception sont coordonnés à l'ensemble, puisqu'ils en sont les parties ; ils ont reçu de lui leur nature et collaborent par leur tendance propre à la vie universelle. Ce sont d'abord les êtres inanimés, qui ne sont que des instruments et n'agissent que sous une impulsion extérieure ; puis les êtres animés... C'est ainsi que naît la vie universelle : les êtres les meilleurs ont l'activité la meilleure, parce qu'ils ont en eux le meilleur principe, mais ils doivent se subordonner à leur souverain, comme les soldats à leur général. » (9).

Passage de l'ontologique au politique où se reconnaît la prédication stoïcienne (10) et la métaphore aristotélicienne de l'armée (11), qui rend concevable le parallélisme de la Hiérarchie céleste et de la Hiérarchie écclésiastique chez Denys. l'unité absolue du monde, et par conséquent la croyance en la vitalité des minéraux qui ne représentent que le pôle de pasivité ultime du continuum vital, sont philosophiquement établies depuis Plotin jusqu'au XVIIIème siècle. Cette unité et ces différences de degré entre les êtres sont transposés par saint Augustin dans la Théologie chrétienne en termes de participation non à l'être, mais aux dons de Dieu parce que la création s'est substituée dans ce contexte aux processions et aux émanations (12). L'immuabilité et l'inaccessibilité de l'être divin font que cette participation ne peut s'entendre qu'en termes d'image de Dieu, dont la référence est la Trinité, et plus spécialement le Verbe (13). On parvient ainsi à la compréhension de l'accueil fait par les milieux augustiniens à l'œuvre de Denys, pour lequel « la clef de l'intelligence de l'Univers, et de l'homme dans l'Univers, est la liaison ordonnée, dynamique, progressive de tous les êtres, considérés comme une « théophanie », où la causalité et la signification coïncident » (14).

« Hiérarchie », terme nouveau, doit être distingué de « Ordo » au même titre que le mysticisme grec et byzantin doit être distingué du juridisme romain. Les composantes des deux notions sont en effet les suivantes (15) : « Ordo » désigne l'ordre de la cité, juridique et institutionnel, puis les fonctions instituées dans la cité et dans l'Eglise, les dignités liées à ces fonctions, et enfin, l'ordre des cérémonies, « Hierarchia » implique par contre une valeur primordialement sacrée, qui signifie une origine divine, et qui se manifeste dans une série de perfections décroissantes, éliminant la posivité du mal : l'aspect ontologique est subordonné à l'aspect axiologique et religieux. La jonction de ces deux notions va donc supposer le contexte particulier d'un Univers procédant de la perfection divine et traité en même temps en modèle de la cité.

A ce titre, la « Hierarchia » enveloppe la totalité de la Création et des rapports que l'homme peut entretenir avec elle : ordre, science et action (16).En tant qu'ordre, elle assure la justice et la paix dans l'Univers, par la distinction des êtres, par la proportion qu'elle met dans leurs rapports, par leur distribution aux places qui leur sont convenables (17). En tant que science, elle fonde la signification symbolique et anagogique des êtres qui rendent intelligible par leur disposition une perfection divine restée en elle-même directement inaccessible et inintelligible (18). En tant qu'action, elle est au principe non seulement d'une morale, mais encore d'une Eglise par laquelle doit s'effectuer l'accès vers Dieu, Eglise dont la hiérarchie est censée petre en rapport symbolique avec la hiérarchie angélique qui constitue le cœur de l'Echelle des Etres, l'union du ciel et de la terre, telle qu'elle est rêvée par Jacob, Homère et Platon. Cette hiérarchie de participation à Dieu apparaît ainsi comme pleinement fonctionnelle, comme le souligne Pachymere, commentateur byzantin de Denys : « Hierarchiam esse sacrum quoddam regimen, quo sancte quis regit ac regitur » (19) ; au niveau des anges comme à celui du clergé, la lumière se transforme en puissance, c'est-à-dire, vertu et autorité (20), cette vertu et cette autorité que l'Eglise va déployer pour pacifier à son profit la société médiévale.

Bien entendu, la hiérarchie céleste se prolonge dans une hiérarchie des âmes incarnées, des animaux et des plantes qui ne parviennent plus à épuiser la profusion infinie de la bonté divine (21), mais à ce niveau inférieur, la hiérarchie compte moins que la bonté elle-même qui compense l'imperfection des créatures dans le sens de leurs besoins vitaux : l'irrationalité des brutes est compensée par une sensorialité plus développée que celle de l'homme, et les plantes privées de sens sont supérieures aux animaux du point de vue de leurs facultés végétatives d'assimilation, de croissance et de génération (22). Une multiplicité de séries divergentes en fonction de réquisits vitaux particuliers devient alors concevable, ce qui n'est pas le cas pour les anges. Dans ce corps que l'homme possède et que l'ange ne possède pas, Denys place ainsi une limite à l'application de la hiérarchie : ce corps est non seulement encoe un reflet de la bonté de Dieu, mais aussi une partie d'un monde qui peut être conçu comme une machine (23). Au-delà de cette limite, la théologie devenue symbolique ne légifère plus mais se contente de puiser dans la variété des formes sensibles la matière signifiante de ses allégories. Il n'existe donc pas pour elle de série animale au sens strict, non seulement pour la raison précédente, mais encore parce que la hiérarchie n'a encore jamais été confondue avec une série : Denys regroupe les anges en trois hiérarchies, qui constituent trois cercles autour de la divinité, et dans chacun de ces cercles, les « ordres » angéliques sont déterminés par des fonctions qui justifient leur dignité (24). Si une telle distribution permet tout de même de regrouper essences, puissances et activités dans un ordre de dégradation entièrement compatible avec la métaphore des irraditaions lumineuses, la multiplicité des rayons qu'elle suppose contredit l'idée d'une série unique, dont l'espect restrictif s'accorde mal, au moins en apparence, avec le thème de la fécondité divine infinie. Dans ces conditions, on peut s'attendre à voir prévaloir pour longtemps l'idée de degrés de perfection sur celle de série : l'Echelle des Etres se caractérise alors par des échelons immenses ; c'est un escalier monumental.

Hiérarchie n'est pas série : pour obtenir la linéarité d'une série, il faut un principe nouveau, tel que toute différence puisse être conçue comme une dégradation : c'est ce qui arrive avec le traitement quantitatif qui permet de distribuer les différences en séries ou en variables linéaires. Il faut aussi que chaque différence soit individualisée, ce qui est possible en traitant chaque différence comme un critère d'individualité. Cette double opération est réalisée par saint Thomas, mais au niveau de la hiérarchie angélique seulement, parce que l'absence d'un principe matériel d'individuation supprime la distinction des espèces et des individus qui vaut pour les êtres terrestres, si bien que la différence spécifique infime sert alors à définir l'individu, et cette différence représente une quantité ontologique déterminable (25), dans une création où tout se fait « in mesura et numero et pondere », selon la formule de Salomon reprise par saint Augustin (26), tant sur le plan des créatures sensibles que des créatures intelligibles. Le problème du transfert de la série des espèces angéliques aux espèces animales devient alors celui de la parfaite homogénéïté de tous les niveaux de la Création, permettant de dégager entre les animaux et les anges une communauté d'essence qui justifie l'utilisation des mêmes concepts – opération appelée à buter sur l'incompatibilité entre la définition métaphysique de l'espèce adaptée aux individus angéliques et la manipulation du même concept lorsqu'il s'agit des hommes et des animaux. Ce problème est celui de Leibniz.

5. – FORMES SUBSTANTIELLES ET ESPECES.

On peut schématiser l'itinéraire de Leibniz (1), et son aboutissement, en s'appuyant sur une lettre à Remond de 1714 : après être passé par Aristote et les Scolastiques, Platon et Plotin, il en est arrivé aux modernes, et par eux, à la mise en question des Formes Substantielles, au profit du « Méchanisme » et des mathématiques, pour retrouver ensuite ces mêmes Formes Substantielles dans un au-delà métaphysique des mathématiques (2).

L'aller des Formes Substancielles au Mécanisme passe par la « Disputatio metaphysica de Principio individui », où Leibniz met au premier plan la réalité de l'individu, dans un contexte nominaliste (3), réalité qu'une définition par l'espace et le mouvement rend accessible au mécanisme. Mais ce mécanisme reste suspendu à Dieu (4) : le caractère fondamental du mouvement, qui permet à Leibniz de faire l'économie des atomes (5), entraîne cette conséquence que l'échelle des formes qui unissait le Ciel et la Terre, se tranforme en une échelle des mouvements. Ce déplacement est cautionné par l'autorité d'Aristote, selon lequel tous les corps ont l'origine de leur mouvement hors d'eux-mêmes, et l'origine première des mouvements est le premier moteur incorporel, Dieu considéré comme « Mens universi rectrix » (6), parce que seule une Ame ou Mens peut être mobile « per se ». Une telle échelle ne constitue pas à proprement parler une série, car le mouvement se diversifie et se démultiplie à l'infini, et par ailleurs, la consistance des « bulles » qui, dans la « Theoria motus concreti » forment les « semina rerum », les « Stamina specierum », etc... est trop faible pour qu'elles puissent donner des individualités différenciables et sériables (7) : ce sont les ingrédients des amas. L'idée d'une organisation hiérarchique de l'univers est même directement contrebalancée par la métaphore artisanale de l'Horloge (8), dont le caractère à la fois géométrique et « économique »souligné par Y. Belaval, est entièrement distinct dans son principe d'un ordre hiérarchique : le mécanisme homogénéise ses conditions d'exercice, tandis que le rapport de la machine à son constructeur représente une discontinuité de nature, sans commune mesure avec la distinction du parfait et de l'imparfait. La consolidation de la hiérarchie et sa définition comme série ne peut donc se situer qu'au niveau des dernières raisons métaphysiques du mécanisme et non pas au niveau du mécanisme qui constitue pour elle un obstacle : le domaine d'accueil est représenté par ces Formes Substantielles par rapport auxquelles joueront à plein les deux principes de plénitude et de continuité dont il attribue le mérite à Aristote (9), et dont l'extension au monde matériel lui permet de récuser le vide qu'il admet encore dans la « theoria motus concreti ».

Le retour aux Formes Substantielles se situe dans la perspective d'une désubstantialisation de l'espace (10) – l'univers matériel devient pur phénomène – corrélative d'une définition de la substance exclusivement comme « Mens » dont le plus bas niveau est d'être « momentanea », c'est-à-dire, privée de mémoire. L'individuation de cette substance se fait par son « situs » qui représente une différence moins spatiale que perceptive : il n'y a pas deux lieux, c'est-à-dire, deux points de vue rigoureusement identiques sur l'Univers, comme le veut le principe de l'identité des indiscernables (11), ce qui signifie que chaque unité substantielle possède sa différence en elle-même et que cette différence est la définition même de son individualité. La Forme Substantielle est donc une âme(12),et ce concept d'âme s'applique de manière univoque aux anges et aux animaux ; on peut donc concevoir une série parfaitement continue d'êtres, possédant en commun une même nature :

> « Ce qui fait aussi que je suis du sentiment le plus reçu chez les anciens philosophes et chez les Pères de l'Eglise, que les Anges ou ce que les payens appelaient les bons et les mauvais Demons sont *zôa,* et ont eu aussi des Corps animés, quoique bien différents des nôtres, en vigueur et en subtilité. Car je tiens qu'il y a une infinité d'espèces et de degrés de perfection dans les âmes comme dans les corps, et qu'il faut accorder

la perception à toutes les âmes, une Intelligence sublime à celle des Anges, et le sentiment destitué de Raisonnement aux Ames des Bêtes, qu'on ne saurait leur refuser sans faire la nôtre la dernière, qu'il est plus juste de mettre au milieu, puisqu'il est aussi raisonnable de descendre que de monter, afin qu'il n'y ait point ce que quelques-uns applelaient Vacuum formarum. » (13).

Les anges ont donc un corps matériel, ce à quoi ni la Raison, ni l'Ecriture ne s'opposent, mais simplement « l'opinion commune des Ecoles » (14). Or, cette matérialité dépend de leur individualité, c'est-à-dire, de leur position et de leur limitation, qui deviennent principe d'impénétrabilité ou antitypie, et principe d'inertie naturelle, d'où dérivent les rapports d'ordre entre la pluralité des monades, et la définition de l'espace comme ordre de cœxistence répondant aux propriétés internes des substances, conformément au système de l'Harmonie préétablie (15). Les anges se situent donc dans la catégorie générale des êtres dont la matière et l'organisme ne font qu'exprimer l'individualité et la série linéaire qui les ordonne depuis saint Thomas comprend désormais tous les êtres naturels et surnaturels : l'Echelle des Etres ne relie plus seulement le Ciel et la Terre ; elle enveloppe les êtres terrestres dans la rigidité du Règne de Dieu.

Mais ce n'est pas tout : si on trouve chez saint Thomas, avant Leibniz, l'idée d'une hiérarchie aristotélicienne des mouvements et des mobiles (16), et la série angélique, interprétée aussi comme hiérarchie administrative, il faut y ajouter une interprétation de l'ordre des perfections au moyen des concepts de puissance et d'acte (17). Or, dans les êtres naturels, l'antériorité de l'acte sur la puissance qui définit la téléologie est inversée dans la génération qui procède chronologiquement de la puissance à l'acte, de la matière à la forme, et par conséquent de l'imparfait au parfait, comme le montre le devenir des êtres vivants, où l'adulte est plus parfait que le germe, car Aristote ignore la métamorphose des Cirripèdes (18). Si on se souvient alors que la Vie se définit pour les Anciens par l'Ame, que la tradition néoplatonicienne voit dans l'âme la totalité de la hiérarchie des perfections, et qu'elle peut parcourir cette hiérarchie à l'intérieur d'elle-même (19), que le Monde est pour Plotin un seul tout animé qui engendre ses parties (20), la jonction de ces divers thèmes permet de concevoir la hiérarchie des êtres comme analogue à la succession des états de développement de l'univers vivant que l'âme peut reproduire en elle-même, comme le montre la démarche mystique (21). Si on se rappelle enfin que l'homme est à l'image de Dieu, et que l'univers est le miroir de Dieu, on a rassemblé les éléments qui permettent d'accéder à cette définition donnée de l'âme par Leibniz :

« Je ne sais s'il est possible d'expliquer mieux la constitution de l'âme qu'en disant 1) que c'est une substance simple, ou bien ce que j'appelle une vraie unité ; 2) que cette unité pourtant est expressive de la multitude, c'est-à-dire des corps, et qu'elle l'est le mieux qu'il est possible selon son point de vue ou rapport ; 3) et qu'ainsi, elle est expressive des phénomènes selon les lois métaphysico-mathématiques de la nature, c'est-à-dire selon l'ordre le plus conforme à l'intelligence et raison. D'où il s'ensuit enfin 4) que l'âme est une imitation de Dieu le plus qu'il est possible aux créatures, qu'elle est comme lui simple et pourtant infinie aussi, et enveloppe tout par des perceptions confuses, mais qu'à l'égard des distinctes, elle est bornée. Au lieu que tout est distinct à la Souveraine substance, de qui tout émane, et qui est cause de l'existence et de l'ordre, et en un mot la dernière raison des choses. Dieu contient l'univers éminement et l'âme ou l'unité le contient virtuellement, étant un miroir central, mais actif et vital pour ainsi dire. On peut même dire que chaque âme est un monde à part, mais que tous ces mondes s'accordent et sont représentatifs des mêmes phénomènes différemment rapportés ; et que c'est la plus parfaite manière de multiplier les êtres autant qu'il est possible, et le mieux qu'il est possible. » (22).

Si tout l'Univers s'exprime dans chaque âme, et si la position de chaque âme dans l'Echelle des Etres se traduit par le rapport de ses perceptions confuses à ses perceptions distinctes (23), la progression dans l'Echelle se traduit par un développement dans la clarté, de telle sorte que la série des êtres peut se concevoir comme une série de développements gradués grâce à ce parallélisme de l'univers et des âmes que Leibniz confirme dans les termes suivants :

« Il paraît aussi par tout cela que chaque âme étant un miroir de l'univers, doit aller son train comme l'univers même qu'elle représente, sans que ce train réglé d'une âme soit jamais tout à fait interrompu par la mort, qui n'est qu'un sommeil, c'est-à-dire un Etat où les perceptions sont plus confuses, et qui dure jusqu'à ce qu'elles se redéveloppent.

Et comme il y a lieu de juger que l'univers même se développe de plus en plus, et que tout tend à quelque but, puisque tout vient d'un Auteur dont la sagesse est parfaite, on peut croire de même que les âmes qui durent autant que l'univers, vont aussi de mieux en mieux, au moins physiquement, et que leurs perfections vont croissant, quoique cela se fasse qu'insensiblement le plus souvent et quelquefois après de grands circuits en arrière. » (24).

La théorie de la préformation et la théorie du perfectionnement des êtres par développement « symbolisent » donc dans une conception du développement universel, dont l'Echelle n'est que la formule statique. Or, à travers l'Harmonie Préétablie, ce qui vaut pour les Ames vaut pour les machines : « non seulement l'âme, mais encore l'animal doit subsister toujours dans le cours ordinaire des choses » (25), ce qui constitue un corollaire des propositions précédentes, et conduit à l'application du même type d'ordre à la diversité du monde animal. Leibniz pose donc de cette manière le problème d'une série des organismes, à la fois statique et en développement ; il est, de ce fait, responsable de cette réunion des concepts de gradation, de progression et de développement, qui vont permettre de formuler les premières prises de conscience de la temporalité propre au monde vivant, mais pour la soumettre pendant longtemps à l'éternité d'une loi, terme dont l'apparence scientifique dissimule à peine l'origine et la portée métaphysique.

Mais, ce faisant, Leibniz va rencontrer une nouvelle difficulté : Dans l'univers de la Monadologie, quelle est la portée d'un ordre empirique des êtres naturels ? Cette question est celle de la valeur du concept d'espèce, dissocié du concept aristotélicien de forme substantielle qui assurait son fondement intemporel et qui est réservé à un autre emploi. Leibniz en traite principalement dans les « Nouveaux Essais ».

C'est du mot qu'il faut partir : « Quoiqu'il n'existe que des choses particulières, la plus grande partie des mots ne laisse point d'être des Termes Généraux » (26). C'est que pour une connaissance finie et une mémoire limitée, les individus ne sont pas dénombrables ; ils ne sont pas non plus connaissables, parce qu'ils enveloppent l'infinité même de l'Univers (27). Il faut donc faire usage d'abstractions, et ces abstractions intéressent l'Ordre, aussi bien en zoologie et en botanique qu'en ce qui concerne les Etres moraux (28). Quelle est donc la nature des définitions qui répondent à ces abstractions ? En quoi vont-elles pouvoir exprimer des Essences ?

Compte tenu de l'identification des Formes Substantielles à des Monades, il n'est de réalité métaphysiquement fondée qu'individuelle, et par conséquent, il n'est rien d'essentiel qui ne se rapporte aux individus, même s'il existe aussi des propriétés individuelles accidentelles (29). Mais les similitudes, même essentielles, recouvrent toujours des différences qui vont à l'infini, et cet infini pénètre à l'intérieur métaphysique des choses qui est inaccessible à la description. Il s'agit donc de manifester cet intérieur sans chercher à l'épuiser : on peut alors concevoir une série qualifiée des formes ou espèces, qui corresponde de manière finie à la série métaphysique infinie des substances qui la sous-tend, par rapport à laquelle elle manquerait de réalité sans être pour autant privée de signification.

Pour préciser cette signification possible, Leibniz distingue les espèces mathématiques des espèces physiques : en mathématiques, « la moindre différence qui fait que deux choses ne sont point semblables en tout fait qu'elles diffèrent d'espèces », c'est la base du principe de l'identité des indiscernables dont la transposition métaphysique est au cœur de la « Monadologie » ; mais les espèces physiques sont moins rigoureuses : elles se définissent non pas par la génération de la forme, mais par la possibilité du retour à la même forme, c'est-à-dire, par la répétition d'un système de transformations dont la génération biologique fournit un exemple. Les opérations cognitives de comparaison ont donc pour but et pour idéal la description des opérations naturelles de génération, ou du moins leur approximation, car en tant que naturelles, elles enveloppent l'infini : « plus on approfondira la génération des espèces, et plus on suivra dans les arrangements les conditions qui y sont requises, plus on approchera de l'ordre naturel » – c'est donc la loi du développement qui permet la révélation des attributs spécifiques essentiels ; c'est elle qui permet de préférer pour définir l'homme, aux aspects extérieurs monstrueux, la manifestation de la nature intérieure, c'est-à-dire, la raison, qui apparaît au terme du développement, et peut même quelquefois n'apparaître pas, sans que l'appartenance à l'espèce puisse être récusée, tant que l'on peut présumer son existence. Par rapport à cette nature intérieure, les caractères extérieurs ne peuvent avoir que la valeur d'indices, ne permettant que des définitions « imparfaites et provisionnelles ». De ce point de vue, ce n'est pas seulement la loi génétique qui peut entrer en ligne de compte, mais encore les dépendances généalogiques : la naissance compte plus que la figure, et eu égard à ses parents, l'abbé de Saint-Martin avait droit au baptême, si « malotru » qu'il fût. Les attributs essentiels ne répondent donc jamais à des entités abstraites, mais à la constance dans les productions naturelles. Ces attributs, qui ne sont pas entièrement immuables, mais dont la loi interne de production et de variation échappent toujours en quelque chose parce qu'elle est métaphysique, permettent de fonder les espèces, mais en laissant à leur définition quelque chose de conventionnel : Leibniz appelle ces espèces « civiles » ou « légales » ; elles suffisent à la description de l'ordre naturel.

De ces analyses résultent deux conséquences capitales : en premier lieu, si les espèces sont « légales », l'Echelle des Etres qui exprime dans sa rigueur un ordre métaphysique, n'a plus pour la détermination de l'ordre naturel d'une valeur simplement régulatrice : elle fournit un cadre théorique dans lequel bien des variations méthodologiques seront possibles. Cette méthodologie sera fondée sur la pratique des comparaisons, c'est-à-die, le travail de dégagement des Analogies, traitées par Leibniz comme le fondement de la connaissance probable (30), qui est celle de l'Histoire naturelle, perfectionnée par l'« Anatomie comparative » et par la recherche microscopique(31).

En second lieu et dans ces conditions, les mélanges d'espèces, les monstruosités, les changements d'espèce, etc., se ramènent au fait que « nos déterminations des espèces physiques sont provisionnelles et proportionnelles à nos connaissances » (32). Leibniz peut donc admettre que « les espèces peuvent être fort changées par la longueur du temps, comme par l'intervalle des lieux » (33), et ces transformations sont un argument directement opposé à l'idée d'une disparition des espèces (34). Elles sont donc parfaitement compatibles avec la doctrine fondamentale de la création originelle et de l'immortalité des formes substantielles, et c'est ici que l'on voit avec une évidence aveuglante à quel point un transformisme est le contraire d'une théorie de l'Evolution.

Par conséquent, si la « recherche des Analogies » a pour principal intérêt chez Leibniz de confirmer « une connexion graduelle entre toutes les parties de la création », si bien que nous avons tout sujet de penser que « les choses s'élèvent aussi vers la perfection peu à peu et pardegrés insensibles(35),conformément aux implications de la « monadologie », malgré le hiatus qui s'observe entre l'homme et les brutes, et qui doit être comblé par l'existence d'espèces moyennes dans un autre monde ; et si, de ce fait, l'Histoire naturelle peut être comprise comme offrant un simple reflet de l'ordre métaphysique des substances, il s'est produit cependant un déplacement décisif par rapport à Aristote en ce qui concerne le fondement métaphysique de l'Histoire naturelle. Pour Aristote, les formes substantielles fondent l'intemporalité des espèces dont les individus constituent une multiplicité indéfinie d'accidents temporels soumis à la génération et à la corruption, c'est-à-dire au temps, et la science définie comme recherche des causes se détourne du temps vers la considération de ces essences spécifiques intemporelles. Chez Leibniz, au contraire, du fait que les formes substantielles constituent les individus métaphysiques dont les rapports donnent un tissu métaphysique qui se suffit à lui-même dans la plus grande rigueur de son traitement logique et mathématique, le concept d'espèce, décisif pour l'Histoire naturelle, perd sa base traditionnelle pour relever d'un type de connaissance différent et autonome en son principe par rapport à la précédente métaphysique. Le lien des deux domaines, qui justifie cette impression de reflet, n'est qu'un lien d'appartenance globale au même monde, et en ce sens, il est téléologique dans la mesure où la téléologie renvoie à une pensée globalisante.

A cette dissociation primordiale répond ensuite une tentative de définition positive de l'espèce naturelle, comprise comme catégorie fondamentale d'un langage scientifique, d'un discours vrai et contrôlé sur l'ordre des choses de la nature. Leibniz met en avant deux aspects : ce discours physique est un discours dont la vérité est probable, approchée, qui s'appuie sur des indices susceptibles d'un traitement analogique ; mais ces indices et ces analogies sont tendus vers la représentation de moments essentiels de la réalité phénoménale qui les fait se grouper dans une loi génétique, reflet lointain de la génération des formes mathématiques et de la loi de développement des monades, reflet pourtant justifié métaphysiquement par l'Harmonie préétablie qui résume l'essentiel de la téléologie leibnizienne. A travers l'idée d'une loi génétique, c'est la dimension du temps, et non plus seulement l'ordre de l'espace ou de la forme qui devient la caractéristique fondamentale de l'être naturel, et spécialement du vivant qui est plus que la « mens momentanea » des substances inertes ; c'est une loi temporelle qui permet l'intelligence des variations géographiques et géologiques de ces espèces dont le fondement éternel n'est plus que le simple noyau interne d'un système de variations. La correspondance métaphysique de l'individu et de l'univers permet enfin de penser que Leibniz a réuni toutes les conditions qui permettent la formation de cette théorie du Développement qui, après s'être substituée à l'Echelle des Etres à la fin du XVIIIème siècle, va continuer jusqu'à nos jours l'alternative principale de la Théorie de l'Evolution, théorie qui définit un ordre de complexité croissante, qui s'appuie ensuite sur la loi des développements individuels des vivants, pour penser, à travers cette loi, le développement de la vie à la surface de la Terre au cours des temps géologiques dont la dimension va d'amplifier.

6. – LES ANIMAUX.

C'est la fonction régulatrice, et, par conséquent, la signification téléologique de l'Echelle des Etres, qui permettent de rendre compte de sa persistance, voire de son succès, dans la pensée de chercheurs convaincus de son caractère inapplicalbe à la classification des animaux et des végétaux. Il semble même que ce ne soit que chez ses adversaires, par exemple Cuvier (1), qu'elle paraît prendre rétrospectivement une fonction constitutive et directrice, susceptible d'en faire un véritable obstacle méthodologique, contraire à toute saine classification naturelle. Au contraire, Charles Bonnet prend soin de souligner la distance qu'il observe entre l'ordre scalaire et les données de l'observation directe des naturalistes :

> « En crayonnant l'Echelle des Etres, je n'ai nullement prétendu fixer les gradations de la Nature ; je l'ai dit assez : ce n'est qu'une manière d'envisager les Etres et de les parcourir. Il y a sans doute des gradations dans la Nature : les Anciens l'avaient remarqué ; nous en découvrons à l'œil quelques-unes, qui nous paraissent fort caractérisées. Mais l'espèce, l'ordre ou l'enchaînement de ces gradations ne nous sont connues que très imparfaitement. » (2).

Cette Echelle ne constitue pas à proprement parler un « système », terme utilisé par Cuvier, pas même une grille théorique bien définie : c'est une ombre métaphysique, une réalité cachée, pressentie plus que perçue, dont émanent des impressions, « des traits de feu », pour qui contemple la Nature après avoir œuvré ; encore une fois, ces traits ne peuvent être que partiels :

> « Un nuage épais nous dérobe les plus belles parties de cette Chaîne immense, et ne nous en laisse entrevoir que quelques Chaînons mal liés, interrompus, et dans un ordre très différent, sans doute, de l'ordre naturel. » (3).

Nous n'avons donc pas ici le principe d'une classification « naturelle », mais le principe de son impossibilité. Cela ne signifie pas que Bonnet doute de l'existence de cette Echelle, mais qu'il ne peut en retenir qu'un seul aspect dans sa pratique de naturaliste : la continuité, au nom de laquelle il est à l'affût des passages et critique les classes, les genres et les espèces, c'est-à-dire, les catégories qui posent dans la Nature des coupures qu'il juge artificielles. Pour lui, comme pour Leibniz, la véritable Echelle est composée d'« autant d'échelons qu'il y a d'individus », et cette Echelle n'est accessible qu'à la connaissance angélique. Les distributions humaines restent donc nominales, relatives à nos besoins et à nos connaissances ; elles appartiennt à une science qui ne peut pas être une connaissance absolue, ce qui ne signifie pas pour autant qu'elle soit mal fondée, quoique, sur ce point, Bonnet aille moins loin que Leibniz dans la pénétration de ses conditions de possibilité (4).

De la même façon, mais dans des conditions un peu différentes, l'hostilité de Buffon à l'égard du formalisme linnéen et son insistance sur la continuité des productions de la nature, du point de vue moins de la forme que de la fonction, le conduisent à « ne suivre dans nos distributions que l'ordre des rapports que les chose nous ont paru avoir avec nous-mêmes » (5), et non pas un ordre scalaire ou sérial, dans l'élaboration de son projet d'Histoire Naturelle, au fond duquel se trouve l'idée d'une physique du vivant, allant de l'explication des comportements à celle des fonctions les plus élémentaires (6). Donc, si la science, même chez Buffon, reste à l'ombre d'une métaphysique, ses concepts fondamentaux ne sont pas ontologiquement saturés, comme ils l'étaient chez Aristote, au profit d'une souplesse opératoire qui ne garantit pas toujours une totale cohérence historique, mais celle-ci le cède de plus en plus à celle-là. Il est important que l'espèce ne réponde plus exactement ni à un réalisme des formes substantielles, ni à un nominalisme corrélatif d'un empirisme qui définit la connaissance en termes de sensations, qu'elle se définisse par des caractères ou attibuts essentiels qui répondent à une procédure fondée par une théorie portant sur la nature des êtres naturels, et spécialement des vivants. Ombre métaphysique constituant le support lointain d'une histoire naturelle prenant conscience de sa spécificité, et non pas théorie qui lui serait propre, c'est ce qui explique, sans doute, qu'on ne parlera jamais tant de l'Echelle qu'en accumulant les réflexions théoriques et les observations factuelles qui la rendent inopérante et à la limite impensable, attitude exactement réciproque de celle de Cuvier, qui, selon la juste remarque de F. Dagognet, « ennemi juré de la série unique, n'a jamais cessé d'en bâtir une ». (7).

Comment l'Echelle va-t-elle donc jouer quand même le rôle de support de l'Histoire Naturelle au XVIIIème siècle ? En lui définissant simplement un repère et une limite. Le repère, c'est l'homme : tout se passe comme si placer l'homme en position centrale dans la série des êtres, entre les esprits et les corps, confirmait une méthodologie aristotélicienne pour laquelle l'homme constituait la base première des analogies et fournissait le plan général par rapport auquel les animaux pouvaient être traités comme des variations dégradées (8). La limite, c'est le temps présent : l'Echelle a servi constamment d'argument contre l'idée que des espèces peuvent disparaître, que les choses ont pu être différentes de ce qu'elles sont et sans rapport direct de compossibilité avec ce qu'elles sont, c'est-à-dire, que la Création manque d'unité, et que l'homme n'y occupe pas forcément la position centrale que l'on croit.

Dans ces conditions, le XVIIIème siècle est à la fois le siècle de l'Echelle des Etres et de son démantèlement. Ce démantèlement s'opère sous deux formes principales : la démultiplication et la rupture. La démultiplication présente plusieurs aspects ; avec Pallas, les êtres vivants se présentent sous la forme de séries divergentes depuis les organismes les plus simples, auxquels la nature ajouterait successivement des parties nouvelles : l'Echelle est donc remplacée par une progression vers la complexité, par composition, qui permet d'envisager le tableau des espèces sous la forme d'un arbre ramifié (9), représentation qui va plus loin que celle de Buffon, pour lequel la série s'épaissit avant tout en faisceau (10). En face de ces deux conceptions qui respectent une certaine idée de la hiérarchie, la distribution du tableau des espèces en réseau par Hermann implique un abandon plus radical de la série et de la gradation, au profit de l'analyse des affinités (11). Mais sauf chez Pallas entre le règne minéral et les règnes organiques, le principe de continuité continue de jouer son rôle traditionnel, et semble en particulier soutenir le développement des méthodes, en garantissant a priori leur coordination générale et leur caractère naturel : la série méthodique des différences établies à partir d'un type est fondée sur l'opération nuancée de la nature. La reconnaissance de lacunes précises dans l'ordre naturel, quoiqu'elle ait été envisagée avec sérénité par Bonnet à cause du « nuage » qui dissimule l'Echelle, va jouer en fait un rôle plus considérable parce qu'elle va permettre de remonter de problèmes de distribution à des problèmes de métaphysique nouveaux.

Cette reconnaissance actuelle de lacunes dans la ou les séries des formes vivantes peut être interprétée théoriquement de plusieurs manières. Ces lacunes peuvent d'abord être conçues comme accidentelles, et deux possibilités s'offrent alors pour sauver l'intégralité de l'Echelle : les espèces absentes sont soit cachées, soit détruites. Cachées, cela peut signifier être actuellement présentes dans un autre globe ou système, si elles ne sont pas compatibles avec les circonstances propres à la surface terrestre (12), ce qui montre l'usage local du concept de compossibilité, ou même dans une région inexplorée de la Terre ou de l'océan, éventuellement sous la forme d'un simple germe, à l'état dormant (13), comme est imagine Guettard. Détruites, cela signifie que, si l'Echelle représente le plan de la création, l'existence temporelle du monde implique une dégradation qui se traduit par la mort de certaines espèces. dont la place demeure vacante. Mais ces lacunes peuvent ensuite être comprises comme relevant d'un ordre de la nature qui est contradictoire avec l'idée de série unique, et c'est ce qui se passe avec Blumenbach qui lui substitue une conception économique de la Nature, où l'« économie » décrit l'équilibre entre les espèces actuelles dans un secteur géographique déterminé, conformément aux principes posés par Linné, et c'est une nouvelle forme de téléologie qui passe alors au premier plan, plus fonctionnelle que spéculative ou esthétique.

Si on reste dans la perspective d'une méthodologie classificatrice, une des conséquences possibles de l'existence de ces lacunes, c'est la réduction des catégories de la classification à des séries continues entre deux lacunes, et une définition de la continuité par un ordre de ressemblance propre à chaque catégorie, dans laquelle les catégories subordonnées sont également limitées par des lacunes de moindre importance : c'est ce qui se passe pour Daubenton, pour lequel il existe des lacunes non seulement entre les règnes, mais encore entre les classes, les ordres et même les individus (14), mais la disposition de ces lacunes n'est pas systématique, et il peut être nécessaire de les compléter par des coupures artificielles dans de trop longues séries continues. L'œuvre de la nature est donc équivalente à l'artifice du naturaliste, c'est-à-dire, secondaire par rapport à une continuité possible dans la série des formes, qui demeure encore au moins pensables : ne représentent, en fait, des catégories naturelles que les espèces, fondées sur la génération (15). Mais Daubenton dissocie ensuite la distribution sériale et la distribution scalaire, qui, au lieu de se confondre, vont se croiser : les ordres ne doivent plus être rangés bout à bout sur une même ligne, mais vont pouvoir être superposés en fonction de la valeur physiologique de leurs caractères du point de vue de l'économie animale, en un tableau qui fait apparaître une diminution dans la complication de l'organisation d'un ensemble, limité par deux lacunes, à l'autre (16). C'est une dégénération par paquets (17), dont Lamarck se souviendra, et qui orientera l'attention vers la question des dégradations fonctionnelles des organes : préoccupation d'anatomistes comme Hunter et Cuvier. La définition de la dégradation, ou réciproquement de la progression par la complexité décroissante ou croissante des structures prend donc une importance qui semble augmenter proportionnellement à la place que prennent les considérations physiologiques, considérations qui permettent de sauver la hiérarchie, sans trop se soucier de la continuité de la série (18).

7. – *DU SIMPLE AU COMPLEXE.*

L'idée d'un ordre du simple au complexe existe déjà chez Aristote, chez Leibniz et chez Bonnet, mais H. Daudin a montré que cet ordre n'avait jamais servi pour eux de critère unique et exclusif de la progression sériale, bien au contraire (1). A la fin du XVIIIème siècle, la prépondérance de cette idée dans la spéculation des savants implique, par conséquent, un changement de perspective, le changement même qui va permettre la substitution du Développement à l'Echelle.

Depuis l'Antiquité, le Néo-Platonisme a d'abord constitué un obstacle pour un tel mode de lecture de la hiérarchie des êtres, puisque la perfection y est confondue avec la simplicité au niveau de l'Un. Mais cet obstacle semble levé au XVIème siècle où l'on assiste à un retour de la formulation aristotélicienne du thème : l'ordre de composition croissante (éléments, parties anhoméomères ou organiques) s'y inscrit dans la perspective d'un perfectionnement fonctionnel proportionnel à la variété des organes, qui assure la supériorité des animaux sur les plantes. Fernel peut traduire la perfection en termes d'une harmonie et d'une efficacité fonctionnelle impliquant des facultés dont la variété proportionnelle exige une variété correspondante dans les organes, donc une plus grande complexité organique, « ut multiplicem instrumentorum copiam ac varietatem at alias atque alias accomodat functiones ». (2). Mais ce retour s'effectue dans d'autres conditions que celles qui sont réalisées dans la conception ancienne du monde, caractérisées par sa clôture et le style contemplatif de la science qui le prenait pour objet. Une telle mutation est explicitée par Sennert ; ici, c'est la chimie qui va jouer le rôle essentiel :

> « En effet, lorsque Dieu a établi ce monde parfait, dans la constitution des choses naturelles, il a procédé des moins composées aux plus composées et plus parfaites ; et ainsi, dans la nature des choses, on reconnaît la gradation des éléments, sels, soufres et bitumes, terres, pierres, métaux, champignons et truffes, mousses, herbes, fruits, arbres, zoophytes, vers, insectes, poissons, oiseaux, animaux, et enfin, l'homme. » (3).

Comme pour Aristote, les choses simples vont pouvoir entrer dans la formation des plus composées et des plus parfaites : parmi ces choses simples, il y a d'abord les Eléments, tels qu'ils sont compris par Aristote, c'est-à-dire, définis par un jeu qualitatif dont toute individualité se trouve exclue. Mais si Sennert, dans un esprit concordataire qui annonce Leibniz (son futur lecteur), conserve la doctrine des Eléments, il y a pour lui beaucoup plus important : les principes chimiques issus de la doctrine de Paracelse : sel, soufre et mercure, qui eux, sont individualisables parce qu'ils possèdent une forme propre, une activité originale, une perfection particulière qui se révèle aux termes de résolutions chimiques qui libèrent aussi bien des huiles que des vers (4). Bref, ces principes ne sont ni totalement passifs, ni oisifs (5). Donc, les matières ne sont pas seulement les produits des conflits des

Eléments ; leur propriétés sont consacrées par une volonté créatrice particulière qui leur a conféré la forme comme titre de noblesse dont les Eléments sont privés ; il existe de ce fait des hiérarchies de composition matérielles plus complexes qu'Aristote ne pouvait les concevoir, et le degré de perfection d'une forme peut se définir par son pouvoir de commander des formes subordonnées, ce qui vaut en particulier pour les êtres vivants dont l'homme, bien entendu, occupe le sommet :

> « Les corps qui contiennent plusieurs formes au-dessus des Eléments sont dits composés, tels que sont tous les vivants. De là est plus parfaite la forme qui en assujettit plusieurs, qu'elle domine. » (6).

Ces hiérarchies intra-organiques, qui enveloppent la série des êtres, sont donc politiques autant que fonctionnelles. La complexité maximale de l'homme, évidente pour tous ces auteurs, est précisée ainsi par Bacon : si la métaphore du microcosme a conduit Paracelse et les Alchimistes a mettre trop de choses dans le corps humain, il faut tout de même y reconnaître une variété de composition et d'effets qui fait penser à « une sorte d'instrument de musique, d'un travail difficile et exquis » (7). Dans ces conditions, le lien que Bacon souligne entre la composition et la variété des effets tend à permettre la greffe d'une appréciation technique des résultats, sur la « Mixtura » chimique qui devient machine (8).

C'est donc la Chimie qui semble promouvoir la primordialité du simple et la supériorité du complexe dans un ordre d'« eductio formarum e potentia materiae », en reprenant en sous-main la perspective fonctionnelle de l'aristotélisme ; c'est cette lointaine chimie qui est évoquée par Buffon, lorsqu'il superpose l'organisation des animaux et des végétaux à la figuration des minéraux, comme un degré supérieur de complexité, dû à un travail plus pénétrant des molécules organiques dans une matière dont le degré inférieur est marqué par la parfaite homogénéïté (9), tandis que le modèle politique correspondant a été utilisé auparavant par Glisson, lorsqu'il a distingué la figuration, la ramification et l'organisation comme autant de degrés de « confederatio » dans la nature (10). Mais pour confirmer vraiment cet ordre du simple au complexe en le traitant comme un Développement où pourra s'introduire le concept de différenciation, il faut attendre une dernière condition, décisive cette fois : la théorie de la génération par Epigénèse. Auparavant, une telle ordonnance des êtres va rencontrer comme obstacle la définition de la perfection humaine comme principe de classement, comme on peut le constater avec Herder : les analogies se mettent à jouer contre la série.

Pour Herder, la Nature procède en général du simple au complexe à tous les niveaux, depuis l'astronomie jusqu'au monde vivant, en fonction d'un principe de parcimonie dont l'usage est traditionnel : la plénitude la plus riche est produite à partir des moyens les plus simples, donc par combinaison successive. On peut concevoir un chaos primitif, qui contenait les germes de tout ce qui pouvait et devait exister, dont toutes les formations matérielles d'abord, puis toutes les organisations, sont provenues successivement par développement, jusqu'à l'homme, dont la désignation comme Microcosme fait un aboutissement, un couronnement et une récapitulation (11).

Mais, à cette échelle ascendante, qui sera traitée comme une échelle des forces et des fonctions au niveau des êtres organisés (12), Herder superpose une seconde distribution, où l'homme occupe non plus l'extrêmité supérieure, mais une position centrale, par rapport à laquelle les animaux représentent des séries de dégradations divergentes : cette dois, il ne s'agit plus de chimie ou de physiologie, mais de Morphologie : l'homme est alors désigné comme « Hauptform », ou ailleurs, comme « Hauptplasma der Organisation », auquel il est possible de référer comparativement aussi bien le plan général, les caractères externes, que l'anatomie interne des êtres vivants, dont la position systématique peut être alors déterminée par leur plus ou moins grande similitude par rapport à l'homme et par les variations de cette similitude selon les diverses régions anatomiques, systèmes et appareils. Cette superposition de deux ordres différents représente un dédoublement du sens du concept d'organisation, qui manifeste soit un degré de développement justiciable de l'ordination scalaire, soit une variation par rapport à un type, une spécialisation ayant valeur adaptative, que l'ordination rayonnante autour du type humain exprime.

On pourrait penser que l'idée d'un développement dans le temps allant du simple au complexe, est privilégiée chez Herder parce qu'elle décrit l'histoire du monde qui sert d'introduction et de cadre à la philosophie de l'Histoire humaine, mais ce serait renverser la subordination aristotélicienne de la genèse par rapport à l'essence qui subsiste encore, et contredire la position centrale de l'homme comme lien entre deux mondes (13). Parce que l'homme occupe cette position centrale, il doit représenter non seulement l'achèvement de la création entière, mais encore son principe, donc l'être qui lui donne sens, dans lequel elle se rétracte, et à partir duquel en est possible la lecture la plus authentique – lecture qui est donc celle de l'ordre rayonnant, et non pas celle de l'ordre scalaire, même si tout ce qui rayonne dans la création visible à partir de l'homme ne peut en être qu'une dégradation, parce que ce qui rayonne au-dessus appartient au monde invisible des esprits. De ce point de vue, la pensée de Herder serait représentée plus exactement par la systématique de Oken, que par une échelle physiologique comme celle qui a été conçue par Kielmeyer.

Cette même ambiguïté semble avoir été retenue par Kant, qui juxtapose l'idée d'une production de la diversité des espèces à partir d'un schéma commun dont les parties seraient diversement traitées par la « technique » de la nature, et celle d'une genèse dans le temps, dont la gradation se définirait en termes de finalité accrue, que l'on pourrait être tenté de traduire par spécialisation accrue (14). Mais, du fait que Kant, contrairement à Herder, ne définit pas la structure anatomique de l'homme comme l'archétype de toutes les formes naturelles, on peut concevoir ce schéma commun comme une forme simple, originaire, quoique déjà hétérogène, si bien que la production morphologique pourrait se confondre avec une genèse, sur les traces de laquelle l'archéologue de la nature effectuerait ses recherches. C'est ainsi que la forme scalaire l'emporte sur la forme rayonnante lorsque l'archétype représente non plus une essence réelle, mais une idée régulatrice, à l'égard d'un processus mental qui cherche à concevoir le débouché d'une nature sur un monde moral plus qu'à décrire dans leur détail anatomique des séries ou des filiations entre des structures matérielles (15).

Tout se passe donc comme si les points de vue morphologique et zoologique se sont jusqu'ici comportés surtout comme des obstacles à l'élaboration d'une perspective où convergeraient échelle et genèse, si bien qu'une telle convergence apparaît maintenant comme impliquant nécessairement la substitution d'une méthodologie physiologique et d'une théorie épigénétique aux méthodes d'analyse jusqu'ici utilisées et à leurs implications philosophiques. C'est à cette nécessité que Kielmeyer semble avoir répondu.

Un premier trait offert par la Dissertation de Kielmeyer, c'est le traitement équivalent des organismes et des organes : Kielmeyer englobe dans la même computation des formes corporelles, à la fois les individus complets et les organes qui les composent (16). Par conséquent, à un niveau d'abstraction suffisant, les objets et les lois de l'anatomie et de la zoologie vont relever des mêmes concepts, de nature physiologique : l'économie animale, ordre des fonctions dans l'organisme individuel a son répondant dans l'économie naturelle, où les animaux sont censés remplir des fonctions nécessaires à l'équilibre interne à l'organisme du monde, ce dont Cuvier se souviendra. On peut donc concevoir une physiologie généralisée dont le cadre sera celui d'un développement dans le temps aussi bien des organismes que de l'ensemble de la nature à travers une correspondance polymorphe : en premier lieu, le monde animal constitue un système unique dont le système nerveux de chaque individu assure la cohérence (17), idée reprise par Cuvier (18) ; en second lieu, ce système suppose un équilibre des forces, à la fois dans les organisations (19), et dans toute la nature (20) ; et en troisième lieu :

> « Les lois de distribution des forces dans les différentes organisations sont les mêmes que les lois de distribution chez les individus de la même espèce, et chez un seul et même individu à différentes périodes de son développement : ainsi, l'homme et l'oiseau sont dans leur premier âge semblables à la plante et leur force reproductive est active ; plus tard, dans l'élément humide où ils vivent, croît leur irritabilité, et leur cœur est indestructiblement irritable ; enfin, les uns après les autres se forment ls sens, dans le même ordre d'apparition que dans la série des organisations c'est-à-dire de bas en haut ; ce qui n'était d'abord qu'irritabilité se déploie ensuite en faculté de percevoir ou du moins en son organe invisible et immédiat. » (21).

Or, le même principe économique qui assure au XVIIIème siècle l'équilibre des forces dans chaque animal par un système de compensations conservatrices des espèces (22), fonctionne aussi chez Kielmeyer pour la nature en son ensemble, que parce que les destructions que Kielmeyer reconnaît contrairement à Hume, provoquent des variations dans la répartition des forces constantes qui rétablissent l'équilibre naturel global : l'homme peut agir sur la nature dans le cadre de ces destructions, par lesquelles il affirme son pouvoir (23), en organisant la nature autour de lui. Si donc la grande machine du monde paraît progresser en un développement parabolique, et si le développement de l'individu est assimilable au développement de la série des organisations, parce que les mêmes lois sont en jeu, l'ordre génétique lui-même est sous-tendu par une problématique de la destruction, qui renvoie la physiologie de la nature à une paléontologie à travers la question de la mort des espèces : destruction et progression s'équilibrent comme les aspects complémentaires d'un même devenir ancré sur une constance plus fondamentale. Kielmeyer et Cuvier divergent avant tout à propos de la place des équilibres par rapport aux destructions : Kielmeyer ne voit dans les révolutions du globe que des épisodes destructeurs dans un développement unique, par déplacement des centres d'équilibre, alors que Cuvier, plus proche des géologues que des physiologistes, les traite comme les limites d'épisodes qui, en eux-mêmes, possèdent un équilibre qu'elles segmentent (24).

Ce que les contemporains de Kielmeyer vont cependant retenir de cette unité des lois et des forces tant dans la nature que dans les corps vivants, c'est l'existence du parallélisme entre le développement des individus et celui de la série des êtres, que la description embryologique va déplacer de la spéculation physiologique vers la spéculation morphologique, et ceci dès Autenrieth qui introduit l'idée d'une échelle de formes, là où Kielmeyer envisageait des forces (25), parce qu'un chirurgien, contrairement à un physiologiste ou à un chimiste, saisit d'abord le corps sous un aspect structurel, même si cette structure a pour origine une épigenèse. Ce n'est donc que très indirectement que l'on pourrait rattacher la question du parallélisme du développement de la série animale et des individus des classes supérieures à une remarque sommaire d'Aristote reprise par Harvey, selon laquelle les embryons sont dits ressembler à des larves (26) : il faut passer par Kielmeyer, et chez Kielmeyer, il ne s'agit pas d'analogies morphologiques, mais de l'approfondissement théorique des rapports de l'économie naturelle et de l'économie animale avec leurs implications génétiques et hiérarchiques. C'est par là que l'ordre métaphysique des êtres, fondé sur l'expansion de la plénitude divine, dissocié par la recherche zoologique et réduit à la valeur d'une idée régulatrice de la raison, se transforme en une théorie du développement dans laquelle le temps s'introduit dans la nature à partir de l'image d'un temps embryologique, qui recouvre le temps plus sinistre des destructions et du vieillissement du monde.

8. – LA DIFFÉRENCIATION.

La disjonction entre la progression du simple au complexe qui constitue la dimension générale du tableau des classifications encore à la fin du XVIIIème siècle, plus que la définition d'une échelle unique (1), et la perspective physiologique, susceptible de traduction morphologique, telle qu'on voit Kielmeyer la dégager, va s'opérer désormais grâce au concept « physiologique» de différenciation. Ce concept est appelé à jouer un rôle d'autant plus central dans la Théorie du Développement, que la complication progressive des organes par accumulation de différences à valeur fonctionnelle, est le principe de la diversification des organismes, et par conséquent, d'un classement idéalement génétique qui reprendra à son compte le caractère naturel de l'ordre décrit auparavant par l'Echelle, ordre auquel Kant conférait, au titre de principe téléologique, une nécessité régulatrice équivalente à la nécessité d'un principe objectif (2).

L'ordre scalaire est jusqu'ici principalement un ordre de dégradation, et comme cette dégradation est comprise avant tout comme soustraction ou exténuation, les niveaux supérieurs sont caractérisés par une richesse réductible à la multiplicité de parties composantes. Il s'ensuit que, s'il y a développement, celui-ci paraît opérer par composition. L'opération additive que ce modèle suppose est rendue possible par l'existence de la pluralité physiologique des sens, qui permettent l'agglutination et la combinaison des sensations en provenance du monde extérieur : la complexité de l'esprit est acquise depuis la complexité du corps et du monde (3).

Or, d'un point de vue technique, la différenciation est d'abord une opération qui relève du calcul différentiel, c'est-à-dire d'une mathématique, qui porte sur des quantités infinitésimales ou des limites (4). Philosophiquement, ce calcul renouvelle le problème de l'infini actuel, dont la réalité est réciproque de l'idéalité de l'homogène où les différences sont abolies : le fondement du réel mathématique et philosophique est la différence. Mais la différence est aussi « le premier attribut essentiel que comprend chaque espèce de plus que le genre » (5), et qui achève la définition d'une substance, concept qui relève non pas d'une opération, mais d'une constatation : l'extension philosophique du concept de différenciation à la science des êtres naturels supposerait que les constatations de la diversité par le naturaliste, soient sous-tendues par une production des différences par une opération continue, c'est-à-dire, qui enveloppe l'infini, au même titre que la substance apparemment homogène sur laquelle elle s'exerce. A cette condition, le terme de différenciation peut prendre un sens qui dépasse en technicité celui de simple distinction que les naturalistes utilisent quelquefois (6).

Le concept de différenciation, comme opération qui développe l'infini dans la différence, a été introduit par Schelling dans la Philosophie de la Nature, mais cette introduction le met à une distance, également infinie, de son sens mathématique.

Pour Schelling, la Philosophie de la Nature est une branche des sciences philosophiques réciproque de la Philosophie transcendantale :

> « Si c'est la tâche de la Philosophie transcendantale de subordonner le réel à l'idéal, c'est réciproquement la tâche de la Philosophie de la Nature d'expliquer l'idéal à partir du réel : les deux sciences sont donc une seule science qui se distingue en fonction des deux orientations supposées de ses tâches. » (7).

Une telle réciprocité est elle-même fondée sur l'identité originaire de la Nature et de l'Esprit : « la Nature doit être l'Esprit visible, l'Esprit, la Nature invisible » (8). Or, l'analogon naturel de l'Esprit est la force (9) : la Physique qui répond à cette Philosophie est donc nécessairement une Dynamique, dont Schelling dérive le principe de Kant. Kant définit la matière par le remplissement de l'espace, ce qu'il sonçoit au moyen de deux forces antagonistes, la répulsion et l'attraction, qui fondent la distance réciproque des corps (10) : ces forces fondamentales en tant que telles « ne peuvent être dérivées d'aucune autre, c'est-à-dire qu'elles ne peuvent être comprises » (11). Au contraire, Schelling va insister moins sur les forces et sur leur fonction physico-mathématique que sur leur antagonisme qu'il rend philosophiquement intelligible par ce qu'il est censé représenter : l'activité organisatrice de la Nature (12), comme traduction de l'idéal dans le réel. Définir la Nature comme activité, cela implique la supériorité du devenir sur le devenu, et, par conséquent, le traitement des êtres individualisés comme des arrêts précaires et réitérés en différents lieux du développement en nappe d'une seule et même organisation absolue : ce sont les tourbillons provoqués par les aspérités du lit d'un torrent dont l'écoulement est l'image de l'identité éternelle (13). Ces arrêts représentent des états d'équilibre ou d'« indifférence », dont les êtres sont perpétuellement délogés doit par l'antagonisme sous-jacent des forces fondamentales, soit par l'opposition de l'organique et de l'« anorgique », ce qui fait des êtres naturels en général, et spécialement des êtres vivants, des réalités foncièrement mobiles, perpétuellement déchirées entre la recherche de l'« indifférence », et l'impossibilité du repos dans cette indifférence, dont le concept se confond avec celui d'homogénéité et de mort (14). Une telle équivalence fait donc de l'homogénéité un concept-limite : le concept des limites de l'activité de la Nature, définie par le conflit et l'hétérogénéïté.

Le concept de différenciation émerge au cœur de cette activité : la différenciation est cette opération nécessaire qui fonde le degré de diversité des êtres sur le fond d'une identité qui se retrouve ensuite dans la totalisation des différences (15). La seconde loi de Kepler, qui décrit le mouvement des planètes comme elliptique (16), en fournit le modèle :

> « Ainsi, pour passer à la considération de l'autre loi : l'ellipticité générale du cours des planètes n'est rien d'autre que la différenciation de l'égalité exprimée dans la première loi. Les deux unités paraissent comme des identités relatives séparées dans les deux foyers ; l'immanence absolue des deux, qui s'exprime encore dans la premièr loi par le traitement du temps de parcours comme racine carrée de la distance moyenne, se présente dans le point central – et de cette façon, l'ellipse n'est rien d'autre que le schéma général de l'immanence exprimée dans la différence des deux unités réelles, et également, dans cette mesure, elle est l'image du côté purement idéal de la Philosophie, qui ne peut présenter l'identité absolue que sous la forme de la séparation relative des deux unités absolues réelles et idéales. » (17).

Dans la première loi de Kepler, dite loi des aires, Schelling a retenu les notions de distance et de parcours, qui correspondaient à la préoccupation effective de Kepler, et par rapport auxquelles la prise en considération des surfaces est dérivée et même approchée, mais rendue nécessaire par le fait qu'il manquait à leur traitement l'instrument mathématique adapté, à savoir le calcul différentiel (18), qui ne fera pas défaut à Newton, l'un de ses inventeurs. Puisque le concept de différenciation se réfère pour Schelling à la seconde loi seulement, il n'est donc plus dans l'axe de ce calcul, et il ne peut désigner qu'un autre type d'opération que celui dont Kepler souhaitait la naissance pour pouvoir maîtriser l'infini. Il n'en reste pas moins pensable que l'attrait des mathématiques pour Schelling, dont la contrepartie est l'insuffisance de ses connaissances en ce domaine (19), est responsable de son attention pour ce terme, et de l'affaiblissement de sens qu'il lui fait subit, parce qu'il ne pouvait pas en saisir la valeur opératoire précise : cet affaiblissement est même ce qui a rendu possible son transfert d'un usage rigoureux dans l'astronomie mathématique à un usage plus lâche dans la Philosophie de la Nature. Ce transfert est donc le produit d'un malentendu, mais fécond, parce qu'il sera fécondé par l'emploi du terme dans son domaine d'accueil. L'hypothèse que la promotion de ce concept a été induite par la réflexion de Schelling sur les lois de Kepler peut trouver sa confirmation dans le fait que l'emploi du terme dans les textes postérieurs à 1802 contraste avec son absence totale dans l'« Entwurf » de 1799 (20).

Mais entre ces deux dates, Schelling passe aussi d'une Philosophie de la Nature qui équilibre la première Philosophie transcendantale à une Philosophie de l'Absolu où l'antagonisme du réel et de l'idéal se supprime dans l'Identité (21), ce qui se traduit par une terminologie plus abstraite, où la différenciation définit la genèse de la dualité dans l'immanence de l'Identité comprise comme totalité (22), dualité dans laquelle la finitude devient relation. La différenciation se traduit alors dans le réel par l'émergence des forces fondamentales :

> « L'identité de la substance et de la forme, et par là de la pesanteur et de la cohésion est le point central, qui, simplement indivisible, est un ; à l'instant, à partir de la victoire décisive de la différenciation dans la cohésion la plus élevée, la différenciation peut jaillir en deux directions opposées, qu'elle poursuit, d'un côté, par une croissance constante de la puissance négative ou individualisante vers la cohésion relative (car l'absolue ne domine qu'au premier point culminant de la différenciation), de l'autre, par progrès constant du positif, comme opposition à l'individuation, vers l'expansion. » (23).

« La victoire décisive de la différenciation dans la cohésion », c'est la première formulation de la célèbre loi de l'instabilité de l'homogène, que Spencer s'évertuera à faire passer pour le principe « physique » du développement universel. A partir de là, la différenciation est aussi infinie que l'Identité est absolue, et dans l'infinité de son développement (24), elle rencontre le Magnétisme :

> « Il n'y a pas de magnétisme sans différenciation du corps en direction opposée, de telle sorte que, d'un côté l'identité (le général), de l'autre la différence (le particulier), dominent (ce qui s'exprime à travers les deux pôles de l'aimant), à travers l'équivalence complète des deux dans le tout. Cette indifférenciation dans la différenciation se trouve du reste à l'infini et sous la même forme dans les parties du corps aussi bien que dans le tout. » (25).

Or, du magnétisme à l'organisme, il n'y a pas loin : le magnétisme est la force organisatrice universelle et l'Univers est un organisme qui se démultiplie dans l'infinité des organismes subordonnés qu'il contient (26). Par ce biais, la formulation, jusqu'ici abstraite du concept, va se charger des considérations sur l'organisation et l'organisme que Schelling a développée dans l'« Entwurf » de 1799, et qu'il ne récuse pas s'il prétend les dépasser.

L'organisme, c'est l'expression la plus haute du dynamisme organisateur de la Nature, son résultat total et individualisable, la manifestation de son unité, et enfin le reflet de l'Absolu (27), qui culmine dans la subjectivité, et assure la liaison de deux mondes : le monde extérieur et le monde intérieur et supérieur (28). pris en ce sens, c'est lorsqu'il se heurte au monde extérieur qui est le support obligé de son existence et de son exercice, qu'il se contracte et qu'il s'individualise sous la forme de la multitude des êtres qui marquent autant d'arrrêts dans l'élan initial de la Nature : les organismes sont les remous du torrent ; leur origine est purement dynamique, et par conséquent, leur formation ne peut se comprendre que comme une Epigénèse, issue d'un « Bildungstrieb » (29), dont l'équivalent pour les organismes vivants est une « Lebenskraft », située dans le prolongement des activités chimiques et du magnétisme, que Schelling comprend comme l'origine de l'hétérogénéïté dans l'homogénéïté (30). Le magnétisme, concept cosmologique, est alors le fondement de l'organisme qui en démultiplie infiniment les propriétés (31).

Dans ces conditions, s'il existe une série des formes, elles seront la manifestation du développement des forces : l'anatomie comparée ne prendra donc son sens que par la physiologie comparée qui démontre l'existence d'une hiérarchie des vivants fondée sur le rapport inverse de la sensibilité et de l'irritabilité, point sur lequel Schelling se reconnaît tributaire de Blumenbach, Soemmering et surtout Kielmeyer, mais aussi de Herder, pour lequel le développement des fonctions supérieures impliquait le refoulement des forces reproductrices (32). L'anatomie ne fait que confirmer par l'inspection des organes l'existence d'une telle hiérarchie, parce que l'essence des organes est dans les fonctions : c'est en ce sens que la comparaison des cerveaux et des systèmes nerveux permet de construire une série de dégradations des vivants (33).

Or, l'utilisation de l'ordre des dégradations peut signifier deux choses ici : d'une part, que Schelling transpose simplement dans son texte l'ordre habituel suivi par les spécialistes et en particulier, par Kielmeyer ; mais d'autre part, que Schelling ne prend en considération l'ordre du temps que de manière subordonnée, si cet ordre est reconnu comme allant du simple au complexe, de l'inférieur au supérieur. En effet, si toutes les organisations proviennent d'une seule organisation archétypale dont elles expriment les différents degrés de développement, cette proposition n'en a pas pour autant un sens nécessairement historique : la production des êtres dans le temps est discontinue, « denn die Natur musste, um ein neues Produkt hervorzubringen, wieder vorn anfangen » (34), et l'original, que toutes les organisations développent est l'Absolu, c'est-à-dire, aussi bien la fin que le commencement (35). Plus tard, Schelling indiquera explicitement que l'homme est l'Exemplaire en qui sont créées toutes choses (36) , il est donc possible de lire la série analogique des Formes à partir de l'homme, comme le faisaient Herder, puis Cuvier. Cependant, à l'inverse, il n'est pas possible de scinder la vision dynamique de l'Univers et la dimension du temps, qui représente, avec l'espace, une condition de la manifestation et de l'exercice des forces. Schelling hésite alors entre deux formes de temporalité : la temporalité cyclique des évolutions et des involutions réciproques, de l'alternance des différenciations et de l'indifférence (37), et la temporalité linéaire des genèses, seule adaptée à un ordre sérial, que Schelling interprète comme progression vers une Eternité immanente (38), dont la figure est représentée par cette Intelligence dont l'Univers est l'organe et qui se définit comme l'organisation vivante. Or, l'Intelligence a pour symbole la Plante, en tant qu'elle est cause et effet de soi-même, production et produit (39), et, puisque l'Intelligence commande l'organisation du Monde (40), le Monde lui-même est une Plante « dont tout ce qui est, n'est que feuilles, fleurs et fuits, chacun différent, non par l'essence, mais par le degré » (41).

C'est donc au niveau de cette métaphore du Monde-Plante, métaphore reprise de Philon d'Alexandrie (42), responsable par ailleurs de l'Echelle des Etres, transposition platonicienne du songe de Jacob, que le développement par différenciation se joint à une représentation du temps comme progression, et c'est au niveau de cette métaphore seulement que la série des espèces ne peut plus être perçue dans la perspective aristotélicienne des dégradations depuis l'homme. Mais ce qui a changé, ce n'est pas l'ordre lui-même, c'est-à-dire la position respective des êtres, mais l'orientation selon laquelle il est rendu lisible et qui ne peut plus procéder de haut en bas, mais de bas en haut, seule orientation naturelle parce qu'elle est celle de la croissance de la plante, de la multiplication et de la différenciation de ses parties depuis une racine et un tronc. Cette métaphore oriente ainsi l'attention vers les formes les plus rudimentaires, parce que les plus proches de la terre, et engage, puis impose une nouvelle méthodologie, soucieuse des commencements, la seule qui sera vraiment compatible avec l'Epigénèse. On peut en conclure que ce qui est important ici, et pour la science, et pour la philosophie, ce n'est pas l'extension du concept gœthéen de métamorphose, que la métaphore végétale peut véhiculer, ni même celle du concept de différenciation, qui, pour Schelling, représente malgré tout le moment négatif de l'activité organismique, comme toute séparation, dont le moment le plus élevé est représenté par la sexualité (43), c'est l'inversion même de cette lecture de la série, qui permet de penser un temps du développement des êtres, non plus à partir du Ciel, mais de la Terre où le végétal prend racine pour pouvoir croître, Terre dont la Physique de Newton et la Chimie de Lavoisier ont valorisé la connaissance.

La responsabilité de l'introduction directe du concept de différenciation en Physiologie semble incomber, non pas à Schelling, mais à un médecin-naturaliste de l'école de la Naturphilosophie : Kieser, qui utilise le terme dès 1804. Pour Kieser, dans l'organisme total, aussi bien que dans ses parties, la perfection et l'individualité progressent en même temps que la « différenciation » des propriétés physiologiques que sont l'irritabilité et la sensibilité (44). L'image utilisée par Kieser n'est plus la polarité magnétique, mais une polarité simplement géométrique qui lui est parfaitement homologue à un degré supérieur d'abstraction, et qui remplit la même fonction :

« La différence des pôles de l'organisme est construite à partir du modèle de la ligne droite, et comme n'importe quelle ligne est divisible en n'importe quel point de cette ligne, il apparaît nécessairement un dualisme. Il en est de même de l'organisme. La différence des facteurs se construit selon des directions opposées, c'est-à-dire, sous la forme de la ligne droite, si bien qu'il y a une opposition de tendances pour tous les points de l'organisme. A la première puissance, une bipartition de la ligne donne la différence polaire, – à la seconde puissance on recoupe n'importe quelle partie qui redonne deux parties opposées, et ainsi de suite à l'infini. On trouve ce type de différenciation dans l'œil et dans ses parties, et l'on voit dans n'importe laquelle des parties constituées de l'œil le nerf opposé à une artère, et ainsi de suite. » (45).

Comme le monde est lui-même un organisme, et comme la Physiologie est un département de la Cosmologie, le transfert du concept n'implique donc aucun enrichissement de sa signification par rapport à sa première application au Magnétisme, et c'est avec cette même signification abstraite qu'il est repris en 1809 par Oken. Mais si Oken l'applique encore aux phénomènes cosmiques en général (46), il le spécialise aux phénomènes de la vie, dont ce concept permet de décrire l'origine sous la forme du mucus marin, censé être engendré sou l'influence de la lumière par différenciation « ou séparation du pôle fixé à l'élément terrestre » (47). Ainsi, au commencement était le chaotique, et cet état était pour le monde organique, le liquide, d'après Walther (48), ou mieux encore, le visqueux, thème qui garantira le succès des recherches sur le sang, puisque le sang est cette substance éminemment vitale (chair coulante de Bordeu), qui engendre en se dissociant une partie solide et une partie liquide, elles-mêmes protéïformes et censées jouer un rôle dans l'édification et la décomposition des organes. Cet élément Chaotique se diversifie donc en produits matériels variés par différenciation. Mais vingt ans plus tard, chez Heusinger, on retrouve l'usage philosophico-physiologique originaire du concept, qui veut que les forces soient différenciées avant les matières, et ce sont alors les forces qui engagent directement la production des structures (49), c'est-à-dire une organogénie, à partir de l'opposition polaire du centre et de la périphérie, matérialisée par le sac stomacal et l'enveloppe du corps, constituant deux memebranes excrétrices de sens opposé (50). Donc, tandis que Oken continuait à mettre au premier plan l'action différenciatrice de la lumière, et par conséquent la différenciation des parties périphériques de l'organisme, due à l'action des influences cosmiques, ce qui suppose une conception du processus différenciateur soit chimique, soit psychologique (51), mais non physiologique, car la peau est essentiellement la médiation des processus chimiques (52), et le lieu de la sensorialité, avec Heusinger, la transformation du concept de différenciation va de pair avec celle du contenu de la polarité, qui perd sa linéarité dans un organisme clos, dont l'opposition principale est celle du centre et de la périphérie, comprise en fonction de la répartition des forces vitales. Certes, Oken a déjà défini l'organisme par une autarcie comparable à celle des Planètes (53) mais c'est d'une part à l'opposition instaurée par Bichat entre les deux vies, extérieure et animale, intérieure et organique, qu'il faut rapporter l'opposition de la membrane stomacale et de la membrane dermique, de la part de Heusinger qui était histologiste, et cette opposition converge d'autre part avec l'opposition philosophique de l'intérieur et de l'extérieur que Görres traduit dès 1805 en termes de différenciation organologique, à propos en particulier de l'encéphale (54). Lorsque ce concept sera repris par Von Baer, la Naturphilosophie lui aura ainsi donné une valeur essentiellement organologique, parce que les organes sont représentatifs des actions, et par conséquent plus proches que les matières des forces qui définissent les vivants. Organologie et physiologie représentent des recherches réciproques.

Mais auparavant, cette valeur organologique est exploitée par Meckel, le « Cuvier allemand », chez lequel les aspects les plus fortement spéculatifs de l'organologie des Philosophes de la Nature font place à une coordination méthodologique plus poussée du concept de différenciation avec le matériel descriptif qui peut être regroupé dans une théorie du Développement : on le trouve ainsi associé au concept de concentration pour marquer un degré supérieur de l'organisation où les parties ont perdu leur équivalence au profit de leur hiérarchisation fonctionelle dans l'organisme (55), et de leur réduction numérique. Le modèle du processus en question est fourni par la comparaison des membres chez les vertébrés supérieurs et inférieurs, où le progrès se traduit dans le remplacement d'un grand nombre de parties simples, égales et de taille réduite, par un plus petit nombre de parties dont la taille, la variété et la complexité sont accrues (56). L'intelligibilité correspondante lui est conféré non par référence au perfectionnement d'une machine (comme c'était le cas pour la série de composition croissante), mais à l'idée, récente à l'époque, d'une concentration accrue des forces électriques, ce qui constitue une base dynamique parfaitement conforme avec les points de vue spéculatifs de Kielmeyer, de Schelling, c'est-à-dire, de la Naturphilosophie. L'exploitation de ce concept dans le cadre de lois de formation progressive va permettre ensuite un regroupement systématique des identités et des différences qui constituent le matériel de l'Anatomie comparée, mais aussi de l'Organogénie et de la Tératologie (57). Les implications morphologiques de l'usage du concept de différenciation et leur subordination à un point de vue physiologique, se marquent dès le niveau de la forme inférieure par excellence, qui peut se comprendre comme une origine au moins logique : Meckel frère la comprend non comme une goutte de mucus, ni comme un amas d'infusoires à la manière de Oken (58), mais comme un organisme cavitaire dont la poche centrale est l'organe unique où toutes les fonctions sont regroupées. Un tel organisme est représenté par les Zoophytes, que Meckel considère, à la manière de Pallas, comme le point de départ des deux séries, animale et végétale, et dont la position est confirmée par des recherches embryogéniques fondées sur l'Epigénèse comprise par Meckel à partir de Harvey, de Wolff et de Kielmeyer, qui supposent une forme équivalente à la base de toute organisation (59).

Mais le concept de différenciation ne parvient pas à recevoir toute sa portée chez Meckel parce que la point de vue épigénétique est contrebalancé par une prédominance méthodologique du point de vue analytique dans l'exposition des faits de l'Anatomie humaine et comparée. Dans son « Handbuch der menschlichen Anatomie » de 1816, Meckel souligne bien la possibilité de réduire toutes les différences du corps humain à un même type primitif, mais la dérivation des formes structurales à partir de ce type fournit un système dont les combinaisons reposent sur l'existence de parties élémentaires simples, dont le corps est composé. Cette analyse renvoie donc à un modèle de composition (60). Combinaison, complication, composition se substituent donc dans l'analyse anatomique à la perspective génétique d'une dérivation par différenciation, si bien que les deux points de vue, sans se contredire explicitement, semblent s'exclure, et cette exclusion s'effectue aux dépens du concept de différenciation qui n'a pas la place qu'il devrait avoir dans une conception plus résolument génétique. Les onze lois de la forme organique énumérée par Meckel représentent donc moins les processus identifiables d'un développement que les conséquences générales et abstraites des descriptions et comparaisons anatomiques, formulées en termes très généraux, telle cette huitième loi, qualifiée de loi de développement, et qui se ramène simplement à ce que :

> « aucun organe n'a exactement les mêmes qualités à toutes les époques de son existence »

et qui repose non sur la croissance des différences, mais sur la réduction des analogies :

> « L'analogie est d'autant plus grande entre les divers organes et les diverses régions du corps, que chaque organe respectif et l'organisme entier sont plus rapprochés du moment de leur origine : l'organisme est donc d'autant plus symétrique qu'il est plus jeune. » (61).

C'est dans ce contexte que s'insère la loi de l'analogie entre les degrés de développement encourus par l'homme depuis son origine fœtale, et les formations constantes de la série animale, déjà développée en 1811 dans les Beyträge : elle se représente comme le simple produit d'une mise en correspondance de descriptions, qui évoquent un fondement métaphysique commun dans l'unité transcendante d'une matière et de forces d'origine cosmique, conformément aux conceptions de la Naturphilosophie. Il n'y a pas encore ici d'explication génétique par transposition du modèle embryologique du développement individuel à la série animale, qui serait alors produite elle-même par Epigénèse, quoique Meckel se dise épigénétiste d'inspiration, parce que l'Epigénèse n'est pour lui qu'une série d'affirmations de principe simplement métaphysiques (62). De ce fait, le concept de différenciation n'a pas beaucoup d'occasions de pouvoir fonctionner : Meckel ne l'emploie que très peu, et il n'en fait jamais l'objet d'une analyse un peu longue. Il continue cependant à utiliser le terme, et, indépendamment du terme, le concept d'une production des différences à partir d'une origine plus homogène et plus simple, est utilisé dans certaines occasions, comme la séparation du système vasculaire et du canal intestinal chez les Invertébrés (63), la dissociation entre le système cutané externe et la membrane intestinale chez les échinodermes (64), ou l'embryogénèse des animaux supérieurs, comparée à celle des Invertébrés (65). Ce concept représente donc bien une constante dans sa philosophie de la forme vivante, qu'il réaffirme dans son « Traité d'Anatomie comparée » dans les termes suivants :

« La marche insensible des développements et des perfectionnements d'une fraction organique et d'un organisme, qui, n'étant que la somme de ces fractions, est régi par les mêmes lois, se manifeste : 1° par l'apparition des parties dissimilaires au sein d'un tout homogène, c'est-à-dire par l'augmentation progressive de la variété ; 2° par la réunion en un tout des parties distinctives du même organe, séparées au premier point où on les rencontre dans la série animale. » (66).

A cette méthode descriptive et statique, où l'idée de composition contrebalance le concept de différenciation, il faut ajouter les réticences de Meckel devant l'idée d'une parenté génétique réelle entre espèces distinctes comme obstacle supplémentaire à l'utilisation de ce concept, qui, lorsqu'il est utilisé, n'indique aucun processus temporel effectif, mais l'ordre commun de dispositions comparables :

« Mais autant est évidente cette unité d'un type organique, autant le mystère répandu sur la cause profonde, qui rend possible de ramener les différentes formes à ce type, est difficile à dissiper. Cette cause réside incontestablement dans l'identité de la force, qui fait sortir du néant et anime toutes les formations animales. Les produits de cette force peuvent donc bien éprouver des modifications considérables par suite d'une foule de circonstances, mais jamais à un point tel qu'il soit impossible d'y reconnaître le type organique général. Aussi, n'est-il pas nécessaire d'admettre, pour expliquer l'existence de ce type, que tous les organismes soient des transformations insensiblesd'un organisme primitivement unique, quoique la possibilité de tout rapporter à un seul type dépende sans doute aussi, en partie du moins, d'une métamorphose semblable. » (67).

Si donc il existe un type organique général, à caractère originaire, considéré comme le noyau identique de toutes les différences, sans que l'on puisse y voir un schéma morphologique, comme c'est le cas chez Kant qui se réfère à la constance du squelette, ou chez Goethe, où le type général manifeste encore la triplicité du corps humain définie par Platon, et si le fondement de ce type réside dans la force productrice des êtres, Bildungstrieb de Blumenbach, torrent des organismes de Schelling, ce type est l'expression non pas d'un devenir temporel des espèces à partir d'une forme primitive, mais de la dépendance radicale de la morphologie par rapport à la physiologie dans la production directe, et peut-être séparée de chaque vivant, comme pour Schelling. Dans ces conditions :

« ... l'anatomie ou la science de la forme affectée par les êtres organisés, n'est qu'une partie de la physiologie, qui est la science de la nature de ces mêmes êtres. » (68).

Ce primat d'une physiologie du développement sur l'Anatomie comparée aurait dû faciliter l'usage du concept de différenciation, mais si ce n'est vraiment pas le cas, c'est que, outre les obstacles déjà signalés, il manquait encore à Meckel ce qui va assurer par la suite le triomphe et la diffusion de ce concept : une doctrine embryologique consistante, capable de coordonner autour du noyau épigénétique issu de la Theoria Generationis de Wolff un corpus suffisamment élaboré de données morphologiques confirmant l'existence des processus correspondants. Or, il semble que Meckel, anatomiste, orienté de ce fait vers la seule organogénie, complétée par la tératogénie descriptive, soit passé à côté des travaux de l'Ecole de Wurzbourg de 1817, dont sortira l'Embryologie et qui vont être à la base de la synthèse morphologique et embryologique de Von Baer. C'est donc chez Von Baer que l'on trouvera l'élaboration la plus complète du concept de différenciation, dans des pages qui semble appartenir à une autre génération scientifique.

9. – CONCLUSION.

De l'Echelle des Etres à la Théorie du Développement par Différenciation, on assiste donc à une inversion philosophique de la lecture d'un ordre naturel hiérarchique dont dépend l'ordonnance des espèces vivantes. Cette inversion de lecture n'a été elle-même possible qu'à partir du moment où cet ordre hiérarchique a été séparé du fondement ontologique qui avait permis sa construction, séparation de la Forme substantielle, réalité métaphysique devenue chez Leibniz individualité radicale, et de l'espèce naturelle fondée désormais sur l'opération légitime du naturaliste qui vérifie empiriquement la validité des attributs essentiels permettant de l'établir. Mais, en dernier ressort, la référence à Dieu de l'ordre métaphysique aussi bien que de l'ordre naturel demeurait un obstacle pour tout autre lecture que celle qui procédait de haut en bas, et que la doctrine d'Aristote confirmait encore sur le plan de la méthodologie de l'Histoire Naturelle. L'Homme demeurait ainsi la clef du système de la nature, dont procédait l'intelligibilité des espèces et de leurs variations.

Pour qu'un tel système puisse se défaire, il fallait donc non seulement que les espèces soient séparées des êtres, mais encore que la Nature soit séparée de Dieu, ou soit traitée comme l'équivalent de Dieu. Compte tenu des malédictions qui ont pesé sur l'idée d'une séparation de la Nature et de Dieu – dimension majeure de l'histoire de l'Epicurisme – c'est la seconde procédure qui s'impose à un moment où les sciences physiques ont fait de la Nature en elle-même, non plus un simple reflet, mais une réalité consistante et philosophiquement importante. C'est la raison pour laquelle une Philosophie de la Nature, où la Nature est pensée comme l'autre côté de Dieu, est le lieu où cette inversion peut être justifiée spéculativement par une métaphore équivalente à celle de l'Echelle des Etres, mais de sens opposé, celle du Monde-Plante.

Mais, pour qu'une telle opération puisse être prise en considération par les sciences naturelles, il fallait qu'elles aient élaboré les conditions de son accueil, tant sur le plan méthodologique et théorique, que sur le plan des connaissances empiriques elles-mêmes : il fallait que les problèmes de classification aient été confrontés aux conditions de l'existence des êtres dans la Nature, c'est-à-dire que la série des formes soit comprise dans la perspective d'une physiologie et d'une Economie naturelle qui démontrent la nécessité de penser la production des formes jugées supérieures parce que les plus complexes à partir des plus simples. De même, la métaphore du Monde-Plante reste d'abord pour Schelling la vision philosophique qu'elle était chez Philon, mais pour que l'image d'une arborescence devienne l'image effective du regroupement scientifique des espèces vivantes, il fallait aussi que la distinction des espèces soit fondée sur le modèle d'une différenciation de branches à partir d'un tronc, il fallait que cette différenciaton soit pensée comme un processus : il fallait donc que le concept de différenciation puisse être élaboré en regard d'une théorie Epigénétique qui fasse entrevoir sous le jour correspondant les processus réels du développement individuel des êtres vivants. Toutes ces conditions une fois réalisées, tout se passe comme si l'image de la Plante s'abolit dans le modèle d'une embryogénèse qui va permettre de penser le développement du règne animal aussi bien de manière scalaire que de manière arborescente, et qui paraît donc suffire pour passer de l'Echelle au Développement : la métaphore du Monde-Plante et la Philosophie de la Nature qui lui a servi de matrice peuvent alors disparaître ; Schelling n'appartient pas à l'histoire de la science.

Or, ce concept de différenciation, utilisé d'abord par les mathématiciens, n'a rejoint les questions de distribution systématique qu'en traversant une astronomie, une physique du magnétisme et de l'électricité, une chimie des affinités, une physiologie épigénétique, – tous domaines où l'esprit est affronté aux phénomènes naturels et à l'espace et au temps, qui constituent leurs conditions d'existence. De ce fait, si un développement des êtres est pensable, ce développement implique du temps et par conséquent promeut une pensée du temps auquel il confère la linéarité dans la succession des progrès, linéarité qui ramène la répétition à un statut à la fois fondamental – le changement se signifie par rapport à une permanence – et subordonné, parce que les êtres sont devenus des étapes dans une progression. En même temps, la nécessité d'un ancrage de ce développement dans une Nature terrestre fait de la Terre une origine absolue, une matrice universelle. S'il n'est donc pas encore question d'une parenté des êtres vivants entre eux, il est hautement question de leur parenté plus fondamentale avec la Terre.

C'est une telle parenté des vivants, du Temps et de la Terre qui émerge aussi à travers la rencontre du concept d'Economie, intérieure à la fois au vivant et à la Nature, et de la reconnaissance de la mort des espèces, rencontre qui va apparaître avec Cuvier comme la condition simultanée d'une Anatomie comparée et d'une Paléontologie dont le tableau ordonné des espèces devient radicalement tributaire. A l'époque même où se réalisent les conditions d'une pensée de la vie comme Développement, apparaissent donc aussi les deux sciences qui apportent à cette pensée un riche contenu scientifique et les éléments d'une critique fondamentale au terme de laquelle lui succède une théorie de l'Evolution qui exorcise définitivement l'ombre de l'Echelle – ou, du moins, le prétend.

Chapitre II

L'ÉCONOMIE ANIMALE

1. – CUVIER.

La leçon dans laquelle Cuvier pose les fondements théoriques de l'Anatomie comparée moderne a reçu pour titre : « Considérations préliminaires sur l'Economie animale » (1). L'importance de cette Leçon peut être soulignée d'un double point de vue : celui du destin de l'Anatomie comparée au XIXème siècle, et celui des conditions qui ont rendu possible sa naissance. C'est de ce second point de vue qu'il faut maintenant partir.

Avant Cuvier, le caractère rudimentaire de l'Anatomie comparée signalé par les Encyclopédistes est attesté encore par les spécialistes des Pétrifications qui ne peuvent y trouver un matériel suffisant de comparaison pour parvenir à identifier les fossiles vertébrés à l'exception de quelques mammifères. En effet, comme le souligne Cuvier, s'il existait depuis longtemps de nombreuses monographies, et si on constate en particulier à la fin du XVIIIème siècle un regain d'intérêt pour cet ordre de recherches, étouffées au milieu du siècle par le succès de Linné, il n'existe pas d'ouvrage général sur l'Anatomie comparée avant les célèbres « Leçons », publiées par Dumeril en l'an VII et Duvernoy en l'an XIV, en avance sur le Manuel plus restreint de Blumenbach, de 1805. La particularité de ces ouvrages, qui leur fait rejoindre certains aspects des traités d'Aristote et de Galien sur l'Anatomie et la Physiologie comparées, et qui les oppose aux travaux anatomiques qui les ont précédé, spécialement à la contribution de Vicq d'Azyr à l'Encyclopédie méthodique, c'est qu'ils adoptent l'ordre des organes et non plus l'ordre des espèces qui tendaient à faire des ouvrages antérieurs des collections de Monographies (2).

Le choix de l'ordre des organes plutôt que celui des espèces implique en effet une décision d'importance fondamentale quant à la place que devra tenir l'Anatomie comparée dans le groupe des sciences qui ont pour objet les corps vivants : au lieu d'être subordonnée à la Zoologie, dont elle complèterait simplement le catalogue de caractères en montrant l'accord qui existe entre les caractères internes et externes, et de se trouver de ce fait dans une situation de dépendance par rapport à la philosophie de la Zoologie, elle devient pour Cuvier le seul fondement empirique possible d'une physiologie pour laquelle la nature même du vivant implique sa dénaturation totale par l'intervention lésionnelle et la mort, et limite donc la possibilité et la portée de la méthode expérimentale (3). Mais l'intelligibilité d'une telle physiologie suppose une théorie au moyen de la quelle la fonction se trouve liée d'une part à la forme, la structure et la texture de l'organe, en un mot, à ses propriétés visibles, et d'autre part, aux exigences de la viabilité de l'individu en son ensemble, qui supposent pour chaque organe une place dans l'ensemble organique, telle que les particularités de cet organe sont réciproques des particularités de tous les autres organes et de celles de l'individu vivant dans ses rapports avec les conditions d'existence qui lui sont faires par son environnement géographique. Le rapport de l'Anatomie comparée à la zoologie n'est donc pas supprimé, mais transformé, et cette transformation suppose celle de la Zoologie elle-même, qui, de descriptive et classificatrice, doit devenir explicative, en se tournant vers l'existence même des animaux et l'analyse de ses moyens, conformément à une perspective qui était celle d'Aristote, ou encore de Buffon, plutôt que de Linné. Dans ces conditions, les groupes taxonomiques (4) vont se définir en fonction de deux variables : leur degré de composition ou de complication, et la dépendance de leur organisation par rapport à leur mode de vie.

Une telle définition des groupes est réciproque de la méthodologie : la comparaison anatomique permet la construction de tables de présences, d'absences, et de variations, dont la confrontation permet de déduire la raison des rapports et des différences comme le veut Camper (5), sous la forme d'un perfectionnement capable de se traduire en multiplication des aptitudes, réciproque d'une augmentation de la complexité organique, tant de l'organisation en son ensemble, que de chaque appareil ou organe suivant la variation des besoins à travers tout le règne animal. La première question est donc celle de la signification de cet ordre du simple au complexe – question d'actualité à l'époque, abordée très tôt par Cuvier, puisqu'elle transparaît dans sa correspondance avec Pfaff sous deux formes : un projet d'histoire naturelle générale et une discussion de la grande chaîne des Etres.

Le projet d'Histoire naturelle générale est formulé à partir d'une triple référence : à Aristote, pour la comparaison des espèces et l'établissement des résultats généraux qui en découlent, à Pline, pour avoir embrassé toute la Nature, sans la diviser « stupidement » en trois règnes, et à Linné pour avoir défini le but de cette Histoire comme Oeconomia Naturae (6). Cuvier caractérise ce projet de la manière suivante :

> « Je pense qu'on devrait rechercher soigneusement les rapports de tous les êtres existants avec le reste de la nature, et montrer surtout

leur part dans l'économie de ce grand Tout. En faisant ce travail, je voudrais qu'on partît des choses les plus simples, par exemple de l'eau et de l'air, et qu'après avoir parlé de leur influence sur l'ensemble, on passât peut à peu aux minéraux composés ; de ceux-ci aux plantes, et ainsi de suite, et qu'à chaque pas, on recherchât exactement le degré de la composition, ou, ce qui revient au même, le nombre des propriétés que ce degré présente de plus que le précédent, les effets nécessaires de ces propriétés, et leur utilité dans la Création. » (7).

La Nature apparaît ainsi comme un immense système de propriétés dynamiques, en interaction les unes avec les autres, comme pour Kielmeyer ou dans la Naturphilosophie alors en gestation, si bien que les êtres sont particularisés moins par leurs caractères que par la place qui leur est définie dans ce système, dont l'harmonie d'ensemble est jugée comme directement providentielle : Cuvier recommance à Pfaff la lecture des « Etudes de la Nature » de Bernardin de Saint-Pierre, comme un texte qui répond jusqu'à un certain point à ses propres idées, ce qui souligne pour lui l'importance de l'idée d'un équilibre et d'une harmonie du Tout de la Nature, comprise à partir d'un réseau de convenances et de compensations ramifié à l'infini, sous lequel il voit des structures, des formes et des mécanismes, dont l'agencement reste fondamentalement voulu par une intelligence créatrice et artiste (8). Cuvier pense en termes classiques de composition, et non en termes romantiques de genèse par différenciaton.

La question de la Chaîne des Etres est soulevée à la suite d'une discussion sur l'espèce et la variété engagée à propos des différences raciales (9). Ce problème de la distinction de l'espèce et de la variété y relaie le problème du choix des caractères en vue d'établir un système, caractères qui ne doivent pas être les plus « frappants », mais ceux qui permettent une discrimination rigoureuse, et qui, pour ce faire, doivent être tirés d'une partie à la fois reconnaissable et « composée », c'est-à-dire, servant de support à de multiples différences. Cuvier pose donc le problème en systématicien et non pas en physiologiste, d'où ses réserves sur l'usage du critère d'interfécondité. C'est aussi en systématicien qu'il exclut la couleur de la liste des caractères et l'usage raciste qui peut en être fait, parce qu'elle relève de l'action physiologique du soleil, et dans le prolongement de cette exclusion, il récuse l'idée d'ine infériorité intellectuelle des nègres. De ce fait, l'espèce est confortée aux dépens des variétés qui ne sont que des variations. Or, cette soi-disant infériorité intellectuelle a été aussi rapportée à des différences anatomiques « curieuses » observées dans le cerveau et les nerfs, ce qui est également inadmissible : expliquer les facultés intellectuelles par des différences anatomiques est « ridicule ». Passons maintenant de cette discussion particulière au problème général évoqué par l'idée d'infériorité : s'il existe une série des dégradations ou des infériorités, c'est-à-dire, « une grande chaîne qui relie dans la nature les êtres les uns aux autres », on pourra se demander sur quels caractères on pourra la déterminer : sur les facultés de l'entendement, ou comme le veut Pfaff, sur les formes extérieures, auxquelles Cuvier ajoute « les formes anatomiques intérieures » dans le concept général de « rapports matériels ». Cuvier souligne alors que les facultés intellectuelles, même si elles ne dépendent pas de rapports locaux avec l'organisation animale, ont des rapports généraux avec cette chaîne qui ne peut être pensée que globalement :

> « Si cette chaîne existe réellement, elle doit reposer manifestement sur l'ensemble des propriétés d'un corps, et pas simplement sur telle ou telle de ces propriétés, ou si l'on veut admettre autant de chaînes (ce qui me semblerait plus d'accord avec l'expérience) qu'il y a de propriétés ou de fonctions dans une chose, par exemple une chaîne intellectuelle, une chaîne circulatoire, une chaîne respiratoire ; avec laquelle de ces chaînes pourrons-nous dire que la génération est en harmonie ? Qui nous a dit que les animaux qui se ressemblent par la forme de la tête et des pieds, etc..., peuvent seuls se féconder, quand même ils différeraient de beaucoup à d'autres égards ? Qui nous a dit que, pour une fécondation réciproque, une ressemblance dans les facultés intellectuelles ne soit pas également nécessaire ? » (10).

L'affrontement entre l'usage possible du critère d'interfécondité pour définir l'espèce, et les problèmes généraux d'une définition des caractères et de l'ordre sérial, conduit donc Cuvier non seulement à démultiplier la chaîne générale en séries fonctionnelles, mais encore et surtout à substituer au concept de caractère celui de rapports. C'est ce concept de « rapports » qui permet à l'Anatomie comparée, non seulement de se substituer à une physiologie expérimentale estimée impossible, mais encore de devenir une science réciproque de la Zoologie, et par conséquent de même dignité, comme Cuvier l'établit en 1817, en définissant son projet le plus général :

> « trouver un système zoologique propre à servir d'introduction et de guide dans le champ de l'Anatomie, et un corps de doctrine anatomique propre à servir de développement et d'explication au système zoologique. » (11).

Or, en 1790, la Zoologie existe, mais il n'existe pas encore de doctrine anatomique constituant un corps de principes. Une révision du système zoologique dans la perspective du développement de l'Anatomie implique donc l'élaboration préalable de ces principes : c'est le premier travail auquel il faut se livrer, et la première des « Leçons d'Anatomie comparée » en fournira les résultats, qui montrent ce qu'il faut penser par « rapports ».

Le concept d'Economie, qui apparaît dans les Lettres envoyées à Pfaff sous la forme d'une mention à l'Oeconomia Naturae, s'y présente aussi dans une expression comme « l'économie des coquilles » pour désigner les rapports physiologiques et éthologiques observables chez la Moule (12), semble réciproque de l'usage le plus général de ce concept de « rapport » en Histoire naturelle, car il permet de réunir l'ordre propre au système de la Nature et l'ordre caractéristique de l'organisation des êtres vivants. S'il apparaît dans le titre de cette première « Leçon », c'est donc qu'il est devenu le concept clef de la théorie de la vie et des vivants dans laquelle Cuvier élabore les principes de son Anatomie comparée ; de ce fait, il prend une valeur fondatrice par rapport à cette dernière, et indirectement, à travers l'Anatomie comparée, il contribue à la transformation de la Zoologie au début du XIXème siècle, et à l'émergence d'une Biologie, comme science générale de la Vie. Les rapports biologiques, au sens le plus large, sont d'abord des rapports économiques.

2. – *ECONOMIE ET ANATOMIE.*

L'Economie animale est d'abord, pour Cuvier, l'objet de la science physiologique dans toute sa généralité, la source de toutes les manifestations propres au vivant et le principe de leur harmonie, autrement dit, l'expression immédiate de la vie telle qu'elle se perçoit comme un ordre et comme un lien :

> « L'idée de la vie est une de ces idées générales et obscures produites en nous par certaines suites de phénomènes que nous voyons se succéder dans un ordre constant et se tenir par des rapports mutuels. Quoique nous ignorions la nature du lien qui les unit, nous sentons que ce lien doit exister, et cela nous suffit pour nous les faire désigner par un nom que le vulgaire regarde comme le signe d'un principe particulier, quoiqu'en effet ce nom ne puisse jamais indiquer que l'ensemble des phénomènes qui ont donné lieu à sa formation. » (1).

Puisque la vie est un lien, et non pas une entité ou une force, puisque la cohésion d'un ensemble constitué par le corps, qu'elle assure contre l'effet dissolvant des lois générales de la nature, est la raison de tous les phénomènes sensibles et qualitatifs offerts par le vivant, tandis que la mort est le retour au libre jeu des affinités chimiques caractéristiques des substances qui le constituent (2), elle est une Economie, parce que l'économie décrit l'effet de totalisation harmonique par lequel elle se conserve en liant les affinités chimiques en activités organiques où ensemble et parties sont réciproques : la distribution économique des matières est ainsi la raison des structures qui sont autant de « foyers » d'échanges, tant qu'elles ne sont pas « durcies » et « obstruées » au point d'interrompre la mobilité de ces échanges :

> « Ce mouvement général et commun de toutes les parties est tellement ce qui fait l'essence de la vie, que les parties que l'on sépare d'un corps vivant ne tardent pas à mourir, parce qu'elles n'ont point elles-mêmes de mouvement propre, et ne font que participer au mouvement général que produit leur réunion, en sorte que, selon l'expression de Kant, la raison de la manière d'être de chaque partie d'un corps vivant réside dans l'ensemble, tandis que dans les corps bruts, chaque partie l'a en elle-même. » (3).

Comme le problème de l'origine et de la nature de ce lien n'est pas scientifiquement soluble pour lui, puisque les matières et les mécanismes physiquement explicables en dépendent sans pouvoir le constituer, il faut le référer à une force spéciale (4), réciproque d'une composition matérielle susceptible de transmission et de développement, c'est-à-dire, capable de produire une organisation complexe, où les parties sont diversifiées en organes et en fonctions qui reposent sur les propriétés mécaniques et chimiques de la composition fondamentale. Cuvier traduit ainsi les limites de l'intelligibilité du vivant d'un côté par l'adoption d'une conception préformationniste de la génération, et de l'autre, sans que pour autant on puisse juger les phénomènes vitaux comme totalement différents des phénomènes naturels, par un agnosticisme scientifique ; l'impossibilité de recomposer non seulement les vivants mais même leurs fluides, le conduit à s'en tenir à une « exposition empirique », qui exclut un « système raisonné », c'est-à-dire, intégralement explicatif : « tous nos travaux sur l'économie organique se réduisent à en faire l'histoire » (5). Ce caractère historique confirme l'Anatomie comparée dans son rôle de science fondamentale de la vie, qui se substitue à la physiologie, parce que là où la décomposition et la recomposition échouent, la comparaison reste possible, et permet d'établir des constantes, ou des analogies, qui, comme le voulait Leibniz, réalisent au niveau d'une connaissance probable, un équivalent Baconien des lois de la nature, auquel Cuvier attribue cependant une égale nécessité.

En effet, l'Anatomie comparée est une science parce que ses lois sont rigoureuses. La scientificité répond ainsi pour Cuvier à deux modèles d'intelligibilité : une intelligibilité mathématique, par construction, qui est ici en échec, et une intelligibilité fondée qur la découverte de nécessité de fait, résultant de l'observation des rapports naturels. Pour ses contemporains, la « loi » de l'attraction universelle relève de ce second type, et il y ramène les rapports que l'on peut établir entre les fonctions et les organes chez les vivants :

> « C'est de cette dépendance mutuelle des fonctions et ce secours q'elles se prêtent réciproquement, que sont fondées les lois qui déterminent les rapports de leurs organes et qui sont d'une nécessité égale à celle des lois métaphysiques ou mathématiques : car il est évident que l'harmonie convenable entre les organes qui agissent les uns sur les autres est une condition nécessaire de l'existence de l'être auquel ils appartiennent, et que si une de ses fonctions était modifiée d'une manière incompatible avec les modifications des autres, cet être ne pourrait exister. » (6).

Autrement dit, le lien incompréhensible des matières en un tout qui constitue le corps vivant, est le réceptacle du jeu intelligible des fonctions, dont le principe est l'existence du vivant, dont la nécessité est téléologique : est donc historique une science dont le principe est téléologique, et la nécessité fonctionnelle.

Reste à définir l'ordre interne d'une telle science ; c'est l'objet du 4ème article de cette 1ère « Leçon d'Anatomie comparée », qui est intitulé : « Tableau des rapports qui existent entre les variations des divers systèmes d'organes » (7). Ce mot « tableau », associé à « rapports » et « variation », évoque les tables Baconiennes dont un tableau général peut récapituler les résultats (8). Mais l'introduction du terme « combinaison » permet de dépasser le plan d'un catalogue de constatations dans la direction du traitement d'un système de compossibles sous-jacent à la réalité observable, transféré, pour ainsi dire, du calcul de l'entendement divin qui crée le Monde à partir du principe de raison suffisante, aux conditions d'existence propres à l'être vivant. C'est donc une Logique interne du vivant, représentative d'une raison immanente, qui apparaît ici, logique qui permet de définir un système de dépendances fonctionnelles dont la nécessité est celle de l'existence originaire de ce lien fondamental qui constitue la vie. Ces dépendances sont ainsi des

« liaisons », en un sens non pas descriptif, mais constitutif (9) : la téléologie n'est pas seulement réfléchissante, mais déterminante et heuristique. Ces liaisons téléologiques sont fonctionnelles parce que les exigences vitales se définissent en termes de fonctions à remplir, parmi lesquelles les unes sont des implications directes de la composition matérielle qui est directement associée à la manifestation de la force vitale comme condition de son exercice, par exemple la nutrition, tandis que les autres, à savoir les fonctions animales, concernent l'organisation prise comme un tout dans ses rapports actifs avec son environnement et contribuent à la démultiplication et à la spécialisation de toutes les autres fonctions (10). Cette problématique fonctionnelle engage la dépendance des organes en un double sens : dépendance entre les systèmes d'organes affectés aux différentes fonctions qui s'impliquent et s'équilibrent mutuellement, et dépendance subordonnée des organes à l'intérieur d'un système fonctionnel (11) ; mais, comme il n'existe pas de niveau dans le corps vivant où de telles dépendances seraient absentes du fait de son unité, ce réseau de dépendances organiques peut se densifier indéfiniment en englobant les moindres détails dans des correspondances infinies : on dispose donc par ce moyen d'un principe très riche de prédictions physiologiques et anatomiques vérifiables, qui s'appliquera en particulier dans le domaine de l'interprétation des fragments osseux en Paléontologie.

Les problèmes zoologiques peuvent se redéfinir dans ce contexte : le choix des caractères spécifiques ne dépend plus d'un lieu privilégié par sa constance et sa productivité en différences ; la sériation des êtres ne relève plus d'une discussion sur les mérites respectifs de l'intérieur ou de l'extérieur, mais dans une saisie totalisante, dont le principe était déjà posé par Cuvier en 1790, ce choix et cette sériation rencontrent un principe de variation croissante qui va des organes essentiels, auxquels les exigences vitales imposent une constance remarquable vers les organes accessoires et externes « dont la lésion est la moins dangereuse » (12), et qui, comme tels, sont le support de variations infinies dont les naturalistes ne sont pas encore parvenus à donner une idée. L'urgence vitale constitue donc le contenu de l'importance zoologique d'un rapport, importance qui était manifestée d'abord par la constance d'analogies d'une espèce à l'autre, et ensuite par l'influence des caractères particuliers sur le système général constitué par l'Economie organique. Cette urgence vitale est ainsi le fondement du raisonnement anatomique qui est pcsé en 1797 comme la contrepartie de l'expérience zoologique (13). En ce qui concerne la « Chaîne », Cuvier cherche alors un ordre « naturel » de classement qui le conduit à adopter une « méthode » zoologique reprise d'Adanson, qu'il applique aux êtres vivants compris comme des combinaisons organiques :

> « De toutes ces combinaisons, il s'en trouve nécessairement beaucoup qui ont des parties communes, et il y en a toujours un certain nombre qui ne diffèrent que très peu, en sorte qu'en plaçant les unes auprès des autres celles qui se ressemblent le plus, on peut en établir une espèce de suite qui paraîtra s'éloigner comme par degrés du type primitif. » (14).

Mais une telle méthode est devenue chez Cuvier non plus le simple résultat de la description des différences, mais la transposition linéaire du principe de variation organique fondé sur le degré d'importance des organes et l'urgence vitale. Dans ces conditions, il suffit de substituer à l'idée de distance morphologique celle de dégradation pour être tenté de se représenter le monde vivant sous la forme d'une échelle unique allant de l'être le plus parfait à l'être le plus simple, c'est-à-dire, qui possède l'organisation la plus homogène et la plus uniforme, ce qui suppose la réciprocité des notions de perfection et de complexité. Cette possibilité d'ordonnancement scalaire conduit Cuvier à deux remarques : en premier lieu, il lui objecte la pluralité des séries de dégradations définies par chaque système d'organes et leur discordance zoologique qui rend presqu'impossible la construction d'une échelle générale ; en second lieu, l'existence des sauts entre certains plans généraux d'organisation comme ceux qui distinguent les vertébrés et les invertébrés ne permet plus de concevoir de suite continue, ce qui redouble sur le plan anatomique l'absence de passage psychologique de l'homme au singe, d'où résultaient déjà, chez Leibniz, de sérieuses difficultés pour la représentation scalaire des êtres. Mais ce que l'Echelle perd, la physiologie le gagne : l'existence de formes animales zoologiquement simples lui permet de concevoir une physiologie affranchie du modèle organique fourni par l'homme, et qui rencontrerait dans ces formes inférieures et simples les conditions les plus fondamentales de l'exercice des fonctions, d'où elle pourrait tirer « la solution de ses principaux problèmes, portés à leur expression la plus générale » (15). Cet accès aux êtres simples permet donc la transposition méthodologique de cette problématique théorique qui faisait dépendre les organes des fonctions et qui caractérisait le système biologiquement fondamental des fonctions comme une Economie animale.

Par conséquent, le contenu théorique essentiel de la 1ère Leçon d'Anatomie comparée, publié en l'an VIII, est constitué par une articulation intime entre les deux concepts d'Economie animale et d'organisation où l'Economie animale est constituée par l'ensemble des manifestations dynamiques par l'intermédiaire desquelles se révèle le lien vital, et où l'organisation représente les implications structurales de ces manifestations, c'est-à-dire, à la fois leur accès à la visibilité et leur condition matérielle d'exercice. Puisque sous ces deux derniers aspects, l'organisation permet la création d'une Anatomie comparée comme science en lui définissant un objet propre, puisque cette nouvelle science peut servir d'instrument obligé des recherches zoologiques en raison des différences enracinées dans l'organisation, et enfin, puisque l'organisation est désormais théoriquement impensable si on fait abstraction d'une physiologie dont la signification est fournie par le concept d'Economie, l'importance historique de Cuvier peut se définir par le regroupement de ces deux concepts dont dépend ainsi la possibilité d'une Biologie comprise comme science intégrale du vivant, dont le centre est par conséquent occupé par cette Anatomie comparée qui commande le développement réciproque d'une Zoologie et d'une pensée physiologique où la démarche comparative devra être contournée par une démarche expérimentale. C'est l'Economie qui manquait à la considération des espèces au XVIIIème siècle, parce qu'elle relève de l'existence des êtres et non pas de leurs appartenances formelles, renvoyées à un arrière-monde, tandis que la Biologie implique la réciprocité radicale de la Forme et de l'Existence.

3. – L'ORIGINE DE L'ÉCONOMIE.

Le concept d'Economie animale (1) est d'un emploi général à la fin du XVIIIème siècle, où il désigne principalement :

« ... l'ordre, le mécanisme, l'ensemble des fonctions et des mouvements qui entretiennent la vie des animaux, dont l'exercice parfait, universel, fait avec constance, alacrité et facilité, constitue l'état le plus florissant de santé, dont le moindre dérangement est par lui-même maladie, et dont l'entière cessation est à l'extrême diamétralement opposé à la vie, c'est-à-dire la mort. » (2).

Il faut ajouter que l'auteur de cette définition a d'abord récusé un emploi extensif du terme où celui-ci désigne l'animal lui-même : c'est donc par abus que l'on parlerait de « mouvements » ou de « fonctions » de l'Economie animale, mais il est légitime d'envisager les « lois » et les « phénomènes » de cette Economie. Dans ces conditions, l'Economie animale regroupe la santé, la maladie et la mort, c'est-à-dire les grands traits du destin organique des individus vivants et les fonde sur une théorie générale du corps vivant destinée à rendre compte de ses activités fonctionnelles et de leur devenir, c'est-à-dire, sur une Physiologie, avec laquelle l'Economie tendra quelquefois à se confondre, par exemple chez Boerhaave et Haller (3). Ce contenu du concept va légitimer deux usages : un usage différentiel et un usage explicatif. Usage différentiel, car l'économie dépend des variétés de l'organisation, et diffère suivant les espèces animales, mais ces différences n'enveloppent pas en elles-mêmes un principe d'ordre, et les caractères de l'organisation restent les seules bases d'un classement zoologique. Puisque l'homme est, conformément à la doctrine aristotélicienne, l'animal le plus parfait, c'est par référence à lui que ces différences dans l'économie animale trouvent leur sens, si bien que pour le physiologiste, elles sont secondaires par rapport à celles qui marquent la succession des âges de l'homme : l'intérêt d'une physiologie comparée n'est donc pas zoologique, mais anthropologique. Usage explicatif : il est physique dans la mesure où la physiologie n'est encore qu'une physique animale dont l'économie décrit les aspects téléologiques : « la plus grande simplicité des moyens joints avec la plus grande variété des effets, la plus petite dépense de force suivie des mouvements les plus considérables ». Ces aspects téléologiques décrivent la perfection d'une machine « statico-hydraulique » dans laquelle la Circulation découverte par Harvey regroupe une pluralité de « vies particulières » en une « vie générale de tout le corps », conformément au modèle vitaliste contemporain de Bordeu. Mais une telle démultiplication des centres d'activité conduit seulement à souligner dans l'Economie l'idée d'un principe global d'ordre qui se superpose ici à la conception mécaniste de l'unité d'origine du mouvement : l'auteur de cet article est, de ce fait, conduit à voir dans la respiration et dans l'activité du diaphragme comprise comme un balancier, à la fois le « ressort » du mécanisme et la régulation qui introduit dans ce mécanisme un ordre économique, c'est-à-dire l'harmonie des organes sans laquelle les performances organiques sont inconcevables. L'Economie est donc une machine à régulation, possédant une « machina regulatrix » incorporée pou reprendre les termes de Borelli (4), c'est-à-dire une Horloge que les événements de la vie perturbent, maladies ou passions, mais qui peut retrouver en elle-même le principe de son rythme normal.

Mais lorsqu'il s'agit d'Economie, la téléologie incorporée au mécanisme ne peut se confondre qu'à l'extrême limite avec la simple finalité qui a présidé à la construction de l'outil ou de la machine en prévision des fonctions qu'elle aura à remplir, telle que la comprend, par exemple, Galien. Lorsque les régulations organiques sont assurées par une « machina regulatrix », celle-ci n'est que l'ombre mécanique d'une fonction royale que l'âme peut déléguer à un organe central où elle siège et auquel le corps, dans la diversité de ses parties, est soumis comme un état à son souverain, ou encore, comme le Monde par rapport à Dieu, assimilation entre le corps et l'état, le cœur et le souverain que l'on trouve chez Harvey, à laquelle Charlton ajoute le rapport du Monde au Dieu qui lui impose des lois, lois cosmiques et lois politiques qui assurent un Ordre dont l'Economie animale est le reflet au nom de l'ancienne assimilation du Macrocosme et du Microcosme (2). Si on retrouve une dépendance non mécanique du mécanisme chez Cuvier, il faut donc la rechercher au-delà de toute interprétation mécanique de l'Economie dans les raisons qui ont induit l'introduction de ce concept au niveau des conditions théoriques d'une pensée physiologique antérieure au mécanisme cartésien et à son usage à propos des vivants.

Etymologiquement, *oikonomia* désigne l'administration de la maison : ce terme va apparaître comme susceptible d'un usage propre, d'usages métaphoriques et d'usages techniques, dans des contextes différents à la fois du point de vue sémantique et du point de vue historique (5).

Comme exemples d'un usage déjà métaphorique du terme, mais relativement faible, on peut citer son emploi par Platon dans un contexte moral, lorsqu'il dénonce « l'économie parcimonieuse d'une mauvaise amitié » (6) ; on peut citer également un sens moral que lui donne encore mais beaucoup plus tard Epictete par référence au sens premier, qui sert d'image (7). Par contre, dans l'Ancien Stoïcisme, l'idée d'une « Economie du monde » *« oikonomia tôn olôn »*, représente un transfert métaphorique dont l'importance philosophique est capitale pour le destin futur du terme, transfert dont Chrysippe semble le premier responsable (8). De ce transfert, on trouve un écho dans le Traité pseudo-aristotélicien « Du Monde » (daté généralement du 1er siècle av. J.C.) : *« o sumpas dioikonomeitai diakosmos ouranou kai ges »* (9), qui témoigne ainsi de la diffusion du terme. La possibilité d'une telle diffusion est assurée, en effet, par l'existence d'un réseau métaphorique auquel Aristote lui-même n'est pas étranger, puisqu'il compare dans un même texte le gouvernement du monde à l'ordonnance d'une armée et au règlement d'une maison, comprenant famille et domesticité (10). Cependant, malgré la place occupée dans ses œuvres par la Cosmologie, l'Histoire Naturelle, la Politique et l'Administration Domestique, Aristote ne joue aucun rôle direct dans le transfert de l'idée d'Economie dans une théorie du Monde ou du Vivant : l'Economie est prise par lui dans son sens étymologique, et il lui consacre un Traité technique, complété par le 1er Livre des « Politiques », tandis qu'il n'emploie le terme qu'une seule fois dans « l'Histoire des Animaux », mais en son sens le plus ordinaire, pour décrire le comportement du poulpe qui rassemble et dissimule tout ce qu'il peut dans son domicile (11). En fait, c'est la démarche strictement inverse que suivra Aristote : il prendra le vivant pour modèle de l'Economie en se servant de la subordination du corps à l'âme et du caractère instrumental des parties du corps pour fixer le statut de l'esclave par rapport au maître de maison, c'est-à-dire, au Monarque de l'Economie (12). Il semble donc qu'il faille bien attendre les Stoïciens (13) et surtout Philon d'Alexandrie pour que le terme d'Economie atteigne le vivant, à l'occasion du travail de la nourriture auquel les dents doivent en premier lieu se livrer (14), au milieu d'un foisonnement des emplois métaphoriques qui vont de la Cosmologie à la Rhétorique et à l'Agriculture (15). La place du Stoïcisme chez Philon (16) confirme en même temps le caractère fondamentalement stoïcien de ce concept, qui semble devoir désigner un travail autant qu'un ordre.

Cette connotation active existait déjà chez Hippocrate qui se sert du terme *« oikonomia »* en un sens limité et technique, pour désigner l'activité médicale, l'Oeconomia aegrorum bien connue des médecins du XVIème siècle (17). Ce sens est repris par Galien dans son Commentaire du Livre hippocratique « Des Epidémies » (18). Or, cette « œconomia » ou « administratio » des malades implique la préparation et le dosage des médicaments c'est-à-dire une *« oikovomia tôn pharmakôn »* (19), et si on ajoute que pour les Anciens, les limites des substances médicamenteuses et des substances alimentaires sont incertaines, le passage est possible vers une *« oikovomia tês trophês »* (20), dont la préparatrice est la Nature qui assure par là au corps conservation et santé. La parenté de ces trois significations semble donc avoir permis un déplacement situé sous le signe de l'activité médiatrice de la Nature, si bien que l'Oeconomia hippocratiqe peut rejoindre chez le vivant l'Oeconomia stoïcienne dans laquelle l'idée de Plan de l'Univers et l'analogie du Macrocosme et du Microcosme souligne le caractère d'ordre, tel qu'on le retrouve chez les Pères de l'Eglise stoïciens des premiers siècles, avec par exemple, Tatien (21). Mais si le Christianisme se situe ensuite dans la lignée d'une diffusion du terme et d'une expansion de ses significations qui prolonge Philon sur ce point, les Stoïciens et les Médecins semblent devoir au contraire marquer une préférence pour le terme de *dioikêsis,* préférence très évidente chez Galien. Or, *oikonomia* et *dioikêsis* ne représentent pas le même type d'Administration : *dioikêsis* désigne ordinairement un type public d'aministration, exercée par des magistrats civils ou militaires en position hiérarchiquement supérieure à leurs administrés, ce qui suppose un ordre de dignités, tandis que l'*oikonomia,* comprise comme administration privée, est exercée par des Intendants exclaves ou affranchis sur des populations serviles auxquelles ils appartiennent, et par rapport auxquelles il n'ont de supériorité que déléguée et strictement fonctionnelle. Galien ne pouvait donc sans répugnance assimiler la Providence responsable de l'ordre et de la perfection des parties du corps humain, être noble, à un simple intendant, à cause du caractère servile des intendants qu'il recevait dans sa clientèle. Ces réticences n'ont plus leur raison d'être pour Philon, qui, du fait de ses appartenances juives, demeurait marginal par rapport à l'administration impériale, ni pour les chrétiens dont le recrutement a d'abord été oriental et servile, si bien qu'il faut rappeler aussi les origines orientales du Stoïcisme lui-même. Il n'en reste pas moins que dès cette époque, et en raison de ces connotations métaphoriques, techniques et culturelles, l'« œconomia » désigne un ordre fonctionnel immanent aux activités qu'il coordonne, au même titre que le Dieu stoïcien est immanent au Monde qu'il anime, et cet ordre est parfaitement distinct de l'ordre hiérarchique qui subordonne les machines anatomiques à la volonté d'une Providence transcendante. Il restera au Chistianisme à fonder en dignité une telle forme d'ordre.

Le mot Economie reçoit deux significations dans le Nouveau Testament: la première est conforme au sens étymologique et aristotélicien du terme qui trouve un acceuil facile grâce à l'importance de la Maison dans le jeu métaphorique biblique traditionnel, dont Philon a été aussi tributaire ; la seconde, par contre, sous la forme d'un « Plan du Salut » se comprend moins comme un système administratif en son principe, que comme une série de « dispositions » destinées à vaincre la mort éternelle, comparables aux divers moments d'un traitement médical, analogie rendue plausible par l'existence des métaphores médicales dans la même tradition Biblique et chrétienne, où elles contribuent à une sorte de rationalisation magique des rites : c'est donc un sens hippocratique qui est transposé ici sur le plan religieux (22). Mais ce « Plan du Salut » représente aussi l'ensemble du projet de Dieu sur l'histoire humaine, dont les phases ont pour fin à la fois le « Salut » des hommes et l'avènement du « Règne de Dieu » qui représentent un même progrès individuel et collectif. Au centre de ce plan historique se trouve située la figure de Christ, c'est-à-dire « l'Incarnation », comme on le voit chez saint Paul (23). Le terme *« oikonomia »* pourra ainsi désigner, employé souvent au pluriel, l'ordre providentiel, en tant qu'il exige l'intervention générale et particulière de Dieu, tandis que son emploi au singuler se spécialise dans un certain nombre de textes que la Patristique grecque comme synonyme d'Incarnation du Christ (24). C'est du premier usage que semble dériver la signification qui lui est attribuée par les Byzantins, celle d'une action dans le Monde, définie comme la meilleure possible compte tenu du caractère imparfait de ce Monde matériel (25), principe de tolérance auquel fait écho le concept d'« accomodatio » que l'on trouve chez Erasme (26), et que l'on pourrait aussi rendre par un terme qui possède un destin biologique : celui d'adaptation. Mais au second sens, par l'Incarnation, l'Economie vise une procédure ou un processus interne à la nature de Dieu, dont le principe est dans le caractère Trinitaire de cette nature, capable par le Fils, de se répandre dans le Monde et de se reprendre en elle-même, expansion et retour qui s'expriment par le Verbe et la Création, l'Incarnation, la Mort, la Résurrection, et enfin l'Ascension à la droite du Père, tous épisodes et toutes opérations qui lient Dieu, le monde et l'Homme en une seule et même Economie (27).

Mais l'idée d'une Economie Trinitaire n'est pas des plus fréquente dans les textes patristiques : on la trouve chez Hippolyte, chez Irenée, mais

mais surtout chez Tertullien qui emploie le mot *oikonomia* dans sa forme grecque et dans un texte unique (« Adversus Praexeas »), où il affonte les hérésies monarchiennes, c'est-à-dire, qui refusent la distinction en Dieu de trois Personnes. Le problème de Tertullien est de pouvoir justifier cette distinction des trois Personnes sans être suspecté d'un retour au polythéisme dont le danger est la raison même de ces hérésies monarchiennes. Le mérite de *l'oikonomia* est alors d'impliquer un pouvoir unique, conformément à la définition qui en est donnée par Aristote : « ratio civilis ex compluribus magistratibus constat, domestica principatum habet unius » (28) ; mais ce pouvoir unique en sa source est susceptible d'être délégué (à des cohortes angéliques), et par conséquent, démultiplié jusque dans sa source : c'est l'impérium romain, devenu tricéphale, compris comme modèle transcendant, ce qui implique un polymorphisme de Dieu, parce que Tertullien comprend Dieu comme un corps, conformément à la doctrine stoïcienne (29). De ce fait, la triplicité est de degré, de forme, et de visage, tandis que l'unité, qui reste fondamentale, est de condition, de substance et de puissance (30).

Cette unité est encore soulignée par l'utilisation de métaphores génétiques, empruntées au monde vivant et au monde matériel : unité de la racine et du fruit, de la fontaine et du fleuve, du soleil et de ses rayons (31). Il faut ici concevoir la différence sans introduire la division, et comme cette différence est fonctionnelle, et ces métaphores, génétiques, on peut se demander si, à travers l'incohérence qui résulte de deux formes d'union, administrative d'une part, interne et génétique, de l'autre, bien distinguées chez les Stoïciens, il ne se profilerait pas un modèle aristotélicien de différenciation des parties dans un tout organique unitaire, allant de l'homogène à l'hétérogène, à cause d'exigences fonctionnelles diversifiées, pour rendre compte d'une Trinité qui reste en son fond parfaitement inintelligible (32). Mais ce modèle perdrait aussitôt son caractère proprement aristotélicien, pour rejoindre à la fois la théologie stoïcienne, parce qu'il est traité non pas en termes de parties, mais d'apparences et de fonctions reposant sur un continuum substantiel, et la tendance hébraïque à substantifier les qualités et les dispositions en Dieu, que signale Michel Servet pour justifier au XVIème siècle sa conception unitarienne de Dieu (33). La juxtaposition de ces modèles administratifs, biologique et théologique chez Tertullien pourrait donc rendre possible une conception générale de la vie où les opérations vitales supposent une distribution fonctionnelle dont la structure n'est que l'envers matériel et non pas la condition mécanique, et où ces opérations seraient d'essence providentielle, c'est-à-dire, régulatrices, restauratrices et salvatrices, par rapport à une mort menaçante et immanente, mais destinée à être vaincue par un corps en santé. Une telle conception – dont Stahl fournira un exemple – peut se décrire comme une philosophie du corps vivant dont un Dieu corporel est le modèle autant que le principe générateur.

La théologie de Tertullien et l'usage du terme Oeconomia, avec le sens qu'il lui donne ou que lui donnent les Grecs et les Byzantins, restent inconnus des théologiens et des médecins latins au Moyen-Age (34). Au XVIème siècle, ce sont l'Humanisme, l'Hérésie et l'Alchimie qui en assurent le retour, par la redécouverte de Tertullien, édité à Bâle pour la première fois en 1521 par un élève d'Erasme (35), dans la théologie unitarienne de Michel Servet, qui reprend explicitement le terme à Irénée et à Tertullien (36), et grâce à Paracelse et à ses élèves parce qu'ils donnent à la Médecine une orientation chimique (37). De ces trois moments, le dernier est le plus important en ce qui concerne l'être vivant proprement dit, mais il ne faut pas sous-estimer la place de Michel Servet, car, outre ce qu'il doit à Tertullien, il ajoute au terme Oeconomia une connotation importante en la rapportant à une histoire dans laquelle la figure du Christ engage totalement la réalité divine multiforme dans l'unité de laquelle les êtres créés sont d'abord compris, mais qui réciproquement, n'a de sens que par la Création du Monde et par l'existence d'une humanité historique (38). Cette connotation, acquise plus anciennement, il est vrai, par la spéculation théologique médiévale, à travers la « Dispensatio » qui constitue un équivalent imparfait de l'Economie (39), pèse donc sur elle au moment où son application à l'être vivant, corrélative de son application à la Nature en son ensemble va devenir considérable.

Ces applications passent par Paracelse, chez lequel on a pu relever des tendances panthéistes qui ne sont pas sans rapport avec l'unitarianisme de Servet (40), et permettent d'envisager une jonction entre la spéculation théologique et les manipulations alchimiques, dont le vocabulaire technique laisse aussi une grande place à l'Economie, tout du moins chez les Grecs, car la disparition du terme chez les Alchimistes latins répond à son exclusion par les théologiens occidentaux.

Chez les Alchimistes Grecs, le terme signifie d'abord : « la marche opératoire pour fixer la teinture » (41). C'est le sens premier et le plus usité dans toute la collection des textes. Or, il faut rappeler que ces opérations tiennent plus d'un rituel magique que d'une activité technique proprement dite. Il y a magie, parce qu'elles font appel à l'intervention de la Nature, comprise ici comme une puissance immanente aux choses et supérieure à l'homme, dont l'activité est évoquée de manière symbolique, en symétrie avec l'état psychique de l'Alchimiste auquel se réfère le même symbole, dans uns système de vitalité généralisée, indépendant de tout contrôle des causes réelles par les effets matériels (42). Cette autonomie et cette activité à la fois interne et passionnelle de la Nature est exprimée par la maxime du Pseudo-Démocrite, répétée constamment dans ces textes : la Nature jouit de la Nature, la Nature triomphe de la Nature, la Nature maîtrise la Nature (43). La traduction de *oikonomia* par traitement, que donne Berthelot, doit donc s'apprécier en fonction de ses implications, en un sens plus moral que physique, malgré la réalité des alambics, des ébullitions, et des interventions matérielles diverses des opérateurs. Ces traitements présentent deux variantes : ils désignent soit une procédure générale comme la fixation, la distillation, etc., soit l'ensemble des opérations qui conviennent à un métal donné, comme c'est le cas dans la Chimie de Moïse (44). Tout se passe alors comme si les actes matériels et les appreils spécialisés avaient pour rôle d'induire une mise en ordre et en activité de ces forces internes, dont le produit de l'opération est l'expression cristallisée, en conformité avec la nature de ces forces qui se laissent enchaîner par le rituel approprié. Cet ordre des forces internes aux substances se détermine suivant la Triade, c'est-à-dire suivant l'ordre trinitaire du monde, reflet de Dieu (45).

En même temps, ces formules donnent la solution imaginaire d'un problème fondamental pour la Physiologie antique, à une époque où la Physiologie ne dissocie pas la science du Monde de celle des corps qu'il contient, parmi lesquels les corps vivants ne constituent malgré leur intérêt qu'une catégorie particulière, à savoir le problème du rapport des éléments définis qualitativement aux substances qui supportent une multitude de propriétés nouvelles, problème au terme duquel les Alchimistes sont conduits à affirmer la spécialité ou même l'individualité des substances sur lesquelles ils travaillent, et à référer leurs transformations non aux éléments, mais aux « semences » qui les habitent. Le problème de la transformation des aliments en chair relève d'un même type de solution, comme le montre la métaphore de l'estomac-alambic, vulgarisée au XVIème siècle par Paracelse. Mais si l'activité organique fondamentale (digestion et assimilation) est ainsi une sublimation par laquelle la chair se débarasse de l'excrément, l'alchimie répète le même processus à un niveau encore plus élevé : elle est une purification morale, une montée au ciel (46).

Ces dimensions cosmologiques puis anagogiques de l'Alchimie, qui lui font englober tout l'Univers dans le réseau symbolique de ses opérations, font que les Alchimistes byzantins sont conduits à donner à l'*oikonomia* une valeur totalisante, qui rejoint sa signification cosmogonique et théologique. Les traitements vont donc pouvoir être regroupés dans une combinatoire où l'ordre chimique est mis en parallèle avec l'ordre musical (47), et on pourra évoquer l'idée d'une Economie du Tout (48). A ce niveau, l'Alchimiste est devenu le Ministre, autrement dit, l'Econome de Dieu (49).

Les Alchimistes Grecs sont ainsi parvenus avant la fin du Moyen-Age à regrouper autour de l'*oikonomia,* comprise comme technique à la fois matérielle et magique un ensemble de spéculations cosmologiques, théologiques et physiques, auxquelles Paracelse ajoutera la Médecine, et dans lesquelles il introduira une plus grande cohérence fondée sur un système d'analogies et sur les correspondances du Macrocosme et du Microcosme (50). Les deux caractéristiques majeures du contexte de cette introduction sont d'une part une transformation du modèle de la connaissance qui conduit Paracelse à récuser « la contemplation externe et rationnelle des objets » caractérisant la science scolastique, ce qui entraîne le discrédit de la théorie des Eléments et des Humeurs comme superficielle et impuissante en pratique, et le rejet d'un aristotélisme qui confond la fin et le commencement dans une téléologie où la fin est le principe du principe, et qui, de ce fait, laisse échapper le vrai problème des commencements invisibles (51) ; et d'autre part, l'organisation de cette nouvelle connaissance soucieuse de la réalité interne des choses autour du thème des Semences. Ce sont les Semences déjà rencontrées dans la spéculation alchimique par l'Economie, qui vont lui permettre de fonctionner dans une conception des Etres naturels dont les vivants sont la forme la plus achevée, et cette conjonction de l'Economie et des Semences est le contenu de l'Oeconomia Generationis, que l'on retrouve chez maints auteurs, dont Harvey, et surtout chez Van Helmont, mais que Petrus Severinus a élaborée avant eux dans une problématique issue de son maître, Paracelse.

Mais il faut rappeler d'abord que pour les Stoïciens, la « raison séminale » est « la raison de la loi régulière suivant laquelle (le vivant) se développera, lorsqu'il rencontrera les conditions favorables », concept qui suppose une théorie de la semence comme réceptacle des « raisons séminales » déposées par les ascendants, « raisons » dont la concurrence au cours du développement explique l'ordre d'émergence des caractères en provenance des parents (52). La durée des « raisons séminales » est donc trans-individuelle, et de ce fait va pouvoir se rattacher à l'éternité de Dieu, raison séminale du Monde (53) : les raisons séminales, transposées de la biologie à l'ontologie et à la cosmologie, se définissent ainsi comme indestructibles et immortelles (54), et elles assurent l'identité du monde à travers ses renouvellements cycliques (55). Elles sont le fondement de la Nature, fonction qu'elles retrouvent chez Plotin où l'Univers est constitué de vivants (56), si bien qu'à la limite, Nature et force séminale se confondent (57).

Cela suffit pour justifier la valeur que les Alchimistes vont pouvoir donner aux semences dépositaires de cette force, et pour susciter l'intérêt des théologiens qui vont y voir le produit immédiat de l'acte créateur, le fondement de la consistance du monde, posé par Dieu à l'origine des temps. Ajoutons à cela que cette force séminale, dans le contexte plotinien, est spirituelle : elle se définit aussi comme une âme génératrice, mais dont le pouvoir est unique dans chaque semence, si bien que ce n'est pas à l'intérieur de l'individu qu'il y aura concurrence entre une pluralité de raisons séminales, mais seulement dans le monde où périssent les êtres qui ne sont pas compatibles avec l'ordre de l'Univers, du fait de ceux qui les accompagnent (58), écho lointain peut-être de la non-viabilité de certaines espèces qui permettait à Lucrèce d'admettre leur disparition (59), thème dont la résurgence chez les Modernes a pu préparer la prise de conscience de l'existence d'une loi générale des disparitions des vivants.

Ce concept de Semence est repris par saint Augustin avec deux connotations : il remplit en premier lieu, dans la cosmogonie chrétienne, le rôle d'infra-structure productrice permanente d'un monde plein de vivants, créé « toto simul » pour se développer dans le temps (60), et en second lieu, il garantit l'innocence de Dieu, qui opère de l'intérieur de ces semences, à l'égard d'un mal qui leur survient de l'extérieur, en raison des conditions de leur présence au monde et de leur développement, selon le modèle fourni par l'agriculture qui favorise, retarde, empêche ou transforme les produits de la germination des graines.

C'est un temps compris comme temps du développement des semences que l'on retrouve chez Paracelse, dans un contexte dynamique généralisé qui dévalorise ce qui est fixe, et en ce qui concerne le vivant, les connaissances anatomiques, au profit d'une « anatomia essata », comprise comme « la distribution dans le corps des constituants chimiques essentiels » (61), autour de nœuds de forces telluriques et astrologiques, qui reproduisent dans le petit monde, l'« anatomie du grand monde » (62). Le temps est donc aussi, de ce fait, celui des influences, des conjonctions, des exacerbations, des épuisements : « C'est le temps qui modifie les vertus et les forces des choses », temps éminemment alchimique, qui se particularise pour chaque être, pour chaque sorte d'être (63). Les semences que Paracelse pose au principe de chaque espèce et de chaque individu (64) ne peuvent se définir elles-mêmes que comme des entités dynamiques et spirituelles, issues de la substance de Dieu, et dont les forces sont magnétiques et psychiques (65). Leur activité génératrice remplit le monde de vivants, ce qui explique, pour Paracelse comme pour saint Augustin, une génération spontanée qui n'a pas besoin d'une explication par l'activité créatrice des « mauvais anges », et parmi les générations spontanées, il y a celle des vers parasites et surtout celle des maladies dont les semences justifient la spécificité quasi botanique (66). Par conséquent, les Semences fondent un ordre mobile dont l'Economie pourra décrire les régularités manifestées car c'est au niveau des Semences que s'est exercé le calcul créateur par nombre, mesure et poids (67). Or, au moment de son émergence chez les élèves de Paracelse (ici, Dorn, mais c'est aussi vrai avec Severinus et les autres), l'Oeconomia trahit son origine alchimique parce qu'elle est avant tout Oeconomia mineralium (68), mais à condition d'attribuer aux minéraux la génération, ce qui les désigne à la fois comme substances et comme conjonctions de forces vitales et spirituelles spécifiées par une loi interne. C'est dans un tel contexte que l'opposition augustinienne entre l'opération interne de Dieu dans les Semences, et l'action externe des anges, des hommes et des animaux (69), action dont les moyens sont mécaniques en raison de leur extériorité (et il faut entendre « mécanique » aux deux sens du terme grec correspondant, c'est-à-dire, comme relevant du mouvement des machines aussi bien que de la ruse instauratrice de pièges), donne l'opposition formulée par Petrus Severinus entre l'« Oeconomia », principe téléologique, et les « Mechanicae Lithurgiae », c'est-à-dire, les activités mécaniques et chimiques par lesquelles se réalise le corps vivant. L'Oeconomia lie ce corps en un tout dynamique et cohérent, mais, laissées à elles-mêmes, ces lithurgies se révèlent un principe immanent d'anarchie et de dissolution, opposition qui se retrouve jusque chez Cuvier, mais sous un autre vocabulaire.

L'« Oeconomia » représente d'abord pour Severinus l'unité de diverses forces bénéfiques qui sont à l'origine des manifestations organiques qui sont décrites dans la médecine traditionnelle de manière extérieure et artificielle par les facultés galeniques, considérées comme « tarées » (70). Etant comprise dans son origine, elle relève d'une connaissance philosophique, c'est-à-dire, pour un élève de Paracelse, interne et analogique, supposant la contemplation du Macrocosme comme condition d'une approche médicale du Microcosme ; mais une telle connaissance philosophique ne peut devenir physiologique qu'à partir du moment où elle analyse les processus organiques, c'est-à-dire, les « lithurgies mécaniques » par lesquelles s'effectuent les générations et les transplantations séminales, conformément à des lois (71). Mais ces lois ne sont pas des lois simplement physiques : les lithurgies représente l'activité « d'esprits mécaniques », dépositaires d'une « science », qui, pour chacun, commande la mise en ordre matérielle d'un organe, au moyen de mécanismes par eux-mêmes inintelligents, dans un rapport tel que les lithurgies sont l'âme des mécanismes, au sens où l'âme est l'architecte de son propre corps, selon la fonction qui lui est reconnue par Scaliger et par Sennert (72). Esprits, lithurgies, mécanismes et organes répondent donc à science immanente, activité fonctionnelle, moyens matériels et résultats organiques dans une théorie de l'organisation qui assure le passage des êtres et des phénomènes de l'invisible au visible, de l'incorporel à la corporéité, par lequel les forces génératrices des semences se transforment en forces d'entretien du vivant qui se manifeste sur la « scène du monde », et dont la durée sur cette scène est réciproque du fonctionnement harmonieux de ces activités élémentaires, regroupées téléologiquement dans une Economie unitaire (73). Le modèle d'organisation politique désigné par le mot « Oeconomia » (utilisé par Severinus en synonymie complète avec « Respublica ») représente ainsi l'aptitude de l'Animal à se conserver, c'est-à-dire, à maintenir l'harmonie entre ses parties qualifiées fonctionnellement, mais autonomes dans leur production: les organes sont les citoyens et les ministres de cette République qui leur donne leur raison d'exister (74).

Or, ce sens de République ou de Monarchie, l'application du mot Economie au corps humain est parfaitement homologue à son emploi pour désigner les rapports providentiels de l'Univers à Dieu, mais cette homologie tend à faire de cette providence une régulation immanente, en conformité avec les tendances panthéistes souvent signalées à la Renaissance , pour le corps humain, comme pour l'Univers, il faut un principe d'unité et d'organisation autre que la disposition des parties, car nous sommes dans un Monde fluide, et il faut une Ame coordinatrice des semences dont l'activité est indépendante dans leur origine. Cette unité, cette organisation et cette coordination sont d'autant plus politiques, et non mécaniques, qu'elles vont s'imposer à travers la concurrence intérieur à des populations séminales où l'effort caractéristique de chaque semence pour accéder à une place dans le monde dépend des compossibilités définies par l'existence des efforts similaires, mais infiniment variés des autres semences. Par conséquent, cette idée d'une concurrence des raisons séminales qui apparaissait chez les Stoïciens dans leur modèle de développement individuel des vivants, et l'idée plotinienne d'une élimination des êtres qui ne répondent pas ou répondent mal à l'ordre du monde représentent désormais un trait caractéristique de l'Economie en général. Comme le temps fait varier les rapports dynamiques des êtres, l'impossibilité pour les semences de faire exister ensemble tous les êtres dont elles renferment le principe, est compensé par leur émergence successive : la concurrence permet ainsi de concevoir comment ce qui est donné dans l'acte unique de la Création de manière virtuelle, peut devenir développement dans le temps, en respectant la plénitude et la cohérence de l'Univers. Elle est l'envers et le fondement de la sympathie des choses (75) ; et son application au corps vivant permet de concevoir la maladie comme un désordre issu de la libération anarchique des rivalités séminales. Les semences sont la clef de toute l'Oeconomia organique et naturelle :

> « Les semences sont les liens des deux natures, qui conjuguent les choses visibles et invisibles : dans lesquelles, les lois du mouvement, les prédestinations des temps, les lithurgies des générations et des transplantations, et les répartitions de toute l'anatomie du monde, sont contenues comme dans des puissances vitales dotées d'une sagesse incompréhensible : par leur ministère, les impressions des agents sont reçues ou repoussées

> par les patients, les choses les plus élevées sont associées aux plus infimes, et la sympathie de toute la nature est conservée : à partir d'elles, les saveurs, les odeurs, les couleurs, et toutes les qualités vitales, les quantités, les nombres, les conformations, et toutes les autres signatures apparaissent dans le processus mécanique des générations et des transmutations. » (76).

Il restera à Leibniz de traiter cette Sagesse des Semences comme le produit d'un calcul divin pour admirer la « Praxin Dei in œconomia rerum geometrisantis » de l'« Hypothesis Physica nova » (77).

A la fin du XVIème siècle, il existe donc une Oeconomia naturae et une Oeconomia corporis humani, représentant le résultat téléologique d'un développement qui suppose une Oeconomia generationis, applicable à la genèse des vivants comme à celle du Monde. En face de l'Echelle des Etres, c'est par conséquent l'Economie qui, à travers le modèle politique qu'elle représente, a permis de concevoir et de construire les premiers modèles physiologiques d'un développement du Microcosme et du Macrocosme, compris l'un et l'autre comme des totalités vivantes individualisables. Mais ce développement de totalités individuelles au caractère organique est entièrement disjoint de l'idée d'un développement progressif qui rendrait compte par une succession temporelle de la série décroissante des perfections des êtres naturels, que le rapport du simple au complexe, alors en gestation, permettrait d'inverser, sous la forme d'une série améliorée des productions.

4. – ÉCONOMIE ET MÉDECINE.

A partir de la fin du XVIème siècle, on constate la prise de distance du concept « œconomia » par rapport à ses emplois les plus spéculatifs, sa spécialisation corrélative en diverses directions, et en particulier, avec la dissolution des analogies du Macrocosme et du Microcosme, un traitement indépendant des concepts d'Oeconomia naturae et d'Oeconomia animalis, dont la parenté permettra cependant encore bien des échanges théoriques, jusqu'à Cuvier pour lequel les lointains rapports macro-microcosmiques ne sont pas encore disparus entièrement de l'horizon :

> « Non seulement, chaque être est un organisme, l'univers tout entier en est un , mais bien des milliers de fois plus compliqué ; et ce que l'anatomiste fait pour un seul animal, pour le petit monde, comme disaient les philosophes mystiques du Moyen-Age, c'est au naturaliste à le faire pour le grand monde, pour l'animal universel, pour le jeu de cette effrayante agrégation d'organismes partiels. » (1).

Donc, l'Anatomie peut jouer encore avec Cuvier le rôle qu'elle tient chez Paracelse, de permettre une jonction analogique entre le corps humain et le monde que le médecin doit connaître pour comprendre le corps humain, mais l'Anatomie qui doit servir de méthode au naturaliste pour aborder le Monde, ce qui signifie une Anatomie où la supériorité du dynamisme des fonctions sur les structures et leur géométrie peut évoquer encore l'image oubliée de Paracelse. Quoiqu'il en soit, si la trajectoire de l'Oeconomia naturae va du sens fondamentalement théologique qui lui est donné par Bacon (2), au sens providentiel qui lui permet avec Linné de définir un domaine d'enquête scientifique qui englobe la distribution géographique des êtres vivants, et l'équilibre des ensembles naturels localisés à la surface de la terre (3), celle de l'Oeconomia animalis part de la médecine pour diversifier ses significations dans une physiologie dont le lieu d'émergence est constitué depuis Fernel par les « Institutiones Medicae » (4).

Cette Médecine est d'abord celle qui se situe directement dans l'axe « mystique » de la tradition paracelsique, axe également chimique. Dans cette médecine, où, avec Van Helmont, l'activité des semences est préparée par l'intervention de « ferments », c'est-à-dire d'êtres créés ambigus, « établis dès l'origine du monde, pour, dans les limites de leur pouvoir, préparer, exciter et précéder les semences », en provoquant des transmutations matérielles, et où les fonctions sont fondées consécutivement sur des fermentations (5), l'« Oeconomia » désigne en général chaque activité fonctionnelle, que ce soit l'activité d'un organe (Oeconomia stomachica) (6), ou celle du corps vivant en son ensemble, présidée par un « spiritus », ce qui exclut la distinction habituelle des fonctions vitales et animales (Oeconomia vitalis) (7). Un tel caractère unitaire des activités organiques se marque dès la génération, dont le principe est un agent interne qui continue à agir dans ce qu'il a engendré, en développant tous les ingrédients d'une Oeconomia generationis contenus nécessairement dans la masse séminale (8) : c'est ce principe de la génération qui devient un principe vital : « œconomus vitae insitus » (9), soumis aux caprices de l'Archée qui en est le cœur. L'« Oeconomia » reste donc un concept récapitulatif et téléologique, dont le contenu est constitué par des activités auxquelles la médecine chimique donne la valeur de processus matériels de transformation, soumis à une autorité douée de savoir : Archéus faber ou factor.

Cependant, le terme Oeconomia pénètre également dans le vocabulaire de la médecine hippocratique traditionnelle, par suite des conflits liés à la propagande des élèves de Paracelse (vers le dernier tiers du XVIème siècle), dans lesquels les adversaires sont conduits à utiliser les termes de ceux qu'ils combattent, surtout s'ils évoquent un vieil usage galénique limité, puis oublié. C'est ainsi que pour Courtin, dans un texte polémique contre Paracelse, l'Oeconomia devient un concept médical qui désigne l'équilibre détruit par les maladies (10), sens développé par Louis Duret pour lequel Paracelse et la médecine chimique représentent l'athéisme, l'ivrognerie, la stupidité, etc. (11). Ce qui caractérise l'emploi du terme Oeconomia chez Duret, c'est que, contrairement à Severinus et même à Van Helmont, il lui donne une valeur avant tout locale, dont les limites correspondent soit aux facultés galeniques, animales, vitales, et naturelles, soit aux fonctions ou opérations par lesquelles elles s'expriment (respiration, nutrition), soit à l'activité de certains organes individualisés (12). Un second caractère de cet emploi est sa teinte pessimiste : l'Oeconomia est évoquée le plus fréquemment à l'occasion de sa défaite sous les coups des maladies. Ce qui est ainsi mis en échec, c'est l'activité régulatrice qu'il faut placer, par conséquent, au cœur de sa définition : *« canôn et regula quaedam »* (13), activité régulatrice qui suppose une *suntimôria,* un concours, une *surroia,* une confluence, qui, du domaine de chaque faculté, fonction ou organe, peuvent être étendues à l'activité de tout le corps vivant, pour rejoindre l'Oeconomia vitae des médecins chimistes contemporains. Une telle Oeconomia globale garde cependant comme condition fondamentale l'équilibre des humeurs qui est assuré par la nutrition, si bien que l'Oeconomia naturalis, ou nutricatûs tend à prendre chez Duret et ses confrères de l'Ecole hippocratique de Paris une veleur générale pour tout le corps (14). L'importance de la nutrition semble ici symétrique de celle des activités chimiques et des fermentations dans la médecine chimique, qui sont responsables de la transformation des matières alimentaires en chair. En termes modernes, on peut dire que, à travers l'Oeconomia, c'est du métabolisme et de ses conditions, dont il est question dans toute la médecine du début du XVIIème siècle.

Il n'en est plus exactement de même avec Charlton au milieu du siècle, car ses nouvelles hypothèses sont « mechanice explicata ». C'est dans ce troisième contexte, formé par une médecine où le mécanisme apparaît comme la conséquence de la découverte de la Circulation du sang par Harvey que l'Oeconomia, sous la forme d'une « Oeconomia animalis », reçoit la valeur grâce à laquelle elle tend à se confondre au XVIIIème siècle avec la Physiologie, lorsqu'elle désigne l'ensemble des mécanismes fonctionnels du corps vivant, regroupés téléologiquement, regroupement téléologique où se retrouvent les fermentations, aussi bien pour Charlton que pour Descartes, comprises dans la catégorie des mécanismes. Il est remarquable de voir que ce transert est placé sous le signe du triple parallélisme du Monde, du Microcosme et de l'Etat, compris comme les divers domaines d'application d'un même ordre divin, qui exprime la Sagesse d'un Créateur qui « omnia fecisse numero, pondere et mensura » (15), suivant la formule biblique vulgarisée par les textes augustiniens. L'ombre de la théologie couvre ainsi, non plus des considérations meta-arithmétiques sur l'ordre du monde, mais l'application possible des lois géométriques du mouvement à des phénomènes physiologiques qui relèvent d'un mode physique d'existence. Le concept d'Oeconomia se trouve ainsi vidé du contenu psychologique qu'il représente, au profit de l'idée de l'ordre d'ensemble d'une multiplicité de parties, qui régit ces parties plutôt en vertu de lois anonymes que de liens politiques, tandis que ces parties peuvent être comprises sous la forme d'atomes démocritéens, autre version des « semences », comme on y parvient avec Cordemoy :

> « Ainsi, ce que nous nommons notre corps est en effet l'âme de cent millions de corps, en un mot, c'est de la matière, et cependant nous regardons cet assemblage de tant de corps comme si ce n'en était qu'un parce que toutes ces parties concourent toutes à une même fin, sont rangées entr'elles d'une manière si convenable à cette fin, qu'on ne saurait diviser sans rompre toute l'œconomie qui les y rend propres. » (16).

Mais cette Oeconomie est avant tout ce qui rend le corps propre à toutes les choses que l'esprit, auquel il est lié, veut qu'il opère (17). Dans un mécanisme démocritéen, la finalité ne peut être qu'externe : elle renvoie à une pensée possible ou en exercice.

Mais contrairement aux produits de l'art, la machine animale se caractérise par un pouvoir de conservation, qui représente une finalité interne globale, à laquelle le concept d'Oeconomia va devoir continuer à répondre à travers les conditions même qui lui sont imposées par le mécanisme. La tentative la plus systématique pour penser une Oeconomia dans le cadre d'un Mécanisme est sans doute celle de Hoffmann, tentative destinée à avorter dans la mesure où les moyens de la faire aboutir manquent, d'où la survie et la permanence d'une médecine à la fois chimique et animiste et l'abandon des essais de systématisation mécaniste de la Physiologie, au profit d'un empirisme vitaliste qui marque la science de la fin du XVIIIème siècle.

Hoffmann utilise la Mécanique pour expliquer les phénomènes inhérents à la nature du Microcosme, parce que la Mécanique est la science du mouvement et parce que la vie est fondamentalement un mouvement, celui de la circulation sanguine :

> « En effet, la vie n'est rien d'autre que la mouvement circulaire du sang et des humeurs à partir de la systole et de la diastole du cœur et des artères, et de toutes sortes de canaux et de fibres, soutenus par l'influx du sang et du fluide nerveux, qui libère le corps de toute corruption au moyen des sécrétions et excrétions et gouverne toutes ses fonctions. Car ce cercle est le mouvement vital même qui défend aussi le sang, en lui-même prompt à la putréfaction, de la corruption immimente. » (18).

L'Oeconomia se définit alors comme « oeconomia motuum vitalium », c'est-à-dire, l'ordre et l'équilibre naturel de ces mouvements dans leur ensemble, que les causes morbifiques troublent, et dont le trouble signale la présence des causes morbifiques. Comme telle, elle représente dans un contexte mécaniste la « Nature » hippocratique, pouvoir du corps pour préserver la vie et la santé, distinct de toute âme sensitive ou rationnelle (19), et qui se manifeste par cette agitation incessante des liquides, parce que la putréfaction, donc la mort, est liée à la stagnation. Mais ces mouvements supposent une machine, dont la structure constitue un mécanisme conçu pour assurer la coordination et l'activité de toutes les parties (20), mécanisme sur lequel repose la conspiration et le consensus des solides et des liquides que suppose cette nature (21). Il s'agit donc d'un système global qui exclut l'introduction d'une « machine regulatrix » spéciale comme principe d'harmonie dans les mouvements, système dans lequel interviennent toutes les fonctions, y compris celles de l'âme, dont les passions, sources de trouble, sont de ce fait, des maladies organiques en puissance. Dans un tel système, c'est encore la fonction médiatrice la plus globale qui va assurer le pouvoir conservateur, à savoir, la circulation du sang (22), qui, non seulement conserve les parties en santé grâce au mouvement qui évite la corruption, mais encore assure la nutrition dont dépend l'existence des parties (23) et l'entretien de la machine en son ensemble. La véritable « methodus curandi » portera donc sur le contrôle de la circulation sanguine dont les excès ou les insuffisances expliquent les modifications locales, et par là, tous les phénomènes pathologiques qui s'expriment au moyen de l'activité des solides et de leur écho nerveux (24). En définitive, l'Oeconomia désigne donc chez Hoffmann le fait que la machine en son ensemble constitue un système formant boucle, de telle sorte que l'activité mécanique des solides provoque celle des liquides qui modulent à leur tour le mouvement des organes. Dans cette boucle, la circulation du sang, parce qu'elle est en circuit fermé, joue le rôle fondamental de coordination réciproque de toutes les parties du système. Mais si une telle Oeconomia ou Nature, interprétée mécaniquement, peut surmonter des dérèglements mineurs ou partiels, avec ou sans l'aide de la Médecine, toute rupture un peu grave du circuit est la cause directe de la mort, c'est-à-dire de la dissociation du mécanisme qui rend les parties à leur destin chimique, c'est-à-dire, à la corruption, dont le mouvement vital les protège par un travail de correction et de purification permanent.

Si donc mécanisme il y a – et Hoffmann est aussi mécaniste que Descartes, Leibniz, Borelli ou Baglivi – il s'agit d'un mécanisme qui doit répondre à des fins bien particulières.

> « On peut définir la machine comme une construction artificielle, œuvre de l'homme, dont une fonction essentielle dépend de mécanismes. Un mécanisme, c'est une configuration de solides en mouvement telle que le mouvement n'abolit pas la configuration. Le mécanisme est donc un assemblage de parties déformables avec restauration périodique des mêmes rapports entre parties. » (25).

Cette définition de Canguilhem correspond parfaitement à ce que Hoffmann entendait par les mêmes termes, y compris l'idée d'un retour périodique des mêmes états ou des mêmes mouvements (ce qui revient ici au même), qu'il exprime par les mots : « certos et ordinatos », par opposition à une succession indéfinie de déformations ; sa propre définition est la suivante :

> « Machina est corpus, ex variis partibus, singulari artificis ingenio inter se unitis, constructumm, eo consilio, ut certos ac ordinatos motus producat. »

Le scholie expose la principale caractéristique de cette machine :

> « Scholion : Operationes quas machinae edunt, consistunt in motibus qui, ex structura, situ, cohesione, variae figurae et magnitudinis partium, secundum immutabiles leges consequuntur et structurae suae perpetuo convenientes sunt. Artificium vero illud structurae, sive ingeniosa partium unio et coordinatio, ad motum producendum disposita et apta, a recentioribus dici solet mechanismus. » (26).

De ce fait, le mécanisme suppose déjà une Oeconomia, c'est-à-dire, une téléologie et une consistance, définies par l'ordre et la prévisibilité des états de la machine que démontrent les possibles dérèglements ; mais cette finalité reste externe du fait de l'intentionalité qui préside à la construction du dispositif adéquat, et cette même intentionalité peut prévoir l'incorporation d'un moteur à ce mécanisme sans poser de problème théorique particulier. Par contre, le développement de cette Oeconomia du mécanisme dans le sens d'une régulation de l'ensemble constitué par la machine et son moteur, telle que les défaillances puissent être compensées, équivaut à traduire artificiellement et artificieusement dans un vocabulaire mécaniste ce qui constituait pour Severinus une « science » et l'obligeait à faire intervenir des « spiritus mechanici », dont la ruse était responsable de la construction des mécanismes eux-mêmes. Seule, en effet, une « science » permet de concevoir à la fois la genèse d'une machine et les réponses qu'elle peut donner en face d'une multitude infinie d'agressions et de situations dans lesquelles l'intervention d'un pouvoir régulateur est nécessaire pour le vivant, dont la complexité élève également la probabilité des ratés d'ordre interne au niveau d'une constance. Hoffmann échoue donc devant la tentative impossible de rendre compte par le même type d'intelligibilité de la fonction, de la genèse (27) et de l'invention, qui caractérisent le vivant, tentative qui impliquerait la construction d'un modèle mécanique du savoir, ce dont il n'avait pas les moyens au XVIIIème siècle. En ce qui concerne la genèse, il est obligé de se rabattre sur le concept leibnizien d'organisme, et sur le préformationnisme qu'il implique (28). En ce qui concerne l'invention, l'Oeconomia ou Nature enveloppe tout ce que le problème peut contenur de téléologie irréductible, pour laquelle il n'a été envisagé jusqu'ici de modèle qu'animiste ou anthropomorphique.

C'est en gros ce même problème que se pose Stahl : celui d'une Oeconomia dans laquelle il oppose la corruptibilité immanente et imminente du corps vivant, pour lequel tout incident représente une menace de désagrégation, et sa résistance paradoxale à la pourriture, tant qu'il vit (29). Mais contrairement à Hoffmann, et conformément aux doctrines anciennes de Severinus et de Duret, Stahl pense que la solution d'un tel problème échappe au physicien, c'est-à-dire aux explications mécanistes et chimiques, et même à l'anatomiste, qui ne peut fournir que des assistes structurales pour de telles explications, qui ne parviennent pas à saisir l'essence des processus en question. Nous sommes donc renvoyés à la Nature ou à l'âme (30), c'est-à-dire à une entité métaphysique douée de savoir, dont les intruments sont le mouvement général des humeurs, c'est-à-dire la circulation du sang, à laquelle la vie ne s'identifie cependant plus, et, plus profondément que cette circulation, les sécrétions et les excrétions, ces opérations matérielles générales de toute substance vivante, qui manifestent l'activité organique la plus intime. Cette entité possède un pouvoir médical propre, qualifié par Stahl de méthode autocratique en vue de lutter contre les maladies et de restaurer la santé (31). L'originalité et la nécessité d'un tel pouvoir répond au fait que si le mécanisme conserve l'état structural de la machine dont il dépend parce que cet ordre structural est celui de la production des mouvements dans une succession de déplacements réciproques, ce que Hoffmann avait le droit d'admettre, mais qu'il n'avait pas le droit de dépasser, il faut affronter plus loin l'imprévisibilité des perturbations dues aux conditions dans lesquelles s'exerce le mécanisme, et qui sont soit internès à la machine (la corruptibilité des substances), soit externes (les troubles et lésions qui sont dus aux évènements qui forment l'histoire de l'individu, tant du point de vue du corps que de celui de l'âme). L'Oeconomia va devoir ainsi désigner pour Stahl deux aspects réciproques du vivant : elle est d'une part, l'ordre que la Nature restaure parce qu'il est une caractéristique du fonctionnement vital (32), et d'autre part, la Nature elle-même en tant que sujet de cette opération restauratrice et salvatrice (33). C'est la jonction de ces deux aspects qui font de l'Oeconomia ce pouvoir auto-régulateur en face de maladies dont le pouvoir de désordre trouve dans le mécanisme les conditions d'une multiplication de ses effets, due à l'inertie même des matières et à leur dépendance vis-à-vis de lois physiques et chimiques contraires aux exigences physiologiques. Ce pouvoir se manifeste par des réactions conservatrices :

> « ... du fait que toutes les maladies provoquent nécessairement en permanence une telle réaction de la part de l'Economie vitale, que par l'activité de celle-ci, même sans aucune aide étrangère, artificielle, ces mêmes maladies sont matériellement soumises, vaincues, chassées : ainsi, le corps retourne à l'ancienne règle de son Economie, mais encore, il est réparé et rendu à l'intégrité même de sa texture et de sa structure, pour autant que celles-ci ont été violées. » (34).

C'est un pouvoir qui agit sur les matières, mais comme il dépend de l'âme, il réfléchit aussi dans le corps les mouvements moraux ; à l'inverse, l'image de l'Oeconomia organique peut servir d'exemple et de guide à l'esprit, dans son activité consciente , l'essence du corps vivant est, en définitive, une essence morale (35).

L'efficace de ce pouvoir relève d'un contrôle physiologique du mouvement chimique des matières, par une âme qui s'exprime à travers le jeu des excrétions et des sécrétions, grâce auquel, comme pour Hoffmann, la corruption est empêchée : autrement dit, comme le voulaient les Stoïciens, le porc a une âme en guise de sel, pour que sa viande ne se corrompe pas (36). C'est à ce niveau radical des limites de la matière et de la vie dans l'intimité des parties que la médecine doit suivre la vie où elle rejoint moins la chimie que le pouvoir autocratique de la vie ou *ergon* (37) de la vie, ou encore une *« domestica corporis œconomiae energia »* (38), qui se rattache à une problématique de l'individuation fondée sur l'idée qu'il faut un principe interne particulier pour gouverner les corps complexes et rendus précaires par cette complexité, principe distinct des liens chimiques extérieurs et généraux, qui assurent la cohésion vigoureuse des corps simples (39). Ce principe interne coordonne et conserve un ensemble matériel qui ne pourrait ainsi subsister sans lui, par le simple jeu des affinités chimiques, et il lui accorde l'individualité spatiale, avec une certaine durée dont la limite extrême est la mort « naturelle », distincte de la mort accidentelle, violente ou par maladie. Il en résulte d'une part que le vivant est un sujet dans toutes les activités par lesquelles la vie se manifeste, et puisque ce pouvoir est une âme, la physiologie de Stahl est une psychologie ; et d'autre part, que la vie est liée à la mort, non seulement à cause de ses conditions matérielles d'exercice, mais parce qu'elle n'existe elle-même que sous la forme d'une subjectivité limitée dans l'espace et le temps où elle se manifeste (40). L'existence du corps vivant est donc une existence fondamentalement historique, caractérisée par un combat permanent pour atteindre ses limite spécifiques, contre les mutilations et les morts accidentelles qui sont au fond de toute la pathologie, c'est-à-dire des facteurs de passivité inhérents à l'existence dans le Monde. Ce combat, dirigé par un sujet transcendant contre les conséquences d'une passivité dont l'expression est mécanique, s'apparente à un combat sacré : celui qui, chez

Jean Chrysostome oppose l'*oikonomia* de la Providence divine aux *mêchanêmata* du Diable dans l'histoire du Monde (41). L'Oeconomia est donc un concept eschatologique, sur lequel est fondé l'optimisme thérapeuthique de Stahl, optimisme qu'il exprime en soulignant la rareté relative des maladies en face de la permanence des menaces qui pèsent sur le vivant (42). On retrouve ici un Plan du Salut, à travers la santé, la maladie, la souffrance et la restauration, et le traitement médical s'apparente alors au traitement alchimique dans la mesure où ce dernier est un drame théologique, autant qu'une opération chimique : la santé retrouvée est supérieure à la santé perdue, dans la mesure où le salut est supérieur à l'innocence, parce qu'il suppose une victoire sur le mal.

Chez Hoffmann et chez Stahl, les concepts d'économie et d'organisation (l'organisation des parties étant liée aux mécanismes dont elle permet l'exercice) sont en rapport inverse de fréquence, en liaison avec l'idée que chaque auteur se fait de la caractéristique essentiel des processus vitaux. Mais dans un cas comme dans l'autre, l'image politique du vivant s'estompe au profit d'une conception unitaire, soit comme machine, soit comme résultat de l'activité de l'âme : de ce fait, l'ordre interne du corps renvoie moins à l'harmonie qui résulte d'une coordination des volontés ou des parties disposant d'une relative autonomie, qu'à l'application d'une loi architectonique ou dynamique, vis-à-vis de laquelle la multiplicité des machines ou des agents fonctionnels est passivement instrumentale. On constate également que l'analogie du Macrocosme et du Microcosme, encore liée par Charlton à la métaphore politique, perd également sa place : elle est devenue pour Alberti le lieu d'une « misera confusio », car il ne faut pas confondre ce que le Créateur a distingué en mélangeant l'Economie des choses animées avec celle des inanimées (43). Autrement dit, la fonction épistémologique du concept l'emporte désormais sur son contenu imaginaire d'origine : l'œconomia sert avant tout à désigner la téléologie propre au vivant, c'est-à-dire, la coordination des activités et des parties dans un ordre matériel d'ensemble, capable de résister aux facteurs physiques de dissolution et de se conserver. Cette même signification de lien, lorsqu'elle se surajoute au concept d'organisation donne le concept de « confederatio », concept diplomatique utilisé par Glisson, pour désigner la subordination de l'organisation à l'unité de l'âme, comprise comme activité consciente de soi de la vie (44). Mais elle aboutit aussi à l'accentuation d'un sens moins politique que juridique de l'Oeconomia, puisque la science du droit a pour objet les rapports justes, c'est-à-dire rationnels, entre les êtres ; ce que Wiegand développe dans les termes suivants :

> « Inde liquet quod in œconomia vitali et republica sanitatis, Status Ecclesiasticus, der Lehr-Stand, ordo Dei salutaris, Status Oeconomicus, der Nehr-Stand, ordo reparationis, meliorationis et augmentationis, et ordo politicus, der Wehr-Stand, ordo conservationis et defensionis contra quotidiana insultantia pericula, floreant. » (45).

Il ne s'agit plus ici d'analogies réelles, comme celles qui étaient tirées de l'ordre du Monde, et qui supportaient tout un système de correspondances et de signatures, mais de la visée consciemment figurée d'observations qui pourtent sur des traits spécifiques et irréductibles du vivant, qui n'ont pas d'équivalence exacte, dans quelque registre que ce soit.

Pour une intelligence philosophique du concept d'Oeconomie, sa position dans les doctrines opposées mais étroitement parentes de Hoffmann et de Stahl représente un moment capital, parce qu'on peut y voir d'abord le virement d'un traitement métaphorique du vivant – la théorie cartésienne de l'animal-machine n'est plus ni moins métaphorique ou scientifique que la doctrine de Paracelse de l'analogie du Macrocosme et du Microcosme : la différence est seulement dans les registres où la fantaisie et l'expérience puisent – vers une approche physiologique où ce ne sont pas les expériences qui changent, mais l'interprétation de leur signification, non plus en fonction de modèles extérieurs, mais de problèmes spécifiques. Que ce tournant soit dû à Harvey, la place de la circulation du sang chez l'un et l'autre est là pour le prouver. Ensuite, Hoffmann a montré jusqu'où pouvait aller le mécanisme et où se situaient les impasses dues à son application au vivant , non pas dans l'interprétation d'une fonction particulière, pour laquelle il est toujours possible de construire un modèle analogique plus ou moins adéquat, qui donne l'illusion d'un fonctionnement intelligible, mais de l'activité organique d'ensemble dans des conditions naturelles. Ce mécanisme, en effet, ignore le concept moderne d'information, et son importance pour l'intelligence non seulement de l'individuation, mais encore de toutes les activités individuelles du vivant qui en découlent, y compris son pouvoir d'inventer (46). Ces impasses du mécanisme ne justifient pas encore l'abandon de l'idée de machine animale, parce que l'animal est bien une machine caractérisée par sa mobilité et ses performances, mais conduisent les physiologistes à deux attitudes : d'une part, le traitement empirique des mécanismes de cette machine, comme segments mécaniques compris dans le cadre défini par l'Oeconomie, ses lois, ses phénomènes, autrement dit, ses aspects téléologiques, et d'autre part, la subordination de ce qui concerne la machine à des conditions d'exercice de la vie, qui, de la laison physiologique des affinités chimiques, vont jusqu'à la définition de l'irritabilité et de la sensibilité commes phénomènes biologiques fondamentaux.

5. – ÉCONOMIE ET PHYSIOLOGIE COMPARÉE.

Si l'Encyclopédie mentionnait l'usage différentiel possible du concept d'Oeconomie animale sans lui accorder une place importante, il n'en est pas de même de Buffon, qui l'utilise dans le cadre d'une combinatoire mécanique :

> « ... ne faut-il pas examiner la nature des animaux, comparer leur organisation, étudier l'économie animale en général, afin d'en faire des applications particulières, d'en saisir les ressemblances, rapprocher les différences, et de la réunion de ces combinaisons, tirer assez de lumières pour distinguer nettement les principaux effets de la mécanique vivante... » (1).

Si les principaux effets de la mécanique évoquent la commune fin que la Nature obtient par des moyens différents puisque les organes différents des bêtes servent aux mêmes fonctions que ceux de l'homme, et si dans ces conditions, l'Anatomie comparée apparaît comme la condition d'une Physiologie générale chez Tauvry dans le cadre d'une théorie purement mécanique du vivant (2), le souci buffonien des « applications particulières » nous engage aussi dans la direction d'une Physiologie comparée. Or, le mot « animal », dans l'expression « économie animale » est pris par lui dans le sens où Aristote parle des facultés animales, c'est-à-dire, par opposition et exclusion des facultés qui appartiennent également au végétal : nutrition, développement, reproduction, génération (3). On peut remarquer alors que ce sont ces mêmes facultés animales, sensation et mouvement, qui ont pour Cuvier la plus grande importance dans la détermination des autres fonctions (4), c'est-à-dire, constituent le principe essentiel de leur variation, et par là, sont prépondérantes dans une perspective comparative et différentielle. Cette perspective naissante, liée à l'importance physiologique des organes à laquelle leur constance zoologique fait écho, conduit Buffon à faire de l'Economie le principe d'une multiplication des différences repérables dans l'organisation, à partir d'une variation simple dans un organe central ; ainsi, à propos du cœur :

> « Une légère différence dans ce centre de l'économie animale est toujours accompagnée d'une différence infiniment plus grande dans les parties extérieures. La Tortue, dont le cœur est singulièrement conformé, est aussi un animal extraordinaire, qui ne ressemble à aucun animal. » (5).

Mais une Physiologie comparée n'apparaît vraiment qu'à la fin du siècle, dans deux perspectives : d'une part, une perspective scalaire, parce que l'ordre des performances, des fonctions et des forces double l'ordre des complexités structurales, croissantes ou décroissantes, dont il est la raison, et d'autre part, une perspective intégralement économique, représentée en particulier par Blumenbach.

Lorsque l'Echelle des Etres sera remplacée par l'Oeconomia Naturae pour représenter l'ordre de la Nature en son ensemble, comme le veut Blumenbach, ce qui signifie que l'existence des animaux peut être déterminée moins en raison de leurs dignités qu'en fonction de leur rôle dans la Nature, et par conséquent de leurs appartenances à un secteur géographique et climatique, et à un milieu définis, on pourra concevoir une comparaison portant sur les différences organiques et fonctionnelles du point de vue dont l'Economie animale répond aux exigences impliquées par ces appartenances diverses. Une Physiologie comparée est donc possible, et Blumenbach lui donne pour premiers objets les animaux à sang froid et les animaux à sang chaud, en 1786, et en 1788, les mammifères et les oiseaux (6). Mais en un premier temps, c'est moins le rapport aux modes de vie, par lesquels l'Economie animale peut s'articuler à l'Economie naturelle, que les différences internes à l'Economie animale elle-même, qui sont prises en considération : les rapports « économiques » entre ces différences permettent alors d'établir des apparentements entre fonctions, parce que leurs variations sont corrélatives, et de ces corrélations surgissent des ensembles caractéristiques. Par exemple, respiration, circulation et chaleur animale sont réduites chez les Amphibiens au même degré que l'activité et le développement du système nerveux, tandis que la vie propre des parties, le pouvoir de régénération et la fécondité sont accrues, ce qui indique une orientation plus végétative que chez les vertébrés à sang chaud, chez lesquels l'activité organique est plus élevée et plus concentrée (7). Par conséquent, les analyses des corrélations fonctionnelles offertes par la Nature dans des classes distinctes aboutissent à la construction de tableaux opposables, et permettent de définir des orientations physiologiques qui regroupent toutes les particularités des animaux de ces classes autour d'une sorte de loi d'essence. Mais la comparaison des Oiseaux et des Mammifères permet la surimposition d'un autre point de vue au précédent : celui de la diversité des mécanismes que la Nature utilise pour remplir la même fonction (8).

Il n'en reste pas moins que les animaux à sang froid peuvent continuer à apparaître globalement comme inférieurs aux animaux à sang chaud, et que Blumenbach reviendra même aux « passages et gradations les plus évidents entre les organismes et les économies qui en dépendent » (9). Mais ce qui vaut pour l'ensemble peut valoir pour chaque fonction en particulier, dont la comparaison à travers toute la série des animaux, peut servir à déterminer une échelle dont vont dépendre de multiples variations fonctionnelles et organiques plus ou moins sensibles : c'est ce que Broussonnet a fait pour la respiration en s'attardant au passage entre milieu aquatique et milieu aérien, qui se traduit par une intensification des processus phlogistiques (10). Dans sa thèse et ses Mémoires qui appartiennent à ce que Cuvier appelle « Histoire naturelle philosophique » (11), Broussonnet fait intervenir plusieurs dimensions : la première est expérimentale et porte sur l'importance de l'action de l'air sur le principe vital, ce qui laisse prévoir l'existence de rapports physiologiques entre la quantité d'air absorbé, les moyens de cette absorption et la vitalité de l'animal ; la seconde est comparative, et vise à mettre en évidence un ordre de gradations où respiration, chaleur et perfection dans l'organisation sont liées : c'est la confirmation comparative des conclusions expérimentales précédentes ; et la troisième est l'étude anatomique des systèmes correspondants, qui met en évidence les équivalences et les différences fonctionnelles des mécanismes, dans leur rapport avec les exigences du mode de vie, ce qui permet à Brossonnet d'établir que la perfection d'un système s'accompagne de sa stabilité dans la classe où elle est atteinte (12). L'Economie est alors cette puissance qui adapte ces divers mécanismes, avec leurs divers degrés d'efficacité, donc de perfection, aux exigences du mode de vie, et cette adaptation est toujours admirable, jusque dans les êtres les plus petits (13) : autrement dit, l'Economie est toujours économique ; elle utilise les moyens les plus simples pour parvenir à ses fins (14). Mais l'Economie est ici l'Economie de la Nature, c'est-à-dire, la Providence créatrice : la perspective de Broussonnet est donc avant tout technologique – la Nature supprime tout ce qui est inutile et promeut tout ce qui est nécessaire à une adaptation efficace – et s'éloigne, sans la contredire, de l'idée d'une variété dans l'unité des coordinations fonctionnelles internes, c'est-à-dire, d'équilibre interne qui était au premier plan pour Blumenbach, et ensuite, pour Kielmeyer, équilibre qui répond pour Kielmeyer à l'équilibre général de la Nature. Or, avec Cuvier, on constate la jonction de ces deux problèmes : en premier lieu, si chaque variable fonctionnelle est susceptible de dégradation scalaire, marquée dans l'imperfection progressive des organes qui lui répondent, il n'est pas possible d'obtenir un ordre unique des dégradation par un calcul qui prendrait en charge les performances de chaque système (15), et en second lieu, la transformation du principe d'équilibre interne des forces en principe des corrélations, où l'aptitude à un mode de vie particulier est prise en compte, est l'aboutissement du projet initial de déterminer chaque être en fonction de son rôle dans l'Economie de la Nature : passage d'une analogie des équilibres à une articulation fonctionnelle de l'intérieur du vivant à l'extérieur naturel. Contrairement à Broussonnet, il faut donc prendre en compte, non pas le seul rapport physiologique de la vie à l'air, qui évoque le rapport privilégié de l'air et de l'âme que l'on trouve chez Hippocrate et les Stoïciens, mais l'ensemble des fonctions qui constituent la manifestation complète de la vie, et contrairement à Blumenbach et à Kielmeyer, il fallait traduire directement l'équilibre des forces dans la réciprocité des dispositifs qui assurent la vie dans un rapport étroit avec les conditions offertes par l'environnement du vivant, rapport démontré par les Mémoires de Broussonnet.

Toutes ces conditions réunies font que l'usage différentiel du concept d'Economie animale contribue à l'élargissement du champ physiologique, et entraîne, de ce fait, l'élargissement des perspectives offertes à une Anatomie comparée, limitée jusqu'ici par l'horizon que contitue l'explication des mécanismes physiologiques propres à l'Homme : il s'agit, à présent, de tout autre chose que de remédier à l'ignorance des parties internes de l'homme, qui justifiait pour Aristote la connaissance de celle des animaux (16) ; il s'agit de définir une théorie de l'Economie animale fondée sur l'ensemble des faits physiologiques et anatomiques fournis par le Règne animal, en accord avec une philosophie de la vie cohérente. Comme le fait remarquer Owen, il semble que John Hunter ait été le premier à avoir entrepris systématiquement l'exploration d'une semblable possibilité, dans des travaux dont les premiers sont antérieurs à ceux des précédents auteurs (17). Cela signifie qu'il ne s'agit pas ici d'un réseau d'influences, mais de l'émergence d'un ensemble de questions résultant de la prise en charge par les physiologistes des différences qui étaient jusqu'alors l'objet presque exclusif des naturalistes classificateurs, en rapport avec l'interprétation physiologique des performances animales comme fondement de l'ordre des dignites dans l'Echelle des Etres. Le lien systématique de ces questions, traitées à part par des auteurs distincts, dans des perspectives voisines mais différentes peut se décrire comme l'ouverture de l'Economie animale à l'animalité dans les espèces, par delà sa limitation initiale à l'animalité dans l'homme, parce que la parenté organique de l'homme et des animaux est perçue de plus en plus comme la manifestation la plus importante de l'unité d'un plan de la Nature. Cette unité qui a été jusqu'ici l'objet surtout de discours spéculatifs, liés à l'Echelle des Etres aussi bien qu'à l'Economie de la Nature, devient la condition théorique qui permet aux naturalistes de regrouper dans un même traitement, dans un même mode physiologique d'interprétation, les êtres qu'ils appréhendaient d'abord par leurs caractères externes, qui sont le lieu des différences. Désormais, les différences sont sous-tendues par des analogies plus centrales, comme le voulait Buffon, – analogies dues au jeu des mêmes principes économiques valables pour toute l'animalité, mais qui peuvent s'interpréter aussi en termes structuraux : c'est ainsi que si la physiologie de l'homme relève de lois qui éclairent celle des animaux, réciproquement, tous les détails de la structure animale ont leur répondant en l'homme en vertu de l'unité du plan ostéologique, comme Gœthe l'a établi à la même époque, à partir de sa découverte de l'os intermaxillaire chez l'homme (18).

L'Economie animale est comprise par John Hunter à partir d'une philosophie vitaliste : si le corps vivant peut être assimilé à une machine, la particularité qui l'oppose à toutes les autres machines connues, c'est qu'au lieu de disposer d'un moteur unique dont les effets se répercutent à travers une multitude d'actions enchaînées par des mécanismes, chaque partie organique dispose d'un principe d'action propre, de telle sorte que l'action est transmise par une série de stimulations en chaîne (19), qui constituent en quelque sorte, des informations, comme le montre sa conception des dépendances musculaires :

> « Mais cette dépendance ne résulte point d'une condition mécanique de structure ; elle est l'effet d'une connexion qui existe entre le principe vital des puissances d'une partie et celui des puissances des autres parties, et que l'on peut appeler une espèce d'intelligence. » (20).

L'agencement organique de ces puissances d'action est donc un agencement d'ordre administratif, auquel le mécanisme est subordonné parce qu'il ne se situe qu'au niveau de l'enchaînement matériel des effets. Cette interprétation donnée par Hunter des rapports musculaires est à rapprocher de l'interprétation du réflexe nociceptif donnée par Platner, (représentant de cette Ecole de Halle que marque la tradition de Stahl), comme étant une ombre de prudence et de jugement (21). Il s'ensuit que la « materia vitae », diffuse dans toutes les parties d'un être vivant et source des activités locales qui sont associées dans les puissances des organes pour Hunter (22), n'est pas sans affinités avec le « corpus aetherum » de ce même Platner, qui se définit à la fois comme « instrumentum animi », de par son rapport immédiat à l'âme, et comme « principium vitale », source diffuse de l'activité vitale des parties élémentaires (23). Or, nous sommes ici en présence de concepts de la même lignée que la « vis vitalis sanguinis » de Blumenbach, que les forces du Principe vital, inhérentes pour Barthez à chaque partie du corps, et dont la « force de situation fixe » démontre la constance dans les molécules des fibres musculaires (24), et même que les forces qui définissent la vie en résistant à la mort chez Bichat. Tout se passe donc comme si l'Economie animale avait pu se détacher du mécanisme dont elle a exprimé pour un temps la téléologie, en raison de l'incompatibilité de cette téléologie avec les modèles mécaniques d'explication, pour imposer scientifiquement, au nom des faits irréductibles au mécanisme, une vision non mécaniste du vivant, dans laquelle le pouvoir que les mécanismes ne font que matérialiser, est détenu par une organisation administrative. Un tel pouvoir est parfaitement homologue à celui que Stahl désignait comme une « domestica energia », instrument de l'« Oeconomia corporis ». Toute la fin du XVIIIème siècle démontre donc le caractère incontournable et incontourné de la doctrine physiologique de Stahl par les tentatives d'explication mécanistes des fonctions à partir des seules dispositions structurales, doctrine qui donne par conséquent tout son sens au mot « Physiologie » lorsqu'il s'agit soit de la Physiologie comparée, soit de cette physiologie qui est supposée par l'essor des théories épigénétiques du Développement.

Dans ces conditions, il n'y a pas dans la machine d'organe privilégié par sa position, et l'importance des fonctions ne relève que de leur utilité par rapport à la conservation générale de l'activité vitale de toutes les parties de l'organisation. Il n'y a pas de Monarchie absolue et héréditaire de droit divin et la constance zoologique ne peut souligner qu'une importance relative des organes, sujette à exceptions. La seule distinction capitale est celle des actions immédiates en rapport avec la substance même des organes, et des actions qui appartiennent aux organes eux-mêmes et qui assurent l'exercice des premières en permettant la recherche, l'absorption, l'élaboration, et la distribution des matières alimentaires. Les actions immédiates qui participent à l'édification et à l'entretien du vivant son les « maçons » : toutes les autres fonctions leur sont subordonnées comme « manœuvres » (25). Le vieux trépied galenique (cerveau, cœur, foie) perd donc toute sa signification, puisque les fonctions n'ont plus de dignité physiologique, mais simplement une utilité qui peut varier considérablement suivant les circonstances. Il faut cependant faire une exception pour l'estomac, au nom de deux raisons : sa constance sans exception à travers tout le règne animal, par opposition au végétal, chez lequel on ne le rencontre jamais, et l'idée qu'il représente l'essence de l'animal parce qu'il convertit l'aliment en substance vivante. Par contre, on a trop accordé jusqu'ici d'importance au cerveau et aux nerfs, dont la fonction est une simple fonction de transmission centripète et centrifuge (26). Il en est de même pour le cœur : il n'est pas essentiel à toutes les classes d'animaux ; il n'est même pas indispensable à tous les animaux dont la circulation est complète ; son fonctionnement dépend du corps sans que la réciproque soit vraie, car le cœur peut être troublé sans que le corps soit très affecté ; et sa perfection n'est pas toujours liée à la perfection structurale des animaux, comme c'est le cas chez les poissons (27). Il n'est donc plus question d'expliquer par une variation du cœur celle de la forme générale, comme Buffon le prétend à propos de la tortue.

Il y a donc chez Hunter une interprétation rigoureusement utilitariste de l'Economie qui exclut les dignités dont la signification ne peut être que psychologique, soit parce que l'organisation animale est comprise à partir de ce qui fonde la supériorité de l'homme, soit parce que la représentation de l'organisation est tributaire de valeurs humaines que les physiologistes y projettent. Si cet utilitarisme constitue aussi une projection, elle a sur les autres l'avantage de faire du vivant lui-même sa propre mesure et la mesure de ses organes, dont la structure et l'importance relèvent désormais de ses exigences adaptatives personnelles (28). Dans ces conditions, on peut regrouper en série les variations d'un organe, et en tirer un système zoologique, mais ce système sera nécessairement artificiel parce qu'il se rapporte à des usages particuliers, sans lien nécessaire avec un perfectionnement global du corps vivant. Hunter envisage pourtant un tel ordre des perfectionnements comme possible, sous la forme d'une distribution naturelle qui prendrait en considération les variétés de tous les organes et tiendrait compte de la valeur de chaque caractère retenu, mais sur ce point, il n'en est resté qu'aux essais (29). Il conçoit malgré tout un tel ordre comme parallèle à celui des états successifs d'un développement individuel (30), tout comme Kielmeyer, ce qui constitue le subterfuge qui lui permet en quelque sorte de dépsychologiser l'idée de perfectionnement. Hunter insture ainsi une réciprocité complète entre la téléologie propre à l'Economie et les divers aspects de l'organisation dans laquelle cette téléologie se manifeste, grâce à son approche vitaliste – cette organisation qui est l'objet propre de l'Anatomie comparée.

6. – ECONOMIE ET ORGANISATION.

Lorsque Cuvier aborde la question de l'organisation du corps vivants dans ses « Considérations sur l'Economie animale », il est tributaire de toute cette histoire de l'Economie, qu'il comprend, comme ses contemporains, à partir de Stahl, dont les doctrines ont pu être transmises jusqu'à lui par le canal de l'Ecole de Halle : lorsque Lawrence, son vulgarisateur anglais, reproduit presque mot pour mot le célèbre tableau de la décomposition d'un corps féminin par lequel il justifie sa conception de la vie comme nexus dans les « Considérations », ce n'est pas Cuvier qu'il mentionne, mais Stahl, ce qui illustre la conscience que pouvaient avoir certains contemporains des origines de cette problématique et des images macabres qui peuvent l'accompagner (1). Or, de l'Economie à l'Organisation, il y a toute la distance de l'Hérésie à l'Orthodoxie – Hérésie de l'*oikonomia* stoïcienne, grecque et byzantine, réintroduite chez les Modernes par le canal suspect de Tertullien, de Servet et de Paracelse, orthodoxie de l'Organisation, concept provenant d'Aristote et de Galien, utilisé par Bonaventure (2), et dont les aspects anatomiques pourront se charger de toutes les implications d'une « Fabrica », agencée providentiellement en vue de la plus grande efficacité technique : pour que le corps soit instrument parfait de l'âme, il faut qu'il ait été, suivant les termes de Vesale « machinatus » en vue de la plus grande efficacité fonctionnelle possible par le « Summus Rerum Opifex » avant de lui être livré (3). Cependant, dès la première moitié du XVIIème siècle, avec Sennert qui fonde la médecine galenique sur un socle chimique, et qui conçoit l'âme comme « architecte de son propre domicile » (4), la téléologie propre à la « Fabrica » est remplacée par une conception de l'organisation qui reprend à son compte une téléologie économique. En effet, pour Sennert, l'organisation comporte d'abord les aspects instrumentaux requis par sa fonction de domicile de l'âme, mais, point capital, ce ne sont pas les parties dissimilaires ou organiques, mais les parties similaires qui vont être détentrices des forces fondamentales de la vie, au service desquelles les parties organiques doivent travailler, activités intellectuelles mises à part (5). Or, en se décidant en faveur d'une âme « innatam, non ingressam » Sennert se réfère déjà à Juste Lipse, à Tertullien et à Grégoire de Nysse, tous auteurs marqués par la pensée stoïcienne qui est à l'origine du concept d'économie, que l'inversion du rapport téléologique qui subordonnait les parties similaires aux parties organiques semble viser à travers une conception de l'organisation comme confédération de parties entre lesquelles la vitalité se partage. Cependant, il s'agit toujours d'une organisation parce qu'elle reste en rapport avec les problèmes de forme et de structure, dont les fonctions dépendent qualitativement et quantitativement, et parce qu'elle exprime l'unité d'un projet spécifique, même si c'est celui d'une âme innée qui se substitue à l'intention providentielle de l'Opifex galenique, âme qui se comporte initialement comme un « principium seminale » (6). Ce que Sennert permet ainsi, par cette localisation diffuse des forces organiques dans les parties similaires, c'est un changement de contenu du concept d'organisation, qui d'abord représentatif de l'ordre général des parties dans un corps conçu comme une machine, peut décrire ensuite la composition de ces mêmes parties similaires, c'est-à-dire, le réseau par lequel est assuré le contrôle vital des processus chimiques qui sont à la base de l'activité organique : l'organisation répond alors exactement aux exigences de l'Economie, telle qu'elle peut être comprise dans la tradition de l'Ecole de Halle. C'est bien le sens que ce terme a pris chez Cuvier, où la structure microscopique répond de manière spécifique à une activité chimique particulière :

> « car nous ne trouvons dans aucun des corps bruts ce tissu fibreux ou cellulaire, ni cette multiplicité d'éléments volatils, qui forment les caractères de l'organisation. » (7).

Or, ce sens n'est pas propre à Cuvier : il est général dans la littérature physiologique de la fin du XVIIIème siècle, où l'organisation accompagne l'Economie : c'est ainsi que Veit définit l'organisation comme une « attractio organica », c'est-à-dire une affinité distincte de l'affinité chimique, en ce sens qu'elle est multiple et engage le concours de plusieurs substances (8), dans un texte où le vitalisme disparaît puisque les forces animales ne sont pas censées différer des forces physiques dans leur réalité, mais seulement dans leur forme (non re, sed specie – (9)). C'est ainsi que pour Roschlaub, le concept d'organisation désigne le mélange et la forme des éléments qui entrent dans la composition des parties d'un corps vivant, et dont la particularité est la condition de la vie (10). C'est ainsi que, déjà chez Wolff, l'organisation d'une partie succède à sa production par exsudation, dans un emploi actif du terme : elle suppose l'apparition de cellules et de vaisseaux qui fondent les manifestations vitales proprement dites dans les parties nouvellement apparues, d'abord inertes (11). C'est ainsi enfin que pour Pfaff, les fibres constituent la forme fondamentale de l'organisation à laquelle il suppose avant Oken une base infusoriale, par référence aux molécules organiques de Buffon, dont il transforme la signification, puisque ce ne sont plus des atomes de matière vivante, mais des vivants élémentaires (12). Mais ici, Pfaff fait intervenir également un autre thème : l'idée de machines composées de machines à l'infini (13), point sur lequel il rejoint Reil (14), et à travers Reil, Bonnet (15) et la définition de l'organisme donnée par Leibniz (16). Tout se passe donc maintenant comme si un vitalisme qui répond moins à une recherche métaphysique proprement dite qu'à un obstacle imposé par le vivant à l'intelligibilité mécanique, répondait à un mécanisme qui avait perdu son intelligibilité en enveloppant l'idée d'infini en acte, pour faire du concept d'organisation le lieu d'une articulation invisible entre structure, substance et activité. De là, l'organisation devient nexus, réseau, machinules, atelier, usine, société, etc., dans lesquels, comme le veut Kant, tout est réciproquement principe, moyen et fin.

7. – CONCLUSION.

En résumé, le projet d'Histoire Naturelle formulé par Cuvier dans les lettres à Pfaff, et les « Considérations préliminaires sur l'Economie animale » s'appuient sur une conception dynamique de la Nature et du vivant qui sont parfaitement réciproques, et qui évoquent le souvenir lointain de l'analogie du Macrocosme et du Microcosme, qui a servi à l'élaboration antique du concept d'Economie dans ses applications cosmologiques et physiologiques possibles, et qui a accompagné le retour du terme et son utilisation sous la forme d'une Oeconomia Naturae et d'une Oeconomia animalis. Mais pour Cuvier, ce thème n'est plus qu'un vague souvenir (malgré son succès dans la Naturphilosophie contemporaine dont Cuvier récuse la portée) qu'il reporte aux « philosophes mystiques du Moyen-Age », tellement il lui semble lointain (alors qu'il demeurait parfaitement vivant chez les médecins deux siècles à peine auparavant). C'est que entre cette origine lointaine et le moment où Cuvier aborde le problème d'une Economie de la Nature à partir de Linné, et celui d'une Economie animale en des termes venus de Stahl, l'approche philosophique des êtres naturels a changé, et ceci, du fait même de l'existence d'une science dont le projet est d'introduire dans la connaissance du réel une intelligibilité de type mathématique.

Or, en présence de sciences mathématisées, les « arts systématiques » (pour reprendre le terme appliqué par Kant aux domaines scientifiques qui n'ont pas encore été envahis par la mathématisation) sont conduits à rectifier ce qui en eux constitue le « système », c'est-à-dire la nature des raisons qui entraînent non seulement la conviction, mais encore la certitude : ces raisons qui ont pu d'abord être tirées d'un réseau de correspondances imaginaires qui traversaient les objets, doivent désormais être fondées dans les rapports déterminables des choses. En ce qui concerne les vivants, par conséquent, la tentation de les traiter comme des machines représente d'abord un prolongement de leur traitement métaphorique préscientifique, mais l'existence d'une technologie des machines alors en développement, et surtout la constitution d'une science mathématique du mouvement, puis d'une physique, se sont trouvées souligner la faiblesse des conséquences physiologiques da la théorie de l'animal-machine, tant du point de vue prédictif que du point de vue pratique, à partir du moment où la physiologie prétendait n'être plus seulement une philosophie, une « méditation sur la mort », mais un corps de lois et de connaissances permettant des prédictions et des applications dans le domaine médical. C'est donc la Médecine qui a fourni à la science du vivant les premiers problèmes critiques, et par conséquent, c'est en Médecine que les concepts biologiques d'organisation et d'économie ont été amenés à se redéfinir dans un sens descriptif et opératoire adapté au vivant. Leur transfert en Histoire Naturelle n'est alors possible qu'à partir du moment où l'Histoire Naturelle pose des problèmes de même type que les problèmes posés par la Médecine : des problèmes d'existence, c'est-à-dire de santé, de maladie et de mort. Si l'agriculture et l'art vétérinaire posent de semblables problèmes, ils se heurtent aux limitations dues à la seule perspective de l'utilité humaine. Au contraire, la définition par Linné d'une Oeconomia Naturae et d'une Politia Naturae, qui prétendent rendre raison de l'existence des espèces pourra constituer la raison qui permet ce transfert, au terme duquel le vivant est plus qu'un groupement de caractères définissant une position dans un système logique ou ontologique. La réciprocité de l'Economie naturelle et de l'Economie animale chez Cuvier représente donc une articulation biologique fondamentale et entièrement nouvelle, dont le rapport originaire aux analogies du Macrocosme et du Microcosme chez Paracelse et même chez Charlton, est imaginaire, ce qui ne signifie pas pour autant qu'il soit absent ; mais la science ne se réduit pas à sa psychanalyse. L'histoire du concept d'Economie prétend donc ici avoir rendu intelligible moins cette origine que cette transformation, dont la raison est double : l'existence de la Physique, et l'existence d'une Economie naturelle, qui prendra en charge la reconnaissance de la mort des espèces, par laquelle, de modèle statique d'ordre, elle deviendra principe de devenir.

Chapitre III

LA MORT DES ESPECES

1. – LE CALENDRIER

Tous les possibles ne sont pas compossibles. Aristote conçoit entre les êtres vivants une concurrence qui règle leur distribution géographique, leurs dispersions et leurs rassemblements (1). Mais ce qui vaut pour un canton, peut valoir pour toute la surface de la Terre, et de la concurrence, peut dépendre l'existence ou la disparition des espèces, en liaison avec l'exigence d'équilibre intérieure à l'ordre du monde :

> « ... mais chaque chose suit sa marche propre et toutes conformément aux lois fixées par la nature (fœdere naturae) conservent les caractères qui les différencient. » (2).

car la concurrence n'est pas, même pour Lucrèce, le principe du devenir, parce que, même s'il permet l'apparition de nouveautés (3), le caractère principal du devenir est l'épuisement et le dépérissement (4). La destruction n'est donc qu'une conséquence, et nullement un principe ; et de ce fait, pour l'Antiquité en général, on pourra dire que le temps enchaîne plus qu'il ne sépare (5), et qu'il ne détruit que pour engendrer, sous le signe du Même : si Chronos a coupé la verge de Coelus, principe de toute semence, c'est pour la jeter dans la mer, d'où surgit Aphrodite (6). Ces semences, de par l'origine céleste, relèvent de l'éternité des principes dont l'activité assure au Monde sa plénitude et sa permanence. Les catastrophes elles-mêmes ne peuvent être que limitées : il n'y a jamais destruction totale de la Terre et du genre humain, si bien que la race humaine peut se reproduire (7), et remplir de nouveau l'Univers. La même chose vaut nécessairement pour les animaux, ce qui exclut l'idée d'une succession, consécutive aux destructions. Si Macrobe résume la philosophie du Temps caractéristique des Anciens, et si cette philosophie se montre capable de parvenir aux temps modernes à travers la théologie chrétienne qui l'encadre entre le Création et l'Apocalypse, c'est-à-dire, un traitement intemporel de la question du commencement et de la fin, répondant à l'éternitarisme d'Aristote aussi bien qu'à celui de Macrobe, et des platoniciens, la question des fossiles, lorsque les fossiles seront reconnus comme des restes d'animaux ou de végétaux, ne pourra conduire qu'à des questions de répartition paléogéographique des espèces, tandis que la survivance de l'idée épicurienne d'épuisement pourra se joindre au mythe des anciens géants, transposables de l'homme aux animaux, et se traduire géologiquement dans le thème de l'abaissement du niveau de la mer et dans l'interprétation des montagnes comme ruines. L'idée d'une succession de formes, soit équivalentes, soit progressives, semble donc, jusqu'aux temps modernes, sinon totalement absente, du moins purement anecdotique, et liée à des cosmogonies hindoues qui n'on jamais vraiment pénétré dans la spéculation antique et médiévale (8).

Au milieu du XVIIIème siècle, la question générale des fossiles se pose donc encore dans les termes suivants (9) : étymologiquement, le terme fossile (de fodere : creuser) se situe dans le cadre de la Minéralogie qui englobe toutes les productions inertes qui se trouvent dans la terre. Mais il faut distinguer deux sortes de fossiles : les fossiles natifs, qui appartiennent à la terre par origine et par nature, c'est-à-dire les minéraux proprement dits, sous leur forme amorphe ou sous leur forme cristalline ; et les fossiles étrangers, qui regroupent tous les corps enterrés accidentellement. Les fossiles qui présentent une structure complexe, inexplicable par la cristallisation aussi bien que par le hasard, seront considérés comme relevant de cette seconde catégorie dans la mesure où l'explication de cette structure par une force plastique intérieure à la terrre est périmée : les structures complexes fossilisables sont avant tout celle des vivants. En tant que ces fossiles proviennent d'une surface reconnue comme mobile, dont les changements successifs peuvent relever d'une histoire de la Terre qui prolonge plus ou moins l'histoire humaine en arrière, le monde savant raisonne à leur égard en termes de « médailles » ou de « monuments » du passé, susceptibles de renseigner sur les périodes anciennes dont les êtres vivants, dont ils sont les restes, ont été les témoins, et d'indiquer les catastrophes qui ont provoqué leur mort et leur ensevelissement (10). Les traits principaux par lesquels ces restes suscitent une curiosité sur laquelle se greffe l'interrogation scientifique sont donc : leur origine, principalement marine, qui laisse supposer que les mers ont recouvert autrefois les terres, leur caractère exotique qui évoque soit de vastes transports, soit des changements de climat importants, leur abondance, puisqu'ils constituent quelquefois des collines entières, leur étrangeté, qui pose le problème de leur classification dans les systèmes construits à partir de la zoologie actuelle, et enfin, surtout en ce qui concerne les ossements, leur gigantisme. Pour rendre compte de ces traits, les naturalistes vont être limités non seulement par une conception ancienne du temps que l'Histoire Naturelle n'a pas remise en question, mais encore, par cette Echelle des Etres qui définit au XVIIIème siècle l'horizon de cette Histoire Naturelle, et en ce qui concerne l'état ruiniforme de la surface terrestre, par le Déluge, dont la croyance est réciproque de l'idée d'un Monde qui exprime par sa plénitude la perfection de Dieu, et qui, de ce fait, ne tolère de destruction que providentielle.

Guettard est parfaitement convaincu de cette incompatibilité entre l'Echelle des Etres et l'existence de destructions totales d'espèces, comme en sont convaincus tous ceux qui distinguent l'existence physique et temporelle des êtres vivants d'un fondement métaphysique constitué par un univers de types ou d'idées – c'est encore ce qui se passe pour Claude Bernard, qui admet des formes « dormantes » ou « expectantes », dont la révélation dépend de ce qu'offrent les « conditions d'existence » (11), la vie comprise comme la réalisation dans le temps d'une essence se confond alors avec le processus qui conduit l'individu à sa fin nécessaire : la vie, c'est la mort (12). Dans de telles conditions, pour Guettard, les fossiles dont les analogues actuels sont inconnus, indiquent simplement un décalage entre une réalité connue en tant que simple réalité contingente, dont la connaissance est relative à la situation du sujet qui l'acquiert, et le plan intangible de la Création (13). S'ils témoignent d'une histoire, cette histoire ne les concerne pas dans leur essence, mais seulement dans leur présence.

C'est ici que le Déluge des textes bibliques peut intervenir : en tant qu'évènement historique, il est postérieur à l'acte initial de la Création, dont dépend le monde vivant dans sa plénitude, et sa fonction est d'expliquer ce qu'indiquent les particularités de situation des fossiles, comparées aux modalités d'existence des espèces actuelles les plus semblables, par le passage des mers sur les continents et un transport des fossiles d'aspect tropical vers les régions tempérées. Interprété dans ce sens, le « témoignage » des fossiles recoupe les conséquences que l'on peut tirer de l'aspect ruiniforme des montagnes, et de la disposition des couches sédimentaires, phénomène géologique vis-à-vis desquels le Déluge va devoir remplir la même fonction (14). Une telle fonction va poser deux sortes de problèmes : d'une part, le Déluge peut-il être pensée comme suffisant pour rendre compte des phénomènes géologiques dont il est censé fournir la raison ? et d'autre part, en tant qu'événement appartenant à l'histoire sacrée qui le date sur un calendrier élaboré par référence à l'histoire humaine scandée par les événements qui constituent le contenu des récits bibliques, quelle est la valeur de la chronologie qui sert à le déterminer du point de vue d'une Histoire de la Terre ?

Concernant le premier point, il apparaît que les deux solutions possibles se sont succédées au début du XVIIIème siècle : les aspects du cataclysme biblique caractérisé comme Déluge universel, et dont la valeur était celle d'un châtiment destructeur de toute l'humanité et de tout le monde vivant sauf un couple de chaque espèce destiné à la repopulation du monde (15), ont été accrus jusqu'aux estrêmes limites du fantastique, avec cette idée d'une dissolution générale envisagée par Woodward pour expliquer la distribution des terrains en couches successives caractérisées par des fossiles différents par la précipitation consécutive à cet évènement (16). Mais compte tenu des contradictions qu'une telle inflation du Déluge rencontre de la part des lois physiques et astronomiques connues, aussi bien que de la part des faits géologiques recensés, on peut dire que cet excès amorce un deuxième temps de la spéculation géologique en sens inverse, qui réduit la portée du Déluge, à la fois en le démultipliant en une pluralité de catastrophes partielles qui évoquent le Timée et le Critias, ou de révolutions générales qui font penser à Sénèque, Catastrophes ou révolutions dont il ne serait que la dernière, et en lui substituant d'autres explications des mêmes faits censés s'appuyer soit sur des événements géologiques, soit sur des faits astronomiques. C'est ainsi que la réduction du Déluge à une simple inondation passagère, et la recherche d'explications « physiques » de la disposition des terrains en couches parallèles, et de la constance des associations d'espèces fossiles, comparables aux associations animales et végétales actuelles, est préconisée par d'Holbach. Mais le représentant principal de cette orientation est Buffon : d'une part, pour garder au Déluge sa valeur sacrée d'évènements miraculeux, on ne peut lui attribuer de fonction explicative en Géologie (17), et d'autre part, s'il existe des « Epoques » de la Nature, les événements ou révolutions qui marquent chacune de ces époques sont qualifiés par elles, et cette diversification est placée sous la dépendance de phénomènes physiques de longue durée (dont le refroidissement de la Terre), qui recueillent à eux seuls le rôle de principes explicatifs. Par conséquent, si, ce faisant, on semble remonter d'une méditation sur le Déluge à une méditation sur les « Jours » de la Genèse, traités symboliquement comme des périodes de plus de vingt quatre heures, ce déplacement recouvre un transfert des principes explicatifs de la recherche d'un événement-clef à celle d'une loi, d'un acte à un processus, d'une histoire mythique à une physique, et dans ce transfert, la chronologie sacrée se trouve elle-même remise radicalement en question.

Au XVIIIème siècle, les chronologies remplissent deux fonctions : d'une part, la fixation des anciennes époques en vue de déterminer l'ordre de la succession et de la simultanéité des événements historiques par rapport à un calendrier mesurant la quantité des temps, et d'autre part, la justification du calendrier usuel que complète la détermination des fêtes religieuses (18). Pour remplir ces fonctions, elles s'appuient sur des recherches historiques concernant la succession des générations et des règnes, à partir des généalogies (d'où une évaluation très approximative du temps écoulé), mais aussi, sur la détermination de la position successive des astres, telle qu'elle est historiquement connue. Les obstacles qu'elles rencontrent sont l'incertitude et l'imprécision des documents historiques, et qui sont d'autant plus lacunaires en renseignements généalogiques et en données astronomiques que les périodes sont plus anciennes. De tels obstacles sont à l'origine de la multiplicité des chronologies, preuves suffisantes de l'incertitude de leurs fondements.

Cependant, la prétention des chronologistes ne va à rien moins qu'à fixer les événements et les époques par rapport à une échelle temporelle absolue, représentative de l'âge du monde, prétention qui aboutit même, avec l'optimisme technologique du temps, à la construction d'une « machine chronologique » (19), ayant enregistré tous les faits connus, pour permettre leur repérage temporel commode, soit en descendant de l'origine jusqu'à nous, soit par rapport au temps présent. Il faut donc que le moment de l'origine du monde soit fixé par une distance temporelle précise qui le sépare d'un moment historique servant de référence au calcul du temps présent : savoir la date supposée de la naissance de Jésus-Christ, considérée comme point de départ du calendrier en vigueur. Comme les variations des chronologies profanes et l'obscurité des âges anciens ne fournissent aucun moyen permettant d'établir cette date originaire avec une certitude scientifique suffisante, c'est la certitude religieuse qui va rendre possible cette fixation d'un temps absolu, grâce au recours à la chronologie sacrée, telle qu'elle est censée se déduire du livre de la Genèse, non sans des variations encore assez importantes pour rendre très arbitraire le fonctionnement de la machine chronologique et confirmer les réticences de Fontenelle sur la valeur des conclusions que l'on peut porter non seulement sur la chronologie, mais encore sur l'histoire des époques les plus anciennes :

> « Si d'un grand palais ruiné, on trouvait tous les débris confusément dispersés dans l'étendue d'un vaste terrain, et qu'on fut sûr qu'il n'en manquât aucun, ce serait un prodigieux travail de les rassembler tous, ou du moins, sans les rassembler, de se faire, en les considérant, une idée juste de toute la structure de ce palais. Mais s'il manquait des débris, le travail d'imaginer cette structure serait plus grand, et d'autant plus grand, qu'il manquerait plus de débris ; et il serait fort possible que l'on fit de cet édifice différents plans qui n'auraient presque rien de commun entre eux. Tel est l'état où se trouve pour nous l'histoire des temps les plus anciens. » (20).

La fragilité interne de cette chronologie historique permet de comprendre comment la prise en considération des fossiles, de l'érosion et de la sédimentation imposera rapidement une autre chronologie, fondée sur de nouvelles bases, plus solides parce que « physiques », mais à condition de rejeter l'idée d'une création extemporanée du monde dans son état actuel. Cependant, vu l'enjeu théologique de ces questions qui lient l'histoire de la Terre au problème de son origine, cet autre type de chronologie ne pourra faire reconnaître pleinement sa validité explicative qu'à la condition de se relier aux textes qui ont fondé la trop courte chronologie mosaïque, par un système d'exégèse qui ne rompt pas le rapport entre la vérité scientifique et la vérité théologique officielle, mais l'inverse : ce n'est plus la Genèse qui permet d'interpréter les monuments laissés par l'histoire de la terre ; ce sont les monuments de l'histoire de la terre qui permettent de réinterpréter la Genèse comme un texte symbolique, dans un sens directement opposé à la doctrine augustinienne de l'unité de l'acte de Création. Une telle inversion va commander toute une littérature physico-théologique qui sert de fond à la recherche géologique et paléontologique jusque très avant dans le XIXème siècle, et dans la mesure où les textes bibliques exposent une histoire mythique à laquelle se trouve directement articulée l'histoire humaine, on comprend que, par ce moyen, malgré les décrochages qui vont nécessairement se produire, la paléontologie, dès son origine, va se trouver placée dans une perspective d'où la référence à l'histoire ne sera jamais supprimée (21).

Pour fonder cette nouvelle chronologie, les physiciens ont deux éléments à leur disposition, le feu et l'eau, parce qu'ils les voient en état constant et irréversible de réduction : la « machine chronologique » fait donc place à l'équivalent d'un sablier, avec Celsius et Linné, De Maillet et enfin Buffon (22).

Ni Celsius, ni Linné ne font de la question de l'âge du monde une question fondamentale. Le mémoire de Celsius laisse même présumer entre l'origine du monde et l'époque actuelle un Déluge qui pourrait bien rendre cette question insoluble, parce que l'étude géologique de la composition des terrains démontre un désordre qui laisse penser à une vaste inondation « d'Orient vers l'Occident » (23). Mais il ne s'agit même pas de remonter jusqu'au Déluge : il s'agit uniquement de mettre en évidence la diminution du niveau de la mer (24), et de la mesurer (25) pour évoquer les causes possibles de cette diminution : la croissance de la végétation et la production de terreau qui fixe l'eau, hypothèse de Newton (26), ou la plus traditionnelle ouverture d'« abîmes » au fond de la mer (27). Pour Linné, cette diminution prend au contraire la valeur d'une loi cosmogonique, qui permet l'expansion de la faune et de la flore à partir de l'île primitive de la Création, qui constituait une sorte de toit du monde (28), mais lorsqu'il s'agit de chronologie, Linné évoque simplement la hauteur présumable du niveau de la mer « il y a 6 000 ans », chiffre des plus traditionnels (29).

Il n'en va pas de même avec De Maillet, pour lequel cet abaissement du niveau de la mer est une loi cosmogonique, susceptible d'être traitée immédiatement comme le fondement d'une chronologie. Mais il n'y réduit pas son problème, puisqu'il fait intervenir aussi l'érosion dans un calcul qui a pour base la différence entre le niveau actuel de la mer, et la hauteur de la plus haute montagne, et l'augmentation progressive de cette différence avec le le temps (30). Il en dérive une chronologie universelle, capable de se substituer à la chronologie sacrée pour la détermination des premiers âges de l'histoire humaine, à partir de documents simplement archéologiques et géologiques :

> « Il suffira pour cela de reconnaître les endroits les plus élevés des montagnes, dans la pétrification desquelles on trouve de la terre cuite, qui est l'ouvrage de la main des hommes. En mesurant ensuite l'élevation de ces lieux au-dessus de la superficie présente de la mer, on saura le temps où ces eaux étaient occupées à rassembler les matériaux employés à cette pétrification, qui sera elle-même une preuve que le genre humain existait alors sur la terre. » (31).

De Maillet évalue ainsi l'ancienneté du genre humain à 500 000 ans, ce qui représenterait une approximation acceptable, s'il ne s'agissait pas de terre cuite ; mais ce qui est seulement important ici, c'est que la méthode et les limites de la chronologie mosaïque soient entièrement dépassées. Ajoutons qu'il faudrait reculer dans les mêmes proportions la date de la Création, mais elle reste indéterminée (32).

De Maillet argumente strictement en termes de géographie et de géologie : observation des déplacements du littoral, position des fossiles, phénomènes d'érosion. Ses conclusions sont donc dérivées entièrement d'un ensemble d'observations empiriques actuelles, suivant une méthode préconisée par la Géographie physique qui est contemporaine et postérieure à ses propres travaux. Buffon, par contre, appuie sa chronologie sur une hypothèse géogénique tirée de Leibniz : celle de l'origine ignée du globe terrestre, suivie de refroidissement (33). Or, si cette hypothèse est connue très tôt par Buffon, et si elle lui permet d'abord de rattacher l'origine de la Terre à un accident solaire, grâce auquel il se permet d'économiser l'intervention de Dieu au principe d'un mouvement des planètes conforme à l'attraction newtonienne, le temps perçu comme nécessaire pour qu'il y ait constitution d'une écorce semblable à celle que nous voyons, ne lui apparaît pas d'emblée comme susceptible d'un travail de chronologie : l'histoire de la Terre est celle des vicissitudes de son écorce (34), par opposition aux systèmes qui inventent (35), et qui retrouvent à tout prix une cosmogonie mosaïque dont la puissance explicative est douteuse . Le problème de Buffon est d'abord causal : il prétend conclure du présent au passé, écarter les causes dont l'effet est « rare, violent et subit » au profit :

> « des effets qui arrivent tous les jours, des mouvements qui se succèdent et se renouvellent sans interruption, des opérations constantes et toujours réitérées. » (36).

C'est dans un deuxième temps que Buffon élabore les implications chronologiques de son hypothèse, et qu'il définit le temps du refroidissement de la Terre comme le cadre de son histoire. Mais il apparaît d'une part que la chronologie qui va résulter de ses calculs (74, 832 ans) est beaucoup trop courte, comme il le reconnaîtra à l'occasion d'observations proprement géologiques comme celle de l'accumulation de montagnes de coquilles, et d'autre part, que les géographes, ses contemporains, cherchaient à établir une chronologie à base empirique : régressions marines, érosion de montagnes, et superposition de phénomènes volcaniques d'âges différents. La tentative de Buffon ne relève donc pas d'une nécessité méthodologique : la force probatoire qu'il croit dériver d'une extrapolation de ses expériences de diffusion de la chaleur dans les corps à l'évaluation de la durée de refroidissement des planètes (37), relève donc d'une philosophie générale de la science qui commande cette tentative, philosophique qui refuse à l'Histoire Naturelle une intelligibilité qui se définit à partir de son propre domaine empirique, pour la subordonner à la Physique.

2. – *LA PHYSIQUE.*

Rappelons tout d'abord que l'Histoire Naturelle se définit au XVIIème siècle comme la description d'un ordre tel que chaque Etre ne peut exister qu'à la place qui lui est assignée par les caractères qu'il présente, tandis que la Physique explique les propriétés des Phénomènes à partir de lois ou de principes. La diversité infinie des êtres se transforme en connaissance par la construction d'un catalogue qui les regroupe par espèce et genres dans des cadres généraux que sont les Règnes animal, végétal, minéral, et les faits météorologiques : ce catalogue doit refléter l'ordre naturel, c'est-à-dire le Plan de la Création. Par contre, pour remplir sa fonction explicative, la Physique dérive des analogies et des propriétés de ce même divers l'existence de lois qui décrivent les opérations voulues par le Créateur dans les créatures une fois leur existence acquise, lois qui manifestent l'unité d'origine et de fonction de toute réalité qui appartiennent à ce monde, même si les lois générales, issues du détail des opérations concrètement observables ne se réduisent pas toutes pour autant aux lois générales du mouvement, qui constituent les lois communes de la Physique (1). Si les êtres naturels relèvent de Dieu dans leur principe, ils relèvent de la Physique par les manifestations de leur existence, et sur ce point, Voltaire est en plein accord avec d'Alembert : l'Histoire Naturelle appartient à la Physique, ce qui exclut tout rapport entre elle et l'Histoire, au sens d'une Histoire civile (2). Le décalage entre l'infinité numérique des êtres naturels et les lois physiques ne fait, du reste, que redoubler la distance qui existe à l'intérieur de la Physique elle-même entre les lois particulières et les lois communes, lois communes dont l'unité absolue dans une « loi générale inconnue » est envisagée comme une possibilité par d'Alembert (3). L'Histoire Naturelle n'est donc qu'une approche de l'« inépuisable » physique.

Or, une des conséquences de la liaison de la Physique à l'Histoire Naturelle est la possibilité de transposer les principes de plénitude et de continuité, inhérents à l'Echelle des Etres, dans le domaine de la Cosmologie Physique. C'est ainsi que chez d'Alembert, l'affirmation selon laquelle « tout est lié dans la Nature », conformément à ces deux principes, malgré des lacunes qui ne sont censées relever que de l'imperfection de l'esprit humain, peut commander une méthodologie qui vise à construire des séries physiques partielles ou « chaînons » d'une « chaîne générale », en s'appuyant d'une part sur les faits, et d'autre part sur les « lois générales de la Nature », qui forment le « lien » (4). De ce fait, le concept d'ordre se trouve dédoublé en ordre hiérarchique et en loi de coordination, au niveau d'une Nature qui a pris ses distances par rapport à l'ordre cartésien des raisons géométriques, au profit d'un concept physique du mouvement qui permet de définir ses opérations ; et la loi de coordination elle-même devient la raison physique de la production et de l'existence des êtres compris comme des fonctions de tout l'Univers à la manière de d'Holbach :

> « Toutes les productions, pour pouvoir se conserver ou se maintenir dans l'existence, ont besoin de se coordonner avec le tout dont elles sont émanées ; sans cela, elles ne peuvent subsister. C'est cette faculté de se coordonner, c'est cette coordination relative que nous appelons l'Ordre de l'Univers, c'est son défaut que nous appelons Désordre. Les productions que nous traitons de Monstrueuses sont celles qui ne peuvent se coordonner avec les lois générales ou particulières des êtres qui les entourent, ou des touts où elles se trouvent ; elles ont pu dans leur formation s'accommoder de ces lois, mais ces lois se sont opposées à leur perfection, ce qui fait qu'elles ne peuvent subsister. » (5).

D'Holbach dérive de ce mode de compréhension de l'ordre physique la possibilité de la destruction ou de la variation de l'espèce humaine et des autres espèces, parce que le globe lui-même change (6). Autrement dit, une conception héraclitéenne ou épicurienne de l'ordre physique subordonne le plan de la Nature, et avec lui, l'Histoire Naturelle qui le décrit, à la variabilité et à la mort conjointe des espèces, si bien que la Nature ne se réduit pas à la manifestation d'un plan préordonné, mais des réquisits physiques de la réalisation des êtres (7). La destruction et la production des espèces sont donc physiquement réciproques, mais il n'y a pas encore là l'ombre d'une histoire de la vie, parce que ce devenir est commandé entièrement de l'extérieur du monde vivant, et subi passivement comme une sorte de pétrissage par les circonstances géologiques, géographiques et climatiques.

Mais l'idée d'un ordre physique n'est pas nécessairement lié à une philosophie Héraclitéenne, contredite par la stabilité des lois de la Mécanique, aussi bien que par l'éternité de la Chaîne des Etres. Une telle philosophie est étrangère à la science par ses origines, et ses conséquences matérialistes et athées sont inavouables, voire même insupportables pour bon nombre de savants du milieu du XVIIIème siècle. Dans ces conditions, les développements « physiques » qui remplissent les premiers chapitres du « Système de la Nature », ne constituent qu'une interprétation déviante, extrême, et même extrêmiste, donc relativement isolée, d'une possibilité théorique offerte par une articulation philosophique fondamentale de la science telle qu'elle était comprise. Il n'en va pas de même de Buffon dont le rapport à l'orthodoxie scientifique est si étroit qu'il se trouve même assez largement dépassé dès la publication des « Epoques de la Nature » (8) : la nature de son argumentation en sera d'autant plus caractéristique de la manière dont le rapport de l'Histoire Naturelle à la Physique et au temps physique pouvait être envisagé et développé.

C'est par le concept de loi générale de la Nature que l'on va pouvoir parvenir au cœur de ce problème. En effet, si d'Alembert, comme d'Holbach, retient la définition totalisante de la Nature fournie par Boyle, où l'individualité des phénomènes particuliers tend à s'absorber dans un système de dépendances généralisées, il donne ensuite comme exemple de lois de la nature, celles de Newton (9). Or, ces lois ont deux fonctions dans la philosophie de la science au XVIIIème siècle : d'une part, elles permettent le regroupement des concepts de loi, de cause et de principe, auxquels elles fournissent le même contenu, distingué simplement par la nature de l'usage qu'on en fait, dans une perspective descriptive, explicative ou synthétique ; d'autre part, du fait qu'elles sont déduites des phénomènes, elles en conservent la nature (10). Ces lois en elles-mêmes sont éternelles, directement voulues par Dieu (11), mais l'ordre physique des cœxistences qui en dépend tend à se refermer sur lui-même et à acquérir une relative autonomie par rapport à Dieu, dont la constance reste requise, tandis que malgré la rupture qu'il y a entre le Ciel et la Terre, l'ordre hiérarchique de l'Histoire Naturelle, demeure une expression de l'essence divine. Par conséquent, lorsque Buffon, en 1749, explique la mise en mouvement du système planétaire non plus par un acte immédiat de Dieu comme Newton, mais par le choc mécanique d'une comète, il achève la clôture du système qui se suffit à lui-même, ses lois une fois données. La mise en branle du système planétaire par un évènement mondain qui relève intégralement du hasard (la rencontre d'une comète et du soleil) rend donc possible une pensée du monde indépendante de celle de Dieu, et, à travers les lois physiques, y introduit la positivité du temps et de l'histoire.

Or, une histoire de la Terre ne réclame peut-être rien de plus du système du monde dans laquelle elle s'inscrit que de rendre simplement concevable son autonomie. C'est pourquoi les systèmes cosmogoniques qui se sont efforcés, à la fin du XVIIIème siècle de rendre compte de l'histoire de la terre, des êtres vivants et de l'homme, telle qu'elle est décrite par les textes bibliques, au moyen d'hypothèses qui mettaient en œuvre l'ensemble de la Création, ont péché par excès de liaison, d'une manière qui se rattache plus à la science des « principes de la Philosophie » et à l'exigence d'un enchaînement déductif des raisons, qu'à la nouvelle physique, qui pose en principe l'indépendance relative des lois particulières vis-à-vis des lois communes. Cette indépendance va se traduire ici par la distinction des domaines constitués par l'Astronomie et par la Géographie, parce que l'objet propre de la Géographie tend à se définir désormais moins comme l'ensemble de la planète que comme la seule écorce terrestre accessible directement à l'investigation empirique. Cette délimitation de son objet a pour conséquence directe la redéfinition des rapports de la Géographie à la Physique, que Desmarest conçoit dans les termes suivants :

> « A mesure que la Géographie et la Physique se sont perfectionnées, on a rapproché les principes lumineux de celle-ci des détails secs et décharnés de celle-là. En conséquence de cette heureuse association, notre propre séjour, notre habitation qui ne nous avait présenté d'autre image que celle d'un amas de débris et d'un monde en ruine, qu'irrégularités à sa surface, que désordres apparents dans son intérieur, s'offrit à nos yeux éclairés avec des dehors où l'ordre et l'uniformité se firent remarquer, où les rapports généraux se découvrirent sous nos pas. » (12).

Dans ces conditions, si les lois de la Physique peuvent servir à manifester inductivement un ordre interne à la Géographie en fournissant le lien intelligible entre les phénomènes qui est nécessaire à la construction d'une science, elles lui garantissent en même temps son indépendance par rapport aux théories de la Terre qui changent de position épistémologique : elles ne servent plus directement à interpréter les phénomènes, mais se contentent de répondre à un souci philosophique d'explication englobante. Desmarest conclut ainsi son article :

> « Il est aisé de voir par cet exposé, qu'un système de Géographie Physique n'est autre chose qu'un plan méthodique où l'on représente les faits avérés et constants, et où on les rapproche pour tirer de leur combinaison des résultats généraux : opérations auxquelles préside cette sagesse, cette bonne foi qui laisse entrevoir les intervalles où la continuation de l'enchaînement est interrompu, qui ne se contente pas tellement des observations déjà faites, qu'elle ne montre le besoin de nouveaux faits et les moyens de les acquérir. Dans les théories de la Terre, on suit d'autres vues ; tous les faits, toutes les observations sont rappelées à de certains

agents principaux, pour remonter et s'élever de l'état présent et bien discuté à l'état qui a précédé, en un mot, des effets aux causes. » (13).

Il y a donc deux sortes de références causales : celles qui relèvent d'une empiricité commandées par des lois physiques et celles qui renvoient à un état antérieur dont l'état actuel renferme les « monuments » (14). Il s'agit alors moins de rendre compte de toute la Création depuis sa cause première que de remonter des « monuments » au souvenir qu'ils représentent, c'est-à-dire, à un état antérieur de la Terre : la partie spéculative des théories de la Terre a pour fonction de rendre possible une telle opération. C'est ainsi que Buffon construit les « Epoques de la Nature » à partir de ce qu'il appelle d'un côté les « faits », c'est-à-dire, les fondements empiriques dont dépend sa théorie de la Terre, et de l'autre côté, les « monuments », qui attestent l'existence d'un état antérieur de la surface terrestre distinct de l'état actuel – faits qui concernent la figure, la chaleur, et la composition matérielle de la Terre et de sa surface, monuments qui sont limités par lui à l'état de la question des fossiles au moment où il écrivait (15). Une telle coordination n'était pas encore réalisée en 1749 : dans la « Théorie de la Terre », hypothèses cosmogoniques et physiques et analyses géographiques sont encore relativement indépendantes les unes des autres (16), et leur conjonction paraît responsable ensuite de la prise au sérieux du temps.

Le lieu précis où Buffon opère la jonction entre la théorie de la Terre et la Géographie est cette question des fossiles, qui constitue le cinquième « fait », dont les « monuments » représentent une sorte de développement :

> « Cinquième fait – On trouve sur toute la surface de la terre, et même sur les montagnes, jusqu'à quinze cent et deux mille toises de hauteur, une immense quantité de coquilles et d'autres débris des productions de la mer. » (17).

Si la présence des fossiles possède ainsi une signification cosmogonique, au point de pouvoir être traitée comme un des fondements de la théorie de la Terre, c'est parce qu'elle traduit l'intervention de l'eau, er par là même, l'introduction d'un temps postérieur à celui de la formation primitive des « matières vitrescibles » (18), événement qui est lui-même lié au refroidissement qui a rendu possible la condensation des eaux et la formation des mers, responsables de l'existence des êtres vivants et des « couches » qui constituent la structure interne de l'écorce terrestre. En tant que « monuments » nous retrouvons le rôle principal joué par les fossiles au XVIIIème siècle : indiquer une paléogéographie, qui, hors d'une hypothèse d'un transport des fossiles par le déluge, est marquée par une plus grande élévation du niveau de la mer, et un climat tropical dans les régions aujourd'hui glacées (19). Entre ces deux périodes, le lien est assuré par un ensemble de dégradations (20), dont le concept de dégénérations appliqué aux êtres vivants peut apparaître comme l'écho affaibli, du fait des limites que l'Echelle des Etres impose à la variabilité des espèces (21). Buffon est donc physicien avant d'être naturaliste, et ne va comprendre l'Histoire Naturelle que comme un moyen de perfectionner la physique, c'est-à-dire, la connaissance des grandes opérations de la Nature, à laquelle se ramène toujours l'explication des phénomènes :

« Cependant, cet objet est le plus important, et il ne faut pas s'imaginer, même aujourd'hui, que dans l'étude de l'Histoire Naturelle on doivent se borner uniquement à faire des descriptions exactes, et à s'assurer seulement des faits particuliers. C'est, à la vérité, et comme nous l'avons dit, le but essentiel qu'on doit se proposer d'abord : mais il faut tâcher de s'élever à quelque chose de plus grand et de plus digne ancore de nous occuper ; c'est de combiner les observations, de généraliser les faits,de les lier ensemble par la forces des analogies, et de tâcher d'arriver à ce haut degré de connaissances où nous pouvons juger que les effets particuliers dépendent d'effets plus généraux, où nous pouvons comparer la nature avec elle-même dans ses grandes opérations, et d'où nous pouvons enfin nous ouvrir des routes pour perfectionner les différentes parties de la Physique. » (22).

Ce texte, et les pages qui suivent de ce même « Discours » introductif « sur la manière d'étudier l'Histoire Naturelle » répondent donc à une image générale de la science qui est fournie par les divers articles de l'« Encyclopédie » y ayant trait, et au modèle newtonien qui la sous-tend. Mais le primat de la Physique rend également raison de la place de la « Théorie de la Terre » en tête de l'« Histoire Naturelle », indice de la nécessaire subordination de la seconde à la première, tant du point de vue de l'importance que du point de vue de l'ordre des dépendances (23). Or, les « Epoques de la Nature » transforment simplement ce primat logique en antériorité chronologique, parce que le temps du refroidissement implique la subordination du divers de l'Histoire Naturelle aux opérations cosmogoniques continuées qui rendent possible cette production du divers des êtres dans leur décours. Initialement pourtant, entre l'état igné primitif, et l'état récent où Buffon prend la Terre pour pouvoir interpréter son devenir géographique au moyen des causes actuelles, seules conformes à sa conception de la science et à celle des géographes, il y avait un vide logique et un hiatus temporel, que l'imagination ne pouvait surmonter que par une hypothèse, tirée de l'activité des eaux (24). Ce que l'idée d'un reste de chaleur terrestre, en voie de déperdition lente, tirée de la « Dissertation sur la glace » de Dortous de Mairan (25), introduit donc, c'est un « grand phénomène », ayant puissance explicative et coordinatrice, conformément à la doctrine newtonienne de la science, mais encore un processus fondamentalement temporel, qui va permettre de déterminer chronologiquement les variations des Epoques qu'il relie de manière continue – double fonction qui justifie cette expérimentation intense sur la dissipation de la chaleur dans les corps et cette extrapolation mal contrôlée au domaine de la cosmogonie et de la géogénie, puisque par là, le système pouvait se clore, passer du possible au réel, de l'hypothétique au catégorique, voir à l'apodictique.

En résumé, le refroidissement de la Terre permet de penser la succession des moments primitifs de son histoire comme continue dans un siècle où la discontinuité n'est pas scientifiquement recevable et se définit comme un vide pour la connaissance : la chronologie qui s'appuie sur lui est la manifestation, ou, si l'on veut le symptôme de cette fonction et de son importance. Mais par là, il introduit une unité théorique entre les deux niveaux opposés d'explication physique que constituent l'astronomie et la géographie, en contradiction relative avec un mouvement de la science qui va dans le sens de l'autonomie réciproque des modes d'interprétation entre domaines d'investigation distincts, marquant le triomphe de la conception inductive du savoir sur les « systèmes ». Pourtant, les analogies de la théorie de Buffon avec les romans cosmogoniques de Burnet, de Whiston et de Woodward restent superficielles, étant donné la distance qu'il est légitime de reconnaître entre la construction d'une série de fictions au moyen d'un matériel tiré de la science physique, en fonction du récit biblique tenu comme une donnée incontournable et la recherche d'une coordination intelligible des phénomènes actuels en fonction de leur dimension passée. De ce point de vue, Buffon reste plus étroitement physicien alors qu'il n'est historien, car l'ordre temporel direct dans lequel se trouve développé le contenu des « Epoques de la Nature» peut être compris comme une inverstion de l'ordre interprétatif ascendant depuis l'époque actuelle, que la clôture du système rend possible, inversion dont la valeur est littéraire et pédagogique. Mais réciproquement, le projet de Buffon n'est pas comparable aux tentatives qui apparaissent à la même époque, chez les Géographes et les Naturalistes, d'une histoire de la Terre appuyée sur une série chronologique construite à partir des décalages temporels réciproques indiqués directement par la lecture des monuments du passé (loi de succession des Montagnes, superposition des volcans, etc.). Mais ce qui reste spéculatif dans le système de Buffon suffit à montrer le rôle fondamental de la Physique dans la prise au sérieux du passé de la terre.

3. – L'ACTION DU TEMPS.

Pour aborder les êtres des trois Règnes, Buffon dispose donc à la fois d'une théorie physique d'origine newtonienne et de l'Echelle des Etres dont il fait un faisceau pour mieux répondre à l'uniformité du plan de la Nature (1). Le temps peut s'appuyer sur la Physique pour animer ce faisceau, ce qui ne signifie pas l'ébranler – doctrine parfaitement conforme à celle de ses contemporains, qu'il maintient clairement jusqu'à la fin de sa carrière, comme il le répète à propos des minéraux :

> « Tout s'opère parce qu'à force de temps, tout se rencontre, et que dans la libre étendue des espaces et dans la succession continue du mouvement, toute matière est remuée, toute forme donnée, toute figure imprimée. » (2).

La continuité de cette Echelle ou faisceau est assurée depuis les Minéraux par son fondement dans les « molécules organiques » :

> « Tout minéral figuré a été travaillé par ces molécules organiques provenant du détriment des êtres organisés ou par les premières molécules organiques existantes avant leur formation : ainsi les minéraux figurés tiennent tous de près ou de loin à la nature organisée : et il n'y a de matières

entièrement brutes que celles qui ne portent aucun trait de figuration ; car l'organisation a, comme toute autre qualité de la matière ses degrés et ses nuances, dont les caractères les plus généraux, les plus distincts, et les résultats les plus évidents, sont la vie dans les animaux, la végétation dans les plantes, et la figuration dans les minéraux. » (3).

Autrement dit, Buffon appele « molécules organiques » le lieu métaphysique où les effets physiques se transforment en hiérarchie des êtres, et c'est pour cette raison que la succession des êtres dans le temps, une fois reconnue, se comprendra comme une série de recombinaisons de « molécules organiques » sous l'effet des conditions offertes par le degré de refroidissement terrestre, comme il l'expose dans les « Epoques de la Nature » : les molécules se combinent et la chaleur disponible sélectionne les combinaisons qui seront retenues en un temps donné. Comme ces « molécules » sont par elles-mêmes indestructibles, le devenir des espèces est une succession de destructions qui les libèrent, et de recombinaisons (4), dans un ordre inverse à la grandeur, qui se traduit en ordre de dégradation par rapport à une noblesse primordiale (5). Cette intervention des « molécules organiques » comme principe de figuration, d'où dérive l'organisation lorsqu'elles rencontrent une « matière ductile » (6), est très précisément ce qui sépare Buffon des conceptions de D'Holbach, dont la philosophie minéralogique ne s'est pas encore entièrement affranchie d'un certain vitalisme minéral, dont témoignent ses sources (7), ce qui permet d'appliquer d'autant plus facilement aux vivants le même type d'intelligibilité qu'aux minéraux, et d'éliminer, ce faisant, toute hiérarchie. Au contraire, Buffon subordonne la réalisation d'un ordre nécessairement hiérarchique, parce que constitué de « figures » distinguées qualitativement, à l'activité physique de l'attraction, de l'affinité et de la chaleur, et à ses différences d'intensité. Cette articulation entre hiérarchie et activité physique est rendue possible par un emploi laxiste du concept de combinaison, au niveau de ces « molécules » métaphysiques dont la fonction semble avant tout, de permettre cette articulation. Il peut donc conserver l'Echelle ou le faisceau, mais sans limiter, comme Guettard (8), les effets physiques à la raison de la distribution géographique des vivants ou de la situation stratigraphique des fossiles : ces effets ont leur traduction dans la nature même des êtres. De ce fait, grâce à la Physique, la Géographie prend une importance théorique capitale pour l'Histoire Naturelle elle-même, puisqu'elle rend raison matériellement de l'existence de formes devenues intérieurement tributaires des conditions de leur environnement, conditions qui règlent leur devenir.

Pour interpréter ce devenir, Buffon dispose de trois termes : la migration, la dégénération, et la destruction, termes qu'il va préciser en les employant. Dégénération et migration représentent un premier type d'interprétation physique des rapports de l'Histoire Naturelle à la Géographie ; mais l'insuffisance de ce mode d'interprétation en face de la reconnaissance de la mort des espèces rend nécessaire l'introduction de la problématique plus radicale des destructions et des recombinaisons.

« Dégénérer » présente trois significations au XVIIIème siècle, d'après le « Dictionnaire de l'Académie » : ne pas suivre l'exemple de ses ancêtres, valoir moins, et lorsqu'il s'agit des animaux et des végétaux, perdre ses qualités esthétiques, ou physiques, soit par rapport aux progéniteurs, soir par rapport à un état antérieur du même être (9). Ce terme décrit donc généralement un devenir négatif de l'individu ou de la lignée, compris aussi bien du point de vue moral et social que physique : c'est une forme de déchéance. Mais ce terme, utilisé couramment dans la littérature médicale pour décrire les effets durables sur les organes et sur les matières dues aux maladies, est d'abord peu employé de manière technique en Histoire Naturelle : l'Encyclopédie le retient seulement comme terme de Jardinage (10). Son succès est dû à Buffon, puis à Lamarck (11).

Le Discours « De la Dégénération des Animaux » est inséré dans le Tome XIV de l'« Histoire Naturelle », publié en 1766. On y constate en premier lieu que le concept de « dégénération » a pour fonction de ramener à l'unité spécifique les différences raciales observées chez l'homme, puisqu'il permet de les dériver d'une même souche, dont les caractères primitifs sont censés pouvoir toujours réapparaître, soit par retour au « pays natal », soit par une succession de croisements, susceptibles de « laver la peau d'un nègre » en cent cinquante ou deux cent ans : cette possibilité suppose d'une part une plasticité inhérente à l'espèce, et d'autre part, que les caractères rendus variables par la Nature soient soumis physiquement à la « teinture du ciel » et aux « qualités de la terre », dont les effets sont accumulés par le temps, puis intériorisés et perpétués par la génération. En second lieu, ce même concept décrit les altérations des animaux domestiques dues à leur déportation et surtout aux « stigmates de l'esclavage », qui mettent en jeu les mêmes causes, désignées comme température du climat, qualité de la nourriture, et maux de l'esclavage. En troisième lieu, l'étude des animaux sauvages conduit Buffon à distinguer ce qui relève de variations dues à l'effet du changement de climat sur une flexibilité propre à chaque espèce, à laquelle la dissémination géographique est proportionnelle, et cette même dégénération suppose une perte de valeur parce que sa cause est contre-nature. La dégénération au sens strict, c'est donc jusqu'ici l'ombre de l'homme porté sur lui-même et sur le Règne animal (12). Mais en quatrième et dernier lieu, ce concept de dégénération est extrapolé du niveau de variations provoquées artificiellement à l'intérieur d'une espèce à la question de l'origine de certaines espèces :

> « Mais après le coup d'œil que l'on vient de jeter sur ces variétés qui nous indiquent les altérations particulières de chaque espèce, il se présente une considération plus importante et dont la vue est bien plus étendue : c'est celle du changement des espèces mêmes, cette dégénération plus ancienne et de tout temps immémoriale, qui paraît s'être faite dans chaque famille, ou, si l'on veut, dans chacun des genres sous lesquelles on peut comprendre les espèces voisines et peu différentes entre elles. » (13).

Par conséquent, si la dégénération est avant tout la conséquence malheureuse de l'influence de la civilisation sur l'homme ou de l'esclavage de l'homme sur ses semblables et sur les animaux, parce que cette influence artificielle est une dénaturation, les moyens physiques qui produisent cette dénaturation appartiennent encore à la Nature et permettent d'interpréter ses altérations en général. On peut donc construire :

> « ... un tableau au devant duquel on verra la nature telle qu'elle est ajourd'hui, et dans le lointain, on apercevra ce qu'elle était avant sa dégradation. » (14).

Si donc la dégénération permet de construire un tableau où la dimension du temps s'introduit par la distinction des espèces actuelles dégradées et des espèces originaires, seules naturelles parce que produites directement par le Créateur, elle pose aussi la question du rapport des espèces aux genres, en termes de flexibilité de la nature et d'influences physiques. Or cette flexibilité même, et par conséquent, les limites de l'exercice des influences physiques, sont encore relatives à la position hiérarchique des animaux sur une Echelle dont le paramètre essentiel est, en dernier ressort, la taille (15). La noblesse, la grandeur, l'isolement taxonomique, la faible flexibilité et l'absence de prise à la dégénération sont donc réciproques et conduisent à l'assimilation du genre et de l'espèce, tandis que chez les animaux inférieurs, la dégénération produit la démultiplication du genre en espèces, que les méthodes décrivent en tant que fondée sur la parenté d'une souche et de ses tiges (16). Par là, le genre n'est pas seulement une catégorie de la classification, définie par sa position dans un système de ressemblances et de différences, comme le voulait Daubenton (17), c'est le lieu véritable où s'instaure un rapport entre la hiérarchie naturelle et immuable des êtres et les lois physiques dont l'action dégénérative est définie pour chaque vivant par sa valeur ontologique originelle. Le Discours sur la Dégénération ne dit pas autre chose que le passage célèbre et très aristotélicien où Buffon fait des espèces les seuls êtres de la Nature (18), et que cet autre texte, souvent cité, où Buffon exclut l'idée d'un transformisme intégral où l'unité de plan de la Nature rejoindrait l'idée de l'appartenance des êtres à une même famille, parce que le concept de famille est un concept taxonomique, et de ce fait, artificiel (19). La différence que l'on peut remarquer entre ces textes n'est donc relative qu'au niveau systématique où se définit l'être immuable de la Nature. Le concept de dégénération, ainsi compris comme la traduction d'une dépendance limitée des êtres vivants créés par Dieu vis-à-vis des conditions physiques et du temps, pose deux sortes de problèmes : le problème de sa possibilité physiologique, et celui de son rapport à la variété géographique des êtres vivants. C'est ici que les « molécules organiques » ont commencé à fonctionner (20).

Les deux causes de la dégénération, ainsi comprise comme altération du « genre », sont le climat en surface, et la nourriture en profondeur : les effets de ces causes sont accumulés, perpétués et fixés par la génération, qui, réciproquement, peut les atténuer (21). Les croisements à eux seuls sont responsables de variations proportionnelles à la prolificité des espèces et qui semblent se stabiliser par secteur géographique (22). Si la génération et les croisements vont pouvoir donner lieu à une expérimentation sur les limites des différences spécifiques, les effets supposés du climat et de la nutrition se rattachent facilement à des spéculations métaphysiologiques où se précisent les rapports entre les combinaisons de « molécules organiques » et les actions physiques, comprises comme quantitatives. C'est ainsi que, dans l'« Histoire générale des Animaux » datée de 1748 et publiée en 1749, Buffon rend raison de la production et de l'entretien des êtres vivants par l'accumulation de ces « molécules organiques » selon un ordre défini par ce qu'il nomme « moule intérieur », où peuvent agir des « forces pénétrantes » d'origine matérielle. Ces forces favorisent plus ou moins cette accumulation, d'où résulte l'accroissement des êtres vivants, tandis que leur reproduction résulte de la répétition de ce même ordre par des « molécules organiques » assimilées en excès et regroupées dans un « moule intérieur » nouveau, doué de toutes les propriétés virtuelles possédées par le premier (23). Si donc la diversité qualitative infinie, qui traduit le principe des indiscernables au niveau des « molécules organiques » est le fondement premier d'une combinatoire qui manque encore de stabilité au niveau élémentaire des fermentations (24), les « moules intérieurs » sont les formes sous lesquelles ces combinaisons se stabilisent dans l'ordre voulu de toute éternité par la Providence créatrice des espèces, pour constituer une hiérarchie permanente des êtres vivants, malgré la fugacité des individus (25).

Par conséquent, il se produit au niveau du vivant ce qui s'était déjà produit pour le Monde : par la médiation des lois de la Nature, la créature va s'affranchir de l'intervention directe du Créateur, pour relever non plus d'une problématique ontologique, mais d'une problématique physique, pour aboutir en un premier temps aux mêmes résultats. En effet, le plan de la Nature qui émane de la perfection de Dieu, se traduit à la racine réelle de la production des êtres vivants par une série de programmes individuels (ces « moules intérieurs ») qui se font et se défond par la moyen des forces et des lois de la Nature dont le jeu se suffit à lui-même, et permet à la Providence de rentrer dans son repos jusqu'à l'anéantissement final de la Nature. Autrement dit, il se substitue à l'intemporalité des formes substantielles qui fondent les espèces pour Aristote, une permanence des formes vivantes au niveau même qui est celui de l'action du temps, par des moyens physiques au sens newtonien (26). Ce système physique est censé rendre compte de la génération ; il va pouvoir également rendre compte de la dégénération, comme une suite physique des déteriorations introduites par l'art et l'industrie des hommes au niveau de la chaîne physique qui unit les êtres et les événements (27). Or, si ce désordre est d'abord introduit dans les êtres vivants par l'intermédiaire de la nutrition, plus tard, après la rédaction des « Epoques de la Nature », en rapport avec l'évolution de ses idées géogéniques, Buffon formule l'idée d'une dégénération produite directement par l'affaiblissement de la chaleur, qui entraîne la réduction du nombre des « molécules organiques » composant les « moules intérieurs » des espèces : un exemple d'une telle génération est déjà fourni par les espèces d'Amérique du Sud, à un moment où ces espèces sont censées être, pour Buffon, de création tardive, et où, par conséquent, il a renoncé à l'unité de la Création au profit d'une succession des êtres vivants (28). Mais auparavant, cette question de l'origine des espèces américaines est située par Buffon au cœur du problème des rapports de la dégénération et de la migration, qui introduit dans l'Histoire Naturelle une histoire liée à la Géographie.

Le concept de migration relève de l'Economie naturelle : il désigne les déplacements saisonniers et instinctifs de nombreuses espèces animales (29). Buffon va lui donner le sens d'un déplacement irréversible de populations animales dans une autre région du globe que leur habitat d'origine. En cela, les problèmes posés par la faune de l'Amérique du Sud va fournir à ce concept un champ d'action privilégié, mais de deux manières différentes, selon qu'on se place avant ou avec les « Epoques de la Nature ».

L'usage de ce concept a été d'abord anthropologique et placé dans le sillage de la dégénération : dans « l'Histoire naturelle de l'homme », le terme apparaît pour rendre compte de la variation de couleur chez les Noirs en fonction de trois causes : la couleur de la population d'origine, l'effet du climat, qui change avec son déplacement, et le mélange des populations (30). Les effets du climat et de la nourriture y sont décrits comme prédominants, mais il faut répondre à l'objection que les Américains qui vivent sous les Tropiques ne sont pas noirs. Or, les populations sauvages de l'Amérique du Nord présentent des ressemblances avec les Tartares et leur faible densité justifie l'idée qu'elles proviennent récemment de « quelques individus échappés d'un peuple plus nombreux » (31) ; et, en second lieu, cette origine peut être étendue aux nations du continent entier, malgré une plus grande densité et une civilisation plus haute au Mexique et au Pérou, parce que tous ces peuples semblent appartenir à une même race, dont le manque de diversité indique à la fois l'implantation récente, des contrastes de température moins accentués dans le Nouveau Monde que dans l'Ancien, et un moindre développement relatif de la civilisation (32).

Par conséquent, la première origine des Américains est « la même que la nôtre », et, souligne Buffon, « indépendamment même des raisons théologiques » (33). Autrement dit, là encore, et contrairement à Linné, Buffon ne confirme pas une exégèse des textes bibliques par des démonstrations physiques, mais définit une démarche interse : il interprète un ensemble de variations anthropologiques actuelles à partir de « grands phénomènes », à la fois généraux et théoriquement fondés, qui sont ici la migration et la dégénération. Ces phénomènes lui permettent de dessiner à l'arrière des faits présents les ombres d'un passé qui leur est homogène et qui les rend intelligibles, si bien que l'unité biblique de l'espèce humaine et du centre de la Création n'intervient plus que comme le résultat de la concordance nécessaire entre la vérité révélée et la vérité démontrée, devenues par ailleurs indépendantes dans leur formulation. En même temps, le mouvement du savoir se définit comme exactement inverse à celui de l'histoire : il remonte du présent au passé, mais puisque l'intelligibilité du présent renvoie au passé, le passé devient principe. Cette démarche est rendue particulièrement claire par la manière dont Buffon traite de l'albinisme : il s'agit d'une dégénération qui se présente au Naturaliste avec le même caractère dans de multiples races distinctes et éloignées, aussi bien africaines qu'américaines ; cette généralité ne peut pas se satisfaire d'une explication par le climat et la nourriture, qui sont cause de différences, non sources de ressemblances. Il faut donc trouver un principe universel que la physiologie ne peut fournir parce que ce phénomène est rare, tandis que la physiologie rend compte des phénomènes communs. Ce principe ne peut donc être autre chose qu'un retour accidentel et exceptionnel d'un passé qui permet de conclure que la race humaine était primitivement blanche (34). Donc, l'observation d'une identité de caractères occasionnels aussi bien que de traits génériques ou spécifiques dans une population d'êtres vivants disséminés dans des régions géographiques distinctes, permet de surajouter à la recherche physique des causes de variation, la perspective historique d'une unité d'origine localisée dans l'espace et dans le temps.

Plus qu'une histoire, c'est le profil d'une paléogéographie humaine, fondée sur des donnes « physiques » actuelles (des « monuments »), qui se dessine ici. Mais Buffon n'en est pas encore là en 1749, et s'il se contente de rapporter les migrations humaines de l'Ancien vers le Nouveau Monde à la proximité des terres qui limitent au Nord l'Asie et l'Amérique, telle qu'elle a été récemment reconnue par les voyageurs russes, il a été devancé dans l'utilisation des migrations animales pour esquisser une véritable paléographie physique, distincte de la géographie actuelle, par Desmarest, qui conclut en 1751 de l'existence historique des loups en Angleterre à l'existence ancienne d'un isthme qui la réunissait au continent (35). Par la suite, lorsque Buffon transfère les concepts de migration et de dégénération de l'étude de l'homme à celle des animaux, il reprend cette idée à son compte. Il se montre alors moins prudent que Desmarest (pour qui l'argument fondé sur les migrations était incorporé à un faisceau de preuves de jonctions tant géographiques que géologiques, au point d'envisager des jonctions hypothétiques, fondées sur des migrations entièrement mythiques. Dans un premier texte où il compare les faunes de l'Ancien et du Nouveau Monde, il se contente d'envisager un passage de l'Asie à l'Amérique par le Nord, tandis que la Faune d'Amérique du Sud reste particulière à ce continent (36), quoique l'hypothèse d'une unité d'origine suivie de séparation des continents soit déjà envisagée. Par contre, lorsque le concept de dégénération lui permet d'envisager une réduction des espèces à un nombre plus limité de formes fondamentales, il se trouve conduit à rapporcher un certain nombre d'espèces africaines et américaines à la lumière de ce concept et à réactiver le vieux mythe de l'Atlantide (37).

Dégénération et migration sont donc l'amorce d'un accès au passé de la Terre grâce à une Histoire Naturelle où la description du Naturaliste est devenue le fondement d'un système d'inductions physiques. Mais cet accès au passé est sans commune mesure avec celui qui est décrit dans les « Epoques de la Nature », parce qu'il manque encore à Buffon la prise de conscience de la condition fondamentale d'une Histoire de la Terre : la Mort des Espèces.

4. – LA MORT DES ESPECES : LA MORT POSSIBLE.

Buffon n'a pas admis, semble-t-il, la destruction des espèces sans difficultés. En 1749, il ne s'agit pour lui que d'une simple possibilité, évoquée à l'occasion des cornes d'Ammon et des os fossiles extraordinaires pour lesquels il n'existe aucun animal actuel de référence connu (1) ; en 1761, le « prodigieux mammouth » est considéré comme disparu, ce qui lui permet de supposer que de nombreuses espèces moins voyantes ont disparu également, tandis que d'autres se sont dénaturées (2) : pourtant, en 1764, sur la question du mammouth, il retourne à l'avis de Daubenton qui identifie les ossements du mammouth à ceux de l'éléphant, comme avant lui, Sloane et Gmelin, et de ce fait, récuse son avis précédent, partagé cependant, dit-il, par le « vulgaire des naturalistes » (3). Enfin, en 1774, dans les « Epoques de la Nature », Buffon reconnaît qu'il y a eu indiscutablement des espèces perdues, mais il définit le rapport du mammouth à l'éléphant comme une simple réduction de taille qui sauve la constance du type (4). L'originalité de ce dernier texte est non seulement la liaison que Buffon y établit entre la destruction de certaines espèces et la réduction de taille de certaines autres, c'est-à-dire, la mort et la dégénération, mais encore la dépendance de ces deux « faits » par rapport au refroidissement qui constitue la dimension temporelle de l'histoire du globe, parce que le froid réduit l'activité des « molécules organiques » et les capacités correspondantes des « moules intérieurs ». La mort des espèces reçoit donc une valorisation théorique et une place définie dans l'organisation du champ de l'Histoire Naturelle, en marge du concept de dégénération, dont elle est le complément obligé, étant données les limites imposées à la dégénération par l'immuabilité des genres. Or, si la distribution géographique des hommes et des animaux est la raison physique de l'introduction du temps dans l'Histoire Naturelle des Vivants, le problème de la destruction des espèces fossiles au cours de l'histoire du globe est un problème qui relève initialement des Minéralogistes et des Géographes.

Au XVIème siècle, les « pétrifications » sont classées avec les cristaux, et les « jeux de la nature » dans la catégorie des pierres figurées. Cette position systématique induit l'idée d'une communauté d'origine pour toutes les formes minérales dans des semences et dans l'activité de forces plastiques internes au monde minéral, et assure la survivance de cette idée malgré toutes les évidences contraires, car il y aurait incompatibilité entre la référence de certains fossiles à une origine animale ou végétale et l'homogénéité du champ de l'Histoire Naturelle, telle qu'elle est exprimée par son organisation systématique. Or, ce problème de l'origine des minéraux est un problème de physique, comme tous les problèmes de genèse, des corps inorganiques aussi bien que des corps organisés. Ce problème marginal par rapport à l'Histoire naturelle va se trouver posé à un physicien qui est d'abord un artisan, observateur et manipulateur, qui prétend ne rien devoir à la philosophie contemplative de la Nature, telle qu'elle est l'objet d'enseignement : il s'agit de Bernard Palissy (5).

En observant les « Terres », Palissy peut établir directement que les eaux chargées de « sels » peuvent transformer les corps étrangers en pierre par échange moléculaire de matières, si bien que la forme des corps morts peut se conserver dans la terre, doctrine qui renouvelle immédiatement la question de l'origine des coquilles fossiles, en fournissant une alternative aux explications par la force plastique (6). Mais, en second lieu, ce qui est plus important et original puisque Cardan admettait aussi le processus de la pétrification (7), Palissy répond à l'explication des restes fossiles et de leur accumulation par l'intervention d'un Déluge en introduisant deux sortes de considérations : d'une part, il soutient l'idée que les animaux fossiles n'ont pu être surpris par le Déluge, comme par n'importe quelle tempête, que dans leurs refuges d'où l'on ne peut les arracher, à la manière des coquilles actuelles, si bien que loin d'avoir été transportés, on les trouve aux lieux où ils ont certainement vécu ; par conséquent, leur présence sur les terres indique soit l'existence ancienne de rivières ou de lacs, soit un déplacement de la mer. Et d'autre part, pour rejeter une objection tirée de la pauvreté relative des terres en coquilles, par rapport aux mers d'où elles auraient été transportées, il souligne à la fois, et la localisation des animaux marins dans des régions limitées, situées pour les coquilles dans la zone littorale, ce qui contredit l'idée de leur abondance généralisée, et réciproquement, la possibilité d'une plus grande richesse passée des terres en individus et en espèces, comme le montre la disparition actuelle de certains animaux (8). A cela, il faut ajouter qu'il est des fossiles dont « le genre est hors de notre connaissance » sinon des marins qui reviennent d'Inde ou de Guinée, et que pour un certain nombre, « la semence en est perdue et même, nous ne savons à présent comment il faut les nommer », tandis que depuis, de nouvelles créatures ont été produites par les semences déposées dès la Création (9). Autrement dit, de simples remarques à caractère éthologique (habitude des animaux en face du danger) et écologique (distribution locale des espèces) sont le fondement d'une méthode de recherche paléogéographique, et de cette idée de la disparition des espèces dont on retrouve les fossiles, qui est à la base de la paléontologie. Mais comme ces remarques sont d'un Physicien, elles n'ont pas droit de cité en Histoire Naturelle : pour que leur portée soit reconnue, il faut donc que l'Histoire Naturelle se transforme, qu'elle devienne science naturelle, que le tableau des espèces ne se suffise plus à lui-même, mais devienne l'objet d'un savoir à prétention non plus ordonnatrice mais explicative, au terme d'un mouvement qui ne s'achèvera qu'avec Cuvier, mais dans lequel Buffon occupe une position centrale.

L'idée d'une destruction d'espèces a été liée par l'Antiquité soit à des catastrophes cycliques partielles (10) ou générales (11), mais suivies de régénération, soit à leur incompatibilité avec l'ordre du monde. Cette idée reste cependant en contradiction avec le thème majeur de l'intemporalité du fondement des espèces, tel qu'il est compris par Aristote, et avec l'intemporalité de l'ordre naturel, tel qu'il est défini par Galien. Les individus meurent, mais la génération assure l'éternité de l'espèce (12).

Il faut donc attendre Paracelse pour que l'on conçoive une temporalité située au cœur des espèces, c'est-à-dire au niveau des semences, de telle sorte que leur extinction et leur remplacement pourrait marquer le vieillissement du Monde. Cette conception est liée à l'Alchimie qui fait de la Nature une puissance vivante, et de tous les êtres naturels les expressions d'une vitalité interne. Il en est de même pour Palissy (13). Mais la dissociation entre physique et physiologie, qui est due au passage de la physique aristotélicienne à la physique galiléenne et cartésienne, élimine ensuite ce vitalisme et conduit à l'importation inverse de modèles mécaniques en physiologie. Aux lois éternelles du Mécanisme répond alors l'ordre éternel de la Nature, c'est-à-dire la conservation des espèces dont la disparition et le remplacement ne peuvent avoir été prévus dans un plan de la création dont la constance indique la perfection du Créateur. Il faudra donc retourner vers une conception inductive de la science, où le Mécanisme laissera une place à l'originalité de lois particulières, pour que l'on redécouvre Palissy, la Chimie, et l'idée d'une destruction des espèces (14).

Mais cette forme inductive et empirique de la science s'est d'abord développée en Angleterre, entraînant avec elle cette conscience de l'importance du temps, que le Mécanisme, appuyé sur la déduction métaphysique des implications éternitaires de la perfection divine, avait éliminé du continent au XVIIème siècle. Hooke souligne au contraire que rien dans l'Ecriture ne parle en faveur de la constance de la Nature, que tout, en fait, se dirige vers une fin (15), et que les Pétrifications sont le symptôme de ce vieillissement (16). Elles indiquent ainsi une Histoire de la Terre dont elles sont les « médailles » (Coins) et les « monuments » (17), en signalant aux Naturalistes la nature et les évènements des époques anciennes par leurs différences avec les espèces actuelles les plus proches. Cependant, si Hooke est convaincu théoriquement de la disparition des espèces, il n'en est pas encore certain matériellement, parce que les terres et les mers actuelles renferment encore trop d'inconnues (18) : cette conviction se trouve donc, du point de vue empirique, en mauvaise position pour affronter les convictions philosophiques généralisées des savants, portant encore, soit sur la nature minérale et « figurée » des fossiles, soit sur l'intemporalité des espèces.

C'est donc avec Fontenelle, en 1710 seulement, que l'idée d'une disparition des espèces reçoit pour la première fois, mais avec la plus extrême prudence, la publicité conférée par une communication à l'Académie des Sciences, dans le Compte-rendu d'une Dissertation de Scheuchzer publié dans l'« Histoire » de cette Académie :

> « Il peut se trouver des Pierres figurées dont le moule nous soit présentement inconnu. Les coquillages qui les auront formées ne seront plus dans nos mers ou nous auront échappé. La grande quantité de Pierres qui certainement ont été moulées de cette manière, nous met en droit de faire cette supposition. Peut-être même quelques moules seraient-ils perdus, c'est-à-dire que quelques espèces de coquillages auront péri, mais pour employer cette idée un peu hardie, il faut apercevoir dans une pierre des traces assez sensibles de cette sorte de formation. » (19).

Il s'agit de la « pierre numismale ». Or, l'explication qui vient d'être mentionnée par Fontenelle est aussitôt écartée au profit de deux autres possibilités : celle d'une production à partir de semences minérales, hasardée par Tournefort dans le droit fil des conceptions alchimiques qui ont traversé le XVIIème siècle (20), et celle d'une explication par le Déluge, reprise par Scheuchzer lui-même (21). Mais cette élimination de l'idée d'une extinction des espèces est d'autant plus facile à comprendre que l'on se pénètre du fait que l'Histoire Naturelle pose non pas des problèmes d'origine, réservés à la Physique, mais des problèmes d'appartenance des fossiles, soit au Règne minéral dans lequel ils sont classés, soit aux Règnes animal ou végétal, d'où ils pourraient provenir.

Dans ces conditions, leur parenté avec les espèces connues actuellement joue en faveur d'une reconnaissance de leur nature organique (22), tandis que leurs différences servent d'arguments aux tenants des semences et des forces plastiques, et ceci jusqu'au milieu du XVIIIème siècle (23) : dans un tel débat, la possibilité d'une extinction des espèces ne ferait donc que brouiller les cartes, indépendamment de son incompatibilité avec la perfection du Créateur et avec une Echelle des Etres qui ne souffre pas de vides. Les espèces actuellement inconnues ne le sont que provisoirement comme le voulait Ray (24), et c'est bien la même chose pour Scheuchzer qui distingue entre fossiles antédiluviens, diluviens, et post-diluviens, mais en fonction des critères de fossilisation, et non des caractères zoologiques (25), tandis qu'il s'efforce d'établir les analogies entres espèces diluviennes et espèces marines actuelles (26). Il en est de même pour ses contemporains : la doctrine généralement reconnue au début du XVIIIème siècle, pose en principe que les fossiles sont des restes de vivants, dont les analogues actuels étrangers ou inconnus sont susceptibles d'être découverts soit dans les régions tropicales, soit dans le fond des mers ; d'avance, on les désigne comme animaus « pélagiques » (27).

Cette question des tropiques et du fond des mers transforme néanmoins la recherche sur l'origine des fossiles, de physique en Géographique, et, de ce fait même, la fonction du déluge change : en le traitant comme une dissolution universelle, Woodward lui faisait assumer l'explication de la disposition des terrains en couches et de la position respective des fossiles à partir de différences de poids spécifique (28) ; désormais, il ne lui faut plus expliquer que le transport des espèces tropicales jusque sous nos climats où l'on trouve leurs restes (29), activité simplement de surface. L'idée d'un transport par l'eau est retenue en 1718 par Antoine de Jussieu pour rendre compte de l'existence d'arbres, identifiés comme tropicaux, dans les mines de Saint-Chaumont dans le Forez, et de l'état déployé des feuilles qu'il y a observées, et cette eau est de l'eau de mer, puisqu'on y rencontre aussi des coquilles : ces arbres ont donc été abandonnés par un courant sur un littoral marin, ce qui rappelle la doctrine de Palissy concernant la présence des mers sur les terres, indépendamment du Déluge. L'analyse d'une association de fossiles révèle donc la jonction de deux événements anciens d'importance géographique (30).

De tels résultats ont été complétés par d'autres recherches allant dans le même sens : c'est ainsi qu'un fossile qui lui a été envoyé de Montpellier par Bernard de Jussieu s'avère identique à une mâchoire de poisson qu'il avait reçue de Chine (31), qu'il peut identifier un fossile d'Hippopotame, également en provenance de Montpellier (32), qu'il confond les Ammonites avec les Nautiles, et s'étonne du contraste entre leur abondance et la rareté de ces derniers, dont il espère voir le nombre augmenter (33). Dans le même esprit, Réaumur explique par l'existence d'un ancien golfe traversé par un courant marin, un amas de coquilles dont les originaux ne lui étaient pas connus situé en Touraine, et cette fois, s'il mentionne Palissy, il n'est plus question du Déluge, ce que relève l'Historien de l'Académie (34). Par conséquent, si la recherche des analogues actuels des fossiles européens dans les mers tropicales peut modifier la représentation du Déluge, ce cadre peut encore lui suffire, tant que l'investigation portant sur la seule disposition des fossiles permet d'aller beaucoup plus loin, comme cela avait été le cas pour Palissy sans pour autant que l'extinction des espèces en soit reconnue avec évidence.

5. – LA MORT DES ESPECES : LA MORT CONSTATEE.

L'extinction des espèces ne représentait encore au début du XVIIIème siècle qu'une possibilité un peu suspecte parce que liée à une philosophie du Devenir en position marginale par rapport à l'orthodoxie théologique. Il lui manquait une confirmation scientifique fondée sur une argumentation aux bases empiriques solides. Dans cette direction, le pas décisif sera franchi par Rouelle, dans ses cours publics. En effet, d'après d'Holbach, Rouelle aurait introduit dans l'étude des coquillages fossiles le concept d'amas, qui traduit la méthode suivante :

> «... il compte donc décrire les individus qui se trouvent toujours ensemble dans un même amas et en donner des figures, et prouver que certains coquillages, quoique de différentes espèces, vivent toujours constamment ensemble dans certains endroits de la mer, et forment une espèce de société semblable à celle que l'on remarque dans quelques animaux terrestres, et dans un grand nombre de plantes qui croissent dans le voisinage les unes des autres. » (1).

D'après son élève Desmarest, Rouelle aurait appliqué cette méthode à la question des ammonites, pour démontrer, par la disposition de leurs restes et de leurs associations, qu'elles avaient vécu sur les bords des anciennes mers, comme on peut l'observer autour du Morvan, et qu'il ne s'agissait donc en aucun cas d'animaus « pélagiens ». Par conséquent :

> « Les analogues vivants de nos fossiles, ou sont perdus, ou ne se retrouvent plus que dans des parages absolument éloignés et étrangers aux nôtres comme dans les mers des Indes ou dans celles de l'Afrique. » (2).

Ces deux possibilités, en fait, ne sont pas symétriques, parce que Rouelle ferme justement la porte à l'hypothèse pélagique, qui répondait au fait que la connaissance des « mers des Indes » et des « mers de l'Afrique » y rendait déjà improbable la présence des « analogues vivants de nos fossiles », et si, à ce titre, Scheuchzer s'était senti obligé de l'employer, c'était en la présentant déjà comme l'abri d'une ignorance. Force est donc de reconnaître que l'élimination d'une telle hypothèse alourdit brusquement dans des proportions énormes la probabilité de l'extinction des espèces fossiles, et confirme la doctrine de Palissy dont Rouelle semble avoir été l'adepte fervent (3). Or cette même doctrine de Palissy est diffusée à la même époque par la transmission de copies manuscrites du travail de De Maillet à travers le monde savant (4). La conception scandaleuse d'une destruction des espèces fossiles, qui remet en question la perfection première de la Création, reçoit donc une base scientifique suffisante pour redoubler la contestation du rôle du Déluge dans l'histoire de la Terre sous la plume de savants qui ne craignent pas que l'on suspecte leur religion, ou qui éventuellement ne refusent pas le scandale, comme c'est le cas pour le Baron d'Holbach, ou pour Maupertuis (5). De plus, ce que Rouelle semble avoir établi à partir des Ammonites dont la diversité considérable par rapport aux Nautiles, leurs soi-disant analogues actuels, faisait quelque peu problème à Jussieu, s'élargit par la mise en évidence de l'importance numérique des espèces fossiles dont les analogues actuels sont inconnus : il faut donc tenir compte de travaux de naturalistes comme Bruckmann, qui défriche cette zoologie fossile sans dépasser en apparence la doctrine du Déluge, mais qui, d'une part, connaît l'œuvre de Palissy et utilise sa méthode d'analyse des positions et des regroupements, et d'autre part, en soulignant la fréquence des formes dont les analogues actuels sont incertains ou inconnus, semble marquer un virage méthodologique, tel que les différences entre formes actuelles et fossiles peuvent être recherchées sans que l'on retourne pour autant au thème des végétations minérales, dont la tradition, de Tournefort à Camerarius, puis à Elie Bertrand et enfin, à l'inintelligent et incompétent Robinet, s'épuise de manière irréversible (6). Nous avons là, selon toute vraisemblance, ce « vulgaire des naturalistes » dont Buffon en 1764 avait le tort de se désolidariser , sans doute à cause à la fois du caractère suspect de leur religion et de leur intérêt pour des coquilles, c'est-à-dire de « petites espèces », alors qu'il réserve son attention aux « grands animaux ». Mais ces naturalistes, souvent proches des milieux de l'Encyclopédie, sont aussi des « Physiciens » comme lui (7) : leur option est donc nécessairement une tentation.

Cette tentation sera d'autant plus forte que le même problème se pose avec autant d'acuité pour les « grands animaux » qui forment le second pôle de cette histoire.

Les premiers ossements de vertébrés fossiles reconnus comme tels semblent avoir été des restes de poissons, et spécialement leurs dents ou glossopètres, identifiés depuis Stenon et Rivière (8). Mais la relative méconnaissance de leur anatomie fine, et la découverte à cette époque d'ichthyolithes principalement tertiaires n'a servi qu'à alimenter la doctrine des analogues actuels. Par contre, les ossements de quadrupèdes issus des grottes de Baumann et de Scharzfeld vont donner directement à Leibniz le sentiment de restes d'un monde inconnu, auquel, sans doute, l'obscurité des lieux, donne un caractère ténébreux. Il en est de même des ossements de « mammouth » qu'il rapproche cependant, soit des éléphants, soit des cétacés, soit encore des morses ou « rosmariens » (9). Cependant, en un premier temps, la doctrine des analogues actuels est si forte que le problème majeur posé par ces fossiles est celui de leur appartenance ou non aux anciennes armées carthaginoises ou romaines qui ont utilisé des éléphants (10). Le rôle que l'on fait jouer aux romains pour les éléphants répond à celui du Déluge pour les Hippopotames. Mais, à ce propos, le besoin d'une ostéologie comparée plus sérieuse commence à se faire sentir. Ainsi, Sloane :

« Je ne saurais m'empêcher de remarquer ici que ce serait un objet fort digne de l'attention des habiles Anatomistes, que de faire une espèce d'Anatomie comparative des os ; je veux dire d'observer avec un peu plus d'exactitude qu'on n'a fait jusqu'ici, quel rapport ont entre eux les squelettes et les diverses parties des squelettes de l'homme et des animaux, soit par rapport à leur grandeur ou à leur figure, ou à leur structure, ou enfin à toute autre qualité. Cela nous mènerait certainement à un grand nombre de belles découvertes, et c'est d'ailleurs une de ces choses qui paraissent encore manquer à la perfection où l'on a porté l'Anatomie de nos jours. » (11).

Cette « perfection » qui prouve l'exquise politesse de Sloane vis-à-vis des Académiciens anatomistes, ses contemporains, sera contestée ensuite avec rudesse. Or, ce que Sloane propose ici est une fonction de l'Anatomie comparée entièrement nouvelle par rapport à celle d'illustration physiologique qui lui a été imposée par Galien, et qui consiste strictement à comparer, c'est-à-dire, à répondre à sa définition, autrement dit, à exister. L'émergence de cette fonction d'identification a d'abord le mérite, chez Sloane et ses collègues européens, de liquider les histoires de géants et de dragons ; mais la reconnaissance en Europe des restes de grands quadrupèdes dont les genres sont actuellement représentés par des espèces uniquement tropicales comme l'éléphant, le rhinocéros et l'hippopotame, ne permettra pas avant longtemps de dépasser la controverse qui oppose les tenants du transport de ces fossiles par un courant diluvien hors de leur région d'origine, et ceux qui en induisent un climat ancien plus chaud. Comme les coquilles, d'après la démonstration de Palissy, ont vécu nécessairement sur place, même lorsqu'elles ont un aspect tropical, cette controverse aboutit à la distribution entre une période chaude ancienne – paradisiaque – et l'arrivée du Déluge, suivi de l'Hiver : confirmation d'un thème ancien qui va survivre jusqu'au XIXème siècle. Par contre, comme pour les coquilles, l'exigence d'exactitude croissante dans la comparaison anatomique, et l'augmentation quantitative du matériel offert à cette comparaison va conduire à une perception des différences, qui, pour ne se situer en un premier temps qu'au niveau générique, aboutit néanmoins au problème de la disparition de certaines espèces, ce qui va corroborer les conclusions imposées par les Ammonites.

Les ossements fossiles de quadrupèdes et les cornes d'Ammon on déjà été rapprochées, entre autres, par Bruckmann comme « pierres figurées » dont les analogues sont incertains en 1737 (12). Dans la décennie suivante, on les retrouve conjointement dans l'« Histoire de la Terre » de Krüger, mais dans deux passages distincts où, non seulement, il évoque les espèces perdues à propos de la différence des Nautiles aux Ammonites (13), mais encore, envisage à propos des os et des dents gigantesques trouvés dans la région de Stuttgart, la destruction d'une Création entière, antérieure à la Création mosaïque, c'est-à-dire, à la Genèse (14). Or, Krüger est déjà un vulgarisateur : ce thème est donc largement répandu lorsqu'on parvient au milieu du siècle, ou, du moins, les conditions de son acceptation facile sont réunies. Quelles sont ces conditions ?

D'Holbach, qui connaît Krüger, se réfère à Gmelin. Pourtant, Gmelin, qui croit fermement à la découverte future, dans d'autres régions, des analogues inconnus actuels des espèces fossiles qu'il décrit, que ce soient des coquilles ou des quadrupèdes, est étranger à cette idée (15). Mais il se pourrait que son texte ait permis la fixation du thème des espèces perdues. Lorsque Fontenelle applique aux fossiles le terme de « médailles », il retrouve l'expression de Hooke : « coins » ; on peut donc présumer qu'il connaissait à la fois l'ouvrage de Hooke, le thème en question et la philosophie dans laquelle il se situait, philosophie dont l'Héraclitéisme s'accordait avec un empirisme physique. De là, la diffusion et la fixation du thème peut se concevoir de deux manières : – du côté des physiciens qui vont affronter le problème géographique du monde en ruines, et c'est le cas avec Maupertuis : une comète a ruiné la terre et déchiré l'Echelle des Etres (16), – et du côté des naturalistes, qui trouvent enfin une espèce fossile assez étrange et assez spectaculaire pour frapper l'imagination du public et pour bien matérialiser cette idée d'êtres disparus dont ils avaient déjà la conviction, sur le témoignage d'espèces plus modestes. Gmelin fournit justement cet animal indispensable, car, si, d'une part, il identifie le « mammouth » à l'éléphant, dont l'espèce est jugée unique au XVIIIème siècle, il établit une différence au moins générique entre les os d'éléphants et ceux d'une autre espèce dont on aurait trouvé en 1723 une tête extraordinaire semblable à celle d'un bœuf, avec des cornes sur le nez, mais qui, malheureusement, n'a pas pu être récupérée (17) : cette seconde espèce répondrait alors vraiment au « mammouth » légendaire, que Gmelin espère qu'on retrouvera par ailleurs (18). Mais en même temps, dans la partie opposée de l'hémisphère Nord, en Amérique, on annonce la découverte d'ossements monstrueux que l'on attribue au « Mammouth de l'Ohio » en raison d'un même étonnement, ossements signalés en 1748 à Buffon comme appartenant à un animal qualifié par les sauvages du nom de « Père aux Bœufs » (19). Qu'est-ce donc que ce Mammouth qui apparaît partout à l'état fossile, et que personne n'a jamais vu vivant malgré sa grosseur prodigieuse, sinon un animal disparu, comme Buffon se permet de le penser en 1761, avant que Daubenton ne le fasse se rétracter ?

Le problème de la disparition des espèces fossiles est donc posé cette fois directement aux naturalistes, dans un domaine qui est exclusivement le leur, celui des grands quadrupèdes, et non plus seulement aux minéralogistes, aux géographes et aux théoriciens de la Terre qui les ont quelquefois devancés, et la méthode qui répond à ce problème est la comparaison anatomique. Mais cette méthode, parce que son degré d'exactitude ne dépasse pas encore le niveau générique sert d'abord à confirmer la constance de la Providence dans l'organisation des vivants, et la plénitude de la grande Chaîne des Etres : elle est un obstacle à la reconnaissance des espèces disparues en tant que disparues.

Du côté du manque d'exactitude de la méthode anatomique, Guettard souligne encore en 1768, quarante ans après Sloane, et en des termes à peu près équivalents, l'insuffisance des connaissances anatomiques dont il dispose, en souhaitant obtenir des lumières d'une Anatomie comparée en projet (20). Il se rabat en conséquence sur la simple description des pièces découvertes, qu'il complète par des suppositions vagues, fondées sur la disposition des fossiles in situ, conformément à la démarche d'Antoine de Jussieu et de ses contemporains (21). Il peut d'autant plus facilement leur appliquer le principe que « rien ne se détruit dans la nature », pour en conclure qu'il s'agit d'animaux actuels, soit marins, soit terrestres et dans ce dernier cas, la ressemblance des os et des dents avec ceux des ruminants conduit à attribuer leur entassement à des événements historiques, à savoir à des chasses ou à des sacrifices (22). Si rien de décisif n'est donc encore survenu, de ce point de vue, on constate pourtant au milieu du siècle une évolution de la méthode anatomique qui permet de dépasser le plan de la simple approximation dont Guettard semble se satisfaire, faute de mieux.

Le modèle de comparaison anatomique introduit par Stenon est constitué par l'identification directe d'un spécimen fossile et d'un spécimen correspondant actuel. C'est la même technique qui permet en 1721 à Jussieu de conclure sur la disposition des dents à une identité générique avec différence spécifique entre un spécimen de puisson actuel envoyé de Chine, et un spécimen de poisson fossile de Montpellier (23). Une telle méthode est étroitement limitée par la difficulté de se procurer des exemplaires souvent rares ou lointains, et demeure tributaire de l'importance des collections localement disponibles, augmentées peu à peu par les voyages longs et coûteux. Son élargissement passe donc par l'emploi de la littérature dont la diffusion est beaucoup plus rapide, mais il faut alors définir les conditions qui rendent cet emploi possible : il faut normaliser les descriptions et les représentations graphiques, de telle sorte que tous les éléments de comparaison puissent être sélectionnés et correctement transcrits dans le texte et dans les figures. Dans cette perspective, ce sont les dimensions des parties qui semblent fournir les premières bases de comparaison sûres dans le cadre d'une identification comparative des espèces fossiles, au point que les tableaux de mensurations vont prendre une place centrale dans les mémoires consacrées aux ossements de quadrupèdes au milieu du XVIIIème siècle. Daubenton en donnera le modèle.

Hollmann est le premier auteur à avoir consacré une dissertation importante à des ossements fossiles de Rhinocéros : il illustre cette fonction des mensurations dans l'utilisation de la littérature disponible (24). L'analogie d'un os fossile avec les pièces correspondantes du squelette de l'homme et des animaux suffit d'abord à déterminer sa nature (25). Il s'agira ensuite de trouver les genres avec lesquels les os de même nature, c'est-à-dire, « homologues », seront les plus ressemblants, et ici, Hollmann utilise le mot « homologue » au sens de l'homologie spéciale de Owen (26). Mais enfin et surtout, les mensurations vont permettre de démontrer la différence des os fossiles étudiés avec ceux de l'éléphant, et leur concordance générale avec ceux du Rhinocéros qui venait d'être importé d'Asie et montré dans toute l'Europe, c'est-à-dire de déterminer leur genre (27). Dans une seconde Dissertation, l'utilisation de la même méthode à un niveau plus fin lui permet d'aboutir à trois nouveaux résultats : la distinction entre des spécimens jeunes et des spécimens adultes, la mise en évidence de quatre espèces différentes appartenant au même genre de Rhinocéros fossiles, et l'existence dans les mêmes dépôts d'os appartenant à d'autre groupes de quadrupèdes. Pour chacune de ces tâches, les mensurations concervent leur valeur discriminatoire (28). Mais il faut maintenant introduire des réserves car cette comparaison au niveau sub-générique ne semble avoir été rendue possible que par des conditions bien particulières, à savoir une abondance d'ossements fossiles suffisants pour qu'on puisse établir directement des différences spécifiques et même individuelles dans un matériel simultanément disponible, ce qui laisse entier non seulement le problème des rapports susceptibles d'être établis entre spécimens issus de dépôts distincts et éloignés géographiquement, à propos desquels les contemporains de Hollmann se satisfont des distinctions génériques, mais encore la question des différences entre les espèces fossiles et les espèces actuelles. Rien n'empêche Hollmann de rejeter, pour des raisons théologiques, l'idée d'une destruction d'espèce (29).

Ce qui vaut pour Hollmann, vaut pour Daubenton. Daubenton est un Naturaliste chargé de mettre en ordre les Collections du Cabinet du Roi : il ne doit donc jamais perdre de vue le « portrait » de l'Animal (30), ni ses ressemblances et ses différences avec les autres productions de la Nature (31). Un tel point de vue entraîne des exigences méthodologiques définies : d'abord l'unité de plan de description ou d'étude (32), ensuite, le choix des parties essentielles et l'élimination des détails, ce qui se traduit, au niveau d'une pratique personnelle à Daubenton, par l'indication des dimensions et des proportions des parties extérieures, et par la mise en évidence des « rapports généraux » des parties intérieures, c'est-à-dire, des ressemblances et des différences essentielles des organes principaux, à l'exclusion des parties diffuses que sont les vaisseaux, les nerfs et les muscles (33). On constate alors que le cadre de la description anatomique est pour Daubenton l'Histoire Naturelle dont les diagnoses sont amplifiées dans le sens de la profondeur de l'organisation. Parmi les caractères que ces diagnoses retiennent , les dimensions et les proportions passent au premier plan, parce que leur neutralité qualitative augmente leur maniabilité. Telle qu'elle est, cette méthode répond parfaitement à ce qu'exigeait une première tentative d'identification des ossements fossiles, qui frappaient justement les contemporains par leur grandeur, et dont les proportions suffisent à faire reconnaître le caractère générique, comme l'exemple du Rhinocéros fossile le montre.

Daubenton doit donc décrire les spécimens d'ossements fossiles qu'il reçoit de Sibérie, du Canada, et de quelques régions de France, pour les ranger parmi les squelettes actuels auxquels il lui paraissent correspondre de plus près : un tel rangement est donc l'indication d'une appartenance (34). Or, cette appartenance est établie, comme le signale l'Historien de l'Académie (35), par la méthode des comparaisons directes, illustrée par Sloane en 1727 entre les os de Sibérie et ceux d'éléphant de sa collection personnelle, puisque Daubenton compare terme à terme les pièces fossiles avec les os du squelette d'un jeune éléphant, mort à la Ménagerie du Jardin des Plantes, qu'il a sous la main. Les différences sont expliquées par le sexe, la taille et l'âge (36). Ces os fossiles ne sont donc pas des os de Géants, ni des os d'animaux inconnus, c'est-à-dire, pour Daubenton, fabuleux, quoique l'Anatomie comparée ne soit pas en état de reconnaître les animaux dans toutes leurs parties, ni toutes les parties dans les différents âges (37). Mais Daubenton masque cette lacune grâce à un calcul de proportions qui extrapole des variations individuelles chez l'homme à celles qui peuvent être envisagées chez l'éléphant. Un artifice aussi souple laisse échapper, bien entendu, toute différence spécifique entre le mammouth et l'éléphant, et renforce sa conviction qu'il n'existe pas d'espèce fossile dont l'analogue actuel soit inconnu, conviction plus ruineuse encore que dans le cas du mammouth lorsqu'il s'agit des fossiles canadiens, que Daubenton ramène, par un autre artifice, la disjonction du fémur et des dents, à deux genres connus, l'éléphant et l'hippopotame, plutôt que d'admettre leur différence Générique avec toutes les espèces connues de nos jours (38).

Daubenton sera réfuté par les compatriotes de Hooke, pour lesquels la comparaison anatomique ne peut pas entrer seule en ligne de compte. Les articles de Peter Collinson et de William Hunter sont de 1767 et de 1768 (39) et concernent le seul « animal de l'Ohio ». Leur argumentation, fort simple, est fondée sur le recoupement de trois sortes de données : la connaissance du dépôt fossilifère, qui permet d'établir l'appartenance litigieuse au même animal des fémurs et des défenses, puisqu'il n'existe pas une seule molaire d'éléphant avec elles, pour au moins trente squelettes (40) ; l'établissement de la différence générique à partir de ces molaires, qui paraissent à Hunter présenter un caractère omnivore, voire carnivore, avec la révision, à la lumière de cette différence, des variations entre les spécimens qui paraissaient individuelles à Daubenton, et qui sont en réalité spécifiques (41) ; et enfin, l'extension géographique de l'espèce, confondue avec le mammouth sibérien, puisqu'on trouve des molaires semblables dans les Musées des diverses parties du Monde (42). On peut donc conclure que, si cet animal existait encore, il ne serait pas inconnu, mais que sa disparition n'est pas contraire à la Providence, car son existence aurait été redoutable pour l'homme, à cause de ce caractère carnivore, dont Collinson doutait à bon droit, mais qui permet de boucler l'argumentation, de manière conforme à la Théologie naturelle.

Il semble que ce soit le seul Collinson qui ait convaincu Buffon de la réalité d'un animal distinct de l'éléphant et de l'hippopotame, dont les ossements sont sur les bords de l'Ohio (43). Dans les « Epoques de la Nature», Buffon, de toutes manières, reprend son argumentation : si les défenses sont d'ivoire, et en cela semblable à celles de l'éléphant par leur structure, ce que Daubenton avait utilisé dans son argumentation (44), cette similitude n'empêche pas que les molaires, qui se trouvent dans le même dépôt à l'exclusion de véritables molaires d'éléphant, appartiennent au même animal et non pas à un hippopotame. A cette raison, avancée par Collinson, Buffon ajoute la différence qu'il a pu constater entre ces molaires énigmatiques et celles de l'hippopotame lui-même, par comparaison directe, et qui se trouve confirmée par l'existence à l'état fossile de vraies défenses d'éléphants et de vrais hippopotames, plus gros que les espèces actuelles : nous sommes donc en présence d'une très grande espèce perdue, qui, si elle existait actuellement, ne pourrait se cacher à cause de sa taille. Il existe donc chez les quadrupèdes un exemple d'espèce perdue, mais il n'existe qu'un seul exemple d'une espèce perdue » (45), car, partout ailleurs, il y a constance du type spécifique, c'est-à-dire, de la forme du moule intérieur responsable des espèces dont la réduction de taille n'est imputable qu'à l'affaiblissement de la vigueur de la nature due au refroidissement (46) : Buffon ne voit aucune différence spécifique entre les anciens hippopotames, les anciens éléphants, et même d'anciens bœufs fossiles, contemporains de l'« animal de l'Ohio », et les animaux correspondants actuels (47). Mais cet exemple unique, bien établi, suffit à confirmer l'idée d'une extinction, et à la répandre, ce dont les contemporains feront un usage plus large, en rapport avec le matériel accumulé par les géographes. Du point de vue du seul Buffon, la conséquence la plus importante qui semble découler de ce fait, c'est que les « Epoques de la Nature » ne peuvent plus se situer dans le prolongement du « Discours de la Dégénération des animaux» qui paraissait en faire l'annonce : les premiers âges de la Nature ne se réduisent pas à un regoupement des prototypes animaux dont les espèces actuelles seraient physiquement dérivées. Ils ne constituent pas seulement un arrière-plan qui se profile au regard du naturaliste dans le fond du tableau que forme l'Histoire Naturelle : au contraire, ils ont contenu au moins un être entièrement distinct, dont l'espèce est perdue, dont on ne retrouve que les « monuments » à l'état fossile, et qui signe à la fois leur irréductible originalité, et le fait que le temps, cette fois, n'enchaîne plus, mais sépare.

6. – LES ANCIENNES ESPECES.

L'« animal de l'Ohio », archétype des Quadrupèdes disparus, va induire, mais plus tard, la reconnaissance de l'extinction d'autres espèces de Quadrupèdes, et il faudra alors quitter Buffon. Pour cela, c'est en Sibérie qu'il faut retourner, avec Pallas, dont les voyages durent de 1768 à 1774 (1).

En 1768, Pallas publie déjà un premier article sur les ossements sibériens, où il mentionne des crânes de bœufs géants, dont la taille dépasse ceux du Cap ou de l'Inde, et qui, à sa connaissance, n'existent plus nulle part (2). Mais pour lui, comme pour Buffon, la taille dépend de la quantité de nourriture disponible, donc du climat, et rien ne s'oppose à ce qu'une espèce rabougrie descende directement d'une ancienne espèce géante, à laquelle elle serait restée identique (3). Cette identification est d'autant plus admissible qu'il suit également la doctrine de Buffon et de Daubenton sur l'unicité spécifique des « grands genres » (4), et que sa préoccupation majeure est moins l'exactitude dans la détermination des espèces fossiles que l'utilisation de leur identité présumée avec les espèces tropicales actuellement vivantes en Inde, pour soutenir l'idée fantastique d'une vague diluvienne en provenance de l'Océan Indien, qui aurait projeté les animaux vivants en Inde par-dessus l'Himalaya jusque dans le nord de la Sibérie où ils se seraient immédiatement congelés : c'est la manière dont Pallas rend compte de la découverte dans les glaces polaires d'un Rhinocéros entier avec chair, cuir et poils (5).

Tout cela va bouger en 1777, date à laquelle Pallas consacre un article à la découverte dans l'Oural de molaires analogues aux molaires canadiennes décrites par Collinson et Hunter (6) : il continue à identifier le mammouth et l'éléphant, comme Gmelin et Daubenton avant lui, mais il se voit contraint d'en distinguer cette espèce inconnue, qu'il attribue cependant au même genre, en prenant pour une différence spécifique ce que Cuvier démontrera être une différence générique (mais après avoir établi les véritables différences spécifiques que l'on rencontre chez les éléphants). De plus, ce qui est d'une extrême importance pour l'histoire de la Terre en gestation, il souligne l'appartenance de cet animal inconnu à une couche plus profonde que celle où se trouve le mammouth, ce qui suppose des événements pré-diluviens, dont une théorie des montagnes devra tenir compte. Or, cet article sur la différence qui existe entre ces molaires issues d'une espèce inconnue et les molaires de l'éléphant ou du mammouth, répond à une Dissertation qui lui a été envoyée par Pierre Camper « Sur un crâne de Rhinocéros africain », écrite pour lui permettre la comparaison entre les ossements fossiles et les espèces actuelles de ce genre (7). Camper rapproche, dans cette Dissertation, la différence du Rhinocéros d'Afrique au Rhinocéros fossile, fondée sur l'absence ou la présence d'un septum nasal, de la différence établie par Collinson et Hunter entre l'« animal de l'Ohio » et l'éléphant, ce qui s'appelle confondre une véritable différence spécifique avec une différence générique. Mais Pallas admet la possibilité d'une telle différence spécifique chez le Rhinocéros, et souhaite que le Rhinocéros fossile puisse être comparé à l'espèce asiatique, puisque c'est d'Asie qu'il fait venir la vague diluvienne qui a dispersé les cadavres de Pachydermes sur la Sibérie : autrement dit, la différence spécifique est-elle diachronique ou synchronique et actuelle ? Dans les deux cas, il y a dualité spécifique reconnue là où l'unité était liée au statut du grand genre : c'est un dogme qui s'écroule.

A partir de là, les différences spécifiques et génériques confondues vont foisonner : il faudrait rappeler la Dissertation de Hollmann qui prend tout son sens. Camper mentionne les animaux inconnus décrits par Esper un peu auparavant, en soulignant qu'à ces animaux devaient correspondre autant de territoires inconnus propices aux découvertes zoologiques si on tien à exorciser cette idée de destruction des espèces qui répugne à la Providence divine. Mais un tel projet fera bientôt place à la constitution d'un répertoire zoologique du Vieux Monde, par classe, ordre, genre et espèce, dont l'idée sanctionne la distinction des êtres disparus dans les termes mêmes de la catégorisation des êtres actuels (8), ce qui pose en principe l'existence d'affinités à travers le temps, que les catastrophes vont devoir découper pour rendre raison d'autant de disparitions.

Cette proposition de Camper n'est, du reste, pas une innovation. Indépendamment d'une classification d'après leurs caractères minéralogiques, comme pétrifications, empreintes, moules, etc., on applique aux fossiles la classification zoologique avec plus ou moins de précision depuis Gesner, par référence aux espèces actuelles. Cette « philosophie » est exposée en 1771 par Beckmann : les fossiles, qualifiés d'ectypes (ectypa), peuvent occuper les lacunes du système zoologique, jusqu'à ce que les « protypes » (protypa) se fassent connaître, et par conséquent, se substituent à eux. La méthode qui en dérive consiste à reconstruire les « protypes » avec les éléments disponibles, ce qui conduit à éliminer un certain nombre de fossiles comme insuffisants (ignorabilia), puis, lorsque les « protypes » sont établis, on les reconnaît comme espèces connues, donc déjà classées, et espèces encore inconnues, ce qui oblige à les classer dans la catégorie supérieure connue à laquelle leurs caractères permettent de les rapporter (9). Il est donc ici indifférent de supposer qu'une espèce inconnue soit détruite ou non : ce n'est qu'un problème résiduel, comme le souligne Daubenton en 1762, car il faut avoir épuisé toutes les ressources d'une Anatomie comparée qui reste encore très lacunaire pour avoir le droit de parler de spécimen disparu, ce en quoi il n'a guère varié depuis 1762 (10). Or, ce que Beckmann désigne comme le système zoologique peut aussi bien être compris comme chaîne des êtres sous quelque forme que ce soit (faisceau, réseau ou nappe), que les fossiles même détruits, servent à compléter, et par conséquent à confirmer (11). Mais la seule différence, à la fois minime et capitale, entre une chaîne des êtres réalisée actuellement sur le globe d'une manière complète, et une chaîne des êtres pleine de lacunes qui relèvent non plus des limites de la connaissance, mais de l'effet des catastrophes passées, c'est que l'éternité, jusqu'ici immanente remonte au Ciel, que l'unité du plan de la Nature retourne dans l'entendement divin, que d'Aristote, on en revient plutôt à Platon, mais pour laisser la terre aux prises avec le temps, en serait-il réduit aux intempéries. Il faut alors repenser l'ordre terrestre en des termes qui puissent satisfaire le physicien comme le naturaliste, envisager une sorte de « physiologie » de la nature dans le temps, qui se précisera avec le concept « physiologique » d'Economie, et remplacer une théologie de la Plénitude par une théologie de la Providence, qui pour Hunter avait prévu la destruction du féroce « animal de l'Ohio » pour permettre l'avènement de l'homme et lui éviter des terreurs trop intenses.

Ce changement de théologie est accompli par Esper sans ambiguité :

> « Dire qu'il répugne à la Sagesse du Créateur de laisser périr des races d'animaux, c'est faire une objection qui ne prouve pas ce qu'elle devrait prouver. Il me semble que c'est une preuve de la plus grande sagesse et providence de celui qui est aussi le Maître et le Conservateur du Règne animal, d'avoir créé des animaux dans de certaines vues pour un certain temps, et de faire disparaître leur genre aussitôt que ces vues sont remplies. » (12).

Il remonte ainsi des questions de fait où s'enlisaient les naturalistes contemporains sur l'éventualité de découvrir une espèce actuellement inconnue dans des parages également inconnus, à une question de principe, où se trouvait l'obstacle qui motivait cet appel à l'inconnu : on peut donc admettre le caractère lacunaire de la gradation des êtres dans le monde actuel, parce que le plan général de la Nature voulue par le Créateur peut englober des espèces disparues en définissant l'ordre de leur disparition. Or cette transformation théologique est réciproque d'une transformation méthodologique où la prise en considération de l'économie animale dans l'analyse des quadrupèdes fossiles fait écho à la promotion de l'économie naturelle pour décrire l'ordre de la Nature. Esper relève, en effet, l'insuffisance du système de Linné pour identifier les fossiles, tant du point de vue de l'information (car Linné ignore les espèces fossiles de Rhinocéros établies par Hollmann) que du point de vue des caractères utilisables ; l'économie animale va pouvoir induire une exploitation plus complète du système dentaire, étant donné que Linné se contentait du nombre :

> « Un système fondé sur la forme et sur la structure des dents et non simplement sur leur nombre ne contribuerait-il donc pas beaucoup à une connaissance plus exacte des créatures du premier monde ? Au moins, il y a un grand rapport entre la forme et la disposition des dents et la nourriture des animaux, et entre l'espèce de nourriture et le naturel, c'est-à-dire, l'essence des animaux mêmes. Il sera aisé de trouver les caractères suivant lesquels on fera la division. » (13).

Esper s'est donc souvenu de Galien et de l'intérêt qu'il portait aux dents comme révélatrices du « naturel » de l'animal, parce que ce naturel n'est pas le fait du hasard, mais d'une organisation providentielle, telle que les parties se répondent en raison des exigences d'harmonie fonctionnelle impliquées par la conservation du tout (14). Or, une telle harmonie renvoie chez Galien à ces métaphores de l'ordre politique qui serviront aussi de contenu au concept d'Oeconomia dans la physiologie des Temps Modernes. Ce concept, dont la portée fonde une physiologie comparée en s'étendant au domaine de l'Histoire Naturelle en cette même fin du XVIIIème siècle, apparaît aussi chez Esper comme la clef d'une méthodologie comparative qui permet de pénétrer dans la connaissance des Quadrupèdes disparus. Mais, bien entendu, Esper, comme ses contemporains a besoin de collections complètes de spécimens ou de figures, pour mettre en évidence à la fois l'extirpation de genres entiers d'animaux, et les aspects extraordinaires de ces animaux disparus de l'Ancien Monde ; ces collections n'ont cependant plus la même fonction : au lieu de manifester la richesse de la Nature et le caractère exhaustif de ses nuances, elles sont la base d'une confrontation et permettent de souligner les différences. Dans ces conditions, l'ironie de Merck, qui reproche à Esper d'avoir mis toute l'arche de Noé dans la grotte de Gailenreuth, et d'avoir multiplié les êtres, faute de « principes » d'Anatomie comparée, est mal venue, car, d'une part, il s'agit pour Esper d'autre chose que de l'Arche de Noé qui ne renfermait que la somme des espèces actuelles, et d'autre part, les « principes », ordinaires à l'époque, de cette Anatomie comparée conduisent Merck à une tentative bien traditionnelle de réduction de la diversité des espèces actuelles et disparues à une différence d'âge des spécimens, en confondant ce que Hollmann avait déjà su distinguer (15), alors que Esper envisageait d'autres principes, et autrement féconds, pour cette même Anatomie comparée. Cette ironie montre surtout que l'Anatomie comparée, par son esprit et par ses « principes », s'avère toujours l'instrument des résistances à la reconnaissance des espèces disparues, qui avait si bien fonctionné avec Daubenton : elle mérite le mépris des Encyclopédistes, car elle ne sert à rien.

Or, Merck est déjà un attardé ; quatre ans après ses Lettres, en 1790, François Burtin soutiendra que la mort des espèces est devenue tellement pensable que c'est l'inverse qui ne l'est plus (16), malgré quelques résistances qui vont se prolonger jusqu'au XIXème siècle débutant (17). Burtin le démontre par un bilan des connaissances disponibles sur les fossiles. Il semble bien avoir obtenu la certitude de ce qu'il avance à partir des coquilles fossiles, qui restent le pain quotidien des Théoriciens de la Terre d'orientation géographique (18), mais en ce qui concerne les quadrupèdes, avec lesquels il semble relativement peu familier, il inverse l'argument qui conclut de l'imperfection de l'Anatomie comparée à l'appartenance possible des ossements fossiles à des espèces actuelles, en signalant que la variété des tentatives qui ont été faites en ce sens, suffit à exclure ce sentiment (19). Même si un tel raisonnement n'est pas positivement convaincant, Burtin témoigne ainsi d'une situation d'ensemble à travers laquelle se poursuivaient les recherches plus importantes qui ont pour objet les différences spécifiques entre quadrupèdes actuels et fossiles, qui ont déjà abouti à la subdivision du genre Rhinocéros, et qui vont prolonger la distinction entre l'« animal de l'Ohio » et l'Eléphant, encore perçue comme spécifique et non pas générique. Il se pose donc un problème de la pluralité des espèces de l'Eléphant, et cette pluralité pourrait être due à la différence des continents aussi bien qu'à celle des temps (20). C'est Camper qui aurait observé le premier une différence spécifique entre l'Eléphant des Indes et l'Eléphant d'Afrique, en raison de la structure des molaires (21). Dans un autre groupe, celui des Ours, ce niveau des différences spécifiques est également atteint par Rosenmuller pour l'Ours fossile dont le rapport à l'Ours blanc n'avait pas été élucité par Esper d'une manière définitive (22). Cette fois, ce ne sont pas les dents, mais les mensurations de la tête qui permettent de conclure que l'Ours des cavernes appartient à une espèce qui ne se trouve plus (23).

Ces diverses recherches montrent donc qu'à la fin du XVIIIème siècle, les naturalistes disposent d'un nombre, certes limité, de documents, mais dont la portée est cependant certaine et la contestation difficile et artificieuse, documents établis à partir de méthodes simples de comparaison directe et de mensurations auxquelles la perspective de l'Economie animale permet d'adjoindre une analyse structurale des dents. On ne voit rien qui pourrait s'opposer à la poursuite d'un tel travail, qui s'est accompli jusqu'ici de manière épisodique, au gré des correspondances et des voyages, parmi d'autres travaux de zoologie, de médecine, d'hygiène, d'anthropologie, de géologie, etc. selon les goûts, les occasions, les préoccupations, dont le caractère reste ponctuel chez ces divers auteurs. Par conséquent, ce qui semble surtout manquer encore à la comparaison anatomique des espèces fossiles et actuelles pour devenir Paléontologie, c'est moins une méthode qui est en train de s'affiner, ou des principes qui commencent à se dégager, qu'un programme. Le moment décisif dans la trajectoire de Cuvier est donc moins la découverte de la différence spécifique entre l'Eléphant fossile et les Eléphants actuels, sur la lancée des différences présentées par les deux espèces actuelles, que l'intention de transformer cette découverte en programme – intention liée à sa fonction de Professeur au Muséum d'Histoire Naturelle, institution centrale, créée par un pouvoir politique centralisateur et expansionniste.

7. – *L'HISTOIRE DE LA TERRE*

Un être perdu, et à plus forte raison plusieurs, cela signifie que le temps n'enchaîne plus, mais sépare, que les catastrophes ne sont plus directement fécondes, mais la seule condition négative de nouvelles expansions créatrices. Cela, Buffon n'est pas près de l'admettre, et s'il ne peut se maintenir dans l'axe du « Discours de la Dégénération des Animaux », il va chercher à s'en éloigner le moins possible.

Le passé de la Nature va pouvoir se décomposer en plusieurs niveaux (1) qui pourront donner lieu à autant de tableaux successifs, qui se composent avec la description de la succession continue des états physiques du globe due au refroidissement. Mais ces tableaux ne se distinguent que parce qu'ils s'enchaînent : la disparition des gros animaux est une libération de « molécules organiques », donc de semences, qui sont la source d'innombrables espèces actuelles plus petites ; l'Eléphant et l'Hippopotame diminuent de taille et émigrant du Nord vers le Sud en suivant le déplacement du gradient thermique qui leur est propre ; dégénérations et migrations constituent un mouvement temporel continu que les cataclysmes et révolutions ne font que scander sans pour autant le scinder (2) et même une séparation ne pourrait en troubler l'ordonnance qui constitue le principe même de sa continuité ; c'est ce que démontre dans son isolement l'Amérique du Sud :

> « ... ce continent, qui ne tient au reste de la Terre que par la chaîne éroite et montueuse de l'isthme de Panama, et auquel manquent tous les grands animaux nés dans les premiers temps de la forte chaleur de la Terre, ne nous présente qu'une nature moderne dont tous les moules sont plus petits que ceux de la nature plus ancienne dans l'autre continent ; au lieu de l'Eléphant, du Rhinocéros, de l'Hippopotame, de la Girafe et du Chameau, qui sont les espèces insignes de la nature dans le vieux continent, on ne trouve dans le nouveau, sous la même latitude, que le tapir, le cabiai, le lama, la vigogne, qu'on peut regarder comme leurs représentants dégénérés, défigurés, rapetissés parce qu'ils sont nés plus tard, dans un temps où la chaleur du globe était déjà diminuée. » (3).

Une nature moderne ne peut donc être qu'un modèle réduit d'une nature ancienne, et il ne peut exister qu'une seule Histoire de la Nature, commandée par les variables physiques du globe. Dans cette Histoire, les êtres vivants n'ont donc de privilège que dans la mesure où ils donnent à chaque époque les traits les plus particuliers de sa figure : autrement dit, leur valeur est surtout physionomique, expressive d'un état de la nature et de son pouvoir créateur. En ce sens, l'Histoire de la Nature commande l'Histoire Naturelle, parce que le devenir des apparences vivantes est dérivé de la stabilité même des lois physiques essentielles, si bien qu'à la limite, le mécanisme direct de ce devenir est sans importance : peu importe que les espèces dégénèrent, varient, soient détruites pour se renouveler par recombinaison des « molécules organiques » libérées, puisque la même matière obéira toujours aux mêmes lois, et se conformera au même plan, quels que soient les événements.

Cette Histoire de la Nature, si statique soit-elle du fait de son découpage en tableaux, introduit un principe radical de subversion dans l'Histoire Naturelle, et ceci, justement parce qu'elle organise des tableaux au lieu de coordonner des essences hiérarchiquement, comme Buffon l'indique en 1749, et comme Malesherbes le relève par la suite :

> « Je prie de remarquer en passant que ce raisonnement et la comparaison que l'auteur établit ici entre l'histoire naturelle et un tableau, ruinent même sa propre méthode telle qu'il l'a établie. En effet, la grande distinction des trois règnes s'évanouira dès qu'on voudra ranger les objets dans l'ordre et la position où ils se trouvent... La division principale sera celle des Indigènes et des Exotiques. C'està-dire de ce que la nature introduit dans ce pays-ci et de ce qu'elle produit dans les pays étrangers. » (4).

Or, cette contradiction entre des « tableaux » qui indiquent des coexistences réelles et la pratique classificatrice traditionnelle se prolonge dans les recherches de principes d'explication physique de ces cœxistences qui font rejaillir le caractère artificiel des Systèmes et des Méthodes utilisés par les nomenclateurs et les classificateurs. Le concept de dégénération, par exemple, fournit alors un moyen physique simple de rendre compte des différences actuelles entre groupes présentant des affinités, que l'on peut traiter en terme de parenté réelle, et en même temps, justifie l'impression de communauté offerte par les espèces d'un même secteur géographique que l'on commence à réunir sous le nom de « faunes », terme qui désigne d'abord des livres pour passer ensuite à l'objet de ces livres, dans un destin parallèle à celui de « flore » (5). En second lieu, et en sens opposé, de semblables « tableaux » peuvent trouver une référence théologique et une explication téléologique grâce au concept Linnéen d'Economie naturelle qui garantit la permanence de la nature grâce à la communauté des fins et à la réciprocité des fonctions entre les êtres vivants (6). Enfin, ces « tableaux » sont transposables de la dimension spatiale et géographique à la dimension temporelle, où Buffon retrouve en grand ce que Rouelle avait étudié en petit sous la désignation d'« amas », pour en tirer le premier une confirmation scientifique de la disparition de certaines espèces fossiles. Si malgré tout, l'importance de l'idée de destruction pour une Histoire possible de la Vie, faite de conflits où les perdants sont foule, est quelque peu atténuée par Buffon de plusieurs manières (constance de la nature dans les substitutions, équivalence des renouvellements et des dégénérations, fonction simplement purificatrice des luttes naturelles (7)), il a tout de même transformé ce qui était avant lui et pour lui problème en résultat confirmé et situé dans la grille théorique d'une explication physique de la nature. En un sens, c'est peu, puisque les bases classiques de l'Histoire Naturelle ne sont pas directement ébranlées dans l'esprit de Buffon lui-même : la subversion n'est pas encore la révolution qu'elle prétend préparer. Mais c'est aussi beaucoup, parce que, si marginale qu'elle soit dans son œuvre, si faible que soit la place qu'elle occupe dans ses « tableaux » de la nature, l'idée de destruction des espèces va s'insinuer dans le travail anatomique de comparaison des espèces vivantes et fossiles et dans l'explication historique des observations géographiques. Buffon a contribué à répandre ce thème de manière décisive, avant qu'il ne soit épaulé par les « catastrophes ».

Le traitement de la Nature, non plus comme Hiérarchie, mais comme Economie, est lié à son organisation en « tableaux ». L'économie est l'autre versant de l'histoire physique de la Nature, et c'est par elle que l'inconcevable destruction des espèces du point de vue de l'Echelle des Etres, trouve sa raison à travers l'idée d'une mobilité d'aménagements toujours adéquats à un monde physiquement changeant. Ce rapport de l'Economie et de la mort des espèces, clairement défini par Esper qui veut expliquer par ce moyen les lacunes observables dans l'Echelle des Etres, devient pour Blumenbach la seule clef de l'ordre naturel. En effet, si l'idée d'une série continue est un fondement de la méthode naturelle de classification par le regroupement des affinités suivant le degré de proximité par rapport à une espèce type, on ne voit pas en quoi l'élargissement de cette idée à toute la Création pourrait témoigner de la Sagesse du Créateur : raisonnement à travers lequel Blumenbach remplace le point de vue ontologique de la fécondité divine qui est à la base de l'Echelle, par un point de vue de naturaliste technicien. Au contraire, le véritable modèle de cette sagesse est fourni par l'ameublement d'une maison, à la fois fonctionnel et esthétique, – économique en son sens étymologique. De ce fait, la place des êtres est déterminée moins par leur forme que par leur rôle dans la nature, ou leur situation dans un tableau d'ensemble actuel, ce qui permet de reconnaître l'inutilité des passages ou des gradations entre formes, que ce soit au niveau des espèces ou à celui des règnes (8). Il est donc possible que des espèces ou des genres aient disparu, dans le cours des choses ou à la suite de catastrophes qui ont fait changer la face de la Terre (9). Mais, ce qui n'est encore en 1779 pour Blumenbach qu'une probabilité très haute, sans contradiction théorique, pour le destin d'un groupe comme celui des ammonites, est devenu une certitude en 1790, car les espèces disparues peuvent être regroupées en « création organisée préadamitique », entièrement biffée de la surface du globe à la suite d'une révolution totale (10), certitude fondée sur une comparaison très exacte des pétrifications et des originaux actuels, qui fournit toujours, selon lui, une différence indéniable spécifique (11). Par conséquent, contrairement à Buffon, ou même à Herder pour lesquels les Révolutions appartenaient au cours des choses et manifestaient la jeunesse des forces de la Terre, contrairement aussi à Burtin qui les comprend à partir de l'action des causes actuelles (12), Blumenbach dissocie de la marche ordinaire de la Nature, des révolutions radicales, dont l'idée a déjà été évoquée avant lui, par exemple par Kruger, qui sont sans commune mesure avec les précédentes aussi bien qu'avec le Déluge, et qui auraient séparé par le feu le Monde actuel d'un Monde antérieur à la Genèse, idée stoïcienne par conséquent, étrangère à la Bible. Mais, après le cataclysme, comme pour les stoïciens, c'est le même cours des choses qui reprend, ce sont les mêmes forces qui agissent et qui reproduisent un monde équivalent au précédent. Les différences entre les espèces des deux Mondes successifs seront donc à la fois minimes et radicales, comme le montre l'inversion de symétrie qui distingue le Murex actuel du Murex fossile : la symétrie démontre l'identité des forces et de leur résultat, et l'inversion démontre l'orientation nouvelle prise par le « Bildungstrieb », à l'exclusion de toute parenté (13). Or, cette nouvelle création représente une nouvelle Economie, c'est-à-dire une possibilité de variations équilibrées dans le rapport des forces de la Nature et des êtres qui les représentent, donc, de « dégénérations » (14), et même de disparitions, comme celle du Loup d'Angleterre et du Dodo de l'Ile de France, que l'activité de nouvelles espèces va devoir compenser (15). Blumenbach juxtapose donc un devenir catastrophique et un devenir économique de niveaux différents, mais comme pour Buffon, ce devenir est de surface et sa variabilité est définie à partir de constantes : quantité de matière, quantité de forces, lois d'équilibre qui jouent de manière équivalente et réciproque à la surface des productions de la vie et à la surface de la Terre. L'histoire qui en résulte reste celle du théâtre des ombres (16).

Cet intérêt des historiens de la Nature pour les surfaces rend les cosmogonies périmées et oriente l'attention vers les couches accessibles de la Terre, c'est-à-dire, les couches superficielles, objet possible d'une géologie qui reprend à son compte les problèmes de chronologie et d'histoire que les géographes posaient en termes de déplacement des rivages et de ruine des montagnes, en leur ajoutant une dimension verticale, par l'analyse des strates et de leur contenu. C'est dans ce domaine que le temps et les révolutions vont devoir se rencontrer, puisque, comme le fait remarquer Deluc :

> « Si l'on étudie l'histoire des opinions sur ce qui concerne notre globe, on y trouvera que ce sont les corps organisés renfermés dans nos couches minérales qui ont donné naissance à la Géologie. La première idée qu'inspira cet étonnant phénomène, qui, dans son sens général, demeure incontestable, c'est que notre globe devait avoir subi quelque grande révolution. » (17).

S'il n'y a plus de valeur cosmogonique, le Déluge est devenur pour Deluc la dernière d'une série de révolutions qui scandent l'histoire du globe et qui se présentent, soit comme maximales, c'est-à-dire, comme destructrices de *TOUTE la surface terrestre,* soit comme partielles, ou en présentant successivement ces deux caractères au gré des auteurs. Ces révolutions, comme autrefois et toujours le Déluge, vont être conçues comme le point d'appui des chronologies. La question posée par la société de Teyler aux naturalistes et à laquelle le mémoire de Burtin répond, en porte témoignage :

> « Jusqu'où peut-on conclure, de ce que l'on connaît de la nature des fossiles, de leurs situations, et de ce qu'on sait d'ailleurs relativement aux formes anciennes et nouvelles de la surface du globe, d'après des fondements incontestables, quels changements ou révolutions générales a subies la surface de la Terre, et combien il doit s'être écoulé de siècles depuis lors. » (18).

La réponse de Burtin à cette question est à la fois modeste et décisive, dans la rupture qu'elle établit avec de nombreuses tentatives de chronologie, tant physiques que géographiques, dont le dénominateur commun restait une certaine brièveté du temps écoulé depuis les origines du monde jusqu'à nos jours, chez des auteurs qui restent, soit proches de la chronologie mosaïque, soit hantés par elle :

> « Demander combien doivent s'être écoulés de siècles, depuis les grandes révolutions du globe, c'est exiger simplement qu'on établisse

si le nombre de ces siècles est considérable ou non. Car il en est tout autrement de l'histoire de la terre, que de celle des nations. L'une n'est consacrée que par la main des hommes ; aussi, mesquine et bornée comme eux, est-elle calculée minutieusement par dates ; de l'autre, écrite dans un langage majestueux mais obscur pour notre faiblesse, se trouve gravée en caractères permanents dans le grand code de la Nature dont à peine nous avons pu déchiffrer quelques feuillets, qui nous apprennent cependant que cette histoire dont l'origine va se perdre dans l'immensité du temps, n'admet ni date, ni calcul rigoureux, mais des époques, et une progression sensible. » (19).

Il y a donc désormais un clivage entre le temps de l'Histoire et le temps du Monde, tel que si le temps de l'Histoire continue à relever d'une chronologie, celle-ci est œuvre humaine limitée, tandis que le temps du Monde ne peut plus être apprécié quantitativement, mais en fonction d'une série d'« époques », c'est-à-dire de repères successifs. Si, comme le souligne Wolf Lepenies, la chronologie a joué contre l'histoire, l'abandon de la chronologie apparaît comme réciproque de l'émergence d'une Histoire possible de la Nature, vraiment historique, c'est à dire, fondée sur des événements, et ici, bien entendu, une tentative de chronologie physique comme celle de Buffon est aussi désuète que la chronologie mosaïque de Scaliger (20). On pourrait en dire autant de la « chronométrie » de Deluc. Mais cette « chronométrie » ne prétend pas remonter aux origines du Monde : Deluc cherche simplement à évaluer, à partir du taux annuel de sédimentation et de l'épaisseur des dépôts des estuaires lacustres ou marins, que complète la croissance des tourbières et d'autres moyens géologiques réels d'appréciation, le temps écoulé depuis le Déluge de Moïse (21), c'est-à-dire le seul temps historique que la Nature pourrait ainsi contrôler. Mais pour tout ce qui précède cette « histoire moderne de la Terre », Deluc reconnaît qu'il n'y a plus de « chronomètre » possible, mais seulement des « documents » (22), qu'il estime ensuite regroupés en « archives » (23), terme qui répond aux « feuillets » de Burtin à l'intérieur de ce système métaphorique datant de Hooke, qui pourra être projeté sur la disposition stratifiée de l'écorce terrestre. Or, des « feuillets » ne mesurent plus rien, ils racontent une succession dont les termes les plus visibles sont : les trois classes de montagnes (24), la superposition des couches (25), et les changements dans les être organisés (26). Or, ce n'est que la superposition des couches distinctes minéralogiquement qui joue d'abord le rôle essentiel, parce que'elle recoupe la distinction chronologique des montagnes qui a été établie initialement par Lehmann (27), et parce que cette même succession des montagnes est confirmée par Pallas comme linéaire et irréversible, en tant qu'elle répond à un ordre de décomposition du granite (28), et d'accumulation marine, troublée enfin par des catastrophes géologiques (29). C'est ce même ordre temporel que Werner traduira dans la succession des précipitations et des dépôts (30). De cette succession, les espèces fossiles ne sont que les témoins passifs : elles la subissent et la traduisent par leurs destructions et leurs variations. Elles n'ont donc aucun privilège particulier pour la détermination de la chronologie des couches de la Terre, à laquelle elles peuvent néanmoins contribuer d'une manière qui sera fonction de leur présence et de leur abondance. Si elles ont une histoire, cette histoire reste liée à celle de la formation des couches (31).

Mais déjà, à la fin du XVIIIème siècle, le critère minéralogique, malgré le succès qui lui sera assuré par Werner, n'est pas reconnu universellement comme sûr : par exemple, il est connu que des schistes peuvent se retrouver à plusieurs niveaux (32). S'il apparaît au contraire que les fossiles présentent une loi irréversible de changement, ils vont prendre une prédominance méthodologique certaine sur tous les autres critères destinés à définir les âges de la Terre. Or cette constance dans la variation des fossiles est mise directement en évidence par la manière dont on les range, en séparant ceux dont les prototypes sont connus de ceux qui n'ont pas de répondant actuel. De ce point de vue, Buffon avait déjà remarqué la plus grande fréquence des espèces inconnues dans les couches les plus anciennes, et il n'est pas indifférent que Pallas ait reconnu que les molaires de l'« animal de l'Ohio » appartenaient à des couches plus anciennes que celles du mammouth dans les mêmes régions. Giraud-Soulavie en tire une nouvelle distribution des fossiles par rapport au temps, en cinq périodes ou âges qui s'échelonnent de la manière suivante du plus ancien au plus récent : 1) âge des animaux fossiles dont on ne retrouve plus les analogues ; 2) âge où s'ajoutent aux précédents quelques fossiles dont les analogues vivent actuellement dans la mer ; 3) âge des fossiles récents dont les descendants vivent dans la mer ; 4) âge des poissons et plantes connues de nos jours ; 5) âge des arbres pétrifiés, des poudingues, des ossements, c'est-à-dire du matériel terrestre de fossilisation récente (33). Or, une telle procédure complète une démarche géologique qui étudie le globe non plus dans la dimension horizontale, encore prédominante chez les géographes, mais par surfaces perpendiculaires (34), telles que les découpent les cours d'eau : ces surfaces démontrent la progression des couches, des anciennes aux modernes, depuis les sommets des montagnes jusqu'aux basses vallées et aux plaines. Elles montrent aussi des différences de faciès minéralogiques, qui laissent supposer la mise en jeu de « lois » distinctes dans leur production, et par conséquent, l'existence d'époques séparables. Comme Pallas, et contrairement à Werner, Giraud-Soulavie intègre dans son histoire chronologique de multiples facteurs d'ordre divers.

La répartition des fossiles est avant tout un élément dans ce tableau d'ensemble, mais cet élément renferme un point très particulier : l'apparition successives de nouvelles « familles » animales, contemporaine du vieillissement et de l'extinction des familles primordiales. Or, cette substitution des espèces peut être comprise non seulement comme le moyen par lequel se perpétuent les êtres vivants, mais encore, comme l'indice d'un déploiement de la Nature, en contradiction avec l'idée d'appauvrissement que l'on trouve chez Buffon, déploiement qui fait passer le processus de production des espèces avant celui de leur extinction, qui constituait la préoccupation majeure des naturalistes et surtout des anatomistes qui s'occupaient de fossiles. Enfin, une telle multiplication des familles s'accompagne de leur perfectionnement : Giraud-Soulavie inverse donc l'ordre traditionnel des dégénérations, et ce, avant Lamarck : les familles récentes descendent des familles primordiales modifiées sous l'influence des causes externes (35) ; une telle optique n'est pas dictée par des raisons de physicien ou de naturaliste, mais par le souci théologique surimposé à ses recherches géologiques : sauvegarder l'unité de la Création du danger de morcellement que lui fait subir l'hypothèse de la génération spontanée.

Le transformisme progressif, qui partait des semences « que ces semences existent de tout temps, ou qu'elles aient été créées dans le temps, ces deux opinions conviennent également à mon système », pour aboutir à l'homme que De Maillet désigne de manière très orthodoxe comme « le dernier ouvrage de la main de Dieu qui précédemment avait fait tout le reste » (36), est donc la solution du problème posé par le caractère destructeur et séparateur du temps, tel qu'il est reconnu par les savants à travers l'état de la terre et de ses productions, pour une théologie de l'unité, théologie auquel le matérialisme ne fera éventuellement pas perdre son caractère de théologie. C'est l'unité théologique de la Création que les transformismes et les développements vont préserver en face des nouveaux « historiens » de la Nature qui la mettent radicalement en question par les coupures qu'ils instaurent.

Comme représentant typique de ces « historiens », vingt ans après, Blumenbachéprouve le besoin de classer les fossiles de manière chronologique (37). Par contre, d'une part, au lieu de décrire une échelle des temps dans l'ordre direct, il choisit l'ordre inverse, qui répond à l'ordre de la connaissance, du plus connu, donc récent, au moins connu, donc le plus ancien et géologiquement le plus profond ; d'autre part, il utilise les critères du naturaliste et non plus du géographe, à savoir, non plus la proportion numérique respective, mais le degré d'analogie dans les formes. Il en définit donc trois classes : 1) corps pétrifiés dont les analogues existent encore ; 2) corps pétrifiés dont les analogues sont douteux ; 3) corps pétrifiés dont les analogues sont inconnus (38). L'existence de ces trois catégories de fossiles l'oblige alors à démultiplier l'ancien monde préadamitique, dont il avait envisagé l'existence en 1790, et à substituer à la seule catastrophe universelle qui séparait ce Monde du Monde actuel une pluralité de modifications de climat ou de catastrophes, soit partielles, soit générales, pour rendre compte d'un côté des parentés de certains fossiles avec les formes actuelles, et de l'autres, des différences les plus décisives (39). Ces trois catégories de fossiles permettent ainsi en dernier ressort de décrire trois âges du Monde, sur lesquels Blumenbach projette la division de l'histoire de l'humanité en trois âges que proposait Vico : âge mythique, âge héroïque, âge historique (40). L'Histoire de la Nature n'est donc plus la seule condition préhistorique de l'Histoire seule digne de ce nom, à savoir l'Histoire Civile, comme pour Herder : elle est désormais perçue comme équivalente de cette Histoire Civile, mais à un autre niveau, comme en témoigne la possibilité de cette métaphore. De ce fait, elle ne doit plus seulement relever de « lois » et de « faits » physiques, mais ses « monuments » doivent impliquer des événements contingents, qui, pour le moment, sont constitués par des « catastrophes », mais qui, plus tard, pourront apparaître comme, avant tout, ce tissu de rapports conflictuels qui enserrent les vivants eux-mêmes.

8. – CONCLUSION.

Dans la mort d'une espèce, il y a donc plus qu'une lacune dans l'Echelle, pensable à la manière de ces lacunes que la Pluralité des Mondes permettait de juger plus apparentes que réelles, il y a remontée de l'Echelle au Ciel, c'est-à-dire, perte de sa valeur ordonnatrice des espèces : prix dont elle paie son salut métaphysique. Salut qui n'en est pas un, car, enveloppé dans les nuages de cette métaphysique, et rendant les êtres à la terre, elle les abandonne à un autre type d'ordre, l'Economie de la Nature, qui répond aussi à une théologie, mais providentielle, et qui justifie cette mort. Mais cette mort acquise, les fossiles vont renvoyer à toutes les déchirures du Monde, aux ruines des Montagnes, aux explosions des Volcans, aux irruptions des eaux : l'abondance de ces fossiles généralise et multiplie la présomption de catastrophes. Ainsi, les révolutions vont bien avoir une fonction explicative de l'existence des fossiles, en raison de leur mort et de leur accumulation, mais elles renvoient aussi à un arrière-fond mythique que les fossiles activent : elles expriment cette menace immanente qui résulte du fait que le monde a perdu sa plénitude et sa clôture aristotélicienne. Il n'est donc pas indifférent que certaines de ces catastrophes se rapportent à l'effondrement de ces vastes cavernes intérieures à la terre, qui, en absorbant les eaux, ont fait apparaître ces montagnes ruiniformes qui ont perdu leur fonction de piliers d'un paradis écroulé. Dans ces conditions, il est même devenu illusoire de croire, comme Deluc et Herder à une stabilisaion du Monde : l'Homme lui-même est mortel, et les Déluges sont menaçants (1).

L'Anatomie comparée a désormais deux raisons d'être réciproques : l'existence des espèces dans les conditions que leur fait le Monde, et la réunion des anciennes espèces à chacun de leurs âges respectifs, qui, ensemble, constituent l'Histoire de la Nature. Mais, s'il existe une Histoire de la Nature, il ne peut plus exister d'Histoire Naturelle. Cependant, les mêmes hommes vont encore se servir de l'Anatomie comparée pour classer, ce qui va prendre un autre sens, et n'être pas sans conséquences : la recherche des parentés par le sang derrière les affinités de forme et de caractères.

Seconde Partie

THÉORIES ET CONCEPTS

Chapitre Premier

LE PROGRAMME ANATOMIQUE

I. – LE MÉCANISME.

Pour Tarin, la comparaison anatomique instaurée par Aristote relève de l'histoire de la seule Anatomie, c'est-à-dire, de cette science qui, fondée sur la dissection des « parties solides des animaux », permet de « se conduire sûrement dans le traitement des maladies », parce que la connaissance de la structure des parties solides permet de comprendre leur « action sur les parties fluides et leur rôle dans la conservation et le rétablissement de la machine » (1). Ce point de vue est celui d'une physiologie médicale qui exclut l'Anatomie comparée proprement dite parce que les animaux n'ont pas d'intérêt pour eux-mêmes, mais constituent un matériel organique pour la solution de problèmes posés d'abord par l'anatomie, la physiologie et la pathologie humaine : c'est pourquoi elle n'est mentionnée en fin d'article qu'à titre complémentaire. L'importance de cette recherche en position complémentaire sera donc tributaire de la valeur accordée aux animaux par rapport à l'homme, c'est-à-dire de l'aptitude de la physiologie de se décentrer de ce point de vue médical et humain, pour se présenter comme une science générale et « philosophique » : par « Philosophique », il faut entendre le caractère d'une connaissance qui remonte à des « principes » et dont la pratique se fonde sur des « règles » en rapport avec la nature de son objet (2) ; une recherche philosophique apporte de la « gloire » à celui qui s'y livre. Cette réciprocité d'un intérêt philosophique et de l'essor de l'Anatomie comparée va pouvoir rendre compte, à la fin du XVIIIème siècle, d'un itinéraire comme celui de Pierre Camper, qui, du dessin, des mathématiques, et de la médecine, passe à l'anatomie comparée comme à ce qui représente pour lui et pour ses contemporains une recherche philosophique, susceptible de représenter un intérêt physiologique supérieur (3). A cela il faut ajouter la connotation alchimique du mot « philosophie », qui permet de l'opposer à l'histoire naturelle descriptive en ce qu'elle vise le dedans caché des choses, où elle rejoint encore l'Anatomie : contrairement au négociant qui accumule au cours de ses voyages les richesses dont proviennent les collections des Naturalistes, « le philosophe, par caprice plutôt que par amour de la science, ne trouve de beau, de curieux, que ce qui, caché à nos regards, ne peut être découvert que par le secours de l'Anatomie ou à l'aide d'un microscope » (4). Or, ce qui constitue ce dedans des vivants, c'est la structure dont dépendent les fonctions : dans le vocabulaire du temps, c'est la « machine », ou mieux, les « ressorts », terme qui appartient à la physique : propriété de certains corps de revenir à leur état naturel, lorsqu'ils ont été comprimés ou étendus violemment, et surtout à la technologie horlogère, où il se définit comme la pièce qui fait mouvoir des « machines » (5). La vie est donc à base de ressorts :

> « La machine animale est comme le cercle qui n'a ni commencement ni fin ; un ressort prête son action à l'autre qui lui doit son mouvement ; leur union conspire à former d'autres machines qui deviennent leur mobile, enfin tous les ressorts réunissent leurs mouvement dans chaque ressort et chaque ressort partage aux autres son action et ses productions. » (6).

Ces ressorts eux-mêmes échappent au regard à cause de l'extrême subtilité de leurs opérations, si bien que la composition d'un tel « méchanisme » est difficile à débrouiller : c'est ici que la comparaison anatomique fournit le détour indispensable :

> « La plus exacte description de notre estomac, avec toutes ses veines, ses artères, ses nerfs, etc. ne nous fera jamais bien connaître le méchanisme de la digestion. Comment parviendra-t-on à expliquer cette fonction importante ? En examinant l'estomac des autres animaux, en observant les différences de leur structure et de leur action, comparées avec celles de l'estomac humain. Par là, on sera plus en état de distinguer les principaux agents qui contribuent à cette même fonction, et de juger comment ils y influent. » (7).

Cette physiologie reste, selon la formule de Haller une « anatomia animata » dont l'Anatomie comparée contribue à expliquer les fonctions, proportionnellement à la prise de conscience du caractère inadéquat des interprétations mécaniques portant sur l'activité des structures visibles, microscopiques, ou imaginaires et inventées pour les besoins de la cause (8). Au moment où l'homogénéïté du mécanisme le cède à la pluralité des fonctions et des « agents », l'Anatomie comparée a donc partie liée au déplacement de l'« économie de la machine » vers une « économie animale » qui échappe au mécanisme en son principe, et de ce fait, ne relève plus que d'un type d'intelligibilité simplement analogique.

Autrement dit, si une philosophie mécaniste a tout de même rendu possible une comparaison anatomique destinée à illustrer la validité du mécanisme en démontrant l'existence des mêmes lois dans la physiologie de l'homme et dans celle des animaux, cette comparaison anatomique est devenue ensuite une méthode nécessaire pour une physiologie qui se détache de ce type d'explication en faveur d'une « histoire » des organes et de leurs activités dans le corps humain et dans celui des Animaux. C'est toute la distance qu'il y a de Perrault à Vicq d'Azyr. Par exemple, pour Perrault, la variation de forme des lentilles de l'œil, sphérique chez les Poissons et lenticulaire chez les quadrupèdes terrestres, est directement liée aux indices de réfraction des milieux (9), ou encore, pour Duverney, l'Anatomie comparée permet d'interpréter la différence entre la structure du cœur du fœtus et celle du cœur des Tortues, malgré leurs analogies, par un tout autre mode de vie qui distingue un être dont la respiration pulmonaire n'existe pas encore, et une série d'êtres qui ont en commun une respiration incomplète : dans un cas, il y a un problème mécanique de distribution à résoudre et dans l'autre, la persistance d'un mélange (10). Pour Vicq d'Azyr, au contraire, l'histoire des parties et de leurs phénomènes doit aboutir à la construction de tableaux dont l'homme occupe le centre et dans lesquels se définissent des systèmes de variations réciproques dont le physiologiste va devoir tenir compte (11) : la déduction physiologique passe par le développement du programme anatomique en son ensemble.

Mais, tant que l'homme reste au centre du tableau anatomique, quelle que soit l'amplitude des différences embrassées, l'Anatomie comparée reste conforme à un concept défini par Bacon, et dont le champ d'exploitation a seul varié : science des différences qui se trouvent dans des corps divers réunis par un type commun. Pour Bacon, des différences étaient simplement les différences internes à l'espèce humaine, semblables à celles de la physionomie, et responsables de la variété des maladies à cause « du seul mécanisme de certaines parties », différences dans les solides qui pouvaient être complétées par celles des liquides et englober ainsi toute l'anatomie pathologique, qui se trouve comprise à partir d'une sorte d'anatomie différentielle généralisable (12). Or, dans une perspective aristotélicienne où les animaux sont conçus comme des « Nains », c'est-à-dire, comme des êtres dégradés depuis l'homme, rien ne s'oppose à ce que les données issues des espèces zoologiques s'ajoutent aux variétés individuelles pathogéniques ou pathologiques, par dépassement des limites spécifiques de déviance, pour donner un système de variations aux dimensions du monde dont le microcosme humain constitue le noyau, et ceci, jusqu'à ce que soit dégagée l'idée d'un type abstrait. On pourrait même penser que l'Anatomie comparée de Vicq d'Azyr, qui procède en termes de tableaux, est plus conforme à la perspective baconienne que la recherche antérieure de la puissance du mécanisme à travers la variété des animaux, puisqu'elle s'attache aux analogies et aux différences en tant que manifestations des capacités productrices de la nature, et puisqu'elle se veut encyclopédique, à l'image de la science baconienne, et non plus encadrée par une philosophie déductive. Dire que l'Anatomie comparée se veut encyclopédique, cela peu signifier non seulement qu'elle s'empare de tout le matériel zoologique et botanique qui sert de contenu à l'Histoire Naturelle, ce qui lui permet de rejoindre l'extension de la Physiologie comparée dont le concept d'Economie animale était responsable, mais encore, qu'elle incorpore l'Anatomie générale et l'Anatomie pathologique, ce qui va représenter une extension du concept d'organisation dans une dimension perpendiculaire à la précédente, celle des manifestations de l'organisme dans sa profondeur et dans sa durée.

2. – *L'ORGANISATION*

Les organes se sont longtemps définis par le triangle issu d'Aristote et de Galien : stucture, action et usage, tel qu'il a été repris au début du XVIIème siècle par Casserius (1) et quelque peu aménagé par Harvey. Une telle définition suppose la conception aristotélicienne de l'organisation, c'est-à-dire, la distinction entre parties similaires et organiques, et un rapport entre la perfection croissante des organes et l'augmentation de leur composition (2). Les parties similaires sont les composantes structurales, c'est-à-dire la base d'une organisation dont les parties organiques sont la clef : en tant que composantes, elles ont déjà un « usus » : assurer la permanence de la composition à travers leur activités thermiques, lubrifiantes et connectives (3). Les parties dissimilaires, c'est-à-dire, qui possèdent la *structure* organique et la valeur instrumentale, et qui accèdent à une intelligibilité philosophique de par leur rapport à l'âme et leur finalité, peuvent être considérées de cinq points de vue, à savoir 1) selon que leur œuvre est « publique » ou « privée », service général de la bouche au foie, service spécial du foie aux capillaires (4) ; 2) selon leur fonction : motrice, sensorielle, vitale et naturelle ; 3) selon leurs actions propres ou communes à plusieurs parties, et qui rapprochent les parties organiques des parties similaires, parce qu'il n'existe pas de partie du corps vivant qui ne soit capable de quelque action ; 4) selon leur importance vitale ; 5) selon leurs sympathies et leurs associations (5). Il s'agit donc d'un réseau utilitaire dans lequel se recoupent deux points de vue également traditionnels sur l'harmonie organique : le point de vue administratif et le point de vue technologique, qui n'a pas encore été investi par le mécanisme cartésien. Mais ce caractère utilitaire de l'organisation est surmonté par un point de vue esthétique plus essentiel, parce que le corps humain est censé devoir ressusciter en corps glorieux : Harvey cite saint Augustin pour lequel cette résurrection attendue implique la beauté des parties utilitaires elles-mêmes (6), point de vue conforme à la perfection du Créateur, à la fois artisan et artiste. En dernier ressort, l'organisation est ainsi une confection, comme le voulait Aristote, et la science anatomique s'efforce de dégager de l'organisation les intentions qui ont présidé à cette confection : parmi ces intentions, la philosophie devenue mécaniste garantira l'exclusivité aux aspects les plus rigoureusement technologiques qui assurent « la perfection de la machine », – de cette machine qui a remplacé la main, c'est-à-dire le modèle de tout instrument qui était décrit par Galien au 1er livre du « De usu partium », où les usensilités sont subordonnées aux usages, et par conséquent, les structures aux fonctions dans le plan du Créateur, condition pour que les stuctures produisent les fonctions dans le corps effectivement vivant (7). A cela, le mécanisme ne change rien, sinon de remplacer le caractère providentiel spécial à la constitution de chaque partie par une perfection globale de la machine due à l'harmonie mécanique de tous ses « ressorts », qui peuvent aussi bien se réduire à un seul, dont les mécanismes démultiplient les effets. L'intérêt qui est focalisé sur cette harmonie mécanique par les physiologistes d'orientation anatomique abandonne à la chimie l'étude des parties similaires, définies surtout par leur qualités. Il faut donc abandonner l'anatomie et le mécanisme pour prendre en considération les parties similaires, comme on l'a vu avec Stahl, mais cette prise en considération des parties similaires marque encore l'émergence d'une conception économique de l'organisation, dissociée d'un mécanisme qui reste opératoire au niveau macroscopique seulement (8), conception économique qui permet donc l'essor simultané non seulement de la Physiologie comparée et de l'Anatomie comparée à la fin du XVIIIème siècle, mais encore la naissance d'une Anatomie générale, qui, toutes ensembles, peuvent être comprises comme des sciences des variations de l'organisation plutôt que des variété des organes.

A ces métaphores de l'organisation qui ont accompagné le triomphe du point de vue économique et le déplacement de l'intérêt physiologique vers les parties similaires, Bichat substitue le dénombrement méthodique des tissus directement observables par l'anatomiste, et l'étude de leur propriétés. Ce faisant, il fait de l'organisation le principe d'une variété organique dont l'unité relève de l'économie, en opposition stricte avec la double unité structurale et fonctionnelle de la « machine » dont les pièces n'ont de sens que dans leur rapport à l'ensemble, c'est-à-dire, dont la coordination est a priori. Bichat souligne explicitement son rejet à la fois du mécanisme et d'une conception unitaire du vivant. Au mécanisme, il objecte son échec pour expliquer la formation même des membranes, ce qui le reporte au niveau des coordinations secondaires, et non des raisons fondamentales :

> « Cette manière de concevoir les opérations de la nature n'est point celle qu'en effet elle adopte, et que ces idées, toutes empruntées des lois physiques, ne doivent servir de base à aucune explication physiologique. » (9).

A la conception unitaire, il oppose une pluralité de « lois organiques », qui se substituent aux fonctions du « Principe vital » de Barthez, et plus anciennement à celles de l'âme de Stahl. Ces lois elles-mêmes dépendent de « propriétés » des tissus, qui deviennent l'objet fondamental de la science :

> « Analyser avec précision les propriétés des corps vivants, montrer que tout phénomène physiologique se rapporte en dernière analyse à ces propriétés considérées dans leur état naturel : que tout phénomène pathologique dérive de leur augmentation, de leur diminution, ou de leur altération, que tout phénomène thérapeutique a pour principe leur retour au type naturel dont elles étaient écartées ; fixer avec précision les cas où chacune est mise en jeu ; bien distinguer, en physiologie comme en

médecine, ce qui provient de l'une, ce qui émane des autres ; déterminer par conséquent d'une manière rigoureuse ceux des phénomènes naturels et morbifiques auxquelles président les animales et ceux que produisent les organiques ; indiquer quand la sensibilité animale et la contractilité de même espèce, quand la sensibilité organique et les contractilités sensibles ou insensibles qui lui correspondent sont mises en jeu : voilà la doctrine générale de cet ouvrage. » (10).

Les tissus qui supportent ces propriétés sont donc appelés à entrer dans des rapports de construction et de combinaison qui donnent l'édifice organique et ses machines particulières : l'ancienne métaphore architecturale utilisée par Aristote est doublée alors par Bichat d'une métaphore chimique (les tissus, comme « corps simples »), qui marque l'exclusion du mécanisme, même pour rendre compte de la mobilité vitale (11). Cette métaphore chimique souligne le fait que l'analyse anatomique qui distingue les formes et les structures ne prend une valeur physiologique qu'en raison du rapport de ces formes et de ces structures aux propriétés qui leur sont liées et qui sont au principe de leur activité. Ces propriétés sont de deux catégories : les « propriétés de tissu », à caractère physique (12), qui font des tissus les matériaux de l'édifice organique, et les « propriétés vitales », c'est-à-dire, la sensibilité et la contractibilité, qui en font les « ressorts » de la vie (13). Au même titre que les organes sont constitués d'une réunion de tissus (14), la vie propre de chacun de ces organes se compose de modifications diverses des propriétés vitales qui sont liées à leurs tissus et dont découlent les « fonctions » et les « phénomènes » de l'« économie animale » (15). Or, la caractéristique distinctive de ces propriétés vitales, qui les oppose aux propriétés physiques et chimiques des matières, y compris organiques, c'est leur fugacité, qui fonde la temporalité interne du vivant :

> « Il est de la nature des propriétés vitales de s'épuiser ; le temps les use dans le même corps. Exaltées dans le premier âge, restées comme stationnaires dans l'âge adulte, elles s'affaiblissent et deviennent nulles dans les derniers temps. On dit que Prométhée ayant formé quelques statues d'hommes, déroba le feu du ciel pour les animer. Ce feu est l'emblème des propriétés vitales : tant qu'il brûle, la vie se soutient ; elle s'anéantit quand il s'éteint. Il est donc de l'essence de ces propriétés de n'animer la matière que pendant un temps déterminé, ; de là les limites nécessaires de la vie. Au contraire, constamment inhérentes à la matière, les propriétés physiques ne l'abandonnent jamais ; aussi les corps inertes n'ont-ils de limites à leur existence que celles que le hasard leur assigne. » (16).

Tout se passe comme si Bichat inversait ici la démarche qui, du « calidum innatum », mal distingué par Hippocrate du feu élémentaire, avait conduit Aristote, Fernel et Harvey à y voir plutôt un élément spécial, de nature stellaire, et par conséquent immortelle et transcendante. La « Brevitas Vitae » est donc l'expression d'une loi interne à la nature vivante et à son économie temporelle, et non pas la conséquence secondaire et matérielle de la complexité du corps, de l'appartenance au monde où les corps se limitent, ou d'une tendance de la machine à s'user et à s'encrasser irréversiblement. Le temps et ses limites sont au cœur de la vie.

Avec leurs propriétés ainsi précisées, les tissus peuvent être maintenant considérés en tant que base de la hiérarchie organique, définie par Bichat en ces termes :

> « J'ai désigné sous le nom de système le traité de chaque tissu simple: celui d'organes exprime la réunion de plusieurs systèmes, pour former un tout unique ; celui d'appareil me sert à désigner un assemblage de plusieurs organes concourant à une fonction... » (17).

Les fonctions sont donc terminales , elles constituent les résultats de l'organisation qui regroupe les propriétés en les spécialisant dans le cadre des « deux vies », la vie animale qui regroupe les fonctions dites de relation, et la vie organique qui désigne « l'ordre qui sert à la composition et à la décomposition habituelle de nos parties » (18). Comme cette spécialisation est liée aux nécessités de l'existence de l'ensemble, les fonctions restent enchaînées les unes aux autres par un réseau d'« influences », comme Bichat l'a montré dans ses « recherches » sur la mort, enchaînement caractéristique de l'« économie animale » (19). Les fonctions ne sont donc plus des actions référables à des facultés, liées à des dispositifs singuliers, mais deviennent les segments du processus vital qui les rassemble. Ce processus vital peut être pensé comme unitaire en son principe dans la mesure où les propriétés qui en sont la première manifestation au niveau tissulaire peuvent être traitées comme divers aspects de la substance vivante et de son activité. Or, la caractéristique la plus universelle de toute substance vivante est constituée par les échanges nutritifs, si bien que l'unité économique des fonctions est réciproque de cette activité substantielle générale. A cette activité, répondent les systèmes généraux qui constituent le *« Parenchyme Nutritif »*, c'est-à-dire, « un canevas cellulaire, vasculaire et nerveux » de chaque organe, par rapport auquel chaque organe marque sa différence par une différence de nutrition liée aux particularités de sa fonction (20), au même titre que la particularité de chaque tumeur est liée aussi à une altération de nutrition :

> « On voit, d'après ces principes, comment la nature est la même dans ses opérations, comment une loi uniforme préside à toutes, et comment les applications seules de cette loi diffèrent entr'elles. » (21).

Dans un tel « parenchyme nutritif », le « tissu cellulaire », qui sert de « moule » aux organes, semble jouer le rôle fondamental, si bien qu'on peut concevoir une génération ou une transformation des organes les uns dans les autres à partir de cette matrice unitaire :

> « Ce qui rapproche les organes, ce sont donc l'organe cellulaire, les vaisseaux et les nerfs ; ce qui les distingue, c'est leur matière nutritive. Un os deviendrait muscle, si, sans rien changer à sa texture, la nature lui imprimait la faculté de secréter la fibrine et de s'en encroûter, au lieu de séparer et s'encroûter de phosphate calcaire. » (22).

Mais l'exploitation d'une semblable possibilité suppose que l'on se tourne vers une perspective synthétique, celle que la théorie du Développement offrira aux histologistes allemands, contraire à la méthode analytique de Bichat, dominée par le modèle chimique de la multiplicité des corps simples, où propriétés et substances sont liées.

Par rapport à cette réorganisation conceptuelle, les idées antérieures de Vicq d'Azyr sur l'organisation marquent un retard évident, non seulement parce qu'il confond propriétés et fonctions, comme Bichat le lui reproche (23), mais encore, parce qu'il en est resté aux « ressorts », « usages », « énergie vitale », « mouvements », c'est-à-dire au vocabulaire d'une anatomie fonctionnelle, qui, pour s'être détachée du mécanisme, en a néanmoins conservé le cadre (24). Il reste donc contemporain de la définition de l'anatomie donnée par Tarin, où la description de la structure vise directement la compréhension des actions, que ce soit par déduction mécanique ou par observation des variations réciproques. Au contraire, Bichat fait de l'Anatomie la science de l'organisation, c'est-à-dire, de la composition des parties, sous-jacente aux dispositions mécaniques et géométriques, composition qui apparaît comme « la première condition de la vie » (25) et de l'individualité (26). Puisque l'organisation n'existe que par et pour la vie, l'Anatomie devient la science fondamentale de la vie, au delà de laquelle il n'y a plus que les activités chimiques dont l'organisation est le « lieu » (27) ou le « foyer » (28).

Dans ces conditions, si les tableaux de variations réciproques entre structures et fonctions que l'Anatomie comparée peut, selon Cuvier, substituer à une expérimentation physiologique impossible, et qui remplacent un mécanisme défaillant, peuvent donner des « lois », ces lois se définissent comme les lois spécifiques de l'organisation, que leur spécificité rend irréductibles aux lois de la mécanique, de la physique et de la chimie. Par conséquent, si la connaissance de la vie est une connaissance anatomique, et si l'activité vitale ne peut se déduire de la structure des parties, ni par le moyen de la mécanique et de la physique, ni par celui de la chimie, sa méthodologie ne peut plus être que comparative, et l'organisation peut définir alors le cadre de comparaisons généralisées parmi lesquelles l'Anatomie comparée reçoit une place prépondérante due à la dimension et au prestige de son domaine : l'Histoire Naturelle. Si la connaissance de la vie peut alors se concevoir comme subordonnée aux sciences qui la précèdent dans l'échelle positiviste, Auguste Comte est, de ce fait, amené à lui reconnaître comme méthode propre la méthode comparative en rapport avec la « seule grande conception philosophique », de laquelle « tout le système de la science biologique dérive », à savoir, « la correspondance générale et nécessaire, diversement reproduite et incessamment développée, entre les idées d'organisation et les idées de vie. » L'organisation est alors comprise comme le fond commun d'un vaste système de variations :

> « Sous le point de vue purement anatomique, tous les organismes possibles, toutes les parties quelconques de chaque organisme, et tous les divers états de chacun, présentent nécessairement un fond commun de structure et de composition, d'où procèdent successivement les diverses organisations plus ou moins secondaires qui constituent des tissus, des organes et des appareils de plus en plus compliqués. De même, sous l'aspect physiologique proprement dit, tous les êtres vivants, depuis le végétal jusqu'à l'homme, considérés dans tous les actes et à toutes les époques de leur existence, sont essentiellement doués d'une certaine vitalité commune, premier fondement indispensable des innombrables phénomènes qui les caractérisent graduellement. » (29).

Dans ce système, le type fondamental reste le microcosme humain ; autour de ce type, Auguste Comte organise les cinq formes principales de comparaison qu'il distingue 1) entre les diverses parties de chaque organisme, 2) entre les sexes, 3) entre les phases du développement, 4) entre les différentes races ou variétés de chaque espèce, 5) entre tous les organismes de la hiérarchie biologique. A ces comparaisons des états normaux, on pourra ajouter la Pathologie comparée lorsque l'organisme normal sera suffisamment connu (30). Or, s'il se réfère d'abord à De Blainville, c'est en fin de compte la « Théorie des Analogues » qu'il mentionne comme « le principe nécessaire et invariable de la méthode comparative elle-même, directement envisagée dans son ensemble philosophique ». La doctrine de Geoffroy Saint-Hilaire est donc représentative pour la première moitié du XIXème siècle de la théorie de l'organisation qui assure à l'Anatomie comparée une position centrale dans l'ensemble des sciences biologiques, tandis que l'Histoire Naturelle n'est plus qu'une partie du champ qu'elle explore. Cette extension de l'Anatomie comparée hors des limites de la Zoologie pose le problème de la légitimité d'une pareille généralisation, qui conduit à la signification du conflit qui a opposé Cuvier et Geoffroy Saint-Hilaire sur la nature de la méthodologie anatomique, à travers lequel se révèlent deux manières incompatibles de concevoir le vivant et les lois qui commandent la structure de ses organes : lois d'essence ou conditions d'existence.

3. – LE PROGRAMME DE CUVIER.

Cette querelle est une querelle de principes qui repose sur une divergence de programmes, dans le cadre d'une théorie de l'organisation dont des aspects différents se trouvent accentués : le programme physiologique de Cuvier peut-être opposé au programme morphologique de Geoffroy Saint-Hilaire, mais il faut savoir d'abord ce que ces mots abritent.

La première définition d'un programme d'Histoire Naturelle par Cuvier utilisait les termes de « propriété » et d'« utilité » pour marquer la réciprocité de chaque être et de son rôle dans l'Economie de la Nature. La réciprocité qui est définie en 1817 entre l'Anatomie comparée et la Zoologie, c'est-à-dire entre la connaissance de la structure et la détermination de sa place dans un ordre naturel de classification, représente la maturité de ce projet initial qui a permis de souligner l'importance des fonctions animales dans la 1ère leçon d'Anatomie comparée, fonctions « qui constituent les animaux ce qu'ils sont, qui les rendent propres à remplir le rôle que la nature leur a assigné dans l'arrangement général de l'Univers », et qui font que « chacun d'eux peut être considéré comme une machine partielle, coordonnée à toutes les autres machines dont l'ensemble forme le monde » (1). Par contre, dans le « Discours d'Ouverture du Cours d'Anatomie comparée » de 1795, la subordination de la Zoologie, dont le vrait but serait l'« explication des machines animales », à l'Anatomie comparée, semble représenter une toute autre perspective dans laquelle l'ordre des organes passe avant celui des classes (2), de telle sorte que les classes sont au service de la connaissance des organes. Mais il faut rappeler que la Physiologie est en train de devenir Biologie, désignations qui se confondent encore au milieu du XIXème siècle, et la Biologie représente cette science de l'organisation dont l'Anatomie s'empare (3). Par l'intermédiaire de la « Physiologie », c'est donc le point de vue de l'organisation qui s'impose à la Zoologie et qui lui fournit ses critères, si bien que l'Anatomie comparée lui devient indispensable pour déterminer la valeur des caractères sur lesquels elle s'appuie et lui indiquer la manière de s'en servir.

C'est ici que l'on rencontre le « principe de la subordination des caractères », tel qu'il est formulé en 1797 (4). L'idée qu'un rapport pouvait être établi entre l'importance d'un organe et son usage dans la détermination des groupes zoologiques se trouve déjà chez A. L. de Jussieu et chez Lamarck (5), et, dès la publication du « Genera Plantarum », il est connu que Cuvier se l'est procuré pour l'approfondir (6). Or, si cette importance des organes est le fondement des caractères, elle ne peut elle-même être appréciée qu'en fonction d'une théorie physiologique qui détermine le rôle et l'activité des organes par rapport à la vie particulière de l'animal, vie qui commande son organisation et la liaison des fonctions aux organes (7). Comme pour Buffon dans le « Discours sur la Nature des Animaux », cette importance physiologique se traduit directement par la constance de l'organe dans le Règne animal (8). Cette réciprocité pose le problème de ce sur quoi le naturaliste se base effectivement, la constance ou l'importance, compte tenu de l'aspect théorique de cette physiologie sans expérimentation, qui peut paraître apporter simplement une justification après coup ; l'importance physiologique se traduit en fait par l'Influence d'un organe sur l'ensemble de l'économie, c'est-à-dire non seulement par la constance dans une série mais encore par rapport à l'organisation elle-même :

> « Ces rapports plus constants que les autres sont ceux qui tiennent aux parties les plus importantes de l'économie organique. Comme toutes les parties de cette économie ne forment qu'un seul tout, il en est qui exercent une influence plus générale, qui impriment leur action à toutes les autres : il en est au contraire qui n'exercent qu'une action bornée et locale, et qui n'influent que très peu sur le système général. » (9).

Ce concept d'Influence, qui avait servi à Bichat pour décrire les effets vitaux des interruptions du fonctionnement des organes les uns par rapport aux autres, par la voie pathologique ou expérimentale, dans ses « recherches » sur la mort, paraît donc susceptible de se traduire dans des rapports observés directement dans les organes du vivant, conformément à une théorie qui sert d'équivalent à cette analyse clinique et expérimentale désormais escamotée. Ces « influences » réciproques des organes supposent encore ce que Bichat nommait des « enchaînements », assurant l'unité d'une économie animale dans laquelle sont fondées les corrélations fonctionnelles et organiques, placées, en dernier ressort, dans la dépendance du genre de vie (10).

Par conséquent, si Cuvier se soucie fort peu des tissus qui représentent le centre de l'œuvre de Bichat, et s'il ne mentionne l'organisation élémentaire qui assure l'articulation de l'activité physiologique et des échanges chimiques, que dans des « Considérations » théoriques dont il a besoin pour développer une théorie des fonctions qui seule l'intéresse parce qu'elle donne une signification aux organes et à leurs rapports, il est tributaire d'une même définition de la physiologie, centrée sur l'économie animale, dont les fonctions assurent la conservation en regroupant des activités organiques particularisées dès le niveau des structures élémentaires qui les supportent. Il s'agit donc de deux modes distincts d'une même approche anatomique des problèmes de l'économie fondée sur l'organisation. Cuvier aborde les objets de la science de Vicq d'Azyr en contemporain de Bichat, et non plus de Tarin et des encyclopédistes.

Dans ces conditions, l'Anatomie comparée va s'avérer capable de remplir une nouvelle fonction, réclamée par tout le siècle précédent, celle qui consiste à identifier les vivants par quelques parties, puisque le genre de vie qui définit les différences entre les êtres peut se démultiplier dans une infinité de différences internes à l'organisation, susceptibles d'être traitées comme autant de caractères : elle répond donc aux vœux des « minéralogistes » et « éclaire jusqu'à la théorie de la Terre » (11). En second lieu, toujours en raison de la place donnée au « genre de vie », et au « rôle dans la nature » comme clefs de l'intelligence des animaux, elle justifie l'abandon de l'Echelle des Etres, au profit d'une pluralité de plans structuraux autour desquels se regroupe diversement la diversité des espèces. Le modèle scalaire de distribution des êtres vivants peut donc paraître remplacé par un modèle « géographique », c'est un système diversifié de regroupements et d'oppositions où l'on pourrait distinguer des continents, des îles, des archipels, etc. proposé en 1788 par Du Petit Thouars (12), qui utilise le terme d'« embranchements », et laisse se profiler l'importance zoologique des conditions d'existence. Il en résulte une révision du concept de hiérarchie qui ne peut plus avoir de sens zoologique ou morphologique, du fait des variations dans la perfection respective des organes dans les divers animaux, et du fait que les divers plans d'organisation ne sont plus strictement comparables : pour sauver l'idée de hiérarchie, il va donc falloir la traiter globalement et l'interpréter physiologiquement (13).

4. – *LA MORPHOLOGIE.*

Puisque pour Bichat, un os peut devenir muscle sans changer fondamentalement de texture, par simple modification de nutrition, proposition qui peut être généralisée à travers l'idée que « tous les organes se ressemblent par un parenchyme commun de nutrition » et « diffèrent par les substances qui y sont déposées » (1), et comme l'organe reste un instrument que définit sa fonction, elle-même fondée sur une propriété de tissu variable, on peut concevoir que la même partie donne deux organes différents dans des conditions différentes, et que les déterminations fonctionnelles des variétés de l'organisation dissimulent une possibilité de détermination morphologique plus fondamentale, qui mette en évidence la parenté des parties différemment qualifiées. Si l'Anatomie générale n'exclut pas une telle représentation du vivant, elle n'exclut donc pas non plus la survie de la conception classique de l'unité de plan, comme principe d'une autre forme d'Anatomie comparée.

L'idée d'une production de la variété des formes naturelles par le développement géométrique d'un système fondamental unique dérive chez Buffon de la confiance leibnizienne dans cette toute-puissance des mathématiques qui pourraient donner l'équation d'un visage humain et de l'importance prise par la forme pour les naturalistes. Il pose ainsi le principe d'une morphologie géométrique :

> « Lorsque l'on s'amuse à plier du papier pour former ensuite au moyen d'un certain développement des formes régulières et symétriques, comme des espèces de couronnes, des coffres, des bateaux, etc., on peut observer que les différentes plicatures que l'on fait au papier semblent n'avoir rien de commun avec la forme qui doit en résulter par le développement ; on voit seulement que ces plicatures se font dans un ordre toujous symétrique, et que l'on fait d'un côté ce que l'on vient de faire de l'autre, mais ce serait un problème au-dessus de la géométrie connue, que de déterminer les figures qui peuvent résulter de tous les développements d'un certain nombre de plicatures données. Tout ce qui a immédiatement rapport à la position manque absolument à nos sciences mathématiques : cet art que Leibniz appelait Analysis Situs n'est pas encore né ; cependant cet art qui nous ferait connaître les rapports de position entre les choses, serait aussi utile et peut-être plus nécessaire aux sciences naturelles que l'art qui n'a que la grandeur pour objet, car on a plus souvent besoin de connaître la forme que la matière. » (2).

Ce qui, pour Buffon, est amorce théorique d'une science des développements capable de subsumer la diversité des êtres naturels, se transforme pour Daubenton en exigence méthodologique : rendre superposables les descriptions dans un programme d'identification et de classification des pièces anatomiques et des espèces naturalisées, accumulées au Cabinet du Roi dont il a la charge. En termes différents, projet théorique et programme se retrouvent chez Vicq d'Azyr, élève et admirateur de Daubenton, qui organise l'Anatomie comparée autour d'un concept de Type, dont la « constance » est réciproque de l'unité d'un plan que la Nature « sait modifier à l'infini », aussi bien à travers les organismes qu'entre les parties d'un seul corps vivant (3). L'homme, en tant que représentant principal du type, est le lieu principal où s'articule l'Anatomie comparée des organismes et celle des organes, dans un nouveau projet qui englobe les quadrupèdes dont la distance par rapport à l'homme montrera la constance des rapports morphologiques. Il en résulte que cette Anatomie comparée morphologique qui ne se soucie plus des différences liées aux airs et aux eaux, se détache dès ses premières formulations d'un ordre de comparaison de proche en proche qui répond à la « méthode » zoologique, au profit de la mise en évidence des analogies à partir des formes les plus distantes :

« ... j'ai choisi parmi les quadrupèdes un de ceux qui sont le plus éloignés de l'homme et un de ceux qui tiennent à peu près le milieu de l'espace intermédiaire, afin qu'en démontrant la même analogie aux deux extrémités et au milieu de la chaîne, l'on puisse en tirer des conséquences pour le reste des individus dont le nombre considérable offrirait un champ trop vaste à nos recherches. » (4).

C'est la méthode même dont Geoffroy Saint-Hilaire célèbrera les mérites du point de vue d'une économie des efforts pédagogiques et heuristiques, puisque, pour toute la série des vertébrés, il suffira de choisir l'« homme, un ruminant, un oiseau et un poisson osseux. » (5).

L'instrument d'analyse qui répond à ce projet d'Anatomie comparée morphologique est fourni par les « connexions », c'est à dire, par les rapports spatiaux et figurables des organes, qui permettent de les identifier, indépendamment de leurs fonctions (6), et de les définir en leur imposant une nomenclature invariable à travers toute la série. L'organisation devient ainsi une réalité formelle, descriptible en termes de nombre et de situation, ce que Vicq d'Azyr illustre par une remarque sur la myologie des oiseaux qui peut servir d'exemple :

« On voit par ces détails que, quoique les muscles de la clavicule et de l'épaule paraissent plus multipliés dans l'oiseau que dans l'homme, on aperçoit cependant entre eux une analogie très marquée ; que l'on retrouve même les différentes portions d'un muscle qui paraît avoir été divisé, et que les plus petits, quoique distribués d'une manière en apparence bizarre, répondent cependant par leur nombre et leur situation à ceux de l'épaule humaine. » (7).

Ces remarques entraînent plusieurs conséquences qui regroupent des efforts jusque-là dispersés et partiels : d'abord, les organes vont pouvoir être traités comme des solides géométriques, et cela va déterminer l'ordre de leur examen externe, puis interne, à partir des faces, des bords et des angles (8) ; ensuite, la terminologie doit être remaniée pour désigner de manière semblable les parties des régions correspondantes, besoin de révision terminologique qui traverse toute la littérature anatomique du début du siècle jusques et y compris Richard Owen ; enfin, on peut construire un tableau méthodique des parties pour déterminer l'ordre des descriptions lorsque le nombre des corps à comparer est très grand.

Du fait de l'usage de ce concept de variation, quels peuvent être les rapports d'une Anatomie comparée ainsi définie et l'idée d'un ordre temporel de dérivation ? – Entièrement négatifs.

Vicq d'Azyr fair remarquer que l'on peut ranger les corps vivants dont on décrit la structure, soit sous la forme d'une série décroissante à partir de l'homme, soit de manière inverse, du simple au composé. Or, si cette seconde méthode est jugée meilleure, c'est parce qu'elle lui apparaît plus conforme à l'ordre logique des connaissances (9), compte tenu de fait que, par ailleurs, la méthode préférable pour un classement à la manière des naturalistes n'est pas celle qui convient le mieux à l'anatomie (10). Cependant, dans leur indépendance, ces méthodes sont reconnues comme insuffisantes, et Vicq d'Azyr déclare les avoir fait marcher ensemble, joignant ainsi l'intérieur à l'extérieur, pour définir un ordre hiérarchique en traits essentiellement physiologiques :

> « A mesure que nous avançons, nous voyons le nombre des viscères s'accroître, les extrémités se développer, et prendre des formes plus compliquées, en même temps que le sang acquiert plus de consistance, plus d'intensité dans sa couleur, que les poumons deviennent plus étendus, et que, dans la même proportion, la chaleur animale augmente. » (11).

Or, cette progressivité exclut une transformation réelle et même temporelle malgré l'emploi du verbe « devenir », parce qu'elle s'accorde avec l'absence de continuité entre les groupes zoologiques, point sur lequel Vicq d'Azyr se sépare en particulier de Buffon :

> « Qu'on ne se laisse pas tromper sur certaines espèces qu'on regarde comme un passage d'une classe à une autre. Le polatouche, par exemple, lie, dit-on, les quadrupèdes avec les oiseaux ; mais si l'on en excepte les expansions membraneuses qui ressemblent à des ailes, le polatouche est sous tous les rapports un quadrupède proprement dit ; il n'existe en lui aucun organe qui se rapproche vraiment de ceux des oiseaux. De même, l'autruche est un oiseau dont les ailes sont très courtes ; mais ses prétendus poils sont de vraies plumes : son larynx, son gosier, ses intestins, ses œufs sont en tous points conformés comme ceux des oiseaux. Ce que je dis ici de ces animaux, peut s'appliquer à presque toutes les espèces qu'on regarde comme servant de passage. Il n'est donc pas démontré que les grandes familles des êtres vivants finissent par nuances insensibles et qu'elles se confondent entr'elles comme quelques Naturalistes l'ont pensé et comme, d'après eux, des philosophes l'ont écrit. » (12).

Pour Vicq d'Azyr, comme pour Daubenton, la continuité est interne aux groupes naturels qu'elle sert à définir, si bien que pour remplir ce rôle, elle suppose les discontinuités qui ferment les groupes. Un développement temporel du monde vivant est rendu impensable par cette méthodologie elle-même : les variations du plan de la Nature sont abstraites.

Ce qui semble se déduire des analyses de Vicq d'Azyr est-il généralisable à toute doctrine du type ? Cette question exige une mise au point de ce que Gœthe entend à la fois par type et par « genetische Denkweise », en tant que concepts complémentaires. On peut se demander si un mode de pensée génétique qui se comprend par référence à une théorie du Développement et à l'embryogénèse individuelle, utilisée comme principe de détermination de la signification des parties, est réellement susceptible d'introduire une dimension temporelle dans une Anatomie comparée commandée par une doctrine du type.

La construction par Gœthe du type ostéologique répond exactement à l'intention de Vicq d'Azyr : soumettre l'analyse anatomique des espèces animales à un programme commun, tel que les éléments de comparaison puissent apparaître de la manière la plus directe, par confrontation des monographies construites en conformité avec l'ordre exprimé par un tableau général, et ceci, de façon quasi automatique (13). Pour remplir cette fonction, le type doit être général, et par conséquent, abstrait ; autrement dit, il ne doit pas pouvoir être représenté par un être particulier, même situé comme l'homme au sommet de l'Echelle des Etres terrestres (14). Il est donc aussi bien le résultat que la condition des comparaisons anatomiques, pour autant que la méthode comparative permet de passer du sensible concret à la généralité intelligible, toujours plus ou moins obscurcie par la matière particularisée, suivant un thème d'origine platonicienne, qui trouve ici sa contrepartie méthodologique.

Cette méthodologie se trouve réfléchie dans l'idée que le type délimite un cycle de structures à l'intérieur duquel les transformations sont possibles à l'infini, mais que ces transformations sont subordonnées à la conservation d'une constance générale, révélée par l'existence d'un balancement entre les organes et les fonctions, commandé lui-même par les conditions du milieu dans lesquelles l'animal vit. Ce pouvoir de produire et de limiter les transformations qui sont représentées dans un groupe zoologique, fait du type correspondant une norme, et un schéma primitif ou fondamental, dont dérivent les organisations particulières :

> « Nous avons obtenu par là de pouvoir affirmer sans crainte : que toutes les natures organiques accomplies, parmi lesquelles nous voyons les poissons, les amphibiens, les oiseaux, les mammifèrest et à leur tête, l'homme, toutes sont formées d'après un seul modèle fondamental, qui dévie seulement ça et là dans ses parties très constantes, et qui se produit et se transforme encore journellement à travers la production. » (15).

C'est ce contexte qui donne à l'épithète « génétique » sa signification particulière, méthodologique d'abord, ontologique ensuite :

> « L'expérience doit d'abord nous indiquer les parties qui sont communes à tous les animaux et en quoi elles sont diverses. L'Idée doit régner sur le Tout et déduire l'image générale de la manière génétique. Si un semblable Type est seulement mis en œuvre, alors nous pouvons utiliser les modes de comparaison jusqu'ici employés à sa démonstration. » (16).

Ces modes de comparaison regroupent les deux dimensions dégagées par Vicq d'Azyr : entre les organismes et à l'intérieur des organismes. Par conséquent, si le terme « homologie » n'apparaît pas chez Gœthe (du moins dans les textes consacrés à la Morphologie publiée par lui), le concept correspondant est représenté par l'expression « partie identique », et c'est à partir du Type que l'on peut déterminer cette identité comme primordiale ou primitive par rapport aux transformations qui sont désignées comme métamorphoses, parce que le concept de métamorphose, comme le montre son application aux insectes, implique identité de nature à travers toutes les modifications de forme qui la masquent, mais qui en dépendent de manière réglée. C'est une même nature qui commande alors les deux axes de la comparaison anatomique :

> « La métamorphose cependant agit de deux manières chez les animaux complets ; d'abord, comme nous l'avons vu à propos des vertèbres, les parties identiques, suivant un schéma déterminé, sont diversement transformées de la manière la plus constante par la force formatrice, ce par quoi le type en général est rendu possible ; deuxièmement, les parties individualisées désignées par le type sont modifiées continuellement à travers tous les genres et les espèces, sans jamais perdre leur caractère. » (17).

Les formes animales sont donc reliées par une parenté formelle, réciproque du caractère idéal des métamorphoses invoquées, et dont le modèle peut être fourni par les insectes, mais aussi par les plantes, où ce concept désigne chez Gœthe, l'identité de nature que l'on peut retrouver dans la même plante entre les feuilles et les parties de la fleur. La production épigénétique de la diversité n'est là que pour démontrer une possibilité générale de transformations, et, par conséquent, la possibilité matérielle de retrouver l'identique sous les différences ; mais l'origine de cette identité dans les groupes zoologiques est strictement métaphysique. De plus, l'apport embryologique contribue chez Gœthe à l'enrichissement de la méthode de détermination des parties (suivant l'exemple fourni par la découverte de l'os intermaxillaire chez l'homme), en entrant dans un système de comparaison généralisée à toutes les dimensions spatiales et temporelles, plutôt qu'il ne fournit un modèle d'interprétation général du développement du monde animal, comme il s'affirmera sous la forme du parallélisme des séries embryogénétique et zoologique (18).

La seule signification possible des transformations dans le type est fonctionnelle pour Gœthe, si bien qu'en définitive, le principe téléologique a pour lui autant de force que pour Cuvier, et donne un tissu intra-organique aussi serré :

> « Nous concevons également l'animal isolé comme un petit monde qui existe pour lui-même et par lui-même. Ainsi, chaque créature est à elle-même son propre but, et parce que toutes ses parties sont en action réciproque immédiate, elles ont un rapport d'antagonisme, et par là, renouvellent constamment le cycle vital ; il s'ensuit que chaque animal est à considérer comme physiologiquement complet. Aucune de ses parties, considérées de l'intérieur, n'est inutile, ou bien, comme on se le représente souvent, produite indifféremment et à volonté par la force formatrice, quoique certaines parties peuvent paraître inutiles de l'extérieur, parce que le lien interne de la nature animale est structuré sans se soucier des rapports externes. » (19).

Il s'ensuit que le type ou la forme, comme origine, trouve sa réciproque dans une finalité des parties organiques qui supprime tout jeu entre structure et fonction, et pourtant, ce jeu serait nécessaire pour que l'on puisse reconnaître l'existence de formations organiques rudimentaires dont la gratuité problématique pourrait renvoyer un jour à une interprétation du type comme marque d'une parenté réelle, dont ces formations seraient le souvenir. La trop exacte superposition de l'Economie et de la Morphologie permet donc de concevoir une genèse, mais pas un Devenir.

5. – *LA THÉORIE DES ANALOGUES.*

La « Théorie des Analogues » apparaît comme une radicalisation du point de vue morphologique, telle que la couverture physiologique ou économique qui lui était jusque là surimposée devient inutile. Cette inutilité est la condition d'une reconnaissance complète de la valeur des organes rudimentaires comme indices d'une appartenance qui est référée à un plan abstrait, avant d'indiquer une parenté.

Tout d'abord, Geoffroy Saint-Hilaire a travaillé avec Cuvier, en accord apparamment complet. En particulier, il a signé avec Cuvier le « Mémoire sur la classification des mammifères » de 1795, où se trouve formulé le principe de la subordination des caractères (1). Dans ce texte l'importance des caractères est placée sous la dépendance de l'importance des organes, laquelle, « dans un système aussi bien lié que dans l'économie animale » (2), est marquée par la « conformité » qu'elle entraîne nécessairement dans la plupart des autres organes : ce sont donc bien les principes de Cuvier qui sont exposés dans ce texte, principes placés sous le signe de l'Economie animale (3). Par contre, dans le « Mémoire sur les rapports naturels des Makis » publié en 1796, il formule l'idée plus traditionnelle, selon laquelle « la nature s'est renfermée dans de certaines limites et n'a formé tous les êtres vivants que sur un plan unique, essentiellement le même dans son principe, mais qu'elle a varié de mille manières dans toutes ses parties accessoires » (4), ce qui signale une inversion dans la lecture des concordances entre la morphologie et la physiologie qui assure, contrairement à Cuvier, la prépondérance à la première, au risque d'un retour à une déduction anatomique quelque peu mécaniste, vis à vis de laquelle Cuvier avait réussi à prendre ses distances – conséquence, selon H. Daudin, d'une habitude de naturaliste qui part ordinairement de la structure pour en conclure la fonction, et d'une « certaine naïveté spéculative », propre à Geoffroy Saint-Hilaire, qui « projette dans les choses le rapport qui s'établit entre leurs notions dans l'esprit du savant » (5). Le travail de Geffroy Saint-Hilaire se rabat donc sur la visibilité, et même sur la forme la plus sèche de cette visibilité : l'ostéologie (6), point sur lequel il rejoint Gœthe, pour lequel la manifestation fondamentale du type est ostéologique.

L'expédition d'Egypte est pour Geoffroy Saint-Hilaire l'occasion de confirmer sur plusieurs exemples l'idée d'une unité de plan, en lui donnant une valeur d'emblée générale, dépassant même les limites des Vertébrés : la fourchette de l'Autruche devient un organe rudimentaire que la Nature laisse en forme de vestige (7) ; la famille des Silures présente un système bronchique qui « existe en sens contraire des quadrupèdes » :

> « Dans ceux-ci c'est un sac qui se ramifie à l'infini et dans lequel l'air pénètre pour être en contact avec les vaisseaux sanguins. Dans les silures anguillaires, l'air entoure le bronche et les vaisseaux sanguins, l'absorbent à la manière des branchies. Ce sont en effet des branchies surajoutées, mais faites sur un modèle qui rappelle les poumons des quadrupèdes. » (8).

Enfin et surtout, on trouve « dans un seul poisson l'organisation des quadrupèdes et de la seiche », sous la forme de trois cœurs que l'on trouve chez les Silures, mais en position inversée par rappport aux Mollusques (9). On peut alors penser que la revendication amicale du « trône anatomique » par laquelle il débute la lettre où se trouvent rapportées ces deux dernières « découvertes » préfigure un antagonisme théorique encore dénié, mais dont sortira le conflit dont le dénouement aura lieu trente ans plus tard, dans les discussions à l'Académie des Sciences, provoquées par cette question des analogies avec retournement entre Vertébrés et Mollusques. Dans une autre lettre à Cuvier, il expose les conclusions qu'il tire de ces « découvertes » et en particulier celle-ci :

> « Preuves que les germes de tous les organes (que l'on observe par exemple dans les familles d'animaux à respiration pulmonaire) existent à la fois dans toutes les espèces et que la cause de la diversité infinie des formes qui sont propres à chacune et de l'existence des organes à demi-effacés ou totalement oblitérés doit se rapporter au développement proportionnellement plus considérable de quelques-uns, développement qui ne s'opère toujours qu'aux dépens de ceux qui se trouvent dans le voisinage. » (10).

Bien entendu, il s'agit là d'une préfiguration de la loi du balancement des organes (11), mais les concepts de « germes » et de « développement » annoncent aussi autre chose. Cuvier et ses contemporains traitent la physiologie comme une somme d'inférences tirées de la structure de l'animal adulte : ils font donc totalement abstraction du développement (12). Au contraire, la perspective morphologique introduit avec elle la question du développement, et nous rencontrons ici la « genetische Denkweise » de Gœthe. Dans ces conditions, par opposition au préformationnisme spécifique, voire individuel, qui demeure chez Cuvier, la coexistence de tous les germes de l'animalité chez tout animal pose le problème physiologique du développement, non pas en termes épigénétiques de formation à partir de l'homogène, mais en termes de modulation dans la manifestation des germes sous l'effet des conditions physiques. Il n'y a donc pas « préformation » des espèces, ni des individus, soit normaux, soit monstrueux, mais Production à partir d'un stock universel d'êtres différents en fonction des conditions qui fondent soit leur normalité, soit leur anomalie. De ce fait, d'une part, la constance qui fait des types spécifiques des normes de développement est fondée sur celle des conditions dans lesquelles ils existent, si bien que la modification du monde est nécessairement traduite par celle des types, ce dont les conséquences seront tirées à propos des types paléontologiques disparus et transformés, et d'autre part, la Tératologie prend, de plein droit, sa place dans un système de comparaisons anatomiques devenu « transcendant » par rapport à toutes les anatomies spéciales : un organisme monstrueux peut alors présenter vis-à-vis de l'espèce dans laquelle il est apparu la même signification qu'un organe rudimentaire par rapport à l'organe typique de même position, donc de même nature : une possibilité inemployée ou un souvenir, un « atavisme ». Par conséquent l'unité de Plan abstraite dont tous les vivants sont des variations, est subordonnée au développement réel d'une unité de composition germinale qui place toute la nature sous le signe de l'identité dont les sciences morphologiques doivent exprimer la logique.

La philosophie anatomique qui en résulte peut s'exposer sous la forme de quatre règles : la théorie des Analogues, le principe des connexions, la loi des affinités électives, et le principe du balancement des organes (13). Ces règles sont explicitées de la manière suivante :

1° – Le concept aristotélicien d'analogie doit être déplacé du niveau des organes où les exceptions l'empêchent d'avoir valeur de règle à celui des matériaux qui composent les organes, où l'identité sera complète. Mais par « matériaux », il faut entendre non plus les tissus, mais des éléments morphologiques individualisables.
2° – Le principe des connexions est l'instrument de mise en évidence des véritables analogies, et de ce point de vue, il consitue le « principe anatomique par excellence » (14), qui répond à ce que Gœthe désignait par la « constance de la situation » (15). L'invariabilité des connexions est absolue :

> « Quels que soient les moyens imaginés par la nature pour opérer des agrandissements sur un point et des amaigrissements sur un autre, une loi qu'elle s'est imposée, préside comme cause à l'ordre et à l'harmonie qui règnent dans ses ouvrages : c'est qu'aucune partie n'enjambe l'autre. Le principe des connexions est invariable : un organe est plutôt diminué, effacé, anéanti, que transposé. » (16).

L'ordre typique des parties répond donc à l'ordre immuable des germes, instauré par le Créateur, à l'extrême opposé de l'ordre économique qui est seul responsable pour Cuvier de l'harmonie organique et des dispositions matérielles qu'elle suppose. Il existe donc pour Geoffroy Saint-Hilaire une harmonie a priori de toute organisation, susceptible de se reconnaître même dans les monstres qui sont en contradiction avec toute économie, et par conséquent inviables, malgré les hyperdéveloppements compensateurs qu'on observe en eux (17).
3° – Le principe des affinités électives des éléments organiques vise à rendre raison des différences dans le degré d'unification d'un organe. Geoffroy Saint-Hilaire utilise une métaphore urbaine :

> « Les matériaux de l'organisation se regroupent entre eux pour former un organe, comme des maisons s'agglomèrent pour composer une cité. Mais divisez, comme on l'a fait à Paris, cette cité en plusieurs gouvernements municipaux, ce ne sera point arbitrairement, mais toujours par une nécessité de position, que les habitations, ou que nos matériaux organiques seront distribués. »

On observe ainsi que la coalescence des matériaux varie en fonction inverse de l'importance de l'organe, sans que le système fondamental d'appartenance soit contredit : Geoffroy Saint-Hilaire démontre cette proposition à partir des variations de structure de l'os hyoide (18). Tout se passe donc comme si une « économie » ne se dessinait qu'à partir des relations unissant ces matériaux préabablement implantés, et comme les organes sont le résultat de cette union secondaire, leur absence de signification morphologique s'en trouve soulignée.
4° – La loi du blancement des organes se définit comme « cette loi de la nature vivante, en vertu de laquelle un organe normal ou pathologique n'acquiert jamais une prospérité extraordinaire, qu'un autre de son système ou de ses relations n'en souffre dans une même raison. » C'est là un principe de « compensation » anatomique, tel que Vicq d'Azyr avait commencé à le formuler (19), et tel que Gœthe l'avait traduit dans un langage économique : dans la rubrique de ses états, « so kann die Natur sie niemals verschulden,

oder wohl gar bankrott werden » (20) ; autrement dit, la corrélation des fonctions nécessaires à la conservation de la vie dépend d'un budget anatomique dont l'équilibre est de principe. Mais Geoffroy Saint-Hilaire préfère traiter cet équilibre en termes hydrostatiques : en prenant des liquides susceptibles de devenir consistants, leur répartition conforme aux lois hydrauliques rendra raison de la taille des solides qui en résulteront dans un appareil à deux récipients, reliés par un siphon. L'ombre de l'économie s'efface donc devant l'utilisation du registre mécaniste qui représente moins une technologie, comme pour les anatomistes du siècle classique, qu'un modèle scientifique d'abstraction cohérente, conforme à l'esprit de l'Anatomie Transcendante :

> « Sous le haut point de vue que je veux dire, l'organisation devient un être abstrait, un être générique qui aperçoit ses espèces ou ses moyens de comparaison dans les nombreuses modifications dont elle est susceptible. Les diverses constitutions d'animaux deviennent en effet les ressources de l'anatomie générale. Le fond où cette science puise ses éléments de comparaison. De même, l'état normal de l'homme peut être considéré comme l'être abstrait, l'être générique, et ses différentes déviations pathologiques comme les espèces de ce genre idéal. » (21).

Cette organisation qui est ici représentée comme le géométral de toutes les structures, répond à ce que Geoffroy Saint-Hilaire désigne en 1830 comme l'« Animalité », « être abstrait », mais variable, et dont la variabilité est dans la dépendance des activités moléculaires marquées par la diversité infinie des influences physiques (22). Autrement dit, c'est à travers l'organisation que la physique envahit le territoire de l'économie, pour aboutir à une conception de l'organisme qui en fait le nœud d'un réseau universel, passivement dépendant des variations de ce réseau qui représente l'ordre physique du monde : cette conception fonde le type particulier de transformisme que Geoffroy Saint-Hilaire applique à la question des différences entre les espèces anciennes et les espèces actuelles.

6. – *LE CONFLIT.*

Ce caractère abstrait et transcendant de l'Organisation ou de l'Animalité comme fondement des analogies organiques, fait de la recherche de ces analogies une activité supérieure à celle de l'Histoire Naturelle ou de la Zoologie, telle qu'elle peut être définie par les trois termes : « observer, décrire, classer». Cette activité supérieure ne cherche plus à dresser un tableau des espèces fondé sur l'interprétation de leurs différences, mais « elle se propose la découverte des lois générales de l'organisation » (1). Par conséquent, tandis que la classification est « toute la science » pour Cuvier, elle n'en est pour Geoffroy Saint-Hilaire « ni la partie la plus importante, ni la plus élevée » (2) : il faut en conclure que l'Anatomie comparée, telle que la pratique Cuvier, n'est qu'une introduction à la « Philosophie anatomique » ou à l'« Anatomie transcendante », telle qu'elle est définie par Geoffroy Saint-Hilaire.

Mais une telle présentation des choses n'est que caricature, et recouvre un antagonisme situé de part et d'autre, non pas sur le plan du contenu de la science, ou du niveau d'approche de son objet, mais sur le plan des principes. « C'est une question de philosophie qui nous divise » fait remarquer Geoffroy Saint-Hilaire, et c'est pourquoi il n'y a pas de concilation possible par disjonction ou superposition des tâches, « car si l'un de nous n'exclut pas les rapports pour ne s'attacher qu'à la considération des différences, ni l'autre n'entend non plus négliger les différences pour ne s'occuper que des rapports ». Cet antagonisme philosophique porte donc sur un droit à l'existence qui ne peut se partager entre ce que Geoffroy Saint-Hilaire désigne comme la « doctrine aristotélique », et la « théorie des analogues » : c'est une lutte à mort.

Les principes de Cuvier sont ceux des « conditions d'existence, de la convenance de parties, de leur coordination pour le rôle que l'animal doit jouer dans la nature » (3), et qui font que, par exemple, « il n'y a de ressemblance entre les organes des poissons et ceux des autres classes, qu'autant qu'il y en a dans les fonctions » (4). Ne se trouvent permises, dans ces conditions, que des analogies approximatives, mais jamais des identités, parce que les conditions d'existences auxquelles la particularité de chaque être se réfère, particularisent tout son être jusque dans les moindres détails, qui relèvent de la singularité de cette économie animale qui coordonne les réponses fonctionnelles à ces conditions : les analogies constituent un réseau d'« à peu près similitudes » (5). De plus, ces analogies ne couvrent pas tous les organes de toutes les séries animales : il existe des organes propres à certaines espèces, d'une originalité radicale ; ainsi, « selon l'expression de Cuvier », « la nature a créé des os exprès pour les Poissons » (6). Toute continuité, toute série ne peut donc être que partielle : elle rencontre ses limites du fait de l'exisrence d'autres séries d'organes qui répondent aux mêmes exigences vitales dans des conditions d'existence différentes, qui exigent des différences dans le jeu de leurs fonctions. Cuvier est donc aux antipodes tant de l'Echelle des Etres que de l'Unité de Plan et de Composition.

Pourquoi réunit-il ces deux thèmes dans ses critiques dirigées contre Geoffroy Saint-Hilaire ? Une telle réunion apparaît en effet en contradiction avec les idées de Geoffroy Saint-Hilaire, car, avec la même énergie que Daubenton ou Vicq d'Azyr avant lui, il récuse l'Echelle des Etres dès ses premiers travaux scientifiques : il s'agit d'un « système spécieux, séduisant, mais condamné par les faits », soutient-il dès 1794 (7). Au contraire, la nature ne connaît ni « séries continues », ni « chaîne dans une direction unique » (8), ou plus exactement, la théorie des Analogues est indifférente tant au problème de la continuité qu'à celui de l'unisérialité : il lui suffit de pouvoir reconnaître l'identité dans la différence, peu importe l'ordre dans lequel sont situées les différences. Or, ce qui a permis à Cuvier de rassembler dans une même problématique à laquelle il est hostile la question de l'analogie et celle de la série unique, c'est l'intervention de la perspective du Développement :

> « A l'hypothèse de l'échelle continue des êtres, d'autres philosophes ont ajouté celle que tous les êtres sont des modifications d'un seul, ou qu'ils ont été produits successivement et par le développement d'un premier germe, et c'est sur celle-là que s'est entée celle d'une unité de composition dans tous.
> ... Saisissant quelques ressemblances partielles, n'ayant aucun égard aux différences, elles voit dans le ver l'embryon de l'animal vertébré ; dans le vertébré à sang froid, l'embryon de l'animal à sang chaud ; elle fait naître ainsi chaque classe l'une de l'autre : ce ne sont que des âges différents d'une seule et l'animalité toute entière a dans sa vie les mêmes phases que l'individu de la plus parfaite de ces espèces. De là découle naturellement la conséquence qu'en prenant les classes supérieures à l'état d'embryon, on doit y retrouver les parties des inférieures, et que la composition doit être la même dans toutes sauf le plus ou moins de développement de certaines parties. » (9).

Et cette intervention seule est la raison du déclenchement du conflit, dans la mesure où il y a contraste entre le précocité du transformisme de Geoffroy Saint-Hilaire (10), et l'explosion tardive du conflit : Cuvier pouvait tolérer à côté de lui le transformisme et l'unité de plan et de composition, mais le Développement ne pouvait se concevoir autrement que sous la forme d'une lecture inversée de l'Echelle de Bonnet c'est-à-dire, sous la forme de ce Monde-plante évoqué par Schelling. Or, cette idée de Développement, présente dès 1800, est encore mentionnée en 1806 (11) : elle est impliquée par le balancement des organes et par le concept d'organe rudimentaire, dont on ne peut rendre compte que par des inégalités de développement entre germes concurrentiels ; mais introduite d'abord comme exigence d'intelligibilité physiologique dans la production des variations des organes, la notion de développement aboutit très précocément, à une loi générale d'analogie, selon laquelle « les Poissons, dans leur premier âge, étant dans les mêmes conditions, relativement à leur développement, que les fœtus de mammifères », les développements paraissent diverger d'un type commun dont ils s'éloignent proportionnellement à leur élevation. Pour aboutir à un parallélisme entre série embryonnaire et série zoologique, il suffira d'oublier que cette analogie vaut pour le seul « premier âge » des Poissons. Mais les partisans de Geoffroy Saint-Hilaire seront responsables de cet oubli, autant que ses adversaires de la plus grande mauvaise foi, malgré Serres pour lequel le rappel du caractère partiel et précoce des analogies ne change rien à la loi du parallélisme, sinon la rend un peu plus vraisemblable. Le type idéal devient donc originaire et primitif : les développements se substituent exactement aux générations (12). Cependant, si le Développement est bien présent chez Geoffroy Saint-Hilaire en 1807, ses contemporains n'y accordent encore aucune attention : c'est dans la décennie suivante, et à partir de l'Allemagne que la doctrine prend corps, et va se répandre d'une manière qui suscitera l'hostilité de Cuvier, aux dépens de Geoffroy Saint-Hilaire chez lequel elle reste pourtant au second plan par rapport à la méthodologie qui est enveloppée dans les quatre principes de la « Philosophie Anatomique ».

Mais en 1830, l'existence d'un rapport interne entre la théorie du développement et l'unité de plan et de composition est parfaitement explicitée ,

> « ... S'il est tenu compte de tous les développements possibles, tant de ceux d'une même espèce traversant les âges de la vie, que de ceux de toute la série zoologique s'élevant par degrés à la plus grande complication organique, on arrive à un fait simple, qui est en même temps la condition la plus générale de l'organisation. Tout organe est ramené à l'unité d'essence et de capacité pour l'incorporation de certains éléments. Un organe simple, enté sur un autre du même ordre, commence les faits de complication. Qu'ensuite plusieurs autres viennent, à leurs moments précis et par les voies de succession, de génération, entourer ce noyau, cela augmente la somme des premiers faits, sans altérer le caractère de leur simplicité. Mais d'ailleurs, c'est le même cours de développement qui se poursuit dans un même cercle, satisfaisant à sa tendance originelle. Car il n'est qu'un même mode de formation pour engendrer les faits organiques, soit que son action, s'arrêtant de bonne heure, donne les animaux les plus simples, soit que cette action persévérant jusqu'au terme de toute sa capacité possible, amène la plus grande complication des organes. Effectivement, il ne saurait être ici question de merveilles, mais de l'action du temps, mais de progrès dans le rapport de moins à plus. » (13).

Ce modèle théorique ressemble beaucoup au modèle augustinien de production dans le temps des êtres créés d'un seul coup, à l'origine du monde, transposé au seul problème de la production de la diversité des vivants. Il apparaît alors que si ce modèle s'est quelquefois compromis avec le modèle stoïcien de l'Economie, parce qu'il permettait une vision pluraliste de l'organisme, favorable à l'interprétation de l'organisation comme administration d'une pluralité de sujets, il en représente l'exact opposé. En effet, on peut concevoir une économie des fonctions, un principe d'ordre et d'harmonie entre les fonctions, qui n'a besoin que d'une démultiplication et d'une spécialisation de ces fonctions dans des parties distinctes d'un tout unique : c'est ainsi que Cuvier, suivi en cela par Le Gallois qui lui en fait mérite, s'est déclaré hostile à l'attribution à chaque organe d'un « centre de sensation » et d'une « sorte de vie particulière » (14), comme le faisait Bordeu. Ce conflit de Geoffroy Saint-Hilaire et de Cuvier est donc le conflit d'une pensée qui subordonne le réel à des lois dont l'exercice mondain s'effectue à partir d'essences qui informent le monde matériel qu'elles habitent sous forme de semences, et d'une « doctrine aristotélique », dont le préformationnisme n'est sans doute que la traduction, adaptée à la fin du XVIIIème siècle, de l'idée de constance des espèces et d'immanence d'une forme substantielle aux individus, mais dont l'originalité véritable consiste à laisser au second plan ces problèmes d'origine, pour définir la cohérence des espèces en termes strictement économiques, c'est-à-dire, en substituant une téléologie, inhérente aux fonctions et définissant l'ordre vital, aux lois d'essence régissant des structures. Le concept de Loi, utilisé par les deux antagonistes, n'a pas la même valeur chez l'un et chez l'autre : il décrit d'un côté des conditions de manifestation, et de l'autre des conditions d'existence ; il possède d'un côté un versant métaphysique fondamental, et de l'autre, un fonctionnement rigoureusement empirique suppose une téléologie, donc un appel à la Providence, qui sert, en fait, de garantie à leur rationalité. Les lois dont relèvent les vivants ne sont donc pas encore séparables des « merveilles » pour relever de la seule action du temps, mais on peut concevoir de manière philosophiquement opposée cette dépendance.

La question métaphysique du rapport des vivants au temps est restée peut apparente dans le contenu des débats de 1830, mais sa position est devenue centrale, d'une part, parce que, à cette époque, le Muséum renferme une collection importante de documents paléontologiques qui s'enrichit de manière constante, et parce que la conviciton que des espèces sont disparues est désormais générale, mais d'autre part, parce qu'une doctrine augustinienne et une doctrine stoïcienne assignent au temps une fonction fondamentalement distincte que leur affrontement souligne : dans un cas, il s'agit du temps externe du travail de la terre, dont dépendent les manifestations des organismes et des organes, manifestations nécessairement progressives puisque leur départ est séminal ; dans l'autre cas, le temps est l'expansion du présent dans la dispersion de la nature, c'est-à-dire la modalité même de l'être dans sa réalité individuelle (15). C'est dans le cadre d'une théorie où le temps est interne à l'être lui-même qu'une histoire, qui suppose l'efficacité du temps, est possible et concevable, tandis qu'un Développement relève nécessairement d'une géométrie ou d'une physique.

7. – *L'ANATOMIE TRANSCENDANTE ; CONCLUSION.*

Le programme anatomique est donc défini, à travers ces débats, au moyen des concepts et des principes qui constituent ce qu'on a appelé « Anatomie transcendante » :

> « L'Anatomie devient Philosophique, ou Transcendante et spéculative, lorsqu'elle étudie l'organisation en elle-même pour en expliquer les lois ; pour révéler celles que suivent les organismes dans leurs différents degrés de composition, dans leur développement, pour en tirer les conséquences les plus générales sur l'origine, la durée et les limites de la variabilité des espèces pour apprécier enfin les conditions de l'existence. » (1).

Dans tous ses divers aspects, l'Anatomie transcendante reste donc le développement de tous les aspects de « l'idée abstraite de l'Animal » (2), qui est elle-même la forme la plus complète de l'« organisation ». Elle suppose donc la connaissance de l'organisation et l'usage des techniques anatomiques, qui procurent cette connaissance, parmi lesqulles se trouve l'Anatomie comparée. Elle se distingue alors de la Physiologie générale ou Biologie, « étude de la vie chez les êtres organisés », ou encore de la Zoologie générale, « physique des corps organisés », selon Münter, c'est-à-dire, Kielmeyer (3), non pas par son objet, mais par une approche qui fasse de la structure le moyen d'accéder à l'intelligence de la vie.

Ce privilège de la structure, et par conséquent de l'Anatomie est liée à un faisceau de conditions, parmi lesquelles il faut rappeler que l'Anatomie comparée s'est comprise avec Cuvier comme le substitut d'une physiologie expérimentale impossible, grâce à l'exploitation d'un point de vue physiologique du matériel accumulé par l'Histoire Naturelle, que l'Anatomie comparée a permis la naissance de la Paléontologie dont elle est un instrument essentiel, que Bichat a établi une articulation entre physiologie, anatomie générale, anatomie pathologique et clinique. Il faut aussi souligner l'insistance avec laquelle Cuvier, en accord avec ses contemporains, démontre que dans les corps vivants, « la forme de ces corps leur est plus essentielle que leur matière », alors que chez les minéraux, elle serait accessoire (4). Mais entre reconnaître l'importance des formes et des structures, et en faire le principe fondamental, sinon exclusif, d'une approche du vivant, il y a un pas que nombre de biologistes allemands et anglais ne franchissent pas, que Cuvier lui-même n'a pas franchi parce que le but de la science est pour lui une zoologie physiologique , le rapport de l'économie naturelle à l'économie animale. Ce pas sera franchi par Etienne Geoffroy Saint-Hilaire qui entraîne avec lui nombre de ses contemporains, depuis de Blainville et Serres jusqu'à Auguste Comte.

La raison en est peut-être la suivante : si le rôle de Lavoisier est capital pour comprendre les spéculations métaphysiologiques de Cuvier, qui place au premier rang des corrélations physiologiques les influences de la respiration sur l'ensemble des organes (5), le même Cuvier souligne l'importance scientifique de la cristallographie créée par l'Abbé Haüy, comme exemple de science descriptive et prédictive, science qui « n'a rien d'hypothétique ni de vague » et où « tout est déterminé par une heureuse réunion du calcul et de l'observation immédiate » (6). Or, pour Cuvier, la distance entre la Minéralogie et la science des vivants est garantie parce que, s'il existe chez les minéraux une « donnée de forme », elle se réduit à celle de la « molécule primitive », « d'où tout le reste se laisse déduire » ; chez les vivants, au contraire, la forme est à la fois de l'ensemble et du détail des parties, en réciprocité constante (7). Mais il n'en sera pas de même chez Geoffroy Saint-Hilaire, s'il est vrai, comme le signale Daudin, qu'il se laisse capter par une visibilité matérielle dont la physiologie est seulement inférée ; quant aux origines de cette attirance par le visible, il faut rappeler que les intérêts scientifiques primordiaux chez Geoffroy Saint-Hilaire ont été suscités au Collège de Navarre par la fréquentation de l'Abbé Haüy et développés par la fréquentation du Cours de Minéralogie de Daubenton au Collège de France (8). On peut alors poser le problème d'un fonctionnement analogue entre le « type uniforme » auquel « l'organisation des animaux vertébrés peut être ramenée » (9), et la « forme primitive » des minéraux :

> « La forme primitive seule demeure invariable au milieu des nombreuses modifications que subissent les propriétés qui l'accompagnent ; et l'importance dont elle est en elle-même s'accroît encore par ce défaut de fixité des autres caractères. » (10).

Cette « forme primitive » provient elle-même de l'activité des principes qui composent la « molécule intégrante », l'organisent, et en déterminent la forme, qui influe à son tour sur toutes les propriétés du corps (11). La « forme de la molécule intégrante », issue des fonctions des éléments, est l'objet de la Cristallographie, qui la soumet à une analyse géométrique (12). Or, l'« Animal abstrait », qui dépend des fonctions d'un groupement constant de germes, modulées par les influences physiques de l'environnement qui s'exercent au niveau moléculaire dans le développement des propriétés visibles des espèces , peut paraître fonctionner comme un cristal. Un tel fonctionnement réalise alors la tendance de toute Morphologie à la géométrisation du vivant, conformément au vœu de Buffon, tendance à la géométrisation qui se combine aux soucis de production mécanique de la forme, qui, depuis de Blainville, conduisent à placer en tête de toutes les observations anatomiques, celles qui concernent la symétrie du corps et la position relative des organes par rapport à son axe (13).

C'est à une telle philosophie que répond la définition plus stricte que celle de Duvernoy, qui est donnée par de Blainville de l'Anatomie transcendante :

> « La plus profonde de toutes, sans s'arrêter à des détails minutieux sur la forme, sur la situation et même sur les usages définis ou locaux des organes et des appareils, elle généralise tout, elle s'élève des faits aux abstractions, c'est-à-dire, du Posteriori au Priori, et descend de celui-ci à celui-là. Le plus ou moins grand degré de développement d'un organe est pour elle peu important, mais bien son existence, ses connections. Elle cherche à rendre compte de la composition croissante ou décroissante des animaux ; elle suit un organe à travers toutes les variations qu'il a pu éprouver, et le reconnaît à quelques traits généraux, comme à ceux de connexion et d'usage. » (14).

Elle est donc parfaitement étrangère au temps : ce n'est plus le Développement qui permet d'assurer la jonction entre l'Echelle des Etres et le traitement des animaux conformément à la méthodologie impliquée par l'unité de plan et de composition, qui n'est plus requise ; c'est l'Echelle des Etres en personne qui représente le Plan fondamental et intemporel de la Nature, dont le Développement n'est plus qu'une lecture possible.

L'Echelle des Etres, l'unité de Plan et de Composition et la Théorie du Développement constituent donc les trois angles d'un triangle théorique, dans lequel l'élargissement d'un des angles provoque la réduction des deux autres sans rompre la cohésion du système. Ce système constitue l'Anatomie transcendante, et Duvernoy a donc tort de vouloir l'élargir pour y introduire les principes de la philosophie de Cuvier qui relèvent d'un tout autre cadre théorique et philosophique. Or, après le conflit de 1830, tout se passe comme si la science devait changer de style, et renoncer à des spéculations qui ne seraient pas soucieuses des « détails minutieux » dont les découvertes se sont infiniment multipliées. Ces détails s'opposent, en particulier, à la construction de schémas transformationnels trop simples, comme celui qui avait été construit par Laurencet et Meyranx, pour permettre le passage par inversion structurale, des Vertébrés aux Mollusques, ramenés de ce fait à l'unité de plan et de composition. De ce point de vue, Cuvier l'emporte donc, mais ce n'est qu'en Paléontologie que son programme reste dominant, et ses principes, certes discutés, mais reconnus par les plus grands spécialistes. Dans le domaine de l'Anatomie comparée, les anatomistes les plus Cuvieriens, comme Duvernoy, et même Owen qui a suivi les cours de Cuvier, ne peuvent nier la fécondité du principe des connexions, ni l'intérêt méthodologique des schémas abstraits de transformations : il en résulte la construction d'une Anatomie homologique, où les identités formelles sont analysées non plus abstraitement, mais à travers la totalité du matériel zoologique, ce qui constitue un nouveau programme anatomique où les différences s'organiseront autour de foyers d'identités, tels ce Lépidosiren que Owen baptise « annectens », ce qui est très peu cuvierien. Mais on pourra constater aussi une survie de l'Anatomie transcendante où la Théorie du Développement est confrontée à l'essor de la nouvelle Embryologie descriptive et comparée, dont elle évoque l'importance pour définir de nouveaux critères de signification anatomique des organes, avant de devoir disparaître à travers une réorganisation des rapports généraux de l'Anatomie comparée et de l'Embryologie.

Chapitre II

L'ANATOMIE HOMOLOGIQUE

1. – HOMOLOGIE ET CLASSIFICATION.

La querelle de 1830 peut apparaître comme le terme d'une période de l'Anatomie comparée, dans la mesure où la poursuite de cette querelle, devenant stérile et scholastique, a fait apparaître un besoin de révision du statut de l'Anatomie comparée en son ensemble : et c'est à une telle révision que Richard Owen déclare s'être consacré :

> « Tous ceux qui se livrent à l'étude des sciences anatomiques savent dans quel état d'incertitude la mort de l'illustre Cuvier, et celle de son célèbre collègue Geoffroy Saint-Hilaire, ont laissé la philosophie anatomique, ou, en d'autres termes, la branche homologique de l'anatomie ; et, sans doute, un certain nombre de savants contemporains n'ont point oublié les vifs débats qui ont agité la fin de la carrière de ces deux hommes éminents. Deux écoles, ou plutôt deux partis, s'élevèrent alors en France, qui dûrent leur origine à ces discussions ; et depuis cette époque, les faits et les arguments qui se rattachent aux problèmes les plus élevés de l'anatomie n'ont été envisagés en quelque sorte, qu'à travers l'esprit de parti. Pendant de longues années, les travaux et les méditations habituelles qui ont occupé ma vie, ont été consacrés à la recherche des vérités fondamentales, recélées dans le désordre au milieu duquel la disparition des deux grandes lumières de l'école parisienne avaient jeté la philosophie de l'anatomie. » (1).

Malgré la présence du mot « principe » dans le titre de la traduction française de l'ouvrage de Owen, qui s'intitule initialement « On the Archetype and Homologies of the Vertebrate Skeleton » (2), on peut caractériser cette révision par un déplacement de l'intérêt de la question des principes vers celle des concepts destinés à remplir une fonction identificatrice, à travers l'analyse anatomique. Après 1830, cette querelle est suivie, en effet, de tentatives de coordination systématique des données morphologiques et des exigences fonctionnelles, qui aboutissent à l'opposition complémentaire des concepts d'analogie et d'homologie autour desquels s'organise la perception des ressemblances et des différences. Désormais, cette perception renvoie moins à une philosophie qui la commande qu'à une méthodologie qui l'affine, en devenant de plus en plus compréhensive, particulièrement en intégrant les apports embryologique et histologique. Cela, bien entendu, ne signifie pas que toute philosophie doit être abandonnée au profit d'un empirisme systématisé, mais que la philosophie doit être resituée au niveau où l'expérience conceptuellement élaborée, délivre sa signification la plus générale comme Idée de la Raison, selon la terminologie Kantienne utilisée par Johannes Müller (3). Dans ce contexte, la signification des concepts d'analogie et d'homologie, d'origine indépendante, et de traitement d'abord superposé, va se distinguer en face d'une doctrine du type qui a servi en quelque sorte, de catalyseur historique et contingent. Ces concepts pourront ensuite fonctionner d'une manière autonome, sans référence épistémologiquement nécessaire à une typologie (4).

Rappelons que, si l'origine du terme Homologie est géométrique (5), son passage en Histoire Naturelle semble s'être effectué à la fin du XVIIIème siècle et au début du XIXème siècle en Allemagne, mais avec des significations très divergentes (6), et rarement morphologiques avant 1820. Les premières applications de ce terme dans le domaine de la morphologie désignent les répétitions d'organes ou de parties intérieures à un organisme individuel, sens utilisé par Oken, repris par Geoffroy Saint-Hilaire, puis par Dugès (7). Enfin, le transfert du concept d'homologie à la comparaison des parties ou organes chez différents animaux, semble avoir été effectué par le même Dugès dans son Traité de Physiologie comparée de 1838, mais également par Owen vers la même époque, puisque le terme apparaît en 1839 dans la description du Lepidosiren annectens.

La réalité d'un tel transfert de la comparaison des organes à l'intérieur d'un même organisme à celle des organes à travers des séries d'organismes appartenant à des groupes zoologiques différents apparaît avec évidence chez Dugès. Il rappelle son hypothèse de la constitution des organismes complexes par la coalescence d'organismes simples, indépendants, et identiques, qualifiés de zoonites, par lesquels il rend compte de la segmentation primordiale repérable jusque chez les Vertébrés : cette hypothèse, par sa généralité, rend possible la comparaison entre organismes différents, parce qu'ils sont censés être composés des mêmes éléments et suivant la même loi :

« Nous nous sommes crus bien fondés, en conséquence, à donner le principe de la Multiplicité des Organismes comme un des plus propres à la démonstration de cette grande vérité, que tous les animaux sont construits sur un plan uniforme, et nous avons seulement restreint cette loi importante dans ses justes limites, en l'intitulant : Conformité Organique. Et en effet, nul autre principe ne pouvait faire aisément franchir la barrière qui semble séparer les animaux vertébrés des invertébrés ; nul autre ne pouvait fournir une aussi complète démonstration de l'Homologie des régions et des appendices du corps chez des animaux différents. C'est en considérant chaque segment élémentaire d'un animal comme pouvant se modifier dans sa forme, et jusqu'à un certain point dans ses usages, comme pouvant se développer outre mesure ou s'annihiler tout à fait, que nous avons pu tracer un plan commun pour la détermination des régions, et les mettre en regard dans un même tableau pour des êtres qu'on avait crus jusqu'ici tout à fait disparates, et simplifier ainsi considérablement l'intelligence de la structure des uns et des autres. » (8).

Les zoonites sont des éléments identiques parce que ce sont des unités physiologiques à la fois complètes et réduites à l'ordre de complexité minimum, que représentent à l'état libre les infusoires ou monadaires, et que l'appartenance à ces combinaisons organiques de degré supérieur de complexité diversifie (9). De par la distribution régulière de ces éléments, se trouve fondée, et l'unité de composition, et la diversité des plans. Et, par ce moyen, Dugès pense aussi à la fois sauver l'unité du règne animal postulée par Geoffroy Saint-Hilaire et reconnaître les différences de plan, ou discontinuités, soulignées par Cuvier :

« Non, sans doute, il n'y a pas identité, uniformité complète, Unité de Plan, dans l'échelle animale ; mais il y a Conformité ; car les éléments composants sont toujours de même nature, et leur disposition, quoique variée, ne suffit pas pour isoler, séparer nettement les uns des autres les animaux qu'ils consituent. Si comparés entre eux, les êtres où les dispositions sont décidées et sans mélange, diffèrent beaucoup au premier coup d'œil ; il en est d'autres qui nous font voir une alliance ou bien un état intermédiaire entre des dispositions différentes ; et l'on peut trouver des transitions graduelles de l'une à l'autre, de manière à se convaincre que la chaîne des êtres n'est nulle part interrompue, pas plus pour ce qui concerne la diversité des plans, que pour ce qui tient à la diversité des formes extérieures ou de la structure intérieure. » (10).

Mais si les segments ou organismes forment des unités physiologiques et si les organismes supérieurs sont produits par leur association suivant des lois physiologiques, on ne peut confondre ici physiologique et génétique, si bien que la chaîne des êtres ne sert pas à décrire un ordre temporel de transformations comme elle a pu le faire chez Lamarck : elle peut prendre, en effet, des formes diverses en vue d'exprimer non pas un ordre mais une quantité de rapports que l'on veut les plus nombreux possibles, d'où résultent des dispositions comme la disposition circulaire, qui exclut de par sa forme même une lecture temporelle. Si donc en 1832, Dugès préconise une distribution des Vertébrés et des Invertébrés en deux cercles contigus, la disposition unisériale qu'il propose en 1828 et que l'on peut parcourir à volonté soit dans un ordre ascendant soit dans un ordre descendant, répond à un ordre de commodité pour le passage en revue des fonctions, qu'il serait illusoire de chercher à dépasser :

> « En conséquence, nous nous sommes efforcé de placer tous ces êtres sur une seule ligne, conservant entre eux c'est-à-dire de chacun avec ses voisins, le plus de rapports d'organisation possible ; et en même temps, nous avons fait concorder cette liaison naturelle avec une marche progressive dans la complication de l'organisation, nous l'avons fait concorder surtout avec la disposition des zoonites ou des organismes élémentaires, qui n'est pas à beaucoup près toujours subordonnée aux mêmes règles, au même genre de symétrie, ni portée au même degré de coalescence. » (11).

Autrement dit, la combinaison diversifiée des unités élémentaires à définition physiologique conduit à l'interprétation de l'échelle des êtres comme une hiérarchie physiologique, à l'exclusion de tout ordre morphologique de dérivation, au point que la comparaison anatomique elle-même s'appuie sur l'interprétation des parties prises en considération d'un point de vue physiologique. Cette hiérarchie fonctionnelle pourra aussi être interprétée à travers la métaphore de la division du travail, et le modèle fourni par le progrès de la civilisation, comme bases d'un jeu de comparaisons aussi peu adéquates que faciles :

> « La civilisation fait un tout d'une masse d'individus différents, et elle concourt à augmenter les commodités, les jouissances de chacun d'eux par le partage des capacités et des occupations. Une peuplade de sauvages est, au contraire, réduite à la vie la plus simple et la plus grossière. Dans la première de ces sociétés, nous avons l'image de l'économie animale chez les êtres les plus élevés dans l'échelle, un mammifère par exemple. Quant à la deuxième, c'est la vie du ténia, aussi morcelée que l'animal lui-même, et aussi peu complexe que l'est l'organisation de chacun de ses segments, aussi peu variée que la forme de ses anneaux. » (12).

On peut donc souligner la distance de Dugès par rapport à une perspective strictement morphologique, qui est confirmée par la signification exclusivement systématique qu'il donne au concept de type. Ce concept désigne d'abord la force héréditairement transmise et de nature inconnue,

> « mais qui fait qu'un animal prend les formes de son espèce, et non celles d'une autre, qui diversifie même les traits d'individus appartenant à une même espèce, et leur donne des caractères de parenté, qui préside au développement d'un sexe plutôt que d'un autre, etc... » (13).

Il n'est pas ici question d'un processus de particularisation, à travers les diverses catégories systématiques en ordre d'extension décroissante et de compréhension croissante comme chez Von Baer pour lequel le concept de type peut correspondre à chacun de ces niveaux. Chez Duges, la transposition de l'échelle des êtres en hiérarchie physiologique, conduit à une compréhension du type spécifique comme répondant simplement à un degré de cette échelle où s'arrête le perfectionnement épigénétique, complété par un principe de particularisation qui fait que s'il y a comparaison possible entre les embryons des espèces supérieures et les animaux adultes des groupes inférieurs, il n'y a pas identité, car il n'y a jamais passage d'un groupe à l'autre de la série, suivant une doctrine qui distingue du Lamarckisme cette forme de la théorie du développement (14). Il n'y a donc pas de schéma ou de norme supra-spécifique autre que la loi de développement épigénétique et les lois physiologiques qui en dépendent, c'est-à-dire les lois de disposition et de coordination qui président à la formation des organismes complexes (15). Lorsque le concept de type est employé à un niveau supra-spécifique, ce sera d'une manière purement nominaliste, pour désigner le regroupement de caractères par lequel on a choisi de signaler le niveau systématique correspondant, et ici, regroupement s'oppose à dérivation à partir d'un cadre typologique d'ordre plus élevé :

> « C'est en réunissant ensemble par groupes les espèces qui présentent quelques traits communs bien saillants, que l'on constitue par l'exposé de ces caractères communs le Type Idéal du Genre ; c'est en groupant de même les genres que l'on construit les Familles. Quant aux ordres, aux classes, aux sous-règnes, c'est communément sur quelque condition commune et importante de l'organisation intérieure qu'on les établit. » (16).

Donc l'œuvre de Dugès peut être utilisée pour montrer que, dès l'origine, le destin de concept d'homologie n'est pas lié nécessairement à une doctrine du type morphologique clairement définie, et permettant de désigner des noyaux structuraux à caractère primitif autour desquels pourraient s'organiser les diverses formes des organes et des organismes comme des variations autour de thèmes, puisque pour Dugès, les éléments se définissent physiologiquement. Il n'en a pas moins réussi à coordonner par ce concept avant Owen, et indépendamment d'une problématique du type comme celle de Gœthe, les deux dimensions de la comparaison anatomique, qui répondent l'une à l'Anatomie comparée classique, et l'autre à cette nouvelle espèce d'Anatomie comparée dont Condorcet attribue l'origine à Vicq d'Azyr, et qui se définit comme « l'examen des rapports qu'ont entre elles les différentes parties d'un même individu » (17). Mais dans le cadre de l'Anatomie transcendante où il faut situer Dugès, il semble manquer des moyens par lesquels le concept d'homologie recevra une précision définitive : sa dissociation des analogies physiologiques, qui suppose son rattachement à une doctrine permettant cette discrimination. Pour comprendre l'apport de Richard Owen, il faut donc non seulement rappeler la dépendance du concept d'homologie par rapport à une doctrine du type qui a permis son élaboration morphologique, mais encore montrer pour cette élaboration l'importance de la distinction entre analogie et affinité.

2. – AFFINITÉS ET ANALOGIES.

H. Daudin a relevé chez Lamarck, l'opposition en tout animal de deux sortes de caractères : ceux qui tiennent au degré qu'a atteint chez lui le progrès de la composition dans l'organisation d'une part, et d'autre part, ceux qui tiennent aux rapports de ces dispositions avec les circonstances qui l'entourent, ce qui peut être résumé par référence aux expressions « Pouvoir de la vie » et « empire des circonstances » (1). Une telle dualité se traduit au niveau même de la classification, telle qu'elles est définie par le Discours de l'An VIII, par :

« une série presque régulièrement graduée dans les masses principales, telles que les grandes familles, série bien assurément existante, soit parmi les animaux, soit parmi les végétaux ; mais qui, dans la considération des genres et surtout des espèces, forme en beaucoup d'endroits des ramifications latérales, dont les extrémités offrent des points véritablement isolés. » (2).

Une telle série est pensée comme un ordre génétique qui se déroule dans la dimension du temps, et de ce fait, l'effet des circonstances se trouve opposé à ce qui constitue le contenu du « pouvoir de la vie » : une transmission héréditaire de propriétés identiques qui fonde la parenté formelle ou extérieure sur les liens du sang, c'est-à-dire, la génération. Mais il n'en reste pas moins que ces parentés sont établies non pas à partir d'une recherche de dérivation réelle mais sur la considération de la seule série progressive, à laquelle le point de vue de l'hérédité et du temps s'ajoute secondairement au niveau des affirmations théoriques (3). On peut donc encore se demander si une référence au temps était bien nécessaire pour se représenter clairement la distance entre des concordances morphologiques et des dispositions entraînées par les nécessités de l'ajustement fonctionnel, selon les expressions utilisées par Daudin (4).

Il semble en fait qu'il n'en soit rien : un système naturel, fondé sur des affinités zoologiques, définies comme :

« rapports organiques qui existent entre les êtres vivants, et dont l'intimité ou le nombre détermine les groupes dans lesquels on doit les réunir. » (5).

et étranger à toute préoccupation de genèse réelle et d'ordre temporel, peut être suffisant pour distinguer de ces affinités les faits d'analogie et de convergence. En effet, le critère apparemment nécessaire et suffisant pour opérer cette distinction, telle qu'elle a été réalisée par Mac Leay en 1819, est le principe de continuité, qui, en associant les affinités en systèmes circulaires, permet de mettre en évidence les analogies ou convergences au niveau de groupes appartenant à des cercles voisins mais séparés (6), ou à des séries distinctes qui peuvent être mises en parallèle. Or une distribution graphique des groupes zoologiques en cercles, ou en séries parallèles, n'implique pas directement une lecture temporelle à laquelle la forme circulaire s'oppose, en tant qu'elle est plutôt une image de l'éternité. Ce n'est donc que de manière très indirecte que l'on retrouve peut-être un accès au temps, puisque, au terme d'une métaphore, la distribution circulaire apparaît comme pouvant être associée à un développement ramifié dont elles constituerait la tranche terminale :

« ... la nature m'apparaît s'être ramifiée dans le règne animal, s'il est au moins possible de juger de l'ensemble à partir d'une seule branche, de la manière la plus belle et la plus régulière quoique embrouillée, ce qui peut être comparé à ces zoophytes qui se ramifient dans toutes les directions, mais dont les fibres ultimes forment par leurs connexions les réticulations circulaires les plus délicates. » (7).

Mais une telle métaphore est importante, car elle exclut une simple transposition de la hiérarchie actuelle des formes vivantes en ordre temporel de succession : la tranche représentée par le monde vivant présent ne peut donc permettre d'accéder que de manière très indirecte à la connaissance d'une genèse, ce qui impliquerait un nouveau mode de compréhension des recherches paléontologiques, que celui où elles contribuaient simplement à remplir les lacunes du système zoologique.

Si donc Mac Leay n'était pas ignorant de l'œuvre de Lamarck, ce n'est pas directement des conceptions théoriques de ce dernier qu'il est parvenu à dégager l'opposition de l'affinité et de l'analogie. Il lui reproche même sa distribution unisériale (8) et une confusion pratique entre les relations d'affinité et d'analogie (9). En pur systématicien, il se contente donc de travailler au niveau des réticulations circulaires terminales, et dans cette perspective, outre le principe de continuité, il est amené à mettre en œuvre les concepts d'unité de plan, de chaîne des êtres et de type.

Parce qu'il y a unité de plan, il est possible d'induire que la chaîne des êtres n'est jamais rompue, que le principe de continuité est universellement valable, malgré les discontinuités apparentes qui peuvent être dues soit à des disparitions, soit à une méconnaissance des liens réels, résultant d'une absence ou d'une insuffisance d'informations sur certains groupes susceptibles de n'être pas encore connus ou seulement mal connus, ou bien provoquée par une mauvaise méthode qui laisse échapper les véritables affinités (10). Mais c'est aussi pour justifier la continuité fondée sur des affinités multiples que la classification renonce à être linéaire pour se replier en une disposition circulaire (11). A chaque cercle isolé correspond selon Mac Leay un type. Ce type est considéré comme réel au niveau des groupes les plus circonscrits, et comme idéal au niveau des ensembles plus vastes, où il se construit par réunion de toutes les perfections de l'organisme qui sont en réalité distribuées à travers tout le groupe, mais d'une manière qui privilégie un point central dont la fonction est de le représenter (12). Dans ces conditions, la continuité sera moins assurée par une transition insensible que par l'existence des groupes osculants par lesquels cinq cercles subordonnés sont associés dans un cercle de niveau taxonomique supérieur, et puisque ces groupes osculants sont nécessairement les plus éloignés des types parfaits, du fait de leur situation périphérique, les affinités propres de ces groupes inférieurs permettent de constituer un cercle particulier, désigné du terme « Acrita », dont Owen, qui l'emprunte à Mac Leay, donne cette définition éminemment tautologique :

> « Acrita (Gr. Akritos, confus). Terme appliqué aux animaux inférieurs, dans lesquels les organes, et spécialement le système nerveux, sont supposés avoir été mêlés confusément avec les autres tissus. » (13).

Etant donné cette organisation du monde animal, les termes d'affinité et d'analogie voient préciser leur sens de la manière suivante, par référence exclusive à la classification, sans mention de typologie, ni de physiologie, du moins de manière directe :

> « Supposez l'existence de deux séries parallèles d'animaux dont les points correspondants concordent en une ou deux particularités remar-

quables de structure. Supposez également que la conformation générale des animaux de chaque série passe si graduellement d'une espèce à l'autre, que toute interruption dans cette transition est rendue presque imperceptible. Nous aurons ainsi deux relations très différentes qui doivent avoir requis un degré infini d'élaboration intentionnelle avant de pouvoir être harmonisés exactement. Par conséquent, là où deux semblables séries parallèles peuvent êtres montrées dans la nature comme présentant chacune un changement graduel de forme, ou, en d'autres termes, si leurs relations d'affinité ne sont interrompues par aucune réalité connue ; si, de plus, les points correspondants dans ces deux séries concordent en une ou deux circonstances remarquables ; il y a toute probabilité pour que notre classement soit correct. Il est parfaitement inconcevable que même le génie humain le plus profond, ait pu faire s'accorder ces deux sortes de relations, si elles n'avaient pas été voulues ainsi par la création. Une relation d'analogie consiste en une correspondance entre certaines parties de l'organisation de deux animaux qui diffèrent dans leur structure d'ensemble. En bref, le critère d'une telle relation est tout juste une évidente ressemblance en quelque point remarquable de formation, qui donne à première vue un caractère aux animaux qui les distingue des autres qui leur sont liés par l'affinité ; tandis que le critère d'une relation d'affinité est sa participation à une transition continue d'une structure à l'autre par des intervalles presque égaux. » (14).

Par conséquent, on peut juxtaposer un réseau d'analogies au réseau des affinités, à ceci près que les rapports d'analogie sont perpendiculaires aux rapports d'affinité. La concordance à laquelle on parvient et qui résulte de cette méthode de comparaison par laquelle se définit l'histoire naturelle en son ensemble (15), semble devoir renvoyer en dernier ressort au concept de métamorphose : les affinités sont fondées sur des variations dont la nature même fournit le modèle :

> « ... une classification d'insectes en admirable harmonie avec la Nature peut être construite sur la Métamorphose non pas en fait sur ses divisions et différences, mais sur sa méthode de variation. Et cela peut, sans doute, être considéré comme l'abrégé d'une Philosophia Organica, – que c'est une erreur de confondre la distribution des œuvres de notre Créateur avec notre propre méthode de diviser un sujet en chapitres dans un but de clarté. En d'autre termes, j'imagine qu'il est prouvé par l'ensemble des chapitres précédents que lorsqu'un système repose sur la division des organes ou propriétés, il est artificiel ; lorsqu'il dépend de leur méthode de variation, il est naturel. » (16).

Prendre comme fondement ultime du système naturel les métamorphoses au sens où elles manifestent la variété à partir de l'unité, c'est finalement retrouver une tradition qui, au-delà de Gœthe ou même de Wolff, remonte à Swammerdam (17), auquel par ailleurs Von Baer consacre en 1817 son discours lors de l'inauguration de la station anatomique de Kœnigsberg (18). Nous retrouvons ainsi l'identification de la vie au développement, qui en unifie toutes les variations dans une progressivité du simple vers le complexe, amorcée par la métaphore du zoophyte, où se résume une possibilité de conception génétique sans commune mesure avec celle de Lamarck, mais conforme à une idéologie de plus en plus dominante chez les naturalistes contemporains : celle du Développement.

En résumé, la distinction entre affinité et analogie a sans doute été perçue depuis longtemps : Mac Leay signale un passage de l'Elenchus Zoophytorum de 1766 où Pallas indique que Bonnet a été contraint de compléter son échelle linéaire en abandonnant le lien de l'affinité pout utiliser des analogies (19). Elle émerge, comme nous l'avons vu, dans l'œuvre de Lamarck, mais elle ne reçoit de statut théorique précis qu'au terme d'une longue élaboration, plus complexe même que les vocables qu'elle délivre, et qui se trouve sous-tendue par cette théorie du développement qui représente une philosophie biologique, où se trouve renfermée une image statique du temps. Pour en revenir à l'Anatomie comparée, il nous faut d'abord remarquer que l'affinité zoologique n'a rien à voir avec l'homologie morphologique, mais, pour le moment, nous pouvons déjà remarquer que ces concepts différents apparaissent dans des cadres qui ne sont pas entièrement indépendants, puisqu'ils sont reliés grâce à cette commune théorie du développement, et par l'utilisation de plus en plus systématique des faits proprement anatomiques pour la classification zoologique ; une contamination est donc possible. Il faut pourtant ajouter que, réduit dans la systématisation zoologique de Mac Leay à la définition et aux critères les plus formels, le concept d'analogie manque d'une intelligibilité qu'il possédait avec Lamarck, comme effet de « l'empire des circonstances », et que Mac Leay reconnaîtra lui-même comme produit du mode de vie (20). Cette référence commune à l'analogie dont la raison ne peut être que physiologique, rapproche nécessairement affinité et homologie. Un tel rapprochement pourra remettre en valeur les séries zoologiques naturelles pour les anatomistes eux-mêmes. Il en résulte une nouvelle distribution des traités d'Anatomie comparée : non plus par systèmes organiques, mais par groupes systématiques où la comparaison des organes se trouve contenue, sans y être limitée.

3. – « BEDEUTUNG ».

On peut penser qu'au cours de la troisième décennie du XIXème siècle, l'Anatomie comparée se préparait, sur son propre terrain, à la réalisation d'une distinction parallèle à celle d'affinité et analogie. Pour Daudin, l'émergence de l'opposition entre concordances morphologiques et ajustements fonctionnels se serait annoncée à partir de 1815, mais en France, la signification théorique d'une telle émergence a été masquée par les querelles de principe qui opposent point de vue morphologique et point de vue téléologique. Par contre, une telle distinction apparaît avec évidence chez Nitzsch en 1826, dans un article où cet auteur veut mettre de l'ordre dans la question des rapports entre les Vertébrés et les Crustacés, au niveau de la signification de la dualité des squelettes, interne et externe. Ainsi, on trouverait à côté des similitudes sur lesquelles sont fondées les parentés naturelles, une autre sorte de similitudes qui n'ont pas cette signification et qui renvoient à d'autres rapports : Nitzsch les nomme « analogies secondaires » (1). Le fondement de ces analogies secondaires serait physiologique : les analogies entre les insectes et les oiseaux sont ainsi à fonder sur des exigences identiques de la fonction respiratoire (2).

Mais si cet article peut être traité comme un symptôme explicite d'une exigence de distinction conceptuelle qui s'affirme, les obstacles à cette distinction apparaissent dans une tentative faite par Rathke en 1832 d'expliciter le sens du concept de signification dans la pratique de l'Anatomie comparée. Le texte de Rathke est le suivant :

> « Le mot signification (Bedeutung), dont l'usage, à ce qu'il me paraît, a engendré en Anatomie comparée de nombreux contre-sens et malentendus, peut être pris en de multiples sens. Grâce à lui, on peut désigner premièrement la relation architectonique, deuxièmement et en même temps, le rapport fonctionnel des diverses parties des animaux. Au premier sens, on peut indiquer par le terme de signification : 1 - la parenté de différents organes du point de vue de la forme et de la situation de leurs éléments structuraux chez un seul et même animal ; 2 - la parenté de différents organes du point de vue de la forme et de la situation, en totalité et dans le détail des parties, à travers les différents animaux. De la même manière, le mot signification peut se prendre en un double sens si nous le considérons du point de vue physiologique, et si nous l'utilisons pour indiquer la relation fonctionnelle. Il peut alors désigner : 1 - la parenté du point de vue de la fonction des différents organes d'un seul et même animal, et 2 - la parenté du point de vue de la fonction entre différents organes de différents animaux. Il est vrai que la relation fonctionnelle d'un organe est souvent, et même en grande partie, sinon entièrement, déterminée par le rapport architectonique, et s'il ne lui est pas à chaque fois parallèle, il dépend également de la texture, et se trouve parfois conditionné et déterminé exclusivement par celle-ci. » (3).

La différence entre comparaison anatomique et comparaison fonctionnelle est ici surajoutée à la dualité d'orientation des comparaisons anatomiques connues depuis Vicq d'Azyr et Gœthe, mais le parallélisme qu'elles supportent entre elles, laisse échapper ce qui constituera la distinction des analogies et des homologies. Rathke oppose ici simplement deux sens qui ont été également conférés au terme d'homologie : identité morphologique et identité fonctionnelle, et qui sont déjà utilisés par les anatomistes. Le second sens décrit par Rathke semble correspondre exactement à l'emploi du terme d'homologie par Heusinger, qui s'en sert pour exprimer une correspondance entre l'assimilation et la sensation, qui est censée induire un regroupement des organes concernés dans les mêmes régions du corps (4). Les deux sens se superposent donc largement comme Rathke le fait remarquer à partir de l'idée cuvierienne de la dépendance de la fonction par rapport à l'organe, si bien que l'on voit mal quelle pourrait être la gravité des malentendus qu'une telle dualité pourrait provoquer, puisque l'une entraîne et l'autre suppose l'aspect opposé, ce qui n'est plus du tout le cas des analogies et des homologies au sens strict.

Par contre, Rathke rencontre manifestement dans son travail d'anatomie comparée de l'appareil branchial et de l'hyoïde, une différence qui relève de deux modes d'interprétation qu'il n'a pas encore les moyens conceptuels de désigner bien clairement. Ainsi, la comparaison entre les arcs branchiaux et les côtes conduit à affirmer l'identité de leur signification, exprimée par le qualificatif « gleichbedeutend » (qui pourrait apparaître comme un doublet germanique du grec homologue), à cause de la similitude des parties élémentaires d'où ils tirent leur origine (5) ; mais en même temps, il apparaît aussi que les côtes proviennent du feuillet séreux du blastoderme, alors que les arcs branchiaux et la mâchoire pharyngienne sont issus du feuillet muqueux, ce qui fait appartenir les uns au névrosquelette et les autres au splanchnosquelette de la terminologie de Carus. Par conséquent :

> « A cause de cette différence d'origine dans la dimension de la profondeur, les mâchoires pharyngiennes et les arcs branchiaux ne peuvent pas avoir la signification entière de côtes, et de là, peut aussi provenir qu'ils n'ont pas toujours la même unique situation chez les divers poissons en rapport avec le crâne et la colonne vertébrale... » (6).

La partie exactement correspondante chez les Vertébrés supérieurs à l'arc branchial des Poissons, reste de ce fait à déterminer, et Rathke s'appuie sur les données embryologiques pour orienter ses recherches vers les formations pharyngiennes. Or, le concept d'identité de signification reçoit, au cours de ce travail, un contenu sensiblement différent de celui qui a été rencontré ci-dessus (7), et il devient alors intéressant de trouver plus loin le terme d'analogie pour désigner le premier ordre de similitudes, bien distingué du second :

> « Mais on trouve des Analogies qui sont conditionnées par la forme dans des parties du squelette différentes et très éloignées parfois dans un seul et même Animal. » (8).

Par conséquent, l'instrument conceptuel dont l'Anatomiste a réellement besoin, n'est pas exactement la distinction entre une comparaison architectonique et une comparaison fonctionnelle, comme pouvait le faire supposer l'analyse de la signification, mais la distinction entre deux formes de parentés au niveau de la seule recherche architectonique ou morphologique : une parenté typique fondée sur la variation d'éléments d'origine entièrement identique, mais qui se développent différemment, et une parenté faite de concordances formelles, soit à l'origine, soit au cours du développement, soit dans son résultat, entre des parties qui sont situées primitivement dans des formations essentiellement distinctes.

4. – *LA CLASSIFICATION ANATOMIQUE.*

L'épithète « homologue », qui désigne, selon la première définition donnée par Richard Owen en 1843 « le même organe en différents animaux et sous toutes les variétés de forme et de fonction » (1) implique de ce fait même une unité dans la variété, dont on peut rendre compte par une doctrine de la métamorphose. Son opposition à l'épithète « analogue », qui qualifie « une partie ou organe qui, dans un animal déterminé, possède la même fonction qu'une autre partie ou organe, dans un animal différent » (2), pose, en second lieu, et comme nous l'avons vu plus haut, le problème des rapports de l'anatomie comparée à l'ordre des différences zoologiques, c'est-à-dire, à la classification, vis à vis de laquelle l'un et l'autre concepts sont situés en une position distincte.

Le problème des rapports de l'anatomie comparée à la classification, a été abordé initialement par Cuvier.

Rappelons la solution qu'il lui a fournie : la méthode anatomique consiste à comparer des séries d'organes et cette comparaison renseigne sur la signification physiologique et les conditions d'exercice de ces organes, à la place d'une impossible physiologie expérimentale. Mais chaque série d'organes ne peut représenter qu'un ordre zoologique artificiel puisqu'il ne coïncide pas avec celui qui est représenté par chacune des autres séries ; la classification pose donc un problème de coordination ou de « synthèse » des faits anatomiques :

> « Ici, j'ai marché en partie en montant des divisions inférieures au supérieures par voie de rapprochement et de comparaisons ; en partie aussi en descendant des supérieures aux inférieures par le principe de la subordination des caractères ; comparant soigneusement les résultats des deux méthodes, les vérifiant l'un par l'autre et ayant soin d'établir toujours la correspondance des formes extérieures et intérieures, qui, les unes comme les autres, font partie intégrante de l'essence de chaque animal. » (3).

Cette méthodologie elle-même se réfère à une philosophie de l'organisation dont la clef de voûte est constituée par le principe des conditions d'existence ou des causes finales :

> « Comme rien ne peut exister, s'il ne réunit les conditions qui rendent une existence possible, les différentes parties de chaque être doivent être coordonnées de manière à rendre possible l'être total, non seulement en lui-même, mais dans ses rapports avec ceux qui l'entourent et l'analyse de ces conditions conduit souvent à des lois générales tout aussi démontrées que celles qui dérivent du calcul ou de l'expérience. » (4).

Un tel principe permet de regrouper principalement les deux principes subordonnés que sont le principe de la corrélation des organes, qui commande l'interprétation physiologique des faits anatomiques, et le principe de la subordination des caractères qui inspire la méthodologie classificatrice de Cuvier. Ce dernier principe implique que les organes physiologiquement les plus importants soient en même temps les plus constants, et de ce fait, déterminent les groupes les plus vastes. Dans ces conditions, la correspondance entre la hiérarchie interne des organes et la hiérarchie logique des classes, apparaît comme suffisante pour justifier le caractère naturel, c'est-à-dire, non arbitraire, de la classification qui va en résulter (5). Si donc la classification reçoit beaucoup de l'anatomie comparée, on voit moins bien comment la réciproque serait réalisée : l'anatomie comparée ne paraît pas avoir été introduite, ni guidée par le système zoologique, dans la mesure où elle doit régler elle-même la question de la supériorité ou de l'infériorité des organes d'une manière indépendante de la constance elle-même, et ceci, au préalable, pour que la méthode soit vraiment naturelle ; auparavant, elle n'est que provisoire :

> « Mais il faudrait pour cela avoir déterminé d'avance avec exactitude, le degré d'importance de chaque organe ; et ce travail n'étant point encore exécuté, on ne peut pas se borner rigoureusement à la subordination des caractères : il faut employer aussi la comparaison détaillée des espèces ; et comme on ne les connaît pas toutes, on est souvent réduit, dans la formation des méthodes naturelles, à un simple tâtonnement. » (6).

Or, si l'idée de séries anatomiques fait que Cuvier respecte encore un ordre de dégradation qui suit dans ses grandes lignes, malgré de nombreuses exceptions, l'ordre supposé de la série zoologique, il n'en est plus de même pour Geoffroy Saint-Hilaire : l'unité de plan et de composition rend les comparaisons anatomiques indépendantes de toute sériation, au profit d'une méthode d'échantillonnage des exemplaires les plus capables d'illustrer les analogies étudiées :

> « En effet, s'il est facile de ramener à l'unité de composition les organisations si diverses des animaux vertébrés, rien n'empêche que les jeunes gens ne s'en tiennent dans leurs études, à un très petit nombre de considérations. Avec le principe des connexions, vous n'avez plus à craindre que des anneaux intermédiaires viennent à manquer ; vous êtes au contraire dans une position réellement à rechercher, puisque vous ne pouvez restreindre le champ de l'observation qu'en bornant le nombre de vos exemples, et que vous ne tirerez de profit de ceux-ci qu'en les choisissant à de grands intervalles les uns des autres.
>
> A la rigueur, il vous suffira de considérer l'homme, un ruminant, un oiseau et un poisson osseux. Osez les comparer directement, et vous arriverez de plein saut à tout ce que l'anatomie peut vous fournir de plus général et de plus philosophique. » (7).

Au contraire, la mise en évidence d'analogies, qui sont fondées, comme le veut Owen initialement, sur une identité de fonction, mais qui se déterminent aussi par un plus ou moins grand degré de similitude anatomique, et se distinguent des affinités parce qu'elles n'impliquent aucune proximité dans la classification, implique la prise en considération de la classification par la méthodologie anatomique, par le biais de la référence aux affinités pour établir la série des variations d'une même partie, en tant que celle-ci doit être distinguée des simples faits de convergence entre parties qui sont de signification morphologique différente. Autrement dit, par rapport à un système de variations établi par pure comparaison formelle (comme on pouvait la comprendre à partir de la méthode décrite par Gœthe à propos de l'établissement du type ostéologique) (8), l'ordre de la classification tend à fournir désormais une sériation réelle, dont les variations anatomiques dépendent, et dont il va falloir tenir compte pour rendre ces variations réellement intelligibles, au lieu de les regrouper dans un tableau trop équilibré, plus esthétique que scientifique.

Il en résulte immédiatement un regain d'intérêt pour les groupes intermédiaires, pour les formes mixtes, qui deviennent susceptibles d'éclairer les variations morphologiques, et de suivre les homologies ; d'où l'importance pour Owen, du Lepidosiren, qualifié d'annectens, et des types mixtes en paléontologie, reconnus déjà par Cuvier, parmi lesquels se trouvent les Labyrinthodontes, situés entre poissons et quadrupèdes. Qu'une semblable recherche puisse évoquer l'intérêt pour des formes capables de jouer un rôle semblable, chez les tenants de l'Echelle des Etres, désireux à tout prix de boucher de visibles lacunes, ne doit pas faire manquer le renouveau et l'actualité de ces recherches après 1830, qui se marquent dans leur fonction méthodologique et non plus seulement théorique ou spéculative. En même temps, le problème des métamorphoses se trouve posé dans les termes réciproques d'une métaphysique de la nature et d'une physiologie du développement, qui induisent la persistance de la réflexion sur les rapports parallèles de la série des états du développement embryonnaire et la série zoologique, pour se demander sur le plan ontologique laquelle est la fondatrice, et sur le plan épistémologique, laquelle fournit le critère réel des homologies, ce qui se traduit dans la question du principe de la classification : doit-il être zoologique ou embryologique ? La comparaison anatomique à travers la série zoologique des états adultes doit-elle fournir le critère des analogies embryologiques, ou l'inverse ?

5. – LES SÉRIES EMBRYOLOGIQUES.

Sur ce point, les œuvres de Louis Agassiz et de Richard Owen représentent des positions symétriquement inverses, dans la mesure, peut-être, où le premier est plus soucieux d'édifier un tableau d'ensemble du règne animal, où il pourra situer l'apport paléontologique, et le second, une théorie et un critère des homologies.

Agassiz s'efforce de combiner trois thèmes, qui, jusqu'à lui, s'étaient développés ou bien indépendamment les uns des autres, ou bien en antagonisme, à savoir : 1 – l'idée d'une gradation dans l'organisation, susceptible de provenir d'un développement progressif ; 2 - l'affirmation de l'indépendance des plans principaux d'organisation ; 3 – la particularité et la fixité des espèces, comme témoignages d'une liberté créatrice dans le développement du même plan (1). De ce fait, le parallélisme entre le développement embryologique et la série animale, corrélatif de l'idée de gradation, et dérivé de l'échelle des êtres, doit être compris comme un pur système d'analogies formelles, qui excluent toute possibilité réelle de transformations ou de passages entre les groupes successifs, et doivent s'accorder avec l'existence de plans distincts, donc de séries autonomes. En même temps, le côté méthodologique de l'embryologie est à la fois restreint et accentué, pour les mêmes raisons.

Il est restreint au sens où le critère embryologique va servir à déterminer la position réciproque des groupes mineurs, tandis que les grandes divisions continuent de reposer sur les différences de plan telles qu'elles sont établies par l'Anatomie comparée dans l'œuvre de Cuvier, dont l'apport n'est pas récusé, mais simplement traité comme acquis et clos (2). Par contre, une fois ce cadre admis, l'embryologie va servir à résoudre des problèmes que l'anatomie comparée est censée ne pas pouvoir résoudre dans la mesure où Agassiz ne lui reconnaît pas les moyens d'apprécier vraiment la valeur des différences que la méthode anatomique est seulement capable de reconnaître. C'est donc une dénégation de toute portée au principe de la subordination des caractères, auquel se substitue désormais l'embryologie, qui permet de faire l'économie d'une spéculation physiologique en proposant une succession temporelle comme fondement d'une organisation sériale des classes qui se distingue de l'emboîtement de catégories propres à la méthode analytique. Sur ce point, Agassiz doit être distingué radicalement de Von Baer, dans la mesure où le schéma de développement constitue pour ce dernier un modèle de production des différences en ordre de généralité décroissante, qui reproduit justement cette même méthode analytique, que le principe de subordination fondait par ailleurs : pour Von Baer, la zoologie décrit des différences et l'embryologie décrit leur principe suivant deux dimensions qui sont perpendiculaires l'une à l'autre. Au contraire, si Agassiz, comme Von Baer, a retenu de Cuvier les quatre embranchements ou types primitifs, et, de Von Baer, l'existence d'une distinction entre les espèces réelles et les stades de développement des animaux supérieurs (que Serres du reste, admet également), il adopte un modèle de classification sériale, qui permet de traiter comme parallèle ce qui était perpendiculaire. De ce fait, on retrouve ici la même progression du simple au complexe, de l'inférieur au supérieur, que dans l'Anatomie transcendante, mais monnayés en une pluralité de types, avec une diversification qui s'oppose à l'unisérialité de l'échelle des êtres. Comme pour l'anatomie transcendante, cette progression peut être définie dans un cadre temporel, ce qui fait que l'inférieur devient ancien et le supérieur récent (3). Un tel cadre temporel est fourni par l'histoire de la Terre, et la primitivité peut être cherchée alors complémentairement à partir des données embryonnaires et des données paléontologiques : la primitivité est l'origine des séries de formes ordonnées successivement.

Ceci dit, l'application du critère embryologique en tant qu'échelle naturelle destinée à mesurer le degré d'élévation des animaux adultes par référence aux métamorphoses qui surviennent au cours de la croissance embryonnaire (4), transforme l'idée de progression. Elle ne se définit plus physiologiquement par la complication, la spécialisation ou l'adaptation, mais par le simple fait de la postériorité dans l'apparition, qui peut se présenter d'une manière très différente d'une classe à l'autre. Ainsi, par exemple :

> « Les insectes pourvus de mâchoires puissantes – les scarabées, les guêpes, les bourdons, les libellules – tous ces insectes, qui ont des mâchoires puissantes, sont généralement considérés comme supérieurs dans leur structure, parce qu'un grand nombre d'entre eux sont carnivores et sont placés dans nos systèmes à la tête des insectes, tandis que les insectes suceurs sont placés en un rang inférieur. Le fait que les premiers sont placés au-dessus ne provient d'aucune raison, je pense, que du fait que beaucoup parmi eux, vivent de manière animale ou sont proprement carnivores : et comme nous avons l'habitude, à partir de notre connaissance intime des mammifères, de considérer les carnivores comme supérieurs aux herbivores, nous nous égarons naturellement à traiter tous les carnivores comme supérieurs aux herbivores, pour la simple raison qu'ils sont carnivores. Mais de telles impressions n'ont aucune valeur dans l'estimation des caractères d'animaux d'un autre département. Les larves de nombreux insectes suçeurs ont des mâchoires aussi puissantes que les carnivores, qui sont constituées dans un autre appareil, d'une structure entièrement différente, introduite dans la dernière transformation de l'insecte. » (5).

Il en résulte que les insectes suçeurs, spécialement les papillons, vont devoir être placés au-dessus des insectes broyeurs, parce que leurs métamorphoses sont plus importantes que celles de ces derniers. Mais cela signifie moins l'exclusion que l'aménagement de l'idée physiologique de supériorité : d'une part, il existe des métamorphoses rétrogrades, comme le montrent les crustacés parasites (6), et d'autre part, si l'étude des stades embryonnaires permet de reconnaître les animaux supérieurs comme ceux qui vont le plus loin, cette course prolongée permet de reconnaître aussi un perfectionnement physiologique antérieurement méconnu parce qu'il était apprécié superficiellement : s'il faut renverser le rapport des Insectes aux Crustacés, et traiter les Insectes comme supérieurs parmi les Annelés, c'est aussi parce que les Crustacés présentent une uniformité concentrée, alors que les Insectes offrent une diversité concentrée ; la pluralité des centres commandant une pluralité de fonctions apparaît comme physiologiquement supérieure à l'existence d'un centre unique (7). Nous avons par conséquent ici la généralisation et la traduction méthodologique des observations de Von Baer concernant la plus ou moins grande distance par rapport au type, exprimé par les formes les plus simples, étant donné que cette distance se marque dans le schéma de développement, mais avec ce complément : si la différence dans le type est en même temps une différence de schéma de développement envisagée dans sa durée, elle conduit à une différence dans l'appréciation physiologique des organismes sous la réserve de la dépendance par rapport à des lois très abstraites concernant les rapports de l'unité et de la multiplicité des fonctions, dans la perspective de leur plus grande efficacité.

Outre une classification à l'intérieur des types, l'embryologie va permettre également de déterminer ce qui est typique en le distinguant de ce qui ne l'est pas. A ce niveau encore, elle complète l'Anatomie comparée, et même se substitue à elle, comme c'était déjà le cas avec Von Baer, à cette différence près que les formes les plus simples qui sont aussi les plus typiques, sont en outre les plus primitives, de telle sorte que la prise de distance des formes supérieures par rapport aux éléments les plus simples du type, est aussi le parcours à travers des formes de plus en plus complexes, qui sont représentées par des spécimens réels, antérieurs chronologiquement :

« Pour reconnaître le type primitif, le plan général d'un système organique quelconque, il a deux voies à suivre : ou bien, il faut s'attacher à l'étude des êtres, telle que la zoologie et la paléontologie nous la présentent, et chercher à reconnaître et à distinguer les formes constantes et invariables de tout ce qu'il y a d'exceptionnel et d'aberrant dans la nature particulière de tel genre et de telle espèce. Il faut pour cela choisir les formes les plus simples et les poursuivre dans leurs différentes complications, en d'autres termes, en faire l'anatomie comparée ; ou bien, il faut étudier les variations que subit l'individu dans son développement, en cherchant à connaître les premières formes des organes lors de leur apparition, et les modifications qu'ils subissent dans le cours du développement. En comparant ensuite les résultats obtenus dans différents genres et espèces, on arrive facilement à la connaissance des faits constants, et l'on apprend à séparer les modifications consécutives, ce qui constitue la nature originaire de l'animal. Ainsi s'acquiert la connaissance du plan primitif, par l'embryologie comparée. Les résultats de l'une comme de l'autre de ces études se complètent et se contrôlent mutuellement. Mais on a exagéré cette coïncidence jusqu'à prétendre que chaque embryon parcourrait, dans les phases de son développement, toutes les formations des êtres inférieurs, c'est-à-dire que l'embryon des mammifères était d'abord poisson, puis reptile, puis oiseau, avant de devenir mammifère, et cela parce qu'on s'était destiné à prendre pour des réalités quelques faibles analogies. Bien que je sois loin de partager cette manière de voir qui tient évidemment de l'exagération, je reconnais cependant qu'il existe, dans les limites de l'embranchement des vertébrés, une grande analogie entre le développement de la série animale comme telle et celle de l'individu ; car quoique chaque embryon, dès sa première existence, se comporte selon une règle invariable qui est propre à son espèce et qui la caractérise, on peut cependant arriver à des résultats concordants par l'étude de l'embryologie et par celle de l'anatomie comparée. » (8).

Par conséquent, les rapports de ce qui est constant à ce qui est aberrant, et de ce qui est primitif à ce qui est secondaire, apparaissent dans une certaine mesure comme superposables ; et ce caractère superposable a valeur méthodologique pour l'établissement d'une hiérarchie qui définit l'essentiel par identification au primitif, et d'une série où les formes se succèdent en augmentant progressivement le nombre et l'importance de leurs aspects dérivés, compris comme perfectionnements. Dans ces conditions, l'embryologie, ou en un sens plus général, le développemenr (englobant par exemple les générations alternantes), apparaît comme le moyen de trouver et de fonder les homologies par référence à une primitivité qui les distinguerait des analogies ou convergences, et dont le niveau serait celui des propriétés dérivées et inconstantes dans le type. Donc le point principal où Agassiz s'éloigne de

Von Baer, n'est que ce refus d'une rupture complète avec le parallélisme des séries zoologiques et embryogénique, dans la mesure où cette conception lui paraît avoir une portée méthodologique certaine en paléontologie.

Cette portée méthodologique est comprise en un sens extrême :

« Toutes les informations concernant les fossiles – toutes les informations sur les âges primordiaux, devront être comparées avec ces formes embryonnaires, en vue de comprendre plus pleinement l'analogie qui existe entre ces types primitifs et les changements successifs que ceux de nos jours subissent pour parvenir à leur forme finale. Si je ne me trompe pas, nous obtiendrons à partir d'esquisses de ces formes embryonnaires des images plus correctes des animaux fossiles que celles qui ont été obtenues par une restauration actuelle. » (9).

L'embryologie est donc entièrement superposable à la paléontologie, avec ce paradoxe que la forme embryonnaire substituable à la forme fossile, malgré son caractère hypothétique, est traitée comme plus recevable que la forme dégagée à partir de l'examen des documents directs. La pratique post-darwinienne qui consistera à compléter les arbres généalogiques du monde animal par des formes purement hypothétiques dérivées de l'embryogénie, se rattache directement à une telle conception par rapport au radicalisme de laquelle elle reste cependant en retrait.

Mais cette prétention renvoie à un dernier apport reconnu par Agassiz à l'embryologie : la prise en considération de la forme extérieure, que l'anatomie comparée n'est pas à même de comprendre directement, et l'attribution à cette forme d'une signification chronologique. Dans ces conditions, de simples esquisses des diverses formes de germes seraient censées permettre la mise en ordre naturel de nombreux genres qui sont actuellement classés de manière arbitraire. C'est la perspective zoologique qui se trouve ici complétée par l'embryologie, qui rend possible une classification parce qu'elle fournit un modèle en quelque sorte naturel dans le cadre d'une homogénéité de méthodes, puisqu'elle est descriptive au sens même où la zoologie peut être descriptive.

En résumé, Agassiz n'est pas directement ou principalement un anatomiste, même si une partie importante de son activité a été consacrée à l'anatomie comparée, et spécialement à celle des poissons et des invertébrés ; il est beaucoup plus un systématicien et un paléontologue, et d'autant plus systématicien qu'il voit dans cette activité le couronnement de la science :

« Aussi, loin d'envisager les systèmes comme un artifice de notre esprit propre à en faciliter les opérations, je les considère bien plutôt comme l'expression momentanée de l'ensemble de nos connaissances dans une partie quelconque de la nature, d'autant plus que nos classifications, subissent incessamment l'influence des progrès de la science, sont plus perfectionnés dans certaines classes que l'on a le plus étudiées, que dans celles qui ont été l'objet de moins de travaux de détails. J'ai même la conviction que les classifications zoologiques se perfectionneront un jour au point d'être en même temps l'expression des rapports d'organisation que les animaux ont entre eux, de leur succession dans l'histoire des changements que la terre a subis à différentes époques et de leur répartition à la surface de notre globe. Chaque rapprochement que l'on peut établir, à ces différents égards, dans nos méthodes de classement me paraît un véritable progrès, un gage d'avenir pour le seul vrai système de la nature, celui qui exprimera un jour l'ensemble des rapports de tous les êtres créés. » (10).

Cet idéal n'est pas Linnéen, puisqu'il ne s'agit pas d'un tableau, mais d'un réseau, semblable à ceux que l'on pouvait commencer de construire à partir du milieu du XVIIIème siècle, en rapport avec les difficultés issues de l'Echelle des Etres. Le parallélisme des séries zoologique et embryogénique, la distinction des quatre embranchements, la particularité de chaque groupe zoologique, constituent les éléments théoriques qui ont servi à Agassiz à la construction d'un semblable réseau de rapports internes et externes dans l'organisation des animaux, qui se développent simultanément dans le temps géologique et dans l'espace géographique. Les buts de recherche proprement anatomiques ne peuvent être envisagés que par rapport à une telle systématisation d'ensemble : le type et les homologies n'ont pas d'intérêt propre, indépendamment de l'architecture du système en son ensemble.

6. – LA PROGRESSION.

Il n'en est pas de même avec Richard Owen. Pour lui, aussi bien que pour Hunter ou Cuvier, l'anatomie comparée fait progresser la science vers la constitution d'un système naturel de classification zoologique, et donne les moyens de discerner les affinités naturelles d'individus non encore décrits, parce que, ayant pour objet propre les séries de variations des organes, elle peut se compléter d'une appréciation physiologique de la valeur différente de chaque caractère (1). C'est dans un tel cadre que Hunter a pu envisager le parallélisme des séries des formes embryonnaires et des animaux inférieurs comme l'expression de degrés équivalents d'imperfection ou d'étapes dans le progrès vers la perfection, parallélisme dont Owen lui fait honneur, mais pour le réviser en introduisant l'idée d'une divergence croissante entre une multiplicité de séries indépendantes les unes des autres, qui correspondent aux grandes divisions de Cuvier (2). La perfection elle-même, reste définie par le maximum de complexité, et de ce fait, ne renvoie à l'homme que par l'intermédiaire du système nerveux qui est le seul système à manifester dans l'homme son degré maximum de complexité, et dont l'importance physiologique est en même temps jugée telle, qu'il commande l'ensemble de la distribution des groupes (3). On assiste, par conséquent, à un déplacement du schéma de Hunter vers celui de Von Baer, et quelque chose s'en fera sentir chez Owen ; mais Owen conserve de Hunter le concept de caractère embryonnaire, qu'il attribue à certaines espèces, dont le rôle est particulièrement important dans sa réflexion méthodologique, comme le Lepidosiren ; et en même temps, il reste réservé vis à vis du critère embryologique appliqué à la classification, pour aboutir à une doctrine de la progression comprise essentiellement à travers la description et la comparaison des formes animales adultes, en fonction de méthodes et de concepts propres à la seule Anatomie comparée. On peut caractériser la démarche de Owen sur ce dernier point à partir de la manière dont il traite les centres d'ossification au cours de l'organogenèse du squelette, et qu'il donne lui-même en exemple et comme argument en plusieurs occasions. D'une part, l'analyse de ces centres va permettre une critique de la doctrine des causes finales :

> « Nous voyons à la vérité, et nous admettons le principe d'un but final dans la multiplication des points d'ossification du crâne du fœtus humain ; mais quand nous apercevons ces centres d'ossification subsistant dans le même ordre dans le crâne de l'embryon du Kanguroo et de l'oiseau, nous ne pouvons nous défendre de reconnaître avec Bacon que les causes finales peuvent se comparer à des Vierges de Vesta : belles sans doute, et saintes, mais stériles, mais dont nous ne pourrions attendre le fruit attaché aux travaux homologiques, c'est-à-dire l'intelligence de la loi d'unité de la composition organique. » (4).

Mais d'autre part, la signification de ces centres est ambigüe et il n'est pas possible comme Geoffroy Saint-Hilaire et comme Cuvier, de compter autant d'os qu'on rencontre de noyaux d'ossification :

> « La règle posée par les autorités précitées devient inapplicable dans la question difficile de la nature et du nombre des os d'un squelette, parce que ces anatomistes n'ont point fait de distinction entre les centres d'ossification qui ont des relations homologiques et ceux qui n'en ont que de téléologiques ; c'est à dire, entre les points séparés d'ossification d'un os humain que typifient des éléments vertébraux, lesquels sont souvent des os constamment distincts dans les animaux inférieurs ; et les points séparés qui, sans avoir une signification semblable, facilitent les progrès de l'ostéogénie, et ont pour but évident le bien-être de l'animal dans sa croissance. » (5).

Par généralisation, tout l'apport embryologique peut être ainsi mis en question, de telle sorte que, loin de pouvoir se substituer à l'Anatomie comparée, c'est au contraire cette dernière qui permettra de fixer la véritable signification des phénomènes embryologiques, et par l'emploi de concepts qu'elle est seule à pouvoir définir :

> « La reconnaissance du squelette archétype éclaire les faits empiriques de l'embryologie, et nous apprend à distinguer entre les points d'ossification d'un os chez un vertébré supérieur qui signifient ou répondent à des os qui conservent leur individualité chez les vertébrés inférieurs, et les points d'ossification qui servent simplement à la croissance ou bien, ont leur raison d'être dans les exigences du jeune animal. » (6).

Ce qui va pouvoir être conservé de l'embryologie, est donc le modèle d'une série naturelle de formes disposées suivant un ordre de succession chronologique. Mais une telle série naturelle peut être constituée seulement à partir des données anatomiques et paléontologiques qui échappent aux ambiguïtés de l'embryologie. Cette série présente alors deux caractères : elle est définie comme ascendante (7), et elle présente des bifurcations précoces, de telle sorte qu'une formation peut présenter un caractère de transition entre deux autres, et en même temps, se trouver, de par son caractère primitif, en rapport avec une troisième lignée ; par exemple :

> « Le crâne plus ou moins cartilagineux des Plagiostomes peut être histologiquement considéré comme l'étape transitionnelle des Cyclostomes aux Poissons Osseux ; mais morphologiquement, il offre un type très différent , apparemment plus simple, si on le compare à la Myxine ou à la Lamproie, mais un type qui, en conséquence des progrès du développement sur la route vertébrée directe, se rapproche du type d'organisation crânienne dans les formes inférieures de reptiles. » (8).

C'est ainsi également que le Lepidosiren est traité comme représentant du degré supérieur de développement des Poissons dans la progression vers les types supérieurs, appelés « grande route des Vertébrés », par opposition aux poissons osseux, dont le développement plus poussé représente une branche latérale (9). Pour cette raison précise, il forme un genre instructif pour l'établissement des homologies entre les poissons et les vertébrés quadrupèdes, comme Owen le démontre, pour les homologies du membre pectoral, qu'il considère de la manière suivante :

> « Une approche plus poussée (que chez le Polyptère) des conditions supérieures du membre pectoral est réalisée par le même poisson salamandroïde dans la portion carpale, qui se projette librement à l'extérieur du côté du corps, comme chez les poissons Lophioides. Chez le Lepidosirent, l'appendice divergent de l'arc scapulaire est réduit à la concision d'un unique rayon articulé. A partir de cette forme élémentaire, le développement peut être retracé dans une première direction, à travers les poissons osseux et cartilagineux, dans la manifestation progressive de la répétition irrelative des parties, jusqu'à ce que le nombre des rayons articulés excèdent la centaine, comme chez les poissons de ce fait appelés Raies ; et dans une autre direction, à travers les Reptiles Perennibranches didactyles et tridactyles, jusqu'à la perfection du type le plus normal du membre antérieur chez les Vertébrés supérieurs, en divergeant dans chaque classe en des directions spéciales et plus ou moins poussées à partit de ce bourgeon embryonnaire commun et indivis, qui est typifié en permanence chez le Lepidosiren. » (10).

Le membre pectoral est ainsi un éventail qui se déploie indéfiniment ou bien qui se perfectionne. Ce double mouvement possible est à replacer dans cette progressivité qui oppose la répétition végétative et la composition téléologique, de telle sorte que les directions que l'on peut déterminer à partir du Lepidosiren, constituent deux parties d'une même ligne, ou deux étages successifs, ou encore deux moments à comprendre dans un ordre génétique :

> « En suivant le caractère et l'étendue de la modification des mêmes parties élémentaires du segment typique dans une série naturelle d'animaux supérieurs, comme dans les vertébrés, on en vient à apprécier comment, sans s'écarter complètement du type fondamental, les espèces sont adaptées à leurs fonctions différentes dans la création. Nous assistons, en quelque sorte, aux conseils secrets qui ont dirigé les forces génératrices ; et nous

marchons dans une voie qui doit nous conduire à la connaissance de la loi qui a gouverné l'introduction successive des formes spécifiques des êtres vivants sur notre planète. » (11).

Genèse ici doit être compris au sens de Gœthe, c'est à dire, indépendamment de toute transmutation réelle des espèces, compte tenu du fait que le seul modèle connu de transformisme est celui de Lamarck, et qu'il n'a jamais pénétré dans le domaine de l'Anatomie comparée, ou plus généralement de la Morphologie, du moins de manière directe (12). D'une manière plus précise, cette genèse est la même chose que la progressivité ou l'élévation, transposée dans la dimension du temps géologique, conformément à la théorie du développement.

Cette élevation elle-même pourra être mesurée par le degré d'influence réciproque de deux principes ou causes : la répétition végétative et la composition téléologique, où il apparaît que les forces matérielles sont d'essence conservatrice et s'expriment par la répétition, tandis que la progressivité renvoie à des idées de caractère platonicien :

> « Non seulement le principe de répétition végétative devient plus puissant à mesure que l'on descend l'échelle de la vie animale, mais les formes des parties du squelette qui se répètent, approchent de plus en plus des figures géométriques, comme on le voit, par exemple, dans les squelettes extérieurs des échinides et des astéries : bien plus, le sel calcifiant prend réellement, dans les squelettes d'organisation aussi basse, les formes cristallines qui le caractérisent quand il se dépose comme corps inorganique, et simplement en vertu de la force générale de polarisation. On a donc ici une preuve directe du concours de cette force générale de polarisation, qui pénètre tous les corps inertes, avec la force adaptative et organisatrice spéciale qui préside au développement d'un corps animal. » (13).

Les concepts de force et de polarité dérivent de la Philosophie de la Nature, où ils permettaient de rendre compte à la fois de la répétition et du développement, dans un style moniste. Owen exprime au contraire son dualisme en faisant intervenir une force adaptative et organisatrice spéciale, de nature idéale. Cette force antagoniste est censée maîtriser le jeu de la force matérielle polarisante :

> « Le point où l'opération de la force de polarisation ou de répétition végétative est ainsi arrêtée dans l'organisation d'une forme animale spécifique, devient l'index du grade de cette espèce, et donne la mesure de son élevation dans l'échelle des êtres. Les linéaments de l'archétype commun sont obscurcis au même degré ; mais même dans l'homme, où la force organique spécifique a mis en action ses pouvoirs les plus élevés, en contrôlant la tendance vers le type, et en modifiant chaque partie, de manière à l'adapter aux besoins d'une autre partie, ou à faire se combiner leurs pouvoirs, le degré jusqu'où on peut tracer le progrès de la répétition végétative des segments et du caractère archétypal, indique l'intensité avec laquelle la force polarisante générale a agi dans l'arrangement des parties du cadre développé sous cette double influence. Et il n'est point sans intérêt, ni sans signification que ces rapports se soient principalement manifestés dans les systèmes organiques chez lesquels les sels terreux ont le plus envahi les tissus. » (14).

Dans le rapport de la fonction végétative à l'archétype, c'est en quelque sorte une appartenance à la matière que l'organisme trouve inscrite en lui de manière primitive et fondamentale, et cette matière est progressivement informée par l'intelligence créatrice à travers le temps ; et le lieu privilégié où se manifeste cette appartenance est le système squelettique, partie éminément terrestre de part ses propriétés physiques. Parce que les forces matérielles sont conservatrices, l'ostéologie va donc se montrer essentiellement conservatrice. On pourrait alors être tenté de dire que la place de l'ostéologie dans l'Anatomie comparée, de l'Anatomie comparée dans la Morphologie, et de la Morphologie par rapport aux autres sciences naturelles au XIXème siècle, vont déterminer le degré de résistance de ces sciences à toute pensée simplement transformiste, au profit d'un système de variations autout d'un archétype, tel qu'il avait pu être envisagé par Gœthe. Dans ces conditions, si la référence des variations autour du type à l'existence des affinités, non seulement au niveau des systèmes d'organes, mais encore à celui de l'ensemble de l'organisation, où cherche à se définir le système naturel, nous rapproche des parentés réelles, c'est dans une totale méconnaissance de la simple possibilité de semblables parentés. Il ne peut être question que de proximités formelles, à ne comprendre que par référence à l'archétype où se trouve le sens des homologies. Le terme de signification, équivoque pour Rathke, comme nous l'avons vu, est ainsi rendu univoque dans le cadre d'une Morphologie pure, par exclusion de ses connotations physiologiques antérieures et introduction de la perspective de l'archétype :

> « La « Bedeutung » ou signification d'une partie dans un organisme animal, peut être expliquée comme la nature essentielle de cette partie – comme étant cette essentialité qu'elle retient sous chaque modification de taille et de forme et quelle que soit la fonction à laquelle de telles modifications puissent l'adapter. J'ai donc utilisé le mot « Nature » au sens de l'allemand « Bedeutung », en tant que signifiant le caractère essentiel d'une partie qui lui appartient dans sa relation à un schéma prédéterminé, répondant à l'idée du monde archétype de la cosmogonie Platonicienne, lequel archétype ou schéma primitif, est la base qui supporte toutes les modifications de ces parties en vue des pouvoirs ou des actions spécifiques propres à tous les animaux qui en dérivent, et à laquelle forme archétype nous parvenons à réduire leur noyau, au cours de nos comparaisons portant sur leurs modifications. » (15).

La signification correspond donc par ailleurs, à ce que Owen désigne sous le nom d'homologie générale, mais une difficulté surgit dans la comparaison de ce texte avec ceux qui ont été évoqués jusqu'ici : dans les « Recherches sur l'Archétype », idée platonicienne est synonyme de « principe organique, propriété vitale, ou force vitale qui produit les diversités de forme dans les corps vivants construits des mêmes matériaux. » (16), et par conséquent en opposition, comme nous l'avons vu, avec la force polarisante à laquelle l'archétype a partie liée. Remarquons donc simplement que dans un cas comme dans l'autre, nous sommes en présence d'une condition prédéterminante de l'organisme réel, qui apparaît ainsi comme le produit réel d'une combinaison métaphysique, à laquelle métaphysique appartiennent aussi bien l'une et l'autre forces.

Mais si l'homologie générale est la clef de la signification de l'organisation, Owen fait remarquer que là où il n'y a pas d'homologie spéciale, aucune autre homologie d'ordre supérieur ne peut être envisagée (17) ; ce qui signifie que l'ordre théorique de l'interprétation ne se confond pas avec l'ordre de la recherche, dont la base est inductive.

7. – *LES HOMOLOGIES.*

Les définitions des homologies données par Owen sont les suivantes :

> « Par homologie générale, je signifie la relation dans laquelle se trouve un os du segment primaire du squelette dont il est une partie ; ainsi, lorsque l'os basi-occipital (processus basilaire de l'os occipitis dans l'anthropotomie) est dit le centre du corps ou corps de la vertèbre cranienne occipitale ou postérieure, on énonce son homologie générale. Quand on dit qu'elle répète dans sa vertèbre, ou répond au basisphénoïde dans la vertèbre pariétale, ou bien au corps du centre de l'atlas, l'apophyse odontoïde, où à n'importe quel autre des segments vertébraux du squelette, on marque son homologie sériale ; quand la correspondance essentielle du processus basilaire de l'os occipital de l'homme avec l'os distinct appelé basi-occipital chez un crocodile ou un poisson est démontrée, on a déterminé son homologie spéciale. » (1).

Cette énonciation didactique répond aux conseils de lecture donnés au débutant, dans la Préface des « Recherches sur l'Archétype » : il devra commencer la lecture de l'ouvrage par la fin, c'est à dire, par la planche où se trouve classée la terminologie, puis les chapitres consacrés aux homologies sériales et générales, après quoi, il sera à même d'examiner les questions traitées par le premier chapitre consacré aux homologies spéciales. Or, puisque l'énonciation des propositions d'homologie générale est impossible tant que l'homologie spéciale des os qui s'y rapportent n'est pas établie (2), il convient de tenir compte de l'ordre de la recherche, selon lequel les homologies sont définies de nouveau dans cet ouvrage : spéciale, générale et sériale.

Dans la nouvelle définition de l'homologie spéciale, par rapport à la précédente, on passe de l'image au concept. Il y a homologie spéciale :

> « lorsque la correspondance d'un organe est déterminée par ses connexions avec un organe dans un autre animal ; la détermination de cette homologie indique que ces animaux sont construits sur un type commun. » (3).

Nous passons de là à l'homologie générale, en allant du type commun au type fondamental, qui implique la connaissance de l'archétype, et à l'homologie sériale, qui répond à la succession longitudinale de segments essentiellement semblables (4). Cette succession fait que les parties de ces segments se répètent ou se représentent, répétition et représentations considérées comme analogues à celles des mêmes pièces du squelette dans des espèces différentes, dans un style qui rappelle Gœthe. Usage des connexions, passage de la communauté de type au type fondamental, c'est-à-dire à la construction et à la connaissance de l'archétype, répétition des parties, constituent autant de concepts exclusivement morphologiques et déjà élaborés par lesquels Owen s'éloigne de Cuvier au profit d'une théorie idéaliste et formelle, située également à une certaine distance de la théorie du développement, telle que les embryologistes la conçoivent et l'utilisent :

> « Il y a sans doute une grande ressemblance générale dans le mode de développement des parties homologues, mais les formes, les proportions, les fonctions et la substance même de ces parties sont sujettes à être modifiées sans que leurs rapports homologiques essentiels en soient oblitérés. Ces rapports sont principalement sinon entièrement déterminés par la position relative et la connexion des parties ; et ils peuvent exister indépendamment de la forme, de la proportion, de la substance, de la fonction, et même de la similitude du développement. Mais, il faut observer les connexions à chaque période du développement ; et les changements de position relative, s'il y en a, durant l'accroissement, doivent être comparés aux connexions que la même partie présente dans les classes parmi lesquelles le principe de répétition végétative atteint son maximum et celui de la modification adaptative son minimum. » (5).

Par conséquent, ce que Owen retient surtout de la théorie du développement, reste une certaine identité de contenu entre les concepts de typique, de fondamental et de primitif, qui infléchissent la méthodologie morphologique vers la recherche des formes inférieures, tant du point de vue zoologique, où la proximité des poissons par rapport au type vertébré a déjà été relevé par Von Baer, que du point de vue anatomique, où les manifestations transitoires ou rudimentaires sont censées fournir les vues les plus profondes sur la nature essentielle des parties, ce qui s'applique de manière exemplaire aux membres, à partir des appendices rudimentaires du Lepidosiren (6). L'adjonction de la perspective du développement, qui permet de déterminer ce qui est primitif tant du point de vue géologique que du point de vue embryologique (7), permet de traiter le principe des connexions de manière beaucoup moins rigide que Geoffroy Saint-Hilaire, en le modulant grâce à ce que Owen désigne comme principe des déplacements (8), à condition que ces déplacements aient pu être suivis à partir d'un point primitif dûment reconnu et distingué des adaptations spéciales aux classes inférieures elles-mêmes (9). Cette distinction est possible de par la jonction entre la présence dans une classe inférieure, et le caractère rudimentaire : parce qu'il est un poisson, et parce qu'il possède des appendices rudimentaires en lieu et place de membres, le Lepidosiren est censé manifester la condition primitive des membres, correspondant à l'archétype idéal, ce qui n'est plus le cas ni des Plagiostomes, ni des Reptiles, où le développement, même par répétition végétative, est au service d'adaptations spéciales (10). C'est chez le Lepidosiren que la Nature montre donc le plus clairement la dépendance de l'arc scapulaire par rapport à l'arc haemal (ventral) de la vertèbre occipitale, dont il constitue, pour Owen, un appendice divergent (11).

Ce système de variations, rendues ainsi possibles, par la combinaison du principe des connexions et celui des déplacements à partir d'un archétype caractérisé par la répétition des segments identiques, est loin de pouvoir être épuisé par les formes ayant habité sur la terre (12), ce qui est une manière de souligner son caractère formel : on peut imaginer d'autres développements de vertébrés sur d'autres planètes, si on tient compte du grand nombre d'appendices divergents qui ne sont pas utilisés et qui peuvent être considérés comme des membres rudimentaires, c'est-à-dire en puissance, ou possibles dans un futur indéterminé (13). Il n'y a donc téléologie, comme nous l'avons vu, que dans la mise en œuvre intelligente du seul matériel nécessaire aux fins de l'adaptation de l'animal étudié, à partir du matériel disponible : elle est ainsi de l'ordre des compossibles, qui, par définition, n'épuisent pas tous les possibles – et comme cette compossibilité est elle-même fonction des conditions externes d'existence, aussi bien que des conditions internes, elle est au moins partiellement dépendante du développement de la surface terrestre, dont la vie intériorise en quelque sorte l'histoire propre, par l'intermédiaire de laquelle un certain degré de contingence s'introduit dans un tissu de nécessités.

Revenons à la place des homologies spéciales : les dire antérieures heuristiquement aux homologies générales, tandis que les homologies générales seraient antérieures selon l'ordre de l'essence et de l'enseignement, ne répondrait pas exactement à leur situation réciproque réelle chez Owen. Il est vrai historiquement, que les anatomistes ont d'abord parlé de parties analogues qui englobaient le plus souvent des analogies physiologiques et des homologies spéciales, mais que c'est une homologie spéciale authentique qui a été mise en évidence par Gœthe en 1787, dans ses recherches sur l'os intermaxillaire. Pourtant, c'est l'homologie sériale qui a permis l'utilisation du terme d'homotypie en 1807 avec Oken, dans le contexte strictement morphologique dégagé initialement par Vicq d'Azyr. Chez Owen, ces divers éléments, disjoints dans leur principe, sont regroupés dans un système de réciprocité à peu près complète, où l'homologie spéciale, supposée, certes, par l'homologie générale, peut être entrevue initialement sans celle-ci, mais ne pourra prendre toute sa signification que par rapport à elle. Réciproquement, l'homologie générale et la doctrine de l'archétype sont censées devenir un instrument de recherche des homologies spéciales et de décision dans les cas où la détermination de celles-ci reste ambigüe, dans une tradition conforme à la conception de Gœthe et de Carus (14). Par contre, la place des homologies sériales se trouve directement incorporée à la construction de l'archétype, et on pourrait se demander si le développement du concept d'homologie spéciale, déjà présent chez Duges, ne doit pas son extension à la réciprocité qui lui est toujours reconnue avec l'homologie sériale, apparemment plus chargée de sens métaphysique, et si cette réciprocité ne dérive pas directement de la métaphore du microcosme qui permet d'identifier le tableau des espèces au tableau des organes de l'organisme humain, comme l'avait envisagé Oken.

Il n'en demeure pas moins que l'homologie spéciale reste première du point de vue de l'histoire de la science, en particulier si l'on tient compte de l'importance des travaux de Cuvier, qui ont dominé la recherche anatomique avant qu'une morphologie ait réussi à fixer un peu clairement ses principes : les déterminations de Cuvier ne concernent que les homologies spéciales, mais en l'absence du concept lui-même. Il s'ajoute à cela que l'homologie spéciale est suffisamment indépendante de l'homologie générale et des considérations théoriques liées à la doctrine de l'archétype, qu'elle pourra être fondée soit sur le développement embryogénique, soit sur une doctrine de l'évolution: elle est donc capable de survivre à la première formulation théorique qui lui a été assurée par Owen. Enfin, elle se révèle d'importance primordiale au niveau du langage de la science, qui lui-même est d'autant plus déterminant dans sa fonction que nous avons affaire à une science descriptive, soumise à une nomenclature qui l'exprime : l'homologie spéciale est le seul support réel des systèmes de synonymie que Owen, dans une tradition toujours conforme à celle de Gœthe et de Carus, veut fonder sur l'homologie générale : ces synonymes pourront aboutir à la proposition de termes uniques et univoques, pour désigner ce que l'homologie spéciale offre comme identique, et par là, lever les imprécisions d'une terminologie fondée sur l'anatomie humaine et depuis longtemps dénoncées par les maîtres de la science. Ces synonymies elles-mêmes permettent de repérer plus facilement les transformations, et par conséquent les parentés entre les organes puis entre les organismes, qui fondent les sytèmes naturels, dont la présentation sous forme de séries divergentes qui englobent dans leur réseau les données paléontologiques, forme l'anticipation ambigüe des arbres généalogiques et des évolutions.

8. – CONCLUSION.

Tout ceci permet de poser la question de la position de Owen dans l'histoire de la science anatomique, pour reprendre le titre d'un article de Huxley (1). Huxley relève d'abord que, dès 1830, le domaine de l'anatomie comparée a été entièrement et parfois minutieusement couvert, que les caractères structuraux des formes très inférieures commencent à être élucidées grâce au microscope (2), et que la perception des caractèrs communs conduit à des généralisations qui s'expriment comme des lois naturelles empiriques, lois qui sont réciproques d'une classification naturelle par laquelle elles se traduisent (3). Enfin, l'embryologie s'introduit comme un facteur de renouvellement théorique portant sur le problème de l'unité d'organisation, et comme instance critique dans l'appréciation des analogies au sens large (4). Dans ce contexte, la distinction entre affinités et analogies s'introduit dans la classification et induit la distinction entre analogies et homologies, clarifiées par Owen au niveau des homologies spéciales. Il semble donc que la grille conceptuelle de Owen soit constituée d'éléments déjà présents, qu'il précise, clarifie et systématise, en même temps qu'il remanie la nomenclature anatomique (5). En même temps aussi, on peut remarquer que, si Owen est resté disciple de Cuvier en Paléontologie, il est passé dans le camp adverse en anatomie comparée, ce qui fait que ses méthodes semblent dériver de l'Anatomie philosophique, dont il se contente de rectifier l'apport : le fait d'avoir traité des problèmes les plus élevés de la morphologie, dont Huxley lui fait un mérite, n'est donc pas ici bien original ; – la doctrine de l'archétype vertébré appartient initialement à Gœthe.

Donc, si l'œuvre de Owen apparaît comme la synthèse la plus puissante de l'Anatomie comparée pré-darwinienne, la dépendance par rapport à la doctrine de l'archétype peut la faire considérer comme une impasse, par opposition à la nouvelle école d'anatomie et de physiologie, issue des travaux de Von Baer et de Rathke, à laquelle il ne participe pas (6), et qui constitue le mouvement le plus dynamique compris parmi l'ensemble des recherches qui sont commandées par la théorie du développement. Il utilise cependant le schéma d'une progressivité dérivée de l'Echelle des Etres, et qui induit deux particularités méthodologiques susceptibles d'être retenues : l'association entre fondamental et primitif, et la préoccupation des rapports entre comparaison et classification qui se traduit par l'utilisation des affinités dans la recherche des homologies, ou leur confirmation. Mais ces points de méthode ne recevront toute leur valeur que dans l'anatomie comparée post-darwinienne, lorsque une méthode proprement anatomique recevra sa justification pleine et entière à partir d'une critique de l'embryologie comparée, fondée sur la distinction entre phylogénèse et caenogenèse. De son propre temps, il semble que cette réticence qu'il manifeste à légard de l'embryologie, et par laquelle il se distingue aussi bien de Huxley que de Agassiz, quoique argumentée de manière exacte, le mette en position de retrait par rapport à l'état de la science qui lui est contemporain, et lui fasse manquer certains des problèmes qui se sont avérés les plus importants et les plus féconds, en particulier, la théorie de la tête, encombré qu'il est d'une théorie vertébrale du crâne bien classique, directement transmise par la Philosophie de la Nature, moyennant quelques retouches qui ne sont que de détail.

En opposition à cette synthèse réalisée par Owen, il faut maintenant décrire comme l'expression des progrès les plus importants de l'anatomie comparée, le traitement de ces problèmes à travers lesquels la méthode d'analyse ostéologique va perdre la place qui lui était assurée par la doctrine de l'archétype, dérivée elle-même du type ostéologique de Gœthe, au profit d'une prise en considération de ces parties molles, physiologiquement plus actives, et susceptibles de poser plus directement le problème de l'origine de leurs transformations au cours du temps de l'ontogénèse et à travers les espèces. L'embryologie est décisive à ce niveau, en substituant par exemple l'analyse de la chorde dorsale, de sa texture, de sa structure et de ses dérivés, à la construction de la vertèbre archétype. Ajoutons que ce moment est aussi celui d'une apparition de l'idée d'une possible philosophie des muscles en face de la philosophie traditionnelle des os (7).

Pour terminer ces analyses sur Richard Owen, répétons que ce qu'il y a peut-être de plus capital entre Cuvier et lui, c'est un changement de sens du mot « naturel » dans l'expression « classification naturelle ». Cette classification impliquait la discontinuité des groupes chez Cuvier et la reconnaissance de cette discontinuité garantissait le caractère naturel des groupes qu'elle isolait : l'arbitraire était éliminé par la perception des différences.

Chez Owen, le caractère naturel de la classification est fondé sur l'exactitude des séries construites à partir d'une juste appréciation comparative du matériel anatomique : l'emboîtement logique des classes est ici doublé par un arbre à travers lequel pourrait se profiler un jour une certaine histoire.

Chapitre III

L'ANATOMIE TRANSCENDANTE

I. – LE DÉVELOPPEMENT.

Après 1830, l'Anatomie transcendante peut se décrire comme une spéculation anatomique sur le Développement, concept qui est censé assurer la jonction entre l'inversion philosophique de l'Echelle des Etres qui s'exprime dans la métaphore du Monde-Plante, située à l'arrière-plan de tous les «arbres» destinés à décrire l'ordre des espèces, et l'importance croissante des données anatomiques fournies par les embryons. Il s'agit bien d'une spéculation anatomique, et non pas embryologique, car Meckel, Tiedemann, Serres, etc., ne sont pas des embryologistes, mais des anatomistes qui incluent dans leur travail de comparaison morphologique et physiologique un ensemble de données organogéniques tirées de la dissection de formes embryonnaires ou monstrueuses. De ce fait, le caractère abstrait des lois de formation et de développement qu'ils formulent peut être opposé aux résultats des recherches embryologiques proprement dites, fondées sur les observations du développement embryogénique lui-même telles qu'elles sont pratiquées depuis Pander. Ce caractère abstrait fait la faiblesse et l'importance de cette doctrine. En effet, d'une part, la puissance des recherches embryologiques va faire éclater ses insuffisances du point de vue de l'interprétation précise des structures démontrées par l'embryogénie, mais d'autre part, elle pose le problème de l'unité de toutes les sciences morphologiques du vivant, d'une manière équivalente à l'unification antérieure de l'Histoire Naturelle par l'Echelle des Etres. Si, après 1860, la théorie de l'Evolution est confondue si souvent avec cette Théorie du Développement, c'est qu'elle va encore en assumer la fonction en se substituant à elle : synthèse philosophique de la science, qui répond apparemment à un besoin, sinon à une nécessité.

Mais la Théorie du Développement déborde largement les cadres de l'Anatomie dans la première moitié du XIXème siècle : dans les sciences naturelles, elle couvre toutes les tentatives pour donner une signification à la diversité des formes vivants, soit de manière idéale, soit de manière réelle. On peut, en effet, traiter le Développement progressif comme la représentation d'un ordre idéal, voulu par Dieu, dans la création successive et indépendante des êtres réels ; c'est l'option choisie par Agassiz :

> « Des phénomènes étroitement liés dans l'ordre de leur succession, et cependant sans cause suffisante de leur apparition en eux-mêmes ; une diversité infinie d'espèces sans lien matériel commun, se groupant pour présenter le développement progressif le plus admirable auquel notre espèce est enchaînée : ne sont-ce pas là des preuves incontestables de l'existence d'une intelligence supérieure dont la puissance a seule pu établir un pareil état de choses. » (1).

Mais si l'on veut faire l'économie de ce fondement théologique, en face du problème scientifique insoluble de la modification des espèces, le développement reste l'alternative « pensable » que l'on peut opposer aux créations spéciales. Tandis que la création est jugée inintelligible, parce que non représentable, le développement peut être illustré par deux modèles : un modèle géométrique et un modèle biologique. Le modèle géométrique est celui de cette transformation continue qui permet la jonction du cercle à l'hyperbole, grâce à la rotation du plan de section d'un cône ; le modèle biologique témoigne en faveur de la production du complexe par le simple chez les êtres vivants, à travers la série continue d'états qui va de l'œuf à l'homme adulte. Il suffit d'extrapoler :

> « Certainement, si une seule cellule peut, sous certaines influences, devenir un homme en l'espace de vingt ans, il n'y a rien d'absurde dans l'hypothèse que sous certaines influences, une cellule puisse, au cours de millions d'années, donner naissance à la race humaine. Les deux processus sont génériquement les mêmes, et diffèrent seulement en longueur et en complexité. » (2).

Mais cet appel à une intelligibilité positive ne doit pas faire oublier la Philosophie de la Nature, dont cette intelligibilité représente l'exténuation, et que Cuvier résume en ces termes :

> « Partant de ces anciennes spéculations métaphysiques, où tantôt les phénomènes sont considérés comme de simples modifications du moi, tantôt les êtres existants sont regardés comme des émanations de la substance suprême, tantôt enfin l'univers entier est censé l'être unique dont tous les autres êtres ne sont que des manifestations ; portant ces spécutions à un degré d'abstraction tel que la grande et simple unité, seule existante par elle-même, ne produit (comme ils disent) les autres existences qu'en se différenciant en qualités opposées, qui s'anéantissent réciproquement, d'où il résulte que l'existence suprême ne serait rien au fond ; les

partisans de cette méthode ont cherché à redescendre de leurs conceptions abstraites aux faits positifs pour les déduire rationnellement ; et, comme on le devine, aisément, c'est sur les parties les plus obscures des sciences naturelles qu'ils ont dû le plus s'exercer. » (3).

Or, dans ces parties les plus obscures des sciences naturelles, où l'on peut regrouper le « mystère » de la génération et celui de la succession des espèces à la surface de la Terre, établie par Cuvier (4), l'idée d'un Devenir s'est inscrite dans une science qui s'efforçait de traiter l'explications de tous les phénomènes naturels, c'est à dire « physiques », en termes de variations de « forces », au risque d'employer ce concept de force d'une manière subrepticement métaphorique, au profit d'une conception homogène de la nature, dont la philosophie précédente représente l'envers métaphysique en donnant à ces forces une interprétation spirituelle. C'est ce contexte qui a permis de traiter le Développement comme une loi universelle et nécessaire de la Nature, dont la nécessité physique renforçait la position métaphysique de l'homme, telle qu'elle a été comprise par Herder comme l'intermédiaire de deux mondes, et telle qu'on la retrouve chez Spencer, où le progrès social, représentant le monde spirituel, prend exactement la place de la hiérarchie angélique chez Bonnet ou Herder, et empêche que puisse se développer l'idée d'un dépassement biologique de l'homme, qui est pourtant déjà clairement envisagée par Helvetius, par Herder qui admet la possibilité de créatures d'un degré organique supérieur à l'homme, mais sur une autre planète, et surtout par Treviranus, qui s'appuie sur la régularité du cours de la Nature et sur la fugacité des choses :

> « Ainsi tout sur Terre est fugitif et passager, l'espèce comme l'individu, et le genre comme l'espèce. L'homme sera peut-être lui-même un jour supprimé et transformé. Mais, régulier a été jusqu'à présent le cours de la nature dans toutes ses altérations, régulier il restera jusqu'à la fin des temps, et ce n'est pas sans fondement que l'on peut supposer que la nature n'a pas encore atteint avec l'homme le plus haut degré d'organisation, mais qu'elle progressera encore dans son développement et produira un être encore plus sublime, une forme encore plus noble. » (5).

Le développement comme ordre et comme processus est donc tributaire de ce concept de loi dont la signification, intitialement politique, s'est inscrite dans une conception politique du Monde, où elle a fini par rencontrer le mécanisme, le dynamisme, et une métaphysique qui en fait l'expression non d'une volonté, mais d'une nécessité métaphysique absolue unissant les deux pôles opposés : l'être comme origine et l'être comme perfection. Si la loi de dégradation scalaire épuise l'infinie fécondité divine jusqu'à la production de réalités ontologiques minimales, la loi de Développement représente le mouvement inverse : un retour qui s'amorce à partir de ce néant et qui vise à réduire cette Différence extrême et fondamentale par un processus de démultiplication progressif. Une telle démultiplication devient alors l'expression de l'Esprit, et rencontre une autre démultiplication : celle qui caractérise le foisonnement des activités humaines dans lesquelles l'Esprit est déjà conscient de sa nature politique et industrieuse. Par conséquent, la Nature peut être comprise comme l'ombre de l'activité humaine, et rien ne s'oppose à ce que les organismes soient compris comme des laboratoires et des ateliers, commandés par une division du travail qui traduit le perfectionnement des organisations humaines.

Mais si, par ce biais, un modèle historique de développement peut s'inscrire dans la Théorie du Développement, son historicité disparaît devant la toute-puissance de la loi. Ce modèle n'exprime qu'une dynamique de l'Esprit dont les forces ne sont pas pensables autrement que comme les forces de la Nature, doublures invisibles du monde matériel selon les termes de Herder. Il s'agit de « Production » philosophiquement nécessaire. Il en résulte aussi que l'Homme donne sons sens à la fois à l'ordre et au processus du développement, si bien qu'il n'y a de progrès que pour lui et dans sa direction. Dans ces conditions, ou bien la série est unique, et les divergences sont secondaires, de l'ordre de la variété plutôt que de l'espèce, comme le pense Schelling ; ou bien, par rapport à une orientation essentielle qui conduit à l'Homme, les autres lignées sont des défaillances que justifie peut-être la plénitude et l'équilibre de la Nature. C'est la solution choisie par Agassiz :

> « Nous devons dès lors nous représenter le règne animal comme formé de deux séries distinctes, dont l'une, composée d'animaux construits d'après le même plan d'organisation que l'homme, nous offre un développement graduel et progressif, dès les temps les plus anciens, tandis que l'autre comprend une grande diversité de types contemporains qui se perpétuent dans les mêmes relations, sous des formes toujours nouvelles, à travers toutes les formations géologiques.
>
> L'enchaînement progressif des quatre classes d'animaux vertébrés est un fait qui contraste à tous égards et d'une manière bien frappante avec le développement uniforme et parallèle de toutes les classes d'invertébrés. La gradation des vertébrés est même d'autant plus remarquable, qu'elle se rattache directement à la venue de l'homme, que nous pouvons non seulement considérer comme le terme, mais aussi, comme le but de tout le développement. » (6).

Avant donc de se décomposer en principe d'ordre et type de processus, la Théorie du Développement est une théorie syncrétique, où la Philosophie de la Nature converge avec une certaine théorie de la science, si bien que ordre et processus rejoignent les concepts de force et de loi, dans la description d'une Nature vivante dont la dimension temporelle émerge d'une manière de percevoir l'Univers comme une totalité dont le centre est le destin de l'Homme compris comme conquête et progrès.

Avant d'être anatomique, cette théorie syncrétique du Développement est une Physiologie, c'est à dire, une science générale de la Nature, que Spencer qualifiera encore de « transcendante ». La présentation la plus complète de cette théorie est due à Burdach, et c'est à partir de Burdach que l'on peut comprendre les dimensions du développement qui ont été utilisées par Serres dans le domaine d'une Anatomie transcendante, aussi bien que la manière dont le problème de la forme vivante et de son devenir a pu être abordé par Von Baer et par Schwann. Burdach représente la dernière forme d'une Philosophie de la Nature qui s'apprête à délivrer les recherches morphologiques du reste du XIXème siècle.

2. – *LA PHYSIOLOGIE TRANSCENDANTE.*

Ce qui définit la Nature chez Burdach, c'est la correspondance du Macrocosme et du Microcosme : la physiologie, science de l'Homme, est la science de l'Univers, par retournement de la démarche inverse des Anciens, qui se référaient d'abord au Tout :

« Le mot de Nature exprime l'unité de chaque essence prise isolément et de la réalité considérée comme un tout, ce qui annonce que l'essence d'une chose a ses racines dans l'ensemble de la réalité, et ne peut être complètement connue que par là. Donc la physiologie, pour arriver à la connaissance de l'Homme, doit porter ses regards sur la nature entière, et contempler tous les phénomènes de l'Univers. Le nom de Physiologie, imposé par excellence à la science de l'essence humaine, indique le rang que l'homme occupe dans la nature, et qui fait qu'étant le plus haut produit de la réalité à nous connue, il comprend en lui les forces du monde entier. La Physiologie est donc le commencement de toutes les sciences naturelles, le point unitaire de la connaissance de toute réalité. » (1).

L'Homme implique donc l'Univers dans son essence. Burdach précise que par essence, il faut entendre la constitution primordiale d'une chose, qui comprend, en ce qui concerne l'Homme, le corps et l'âme, au même titre que la Nature, entendue au sens d'un Tout de la réalité, comprend à la fois l'Univers et le principe de sa production : cause, force, existence absolue, réalité agissante, âme du monde et Dieu – série de termes qui impliquent la compénétration de Dieu et de la Nature. La Physiologie culmine donc dans une « connaissance expérimentale de Dieu », ou Théologie naturelle, qui fonde la signification de tous les phénomènes naturels (2). Mais si les essences particulières sont ainsi des démultiplications de l'essence universelle d'une manière qui rappelle la Monadologie, et mieux encore, les spéculations des théologiens du XVIème siècle pour qui les choses, l'homme, le monde et Dieu constituaient un système de miroirs où se reflétait la structure trinitaire, ce que Oken rend par cette formule laconique : « la Nature n'est jamais fatiguée de se répéter » (3), il y a pourtant une distance capitale entre les essences particulières et l'essence universelle , celle qui sépare le temps et l'éternité, considérés comme modes d'existence de l'être fini et de l'être illimité, parce qu'ils manifestent la dépendance du premier et l'indépendance du second, Burdach en conclut :

« L'existence en général est illimitée et éternelle. ... Il n'y a que le particulier qui puisse naître, et sa naissance n'est autre chose que ce qui existait déjà, un changement des formes sous lesquelles l'existence générale nous apparaît comme une chose spéciale et concrète. Ainsi, la naissance d'un corps organisé suppose l'existence d'une matière de laquelle ce corps se forme. » (4).

Si la matière est l'expression de l'existence en général, et comme telle, éternelle, et si elle est aussi sujet dont les choses finies sont des métamorphoses, elle finit par se confondre avec une nature, qui, en incorporant Dieu, apparaît comme la puissance productrice des phénomènes de l'Univers. L'idée, affirmée, mais également nuancée par Kielmeyer, selon laquelle le développement des organismes supposait la constance et l'équilibre de la nature, et par conséquent, des compensations, reçoit donc un fondement ontologique qui a pour conséquence de lier le développement et le temps au niveau des modes de l'existence finie et d'une nécessité qui est propre à cette existence. Il y aurait ainsi un niveau phénoménal d'une absolue cohérence, susceptible d'être traité d'une manière parfaitement autonome, et par là, Burdach en arrive à rendre inutile la spéculation métaphysique à laquelle il s'est livré. On constate ainsi un déplacement significatif du statut du vivant par rapport à la première formulation philosophique de la théorie du Développement, comprise comme dégénération inversée. Le développement n'est plus un retour à Dieu à travers l'Homme, simple occasion pour l'Esprit de se révéler à lui-même : il est la production de l'Homme comme résumé de l'Univers, et ne tirant que de l'Univers les principes de son intelligibilité. Cette philosophie accentue secondairement l'anthropocentrisme lié à la notion de progrès laïcisée.

Dans ces conditions, le Développement, c'est la Vie elle-même, telle qu'elle est rendue possible, mais aussi compensée par les forces de la non-vie, c'est à dire, du monde minéral où elle prend sa source.

De même que De Blainville définit l'Animal par l'analyse de ses différences avec le minéral et le végétal, les naturalistes ont l'habitude au début du XIXème siècle d'introduire leurs traités par des considérations générales sur la Vie, dont les caractères sont opposés à ceux de la matière. Cuvier en avait également donné l'exemple. Le modèle le plus achevé de cette manière d'aborder la Vie est fourni par la Zoologie générale de Münter. Les traits qui se dégagent de cette comparaison conduisent à l'identification entre le développement et la vie, dont le pouvoir de production et de reproduction serait le caractère fondamental, comme Münter l'annonce dès la première page, identification qui se substitue aux définitions de la vie par l'organisation, ou par l'économie, c'est à dire, par l'échange des matières ; mais comme la nutrition est censée se prolonger depuis Aristote dans la génération, il s'agit là d'un déplacement qui ne supprime rien des considérations antérieures. Au milieu du siècle, Huxley explicite ainsi cette identification de la vie et du développement :

> « La vitalité, c'est à dire, la faculté de montrer des cycles définis de transformations de forme et de composition, est une propriété inhérente à une certaine sorte de matière.
>
> Il y a une condition de toutes les espèces de matière vivante dans laquelle elle se trouve à l'état de germe amorphe – c'est à dire, état dans lequel sa forme extérieure dépend simplement des lois physiques ordinaires, et dans lequel elle ne possède pas de structure interne.
>
> Cependant, en fonction de la nature de certaines conditions préalables, le caractère des changements subis, la manifestation nécessaire de stades distincts, ou en d'autres termes les différenciations successives de la masse amorphe seront différentes.
>
> Conçues comme un tout, du commencement à la fin, elles constituent l'individualité de l'être vivant, et le passage de l'être vivant à travers

ces états, est appelé son développement. Le développement donc, et la vie, sont à proprement parler, une seule et même chose... » (5).

Mais chez Burdach, il reste encore quelque chose du temps où le développement constituait une dimension générale de l'Univers : la vie qui est spéciale au vivant se ramène à un caractère particulier d'un aspect général des phénomènes, les métamorphoses progressives (6). L'origine et le fondement des développements peut ainsi se voir dans la cristallisation, premier produit des forces motrices de l'univers :

« Lorsque la masse, homogène quant à la substance, développe des antagonismes dans son étendue, coule et se fixe dans des directions déterminées, il résulte de là la cristallisation, ou l'acquisition d'une forme régulière, déterminée par la nature du mixte et accomplie par des mouvements propres. Le cristal est donc l'expression permanente de forces motrices ; le mouvement est devenu en lui repos et étendue permanente ; l'activité est métamorphosée en une existence correspondante ; elle est éteinte comme mouvement et ne se manifeste plus que comme cohésion. » (7).

Ce processus de cristallisation paraît d'autant plus le début d'un développement qu'il est interne, et amorce par conséquent une « genèse », qu'il faut opposer à une « épigenèse » prise en un sens étymologique, où les formations organiques successives surviendraient de l'extérieur, par l'intermédiaire de la superficie, comme chez De Blainville, où l'enveloppe est regardée comme l'origine de tous les organes et de tous les appareils (8). De plus, ce rapport de la cristallisation à l'organisation animale permet d'interpréter l'action des révélateurs chimiques sur la vésicule embryonnaire, comme responsable de la production et non de la simple apparition de la forme (9).

Il en résulte que la différence qui sépare le monde organique et le monde inorganique n'est pas de nature, mais résulte d'une différence dans le type d'activité des mêmes forces fondamentales de l'Univers – thème banal à la fin du XVIIIème siècle et dans la Philosophie de la Nature, où cette opposition est aussi traitée en termes de géométrie différente (10), ou par référence au contraste entre expansion pour le vivant et contraction pour le minéral, à partir de la sphère élémentaire (11). Burdach accentue simplement la perspective dynamique qui est la sienne, conformément à une tradition qui est celle de Schelling. Voici ses termes :

« Mais dans le cristal, l'activité s'éteint au moment même où elle se produit ; il ne conserve ensuite sa forme, comme le caillot, que par sa seule cohésion, par l'enchaînement chimique des éléments, et il ne manifeste plus aucune activité, tant que de nouvelles causes ne viennent point déranger l'équilibre. Le corps organisé, au contraire, se maintient par une production incessante, par la continuité des mouvements plastiques, par la permanence de l'antagonisme des forces qui lui ont donné naissance. La perennité ou la persistance de l'activité nous apparaît donc comme le caractère de la vie ; car l'activité plastique, dans les corps inorganjques, est un éclair qui n'illumine qu'un seul instant la vie de l'existence matérielle, tandis que dans les êtres organisés, c'est une flamme qui, parce qu'elle continue de brûler tranquillement et qu'elle brille sans interruption, semble être alimentée sans cesse par les mêmes substances, tandis qu'en réalité elle ne dure qu'à la condition d'être entretenue continuellement par des substances nouvelles, en remplacement des anciennes qui s'échappent. » (12).

Dans ces conditions, si Cuvier était parvenu à faire l'économie de la force vitale ou du Bildungstrieb, grâce au « mystère de la préexistence des germes », qui donne aux précédents termes une valeur seulement descriptive, Burdach réalise la même économie en prenant le caillot comme modèle de cristal, d'une manière qui n'aurait été sans doute approuvée ni par Haüy, ni même par Geoffroy Saint-Hilaire. Il fait ainsi du vivant le modèle du non-vivant, mais au prix d'une absorption de la vie dans le dynamisme universel qui sous-tend les métamorphoses des phénomènes. La vie devient ainsi une dimension fondamentale de l'Univers en son ensemble, qui permet de regrouper totalité, plénitude, continuité, dépendance mutuelle des parties. De ce fait, si l'Univers n'est plus une machine, il est un organisme absolu.

La jonction entre cette vie universelle et la vivification de tous particuliers ne peut être assurée que par la génération dite spontanée, ou primordiale, désignée comme hétérogénie, parce qu'elle peut se produire aussi bien à partir du monde inorganique qu'à partir d'autres espèces vivantes, comme ce serait le cas pour les vers intestinaux. Pour survivre aux expériences de Spallanzani, en attendant celles de Pasteur, chez des esprits aussi bons que celui de Von Baer, il fallait que ce thème remplisse deux conditions : pouvoir s'intégrer à une doctrine générale de la production du vivant, à partir de l'inorganisé, sinon de l'inorganique, comme l'Epigénèse, et ne pas heurter directement les résultats expérimentaux incontestables qui étaient déjà établis. Aux exigences de l'Epigénèse, répond, la doctrine du mucus primordial, issue de la Philosophie de la Nature :

> « Le mucus primordial paraît provenir de la réaction qui s'établit entre l'eau et la substance qu'on a fait infuser, être analogue à la substance procréatrice que le corps de la mère produit dans la procréation, et se développe en êtres organiques par l'individualisation, tandis que le reste sert de nourriture à ces êtres. » (13).

A condition d'oublier que les exemplaires actuels de ce « mucus primordial » sont obtenus à partir d'êtres déjà vivants ou ayant vécu, Burdach instaure encore un jeu analogique entre le monde et l'organisme, utilisable dans les deux sens, et en particulier dans le sens où l'organisme sert de modèle au monde : il est entendu que la nature est mère et que le monde est une sorte de vaste matrice qui secrète des viscosités fécondes. L'infusion, naturelle ou expérimentale, se comporte ainsi comme une gestation, ou mieux encore, comme un œuf de poule au cours de l'embryogénèse où l'individualité croissante du germe s'oppose au reste de la masse vitelline qui fournit la nourriture. Les infusoires sont donc des êtres inchoatifs, dont le grouillement polymorphe donne un premier aperçu de la matière devenue vivante, sous la forme du « Chaos infusorial » décrit par Linné, point d'extrême décomposition des corps organiques et, en même temps, point de départ des processus d'organisation, où les infusoires, les œufs et les matrices ont à peu près le même statut. On peut donc concevoir la vie, à côté du développement, comme une composition, et la mort comme une dissolution qui libère l'anarchie des vitalités élémentaires, ce qui évite, par exemple à Oken, le problème d'un passage de l'homogène à l'hétérogène, grâce à l'existence de cette multiplicité primitive qu'il reste simplement à ordonner (14), et, à ce niveau fondamental, Von Baer, le théoricien de la différenciation, suit la doctrine de Oken, qu'il croit avoir observée sous son microscope, où le « Chaotisches Gewimmel » marque l'extrémité de toute dégradation organique (15).

Mais au-delà de l'hétérogénie qui les amorce, on ne trouve plus que métamorphose et progression. Le problème est de savoir quelle est l'instance régulatrice qui les commande, à partir du regroupement cohérent des infusions en organismes plus complexes. La réponse est claire ; pour Von Baer, ce ne peut être qu'une instance métaphysique, comprise comme idée spécifique, qui fait que l'espèce demeure tandis que l'individu disparaît :

> « Les formes d'organisation, qui constituent des séries, grâce à la génération, semblent être les pensées subsistantes de la Création ; les individus sont des représentations passagères de ces pensées. Seuls ils sont destinés à la mort, et seule la répétition de la reproduction subsiste. Ainsi, dans toute la nature, nous voyons que de faibles moyens seulement sont fournis pour la conservation de l'individu et des moyens puissants pour celle de l'espèce. » (16).

Cette citation de Von Baer pourrait être attribuée aussi bien à Aristote, à Galien, à Buffon, qu'à Burdach, qui s'appuie sur la réalité des métamorphoses montrant des substitutions complètes d'organes au cours du développement, pour traduire cette « idée » dans l'unité de direction qui fonde l'unité de l'organisme :

> « La vie en général est effectivement une conservation de soi-même par le fait d'une activité, un maintien à l'état de similitude avec soi-même par des changements continuels ; or, comme l'embryon change de formes et d'organes, ces formes et ces organes ne peuvent constituer son essence, qui doit consister en quelque chose de plus élevé et de permanent. L'organisme est différenr et cependant le même, à des époques diverses ; une seule et même direction de la vie agit depuis le commencement, mais elle fait varier et les formes et les organes. » (17).

Deux remarques s'imposent ici : tout d'abord, si la problématique des forces tendait à expliquer les vivants et leur développement par des déterminations inhérentes à la seule « facies totius universi », d'une manière qui paraissait rendre presque inutile l'enveloppe métaphysique où ces propositions étaient englobées, la « direction » du développement implique une réintervention métaphysique de type très traditionnel, au sens où, chez Aristote et ses successeurs des temps modernes, dans le germe, c'est l'âme, en tant que forme substantielle, qui est l'architecte de son propre domicile, et détermine le développement. En face du « mystère de la préexistence des germes », les problèmes du développement embryologique conduisent à une préformation idéale qui traduit l'échec philosophique et l'impossibilité scientifique d'une approche de la génération en termes intelligibles par référence à des modèles connus. Ensuite, et de ce point de vue Burdach n'appartient plus à la génération des Naturalistes qui entouraient Cuvier, la forme spécifique n'est plus limitée au modèle structural fourni par l'état adulte : ce qui est éternel, c'est toute la séquence temporelle elle-même, si bien que le type doit être compris en devenir.

Toutes ces conditions étant réunies, comment va-t-on désormais concevoir l'ensemble du règne animal sous le signe d'un développement progressif ?

Ce développement ne peut être qu'une figure : le seul développement réel est celui des êtres individuels, et cette figure est simplement l'expression d'une distribution en séries continues d'êtres qui sont situés à différents degrés d'une hiérarchie, et la nécessité de lier cette distribution de bas en haut, et non plus de haut en bas, comme le font encore Cuvier et Lamarck. Ce concept a donc chez Burdach la même valeur limitée que chez Agassiz. Il s'exprime dans la définition de ce que Burdach nomme « l'Organisme du Temps » :

> « L'espace et le temps sont les deux formes de la condition finie, et partout, on les trouve nécessairement unis l'un à l'autre, ce qui arrive dans un certain temps n'est point partout, et ce qui occupe un espace déterminé n'est pas toujours. Or, si l'être organique est un reflet de l'infini dans le fini, il doit porter aussi le même caractère quant aux deux formes du fini. Nous chercherons plus tard à fixer la vie comme une chose persistante dans l'intuition, et à démontrer que ses phénomènes simultanés représentent un tout organique, donné par l'idée. Ici, où nous reportons seulement nos regards sur la vie que nous avons envisagée comme une chose progressive, notre but doit être de faire voir que son essence idéale, pour arriver à se phénoménaliser, se partage en plusieurs directions, séparées les unes des autres quant à la succession, que les divers états qui se succèdent se comportent comme les membres d'un seul tout se manifestant dans le temps, qu'en un mot, le cours de la vie est un organisme dans le temps. Il n'y a là ni origine due au hasard, ni existence sans but, ni destruction n'aboutissant à rien ; la loi immuable règne au milieu de mutations continuelles, et l'esprit éternel domine dans la loi. » (18).

L'importance de la diversification des directions de la vie conduit Burdach vers une distribution divergente des espèces, qui s'imposera avec Von Baer, mais pour lui, la progression dans le développement est plus fondamentale. Cependant, s'il y a parallélisme entre le développement embryonnaire des animaux supérieurs et la hiérarchie des espèces, ce parallélisme est relatif : l'analogie n'est pas identité absolue ; elle ne porte que sur certains traits, et les espèces inférieures représentent aussi l'individualisation de certaines directions de la vie (19). La progression marque l'action d'une essence dans le sens de l'individualisation (20), et l'individualisation des espèces inférieures répond à celle des stades embryonnaires qui émanent d'une force interne (21) dont le but est la forme humaine. Dans cette série, on constate que la progression est liée à la complication de l'organe cérébral, dont l'envers est la spiritualisation de l'animalité, qui culmine en l'Homme (22), et ici, on rejoint le contenu de l'Anatomie du cerveau de Tiedemann (23), et surtout, l'Anatomie comparée du cerveau de Serres (24), par où cette Physiologie philosophique passe à l'Anatomie transcendante, telle quelle est comprise par Serres. Ce sont les deux versants d'une même conception du vivant, dans laquelle l'ordre, au sens de distribution hiérarchique, devient loi et processus.

3. – LES MÉTAPHORES.

En tant qu'étude philosophique de l'organisation, l'Anatomie transcendante va donc se montrer capable de regrouper systématiquement les sciences morphologiques dans la mesure où l'on y rencontre des lois de même ordre à différents niveaux. Mais ce pouvoir de coordination peut se montrer de force différente. Il reste faible chez Duvernoy, qui juxtapose les diverses lois, tributaires de différents domaines où elles ont pu être établies, sans établir l'existence d'une unité interne entre elles. Dans l'article Animal du même auteur (1), les caractères de l'organisation qui dépassent les particularités de chaque secteur de recherche sont l'individualité, la dépendance des parties par rapport au tout, et le mouvement propre, toutes qualifications qui opposent le monde organique et le monde inorganique dans le style des zoologies ou physiologies générales. Il en va tout autrement avec la forme d'Anatomie transcendante qui est développée par E.R.A. Serres dans le cadre de l'Epigénèse.

Mais c'est à une forme particulière d'Epigénèse que nous avons affaire, dans laquelle la perspective initiale des processus physiologiques en œuvre dans l'embryogénèse pour produire les formes observables est recouverte par celle des lois de formation qui décrivent les séries de métamorphoses subies par les organes et les organismes, et qui sont basées sur les descriptions anatomiques et embryologiques. Ces métamorphoses elles-mêmes sont comprises dans un système d'ensemble dont les clefs sont à chercher du côté de métaphores empruntées à la Philosophie de la Nature, et dont l'origine remonte le plus souvent à la spéculation présocratique. Serres n'a fait qu'élucider les possibilités de coordinations induites par ces métaphores, telles qu'elles s'annoncent dès le début du XIXème siècle. Parmi celles-ci, soulignons principalement l'homme microcosme, le Règne animal compris en son ensemble comme un Grand Vivant, et les transpositions de schémas géométriques, ou simplement numériques. Ce sont les liaisons de ces métaphores entre elles autour du concept de métamorphose qui vont fournir les principes de la liaison entre les diverses disciplines morphologiques.

L'homme, sommet de l'Echelle des Etres, devient aussi le résumé de cette Echelle lorsqu'il est défini comme microcosme, ce qui peut être compris de manière statique et de manière génétique. D'un point de vue statique, les parties de l'organisme humain vont servir à la construction du système zoologique, comme le préconise Oken :

> « Chaque classe et chaque genre est caractérisé par la possession exclusive d'organes propres.
>
> Donc, les animaux ne sont rien que des fonctions organiques devenues vivantes au degré suprême, et comme chacune d'elles a sa propre essence par laquelle elle est distinguée de toutes les autres, et par laquelle elle reçoit sa propre forme et son propre mode d'action, de même les animaux, fonctions animalisées. Autrement dit, l'homme est la réunion

de tous les caractères animaux, les animaux ne sont donc que des développements particuliers de certains caractères particuliers ; par suite, ils ne sont rien d'autre que des présentations totales d'un organe particulier de l'homme, et cet organe qui s'est cristallisé à part en eux, est leur essence et leur forme : cet organe est tout l'animal alors qu'il ne constitue en l'homme qu'une petite partie. » (2).

Par conséquent, la zoologie, la physiologie, et l'anatomie humaine et· comparée, se trouvent coordonnées dès ce moment dans une synthèse que l'on peut qualifier d'Organologique, quoique, dans son Lehrbuch, Oken donne à ce terme un contenu un peut différent, surtout génétique (3). Mais justement la dimension génétique de cette métaphore va fonder une coordination beaucoup plus puissante, et d'un avenir beaucoup plus riche : le parallélisme entre la série des stades du développement individuel des animaux supérieurs et spécialement de l'homme, et la série zoologique, ce qui va permettre, avec Meckel, le regroupement des trois mêmes sciences : Anatomie comparée, Zoologie, et Physiologie, c'est à dire de cette partie spéciale de la Physiologie appelée Embryologie, dans une synthèse différente de la précédente :

« L'Anatomie comparée se trouve dans le plus étroit rapport principalement avec deux sciences : la zoologie et la physiologie, qui toutes les deux ne peuvent prospérer sans son appui, et sans elle ne peuvent que rester un jeu d'enfants ou un rêve indéterminé. Elle les fonde, du moins en grande partie, grâce aux recherches sur la formation progressive des organes aussi bien que des organismes dans la série animale, dans laquelle elle détermine pour un domaine les conditions essentielles et accidentelles des fonctions, pour autant qu'elles dépendent de certaines formes, et pour l'autre domaine, elle découvre la place qui doit être établie pour chaque vivant dans la série animale. Ces deux domaines sont au fond réellement le même, où l'histoire des organes formera normalement la base de celle de tout l'organisme et la seule véritable et possible Physiologie générale, la première partie de la Zoologie. » (4).

Si Meckel ne fait pas état des métaphores sous-jacentes, cet empirisme ne doit pas faire illusion, car on peut penser qu'il s'agit avant tout d'une épuration d'une pensée qui s'est alimentée d'abord à tout autre chose. Ainsi, avant lui, Walther part de la métaphore de l'Homme-microcosme pour fonder à la fois la systématique dans le même style que Oken, et la perspective d'un développement sériel qui demeure une des conditions nécessaires du parallélisme des séries du développement individuel des groupes supérieurs et de la hiérarchie des espèces (5).

Mais, et ceci depuis Kielmeyer, le parallélisme va s'adjoindre une autre métaphore dont le rôle reste central dans les spéculations de l'Anatomie transcendante, celle du Règne Animal compris en son ensemble comme un Grand Vivant, ou Animal unique, lui-même en développement à travers le temps terrestre comme nous l'avons vu (6). Ce traitement du règne animal en entier comme une seule machine ou mieux comme un seul organisme dans le temps, permet la jonction entre la Zoologie et la Paléontologie, comme il apparaît avec Treviranus :

« L'origine première de la vie en général se perd également dans l'origine de l'Univers. Mais ce qui nous apparaît comme Nature vivante est un produit de la Terre, et la série de son développement obéit aux mêmes lois par lesquelles chaque individu qui, de notre point de vue est vivant, parcourt les périodes de génération, croissance, métamorphose et reproduction. » (7).

Ces lois dépendent du temps et les traces des transformations qu'elles impliquent seront à chercher, par conséquent, dans les ruines du monde antérieur ; mais on les retrouve également à travers toutes les sortes de transformations ; une telle situation engage le plan empirique de la Biologie :

« Il faudrait d'abord chercher à tirer une ligne frontière entre la nature vivante et la nature non vivante, puis à classer les organismes vivants en fonction de ce qui persiste en eux ; à partir de là, considérer toute la Nature vivante comme un seul organisme, et voir dans quels rapports se trouvent les diverses classes, ordres et genres dont elle est composée, entre eux et vis à vis de la nature inorganique, et alors, rechercher dans les ruines du monde primitif les transformations que ces rapports et ce grand Organisme lui-même ont subis. De ces recherches, on pourrait se tourner vers la considération de phénomènes vitaux que nous rencontrons dans les diverses classes et familles des corps vivants, les suivre à travers toutes les diverses modifications de la vie, et déterminer leurs conditions et leurs lois. On pourrait chercher à expliquer ces phénomènes à partir des propriétés des ultimes parties fondamentales en lesquelles l'organisme vivant se laisse diviser par des moyens mécaniques, et, ces tentatives une fois réussies, on pourrait finalement s'efforcer de distinguer quelle participation les diverses matières fondamentales dont les corps organiques sont composés, prennent à la formation et à la persistance des divers phénomènes vitaux. » (8).

Ce texte conduit à deux remarques : la jonction entre la paléontologie et l'embryologie n'est pas indiquée, mais elle est en réalité très proche dans la mesure où, dans ce même cadre métaphorique du grand Organisme, un autre auteur, Tiedemann, compare les espèces disparues que l'on retrouve dans les archives paléontologiques aux formations temporaires du développement embryologique, comme complément obligé de l'idée du parallélisme des séries zoologiques et embryogénétiques, compris dans un ordre intégralement temporel (9). En second lieu, l'orientation histologique des recherches biologiques est encore nettement opposée au premier ensemble qui reste centré sur la zoologie, et affectée d'un caractère plus directement physiologique. La réunion des deux orientations sera réalisée par l'intermédiaire du concept de composition, qui va lui-même être l'occasion d'un jeu métaphorique dont les termes sont les globules, transformables en sphères creuses, et les infusoires. L'assimilation des infusoires à des globules muqueux élémentaires permet le développement de deux thèmes : l'idée que l'organisme complexe est une sorte de colonie, qui se rattache à la métaphore de l'essaim utilisée par Bordeu et Diderot (10), et l'idée que l'ordre de composition pourrait être géométrisé. L'idée que l'organique et que l'inorganique s'opposent comme une géométrie supérieure et une géométrie élémentaire est attribuée à l'enseignement de Kielmeyer (11). Cette géométrie supérieure est celle des lignes courbes, et spécialement des corps sphériques, ce qui converge avec l'idée d'une composition des organismes à partir de sphères ou de globules ; cette convergence passe dans l'Anatomie transcendante, après avoir été systématiquement exploitée par Carus :

> « En effet, toutes les formes vivantes individuelles appartiennent nécessairement à celles qui naissent d'une expansion de la sphère, et, comme la sphère en général est le symbole de l'élémentaire, et le corps terminé par des lignes droites, celui du solidifié, du mort, comme le fluide désigne la substance élémentaire, et le solide la substance morte, enfin comme le vivant est une chose molle, intermédiaire pour la forme, entre la sphère et la forme terminée par des lignes droites, la forme ovalaire, la sphère multipliée et convertie, soit en ellipsoïde, soit en corps limités par la parabole et l'hyperbole, sont précisément, parce que leurs lignes tiennent le milieu entre la ligne droite et la ligne circulaire, les formes à proprement parler essentielles de toutes les individualités organiques vivantes. » (12).

Il est évident qu'il ne s'agit pas là vraiment d'une géométrie : on ne trouve pas dans ces considérations de déduction à partir d'un système cohérent d'axiomes. Il s'agit plutôt d'une esthétique au sens où les combinaisons formelles sont appréciées en fonction d'un effet et d'une signification – signification qui semble tenir à l'attribution au vivant d'une intériorité close, qui court à travers toute cette époque. De cette manière, nous allons pénétrer dans la perspective du développement au moyen de propositions pseudo-mathématiques portant sur les transformations de la sphère simple considérée comme forme organique primaire à l'intérieur de laquelle se jouent les oppositions qui fondent son devenir.

Esthétique dans son ensemble et par son projet, cette approche abstraite fait intervenir dans sa démarche des schémas dialectiques (13), tandis que l'aspect proprement géométrique reste cantonné au niveau du simple vocabulaire, et il ne peut en être autrement dans la mesure où ce langage ne tire sa consistance d'aucune logique interne, mais de sa seule référence à l'objet qu'il cherche à signifier : l'être vivant, dans la multiplicité de ses rapports et dans son unité interne. Quoi qu'il en soit, par ce moyen, à travers l'idée de développement, les sciences morphologiques se trouvent coordonnées d'une manière, pour ainsi dire principielle, aux recherches portant sur les éléments organiques :

> « Nul degré supérieur d'évolution d'un organisme ne s'obtient que par la multiplication du type primaire de formation, répété toujours à des puissances différentes et de plus en plus élevées. Nous devons attacher une importance toute spéciale à cette loi, parce que c'est sur elle que reposent, et l'idée de la métamorphose organique, et la nécessité d'appliquer la méthode génétique à toutes les sciences naturelles. » (14).

Par conséquent, c'est une Epigénèse qui a abandonné les processus au profit des formes et qui se trouve surdéterminée, par des métaphores romantiques incorporées à la Biologie, qui constitue la toile de fond de cette Anatomie transcendante. Elle promeut le concept de métamorphose comme principe de coordination de toutes les sciences anatomiques, restées éparses dans l'article de Duvernoy, d'inspiration cuvierienne, et regroupées par Serres :

« Pour nous, le mérite de la doctrine de l'Epigénèse est dans sa convenance avec les faits que l'expérience nous découvre. Il faut un principe qui les relie, et sans les fausser, tous ensemble. Entassés comme ils le sont encore, sans mesure, sans règle et sans lien, ils font de l'Anatomie générale et comparée une science morte, véritablement propre à rebuter les sens, qui tantôt dégoûte l'esprit par l'aridité de ses conceptions, et tantôt l'égare en l'entraînant dans les malheureux dédales de la philosophie allemande. Mais dégagée de ces vues préconçues qui étaient destinées à la mettre en rapport avec un autre ordre d'idées, l'organogénie nous montre enfin la Nature dans sa véritable grandeur. La Terre est un immense laboratoire où se développe continuellement depuis l'apparition de la vie sur le globe, une succession de véritables nouveaux venus dont les organismes, suivant une marche progressive ascendante, s'échelonnent depuis les infusoires, point de départ de la Nature, jusqu'aux mammifères et à l'homme, dernier terme de ses efforts. La science met ainsi à découvert cette marche ascendante et toujours continue de la vie, jalonnée de loin en loin par des temps d'arrêt qui semblent pour la nature des temps d'accouchement et de repos ; de telle sorte que le règne animal tout entier n'apparaît plus en quelque sorte que comme un seul animal qui, en voie de formation dans les divers organismes, s'arrête dans son développement, ici plus tôt, là plus tard, et détermine ainsi, à chaque temps de ces interruptions par l'état même dans lequel il se trouve alors, les caractères distinctifs et organiques des classes, des familles, des genres et des espèces. » (15).

4. – LES ÉLÉMENTS ORGANIQUES.

Si Serres condamne la philosophie allemande, il en conserve du moins les métaphores dont le rôle ne doit pas être compris comme secondaire et pédagogique, mais principal et organisateur, pour la constitution de ce regroupement des sciences morphologiques, qu'il place sous le signe de l'Epigénèse. Le problème qui se pose ici, est donc celui du rapport exact qui a pu s'instaurer entre l'idée même d'une Epigénèse et le système de métaphores qui s'est déployé à travers la Biologie romantique. Il faut rappeler que l'objet principal du travail de Wolff est la réfutation des conceptions préformationnistes par la démonstration qu'à l'origine des organes et des organismes, il y a une matière liquide homogène qui se dépose et se transforme en organisation, par l'apparition de globules, de vésicules et de vaisseaux, sous l'effet de processus commandés par les qualités mêmes de la matière et les forces vitales. Au contraire, les métaphores de la biologie romantique sont situées au niveau des formes visibles, où celles qui sont en devenir trouvent tout leur sens dans celles qui sont achevées, et tout le Règne vivant, dans l'Homme. Autrement dit, d'un côté, l'essentiel est dans le processus, de l'autre dans la signification, à deux niveaux différents, distingués par tout le parcours que constitue le développement de la vie individuelle. C'est en définitive le temps du développement qui assure leur jonction, et ce temps est le même que celui qui permet la réunion du développement de l'organisme individuel et celui du grand Organisme à travers l'histoire de la Terre. Dans ces conditions, Serres veut sans doute rendre l'Anatomie transcendante scientifique, par référence à la doctrine de l'Epigénèse ; mais on peut au contraire penser qu'il aboutit à un traitement métaphorique de l'Epigénèse, car, toute recherche sur les processus de formation réelle se trouvant exclue, elle n'est plus que le répondant au niveau le plus élémentaire du système en son ensemble. Les globules et vésicules sont moins le résultat de tentatives d'observation et d'explication de faits réels que la projection dans l'origine du vivant de représentations essentiellement imaginaires. Enfin, si la Terre est un laboratoire qui produit constamment de nouveaux venus, au terme d'une chimie qui n'a aucun contenu réel, l'existence de liens génétiques entre ces nouveaux venus est exclue au profit d'une sorte de génération spontanée, que nous verrons Von Baer préférer encore à une parenté des espèces fondées sur des mécanismes de transformation. Le temps géologique n'est qu'un cadre pour la manifestation de la pensée créatrice transcendante, dont les processus épigénétiques, comme les processus chimiques qu'ils prolongent ne sont qu'un instrument d'intérêt secondaire. Par contre le concept de métamorphose exprime cette pensée transcendante de manière directe, ce qui implique que ce concept de métamorphose soit entendu en un sens idéal, ou philosophique, par opposition à explicatif ou même simplement descriptif.

Par conséquent, Serres, conscient de ce que l'Epigénèse implique aussi quelque chose concernant les phénomènes vivants élémentaires, compris aussi comme primitifs, est conduit à rattacher l'organogénie à l'ovogénie et à l'histogénie. Comme dans cette démarche, il rencontre l'œuvre de Bichat reconnue universellement comme parfaitement scientifique selon la conception régnante de la science, il va chercher à s'en servir comme caution pour garantir la scientificité d'un édifice qui ne l'est pas dans son principe. Et pour cela, il fallait que le sens des textes de Bichat soit considérablement gauchi ; et tiré vers l'idée de métamorphose :

> « On n'a pas fait assez d'attention au procédé par lequel cette belle œuvre fut créée. Ce ne fut ni par des dissections plus habiles, ni par les réactifs chimiques auxquels furent soumis les divers tissus, ni même par l'analyse qu'il fit de leurs propriétés, que Bichat parvint à son but. Ces procédés matériels qui se répètent dans tout ouvrage et à l'occasion de chaque système, ne sont en réalité que l'échafaudage d'une idée mère, d'une pensée première, qui, toujours présente, les domine. C'est le principe de l'analogie des tissus organiques. Les caractères anatomiques d'un tissu une fois posés, Bichat suit ce tissu dans toutes ses modifications, dans toutes ses transformations, et ne l'abandonne que lorsqu'il est obligé de renoncer à ses procédés sévères d'investigation, qui sont la pierre de

touche du principe des analogies. C'est là qu'est toute son histologie. Analogie de structure, analogie de propriétés, partant, analogies de fonctions, c'est là, je le répète, le cachet caractéristique de l'œuvre de Bichat et la source de ces utiles applications. » (1).

Mais cette méthode des analogies est surtout pour Serres, ce qui permet de dégager les transformations, et le domaine privilégié où l'on peut suivre des séries de transformations est l'anatomie pathologique. L'analogie indique un objet identique et le concept de transformation permet de maintenir cette identité à travers les différences, normales ou anormales.

Le problème consisterait maintenant à savoir si Serres entend par ce terme de transformations, applicable de la même manière au domaine normal et pathologique, qui diffèrent pourtant par la nature des phénomènes observés, exactement la même chose que ce que Bichat aurait pu y mettre. Pour Serres, ce doublet de métamorphose, est parfaitement synonyme de ce dernier terme, qui permet de regrouper tous les tissus, censés provenir d'une même origine, mais aussi tous les organes d'un même individu, et tous les organismes d'un même rêgne, dans une synthèse qui ne peut pas être autre chose qu'idéale, précisément aussi à cause de ce caractère englobant. De même, pour Serres, l'analogie est à la manière de Meckel et de Geoffroy Saint-Hilaire, l'expression de la loi universelle de l'unité dans la variété ; elle a donc beaucoup plus qu'une portée méthodologique. Au contraire, on peut observer que si Bichat admet que la nature est uniforme dans ses procédés, mais variable dans ses résultats, conformément à une formule traditionnelle à fondement téléologique, il rejette en même temps le regroupement de tous les tissus, tel qu'il a été envisagé par Haller :

> « Il n'établit dans son article « Sur les membranes en général », aucune ligne de démarcation entre elles. Une texture analogue les confond toutes ; elles ne sont à ses yeux qu'une modification de l'organe cellulaire, qui leur fournit une base commune, toujours facile à ramener dans son état primitif. Cette opinion, vraie sous un rapport, sera évidemment prouvée fausse sous plusieurs dans la suite de cet ouvrage. Ici, la moindre réflexion suffit pour concevoir que ces organes doivent différer, non seulement par la manière dont est arrangée, entre-croisée la fibre qui les forme, mais encore par la nature de cette fibre même ; qu'il y a entre eux différence de composition, comme de tissu. » (2).

De ce fait, le projet de Bichat est d'abord d'établir une classification. Il dresse donc une liste de vingt et un tissus simples, considérés comme les véritables éléments organisés, à partir desquels est formé l'organisme humain, et qui sont tellement distincts qu'ils peuvent être comparés aux corps simples de la chimie. Il n'y a pas de transition entre eux, mais au contraire, une ligne de démarcation stricte qui est tirée par la nature et non par la science (3). Par conséquent, Serres cherche dans Bichat une caution que celui-ci est loin de lui fournir. Ce n'est pas là que l'on peut espérer trouver un accueil pour ce thème des métamorphoses, selon lequel la dérivation de tous les tissus serait possible, non seulement à partir du tissu cellulaire, mais à partir d'un seul élément, comme ces infusoires globulaires, qui, dans la Philosophie de la Nature, constituent l'unique point de départ de tous les tissus.

Cet élément organique ultime et unique, Serres le dégage au terme d'une démarche régressive du composé vers le simple. De ce fait, il se trouve défini négativement comme organisme réduit à sa plus simple expression, du point de vue morphologique et du point de vue physiologique, c'est à dire, comme simple vésicule, capable d'assimilation et dont le modèle est fourni après 1830 par la vésicule de Purkinje. Mais l'ordre de décomposition n'est que l'inverse de l'ordre de composition par lequel les formes complexes se trouvent produites (4). La variété de ces dernières n'est donc que secondaire et ne constitue qu'un masque vis à vis de cette identité des éléments primordiaux, qui fonde l'unité du monde vivant :

> « On voit que le fractionnement des organismes chez l'embryon de l'homme et chez les animaux considérés dans leur série, est le principe, et l'assocation de leurs éléments le procédé ou le moyen ; de sorte que les éléments organiques étant invariablement donnés, la nature les associe au plus haut degré dans le développement de l'homme, et les maintient désassociés à des degrés divers dans le développement des animaux. De cette association et de cette désassociation résulte la forme organique : et ces variations sont aussi nombreuses que peuvent l'être les combinaisons des éléments qui les produisent. » (5).

Or, pour Bichat, texture et structure étaient le fondement de différences primitives et essentielles, exprimant la pluralité initiale des forces qui résistent à la mort.

5. – LES ORGANISMES.

Sur ce point, Serres s'oppose à Cuvier de manière aussi complète. Nous avons vu que pour Cuvier, la forme n'est pas secondaire, mais bien principale ; elle est l'essentiel de l'animal, et ceci, en tant que forme globale qui règle, en fonction du principe des corrélations, l'harmonie physiologique de l'organisme (1), c'est à dire le système de rapports qui unissent l'échange des matières et l'activité vitale. Dans ces conditions, il n'existe pas à proprement parler d'individualité animale élémentaire, susceptible d'être dégagée par décomposition ; il n'existe que des animaux simples, mais dont la spécificité zoologique est aussi stricte que celle des animaux supérieurs. Cette spécificité est elle-même confirmée par la doctrine de la préexistence des germes qui garantit le fixisme, impliqué par l'indépendance et la primordialité essentielle de la forme. Serres également est fixiste ; le petit embryon qui doit devenir l'homme l'est déjà en essence, même s'il ressemble d'abord à un poisson ou à un reptile : il ne faut pas confondre analogie et identité, le plan des métamorphoses et celui des genèses réelles. Mais lorsqu'il emploie la méthode cuvierienne de la comparaison des séries organiques pour dégager les aspects physiologiques fondamentaux du vivant, et que cette méthode le fait aboutir à cette unité ultime qu'est la vésicule, il dépasse la portée donnée à cette méthode par Cuvier, et renverse la perspective de celui-ci, au profit de l'idée d'une formation, d'une composition primitive, dont le développement est une conséquence, ce que le préformationnisme exclut, et ce renversement est la condition de la concordance des sciences morphologiques à partir de l'organogénie : il est bien évident, en effet que le fixisme lié à la conception préformationniste, ne laisse aucun jeu au concept de métamorphoses et aux métaphores qui lui sont associées. Serres développe cette concordance de la manière suivante :

> « La concordance de l'organogénie et de l'anatomie comparée conduit à celle de la zoogénie. Un animal est un composé d'organes, comme un ogane est un composé d'éléments organiques. L'association ou l'homéozygie réunit et harmonise les premiers, de même qu'elle le fait pour les matériaux des organes...
>
> Je remarque, en effet, qu'il y a des animaux élémentaires qui sont les plus simples possibles, comme nous avons reconnu des tissus primitifs et des organites formés par les premières combinaisons. Ces animaux simples ou primitifs ont été désignés sous le nom de zoonites par M.M. Dunal, Moquin-Tandon et Duges. Les zoonites sont en quelque sorte des diminutifs d'animaux, comme les organites sont des diminutifs d'organes ; et de même qu'un organite peut fonctionner à part et concourir par son association à une action commune, de même, un zoonite peut vivre isolé, comme il peut s'associer pour apporter sa part de vie à une vie commune. Les Monadaires, les Volvoces, les Acéphalocystes sont des zoonites libres. La différence qui existe entre un organite et un zoonite dépend donc moins de leur constitution que de leur dépendance ou de leur indépendance. C'est là un principe fondamental. » (2).

Serres veut donc ramener les uns aux autres les éléments composants des tissus et des organes, et les animaux élémentaires qui sont censés former par addition les animaux complexes, ce en quoi il tend à confondre des unités vivantes sans sytèmes organiques distincts, considérées comme présentant le degré le plus faible de différenciations immédiatement au-dessus de la matière homogène, et des unités qui sont censées présenter déjà une forme complète de combinaison organique. Ici encore, c'est une abstraction qui peut produire un tel effet d'assimilation, c'est à dire, la loi de multiplication du type primaire formulée par Carus, qui se retrouve débarrassée de son appareil dialectique ou pseudo-mathématique. Elle se cherche désormais une justification dans les observations concrètes d'organismes coloniaux et d'organismes segmentaires dont les phénomènes viennent d'exciter la curiosité des naturalistes, comme le montre l'origine de l'expression « zoonite » chez Moquin-Tandon : l'organisation segmentaire des sangsues :

> « Si on réfléchit un peu profondément sur cette structure symétrique, on sera naturellement conduit à penser que chaque espace occupé par cinq segments possédant un petit système nerveux, un système digestif, des appareils pour la respiration, pour la circulation, pour la reproduction, etc., peut être considéré comme un petit Tout, comme un animal particulier, semblable à un être distinct, appartenant à une classe supérieure, et dans lequel l'individualité est fortement caractérisée. » (3).

L'idée de traiter les segments comme des individualités autonomes rappelle les analyses de Wolff, qui comprend dès 1759 le végétal comme constitué par l'associations de végétaux élémentaires définis par la feuille prolongée d'une tige, c'est à dire, une organisation végétale complète. La transmission du thème a pu se faire par l'information botanique de Dunal et de Moquin-Tandon. On retrouve le même thème chez Gœthe (4). On le retrouve aussi en apparence chez Oken, dont la formule est catégorique :

> « La génération n'est pas une analyse, elle est une synthèse des Infusoires au moyen des pôles homogènes et opposés du monde organique. » (5).

Mais l'intervention des infusoires relève d'une tradition bien différente, puisque, à travers le Chaos Infusorium de Linné, elle remonte à une philosophie des particules vivantes dont la formulation la plus complète est fournie par Buffon avec la théorie des molécules organiques, chez un auteur pour qui l'œuvre de Wolff était entièrement méconnue en 1805. Lorsque ces deux traditions se rejoignent chez Serres, tout se passe en réalité comme si l'idée de segments autonomes, s'était surajoutée à un fond théorique plus englobant, constitué par la philosophie des particules-infusoires.

Dugès, ensuite, est responsable de l'exploitation du thème pour l'interprétation de l'ensemble de la série animale, depuis les organismes proprement coloniaux, tels les Biphores qui constituent des chaînes observées par Quoy et Gaimard, et les organismes supérieurs les mieux intégrés, tels les Vertébrés (6). Or, le fait de trouver un principe d'explication de la composition animale dans les phénomènes observés au niveau des animaux les plus inférieurs de la série, ajoutée à la curiosité pour ce qui étant plus simple paraît plus proche des origines de la vie, va faire porter l'intérêt des naturalistes vers les Invertébrés en général, ce que Serres fait remarquer, en jonction avec ce mouvement qui, à partir des années vingt, déplace progressivement les naturalistes du laboratoire de dissection vers le terrain où vivent les animaux, spécialement marins :

> « Si le temps nous le permettait, nous essaierions de montrer que ces travaux si remarquables et si avancés, ont ouvert l'ère nouvelle des études dont les animaux invertébrés sont présentement l'objet. Nous montrerions que cet avancement tient peut-être à l'induction de l'embryologie et de ses métamorphoses dans cette partie de la science, métamorphoses dont Savigny avait fait une application si heureuse dans sa théorie de la bouche des insectes hexapodes et des animaux articulés. En ce qui concerne les ascidies composées, nous essaierions de montrer que la formation des quatre zoonites réunis en anneaux chez les pyrosomes, et le développement de plusieurs germes disposés en étoile dans chacune des larves de Botrylles découvert par M. Sars, ne sont autres que la segmentation primitive de l'œuf ou la manifestation des lignes méridiennes et équatoriales. Nous essaierions de montrer que cette embryologie composée dont Dugès et M. Siebold ont donné d'autres exemples, est bien la racine de la composition de ces animaux, tout en réservant l'idée de M. Milne-Edwards sur leur multiplication par bourgeons : mode de génération qui, d'une part ramène vers les polypes l'état larvoïde des ascidiens, et qui, d'autre part,

donne une explication si satisfaisante de l'état composé des Botrylles, des Didemnes et des Clavelines, en le rattachant peut-être à la théorie du dédoublement des végétaux. » (7).

6. – LES TRANSFORMATIONS.

Si la Terre est un laboratoire, dans la période présente, ce sont donc les Invertébrés qui fournissent le matériel expérimental le plus riche. Leur foisonnement, considéré depuis Buffon comme une caractéristique des groupes inférieurs, et que l'on peut compléter par celle d'un maximum de variabilité, permet de les traiter comme une mine de tentatives combinatoires offertes par la nature, et qui peuvent être mises en parallèle avec celles qui sont offertes par la tératologie :

> « Remarquons, en effet, que chez les Invertébrés, la vie s'exécute librement dans des conditions organiques que nous qualifions de monstrueuses chez les Vertébrés, parce qu'en effet, les Invertébrés ne sont souvent que des monstruosités vivantes, si on les compare aux vertébrés parfaits. Ainsi, une partie des Polypes, une partie des animaux infusoires sont anentériques, ou sans canal intestinal, de même que les môles rejetées par l'utérus de la femme. Une autre partie ne présente que la partie antérieure du canal alimentaire : tels sont les Alcyons, les Gorgones, les Vérétilles, les Cornullaires, les Pennatules, les Kolpodes, et quelques Vorticelles parmi les infusoires, etc... etc. » (1).

Si l'on se réfère aux deux auteurs qui ont le plus développé et utilisé la tératologie au début du XIXème siècle, et dégagé certaines de ses implications théoriques, c'est à dire, Meckel et Geoffroy Saint-Hilaire, on constate qu'elle se présente comme un domaine privilégié pour l'application des principes philosophiques de l'anatomie. Pour Meckel, les anomalies constituent un ordre particulier de différences anatomiques, regroupées avec celles du sexe et de l'âge, et qui doivent donc être embrassées par l'anatomie générale au même titre que les autres différences normales, puisqu'elles relèvent des mêmes lois de formation. De ce point de vue, les anomalies secondaires, ou acquises, dont la causalité peut être déterminée, du côté des conditions externes à un organe ou à un organisme, qui ont pu perturber sa formation, et qui couvrent tout le domaine de l'anatomie pathologique, pourront servir à éclairer les anomalies primitives ou « congéniales », et même les particularités normales, ce qui permettra, mais beaucoup plus tard d'envisager une pathologie expérimentale et une tératologie expérimentale, à condition de dépasser le plan de simple spéculation où les problèmes sont apparus. Une conséquence de cette identité génétique entre des formations normales et des phénomènes anormaux, c'est que l'anomalie dans un type donné peut constituer la règle pour un autre type. Par conséquent, par ce biais, on peut envisager une approche de la connaissance de la formation des espèces par la nature. Enfin, parce que les idées de norme, d'essence et de perfection sont liées, les anomalies peuvent apparaître comme des déficits, ce qui permet de glisser de l'idée de déviation ou d'aberration, vers celle d'arrêt de développement, qui consitue un concept majeur de la tératologie du siècle, à partir de Meckel. Lorsque des analyses du même ordre sont reprises dans le cadre de l'unité de plan et de composition, par Geffroy Saint-Hilaire, et du fait que ces analyses précisent ce que Meckel laissait de vague sous l'expression de type organique général, si bien que les divers types zoologiques sont compris à l'intérieur d'un seul système de transformations, les formes anormales pour un type donné, vont apparaître comme normales pour un autre type situé à un niveau inférieur au premier dans la hiérarchie des formes animales, comme le veut le concept d'arrêt de développement, et ceci, sans limites. Par conséquent, la tératologie est censée fournir un matériel qui recouvre toute la série zoologique, jusque dans ses parties les plus inférieures, ce que l'on retrouve ici dans l'assimilation que fait Serres entre les Invertébrés et des monstruosités. De ce fait, la tératologie est, dans ses principales dimensions, liée à l'Anatomie transcendante, c'est à dire, au traitement de l'organisation comme un être abstrait (2), comme un pur système de transformations, à laquelle elle fournit des exemples de production de formes particulières paraissant indépendantes dans une certaine mesure, des cadres zoologiques préexistants. Elle peut donc être comprise comme un instrument par excellence pour la confirmation des vues épigénétiques, qui considèrent les règles de formation comme la traduction des mouvements organiques en interaction au cours de la croissance de la masse issue de l'œuf et qui sont responsables de la multiplication, de la différenciation et de la coordination des organes. Une perturbation accidentelle modifie non pas ces lois, ni les processus qu'elles supposent, mais simplement leurs conditions d'exercice, et par là, leur jeu est censé pouvoir être analysé d'autant plus clairement qu'il aboutit à des résultats exceptionnels.

Ce que la comparaison entre les données zoologiques et tératologiques d'après Serres, va introduire de plus, c'est l'idée d'une série physiologique, surajoutée aux échelles organiques, répétées par les échelles zoologiques, qui constituent ensemble l'image vivante de l'Echelle de Jacob, en réunissant les globules à l'Homme, c'est à dire ce qu'il y a de plus élémentaire à ce qu'il y a de plus élevé dans la spéculation sur des objets biologiques ; autour de cette Echelle, comme les anges du rêve biblique, la pensée des naturalistes va monter et descendre librement, trop librement sans doute, pour que la démarche soit toujouurs bien rigoureuse (3). La référence à une telle Echelle se trouve donc comme d'habitude combinée à la métaphore du grand animal et de l'Homme-microcosme, dans une vision philosophique de l'univers aussi close qu'elle pouvait l'être chez Herder. Il s'ensuit que l'organogénie, autour de laquelle les autres sciences morphologiques pourront s'articuler, sera l'embryogénie humaine ou anthropogénie, en confirmation du fait que l'Homme est bien l'être zoologiquement supérieur et le résumé de la Création entière. Tout a préparé l'Homme, et c'est ce que la Paléontologie doit nous apprendre :

« ... on conçoit que lorsqu'on pourra comparer degré par degré, les types des différents fossiles de toutes les périodes géologiques avec les grands changements que les animaux vivants subissent dans leur vie embryonnaire, on aura, d'une part de l'ensemble de la création une idée plus satisfaisante que celle que nous pouvons nous former actuellement, et d'autre part, nous aurons aussi une connaissance plus positive des harmonies admirables par lesquelles tout est combiné à travers les siècles pour préparer sur la terre l'avènement de la grande figure humaine qui, à elle seule, constitue dans la nature un règne à part, le règne humain. » (4).

Plus que l'organogénie, c'est l'anthropogénie qui est le centre de la coordination des sciences morphologiques. Elle se voit attribuer une fonction explicative qui confirme la position traditionnellement anthropocentrique des sciences de la nature, en la retournant : ce n'est plus toute la nature qui explique l'homme-microcosme, par une sorte d'introjection de celle-là dans celle-ci, c'est l'homme qui se projette sur la nature entière, qui en devient une sorte d'image :

« En traçant d'une main hardie le programme de la chaire d'anatomie humaine au Muséum, Vicq d'Azyr a dit qu'il fallait l'éclairer par l'Anatomie compaée. Aujourd'hui, les progrès de l'anthropogénie nous permettent de retourner cette proposition et de dire à notre tour que l'organogénie humaine doit éclairer l'étude de l'Anatomie comparée, en rendant compte par ses temps d'arrêt des variations organiques qui se manifestent chez les animaux. En rapprochant ainsi l'organogénie humaine de l'organogénie comparée et de la tératologie, nos explications acquerront un degré de certitude qu'elles ne sauraient avoir dans chacune de ces sciences considérées isolément. » (5).

Un tel projet attendra Haeckel pour recevoir un développement systématique, avec cependant ces deux différences radicales, que le parallélisme n'est pas la récapitulation, quoique cette dernière finisse par se profiler, et que Serres n'a jamais admis d'évolution réelle, en conformité avec son affirmation de 1824, selon laquelle : « la nature rétrograde dans ses développements, elle n'avance jamais ». Parce qu'il est situé sur un plan idéal, le concept de métamorphose décrit donc essentiellement une procédure artificielle ou abstraite et non pas un mouvement réel :

« Ce que la nature n'a pas fait, ce qu'il semble même qu'elle ne pourrait faire sans s'écarter de la loi de subordination des caractères qu'elle a empreinte sur son œuvre, l'art peut le tenter pour un ou plusieurs systèmes organiques. » (6).

Les transformations subsumées par le concept de métamorphose sont de ce fait comparables à celles que Lavater avait indiquées dans ses travaux de physiognomie, et qui se rattachent à la méthode de comparaison par dessin envisagée par Camper, comme applicable aussi bien à la physionomie qu'à la structure animale en son ensemble (7). Cette méthode de dessins est explicitement préconisée par Serres pour la comparaison anatomique des diverses formes de l'encéphale (8), en tant qu'elle permet des rapprochements entre des formes que l'observation anatomique, armée de sa technologie propre, s'efforce de rendre claires ou simplement visibles, et qui vont constituer une série de transformations graphiques. C'est en effet l'observation qui offre ou dévoile les métamorphoses organogéniques :

> « C'est uniquement dans cette voie que pouvait se trouver le principe de salut pour l'organogénie : aussi est-ce par cette voie que nous avons été conduits au fractionnement primitif des organismes, ainsi qu'aux règles qu'ils suivent dans leur marche pour se réunir et s'associer. C'est l'observation qui nous les a montrés tantôt parcourant régulièrement tous les temps de formation qui leur ont été assignés selon les diverses espèces, tantôt s'arrêtant en route, et produisant par cet arrêt des variétés de formes infinies, dessinées toutes cependant sur un même fond et avec des matériaux analogues. C'est l'observation, secondée par la comparaison, qui nous a conduits à reconnaître que les organismes des animaux inférieurs s'arrêtaient dans leurs développements à l'une ou à l'autre des périodes embryonnaires des animaux supérieurs. C'est l'observation qui nous a dévoilé que les divers temps d'arrêt subis par les organismes supérieurs produisaient ces déformations organiques si nombreuses, et si variées qui constituent en grande partie le domaine de la médecine et l'anatomie pathologique. C'est enfin par l'observation, la comparaison et le raisonnement que, descendant et remontant alternativement la chaîne du règne animal et celle des formations embryonnaires qui le reproduisent fidèlement, nous sommes parvenus à rallier cette multitude de faits ou transitoires, ou permanents, à une règle générale et commune, la loi centripète des développements qui les domine tous. » (9).

7. – *ANATOMIE ET ESTHÉTIQUE.*

De même que la géométrie biologique de Carus était une esthétique, de même l'Anatomie transcendante reste ici une esthétique de par son mode d'approche du monde vivant : une visibilité fondamentale s'offre aux regards comme un champ offert, au-delà de l'analyse de laboratoire, à un jeu métaphorique où se joue la liberté de l'esprit d'invention. Ce que Duvernoy dénonçait comme niveau infime de certitude, lieu de la multiplication des théories spéculatives sans décision possible en faveur d'aucune, marque une attitude qui n'est au fond scientifique que par malentendu, mais où cependant, la science se cherche et s'organise à travers une multitude d'images qui expriment, selon une formule célèbre, ces possibles que la vie n'aura pas choisis, parce qu'elle choisit toujours avant tout ce à quoi nous n'aurions jamais pensé, et ce que nous n'aurions encore moins pu imaginer. Il en résulte une construction d'apparence scientifique, mais dont la signification appartient aussi à l'histoire de la culture, et qu'il faut comprendre comme un point de départ sur lequel le travail de recherche exercera une action dissolvante, comme condition de passage à la science effective. Mais si, de cette manière, il pourra y avoir renouvellement scientifique, ce renouvellement restera pour longtemps tributaire des cadres à partir desquels il s'est dessiné et même contre lesquels il a pu jouer. Ce sont les problèmes de l'Anatomie transcendante auxquels font face des auteurs comme Von Baer et Huxley pour démontrer qu'elle ne les a pas résolus, et même qu'elle les a mal posés. Ultérieurement, l'Anatomie transcendante fournit à la théorie de l'Evolution qui la récuse, le cadre de ses premiers renouvellements théoriques : on trouve donc ici une association de fait, temporaire certes, mais qui se maintiendra relativement jusqu'à la fin du siècle. Le temps historique discontinu, fait d'événements, se trouvera juxtaposé et même confondu quelquefois au temps continu et esthétique du développement, qui se maintient devant les naturalistes comme une tentation si solidement enracinée, que beaucoup des premiers morphologues darwiniens ne feront pas la différence. Il faudra donc un demi-siècle pour dénouer cette synthèse impossible, pour désavouer ce système organisé de confusions : il faudra une embryologie expérimentale, et une génétique mendelienne pour dissocier évolution et métamorphose et pour prendre, ce faisant, au sérieux le fait que la sélection naturelle repose sur un conflit qui constitue la seule loi du développement biologique, et que ce conflit s'analyse en une infinité d'éléments discontinus.

Telle qu'elle, l'Anatomie transcendante est une synthèse idéale des sciences morphologiques, qui articule ses métaphores à des concepts descriptifs : puisque ces concepts ne se situent pas exactement au même niveau que les concepts de la théorie de l'Evolution proprement dite, et qui sont d'ordre étiologique, ils sembleront pouvoir être repris pour traduire en termes évolutionnistes les faits morphologiques. Dans la mesure où Haeckel est morphologue et darwinien, s'il est incorrect de parler d'une loi de Serres-Haeckel, en confondant répétition parallèle et récapitulation (1), le passage de l'une à l'autre s'effectue cependant à travers des systèmes de pensée dont les axes de coordonnées sont foncièrement semblables, ou, si l'on veut simplement déplacés les uns par rapport aux autres, du fait de l'introduction de possibilités nouvelles d'interprétation idéologique, offertes par la Théorie de l'Evolution, mais qui la falsifient autant qu'ils la représentent, comme tout ce qui tourne autour d'un dynamisme interne par lequel il faudrait combler les soi-disant lacunes de la sélection naturelle.

Avec Von Baer le rapport à l'Anatomie transcendante est différent, à la fois plus proche et plus distant : plus proche par sa contemporanéité, et par le fait qu'il s'insère au même lieu épistémologique ; plus distant par l'esprit et la méthodologie utilisée. Jusqu'à la fin du siècle et au delà, on verra périodiquement opposer les conceptions de Von Baer à celles de l'Anatomie transcendante puis à la théorie de la récapitulation de la phylogénèse par l'onctogénèse, comme la science à la spéculation hasardeuse. Mais, dans la mesure où elles relèvent du cadre fourni par la théorie du Développement, les rapports de ces conceptions à la théorie de l'Evolution n'en sont pas moins ambigus, comme on pourra le voir dans la manière dont O. Hertwig opposera sa propre conception causale à la loi biogénétique, et en dernier ressort Von Baer à Darwin. Cela ne supprime pas l'authenticité du matériel scientifique mis à jour et l'usage qui en sera fait par les évolutionnistes authentiques, y compris Darwin lui-même.

On peut se demander enfin à quel besoin épistémologique a pu répondre une construction de l'ordre de l'Anatomie transcendante : pour être englobant sans pénétrer plus loin que le sensible donné immédiatement à la perception, il faut que ce système soit logiquement faible, non pas en un sens métamathématique, parce que nous n'avons pas ici une science formalisée, ni même en voie de formalisation, mais au sens plus ordinaire d'une cohésion interne mal assurée. En effet, dans la morphologie de la première moitié du XIXème siècle, la déduction des lois à partir de principes, n'est que le jeu illusoire de ces mêmes principes qui sont implicitement présents dans le travail de décryptage de l'empiricité ; mais ces principes n'en ont pas moins une origine bien différente, à savoir la décomposition et les remaniements de thèmes philosophiques et idéologiques, qui semblent quelquefois être appelés par certains aspects de la recherche empirique elle-même, mais relèvent aussi le plus souvent d'une toute autre histoire. Leur rôle peut être considéré comme nuisible à l'avancement de la science, puisque les regroupements qu'ils provoquent sont quelquefois sans rapport avec la nature des faits, et conduisent à nier ou à déformer ceux qui cadrent mal avec la doctrine : le traitement des Invertébrés comme monstruosités est un obstacle à la constitution d'une véritable recherche tératologique dans les classes qui les constituent, et l'unité de plan et de composition est apparue comme ayant le même effet, ce que signale Dareste à propos d'Isidore Geoffroy Saint-Hilaire, dont l'ouvrage ne concerne en fait que les Vertébrés (2). De ce point de vue, on a pu soutenir que la mise en évidence du plus petit fait zoologique et morphologique, qui peut toujours avoir une valeur polémique, possède une valeur cent fois supérieure pour la science que la totalité des spéculations métascientifiques : il ne faut pas s'étonner que Serres n'est pas cité par Kölliker, ni dans le texte, ni dans la bibliographie pourtant abondante de son Embryologie. On peut donc en conclure que la signification de ces spéculations correspond plutôt au négatif d'une science, à la réflexion dans le domaine scientifique de l'impossibilité d'élaborer une théorie purement scientifique, lors d'une étape donnée de la recherche, par insuffisance du matériel empirique et de concepts réellement opératoires exigés pour son traitement. De ce point de vue, elles ne sont pas sans intérêt, parce que le réseau qu'elles constituent peut tout de même indiquer où se trouvent les problèmes, et coordonner, comme nous l'avons vu, les recherches de divers domaines affines, qui convergent sur des questions identiques. Elles organisent alors pour l'époque le travail des groupes de chercheurs, lui permettent de dépasser la dispersion dans des monographies sans vision d'ensemble qui provoque des plaintes épisodiques justifiant la promotion de nouvelles synthèses. Dans ces conditions, elles peuvent être contestées et rejetées par suite de leur contact avec les faits auxquels elles ont cherché à donner un sens, après avoir contribué à leur établissement, ce qui les situe malgré tout dans le mouvement d'une pensée scientifique réelle, au delà d'une valeur simplement idéologique ou philosophique.

Donc, si l'œuvre scientifique de Serres peut être traitée comme à peu près inexistante du point de vue du progrès de l'embryologie descriptive et comparée, qui lui est contemporaine, on peut dire que l'Anatomie transcendante est responsable d'inflexions caractéristiques que l'histoire de la science doit enregistrer en fonction de leur poids conscient ou inconscient, manifeste ou latent, sur l'avenir de la recherche. Le modèle du développement qu'elle inclut a été, d'une part, l'objet de discussions et de réfutations qui appartiennent au mouvement historique réel de la science ; il a induit également des théories et des attitudes théoriques bien après son apparente liquidation. Pour en revenir ici à Haeckel, cette conception à la fois comparatiste, paralléliste et perfectionniste qui permet d'envisager ces organismes récapitulatifs privés de futur, nous ramène d'assez près, semble-t-il, à ce développement fermé, à cette vision anthropogénique du règne animal, qui caractérise l'anatomie transcendante, et le paradoxe est que cette même conception permet d'introduire par la phylogénie la référence à un temps historique, c'est à dire constitué d'événements discontinus. Plus tard encore, lorsque l'homme est situé par rapport au monde vivant comme ce par quoi peut s'introduire un supplément d'âme dans le monde, on peut se demander si l'adjonction du mot « créatrice », au terme d'évolution, nous situe dans un contexte bien différent. Il n'en reste pas moins que bon nombre de savants ont déterminé leurs plans d'investigation en fonction de semblables doctrines, qui, d'une part, contribuent à mettre en valeur ce par quoi elles sont niées, et d'autre part, pour ce qui est de la théorie de la récapitulation, ou loi biogénétique fondamentale, n'ont pas encore terminé leur histoire, malgré les critiques de De Beer.

8. – CONCLUSION.

L'esthétique et la science, l'imaginaire et le rationnel, une pensée qui peut apparaître comme une organisation systématique de confusions et une pensée claire et exacte, ne s'opposent donc pas d'une manière primaire, mais au contraire, peuvent fort bien s'articuler comme des niveaux différents d'une même recherche, qui permettent la formulation d'exigences distinctes en face du même objet ou dans le même domaine de la science. A la limite, une théorie formalisée, parfaitement cohérente, peut aussi apparaître comme une impasse dont la seule issue est une scholastique entièrement stérile, et c'est bien ainsi que Kant a compris la logique aristotélicienne. La possibilité de contradictions en rapport avec des incertitudes théoriques, est la source de conflits, qui, traduits sur le plan des méthodes et des programmes de recherche, sont la condition du devenir et de l'extension des connaissances empiriques. Par conséquent, le souci de couvrir simplement l'ensemble le plus vaste au dépens d'une cohérence interne de la doctrine, qui semble une constante de la Biologie au début du XIXème siècle, depuis la Philosophie de la Nature, et dans cette perspective, l'utilisation de moyens qui relèvent de l'imaginaire plus que de rationalité, et la présence implicite de démarches plus esthétiques que scientifiques, ne sont pas nécessairement à traiter par le mépris. En soi, il n'y a rien de méprisable à avoir pensé que la Nature obéirait à un art supérieur au ciseau de Praxitele (1). Un meilleur naturaliste que Serres a également préféré ramener la nature à un principe esthétique, plutôt qu'à un principe économique :

> « Ainsi, en voyageant d'une extrémité à l'autre de l'échelle de la vie, nous avons appris une leçon, que la nature vivante n'est pas un mécanisme, mais un poème, non pas un simple et grossier hangar destiné à la conservation de machines à plaisir et à douleur, mais un palais, dont les fondations, en vérité, reposent sur les principes mécaniques les plus stricts et les plus solides, mais dont la superstructure est une manifestation de l'art le plus élevé et le plus noble. » (2).

D'une manière tout à fait récente, on a pu s'apercevoir que des raisons d'ordre esthétique pouvaient n'être pas exclues de l'appréciation de la vie formulée par un spécialiste de biochimie moléculaire (3).

Chapitre IV

L'EMBRYOLOGIE

I. – PANDER.

En 1817, il n'existe pas de science embryologique constituée en ordre systématique de recherches portant sur un domaine bien individualisé. Il existe essentiellement une théorie physiologique de la génération, qui se développe dans deux directions : des analyses spéculatives sur la cause génératrice dont l'aboutissement est l'idée de force formatrice (Bildungstrieb), et la détermination par induction à partir d'observations sur une organogénèse assez tardive, de lois de développement qui vont couvrir également le champ de l'anatomie comparée. C'est parmi ces lois que se trouve située l'hypothèse du parallélisme des séries animale et embryogénétique (1). Aux diverses recherches qui portent sur l'embryon, sur ses enveloppes et sur les organes de la génération, il manque pour consituer une embryologie la connaissance des moments précoces du développement de l'œuf, nécessaire à la coordination d'observations qui, en son absence, restent fragmentaires et largement ininterprétables, et il manque même la claire conscience du caractère indispensable de telles connaissances. Meckel souligne que non seulement pour l'homme, ces stades sont entièrement inconnus, mais aussi que les observations sur les animaux ovipares, laissent encore une grande incertitude :

> « ... tout ce qui a été dit sur ce point de doctrine se réduit presque uniquement à des hypothèses, tenant lieu d'observations et de faits. » (2).

Il résulte de ces lacunes que l'embryon est, par exemple, censé se former à partir de la vésicule ombilicale, en élargissant le résultat des observations de Oken, portant sur le canal intestinal, datant de 1806 (3), ce qui revient à dire que l'ordre historique et contingent des connaissances, débutant par celle des membranes, est substitué à l'ordre génétique réel pourtant entr'aperçu par Wolff (4) qui n'entendait pas par membranes la même chose que ses successeurs.

Pander est, de ce fait, le fondateur de l'embryologie, parce qu'il a pu fournir la description de la manière dont se forment les ébauches de toutes les parties de l'embryon de poulet à partir du blastoderme, au terme d'une procédure systématique et vérifiable portant sur les cinq premiers jours d'incubation (5). Que cette description ait utilisé le concept de feuillet (strata, lamella, membrana), que ces feuillets aient paru se produire par délamination (6), et qu'il en résulte une première formulation de la théorie dite des feuillets, autour de laquelle se sont organisées toutes les recherches embryologiques des deux premiers tiers du XIXème siècle, est secondaire par rapport à ce qu'il y a eu d'essentiel dans l'intention même d'une telle tentative, en rupture avec l'attitude traditionnelle qui consistait à comprendre hypothétiquement les états antérieurs à partir des résultats d'observations portant sur des moments de l'embryogénèse beaucoup plus tardifs. Cette méthode était si nouvelle que ses résultats ne pouvaient même pas paraître imaginables à un Von Baer, si bien que celui-ci a d'abord renoncé à toute participation au travail du groupe formé de Pander, Doellinger et d'Alton, pour ne prendre conscience qu'après coup seulement de l'exactitude des représentations de Pander pour l'essentiel, mais avec encore des réserves dues à ce que un certain nombre de points restaient obscurs (7). Ceci confirme, qu'avant les travaux de ce groupe, plutôt que de parler d'embryologie, il serait préférable de parler de Théorie de la Génération, à laquelle s'adjoignaient des descriptions ou bien ovologiques, et prenant en considération surtout les enveloppes qui étaient un objet de description anatomique, ou bien organogénétiques, et ceci à des stades suffisamment tardifs pour que les parties puissent être étudiées principalement à l'œil nu, c'est-à-dire également, par la méthode anatomique ordinaire. De plus, ces divers travaux ne semblent pas avoir eu de rôle dans la préparation directe de l'avènement de l'embryologie, mais ont plutôt constitué un obstacle, comme Pander l'indique lui-même :

« La formation de toutes les parties individualisées à partir de parties antérieures, et de celles-ci à partir du germe initial, observée clairement et simplement, aura été ici présentée aux amis des sciences naturelles, de telle sorte que la formation de l'animal entièrement développé, ayant été poursuivie jusqu'à son origine première, soit de ce fait rendue compréhensible. Mais nous nous sommes vus avec étonnement bientôt jetés sur le sol étranger d'un nouveau monde, dans lequel tout ce que nous avons acquis studieusement à partir des travaux de nos prédécesseurs, au lieu de diriger nos pas, a servi bien plus à troubler nos yeux et à tromper notre regard. A cause de la grande multitude de phénomènes qui s'offrent en même temps à notre attention, et du fait de la contradiction dans laquelle elle paraît se trouver avec les données d'observations antérieures, nous avons dû bientôt nous ranger à l'avis que d'abord, indépendamment de leur signification physiologique possible, nous avions simplement à exposer les phénomènes, tels qu'ils se montraient à chaque moment de l'observation, pour pouvoir dégager par la suite les éléments les plus significatifs, par des recherches fréquentes et réitérées, et des comparaisons qui ne présupposent pas ce que l'observation doit nous offrir à chaque moment, et sans chercher à dériver les phénomènes particuliers à partir de formes embryologiques antérieurement connues. En conséquence, c'est l'exposition la plus exacte de chaque particularité perçue qui a été notre souci principal. » (8).

Cette radicale nouveauté, qui prive l'observateur de lignes directrices préalables, conduit Pander à une attitude d'un empirisme intégral, à une essentielle soumission à l'intuition, ce qui se traduit méthodologiquement par une neutralité volontaire du regard, qui ne prétend privilégier aucune partie aux dépens des autres, et par la recherche de la plus grande exactitude dans la représentation graphique, avec indication en pointillé de ce qui n'aura pas été vu de manière parfaitement claire (9). Cet empirisme ne supprime cependant pas l'effet nécessaire d'un langage existant déjà, auquel s'ajoute l'expérience microscopique, qui elle-même introduit une nouvelle variable technique, en une époque marquée par la suprématie de la méthode anatomique, qui se satisfait de la dissection à l'œil nu. Il va en résulter cette réorganisation théorique de l'expérience embryologique, qui a reçu le nom de Théorie des Feuillets.

La découverte d'un « nouveau monde », est le produit de ce qui rend un empirisme scientifiquement efficace, par opposition à un empirisme simplement bavard, à savoir, la limitation volontaire du regard en un foyer déterminé du champ expérimental.

Dans l'introduction de la Dissertation inaugurale de 1817, qui constitue le premier exposé de ses travaux, Pander rappelle d'abord les difficultés unanimement reconnues de cet ordre de recherches, puis indique les procédures qui lui ont permis de parvenir à une certitude qu'il juge satisfaisante. En premier lieu, la machine est construite de telle sorte que l'on peut vérifier le temps de couvaison et la température nécessaire pour déclancher et faire se poursuivre le temps d'incubation : la durée de l'incubation apparaît alors comme une constante relative à la nature de l'œuf. En second lieu, un très grand nombre d'œufs (2 000 et plus) sont étudiés systématiquement par les trois chercheurs qui se sont répartis les tâches de représentation graphique (D'Alton), d'élaboration théorique (Doellinger), et d'observation (Pander), en vue d'éliminer le plus possible les risques d'erreur. Enfin, point capital, l'objet de la recherche est ramené dans le temps aux cinq premiers jours de l'incubation, et dans l'espace, aux seules parties qui engendrent le fœtus. Dans ce but, une technique d'isolement du blastoderme par dissection dans l'eau chaude est mise au point, en même temps qu'une technique d'observation microscopique qui permet des grossissements variables en utilisant plusieurs microscopes, soit simples, soit composés, et un fond noir, sur lequel les parties à observer puissent se détacher correctement (10).

2. – DE WOLFF A PANDER.

La définition du blastoderme par Pander comme le siège exclusif de l'embryon futur, le sépare de tous les embryologistes qui lui sont antérieurs ou contemporains, à l'exception de Wolff qui demeure le seul à avoir perçu l'importance et l'indépendance de cette formation (1), et à avoir souhaité qu'« elle soit l'objet d'un traité spécial, susceptible d'être élaboré dans une optique épigénétique (2).

Mais même de ce point de vue de la signification du blastoderme chez le poulet, il existe un renversement entre Wolff et Pander, qui fait passer de l'analyse des apparences à une explication génétique fondée sur la connaissance des structures. De toutes manières, il ne s'agit pas du tout de la poursuite d'une même tradition permettant de traiter l'un comme précurseur, et l'autre comme successeur, même si Pander doit quelque chose à Wolff, même s'il y a quelque chose de commun dans le langage utilisé, parce que l'un et l'autre traitent les phénomènes d'une manière différente et même opposée. En effet, Wolff décrit d'abord les phénomènes qu'il observe en une période déterminée, qui n'est pas celle de leur première apparition, mais celle de leur plus grand développement, pour asseoir leur signification ; il remonte ensuite à leur origine, et décrit les transformations intermédiaires, pour terminer l'analyse par les transformations ultérieures, jusqu'à la disparition entière de la formation observée, lorsqu'elle est transitoire (3). Au contraire, la méthode de Pander est initialement plus banale, et consiste à suivre simplement l'ordre des phénomènes depuis leur première apparition, mais en utilisant ces améliorations techniques qui rendent l'observation plus rigoureuse. Wolff entame son travail par l'analyse de ce qu'il considère comme des enveloppes, dont l'intestin lui-même est censé tirer son origine (4), sur des embryons de trois jours, c'est-à-dire, en une période déjà tardive du développement, qui offre une plus grande visibilité, mais aussi une plus grande complexité, masquant déjà les origines, devenues de ce fait difficiles à dégager. L'analyse porte initialement sur l'aire vasculaire, bien visible à l'œil nu, mais dont le feuillet externe est confondu avec la membrane vitelline, alors que le seul feuillet interne est censé se former avec l'embryon, ce qui suffit à établir la distance qu'il y a entre l'emploi du concept de feuillet par Wolff, et sa situation dans la future théorie des feuillets. Ajoutons que ces feuillets de l'aire vasculaire sont considérés comme des enveloppes entre lesquelles l'embryon se trouve situé (5).

Conformément à sa méthode, Wolff remonte ensuite de l'aire vasculaire à l'analyse de cette aire transparente qu'il considère comme un organe primordial et capital certes, mais qu'il définit selon le même modèle que l'aire vasculaire, comme simples « habitacula embryonis » (6), l'expression qui reviendra plusieurs fois sous sa plume pour la désigner. Plus loin dans le texte, Wolff récapitule ses analyses en indiquant l'ordre de succession de ce qu'il considère comme trois enveloppes de l'embryon , l'aire transparente, l'aire vasculaire dont elle forme le centre, puis le faux amnios, d'où se dégage l'amnios véritable (7). Or, le blastoderme de Pander n'est pas un « habitaculum », mais une membrane germinale, qui ne contient pas seulement l'embryon mais qui le constitue (8), de telle sorte qu'entre le texte lui-même et la citation de Wolff reproduite dans la note où Pander pense reconnaître sa dette, il existe un décalage que l'on peut traiter comme un renversement complet, d'autant plus que l'aire transparente de Wolff appelée aussi, à juste titre, aire embryonnaire (Fruchthof) par Pander (9), est une formation secondaire, issue elle-même du blastoderme, et qui ne peut donc lui être identifiée. Pander souligne explicitement cette nature d'origine et de fondement du blastoderme pour tout le développement ultérieur :

> « Avec la formation du blastoderme, tout le développement du poulet dans l'œuf est en même temps fondé. Son progrès ultérieur s'y rattache exclusivement ; donc, tout ce qui peut être signalé de remarquable dans la suite n'est jamais à considérer que comme une métamorphose de cette membrane et de ses feuillets, doués d'une plénitude inépuisable de force formatrice. De là, la vie rayonne dans toutes les directions ; elle s'y retire aussi et s'y concentre. » (10).

Il y a renversement parce que l'aire transparente ne devait son importance pour Wolff que dans la mesure où au terme de la description d'étapes ultérieures, elle apparaît comme le premier moment où émerge une formation dont la signification est comprise rétroactivement grâce à l'ensemble de cette description, et parce qu'il peut projeter en elle un modèle théorique acquis par ailleurs, en l'espèce, le modèle de formation du végétal à partir de ces unités constituées par les feuilles prolongées d'une tige. Au contraire, chez Pander, le blastoderme est un premier moment dans la description, parce qu'il est le moment initial de la genèse dans le temps, à partir de laquelle seulement, il sera possible de rendre raison des formations ultérieures, c'est à dire de dégager leur signification réelle. Ainsi, le dédoublement en feuillets séreux et muqueux, puis l'apparition du feuillet vasculaire, constituent à la fois les produits du développement du blastoderme et la base structurale de l'embryogénèse en sa totalité, dont la formation des enveloppes n'est qu'un aspect dérivé.

Le problème, alors d'actualité, des rapports génétiques de l'intestin et des enveloppes embryonnaires se trouve ainsi clairement élucidé. En 1835, dans son Manuel d'Embryologie, Valentin fait remarquer que la tentative de dérivation du canal intestinal à partir de la vésicule ombilicale opérée par Oken en 1806 renferme quelque chose de faux, en dépit du rapport qu'il était méritoire de signaler entre les deux formations (11). Or, un semblable rapport, comme le signale Meckel, a déjà été établi par Wolff (12) qui traite la formation de l'intestin comme un produit du faux amnios. Mais le lien génétique éventuel entre l'embryon et ses enveloppes n'a pas encore été établi par Wolff, puique les enveloppes sont traitées comme un « habitaculum », fournissant un exemple de cette autonomie des parties et de leur développement par lequel l'animal se distingue du végétal dans sa théorie. La possibilité de traiter un jour l'embryon comme produit par ses enveloppes n'est donc pas exclue formellement : on peut toujours rattacher ces parties les unes aux autres dans un schéma unitaire, en assurant la primauté des parties qui sont les plus visibles initialement, les enveloppes. Par contre, l'analyse du devenir des trois feuillets du blastoderme va régler définitivement cette question des rapports de l'intestin et de la vésicule ombilicale : ce sont les produits d'une distinction secondaire dans le développement du feuillet muqueux ; par la même occasion, la question générale de la nature des enveloppes est résolue ; ce sont les résultats du développement extra-embryonnaire des feuillets.

3. – L'EPIGENESE.

Mais il reste que ce renversement s'est effectué dans le cadre de la théorie de l'Epigénèse, qui l'a rendue possible. En cela, la nouvelle embryologie est redevable à Wolff, parce qu'elle ne peut pas être dissociée de ce mouvement beaucoup plus large, caractéristique du début du XIXème siècle, et qui vise à introduire en anatomie ce point de vue génétique, par lequel elle devient, selon l'expression des contemporains, rationnelle ou philosophique. De ce fait, la recherche empirique est orientée systématiquement vers la genèse réelle des formes organiques, dont la connaissance était auparavant entravée par les concepts préformationnistes. Ici, l'apport de Wolff se trouve situé à deux niveaux : d'une part la formulation de la théorie de l'Epigénèse susceptible de s'opposer victorieusement à la théorie dite de l'Evolution, c'est-à-dire, au préformationnisme, et d'autre part, la démonstration empirique de la validité de celle-ci au moyen d'observations polémiques contre le préformationnisme, qui constituent en même temps un ensemble considérable de découvertes sur la formation de l'embryon de poulet.

La théorie de l'Epigénèse, exposée d'abord dans la « Theoria Generationis » de 1759, puis reprise dans la « Theorie von der Generation » en deux traités, de 1764, et dont le premier traité est une réponse aux objections des préformationnistes contemporains, Haller et Bonnet, consiste en un certain nombre de propositions physiologiques concernant la génération. Elles sont résumées dans la 3ème partie de la « Theoria generationis ». Il s'agit d'une part de la distinction entre la simple croissance qui dépend de la nutrition, et la formation de parties nouvelles, et d'autre part, de la division du processus de formation lui-même en deux moments, dont le premier est l'excrétion et le dépôt de matières, et le second, l'organisation de celles-ci (1). Les processus d'excrétion et de dépôt eux-mêmes sont définis comme production, ce qui souligne leur extériorité spatiale par rapport aux parties d'origine, concept qui est repris en 1764 pour être généralisé à l'ensemble des phénomènes naturels, en tant qu'ils excluent toute évolution et toute préformation :

> « Jusqu'ici, j'ai prétendu que vous ne pouvez pas me montrer dans toute la nature un seul exemple de phénomène qui apparaisse au terme

d'une évolution, mais au contraire, que tous les phénomènes qui se trouvent dans le monde, sont produits ou créés, au sens le plus exact et le plus complet, par des causes physiques. » (2).

Ce concept de production permet donc d'appliquer au monde vivant le même type d'intelligibilité que celui qui vaut pour toute réalité dans le monde physique, comme l'établissent des exemples chimiques, météorologiques, et géologiques. A l'impossibilité d'expliquer la formation des corps organiques par des causes naturelles, que les partisans de la préformation prenaient comme argument, Wolff oppose la prétention de founir réellement les causes de la formation des corps organiques et d'indiquer les modalités de cette formation (3). Au niveau des causes, il fait intervenir comme premier principe de la génération une « vis essentialis », qu'il définit comme la force par laquelle les humeurs sont sécrétées et distribuées au moment où commencent les processus de nutrition et de transformation des parties (4). Cette force rencontre une propriété matérielle qu'il dénomme « solidescilibitas », censée caractériser à la fois la matière organique et de nombreux corps qui appartiennent au règne minéral (5). Elle se confond alors avec la cohésion due à l'attraction mutuelle des parties. Si ces causes peuvent nous paraître bien verbales, elles sont cependant pour Wolff aussi bien fondées que les vérités physiques habituelles (6), parce qu'elles sont conclues avec nécessité du fait qu'elles coordonnent un certain nombre d'effets, qui peuvent paraître s'en déduire logiquement (7). Ceci doit être compris en rapport avec l'utilisation générale du concept de force au XVIIIème siècle, qui se déplace de l'idée de puissance vers celle de simple propriété.

Cependant ce n'est pas sur ces bases abstraites que la théorie est effectivement fondée, mais sur les données issues de l'observation, qui ont la première place dans la « Theoria generationis » (constituant les 1ère et 2ème parties) et qui supportent aussi bien la compréhension épigénétique de formations particulières, telle celle des vaisseaux sanguins (8), que la conception d'ensemble des développements animal et végétal où les analyses de détail se trouvent regroupées. Wolff présente ainsi comme fait d'observation le caractère fluide, et par conséquent inorganique, des premiers éléments à partir desquels l'organisation se constitue, ce qui permet à la fois de rejeter la préformation, et d'induire l'existence d'un principe organisateur spécial pour les corps vivants (9). C'est donc moins l'analyse des causes, avec les prétentions qui y sont liées, qui va fournir l'argumentation décisive contre le préformationnisme, que celle des modalités de la formation des corps organiques, au terme de cette démarche capitale qui conclut à l'absence d'une structure non seulement parce qu'elle n'est pas visible, ce à quoi il est facile de répondre qu'il n'existe pas en bonne logique de preuves négatives, mais aussi et surtout parce qu'il existe autre chose à sa place : cette autre chose peut se présenter ou bien comme un élément premier destiné à être remplacé par un élément ultérieur, ou bien comme le point de départ amorphe d'un processus de structuration (10). L'apport descriptif est donc essentiel, et la perspective épigénétique lui donne toute sa portée, de telle sorte que :

« ... à partir de Wolff, et sans qu'il l'ait entièrement voulu, tout tableau du monde vivant fondé sur l'anatomie des êtres adultes va secrètement être mis en question. D'abord parce que le système des structures adultes n'est que l'aboutissement du système plus complexe et plus fondamental, des structures embryonnaires. Ensuite, parce que celui-ci n'aparaît lui-même, parmi ceux que les monstruosités nous suggèrent, que comme un parti possible parmi d'autres, le plus viable simplement. » (11).

Comment les observations embryologiques issues de la volonté de confirmer la théorie de l'Epigénèse, sont-elles à l'origine d'une telle transformation des bases de la recherche morphologique, dans le domaine des sciences naturelles ?

4. – LE CONCEPT DE FEUILLET.

Wolff décrit ce qu'il appelle l'essentiel de la Plante, à partir du mode de formation et de la disposition des vaisseaux. La connaissance qui en résulte est qualifiée par lui de connaissance philosophique du corps organique en question (1). Cette connaissance est philosophique par dépassement d'une connaissance historique, c'est à dire fondée simplement sur la description anatomique. Il est clair que pour lui cette connaissance philosophique aboutit à un renouvellement de l'ordre anatomique lui-même et de la méthodologie correspondante, puisque l'intelligibilité n'est plus dans la distribution logique des parties, séparées par la dissection, mais dans la dérivation des organes à partir de leurs fondements ; par là, l'activité physiologique qui en dépend est rendue compréhensible (2). La théorie de la génération est donc à l'anatomie ce que la psychologie rationnelle est à la recherche empirique (3), et même un peu plus. De ce fait, elle anticipe la théorie du Développement comme le souligne Huxley (4). Wolff s'est, il est vrai, fort peu occupé d'anatomie comparée ; mais nous voyons que, s'il utilise la comparaison, et il compare effectivement les plantes et les animaux, il la traite dans cette perspective du développement : le rapport entre les deux règnes est alors défini par l'opposition entre un développement simple pour le règne végétal, et un développement multiple de systèmes autonomes pour le règne animal (5). Par contre, il porte la comparaison plusieurs fois au niveau des parties intérieures d'un même organisme. Cette comparaison interne lui permet de dégager une similitude originelle de forme entre des organes fondamentalement différents par leur forme adulte aussi bien que par leurs fonctions : c'est ainsi qu'il établit que la suture du faux amnios, l'intestin primitif, le rudiment du cerveau et de la moëlle dorsale ensemble, et enfin l'embryon total présentent diverses analogies qui se résument dans une forme primitive générale caractérisée par la largeur et l'arrondissement de la partie supérieure, l'amincissement progressif au centre, puis un nouvel élargissement, et une terminaison en pointe (6), forme qui n'a rien à voir par ailleurs avec celle de feuillets.

Mais par contre, si on entend par feuillet autre chose que n'importe quelle forme aplatie présentée par l'ébauche d'un organe, si on veut donner à ce concept un contenu morphologique précis ou même le définir comme un organe primitif, dérivé directement des premières différenciations du blastoderme, à la manière de Von Baer, il est impossible de traiter Wolff comme un précurseur de la théorie des feuillets, même si Pander lui-même a contribué à entretenir le malentendu. Il n'existe pas non plus de tradition conceptuelle continue de Wolff à Von Baer, assurée principalement par la traduction faite par Meckel en 1812 du « De formatione intestinorum », car Meckel y a vu presqu'exclusivement un ouvrage dont l'intérêt portait sur l'anatomie des enveloppes fœtales, devenue un objet important de recherches comparatives depuis les travaux fournis par Oken sur cette question. Il n'y a, en tout cas, pas vu une contribution à un renouvellement de la théorie embryologique du début du XIXème siècle, car l'Epigénèse est considérée en Allemagne comme acquise depuis Blumenbach, et des indications, comme celle de l'importance de l'aire transparente, n'on pas été retenues. Ce que Meckel a surtout relevé dans les analyses de Wolff, en plus d'avoir été un précurseur d'Oken, c'est d'avoir indiqué quelques éléments en faveur de l'assimilation entre les stades précoces du développement embryonnaire et les formes adultes inférieures de la série animale (7). Pander est donc parfaitement justifié à prétendre qu'il a pris pied sur une terre entièrement inconnue. Mais s'il a dirigé le débarquement, la prise de possession complète de cette terre vierge n'est pas son œuvre, il a cédé la main à Von Baer, qui, en retour, a reconnu sa supériorité par rapport à Wolff dans la connaissance des premières ébauches (8), en même temps que le tribut qu'il lui doit. Mais cela ne signifie pas non plus que nous devons nous attendre à trouver une parfaite continuité de pensée entre Pander et Von Baer.

Que s'est-il donc passé à Würzbourg, dans ce groupe où Pander apparaît comme ayant joué le principal rôle, d'après les compte rendus fournis par Von Baer dans deux textes : la préface à la première partie de son « Uber Entwickelungsgeschischte der Thiere » de 1828 et surtout, sa « Selbstbiographie » ?

Tout débute au cours d'une promenace à Sickerhausen (où habite Nees von Esenbeck), au cours de laquelle Doellinger émet devant Von Baer et Pander qui l'accompagnent, le vœu qu'un jeune naturaliste entreprenne sous sa direction une nouvelle série de recherches sur le développement du poulet, ce qu'il pensait devoir donner des résultats importants (9). Von Baer étant venu le premier à Würzbourg chez Doellinger en vue d'apprendre la pratique de l'anatomie comparée, sur une recommandation de rencontre (10). Devenu pendant un certain temps le seul élève de Doellinger, il avait attiré Pander à Würzbourg ; celui-ci avait été son ancien condisciple à Dorpat, où ils avaient suivi ensemble les leçons de Burdach (11). Il l'avait entre temps retrouvé à Berlin à une époque où leurs voies divergeaient, puisque Pander s'orientait vers les sciences naturelles alors que Von Baer se perfectionnait en médecine pratique ; puis, il l'avait de nouveau rencontré dans une sorte de congrès des étudiants d'origine balte, tenu à Iéna en Mars 1816 (12). La raison pour laquelle le vœu de Dœllinger s'adressait spécialement à Pander, sur la suggestion de Von Baer lui-même, est qu'il était le seul à disposer alors de suffisamment de temps et surtout d'argent, pour pouvoir mener à bien une recherche, que Doellinger avait lui-même entreprise, mais qu'il avait été obligé d'interrompre (13). Pander cependant, ne doit pas seulement être considéré comme un bailleur de fonds mais aussi comme le principal participant à ce travail collectif, poursuivi collectivement avec Doellinger et D'Alton, ce dont Von Baer donne pour preuve, qu'il est le seul à avoir signé la réponse aux objections d'Oken publiées en 1818 par la revue Isis au nom du groupe (14). Ces données de fait permettent de préciser le contexte dans lequel la théorie des feuillets a été établie.

Si la représentation graphique dans les travaux du groupe revenait manifestement à D'Alton qui avait été recruté pour cela, et qui était suffisamment informé des problèmes biologiques pour contribuer efficacement à la tâche commune, du fait de ses travaux de gravure antérieurs, l'apport théorique semble avoir été essentiellement fourni par Doellinger, alors que Pander avait déjà une connaissance suffisante des sciences naturelles, telles qu'elles étaient abordées dans la perspective de la Philosophie de la Nature, depuis l'enseignement de Burdach à Dorpat, pour pouvoir comprendre les problèmes soulevés par ses observations dans le contexte intellectuel contemporain. La manière dont Doellinger se situe par rapport à la Philosophie de la Nature devient donc ici une question centrale, dans la mesure où elle pourrait faire comprendre comment il a été amené à s'intéresser personnellement à la nature du développement précoce de l'œuf de poulet pour la proposer ensuite comme objet de recherche.

D'après le portrait fourni par Von Baer dans sa Selbstbiographie, Doellinger semble caractérisé par deux traits principaux, d'une part une disposition philosophique orientée vers la recherche de l'essentiel en toutes choses, plutôt que vers la construction d'un système ou schéma englobant le monde d'une manière abstraite, et d'autre part, des intérêts d'ordre encyclopédique dans un domaine scientifique allant de la médecine jusqu'à la minéralogie, la géologie et la chimie expérimentale, mais, souligne Von Baer, en négligeant la zoologie parce que ses lois générales sont fournies par la zootomie (15). Un tel regroupement d'intérêts a d'autant plus de rapports avec le cadre dessiné par la Philosophie de la Nature, que nous apprenons par ailleurs que la formation philosophique de Doellinger, commencée sous le signe du Kantisme, a été ensuite marquée par une connaissance personnelle de Schelling et de son système, pour être ensuite dépassée dans l'idée d'une construction de la physiologie sur des observations spéciales, mais traitées philosophiquement (16). La réalité d'une telle attitude est confirmée, par exemple, au début de son Mémoire sur la circulation du sang, par la méthode qu'il préconise et les concepts qu'il utilise :

> « Il est clair au demeurant, que tout ce que les observations mises ensemble nous enseignent sur la circulation du sang est pour le physiologiste un capital improductif, tant qu'il ne comprend pas que les phénomènes particuliers doivent être liés en un tout, que la circulation doit être comprise à partir de l'idée de vie animale, et le lien interne du système sanguin en mouvement, avec le reste de la vie, clairement et distinctement reconnu. » (17).

A ce concept de totalité, en liaison avec l'idée de vie, tel qu'il apparaît dans ce texte, il faut ajouter celui de métamorphose qu'il utilise à propos d'une hypothèse physiologique de Wilbrandt, sur la transformation réciproque du sang en chair dans les organes, qu'il adopte d'abord, et abandonne ensuite, pour établir l'existence des capillaires, mais qu'il reprend tout de même au niveau des rapports du sang au vitellus, en des termes qui évoquent Bordeu :

> « ... le mucus animal est du sang figé, le sang est de la matière animale coulante ; toute la masse de mes animalcules se divise en deux parties: l'une coule, l'autre reste au repos entre ces ruisselets qui coulent allègrement ; ce repos lui-même ne peut dépendre que le la vitalité de la matière animale ; car dès que l'envie de couler lui vient, elle devient sang, comme je vais le montrer. » (18).

Ce concept de métamorphose, qui apparaît également dans le titre de la Dissertation inaugurale de Pander, peut être référé à Wolff, chez lequel on trouve une conception semblable sur les rapports entre les vaisseaux de l'organisme et les liquides qu'ils contiennent. Mais, entre temps, il est devenu un concept majeur dans la Philosophie de la Nature, depuis le succès qui lui a été assuré par Gœthe en morphologie. L'embryologie du poulet est un exemple d'une telle métamorphose, abordée cette fois, et c'est là le plus original, dans la perspective de l'organisme entier, et dans la totalité de son développement. Le projet de Doellinger est donc parfaitement en accord avec l'idéologie scientifique de son époque, telle qu'elle est décrite par Valentin :

> « L'idée de devenir, de l'absence de repos dans la nature, l'idée d'un processus infini qui se renouvelle toujours et qui, par là, constitue la vie, passe hors des limites qui lui sont jusqu'ici assignées à l'intérieur de simples théorèmes, au début de notre siècle, pour se répandre de manière plus importante et plus généralisée dans la conception de la vie, de telle sorte que, si l'on s'est efforcé jusqu'ici de faire des recherches principalement sur les objets existants du monde extérieur, on ne se contente plus de leur simple existence dans une période ou dans une relation isolée quelconque, mais on fait porter la recherche sur le problème de la manière dont les formes de l'existence se diversifient dans l'espace et dans le temps. » (19).

Redevable sur le plan théorique à Doellinger, Pander l'est aussi sur le plan technique, étant donné un artifice qu'il avait mis au point au cours de ses premiers essais et que rapporte Von Baer : il s'agit de percer d'abord la chambre à air de l'œuf en vue de décoller le bastoderme et l'embryon, de la coquille à proximité de laquelle ils se trouvent au cours des premiers stades, pour éviter de léser cette partie au moment où l'on ouvre la coquille, ce qui est indispensable si l'on veut parvenir à la connaissance de ces stades (20). Mais l'essentiel du travail a été ensuite effectué par Pander, et c'est donc à lui que nous sommes redevables de cette connaissance génétique véritable, poursuivie de manière continue, à l'élaboration de laquelle Doellinger s'est contenté de présider, si étroite que fût cette présidence (21).

La théorie des feuillets est le produit de l'observation continue par Pander des métamorphoses du blastoderme, à partir de son dédoublement repéré à la douzième heure :

Ce qui mérite la plus grande attention, est la décomposition du blastoderme lui-même en deux couches. En effet, cette membrane consiste avant l'incubation en une simple couche de granulations adhérentes entre elles par leur propre viscosité ; cependant avec le progrès de l'incubation, il se forme en elle une autre couche très fine, mais d'une structure d'autant plus ferme qu'aux environs de l'heure indiquée, le blastoderme peut être divisé en deux lamelles par une macération prolongée. La plus intérieure de ces deux lamelles, la plus proche du vitellus, granuleuse, par la suite, a été appelée par nous membrane muqueuse ; la plus extérieure, secondaire, lisse, entièrement homogène et régulière, membrane séreuse. » (22).

Ce dédoublement est lui-même suivi à la vingtième heure de l'apparition du feuillet intermédiaire, qui est consécutive à la formation des plis primaires, censés dessiner la forme extérieure de l'embryon, mais ensuite traitée comme les premiers indices de la moëlle épinière (23). Cette apparition est décrite de la manière suivante :

« Quand le blastoderme est divisé par la macération en ces deux membranes qui le constituent, et qu'on examine la membrane séreuse sous le microscope, il apparaît à la superficie interne de celle-ci qui repose sur la muqueuse, une couche fine et adhérente de globules minuscules partout semblables, subtransparents. Cette couche de globules n'est pas répandue dant tout le blasdoderme, mais occupe seulement l'aire transparente et la zone intérieure de l'aire opaque, si bien que la division de l'aire opaque elle-même en deux zones ne résulte que de cette couche, dont la limite sépare la zone interne de la zone externe.

La métamorphose de cette couche est remarquable. En effet, aux environs de la douzième heure, ce n'est pas une couche complète qui apparaît, mais des amas épars de globules formant des îles, qui seulement alors se groupent en une couche ininterrompue, pour aboutir ensuite de nouveau à des îlots sanguins et aux vaisseaux sanguins, en lui donnant ainsi la nature d'une membrane que nous appelons vasculaire, et qui constitue le troisième feuillet médian du blastoderme. » (24).

Pander prend bien soin, dans les Beyträge, de distinguer ces trois feuillets des formations différentes ou plus tardives décrites par Wolff, et qui pourraient être confondues avec eux. Puis il poursuit la description des mouvements proprement morphogénétiques, qu'il désigne comme « plis », et qui aboutissent à la mise en place des organes. Ainsi donc, la signification des feuillets ne semble pas avoir été établie de façon récursive, à partir de la valeur physiologique des formations qui en proviennent, à l'exception du seul feuillet vasculaire. Au contraire, pour les feuillets muqueux et séreux, le concept de feuillet a une valeur essentiellement topographique et secondairement fait intervenir le caractère de structure, aspect que l'on retrouve chez Von Baer, lorsqu'il fait correspondre plus nettement que Pander à chaque feuillet une aire déterminée : transparente pour le feuillet séreux, vasculaire, pour le feuillet vasculaire, et vitelline pour le feuillet muqueux (25). Il ne s'agit même pas, à proprement parler d'organes primitifs à l'avenir déterminé, qui se transformeraient directement par enroulement en organes fondamentaux, dont sortiraient pour finir, les organes spéciaux (26). Ces feuillets, pour Pander, n'ont pas initialement de destin à proprement parler ; ce destin n'est acquis que progressivement :

« De la collaboration de ces trois membranes, naissent ensuite de toutes nouvelles formations. A ce qui a été jusqu'ici décrit, le feuillet vasculaire ne prend pas part. Sans pénétrer dans les plis primitifs, il se déploie plutôt uniformément sur ces plis, les vertèbres, et la moëlle épinière, lorsqu'on examine le fœtus du côté qui repose sur le vitellus.

A ce moment précis commence dans chacune de ces trois membranes une métamorphose propre qui se dirige vers un but particulier, mais avec une autonomie qui n'est pas encore suffisante pour indiquer ce à quoi chacune est destinée ; chacune a encore besoin de ses voisines, et, de ce fait, quoique déterminées pour des fins différentes, elles travaillent toutes trois en commun jusqu'à ce qu'elles aient atteint un certain développement. » (27).

Mais Pander donne en 1818 une formulation beaucoup plus stricte à la théorie des feuillets, laquelle deviendra classique :

« Pour comprendre la formation du cœur et du tube digestif, il suffit de se représenter d'abord clairement que le blastoderme est composé de trois membranes différentes qui sont déterminées en vue du développement du fœtus, parmi lesquelles la membrane inférieure ou muqueuse entreprend la formation de canal intestinal, de même que la membrane vasculaire contient le cœur et les vaisseaux, et la membrane séreuse représente les enveloppes de la moëlle épinière, les parois du corps fœtal et l'amnios. » (28).

La substitution du souci pédagogique d'explication claire au simple souci heuristique provoque ici un passage de l'analyse génétique à l'interprétation récurrente, et, de ce fait, un glissement dans le contenu des concepts qui, de topographiques deviennent effectivement physiologiques. Dès lors, l'accent se trouve mis sur une prédétermination des feuillets dans laquelle tout le siècle se débattra, et dont la seule expérimentation fera sortir l'embryologie. Un tel sacrifice fait à la pédagogie, c'est-à-dire au désir d'être compris, était-il bien nécessaire ?

5. – LA MORPHOGENESE.

Outre la théorie des feuillets, on rencontre chez Pander le concept de pli : il apparaît à propos des plis primaires qui sont censés dessiner initialement la forme extérieure de l'embryon. Ce concept va avoir deux fonctions : celle qui consiste à désigner simplement certaines structures embryonnaires particulières, comme dans le cas précédent, et qui se trouve utilisée dans la Dissertation inaugurale, et une seconde fonction qui apparaît dans les Beytrage, où les plis vont indiquer le mécanisme de base des processus morphogéniques :

« L'exposition complète de la formation de l'animal vivant et de ses parties à partir du blastoderme se laisse entièrement déduire à partir de deux moments : ou bien les ébauches significatives des systèmes nerveux et sanguin se forment en lui, puisque ce sont les deux systèmes qui servent à la poursuite de l'individualisation du processus vital, ou bien, il produit lui-même exclusivement au moyen du mécanisme simple du pli le corps et les viscères de l'animal. Un fil délicat se dessine sur lui comme moelle épinière, et à peine ceci est-il arrivé que les premiers plis, qui eux-mêmes doivent être considérés comme le siège de la moelle, l'enveloppent, et constituent de cette manière le premier fondement du corps. A partir de là, il se forme de nouveaux plis, qui, en opposition avec les premiers, donnent les cavités ventrales et pectorales avec leur contenu. Puis, dans un troisième moment, il émet les plis au moyen desquels le fœtus en formation est emmailloté dans les enveloppes adéquates. De ce fait, personne ne doit s'étonner si, dans le cours de notre rapport, il est tellement question de plissements et de retournements. » (1).

Entre la mise en place des feuillets et des plis primitifs, et le début de l'organogénèse, il se produit donc d'un seul coup une grande transformation, entr'aperçue et soulignée par Wolff et Haller, mais sur laquelle ils sont cependant passés trop vite (2). Il s'ensuit que l'un et l'autre ne sont pas parvenus nettement à marquer la distinction capitale qui existe entre une embryogénèse primitive, caractérisée principalement par la mise en place des feuillets, et l'organogénèse qui constitue l'essentiel de leur préoccupation.

Enfin, Pander précise le contenu du concept de pli d'une manière qui élimine la perspective d'une morphologie géométrique, telle qu'elle avait été formulée par Buffon et telle qu'elle a alimenté après lui les rêveries méta-biologiques de bon nombre de naturalistes. Au texte de Buffon, basé sur la métaphore du chapeau de papier, c'est-à-dire, sur l'idée sous-jacente à cette métaphore, d'un développement de formes mécaniquement consécutif à un ensemble de plissements (3), Pander oppose une définition des plis qui exclut à la fois la métaphore et l'idée :

« Nous mentionnons maintenant en bref , en guise de conclusion, un point qui concerne la formation des plis en général, que l'on ne doit pas s'imaginer de la manière dont ils se produisent sur une feuille de papier, prise comme terme de comparaison pour accéder à une intuition plus claire, où toute la feuille participe à leur formation ; mais au contraire, ils se forment en une place déterminée, que ce soit par agrandissement ou adjonction des globules qui constituent la membrane formatrice. » (4).

Une semblable exclusion d'une explication de type mécaniste peut faire penser à l'attitude délibérément anti-mécaniste de Wolff ; mais si cet anti-mécanisme avait chez Wolff partie liée au fait que les hypothèses préformationnistes rattachaient le développement à la croissance en des termes explicitement mécanistes, ici, nous avons plutôt une expression de cet empirisme rationnel dont la base est l'observation microscopique et la description la plus exacte possible des mouvements morphogénétiques, avec peut-être l'adjonction de l'idée présente chez Doellinger que la vie est inhérente à tout ce qui est vivant, et exclut tout processus inerte.

Ce concept de pli a certes une portée encore plus considérable que Pander ne l'imaginait puisqu'il sera démontré beaucoup plus tard que la mise en place des feuillets se fait par invagination et non pas par délamination ; mais il faudra pour l'établir un considérable perfectionnement des techniques permettant l'approche de ce qui se passe entre la pénétration du spermatozoïde et la ponte de l'œuf, période dont l'étude n'était ni dans ses possibilités, ni dans son projet.

Comment se fait-il que cette théorie par certains côtés, si dépouillée et si fondamentalement simple et claire, a pu être si difficilement comprise, et quel a été le prix de cette compréhension ?

En premier lieu, la théorie des feuillets est restée totalement incompréhensible à Oken, et Pander indique peut-être dans sa réponse ce qui a été la difficulté centrale : le passage de l'idée de vésicule à celle de feuillets, comme origine du corps de l'embryon (5). Ce passage est lui-même le reflet du changement de méthode, puisque Oken, comme Wolff, se soucie exclusivement d'un problème organogénétique qu'il ne peut pas aborder autrement qu'à partir des stades relativement tardifs, avec un matériel de recherche constitué par les mammifères, chez lesquels il est extrêmement difficile d'accéder aux stades précoces, dans la mesure même où l'œuf n'est pas encore exactement connu à l'époque. Or, d'après la littérature embryologique immédiatement antérieure à 1817, il semble que le problème le plus débattu ait été celui de ces rapports entre le canal intestinal et la vésicule ombilicale, sur lequel Isis fournit en 1818 une récapitulation assez complète (6). En face de la complexité de ces débats, due en partie au caractère inextricable de la disposition des enveloppes embryonnaires chez les mammifères après les débuts de l'organogénèse, et contrairement à l'ouvrage de Wolff, surchargé par ses implications théoriques et à la terminologie quelquefois ambiguë, la Dissertation et les Beytrage de Pander présentent la difficulté insurmontable d'être parfaitement clairs, mais situés à un autre niveau. Le contre-sens de Gruithuisen, signalé par Von Baer (7), provient de la recherche d'un excès de complication, puisqu'il traite l'aire transparente dans la cicatricule comme un œuf dans l'œuf, correspondant alors à celui des mammifères, en reprenant ainsi un schéma d'emboîtement qui, depuis les hypothèses préformationnistes, ira exercer ses ravages jusque dans certaines formulations de l'embryologie cellulaire portant sur les premières transformations de la cellule-œuf. Mais le fait le plus important est ici sans doute l'incompréhension initiale de Von Baer, et la manière dont il est parvenu à la surmonter. Il indique lui-même n'avoir pas compris la Dissertation inaugurale lorsqu'il l'a reçue, bien que ce soit de là qu'il fait partir ses propres recherches, destinées à aboutir en 1828 à la publication du premier tome de son ouvrage : « Uber die Entwicklelungsgeschichte der Tiere. Beobachtung und Reflexion ». Il n'était donc pas préparé pour interpréter correctement d'emblée les faits exposés : ce ne serait qu'à la réception des Beytrage, à grâce à leurs figures (absentes de la Dissertation), et avec l'aide de quelques recherches propres, qu'il serait parvenu à la pleine intelligence des faits exposés. (8)

Entre Pander et Von Baer, on peut dégager, en effet, une différence radicale de point de vue, qui, pour le premier, est exclusivement celui de la genèse, alors que pour le second, c'est celui de la manifestation du type, concept qui appartient d'abord à l'anatomie comparée :

« Mes premiers travaux en anatomie comparée ont joué un rôle sur la connaissance de la structure interne de l'embryon en devenir. Dans ceux-ci, je m'étais efforcé très tôt de reconnaître les types fondamentaux dans les diverses organisations... » (9).

Or, l'annonce du type vertébré, caractérisé par la double symétrie, ne se fait pas au niveau des feuillets, mais au niveau des plis primitifs, sur lesquels il a fait très tôt porter son attention et ses efforts de révision ; et c'est au cours des recherches destinées à éclaircir la structure de ces plis primitifs que la manière dont le type se forme lui serait apparue :

« J'en vins en 1819 à la première observation personnelle qui ait été consacrée uniquement à la compréhension de tes recherches. J'ai trouvé la formation de l'amnios comme tu l'avais indiquée, mais je pensais devoir interpréter les plis comme des délinéations (Abschnürungen). Une nouvelle série de recherches avait débuté l'été suivant. Il me fut alors clair pour la premièe fois qu'une ombre, que la surface interne de tes plis primitifs jetait, et que la direction oblique selon laquelle ces ondulations passaient vers l'extérieur dans la surface du blastoderme, où leur passage était difficile à reconnaître, t'avaient conduit à l'idée que les origines des vertèbres étaient situées à l'extérieur à côté des plis primitifs, alors qu'ils se trouvent à l'intérieur. A cette remarque se rattachent toutes mes recherches ultérieures, car soudain il me passa dans l'esprit comme un trait de lumière concernant la manière dont le type caractérisitique du plan des vertébrés se forme peu à peu chez l'embryon. » (10).

Le concept de pli primitif, tel qu'il est utilisé par Pander, se trouve mis en question au profit de celui de lames dorsales, en correspondance avec lesquelles se trouveront définies les lames ventrales, dont le point de départ se trouve au niveau d'un axe pour lequel Von Baer forge la dénomination de corde dorsale, et qui va remplir la fonction de ligne de référence, attribuée à tort par Pander à la moëlle épinière (11). Ces lames constitueront ensuite les tubes ou organes primordiaux, d'où les organes particuliers tirent leur origine, à la suite de variations de forme issues de processus de croissance différentielle, d'invaginations et d'évaginations, selon leur orientation. A ce premier décalage vis-à-vis de Pander, Von Baer ajoute ici une précision qui l'oppose diamétralement à Wolff : les lames dorsales et ventrales elles-mêmes doivent être considérées comme le produit d'un accroissement du blastoderme, et non pas d'une précipitation à partir d'un liquide ; il en résulte cette conséquence générale que la cicatricule doit être considérée comme l'embryon non développé, tandis que les fluides n'ont qu'une fonction nutritive :

« Ainsi, le développement de l'embryon n'est pour l'essentiel rien d'autre que le début de la croissance. Celle-ci apparaît simplement à l'origine sous d'autres formes que plus tard.

Je tiens ceci pour le résultat principal de mes recherches, au même titre que la subordination du développement au type de l'organisation. La manière dont la cicatricule ou le germe lui-même est formé ne m'était pas à vrai dire entièrement clair, et autant que je sache, il ne l'est toujours pas. Que, dans les œufs d'un très grand nombre d'animaux, avant la fécondation, et à la place du germe futur, une tache se montre, qui lui est très semblable, simplement plus arrondie et plus enfoncée dans le vitellus que le futur germe, je n'hésite pas à la tenir encore pour un développement. L'œuf animal, qui consiste principalement en une sphère vitelline, n'est pas à considérer comme une collection de fluides, mais comme un corps organisé, dont la substance est très molle, et constituée de simples globules, avec peu de matière connective. » (12).

S'il fallait s'exprimer en termes de rapport de paternité, Von Baer commettrait vis-à-vis de Wolff un indiscutable parricide, ce qui sera généralisé dans la formule célèbre : « Nirgends is Neubildung, sondern nur Umbildung ». La distinction capitale dans la théorie de l'Epigénèse entre la production sous forme d'excrétion liquide et de dépôt, et l'organisation se trouve délibérément rejetée. Enfin, l'idée d'une dérivation de l'organisation à partir du déjà organisé, sera confirmée par la découverte d'un globule organisé chez les mammifères, en tous point identifiable à l'œuf des oiseaux, que Von Baer a publiée en 1827 dans un texte mémorable intitulé « De ovi mammalium et hominis genesi epistola etc... » (Leipzig, Voss).

Pour revenir à ses rapports avec Pander, il semble d'abord que Von Baer se soit facilement résigné à ce que la formation du germe ne lui soit pas parfaitement claire, parce que ce n'est pas son problème, mais en second lieu, et c'est le point de la plus grande divergence, il a été amené à déterminer la valeur des feuillets de manière récursive, et de ce fait, en totale contradiction avec le point de vue de Pander. Il en résulte une réappréciation complète, qui conduit à l'hypothèse de quatre feuillets au lieu de trois :

« Les dénominations de Pander : feuillet séreux et feuillet vasculaire ne sont pas parfaitement adaptées. Cependant, je n'ai pas voulu modifier les termes, en partie parce que les dénominations de Pander des couches du germe ont trouvé un accueil général, qu'une distribution des couches dans le blastoderme est devenue un tournant dans l'étude de l'embryologie, et que ces termes ont répandu la vraie lumière sur les recherches ultérieures, en partie, parce que je ne sais pas encore en proposer une autre qui soit élaborée de manière entièrement conséquente. L'essentiel de la division en couches me paraît être essentiellement la préparation des formations futures. Comme la suite du cours de l'exposé l'éclairera, il se produit entre le second et le troisième jour une scission de l'embryon et du blastoderme en une partie animale et une partie plastique. Quand la scission est achevée, chaque ébauche possède deux couches ; dans l'ébauche inférieure se trouve un feuillet muqueux et un feuillet vasculaire, chacun ayant son organisation propre. Dans l'ébauche supérieure, il y a aussi deux couches, qui sont à distinguer clairement dans l'embryon comme les futures peau et partie animale du corps. Il n'est cependant pas possible de déterminer si la dernière couche passe ou non dans le blastoderme. Si elle n'est pas séparée, elle paraît passer pourtant dans la surface inférieure de l'ébauche supérieure. Antérieurement, (au cours du second jour), les deux ébauches ne se laissent pas distinguer dans le blastoderme par les techniques de séparation.

Le premier jour, on ne trouve qu'une surface supérieure lisse et une surface inférieure granuleuse. Entre les deux, se trouve quelque chose qui n'est pas un feuillet continu. C'est donc trop pour y rattacher le seul feuillet vasculaire, si toutefois le sang se forme bien en lui. » (13).

Les deux points caractéristiques de cette note sont, en premier lieu, la période tardive où se réalise pour Von Baer la scission considérée comme la plus importante, et qui correspond à la distinction physiologique classique, rénovée par Bichat, entre la vie animale et la vie végétative, pour se retrouver en permanence dans les spéculations de la Philosophie de la Nature, jusque chez Burdach, et, en second lieu, la modification du point d'application du terme de blastoderme qui ne désigne plus que le territoire extra-embryonnaire du germe. Ajoutons peut-être à cela, la démarche régressive qui remonde du troisième au second, puis au premier jour, et qui est bien étrangère à Pander. Bien entendu, la remarque terminale sur le caractère inadéquat du terme « vasculaire » dans son application à la couche médiane du germe, est fondée, mais elle s'applique justement à la seule formation que Pander avait désignée de façon vraiment récurrente et non par des propriétés de texture, formation qui apparaît par ailleurs plus tardivement. De plus, si nous rappelons que la dissociation des deux premiers feuillets est observée par Pander à la douzième heure, alors que Von Baer réfère à une période comprise entre le deuxième et le troisième jour l'apparition d'une dissociation entre les parties animales et végétales, nous soulignons par là même que sa distinction sera d'autant plus physiologique qu'elle sera éloignée de la réalité des faits embryogénétiques précoces, sur lesquels seuls on peut fonder une doctrine réellement morphologique.

Malgré l'importance et la richesse de son Traité, nous ne pouvons donc pas dire que Von Baer est le fondateur de l'embryologie scientifique, car, en premier lieu, le tournant est déjà apparu avec la théorie des feuillets qui est l'œuvre du seul groupe de Würzbourg, dont il s'est lui-même éloigné à l'époque, et dont il n'a pas bien compris l'apport au début ; et en second lieu, à partir des critiques matériellement exactes qui font honneur à sa sagacité d'observateur, il a justifié un glissement de cette théorie des feuillets dans un sens qui la rendait sans doute plus facilement accessible à ses contemporains, mais en réutilisant ce mode de pensée récurrent et physiologique, qui s'inscrit dans une démarche plus traditionnelle, et qui fait perdre à la théorie ce qu'elle avait de plus original. Bien entendu, c'est en partie la réponse à ce durcissement pédagogique, mais rendu inacceptable au contact des faits que Pander avait fait lui-même subir à la théorie dans sa formulation de 1818.

En fait, les contemporains et successeurs immédiats semblent plus nombreux à avoir suivi cette formulation dans ce qu'elle avait en germe de plus dogmatique, plutôt que la révision de Von Baer, ainsi que le Manuel de Valentin de 1835 en témoigne, situation qui ne sera vraiment remise en question que par les travaux de Remak, préparés par une première tentative, passablement aberrante, d'embryologie cellulaire, effectuée par Reichert.

6. – DÉVELOPPEMENT ET TYPE.

La division du germe en feuillets n'a jamais eu chez Serres qu'une position secondaire. En 1842, les lois de formation, qui sont exclusivement organogéniques par leur origine comme par leur application, c'est-à-dire, qui relèvent de moments tardifs du développement, caractérisant chez Serres une embryologie située au même niveau que celle de Meckel, simple transposition de méthodes et de concepts anatomiques au niveau de stades antérieurs à l'état adulte des organes. Même en 1859, la mention des stades précoces de l'embryogénèse et la référence à la théorie des feuillets constitue une simple adjonction dans un cadre prédéterminé et dont aucune dimension ne se trouve remise en question : ce sont les lois de l'organogénèse qui restent centrales, et qui sont articulées aux spéculations sur les vésicules et leur devenir, comme éléments composant les organes. De même, l'incompréhension de la nouvelle embryologie au profit des lois de l'organogénie, est confirmée par le rejet du concept de corde dorsale, établi, cette fois, plus de trente ans auparavant, au profit d'un retour à la prééminence du système nerveux pour la détermination du plan vertébré, grâce auquel se justifie l'importance de la loi de formation centripète établie en 1824, (mais parfaitement fausse), étant donné que les parties centrales du système paraissent se former à partir d'une double ébauche (1).

La question du parallélisme entre la série zoologique et celle des états embryonnaires doit être comprise de la même manière, comme intimement dépendante de la survivance d'une embryologie non constituée en corps de doctrine cohérent, et qui se trouve obligée de chercher des principes à l'extérieur de son propre domaine, dans une spéculation englobante, issue de l'Echelle des Etres. Ce parallélisme est aussi chez Serres le produit de la coordination entre le développement du grand Animal et la production du microcosme humain qui le résume, comme résultats d'une composition organique issue de la multiplication des vésicules élémentaires, et comme lieux d'activité des lois de l'organogénie : équilibration, symétrie, conjugaison, formation centripète, dont le développement du blastoderme en feuillets est même censé n'être qu'un cas particulier (2). En 1859, Serres reste donc, en définitive, le contemporain du Meckel de 1811.

La critique du parallélisme des séries zoologique et embryogénétique est ce par quoi Von Baer marque ses distances par rapport à l'Anatomie transcendante, dans l'introduction (deux premiers paragraphes) du Scholie V dans lequel il propose aussi ses propres conceptions sur les rapports de l'anatomie comparée et de l'embryologie, point central de sa doctrine qui veut comprendre les différents stades du développement individuel par référence au problème du type anatomique.

Cette critique se développe sur deux plans : la théorie et les faits. La critique théorique est implicite dans l'exposition de la doctrine du parallélisme que Von Baer donne, en l'associant à deux conceptions qu'il présente comme insoutenables : le lamarckisme, dont le support concret est ramené aux exemples ridicules de la transformation des nageoires de poissons en membres de quadrupèdes et de l'allongement du cou du héron sous l'effet de l'effort de la lignée pour attraper les poissons (3) ; et l'unisérialité, conception traditionnelle, dérivée de l'Echelle des Etres, générale, mais non fondée dans les faits zoologiques ou anatomiques bien observés. En conséquence, l'ensemble de la doctrine du parallélisme est apprécié comme une étape historique nécessaire de la science, mais non justifiée concrètement, parce qu'elle dépend du temps où elle a été formulée initialement, et qui se caractérisait par l'insuffisance de la documentation embryologique, même si elle a paru être justifiée ensuite par un état homogène identique chez les embryons précoces et les animaux inférieurs, et recevoir une confirmation tardive par la découverte de Rathke : l'existence de fentes branchiales dans les embryons de mammifères et d'oiseaux. Mais c'est la critique de fait qui est déterminante : elle repose sur les particularités du développement embryonnaire qui n'ont aucun rapport avec des formes adultes quelconques, c'est-à-dire, d'abord, l'existence de dispositions temporaires chez les embryons, qui n'ont aucun répondant dans une forme adulte, parce qu'elles se rapportent aux conditions spéciales de la vie fœtale ; ensuite, l'existence de dispositions adultes dans les groupes inférieurs, qui ne se développent pas chez les embryons, ou qui se présentent autrement, et ici, il faut souligner l'existence de rapports inverses à ceux que prévoit le parallélisme, et qui seront exploités au XXème siècle dans le cadre de la théorie de la fœtalisation : par exemple, la possession initiale par tous les mammifères de mâchoires courtes, telles qu'elles le resteront chez l'homme, fait souligné par Von Baer en deux occasions (4). Enfin, ce qui relève de la théorie et des faits, le plan des animaux supérieurs apparaît beaucoup plus tôt chez l'embryon que le parallélisme ne le prévoit : le tronc et les arcs vertébraux du poulet sont aussi précoces que toute autre partie ; il en résulte que s'il existe des rapports entre les embryons et les formes animales inférieures, ils doivent être pensés autrement que comme un parallélisme ou une répétition.

Pour ce faire, Von Baer dispose de deux concepts : ceux de type et de différenciation. Le concept de différenciation se présente chez Von Baer au moyen de deux termes : « Differenzirung » et « Sonderung ». dans la description de l'embryogénèse du Poulet, le terme de « Sonderung » va servir à désigner d'abord la séparation du germe et du vitellus, puis la séparation du germe en feuillets, qui sont repérables en coupe et en surface (5) ; il est souvent remplacé par ses synonymes : « Scheidung », « Trennung », etc. Mais dans le troisième Scholie de son Traité, Von Baer utilise « Sonderung » en synonymie complète avec « Differenzirung », comme le prouve l'interchangeabilité des deux mots, et dégage grâce à eux ce qu'il considère comme le processus fondamental du développement embryonnaire, que les autres processus de croissance différentielle, d'invagination et d'évagination ne font que compléter dans la réalisation du type de l'organisation (6).

Von Baer distingue trois formes de différenciation : la différenciation primitive, la différenciation histologique, et la différenciation morphologique, qui sont désignées marginalement comme « Sonderungen » (7). La différenciation primitive désigne un processus de division du germe dans son épaisseur, pour donner d'abord deux couches qualifiées en tant que supports de la vie animale et de la vie végétative, puis, par un nouveau dédoublement, quatre couches désignées de bas en haut, comme feuillet muqueux et feuillet vasculaire pour la vie végétative, feuillet charnu et feuillet épithélial pour la vie animale. La mise en place de ces feuillets constitue la ségrégation du matériel organique destiné aux principaux systèmes fonctionnels, qui sont contenus ainsi virtuellement dans les feuillets « in der Indifferenz ». La différenciation histologique s'effectue alors dans la masse des feuillets, où les variations de texture sont directement liées, comme pour Bichat, à la qualification physiologique des parties dont dépend leur destin. La différenciation morphologique, enfin, porte sur la forme externe des organes, et elle se distingue des précédentes par le rôle de la croissance différentielle dans la création des replis qui caractérisent la figure de la plupart des organes achevés, en contraste avec la simplicité et la linéarité des ébauches les plus primitives : c'est donc à ce niveau qu'un certain mécanisme se fait jour. Le résultat de ces trois processus est une individualisation croissante des parties comme conséquence de la diversification générale de l'organisme, individualisation croissante que Von Baer oppose à l'idée de néo-formation, et par conséquent, de composition, que l'on peut dériver de la manière dont Wolff concevait l'Epigénèse, puisqu'il coyait l'organisation se produire dans des matières d'abord excrétées par les ébauches déjà présentes, et, de ce fait, localement distinctes et surajoutées (8).

Sur ce dernier point, Von Baer s'oppose directement à Serres, qui renouvelle ce modèle de production de l'organisme par jonction d'éléments qui se forment à la périphérie de l'organisme. L'Epigénèse fournit donc désormais deux modèles opposés d'organisation : un modèle plus ancien par composition, dans lequel la multiplicité est plus fondamentale que l'unité, si bien que l'on pourrait réduire cette unité à l'exigence d'une nécessaire cohérence fonctionnelle pour que la vie du Tout organique soit possible, vie de l'ensemble mise au service de la vie élémentaire des parties, considérée comme seule primitive, – et un modèle par différenciation directement symétrique, où l'unité originaire engendre au contraire une multiplicité nécessaire à l'exercice des organes, exigée par la diversité des fonctions qui expriment des spécialisations de la vie élémentaire. Pour Von Baer, il n'y a donc pas formation, mais transformation sans rupture de continuité, régie par une idée directrice immanente à l'organisme : l'Autre est de la nature du Même. Autrement dit, le processus de différenciation est le moyen par lequel se matérialise un schéma de développement qui est caractéristique du type auquel appartient l'organisme étudié. Ce schéma détermine l'ordre selon lequel les différences apparaissent progressivement et s'enchaînent les unes aux autres. Un tel rapport entre type et développement engage la pratique de l'Anatomie comparée qui sera conduite à déterminer la signification des parties d'après le mode de développement exprimant leur position dans le type, et par conséquent le réseau d'identités dont elles dépendent : c'est ainsi que se démontre le rapport des mâchoires aux membres, conformément aux conceptions de la Philosophie de la Nature (9). Donc, le schéma du développement est, en définitive, le type en devenir (10), et le développement est une progression à l'intérieur du type (11). C'est en fonction de cette réciprocité entre type et développement que le concept de type pourra être utilisé dans l'analyse de la diversité zoologique des organisations et dans sa mise en ordre :

> « J'appelle Type le rapport de situation des éléments organiques et des organes. Ce rapport de situation est l'expression de certaines relations fondamentales entre les déterminations particulières de la vie, par exemple, les pôles d'ingestion et d'égestion. Le type est tout à fait différent du degré de développement, de telle sorte que le même type peut consister en plusieurs degrés de développement, et réciproquement, le même degré de développement est atteint dans plusieurs types. Le produit du degré de développement avec le type fournit d'abord ces groupes spéciaux d'animaux les plus larges, que l'on a appelés classes. » (12).

Développement par différenciation en conformité avec le type : c'est le fondement des quatre célèbres lois, qui s'opposent à la doctrine du parallélisme à deux niveaux : par rejet de l'idée de composition, et par substitution de la perspective de l'individualisation à celle de perfectionnement, ce qui permet de dissocier progression du développement et supériorité dans l'adaptation, jusqu'ici confondues. Ces lois sont les suivantes :

> « Puisque nous avons remarqué ci-dessus, que pour établir la concordance entre deux formes animales, nous devons remonter d'autant plus loin dans le développement que ces formes sont plus tardivement diversifiées, nous reconnaissons comme lois du développement individuel :
>
> 1 – que ce qui est commun à un groupe animal plus important, se forme plus tôt dans l'embryon, que ce qui est particulier.
>
> Ceci s'accorde entièrement avec le fait que la forme vésiculaire est la forme primitive générale ; car, que pourrait-il y avoir de plus commun à tous les animaux que l'opposition entre une surface interne et une surface externe ?
>
> 2 – A partir des relations formelles les plus générales se forme ce qui est moins général, et ainsi de suite, jusqu'à ce que la forme la plus spéciale se présente.
>
> Ce point est déjà confirmé ci-dessus par l'exemple des vertébrés, et spécialement des oiseaux, comme il l'est aussi par les articulés. Nous reprenons ici cette proposition pour en dériver comme conséquences immédiates les propositions suivantes, qui concernent le but de la recherche.
>
> 3 – Chaque embryon d'une forme animale déterminée, au lieu de parcourir les autres formes achevées, s'en distingue de plus en plus.
>
> 4 – Fondamentalement, l'embryon d'une forme supérieure n'est jamais semblable à une autre forme animale, mais seulement à son embryon.
>
> C'est simplement du fait que les formes animales les moins développées s'éloignent moins des états embryonnaires, qu'elles possèdent quelque ressemblance avec les embryons des formes supérieures. Si notre conception est bien fondée, cette ressemblance n'est donc en aucune manière liée à la condition du développement embryologique des animaux supérieurs mais simplement une conséquence de l'organisation des inférieurs.
>
> Le développement de l'embryon se situe par rapport au type de

l'organisation comme si le règne animal se comportait d'après ce que les systématiciens français nomment « Méthode Analytique », en se séparant toujours plus des formes apparentées, et en progressant en même temps des degrés inférieurs du développement interne jusqu'aux supérieurs... » (13).

La combinaison de ces deux axes : individualisation du type et progression qui se définit par la distance vis-à-vis du type fondamental, permet un accroissement de la variation par multiplication des différences organiques internes, et de ce fait, la complication de l'organisation. L'intérêt physiologique augmente en proportion de l'appartenance à un organisme d'ordre plus élevé. Réciproquement, l'intérêt morphologique des groupes inférieurs dans le type sera d'autant plus grand qu'ils seront censés représenter le type fondamental de manière plus rapprochée. Parmi les vertébrés, ce sont les Poissons qui sont ainsi les exemples les plus fidèles du type fondamental de l'embranchement (14) : cela suffit à déplacer l'attention des anatomistes vers ce groupe pendant le second tiers du XIXème siècle, par opposition à l'intérêt porté auparavant aux mammifères, à cause de leur similitude avec l'homme qui constituait auparavant le type. Mais d'un autre côté, il n'y a jamais de manifestation pure du type, qui doit toujours être idéalement reconstruit à partir de critères morphologiques, sous-tendus par un principe de simplicité géométrique ; et au niveau des aspects fondamentaux du type, les embryons et les espèces inférieures présentent un degré suffisant de similitude pour expliquer, sans la justifier, la théorie du parallélisme (15).

Remarquons que le mot Type a autant de sens qu'il existe de niveaux dans la classification : le type fondamental correspond à l'embranchement de Cuvier, et le type le plus individualisé se définit par la corrélation des caractères spécifiques. Entre les deux, se trouvent les types correspondant à chaque catégorie taxinomique, ce qui garantit la continuité, et partant l'homogénéïté du concept, quant à son contenu, qui peut être compris comme réciproque d'un degré déterminé d'individualisation, allant de la plus faible à la plus étroite. Mais ces degrés ne s'ordonnent pas seulement de manière linéaire, car les degrés opposés peuvent se rencontrer presque directement associés. En effet, le type apparaît ici comme pouvant être parfaitement individualisé, c'est-à-dire capable d'une existence indépendante adulte, ce qui implique spécificité de la forme et potentiel physiologique complet, permettant survie et reproduction, et en même temps, se montrer peu différencié, dans la mesure où la proximité du type fondamental est associé à la simplicité géométrique et à l'égalité entre les parties (16). Le concept de différenciation n'est donc pas seulement un concept physiologique, puisque le degré de différenciation ne se détermine pas en fonction de l'individualité zoologique ou de la qualité fonctionnelle des organes, qui peut être élevée dans des groupes définis comme très inférieurs. Les performances des Squales parmi les Vertébrés, vont fournir dès cette époque, un exemple fréquemment utilisé. Il s'apprécie par une certaine distance vis-à-vis du type fondamental, et en même temps, il est censé rendre raison de cette distance par référence à la quantité des processus morphogénétiques dont on suppose l'intervention, indépendamment de toute analyse physiologique, c'est-à-dire, expérimentale, sur la nature exacte et le déroulement de tels processus que la seule description embryologique fait connaître. C'est donc à travers ce concept que l'Embryologie commande l'ensemble des recherches sur l'organisation qui conduit à une nouvelle systématique, où la perspective d'une progression dans l'organisation est liée à la méthode analytique, sur des bases autres que la simple description des caractères des formes adultes, qui ne pouvait justifier cette progression que de manière anthropocentrique, et sous la forme inverse d'une dégradation à partir de l'homme ; elle est liée aussi à une nouvelle anatomie comparée, comme science de l'articulation des analogies et des différences dans la profondeur des organismes, et non plus seulement à leur surface, dans la dimension de leur développement dans le temps, et non plus seulement dans l'espace de leur structure.

7. – LA RÉALISATION DU TYPE.

Von Baer a signalé en plusieurs occasions que le concept de type s'est imposé à lui à partir de l'anatomie comparée, et indépendamment de toute recherche embryologique, dès 1816. La valeur systématique de ce concept est analysé tout à fait à part des travaux embryologiques dans les « Beyträge zur Kenntniss der niedern Thiere » de 1827. Le type y est défini comme un schéma dont les formes prototypiques sont censées être fournies par les infusoires. Mais en tant que les quatre schémas fondamentaux qui sont indiqués à ce niveau commandent des plans d'ensemble dans lesquels ils peuvent varier en fonction de certaines limites pour produire des formes subordonnées, Von Baer les qualifie de « normes », dans un mouvement inverse de la transposition réalisée par Meckel, lorsqu'il traduit en 1812 le terme latin « Norma » chez Wolff par l'allemand « Typus » (1) et c'est bien en tant que norme que le type va fonctionner aux divers niveaux de la classification, et non pas seulement comme exemplaire de la catégorie taxinomique considérée.

Ces normes définissent ainsi des territoires ou sphères, parcourues par un même système de variations, ou « thèmes ». Si elles admettent des déviations, celles-ci apparaissent comme « toujours inclinées à revenir dans la norme », ce qui témoigne du pouvoir régulateur de cette norme. D'un groupe à l'autre, les différences, tolérées par un tel fonctionnement normatif, sont simplement d'amplitude et de densité : « plus le noyau est concentré, moins l'atmosphère est étendue », autrement dit, « plus les individus normaux sont semblables entre eux, plus les formes de transition seront rares », et, « dans chaque grande sphère, les sphères subordonnées situées au centre, sont plus riches en formes intermédiaires, que les sphères de la périphérie » (2).

On peut remarquer que cette représentation des groupes zoologiques par des sphères élimine l'existence de formes de passage réelles entre deux groupes : aux limites de deux sphères, les formes les plus rapprochées restent plus loin les unes des autres, que chacune du centre de la sphère à laquelle

elle appartient (3). En second lieu, elle exclut l'unisérialité au profit de l'idée d'une multiplicité de directions, elles-mêmes constituées par des sphères, ce qui ne pourrait se représenter que par une arborisation particulièrement touffue. Il y a donc indépendance zoologique des quatre types principaux, et exclusion d'un lien de dépendance génétique de l'un par rapport à un quelconque des autres. A l'intérieur de chaque type, il y a aussi indépendance réelle et parenté simplement idéale entre les divers groupes (de la classe à l'espèce), puisque chacun est renfermé dans sa propre sphère sous la dépendance d'une norme particulière. C'est donc en tant que norme idéale que le concept de type parvient à coordonner deux fonctions : unifier un groupe zoologique en le caractérisant, et commander le développement des individus qui appartiennent à ce groupe, ce par quoi, il rejoint l'essence individuelle (Wesenheit), définie dans le second Scholie, comme ce qui commande le développement de l'embryon (4). La constitution de séries animales observables échappe donc à une explication de nature matérialiste (c'est-à-dire sous l'effet des conditions du milieu physique), au même titre que les processus d'ordre matériel ne permettent pas d'expliquer que des variations embryonnaires primitives se trouvent abolies et non pas amplifiées par le cours même du développement, ce qui permet d'induire leur subordination nécessaire vis-à-vis d'un pouvoir régulateur et normatif. Cette nature du type entraîne une conséquence importante : le concept de différenciation qui lui est subordonné est surtout descriptif d'une augmentation du nombre des différences, et non pas explicatif de la production physiologique de ces différences, condition sans laquelle il ne pourrait pas s'appliquer simultanément aux séries du développement zoologique, à travers les types de plus en plus complexes, et à celles du développement des organes. Cette simultanéité en fait le concept exactement réciproque de celui de composition dans l'Anatomie transcendante. Il apparaît au même niveau, remplit les mêmes fonctions, et suggère l'existence d'un mécanisme physiologique sous-jacent, qui n'est pas et ne peut pas être encore l'objet d'une recherche expérimentale par insuffisance des possibilités technologiques et obstacle théorique, ou même si l'on veut idéologique, du fait des implications idéalistes de la conception du développement :

> « Notre conception rend également claire la manière dont la forme externe du corps animal est en liaison avec les manifestations vitales et l'ordre des parties internes. Les éléments organiques individuels se développent dans la formation supérieure par différenciation de la matière animale. Forme et composition dépendent cependant du type, qui domine dans l'animal ou dans une de ses parties principales. On peut ainsi conclure de la forme externe à l'ordre interne. » (5).

Le mécanisme physiologique sous-jacent reste pourtant l'objet de préoccupations constantes : s'il ne peut pas être réellement expliqué, et s'il ne peut pas non plus devenir principe d'explication, cela ne supprime pas la possibilité d'en construire des modèles qui vont se donner comme physiologiquement plausibles en fonction des connaissances et des mythes physiologiques contemporains. Nous sommes ici dans une tradition qui fait que depuis Wolff, le concept de différenciation appelle l'indication d'un certain nombre de mouvements, en principe matériels, destinés à le supporter.

Comme pour Wolff, les phénomènes plastiques sont donc sous la dépendance des conditions nutritives, ou plus exactement, Von Baer établit ou croit établir des règles empiriques de formation qui peuvent être interprétées en termes de répartition de la matière nutritive, ce qui peut signifier qu'un modèle mécaniste apparaît comme nécessaire pour l'équilibre complet du système, sans pour autant qu'il soit traité comme fournissant une compréhension suffisante de la réalisation du plan animal, en conformité avec le type qui norme cette réalisation :

> « Dans un organisme, c'est le côté vers lequel le courant organique est dirigé, dans l'une des dimensions du corps, qui se forme le plus rapidement. C'est comme si, à cet endroit, la matière organique mise en mouvement, trouvait une plus grande inclination et un plus grand pouvoir pour passer dans la masse de l'organisme. Ainsi, dans la série des articulés, c'est l'extrêmité postérieure qui s'accroît si rapidement qu'elle n'est pas retenue longtemps par l'organisme en son ensemble, mais se sépare pour devenir autonome. Chez tous les vertébrés qui sortent d'un œuf et prennent alors la nourriture par la bouche, la partie postérieure du corps croît plus fortement que l'antérieure. Chez les Mollusques, l'extrémité céphalique présente une croissance plus tardive. Chez les plantes, la partie aérienne croît plus fortement que la partie souterraine, et à chaque nœud, le développement est plus intense vers le haut que vers le bas. Cette hypothèse s'accorde également avec le fait que, là où le développement vers le haut est particulièrement rapide, comme chez les grands champignons, la partie racine reste particulièrement petite.
>
> Cette remarque appliquée à l'œuf de Poule nous conduit à la question du chemin que prend la matière nutritive. On peut à peine douter que le germe est d'abord nourri par dessous, car sa surface inférieure se forme de la même manière que la surface nutritive chez les animaux inférieurs, et le canal qui part de la cavité centrale située à l'intérieur du vitellus et conduit à sa surface, montre le chemin de la matière nutritive. La formation du germe pourrait être conditionnée par ce canal, car il ne se trouve jamais qu'à l'extrémité de ce canal,... etc. » (6).

Ce texte inspire les commentaires suivants : nous sommes dans une tradition humoriste, pour laquelle les liquides ont une fonction plastique, qui justifie les aspects géométriques du plan animal par la répartition des liquides nutritifs en fonction d'une sorte de mécanique des fluides très élémentaire, et par leur rôle dans la production des solides. Cette conception entraîne l'accentuation de l'importance du sang, et par conséquent de la place au cœur par rapport à tout l'animal et par rapport au système vasculaire qui matérialise par des formations solides les courants primitivement fluides, conformément aux idées de Doellinger. La position du cœur détermine donc entre autres les variations du plan primitif qui engendrent les types subordonnés en fonction d'exigences et de rapports physiologiques, qui feront intervenir les conditions externes d'existence. Mais en même temps, elle permet de rendre compte de certaines dimensions du plan principal : c'est parce que le courant organique dominant va vers la droite à partir d'un cœur situé à gauche, que les rapports caractéristiques du type Mollusque prévalent dans cette partie du plan Vertébré (7).

Par conséquent, si la position du cœur est prévue dans le plan principal des Vertébrés pour commander le caractère particulier et molluscoïde de la disposition des organes de la vie plastique, ce que Bichat décrivait simplement comme absence de symétrie, référée à un mode végétal d'existence, et si le système sanguin constitue en son ensemble un système moyen, centre de la vie organique, comme le voulait également Bichat, c'est par cette médiation que les possibilités offertes par le type Vertébré, se réaliseront sous l'effet des conditions externes d'existence par la production des types subordonnés qui doivent aboutir à des individus viables dans un milieu donné. Le cœur commande donc un deuxième ordre de nécessités architectoniques par rapport auxquelles le plan primitif ou type fondamental représente en quelque sorte un point de départ arbitraire, et qui font que l'animal est produit par le milieu qu'il habite, milieu qui est incorporé à son propre caractère. La subordination de ces modifications par rapport au plan primitif est en même temps symbolisée par l'apparition du cœur plus tardive que celle de la ligne primitive, prolongée, pour Von Baer, par la corde dorsale, formations áxiales qui constituent la première manifestation morphogénétique, conforme au type. Dans les autres groupes, c'est encore le plan primitif qui commande la position du pôle par lequel s'effectue l'ingestion de la nourriture et sa distribution, et à partir duquel seront déterminées les diverses variations, sous l'effet du développement de la vie dans des conditions données. La règle est donc universelle :

> « Nous avons parcouru les quatre types principaux, et il suffira à notre projet de faire encore remarquer rapidement que ces types principaux se modifient en formes subordonnées comme des variations sur un thème. Ainsi, les segments de la série articulée sont tantôt semblables entre eux, comme rangés sur un fil, tantôt rassemblés sur un point central. De cette manière, se forment les variations du type principal, que l'on peut penser comme réparties autour de lui et dont quelques-unes sont plus proches, lorsqu'elles montrent plus purement le caractère du type principal, et d'autres, plus déviantes. Ces types subordonnés, associés à un degré déterminé de développement, donnent ce que nous appelons les Classes animales. De ce fait, tantôt l'un, tantôt l'autre des rapports vitaux, sera plus développé, ou plus exactement, le développement de la vie dans telle ou telle direction engendrera les variations du type principal, dans la mesure où celles-ci sont essentiellement diversifiées par les manifestations vitales. Parmi les Vertébrés, ce sont évidemment les oiseaux chez lesquels le rapport à l'air est dominant. Il en est de même dans la série des Articulés, pour les véritables insectes ailés. Les classes animales se divisent de nouveau en plus petites variations que nous appelons familles, qui ne représentent pas seulement le type principal, mais aussi le type de la classe avec des modifications particulières, qui forment le caractère de la famille. Des modifications de degré inférieur dans ces caractères de famille donnent les genres. Il en va ainsi juqu'aux espèces et variations. » (8).

En résumé, le concept de type permet la combinaison de trois variables distinctes : l'individualisation, le développement et la différenciation. L'ordre d'individualisation opère par emboîtement de catégories fermées, qui reprend la hiérarchie classificatrice fondée sur la compréhension croissante et l'extension décroissante des concepts, et qui correspond aussi à une hiérarchie des modifications observables, dont l'explicitation la plus claire nous est fournie par le principe de la subordination des caractères de Cuvier. L'ordre du développement individuel transforme cette organisation logique du système zoologique en un devenir temporel prédéterminé par l'essence individuelle, où la subordination des caractères devient la succession des modifications en rang d'importance décroissante. Enfin, l'ordre de la différenciation est le fondement d'une progression, qui fait que les classes logiquement subordonnées ne sont pas situées au même niveau, mais constituent aussi une série orientée dans le sens, non d'un perfectionnement des aptitudes, mais d'une économie organique interne améliorée, qui se traduit extérieurement par la multiplication des diversités. On constate alors que la pensée de Von Baer, si elle n'est pas exclusive, mais synthétique, est primordialement morphologique : les types fondamentaux fournissent quatre possibilités géométriques, dont les systèmes de dépendances physiologiques qu'elles instituent, ne font qu'assurer l'exploitation au niveau des classes subordonnées, d'une manière qui ne va pas sans rappeler Gœthe, pour lequel :

> « ... l'aigle se forme par l'air, pour l'air, par la haute montagne pour la haute montagne. Le cygne, le canard, en tant qu'espèces amphibies, trahissent déjà leur tendance pour l'eau à travers leur structure, etc. » (9).

On peut même penser que cette succession d'emboîtements qui relient l'espèce à son type fondamental, et les modifications infimes aux grandes lignes de l'organisation, dans lesquelles les raisons physiologiques ont une place apparemment décisive, doit être interprétée en réalité comme des conséquences de l'activité morphologique du type qui rend possible cette insertion physiologique. On constate, en effet, que les types subordonnés dont la raison est physiologique dans le cadre du type fondamental, se comportent eux-mêmes comme des données morphologiques vis-à-vis des types qui leur sont encore inférieurs, et ceci jusqu'aux variations qui sont peut-être les seules à pouvoir être interprétées entièrement comme dépendantes des conditions physiologiques dans la mesure où elles ne constituent pas des catégories stables, et parce qu'elles relèvent de groupes infimes qui ne réunissent que des individus. Tout se passe comme si la perspective morphologique du type repoussait indéfiniment la perspective physiologique de l'organisation à finalité adaptative, comme l'éternité repousse le temps au niveau de ce qu'il y a d'indéfini dans une matière responsable des processus de génération et de corruption.

Et ici, Von Baer se distingue radicalement de Wolff, car, si, en définitive, l'apport de Wolff est descriptif, et morphologique, sa description se veut la justification du modèle physiologique qui soutient la théorie de l'Epigénèse. Pour Von Baer, ce n'est jamais le modèle physiologique qui compte :

> « On m'objectera ici sans doute que je tourne en rond lorsque je dis que l'extrêmité céphalique serait éloignée de l'ombilic par sa croissance accélérée, en tant que région où la nourriture est absorbée, et que je considère son éloignement de la région de l'évacuation comme fondement de cette croissance accélérée. J'ai là contre à faire remarquer, qu'ici comme

dans tout le paragraphe, je ne recherche pas tant le fondement de la formation que les concordances, qui pour nous sont habituellement plus importantes que les fondements eux-mêmes, du fait que ces derniers ne se laissent pas reconnaître facilement en totalité et du premier coup. » (10).

Avec ce modèle physiologique dépendant d'une efficactié mythique de la nutrition, c'est toute une partie de la théorie de l'Epigénèse et des spéculations qui s'y sont ajoutées dans la philosophie de la Nature qui se trouve non pas éliminée, mais reportée à un niveau secondaire par rapport aux axes principaux de la recherche où prédomine cette réflexion sur le type, primordiale dans l'histoire personnelle de Von Baer. A partir de là, se trouve engagée toute une méthodologie qui s'organise autour du concept de différenciation.

8. – LES FONDEMENTS D'UNE THÉORIE MORPHOLOGIQUE DE L'ORGANISATION.

La différenciation, qui représente à la fois le travail du développement dans l'individu et la distance, variable entre les groupes, de l'individu par rapport au type, a donc pour point de départ le type, c'est-à-dire cette forme géométrique qui constitue un système d'identités. Pris en ce sens radical, en conformité avec l'Anatomie transcendante, et la Philosophie de la Nature, le type initial est la forme géométrique de toutes la plus simple, dont toutes les parties sont absolument équivalentes, à savoir, la sphère où les différences, même simplement polaires, sont supprimées, et par rapport à laquelle les quatre types qui déterminent les provinces du règne animal représentent le degré de différenciaion qui est traduit par leur pluralité. Comme incarnation de cette sphère ou vésicule fondamentale, on rencontre essentiellement les spores, dont l'œuf représente déjà une dérivation :

> « Plus loin nous remontons dans le développement et plus nous trouvons de concordance entre des animaux très divers. De là, nous serons conduits à poser la question : au début du développement, tous les animaux ne sont-ils pas semblables pour l'essentiel et n'y a-t-il pas pour tous une forme primitive commune ? Nous avons tout à l'heure remarqué que tous les véritables œufs paraissent présenter un germe discoïde distinct. Un tel germe paraît manquer aux spores, pour autant que nous connaissons leur développement. Ils paraissent primitivement compacts ; pourtant, il serait toujours possible qu'ils aient dès la séparation de la mère une cavité interne, semblable à la cavité centrale du vitellus, qui échapperait seulement à cause de l'épaisseur de la paroi, souvent assez sombre au microscope. Mais admettons qu'ils soient initialement solides, et deviennent ensuite creux, comme cela me paraît être le cas des spores de Cercaires et de Bucéphales, nous reconnaîtrons que le premier acte de leur vitalité

indépendante consiste en l'excavation par laquelle ils se transforment en vésicule creuse à parois épaisses. Le germe dans l'œuf, d'après le Scholie 2e est à considérer comme une vésicule, qui dans l'œuf d'oiseau, il est vrai, entoure d'une manière seulement progressive le vitellus, mais est suppléée à l'origine par la membrane vitelline dans la formation d'une enveloppe ; dans l'œuf de grenouille, présente déjà la forme vésiculaire avant que le type du Vertébré n'apparaisse, et même chez les mammifères, paraît envelopper dès le début la petite masse vitelline. Du fait que le germe est l'animal lui-même non développé, on ne peut pas affirmer sans fondement que la forme vésiculaire simple ne soit la forme fondamentale commune, dont tout animal se développe, non seulement en idée, mais aussi historiquement. Le spore passe immédiatement dans cette forme primitive d'animal autonome par ses propres forces, mais l'œuf, à cause de sa nature féminine, doit d'abord être activé par la fécondation (voir Corollaire du Scholie 1). Après cette activation, se produit la différenciation du germe et du vitellus, ou du corps et de la matière nutritive. L'excavation du spore n'est rien d'autre. Initialement dans l'œuf, se trouve une matière nutritive solide (le vitellus) et une liquide dans la cavité centrale ; mais la matière nutritive solide devient bientôt fluide. » (1).

A cela, il faut ajouter que si ce type fondamental est une réalité primitive et non une simple idée, s'il se manifeste à l'origine de l'histoire individuelle, il reste aussi incorporé à toutes les formations ultérieures sous la forme d'éléments organiques granulaires, doués d'une vitalité liée, mais capables de se montrer libres en cas de dissolution de l'organisme total, ce qui ne va pas sans rappeler la constitution infusoriale des organismes selon Oken :

> « Là où l'organisme est plus composé et la vie plus puissante, les spores simples ne peuvent plus parvenir à une vie autonome. Mais comme chez les animaux inférieurs, il se forme ici également des phénomènes d'isolement par rapport à la masse organique du corps : des globules nerveux, des globules sanguins, des globules laiteux, des spermatozoïdes qui, affranchis de la domination de l'organisme, peuvent exprimer une faible trace de vie libre, et ceci, d'autant plus qu'ils sont d'abord moins liés au processus vital général. Mais ils n'ont plus la signification de germes ; ils sont de simples grains, parce qu'ils ne constituent pas des parties isolées de la masse d'ensemble du corps, mais simplement les éléments organiques individuels qui la composent, et, de ce fait, ne peuvent produire le tout. » (2).

Les spores proviennent d'organismes préexistants, mais ces éléments globulaires sont aussi assimilables aux premières formations individualisées qui sont censées pouvoir se produire dans un mucus primordial amorphe que Von Baer traite comme une première forme de vitalisation de l'eau (Belebungsprocess des Wassers), douée de ces propriétés fonctionnelles que sont l'assimilation et la respiration, en conformité avec une des manières traditionnelles de se représenter la génération spontanée dans la Philosophie de la Nature. Une telle assimilation est possible parce que, vis-à-vis de ces formations qui le constituent, l'ensemble du corps organique est lui-même traité comme l'équivalent du mucus fondamental. Dans une démarche comparable à celle de Wolff, la vie est donc liée à la présence d'une matière amorphe, mais si pour Wolff, elle n'apparaissait qu'avec l'organisation, elle réside aussi pour Von Baer dans l'homogène dont la forme émane originairement comme individualité sans différences, c'est-à-dire, sphère ou globule, d'où sortiront les différences par transformations internes dans le cadre d'un processus de croissance, et non pas par excrétion ou dépôt d'une matière nouvelle suivie d'organisation. Von Baer procède ici comme les Philosophes de la Nature, le rationnel est aussi réel : l'observation de la première manifestation de l'embryon permet de constater qu'il est presque homogène, à ceci près que s'y trouvent incorporés ces globules qui recevront la dénomination d'éléments histologiques, issus de la différenciation histologique débutante (3).

Mais Von Baer ajoute immédiatement que la différenciation histologique est postérieure à la différenciation morphologique, quoique cette distinction dans le temps ne soit pas complète. Si nous assimilons les éléments histologiques aux cellules (4), nous ne pouvons pas parler d'une formation cellulaire de l'organisme par division et composition, dont la conception ne se formulera que plus tard, mais de la répétition actuelle du processus formateur le plus primitif, qui produit les unités les plus pauvres en qualifications, dans le cadre fourni par le processus de différenciation morphologique, qui, lui par contre est progressif, et de ce fait, passe au premier plan des recherches embryogénétiques, dans la mesure où ses productions sont l'objet privilégié de l'embryologie comparée.

Cependant, en 1837, les éléments histologiques ne sont pas réduits aux seuls globules : ce sont aussi des fibres, des lamelles et des vaisseaux creux, qui se forment indépendamment des globules, mais en sont à l'origine peu différents (5) et donc de provenance commune. C'est donc le modèle qui a été utilisé pour la production des types à partir des globules, que nous retrouvons ici, et, dans ce modèle se trouve le fondement de l'unité qui existe initialement entre les trois formes de différenciation.

> Les différenciations primaire, morphologique et histologique reflètent les mêmes différences, la première les unes sur les autres, la seconde, les unes derrière les autres, et la troisième, les unes dans les autres. » (6).

La différenciation et la répétition ne sont donc pas séparables, parce que la répétition est la manifestation de l'origine sous la forme de l'identique à l'intérieur de l'organisme, et que la multiplication des qualités et des formes issue de la différenciation la suppose comme matériel sur laquelle elle va pouvoir élaborer ses variations. Les trois modalités de la différenciation sont donc les trois manières dont elle se rapporte à cette origine selon l'espace, compte tenu de l'identité de nature de son mouvement fondamental, qui se résume comme une divergence plus ou moins poussée.

Ces trois modalités se distinguent aussi par leur mode de rapport à l'organisme total, puisque la différenciation primaire porte sur l'ensemble de l'embryon, la différenciation morphologique sur des ensemble importants qu'elle individualise relativement à l'ensemble, et la différenciation histologique sur les individualités les plus élémentaires de l'organisme. Il en découle que la succession temporelle entre ces trois formes de différenciation semble obéir à un mouvement qui va du tout jusqu'à l'élément infime ou dernier, ce qui n'est pas sans évoquer la démarche classificatrice partant des divisions les plus vastes et aboutissant aux individus, dont les caractères relèvent de leur place dans les groupes les plus généraux. Von Baer conserverait donc ainsi le même réseau de correspondances entre la manière de penser l'organisme individuel et celle qui s'applique au règne animal, que l'anatomie transcendante, mais en remaniant le contenu de ce réseau, par la combinaison qu'il réalise entre la progressivité et la divergence.

Tout ceci manifeste à quel point sont imbriquées les démarches qui renvoient au concept morphologique de type, tel qu'il est amené à fonctionner au niveau des problèmes de classification, et au concept de différenciation qui lui est subordonné et qui fonctionne dans l'organisme d'une manière en quelque sorte mimétique du premier. Il en ressort que ce concept, originaire d'une Physiologie transcendante, prend, à travers sa carrière embryologique, une valeur morphologique, alors que les processus physiologiques qu'il est censé recouvrir, sont à peu près exclusivement métaphoriques, et le resteront tant qu'une embryologie expérimentale n'existera pas. On peut même ajouter que pour se fonder, une telle embryologie expérimentale devra recourir à une toute autre série de concepts, bien distincts par leur origine dans la théorie darwinienne de l'Evolution : ceux de « lutte des parties pour l'existence », et d'adaptation fonctionnelle (7).

Pour en revenir à la répétition, si elle aboutit du point de vue histologique, à des unités organiques élémentaires dont l'individualité minimale est réciproque de la pauvreté en qualifications, la répétition morphologique induit chez Von Baer un concept qu'il reconnaît comme l'équivalent de ce que certains auteurs commencent à appeler Homologie, à savoir le concept d'élément morphologique, présenté comme analogue à celui d'élément histologique, mais situé à un autre niveau (8). Il va servir à décrire la segmentation à l'intérieur du plan vertébré pour autant qu'elle se manifeste non seulement dans le système osseux, mais encore dans plusieurs autres systèmes : nerveux, circulatoire, musculaire, etc... :

> « C'est principalement la partie animale du corps qui consiste en de telles répétitions situées l'une derrière l'autre. La langue technique n'a pas de dénomination pour ces membres individualisés. La plus proche est bien le mot vertèbre, mais il ne désigne que la participation du système osseux à une telle section. C'est pourquoi, je propose la dénomination : élément morphologique, et désigne par là, conformément à ce qui a été dit, une vertèbre avec l'espace intervertébral voisin, et tout ce qui lui appartient. De ce fait, le corps entier des Vertébrés constitue une somme d'éléments morphologiques. Du fait que chaque élément morphologique contient une section des divers systèmes généraux, chacun de ces systèmes, ou dans le cadre du mode de développement, chaque organe primitif, prend part à un élément morphologique. La vertèbre, avec ses arcs supérieurs et inférieurs, est l'élément morphologique pour le système osseux. Un double anneau nerveux, avec une section de la partie centrale du système nerveux, est l'élément morphologique du système nerveux (animal). De même, le système vasculaire a son élément morphologique, et d'autant plus évident par son uniformité que nous remontons loin dans

l'histoire du développement. Nous devons donc conclure par la remarque que chaque organe primitif possède ses éléments morphologiques propres, quoiqu'on ne les trouve jamais entièrement séparés les uns des autres. » (9).

Pour Von Baer, le type vertébré regroupe les trois autres types dans son plan : le type rayonné à la tête, le type articulé pour la partie animale, le type mollusque pour la partie plastique (10). La répétition des éléments morphologiques qui est particulièrement caractéristique de la sphère animale, renvoie donc à l'aspect capital du plan articulé, et pourrait évoquer les hypothèses émises sur la construction de ce plan à partir d'une succession de zoonites, qui ont été reprises avec l'Anatomie transcendante. En fait, il n'en est rien : il ne s'agit à aucun titre d'une récapitulation, mais simplement du jeu d'une loi identique, celle du caractère répétitif des différenciations, suivant l'axe fourni par le type. Les articulés, en effet, représentent eux-mêmes une étape supérieure dans un type dont la dimension géométrique fondamentale, qui donne leur définition, est l'allongement entre les deux extrémités qui répondent aux pôles d'absorption et d'excrétion. La segmentation n'apparaît pas comme leur attribut principal (11). Elle apparaît donc en eux pour les mêmes raisons que chez les Vertébrés eux-mêmes, sans présenter quoi que ce soit de primordial. Autrement dit, loin qu'ils puissent être traités comme des réminiscences d'individualités d'abord autonomes qui auraient fusionné, les phénomènes de répétition au cours de la différenciation morphologique, qui sont responsables de la production des éléments morphologiques, doivent être traités comme la première forme sous laquelle apparaît l'individualisation morphologique des parties (12), et ceci, en fonction de l'application de ce même schéma, qui veut que les globules identiques constituent la première individualisation d'une matière homogène, à la base de la différenciation histologique. Cette conception est donc exactement inverse de celle qui a été adoptée par l'Anatomie transcendante.

L'individualisation va, ensuite, se manifester à un autre niveau : celui des sections morphologiques qui proviennent d'un regroupement des éléments morphologiques présentant une modification commune d'extension variable. Un tel regroupement apparaît beaucoup plus tardivement, et la variable fonctionnelle y joue, cette fois un rôle majeur, dans la mesure où les organes par lesquels va s'exprimer la signification physiologique d'un feuillet, vont regrouper les éléments et les sections morphologiques là où s'exprime leur prédominance dans le plan animal d'ensemble : le système nerveux accapare les sections antérieures, le système digestif, les sections postérieures du plan vertébré :

> « Il apparaît ainsi que chaque organe fondamental éprouve une différenciation morphologique supérieure dans la région dans laquelle il prédomine. » (13).

Cette phrase doit être comprise comme l'indication, non seulement d'une plus grande diversification, mais encore d'un plus grand regroupement des parties qui vont être individualisées ensemble, par la participation à une même fonction ou à un même ordre de fonctions. Le morphologique forme donc le terrain sur lequel se greffe le fonctionnel, qui le dénature et le rend méconnaissable dans la forme adulte. L'embryologie, par la connaissance des états précoces de l'organisme, a donc partie liée avec la recherche de déterminations morphologiques, qui est celle d'une origine commune de formations d'apparence diverse. Par conséquent, si ces concepts ont un rôle dans la description embryologique, leur caractère le plus important est que, par leur intermédiaire, Von Baer tente la constitution d'une morphologie pure, dont le champ conceptuel sera parfaitement homogène, alors que l'anatomie descriptive et comparée, avec le concept d'organe, introduit des unités physiologiquement déterminées, mais qui répondent morphologiquement à des réalités fort variables (14). Un tel projet, cependant, restera longtemps à l'état de simple idéal, que nous voyons jugé comme désirable mais encore irréalisable dans l'état des connaissances disponibles, sauf dans quelques départements de la recherche, et en particulier avec les Vertébrés, aussi tard qu'avec Gegenbaur :

> « On peut s'attendre à ce que dans quelques divisions du règne animal au moins, on arrive à un principe morphologique faisant loi, qu'on puisse leur appliquer comme on a pu le faire pour les vertébrés, par suite d'une connaissance plus exacte de leur développement. Le développement des vertébrés nous apprend en effet à rapprocher des organes qui sont fort éloignés par leurs fonctions, comme le squelette viscéral, les corps de Wolff et les produits de leur différenciation, etc. Il nous montre aussi comment des groupes plus considérables d'organes peuvent être réunis en raison de la communauté de leur origine primitive, comme les conformations dérivant du tube intestinal embryonnaire : il nous apprend à connaître des organes primitifs. Remontant encore plus haut, jusqu'à la première différenciation du corps dans les feuillets du blastoderme, on trouve encore dans ceux-ci de plus amples bases pour la création de catégories plus larges. On peut saisir dant tout cela un but qui, bien que déjà nettement reconnaissable, est encore éloigné, et auquel les recherches morphologiques doivent essentiellement tendre. » (15).

Par conséquent, pour Von Baer, les répétitions et les différenciations peuvent être réunies par le concept d'individualisation dont la répétion représente un premier degré, sous forme de répartition d'unités dans un espace orienté par le système de polarités que le type commande. Grâce à cette distribution primordiale des éléments, consécutive à un processus de simple croissance, les différenciations manifestent leurs propriétés sur place, en faisant apparaître la qualité là où ne se trouvait plus que l'uniformité :

> « Ici, je me permets de faire encore la remarque, que le développement vers la périphérie, dont nous parlerons dans le prochain Scholie spécialement en rapport avec les Vertébrés, ne doit pas être compris comme si chaque atome particulier était d'abord apparu au centre. Seul le progrès du développement présente cette direction et il s'ensuit que chaque partie s'est d'abord trouvé située plus près du centre, et non pas que toute la masse était entièrement regroupée au centre, ce qui serait, pris au sens strict, une impossibilité. Déjà, la croissance rapide des feuillets enseigne que chacune de leurs parties se nourrit là où elle est. » (16).

Les parties axiales n'ont donc pas de fonction génératrice symétrique de celle que Serres attribuait aux parties périphériques, en formulant la loi centripète que Von Baer rejette comme dépourvue de tout fondement (17). Elles ont une fonction organisatrice, et régulatrice ; la primordialité de leur manifestation par rapport aux parties périphériques, est à référer au caractère normatif du type, dont elles sont la première expression. On comprend, de ce point de vue, et l'importance de la corde dorsale, et la confusion faite par Von Baer de celle-ci avec la ligne primitive dont il la dérive immédiatement, parce que l'une et l'autre, en tant que formations axiales ont pour lui cette même valeur organisatrice :

« Avec les lames dorsales se forme encore une autre partie que je nomme corde dorsale (chorda dorsalis). C'est une bandelette qui parcourt en ligne droite l'axe de la future colonne vertébrale et aussi du fœtus entier. Elle est constituée primitivement d'une série simple de globules sombres qui sont plus groupés à l'extrêmité antérieure et plus isolés à l'extrêmité postérieure... Elle n'est pas seulement l'axe autour duquel les premières parties du fœtus se forment, mais encore la véritable règle qui norme le corps entier et tous les principaux systèmes.

Sa formation me paraît contemporaine de la formation des lames dorsales. Il est vrai que souvent, on ne voit pas encore la corde dorsale lorsque les lames dorsales commencent à apparaître ; cependant il se trouve au centre, sous le sillon dorsal, quelques globules en ligne droite, et cette série de globules n'est rien d'autre que la future corde dorsale. J'ai également vu clairement qu'avec une bandelette primitive très développée, la corde dorsale bien déterminée était déjà là, sans traces de lames dorsales. La norme du développement semble ainsi consister en ce que la bandelette primitive, tôt après sa formation, se scinde en deux parties latérales, les lames dorsales, et une bandelette centrale, la corde dorsale, et de telle façon que, si les deux parties se forment sensiblement ensemble, le développement à son début est plus rapide dans les parties latérales, ou du moins, se remarque plus clairement. » (18).

Cette fonction normative de la corde, qui en fait l'expression principale du plan vertébré, est reprise dans le Scholie 3, consacré au schéma de développement des vertébrés, où elle apparaît au point central du croisement des lignes du 8 qui résume le plan de ce type, vu en coupe transversale (19). Ultérieurement, et à propos de ce même plan, Von Baer souligne l'universalité d'une colonne centrale dans le groupe, laquelle est continue chez les Lamproies et autres poissons cartilagineux, c'est-à-dire antérieure à toute segmentation (20). Une telle observation confirme l'idée que la répétition segmentaire est le produit d'une loi de développement et non pas le rappel d'un état primitif.

Par conséquent, la corde dorsale se substitue au rôle détenu par la moëlle épinière chez Pander, et ici, le modèle théorique fourni par l'idée d'une production de l'organisme par différenciation normée à partir du type, associée à l'observation des stades précoces de l'embryogénèse, a permis non seulement de rectifier ce qui est apparu comme une erreur, mais aussi et surtout de substituer à une définition classique du plan vertébré à partir du système nerveux, une définition ostéologique qui va dominer les recherches en Anatomie comparée pendant quelques décennies. Il ne s'agit donc pas là seulement d'un engouement des anatomistes pour l'homologie vertébrale, mais d'une distinction entre la signification morphologique et génétique et l'importance physiologique d'un système dont dépend le principe de la subordination des organes : ce qui est typique n'est plus nécessairement ce qui apparaît comme la caractéristique essentielle de la vie animale. Ce n'est plus un calcul des propriétés, dérivant d'une projection du concept d'économie naturelle à l'intérieur de l'organisme, qui indique l'essence de l'animal et sa place dans la nature, mais un système de caractéristiques de forme et de structure, dépendant d'un ordre géométrique élémentaire.

En conséquence, le texte où Serres conteste la précocité de l'apparition de la corde dorsale, et les analyses de Von Baer sur la formation et la fermeture des lames dorsales, pour pouvoir réaffirmer la priorité du système nerveux comme formation typique (ce en quoi, du reste, il a été précédé par Reichert) et comme lieu d'exercice des lois de formation centripète, donne un sentiment d'archaïsme au moment où il est publié, c'est-à-dire en 1859 (21), et ceci pour deux raisons : la première est que l'Anatomie transcendante paraît s'opposer à la doctrine de Cuvier, comme l'élaboration d'une conception morphologique contre une pensée à dominante physiologique ou plutôt économique ; mais cette morphologie respecte en fait une hiérarchie reconnaissant des degrés de dignité animale, dont le fondement ne peut être en aucun cas morphologique, mais simplement issu d'une vision physiologique à caractère traditionnel. La transformation de cette hiérarchie en loi unitaire de développement pour tout le règne animal, cadre où toutes les sciences morphologiques trouvent leur unité, confirme une telle dépendance. Pour Von Baer, le rapport est inverse : c'est le type morphologique qui fournit le cadre le plus englobant.

La seconde raison est que, pour Serres la valeur du quelette est subordonnée et simplement physionomique, alors que pour Von Baer, elle devient architectonique. Dans ces conditions, on comprend que cette partie de l'ostéologie consacrée à la formation de la tête et de la colonne vertébrale, dominée par la théorie vertébrale du crâne, ait constitué le domaine autour duquel a tourné, pour une bonne part, la morphologie des Vertébrés au XIXème siècle, avec convergence de recherches embryologiques, histologiques, et anatomiques. Il faudra attendre la démonstration d'un décalage entre les protovertèbres et les vertèbres définitives pour que la segmentation musculaire et nerveuse, plus primitive que ces formations osseuses tardives, reprenne une fonction déterminante, principalement à la suite des travaux de Remak. Mais l'importance de la corde reste une acquisition définitive pour la compréhension du type vertébré, dans ses rapports au feuillet moyen, et dans sa détermination du plan d'ensemble caractéristique du groupe entier, pour la recherche de ses rapports avec les autres groupes, comme le feront ressortir les problèmes posés par les Cyclostomes, l'Amphioxus, et les Tuniciers.

9. – *L'ORDRE GÉNÉTIQUE.*

Le glissement de la signification du type, d'une interprétation physiologique fondée sur la dignité animale des systèmes, vers une interprétation morphologique et réellement génétique, qui s'appuie sur l'ordre des formations, fait que le schéma du développement est le type en devenir, comme nous l'avons vu. Le type, compris comme spécifique, et caractérisé par l'ensemble des modifications interdépendantes dans le sens de la plus génétale vers les plus spéciales, comme le veut la hiérarchie des catégories de la classification, peut être identifié fondamentalement à ce schéma et aux conditions qu'il implique : une diversité essentielle à l'intérieur du germe dont la manifestation apparaîtra comme une progression dans le temps. Cette diversité n'est pas celle de structures matérielles ou en acte, comme le voulaient les préformationnistes du XVIIIème siècle ; elle est comprise à l'intérieur de lois de développement, ce qui nous rapproche sensiblement de la manière dont nous avons vu que Meckel associait innéité et épigénèse à propos des monstruosités originelles. Par des concepts comme ceux de schéma ou de loi, intimement liés à la théorie idéaliste du développement et déjà confondus par Burdach avec l'essence de l'organisme, le préformationnisme de Von Baer, attesté par son refus de toute idée de formation organique nouvelle au profit de celle de transformation de ce qui est déjà là, peut se combiner aux évidences épigénétistes fournies par l'étude des stades embryologiques précoces et qu'il décrit dans le Scholie I comme la présence de globules là où seront plus tard les tissus et les organes, en un style qui ne va pas sans rappeler Wolff. De ce fait, il n'est pas possible de dissocier plus radicalement l'Epigénèse d'une Histoire : elle est une physique, et, à la limite, une logique.

Les types spécifiques dépendent donc des types les plus généraux ; Von Baer rapporte ceux-ci à quatre schémas de développement qui enferment toutes les possibilités organiques observées : Evolutio radiata, - contorta, - gemina, - bigemina, correspondant aux groupes des Radiés, Mollusques, Articulés et Vertébrés (1). Du fait que ces types de développement sont responsables de la disposition réciproque des organes, d'où dérivent les prépondérances physiologiques, et par conséquent le caractère entier de l'animal, non seulement les groupes définis sont entièrement clos, mais encore il n'existe aucun moyen direct par lequel on puisse imaginer la transformation d'un Vertébré en Invertébré, comme Geoffroy Saint-Hilaire pouvait l'envisager dans le contexte de l'unité de plan et de composition. On peut seulement comprendre d'une manière idéale comment la modification d'une variable dans le système réel des transformations génétiques peut aboutir à la production d'un type différent :

> « Supposons que, chez n'importe quel articulé, envisagé au moment de sa première formation, une partie du germe s'élève de chaque côté et enveloppe une partie de la surface externe, la partie enveloppée deviendra une partie animale centrale. En ce cas, les organes centraux seraient

tous en rapport avec elle, comme cela se trouve chez les Vertébrés, excepté les nerfs plastiques, qui, sous l'influence du système nerveux animal, paraissent s'approcher de ce dernier chez les Vertébrés. Mais dans leur rapport au monde extérieur, toutes les parties internes sont inversées, car la partie centrale elle-même se trouverait en-dessous. Retournons l'animal, toutes les parties externes seraient à l'envers par rapport au monde extérieur, extrêmité et organes des sens, et en supposant que les côtés extenseur et constricteur ne se voient pas inversés du fait de l'introduction de la nouvelle partie centrale, de même pour ceux-ci. De là, nous concluerons que par l'intervention d'une nouvelle partie centrale du corps animal, la position des organes plastiques est restée inchangée, mais que leurs rapports à la couche animale voisine, leurs rapports au monde extérieur, et tout ce que ces relations représentent dans le corps, se sont inversés. Dans le premier cas, où le cours du développement est simplement symétrique, la ligne centrale dont il part, sera le côté constricteur du corps; dans le développement doublement symétrique, le côté où elle se trouve sera le côté extenseur. Vers le côté constricteurse développent les extrêmités et les mâchoires. Il se montre comme le côté tourné vers la planète, en son sens le plus profond. Du côté extenseur, qui est détourné du sol, se forment les organes des sens. » (2).

Si la distance entre deux types comme les Articulés et les Vertébrés, est due à la surimposition d'un mouvement morphogénétique précoce par rapport à une première structure qui reste en place, avec sa symétrie primitive, d'où résulte une complication et une inversion des rapports externes et internes du corps, le développement paraît comme le moyen par excellence pour établir entre les deux groupes les homologies réelles, en même temps que pour fournir la raison des différences. Dans la mesure où la méthode est exemplaire et généralisable, l'embryologie comparée apparaît comme le moyen de déterminer la signification des organes et de rectifier leur nomenclature à partir d'homologies valables pour tout le règne animal, ce qui avait été d'abord la tâche de l'Anatomie comparée. L'avenir de la théorie des feuillets confirmera ce rôle, depuis le travail de Huxley sur les Cœlentérés de 1849 ; et Haeckel s'en souviendra. Par conséquent, à une signification physiologique traditionelle des organes, puis à la signification morphologique établie par l'Anatomie comparée limitée à l'analyse des états organiques adultes au moyen de principes comme celui des connexions dont la valeur heuristique est indiscutable, s'ajoute une signification génétique, fondée sur la dépendance de chaque organe par rapport à des formations morphologiques plus fondamentales, et qui sont essentiellement distinguées par leurs rapports de position les unes vis-à-vis des autres. Plus fondamentales veut dire ici, antérieures dans le temps du développement individuel et plus générales dans le groupe considéré. De ce fait, nous entrons apparemment en possession d'une méthode sûre pour distinguer les véritables homologies des analogies physiologiques, qui sont nécessairement plus tardives dans l'ordre du développement. Les deux niveaux des identités primitives et des ressemblances secondaires pourront se rapporter spatialement l'une à l'autre puisque toute partie croît et se différencie sur place, comme deux figures superposables où l'actuel ne fait que masquer une primitivité fondamentale qui ne peut être abolie, parce que le primitif, comme le veut Freud, échappe au temps.

La précision de ces distinctions et de l'articulation que Von Baer établit entre les aspects morphologiques et fonctionnels dans le développement de l'organisme, fait donc regretter la dénomination d'organes primitifs qu'il attribue aux feuillets de Pander, puisqu'il s'agit non d'organes doués d'une activité fonctionnelle quelconque hors leur propre développement mais de formations primitivement et exclusivement morphologiques. Leur avoir imposé un destin fonctionnel, n'apparaît donc pas comme nécessaire, et, ce qui est plus grave, entérine cette possibilité de fermeture dogmatique amorcée par Pander lui-même en 1818, pour la théorie des feuillets. Au contraire, une morphologie pure permet d'envisager la contribution de tous les feuillets à la composition de n'importe quel organe, puisque les organes relèvent d'un ordre d'exigences différent de celui qui en détermine initialement les éléments qui les constituent. La raison d'une telle déviation vers une interprétation physiologique rétroactive et peu adéquate des feuillets, est sans doute à chercher du côté d'une philosophie de l'organisme où la téléologie occupe une place capitale, qui veut que la production d'une différence soit significative directement d'une virtualité organique dont la vérité serait dans le rapport adaptatif de l'organisme total à son milieu et aux exigences vitales qu'il lui impose. C'est ainsi que les deux feuillets primitifs seront d'emblée significatifs d'un équipement donné de l'organisme en virtualités commandées par la polarité de l'animal et du végétatif, qui se détermine elle-même dans le rapport, également physiologique, du germe au vitellus. Mais un tel rapport temporaire peut jouer son rôle dans l'embryogénèse sans engager entièrement l'avenir des formations qu'il concerne. Là-dessus, se greffe la malheureuse théorie trop symétrique des quatre feuillets.

La fonction déterminante de l'embryologie comparée pour la reconnaissance de la signification des organes, a d'abord été admise généralement, et en particulier en ostéologie, puis contestée par les plus grands anatomistes, Owen et Gegenbaur, au nom de déterminations fournies par la seule méthode anatomique et qui se sont montrées plus décisives que des faits embryologiques considérablement modifiés par leur situation dans l'embryogénèse, au point de ne pas sembler avoir de répondant au niveau de l'histoire anatomique du type. Von Baer a consacré le 2ème Corollaire du Scholie V à ce problème de la détermination des organes dans les diverses formes animales (3). Le dogme de la fermeture des types sur eux-mêmes, c'est-à-dire, de l'originalité des plans d'organisation, et de la divergence des schémas de développements entraîne cette conséquence que d'un type à l'autre, non seulement il y a des organes qui ne se retrouvent à aucun titre, mais encore que ceux qui se retrouvent comparables, ne sont jamais strictement équivalents (4). On peut se demander si une telle limitation ne relève pas encore d'une présentation dans un ordre inverse à celui du développement, des organes à comparer, et ceci, en opposition avec les possibilités offertes par la compréhension des diversités à partir d'un système de variations divergentes, qui permettrait de reconnaître des variables identiques dans de multiples combinaisons, et par conséquent, d'établir des homologies entre deux ou l'ensemble des types, comme Kowalevsky y parviendra beaucoup plus tard.

Mais une préoccupation majeure de Von Baer est de souligner la contradiction qui existe entre ses conceptions et l'Echelle des Etres (5), et par conséquent, avec le parallélisme des séries zoologiques et embryologique, dans les 3ème et 4ème Corollaires du même Scholie (6). Nous restons cependant dans le cadre d'une théorie du Développement où ce concept a perdu l'unité artificielle qui lui était assurée par l'unisérialité, et sa référence au microcosme humain qui la couronnait. L'apport essentiel de Von Baer est constitué de lois, et non pas d'événements discontinus et datables. Loin de constituer le champ d'une histoire, la Terre n'est que le lieu de manifestation d'une loi de spiritualisation, qui reggroupe le détail des autres lois et dont les archives géologiques indiquent les principales étapes :

> « L'histoire de la nature n'est que l'histoire de la victoire de l'esprit sur la matière. C'est la pensée fondamentale de la création au gré de laquelle, que non pas ! en vue de laquelle, elle laisse disparaître les individus et les générations en série, et élève le présent sur l'échafaudage d'un passé immense. » (7).

Ce concept de développement, fondé sur l'Idée primitive d'animalité, se propose sous la forme de la réalisation du type dans ces deux domaines que sont l'anatomie comparée et l'Embryologie individuelle. Si nous associons la Zoologie à l'Anatomie comparée, nous aboutissons à cette systématisation d'ensemble, parallèle de celle de l'Anatomie transcendante, que propose Valentin :

> « L'idée de développement trouve son utilisation dans des totalités dfférentes et y constitue différentes disciplines, ainsi par exemple, du point de vue du monde animal, la Zoologie supérieure, du point de vue de la liaison des organes particuliers chez les animaux, l'Anatomie comparée, et du point de vue du temps dans les animaux individuels, l'Embryologie descriptive. Mais toutes ces disciplines sont subordonnées à celle qui s'occupe de la totalité supérieure, la doctrine de la vie. Pour notre regard sensible, le lien entre ces disciplines visiblement différentes, manque. Le développement du règne animal, aussi bien du point de vue de la totalité des organismes que des organes particuliers n'est qu'une multiplicité d'objets différents qui existent simultanément, celui de l'animal individuel, une série temporelle d'états du même objet qui apparaissent et disparaissent. Mais dans la totalité supérieure, en tant qu'abstraction du sensible, négation de celui-ci, espace et temps disparaissent comme relations inférieures, il subsiste alors la seule et identique idée primitive d'animalité, qui doit avoir un seul et même caractère dans les trois disciplines. Nous en concluons que le développement du règne animal et de l'animal individuel est un et identique absolument, au niveau de l'idée primitive, mais au niveau du monde sensible et des êtres particuliers, il est entièrement différent et orienté dans diverses directions. » (8).

De même que l'Echelle des Etres, plus ou moins reconnue comme une hiérarchie statique, assurait la coordination de ces sciences morphologiques pour l'Anatomie transcendante, de même, cette seconde formulation de la Théorie du Développement réalise une coordination du même ordre par suppression de la perspective du temps au niveau de l'unité idéale la plus abstraite, qui trouve du reste sa réciproque dans une conception toujours fixiste de l'espèce. Cette conception fixiste rejoint également l'idée d'une individualisation primitive du germe, point sur lequel Valentin indique explicitement son accord avec Von Baer, en tant qu'elle exclut tout parallélisme des séries zoologiques et embryologique, avec l'Echelle des Etres qui lui est sous-jacent (9). La divergence des deux domaines est alors celle qui oppose la production de la plus grande multiplicité des organes et des organismes dans l'espace de l'animalité, et l'émergence de la plus haute individualité dans l'unité d'un même temps de développement. Comme pour Von Baer, l'unité n'est qu'à l'origine, mais cette origine qui n'était pour Von Baer que la sphère primitive, s'enrichit avec Valentin de l'hypothèse de l'universalité de la formation à deux feuillets :

> « Les premiers actes communs de formation et de différenciation du blastoderme en deux feuillets, sont si profondément enveloppés dans l'idée primitive de l'animal en général qu'ils constituent vraisemblablement le début de l'ensemble des individus du règne animal. Les classes dites inférieures constituent ici encore la grande énigme, parce que notre temps n'a pu apprendre à connaître jusqu'ici que l'insuffisance et la superficialité des expériences antérieures. » (10).

C'est dans le prolongement d'un tel vœu qu'il faut placer l'article de Huxley en 1849 : « Sur l'anatomie et les affinités de la famille des Méduses », qui relève l'homologie des deux premiers feuillets à travers tout le règne animal, à laquelle Haeckel accrochera ses propres spéculations. Après avoir établi l'existence de deux membranes primordiales distincte qu'il qualifie de fondatrices (foundation membranes), Huxley énonce la remarque suivante, symétrique de celle de Valentin :

> « Une complète identité de structure associe les « foundation membranes » des méduses avec les organes correspondants du reste de la série ; et il est curieux de remarquer que, d'un bout à l'autre, les membranes externes et internes paraissent avoir la même relation physiologique l'une à l'autre que les feuillets séreux et muqueux du germe ; l'externe se développant en système musculaire, et donnant naissance aux organes d'attaque et de défense, et l'interne, d'un autre côté, apparaissant comme plus étroitement subordonné aux fins de la nutrition et de la génération. » (11).

Huxley sacrifie ici au dogme de la prédétermination physiologique des feuillets, à laquelle l'anatomie comparée lui semble fournir une confirmation inattendue. Mais c'est après avoir indiqué le fondemnt essentiel des homologies dans le développement, dont dépend l'identité de structure, et par conséquent cette remarque doit être comprise comme une incidente qui n'engage en rien la position de principe méthodologique, essentiellement morphologique.

10. – CONCLUSION.

Ce que les contemporains et les disciples de Von Baer appellent « rapports génétiques », consiste donc en cet ensemble de liaisons idéales assurées par les concepts de type, de développement et de différenciation, dans la dépendance de la réalisation matérielle progressive d'une Idée primitive d'animalité, dont le contenu est abstrait au sens de pauvre, et qui joue en définitive un rôle assez semblable à celui de la force vitale dans un contexte un peu antérieur de Physiologie transcendante. D'une genèse réelle à partir de processus expérimentalement connus, il ne peut être encore question : les processus supposés à la base de la différenciation, sont simplement induits à partir d'observations macroscopiques ou microscopiques, qui portent elles-mêmes sur des exemplaires non vivants, ce que Von Baer signalait déjà en 1821 comme une limitation grave des moyens de recherche en Biologie, caractéristiques de son siècle (1). Ce traitement idéal de la genèse du monde animal, n'est pas lui-même perçu par les contemporains comme un simple produit de la science, et encore moins du travail de laboratoire, mais de « l'esprit du temps. » – C'est l'esprit du temps qui promeut cette philosophie du devenir qui s'étend à l'organisme, et dans laquelle l'histoire des organismes n'est pas forcément le facteur principal, bien au contraire. Le mérite de cette philosophie est cependant d'avoir promu au premier plan des intérêts culturels l'objet biologique compris comme la manifestation essentielle du pouvoir du Temps à la surface de la Terre, où le foisonnement des espèces est, à sa manière, une manifestation du jeu des lois physiques, sans se laisser entièrement réduire à ce jeu.

Troisième Partie

INDIVIDUALITÉ ORGANIQUE ET PHILOSOPHIE MORPHOLOGIQUE

Chapitre Premier

L'INDIVIDUALITÉ ORGANIQUE

1. – LES ÉLÉMENTS.

Dans son Introduction historique du « Handbuch der vergleichenden und experimentellen Entwickelungslehre der Wirbelthiere » de 1906, dont il est l'éditeur, et qui a été d'abord publié en 1901 (1), Hertwig distingue deux orientations en Embryologie : morphologique et physiologique, et dans le cadre de la partie morphologique, deux périodes successives qui vont, la première du début du siècle jusqu'à l'établissement de la théorie cellulaire, et la seconde, de Schwann à la fin du siècle (2). La théorie cellulaire forme donc pour lui charnière entre deux mouvements de la science de style différent. En effet, la théorie cellulaire entraîne avec elle deux conséquences : d'abord, une formulation plus claire du but de la recherche embryologique et comparative :

> « Par quelle voie les diverses espèces d'êtres vivants depuis les plus simples jusqu'aux plus hautement complexes seront-elles formées pas à pas à partir de la cellule, comprise comme organisme élémentaire ? » (3).

et, en second lieu, une liaison de l'Embryologie, non seulement avec l'Anatomie comparée, mais encore, avec l'Anatomie microscopique, qui introduit une technologie nouvelle au niveau de la préparation et de l'observation des objets qu'elle fait prendre en considération.

La question de la production des organismes depuis les plus simples jusqu'aux plus complexes, par dérivation des formes complexes à partir des plus simples, n'est pas nouvelle : posée par la Philosophie de la Nature, elle a déjà contribué à diriger l'attention vers l'Embryologie, et elle se trouve depuis lors au cœur de la Théorie du Développement, aussi bien dans la variante : Anatomie transcendante que dans celle que constitue la nouvelle Embryologie comparée. L'élément nouveau est donc ici simplement constitué par l'introduction du concept de cellule au point de départ des développements, en remplacement des hypothèses antérieures qui renvoyaient ou bien à l'idée de mucus primordial, ou bien à celle des globules ou infusoires, ou bien à une combinaison des deux. A première vue, l'ensemble de la problématique antérieure ne semble pas devoir en être bouleversée, aussi bien dans le domaine de l'embryologie où la théorie des feuillets se maintient malgré Reichert, que dans celui de l'Anatomie comparée où les concepts de type et de développement servent à organiser le système des homologies et la classification d'ensemble du règne animal.

Par contre, s'il existe une Anatomie générale depuis Bichat, devenue entre temps Histologie avec Heusigner, qui lui assigne une place dans le cadre de la théorie du développement (4), le remplacement de la spéculation sur les éléments primordiaux par l'observation des cellules, qui en elle-même pose des problèmes méthodologiques nouveaux, va fournir aussi de nouveaux critères d'appréciation morphologique : la texture et la forme des cellules qui la constituent, vont servir à déterminer la signification des parties à un autre niveau que celui de l'analyse des fonctions, de l'application du principe des connexions et même de la place dans le développement, qui en seront précisées. En même temps, c'est une nouvelle philosophie de l'organisme qui apparaît à travers un déplacement des rapports qui lient la différenciation histologique et la différenciation morphologique.

Rappelons et résumons les conceptions de Von Baer sur cette question : le concept de différenciation désigne un ensemble de processus par lesquels se trouve produite l'hétérogénéïté des parties de l'organisme ; cette hétérogénéïté croissante s'effectue sur deux axes : la multiplication des qualités ou propriétés distinctes dans les diverses parties de l'organisme, et l'individualisation de ces parties elles-mêmes, leur séparation (Sonderung) relative par rapport à une totalité à laquelle elles continuent à appartenir essentiellement. La différenciation primaire est globale : elle distingue des ensembles par une opposition polaire dans l'espace ; la différenciation histologique distingue les parties qualitativement et par leurs propriétés fonctionnelles ; la différenciation morphologique isole les parties d'un ensemble en les individualisant par leur forme. La combinaison de la différenciation histologique et de la différenciation morphologique donne les organes, c'est-à-dire, des parties fonctionnellement différentes et édifiées, comme Von Baer le souligne en 1837 à partir d'éléments morphologiques ou de sections d'importance très diverses. Tout se passe donc comme si ces qualifications fonctionnelles se surajoutaient à une individualisation des parties plus fondamentale, parce que plus dépendante de l'organisation typique de l'animal, produite par la différenciation morphologique. La différenciation histologique lui est donc nécessairement postérieure, comme le point de vue fonctionnel est postérieur au point de vue du type : dans l'exposé de la seconde partie de son grand Traité en 1837, Von Baer n'en traite que rapidement et après une longue étude de la différenciation morphologique, dont l'importance, plus grande pour lui, est ainsi soulignée.

Cette subordination et cette succession temporelle de la différenciation morphologique et de la différenciation histologique est tributaire de deux autres propositions : la définition du développement comme individualisation progressive des parties, condition de la spécialisation fonctionnelle (5), et l'hypothèse d'une matière homogène, amorphe et molle, à l'origine des processus d'organisation, qui engendre les parties solides par disjonction de ce qui, dans ce mélange, est plus solide et plus liquide (6). Le concept de tissu semble désigner un domaine intermédiaire entre l'élément dernier (le globule) et la forme organique complète : son point d'application paraît mal fixé, comme le signale Valentin, puisqu'il peut désigner à la fois, par exemple comme tissu glandulaire, l'ensemble des rapports des canaux et des éléments d'une glande, et la texture de la paroi des canaux de cette même glande.

Ce qui vaut pour les tissus, vaut également pour les éléments des tissus : ils sont plus un produit qu'une origine. Par ailleurs, ils constituent un objet spéculatif. En effet, si l'on veut admettre avec Ackerknecht plusieurs formes successives de la théorie cellulaire, dont la formulation de Schwann serait la troisième (7), les conceptions antérieures, ou théories de la fibre et du globule, présentent un caractère commun : la définition de leurs objets au terme d'un raisonnement qui conclut à la forme de l'élémentaire à partir de données d'observation microscopique jugées les plus générales, et partant, les plus significatives. Ainsi, la fibre culmine dans une conception de l'organisme à modèle musculaire, en rapport avec une physiologie de l'élasticité, de l'irritabilité et de la sensibilité, chez Haller, qui privilégie les déplacements, tandis que les globules renvoient à la théorie qui fait de la sphère le principe le plus simple de la géométrie vivante, retenu par la Philosophie de la Nature.

Henlé rapporte à Treviranus en 1816 la première tentative pour établir par l'observation microscopique directe la composition des tissus en éléments simples, qui lui apparaissent de trois sortes : une matière homogène et amorphe, les globules, les cylindres ou fibres (8). Autrement dit, Treviranus retrouve sous le microscope tous les produits de la spéculation antérieure sur les parties élémentaires des organismes et des tissus ; mais en même temps, ces éléments sont morphologiquement et physiologiquement dérivés et inessentiels. En effet, tout d'abord, c'est l'albumine qui consitute la matière vivante originelle dont les autres substances, mucus et gélatine, procèdent, ainsi que les globules, puis indirectement, à travers le mucus et la gélatine, les cylindres et les fibres, autrement dit, les véritables éléments organiques. Globules, cylindres et fibres sont ainsi de simples modifications des trois matières primitives, soumises aux actions physiques et chimiques externes, dont la forme dépend en dernier ressort (9). Enfin, le tissu cellulaire, considéré comme le tissu de l'organisme le plus proche de l'état fluide, et constitué de matière liquide, de globules et de cylindres, est traité comme embryologiquement primitif et inférieur dans la série biologique, et, par conséquent, comme le tissu primordial dont les autres procèdent par modifications progressives (10). Ces modifications sont liées à la présence de substance chimiques différentes dans chaque tissu particularisé, ce qui signifie que non seulement les caractéristiques morphologiques des éléments relèvent de conditions physiques et chimiques particulières, mais encore que le fondement de la diversification tissulaire ne relève pas de ces éléments, mais des substances chimiques qui leur sont incorporées (11). Cette référence ultime à la chimie, pour rendre compte des propriétés des tissus, les réduit, ainsi que leurs éléments, à une situation passive dans la construction du vivant, ce que nous retrouvons dans la théorie globulaire de Milne-Edwards, plus radicale au sens où elle réduit tous les éléments organiques au seul globule (12).

Cette passivité essentielle des éléments organiques, qui se trouvent coincés entre les propriétés chimiques de la matière ou l'activité de principes transcendants à celle-ci, contraste fortement avec une autre tradition, représentée par les hypothèses de Oken sur la constitution des organismes à partir d'éléments auxquels est attribuée la nature des infusoires. Une telle virtualité infusoriale pouvait fonder en eux un rôle actif dans la constitution des organismes complexes par agrégation, et, par conséquent, on retrouve, à ce niveau, l'opposition entre deux modèles de formation de l'organisme complexe : la différenciation et la composition.

Lorsque ce mythe d'une nature infusoriale des globules, que l'on retrouve chez Von Baer, avec le « Chaotische Gewimmel im Innere der Muschel », s'écroulera avec les recherches plus exactes d'Ehrenberg sur la classe des Infusoires, au terme desquelles cette classe forme un groupe dont les espèces possèdent tous les caractères ordinaires des autres espèces animales, et ne constituent en aucun cas de simples atomes organiques (13), l'idée d'une vitalité des éléments passera sans doute au concept de cellule : le fondement de celui-ci est l'identité d'un mode de développement, et par là, l'existence d'une vie propre de ces éléments dans les deux règnes, végétal et animal. La possibilité de leur production par différenciation en est donc éliminée au profit d'un problème de genèse.

Il semble, par conséquent, que ce soit la prise au sérieux de cette idée de vitalité propre des éléments, comprise, non plus au sens d'aptitude à manifester une activité anarchique comme celle que l'on observait dans les infusions, mais au sens de principe d'actions coordonnées dans un ensemble pour produire des différences équilibrées, qui transforme la théorie de l'organisme, en complétant l'idée de composition conforme à un type, par la mise en évidence des individus réels qui entrent dans cette composition pour en faire une véritable société.

Cette idée introduit avec elle une nouvelle méthodologie, issue de l'anatomie microscopique, dans le traitement des problèmes morphologiques, puisque ce sont désormais les cellules qui sont responsables de la production des différences des tissus et organes, dont dépend le plan de l'organisme en son ensemble, et par conséquent, le type. Il faut donc aller chercher l'origine des différences dans les premières variations des cellules elles-mêmes, et, pour cela, utiliser des grossissements jusqu'ici inhabituels.

Tout ceci implique déplacement et transformation du concept d'individualité. On se souvient que, chez Von Baer, l'individualité morphologique des organes résultait d'un processus d'individualisation intérieur à l'organisme, si bien que cette individualité restait relative par rapport à une continuité plus fondamentale, sauf dans le cas où des segments morphologiques parvenaient à se détacher pour fournir des individus zoologiquement complets, comme cela se passe chez les Vers et les Polypes. On retrouve une telle continuité dans l'Anatomie transcendante, à ceci près, qu'elle est obtenue par fusion de zoonites d'abord autonomes. C'est donc la Théorie cellulaire seule, qui renverse d'une manière décisive la situation du concept d'individualité, pour en faire, non plus le résultat relatif et précaire d'un processus d'individualisation dans une Nature d'essence continue, mais une condition d'origine, dont le progrès des développements apportera un effacement secondaire. Cet effacement n'y résulte pas d'une fusion, mais de la participation à un ensemble qui masque simplement cette individualité primitive. Les tissus constituent de tels ensembles, susceptibles d'être classés en fonction du degré de coalescence entre leurs cellules, toujours reconnaissables (14). Cette réduction d'individualité n'est donc qu'une question de membrane, c'est à dire, d'une partie de la cellule qui, pour Schwann, se forme en dernier, ce qui limite son importance quant à la détermination de la nature cellulaire qui s'organise à partir du noyau.

Le concept d'individualité regroupe donc les idées d'unité et d'indépendance. Comme l'individualité cellulaire est une donnée primordiale, il faut que ces deux aspects soient représentés dans la structure de la cellule : l'unité nous renvoie au noyau et l'indépendance à la membrane, ce qui, étant donnée la loi de développement cellulaire admise par Schwann, assure à l'unité la primordialité et la prépondérance sur les questions d'indépendance: pour lui, comme pour Schleiden, la cellule se forme à partir d'un noyau ou cytoblaste, qui s'enrobe d'une substance que la membrane limite enfin. L'irréalité de ce scéma en fait le symbole de l'articulation conceptuelle qui l'a produit, et dont il souligne l'importance philosophique, quoique il soit également certain que la membrane est microscopiquement moins facilement repérable et plus fragile que le noyau, en particulier lorsque la cellule est traitée, comme l'indique Reichert, avec de l'acide acétique (15).

Les précédentes remarques trouvent confirmation et complément dans la constitution même de la théorie cellulaire.

2. – *L'INDIVIDUALITÉ*

Si depuis Valentin, la doctrine des tissus est une science morphologique (1), c'est en tant que physiologiste que Schwann a été amené à aborder la question des éléments organiques, dans la perspective d'un renouvellement tant de la philosophie de la science que de sa méthodologie. Sur le plan philosophique, l'intention de Schwann est de substituer à l'explication physiologique par les forces vitales une explication par les forces physiques ordinaires, comme il l'indique très après coup dans le Liber Memorialis de l'Université de Liège de 1869 :

> « Les phénomènes de la vie, dit-il, ne sont pas produits par une force agissant d'après une idée, force qui serait donc plus ou moins analogue au principe immatériel et conscient de l'homme, mais par des forces essentiellement les mêmes que dans la nature inorganique, par des forces agissant aveuglément et avec nécessité comme les forces physiques. On pourrait admettre, ajoute-t-il, que les forces formatrices des organismes n'agissent pas dans la nature inerte, parce que les combinaisons des molécules qui les dégagent ne s'y rencontrent pas ; mais il ne s'ensuivrait pas encore qu'il fallut les distinguer des forces physiques et chimiques. » (2).

La méthodologie correspondante est, d'une part, foncièrement comparatiste, et prend, d'autre part, pour objet, le développement, concept physiologique, mais au sens où la physiologie englobe, à l'époque, les sciences morphologiques. Cette méthode a permis à Schleiden d'établir l'uniformité de la texture des plantes : transposée au monde animal, elle aboutit à une unification du monde vivant à partir de ses éléments premiers, compris comme le siège des forces, qui, auparavant, étaient considérées comme caractéristiques de l'organisme en totalité.

C'est donc le point de vue du développement qui est le lieu de ce renversement philosophique, qui va de la force vitale aux forces physiques, et de la totalité organique directrice à l'élément cellulaire constitutif : c'est dans ce cadre que Schwann reprend à Burdach la comparaison de la formation des cellules avec celle des cristaux. C'est aussi parce que le développement est l'objet propre de la comparaison que la diversité des formes est surmontée pour retrouver une unité de principe de tous les éléments formels que la comparaison anatomique distinguait, malgré les conformités apparentes (3).

En conséquence, les éléments organiques ne peuvent être pensés comme de simples globules, dont la ressemblance était due à leur proximité de la matière homogène par une sorte d'épuisement des qualifications : ce sont des individus, chargés d'une infinité de potentialités, dont l'identité renvoie à leur loi interne de formation. Leur association n'est plus la conséquence mécanique des lois morphologiques ; elle constitue un problème posé en des termes nouveaux :

> « Chaque cellule est, dans certaines limites, un individu, une totalité autonome... Mais ces individus ne se trouvent pas les uns à côté des autres, comme un simple agrégat ; au contraire, ils coopèrent d'une manière inconnue de nous, de telle sorte qu'un tout harmonique en provient. » (4).

Dans ces conditions, le concept de différenciation se trouve intérieurement transformé, de telle sorte que, son point de départ étant la cellule, la différenciation histologique devient plus fondamentale que la différenciation morphologique. Cette dernière va même en dépendre : les vitesses différentes de croissance pourront être ramenées à des effets de contact entre cellules déjà différenciées.

Le modèle de développement des cellules utilisé par Schwann est, comme il l'indique, emprunté à Schleiden, et par conséquent, à la Botanique. Ce modèle associe deux aspects : d'une part, l'idée d'un regroupement de particules de mucus en un noyau qui constitue le centre organisateur de la cellule ; d'autre part, l'observation de la division d'une cellule-mère, qui se détruirait lorsque les nouvelles cellules se formeraient en partageant son contenu (5).

Le rapport de parenté entre cellules est donc conçu comme un rapport d'emboîtement, par transposition à l'intérieur d'une cellule préexistante, de processus caractéristiques de la seule matière organique. On peut donc concevoir des néo-formations cellulaires dans un cytoblastème extérieur aux cellules, ce que Schwann admet pour les tissus animaux. Cette Epigénèse est traitée par Schwann comme le processus fondamental qui va caractériser la Théorie cellulaire dans sa première version :

> « Le même processus de formation et de transformation de cellules à l'intérieur d'une substance sans structure se répète dans la formation de tous les organes d'un organisme, aussi bien que dans la formation des nouveaux organismes, et le phénomène fondamental, par lequel la force productrice s'exprime partout dans la nature organique est donc le suivant : il existe d'abord une substance sans structure, qui se trouve ou bien à l'intérieur ou bien dans l'intermédiaire de cellules déjà présentes. Dans cette substance se forment des cellules d'après des lois déterminées et ces cellules se développent de diverses manières pour former les parties élémentaires de l'organisme. » (6).

Si le rapprochement avec Wolff peut être tenté, puisque l'organisation apparaît pour lui dans une matière vivante inorganique sous la forme de globules et de vésicules, la différence capitale est peut-être moins dans l'opposition d'une doctrine mécaniste, au rejet des explications purement mécaniques que l'on trouve chez Wolff (7), que la faible individualisation de ces entités dans la théorie de ce dernier. Elles y répondent simplement à un problème de répartition des solides et des fluides à l'intérieur de formes déjà produites par l'excrétion et le dépôt d'une nouvelle matière vivante ; elles ne deviennent pas comme pour Schwann des centres d'activité caractérisés par la présence d'un processus de formation et d'individualisation itératif. Mais ces centres supposent avant eux une matière douée de certaines particularités chimiques, ce qui conduit à l'idée d'une individualisation chimique comme fondement des particularisations morphologiques, qui va s'appliquer spécialement à l'œuf : la loi spécifique du développement, qui était autrefois attribuée à une idée ou à un type, doit retrouver son fondement dans une composition chimique extrêmement complexe du vitellus, qui, sous des conditions appropriées, est à l'origine des réactions dont dérivent les apparences formelles, en raison de mécanismes inconnus comme ceux que l'on doit reconnaître dans certains mélanges, par exemple d'huile et d'albumine (8). Mais le premier de tous les processus est une focalisaion, d'où surgit le noyau, qui établit l'individualité, ensuite fermée par une membrane.

3. – L'OEUF.

La signification de l'œuf va donc former un problème central pour la théorie cellulaire. Il se divise en deux questions largement interdépendantes : l'œuf est-il une cellule, ou un composé de cellules ? Et comment les cellules des tissus vont-elles dériver de l'œuf ?

La première question, très débattue dès l'apparition de la théorie cellulaire, se centre sur l'interprétation à donner à la vésicule germinative : est-elle le noyau d'une cellule constituée par l'œuf entier, ou forme-t-elle une cellule contenue dans le vitellus ? Schwann, suivi avec hésitation par Kölliker, opte pour la première possibilité, mais les autres embryologistes contemporains choisissent la seconde (1).

Dans la 1ère Partie de son Traité de Physiologie (éd. all. 1839, trad. fr. 1841), consacrée à l'histoire de la génération, et du développement, Wagner fait partir le développement de la ponte, et traite au préalable de la structure de l'œuf dans l'ovaire, dans laquelle il comprend les processus par lesquels on passe de la vésicule germinative, décrite par Purkinje en 1830, à la cicatricule dont les recherches de Pander en 1817, devaient nécessairement partir. Ainsi, tout d'abord, l'ovule est caractérisé par un triple emboîtement : la tache germinative, contenue dans la vésicule germinative, elle-même enveloppée par le vitellus (2). Puis cette structure se transforme : il se produit dans le vitellus des globules, qui renferment eux-mêmes des granules ; au cours d'autres remaniements, la vésicule germinative se déplace vers la circonférence, pour se loger dans une couche appelée « stratum proligerum » ou « discus proligerus », caractérisé par une forme particulière de globules vitellins, remplis de globules plus petits et qui ont aussi été nommés par Schwann « cellules vitellines » (3). Elle occupe le centre de ce disque ; et enfin, elle disparaît, si bien qu'au moment de la ponte, l'état de l'œuf est le suivant :

> « Immédiatement sous la membrane vitelline, dans la partie regardant en haut, on aperçoit par transparence la cicatricule sous forme d'une petite tache blanche arrondie. Elle consiste principalement en une couche membraneuse de 1 1/2 à 2 lignes de grandeur, dans laquelle était insérée auparavant la vésicule proligère ; c'est là le germe, blastos, dont se forme la membrane proligère ou le blastoderme, au commencement de l'incubation. » (4).

Bien entendu, cette description implique pour Wagner, contre Schwann, le caractère cellulaire de la vésicule germinative, dont la tache germinative constituerait le noyau, et qui serait emboîtée dans la cellule vitelline où apparaissent d'autres cellules (5).

L'hypothèse contraire est proposée par Schwann en ces termes :

> « Vraisemblablement, la vésicule germinative est d'abord présente, et autour d'elle, en tant que noyau cellulaire, se forme la cellule vitelline. Vésicule germinative et cellule vitelline croissent, mais la cellule vitelline beaucoup plus rapidement que la vésicule germinative. Autour de la vésicule

germinative se forme une condensation, le début du blastoderme. En même temps, il se forme dans le reste de l'espace de la cellule vitelline de jeunes cellules, les cellules de la future cavité vitelline. Puis se forme sous la membrane vitelline une autre sorte de cellules, les cellules ultérieures de la substance vitelline proprement dite. Elles se forment circulairement dans le voisinage de la membrane vitelline, sauf là où se trouve la vésicule germinative et la base du blastoderme. Ces cellules s'étendent très rapidement, tandis qu'en même temps se forme en dehors d'elles une nouvelle couche, et ainsi de suite. Ainsi, les cellules blanches de la cavité vitelline s'entourent d'une couche qui s'épaissit en cellules jaunes, dans laquelle reste une lacune qui correspond à la place où la vésicule germinative et le blastoderme se trouvent ; cette place devient un canal par l'épaissement progressif de la substance vitelline. La membrane vitelline croît progressivement, comme la croissance de son contenu l'exige. Quand la cellule vitelline a acquis sa taille habituelle et que l'œuf quitte l'ovaire, la vésicule germinative disparaît comme la plupart des autres noyaux cellulaires, et il ne reste plus que le blastoderme développé. Il consiste en globules, vraisemblablement cellules, avec un contenu granuleux grossier. Il croît sous l'effet de l'incubation par développement constant de nouvelles cellules. Au bout de 16 heures d'incubation, on remarque une distinction dans les cellules, etc... » (6).

Cette distinction est celle des feuillets séreux et muqueux, qui sont ainsi définis d'abord par les caractères distinctifs de leurs cellules, et de là, nous rejoignons à peu près exactement la description que l'on trouve dans la Dissertatio inauguralis de Pander, mais traduite en termes nouveaux fournis par la théorie cellulaire. On peut penser que les difficultés qui sont à l'origine des solutions divergentes de Wagner et de Schwann, concernant l'interprétation de l'œuf sont liées d'une part à la disparition des noyaux pendant la mitose, et d'autre part à une technique d'observation limitée à des coupes temporelles déterminées, à des préparations fixées, à partir desquelles il faut rétablir les mouvements morphogénétiques réels.

Entre la disparition des noyaux à la fin de la prophase, par dissolution de la membrane qui les individualise et dissociation des éléments qui les constituent, et leur réapparition double à la télophase, le lien ne peut donc pas être de l'ordre de l'observation, mais seulement des hypothèses, qui elles-mêmes vont dépendre des modèles courants d'interprétation disponibles, c'est-à-dire, de ces modèles qui privilégient la matière vivante sans structure, dont proviennent les éléments formels, par un processsus assimilé à la cristallisation. Dans ces conditions, la parenté cellulaire n'est qu'indirecte, assimilée à une répétition, et suppose une sorte de passage régénérateur par l'informe, qui semble peut-être correspondre avec l'observation de la manière la plus proche. Cette procédure, appliquée à l'œuf, confirme l'idée que le potentiel morphogénétique ne peut qu'être lié à l'ensemble des substances qui composent un vitellus initialement amorphe, et que l'on peut traiter comme un cytoblastème typique, alors que les diverses cellules que l'on y observe, semblent dépourvues de lien entre elles jusqu'au moment où leur abondance conduit à leur regroupement local, et leur entrée en association au terme de laquelle se forment les différences collectives marquant le blastoderme et les feuillets. Le résultat le plus paradoxal de cette manière générale de procéder, est que la vésicule germinative, malgré son importance, perd son identité : sa fonction semble avoir été liée à l'édification primitive de l'œuf, et lorsqu'elle parvient plus tard dans la région du blastoderme, c'est pour s'y confondre, qu'elle soit noyau ou cellule. Il ne semble donc pas que ce soit pour des raisons théoriques claires et décisives que Schwann a frappé juste, par opposition à ses contemporains, mais seulement, comme le veut Hertwig par une sorte de flair. Il faudra par conséquent attendre une connaissance plus précise des mécanismes du développement de l'œuf avant la ponte, pour que sa véritable nature cellulaire soit bien confirmée.

La seconde question : celle des rapports entre les cellules consitutives des tissus et les premières formations de l'œuf se heurte, dans une certaine mesure, au même ordre de difficultés ; n'y a-t-il pas disparition et recréation plutôt que continuité, et s'il y a continuité, quel est le mécanisme qui l'assure ?

L'abus de l'idée d'un emboîtement des cellules, et celle d'une discontinuité entre l'œuf et les cellules des tissus est caractéristique de la conception de Vogt. En effet, pour lui, la vésicule germinative est une cellule incluse dans la cellule vitelline, et elle contient d'autres cellules, les taches germinatives, tandis que de l'autre côté, la capsule de l'ovaire qui contient l'œuf, est elle aussi une cellule (7). Une semblable itération, conforme à la doctrine de la formation endogène des cellules, largement acceptée depuis Schleiden, ne va pas sans rappeler mutatis mutandis l'esprit de la Monadologie. Quant au second point, Vogt admet comme tout le monde la disparition de la vésicule germinative et de ses taches au cours du passage par l'oviducte, et leur remplacement par des vésicules transparentes répandues dans le vitellus, mais d'observation difficile. Ensuite, la segmentation apparaît, mais les petits groupements que l'on observe, ne sont pas formés de cellules ; lorsqu'elle s'est effacée pour faire place à une période de repos, il se forme une écorce autour du vitellus qui serait le véritable point de départ de la formation des cellules (8). Mais Vogt signale tout de même un rapport local entre la vésicule germinative, l'origine de la segmentation, puis le centre de formation de l'embryon, ce qui permet de faire l'hypothèse d'une filiation, mais sans que l'on puisse en déterminer les voies (9), ce qui l'amène à penser que ce sont les taches germinatives, contenues dans la vésicule, qui pourraient bien être à l'origine des cellules embryonnaires primitives (10).

La conception de Reichert se présente d'une manière sensiblement différente : elle inclut une continuité qu'il définit dans les termes suivants :

> « Le principe qui nous dirige à travers le développement des vertébrés, ne consiste pas dans l'hypothèse jusqu'ici admise d'une ébauche germinale ou blastoderme qui contient seule en elle la force de production de l'embryon, tandis que le vitellus constituerait seulement pour elle une sorte de matière nutritive ; mais il repose plutôt sur une conception du vitellus comme lieu de rassemblement d'atomes réunis de manière presque chaotique (cellules vitellines), qui se comportent comme un organisme simple et spontané, en se regroupant et en se métamorphosant progressi-

vement, immédiatement ou médiatement en un organisme supérieur (embryon). Les parties élémentaires du vitellus, les cellules vitellines, s'enchaînent elles-mêmes au développement de l'animal et forment, soit par association directe, soit après métamorphose préalable, les systèmes et les organes de l'embryon. » (11).

Cette question constante des cellules vitellines repose sur une observation indiscutable : la présence de noyaux d'origine spermatique dans le vitellus des œufs avec fécondation polyspermique. Or, la signification de cette observation est référée au pouvoir formateur inhérent au cytoblastème, dont le vitellus est un modèle, et renvoie par conséquent à la théorie qui assigne à la vie une base directement chimique. A partir de cette origine les lignées vont s'individualiser, mais pour Reichert, d'une manière qui reste toujours dépendante de l'organisme global, représenté par l'ensemble de l'œuf : de ce point de vue, Reichert reste plus proche que Schwann et la plupart de ses contemporains, d'une conception traditionnelle, celle du primat de la totalité, et lui sacrifie les feuillets, qui impliquent une différenciation à partir de la situation locale des parties. Il en résulte que l'œuf ne peut pas être une simple cellule :

« Le processus de génération d'une simple cellule maternelle n'a à faire qu'avec une substance sans structure, et se rapporte seulement à la formation d'un noyau cellulaire et d'une membrane cellulaire, composants simples d'une cellule où les forces fondamentales de la vie organique (en opposition à la nature inorganique) sont actives presque sans différences dans le tout pris globalement. Dans la cellule-œuf, les cellules simples sont elles-mêmes le matériel formateur ; le développement porte sur un organisme cellulaire collectif, dans lequel les manifestations vitales sont également décomposées et réparties sur un grand nombre de cellules, qui se forment individuellement pour une fonction, et pour l'harmonie de l'ensemble ; la différenciation et la multiplication des forces fondamentales de la vie organique, augmentent à mesure que l'organisme composé parvient à un niveau supérieur. » (12).

Par conséquent, à travers ces diverses conceptions, il apparaît que, si la théorie cellulaire produit une inversion de la manière dont se pose le problème de l'individualité organique, puisque celle-ci n'est plus conçue comme un résultat de l'organisation, mais son point de départ, la question controversée, caractéristique des difficultés qu'une mutation conceptuelle rencontre dans le domaine qui doit lui servir d'accueil, est celle de la manière dont on doit concevoir cette individualité, et du degré qu'on peut lui accorder.

4. – LA LIGNÉE.

D'une certaine manière, l'individualité reste pour les promoteurs de la théorie cellulaire, le produit d'une individualisation, mais transposée au niveau le plus élémentaire, au lieu de partir de formes globales et de l'idée qui les commande. En passant des cellules aux lignées cellulaires, l'individualisation, est le produit de la répétition qui engendre l'identique, comme expression d'une identité des conditions d'origine ; mais cette idée d'une individualité possible des lignées cellulaires va représenter un apport théorique dont l'impact sur la méthodologie et l'organisation interne des sciences regroupées par la théorie du développement, va se faire sentir directement :

> « Mais que cette orientation, lorsque nos meilleurs chercheurs l'auront poursuivie avec zèle, doive conduire à une vision plus claire des lois de la formation animale, et amener toute l'anatomie comparée et la physiologie à un niveau supérieur, on peut le garantir par la richesse des données que les Botanistes ont déjà recueilli. » (1).

Cette proposition est de Kölliker, dont le travail de 1844 sur l'embryologie des Céphalopodes semble avoir eu un rôle déterminant pour la révision des sciences du développement à la lumière de la théorie cellulaire.

On peut distinguer trois principaux moments dans la recherche de Kölliker :

1° – Il ne reconnaît pas le caractère cellulaire aux sphères de segmentation, mais il désigne le noyau qu'elles contiennent comme « cellule embryonnaire ». Ces formations n'apparaissent qu'après la disparition de la vésicule et de la tache germinative, qui font place à un regroupement de granulations (2).

2° – Il exclut cependant le principe d'une néoformation cellulaire à partir d'un cytoblastème extérieur à des cellules préexistantes. Il y a donc continuité entre les « cellules embryonnaires » et celles qui composeront les premiers organes de l'embryon. L'hypothèse du cytoblastème ne répond donc plus à rien, et la question de l'origine des cellules se transforme en celle de la lignée à laquelle elles appartiennent.

3° – Il reconnaît enfin, comme Schwann, que l'œuf est une cellule, dont la vésicule germinative est le noyau (3). Mais c'est la seule cellule dont on ne connaît pas vraiment l'origine, même si on en connaît depuis longtemps le lieu d'apparition, et dont le destin n'est pas encore très clair.

Par conséquent, si la multiplication cellulaire exclusivement par division n'a été établie qu'en 1852 par Remak, on constate qu'avec Kölliker, le concept de cellule a déjà acquis l'intégralité de sa valeur génétique, tant sur le plan de l'origine de l'organisme que du développement des organes issus des lignées cellulaires. Ne restent à élucider que les problèmes de parenté et d'hérédité. Cette portée génétique de la cellule est confirmée par son application au registre comparatif.

La méthode comparative, dans sa version analogique promue par la Philosophie de la Nature, l'Anatomie transcendante et l'Embryologie comparée suppose une identité fondamentale au cœur des phénomènes, malgré leur diversité apparente, et cette identité est située au niveau des lois ou principes du développement. Mais réciproquement, l'identité des lois de la formation organique va permettre d'interpréter la diversité des formes comme des variations des modalités générales de production, et de ce fait, la théorie cellulaire permet de repenser non seulement l'organogénie, mais aussi l'organisation d'ensemble du règne animal, question abordée par Kölliker dans les derniers pages de son mémoire, où il est amené à reprendre la théorie des types de développement proposée par Von Baer (4).

En effet, malgré les lacunes qui subsistent au niveau des connaissances de l'embryologie précoce d'un certain nombre de groupes, et des rapports hisologiques qui les suivent immédiatement, Kölliker est amené à proposer une division du règne animal en fonction des acquisitions les plus récentes dans ces deux domaines. La forme fondamentale reste le globule creux, postulé par Von Baer ; mais au stade immédiatement suivant, on rencontre seulement l'opposition entre une segmentation totale et une segmentation partielle, qui détermine le développement de l'embryon ou bien à partir de la surface entière, ou bien à partir d'une partie primitive. Ces deux modalités ont une valeur de caractères zoologiques fondamentaux, puisqu'ils distinguent les formes inférieures aux mollusques qui se reproduisent par des œufs : Polypes, Méduses et Vers intestinaux, des Mollusques, Articulés et Vertébrés qui se répartissent eux-mêmes en deux groupes, suivant le comportement de la partie primitive et la manière dont l'embryon en provient. Le développement avec symétrie double caractérise les Articulés et les Vertébrés, et le développement rayonné est propre aux Mollusques. Par conséquent, ce qui pour Von Baer se présentait comme divergence, est remplacé par un système ramifié. Or, dans ce système, tel qu'il est exposé sous forme de tableau à la p. 75 du mémoire de Kölliker, on constate une particularité d'autant plus notable qu'elle pose la question d'une discordance possible entre la classification zoologique et ces caractères embryologiques qui semblent pouvoir la fonder, depuis Von Baer qui avait systématiquement utilisé les seconds en vue de la première, à travers le concept de type de développement : cette particularité est la présentation du genre Limax sur le même plan que des classes telles que les Cephalopodes, les Gastéropodes et les Acalèphes. Un décrochage semblable du point de vue embryologique entre un groupe subordonné et la classe à laquelle il appartient, représenté par le retard considérable dans l'enveloppement du sac vitellin par la formation embryonnaire chez Limax, alors qu'elle est précoce ches les Gastéropodes et les Acéphales, fournit une sorte d'anticipation d'observations du même type utilisées plus tard pour signaler contre Haeckel l'existence d'un décalage entre l'ontogénèse et la phylogénèse, telle l'inversion des feuillets qui oppose le développement du lapin et celui du cochon d'Inde, malgré leur proximité évidente (5) et qui mettent en question toute la valeur des caractères embryologiques d'un point de vue systématique.

5. – L'ATELIER ORGANIQUE.

L'individualité des cellules et l'individualisation des lignées cellulaires impliquent un renouvellement de la philosophie de l'organisme : les forces mécaniques et chimiques ne sont plus capables de rendre raison directement des phénomènes dont la vie est la totalisation, au moyen d'un réseau d'interactions diffuses commandées par une structure organique d'ensemble. Ces forces elles-mêmes sont désormais comprises comme les effets d'ensemble de l'activité des populations cellulaires, dont l'harmonie est le produit d'une coopération. Mais ce mode de coopération des cellules est parfaitement inconnu : il s'ensuit un vide théorique qui deviendra le lieu privilégié d'insertions de métaphores sociales dans l'organisme. La plus célèbre de ces métaphores est la « division physiologique du travail ». Par son intermédiaire, l'économie domestique et l'administration des états, qui traduisaient déjà l'idée ancienne d'une relative autonomie des parties organiques, se trouvent relayées par l'économie industrielle, à travers laquelle les cellules se substituent aux organes comme centres actifs de l'organisation vitale.

La notion de division physiologique du travail est le produit de la transposition métaphorique d'un modèle d'organisation qui relève de l'économie politique libérale classique dans le cadre d'une physiologie générale encore hantée par l'Echelle des Etres (1). Le modèle de référence est décrit par Adam Smith comme répondant au problème d'une amélioration de la puissance productive du travail grâce à la limitation du point d'impact de l'effort individuel au moyen d'une répartition et d'une coordination de l'activité dans un groupe (2). Son application exemplaire est la fabrication des épingles, divisée en dix-huit opérations successives, accomplies par des ouvriers différents dans la même manufacture (3). L'augmentation de la production qui en découle s'explique par trois raisons : l'accroissement de l'efficacité de chaque ouvrier, grâce aux habitudes acquises, le gain d'un temps que les changements d'activités faisaient perdre, et l'introduction de machines simples (4).

Cette division du travail est à mettre elle-même en rapport avec le développement progressif d'un penchant naturel des hommes à trafiquer, qui s'effectue le long de deux variables réciproques : la diversification des tâches, et l'augmentation de l'étendue du marché destiné à absorber une production multipliée (5). Mais au niveau social du marché, par opposition au niveau technique de la manufacture particulière, la coordination n'est plus assurée par une autorité planificatrice, mais par les circuits monétaires (6), qui reçoivent ainsi une fonction de répartition des tâches et des produits, d'où résulte l'équilibre général entre les activités et les besoins. Autrement dit, le modèle industriel est transposable en modèle social, et la régulation technique à caractère autoritaire peut être remplacée par une régulation économique, qui s'apparente à une sorte d'auto-régulation spontanée, dépendant de lois naturelles. Dans l'ensemble, un perfectionnement fonctionnel résulte d'une augmentation de complexité structurale, qui englobe un nombre accru d'individus, dont le rapport au tout définira le degré de spécialisation. Tels sont les éléments qui vont pouvoir être retenus par les physiologistes qui vont les utiliser à deux niveaux de l'analyse des organismes : celui du plan global de l'organisation, et celui des individualités élémentaires qui vont entrer comme ouvriers, dans la réalisation de ce plan.

Or, le transfert de ce modèle s'effectue avec Milne Edwards pour la première fois, dans un contexte où la fonction apparaît comme principe explicatif antérieur et indépendant par rapport à toute structure, y compris celle qui est impliquée par la présence d'individualités élémentaires : le lieu biologique originel où il se trouve reçu, est constitué par le polype, c'est-à-dire selon la conception que l'on s'en fait au début du XIXème siècle, une masse gélatineuse, composée d'un tissu cellulaire dont l'unité est le globule, et dont l'état d'indifférence fonctionnelle serait démontrée par l'aptitude au retournement et par une divisibilité infinie, que les expériences de Trembley auraient révélées (7). Il n'existe donc pas d'individualité intra-organismique : la forme globulaire n'est qu'une propriété générale et primitive offerte par le groupement des molécules de la matière animale, sans référence à l'idée d'une unité biologique constante, et elle est censée se retrouver à la base de tous les tissus, indépendamment de leurs particularités et de leurs fonctions (8). De ce fait, l'individualisation des parties de l'organisme est en rapport avec la spécialité de leur fonction, et marque un perfectionnement.

Donc, ce qui correspond aux ouvriers dans le modèle économique, sera représenté ici par les parties spécialisées d'un continuum homogène mais complexe, qui constitue la structure commune à tous les êtres vivants. Le problème de l'existence d'éléments anatomiques individualisés reste donc entier, si l'on veut parfaire la transposition du modèle, ce qui n'est pas forcément un souci de Milne Edwards : lorsqu'il évoque des unités élémentaires véritablement organiques, elles apparaissent comme les produits d'un certain degré d'élaboration physiologique, où la polyvalence constitue une spécialité, qui marquerait un degré inférieur aux autres spécialisations.

Il peut donc exister des organismes qui soient composés d'unités à la fois anatomiques et physiologiques qui se répètent et assurent ainsi une distribution uniforme des fonctions, comme les vers où les segments semblables assurent en particulier une répartition du mouvement tout le long du corps. Par opposition à ces faits de similitude entre des parties individualisées anatomiquement, l'élévation dans la série est marquée par la prépondérance croissante des organes dissemblables et spécialisés, vis-à-vis desquels la vie de l'ensemble est de plus en plus dépendante, et dont les rapports sont ceux que laisse prévoir le modèle économique.

Le problème de Milne Edwards va donc être avant tout de comprendre comment ce modèle économique peut se surimposer à un modèle de production des différences auxquelles s'accrocheront les spécialisations, dans la substance organique fondamentale qui est physiologiquement polyvalente dans sa continuité initialement exclusive de différences anatomiques. Les premières différences se produisent mécaniquement, et se manifestent comme tissus (9). Les caractères distinctifs des tissus sont la conséquence des actions auxquels ils réagissent en représentant une première forme d'adaptation biologique, qui tire certains de ses traits de l'agent lui-même auquel elle répond, mais cette adaptation détermine aussi pour chaque tissu une sorte d'orientation fonctionnelle, sur laquelle des dispositions organiques plus complexes pourront s'insérer. De ce fait, le modèle économique, malgré son caractère téléologique qui le distingue radicalement du précédent, prend le relai de ce modèle mécanique pour fonder une hiérarchie zoologique, à partir du perfectionnement de l'activité animale dont les tissus ne forment qu'un premier matériel. Cette hiérarchie est celle que l'anatomie trancendante a déjà fait connaître, et qui s'exprime dans la coordination des trois séries : zoologique, embryologique et paléontologique. La division physiologique du travail en permet, en quelque sorte, une réinterprétation en des termes plus physiologiques que morphologiques, qui la ramène à l'esprit de ses origines chez Kielmeyer où elle était fondée sur des forces (10), auxquelles il faut ajouter la qualité des activités et leur diversification.

La diversification des tâches est l'élément essentiel. Sa condition anatomique, et en même temps sa manifestation, est l'augmentation du nombre des parties dissemblables et de leur particularité (11). Or, cette production des différences anatomiques est elle-même subordonnée à deux principes distincts, dont l'un est un principe d'économie, et l'autre un principe structural. Le principe d'économie limite le nombre des combinaisons physiologiques réalisées par rapport aux combinaisons possibles, dans la mesure où la diversification se réalise par modification des parties qui existent déjà, et où l'introduction d'éléments nouveaux est réduit à un minimum (12). Le principe structural, de son côté, limite la variété morphologique de ce matériel organique disponible pour le perfectionnement physiologique dû à la division du travail, aux possibilités offertes par plusieurs types fondamentaux (13), qui correspondent encore en 1857 aux quatre embranchements de Cuvier (14). Le type se définit ici par une certaine répartition géométrique des segments et des organes dans l'espace de l'organisme, en fonction de laquelle les espèces vont développer leurs particularités, comme le veut la doctrine de Von Baer, dont Milne Edwards fournit une variante, où le concept de segment semble occuper une place fondamentale, par opposition à Von Baer, où il n'appartient pas à la définition des types. Cette variante est caractérisée aussi par son insistance sur l'idée de perfectionnement, dont les quatre schémas géométriques offrent des modalités propres, et par la mention d'une « tendance plus ou moins marquée à la répétition des mêmes dispositions » (15), qui conduit à l'idée que les séries différentes comportent un certain nombre de termes anatomiquement correspondants, ce qui contredit apparemment la doctrine de Cuvier selon laquelle entre deux plans d'organisation différents, les similitudes fonctionnelles sont sous-tendues par une différence radicale dans les dispositions organiques (16). Mais pour Milne Edwards, comme pour Von Baer du reste, il existe une participation des types à un sol commun où se forme l'organisation dans ses tous premiers linéaments informels, et cela suffit, sinon pour assurer une composition du type vertébré à partir des trois types invertébrés, comme le voulait Von Baer, du moins pour permettre un échange de concepts entre l'anatomie comparée des invertébrés et celle des vertébrés, qui sont censés posséder des affinités organiques réelles.

La place accordée aux segments pose le problème du statut des « éléments morphologiques », qui, jusqu'ici, semble avoir été esquivé par Milne Edwards au niveau des considérations théoriques, lorsqu'il met sur un même plan les parties similaires et les parties dissimilaires en les opposant uniquement comme équivalentes et spécialisées. Mais sur le plan pratique, l'observation de ces segments reste un résultat immédiat de l'analyse anatomique, et ils posent, par leur polyvalence même, qui favorise une survie, démontrée par les expériences de section dans la tradition de Trembley, le problème d'une individualité intra-organique. Ce problème va se trouver élaboré au cours de recherches diverses.

Au niveau d'organisation immédiatement supérieur à celui des polypes, les textes de 1827 et de 1834 situent les vers, qui sont déjà caractérisés par une localisation des fonctions assez poussée, et par la disposition segmentaire, qui fait que chaque segment est traversé par l'ensemble des appareils physiologiques, d'où résulte leur équivalence anatomique réciproque et leur polyvalence fonctionnelle. Si donc, de ce dernier point en vue, les vers peuvent, à la limite, être assimilés aux polypes, puisqu'ils sont également sécables et régénèrent les parties absentes pour donner de nouveaux organismes complets, comme Bonnet l'avait observé (17), il n'en reste pas moins une différence considérable, celle qui sépare la polyvalence fonctionnelle d'une matière vivante considérée comme un mélange homogène, et celle d'une pluralité de systèmes associés dans un espace limité, qui répètent cette polyvalence à un niveau plus élevé parce qu'ils forment des tous cette fois bien structurés et différenciés dans leurs parties subordonnées.

Milne Edwards rencontre ici le thème qui attribue au segment une valeur d'organisme dans le cadre de l'anatomie transcendante, où il est baptisé « zoonite ». A cela s'ajoute le principe d'une unité de composition, qui, à la même époque, et dans le même registre, suvit, sous la désignation de « conformité organique », à l'abandon de l'idée d'une unité de plan à travers tout le règne animal. Or, ce principe de conformité organique s'est déjà révélé fécond à travers les célèbres analyses de Savigny, qui démontrent l'identité de toutes les pièces qui constituent la bouche des insectes et la fixité de leur nombre à travers toutes les modifications offertes par ces parties en fonction de leur position respective dans les différents ordres. De plus, en recoupant le thème gœthéen des métamorphoses progressives, il a permis également à Audouin d'établir la composition de l'organisme des crustacés à partir d'anneaux identiques dans toutes leurs parties, y compris leurs appendices, et dont les transformations sont confirmées embryologiquement par Rathke (18).

Ces recherches aboutissent chez Milne Edwards à la représentation du corps des crustacés sous la forme de segments homologues « qui peuvent être plus ou moins modifiés dans leur structure, suivant que la division du travail physiologique a été portée plus loin et que les diverses fonctions se sont localisées davantage » (19). Cette répétition de segments identiques implique d'une part l'existence d'un modèle des transformations productrices des différences, et d'autre part, la recherche des raisons de ces transformations. Le modèle de transformations est emprunté à Audouin, tel qu'il l'a utilisé à propos de la structure du thorax des insectes :

> « M. Audouin est de même arrivé à cette conclusion générale, que ce n'est que de l'accroissement semblable ou dissemblable des segments, de la réunion ou de la division des pièces qui le composent, du maximum de développement des uns, de l'état rudimentaire des autres, que dépendent toutes les différences qui se remarquent dans la série des animaux articulés (Ann. Sc. Nat. T. I, p. 116). » (20).

Milne Edwards reprend ainsi à son compte ces concepts qui appartiennent à la grille de l'anatomie transcendante. Mais il accentue l'importance des différences de développement, dont il dérive les déplacements des parties et la diversification des formes, aux dépens des processus de soudure et de fusion, qui ne renvoient qu'à la constitution d'unités secondaires (21). De ce fait, la raison de ces transformations est à chercher surtout dans la croissance différentielle, qui sanctionne l'importance des organes pour l'organisme, ce dont toutes les modifications dérivent.

Mais ici, la division physiologique du travail va modifier significativement la compréhension de l'organisme, par rapport à celle qui était impliquée par Cuvier dans le principe des conditions d'existence. Alors que pour Cuvier, la supériorité des organismes était fonction de la dépense d'énergie et de la qualité de l'activité animale dont dépendaient tous les organes dans une harmonie rendue nécessaire par la viabilité, et par une parfaite adaptation aux conditions du milieu, la division du travail se substitue à cette harmonie pour définir le perfectionnement en termes de technologie interne plus qu'en termes d'activité dans le monde, qui en est la conséquence. Tout se passe comme si l'anatomiste de laboratoire était plus sensible à l'existence nécessaire, mais abstraite pour lui, des conditions externes, tandis que l'explorateur des plages de la Manche s'orientait au contraire, vers un point de vue d'ingénieur, plus attentif aux qualités des dispositifs anatomiques offerts à la dissection et au microscope, qu'aux aspects écologiques qu'il avait été à même d'observer. Or, cette transposition va permettre l'accentuation d'une série de concepts déjà opératoires dans la théorie du parallélisme des séries zoologique et embryologique, où l'augmentation du nombre des différences avait pour répondant celle de la coordination des organes, comme principaux caractères du perfectionnement des organismes ; ce sont : la spécialisation locale des parties (22), l'élaboration progressive d'appareils complexes (23), et la centralisation, dont le système nerveux fournit un exemple majeur depuis les recherches de Audouin de 1828 (24).

Revenons aux segments qui servent de base anatomique aux opérations physiologiques d'où résulte la division du travail. Ils restent privés d'individualité pour deux raisons : la première a été relevée par Perrier ; les segments ne sont que des modifications d'un type idéal, et c'est la raison pour laquelle ils sont nécessairement au nombre de vingt-et-un dans toute la classe des crustacés (25). La seconde est que cette segmentation est réservée au système de la vie animale, ce qui lui donne une valeur qui ne va pas sans rappeler celle que Bichat attribuait à la symétrie comme caractéristique de la vie animale chez les vertébrés (26).

Par conséquent, s'il y a un paradoxe dans la conception que se fait Milne Edwards de la division physiologique du travail, c'est qu'elle nous met en présence d'un atelier sans ouvriers. En effet, il ne fait aucune place au principe de la multiplicité des organismes posé par Duges (c'est-à-dire, des individus élémentaires, compris dans l'individu total), et de ce fait, il semble récuser le modèle d'organisation par composition caractéristique de l'anatomie transcendante, au profit du modèle de différenciation promu par la jeune embryologie des bords de la Baltique (27).

6. – *LES OUVRIERS.*

Ces analyses semblent devoir être acceptées par Milne Edwards jusqu'en 1844. Par la suite, elles ne seront pas sensiblement modifiées par les travaux effectués sur les organismes coloniaux, qui prolongent les recherches de Savigny sur les Ascidies. Ici, l'individualité des individus qui composent la colonie est rendue indubitable par leur affinité avec des formes libres, et par la distinction de leurs tissus propres par rapport à la tunique commune, attestée par l'observation embryologique (1), ce qui permet de regarder leur réunion comme secondaire. Le problème est alors celui de l'origine et de la signification de cette réunion ; il s'agit soit d'une association qui préexiste dans l'œuf, et c'est l'hypothèse de Savigny, soit de la réunion d'individus préalablement libres. En fait, cette alternative a priori va faire place pour Milne Edwards à un troisième mode de formation qui s'appuie sur l'observation : un bourgeonnement dont les modalités varient avec les groupes (2), et qui permet de concevoir une mise en liberté complète de l'individu par rupture d'un pécule commun. De ce fait, la colonie n'est pas un organisme ; elle est plutôt le prélude à une dissociation d'un ensemble. Le seul caractère social est donc insuffisant pour servir de point de départ à une division physiologique du travail, dont la condition pour Milne Edwards semble être l'unité indifférenciée d'un germe constitué de matière vivante homogène. Le phénomène observé chez les ascidies n'est alors qu'une particularité des groupes les plus inférieurs qui sont à classer parmi les polypes ou à côté d'eux, d'où provient l'équivalence de ces individus définis par leur seule indépendance. La question d'un véritable organisme composé ne peut être abordée qu'à partir d'un autre embranchement, les annelés, caractérisés par une segmentation non pas occasionnelle, mais typique, supposant l'unité préalable du corps, donc de signification entièrement distincte de la précédente.

Le problème de leur nature segmentaire va pouvoir être renouvelé par cette même question du bourgeonnement, conformément, du reste, au rôle que cette question a déjà joué chez Moquin-Tandon et Duges lorsqu'ils ont formulé le concept de Zoonite (3). Il est abordé à l'occasion d'une discussion portant sur une observation de Loven, selon laquelle un annélide néréidien traverserait un stade polype, en contradiction avec la théorie des types de développement issue de Von Baer, selon laquelle :

> « ... il faut que l'animal en voie de développement ne puisse revêtir successivement des formes propres à deux embranchements différents , que l'embryon d'un vertébré, par exemple, ne soit jamais comparable à un mollusque, ni les mollusques affecter le mode d'organisation propre au type des annelés. » (4).

Pour confirmer la validité de ce principe, Milne Edwards généralise le mode de formation par bourgeonnement que l'on observe non seulement chez les zoophytes, mais aussi chez les annelés où il apparaît à la fois comme situé à l'origine des anneaux et des individus. Il en résulte que chaque segment du zoonite est compris comme le dépositaire d'une puissance génésique, soit actuelle, soit latente, selon qu'il conserve cette puissance, grâce à son détachement de l'individu souche dont il dépendait initialement pour produire de nouveaux individus, ou qu'il transfère cette puissance à un anneau suivant, lorsqu'il reste incorporé à l'oganisme primitif :

« La production par bourgeon d'un nouvel individu ressemble donc jusqu'à un certain point à la formation de nouveaux zoonites dans l'économie de la larve ; seulement dans ce dernier cas, l'anneau producteur perd sa puissance créatrice dès qu'il a donné naissance à un nouveau segment auquel il se lie de la manière la plus intime ; et c'est celui-ci qui, à son tour, devient producteur ; tandis que, dans la multiplication des individus par bouture, le produit devenant jusqu'à un certain point étranger à l'économie de l'individu souche, l'anneau producteur continue à fonctionner, et donne naissance à une série de petits dont les plus jeunes refoulent en arrière leurs aînés. » (5).

Ce qui apparaît comme essentiel ici, c'est la dépendance entre la manifestation d'une fonction et d'une position typique par rapport à la masse de l'organisme : l'attribution à un segment d'une puissance génératrice latente ne suffit pas à l'individualiser dans la mesure où n'importe quel morceau de matière animale retranchée d'un polype est censé contenir cette aptitude génératrice au nom de la polyvalence fonctionnelle de cette matière. Ici encore, c'est donc la manifestation de la fonction qui peut individualiser la partie, et sa dépendance vis-à-vis de la position du segment par rapport à l'organisme peut être comprise comme l'indice d'un rapport typique entre situation dans l'espace de l'organisme et spécialisation. Le type, manifesté dans la structure et le développement de l'animal, représente un plan fonctionnel d'ensemble projeté sur un continuum matériel. C'est donc ailleurs et autrement que la division physiologique du travail ne se traduira plus seulement par un système d'outils, mais fera appel à des ouvriers.

C'est la théorie cellulaire qui fournira à la division physiologique du travail les ouvriers dont elle a besoin pour clore le cercle de la métaphore.

Comme nous l'avons vu, la théorie cellulaire tend à faire de l'individualité, non plus un produit de l'organisation, mais une condition d'origine de celle-ci dans la mesure où la cellule individualisée est devenue l'élément organique primordial, non plus mythique ou hypothétique, mais observable. Il faut rappeler cependant que la reconnaissance de l'individualité originaire de la cellule n'a été réalisée qu'après une période où la conception d'un cytoblastème fondamental faisait de l'individualité cellulaire le terme d'un processus d'organisation d'une matière homogène par dégagement progressif d'un noyau et d'une membrane. Cette reconnaissance suppose donc que le processus de reproduction par division soit admis comme le moyen unique de la multiplication cellulaire, conformément à la doctrine de Remak et Virchow (6). La conception sociale de l'organisme, et l'enracinement des fonctions dans les éléments cellulaires en dérive directement :

« Une seule forme élémentaire traverse tout le règne organique, restant toujours la même : on chercherait en vain à lui substituer autre chose, rien ne peut la remplacer. Nous sommes donc conduits à considérer les formations plus élevées, la plante, l'animal, comme la somme, comme la résultante d'un nombre plus ou moins grand de cellules semblables ou dissemblables. L'arbre représente une masse ordonnée d'après une certaine règle ; chacune de ses parties, la feuille comme la racine, le tronc comme la fleur, contient des éléments cellulaires. Il en est de même pour le règne animal. Chaque animal représente une somme d'unités vitales qui portent chacune en elle-même les caractères complets de la vie. Ce n'est pas dans un point limité d'une organisation supérieure, dans le cerveau de l'homme par exemple, que l'on peut trouver le caractère de l'unité de la vie ; on le trouve bien plutôt dans l'arrangement régulier, constant, de l'élément distinct. On voit donc que l'organisme élevé, que l'individu résulte toujours d'une espèce d'organisation sociale, de la réunion de plusieurs éléments mis en commun : c'est une masse d'existences individuelles dépendantes les unes des autres ; mais cette dépendance est d'une nature telle que chaque élément a son activité propre, et même, lorsque d'autres parties impriment à l'élément une impulsion, une excitation quelconque, la fonction n'en émane pas moins de l'élément lui-même et ne lui est pas moins personnelle. » (7).

Ce texte expose le résultat où aboutit le mouvement par lequel le rapport entre l'individu et la fonction se trouve inversé, où la fonction n'est plus première vis-à-vis de l'individualisation des parties : la division du travail trouve ses ouvriers, et doit maintenant se comprendre à partir d'eux et de leurs propriétés, non plus comme le produit d'une distribution directement issue du type géométrique et fonctionnel, générateur d'un plan d'ensemble des activités organiques, répondant aux conditions globales d'existence. Il faut cependant se demander comment les individus cellulaires vont devoir situer leur propre activité les uns par rapport aux autres, pour obtenir ces résultats collectifs dont la perfection relève de la division du travail physiologique. Deux possibilités se présentent, soit démocratique par concours, soit totalitaire, par subordination à un ordre supérieur. L'option démocratique apparaît après Virchow dans le contexte où le vivant se réalise au terme d'une histoire progressive, dont la division du travail marque la progression ; mais le despotisme en est le terme, puisqu'il est la conséquence de la centralisation des fonctions, due à l'augmentation de la masse organique, c'est-à-dire de la population cellulaire, qui exige une technicisation de plus en plus rigide des rapports sociaux (8). Par contre, l'option totalitaire est d'emblée contemporaine d'une théorie du type, qui représente une loi entièrement négatrice de l'individualité élémentaire, appelée à une simple absoption dans l'ensemble du matériel organique, subordonné au plan directeur du développement. C'est ce qui se passe pour Richard Owen, chez lequel toutes les cellules de l'organisme dérivent de la cellule germinale fécondée, et se divisent en deux groupes : des cellules qui vont conserver leur puissance de propagation et en même temps leur individualité, mais qui, de ce fait, resteront à part de l'édification de l'organisme, et les cellules dont le destin est la constitution de l'organisme, et qui vont perdre leur individualité et leur identité :

« La progéniture des cellules germinatives fécondées ressemble à ses parents, avec diminution de taille au bout d'un certain nombre de générations, allant jusqu'à leur réduction possible à la partie essentielle, ou noyau. Quand elles cessent d'exister, en tant que cellules germinatives ou noyaux de même valeur, soit en fusionnant avec d'autres, soit par liquéfaction, elles ne perdent pas leur vitalité : en tant qu'individualités, certes, on peut dire qu'elles meurent, mais, par leur mort, elles collaborent à la vie d'un être qui leur est supérieur. Elles s'unissent pour construire ses tissus, ou elles se décomposent pour attribuer leurs propriétés à ses fluides ; ces métamorphoses sont mystérieusement commandées par une nature plastique ou une sorte de force qui opère inconsciemment sur la matière, mais en conformité avec une loi d'ordre et d'harmonie, et en vue d'un résultat pré-ordonné et défini, qui consiste en une forme animale distincte et spécifiée, adaptée par son organisation à une sphère particulière d'existence, et constituant un maillon plus ou moins déterminant, mais non pas, comme on l'avait pensé autrefois, essentiel dans la grande chaîne de la vie organique. » (9).

L'individualité semble donc un apanage de la cellule reproductrice actuelle ou potentielle, par référence à son rôle d'origine d'un organisme indépendant, tandis que l'appartenance à un organisme est réciproque de la disparition de l'individualité, parce qu'il n'existe pour l'organisme que la loi du tout, dont les aspects multiples doivent être intégralement dérivés. La théorie du bourgeonnement qui est associée à une théorie de l'organisme par composition, aboutit simplement à déplacer l'insertion de la puissance génératrice individualisante de la cellule à des groupes organiques plus complexes, et ce déplacement vaut pour les végétaux et les groupes les plus bas du règne animal. Le perfectionnement par centralisation en fait disparaître la possibilité (10). Avant Virchow, la cellule est donc un concept trop instable, étant donné les incertitudes de sa genèse et la nature de son intégration aux tissus, pour ébranler la philosophie de l'organisme qui fait dépendre celui-ci du type, devant la loi duquel tout s'incline et se dissout.

Chapitre II

LES MÉTAMORPHOSES

1. – LE CONCEPT DE MÉTAMORPHOSE.

Le concept de métamorphose est écartelé au milieu du XIXe siècle entre deux significations qui vont délimiter le lieu des débats dont il est l'objet.
La première est restrictive et zoologique : passage de certains animaux par plusieurs états successifs. La seconde est plus largement applicable, mais principalement histologique : changement de forme au cours du développement des « éléments anatomiques ». Dans ce deuxième sens, le processus de métamorphose est contrebalancé par l'apparition des éléments tissulaires par « génération nouvelle », consécutive à la liquéfaction des cellules antérieures, dans une théorie qui n'a pas encore absorbé le concept de lignée cellulaire (1).

Cette bévue histogénétique, conforme aux conceptions qui régnaient encore lorsque Littré et Robin ont formulé les précédentes définitions, permet de préciser l'alternative alors offerte à une théorie du développement organique : développement par modifications continues ou système de substitutions ? La première version de la théorie cellulaire (qui incorpore l'idée de cytoblastème) renforce le point de vue selon lequel le développement implique des substitutions.

La conception selon laquelle les métamorphoses se réduisent à un développement continu, compris essentiellement comme une croissance, a été formulée explicitement par Swammerdam (2) : ce qu'il y a de plus spectaculaire dans le phénomène de la métamorphose des insectes, par exemple, le passage de la chenille à la chrysalide, puis au papillon, n'est que l'abandon d'enveloppes qui masquaient la réalité essentielle : la présence actuelle du papillon dans la chenille (3). Cependant, dès le XVIIIe siècle, le second sens chemine avec le premier : pour Linné, les métamorphoses doivent pouvoir décrire toutes les « révolutions » d'une vie individuelle (4). De telles « révolutions » organique vont renvoyer d'autant plus facilement à un modèle épigénétique d'interprétation, que le concept de développement est inhérent aux théories préformationnistes.

De ce fait, au début du XIXe siècle, on constatera l'existence d'un lien entre l'expansion des conceptions épigénétistes et cette radicalisation des métamorphoses, comprises comme révolutions organiques qui bouleversent le cours des développements. Il se pourrait même que cette signification donnée par un auteur aux métamorphoses soit un critère de l'authenticité de ses conceptions épigénétistes.

Ces remarques éclairent par contraste l'attitude de Von Baer à l'égard de l'Epigénèse, dans la mesure où il aborde le problème de la métamorphose des insectes à peu près dans les mêmes termes que Swammerdam. En effet, dans un texte, traduit en 1833 par Breschet, sous le titre : « Observations sur l'exfoliation de l'épiderme de l'embryon des mammifères, appliquées à la connaissance des métamorphoses des insectes », il reprend pour l'essentiel l'article 2 : « Comparaison de l'homme avec les insectes et la grenouille », dans « l'Histoire de la Grenouille », de Swammerdam, où référence est faite à cette même description d'une chûte de l'épiderme chez les têtards (5). Une telle conception est de style préformationniste et permet d'imaginer que Von Baer est, par tempérament, préformationniste : il est simplement contraint d'admettre une épigénèse a minima au niveau de la constitution des ébauches embryonnaires, dont tout le reste ne serait que développement, en conformité avec une préformation idéale du type spécifique, immanent à l'organisme. L'intention du texte de Von Baer n'est pas, en effet, de rejeter les transformations chez les insectes, mais de les ramener au même taux de variation que chez les mammifères, où elles ne sont que vicissitudes marginales au développement qui s'effectue, pour l'essentiel, par croissance (cas de la disparition du thymus chez les mammifères, de celle des branchies chez les grenouilles, qu'il ramène à la précédente) (6). C'est donc le développement, le concept majeur de Swammerdam, qui apparaît pour lui comme la loi universelle des productions organiques à travers la diversité des types, et, dans ce développement, la croissance est restée en position centrale, comme dans le contexte préformationniste le plus classique.

Une option contraire est celle de Dutrochet. Dutrochet ajoute à l'idée d'une diversification des parties par croissance différentielle au cours de la métamorphose des têtards en grenouille, l'observation de disparitions et de formations nouvelles, conformément à l'idée de Réaumur, selon laquelle des métamorphoses intérieures interviennent chez les insectes et s'ajoutent aux modifications extérieures (7). Dutrochet conteste ainsi les observations de Swammerdam, reprises par Von Baer, selon lesquelles le têtard se libérerait de ses enveloppes ; il se les incorpore plutôt (8), comme la queue, dont la matière va servir à la nutrition et à l'accroissement des autres parties, au cours d'une série de phénomènes, dont le principal est le changement de respiration. C'est donc, en dernier lieu, l'adaptation successive aux milieux aquatiques et aérien qui induit une transformation organique irréductible au simple développement, et dont les effets sont répercutés à toutes les parties de l'organisme.

Par conséquent, tout se passe comme si une problématique des métamorphoses, radicalisée par le contexte épigénétique dans lequel elle est amenée à se développer, convergeait avec la théorie cellulaire et le modèle de la division physiologique du travail, pour aboutir à une philosophie de l'organisme dans laquelle le primat morphologique du type idéal tend à céder la place au point de vue de l'adaptation, c'est à dire, de la réalité historique, parce que biologique, des espèces, dans la recherche d'une explication de leur diversité structurale.

2. – METAMORPHOSE ET EPIGENESE.

Le premier texte important par lequel au début du XIXème siècle la question de la métamorphose des insectes est envisagée, est une monographie embryologique des papillons, publiées en 1815 par Herold (1). Ce texte est placé sous le signe d'une épigenèse qui doit être comprise comme l'organisation d'un fluide originaire par l'action d'une force formatrice qui en tire tous les organes simultanément, et en liaison organique (par opposition à mécanique) (2). La métamorphose de la chenille en papillon est décrite comme une répétition de ce processus original d'organisation, qui exclut par conséquent la présence du papillon à l'intérieur de la chenille (3), aussi bien que la présence originaire de la chenille dans l'œuf (4), comme le voulait Swammerdam. Elle implique en particulier une perte d'indentité des organes : les organes du papillon vont être entièrement nouveaux par rapport à la chenille.

En effet, Herold décompose la métamorphose en deux phases successives, dont la première est constituée par la réduction des organes de la chenille à un état où ils doivent pouvoir se trouver en « équilibre dynamique » avec les germes de l'animal futur qui sont compris dans le réseau muqueux où s'est accumulé la graisse destinée à être employée dans le processus de métamorphose lui-même, ce qui veut dire qu'ils perdent leur organisation (5), et la seconde consiste dans la mise en activité de ces organes réduits ainsi au même niveau, et qui se développent solidairement jusqu'à l'achèvement de l'imago (6). Par conséquent, si les organes de la chenille et du papillon sont comparables, ce ne sont pas les mêmes, et ceux que les nécessités vitales font survivre dans la nymphe doivent être remplacés en dernier lieu, comme c'est le cas pour la musculature et les trachées, qui doivent obéir au destin des organes dont elles assurent la mobilité ou la respiration. Le système nerveux lui-même doit se perfectionner d'une manière qui répond au fonctionnement des organes nouveaux (7).

Dans ces conditions, la masse adipeuse, observable dans la chenille, n'est pas de l'ordre du superflu ou de l'inutile : malgré son peu d'organisation, elle prend au contraire une signification de premier plan. Pour Herold, la chenille se comporte encore comme un œuf : il rappelle une comparaison de la chenille à un œuf mobile qui se nourrit dont serait responsable Ramdohr (8). En cela, elle répond à une insuffisance primitive de l'œuf de papillon qui ne contiendrait pas suffisamment de matière pour que la force formatrice puisse édifier d'un seul jet des organes parfaits. Tout se passe donc comme si la tendance formatrice devait être relayée par la tendance nutritive (9), dont l'activité fournit un excès de matière, mise aussitôt en réserve au service des potentialités germinatives, qui ont été inhibées après la réalisation d'une première étape de l'organisation, et dont les traces y sont déjà repérables : germes des ailes, des organes sexuels, etc. La métamorphose est ainsi une mise en œuvre de ces potentialités, grâce à la masse adipeuse accumulée, et en même temps, la disparition des organes propres de la chenille apparaît comme une désinhibition des germes : la disparition des filières qui sont propres à la chenille, lève, par exemple, l'inhibition qui pèse sur les organes de la génération, si bien que tout se passe comme si la tendance édificatrice (Kunstrieb) de la chenille était remplacée chez le papillon par la tendance génésique (Fortpflanzungtrieb) (10). Le moment central de cette métamorphose est donc une germination, un bourgeonnement (sprossen) de ces germes dans le réseau muqueux sous la membrane régénérée dont l'abandon constituera la cinquième et dernière mue (11). Une théorie de l'emboîtement n'explique donc rien : elle laisse échapper l'essentiel du phénomène en surévaluant certains de ses aspects les plus extérieurs, en conformité avec une conception qui situait la science au niveau de la représentation.

Par conséquent, la métamorphose est un véritable phénomène de génération, et c'est la raison pour laquelle elle présente des rapports avec ce qui se passe dans l'œuf, et peut relever d'une théorie épigénétique. Cette seconde génération est au service de la reproduction au même titre que la première était au service de la nutrition et de l'accumulation des réserves. Il y a donc entre les organismes de la chenille et du papillon un changement global de l'orientation fonctionnelle interne, bien marqué par le fait que le prélude de la métamorphose est la mise en sommeil de l'activité physiologique des organes achevés de la chenille. Les transformations et les substitutions organiques sont l'expression d'un tel déplacement qui s'effectue au niveau des tendances fondamentales de la vie, où se trouve, de ce fait, la clef de la signification des structures, et la raison de leur devenir. Il faut rappeler ici que dans le préformationnisme au contraire, les phénomènes physiologiques étaient entièrement commandés par les structures, dont le développement était une croissance, et dont les relations étaient mécaniques.

Cette manière dont Herold envisage en 1815 le processus de la métamorphose, est importante par son enjeu, parce qu'elle introduit dans les recherches embryologiques au XIXème siècle une perspective distincte à la fois du préformationnisme et de la théorie du développement par variations ou modifications d'une ébauche primitive, puisque, dans l'unité d'un même organisme, elle permet de concevoir un renouvellement complet de l'organisation interne, dont l'existence a bien été confirmée plus tard par la science : on ne peut pas en vouloir à Herold s'il ne s'exprime pas encore en termes d'histolyse et d'histogénèse, dont la parité dans ce processus n'a été établie que vers la fin du siècle (12). Le caractère exemplaire de cette recherche sur la métamorphose des insectes rend ses résultats transposables à d'autres contextes, dans lesquels ils peuvent jouer le rôle de modèles, et cela va être vrai en particulier pour l'appréhension des substitutions partielles ou totales d'organes dans des appareils dont le développement ne se laisse pas réduire à une simple croissance et une simple variation à partir d'une ébauche unitaire. Dans ces conditions, il n'est pas indifférent de constater que les premières recherches de Rathke sur les corps adipeux de la salamandre en 1818, prolongées dans le mémoire sur le développement des organes sexuels des urodèles de 1820, ont été provoquées par la question des rapports entre les corps adipeux et la fonction génitale, dont le lien physiologique est compris comme celui qui avait été établi par Herold peu de temps auparavant chez les insectes. On retrouve aussi chez Rathke comme chez Herold, l'étude d'organismes en état d'hibernation, où l'accumulation du gras semble représenter un état de vie minimale, qui favorise les processus de végétation organique, et la même idée que les réserves adipeuses se trouvent à proximité des lieux où résident les puissances germinatives, sous la forme d'une sorte de condensation inerte des forces formatrices dans le tissu le moins différencié, le plus primitif : le tissu muqueux, qui rappelle le mucus primordial des Philosophes de la Nature. C'est aussi Herold qui a ressuscité d'une autre manière que Geoffroy Saint Hilaire l'idée de la formation indépendante d'organes à partir de germes propres, et surtout, la possibilité d'une génération de nouveaux organes au cours du développement, en parfaite contradiction avec ce qui sera plus tard l'axiome de Von Baer : il n'y a nulle part de nouvelle formation, il n'y a que des transformations. Rathke retient ici encore la leçon d'Herold dans son mémoire de 1825.

Ce premier travail de Hérold a été suivi d'un second qui porte en 1824 sur la génération de l'araignée (13). L'araignée n'est pas un animal à métamorphoses. L'intérêt s'en trouve déplacé vers les premiers moments du développement de l'œuf, c'est à dire, vers ce que Hérold conçoit comme le passage de l'état fluide à l'état d'organisation, puis la mise en place des premières ébauches embryonnaires. L'araignée devait donc permettre de jeter les fondements d'une doctrine embryologique des Invertébrés, équivalente à celle que Pander avait établie pour les Vertébrés à partir du Poulet. Le terme de métamorphose va y être appliqué aux deux moments successifs de l'évolution de l'œuf : au changement d'aspect et de consistance du matériel initial de l'œuf et aux phénomènes d'organisation des ébauches. C'est ainsi que Hérold distingue deux couches : l'une, externe, fournira les membres et les organes de la mastication ; l'autre, interne, les viscères qui regroupent le canal intestinal et le système nerveux (14), dont l'origine relève de feuillets distincts chez le poulet. Il y a donc, chez les Invertébrés, inversion des rapports primitifs, tels qu'ils ont été établis chez les Vertébrés, fait qui sera souligné l'année suivante par Rathke (15).

En ce qui concerne le premier moment de l'évolution de l'œuf, celui de la tranformation des matières dont l'état initial est considéré comme fluide, Hérold se réfère à un modèle d'épigénèse qui n'est plus celui de Wolff (dépôt et vascularisation), mais celui de Harvey : formation d'un « cambium», par épaississement d'un « colliquamentum » (16), avant l'apparition de l'organogénèse. C'est la forme d'épigénèse que Hérold a déjà utilisée dans son précédent travail, lorsque l'œuf doit donner la chenille, et surtout, la chenille, le papillon. Elle répond, par conséquent, au contenu de l'idée de métamorphose.

Mais Harvey oppose métamorphose et épigénèse. La métamorphose produit, selon lui, l'organisme de manière simultanée et totale. La soudaineté de l'opération peut même paraître le résultat d'un coup de hasard, au point de rendre incertaine son exacte reproduction, et mettre en question la conservation des formes spécifiques dans les groupes zoologiques où on la rencontre. Au contraire, l'épigénèse est un processus séquentiel et progressif, caractérisé par une division « obscure » dont proviennent les organes distincts (17). Ces deux formes de génération sont entièrement distinctes, et caractérisent réciproquement les niveaux inférieur et supérieur de l'Echelle des Etres, affectée ainsi de discontinuité. Hérold, quant à lui, traite métamorphose et épigénèse comme des processus successifs, réitérés dans l'ontogénèse de certains insectes : les métamorphoses deviennent des crises de l'épigénèse, marquant le passage d'une vie à une autre, en assurant une rénovation intégrale des organismes.

Malgré l'autorité de Von Baer, il subsistera quelque chose de cette perspective dans les recherches morphologiques au cours du XIXe siècle, quelque chose par quoi l'épigénèse sera toujours irréductible à un simple développement par différenciation, au point de permettre d'envisager un changement de type au cours d'une même ontogénèse.

Cependant, sauf Hérold, ce n'est pas à Harvey que se réfèrent la plupart des naturalistes, mais à Wolff. Il n'en reste pas moins vrai que le travail de Hérold, inspiré par Harvey, permet d'envisager dans le devenir des organismes des remaniements beaucoup plus radicaux que l'idée d'organisation progressive dominante chez Wolff. Ce sont de tels remaniements que la morphologie pré-darwinienne va découvrir tant sur le plan des organes chez les Vertébrés, que sur celui des organismes, chez les Invertébrés. Parmi les auteurs qui ont fait avancer la recherche morphologique en ce sens, il faut mentionner principalement Heinrich Rathke et Johannès Müller.

3. – LES ARCS BRANCHIAUX.

Les anatomistes ont désormais deux méthodes à leur disposition pour établir les homologies : l'examen comparatif des formes adultes et l'analyse embryologique. L'examen comparatif des formes adultes fonde l'homologie sur une identité de rapports morphologiques compris en fonction d'un plan organique global. L'analyse embryologique fonde l'homologie sur la provenance d'une même ébauche. C'est donc un système d'équivalences qui s'établit implicitement entre les variations formelles d'un plan général et le devenir réel des ébauches.

Que la valeur de l'étude du devenir réel des ébauches tende à l'emporter sur la comparaison formelle comme critère des homologies, c'est tout à fait conforme à l'orientation d'une science pour laquelle, depuis Cuvier, un seul fait l'emporte sur les théories abstraites les plus brillantes. C'est donc le devenir des ébauches, c'est à dire, l'organogénèse, qui tend à constituer la partie la plus importante du travail anatomique, jusqu'à ce que la formulation du concept de phylogénèse remette en question la portée du critère embryologique des homologies. Le devenir des ébauches devient ainsi le foyer de comparaisons généralisées aux quatre classes de Vertébrés, cadre limité par le contraste qui oppose ces quatre classes et celles des Invertébrés à propos de leur organogénèse.

Dans cette perspective, parmi les travaux d'indentification anatomique les plus brillants de la première moitié du XIXe siècle, on peut citer l'histoire des arcs branchiaux, et surtout, celle du système uro-génital. On constate, à travers ces travaux, qu'un modèle de dévelopement par différenciation est trop simple et trop linéaire pour rendre compte de la complexité du système de transformations qu'il faut suivre pour établir l'équivalence morphologique de formations organiques sans rapports apparents dans deux classes zoologiques distinctes.

La découverte du destin des arcs branchiaux chez les Vertébrés supérieurs est le principal titre de gloire anatomique de Karl Bogislaus Reichert (1). C'était une question controversée depuis le début du siècle : l'absence de formations équivalentes aux arcs branchiaux des Poissons chez les Vertébrés supérieurs, est pour Cuvier un argument en faveur de l'attribution d'organes particuliers à chaque classe zoologique, marquant l'irréductibilité de ses différences ; au contraire, Geoffroy Saint-Hilaire s'efforce de trouver un système d'équivalence entre les arcs branchiaux et certaines parties superposées correspondantes chez les Vertébrés supérieurs, pour justifier l'unité de plan et de composition dans le Règne animal, et, à plus forte raison, dans l'embranchement des Vertébrés. Aux arcs branchiaux des Poissons, il fait donc corresponder les « pleuréaux », devenus côtes de la poitrine (2). Dans ce même système, les osselets de l'oreille interne, dont l'équivalence chez les Vertébrés inférieurs est, à son tour, énigmatique, sont référés à l'opercule des Poissons. Le pilier de ce système, dont la loi du balancement des organes fait un système de transformations idéales est l'os hyoide. Malheureusement, toutes ces comparaisons sont forcées et le problème reste entier : il est aussi difficile d'admettre, avec Cuvier, qu'il y ait des limites à la recherche des analogies, que de reconnaître la validité de celles qui ont été trouvées par Geoffroy Saint-Hilaire à propos de ces organes.

Par la suite, aucune solution anatomique ne semble pouvoir s'imposer, malgré les efforts de Carus, de De Blainville, et de Richard Owen, parmi d'autres. Pour parvenir à une telle solution, il va donc falloir un changement d'optique parce que les auteurs précédents restent tributaires d'une détermination des organes par leur fonction, détermination qui limite leur perception des variations possibles. Un élargissement de cette perception semble impliquer la rencontre du point de vue morphologique et de l'analyse embryologique.

Le premier moment de l'histoire embryologique de ce problème est la découverte par Rathke de la présence de fentes branchiales chez un embryon de Porc de trois semaines : ces fentes sont au nombre de quatre, et correspondent, pour Rathke, aux fentes branchiales des Requins, par la situation, par la forme et par la vascularisation (3).

Cette première découverte donne lieu à une controverse pourtant sur le nombre des arcs impliqués par ces fentes et qui pourrait être typique chez les Vertébrés. Le passage de la considération des fentes, dont il est seulement question chez Rathke, à celle des arcs, est due à Huschke, qui, dans un premier temps, étudie le destin de l'appareil branchial chez les grenouilles, dont la disparition nécessaire est selon lui incomplète, dans la mesure où les arcs branchiaux donneraient la corne de l'hyoïde et l'étrier chez les animaux supérieurs, et qui, dans un second temps, considère les thyroïdes comme un résidu des branchies (4). Ce second travail lui donne non seulement l'occasion de préciser explicitement que les parties intermédiaires aux fentes branchiales doivent être considérées comme des arcs branchiaux, auxquels correspondent les troncs vasculaires dérivés de l'aorte, mais encore de dire que la corne de l'hyoïde forme un pli comparable à un arc branchial ; et qu'il en est de même de l'arc constitutif de la mâchoire supérieure et inférieures, dans le cadre d'une pensée où la structure des côtes se répète partout (5), conformément à la doctrine de Oken, dont Huschke est le disciple.

La détermination du nombre typique des arcs est ensuite l'objet d'une recherche particulière de Von Baer (6), qui ramène les variations de ce nombre au fait que selon les espèces, ces fentes n'apparaissent ni ne disparaissent en même temps. Il y aurait ainsi cinq paires d'arcades vasculaires, dont on peut induire le même nombre d'arcs branchiaux, et dont le premier serait constitué par la future mâchoire inférieure ; ces cinq paires, dont la manifestation serait successive dans les groupes supérieurs, se présentent simultanément dans les groupes inférieurs, et spécialement chez les embryons de lézards et surtout les Plagiostomes. C'est ainsi que si on observe quatre arcades chez les poissons osseux, comme chez les têtards, on peut toujours se demander s'il n'en existe pas une cinquième, mais mal observée ; par contre, l'existence d'un plus grand nombre de ces arcades, chez les Cyclostomes, ne ferait que démontrer leur caractère déviant. Dans un second mémoire, publié l'année suivante, Von Baer confirme la présence simultanée des cinq arcades chez les mammifères, alors que les oiseaux n'en présentent que trois à la fois, comme l'avait observé Rathke (7), ce qui serait dû à leur particularité d'être des animaux aériens, comme les insectes, où le développement prendrait un caractère plus successif que simultané. Par conséquent, cette recherche du nombre typique des arcs branchiaux conduit Von Baer à s'éloigner de la considération des premiers éléments observables, à savoir les fentes branchiales, et de leurs similitudes apparentes avec les formations correspondantes des Requins, qui avaient initialement retenu Rathke, pour dégager un élément structural commun, l'arc vasculaire, dont la présence permet de regrouper des formations aussi différentes par la forme et la fonction chez les vertébrés adultes que les mâchoires, les dépendances de l'hyoide, et les arcs branchiaux et ce qui est supposé en dériver. Cet élément structural commun ne permet cependant d'identifier que des ébauches, et non pas des organes au sens plein du terme, comme Rathke est amené lui-même à le préciser, à l'occasion d'une reprise de la comparaison entre les fentes branchiales des poissons, et celles du Poulet (8).

Les travaux suivants auront pour but de fixer les appartenances morphologiques et embryologiques des arcs branchiaux. Ainsi, Von Baer est amené à reprendre à son compte le système formulé par Oken en 1807, selon lequel la tête répète le tronc, de telle sorte que si le crâne est une colonne vertébrale transformée, la face également reproduit les cavités du corps, les côtes et les membres (9), et il le transpose dans le domaine embryologique en comparant les développements réciproques des membres céphaliques et des membres du tronc, avant d'identifier leur structure respective à travers la série des vertébrés. A ce qu'il appelle lui-même un épisode morphologique, l'apport embryologique particulier fournit un complément qui justifie la concordance entre les membres du tronc et démontre que la mâchoire supérieure est un membre, qui, conformément à ce qui se passe pour les autres membres, recouvre d'autres éléments céphaliques et fusionne avec eux.

Cependant, si la mâchoire supérieure est un membre, la mâchoire inférieure est issue du premier arc branchial, et Von Baer considère les arcs branchiaux comme des côtes, en tant que segments séparés des lâmes ventrales, relevant du feuillet musculaire. Du reste, entre membres et côtes, la distance n'est pas bien grande : les membres proviennent de complications qui se surajoutent aux côtes (10).

Rathke prend le contre-pied de ces analyses, parce qu'il traite, comme Carus, la partie osseuse de l'appareil branchial comme une dépendance du squelette viscéral, détermination où l'aspect fonctionnel des parties transparaît. Il justifie cette détermination par l'embryologie : cette formation provient du feuillet muqueux. Dans ces conditions, Rathke oppose les côtes d'une part, et les arcs branchiaux avec la mâchoire pharyngienne d'autre part, en montrant qu'un même mode de développement morphologique recouvre une différence d'origine : feuillet séreux d'un côté, feuillet muqueux de l'autre (11). Par contre, la position de cet ensemble constitué par l'hyoide, l'os carré et la mâchoire inférieure reste ambigüe en raison de la confusion même des feuillets, qui rend impossible la détermination directe de l'appartenance de ces pièces à l'une ou à l'autre de ceux-ci. Rathke choisit cependant de les rapporter au feuillet séreux, pour des raisons d'abord anatomiques : la liaison de l'os carré au crâne, et la situation des vaisseaux sanguins à leur face interne et non externe, et ensuite, histologique : une texture en apparence plus solide que celle des os ayant leur origine dans le feuillet muqueux. Par conséquent, si les arcs branchiaux des poissons correspondent par leur type de formation à l'hyoide (12), au point de paraître des répétitions de celui-ci dans la constitution d'un appareil dont il est le pivot (13), l'unité de cet appareil n'est que secondaire, à cause de la différence d'origine embryonnaire. Autrement dit, l'hyoide appartient originellement à un appareil hyo-mandibulaire, dont l'origine dans le feuillet séreux peut permettre le rapprochement entre la mâchoire inférieure et la mâchoire supérieure où cette origine est considérée comme évidente ; mais en même temps et secondairement, du fait que sa structure apparaît comme le modèle des arcs branchiaux dont il constitue l'élément antérieur, porteur de la membrane branchiostège, il peut être traité comme une partie intégrante de l'appareil branchial, auquel il participe fonctionnellement, et dont il constitue à la fois le point de départ et l'élément capital.

Par ce détour embryologique, Rathke en revient donc à regrouper deux thèmes d'origine morphologique : le traitement de l'appareil branchial comme une appartenance du splanchosquelette, comme le voulait Carus, et sa dépendance par rapport à l'os hyoide, qui a constitué la doctrine du Muséum à partir de Cuvier, pour se retrouver également ailleurs, par exemple, chez Meckel et chez Owen. Il en résulte que pour Rathke, comme pour Cuvier, et bien d'autres, les restes inutiles de l'appareil branchial chez les vertébrés à respiration aérienne, seront, pour ainsi dire, réabsorbés par l'hyoide, de la nature duquel ils sont les expressions.

Reichert tire les leçons de ces travaux antérieurs. Il prend pour ainsi dire le relai de Rathke en formulant le concept d'arc viscéral en 1836 (14), dont la désignation même vise à éviter toute confusion avec les arcs branchiaux proprement dits. Un arc viscéral peut se définir selon Reichert comme le produit de la segmentation du tube séreux inférieur de la tête correspondant aux vertèbres craniennes (15) : il représente donc l'arc inférieur d'une vertèbre cranienne, issue de la segmentation du tube supérieur, puisqu'il s'agit de la même segmentation. Il faut cependant se garder de les mettre dans la même catégorie que les arcs costaux (16), dans la mesure où ils constituent éventuellement une ceinture céphalique, analogue aux ceinture scapulaires et pelvienne (17), point sur lequel Reichert ne tient pas compte des critiques formulées quelques années auparavant par Rathke contre cet ordre d'assimilations. Le nombre de ces arcs viscéraux sera donc le même que celui des vertèbres craniennes, qui correspond de son côté à celui des vésicules cérébrales, au terme d'un système d'identifications réciproques : il est ainsi fixé à trois chez les vertébrés supérieurs (18).

Quant aux arcs branchiaux des poissons proprement dits, ils seront réduits à des éléments du squelette viscéral des vertébrés inférieurs qui n'apparaissent jamais chez les vertébrés pulmonés, ce qui a pour conséquence de les exclure du type vertébré commun, et d'exclure en même temps le parcours des degrés représentés par les animaux inférieurs dans le développement embryologique des vertébrés supérieurs (19), dans une interprétation rigoureuse de la doctrine de Von Baer. Chez ces vertébrés inférieurs, le troisième arc viscéral ne peut même pas correspondre de ce fait à un arc branchial individualisé : il y est remplacé par une pièce qualifiée de « support branchial» (Kiemenbogenträger), définie par sa situation au point de réunion entre le tube viscéral de la tête et celui du tronc, et par sa fonction supposée dans l'appareil branchial (20). Lorsque cette pièce, présente chez les larves de batraciens anoures, disparaît au cours de la métamorphose avec les arcs branchiaux qui dépendent d'elles, un rudiment de cet appareil s'adjoint simplement à l'hyoide, dont les parties principales dérivent du deuxième arc, auquel elle s'appuyait (21). Dans ces conditions, tout se passe donc comme si l'appareil branchial demeurait une dépendance hyoidienne, mais indirectement, par l'intermédiaire de son support branchial, analogue à ce troisième arc viscéral, qui lui même a pour destin de jouer un rôle dans la formation de l'hyoide (22). Autrement dit, les éléments typiques, qui dans un cas vont donner l'hyoide, dans l'autre cas, s'étendent en un appareil branchial beaucoup plus complexe, qui comportent des pièces proprement ichthyologiques. La différence entre cette conception et celle de Rathke se limite donc à l'introduction d'un arc mandibulaire, là où ce dernier se contentait d'un dédoublement de l'hyoide, et d'une autre pièce de même valeur, qui double celui-ci vers l'arrière cette fois, et qui représente le point d'ancrage de l'appareil branchial sur les formations endosquelettiques. Nous sommes donc encore dans le cadre d'une doctrine sensiblement équivalente à celle de Cuvier, que l'embryologie ne parvient pas à dépasser par ses propres moyens, sans s'appuyer sur une autre doctrine, issue, elle, de la pure morphologie romantique, celle de Oken.

Donc par opposition à ces variations sur un type, c'est du côté du destin des arcs viscéraux, que se trouve l'apport le plus important de l'analyse embryologique, à travers les travaux de Reichert, en fournissant la solution de ce problème devant lequel l'anatomie comparée et la morphologie, limitées à la comparaison des états adultes avait échoué à fonder des identifications satisfaisantes et indiscutables.

La méthode utilisée par Reichert est la même que celle de Von Baer : elle consiste en une observation anatomique avec l'aide de la loupe et du microscope à faible grossissement, portant sur une succession de pièces embryologiques classées suivant l'ordre temporel de leur développement. Les seules interventions techniques sont celles qui rendent mieux visible l'objet de la recherche : fixation et dégagement des parties avoisinantes par dissection. A partir de là, Reichert est amené à décrire successivement un certain nombre de mouvements qui s'enchaînent dans l'ordre suivant, tel qu'on peut l'observer spécialement au niveau du premier arc viscéral, et qui se regroupent sous le concept de métamorphose (23) : distinction des parties primitives de l'arc, dont le destin sera différent ; développement spatial de ces parties, puis individualisation progressive ; enfin solidification et subdivision qui aboutissent aux parties anatomiques connues, et à leur regroupement en appareils fonctionnels. Au cours de ce développement, on observe les disparitions, séparations, confusions etc. que Reichert signale dans l'introduction de son article (24).

Les principaux résultats à retenir à cause de l'importance qui leur a été attribuée sont les suivants : en premier lieu, le rapport du développement des deux mâchoires au premier arc viscéral, à la partie externe duquel se forment leurs ébauches par un dépôt spécial de matière formatrice, comme Von Baer l'avait vu ; en second lieu, la formation distincte, à partir du même arc, du cartilage de Meckel, qui donne à son extrémité supérieure le marteau, et dans sa partie moyenne, l'enclume ; en troisième lieu, la formation de l'étrier à partir de la partie supérieure du deuxième arc viscéral, tandis que le reste de cet arc va fournir le suspenseur de l'hyoide ; et en dernier lieu, la formation du corps de l'hyoide et des cornes postérieures à partir du troisième arc (25). Ces résultats valant pour la formation de la tête des mammifères, sont complétés par un aperçu des variations correspondantes chez les oiseaux.

L'organogénèse constitue donc une désarticulation des formations dites typiques, qui se montrent capables de s'intégrer à des ensembles organiques dont les rapports fonctionnels sont à peu près inexistants. En outre, ces formations peuvent être le support d'épigénèses particulières à une classe déterminée : les arcs branchiaux proprement dits n'appartiennent pas au type vertébré mais s'y ajoutent.

4. – LE SYSTEME URO-GENITAL.

Ces conclusions valent pour l'histoire morphologique du système urogénital chez les Vertébrés. Cette histoire est le produit d'une confrontation des données anatomiques et organo-génétiques relevées dans ce système à travers toute la série des vertébrés. Elle démontre une succession de métamorphoses, dont la clef est fournie par l'existence du substitutions fonctionnelles complètes entre des formations organiques taxonomiquement et chronologiquement distinctes : les organes typiques des classes supérieures sont plus tardifs que ceux qu'elles ont en commun avec les classes inférieures, et ils les remplacent fonctionnellement. Les organes primitifs en ces deux sens disparaissent ou changent de fonction.

Le noyau organique autour duquel cette histoire va tourner est constitué par les corps de Wolff ou reins primitifs. Chez l'homme et les mammifères, il s'agit d'un organe excréteur embryonnaire, formé d'une série de glomérules réunis par un conduit sécréteur commun, qui se contracte et disparaît pour laisser la place eux reins définitifs, d'une manière variable selon les espèces. Que les formes définitives des organes uro-génitaux chez les vertébrés inférieurs soient identiques ou très voisins de celles des corps de Wolff, cela va pouvoir s'interpréter dans le cadre de la doctrine du parallélisme, qui justifie une première forme de rapprochement, destiné ensuite à s'étendre aux canaux de ces organes pour débrouiller la complexité des dérivations qu'ils offrent.

C'est la théorie de l'Epigénèse qui fournit la condition initiale de ces recherches. En effet, Rathke s'en réfère directement à Wolff dans son premier mémoire de 1820 sur la formation et le développement des parties sexuelles chez les Urodèles (1).

Rathke observe d'abord chez la Salamandre, lors de son éclosion, trois séries d'organes dans la cavité abdominale : les organes digestifs, les poumons et les reins. Par reins, il faut entendre, dans ce texte, une masse de « substance polypeuse » d'abord impaire, puis qui se scinde en deux, comme on l'aurait observé chez les embryons des vertébrés supérieurs. Cette masse polypeuse serait la matrice des divers organes appartenant à la sphère uro-génitale. Rathke confirme ainsi la concordance qu'il a déjà établie en 1818 (2), entre ces formations et la structure observée par Wolff dans les reins des embryons d'oiseaux.

Mais Rathke n'utilise pas la même forme d'épigénèse que Wolff. Pour Wolff, l'épigénèse résultait de la distribution différentielle des liquides, de leur dépôt et de leur organisation. Pour Rathke, elle s'exerce dans le solide, ou plus exactement, dans les tissus mous. Au départ, ces tissus sont bien le lieu de transformations individualisantes à partir d'une matrice amorphe, qui produisent les organes par différenciation ; mais, ensuite, les variations dans les échanges qui dépendent de la physiologie de l'ensemble de l'organisme, sont capables de susciter là où il le faut, des développements, des régressions, des disparitions, des chevauchements tels que les nouveaux organes qui en résultent ne semblent relever d'aucune prédétermination spatiale.

Dans un organisme foncièrement multiple, où les organes sont autonomes depuis leur apparition, mais où ils sont liés aux autres organes par leurs activités dans un système de concurrence dont dépend leur importance et même leur forme, une formation organique donnée peut naître de formations diverses selon les besoins de la force motrice (3). A la base des réflexions théoriques de Rathke, la pluralité des organes, qui relève non seulement d'une distribution spatiale, mais encore d'une ordonnance temporelle, se greffe sur une sorte d'équipotentialité permanente des parties de l'organisme. Un organe quelconque est capable de produire une excroissance dont la force formatrice s'empare pour lui conférer une nouvelle dignité organique. De ce fait, si l'idée de métamorphose implique une continuité génétique et physiologique, elle devient inadéquate : il lui faut intégrer une altérité totale.

Dans ces conditions, l'unité d'un organe n'est pas fondée sur sa provenance : elle se constitue à partir d'ébauches hétérogènes. Une telle possibilité de transferts à partir de domaines divers, ne semble devoir être limitée que par l'appartenance à une vaste communauté physiologique, comme celle qui associe les organes uro-génitaux à ceux de la respiration (4). Une semblable communauté est le champ des oppositions polaires qui délimitent dans l'espace de l'organisme les zones à l'intérieur desquelles les organes vont trouver leurs lieux d'insertion. Ce cadre va permettre de penser les organes génitaux à l'écart de la malédiction métaphysique qui liait traditionnellement le sexe au dégoût provoqué par les produits d'excrétion, puisque la respiration est une fonction noble de l'organisme.

Par conséquent, au delà d'une différenciation à partir d'une masse polypeuse initiale, envisagée dans ses premières recherches, c'est l'indépendance entre les organes génitaux et urinaires que Rathke va souligner, en même temps que les connexions secondaires qui assurent leur regroupement. Dans ses recherches sur l'appareil sexuel des poissons, publiées en 1824 (5), où il observe des formes plus proches du type primitif de l'embranchement, Rathke approfondit deux points, qui sont, d'une part, la scission des organes sexuels en deux groupes : les organes préparateurs de la substance germinale et les organes qui assurent son émission, scission qui répondrait à ce type primitif, et qui permettrait l'absence des organes excréteurs dans certains groupes (6) ; et d'autre part, pour répondre à cette absence éventuelle, l'existence d'emprunts de conduits d'excrétion à d'autre organes, si bien que les conduits urinaires peuvent occasionnellement se substituer aux conduits génitaux défaillants (7). Mais cette variabilité structurale est prolongée d'une variabilité anatomique dont Rathke est amené à rechercher le moment causal : il le situe non dans la dépendance des parties en contact les unes par rapport aux autres en fonction d'actions et de réactions, à la limite, mécaniques, mais dans le principe de la particularité essentielle de chaque forme organique, de telle sorte que le type fondamental de l'ensemble s'exprime aussi dans chaque organe, conformément à une formule de Tiedemann qu'il reprend à son compte (8). C'est ainsi que de l'indépendance relative des organes génitaux et de leurs conduits excréteurs, envisagés dès 1820, malgré une genèse commune, les recherches anatomiques sur les poissons permettent de confirmer, de radicaliser et d'étendre cette idée d'indépendance entre des organes destinés à servir le même but, et de la fonder dans un rapport de dépendance exclusif et immédiat à l'égard de la totalité de l'organisme.

On peut dire que le mémoire synthétique de 1825 est le produit d'un double effort : d'identification des parties d'abord, d'explication, ensuite. Nous avons vu que l'exigence d'explication a été satisfaite par une recherche théorique visant à rendre intelligible les rapports observés entre ces organes au moyen d'hypothèses physiologiques axées sur l'épigénèse et l'indépendance réciproque des organes, aboutissant à une philosophie de l'organisme suffisamment souple pour pouvoir rendre compte de ce qu'il a pu percevoir comme essentiel à travers ses observations, et qui semble bien être l'existence d'organes capables, non seulement de changer de fonctions en se mettant au service d'un autre dispositif organique, mais encore de servir de relai vis à vis d'organes ultérieurs plus perfectionnés et tout à fait indépendants des premiers. Une semblable philosophie fournit en quelque sorte un cadre ou une atmosphère à la recherche, dont le rôle est de faciliter l'approche de l'objet proposé à l'investigation, en rendant les résultats de l'analyse significatifs d'emblée, c'est à dire susceptibles d'une portée générale, par confirmation ou infirmation de possibilités comprises implicitement ou explicitement dans ce cadre, lui-même capable de se modifier sous l'effet de cet apport. La démarche scientifique n'est pas ici exactement hypothético-déductive, comme on dit : elle se définit plutôt comme un effort d'insertion des observations empiriques, des données perceptives, dans un système de significations possibles qui leur préexiste et qui sert à les coordonner de manière intelligible, de telle sorte qu'une perception fixe pour ainsi dire une signification, et précise ainsi le système d'interprétation, initialement diffus, en y déterminant des choix. C'est ainsi que l'épigénèse a rendu signifiant le matériel à travers lequel elle s'est précisée (ce qui n'a pas été le cas de la préformation), grâce à la mise en évidence d'un éventail de modalités particulières de rapports entre organes compris dans la trame temporelle d'un même développement ; ces modalités particulières renouvellent le concept en provoquant la combinaison et l'approfondissement de ses définitions initiales, si bien que chez Rathke par exemple, il est devenu par ce moyen autre que ce qu'il était chez Wolff, chez les Philosophes de la nature, et même chez Harvey, dont certains thèmes ont été repris, en ce début du XIXème siècle. S'agit-il d'éclectisme ? Il s'agit plutôt de cette liberté d'esprit qui apparaît ici comme une condition de la fécondité aussi bien théorique que pratique.

L'identification des parties concerne leur origine et leurs rapports. Concernant la question de l'origine, Rathke n'a rien à ajouter à ce qu'il a pu dire antérieurement et en particulier dans son précédent mémoire sur les organes génitaux des poissons - il résume ses idées dès le début de son texte : les organes génitaux se forment chez les poissons à partir de la vessie natatoire, et lorsqu'elle manque, à partir des reins ; chez les vertébrés supérieurs, ils proviennent non des reins, mais d'une formation transitoire, les corps de Wolff, chez les batraciens, ils sont issus des corps adipeux, et chez d'autres poissons encore, de formations diverses, y compris de vaisseaux sanguins (9). Tout l'accent se trouve donc mis sur la question des rapports des organes génitaux avec les organes voisins, c'est à dire, les organes urinaires qui semblent aussi leur servir quelquefois de lieu d'origine.

Rappelons ici les deux principes établis grâce à l'anatomie comparée de l'appareil génital des poissons : les organes génitaux proprement dits et les conduits excréteurs sont d'origine indépendante, si bien que ces derniers peuvent disparaître, et que l'on constate alors éventuellement l'emprunt des conduits urinaires à leur place ; mais, en second lieu, la possession par les organes génitaux de conduits excréteurs propres est seule conforme à leur type développé. Il en résulte la sériation des formes suivantes :

> « En effet, l'oviducte est d'abord perdu, et la cavité générale la remplace comme c'est le cas par exemple chez le saumon, l'anguille et la lamproie ; là-dessus, une partie d'un tout autre système, l'uretère, assure sa fonction ; il reste que le développement de l'oviducte, qui, comme je le montrerai bientôt en détail, prend son origine en règle générale dans les organes urinaires, ou plutôt leurs précurseurs, est encore contenu dans le développement de ses viscères : mais il se dégage enfin plus librement de ces parties pour offrir désormais un organe autonome, comme c'est le cas chez les Raies, les Requins et les animaux supérieurs. » (10).

Rathke ne reviendra plus sur cette doctrine de la possession par les organes génitaux de conduits excréteurs propres, d'origine cependant étrangère ; les recherches ultérieures vont en constituer une confirmation et un commentaire et l'identification des autres éléments de l'appareil uro-génital dans la série des vertébrés va en dépendre.

D'abord chez les Batraciens, conformément au principe posé, les conduits sexuels excréteurs paraissent se former exclusivement ou en grande partie dans la substance des reins (11). Les reins sont donc ici un organe double, dont la partie antérieure va présenter un destin génital, tandis que la partie postérieure seule recevra une fonction urinaire, qui se traduit par le développement d'un uretère. Ces analyses, dont les anoures sont ici l'objet, corroborent celles qui ont été faites sur les urodèles en 1820, et qui annonçaient à la fois l'indépendance des ovaires et des oviductes, et l'appartenance des oviductes aux reins, au bord desquels ils ont d'abord été aperçus.

Mais, ensuite, chez les oiseaux, toute la question devra être reprise en fonction de la présence des corps de Wolff. Rathke décrit alors trois sortes de formations distinctes, dont il admet non pas le recoupement, mais seulement le recouvrement partiel. La première est formée par les corps de Wolff eux-mêmes, caractérisés par leur similitude de texture avec les reins mais leur position plus avancée (12). Ils sont destinés à régresser de manière incomplète, pour se transformer en épididymes (13). Leur rapport aux organes génitaux est double : d'une part leur texture initialement polypeuse devient vasculaire ; ces canaux se réunissent d'un côté en un collecteur commun qui émerge à la surface antérieure du corps de Wolff, et de l'autre, ils finissent par se mettre en rapport avec les organes génitaux ; d'autre part, ils paraissent donner naissance aux organes génitaux à leur surface inférieure. Le vaisseau auquel se réunissent les canalicules du corps de Wolff (canal de Wolff) est destiné à disparaître (14). La seconde formation est constituée par les reins qui sont censés se former à partir des corps de Wolff pour s'en séparer ultérieurement ; ils ont leurs propres conduits excréteurs : les uretères. Enfin, les conduits déférents mâles et les oviductes constituent une troisième formation qui apparaît après les organes sexuels comme un bourgeonnement des corps de Wolff, et qui reste attachée par du tissu muqueux à ces derniers. De ces trois formations, il résulte au cours de la première partie de l'incubation du poulet la coexistence de trois conduits qui semblent liés entre eux par du tissu muqueux : le canal sexuel excréteur, le collecteur du corps de Wolff, et l'uretère (15). Lorsque le collecteur du corps de Wolff est amené à disparaître, le canal déférent prend sa place, fusionne avec la partie postérieure du corps de Wolff et peut donc être considéré comme le débouché des nodules vasculaires de l'épididyme (16). Ces analyses peuvent être extrapolées aux mammifères : Rathke reconnaît une correspondance entière entre les corps de Wolff et ce qu'il appelle les corps d'Oken, en l'honneur de celui qui les a reconnus le premier dans ce groupe, et qu'il englobe sous le terme de faux-reins.

Reste la question de la signification propre des corps de Wolff. Tout d'abord, ils ont la structure des reins, et, d'après les recherches chimiques faites sur le liquide de l'allantoïde par les physiologistes, parmi lesquels il faut signaler Oken, probablement aussi leur fonction. En second lieu, les organes sexuels et les reins définitifs en proviennent. Le fait que les reins définitifs sont censés provenir des corps de Wolff qu'ils remplacent après s'être développés à côté d'eux conduit Rathke à rapprocher ce phénomène de la substitution des poumons aux branchies déjà individualisées et fonctionnelles décrite en 1820 par Steinheim (signalé explicitement), et bien avant lui, par Swammerdam, dont il rappelle les analyses (17). Ce rapprochement s'impose d'autant plus qu'il s'inscrit dans la communauté physiologique déjà envisagée entre les organes respiratoires et les organes urinaires, tirée par Rathke de la spéculation romantique. Par conséquent, on peut en conclure à une assimilation complète entre les corps de Oken et de Wolff chez les vertébrés supérieurs, et les reins définitifs des batraciens et des poissons. Ces corps sont des reins inférieurs pour deux raisons : ils sont antérieurs aux reins définitifs et ils sont seuls possédés par les groupes zoologiques inférieurs dans l'échelle des êtres ; et ces deux raisons sont réciproques dans la doctrine du parallélisme de la série zoologique et des états embryonnaires, Rathke se résume ainsi :

« 3. – Chez les poissons et les batraciens, les formations qui reposent sous la colonne vertébrale et accolées à elles, et qui prennent d'emblée la place des faux-reins des autres vertébrés, persistent toute la vie, s'accroissent toujours plus, et se font connaître toujours plus clairement comme les reins véritables.

« – Les faux-reins sont à considérer comme équivalents aux vrais reins dans les étapes inférieures du développement où se trouvent les vertébrés inférieurs. » (18).

Rathke est donc parvenu ainsi à un tableau, certes encore imparfait malgré une foule de découvertes brillantes, mais cohérent de l'appareil uro-génital dans toute la série des vertébrés, brossé dans un cadre théorique ou l'accent s'est rapidement déplacé de l'idée d'une unité génétique de l'ensemble de l'appareil, garantie pour les divers organes par une communauté d'origine dans un même tissu indifférencié et localisé dans une même région, à la conscience de plus en plus aiguë de l'individualité de ces mêmes organes, permettant un jeu de substitutions qui sont commandées par des exigences physiologiques constantes auxquelles doit répondre le type fondamental de l'organisme auquel ils appartiennent, qui dépend de la place occupée dans la série des êtres, en ce qui concerne sa particularité. De ce fait, le développement de l'organisme chez Rathke n'est plus le produit ni d'une croissance, ni d'une métamorphose, ni d'une composition, ni d'une différenciation limitée à elles-mêmes ou comprises ensemble dans un ordre allant du simple au complexe. S'il utilise éventuellement ces divers concepts, et si l'existence d'une hiérarchie animale est un des fondements de sa réflexion, comme de la réflexion de ses contemporains sur l'histoire naturelle, et les sciences apparentées, leur application n'est pas exclusive de la référence à des processus plus radicaux que ceux qui relèvent d'un perfectionnement continu et linéaire. Ainsi, la métamorphose, si métamorphose il y a, est plus qu'une modification : elle est une transformation au sens fort, une mutation où les différences d'origine s'abolissent dans les synthèses nouvelles, formant des unités supérieures dans les organismes appartenant aux groupes supérieurs, en redoublant une complexité de dérivation par une complexité de recomposition. Nous sommes donc ici devant une histoire un peu semblable à celle des arcs branchiaux après la découverte de leur présence chez les vertébrés supérieurs, écrite en partie par le même homme, et représentative égalemnt du travail et du style de pensée de ce groupe d'anatomistes et d'embryologistes de langue allemande qui appartiennent aux universités des régions formant bordure de la mer Baltique, dont les pôles sont Berlin d'un côté et Saint Pétersbourg de l'autre, groupe auquel l'anatomie comparée moderne doit une bonne part de sa méthodologie. C'est cette concordance entre un tableau cohérent de la distribution des organes qui composent l'appareil uro-génital et l'originalité du cadre théorique et conceptuel qui le soutient, qui assure à ce travail son importance exceptionnelle à la fois du point de vue de la connaissance des connexions internes entre ces organes et du développement de cette connaissance, et du point de vue de l'histoire de l'anatomie comparée en général.

La valeur des déterminations particulières des organes et de leurs rapports passe ici au second plan : elles seront du reste, sujettes à controverse et rectifications chez les contemporains et les successeurs de Rathke, si bien que le tableau qu'il a fourni sera très vite altéré, mais il n'en reste pas moins que c'est lui qui a rendu possible ces corrections, comme le fera remarquer Johannes Müller. Avant lui, on ne disposait que d'observations éparses, c'est à dire, de rien.

Le point d'arrivée théorique de Rathke est le point de départ de Johannes Muller, qui fait ainsi l'économie d'une unité génétique primordiale des organes génitaux, et du concept romantique de métamorphose qui était couplé à une telle unité. Le principe de l'indépendance originaire des organes génitaux et urinaires internes défini même leur caractère propre, en tant qu'il s'oppose ici à une dérivation à partir des feuillets du blastoderme, reconnue comme valable pour tous les autres organes.

Dans ce contexte théorique et méthodologique (19), Johannes Müller a pu identifier chez les batraciens ce qu'il considère comme un corps de Wolff (c'est à dire, un rein provisoire), en un lieu exceptionnel : la partie supérieure du tronc, alors que chez les autres animaux où il a été observé jusqu'ici, le corps de Wolff se trouve dans la cavité du tronc, et même à sa partie inférieure, raison pour laquelle Rathke n'aurait jamais pensé à aller le chercher si haut (20). Müller en dérive une unité de plan entre les vertébrés supérieurs et inférieurs, qui s'oppose au schéma sérial qui avait confirmé Rathke dans sa détermination des corps de Wolff comme formation transitoire, répondant à une formation permanente chez les vertébrés inférieurs. De cette unité de plan, il induit la probabilité de l'existence de la même formation chez les poissons, qu'il n'a pas étudiés lui-même, mais dont il souhaite l'investigation (21). En même temps, puisque ces soi-disant corps de Wolff peuvent se trouver si loin en avant du corps, cela prouve leur indépendance par rapport aux organes génitaux (22), et de ce fait, il ne peut pas y avoir de lien génétique entre les organes génitaux et les organes précurseurs des reins, contrairement à ce que pensait Rathke à cause de la difficulté qu'il avait à les séparer au cours de ses dissections chez les oiseaux comme chez les mammifères.

Ces prémisses étant posées, les résultats des recherches de Johannes Müller sur les rapports entre les canaux excréteurs des organes génitaux et des organes urinaires chez les vertébrés, sont les suivants : le corps de Wolff disparaît et son conduit excréteur est repris dans le sexe mâle par le conduit déférent, et d'autre part, la femelle reçoit un oviducte indépendant du corps de Wolff (23). C'est en particulier pour établir cette découverte de première importance que Johannes Müller a utilisé les observations microscopiques en série qui lui ont permis de dégager le mode de jonction des vasa efferentia du testicule au canal de Wolff, à travers le corps de Wolff, sans confusion avec les coecums propres au corps de Wolff dont Rathke avait prétendu que les testicules dérivaient par excroissance et métamorphose (24), et pour arriver à cela, cette méthode lui est apparue comme la seule possible, ce qui suffit sur ce point, à lui assurer une supériorité sur toutes les autres qui étaient disponibles, supériorité qui pourra ensuite être généralisée.

Le canal qui recevra plus tard le nom de canal de Müller est décrit par lui comme oviducte (25). Le terme d'oviducte ne doit pas masquer le caractère fonctionnel et secondaire de cette dénomination en face d'un organe dont l'indépendance primitive est garantie par la position et par le mode d'apparition. Or, ces déterminations des rapports entre le canal du corps de Wolff et le canal spermatique, d'une part, entre l'ovaire et l'oviducte, d'autre part, ne semblent pas transposables non plus aux mammifères. Ce caractère d'indifférence initiale du canal qui sert d'origine à l'oviducte, ajouté à un refus permanent de faire entrer le corps de Wolff lui-même sous la forme d'un épididyme dans la constitution de l'appareil génital mâle, conduit Johannes Müller à traiter aussi ce même canal comme l'origine de l'épididyme, voire du canal déférent chez les mammifères, dont le développement seul est alors entièrement opposé à celui de l'oviducte et des trompes (26). Sa découverte n'a donc pas pour lui la valeur générale qu'on serait en droit d'attendre, hormis chez les oiseaux : ce qui compte pour lui est seulement la différence terminale de structure, qui fait que le canal déférent, quelle qu'en soit l'origine, est en rapport immédiat au testicule, où ne s'intercale un épididyme que chez les mammifères, tandis que le rapport de l'oviducte à l'ovaire au moyen des trompes est indirect, parce que celles-ci constituent avant tout des ouvertures de la cavité ventrale.

Johannes Müller passe ensuite au problème de la différence des sexes. Ce problème avait été abordé par Rathke au point de convergence de deux thèmes, la supériorité de l'homme adulte mâle, comme couronnement terrestre de l'Echelle des Etres, et la polarité sexuelle qui suppose, d'après la Philosophie de la Nature, un développement antagoniste des organes à partir d'un état d'indifférence. Pour Rathke, le sexe féminin est, à la fois, le négatif et l'expansion, le sexe masculin, le positif et la contraction. Comme l'expansion est assurée par une simple croissance, tandis que la contraction provoque des transformations, il n'est pas étonnant que l'ébauche primitive indifférente ressemble plus à la structure femelle qu'à la structure mâle. Mais Rathke exclut une simple dérivation du sexe masculin à partir de celle du sexe féminin qui serait traitée comme un stade antérieur (27).

Le sexe masculin est supérieur : cela signifie que la texture du testicule représente une plus grande différenciation de la matière vivante que l'ovaire. Cette conception hiérarchique va s'atténuer en 1825 au profit d'une équivalence entre les deux sexes. En même temps, les organes mâles ne sont plus censés parcourir au cours de leur développement les formes correspondantes à celles des organes femelles, comme le suggérait la doctrine paralléliste ; certaines structures masculines peuvent aussi se rencontrer dans le cours du développement des ovaires. L'ensemble des formes observées seront simplement classées entre les ovaires des poissons inférieurs et les testicules de l'homme, selon une sorte de hiérarchie alternante des sexes, où l'ovaire de l'espèce supérieure ressemble au testicule de l'espèce inférieure (28). L'idée d'une production de ces formations par métamorphose est morcelée en plusieurs stades où les contractions induisent des transformations et des déplacements qui sont incorporés aux développements suivants.

Johannes Müller s'efforce pour son compte d'exclure, non seulement l'idée d'une correspondance entre les sexes, à partir d'un fonds manifesté plus clairement à travers le caractère du dispositif femelle, mais encore l'idée même d'un type commun aux deux sexes, d'où ils proviendraient par métamorphose. Pour lui, lorsque la différence des sexes s'affirme, l'organe primitif commun que constitue le corps de Wolff disparaît, de telle sorte qu'on ne peut plus dire qu'à l'origine il y ait une prépondérance soit masculine, soit féminine, ni même de sexe (29). A la rigueur, il ne peut même pas y avoir d'ébauche commune des sexes, parce que c'est une contradiction dans les termes : les sexes sont la différence même (30). Ces analyses vont se trouver confirmées par la possibilité d'une différence de type dans la formation des organes sexuels dans la même espèce ; en effet, Johannes Müller distingue trois types différents dans la structure des organes sexuels, telle qu'on peut l'observer à travers le règne animal : un premier type, caractéristique des invertébrés, très simple, très uniforme, où l'analogie entre les deux sexes est à peu près complète par manque des matériaux susceptibles de réaliser les différences ; un second type représenté par certains poissons, où l'oviducte et le canal déférent manquent, et où les produits génitaux passent directement dans la cavité ventrale, d'où ils sont évacués par un ou plusieurs orifices ; un troisième type, qui est celui de tous les animaux supérieurs aux poissons, où le mâle et la femelle se développent dans des directions entièrement divergentes. Or, les organes génitaux des raies et des requins appartiennent au second type dans le sexe masculin, et au troisième type dans le sexe féminin, et il existe d'autres poissons chez lesquels les organes mâles sont de seconds type et les organes femelles du premier. A ce niveau, il n'existe donc pas la moindre analogie (31).

La doctrine déjà amorcée par Rathke est ainsi radicalisée et purifiée : les différences ne sont pas le produit d'une différenciation progressive dans le cadre d'un même type général de l'organe, elles s'inscrivent dans un système d'ébauches qui ne les annonce ni ne les prépare et dont elles ne dépendent pas. Ce serait plutôt l'inverse qui serait vrai, au sens où l'ébauche désigne un lieu ou fournit un matériel quelconque, qui subissent la loi interne à la différence qui s'exprime en elles , et dont la signification sera celle de l'organe physiologiquement parfait. Comme pour Rathke, cette loi interne dépend moins des conditions locales de la formation de l'organe que de la place qui lui est faite par l'idée ou le type fondamental particulier à l'organisme en question. La variété structurale n'est donc pas bornée par les limites que pourraient aussi bien introduire une disposition primitive qu'un type organique général de l'organe ou de l'appareil : elle peut au contraire aller jusqu'au changement de type, dont les seules bornes ne sont que les exigences fonctionnelles imposées par l'organisme. Ainsi, on peut concevoir que, chez les oiseaux, l'oviducte dérive d'un canal particulier, alors que le canal déférent du testicule est emprunté au corps de Wolff, tandis que chez les mammifères, un même canal indépendant des organes sexuels à l'origine se rattache médiatement à l'ovaire et immédiatement au testicule. Dans le même esprit, on peut admettre qu'il y a des corps de Wolff chez les batraciens, mais autrement situés et pouvus de connexions très différentes de celles que l'on observe chez les vertébrés supérieurs, ce qui fait que cette variabilité qui rend intenable un fonctionnement du concept de type comme type de développement unitaire dans un embranchement pour un organe donné, renvoie finalement à une unité de plan à l'intérieur du même embranchement, qui semble impliquer une loi de développement, générale du point de vue physiologique, mais que l'on ne peut pas préciser au delà de sa simple supposition (32).

5. – LES VERTEBRES ET LE CRANE.

Si l'analyse de ces appareils que sont les arcs branchiaux et les organes urinaires et génitaux montre que la théorie du développement par différenciation à l'intérieur d'un type représente un cadre trop étroit pour rendre compte des faits accumulés par l'anatomie et par l'embryologie comparées, on va aboutir aux mêmes résultats lorsqu'on prendra en considérarion l'histoire du système qui a joué le premier rôle dans la définition du type vertébré, à savoir, le squelette en son ensemble, et principalement son axe, constitué des vertèbres et du crâne. Entre les structures qui se profilent les premières au cours de l'embryogénèse et de l'organogénèse, et la disposition rencontrée chez l'animal adulte, la distance va être telle que le concept de type, qui prétend la recouvrir, perd son caractère univoque : c'est ainsi que la segmentation primordiale n'est pas la segmentation vertébrale, et qu'il y a divorce entre le type embryologique et le type anatomique qui s'y surajoute. Entre les deux, il y a tout un système de transformations et de substitutions, qui pourront être traitées comme le reflet d'une histoire, lorsque certaines formes zoologiquement et paléontologiquement primitives montreront leur analogie avec les formes embryonnaires. Le concept de primitivité pourra glisser alors de la primordialité logique et ontologique vers la désignation d'archaïsmes réalisés autrefois à la surface de la terre.

Le concept de vertébré est né avec le siècle (1), sous la plume de Lamarck, puis celle de Cuvier, en raison de l'insuffisance reconnue de l'opposition entre animaux à sang rouge et animaux à sang blanc, héritée d'Aristote. De plus, la charpente osseuse, dans le cadre d'une philosophie physiologique qui pose en principe la coordination fonctionnelle des organes, devient une expression de l'animal, et par conséquent, le support de caractères utilisables du point de vue taxonomique (2), et surtout paléontologique. C'est la radicalisation d'une perspective voisine qui conduit Gœthe à la construction du type ostéologique, compris comme un catalogue qui énumère les parties osseuses d'après leurs fonctions et leurs connexions, indépendamment de toute espèce particulière, susceptible de servir de modèle. Les variations observées vont y permettre un classement des structures osseuses suivant un ordre de dégradation (3), qui peut dépasser les limites de l'embranchement des vertébrés, où se trouve le niveau de la complexité maximale. Le type ostéologique s'inscrit alors dans un type général qui est censé unifier tout le règne animal : tête, partie moyenne, partie abdominale.

L'unité interne du type ostéologique est susceptible d'être ramenée à celle d'un ensemble d'éléments : les vertèbres et leurs appendices. Une théorie de la composition vertébrale du crâne en résulte directement (4), et va apparaître comme un des pivots de la pensée morphologique dans la première moitié du XIXe siècle. Pourtant, très vite, ce type ostéologique va subir des remaniements qui vont porter à la fois sur son élément : la vertèbre, et sur son application majeure, le crâne.

Le premier de ces remaniements est celui qui substitue au type proprement ostéologique un type embryologique, dont la partie la plus caractéristique est la corde dorsale (5). Point essentiel : cette formation, reconnue comme primordiale par les embryologistes, a été d'abord observée par les zoologistes chez les vertébrés inférieurs.

C'est ainsi que Lacépède l'a reconnue chez la Lamproie (6), espèce qui appartient aux poissons, c'est à dire, pour Lacépède, au groupe central du règne animal, dont la forme est la plus proche du type général des animaux (7). Le problème qui se pose ensuite est alors celui-ci : la corde est-elle une forme primitive, située à l'origine des vertébrés, ou bien une ultime dégradation, qui n'aurait rien de typique ? Spix choisit la première solution (8), Constant Duméril, la seconde (9). Pour Duméril, la corde est une formation de transition entre les vertébrés et les annélides, tandis que la colonne vertébrale est seule typique des vertébrés, où elle se manifeste toujours par une segmentation, si peu accentuée soit-elle. Par contre, c'est Cuvier qui verra dans la corde dorsale autre chose qu'une formation dégradée ou primitive, mais un élément constitutif de la colonne vertébrale elle-même, propre aux poissons (10).

Cette valeur zoologique de la corde est doublée d'une portée génétique dans le mémoire de Dutrochet sur l'ostéogénie, mais sans que son caractère typique soit pleinement reconnu (11). Pour que la corde devienne une formation typique, il faut l'essor de l'embryologie comparée, c'est à dire, l'œuvre de Von Baer. Elle y devient l'organe axial du type, tandis que les vertèbres relèvent seulement de la segmentation transversale des lames dorsales (12).

Dans le rôle de formation axiale du type, la corde dorsale se substitue à la moëlle épinière. C'est son éminente dignité physiologique qui faisait, pour Cuvier, du système nerveux, l'indicateur de l'embranchement, et, en cela, on peut penser que Pander le suivait encore lorsqu'il confondait la ligne primitive et l'origine de la moëlle épinière. Cette substitution marque donc l'orientation plus morphologique dans laquelle s'inscrit le modèle du développement par différenciation qui est propre à Von Baer.

Cette fonction de la corde va trouver sa confirmation zoologique dans les recherches faites par Rathke plus tard sur l'Amphioxus. Rathke distingue dans cette formation axiale chez Amphioxus les trois éléments déjà classiques pour les embryologistes et les anatomistes : un noyau gélatineux, une gaine membraneuse, et une enveloppe externe qui correspond à la masse de recouvrement (Belegungsmasse), décrite chez les autres vertébrés comme le lieu d'origine des vertèbres, – toutes formations qui se retrouvent chez les Cyclostomes, complétées par l'amorce des anneaux qui sont à l'origine des corps vertébraux. Il s'agit donc bien d'une corde, mais qui restera parfaitement autonome par rapport à des vertèbres qui ne se formeront pas. Puisque l'Amphioxus possède une corde, bien qu'il n'ait ni vertèbres, ni crâne, il appartient donc au même embranchement que les espèces chez lesquelles se forment des vertèbres et un crâne. Cette découverte transforme donc virtuellement l'embranchement des vertébrés en celui des cordés, désignation qui n'apparaîtra que plus tard (13).

Puisque les vertèbres ne sont ni primitives ni typiques, pourquoi et comment se forment-elles ?

Elles constituent une enveloppe de la moëlle épinière et leur disposition représente une série d'éléments qui se répètent. Sous ces deux aspects, pour Von Baer, elles sont indépendantes de la corde dorsale (14). Mais une telle indépendance est controversée par plusieurs auteurs, dont Rathke. En abordans cette question, Johannès Müller distingue une couche interne et une couche externe dans la gaine de la corde, et remarque que le couche externe seule est squelettogène, parce que l'origine du squelette est à chercher à l'extérieur de la corde proprement dite (15), dans les ébauches qui participent à la mise en place de l'ensemble des organes de la locomotion, actifs et passifs, dont les vertèbres sont partie intégrante. Avec Von Baer, puis Johannès Müller, la segmentation vertébrale va donc pouvoir changer de sens, ne plus représenter une géométrie archétypique, mais dépendre des exigences d'une disposition musculaire dont l'activité s'appuie sur une tige continue, parce que les lois de la mécanique impliquent la démultiplication des points d'ancrage de l'ensemble moteur. S'il existe une segmentation primitive, elle sera donc musculaire, et non pas osseuse.

Ce problème de la segmentation était initialement liée aux idées sur la formation du corps animal : pour l'anatomie transcendante, elle témoigne en faveur d'une formation à partir d'unités élémentaires préalablemet distinctes, et même autonomes ; pour Von Baer, elle est un produit de la différenciation dans le cadre du type, et ses avantages fonctionnels n'en sont qu'une conséquence secondaire. Désormais, au contraire, la segmentation vertébrale ne relève plus du type, car on va découvrir qu'elle n'a pas de rapport direct avec une segmentation primordiale du corps vertébré, dont la distribution musculaire reste le seul témoignage.

Duméril avait déjà envisagé une dépendance des os par rapport aux points d'insertion des muscles, qui ferait de la disposition musculaire l'expression primitive du plan vertébré (16). Mais c'est l'embryologie encore qui va confirmer le caractère primitif de cette disposition et le caractère dérivé de celle des vertèbres. Pas plus que la dignité physiologique, le rôle de charpente solide ne reste un signe de valeur typique devant la méthode génétique.

Ce décrochage des os par rapport aux muscles a été reconnu par Carl Vogt dans l'embryologie de la Palée (17). Vogt distingue entre d'une part la corde et les « divisions vertébrales », que l'on retrouve chez les embryons et chez l'Amphioxus, et d'autre part, les vertèbres proprement dites, qui n'ont pas cette constance (18). De plus, il observe que les formations osseuses chevauchent les formations typiques.

Ces observations sont confirmées et précisées par Remak : on voit ainsi apparaître le concept de protovertèbre, ou segment primordial, auquel le

XXe siècle va préférer le terme de somite (19), pour désigner génétiquement ce qui n'est plus qu'une de leurs productions variables.

Les protovertèbres se définissent pour Remak comme des formations latérales, indépendantes de la corde dorsale, et qui l'entourent pour donner le blastème des corps vertébraux, où l'on distingue, en avant, l'origine des nerfs spinaux, et en arrière, celle des arcs futurs, dont l'extrémité se perd dans la membrane réunissante supérieure ; elles donnent aussi les muscles latéraux du corps. Ce qu'il y a ici de plus marquant, c'est l'appartenance des nerfs à l'ensemble protovertébral, alors que Von Baer les situait au niveau des interstices. La protovertèbre donne donc le nerf aussi bien que l'os et que le muscle, et le nerf va pouvoir ainsi servir à sa détermination : on retourne à l'utilisation des nerfs dans la méthodologie anatomique.

Le concept de différenciation subit le contre-coup de cette théorie de la segmentation protovertébrale : la différenciation ne suppose plus l'isolement de systèmes dont le destin physiologique est fixé une fois pour toutes ; elle s'inscrit plutôt dans une orientation physiologique générale qui permet encore le regroupement d'organes très différents. C'est ainsi que déjà Pander la concevait, et c'est aussi la leçon qui se tire des recherches qui ont eu pour objet le système uro-génital.

Remak définit les trois feuillets par une valeur physiologique : sensoriel, moto-germinatif et glandulaire. Mais cette valeur sera influencée par un facteur que l'orientation morphologique de l'embryologie avait négligé : la commodité (Bequemlichkeit), ou nécessité externe (20). C'est la raison pour laquelle cette première spécialisation fonctionnelle n'engage pas absolument la nature des formations qui en résultent, et que celles-ci seront modifiées en raison des exigences mécaniques.

Par rapport aux protovertèbres, les vertèbres définitives, réduites aux dérivés osseux des précédentes, représentent donc un autre niveau de spécialisation. Elles manifestent une resegmentation qui fait passer l'arc vertébral de la portion caudale de la protovertèbre à la portion antérieure de la vertèbre définitive, qui se trouve ainsi déplacée vers l'arrière, avec effacement des premières articulations et formulation d'articulations nouvelles, conformément aux descriptions de Vogt. La segmentation primitive est entièrement masquée, sauf au niveau des muscles intervertébraux (21).

Par conséquent, si la protovertèbre est bien plus que la vertèbre, le plan vertébral ne représente plus le type primitif, et réciproquement, le type primitif ne permet pas de prévoir la structure définitive. Entre les deux niveaux, se situent des déplacements, des régressions, des substitutions, dans lesquelles la « commodité » joue un rôle essentiel. L'organisme devient ainsi le lieu d'une accumulation interne d'événements physiologiques dont la raison reste souvent obscure, dans la mesure où, malgré tout, les formations transitoires n'ont pas toujours de valeur fonctionnelle évidente, ni de rôle nécessaire dans la production des organes définitifs. Le type primitif n'est qu'un moment initial organisateur, dont la géométrie évoque une idée archétype, en l'absence d'explication empirique possible ; il permet l'ancrage de formations diverses, dont la raison d'être peut se trouver, cette fois, dans l'adaptation au milieu extérieur.

C'est pourquoi, il faut en revenir à la finalité, que les anatomistes d'inspiration morphologique auraient voulu éviter quelquefois, en comprenant le développement à partir du type selon des schémas mécaniques tout en laissant au type un statut de réalité métaphysique. Mais le développement n'est pas le produit d'une simple machinerie interne que la fécondation mettrait en mouvement. Il n'existe pas de modèle mécanique de substitution entre deux organes. Il faut trouver un autre registre d'explications, et le seul recours intelligible semble devoir être désormais l'histoire, comme on commence à l'entrevoir, puisque les organes précurseurs ou transitionnels dans les groupes zoologiques supérieurs actuels ont été des organes actifs chez certaines espèces disparues.

Si maintenant, nous prenons en considération le crâne, nous allons assiter à une répétition de cette même problématique, à un niveau de complexité accru. Mais ce qui va apparaître ici, est, au delà du remplacement du type ostéologique par le type embryologique, la mise au point d'une méthode génétique qui s'appuie soit sur l'apport embryologique, soit en même temps sur l'analyse successive des gradations anatomiques dans la série animale, dans laquelle sont comprises les données paléontologiques (ce qui ne pouvait être le cas dans l'étude du système uro-génital), pour aboutir à la reconnaissance d'un système de transformations tout à fait particulier.

Les problèmes posés se ramènent, de près ou de loin, à deux questions : 1) existe-t-il une segmentation de la tête qui puisse être comprise de la même manière que la segmentation du tronc ? 2) les formations craniennes, histologiquement différentes, sont-elles des significations identiques et de même origine ?

L'homogénéité entre la segmentation de la tête et du tronc est affirmée d'abord sous la forme de la théorie vertébrale du crâne, telle qu'elle a été formulée par Gœthe et par Oken (22). On a cru pouvoir justifer cette théorie, non seulement par la mise en évidence d'analogies morphologiques entre vertèbres et ceintures d'os craniens, mais aussi au moyen du décompte des points d'ossification, censés indiquer autant d'os crâniens que l'idée d'une structure vertébrale conduisait à y voir. Ces noyaux osseux deviennent, pour Dugès, l'expression la plus directe du type primitif (23). Mais cette valeur des points d'ossification, qui n'était déjà pas admise par Cuvier, sera récusée par de nombreux auteurs, parmi lesquels Owen, qui leur accorde une valeur éventuellement fonctionnelle, et Johannès Müller.

Pour J. Müller, dans la complexité des formations craniennes, il faut distinguer ce qui est vertébral et ce qui ne l'est pas. Dans ce but, l'étude du développement conduit à distinguer parmi les os craniens ceux qui sont d'origine précordale et ceux qui constituent un prolongement capsulaire en avant de la région otique (24). Il reprend à son compte l'idée de Rathke sur l'identité originelle des formations craniennes et vertébrales, avec déformations consécutives. A la base de ces déformations, il y a une régression de la corde dans la région céphalique, tandis que sa gaine s'évase et que les arcs qui s'y forment, fusionnent. Cette idée d'une rétraction de la corde vers l'arrière semble confirmée comparativement par l'observation de l'Amphioxus, où, en l'absence de crâne, la corde dorsale se prolonge jusqu'à l'extrémité antérieure du corps. Sur ce point donc, la méthode génétique laisse subsister l'identité entre une segmentation primitive de la tête et celle du tronc : moyennant déformations, le schéma vertébral semble pouvoir rendre compte de la structure du crâne. Pour Kölliker encore, le modèle vertébral est représenté de manière typique dans la ceinture occipitale du crâne (25).

Les recherches histologiques, qui laissent subsister ce noyau théorique, introduisent une variable de première importance dans le développement de cette question, parce que d'une différence de nature entre les os du crâne, elles vont conclure à une différence d'origine.

La dualité dans le mode d'ossification des os crâniens, soit à partir d'une membrane, soit à partir d'un cartilage, est connue depuis le XVIIIe siècle (26). Avant d'être reconnue par Rathke (27), elle est observée, en particulier, par Dugès ; ce dernier remarque chez Bombinator fuscus (28), la fusion de produits d'origine dermique et d'os issus de cartilage, appartenant au véritable squelette, mais il ne perçoit pas encore l'application d'une telle observation à la dualité des os craniens. Cependant, cette dualité d'origine des os avait été envisagée, en Allemagne, par Arendt, qui, dans sa dissertation sur le Brochet (29), démontre que le crâne d'Esturgeon est formé d'une capsule cartilagineuse, recouverte d'une carapace externe, facilement dissociable par macération. Von Baer rappelle et généralise ensuite ces données (30), et conclut à un balancement entre un squelette dermique, existant chez les invertébrés, et le squelette interne des vertébrés, tel que le premier disparaît tandis que le second se développe.

Dans ce cadre embryologique, le caractère dermique des frontaux, des pariétaux, et de quelques autres parties osseuses du crâne du Brochet, est établi par Reichert. Vogt généralise ce caractère dermique à tout le crâne, à l'exception de la région occipitale dont il admet encore le caractère vertébral, difficile à récuser (31). Cette généralisation, enfin, est reprise par Agassiz, qui souligne la discordance complète qui existe entre le crâne osseux et le crâne cartilagineux, discordance rendue particulièrement significative par les données paléontologiques.

En effet, l'origine dermique des plaques osseuses du crâne est confirmée par la présence d'émail (produit dermique), dans le genre Lépidosteus. Or, ce genre est classé par Agassiz comme parent des Ganoides qui forment, selon lui, le groupe de Poissons géologiquement le plus ancien. Il en arrive même à l'idée que cette ossification dermique est la source de toute ossification (32) : les os apparaissent à la superficie de l'organisme, puis empiètent vers l'intérieur à mesure que l'on s'éloigne des formes à la fois inférieures et primitives. Ils apparaissent sous forme de plaques protectrices, pour des raisons d'adaptation, et c'est l'adaptation, c'est à dire, le rapport du vivant à son milieu, qui commande leur transformation au cours d'une élévation dans la série des êtres, qui s'opère aussi dans le temps.

Toute cette histoire se termine par la Croonian Lecture donnée par T. H. Huxley le 17 Juin 1858 (33), et les « Lectures on the elements of comparative anatomy – on the classification of animals and on the vertebrate skull », publiées en 1864.

Le problème central est celui de l'unité de plan chez les vertébrés, idée prévalente, malgré Cuvier, dans toute la première moitié du XIXe siècle, et dont la théorie vertébrale du crâne n'est qu'une application particulière.

Pour traiter ce problème, deux méthodes sont disponibles : la méthode des gradations, issue de Cuvier, qui consiste à suivre les variations d'un même organe dans des groupes différents, et la méthode génétique, qui détermine les homologies en se servant du critère embryologique. Grâce à ces méthodes, Huxley démontre que, s'il existe bien un plan commun du crâne pour les mammifères, les oiseaux, et même les reptiles, il n'en était plus de même pour les poissons cartilagineux, comme Cuvier l'avait indiqué dès 1815. On peut simplement envisager un développement du crâne à partir d'une origine commune, indiquée par la communauté qui peut s'observer entre le crâne du têtard, de la lamproie et du requin. Lorsque l'ossification apparaît, les mêmes os présentent les mêmes relations avec le crâne cartilagineux, mais cette unité est lâche : des os bien délimités par leurs sutures sont assimilés ainsi à des régions aux frontières indéterminées sur une capsule continue.

Un tel plan ne peut être vertébral, en raison des différences histologiques et embryologiques qui séparent le crâne et les vertèbres. Est caractéristique du crâne, en particulier, la réduction de la corde dorsale, l'absence de somatomes ou protovertèbres, et un mode très particulier de développement et d'ossification. Donc, si la colonne vertébrale et le crâne partent de la même condition primitive, leur développement est divergent. C'est la doctrine de Von Baer qui réapparaît ici. Mais l'idée d'une pénétration progressive des os dermiques dans le squelette interne est difficile à intégrer dans ce modèle de différenciation à partir du type, allant en sens inverse, de l'intérieur vers l'extérieur.

6. – *LE CHANGEMENT DE TYPE.*

Si l'anatomie comparée des vertébrés nous met en présence de changement *dans* le type, portant soit sur des systèmes organiques, soit sur la charpente globale de l'animal, celui-ci reste reconnaissable : le cadre géométrique dans lequel s'inscrit la structure adulte se ramène à une déformation du type primitif dont on peut suivre les étapes. En d'autres termes, il y a parenté morphologique entre le chenille et le papillon, c'est à dire, pour les vertébrés, entre le têtard et la grenouille : les uns et les autres procèdent du même matériel, globalement identifiable, même si l'épigénèse introduit des ruptures et des réorientations dans le développement de l'animal.

L'anatomie comparée des invertébrés permettra d'aller beaucoup plus loin : l'introduction de l'épigénèse dans la métamorphose transforme celle-ci en une transformation profonde, susceptible de conduire à l'idée d'un changement *de* type. Mais, au début, avec Hérold, qui étudie les rapports de la chenille au papillon, la profondeur des transformations laisse néanmoins subsister le même schéma d'ensemble de l'embranchement des articulés. Ultérieurement, c'est l'investigation de groupes mal connus d'invertébrés marins qui va permettre de découvrir de véritables changements *de* type : des formes, classées dans des embranchments différents sur des critères morphologiques, sont reconnues comme les stades successifs dans l'ontogénèse d'un même animal. Une telle rupture dans l'unité morphologique du type au cours de l'ontogénèse remet en question la signification des développements : ils deviennent autre chose que la réalisation d'un type dont la loi immuable serait inscrite dans l'œuf. S'il existe une loi ontogénétique dans l'œuf, la nécessité qu'elle exprime est d'une autre nature que la transcription d'une Idée archétype et architectonique.

Cette histoire commence avec les crustacés. Les travaux de Hérold sur l'araignée, dans lesquels il établit l'existence de feuillets et leur inversion par rapport à la position réciproque décrite par Pander chez les vertébrés, sont dépassés par le grand travail de Rathke sur l'écrevisse (1), annoncé dès 1825 par un opuscule sur le même sujet (2). Rathke s'y révèle tributaire des grands thèmes qui sont en gestation en embryologie et qui constituent la doctrine de Von Baer.

En effet, entre 1825 et 1828, Rathke a admis la multiplicité des types de développement et la seconde loi de Von Baer, ou de spécialisation croissante dans le type : l'écrevisse passe par les types généraux à la formation des crustacés avant de parvenir à sa forme spéciale, d'autant plus qu'elle représente le plus haut degré de développement de ce groupe.

De même, il caractérise physiologiquement les feuillets : le feuillet séreux est animal, le feuillet muqueux, végétatif, en raison des organes qu'ils délivrent. Cependant, cette correspondance n'est pas complète lorsqu'on passe des vertébrés aux invertébrés : on observe que le feuillet vasculaire provenait, chez les vertébrés, du feuillet muqueux, mais qu'il est absent chez les invertébrés, et que le cœur, qui en était le produit principal, est issu, chez l'écrevisse du feuillet séreux (3). Autrement dit, la signification des organes n'est pas liée à leur origine : c'était aussi le cas pour les éléments du système uro-génital.

Mais par la suite, cette plus grande souplesse doctrinale n'a pas permis à Rathke de percevoir ou d'admettre des métamorphoses radicales dans le cours du développement de certains crustacés, métamorphoses qui ont été établies par Thompson chez les cirripèdes, groupe qui aura l'heur d'intéresser particulièrement Darwin (4). Il lui faudra franchir une autre étape dans sa libération vis à vis des schémas trop simples et trop rigides du développement progressif pour intégrer cette radicalité dans les métamorphoses.

Parmi les trois formes de métamorphoses distinguées par Gœthe, régulière ou progressive, irrégulière ou régressive, et accidentelle ou monstrueuse (5), Rathke semble n'utiliser d'abord que la métamorphose progressive, même s'il lui enlève tout caractère linéaire. Ce n'est qu'à partir de 1842 qu'il élargit cette conception en admettant l'authenticité des découvertes de Thompson. En effet, en reconnaissant la métamorphose des cirripèdes et son caractère régressif, il lui fallait intégrer le concept de régression dans un schéma général des métamorphoses : c'est ainsi qu'il en fait un cas particulier de la métamorphose, cas extrême par rapport à l'écrevisse dont le développement représente le minimum opposé. Les modifications dans les proportions des différentes régions et segments du corps au cours de la croissance culminent dans les disparitions, les néoformations, et les changements de fonction. Et, en cherchant bien, on découvre des régressions au cours des métamorphoses les plus évidemment progressives, ce qui vaut pour les métamorphoses partielles aussi bien que pour les métamorphoses générales.

Comment comprendre physiologiquement de telles rééquilibrations morphologiques à travers les crises du développement où les orientations biologiques de l'animal changent, en fonction, d'après Thompson, des exigences de l'économie naturelle ?

Les moyens physiologiques de ces métamorphoses sont la dissolution et la résorption, qui trouvent leur place dans le dynamisme général de la croissance. A leur base, on trouve la distribution et l'activité du sang, à travers lequel s'exercent les lois de l'économie animale et de l'hydraulique interne au vivant (6). Le sang, en effet, est le régulateur d'organes dont l'activité et le devenir sont autonomes et en concurrence réciproque. Autrement dit, les corrélations, les harmonies et les perfectionnements sont des résultats, tandis que les processus qui y mènent sont essentiellement conflictuels : la concurrence élimine l'organe qui a cessé de progresser au profit de ceux dont le dynamisme se prolonge et accapare les réserves nutritives, y compris la substance même de l'organe condamné. L'organisme n'est donc plus le lieu des différenciations calmes, mais celui d'une lutte entre les organes pour leur survie, telle que celui qui ne progresse plus est vaincu et éliminé.

Dans ce système conflictuel, le milieu extérieur peut intervenir en favorisant telle fonction plutôt que telle autre, mais réciproquement, la puissance interne de développement de tel organe et de telle fonction est responsable du choix d'un mode de vie par l'animal en rapport avec cette fonction. L'adaptation est donc toujours active : tout ce qui est faible, inutile ou fatigué doit disparaître au profit des forts et des heureux. C'est ainsi que chez les cirripèdes, on assiste à la victoire de la sexualité sur les fonctions animales qui lui sont désormais asservies.

Tout ceci représente une mutation philosophique dans l'approche du vivant : l'optique des perfectionnements est remplacée par celle des réalisations. Du point de vue des perfectionnements, les disparitions d'organes, les substitutions et les changements de fonction n'ont qu'une importance marginale. Par contre, leur signification passe au premier plan s'il s'agit de comprendre comment les organismes se réalisent pour vivre. L'esthétique de la hiérarchie cède dont la place à la dynamique et aux préoccupations technologiques de l'impérialisme en plein essor. Dans une telle perspective, le concept esthétique et normatif de type n'a plus guère de raison d'être.

Par conséquent, avec Rathke, on discerne comment le thème de l'autonomie des organes, précoce chez lui, va jouer contre le concept de type : les organes répondent individuellement à des nécessités biologiques plus qu'ils ne répondent à une loi d'essence inscrite dans le type. Puisqu'il faut tout de même admettre une raison de la forme animale qui préexiste à sa réalisation, en l'absence d'une théorie de l'évolution disponible et consistante,

Rathke préfère se servir du concept de force vitale, dont la démultiplication à travers les organes pemet de rendre compte d'une diversité de points d'application, dont résulterait la diversité des formes et des habitats. Cette problématique qui met à l'écart les concepts réciproques de type et de hiérarchie, se radicalisera par l'impossibilité d'établir des limites claires entre organes et organismes chez ces invertébrés marins que Cuvier entassait dans l'embranchement des Radiés, et que Leuckart va dissocier en Cœlentérés et Echinodermes.

Dès 1838, les cellules pourraient se concevoir comme des organismes indépendants et associés, mais il faudra attendre encore quelque temps pour que la division du travail leur soit appliquée. Ce sont plutôt des organes fonctionellement qualifiés qui montrent aux naturalistes une autonomie presque totale au service d'un ensemble colonial, chez les Siphonophores étudiés par Vogt (7), si bien que les concepts d'organe et d'individu ne sont plus opposables, mais peuvent être placés sur un même continuum de développement (8). Ainsi, pour Leuckart, une individualité morphologique de base, caractéristée par un type morphologique commun à tous les membres de l'organisme colonial, et issue de bourgeons identiques, se diversifierait en fonction des tâches à remplir.

Or, un tel polymorphisme fonctionnel dans l'espace colonial peut se retrouver dans l'ordre du temps, puisque, déjà à travers la métamorphose, ce sont des raisons fonctionelles qui distinguaient les individualités successives de la chenille et du papillon, comme Hérold l'avait établi. Il va donc falloir dissocier l'individualité animale des individualités morphologiques et physiologiques qui l'habitent sans la constituer pleinement. Pour rendre compte de l'individualité pleine, il faudra recourir à la seule totalisation temporelle des polymorphismes, entre les deux limites de la naissance et de la mort. C'est ainsi que pour Huxley, la métaphore adéquate de l'animal est celle d'un battement de pendule :

> « L'individu animal est un battement du pendule de la vie, la naissance et la mort sont les deux points de repos, et la force vitale est comme la vitesse du pendule, une quantité continuellement variable entre les deux points nuls. Les différentes formes qu'un animal peut représenter correspondent aux lieux successifs du pendule. » (9).

Si le temps est le seul trait d'union assignable entre deux formes vivantes habitant sucessivement la même matrice matérielle, le concept de type perd définitivement sa fonction unificatrice et classificatrice. La découverte des générations alternantes confirme donc et illustre la radicalité des conclusions théoriques qui peuvent être tirées du polymorphisme temporel, possible dans le règne animal.

Le texte où sont regroupées les principales données qui ont permis de poser la question des générations alternantes est celui de Steenstrup, publié en 1842 (10). Ces données ont permis d'abord de distinguer la génération, au principe des individus complets ayant manifesté simultanément ou successivement toutes les fonctions caractéristiques de l'animal, et les productions de formations ou stades partiels, qui, à travers le bourgeonnement, relèvent de la nutrition et de la croissance (11), niveaux jusqu'ici confondus.

Mais en second lieu, entre deux étapes du même développement, la communauté morphologique tend à s'évanouir, et avec elle, l'identité du type. Dans ces conditions, les types « regardés d'abord comme l'expression de règles fondamentales, sont presque devenus des exceptions » (12), si bien que Perrier a pu faire ramarquer par la suite : « un type qu'il faut transformer complètement pour y ramener certains organismes, perd toute importance. » (13).

C'est ce qui va se confirmer à travers les recherches génétiques consacrées par Johannès Müller aux échinodermes (14). On constate chez ces animaux qu'un premier « zooide » larvaire est suivi par un second « zooide » échinoderme, au terme d'une sorte de gemmation interne du premier. De plus, et c'est le point essentiel, à travers cette gemmation, c'est le type qui change, puisque la larve est bilatérale, et se rapproche du type annélide, tandis que l'échinoderme est radiaire. Chez les Cœlentérés, entre le polype et la méduse, on pouvait retrouver la même géométrie, ce qui n'est plus le cas ici. Le développement n'est donc plus une variation sur un thème : il est capable, désormais, de juxtaposer deux thèmes.

Pourquoi, chez ces animaux, un tel changement révolutionnaire de type ? Pour Johannes Müller, la raison en est physiologique : tant que l'animal n'a pas accumulé le calcaire nécessaire à la constuction de l'appui des ambulacres, il lui faut nager, et la forme bilatérale est une condition de la natation efficace, indispensable pour se nourrir et incorporer le calcium requis. Le type radiaire resterait donc fondamental chez les Echinidermes, mais sa manifestation serait simplement retardée, aux fins d'adaptation. Cependant, si chaque type a pu représenter une forme animale parfaitement adaptée à ses conditions d'existence, comme les naturalistes l'ont admis, de Cuvier à Owen, cette réalisation du type peut être perçue comme le passage à un autre type, spécialisé, pour des raisons contingentes, à un mode de vie ambulatoire. Par raisons contingentes, on peut concevoir l'occupation nouvelle d'un secteur encore libre dans le milieu environnant. Rien n'impose donc l'attribution d'une primauté ontologique à la dernière structure observée dans le cours d'une ontogénèse. Mais, réciproquement, en 1853, rien de sérieux ne permettait encore de penser qu'une succession de types dans le développement pourrait avoir une signification historique, c'est à dire, renvoyer à une histoire ancestrale. Johannés Müller est mort en 1858. L'année suivante, Darwin publie l'« Origine des Espèces », et, quelques anéees plus tard, la théorie de l'Evolution est adoptée par Haeckel, élève de Müller, comme ce dont les morphologistes avaient besoin pour rendre intelligibles les faits qu'ils avaient accumulés.

Mais Darwin n'est pas un anatomiste ; c'est un naturaliste voyageur, et peut-être surtout, un géologue. Pour qu'une histoire de la vie soit concevable et féconde, il faut qu'une histoire de la terre soit disponible, au moins dans ses grandes lignes.

Quatrième Partie

LA PALÉONTOLOGIE

PRÉAMBULE

La paléontologie des Vertébrés représente un domaine d'investigations dont l'Anatomie comparée est l'instrument. Pour répondre à cette fonction, l'Anatomie comparée va simplement devoir adapter sa méthodologie aux problèmes de discriminations qu'il lui faut résoudre, discrimination qui porte sur les caractères ostéologiques de valeur générique, spécifique et infraspécifique. L'exactitude de cette discrimination est une des conditions de la détermination exacte de la position stratigraphique de l'espèce ou du genre, qui donne sa signification à une pluralité d'échantillons censés lui appartenir malgré leur dispersion dans les terrains. De ce point de vue, elle n'ajoute qu'une précision supplémentaire aux possibilités de caractérisation zoologique des fossiles, qui joue seule pour les Invertébrés, et dont elle représente l'équivalent. La conséquence la plus générale en est la confrontation du Tableau des espèces, où il faut bien loger les espèces fossiles, avec l'échelle stratigraphique des terrains. Une telle confrontation est la condition d'une approche temporelle de ce tableau, dont résulte directement la dissociation au moins partielle des concepts de primitif ou primordial, et d'inférieur, effectuée aussi pour d'autres raisons par les Anatomistes contemporains, ce qui rend impossible une simple temporalisation de la série zoologique. Le Temps n'est donc pas seulement une possibilité de lecture, il s'annonce comme une exigence de remaniement.

Toujours dans le prolongement d'un travail amorcé à partir des caractères zoologiques des Invertébrés fossiles, qui, depuis Palissy, annoncent l'appartenance de l'animal à un certain environnement, et la nature de son mode de vie, l'Anatomie comparée est amenée à s'interroger sur la signification physiologique des caractères ostéologiques observés, et, à travers cette signification, elle reprend la question du mode de vie des animaux qu'elle contribue à reconstituer dans leur ensemble. La succession des espèces rencontre ainsi la pluralité des conditions d'existence, et il en résulte l'idée d'un parallélisme entre succession dans le temps et distribution dans l'espace, parallélisme qui va contribuer pour un temps à écraser la chronologie géologique, mais qui va permettre aussi l'extension au temps de la dimension « économique », censée régler la distribution spatiale des espèces. Si l'économie naturelle est une histoire figée, sa transposition au temps va y réintroduire le mouvement, et la constance dans la perfection va le céder à la progression.

Quel pourra être le fondement d'un telle progression ? Les conditions physiques du Monde, et ses Révolutions ? Les projets providentiels, dont ces conditions ne sont que l'instrument ? Ou les lois économiques elles-mêmes ? Ces questions engagent la possibilité d'une histoire du monde vivant distincte de l'histoire de la Terre dont elle dépend de toute façon. On constate alors que plus l'histoire de la Terre est une Histoire faite de mutations, de bouleversements, de catastrophes, plus le monde vivant est perçu comme l'ombre de cette histoire. Au contraire, l'aplatissement de l'Histoire du Monde sous le signe de la constance des lois de la Nature et de leurs effets, va permettre à une Histoire de la Vie d'émerger de l'Economie de la Nature. Le rapport de l'Anatomie comparée à l'Histoire de la Vie passe donc par la Géologie.

Ce dont il va être ici question pour l'Anatomie comparée, ce n'est plus une représentation historique interne du vivant, c'est l'existence même des vivants dans le temps, dont les bouleversements intraorganiques ne peuvent être que l'ombre portée. Le lointain devient alors le radical. La question de la succession des espèces et de ses modalités devient fondamentale pour l'intelligence de la substitution des organes : la cuirasse céphalique de Cephalaspis « prophétise » les os dermiques du crâne des Vertébrés supérieurs.Tandis que l'Anatomie transcendante se dessinait une Paléontologie mythique où se manifestait son inconsistance, la Théorie du Développement se veut une théorie paléontologique avant qu'une histoire des espèces ne puisse éclairer certains des aspects les plus énigmatiques de l'histoire des organes.

Par conséquent, si la Paléontologie anatomique paraît une spécialisation instrumentale de l'Anatomie comparée, il faut retenir d'abord que la mort des espèces a rendu possible une nouvelle image du vivant, et remarquer ensuite que non seulement elle peut intervenir marginalement dans les débats théoriques avec le matériel dont elle dispose, mais encore qu'elle va être bientôt appelée à en fournir la clef, parce que la temporalité interne du vivant est fondée sur l'Historicité radicale de la vie, que de simples physiologies transformistes ne font que masquer.

Chapitre Premier

GÉOLOGIE ET PALÉONTOLOGIE

1. – HISTOIRE DE LA TERRE ET HISTOIRE DE LA VIE.

Le rapport entre l'existence des fossiles et une histoire possible de la Terre apparaît avec la définition des fossiles comme « médailles » et « monuments » de la Nature, et permet d'abord d'envisager une chronologie naturelle pour Hooke (1). La prise de conscience de la mort des espèces permet ensuite de définit des âges correspondants à ceux que Vico a conçus pour l'Histoire de l'Humanité (2) ; mais si les fossiles sont des signes, ce dont ils témoignent est constitué par les états différents assumés successivement par la surface de la Terre (3) et les catastrophes qui les ponctuent (4) : les formes animales ne sont pas historiques en elles-mêmes. Leur mort, par laquelle elles deviennent « médailles » et « monuments », est accidentelle, au même titre que les autres traces physiques des variations de la surface terrestre : l'intérêt pour le type de minéralisation du fossile passe même quelquefois avant les caractères zoologiques de ce même fossile. Dans l'élaboration d'une Histoire de la Terre, on leur préférera donc souvent des « monuments » géographiques ou minéralogiques plus imposants. Par ailleurs, on peut concevoir une histoire propre à la succession des fossiles, mais au début du XIXème siècle, cette histoire est celle des projets de Dieu sur les espèces, contrôlée par une théologie à laquelle substituer une science est suspect. On parvient ainsi à une dissociation complète entre la géologie et la paléontologie, parfaitement caractéristique de cette dualité de statut théorique : l'observation simplement géognostique suffit à déterminer pratiquement les époques pendant lesquelles se sont déroulées successivement en Europe des opérations différentes matérialisées dans l'entassement des diverses formations rocheuses, tandis que la paléontologie fournit l'histoire des créations animales et végétales qui correspondent à ces opérations. Cette histoire des créations est alors le contenu de la « philosophie » géologique, distincte de sa pratique, dont l'instrument reste la minéralogie (5). Cette philosophie garde un parfum de cette géogénie dont les fondements au XVIIIème siècle étaitent bibliques, tandis que la « géognosie » se veut scientifique.

Or, en un temps où, comme le prétend Cuvier, « l'observation la plus simple peut renverser le système le plus ingénieux et ouvrir les yeux sur une immense série de découvertes dont nous séparait le voile des formules reçues » (6), seule la « géognosie », parce que scientifique, et fondée sur les faits, peut commander. Par « géognosie », il faut entendre l'étude de la superposition des formations, ce qui signifie que la Paléontologie se situera dans la dépendance d'une stratigraphie née sans elle. Le temps géologique y est donc défini d'abord par la succession géognostique. Mais comme le problème spécial que posent actuellement aux géographes les faunes et les flores est celui de la distribution des espèces, c'est ce même problème que la paléontologie peut transposer comme le sien dans la dimension du temps. Ce biais est celui par lequel une révision paléontologique de la stratigraphie géognostique peut conduire à une stratigraphie paléontologique dans laquelle les distribution d'espèces renouvellent la signification des superpositions, en un sens géographique, indiqué par Alexandre Brongniart :

> « On peut comparer les différentes surfaces que le globe a dû avoir successivement, et que nous indiquent ses divers groupes de couches, aux divers climats qui partagent sa surface actuelle. Chaque climat a non seulement ses productions propres, mais il n'y a peut-être pas une production animale de la zone torride qui se trouve absolument la même dans les zones tempérées, en prenant le milieu de chaque zone.
>
> ... Il en est probablement de même des productions organiques enfouies dans les diverses couches du globe, si ce n'est que les différences sont bien plus sensibles dans le sens vertical que dans le sens horizontal. » (7).

La détermination précise des espèces devient alors la condition d'une discrimination exacte des couches au même titre qu'elle permet actuellement de reconnaître la provenance géographique d'un spéciment : le Mémoire de Cuvier sur les espèces vivantes et fossiles d'éléphants, lu à l'Institut en 1796, est donc bien le paradigme de la méthode grâce à laquelle une histoire paléontologique des être vivants est devenue possible.

2. – *LA GÉOGNOSIE.*

Au XVIIIème siècle, Buffon pense que « l'inspection des choses actuelles » permet de reconstituer « l'ancienne existence des choses anéanties », au même titre que l'historien retrouve l'existence des peuples anciens par les traces qu'ils ont laissées ; mais la procédure généralement adoptée consiste à replacer les « faits » et les « monuments » dans un cadre général soit théologique, soit astronomique, et le plus souvent les deux à la fois. Mais parallèlement, les Géographes relèvent sur le terrain des preuves de différences d'âges géologiques qui dépassent largement les généralités sur le déplacement des niveaux de la mer (1), et, dans la seconde partie du siècle, on voit apparaître les premières tentatives qui visent à établir un ordre chronologique dans la succession des dépôts constituant l'écorce terrestre, à partir de leurs différences minéralogiques. La géologie scientifique résulte donc de l'attention à l'appartenance des minéraux à un terrain déterminé. Cuvier comprend d'abord cette étude de la position des roches dans le cadre de la « géographie physique », c'est à dire, de l'étude des régions, et de ce point de vue, l'Ecole de Werner est responsable au premier chef de la description minéralogique de la Saxe et des régions circumvoisines. Le passage de la « Géographie physique » des régions à la Géologie générale s'explique ensuite de la manière suivante :

> « Ces descriptions minéralogiques des diverses contrées, rapprochées et comparées, offrent plusieurs points de conformité qui doivent par leur conformité même, tenir essentiellement à la structure de la croûte du globe. La série de ces résultats communs, qui se retrouvent à peu près les mêmes par toute la terre, est ce qui constitue proprement la science de la géologie positive ou générale, laquelle, assignant les lois de la position respective des divers minéraux, est de la plus haute importance pour guider dans leur recherche. » (2).

Le souci d'un ordre général dans la superposition des minéraux est d'abord celui des ingénieurs des mines qui cherchent des règles pour guider leur prospection. Mais la généralité d'un tel ordre implique celui de la cause productrice, et cette question des causes est encore une question théorique, c'est à dire, qui implique une théorie de la Terre au sens spéculatif comme on le comprenait encore à la fin du XVIIIème siècle, si bien que les géologues se sont mieux reconnus dans l'enseignement de Werner fondé sur une théorie de cet ordre, que dans les seules analyses positives de Fuchsel, reprises, du reste, par Werner (3), analyses qui dépassent déjà de très loin les divisions générales établies auparavant par Rouelle et Lehmann. Un ordre chronologique général, situé au principe de la formation des couches superposées de la surface terrestre, est ainsi défini par la théorie de la précipitation des roches dans un fluide primitif. Par conséquent, des deux dernières Théories de la Terre du XVIIIème siècle, l'une qui est formulée par Hutton, et qui peut être désignée comme théorie des soulèvements, permet de rendre compte du modelé géographique en tant que produit par l'érosion (4), tandis que l'autre permet de définir une géognosie dont l'instrument est la minéralogie, ce qui témoigne de la survivance de la disjonction entre la « Physique » et l'Histoire Naturelle. Mais la Minéralogie est devenue science grâce à la Cristallographie et à la Chimie (5), et par la même occasion, elle va servir à réorienter une Géologie que l'observation des Pétrifications avait, selon Cuvier, déséquilibrée dans le sens d'une spéculation sur les causes :

> « Ce sont véritablement les fossiles et les pétrifications qui, en excitant la curiosité, et en réveillant l'imagination, ont fait prendre à la géologie une marche trop rapide, et l'ont fait s'élever trop légèrement au dessus des premières bases qu'elle aurait dût fonder sur les faits, pour l'emporter à la recherche des causes laquelle n'aurait dû être que son résultat définitif ; en un mot, qui d'une science de faits et d'observations, l'ont changée en un tissu d'hypothèses et de conjectures, tellement vaines, et qui se sont tellement combattues les unes les autres, qu'il est devenu presque impossible de prononcer son nom sans exciter le rire. » (6).

A la limite, la Minéralogie, du fait même de sa positivité cristallographique, peut apparaître comme responsable de cette dernière théorie de la Terre dans le style du XVIIIème siècle, théorie qui prétend rendre compte de la production de la totalité des roches connues, sauf quelques espèces évidemment volcaniques, par la cristallisation et la précipitation des minéraux dans une mer dont proviendront en second lieu seulement les terrains dits sédimentaires. Parce que la forme cristalline est l'instrument par excellence de détermination des espèces minérales, leur production ne peut être qu'une cristallisation, et cette cristallisation est aqueuse parce que le modèle de la cristallisation disponible est constitué par la voie humide, au point que la possibilité d'une cristallisation ignée ne peut s'introduire qu'à la condition de traiter le « phlogistique » comme un fluide dissolvant. Cette prégnance de la cristallisation humide est si forte en Géologie, que Dolomieu, par exemple, essaie encore d'expliquer la présence de cristaux dans les laves par leur survie à travers une fustion qui ne se ferait qu'à une température relativement basse (7). Dans ces conditions, Werner peut prétendre de bonne foi avoir exclu de la science tout ce qui est hypothétique (8), si bien que Cuvier, par la suite, n'a rien à objecter à cette théorie. Une telle exclusion des hypothèses semble confirmée par la continuité, soulignée par Jameson, entre les recherches effectuées directement dans les mines et les montagnes, et les conclusions abstraites qui servent de contenu à la théorie neptunienne : dans la Nature elle-même, conformément à la théorie, les aspects les plus spéciaux sont contenus dans les dispositions les plus générales, et la dépendance est irréversible, qui va des roches primitives aux strates, aux formations et aux accidents qui marquent l'ensemble de la surface terrestre. C'est un tel système de dépendances qui manquait auparavant aux théories de la Terre (9). Par ce biais, les contemporains ont donc le sentiment de voir se définir et s'articuler devant eux un domaine précis d'investigations, présentant une unité indiscutable, à laquelle peut répondre l'unité d'une science particulière, qui regroupe un ensemble de recherches auparavant morcelées et mal reliées.

Cette science a été désignée par Werner du nom de Géognosie, par lequel il marque la distance entre les recherches positives qui constituent cette science, et les hypothèses arbitraires qui encombrent la Géologie. D'Aubuisson rapporte la définition qu'il en donne :

> « La géognosie est une partie de la minéralogie qui nous fait connaître, dans un ordre méthodique, le globe terrestre en général ; et surtout, qui nous fait connaître d'une manière particulière les gîtres minéraux qui le composent : elle expose leurs rapports, leur manière d'être, ainsi que celle des minéraux qui les constituent, et finalement, elle peut nous conduire à des notions sur leur formation. » (10).

Les gîtes minéraux sont soit particuliers, soit généraux ; les gîtes particuliers sont l'objet précis de l'intérêt du mineur, mais ils sont situés dans des gîtes généraux, c'est à dire, dans des masses minérales diversement qualifiées dont l'ensemble forme l'écorce terrestre : ces gîtes généraux sont les formations et les terrains (11). Mais ces deux termes ne sont pas équivalents : le concept de terrain est d'abord un concept descriptif dont le fondement est minéralogique (« un terrain comprend toutes les formations d'une même roche » (12)) et ensuite, chaque terrain présente une position déterminée et constante dans un ordre général de superposition ; le concept de formation, au contraire, désigne une unité naturelle et génétique, que Bonnard considère comme la véritable « espèce géognostique » (13), espèces qui peuvent être disposées en séries traduisant un ordre de modifications continues de la même substance fondamentale, au point que les coupures entre formations doivent être considérées comme artificielles (14), ce qui empêche de les prendre comme base des travaux géognostiques. Les terrains forment ainsi un cadre plus stable, et les formations en seront les subdivisions, quoiqu'elles ne soient pas limitées par les terrains, car « des passages insensibles conduisent du granite au grès le plus nouveau » (15). Cela signifie que la formation schisteuse (schiste micacé) peut marquer une subdivision du terrain primitif, sans préjuger de l'existence de formations schisteuses parmi les roches des terrains de transition.

Il résulte de tout ceci que la catégorie composite de terrain tend à représenter une unité dont la valeur est d'autant plus chronologique que ses caractères minéralogiques seront généraux : le terrain devient alors un style minéralogique commun à plusieurs roches, censées avoir été produites dans des conditions chimiques ou mécaniques semblables, conditions qui sont censées avoir varié avec le temps. Werner et son Ecole peuvent donc distinguer : 1) les terrains primitifs, caractérisés par la présence du granite, produits exclusivement par précipitation chimique, 2) les terrains intermédiaires, où les précipitations chimiques (cristallines) l'emportent, mais où des formations d'origine détritique signalent l'intervention d'agents mécaniques, 3) les terrains de sédiment, dont la formation se fait par dépôt exclusivement mécanique à quelques exceptions près, 4) les terrains d'alluvion qui constituent les formations les plus superficielles et les plus disparates, et enfin, 5) les terrains volcaniques, considérés comme résultant d'accidents superficiels et locaux (16). Entre ces terrains, la progression est unique, parce que commandée par l'eau, fondement de l'ordre géognostique et de la variation temporelle irréversible qui s'y observe (17). Par ce biais, les qualités des roches vont signifier les âges du monde.

3. – PROBLEMES CRITIQUES : A) LE BASALTE.

Quelle est la validité de cette théorie, du point de vue de l'ordre qu'elle établit et des causes qu'elle lui assigne ?

La constance de l'ordre des couches, telle qu'il est décrit par Werner est vérifié par les géologues voyageurs issus de l'Ecole de Freiberg, au premier plan desquels se trouvent Leopold Von Buch et Alexandre de Humboldt. Les mêmes lois de superposition s'observent dans les parties les plus éloignées du Monde, lois qui ont produit les mêmes roches, dans le même ordre, « là où les êtres organisés sont le plus diversement modifiés » (1). La géognosie, c'est à dire, la géologie stratigraphique fondée sur les caractères minéralogiques et sur les rapports de position des couches, paraît établie de manière sûre. C'est au contraire du côté de l'interprétation causale des roches et de leur superposition que les difficultés vont apparaître, sous la forme d'abord de la question du basalte, révélateur d'un volcanisme primitif, et ensuite, de la question des fossiles, qui mettent en évidence le phénomène imprévu de l'alternance des couches : l'hypothèse neptunienne et l'idée d'un ordre irréversible des dépôts se trouvent donc contredites.

Pour commencer par le basalte, l'Ecole de Werner distingue tout d'abord une variété de roches qu'elle désigne comme « trappéennes », du terme suédois « trapp », signifiant : escalier, à cause de sa forme de décomposition, en lui donnant comme caractère minéralogique la présence de Hornblende (2). Parmi ces roches trappéennes, on trouve des roches primitives (Ur-Trap), qui comprennent entre autres certaines espèces de porphyres, et des roches sédimentaires (Floez-Trap), parmi lesquelles le Basalte (3). La présence de cristaux dans ces roches est censée indiquer leur origine aqueuse, par opposition aux laves qui donnent des pâtes ou des verres, origine confirmée, croit-on, par leur alternance avec d'autres bancs évidemment sédimentaires, et l'importance de leurs masses, alors que le volcanisme passe pour un phénomène restreint, superficiel et tardif. Von Buch complète ce tableau en décrivant des strates dans une montagne basaltique de Silésie, aux environs de laquelle personne n'a trouvé trace ni de volcans, ni de cendres (4).

Or, dès 1799, le même Von Buch est amené à reconnaître la présence de leucite dans une masse volcanique des environs de Rome, malgré sa conviction du caractère non volcanique du Basalte : la Nature semble donc se contredire, car il n'est pas encore possible pour lui que Werner se soit trompé (5). Ce sentiment de contradiction demeure encore en 1802, lorsqu'il compare le basalte d'Auvergne, d'origine qu'il reconnaît volcanique, et le basalte germanique, jugé par Werner et son Ecole, d'origine neptunienne (6), mais il faudra bientôt reconnaître complètement le caractère volcanique du basalte et du trachyte, conformément aux descriptions plus anciennes de Nicolas Desmarest, et aux observations de Humboldt sur les volcans d'Amérique (7). Werner s'est donc bel et bien trompé. Cependant, ce caractère volcanique peut s'interpréter en deux sens différents : comme marquant une lave sortie du volcan, ou comme produit par la chaleur volcanique sur la roche en place ; de ce point de vue, le porphyre est d'abord compris comme une modification du granite, tandis que le basalte seul est une lave, point sur lequel Von Buch rejoint les analyses antérieures de d'Aubuisson, qui a suivi avec moins d'éclat un itinéraire semblable dès 1804, sans renoncer pour l'essentiel à la doctrine de Werner (8). Mais il rejoint aussi les analyses de Dolomieu.

En effet, Dolomieu a d'abord admis une doctrine où les roches en place étaient censées provenir d'une cristallisation aqueuse, tandis que les volcans étaient traités comme le résultat d'incendies souterrains locaux, avec expulsion de matières qui laissaient à leur place de vastes caverses souterraines, dans des terrains schisteux, ne présentant même pas un caractère primitif. Buffon ne pensait pas autrement, Werner non plus. Par contre, en 1797, l'observation en Auvergne de montaggnes volcaniques superposées directement à un socle granitique l'amène à percevoir une nouvelle vérité : les foyers volcaniques sont inférieurs aux terrains primitifs, car les laves traversent le granite. Une seule explication est possible : les continents flottent sur un noyau igné fluide plus dense, et les volcans sont des soulèvements de cette matière centrale visqueuse, d'autant plus fréquents que l'écorce refroidie est moins épaisse, ce qui explique l'abondance des matièrs volcaniques dans les terrains les plus anciens. Il est donc possible de distinguer au moins deux périodes de volcanisme, conformément aux analyses de Desmarest en Auvergne : une période récente, historique, et une période ancienne dont la date est impossible à fixer, accompagnées d'irruptions transitoires des mers que prouvent les alternances de dépôts calcaires déjà observées en Sicile. Quant au socle granitique, son horizontalité le fait appartenir à la consolidation de l'écorce, ce en quoi il fait contraste avec les Alpes, où les recouvrements, adossements, remplissages, superpositions, déplacements, trahissent des mouvements tectoniques postérieurs à cette consolidation (9). C'est une philosophie de l'instabilité qui se dessine ici, en contraste avec la philosophie de l'ordre et du repos qui est sous-jacente à la doctrine de Werner (10), et qui annonce la même philosophie dégagée trente ans plus tard par Cordier (11), dans un mémoire qui prolonge la pensée de Dolomieu.

En second, lieu, l'existence de mouvements tectoniques est établie par Von Buch indépendamment du volcanisme, grâce à l'observation géologique des côtes de la Suède, en un texte célèbre souvent mentionné et discuté (12). Mais cette idée de soulèvement, une fois acquise et confirmée, tend à se généraliser à des pays entiers, conformément à la doctrine de Hutton (13), ou mieux, à des chaînes de montagnes (14), si bien que Von Buch parvient à l'idée que la structure et la direction d'une chaîne de montagnes peuvent être comprises comme le produit du soulèvement particulier auquel elle doit son origine. Cela suffit pour qu'on puisse distinguer dans un même pays plusieurs systèmes de montagnes parfaitement distincts, dont on pourra chercher ensuite les dates de naissance propres, comme les quatre systèmes d'Allemagne le montrent (15), un an après que Humboldt ait attiré l'attention sur la directions particulière des couches parallèles caractéristiques d'une région.

Autrement dit, en conclusion de la récapitulation sommaire de cette partie de l'itinéraire de Von Buch, on peut noter que, non seulement la théorie neptunienne est renversée, mais encore, que l'interprétation causale nouvelle des faits conduit à des observations qui impliquent une nouvelle méthodologie géognostique.

4. – PROBLEMES CRITIQUES : B. LES FOSSILES ET L'ALTERNANCE DES COUCHES.

La question des fossiles permet d'attaquer la doctrine de Werner d'un autre point de vue, mais avec des résultats qui recoupent les précédents et dont les implications sont aussi radicales.

D'après Jameson, le rôle géognostique des fossiles aurait été parfaitement reconnu par Werner : apparition dans les terrains de transition, espèces progressivement plus parfaites à mesure que l'on parvient à des terrains plus récents, différences considérables entre les espèces actuelles et les espèces des terrains les plus anciens, avec approche continue des formes actuelles depuis les fossiles archaïques de ces terrains, à mesure que l'on gagne les couches les plus superficielles, et enfin variations dans la distribution géographique des espèces fossiles ; bref, toutes les grandes lignes de la paléontologie historique auraient été reconnues par Werner (1), à travers l'exploitation de la Théoie du Développement (2). Il n'en reste pas moins vrai que les fossiles n'entrent ni dans la détermination des terrains, ni dans celle des formations effectuées par Werner et ses élèves, au profit des caractères minéralogiques, et ceci, jusqu'à une date tardive (3) : Boué soutient en 1832 que les caractères minéralogiques suffisent pour fonder une géologie stratigraphique, y compris au niveau des terrains tertiaires, négligés par Werner en raison des préoccupations économiques, qui lui faisaient préférer les terrains primitifs à cause de leurs richesses minières (4) ; la paléontologie ne serait indispensable que pour la reconnaissance des terrains épars et disloqués qu'elle permettrait de rapporter aux échelles fournies par les superpositions concordantes (5). Werner et son Ecole ne peuvent donc prétendre avoir fondé la paléontologie stratigraphique.

Celle-ci résulte indiscutablement des œuvres distinctes de William Smith, et de Cuvier et Brongniart. L'importance des travaux de William Smith est rappelée par Lyell : en 1790, il était parvenu à une conception claire de la superposition des roches stratifiées, et sa carte géologique de l'Angleterre terminée en 1815 représente, selon d'Aubuisson, un travail équivalent à ce que plusieurs minéralogistes célèbres « avaient mis un demi siècle à faire pour une petite partie de l'Allemagne seulement » (6). Smith résume ses idées directrices dans deux articles datant de 1816 et 1817 : son objet initial était de contribuer aux progrès de l'Agriculture grâce à la détermination des qualités du sol par la connaissance du sous-sol dont il dépend, connaissance qui dépend de l'observation de caractères parmi lesquels la présence de fossiles déterminés constitue l'élément le plus directement utilisable, sans lectures approfondies ni technologie spécialisée, et par conséquent, le plus accessible aux fermiers et aux agronomes ; dans ce but, l'instrument le plus utile sera un catalogue dans lequel les fossiles sont rapportés à la strate à laquelle ils appartiennent (7). Pour des raisons de commodité, Smith choisit le système de Lamarck en vue de la détermination zoologique des espèces fossiles (8). Mais si un tel travail n'a rien de philosophique dans son projet, les résultats obtenus offrent plusieurs implications théoriques, dont la correspondance d'une création distincte dans chaque strate, et la disposition de ces créations successives en une série de perfectionements croissants : la Terre paraît alors croître comme un arbre, par anneaux – autre version du Monde-Plante (9).

Or, tout ceci, d'après Ami Boué n'excéderait pas les cadres de la doctrine de Werner : cet « ingénieur des Ponts et Chaussées » qu'est Smith, ne connaît pas assez bien les fossiles pour les employer autrement que ses devanciers, d'une manière très générale. Pour aller indiscutablement plus loin, il faut donc s'adresser à l'Ecole parisienne (10). Cela signifie que si l'injustice de cette appréciation vis à vis de Smith ne paraît pas aux contemporains immédiatement évidente, il n'en est pas de même du travail de Cuvier et Brongniart, dont la nouveauté s'impose aux critiques les plus malveillants (11).

Pour Cuvier, la connaissance de la position des minéraux passe par la description des montagnes, dont les résultats permettent, par comparaison, de dégager les lois générales qui s'expriment dans une classification stratigraphique : Deluc passe avant Werner, et avant les hypothèses de Deluc, il faut mettre les descriptions de De Saussure (12). Ce qui intéresse d'abord Cuvier, ce ne sont pas les filons, c'est la raison des particularités d'un modelé et d'une structure (13). Réciproquement, l'intérêt pour les fossiles est d'origine zoologique et anatomique :

> « Rencontrant à chaque pas des restes de ces anciens habitants de notre canton, de ces êtres qui paraissent y avoir été concentrés, il me fut bientôt impossible de me restreindre à mes études purement anatomiques et de ne pas essayer celle du terrain qui recelait ces débris, afin de voir s'il était aussi particulier dans sa formation que les animaux qu'il renferme le sont dans leur organisation. » (14).

La particularité du Bassin Parisien résulte d'abord de son appartenance aux terrains tertiaires, classe qui, selon l'Ecole de Werner, ne contient peut être que des « formations partielles restreintes à des contrées d'une étendue peu considérable » (15), à cause de son caractère tardif, parce que la succession géognostique des dépôts montre que la surface terrestre devient progressivement plus irrégulière (16), d'où un rôle croissant des influences locales (17). Il en résulte un moindre intérêt minéralogique et géognostique, compensé par un plus grand intérêt géographique et agricole, et surtout une relative indétermination minéralogique qui rend plus difficile l'application des règles géognostiques traditionnelles et par conséquent plus nécessaire l'usage des fossiles. Grâce aux fossiles, les terrains tertiaires vont devenir un lieu géologique parfaitement déterminé, une véritable formation générale au même titre que les formations secondaires, mais disposée par bassins (18) – première originalité, à laquelle va s'ajouter la découverte des alternances marines et lacustres, dépeintes par Cuvier le la manière suivante :

« Ces études nouvelles ont démontré de plus en plus que la mer après avoir longtemps couvert ce pays et y avoir tranquillement déposé des couches assez diverses, l'a abandonné aux eaux douces qui s'y sont étendues en vastes lacs, que c'est dans ces lacs que se sont formés nos gypses et les marnes qui alternent avec eux, ou qui les recouvrent immédiatement ; que les animaux particuliers dont les ossements remplissent les gypses, vivaient sur les bords de ces lacs ou sur leurs îles, nageaient dans leurs eaux, et y tombaient à mesure qu'ils mouraient ; qu'à une époque plus récente, la mer a occupé de nouveau son ancien domaine, et y a déposé des sables et des marnes mêlées de coquillages ; qu'enfin après sa dernière retraite, des étangs ou des marais ont encore longtemps occupé la surface des auteurs aussi bien que le fond des vallées, et y ont laissé des couches épaisses de pierres fourmillant de coquilles d'eau douce. » (19).

Ce mouvement qui va de l'analyse des formations à l'évocation des paysages rejoint ici celui qui replace la peau, les organes des sens et les chairs sur les squelettes pour donner ces représentations fantastiques, critiquées par De Blainville, représentations :

« ... Dans lesquelles on nous a montré dans les tableaux de l'Ancien Monde, suspendus sur les quais et les boulevards à côté de l'histoire du Juif errant, des Plésiosaures, très probalement herbivores, cherchant à saisir en vol des prétodactyles, qui, plus probablement encore, n'ont jamais volé. » (20).

La découverte de cette alternance des couches marines et lacustres est capitale du point de vue méthodologique et théorique. Du point de vue méthodologique, la distinction des couches lacustres et marines représenterait d'après Boué le seul niveau où la paléontologie a été nécessaire pour établir non la position mais l'origine des couches (21). Du point de vue théorique, l'existence des transgressions marines pose le problème des rapports du niveau de la mer avec les terres émergées, derrière lesquels se profile la théorie des révolutions du globe, et la question de la dépendance des faunes par rapport à ces révolutions. Dans un cas comme dans l'autre, c'est la signification géologique des fossiles qui est associée avec leurs conditions d'existence.

Mais à part cette distinction entre les couches marines et lacustres, pour laquelle il admet que la Paléontologie est indispensable, Boué soutient encore que la géognosie peut se suffire pour construire une échelle stratigraphique complète et reconnaître la situation des terrains à partir des seuls critères minéralogiques et de superposition, y compris pour l'ensemble des terrains secondaires et tertiaires. Il est cependant conduit à admettre que la généralisation des conclusions stratigraphiques n'est possible dans certains cas qu'à partir de la reconnaissance de la constance des fossiles, et ceci, pour tous les étages supérieurs au Jurassique ; il reconnaît également qu'on peut faire de la géologie en Angleterre presque uniquement par les fossiles ; il ajoute enfin que les grandes distinctions du Bassin Parisien établi par

Brongniart sont simplement plus géologiques que zoologiques, sans rien dire des divisions fines (22) : tout ceci ressemble donc à un combat d'arrière-garde dans une guerre perdue, même lorsqu'il conteste l'utilité des découvertes de Cuvier pour la distinction des alluvions modernes et anciennes, établie par Werner.

En vérité, ce sont bien Cuvier et Brongniart qui ont défini le Tertiaire en son ensemble, et ceci, grâce à la méthode paléontologique. Depuis la Craie, les débris organiques fournissent pour Cuvier « le caractère géognostique le plus clair, le plus essentiel, et par conséquent le plus certain » (23), et plus tard, Brongniart affirmera que la succession de générations organiques distinctes suffit à démontrer la différence des dépôts et la différence de leur période de formation (24). Ce caractère est d'autant plus clair qu'une espèce ne passe pas d'une formation à l'autre de la Craie, dans le calcaire grossier (25), conformément à la doctrine déjà formulée par Smith, et que Cuvier va s'efforcer de justifier sur le plan théorique. De ce point de vue, la distinction des couches marines et lacustres devient même exemplaire de l'absence de passage des espèces d'une formation dans une autre formation qui lui est juxtaposée, et permet de poser le problème des rapports qui peuvent exister entre la substitution des espèces et le changement radical des conditions d'existence physiques : les modifications dans la nature minérale des dépôts devient alors un signe complémentaire de transformation physique du milieu, aussi brutale que les limites en sont nettes, et qui désignent, de ce fait même, un événement, et non pas une variation continue, mécanique, chimique ou thermique. C'est ce qui se passe entre la craie et l'argile plastique :

> « Elles sont le résultat de formations des plus distinctes et des plus caractérisées qu'on puisse trouver dans la géognosie, puisqu'elles diffèrent par la nature chimique, par le genre de stratification, et surtout par les fossiles qu'on y rencontre. » (26).

Mais les différences ne sont pas toujours aussi tranchées : Cuvier et Brongniart reconnaissent des phénomènes de substitution progressive des espèces les unes aux autres, qui fourniront à Deshayes la base de son travail statistique, et permettront d'évoquer l'action de causes lentes dans la transformation des couches (27). Il s'agit là d'une observation soulevant la question d'espèces qui pourraient traverser plusieurs formations ou époques, et qui, par conséquent, permettraient d'assouplir le dogme de la succession des faunes limitées par des révolutions, dogme essentiel quoique étendu tardivement aux animaux marins et limité en son principe par la reproduction des faunes à partir d'une même souche (28). Du point de vue géologique, on se trouve alors amené à regrouper les couches et les formations en systèmes définis par un certain nombre de fossiles caractéristiques (29), mais susceptibles de présenter des différences considérables dans la nature chimique des roches (30). Ces mêmes systèmes peuvent se retrouver dans d'autres bassins – par exemple, celui de Provence – si bien que ce concept de système apparaît comme un instrument de premier ordre pour identifier géologiquement le sous-sol de régions géographiquement distinctes : il en résulte que l'analyse des systèmes du Bassin Parisien permet de définir des règles ou lois de superposition, généralisables, parmi lesquelles l'ordre de succession des fossiles suivant l'augmentation de leurs différences à partir de la surface actuelle du sol (31). Cuvier et Brongniart reconnaissent donc encore des transitions et des nuances, capitales pour l'Ecole de Werner mais gênantes dans la perspective de révolutions (32).

On peut donc constater que Cuvier et Brongniart ont défini de manière complète les principes d'une paléontologie stratigraphique, située au delà de la question des différences dans les caractères physiques des terrains, qui restent extérieurs à leur histoire réelle. Mais les problèmes qu'ils rencontrent sont déjà ceux de la continuité ou de la discontinuité zoologique des terrains, et de la constance géographique de ces lois de superposition des espèces qui avaient conduit Smith à envisager la Terre comme la section d'un tronc d'arbre. Ces problèmes, géogéniques dans leur principe et dans leur enjeu, ont comme conséquence méthodologique d'engager la recherche dans la voie d'une comparaison des résultats obtenus pour des secteurs géographiques distincts, c'est à dire, dans une direction paléogéographique. Or, pour un temps, cette paléogéographie révèle une diversité minéralogique et zoologique telle que le problème majeur devient pour Brongniart de déterminer une échelle stratigraphique qui ne s'appuierait ni sur des roches constantes, ni sur des fossiles caractéristiques (33). Ces difficultés assurent la survie de la géognosie qui continue de toutes manières, à fonctionner pour les terrains non fossilifères, soit primitifs, soit secondaires. Une telle attitude suppose que l'existence des êtres vivants reste si accidentelle à la surface de la terre, que l'on peut concevoir une géologie sans zoologie. Réciproquement, si une paléontologie stratigraphique se substitue à la géognosie, cela pourrait vouloir dire qu'il n'y a pas d'histoire de la terre qui ne soit d'abord l'histoire des vivants qui l'habitent, et obéissent à une temporalité propre dont les événements géologiques n'assureraient plus que la scansion. C'est ici que les Révolutions vont intervenir.

5. – LES RÉVOLUTIONS.

Le concept de révolution n'est pas entièrement exclu par l'Ecole de Freyberg qui distingue parmi les formations sédimentaires les dépôts d'origine mécanique, qui supposeraient au départ une certaine agitation, et les dépôts d'origine chimique des roches cristallines, qui supposent le repos total des eaux-mères ; mais si la sédimentation peut être lente, il existe des formes particulières qui pourraient être dues à des inondations ou cataclysmes, également particuliers, mais Werner répugne à ce genre d'explications qui ne lui appartiennent pas en propre (1).

Les Révolutions ont une place importante dans la spéculation géologique de la seconde partie du XVIIIème siècle, mais au tournant des deux siècles, elles changent d'aspect : au lieu d'exprimer les moments les plus dramatiques d'une succession d'états qui dépendent de la continuité des transformations d'une variable physique, elles reçoivent un caractère essentiellement itératif. Ce changement marque le passage d'une géogénie à une histoire de la *surface* de la Terre, évident chez Deluc, tel que Cuvier a pu le lire : d'après les « Lettres à Delametherie », les cinq premières périodes de la genèse de la Terre sont principalement constituées par des opérations physiques et chimiques générales, mais au cours de la cinquième période, on constate des opérations moins générales, parmi lesquelles des inondations itératives (2). Comme Deluc le précise dans les « Lettre à Blumenbach », cette répétiton des catastrophes qui se traduit du point de vue géognostique par la rupture de filons, est la raison du rapprochement par degrés des animaux vers les formes actuelles (3). Mais ces catastrophes restent dépendantes d'un stade géogénique : la sixième période est la conséquence de la dernière de ces révolutions, dont provient la figure actuelle de la Terre, que Deluc juge stabilisée, et susceptible d'une analyse au moyen des données actuelles qui lui permettent de construire ses « chronomètres » géologiques (4). Elles ne sont donc qu'un écho affaibli de révolutions de plus grande envergure et d'un enjeu philosophique plus considérable.

Lorsque les Révolutions du globe sont comprises comme catastrophes universelles, le problème se pose de leur origine stoïcienne.

La doctrine classique des Stoïciens est celle de la conflagration universelle. *Ekpurôsis,* qu'ils ont reprise d'Héraclite (5). Pour Héraclite, il s'agit d'un aspect essentiel de la vie du Monde, dont la substance est le feu éternellement vivant « s'allumant avec mesure et s'éteignant avec mesure », ce qui signifie que les éléments qui constituent le monde sont des transformations du feu (6). C'est donc la manifestation d'un ordre nécessaire définissant des cycles ou grandes années (7), dans lesquelles Censorinus introduit tardivement un hiver, marqué par le Déluge, tandis que la conflagration est le point culminant de l'été du Monde (8). Mais la conflagration reste plus fondamentale pour les Stoïciens, parce qu'elle est un processus de rénovation, par lequel le Monde se transforme en une semence dilatée, qui redonnera la matière par contraction (9) : elle est donc le moment où s'inversent les phénomènes physiques réguliers parvenus à leur sommet (10) ; elle n'est en aucun cas une Apocalypse, c'est à dire un événement unique et définitif, décidé brutalement, quoique prévu, par une divinité en colère, comme sanction d'un mal historique ; elle n'est pas non plus assimilable à un Déluge de type mosaïque, qui est également un événement punitif et miraculeux. Les Stoïciens vivent dans un univers de faits et non d'événements (11), ce en quoi ils se distinguent des Chrétiens.

Le déluge de Sénèque entre également dans cette catégorie de faits inéluctables, inscrits dans l'ordre du Monde, malgré la marge arbitraire qui s'y introduit sur deux points : le Déluge peut être préféré à la conflagration, et la fin de l'Ancien Monde au profit d'un meilleur est fixée par le bon plaisir de Dieu (12) ; mais un destin reste sous-jacent à cet arbitraire, parce que le Déluge n'est d'une part que la manifestation excessive de phénomènes naturels comme les marées, grossies exceptionnellement par les immenses réserves d'eau qui sont contenues dans les abîmes, et parce que, d'autre part, on peut fixer sa date à partir d'une certaine conjonction astronomique ; enfin, à la dissolution héraclitéenne dans le feu, Sénèque oppose une dissolution symétrique dans l'eau, qui gagnerait de proche en proche comme une maladie (13). Reste le caractère dramatique et moral de ce Déluge, qui sanctionne l'empiètement permanent du Mal (14), mais d'un mal inéluctable comme une loi physique. Les ressemblances de ce Déluge au Déluge de Moïse sont purement superficielles.

Par contre, la tradition historique lègue aux théoriciens de la Terre deux sortes d'événements diluviaux : les Déluges locaux de Deucalion et d'Ogyges, et le Déluge universel de Moïse (15). La question est de savoir si leur réalité peut être reconnue et à quel titre. Les Déluges locaux ne font guère problème : ou bien ils apparaissent comme des accidents géographiques, ou bien ils sont l'écho atténué du Déluge de Moïse dans d'autres traditions. C'est donc le Déluge de Moïse qui capte tout l'intérêt des théoriciens.

Comme l'avait avancé Buffon, le Déluge mosaïque est tellement miraculeux, qu'il n'a pas pu laisser de traces géologiques. En effet, ses preuves historiques et physiques sont contradictoires : du point de vue historique ; il est en contradiction avec les Déluges grecs, qui ne sont que partiels, et du point de vue physique, le même Déluge ne peut servir en même temps à expliquer le percement des vallées et leur remplissement par des dépôts sédimentaires. Il faut donc, soit l'exclure, soit lui faire prendre des dimensions cosmogoniques, par lesquelles il rejoint les doctrines stoïciennes : il perd alors son caractère unique et lié à l'histoire sacrée de l'Humanité (16). C'est bien ce qui se passe : Desmarest montre que la controverse qui sépare les Géographes oppose les tenants d'un actualisme qui ne fait aucune place à un Déluge, et les partisans d'un catastrophisme dont le modèle de révolution est fourni par le Déluge de Sénèque (17). Donc, entre le début du XVIIIème siècle, où la transposition géogénique du Déluge de Moïse renforçait son caractère événementiel défini dans une conception linéaire du temps (18), où il joue le même rôle que, plus tard, la Comète de Maupertuis, qui en est la version laïque, et la fin de ce même siècle, on constate un renforcement de l'idée d'un déterminisme géologique, soumis à des processus répétitifs catastrophiques relevant de causes naturelles combinées « de manière que, par des progrès insensibles, elles amenaient infailliblement l'époque et le jour fatal de cette révolution. » (19). De telles résurgences stoïciennes deviennent encore plus évidentes avec Hutton, qui fait l'économie des catastrophes, mais au profit d'un devenir cyclique du globe, dont les pouvoirs de réparation permettent l'assimilation à un corps organisé (20), devenir traduit géologiquement par l'alternance indéfinie des érosions et des soulèvements d'une région donnée (21).

Pourquoi cette résurgence du Stoïcisme en ce temps et en ce lieu ?

Dès la basse Antiquité, il est banal d'opposer Heraclite et Parmenide, comme le Devenir et l'Immobilité, les Conflagrations et la Sphère (22). Au XVIIIème siècle, si l'Histoire Naturelle a besoin de garantir ses classifications grâce à une immuabilité parménidienne des espèces, il n'en est pas de même de la Géographie physique qui a besoin d'une théorie scientifique des processus et d'une philosophie de leur enchaînement. Le Stoïcisme lui fournit cette philosophie. Certes, Aristote (Météorologiques, I, Chap. 14) conçoit la Terre comme un organisme en renouvellement cyclique à travers des temps immenses, mais il corrige en soulignant qu'« il est ridicule de faire l'univers se mouvoir » : ce qui se passe dans la région terrestre ne trouble en rien l'ordonnance générale du Cosmos. Mais dans les Temps Modernes, une semblable césure entre Ciel et Terre n'est plus possible, car l'universalité des lois physiques suppose l'homogénéité de l'univers, et le Stoïcisme a l'avantage de poser cette homogénéité en principe. Donc, si, par exemple, les cycles de Hutton évoquent Aristote, ces comparaisons, qui ont été reprises par les stoïciens, s'inscrivent dans une autre physique que celle d'Aristote ; les cycles du devenir terrestre représentent, comme les révolutions des stoïciens, les résultantes « économiques » de processus physiques qui définissent le réel dans son intégralité. Pour échapper au Stoïcisme, il n'y aura donc que l'idée de Progression.

L'existence d'un lien entre révolutions, économie et progression est encore attestrée par Parkinson : la destruction et la rénovation du monde permettent d'envisager la supériorité du monde présent sur le mode disparu du point de vue de l'utilité et de la beauté. Ce dernier doit lui-même se préparer à céder la place à un monde encore supérieur par les êtres qui l'habiteront, et par l'économie qu'il représentera (23). Il manque à Hutton de pouvoir expliquer la destruction massive des espèces (24) , il faut donc rejoindre Cuvier. La mort des espèces, l'économie de la nature, et les révolutions appartiennent bien à un même système, de même origine, même si chaque thème est apparu de manière différente.

Si, dans ce contexte, Cuvier confirme le rôle central des Révolutions dans l'explication des vicissitudes passées de la surface de la Terre dont dépend le destin du monde vivant, le système des Révolutions ne sera achevé du point de vue géologique que par Elie de Beaumont, mais après passage du neptunisme au plutonisme :

> « M. Cuvier a montré que la surface du globe a éprouvé des Révolutions subites, accompagnées de changements dans les races vivantes qui la peuplaient ;
> M. Adolphe Brongniart a aperçu des changements correspondants dans la nture de la végétation : M. de Buch a fait connaître des différences nettes et tranchées entre les divers systèmes de montagnes qui parcourent la surface de l'Europe. M. de Beaumont a cherché à mettre en rapport ces divers ordres d'idées ; il a montré par des exemples que la dislocation de certaines portions de la croûte extérieure du globe a fourni une partie essentielle de chacun de ces changements. » (25).

Pour Cuvier, les révolutions perdent l'aspect spéculatif qu'elles gardaient chez ses contemporains. Elles s'inscrivent désormais dans un projet totalisant où Cuvier regroupe les travaux par lesquels De Saussure a « dévoilé tout le désordre des terrains primitifs en les distinguant des secondaires », et par lesquels Werner « a fixé les lois de succession des couches » et décrit leurs « métamorphoses », puis, les complète en dépassant les savants qui considéraient les fossiles en eux-mêmes avec quelques explications partielles sur leur gisement, sans se préoccuper de la théorie de la terre ni de rechercher les

« lois générales de position ou de rapports des fossiles avec les couches » (26). Ce projet est exposé dès 1806 sous la forme d'une série de questions inscrites dans un « Rapport » sur une « Théorie de la surface actuelle de la Terre » de M. André, ci-devant P. Chrysologue, de Gy, et qu'il reprend dans le « Discours sur les Révolutions de la surface du globe » ; ces questions sont les suivantes :

> « Y a-t-il des animaux, des plantes propres à certaines couches, et qui ne se trouvent pas dans les autres ? Quelles sont les espèces qui paraissent les premières, ou celles qui viennent après ? Ces deux sortes d'espèces s'accompagnent-elles quelquefois ? Y a-t-il des alternatives dans leur retour ; ou, en d'autres termes, les premières reviennent-elles une seconde fois, et alors les secondes disparaissent-elles ? Ces animaux, ces plantes, ont-ils tous vécu dans les lieux où l'on trouve leurs dépouilles, ou bien y en a-t-il qui aient été transportées d'ailleurs ? Vivent-ils encore tous aujourd'hui quelque part, ou bient ont-ils été détruits en tout ou en partie ? Y a-t-il un rapport constant entre l'ancienneté des couches et la ressemblance ou la non-ressemblance des fossiles avec les êtres vivants ? Y en a-t-il un de climat entre les fossiles et ceux des êtres vivants qui leur ressemblent le plus ? Peut-on en conclure que les transports de ces êtres, s'il y en a eu, se soient faits du nord au sud, ou de l'est à l'ouest, ou par irradiation et mélange, et peut-on distinguer les époques de ces transports par les couches qui en portent les empreintes. » (27).

On retrouve ici toutes les préoccupations dont les fossiles pouvaient être l'occasion à la fin du XVIIIème siècle. Elles peuvent être scindées en deux groupes : les questions proprement stratigraphiques, qui portent sur la succession des fossiles, leur retour éventuel, leurs différences en fonction de l'ancienneté des couches, etc. – et les questions de portée étiologique : climat, transport, etc. qui renvoient à une paléogéographie dont on peut désormais imaginer les variations à partir des fossiles ; du mode de fossilisation et de la composition des gisements fossilifères – toutes questions abordées à l'occasion du Bassin de Paris et qui ont permis de conclure que les fossiles appartenaient à certaines couches déterminées, qu'il était possible d'observer une contemporanéité relative entre fossiles appartenant à des couches distinctes, que les faits de transport étaient limités, et que, par contre, les variations géographiques et climatiques étaient considérables. L'ensemble des recherches sur les ossements des quadrupèdes vont confirmer la plupart de ces conclusions, à l'exception de la contemporanéité relative d'espèces de couches distinctes, qui ne vaut en définitive que pour les Mollusques, avant de conduire à la définition de quatre âges distincts, parce qu'ils sont caractérisés par quatre populations de quadrupèdes entièrement différentes, sans passage d'espèce de l'une à l'autre, conformément au bilan qui termine le « Discours sur les Révolutions ».

Ce « Discours » est déjà un bilan et encore un programme. Le bilan, c'est l'exposé dans l'ordre historique direct de ces âges, dégagés de l'ensemble de ces recherches effectuées en remontant dans le temps. Après une période caractérisée par les invertébrés marins qui occupent les couches de transition, Cuvier définit comme premier âge celui des Reptiles, qui trahissent déjà la présence de terrains d'eau douce par leurs affinités avec les reptiles actuels, ce qui démontre l'existence de terres émergées. En second lieu, au dessus de la Craie, l'apparition de mammifères marins, puis terrestres indique le deuxième âge, dominé par les paléothériums et les pachydermes associés, qui constituent des genres entièrement éteints. Un troisième âge se découvre ensuite dans les « couches meubles et superficielles », caractérisé par la présence de grands pachydermes et d'autres mammifères, dont la différence n'est plus que spécifique avec les animaux actuels. Le quatrième âge est marqué par la présence de l'homme, auparavant absent, et Cuvier insiste sur ce point (28). Ces âges ne sont pas des ensembles entièrement homogènes : ils représentent une durée au cours de laquelle on relève des phases différentes de développement, ce qui apparaît dès l'âge des Reptiles, où les mines de Thuringe, lieu d'apparition des premiers Monitors, sont surmontées par le calcaire des Alpes qui offre des reptiles différents, et surtout par le calcaire du Jura qui marque le déploiement « des formes variées et de taille gigantesque » de ces mêmes reptiles.

Le programme répond au problème que Cuvier souligne comme le plus important à ses yeux, celui de l'alternance des terrains d'eau douce et des terrains marins, que l'on observe à toutes les époques ; il y ajoute celui des rapports entre les animaux, les végétaux et les minéraux, qui se retrouvent les mêmes dans différents bassins. Ces deux problèmes sont définis par lui comme spécifiques des terrains secondaires (au sens de Werner, qu'il oppose à la connaissance géographique actuelle, et aux recherches sur les terrains primitifs qui relèvent de la minéralogie (29). Par conséquent, la Paléontologie délimite son domaine propre d'investigations, dans lequel le concept de révolutions apparaît nécessaire pour confirmer la distinction de ces terrains secondaires en secondaires proprement dits, tertiaires et diluvium (selon la terminologie de Buckland), en rendant compte de la différence complète des faunes et des alternances internes à chaque époque entre les couches marines et lacustres. Le Déluge mosaïque, responsable de la dernière des coupures géologiques entre la période de l'Homme et celle où il n'existait pas encore, conformément à la doctrine de Deluc, devient alors le modèle de toutes les séparations géologiques, dont l'importance est fonction du caractère partiel ou universel de ce même déluge, qui ne rejoint cependant jamais chez Cuvier la radicalité qu'il avait chez Blumenbach. Moïse et Deluc permettent à Cuvier d'introduire un clivage entre ce dont il a besoin pour interpréter les données paléontologiques et l'intégralité de la doctrine stoïcienne qui avait séduit certains de ses contemporains. La superposition des couches est ainsi transformée en scansion du temps : la théorie des Révolutions devient réciproque du Tableau des formations de Humboldt que Cuvier a joint à son texte comme modèle de ce que l'on pouvait construire de mieux en France, en Angleterre et en Allemagne, tableau qui traduit le caractère scientifique de la nouvelle géologie qui débouche sur une « énumération » (30).

Qu'on ne s'y trompe pas : tableau et énumération n'ont plus rien à voir avec l'Histoire Naturelle, dans la mesure où ils sont indissociables d'un problème « physiologique » de production de leur objets. Si l'on veut faire attention que ces problèmes de production relevaient jusqu'à Werner et

Delametherie d'une sorte de science-fiction, tout se passe comme si ce fantastique, auparavant libre à un niveau très élevé au dessus de la recherche qui lui servait d'occasion pour se déployer, est désormais asservi à cette recherche, à ses exigences logiques d'interprétation des faits par des moyens en principe contrôlables. Mais dans le tissu des faits, c'est encore le fantastique qui occupe la place principale de la trame, et cette importance en fait un objet privilégié de discussions théoriques, dont dépend encore la mise en perspective des faits eux-mêmes: Blumenbach et Cuvier abordent les mêmes problèmes, et de la même manière, mais ce qui était ouvertement fantastique chez Blumenbach, Cuvier cherche à l'exorciser en retrouvant le Déluge qu'il essaie de justifier longuement parce que le Déluge doit à toute la tradition religieuse une sorte de familiarité ou d'actualité qui lui donne quelque chose de tolérable pour des esprits positifs. En refusant d'en rechercher les causes, il accentue même, pour ainsi dire, sa nature de simple fait, dont la factualité se suffit à elle-même. Mais si on veut rendre cette factualité intelligible, il faut en trouver une raison physique, si bien que le système ne sera pas véritablement achevé avant les travaux d'Elie de Beaumont, qui fournit enfin, d'après Laurillard, la solution de l'alternance des terrains marins et lacustres (31). Mais il sera trop tard. Cuvier, pour son compte, en est resté à une science qui se définit par des « enchaînements nécessaires » d'une nécessité encore ambiguë, qui ressemble encore plus à une « Physiologie » au sens de la « Physiologia Stoicorum » de Juste Lipse, qu'à une physique proprement dite, et les révolutions ponctuent les enchaînements autant qu'elles marquent des ruptures.

6. – LES SOULEVEMENTS.

La raison physique donnée aux révolutions par Elie de Beaumont est la contraction de la surface terrestre due au refroidissement lent du globe. Entre temps, il a donc fallu que les recherches de Fourier et surtout de Cordier confirment scientifiquement l'hypothèse de la nature ignée du noyau terrestre, à partir de mesures précises et contrôlées effectuées sur l'augmentation de la température proportionnelle à la distance parcourue depuis la surface du sol (1). Or, Cordier tire de ses résultats non seulement les conclusions scientifiques confirmant la doctrine de Dolomieu, mais encore les conclusions philosophiques suivantes :

> « S'il est avéré que la terre n'est pas une masse inerte comme on l'a supposé pendant si longtemps, si l'appartenance d'inertie n'est due qu'à la lenteur des phénomènes et à leur faible intensité, si tout est en mouvement et en travail à l'intérieur, comme tout est en mouvement et en travail à l'extérieur, on arrive à un résultat de la plus haute importance, puisqu'il semble applicable à tous les corps célestes, et on obtient ainsi

la preuve la plus puissante du grand principe d'Instabilité Universelle, qui a été annoncé ou entrevu depuis longtemps par Newton et par d'autres philosophes : principe supérieur aux grandes règles que l'on s'est habitué à regarder comme constituant exclusivement les lois de la nature, par le secours duquel nous voyons au delà des périodicités les plus longues et en apparence les plus parfaites de notre système solaire, qui paraît dominer l'univers jusque dans ses moindre parties, qui modifie incessamment toutes choses, qui les altère ou les déplace insensiblement et sans retour, et qui les entraîne à travers l'immensité des siècles à des fins nouvelles que l'intelligence humaine ne saurait assurément pénétrer, mais dont elle pourrait du moins s'ennorgueillir d'avoir pressenti la nécessité. » (2).

Si la philosophie de Werner, dominée par la loi des dépôts tranquilles et un repos interne absolu, peut apparaître comme parménidienne, au point que la théorie neptunienne est obligée de faire appel à une intervention divine miraculeuse pour justifier des événements géologiques qui ne seraient pas réduits à un processus de ruine (3), entrecoupé de quelques incidents chimiques mineurs, responsables du volcanisme, celle de Cordier est héraclitéenne, mais à condition de préciser que le Devenir indéfini, donc linéraire, l'emporte désormais sur les cycles fermés et répétitifs de l'héraclitéisme. En cela elle est donc moderne : le temps infini répond à l'infinité de l'Univers newtonien. Elle est d'autant plus moderne qu'elle n'est plus surimposée au matériel géologique comme les anciennes hypothèses géogéniques : elle répond au regroupement physique des données astronomiques et géologiques, où la sphéricité de la terre marque son origine liquide, et où la température actuelle dans la profondeur des mines témoigne de la survivance de la fusion ignée au centre du globe. Ce qui domine dans l'Univers, ce n'est pas le solide, mais le liquide en fusion et le solide ne peut plus servir à l'intelligence, de condition fondamentale de ses opérations : il n'y a plus de point d'appui pour soulever l'Univers. En d'autres termes, l'être n'est pas. Cette philosophie est un « résultat », imposé par la « force des choses » :

> « On nous permettra de le répéter, ce n'est point par esprit de système qu'on est maintenant ramené à la notion du feu central : c'est malgré l'esprit de système, malgré bien des préjugés. Ce retour de l'opinion est produit par la force des choses ; il résulte de l'étude exacte, approfondie, de phénomènes d'ordre bien différents. On ne croira pas surtout que ce soit par hasard que la physique, la mécanique céleste et la géologie arrivent au même terme, en suivant des routes si diverses. On peut donc le dire, sans crainte de trop s'avancer, l'hypothèse dont ces sciences ont un égal besoin semble présenter déjà les caractères d'un principe réel et fondamental ; et tout fait présager qu'elle aura pour les progrès de la théorie de la terre une influence aussi puissante que celle du grand principe de la gravitation pour la théorie du mouvement des corps célestes. » (4).

Donc, si la terre est un vivant, c'est parce qu'elle est habitée par un feu, feu élémentaire qui vaut comme principe de vie. Si cette vie est encore marquée par des périodicités soumises à des lois, plus rien de fixe ne peut plus être garanti, ni au Ciel, ni dans le monde sub-lunaire, car les cycles eux-mêmes ne sont plus absolument invariables. C'est ce pas qu'il faut franchir pour parvenir de Cuvier à Elie de Beaumont, comme de Hutton à Lyell. Il s'ensuit que les révolutions, perdant l'appui d'une philosophie cyclique implicite, vont être menacées, puis ruinées par le biais de la Physique par laquelle on va chercher à les confirmer, parce que cette même physique sera à même d'envisager l'isolation thermique réalisée par l'écorce terrestre : plus de refroidissement passé une période très primitive, plus de rétrécissement, plus de révolutions, et le problème tectonique est à revoir dans son intégralité. Sur les entrefaits, il apparaîtra que si Elie de beaumont a affirmé avec force la nécessité de s'appuyer exclusivement sur des forces connues (5), il a utilisé ces forces d'une manière si conjecturale, qu'il nous ramène de Cordier, qui n'en disait pas tant, aux pères de la théorie du refroidissement : Descartes, Leibniz et Buffon, la conscience de la mobilité en plus. En effet, puisqu'il s'agit du jeu de forces connues, qui représentent une dimension supposée de la mécanique terrestre, on doit aussi les concevoir comme des forces actuelles :

> « Tout nous conduit donc à supposer que les causes qui ont produit les phénomènes géologiques, subsistent encore, et que la tranquillité dont nous jouissons aujourd'hui est due à leur sommeil bien plutôt qu'à leur anéantissement. » (6).

La loi du Devenir en reçoit une coloration inquiétante, mais qui n'est pas neuve. Comme du temps de Faujas, la connaissance géologique des révolutions passées est lourde de menaces futures : la période actuelle n'est qu'une période provisoire de repos, l'apparition d'un nouveau système de montagnes est certaine. Nous habitons sur un sol « dont les tremblements de terre nous avertissent assez que les fondements ne sont pas inébranlables » (ibid.), et ces mêmes tremblements de terre continuent ainsi d'alimenter une angoisse de fin du monde sous-jacente à une sensibilité religieuse restée romantique.

Or, les révolutions géologiques ne constituent qu'une modalité possible du devenir de la surface terrestre, et, lorsqu'elles sont admises, elles ne transforment pas nécessairement d'une manière radicale l'essentiel de la théorie géologique :

> « Il nous suffira d'observer que les deux théories actuellement dominantes sont : 1o celle qui attribue les phénomènes géologiques aux causes qui produisent les effets que nous voyons maintenant ; et 2o celle qui les rapporte à des séries de catastrophes ou de révolutions soudaines. En réalité, la différence entre les deux théories n'est pas très grande, la question ne roulant que sur l'intensité des forces, de sorte que probablement, en réunissant l'une et l'autre, nous serons plus près de la vérité. » (7).

Dans ces conditions, l'intérêt scientifique majeur qui se trouve lié à cette question des révolutions du globe va être ramené au problème de la concordance et de la discordance qui pourra être établie entre deux échelles chronologiques possibles : celle qui est fondée sur la stratigraphie, qui, de minéralogique, va devenir orogénique, et celle qui dépend de la paléontologie qui distingue entre faunes, systèmes et grandes périodes (8). Ce problème est posé dans les termes modestes d'une mise en question de la portée des révolutions à partir de la constance du caractère zoologique des dépôts fossilifères à travers les dislocations les plus abruptes (9) : que les révolutions soient brusques, ou locales, ou lentes, comme le veut Lyell, est alors rigoureusement indifférent ; dans un cas comme dans l'autre, il y aura indépendance entre la série chronologique des montagnes et celle des faunes. Mais la dissociation des deux échelles suppose leur existence et la reconnaissance de leur validité scientifique réciproque qui permet leur confrontation. Par conséquent, ce qui compte dans l'œuvre de Elie de Beaumont, ce ne sont pas les « révolutions », ce sont les soulèvements, et moins leur mécanisme que leur ordre de succession, c'est à dire la nouvelle stratigraphie qu'ils fondent.

Contrairement à Cuvier, venu de l'Histoire Naturelle, Elie de Beaumont est un géologue de stricte obédience, ce qui signifie, convaincu de la validité de la méthode d'analyse stratigraphique mise au point par l'Ecole de Werner, comme complément d'une Géographie physique qui décrit la surface actuelle de la Terre dans un but économique, agricole et minier (10). Pour lui, les caractères paléontologiques ont une valeur simplement complémentaire, – gagner du temps ou résoudre une difficulté dans l'application des principes stratigraphiques. La conviction d'une supériorité absolue de la géognosie sur la paléontologie, se justifie alors par l'idée que les espèces fossiles ne représentent que des effets de surface, tandis que la disposition des roches fait connaître les événements profonds de l'écorce terrestre, dans un contexte où, contrairement à ce qui se passait pour Werner, l'histoire de cette surface ne se suffit plus des dépôts et des érosions, succédant aux précipitations, tous phénomènes pelliculaires, mais y ajoute des interventions d'origine interne. Là où il y a redressement et dislocations, l'explication physique porte directement sur les phénomènes dont les naturalistes ne peuvent repérer que des traces (11) ; c'est l'articulation de cette explication et de cette observation de phénomènes disjoints qui conduit à la détermination scientifique de la succession des événements responsables de ce que Cuvier avait décrit comme alternances marines et lacustres (12).

Si le projet d'Elie de Beaumont est unique, il faut cependant en distinguer deux aspects : d'une part, la détermination des soulèvements de montagne et de leur chronologie ; d'autre part, l'étude de leurs effets géologiques supposés sur les dépôts sédimentaires circumvoisins, dont la jonction avec les soulèvements par la théorie des effets de ces « révolutions », supposées brutales et gigantesques, révolutions dont la réalité ne peut être démontrée que par la reconnaissance de telles jonctions. Le problème critique est donc défini dans le projet lui-même par cette circularité, dans la mesure où une telle concordance ne peut pas être une donnée d'observation. Il apparaît alors que si la démonstration de la succession des soulèvements est obtenue grâce à une problématique serrée, celle de leur écho stratigraphique universel reste appuyé sur de simples vraisemblances, qui vont bientôt se trouver contredites par une Paléontologie dont le champ d'investigations systématiques dépasse de plus en plus les limites du continent européen.

La détermination des soulèvements et de leur âge s'appuie sur la discordance stratigraphique dont les géologues se servent depuis longtemps : le soulèvement se situe entre l'âge de la couche relevée la plus récente et celui de la couche horizontale la plus ancienne, en fonction d'un principe posé par Stenon, mais contesté par Werner, qui prétendait remplacer les soulèvements ou ruptures tectoniques par des précipitations chimiques latérales, explication imaginaire qui n'a plus désormais de raison d'être (13). Elie de Beaumont dérive de ce principe les conclusions pratiques suivantes :

> « Comme les chaînes, en se soulevant, ont forcé les terrains de sédiment à se relever sur leurs pentes, il en résulte qu'elles leur ont imposé par ce seul fait leur propre direction. Ainsi, à chaque époque de soulèvement de roches cristallines, ou à chaque interruption que représente la série des dépôts stratifiés, correspond un système de montagnes caractérisé par une direction particulière des couches redressées. Lorsque deux montagnes dont l'âge n'est pas identique affectent des directions semblables ou peu différentes, ils appartiennent toujours à des périodes géologiques très éloignées. » (14).

La direction des couches, qui est la même que celle des montagnes ou encore, des fractures (15) est donc le moyen décisif qui doit permettre l'individualisation d'un système de montagnes, sa reconnaissance à travers toute la surface du globe, et par conséquent, la détermination d'une série chronologique susceptible de correspondre à la série des strates superposées. Cette direction, qui est observée dans des territoires limités, c'est à dire sur de petits arcs de la sphère terrestre, doit être référée géométriquement à un grand cercle de comparaison, « à l'un des éléments duquel chacun des petits arcs observés est parallèle » (16). Ce travail géométrique permettra de dégager sur toute la surface de la terre, toutes les directions possibles d'un même système, observé localement une première fois, et par conséquent d'en déterminer ensuite de manière empirique l'étendue réelle par l'observation de la même direction sur n'importe quel continent (17). Le résultat de ces travaux est constitué par un nombre de systèmes en progression croissante en fonction de l'avancement de l'analyse des montagnes dans les régions connues, et de la découverte d'autres chaînes de montagnes sur les autres parties du monde : en 1852, Elie de Beaumont décrit vingt-deux systèmes bien caractérisés, en 1867, il en admet quatre-vingt cinq, et à la veille de sa mort, il pense pouvoir démontrer cent cinquante neuf cercles (18). Ce système de cercles, traité géométriquement, a donné la théorie du réseau pentagonal, permettant de comparer le refroidissement de la terrre à celui du basalte, par ses effets structuraux (19). Il y aurait, dans ce système, réciprocité entre la partie hypothético-déductive, géométrique et cristallographique, et l'observation géographique (20).

Quoi qu'en dise Sainte-Claire Deville, la multiplication des révolutions va contribuer à leur faire perdre leur majesté, et de ce fait, à développer l'idée de leur influence purement locale, sinon de leur absence d'influence. En effet, l'influence destructrice des révolutions est fonction de leur violence, qui dépend elle-même de deux variables : l'extension des rides à la surface de la terre et la soudaineté du phénomène. Or, la multiplication des systèmes contribue à les enfermer dans des fuseaux n'excédant pas la dix-huitième partie de la surface du globe, hors desquels l'expansion de la vague diluvienne est rendue problématique par suite de la diversité des conditions locales du territoire où s'est produit le soulèvement (21). Ce caractère problématique est accentué par les progrès d'une paléogéographie qui découvre la diversité passée de la surface terrestre, en contradiction avec l'hypothèse d'effets universels de phénomènes temporellement situés.

La soudaineté de ces mêmes révolutions est conclue par Elie de Beaumont du fait que, si l'on prolonge l'observation de la discordance entre couches relevées et couches horizontales subséquentes hors de la zone de soulèvement marquée par la discordance, on retrouve une parfaite corrélation qui prouve que la sédimentation n'a pas été interrompue, donc que l'intervalle pendant lequel s'est produite la discordance et la perturbation qui l'a accompagnée a été très court. Mais si la sédimentation n'a pas été interrompue, on doit tout de même trouver « quelque chose d'anormal... sur une assez grande étendue » et au moins une séparation brusque (22). La question est donc ici de savoir s'il est possible de prolonger l'observation de la ligne de discordance de deux terrains dans la ligne de séparation de deux formations. Or, un tel projet n'a jamais été réalisé : la simultanéité est simplement conclue à partir des âges, respectivement connus par la méthode paléontologique et par la méthode stratigraphique, concernant des couches en discordance et des couches concordantes géographiquement distantes, si bien que la première démonstration paléontologique d'une continuité zoologique entre des terrains situés en discordance, provoquera l'effondrement de cet échafaudage théorique, démonstration apportée dès 1833 par Sedgwick. Il ne s'agissait que d'une « coïncidence de dates », et les dates ne coïncident pas ! (23).

7. – CONCLUSION.

Si toute la Géologie du XIXème siècle est comprise, pour utiliser les termes de Marcel Bertrand, entre l'idée de formations universelles, élaborée par Werner et ses élèves, et celle de déformations universelles qui caractériserait l'acquis de Suess (1), cet intervalle est occupé par les deux échelles des formations et des soulèvements dont la théorie des révolutions garantit l'identité, au profit des soulèvements. Dans ce cadre, la Paléontologie est une intruse, malgré ses titres de noblesse. Mais les êtres vivants, au nom du principe des conditions d'existence, révèlent des paysages, qui ne sont pas déterminés exclusivement par leur sous-sol. Avec Cuvier, la question géologique est moins la superposition des formations que la succession des paysages, où, loin des montagnes et de leurs gestations, les mers et les lacs alternent. Que ces alternances aient conduit à réemployer une théorie des révolutions qui apparaîtra bientôt comme le pur et simple baptême du problème de la succession des vivants de par l'absence de modèle physiologique de leur transformation et de leur substitution (2), que ce réemploi apparaisse comme le produit d'un vide théorique dans lequel vient s'engouffrer un thème dramatique d'origine stoïcienne, réactivé par une certaine manière de concevoir le monde sous le signe d'un devenir enchaîné, et par une certaine angoisse en rapport avec des bouleversements historiques où un type de société trouve sa fin, qu'il en résulte une incapacité de la Paléontologie à se donner une valeur décisive en face de la stratigraphie physique, parce que le vivant est un parasite de la surface terrestre sans principe interne de devenir, si bien qu'elle disparaît des Tableaux comparatifs de la Géognosie (3), il n'en reste pas moins que cette Paléontologie existe, qu'elle représente un domaine d'investigation nouveau, qui tend à promouvoir ses propres méthodes et ses propres concepts, indépendamment de toute théorie géologique englobante.

En face de cette Paléontologie, la Géologie va finir par révéler ses faiblesses, depuis qu'elle se veut Géognosie, et non plus géogonie. Si la Géognosie, pour être positive, doit être une étude de surface, et si la genèse des couches ne peut se concevoir que par dépôt à partir de la surface, les êtres vivants restent les témoins principaux de ces phénomènes. Le Plutonisme va permettre une renaissance des préoccupations portant sur les phénomènes de provenance interne, mais la Paléontologie va servir à démontrer l'existence des limites de ce type d'explication, en sauvegardant l'irréductibilité de son domaine. En fait, le caractère mythique des créations nouvelles qui répondent aux révolutions destructrices, caractère aussi parfaitement mythique que pouvait l'être l'idée d'une transformation d'espèces en l'absence de tout modèle physiologique, est là pour faire sentir que, si les forces internes avaient toute la puissance qu'on leur prête, il n'y aurait pas de vie du tout sur la terre, et que s'il y a vie, c'est que ces forces sont limitées dans la brutalité de leurs manifestations de surface. Les vivants provoquent l'abandon des révolutions au profit des évolutions de la surface du globe, parce que leur existence les implique, et parce que leurs restes fossiles vont permettre de les démontrer par l'indépendance de la chronologie qui leur est propre, et par la variété des territoires qu'ils ont habité et dont ils témoignent. Mais, parce que le feu assure une vie interne de la terre, et les conditions d'un renouvellement de son modelé de surface, ces évolutions ne vont plus être réduites au délabrement lent qui, pendant un temps, substituait aux ruines dramatiques des révolutions, les ruines mélancoliques des décrépitudes : elles vont assurer les conditions nécessaires à l'existence des vivants, dont la constance va apparaître comme indéfiniment variée pour permettre à chaque âge de manifester l'originalité qui lui sera assurée par les caractères d'une faune propre – âges dont l'enchaînement va servir de fondement à un ordre historique.

Chapitre II

L'ORDRE HISTORIQUE

1. – LA GEOLOGIE DES VOYAGEURS ET LE SYSTEME DE HUTTON.

Entre 1820 et 1840, le temps géologique change d'allure : défini d'abord par une ou plusieurs variables physiques en croissance ou en décroissance continue – refroidissement, précipitation chimique ou mécanique, érosion – il va se décrire à présent au moyen d'un système de fluctuations autour d'un niveau constant, constance nécessaire pour que les évolutions remplacent le Développement ou la Dégradation. Les révolutions, en fonction de la temporalité cyclique qu'elles impliquent, ont amorcé ce changement, mais, second caractère essentiel de cette nouvelle époque, il ne s'agit plus de « théorie des révolutions », mais d'efforts pour rendre compte de la manière la plus vraisemblable possible de l'état actuel de la terre, en adaptant de plus en plus étroitement les hypothèses aux « faits », qui, depuis Cuvier, ont acquis le pouvoir de ruiner les théories.

Ce sont donc les « faits » qui commandent désormais la Géologie, et par conséquent, les moyens par lesquels ils sont établis. Ces « faits » ne sont plus des lois physiques ou astronomiques sur lesquelles il était loisible de spéculer, mais les observations géographiques, relayées par les connaissances géognostiques : les moyens du géologue sont donc les mêmes que ceux du géographe, mais appliqués différemment : les voyages (1). Avec Humboldt et Von Buch, les géognostes sortent des mines pour confronter les théories minéralogiques avec la diversité des paysages et des sols. A partir de ce moment là, ce n'est plus la variation d'une loi, par exemple de cristallisation, qui va rendre raison de la variété des roches, mais la variété des événements de surface, qui va être cause des variations géognostiques saisies d'abord comme locales, dont les grands ensembles géologiques constituent la récapitulation. La surface commande donc la profondeur, qui n'en représente plus que le passé – de ce point de vue, la doctrine des soulèvements, et le métamorphisme ne sont que le corollaire profond d'une géologie de surface – parce que les élèves de Werner ont appris la valeur des longues marches et des ascensions, que connaissaient avant eux l'infatiguable Nicolas Desmarest (2) et Horace Benedict de Saussure.

Les hypothèses générales dont les bases géographiques sont trop limitées (3) ont ainsi fait leur temps. La Géologie est devenue le lieu de convergence des significations qui se dégagent de l'observation de phénomènes dont la grandeur est réciproque de l'extension des études qui ont porté sur eux : bouleversement des strates, succession des formations, extinction des espèces, alternances fluvio-marines, rapports du volcanisme ancien au volcanisme récent, métamorphisme, tous phénomènes dont l'interprétation est garantie par l'existence actuelle de faits analogues, susceptibles d'observation ou d'expérimentation (4). De ce fait, les considérations générales sur la machine terrestre et sur son économie sont déplacées des premières aux dernières pages des ouvrages géologiques, et quelquefois supprimées (5), parce qu'elles ne sont plus partie intégrante de l'édifice théorique, même si elles continuent à peser sur les motivations des choix doctrinaux. Dans cette science en plein renouvellement, et en quête de ses principes d'explication (6), le temps n'est plus l'objet de recherches chronologiques spéciales, dont les efforts de Deluc, quoique méritoires, montrent l'inanité : il est la perspective propre à la science en son ensemble. Parce que les géologues se servent des phénomènes actuels comme modèles d'explication, ils ont à résoudre la contradiction évidente qu'il y a entre la taille des phénomènes observés et les moyens disponibles pour se représenter leur production, entre la profondeur des vallées et la minceur des torrents et des cascades qui en sont responsables. Cette différence de dimension, qui a pu justifier l'évocation de catastrophes sans commune mesure avec les actions physiques actuelles, tout en étant censées respecter les mêmes lois, va se résoudre par l'ouverture d'une dimension temporelle, parce que le temps seul, de par ses effets cumulatifs, peut prendre à son compte le gigantisme de ces résultats naturels de causes minimes. Cela implique que « le temps ne fasse jamais défaut », sinon que « l'Univers soit éternel ». Par delà les limites de la chronologie mosaïque, c'est cette optique ouverte par Aristote dans les Météorologiques (I, 14) que les géologues retrouvent depuis Toulmin, Hutton, et Lamarck, et qui les conduit à renoncer à toute chronologie, au profit d'un calendrier d'où la mesure est absente : l'actualisme implique la démesure des temps.

Cette illimitation du temps est donc la condition d'une position correcte de ces problèmes d'origine qui sont posés par chacun des phénomènes géologiques observés. La non-simultanéité de ces origines présumées s'exprime alors par une échelle des temps qui recoupe l'échelle stratigraphique dans ses aspects temporels : c'est ce qui se passe, comme nous l'avons vu, avec le traitement des montagnes pratiqué par Elie de Beaumont. Cette succession d'origines, que le géologue aborde dans l'ordre du plus connu au moins connu, c'est à dire, en partant des phénomènes actuels pour remonter dans un passé d'autant plus mystérieux qu'il est lointain, conduit au problème d'une origine première, à partir de laquelle les phénomènes pourront être saisis dans l'ordre de leur production, c'est à dire, dans l'ordre temporel direct. Mais cette origine absolue n'est plus celle du Monde : ce ne peut être que le début du phénomène qui permet de préciser la position des autres, et spécialement, de définir les rapports respectifs des divers étages géologiques. Au moment où la stratigraphie devient paléontologique, cette origine de l'histoire géologique sera l'origine de la vie, entendons : la couche la plus ancienne où il sera possible de repérer les traces de vivants. C'est donc l'histoire de la partie vivante de la surface terrestre qui, tant du point de vue théorique, en témoignant des événements qui ont produit l'état actuel de cette surface, que du point de vue méthodologique, parce qu'elle conduit à définir un calendrier efficace, susceptible d'être lu dans les deux sens, va fonder une géologie véritablement historique.

C'en est donc fini d'une genèse du monde par précipitation à partir du liquide chaotique, telle que la comprenait Werner, au même titre que c'en est fini des errements chimiques qui donnaient une origine aqueuse au basalte, jugé par Bergmann « étranger aux volcans » (7). Le feu central garantit la constance de l'ordre naturel (8) et l'équivalence des phénomènes dans le temps, qui permet de conclure de ce qui est à ce qui a été et à ce qui sera (9), principe qui, depuis Hutton, sera universellement reconnu par les géologues, même catastrophistes, puisque les catastrophes ne sont plus que des variations d'intensité dans le jeu des lois ordinaires, dont la fonction est d'économiser du temps : l'immensité géologique des temps reste encore difficile à penser. Il ne peut donc y avoir ni erreur, ni contradiction dans la nature (10), qui constitue un texte unique, écrit avec les mêmes caractères (11). Il faut donc bien connaître ces caractères, et pour cela, il ne faut plus que les scruter.

Il y a donc concordance entre la géologie observatrice et les présupposés de la théorie de Hutton, dont la fonction n'est plus que de justifier une pratique voyageuse – celle de Hutton lui-même dans les montagnes de l'Ecosse – attentive d'abord aux données géomorphologiques dont la stratification des couches sédimentaires n'est elle-même qu'un aspect, renvoyant aux faits plus primitifs d'érosion, de dépôts et de soulèvements. Cette théorie n'est plus hypothético-déductive, elle ne représente qu'une positivité permettant d'aborder, scientifiquement selon Playfair, les problèmes posés par l'existence d'un passé du monde antérieur à l'histoire humaine (12). Cette positivité se constitue elle-même sous la forme d'une connaissance approchée où l'accumulation des nouvelles observations et des nouvelles expériences contribue à l'exclusion progressive des causes imaginaires (13).

Chez Hutton, il n'y a pas unicité, mais dualité de principes, et ces principes sont bien des observations coordonnées entre les effets des causes présentes, et les faits qui indiquent l'activité passée des mêmes causes ; comme il est acquis que la surface de la terre n'a pas toujours été semblable à ce qu'elle est actuellement, l'objet de la théorie de la terre est le suivant :

« Tracer la suite de ces révolutions, expliquer leurs causes, et lier ainsi ensemble toutes les indications de changement que l'ont trouve dans le règne minéral. » (14).

Audace ici de la perspective géologique, qui contraste avec la prudence méthodologique qui se couvre par l'abondance des témoignages avancés en preuves, et qui rejoint la pensée philosophiquement audacieuse d'une illimitation du temps (« no vestige of a beginning – no prospect of an end ») (15). La vanité des chronométries s'en déduit directement :

« Ces phénomènes sont tous autant d'indications du temps écoulé dans lesquelles les principes de géologie nous aident à distinguer un certain ordre, de manière à reconnaître la différence dans les époques, sans pouvoir fixer avec certitude la proportion des intervalles immenses qui les sépare. Ces intervalles ne peuvent être mis en comparaison avec les mesures astronomiques du temps ; on ne peut les expliquer par les révolutions du soleil ni de la lune ; et il n'existe point de synchronisme entre les époques les plus récentes du règne minéral, et les plus anciennes de notre chronologie ordinaire. » (16).

Ces phénomènes sont l'état des couches, leur élévation, leurs ruptures, les injections de matière fondue qu'on y rencontre, la présence de dépôts détritiques, et les restes des corps organisés. Tous ces phénomènes ne peuvent être coordonnés qu'en les traitant comme les conséquences et les indices de mouvements distincts de soulèvement et de destruction (les deux principes de la théorie de Hutton, dont la succession ne peut plus être démontrée à partir des différences minéralogiques (parce que les aspects minéralogiques peuvent se répéter avec les conditions de leur production), mais à partir des discontinuités géologiques qui indiquent un changement de condition de la surface terrestre. Les discordances reçoivent ici une importance capitale : elles indiquent qu'une période de plissement a été suivie d'une période d'abrasion, puis de dépôt de couches horizontales consolidées ensuite (17). Elles vont constituer le point autour duquel s'organisent toutes les inductions de Hutton, en montrant le départ d'un nouveau monde sur les ruines de l'ancien, ce en quoi elles dépassent la dimension des alternances fluvio-marines découvertes par Cuvier et Brongniart. Elles sont enfin la marque visible du caractère cyclique des opérations de la Nature. L'observation des accidents l'emporte donc sur l'analyse des strates pour la découverte d'une véritable histoire de la terre dont l'origine et la fin relèvent de la compétence des théologiens, tandis que les savants se réservent l'interprétation des faits établis par les observations sur le terrain (18).

C'est pourquoi Hutton cite fréquemment les observations de De Saussure sur les Alpes, première tentative d'approche scientifique d'un massif montagneux, effectuée malheureusement en vue de démontrer l'impossibilité de réduire les phénomènes étudiés à des effets de causes connues (19), ce qui représente le projet rigoureusement inverse du sien. Il en retient la démonstration des soulèvements, destinés à expliquer la position des strates, et qui, selon Playfair, auraient dû conduire à l'idée de chaleur interne (20), bien étrangère au neptunien De Saussure. Il tire ses autres exemples d'auteurs européens, et surtout de ses propres observations sur l'Ecosse, mais en cette époque de grandes explorations maritimes et transcontinentales, cette documentation est ressentie comme limitée en extension ; un dernier postulat intervient alors, à savoir que la validité d'une documentation est fonction moins de son extension que de la densité des informations qu'un territoire peut fournir :

« Si on dit qu'une petite partie seulement de la terre a été examinée, et qu'elle est bien décrite... on peut répondre que la terre est construite avec un tel degré d'uniformité, qu'un seul trait de petite étendue servira d'exemple pour toute la chaîne des faits qu'on observe dans le règne minéral. La variété des apparences géologiques qu'un voyageur rencontre, n'est point du tout en proportion avec l'étendue de pays qu'il traverse ; et, s'il examine une contrée qui puisse renfermer des strata primitifs et secondaires, des montagnes, des rivières et des plaines, des corps non stratifiés en veines et en masses, quoique ce ne soit pas là une grande partie de la surface de la terre, il peut y rencontrer des exemples de tous les faits importants de l'histoire des fossiles. » (21)

Pour étudier la Géologie, on peut donc d'abord aller à pied, pourvu que la région soit variée. L'Europe sera pendant toute la première moitié du XIXème siècle, le canton de référence pour tout le reste du globe, modèle auquel, selon Brongniart, on pourra rapporter toutes les structures exotiques, suivant une méthode qu'il assimile à celle de l'Anatomie comparée (22). Les voyages géologiques répondront donc à trois sortes de motivations : ou bien ils seront limités dans l'espace et aboutiront à des monographies dont l'auteur dégagera les implications théoriques ; ou bien ils s'efforceront de reconnaître dans d'autres régions ou dans d'autres continents des phénomènes analogues à ceux qui auront été analysés dans les premières monographies, pour préciser la portée des conclusions qui en ont été tirées ; ou bien, enfin, ils seront motivés par le désir de reconnaître des phénomènes géologiques particuliers dans les lieux où ils se manifestent sous les aspects les plus exceptionnels, en vue de mettre en question les conclusions théoriques déjà reconnues, ou d'en déduire de nouvelles implications. Dans les trois cas, un ensemble géographique suffisamment imposant et varié servira de point de départ au travail du géologue voyageur à la recherche de constances qui donnent toute leur valeur aux faits exceptionnels de portée polémique. Cette dimension géographique des problèmes géologiques comme introduction à l'histoire concrète de la terre est caractéristique des travaux des géologues actualistes au même titre que des catastrophistes, leurs contemporains, qui les accompagnent sur le terrain, dans une entente certaine pour fonder une science d'un style entièrement différent de celui que Werner avait donné à la Géognosie : la Géognosie passe au second plan d'une Géologie qui renaît.

2. – *L'ACTUALISME ET LES CATASTROPHES.*

Un premier travail actualiste cohérent et systématique est fourni par Von Hoff, en réponse à une question posée en 1818 dans le Göttinger Anzeiger (N° 205) par la Société Royale, question dont la partie essentielle est la suivante : quelles sont les mutations de la terre connues historiquement, qui permettent d'expliquer son passé depuis sa formation ? (1). Il s'agit d'une recherche de géomorphologie portant sur des variations courtes dont la projection agrandie dans le temps parviendra à coïncider avec ce que représentent les grandes structures de la géographie physique. L'exploration géographique est donc requise, mais cette exploration enveloppe un temps historique qui apparaît comme la différentielle dont les temps géologiques sont l'intégrale. A l'arrière-plan, certes, il y a Linné, et Celsius, Deluc et bien d'autres, mais à ces recherches, la Société Royale ajoute un aspect cumulatif ignoré du siècle précédent. L'ensemble des signes historiques de mobilité de la surface terrestre sont désormais regroupés en vue d'un traitement coordonné qui renvoie à la coordination du devenir géologique qui résulte de leur accumulation. En répondant à un tel programme, Von Hoff répond par la même occasion à un programme formulé par Playfair, mais qui, lui, était tourné vers l'avenir, tout en représentant, en fin de compte, la même perspective.

> « Chaque pas que fait la science procure un moyen de plus de tracer plus exactement le tableau de la Nature, comme il existe *aujourd'hui* et de transmettre aux siècles à venir un aperçu qu'on pourra comparer à celui qui existera *alors*. Si donc la science actuelle est destinée à survivre aux révolutions physiques du globe, la théorie huttonienne pourra être confirmée par des monuments historiques. » (2).

Ces « monuments historiques » existent déjà : ce sont des descriptions anciennes ou des traces d'implantations humaines passées qui indiquent des variations dans la disposition du sol entre leur actualité et la nôtre : il suffit au géologue de les relever et de les authentifier pour pouvoir les utiliser directement (3). Mais les deux catégories de phénomènes à prendre en considération, neptuniens et volcaniens, n'ont pas la même portée : l'érosion due aux eaux courantes et les progrès de la sédimentation des barres et des deltas retrouvent chez Von Hoff la valeur chronométrique qui leur avait été assignée par Deluc (4). Par contre, les phénomènes d'origine interne, volcans et tremblements de terre, ne permettent pas de se livrer à des spéculations chronométriques de même ordre, dans l'incapacité où l'on est d'apprécier leurs variations d'intensité dans le soulèvement des montagnes et des continents (5) : Von Hoff n'exclut pas des accélérations catastrophiques qu'il limite à l'extrême, et qu'il ne rend, en aucun cas, responsables de destructions de faunes entières (6).

Dans ces conditions, la question des volcans, qui a déjà fait beaucoup voyager les géologues prend une importance décisive du point de vue de la théorie de la terre, après avoir été réduite à peu de choses par l'Ecole de Werner. D'après Poulett Scrope, son succès date aussi de 1818, où commencent à être connus les premiers résultats du voyage de Von Buch aux Iles Canaries, succès qui réactive les recherches plus anciennes. Associée à la question du basalte, et à une version plutonienne de la théorie des catastrophes qui en élimine l'alternative astronomique (7), elle va désormais s'accompagner d'une révision de l'analyse géognostique des terrains, dont certaines particularités vont s'éclairer par la mise en évidence du volcanisme ancien. Du côté des recherches actualistes, ce qui importe est la liaison entre des phénomènes étudiés jusqu'ici séparément parce que connus isolément : le volcanisme, les tremblements de terre, et le soulèvement des masses continentales (8). La survie du catastrophisme est ainsi liée à cette position des volcans, du fait même du caractère directement catastrophique de leurs manifestations actuelles, auxquelles on peut facilement attribuer des variations d'intensité entièrement étrangères au calme des phénomènes neptuniens.

Or, l'actualisme en Géologie est devenu la science elle-même. C'est ce qui va permettre de créer des laboratoires de géologie pour étudier le déterminisme ou les conditions de possibilité à faible échelle de certains phénomènes bien localisés, tels le métamorphisme. L'objet de la Géologie est la connaissance de ces processus et leur application aux données descriptives de la Géognosie : par principe et par méthode, il faut exclure tout cataclysme et toute révolution qui constituerait une exception inexplicable (9), mais cela ne veut pas dire que les lois connues des processus géologiques ne permettent pas de rendre compte des apparences sur lesquelles sont fondées les doctrines catastrophistes, dans une optique elle-même catastrophiste. Au contraire, Poulett Scrope, avant Elie de Beaumont, fournit une des plus belles interprétations actualistes de la théorie des révolutions générales de la surface du globe, en combinant l'idée d'un soulèvement soudain d'une masse montagneuse, avec la production d'un ras-de-marée gigantesque qui doit se répercuter aux antipodes au nom des lois de l'équilibre des eaux à la surface de la terre, et qui se manifeste par une succession de vagues d'intensité décroissante, responsables de la dénudation des terres émergées, et des dépôts détritiques d'âges distincts :

> « Et tel était probablement le caractère réel de ces eaux en mouvemnt, dont l'occurence sous le nom de déluges, cataclysmes ou débâcles, a été inévitablement inféré par les géologues à différentes époques successives dans le temps du monde, à partir de l'évidence fournie par ces strates arénacées. » (10).

Poulett Scrope complète par ailleurs ce catastrophisme par le thème de la diminution d'énergie des causes géologiques, qu'il dérive directement de la théorie du refroidissement de la terre, thème déclaré également conforme aux lois connues et aux données d'observation (11). L'apport principal de Poulett Scrope à la Géologie qui lui est contemporaine pourrait donc se trouver ailleurs que dans son « actualisme », à savoir dans sa démonstration de la permanence du volcanisme dans le temps, qui en fait un principe constant pour l'explication des données géognostiques : terrains volcaniques anciens et ruptures tectoniques.

Comparés à ces phénomènes généraux : changements de niveau des strates superficielles, fractures, dislocations, irrégularités de position, qui indiquent l'élévation des continents à partir d'une force qui agit de bas en haut, et qui est responsable du plissement des chaînes de montagne dont les fractures représentent un à-côté accidentel, les éruptions de lave, qui ont initialement attiré l'attention, sont elles-mêmes un phénomène secondaire (12), mais qui reste significatif, par sa liaison avec une variable interne sous-jacente à cette multitude d'événements appartenant à l'histoire de la terre. Or, cette théorie vulcaniste, comme auparavant celle de Breislak, dernier disciple de Lazarro Moro, est non seulement distincte, mais encore opposée à la théorie huttonienne, puisque Scrope va jusqu'à contester l'origine métamorphique du gneiss (13). Elle indique surtout le retour implicite à une conception linéaire du temps, parce que, en décomposant le phénomène du soulèvement en une multiplicité d'accidents dont le volcanisme est le couronnement, elle dépasse une géologie des alternances réglées (soulèvement-érosion: Hutton ; révolution-repos : Cuvier, Elie de Beaumont, au profit d'une géologie où les événements ponctuels et les irrégularités vont pouvoir rencontrer la moisson d'irrégularités recueillies dans les diverses parties du monde, qui sont, pour les géognostes voyageurs, autant d'indices d'une histoire. Sans doute, un cycle profond de contractions et d'expansions reste placé à la racine de ces soulèvements, dont les volcans constituent la soupape de sûreté, marquant la fin de l'activité orogénique (14), mais leur succession se perd dans l'éparpillement des faits de surface qui constituent directement cette histoire géologique. De ce fait, si l'apport Huttonien demeure, son utilisation par la Géologie actualiste n'est plus Huttonien, jusqu'à ce que, peut-être, le nœud qui vient de se nouer entre les volcans, les tremblements de terre et les soulèvements, illustré un peu plus tard par les observations faites par Charles Darwin au Chili, se défasse à la fin du siècle, avec Suess, qui substitue les mouvements tangentiels aux poussées de bas en haut dans l'orogénie (15).

3. – *LA GÉOLOGIE POSITIVE.*

La géologie est une science positive, cela veut dire : définitive. La philosophie positive est, en effet, la philosophie définitive de l'esprit humain dans toutes ses manifestations (1) ; elle en exprime la maturité. Ce caractère définitif est lié aux deux attributs principaux du terme « positif » : la réalité et l'utilité, qui peuvent être complétés par : organique, précis, certain, et relatif (2). Cette relativité est liée à la nature physique de la science positive, c'est à dire, sa dépendance par rapport aux observations, d'où cette conséquence célèbre :

« L'explication des faits, réduite alors à ses termes réels, n'est plus désormais que la liaison établie entre les divers phénomènes particuliers et quelques faits généraux, dont les progrès de la science tendent de plus en plus à diminuer le nombre. » (3).

Autrement dit, si une possible unification de la connaissance de l'Univers n'est pas exclue autour de la loi de gravitation, la science positive suppose un pluralisme qui dépasse la simple variété des circonstances affectant des phénomènes naturels identiques par nature : l'unité de chaque science n'est que méthodologique (4). En géologie, la positivité pourrait consister à « n'y admettre jamais que les forces normales, même envers les phénomènes qui faisaient jadis rêver des catastrophes inexplicables » (5), ce qui suppose ou bien que les catastrophes soient explicables ; ou bien que la totalité des phénomènes soient explicables par l'accumulation des effets dus à des forces constantes. En 1852, tous les bons esprits se répartissent encore en fonction de cette alternative. Mais ceci dit, il faut rappeler que l'idée même d'une Géologie est récusée par Auguste Comte, qui ne conçoit pas « la constitution rationnelle d'une seule science concrète » à cause de la complexité des données qu'il faudrait mettre en jeu et combiner, et parce que, « parmi les innombrables existences qui nous entourent, il y en a fort peu qui méritent notre attention spéciale par leur relation directe au Grand Etre que nous devons avoir toujours en vue » (6) : il n'est ainsi de sciences que celles qui constituent la cosmologie, céleste et terrestre, considérée comme partie du système abstrait.

Cette constitution rationnelle de la Géologie est pourtant tentée par les géologues eux-mêmes, en pleine conformité avec l'esprit positif, qui, du fait, de la place fondamentale qui doit être faite à l'observation, se détourne des processus, à cause des tentatives spéculatives qu'ils engendrent par leur nature causale, au profit des faits et de leurs rapports, c'est à dire, de la méthode géognostique et des terrains, comme l'indique Beudant :

> « ... Le principal objet qu'on doit se proposer en Géologie est l'étude comparative des terrains, soit dans les caractères distinctifs de l'arrangement des roches qui les composent, soit dans les relations qu'ils peuvent avoir les uns avec les autres. Chaque roche, dont on fixe définitivement la place dans l'ordre naturel, chaque terrain dont on détermine les caractères de composition et de situation, font faire un pas réel à la science vers sa perfection. Les terrains, une fois bien connus, présentent autant de groupes de faits positifs ; et les rapports divers qui existent entre eux à la surface du globe sont les bases inébranlables de la philosophie géologique. » (7).

Autrement dit, les terrains, dans leur stabilité visible, sont indiscutablement positifs et vont transférer leur positivité aux conditions qui les ont fait exister: la constance du processus volcanique, envisagée par Poulett Scrope devient une donnée positive du fait de la reconnaissance des terrains volcaniques anciens qui en sont l'expression visible pour un regard préparé. On ne peut donc sous-estimer cette reconnaissance du point de vue de l'histoire de la terre et de la méthodologie qu'elle implique.

Le concept de terrain regroupe trois idées : celle de formation, prise au sens de résultat, celle d'époque de formation et celle de mode de formation (8). Ces idées sont héritées de Werner et de Bonnard, et il en résulte la possibilité d'une échelle des terrains, de signification chronologique associée. Sont à part les terrains volcaniques, comme ils l'étaient déjà dans la doctrine de Werner, à cette différence près que Beudant admet leur relatif recul temporel : il les désigne comme terrains indépendants, en ce sens qu'ils n'ont pas de position fixe dans l'ordre géologique naturel (9), ce qui signifie qu'il va falloir déterminer leur âge en fonction de leur position relative par rapport aux autres terrains exclusivement. La géognosie n'est donc plus une partie de la Minéralogie, susceptible de s'exercer sur échantillons, comme l'Histoire Naturelle ; si le géognoste désormais voyage – ce en quoi il rejoint le géologue actualiste, observateur des dynamismes naturels – ce n'est plus comme au départ, aux fins de vérifier un savoir déjà acquis à Freyberg, c'est parce qu'il est contraint par l'objet de son étude à l'examiner sur place :

> « La géologie n'est pas une science qu'on puisse à loisir étudier dans les cabinets, sur des collections rassemblées au hasard, et où des ressemblances minéralogiques peuvent journellement nous tromper. C'est au milieu des montagnes qu'il faut chercher les données principales, et c'est sur des suites nombreuses de roches qu'il faut étudier les caractères généraux : on ne parvient autrement qu'à une nomenclature aussi sèche qu'inutile. » (10).

Ne peuvent donc être traitées comme volcaniques, que les roches appartenant aux terrains de même nom, qui, outre leur absence de position fixe dans l'ordre des formations, sont indiqués par un aspect massif qui les distingue, dans leur ensemble, des formations stratifiées qui les environnent. Les terrains basaltiques seront donc évidemment volcaniques par leur position supérieure par rapport à d'autres terrains, et par leur différence globale par rapport aux roches environnantes, et par leur disposition en coulées, en plateaux, en filons et en dykes, analogues à ce que l'on observe autour des volcans actifs. Mais ces dispositions manquent déjà aux trachytes, toujours situés sous des basaltes sans jamais leur être superposés, ce qui marque leur antériorité ; seulement, leur rugosité, leurs analogies de structure avec les terrains volcaniques, dont sont exclus le calcaire et le quartz, leur isolement et la forme des montagnes qu'ils composent, conduisent à imaginer l'effacement d'un volcanisme ancien, ou bien un autre type de volcanisme que le modèle actuel fourni par le type strombolien ou vésuvien. Par contre, Beudant refuse encore de traiter de la même manière les syénites, serpentines, porphyres, etc, qui appartiennent aux terrains de transition, et quelquefois aux terrains secondaires, où ils passent au grès rouge, malgré les arguments minéralogiques qui vont en ce sens, parce qu'ils sont associés à des roches « neptuniennes », même lorsque des bouleversements manifestes pourraient indiquer du volcanisme (11). A la décharge de Beudant, on constate que Humboldt reste également très prudent en présence du même problème :

> « D'après ce que j'ai exposé plus haut sur le passage insensible des porphyres métallifères du Mexique à des roches qui renferment de l'obsidienne et du perlstein, et dont la volcanicité n'est presque plus contestée aujourd'hui, je ne sais pas comment décider une question si importante. Elle présente moins un problème de gisement qu'un problème que j'appellerai historique, parce qu'il est l'objet de la géogonie, et qu'il tient aux

idées que l'on se forme sur l'origine des divers dépôts rocheux qui couvrent la surface du globe. Le géognoste a rempli sa tâche, lorsqu'il a examiné les rapports de gisement et de composition. Il n'est pas temps encore de prononcer sur des masses qui semblent osciller entre les porphyres de transition et ces trachytes exclusivement appelés porphyres volcaniques. Ce qui paraît difficile à débrouiller aujourd'hui deviendra clair peut-être, lorsque l'Amérique équinoxiale, libre, civilisée, plus accessible aux voyageurs, sera explorée par un grand nombre d'hommes instruits ; lorsque de nouvelles découvertes auront fait concevoir que des effets volcaniques, lents et progressifs, ou brusques et tumultueux, ont pu avoir lieu partout où des crevasses ont ouvert des communications avec l'intérieur du globe dans lequel règne encore aujourd'hui d'après toutes les apparences une température extrêmement élevée. » (12).

Il y a donc réciprocité entre Géognosie et Géologie dynamique, entre l'identification des terrains et ce qu'on peut penser de l'histoire ancienne de la terre, de telle sorte que les résultats de l'une sont nécessaires pour renforcer dans l'autre la conviction correspondante : une théorie de la terre ne peut s'achever qu'à la condition que soit reconnue la série des terrains volcaniques, parallèle à la série des terrains secondaires, par application de la stricte méthode géognostique (13), mais il est des problèmes d'identité que la seule méthode géognostique ne peut trancher. La jonction nécessaire qu'il lui faut faire avec la théorie, elle va l'opérer par un passage à la totalité : seule la géognosie reste « positive », et comme cette positivité en fait « une science d'enchaînements et de rapports » (14), elle ne peut se limiter à une portion du globe, et elle ne peut, en même temps, trouver sa vérité de manière anhypothétique, qu'en devenant organique par la conquête de toute la surface de la terre, conformément à ce caractère organique de toute positivité qui est signalée par Auguste Comte.

Ce caractère organique entraîne, parmi d'autres, deux implications méthodologiques principales : la comparaison des couches de même niveau, et le rassemblement de tous les phénomènes de même ordre. Il en résulte la définition du concept d'« horizon géognostique » (15), grâce auquel il est possible de reconnaître des formations distinctes du point de vue pétrographique, mais équivalentes par leur position, c'est à dire, par leur âge. Il s'ensuit que le parallélisme des formations secondaires et volcaniques ne représente qu'un cas particulier de ces équivalences possibles, et qu'il radicalise l'idée d'une diversité des conditions géographiques anciennes, productrices de ces formations équivalentes mais d'origine distincte que l'on trouve à tous les niveaux de la série des terrains secondaires. Le principe d'une paléogéographie, apparu grâce à la comparaison géologique de chaque bassin tertiaire, peut donc être immensément généralisé par la reconnaissance de ce volcanisme ancien, que Von Buch et Boué portent jusqu'aux terrains primitifs et de transition.

Alors que Von Buch a reconnu le caractère volcanique du basalte dès le début du siècle en Auvergne, c'est en Suède, un peu plus tard, aux environs de Christiana, qu'il évoque un lien possible entre le porphyre ancien des terrains de transition et le volcanisme, parce qu'il a observé que le porphyre s'y transforme en basalte par degrés imperceptibles, ce qui démontre leur affinité minéralogique, ce à quoi un ancien élève de Freyberg ne peut être que sensible. Il faut donc reconnaître le basalte dans des terrains de transition « et de plus, dans des rapports qui rappellent d'une manière frappante l'Auvergne, où les montagnes de porphyre sont largement distantes des formations de transition » (16). Il faudra cependant attendre que Von Buch se soit laissé convaincre de la vérité de la théorie de Dolomieu sur l'origine infragranitique des volcans (17), qu'il ait incorporé la doctrine du métamorphisme de Hutton (18), et enfin qu'il ait noté la proximité du porphyre pour expliquer la transformation du calcaire en dolomie, pour qu'il en dérive une théorie générale, où les chaînes de montagnes sont comprises comme des fentes à travers lesquelles le porphyre s'élève (19), théorie qui marque en 1823 la fin du processus de rupture avec la doctrine de Werner, qu'il avait amorcé entre 1796 et 1800, au cours de ses voyages en Italie et en Auvergne. Le volcanisme actuel apparaît ainsi comme le modèle réduit de la formation de toutes les masses montagneuses, qui soulèvent les couches primitives et sédimentaires préalablement déposées : il est le principe de l'histoire de l'écorce terrestre, depuis ses origines, histoire où les répétitions se substituent aux variables et aux cycles.

Plus exemplaire encore, peut-être, est la démarche d'Ami Boué, qui montre de la manière la plus claire comment la Géologie peut accéder à la positivité depuis la géognosie de Werner.

Du point de vue méthodologique, Boué refuse tout d'abord l'usage unilatéral du critère géognostique de superposition, au profit d'un retour au critère minéralogique, qui n'est trompeur que dans l'examen d'échantillons de petite dimension :

> « ... Mais qui pourra jamais confondre un district un peu grand de porphyre ou de granite avec une étendue de tout autre roche excepté avec des trachytes, ... jusqu'à présent, nous n'avons vu que le feu des volcans qui ait pu produire de pareilles roches, et, en effet, comment est-il possible que les géologues aient poussé si loin l'hérésie systématique pour méconnaître ces produits qui passent aux rétinites, à des roches vitreuses qui n'ont pu sortir incontestablement que de la bouche des volcans, comme le verre ne peut sortir que d'une verrerie. » (20).

C'est la démarche actualiste, qui consiste à procéder du connu à l'inconnu, qu'il faut radicaliser à l'égard du critère de superposition lui-même, sous lequel peut s'abriter une survie du dogmatisme wernerien, qui a formulé une hypothèse en face des terrains cristallins les plus anciens pour l'étendre ensuite abusivement aux formations plus récentes, alors qu'il fallait au contraire partir des dépôts récents pour expliquer les anciens. Une telle survie n'est due qu'à la difficulté de se débarrasser de mauvaises habitudes :

> « Et cependant, leur marche de l'inconnu au connu me semble aussi ridicule que celle de ce géologue qui voudrait prouver que le Puy de Dôme est un produit volcanique par les rapports qui peuvent exister entre cette montagne et les amas d'argilolite du grès rouge qu'il aurait d'abord cru devoir qualifier de volcaniques ; en un mot, il est de fait qu'en suivant cette ancienne routine, on est toujours obligé de recourir

> à des hypothèses pour expliquer l'origine des plus anciens dépôts, et qu'on rend compte ensuite, au moyen de ces suppositions, des plus nouveaux, tandis que la voie opposée n'a nullement besoin de ces échafaudages théoriques. » (21).

On constate ici que les refus de Beudant et les scrupules de Humboldt sont dépassés par leur contemporain, parce qu'il a déplacé la position de la théorie et changé son contenu : la théorie n'est plus d'abord explicative, et de ce fait synthétique, mais au contraire, elle est d'abord synthétique, au sens où elle regroupe les causes de tous les phénomènes observés, et pour cette raison, elle se montrera de surcroît explicative ; parmi ces causes, le feu et l'eau sont situés à leur place respective, comme le voulait Playfair :

> « Ces idées théoriques feraient donc dériver la formation de la croûte du globe de quelques lois générales simples et encore actuellement existantes, et l'explication de l'origine de toutes les masses minérales se trouverait presque donnée en disant que la croûte du globe est composée d'une succession de roches non stratifiées, de formation ignée, et de roches stratifiées que l'eau a formées mécaniquement ou chimiquement avec les premiers produits ou avec des substances provenant des animaux, des plantes, ou de sources actuellement inconnues. » (22).

Dans ces conditions, si la problématique de Werner rendait exceptionnelles et superficielles les formations dites locales, ce nouveau traitement de la géologie rend inconcevable l'existence de formations universelles sous la forme décrite par la précédente géognosie, c'est à dire la représentation de la terre sous la forme d'une section de tronc d'arbre :

> «... il me semble qu'en admettant ma manière de voir sur l'origine des masses minérales du globe, et même d'après les faits connus, on ne peut pas dire qu'il y ait eu un seul dépôt universel, mais que des causes semblables ont produit à différentes époques, en différents points du globe,. des dépôts semblables, quoique quelquefois modifiés, de manière qu'il y aura eu des localités où ces formations auront eu lieu en plus ou moins grande quantité, suivant les circonstances accidentelles, d'autres où elles auront été si peu considérables que des destructions postérieures n'auront que peu de peine à en détruire les traces, et quelquefois même, il pourra être arrivé que certaines places en aient été exemptes, comme le prouve bien la distribution des formations les plus récentes. D'un autre côté, les détails de chaque terrain varieront naturellement encore plus que les masses principales, puisqu'ils dépendent des accidents des dépôts des produits aqueux et volcaniques, et qu'ils ont éprouvé, d'une manière fort inégale, l'effet des forces destructrices, bouleversantes et modifiantes du globe terrestre. » (23).

On retrouve alors le problème que se pose Brongniart : comment construire une échelle stratigraphique à travers cette variété, qu'une variété zoologique ne peut que redoubler ? Comment déterminer pratiquement les horizons géognostiques et leur succession ?

4. – L'ÉCRASEMENT DU TEMPS.

Ce problème a été jugé en premier lieu, soit insoluble, soit subordonné à la permanence d'une variable géogénique, sous-jacente au matériel observé quoique Humboldt le compare au problème de l'équivalence entre chronologies distinctes que les historiens des siècles précédents ont résolu dans leur pratique. En effet, dans une même région, la succession des couches est bien évidemment chronologique, mais rien ne prouve que le contenu de la couche la plus ancienne d'une région donnée ne soit pas équivalent à la couche la plus récente d'une autre région, inversion que des différences géographiques suffiraient à expliquer, parce que le même principe de différenciation, comme le signale Brongniart, peut valoir pour la diversité géologique au même titre que pour la diversité géographique. Si « on peut comparer les différentes surfaces que le globe a dû avoir successivement, et que nous indiquent ses divers groupes de couches, aux différents climats qui partagent sa surface actuelle » (1), on ne peut plus rejoindre la loi de Cuvier, selon laquelle « les animaux fossiles diffèrent d'autant plus des êtres qui vivent actuellement, qu'ils sont développés dans des couches plus anciennes du globe » (2), qu'à la condition de supposer un refroidissement constant, permettant le recoupement de la dimension géographique allant de l'équateur aux pôles, avec la dimension chronologique de ce refroidissement, comme le voulait Buffon. Mais cette concordance théorique laisse entier le problème pratique de savoir si une variation dans les échantillons fossiles est due à une différence d'époque ou à une différence locale de climat. Le géognoste voyageur est donc conduit, en fonction du caractère apparemment inextricable de ce problème, à s'éloigner de la détermination de la succession chronologique des formations dans leur ensemble, au profit d'analyses régionales de la diversité successive des terrains, et des conditions locales qui ont pu les produire : c'est ce climat scientifique qui a fait de Ami Boué le fondateur de la Paléogéographie de l'Europe (3).

Pour Boué, la variable géogénique n'est cependant pas le refroidissement, mais le soulèvement des masses continentales, conçu comme progressif, et formant le support des diversifications de surface. Les soulèvements remplacent alors exactement la conception antérieure d'un abaissement progressif du niveau de la mer. Dès 1820, il décrit le modèle suivant : des éruptions volcaniques donnent les premières îles, à partir desquelles la mer va reculer vers son bassin actuel, qui s'en trouve approfondi, par des affaissements qui sont réciproques de ces soulèvements : sans être formulé, le principe de la constance du volume global des eaux est ainsi sous-entendu. En même temps, la théorie de Hutton permet de localiser ce phénomène de soulèvement, car si l'érosion tend à détruire les continents actuellement émergés, les îles du Pacifique annoncent peut-être un continent en voie de formation par volcanisme et soulèvement (4). Le refroidissement n'est cependant pas entièrement exclu : il épaissit l'écorce terrestre, et diminue donc sa mobilité, ce qui augmente progressivement l'importance des facteurs météorologiques, qui apparaissent comme la condition d'une diversification continue du monde vivant.

Cette diversification continue suppose celle des divers « climats », devenant « centres de création », qui permettent de définir plusieurs « provinces » zoologiques et botaniques (5). Mais ces provinces sont d'abord géologiques, puisque les partitions climatériques supposent des divisions géologiques, comme l'Europe le démontre avec sa division depuis les formations secondaires en deux grands types généraux qui caractérisent, l'un les régions du Nord-Ouest, l'autre, celles du Sud-Est : cette division progressive de l'Océan secondaires en deux grandes masses géographiques, dont les conditions deviennent différentes, est ainsi la raison du développement des espèces différentes (6), d'où provient, comme Marcel de Serres l'a démontré, la diversité zoologique actuelle (7). Autrement dit, l'isolement géologique produit la différence paléontologique entre régions contemporaines qui doivent être inscrites sur une même carte, dont le concept d'horizon géognostique implique la construction. Il faut donc pouvoir démontrer que deux régions éloignées, distinctes par leurs habitants aussi bien que par les formations qui s'y sont déposées ou les accidents structuraux qui s'y remarquent, appartiennent bien à la même carte. Un tel problème est fondamental parce que l'échelle stratigraphique ne peut plus être comprise que sous la forme de ces cartes successives qui rendent raison des correspondances entre formations sans rapport apparent. Ce problème est désormais le problème de la géologie historique : sa difficulté et son importance peuvent être démontrées par les impasses théoriques et pratiques dans lesquelles Constant Prevost a pu s'enfoncer.

Constant Prevost est un géologue qui appartient à l'école positive (8), et même actualiste (9). Entre 1820 et 1830, il est donc à la pointe des progrès de la Géologie, et tire pourtant de cette situation des conclusions rétrogrades et ruineuses pour le développement de la science, dans la mesure où son « actualisme » et son « uniformitarisme » restent liés à deux thèmes archaïques dont ses contemporains sont en train de se débarrasser : l'abaissement progressif du niveau de la mer, et l'Echelle des Etres comme contenu de l'unité de plan de la Nature.

C'est l'abaissement progressif du niveau de la mer qui garantit pour Prevost la continuité de l'histoire de la nature et l'homogénéité des causes qui agissent dans le présent et dans le passé, c'est à dire, l'actualisme. Il faut donc rejeter les révolutions, ramener le Déluge à un événement local (10), et rendre compte autrement des phénomènes sur lesquels Cuvier et Brongniart ont fondé l'hypothèse d'alternances fluvio-marines dans le Bassin Parisien, ce à quoi il croit parvenir en évoquant un estuaire dont les dépôts varient selon que l'on est en période sèche ou pluvieuse (11). Il en résulte une complète unité de l'histoire terrestre, unité d'autant plus concevable que cette histoire est épidermique :

> «... en feuilletant les archives de l'histoire terrestre, j'ai bien vu notés des événements nombreux, gigantesques ; j'ai reconnu les traces de révolutions et de bouleversements sans nombre ; mais il m'a semblé que toutes ces marques d'agitations et de troubles, bien importants pour les

hommes sans doute, avaient à peine effleuré la mince épiderme qui revêt la terre ; qu'au-delà et en deçà, tout paraissait être resté calme et immuable, et qu'ainsi il était au moins prudent de s'abstenir de toute explication, plutôt que d'assigner à des effets aussi limités, des causes qui ne sauraient exister que par des infractions aux lois générales qui régissent l'univers. » (12).

Ceci entraîne deux conséquences : d'une part, la dissociation entre les problèmes qui portent sur ce noyau immuable et qui relèvent de l'astronomie et de la physique, et ceux qui intéressent cet épiderme que Prévost désigne du nom de « sol » ; et d'autre part, une substitution des problèmes de simultanéité à ceux de succession, où le thème de l'Echelle des Etres intervient pour ajouter à l'écrasement de la dimension temporelle.

La dissociation de la Physique terrestre et de la Géologie s'opère dans l'espace, où Prevost distingue la masse planétaire et le « sol », et le temps, où l'histoire de la masse planétaire s'achève avec la constitution du sol primitif, pour faire place à l'histoire du sol qui lui succède (13). Cette différence ontologique ne conduit pas à une séparation épistémologique totale : les faits relatifs à l'histoire du sol permettent d'élaborer des conjectures concernant l'histoire de la masse planétaire, et réciproquement, la dépendance de la Géologie par rapport au système de l'Univers constitue une de ses dimensions, dont le regroupement avec les autres dimensions plus particulières de cette science, fait de la Géologie une « Physiologie » (14) ou science de la Nature. Il s'agit là d'une séparation tout de même suffisante pour garantir la rupture de la Géologie positive, science du sol, avec toutes les formes de Géogénie. Cette délimitation stricte du territoire géologique y garantit la validité exclusive de la méthode actualiste, point unique sur lequel Prévost rencontre Lyell, hors duquel, tout les sépare (15).

La question de l'unité de plan de la nature, devenant la manifestation de l'unité de la création, est directement liée à cette limitation de l'histoire géologique à l'écorce terrestre. Dans les archives d'une histoire terrestre réduite à sa surface, les restes orggnisés fossiles vont jouer un rôle de premier plan, puisqu'ils sont les témoins directs des variations de cette surface au nom du principe des conditions d'existence. Il sont en particulier partie prenante dans la discussion sur la position des couches fluviales et marines dans le Bassin Parisien, et son interprétation, car la succession est liée à l'alternance, tandis que dans un estuaire, il peut y avoir contemporanéité rigoureuse entre les habitants différents de deux couches superposées. Or, à partir de là, Prévost utilise directement l'idée de distribution géographique différente contre la succession chronologique :

> « De cette manière, et d'après ces réflexions, les rapports observés jusqu'à présent entre les fossiles, et l'ancienneté relative des terrains qui les renferment, pourraient n'être considérés que comme un fait sans généralité et sans conséquence pour l'histoire philosophique de la création des êtres. » (16).

Autrement dit, l'hypothèse de Linné, paraît encore concevable dans l'état contradictoire des questions de théorie et de méthodologie géologiques entre 1820 et 1830 (17), d'où cette conséquence ruineuse pour la Géologie stratigraphique : l'ordre d'ancienneté des terrains en certains points peut se trouver inversé en d'autres points (18), et, par conséquent, la seule histoire que la Paléontologie rend possible, est celle de la répartition successive des espèces à la surface de la terre, c'est à dire, de l'occupation des sols, tant terrestres que marins, dont les seules vicissitudes locales sont responsables de l'extinction de quelques groupes, extinction qui ne peut pas être simultanée à la surface de toute la terre sans contredire le principe de la diversité de cette surface.

En 1825, Constant Prevost admettait cependant encore l'idée d'une progression continue des espèces (19), et en 1827, un décalage chronologique dans l'existence respective d'un grand nombre d'espèces fossiles sur la base d'une différence dans leur répétition stratigraphique, mais il refuse d'y voir un moyen de détermination stratigraphique, parce que la création d'une espèce, si on la suppose possible, ne peut être que locale, et laisser entier le problème de sa diffusion, de même que l'extinction est nécessairement de date différente dans les diverses régions du monde : les variations de peuplement des couches ne signifient donc pas directement une succession des êtres organisés (20). Le principe de l'unité de la création, tel qu'il est illustré par Linné, n'est que la radicalisation de ces remarques, qui donnent à la Paléontologie la seule portée que lui reconnaissait De Blainville : combler les lacunes de la série zoologique actuelle (21). Les conclusions de cette odyssée théorique sont tirées par l'abbé Maupied : puisque l'unité du plan de la création implique la contemporanéité des espèces actuelles et des espèces perdues, au point que des restes humains se retrouvent parmi ceux d'espèces disparues, rien ne s'oppose à ce que certaines formations jugées préhistoriques, ne soient d'origine hisotique, rien ne s'oppose non plus à ce que les terrains soient postérieurs au Déluge de Moïse, après lequel se sont opérées des migrations assurant le peuplement de la terre, tant humain qu'animal, et des extinctions dont le dernier exemple est celle de Didus Ineptus. Les géologues n'ont donc en rien besoin de plus que ce qui leur est fourni par la chronologie mosaïque, et pendant la durée ainsi mise à leur disposition entre la création et nos jours, les événements et les modifications qu'ils décrivent sont celles des ruines et des décompositions, marques du temps sur un monde parfait à l'origine, mais déchu du fait du péché de l'homme (22). Le temps est donc ramené à sa dimension la plus courte, et l'histoire de la terre, placée sous le signe de la mort, non seulement du point de vue ontologique, mais aussi sur le plan de sa Méthodologie, reposant sur les débris organiques disséminés à sa surface (23), comprise comme la surface d'un corps inerte en pleine dégradation (24). Entre l'acte purement divin de la création, et cette histoire qui se résoud en nécrographie, il n'y a rien, ou plus exactement Eve et sa pomme, ce qui, du point de vue scientifique, revient au même.

A vrait dire, Constant Prevost a reculé devant ces extrémités, pour des raisons théoriques, et peut-être également de prudence politique (25). En 1850, il se déclarait incapable de trancher entre l'unité ou la pluralité des créations dans la mesure où l'unité de plan ou de dessein pouvait s'accorder avec une réalisation successive de ce plan : si les espèces fossiles remplissent les lacunes de la série actuelle, on peut également concevoir les espèces actuelles comme un complément de la série fossile : et in en profitait pour s'insurger dans le même article contre toute tentative pour faire concorder les théories géologiques et les textes bibliques (26). Le même mois, il tentait d'harmoniser ses propres conceptions avec celles d'Elie de Beaumont, en traitant les soulèvements attribués au refroidissement comme de simples dislocations dues au même refroidissement, ce qui est explicitement rejeté par Elie de Beaumont lui-même, au nom de son attachement à l'idée de soulèvement et au mot qui la désigne (27). Ces tergiversations et ces rebuffades ne signifient-elles pas que l'actualisme qu'il proposait, pour ne rien dire de celui de Maupied qui le prolongeait dans le sens de sa plus grande pente, était devenu largement désuet en face d'une prise de conscience générale de l'existence d'un problème stratigraphique et de la positivité d'un temps géologique réclamant une méthode d'investigation adaptée ? Mais en manquant ce problème, Constant Prévost a cependant établi une des conditions d'une histoire paléontologique de la vie : l'homogénéité des conditions fournies par l'écorce terrestre, permettant d'éliminer les variables géogéniques au profit des lois de distribution des êtres vivants. Ce sont ces lois de distribution elles-mêmes qui vont fournir la solution du problème stratigraphique.

5. – LA PALÉONTOLOGIE STRATIGRAPHIQUE.

Malgré les protestations de Boué et de quelques autres élèves de Werner, le rôle de la paléontologie dans l'élaboration d'une échelle stratigraphique des terrains est admis en 1830 de manière générale, depuis les modèles fournis par W. Smith, Cuvier et Brongniart, Conybeare et Phillips, et surtout, la publication en 1829 du Tableau des Terrains de Brongniart. Il suffit pour s'en convaincre de constater la place qui est occupée par la Paléontologie stratigraphique dans le Manuel géologique d'H. T. De La Beche, et même dans le Cours de Huot, où chaque chapitre est clos par deux tableaux parallèles : géographique et paléontologique, censés représenter les caractères essentiels des terrains. Mais ce qui frappe également le lecteur, c'est que les échelles stratigraphiques ne tiennent pas compte de cet apport paléontologique dans la désignation des formations, sauf de manière exceptionnelle, et s'écartent difficilement des anciens cadres géognostiques, dont cet apport permet de subdiviser le contenu. Par ailleurs, Huot retient les âges de Cuvier, qu'il nomme Epoques (1), mais ce n'est pas d'une grande importance pratique. On ne peut plus en dire autant de la subdivision du tertiaire en périodes Eocène, Miocène et Pliocène par Lyell et Deshayes, consécutive à un traitement statistique du seul matériel paléontologique (2).

Il faut reconnaître que la critique actualiste de Prévost est excessive, donc insignifiante, lorsqu'elle envisage l'inversion complète de l'ordre des formations. Entre 1820 et 1830, l'ordre de succession des formations est jugé évident, même s'il reste à définir l'apparenance d'une formation à un horizon déterminé. Constant Prévost a été lui-même conduit à admettre l'existence d'un ordre historique général qui lui fait distinguer une Antiquité, un Moyen Age et des Temps Modernes dans l'histoire de la Terre, quoique plus tard (3). Si les bassins tertiaires sont distincts, il existe tout de même entre eux des ressemblances qui témoignent contre leur isolement complet, et cette absence d'isolement doit valoir à tous les niveaux : de telles ressemblances doivent permettre la coordination des variations géographiques et des particularités de distribution dans la faune et dans la flore d'une période déterminée (4). De ce point de vue: Brongniart signale dès 1821, d'une part l'identité de contenu paléontologique des roches anciennes à Trilobites, situées à de grandes distances géographiques, d'autre part que les dépôts de fossiles qui contiennent plusieurs générations successives, montrent à chaque étage une certaine somme de ressemblances avec les étages de même niveau, et une certaine somme de différences avec les étages supérieurs et inférieurs, qui augmente avec la distance verticale (5). Une époque géologique se montre donc partout avec un certain air de famille, que l'on ne peut définir, mais que l'on ne peut pas non plus méconnaître.

C'est ici que Lyell va reprendre le problème : il suffira, pour définir l'air de famille des formations, de calculer les rapports qui existent entre la somme des ressemblances et la somme des différences que constituent les pourcentages respectifs d'espèces identiques et d'espèces distinctes, en tenant compte de leur position systématique. Grâce à cette méthode, toutes les difficultés établies par les recherches actualistes pourront être résolues, en s'appuyant sur un traitement d'ensemble de la documentation paléontologique, recueillie sur une aire suffisamment vaste, susceptible d'englober le plus grand nombre possible de barrières paléogéographiques, qui, d'obstacles, deviennent les objets privilégiés des études géologiques. Les rapports que cette méthode suppose entre les problèmes stratigraphiques et les inductions géologiques fondées sur le principe des causes actuelles, sont décrites par Lyell de la manière suivante :

> « Mais depuis que, dans notre tentative de résoudre les problèmes géologiques, il nous a fallu rapporter à l'opération des causes aqueuses et ignées la distribution géographique des animaux et des plantes, l'existence réelle des espèces, leur extinction successive etc..., il nous était devenu nécessaire de regrouper une variété de faits et de développer de longues argumentations, ce qui ne pouvait être fait que dans des traités préliminaires.
>
> Nous considérons ces sujets comme formant l'alphabet et la grammaire de la géologie : non pas que nous en attendions la clef de l'interprétation de tous les phénomènes géologiques, mais parce qu'ils forment la base à partir de laquelle nous pouvons accéder à la prise en considération de questions plus générales, en rapport avec la complication des résultats auxquels, à travers une durée indéfinie, les causes actuelles de changement, peuvent donner naissance. » (6).

La lecture du Volume III des Principes suppose donc celle des deux volumes précédents qui traitent de la diversité des événements géologiques qui peuvent survenir à une écorce terrestre formant un système de variations constant pour un temps illimité. Une telle constance est remarquablement illustrée par la question des différences entre climats ancien et actuel : Lyell traite cette question à partir des rapports établis par Humboldt entre climats et position respective des terres et des mers (7), pour en conclure que les systèmes d'émersions et d'immersions, dont les variations sont récurrentes, expliquent les périodes anciennes de réchauffement et de réfrigération qui ont pu être observées sur le territoire limité de l'Europe (8), sans engager l'existence d'une variable générale à toute la surface de la terre.

S'il n'y a donc plus de ruptures qui isolent les faunes caractéristiques des divers terrains, s'il n'y a même plus de progression ni minéralogique, ni géologique, ni biologique (9), répondant à une loi interne de développement, les fluctuations temporelles des êtres vivants deviennent assimilables aux fluctuations historiques des populations humaines et relèvent, par conséquent, des mêmes méthodes d'analyse, à savoir le traitement statistique des naissances et des morts, des apparitions et des disparitions dans une formation ou une succession de formations données (10). C'est une technique comptable qui pourra s'appliquer aux variations dans la distribution des espèces fossiles, comme elle s'applique aux mécanismes cumulatifs qui rendent raison de la distribution des richesses et des variations dans les échanges commerciaux, aussi bien qu'aux flux de ce type particulier de capitaux que sont les êtres humains, à condition que soient réalisés les aménagements nécessaires. L'Economie de la Nature que Hutton prenait en un sens physiologique devient ainsi vraiment « économique », de par la méthode qui lui est appliquée.

Les aménagements et la première application de cette méthode sont l'objet du chapitre V du 3ème Volume des Principes (11). Compte tenu de la résolution préalable des problèmes de cœxistence effective, grâce à des observations portant sur les faits d'alternance des couches, sur les dépôts fluvio-marins indiquant des estuaires, sur la présence de gastéropodes dans des dépôts d'ossements de mammifères, etc., il est possible de reconstruire la chaîne continue des faunes contemporaines, à travers les barrières paléogéographiques qui sont aussi des lieux de contact. De telles chaînes, observées à plusieurs niveaux, sont le moyen d'établir le parallélisme de successions dans des régions différentes, et de mettre en évidence les lacunes de telle ou telle succession régionale (12). Mais il ne s'agit là que de préliminaires : lorsque les lacunes dans la superposition des terrains sont expliquées, et lorsque cette superposition peut être complétée, même par une anticipation bien fondée, on doit passer à la détermination de l'ordre chronologique des populations qui habitent ces terrains, d'après les espèces qui les composent, de telle sorte que ces populations puissent être reconnues partout où elles se trouvent, et que ces terrains puissent être situés à leur place dans une échelle générale. Lyell fonde la construction de cette échelle générale sur le choix d'un groupe zoologique suffisamment répandu et suffisamment varié pour qu'il puisse offrir un nombre suffisant d'espèces distinctes dans un grand nombre de terrains, de telle sorte que la grille soit assez dense pour couvrir l'intégralité de la succession de ces terrains : pour le tertiaire, ce sont les mollusques. Joachim Barrande montrera que la méthode n'est pas limitée ni à un seul groupe zoologique, ni à une seule époque géologique, en l'appliquant aux trilobites du Silurien (13), et prouve ainsi que le choix du groupe utilisé est une décision géologiquement fondée. Ce choix de Lyell pour les mollusques semble avoir été largement motivé par les informations qu'il a reçues en 1829 sur le travail de Deshayes en conchyliologie paléontologique, par l'examen des collections correspondantes, et par l'idée de la constitution des séries chronologiques de ces espèces, propres à Deshayes lui-même d'après ce qu'il en dit dans la Préface du 3ème volume des Principes (14). C'est de là que va sortir la détermination des trois périodes du tertiaire : Eocène, Miocène, Pliocène.

A la base de cette méthode, se trouvent donc les travaux de Lamarck qui ont permis de déterminer les espèces de coquilles fossiles (15). C'est ici qu'apparaît la distinction essentielle entre l'administration humaine des biens et des personnes et l'économie naturelle : la première porte sur des individus, tandis que la seconde porte sur des espèces, c'est à dire, sur des formes qualifiées, sur des types, qui donnent un caractère à une faune ; cela signifie que les conditions d'existence des vivants sont moins pensées du point de vue écologique qui devrait tenir compte des densités de population, c'est à dire, des individus, que du point de vue physiologique de l'adaptation d'une structure à un milieu, qui conduit à interpréter ce milieu à partir de la seule variété des formes qui l'habitent : ce n'est pas la nourriture qui compte, c'est la manière de l'ingérer. Ces espèces étant données, et comparées zoologiquement aux espèces actuelles, la démarche positive qui procède du connu à l'inconnu, c'est à dire ici, du présent au passé, permet de constater que le recul dans le temps se traduit par une réduction du nombre des espèces identiques aux formes actuelles, proportionnelle à ce recul. Cette première et fondamentale démarche est suivie d'une seconde qui consiste à partir d'une formation typique d'époque déterminée et à disposer les groupes qui lui appartiennent en fonction de leurs rapports avec ceux de l'époque précédente et ceux de la suivante : de ce fait, le réseau continu des espèces peut se trouver focalisé artificiellement autour d'étages particuliers qui jouent pour le géologue le même rôle que les espèces typiques en Histoire Naturelle. Le concept de fossile caractéristique, auparavant flottant, se trouve ainsi fondé, et les espèces rares peuvent servir à densifier le réseau construit par ce moyen, grâce à la détermination de leur position par rapport aux espèces qui ont servi à construire l'échelle. Dans ces conditions, si la disparition totale des espèces actuellement connues marque la limite descendante du tertiaire auquel appartient l'époque actuelle dans l'ordre des terrains, il faut, pour passer aux époques antérieures, utiliser les catégories supérieures de la classification : l'amplitude des temps, qui se traduit ainsi par la différence dans les rapports systématiques des espèces, se réfère donc, en dernier ressort, à la hiérarchie zoologique des organes, c'est à dire, au principe de la subordination des caractères de Cuvier, qui fait qu'un organe est d'autant plus constant qu'il est important, constance qui doit être prise maintenant dans un sens temporel. Sur ce point précis, l'Anatomie comparée va pouvoir jouer le même rôle en Paléontologie qu'en Zoologie, et permettre d'approfondir l'ordre des espèces dans leur succession à la surface de la terre.

6. – LE SILURIEN.

Si Lyell a commencé à débrouiller la stratigraphie du Tertiaire grâce à cette nouvelle méthodologie, les problèmes propres aux formations secondaires (au sens de Werner) et en particulier, aux plus anciennes d'entre elles, lui ont échappé (1). Ce n'est pas à lui, mais à Roderick Impey Murchison, que l'on doit une échelle stratigraphique couvrant toute la série des terrains d'une manière scientifique, et le triomphe du « zoological argument » à tous les niveaux de cette échelle.

En 1833, Lyell, en effet, distingue parmi les roches sédimentaires trois périodes : récente, tertiaire et secondaire (2). Les roches secondaires sont divisées en six groupes de moins en moins précis à mesure que l'on parvient à des niveaux plus profonds et plus anciens : crétacé, et groupe du Weald (destiné à être regroupé avec le Crétacé), Jurassique, Lias (étage inférieur du Jurassique), Nouveau Grès Rouge (qui réunit deux groupes destinés à être séparés), et enfin, Carbonifère, qui comprend toutes les roches sédimentaires sous-jacentes, y compris celles qui ont été désignées par Werner comme roches de transition ou Grauwacke (terme pétrographique, qui désigne l'impression globale fournie par les roches inférieures au Carbonifère). Il n'utilise, enfin, le mot « Primaire » que dans l'acception donnée par Werner : terrains primitifs, azoïques, stratifiés ou non stratifiés, métamorphiques ou d'origine ignée, sans ordre ni référence chronologique, puisque les roches ignées sont de tous les temps (3). De ce fait l'objet de la Géologie historique est limité aux roches sédimentaires, d'où l'importance du travail de révision en cours sur les catégories qui les désignent (4).

La table des groupes sédimentaires fournie par Lyell montre clairement que, vers 1830, les géologues sont parvenus à une idée générale assez précise de l'ordre de superposition des terrains en Europe, jusqu'au Lias, mais que, au delà, la confusion est à peu près complète, et, en particulier, que la « Grauwacke » constitue une sorte de « no man's land » géologique (5). Il faut donc également souligner que si cet ordre est reconnu, l'importance respective des groupes reste controversée, comme en témoigne la diversité des classifications (6). Il reste donc à accomplir un travail énorme, comparable à celui qui a été fourni par Elie de Beaumont pour préciser la position chronologique respective des diverses chaînes de montagnes et leur rapport à des terrains déterminés, mais qui n'a valeur que d'anticipation, parce qu'il confond formations et périodes, au point d'écraser des intervalles immenses à cause de son catastrophisme, intervalles qui peuvent même englober des groupes entiers de couches (7). Ce travail va débuter par l'explicitation de l'ordre des dépôts supérieurs et inférieurs aux couches carbonifères, d'où va sortir une vue d'ensemble de la série sédimentaire, et une méthodologie perfectionnée, conditions nécessaires à la mise en place définitive des principaux groupes de terrains dans l'ordre du temps.

Le 17 novembre 1827, Adam Sedgwick fait un rapport à la Société Géologique de Londres sur le calcaire magnésien, dont les fossiles présentent une similitude jugée frappante avec ceux du calcaire carbonifère (8), et le 2 février 1828, Murchison affirme la supériorité de la correspondance des débris organiques sur les limites minéralogiques pour identifier des terrains de même niveau, à propos des mines de charbon de Brora (9). Cette même année 1828, les deux géologues abordent ensemble cette question des formations qui entourent les terrains houillers dont on sait l'importance qu'ils ont eue dans l'industrialisation de l'Angleterre au XIXème siècle. Dans une étude des strates « secondaires » de l'Ile d'Arran, ils regroupent dans une même unité à trois niveaux le Vieux Grès Rouge, les couches carbonifères et le Nouveau Grès Rouge, en raison de la présence du Grès Rouge et de la concordance des couches, avec passage graduel d'un niveau à l'autre dans ce secteur : les discordances observées ailleurs sont donc de signification subordonnée, ou, en d'autres termes, « toutes les dislocations sont probablement, en un certain sens, des phénomènes locaux » (10), affirmation qui prépare les remarques selon lesquelles une faune peut être continue à travers les dislocations les plus considérables, et changer entièrement de caractère à travers une série de terrains superposés de manière parfaitement concordante, sans la moindre interruption. Les problèmes rendus insolubles du fait des discordances devront être résolus à partir des dispositions concordantes et /ou des caractères zoologiques des terrains (11) : en cas de rupture, on doit toujours trouver quelque part la continuité, ce qui peut supposer des explorations lointaines, comme les Alpes le démontrent en offrant des formations dont les fossiles sont secondaires à la base et tertiaires au sommet (12), tous principes déjà énoncés dans le travail sur les mines de Brora.

Ces travaux préliminaires montrent donc le rôle fondamental pour les deux géologues des critères de superposition et de contenu fossile des formations, mis au point par Smith, indépendamment de toute spéculation numérique, critères dont la mise en œuvre suppose de vastes et attentives explorations, auxquelles l'Angleterre va suffire en un premier temps, en ce qui concerne les couches inférieures au terrain carbonifère. L'Angleterre constitue la région privilégiée qui permet de retrouver la succession complète des strates de ces niveaux, autour de laquelle on peut encore regrouper des segments éloignés grâce à l'usage de leurs caractères paléontologiques. Mais si cette méthode est celle de Murchison, il semble bien qu'elle n'ait jamais été adoptée franchement par Sedgwick, comme en témoignent ses réactions en présence des roches de transition inférieures qu'il est le premier à avoir cherché à reconnaître : de cette divergence est née une querelle au terme de laquelle la paléontologie s'est révélée l'instrument exclusif de l'identification des strates et le fondement d'une interprétation des terrains en fonction de leur ordre historique.

Ce serait au cours des étés 1822, 1823, et 1824 que Sedgwick aurait entrepris l'étude des Monts Cumbriens, dont la région centrale lui paraît antérieure au Vieux Grès Rouge. Ce qui l'intéresse avant tout dans cette région, c'est l'existence de traces d'actions tectoniques successives qu'il s'efforce de sérier en leur appliquant la méthode d'Elie de Beaumont (13). Il semble donc que s'il reconnaît plus tard avec Murchison la valeur prépondérante des fossiles dans la recherche stratigraphique, lorsque les caractères minéralogiques sont très incertains, du fait de leur reproduction à des niveaux différents (14), il reste fasciné par les recherches d'Elie de Beaumont, inscrites dans une perspective catastrophique, qui constitue le fond de sa propre philosophie, même s'il renonce à traiter ces catastrophes comme générales (15). Bien plus, en 1833, il semble revenir sur ce à quoi il avait paru consentir en 1830, pour affirmer la prépondérance de la description minéralogique et de l'ordre de superposition sur les données paléontologiques (16), parce qu'il pense avoir observé une ligne dans la série descendante des formations au-delà de laquelle les fossiles disparaissent entièrement sans qu'il y ait altération métamorphique des dépôts sédimentaires (17). Il existerait donc une origine du monde vivant géologiquement déterminable, puisque l'absence de fossiles n'est pas toujours due à leur destruction par le métamorphisme, ce qui contredit Hutton et Lyell, et il existerait un ensemble puissant de formations sédimentaires antérieur à la présence des vivants, ensemble dont l'étude ne serait possible que du point de vue géognostique. Sedgwick apparaît alors beaucoup plus proche de Boué que de Murchison, et si les deux géologues continuent à collaborer au cours de la décennie entamée, Sedgwick ne parviendra jamais à renoncer à sa méfiance vis à vis du critère paléontologique, bien au contraire (18). Il n'en reste pas moins qu'il est le premier à avoir posé le problème d'un niveau de base paléontologique, scientifiquement définissable, qui renouvelle la question d'une origine de la vie, abandonnée par Lyell qui s'inquiétait seulement de celle de l'homme (19), et confirme l'hétérogénéité d'une série temporelle linéaire par opposition à l'homogénéité d'un temps cyclique. Ce que Murchison va donc ajouter, c'est l'homogénéité dans le temps linéaire puisqu'il le débarasse des catastrophes, du refroidissement et du développement, en utilisant les conceptions de Lyell sur la dynamique géologique et surtout, sur la dynamique des populations animales. Le niveau de base paléontologique devient pour lui la condition d'un traitement des formations et de leur contenu zoologique dans l'ordre historique direct, allant d'un système protozoïque aux séries paléozoïques puis secondaires et tertiaires, à travers lesquelles la vie semble se développer par ses propres forces (20).

Murchison a commencé à faire connaître les résultats de ses recherches sur les terrains de transition du Pays de Galles de 1831 à 1834 (21), et le terme de Silurien a été proposé par lui en 1835, puis adopté très rapidement à travers toute l'Europe (22). Le point essentiel en est la description d'une série de quatre formations reconnaissables par l'individualité de leur faune, leur structure pétrographique et leurs limites géographiques (23) : contrairement à Sedgwick, il place l'étude des dislocations en position marginale par rapport au problème stratigraphique, qui permettra de discuter la théorie de ces dislocations, spécialement celle qui est en est proposée par Elie de Beaumont (24). Ces recherches sont récapitulées en 1839 dans un ouvrage dont Geikie souligne le caractère exceptionnel : « The Silurian System » (25).

Au cours de ces travaux, la méthodologie reste celle qui a été mise au point aux mines de Brora : le système silurien est individualisé d'abord par les restes organiques qui lui sont propres, et en second lieu par les traits physiques, la structure pétrographique et l'ordre de superposition (26). Les quatre formations qui le composent, désignées par le lieu géographique où elles sont le plus évidentes (Ludlow, Wenlock, Caradoc et Llandeilo) sont étudiées de haut en bas, à partir du Vieux Grès Rouge, c'est à dire, du groupe immédiatement supérieur, rattaché à un autre système où il rejoint le Carbonifère et le Nouveau Grès Rouge. La reconnaissance de ces quatre formations en Europe, en Amérique du Nord, et aux Iles Falklands (roches apportées par Darwin) constitue pour Murchison la confirmation de la méthode adoptée:

> « Et ainsi, la leçon qui nous a déjà été enseignée par un examen de dépôts plus récents se répète : le contenu zoologique des roches, couplé avec leur ordre de superposition, forment les seuls critères valables de leur âge. » (27).

Contrairement à Charpentier, géognoste positif, qui contestait en 1823 la possibilité d'utiliser les fossiles en vue de généraliser un ordre stratigraphique, pour des raisons de variation dans la distribution géographique des espèces et parce que le non-retour des mêmes espèces ne lui paraissait pas démontré (28), en 1839, la conviction de cette absence de réapparition, confirmée par Lyell, est devenue le fondement de la valeur chronologique des fossiles, comme le souligne Fitton (29). Réciproquement, c'est le critère minéralogique qui a perdu sa valeur, parce que, justement, on a pu constater la réapparition des mêmes roches malgré un contenu fossile qui démontrait l'appartenance à des époques entièrement différentes (30).

7. – *L'ORDRE HISTORIQUE.*

Reste la question de l'ordre suivi dans l'analyse des formations : comme Lyell, Murchison adopte l'ordre descendant : c'est l'ordre positif, qui va du connu à l'inconnu. Mais l'ordre inverse, ou ascendant, discrédité par l'usage que Werner en avait fait, garde une valeur pédagogique ou même critique, comme l'indique Conybeare :

> « En géologie, on peut suivre deux méthodes. On peut commencer par l'observation des effets des causes actuellement agissantes, et passer esuite à la considération des changements géologiques qui ont lieu aux périodes plus anciennes, espérant éclaircir ces derniers par les connaissances acquises dans cette marche du connu à l'inconnu. D'une autre part, on peut aussi passer en revue les phénomènes géologiques dans leur ordre chronologique, en commençant par les plus anciens, et en classant, aussi bien que possible, les effets observés dans les diverses époques, jusqu'aux temps actuels, et en comparant ainsi tous ces phénomènes, pour voir s'ils indiquent une opération uniforme et constante des mêmes causes, agissant avec la même intensité et sous les mêmes circonstances, ou bien s'il y a eu un changement graduel sur tous ces points, et si les périodes

successives ont fait surgir des circonstances qui ont modifié considérablement les forces primitives. C'est cette dernière méthode que je préfère » (1). Conybeare croit à l'affaiblissement progressif des activités géologiques (2), c'est-à-dire à la théorie du refroidissement du globe, qui lui permet d'abréger la durée des temps qu'il lui faudrait admettre sans cela et qu'il juge inconcevable. C'est donc une telle théorie, dont la réciproque constante est celle du développement progressif des formes organiques, qui sert de première justification à l'usage de l'ordre chronologique direct. Cet usage, ensuite, est lié par Sedgwick à l'observation d'un niveau de base biologique. Mais ce n'est que marginalement que Murchison s'en sert en un premier temps : puisque les dépôts détritiques ne peuvent être expliqués sans se référer aux roches dont ils proviennent, il n'y a plus de raison de suivre, à leur propos, l'ordre descendant, et par conséquent, on peut leur appliquer la « méthode historique », qui, à son terme, va permettre d'embrasser le passage de la géologie à l'histoire humaine (3). Par contre, étant donné qu'il explique la disparition en profondeur des êtres vivants par le métamorphisme ou la chaleur primitive, l'obscurité dans laquelle il laisse la question de l'origine, à quoi il faut ajouter sa prudence à l'égard de la théorie du développement, peuvent expliquer sa préférence pour la méthode positive ou actualiste.

Murchison ne peut cependant pas esquiver la question du développement progressif du monce vivant, compte tenu de la valeur diagnostique et chronologique qu'il attribue aux fossiles.

La valeur diagnostique des fossiles est fondée sur l'adaptation des vivants à chaque modification de l'état de la planète. Ces modifications sont des révolutions dont l'intensité est sans rapport avec la faiblesse des activités que l'on peut observer actuellement (4), ce qui limite d'autant l'usage d'une méthode purement actualiste, et rapproche Murchison de Conybeare. Mais l'analyse stratigraphique lui démontre le caractère local de ces révolutions au point d'éliminer l'hypothèse d'une succession de créations entièrement distinctes : il faut donc concilier cette valeur diagnostique des fossiles avec le renouvellement non pas brusque, mais continu des espèces. Cette continuité suffit pour que le principe de la distinction des étages voisins soit un rapport déterminable numériquement d'espèces communes et d'espèces différentes, ce qui permet de rejoindre la méthode de Lyell. Les changements géologiques importants seront donc simplement marqués par des disparitions et des apparitions de certaines espèces ou variétés, constituant les nœuds d'une chaîne continue (5).

Cette chaîne est celle d'un développement ; mais il faut distinguer le développement propre à chaque étage ou période, qui lui fournit ses aspects caractérisitiques, d'un développement général, qui se traduit par l'augmentation globale de la quantité des espèces à mesure que l'on approche des dépôts les plus récents (6). La combinaison de ces deux aspects, renouvellement et développement, aboutit à un modèle de continuité globale, garanti par la variabilité de la durée d'existence propre à chaque espèce, traduite par une extension verticale propre, telle que les espèces qui assurent les transitions du fait de leur durée sont aussi celles qui forment les transitions entre les groupes zoologiques (7). Autrement dit, Murchison dégage une conception de la spécialisation chronologique des espèces telle que le rôle de transition reçoit une valeur à la fois zoologique, géographique et chronologique, sans commune mesure avec la fonction de « missing link » dans une Echelle des Etres. Ce problème rencontre donc la Paléontologie anatomique qui avait observé déjà la position intermédiaire des espèces fossiles par rapport aux espèces actuelles, pour lui soumettre également la question de la résistance particulière aux catastrophes présentées par ces espèces de transition, à la fois les moins spécialisées et les plus durables. Mais à côté de ces espèces communes à plusieurs systèmes, chaque système géologique a ses espèces propres, dont il est le « centre de création » et qu'il faut resituer dans le mouvement général d'une création susceptible d'être analysée « in ascending order », au même titre que les dépôts détritiques relevaient d'une méthode historique en raison de leur mode de production.

Par conséquent, en 1839, l'ordre temporel direct est d'abord l'ordre du développement progressif de la vie à partir d'un niveau de base interprété comme origine, à l'ombre d'une variable géogénique décroissante, tandis que la mise en évidence d'une histoire est liée à l'application de la méthode positive ou actualiste aux étapes de cette progression supposée, telle que l'ordre de la méthode passe avant un ordre naturel dont la saisie complète ne peut être acquise empiriquement. Mais le lien qui existe alors entre la valeur diagnostique essentielle attribuée aux fossiles et l'usage d'une méthode actualiste d'interprétation de leur distribution, transforme subrepticement le développement lui-même en résultante des processus historiques de renouvellement et d'expansion des vivants, qui sont la clef de l'Histoire de la Terre. Tout se passe donc comme si Sedgwick en était resté à la perspective de Boué, en maintenant séparées une méthode géognostique avant tout physique et une philosophie du développement des vivants, dont les objets ne se rencontrent que d'une manière pour ainsi dire accidentelle, alors que Murchison, parce qu'il a compris la valeur diagnostique des fossiles démontrée par Lyell, traite comme un tout les strates et leurs habitants, si bien que ce qu'il pouvait y avoir d'événementiel, c'est à dire de proprement historique dans la causalité du devenir terrestre est intégré à la compréhension du devenir des vivants eux-mêmes, au détriment de ce qu'il y avait d'interne dans l'idée de loi de développement. Qu'il soit mentionné ou non, le principe qui permet cette intégration des événements terrestres au devenir des vivants porte le nom de principe des conditions d'existence. Entre Sedgwick et Murchison, la divergence est donc radicale, le conflit ne sera pas esquivé.

Ce conflit a pour occasion une tentative impérialiste de Murchison, qui prétend absorber l'œuvre de Sedgwick, en dissolvant le « Cambrien » dans le « Silurien ». Mais ce coup de force est aussi celui par lequel l'ordre historique se révèle central dans la recherche géologique, l'expression du sens d'une stratigraphie paléontologique.

Le terme Cambrien était resté un terme négatif. La préférence de Sedgwick pour l'étude des phénomènes tectoniques et son choix d'un terrain très peu fossilifère ont rendu très difficile l'aboutissement stratigraphique de son travail, publié dans la Synopsis de 1838, où il reconnaît la difficulté de toute classification des terrains au dessous du Vieux Grès Rouge, sauf en ce qui concerne le Silurien. C'est ainsi que le groupe Protozoique est défini minéralogiquement par des roches très métamorphisées et la simple rareté de leur contenu fossile, tandis que le groupe Paléozoique inférieur, censé englober Cambrien et Silurien, s'appuie sur une série de sections stratigraphiques discontinues, dont le lien d'un secteur géographique à l'autre reste hypothétique. De ce fait, appartiennent au système Cambrien toutes les roches inférieures au système Silurien et qui ne peuvent lui être incorporées (8), définition de Murchison, à laquelle fait écho celle que donne Sedgwick lui-même plus tard : toutes les roches des parties non colorées de la carte de Siluria dressée par Murchison (9). Le Cambrien pouvait apparaître par ailleurs comme une catégorie d'autant plus négative que la série des étages inférieurs au Jurassique et supérieurs au Silurien s'était éclaircie par la constitution du Trias par Alberti en 1834 (10), du Dévonien par Sedgwick et Murchison en 1839 (11), et du Permien par Murchison, de Verneuil et Keyserling en 1841 (12), tous étages où la position stratigraphique était confirmée par le contenu paléontologique, contenu qui, à lui seul, s'était révélé suffisant pour rattacher le Permien au carbonifère et par conséquent, à l'ère Paléozoique qui s'achevait ainsi, plutôt qu'à l'ère Mézozoique ou secondaire (13). La vacuité du Cambrien à proximité de cette plénitude a eu pour conclusion le débordement du Silurien inférieur (14).

L'argument majeur qui a justifié une telle invasion est l'absence reconnue par Sedgwick lui-même de tout fossile cambrien caractéristique (15), si bien qu'il était lui-même tenté de confondre Cambrien et Silurien inférieur. Il s'est trouvé cependant profondément ulcéré de se voir ravir son territoire personnel par son ami, dans des conditions aussi contraires à sa propre manière de concevoir la géologie, et peut-être également, parce que Murchison a mis en valeur mieux que lui cette idée d'un ordre historique lié à l'établissement d'un niveau de base qu'il avait lui-même indiscutablement formulée auparavant.

Pour Murchison, cette opération est un triomphe qui ne va pas sans rappeler les accents de Pander en 1817, venant de découvrir la terre embryologique inconnue et l'ordre normal de son exploration :

> « Il y a quelques années seulement, lorsque nous étions incapables d'indiquer quels étaient les premiers animaux créés, ou les positions relatives exactes occupées par quelques-unes des premières formations, nous étions obligés de décrire la série en descendant, à partir des dépôts déjà analysés, d'où on avançait vers ceux de date antérieure ; mais maintenant, puisque nous avons appris à déchiffrer les toutes premières lettres du long registre de la vie animale, nous passons au rang plus distingué d'historien, et nous démontrons dans leur ordre naturel les caractères organiques sucessifs qui apparaissent dans la légende rocheuse de la terre, depuis la première lueur de leur aube jusqu'à l'état actuel de la planète.
>
> En un mot, après une étude patiente des types de la vie paléozoique, nous pouvons maintenant affirmer sans crainte, que l'histoire géologique ou la série des races les plus précoces d'animaux fossiles est fermement établie. Sa vérité est soutenue par l'exposition des formes qui marquent la période où les premiers vestiges de la vie peuvent être découverts, aussi

bien que par la succession des créations ultérieures ; et, de cette manière, tandis qu'à l'exception d'un seul registre, on peut dire que l'origine des plus grands empires humains est enterrée dans la fable et la superstition, le registre inaltérable et ineffaçable, préservé en quelque sorte en vue de notre inspection, constitué par le livre suprême de l'ancienne Nature, est à la longue interprété et lu avec clarté et précision. » (16).

Le niveau de base paléontologique joue donc pour Murchison (17) le rôle que le disque embryonnaire avait joué pour Pander : rendre possible une lecture des phénomènes dans l'ordre temporel direct à partir d'une origine, fût-elle illusoire. Mais ce niveau de base n'est plus constitué par une ligne observable, comme l'avait prétendu autrefois Sedgwick : c'est une large bande non métamorphisée, dont la vie animale disparaît progressivement à sa partie inférieure (18).

L'épaisseur, les caractères stratigraphiques et minéralogiques de cette bande vont constituer le fondement essentiel de l'argumentation de Sedgwick en faveur du maintien du concept de Cambrien (19). Sedgwick avait raison : il était inconcevable de regrouper avec le Silurien des masses rocheuses aussi épaisses, aussi complexes et aussi visiblement différentes. Mais cette intuition directe ne peut plus se justifier par une méthode qui, pour avoir été fondée par Werner et adoptée par les représentants de la géologie positive, est devenue périmée, même s'il est possible de la faire cœxister avec une théorie du développement des formes organiques, encore reçues. Lorsque Sedgwick revise la faune du Silurien dans une perspective progressionniste, pour définir un groupe protozoique, comprenant certaines espèces siluriennes auxquelles s'ajoutent de nouvelles espèces dans l'ordre ascendant, où l'on observe ensuite le remplacement de certaines espèces par d'autres, il ne peut, de cette manière, individualiser un étage (20). C'est sur le développement d'une faune particulière, susceptible d'être distinguée dans le développement général, que Murchison fonde ses coupures, et c'est l'observation d'une faune particulière qui permettra la reconnaissance d'un étage cambrien par Mac Coy et Slater en 1850 (21), mais malheureusement, l'argumentation de Sedgwick ne s'en modifiera pas pour autant, pas plus que le succès de cette argumentation auprès des contemporains (22).

Cette rigidité contraste avec la disponibilité de Murchison lui-même, dont témoigne la variation de ses conceptions paléontologiques dans le sens d'une distance accrue par rapport au progressionnisme, au profit des aspects historiques du problème. On le constatera dans sa collaboration avec d'Archiac et de Verneuil, à l'occasion de son examen géologique des provinces rhénanes, effectué en compagnie de Sedgwick, pour vérifier la portée des divisions paléontologiques effectuées en Angleterre (23). Les acquisitions que d'Archiac et de Verneuil soulignent en 1841 sont les suivantes : 1) la loi formulée par de Verneuil selon laquelle les dimensions horizontales et verticales du développement des êtres vivants se correspondent, loi dont le fondement réside dans les variations des capacités physiologiques de résistance et d'adaptation qui distinguent les espèces vis à vis d'un éventail de conditions extérieures plus ou moins larges ; 2) le fait que la surface de la terre a toujours été diversifiée : les céphalopodes géants démontrent la profondeur des mers primitives en contradiction avec l'idée d'une augmentation des distances verticales de la surface terrestre ; 3) le remplacement lent des faunes, qui exclut tout catastrophisme ; et enfin 4) l'idée d'une équivalence des faunes fondées sur la variation de la direction des développements selon les familles et les ordres (24). Ces thèmes, qui déjà en 1839 ne sont pas étrangers à Murchison, réapparaissent, mieux définis et confirmés dans la « Geology of Russia » à l'occasion de l'établissement de l'étage Permien fondé sur l'observation des fossiles à travers une structure concordante, dont il déduit l'indépendance des faits paléontologiques et des faits géologiques (25).

Cette indépendance doit se comprendre de la manière suivante : l'état de la surface terrestre ne fait que mettre à l'épreuve la résistance physiologique des espèces, dont dépend leur durée, comme le voulait Brocchi, car le taux de cette résistance est un caractère interne des espèces. Une histoire des êtres vivants est donc fonction de leur distribution, qui dépend des conditions géographiques qui les accueillent, mais aussi de rapports de contemporanéité et de succession qui expriment la loi interne de leur destin. Le principe des conditions d'existence n'implique donc pas la passivité du monde vivant par rapport aux influences physiques, mais au contraire, permet de dégager le principe de son autonomie, sous tendu par l'idée d'un plan providentiel. S'il existe une progression, cette progression doit respecter ces rapports : l'adaptation aux conditions extérieures doit jouer son rôle si bien qu'une température supérieure donnait des groupes non distincts ; l' apparition successive de types antérieurs doit donner une disposition différente de l'ensemble du règne animal ; mais on ne peut supposer que les espèces primitives, de rang taxonomique inférieur, étaient moins parfaites du point de vue physiologique que les espèces actuelles : les faunes représentaient ainsi des états d'équilibre distincts et variables mais équivalents (26), c'est à dire représentatifs d'une même Economie, dans laquelle les rapports des vivants à la surface de la terre se combinent à ceux qu'ils entretiennent entre eux pour donner la même plénitude de vie. Si l'idée d'une température supérieure des époques primitives ne peut se déraciner, il n'en reste pas moins vrai que la surface de la terre est désormais pensée avant tout sous le signe de l'équivalence des conditions de vie. Un progressionnisme qui n'exprime plus une variable géologique, relève de plus haut, de ce plan de la nature qui exprime cette conscience naissante de l'indépendance de la vie par rapport aux influences physiques, avant que son dynamisme soit compris comme l'expression des conflits internes entre populations de vivants. Par rapport au travail de Lyell, attentif au détail complexe des rapports de chaque population zoologique avec son habitat, où les variations de populations sont relatives aux perturbations de cet habitat dont elles amplifient l'écho (27), le progressionnisme de Murchison a le mérite d'exprimer une vision d'ensemble du monde vivant plus purement biologique semble-t-il et plus sensible à l'idée d'un dynamisme interne à ce monde. De la Géologie, le temps et l'histoire sont donc passés à la Paléontologie.

Chapitre III

LE PUZZLE PALÉONTOLOGIQUE

1. – PRÉAMBULE.

Ce que les géologues demandent avant tout aux naturalistes, c'est d'identifier les espèces qu'ils découvrent, c'est à dire, de déterminer leurs appartenances zoologiques, permettant de fixer leur position dans une classification naturelle : par là, elles gagnent en valeur comme moyens de reconnaissance des terrains. Il en résulte une dilatation de la classification dans le temps, sous la forme d'une distribution stratigraphique, donc chronologique, des représentants des catégories systématiques. Cette distribution a déjà permis de souligner deux points : 1) l'amplitude des temps se traduit par l'extension de la catégorie systématique qui les couvre ; 2) les différences dans la durée systématique des espèces est fonction de leur position transitive ou isolée dans la classification. Ces deux points ont pour écho dans la théorie de l'Anatomie comparée, d'une part le principe de la subordination des fonctions, puisque les organes les moins importants seront les plus variables dans le temps, au même titre que les moins constants dans la zoologie actuelle, et d'autre part, le principe de la corrélation des caractères, qui est mis en question par les espèces intermédiaires les plus durables, du fait qu'elles regroupent des caractères appartenant à des groupes très différents.

Mais si les géologues rencontrent ainsi deux problèmes anatomiques déterminés, la temporalisation du système zoologique pose aussi le problème général de la signification des homologies et des analogies pour la compréhension de l'enchaînement temporel des structures, en face duquel les deux points précédents font figures de détails – problème général qui se trouve débattu à partir de deux pôles distincts : le principe des conditions d'existence et la théorie du développement. Von Buch ramène ce problème à la recherche de ce qui unit les unes aux autres toutes les créatures organisées, à partir de la connaissance des formes passées aussi bien que de celle des formes présentes, et non plus seulement des dernières (1), fil autour duquel peut s'organiser non seulement une histoire de la terre, mais encore une histoire de la vie (2), histoire ancienne de la vie où l'archaïque se définit d'abord comme fantastique, de manière comparable à la représentation que le XVIIIème siècle se donnait encore des âges farouches de l'humanité. On retrouve ici géants et dragons.

2. – IDENTIFICATION ET RECONSTITUTION.

Cette histoire commence en 1795, par une « Lettre » de Geoffroy et Cuvier « sur le Rhinocéros bicorne », dans laquelle la récapitulation des documents graphiques ou anatomiques disponibles permet de conclure que « d'après ces différences énormes dans les crânes, il n'est pas étonnant que les dessins qu'on nous a donnés des Rhinocéros ne se ressemblent pas, puisqu'il est probable qu'ils ont été faits sur des espèces tout à fait différentes » (1), espèces qui sont au nombre de quatre, et peut-être même de cinq, parmi lesquelles certaines ne sont connues qu'à l'état fossile. En 1796, Cuvier produit trois nouveaux textes : une « Notice sur le squelette d'une très grande espèce de Quadrupède inconnue jusqu'à présent, trouvée au Paraguay et déposée au Cabinet de Madrid », une note « sur les têtes d'Ours fossiles des Cavernes de Gailenreuth », et surtout le « Mémoire sur les espèces d'Eléphants vivantes et fossiles », lu à l'Institut le 1er Pluviose an IV, imprimé dans les Mémoires de l'Institut en 1799. C'est de la recherche sur les Eléphants que date pour Cuvier la conviction que les Eléphants fossiles sont d'une espèce différente de celle des Eléphants des Indes, que le « probable» est devenu certain, grâce à un dessin, établi par Messerschmidt, donné à Breynius, et publié par celui-ci à la suite d'un Mémoire donné aux « Transactions philosophiques » (2). Cette conviction est l'origine de toute la Paléontologie :

> « Cette idée... m'ouvrit des vues toutes nouvelles sur la théorie de la terre ; un coup d'oeil rapide jeté sur d'autres os fossiles me fit présumer tout ce que j'ai découvert depuis, et me détermina à me consacrer aux longues recherches et aux travaux assidus qui m'ont occupé depuis vingt cinq ans.
>
> Je dois donc reconnaître ici que c'est à ce dessin, resté pour ainsi dire oublié dans les Transactions Philosophiques depuis soixante dix ans, que je devrai celui de mes ouvrages auquel j'attache le plus de prix. » (3).

Le problème, posé et considéré comme résolu, est donc celui d'une distinction spécifique, établie à partir de critères purement ostéologiques, problème qui relève d'une forme particulière, zoologique, d'Anatomie comparée, distincte de celle, physiologique, des « Leçons », mais qui ne se situe qu'aux niveaux inférieurs de la classification, générique, spécifique, subspécifique, pour définir ces critères différentiels dont la Géologie a besoin. Ce problème implique donc un déplacement de la question zoologique de l'identification des espèces.

Rappelons qu'en 1797, l'espèce zoologique se définit comme : « la collection de tous les corps organisés nés les uns des autres, ou de parents communs, et de tous ceux qui leur ressemblent autant qu'ils se ressemblent entre eux » (4). Cette définition est donc à la fois génétique et comparative ; mais la référence à la parenté génétique n'a pour but que de fournir un modèle de ressemblance globale, destiné à servir de fondement au rapprochement de lignées distinctes qui constituent la même espèce, avant que ne soient donnés des « caractères spécifiques » particuliers. La raison en est que, « pour distinguer une espèce considérée isolément d'avec toutes celles qui existent dans la Nature, il faudrait exprimer dans son caractère la presque totalité de ses propriétés, c'est à dire, en donner une description presque complète » (5). Le critère d'interfécondité, quant à lui, n'est qu'empirique et ne semble devoir être retenu qu'à titre complémentaire, car il ne présente aucune garantie. Il est une condition nécessaire, mais non suffisante, de l'identité spécifique (6).

Les espèces sont donc plus nombreuses qu'on pourrait croire, si on ne demeure pas très attentif aux différences zoologiques. Elles se multiplient en fonction des lieux qui constituent autant de « centres originaires » distincts, auxquels chaque bonne espèce serait parfaitement adaptée, et dont l'éloignement serait marqué par des variations dégénératives. Cependant, Cuvier fait également remarquer l'identité de certaines espèces à de grandes distances, malgré leur absence dans les régions intermédiaires, ce qui rend problématique leur diffusion à partir de la même souche. Par conséquent, même du point de vue de la zoologie actuelle, ce sont les analogies et non la consanguinité qui servent de critère aux espèces,et, en ceci, la Paléontologie ne peut être défavorisée, à condition que l'ostéologie soit suffisamment représentative de ces analogies. La question des Eléphants fossiles va permettre de démontrer le caractère représentatif de l'ostéologie pour la détermination des espèces, problème préliminaire à toute spéculation sur leur présence paradoxale dans des régions géographiques étrangères à leur distribution actuelle (7).

La différence spécifique entre l'Eléphant des Indes et l'Eléphant d'Afrique est à peine reconnue en 1796, malgré les travaux de Pierre Camper, les seuls à avoir précédé ceux de Cuvier (8) : elle est habituellement traitée comme l'effet du climat ou comme l'action de la civilisation des habitants sur les bêtes domestiques (9). Cuvier, comme Camper, fonde sa distinction sur des critères odontographiques et ostéologiques ; elles le conduisent à la conclusion suivante :

> « Quelle que puisse être l'influence du climat pour faire varier les animaux, elle ne va pas sûrement aussi loin, et dire qu'elle peut changer

toutes les proportions de la charpente osseuse et la contexture intime des dents, ce serait avancer que tous les quadrupèdes peuvent ne dériver que d'une seule espèce, que les différences qu'ils présentent ne sont que des dégénérations successives : en un mot, ce serait réduire à rien toute l'histoire naturelle, puisque son objet ne consisterait qu'en des formes variables et des types fugaces. » (10).

Le dessein de Messerschmidt s'éclaire donc à la lumière d'une conviction, celle de la réalité des catégories taxonomiques, et en particulier, de la catégorie d'espèce, vis à vis de laquelle les différences anatomiques constantes prennent valeur de caractères. Cette conviction permet de concevoir l'histoire du monde vivant comme un remplacement d'espèces, grâce aux événements mythiques de l'histoire de la terre, appelés Révolutions, dont la fonction est ainsi précisée :

« Qu'on se demande pourquoi on trouve tant de dépouilles d'animaux inconnus, tandis qu'on en trouve presque aucune dont on puisse dire qu'elle appartient aux espèces que nous connaissons, et l'on verra combien il est probable qu'elles ont appartenu à des êtres d'un monde antérieur au nôtre, à des êtres détruits par quelque révolution de ce globe, êtres dont ceux qui existent aujourd'hui ont rempli la place, pour se voir peut-être un jour également détruits et remplacés par d'autres. » (11).

La manière dont Cuvier passe de l'analyse anatomique des différences entre les espèces vivantes à la distinction spécifique de l'espèce fossile puis à la distinction générique du Mastodonte, présente deux particularités : d'une part, ce sont les caractères craniens, parmi lesquels ils souligne les variations de l'occiput et des alvéoles des défenses, qui constituent les bases de la différence spécifique entre l'Eléphant d'Asie et l'Eléphant fossile de Sibérie (12) ; d'autre part, il en profite pour signaler l'intérêt paléontologique des ossements de pachydermes, non seulement du fait de leur taille, mais encore, du fait qu'ils ne comprennent qu'un petit nombre de genres, et surtout que « ces genres sont fort distincts les uns des autres », si bien qu'il n'y a pas une de leurs dents, ni de leurs os de la tête ou des extrémités, qui ne soit isolément en état de fournir des caractères distinctifs suffisants : c'est ce que les ruminants, par exemple, ne feraient point, parce qu'ils sont trop semblables entre eux » (13). Les caractères spécifiques les plus visibles paraissent donc localisés anatomiquement, tandis que les caractères génériques sont seuls généraux, et par conséquent, doivent être distingués d'abord. Cette proposition est historiquement vraie, puisque la première espèce vertébrée dont la disparition a été reconnue est celle de l'Animal de l'Ohio, qui présente une distinction ostéologique assez évidente par rapport à l'Eléphant (14), pour qu'on puisse la référer à un genre distinct pressenti par W. Hunter, ignoré par Camper, mais établi par Cuvier (15). Il existe donc une corrélation évidente des formes du point de vue générique, qu'il faut pousser « jusqu'à l'espèce ».

Ce principe désigne, dans le « Discours sur les Révolutions du Globe » (16), ce qu'il avait désigné dans les « Leçons d'Anatomie comparée », comme « lois de coexistence « organiques », déduites par le raisonnement des connaissances que nous avons de l'influence réciproque des fonctions et de l'usage de chaque organe », c'est à dire, issues de l'« économie animale » (17), et susceptibles de fonder un « calcul ». C'est ce principe qui permet de concevoir que toutes les parties d'une organisation donnée ont des marques individuelles de leur appartenance, si bien que la théorie, complétée par l'observation, aboutira à ce résultat capital pour la Paléontologie :

> « La moindre facette d'os, la moindre apophyse, ont un caractère déterminé, relatif à la classe, à l'ordre, et à l'espèce auxquelles elles appartiennent, au point que toutes les fois qu'on a seulement une extrémité d'os bien conservée, on peut, avec de l'application, et en s'aidant avec un peu d'adresse de l'analogie et de la comparaison effective, déterminer toutes ces choses aussi sûrement que si l'on possédait l'animal entier. »(18).

Mais, si ces marques d'appartenance mutuelle sont fondées sur l'« économie animale », des plus générales jusqu'aux plus particulières, il existe des « conditions subordonnées » dont les rapports sont moins clairs, et dont la constance est un résultat de l'observation empirique, suffisant pour que l'on puisse parler de « lois ». Le précédent résultat suppose donc que l'observation manifeste ce que la théorie ne peut justifier, et c'est l'observation seule qui, dans de nombreux cas, permet de parvenir à ces « détails faits pour étonner ». Cependant, cette observation, d'un groupe à l'autre, n'est pas toujours aussi facile : « ainsi, les chevaux, les buffles, qu'on trouve avec les éléphants, n'ont point encore de caractères spécifiques particuliers », ce qui peut servir d'argument contre le principe de la distinction des faunes (19). Cette réserve mise à part, le principe des corrélations permet donc de fonder une méthode qui le prolonge, méthode qui supporte la prévision anatomique, pour valider une « prévision » paléontologique, portant sur la structure des os inconnus du squelette dont l'échantillon découvert fait partie, et, par ce biais, sur l'appartenance spécifique de cet échantillon. C'est ce que Cuvier souligne :

> « J'ai fait bien des fois l'expérience de cette méthode sur des portions d'animaux connus, avant d'y mettre entièrement ma confiance pour les fossiles ; mais elle a toujours eu des succès si infaillibles que je n'ai plus aucun doute sur la certitude des résultats qu'elle m'a donnés. » (20).

Autrement dit, l'identification et la reconstitution des formes animales ont partie liée, au point que l'identification suppose non pas une conclusion directe à partir d'un détail défini comme caractère, mais d'abord l'interprétation de ce détail en fonction de sa signification pour l'animal qui le présentait. La reconstitution rationnelle, fondée sur les cœxistences organiques et sur la corrélation des formes, est ainsi la condition d'une distinction entre différence significative et variation accidentelle. Cette méthode suppose, bien entendu, les figures exactes, les mesures rigoureuses et les détails abondants que négligeaient encore les auteurs les plus sérieux du siècle précédent, mais elle les dépasse alors qu'un De Blainville se contentera de les assouplir. Ce caractère fondamental de la reconstitution des espèces pour Cuvier est souligné par cette idée de résurrection qu'il évoque dans ce texte célèbre qui introduit aux recherches sur les quadrupèdes de Montmartre, et qui, malgré sa notoriété, vaut d'être rapporté :

> « J'étais dans le cas d'un homme à qui on aurait donné pêle-mêle les débris mutilés et incomplets de quelques centaines de squelettes appartenant à vingt sortes d'animaux ; il fallait que chaque os allât retrouver

celui auquel il devait tenir ; c'était presque une résurrection en petit, et je n'avais pas à ma disposition la trompette toute puissante ; mais des lois immuables prescrites aux êtres vivants y suppléent, et à la voix de l'anatomie comparée, chaque os, chaque partie d'os reprit sa place. Je n'ai point d'expression pour peindre le plaisir que j'éprouvais, en voyant, à mesure que je découvrais un caractère, toutes les conséquences plus ou moins prévues de ce caractère se développer successivement : les pieds se trouver conformes à ce qu'avaient annoncé les dents, les dents à ce qu'annonçaient les pieds ; les os des jambes, des cuisses, tous ceux qui devaient réunir deux parties extrêmes se trouver conformes comme on pouvait le juger d'avance ; en un mot, chacune de ces espèces renaître pour ainsi dire d'un seul de ses éléments. » (21).

A propos de la longueur de l'alvéole des défenses du Mammouth, sur la figure de Breynius, longueur « triple de ce qu'elle serait dans un crâne de l'Inde ou d'Afrique de mêmes dimensions », Cuvier a déjà fait implicitement jouer le principe des corrélations en montrant qu'elles s'accordent avec la forme de la mâchoire inférieure, et implique une forme différente des parties molles. Mais on ne peut comparer les os des espèces actuelles et fossiles terme à terme que s'ils sont disponibles à partir d'exemplaires complets, comme c'est le cas pour le mammouth, trouvé entier et congelé, situation très rare en Paléontologie. Ce qui importe en fait, c'est que, dès ce départ, il ait été possible d'observer une amplitude des corrélations telle que la différence spécifique apparaisse bien comme une différence globale, capable d'exprimer dans son caractère la presque totalité de ses propriétés, susceptible de se démultiplier dans la forme de toutes les parties, et réciproquement de rendre possible le regroupement de ces parties. Pour le paléontologue, il apparaît que le lieu de ce regroupement est le gisement fossilifère ou la collection non classée rationnellement, si bien qu'il suppose au préalable un tri. Devant ces amas d'ossements, constituant autant de puzzles anatomiques, incomplets et mélangés, l'Anatomie comparée permet d'anticiper sur les formes complètes en définissant pour chaque modèle de vivant la fourchette de variabilité des pièces qui lui appartiennent : le modèle vivant forme ainsi une structure dans laquelle la déformation d'une pièce fournit le sens des déformations des autres pièces, au terme desquelles la reconnaissance du système dont elles relèvent est possible. Il ne reste plus qu'à trouver la ou les premières pièces qui pourront indiquer la nature du modèle actuel utilisable, au niveau du genre ou de l'ordre : les particularités de ces pièces reconnues permettront alors de concevoir les particularités « prévisibles » des autres pièces, en vue de reconstituer l'animal et de définir son espèce, opération qu'il faut recommencer avec d'autres modèles à l'occasion des pièces qui ne concordent pas avec le premier, jusqu'à ce que tous les fragments fournis par le gisement aient été identifiés, c'est à dire, replacés dans des schémas distinctifs définis par la classification générale des espèces.

Il ne peut donc y avoir simple comparaison terme à terme de ces pièces, sinon sous la forme d'une opération de distribution, d'après leur parenté formelle, des éléments de cette population ostéologique, préalable à leur répartition entre les systèmes où ils ont leur place. La multiplicité des systèmes possibles, qui relève des conditions paléobiologiques d'occupation d'un territoire donné, entièrement inconnues ou à peu près en ces premiers temps de la découverte des espèces fossiles, fait que la comparaison ne se situe pas entre une espèce et ses voisines taxonomiques sur un tableau plat, mais entre toutes les combinaisons dans l'espace dont un échantillon à trois dimensions est capable : il faut à l'anatomiste un pouvoir alerte de visualisation spatiale, réciproque de sa minutie dans l'attention aux détails. Mais cette difficulté est compensée par un avantage : l'évidence des attributions effectuées grâce à la nouveauté des systèmes constitués par les espèces disparues. Les systèmes ostéologiques des espèces actuelles et anciennes peuvent alors être saisis comme un seul ensemble, commandé par les mêmes nécessités, dont la validité croît à mesure qu'il se développe, si bien que la découverte de nouvelles espèces fossiles bien reconstituées contribue à perfectionner la précision des discriminations, quelle que soit l'étrangeté des spécimens déterrés. La paléontologie devient « index sui ».

De ce fait, la critique de De Blainville : « on ne peut déduire du système dentaire le système digital, et vice versa » (22), est exacte, mais non pertinente, car il ne s'agit pas de « déduction » au sens abstrait du terme : on peut reconnaître l'appartenance de deux systèmes ostéologiques locaux (dents-mâchoires, extrémités) à un même système fonctionnel, à la même « économie », distincte de toutes les autres dans un même dépôt d'ossements. Ce principe de corrélation des formes joue un rôle médiateur entre ces systèmes partiels parce qu'ils fondent la cohérence de chacun des systèmes complets, dont un même dépôt, si riche soit-il, ne fournit qu'un nombre limité. Déjà la nature du dépôt fossilifère avait permis à Collinson de récuser la décomposition de l'Animal de l'Ohio en deux espèces actuelles distinctes, proposée par Daubenton; désormais, entre les pièces éparses d'un même dépôt, un seul détail, si minime soit-il, peut mettre sur la voie d'une reconstitution identificatrice. C'est donc ce lien nécessaire pour Cuvier entre les deux opérations d'identification et de reconstitution des espèces regroupées par leur mort que De Blainville et d'autres après lui, ne semblent pas pouvoir comprendre. Or, la prudence qui a conduit à n'envisager des espèces distinctes que pour des pièces dont le rapport n'était pas jugé suffisant, a provoqué plus de fausses espèces que la tendance contraire n'a donné d'espèces fantaisistes : des spécimens complets, trouvés par la suite, ont souvent démontré à Cuvier l'efficacité de sa pratique.

La même remarque peut s'appliquer à la question des mensurations, utilisées par Cuvier, après Daubenton, mais dont De Blainville rejette la valeur (23). Si la valeur de la taille peut être mise en doute comme critère spécifique, d'après l'exemple fourni actuellement par ses variations chez les races de chiens domestiques, elle reste cependant constante chez la plupart des bonnes espèces naturelles, mais surtout, elle peut servir d'indice pratique de corrélation pour répartir les pièces de divers spécimens fossiles appartenant à des systèmes spécifiques distincts.

Enfin, les implications théoriques de la controverse méthodologique portant sur le traitement des pièces ostéologiques, que, selon De Blainville, « la plupart des paléontologistes » semblent considérer « comme des individus, comme des masses minérales, sans considérations biologiques, ou physiologiques, en sorte que les espèces se créent chez eux, pour ainsi dire, au compas » (24) apparaît clairement. L'os est à remplacer, pour Cuvier, dans son système, et ce système, parce qu'il relève d'un principe économique qui le définit, est nécessairement fixe et indépendant. Fixité et indépendance sont les garanties théoriques de la catégorie d'espèce. Au contraire, pour De Blainville, les espèces constituent avant tout des séries, ce qui implique leur continuité et en même temps, la continuité des variations possibles d'une même pièce, continuité dont résulte la difficulté de l'attribuer isolément à un membre donné de la série correspondante : la réduction du nombre des espèces présente alors l'avantage de limiter un peu les incertitudes d'attribution produites par cette philosophie zoologique sériale. Mais De Blainville est alors conduit à méconnaître des distinctions zoologiques admises, et surtout à revenir sur la distinction des espèces d'éléphants vivantes et fossiles, en confondant le mammouth et l'espèce asiatique (25). C'est donc en revenir à un traitement des quadrupèdes fossiles antérieur à 1796, traitement qui rend inutiles les révolutions séparatrices, et qui permet donc un écrasement du temps par lequel De Blainville rejoint Constant Prévost. Cet écrasement du temps constitue pour la « Cosmogonie Mosaïque » une aubaine inespérée, dont l'abbé Maupied manifeste à ses deux responsables une reconnaissance assez peu appréciée.

3. – *LA RECONNAISSANCE DES TYPES.*

L'identification et la reconsitution « des deux genres de Pachydermes les plus communs dans nos plâtrières ainsi que des espèces qui les composent » (1) illustre la manière dont fonctionne la méthode de Cuvier lorsqu'il s'agit de reconstituer des genres disparus pour y répartir valablement des pièces d'appartenance spécifique différente. Il faut d'abord caractériser chaque pièce, car c'est la différence propre à chaque pièce qui est le point de départ de l'exercice du principe de corrélation, comme les alvéoles des défenses du mammouth l'ont démontré (2). Lorsque ces différences restent isolées, elles peuvent valoir à titre de documents incomplets qui indiquent pourtant une espèce particulière d'un genre donné, comme Cuvier le pense à propos de la découverte d'une espèce petite du genre Hippopotame :

> « On pourrait m'objecter pour elle, ici, comme pour plusieurs autres, que je compose peut-être un édifice dont les parties n'étaient point destinées par la nature à être rapprochées ; que c'est des os de plusieurs animaux mêlés confusément dans ces blocs que je forme un animal imaginaire ; mais ma réponse est toujours prête. Je ne m'arrêterai point à montrer les rapports naturels de ces divers os, ni à prouver que leur ensemble s'accorde parfaitement avec les lois qui président à l'organisation des

animaux ; je m'en tiens à cet argument invincible : c'est que chaque os, considéré séparément, diffère de ceux de tous les animaux connus : que ce n'est point sur leurs combinaisons que j'établis mes caractères, et que si par hasard, on trouvait que j'en ai réunis d'espèces différentes, on ne ferait qu'augmenter le nombre des espèces fossiles qui n'existent pas vivantes à notre connaissance. » (3).

Ce sur quoi Cuvier insiste donc, c'est sur le fait que les différences caractéristiques des pièces ostéologiques sont le seul fondement des démarches de reconstitution et d'identification. Elles sont ce qui permet de décider de l'insertion d'une pièce dans un système ostéologique déjà connu ou de la nécessité de concevoir un système distinct de ceux qui sont connus, en raison de leurs divergences. Il en résulte que le principe des corrélations ne fonctionne jamais à vide et que, bien au contraire, en son absence, le regroupement de plusieurs pièces marquées par un même type de différences, sans justification physiologique (4), peut constituer une anticipation d'un principe systématique encore inconnu, qu'il n'est pas du ressort de la Paléontologie de découvrir.

Dans un cadre méthodologique ainsi précisé, comment le paléontologue va-t-il s'y prendre ?

> « La première chose à faire dans l'étude d'un animal fossile est de reconnaître la forme de ses dents molaires ; on détermine par là s'il est carnivore ou herbivore ; et dans ce dernier cas, on peut s'assurer jusqu'à un certain point, de l'ordre d'herbivores auquel il appartient. » (5).

Les molaires ont l'avantage de ne jamais faire défaut, à quelques exceptions près ; et, puisque l'homme et les singes sont exclus du registre paléontologique, il ne reste parmi les mammifères que l'ordre des Carnassiers, dont les Marsupiaux sont censés constitués une famille, et cinq ordres d'Herbivores, si on y comprend les Cétacés. Parmi les animaux de Montmartre, Cuvier n'a donc eu aucune difficulté à reconnaître rapidement des molaires d'herbivores pachydermes. L'établissement de leur formule dentaire et l'observation de leurs particularités lui font conclure qu'ils sont disparus, et en conséquence, il désigne le genre du nom de « paleotherium » (bellua antiqua) car c'est évidemment l'un des plus anciens quadrupèdes qui aient existé » (6). Depuis Galien qui savait déjà que les dents donnaient la nature de l'animal (7), et depuis la découverte de l'animal de l'Ohio, il s'agit là encore d'un travail de détermination zoologique sans originalité spéciale, sinon par son objet. Toute la nouveauté réside, en conséquence, dans le projet « d'en compléter les caractères », en reconstituant les formes de ce genre, ce qui permet de préciser la « nature » de l'animal et de confirmer les distinctions spécifiques annoncées par les dents. Pour ce faire, Cuvier utilise la raison, c'est à dire, « les lois générales de la zoologie » et le hasard, c'est à dire les occasions qui ont « offert les parties de ces animaux dans leurs connexions naturelles. » (8).

Mais ce hasard ne fait que compléter des reconstitutions qui se fond d'abord à partir des pièces fracturées et amalgamées dans une même roche, dont l'appartenance commune est ainsi prouvée par la position, comme c'est le cas, la plupart du temps, pour les têtes, dont il faut « reproduire la forme générale et fixer le détail de chaque partie » (9). Cette opération suppose le dessin attentif des pièces à mesure qu'elles sont dégagées, car le dégagement les détruit fréquemment, et la définition du tracé d'ensemble, plan, profil et coupe, qui se précise à mesure que les parties sont connues. Cette procédure graphique, qui rend, « à l'exemple des géographes, par des lignes ponctuées, les parties rétablies sur de simples conjectures, et par des traits pleins, celles que nous avons copiées d'après les pièces effectives » (10), peut être généralisée à toutes les parties du squelette. Elle montre comme en cartographie que la probabilité des variations dans le tracé des régions inconnues est limitée d'abord par la position et la structure des parties connues, avant l'intervention de tout principe rationnel, pour des raisons que l'on peut définir comme ou bien d'équilibre perceptif, ou bien d'économie graphique, épaulées par l'entraînement du géographe et de l'anatomiste. Les parties manquantes anticipées peuvent ensuite être moulées dans le plâtre, en vue de parvenir à une représentation approximative du squelette ; mais, avant qu'une partie soit déclarée manquante, Cuvier adjoint au premier ensemble les pièces isolées dont les particularités génériques et spécifiques correspondent à ce que cet ensemble laisse présumer, travail hypothétique et prédictif, aidé par le hasard, lorsque ces pièces sont découvertes en place.

Il est donc clair que le principe des corrélations ne relève d'aucune déduction, mais joue le rôle d'un principe de discrimination permettant d'attribuer les pièces mélangées ou isolées à l'ensemble auquel elles conviennent, convenance fondées sur l'aptitude des caractères de ces pièces à prendre place dans un système anatomique dont les pièces déjà connues offrent les caractères correspondants. Il s'agit d'un rapport entre ce qui est vu et ce qui est présumé, d'un degré suffisant de cohérence pour que les caractères génériques et spécifiques du tout et des parties de ces systèmes ostéologiques régionaux soient reconnus comme parfaitement équivalents (11), cohérence qui manifeste enfin la fonction remplie par les systèmes et la manière dont cette fonction est remplie. A ce niveau, les aspects les plus strictement structuraux, par exemple pour les membres, formes et dimensions, se transforment en qualités, solidité ou gracilité, dont les différences ont une valeur à la fois esthétique et fonctionnelle, en rapport avec des activités de course, de déracinement, etc., et par conséquent, avec des questions de poids global, qui permettent d'imaginer le style de l'animal entier. La possibilité de reconstruire l'animal total est ainsi largement engagée. En ce qui concerne les membres :

> « On devait s'attendre qu'il y aurait pour les pieds de devant des combinaisons d'os et de doigts correspondantes à celles des pieds de derrière ; et qui conserveraient quelque analogie entre eux.
>
> ......Il y a mieux : chaque pied de devant se trouve répondre, dans son genre, à quelqu'un des pieds de derrière décrits ou indiqués dans la section pécédente, par sa grandeur, par la forme de ses parties ou par quelque autre analogie ; en quelque sorte qu'il sembla que toutes ces pièces vinssent d'elles-mêmes se réunir pour reproduire les espèces auxquelles elles avaient autrefois appartenu. » (12).

Il en sera de même pour les têtes qui présenteront le même style, et pour leurs détails de structure que ce style implique : elles peuvent donc être jointes aux extrémités correspondantes. L'utilisation des connaissances anatomiques fournies par les animaux actuels est donc pédagogique autant qu'heuristique : il faut se familiariser avec les implications structurales du style des animaux, avant de chercher les marques de leurs rapports réciproques dans le détail de leurs caractères (13). Dès lors, après la tête et les membres, la mise au point du reste du squelette n'est plus qu'un jeu :

> «... tout le reste de leur squelette va se reconstruire comme de lui-même ; nous allons trouver des avant-bras attachés à des carpes, des tibias attachés à des tarses ; ces os en d'autre endroits nous feront reconnaître des cubitus ou des péronés ; en d'autres encore des humérus, des fémurs auxquels ils adhèrent. A défaut de ces arguments positifs, les lois de cœxistence zoologique viendront à notre secours, et quand une forme aura été assignée d'une manière quelconque à l'un des deux genres, nous appliquerons aisément aux espèces du genre les os de cette forme qui leur correspondront pour la grandeur. » (14).

Les lois de « cœxistence zoologique » sont en quelque sorte la récapitulation du style générique, tel qu'il est marqué dans toute la structure : cette physiologie elle-même n'est que le prolongement de la visibilité là où elle manque.

Les genres ainsi reconstruits présentent une telle sécurité qu'il sera possible de leur appliquer directement la méthode zoologique de classement, en vue d'établir les espèces. Dans le genre Paléothérium, l'espèce ayant donné le squelette le plus complet – paléothérium minus – peut fournir le type (15), à partir duquel on peut imaginer les formes dont la reconstitution est la moins complète : dans le genre Anoplothérium, l'espèce Anoplothérium léporinum (16).

Le principe des corrélations apparaît alors comme exactement réciproque de la méthode zoologique des types. Il introduit dans cette méthode une compréhension dynamique qui permet de conclure à la position systématique de l'animal, même à partir d'une documentation fragmentaire, parce que les systèmes appartenant à cette documentation tiennent leur signification d'une totalité organique. La comparaison qui met en évidence des différences entre ces caractères et ceux des pièces correspondantes du type, permet déjà de mesurer la distance du type inconnu auquel ils appartiennent par rapport au type connu du même genre ; ce type inconnu peut alors être déterminé systématiquement et imaginé dans le rôle qu'il était susceptible de remplir dans la nature. Sur ce plan, la différence entre types actuels, types fossiles complets, et types fossiles très incomplets ou évoqués par une seule pièce, n'est pas dans le degré de certitude concernant la connaissance de leur nature, car ce degré est devenu le même, mais seulement dans la proportion des parties qui sont dessinées en traits pleins et des parties qui sont évoquées en pointillé.

Cette méthode s'est révélée sûre : malgré quelques erreurs, flagrantes mais dont la portée a été abusivement grossie, comme celle qui a porté sur le Dinothérium, à laquelle De Blainville se réfère constamment (17), les travaux de Cuvier ont été d'une fécondité suffisante pour que sa méthode devienne celle de toute la Paléontologie au XIXème siècle. Falconer et R. Owen en portent témoignage, et la critique de Huxley qui juge les lois de corrélation comme secondaires par rapport à la connaissance empirique des types morphologiques (18), repose sur un malentendu : Cuvier sait ce qu'il doit à la connaissance empirique des structures anatomiques, comme Huxley le fait remarquer, et il ne se livre pas à la « déduction » qu'Huxley lui reproche : la loi de corrélation est l'expression de la vision dynamique du type vivant (19), qui rend possible un processus de discrimination fine de la valeur comparative des caractères ; elle est le fondement intelligible du rapport qu'il y a nécessairement entre la physionomie de « chaque os, de chaque facette d'os » et la physionomie générale de l'animal auquel elles ont pu appartenir, rapport qui dépend de l'unité d'un style de vie. Elle englobe ainsi les connexions morphologiques au même titre que les corrélations empiriques, et se traduit dans la signification des moindres différences.

4. – LES ANCIENNES FAUNES.

L'usage des espèces actuelles comme modèles structuraux destinés à préparer à l'intelligence des espèces fossiles, pose le problème de la position des espèces fossiles dans la classification zoologique naturelle construite à partir des espèces vivantes. Depuis le siècle précédent, elles sont censées combler les lacunes de l'Echelle des Etres, et c'est encore la fonction qui leur est assignée par De Blainville au nom de cette « philosophie religieuse » qui est jugée par lui comme la seule bonne (1).

Cuvier, certes, ne pense plus en termes d'Echelle des Etres, mais le concept de série, compris de manière limitée et multipliée, appartient toujours à son équipement mental. Ce concept de série conduit à la perception de « hiatus » dans la classification actuelle des animaux ; c'est ce que montrent les Damans, Tapirs, Rhinocéros et Chevaux :

> « ... mais ces animaux, bien qu'appartenant à la même famille naturelle, ne sont pas tellement pareils que l'on ne puisse concevoir des genres intermédiaires qui les uniraient. Il s'en faut de beaucoup qu'ils se tiennent d'aussi près que les rongeurs ou les ruminants, par exemple, se tiennent les uns avec les autres. Ces intervalles, ces sortes de hiatus laissés dans la série, paraissent avoir été remplis autrefois par des genres dont nous ne connaissons plus que les débris fossiles, mais dont les dents, les pieds et les autres organes caractéristiques, tiennent en partie de l'un, en partie de l'autre, et qui diffèrent de tous par l'ensemble. » (2).

Cette position taxonomique des espèces fossiles, et la pluralité des affinités qu'elles présentent par rapport à la classification actuelle, confirme, s'il en était encore besoin, que leur identification ne repose pas sur un regroupement additif des caractères, puisque ces caractères, pris individuellement, renvoient à des genres actuels différents ; ce serait prendre le risque de reproduire l'erreur de Daubenton avec l'Animal de l'Ohio. Il faut, au contraire, pouvoir évoquer, avant tout, le type en son ensemble, car c'est là que se trouve la différence qui indique son originalité, dont va dépendre sa place. Puisque cette place doit être marquée dans les intervalles des séries, on peut s'attendre à ce qu'une famille peu représentée actuellement, par des genres très distincts, soit abondamment fournie en espèces fossiles qui rétablissent les passages d'un genre à l'autre, passages que Cuvier traite comme une « règle commune » en zoologie (3). Une telle approche – conforme dans sa formulation aux plus vieilles traditions – pose deux problèmes critiques, dont dépend la possibilité ou non d'un retour à l'Echelle des Etres dans son intégralité : la combinaison des caractères génériques dans les groupes fossiles leur permet-elle de remplir exactement ce rôle de lien ? et que signifie la particularité des groupes taxonomiques ?

Pour considérer une espèce comme un intermédiaire sérial entre deux espèces, il semble nécessaire et suffisant qu'elle combine les caractères des deux espèces entre lesquelles elle est située, à ceci près que la combinaison de caractères divers ne peut être confondue avec une gradation sériale portant sur les mêmes caractères. C'est ainsi que l'Elasmothérium représente une combinaison intermédiaire entre le cheval et le rhinocéros (4), au même titre que les cochons se situent entre pachydermes et ruminants (5), sans que le concept de gradation puisse vraiment avoir un sens dans une telle distribution des espèces. Avec les Pachydermes, il faut aller plus loin ; on rencontre dans cette famille :

> « ... deux genres que j'ai nommé Chaeropotame et Adapis et qui, d'une part formaient des liaisons entre les Anoplothériums et les Pécaris, et d'autre part, semblent conduire vers les carnassiers insectivores. » (6).

Il s'agit, cette fois, non plus d'une série, mais d'un carrefour, dont les voies se rencontrent ou, si l'on veut, divergent. Pourtant les hiatus sont comblés et la zoologie connue n'en souffre aucun bouleversement, au contraire. Cette situation change avec les découvertes que l'Ichthyosaure et du Plésiosaure :

> « Nous voici arrivés à ceux de tous les reptiles, et peut-être de tous les animaux fossiles, qui ressemblent le moins à ce que l'on connaît, et qui sont le plus faits pour surprendre le naturaliste par des combinaisons de structures qui, sans aucun doute, paraîtraient incroyables à quiconque ne serait pas à portée de les observer par lui-même, ou à qui il pourrait rester la moindre suspicion sur leur authenticité. Dans le premier genre, un museau de dauphin, des dents de crocodile, une tête et un sternum de lézard, des pattes de cétacé, mais au nombre de quatre, enfin des vertèbres de poisson ; dans le second, avec ces mêmes pattes de cétacé, une tête de lézard, et un long cou, semblable au corps d'un serpent : voilà ce que l'ichthosaurus et le plésiosaurus sont venus nous offrir, après avoir été ensevelis pendant tant de milliers d'années, sous d'énormes amas de pierres et de marbres, car c'est aux anciennes couches secondaires qu'ils appartiennent. » (7).

Du dépaysement que procurent déjà les mammifères fossiles par l'énormité ou l'étrangeté de certaines formes, situées pourtant dans des cadres zoologiques connus qu'ils enrichissent, on passe à l'éclatement de ces cadres devant ces individualités puissantes dont le caractère composite souligne l'originalité : si donc la raison scientifique avait travaillé à éliminer les monstres et les géants légendaires, elle est désormais affrontée à la reconnaissance d'un fantastique d'une authenticité évidente avec lequel il faut composer, fantastique lié à la profondeur du temps dont il émane, et dont l'attrait provoque cette mode paléontologique, ces vocations d'amateurs, que Bouvard et Pécuchet illustrent encore tardivement dans le siècle. C'est donc une zoologie entièrement neuve qui surgit ainsi, et non plus le simple complément d'une unique zoologie générale restée lacunaire ; l'individualisation de genres nouveaux dans les anciens chapitres de la classification doit être dépassée par la création de nouvelles catégories supérieures au genre, c'est à dire de nouveaux chapitres, qui vont déranger l'équilibre antérieur de l'ensemble.

Ce n'est donc pas la série qui est au premier plan dans la pensée de Cuvier, mais l'individualité des groupes, à quelque niveau que ce soit. De même que Cuvier a toujours individualisé avant de classer, de même qu'il individualise les espèces actuelles par leur rôle dans la nature et par les conditions d'existence géographique qui répondent à ce rôle, de même, la variable temps entre dans l'individualisation des espèces fossiles, et par conséquent dans l'appréciation de leurs rapports avec toutes les autres espèces appartenant à des temps différents. Les Révolutions vont alors traduire l'efficacité du temps pour marquer les coupures sytématiques, fonction opposée à celle de dégradation qui lui était assignée par un Lamarck dans son refus de distinguer naturellement les espèces. La géologie rejoint ainsi la géographie des « centres de création », pour justifier les bases de la classification naturelle ; il n'est donc pas question que la zoologie persiste à chercher dans le concept, devenu « artificiel », de série le principe d'une continuité réelle, susceptible de mettre en échec la théorie géologique dont elle bénéficie (8).

Telles sont les conditions dans lesquelles Cuvier articule entre eux les trois thèmes suivants : la constance des lois organiques, l'indépendance des faunes, et l'existence d'un grand système des êtres naturels où se retrouvent les êtres passés et les êtres actuels.

La constance des lois organiques désigne celle de l'économie animale dont dépendent tous les rapports naturels des êtres, tant internes qu'externes (9), et qui fonctionne comme principe de survie : toute perturbation importante qui modifie son équilibre l'annule. Au nom de ces lois, confirmées par l'observation, « l'ibis existe encore en Egypte comme au temps des Pharaons » (10), et pour les mêmes raisons, malgré la ressemblance générale des oiseaux plus grande que celle des quadrupèdes, il y a différence spécifique entre les oiseaux fossiles et les oiseaux actuels, parce que, relevant d'un autre monde, ils relèvent d'une autre économie, soumise différemment aux mêmes lois :

> « Que l'on ne vienne donc plus nous parler de ces variations produites par les habitudes.
>
> Rien n'a été allongé, raccourci, modifié, ni par les causes extérieures, ni par la volonté intérieure : ce qui a changé a changé subitement, et n'a laissé que des débris pour trace de son ancien état. » (11).

Ni d'Holbach, ou Geoffroy Saint-Hilaire, ni Lamarck, ni doctrine qui pourrait faire penser à une mémoire organique.

L'indépendance des faunes dérive de ce principe, au nom de la réciprocité nécessaire entre l'économie naturelle et l'économie animale, car l'économie animale rend possible l'être total, « non seulement en lui-même, mais dans ses rapports avec ceux qui l'entourent. » (12). Les révolutions entérinent cette indépendance au même titre que la nécessité d'une différence au moins spécifique entre espèces actuelles et fossiles. Chaque animal est donc lié à la faune dans laquelle il se trouve, faune qui constitue une « chaîne » :

> « ... chaîne réelle des êtres cœxistants, des êtres nécessaires les uns aux autres et à l'ensemble, et qui, par leur action mutuelle, maintiennent l'ordre et l'harmonie de l'univers ; chaîne dont aucune parcelle n'a pu exister sans toutes les autres et dont les replis, sans cesse rapprochés ou écartés, embrassent le globe dans leurs contours. » (13).

Toute métamorphose est inconcevable, et réciproquement, on doit trouver à toutes les époques une variété équivalente d'espèces, remplissant toutes les fonctions de la nature :

> « Le règne animal, à ces époques reculées, était composé d'après les mêmes lois ; il comprenait les mêmes classes, les mêmes familles que de nos jours ; et, en effet, parmi les divers systèmes sur l'origine des êtres organisés, il n'en est pas de moins vraisemblable que celui qui en fait naître successivement les différents genres par des développements ou des métamorphoses graduelles. Qui ne voit que chaque genre, chaque espèce en particulier, est nécessaire à l'harmonie, à l'équilibre de l'ensemble ? Ne faut-il pas des mouches aux hirondelles, des animaux herbivores aux animaux carnassier, des herbes aux animaux herbivores ? et réciproquement, chaque espèce n'a-t-elle pas besoin d'être restreinte dans sa propagation par des causes destructives proportionnées ; et sous ce rapport, ne faut-il pas des hirondelles aux mouches et des quadrupèdes voraces aux quadrupèdes paisibles ? On ne peut concevoir l'existence d'une forme de vie, sans une multitude d'autres formes qui la soutiennent ou la répriment, qui l'excitent en divers sens, qui entretiennent en un mot à son égard ce mouvement mutuel et universel qui fait la vie du monde, comme la circulation et les fonctions qui l'entretiennent, font la vie des individus. » (14).

Comme Trevinarus, Cuvier comprend le Règne animal comme un Grand vivant, ou, selon son propre terme, comme un Organisme : l'histoire du Monde est celle de la succession des Organismes (15).

Le « grand système des êtres naturels » prend donc, dans ces conditions, un sens précis : il est la récapitulation de la sucession des faunes dont l'équivalence et l'individualité combinées se traduisent concrètement par un déplacement des présences et des absences parmi les espèces à chacun des âges de l'histoire du Monde, d'où toute répétition se trouve exclue. Dans un tel système, l'exploitation de toutes les possibilités organiques, l'utilisation de toutes les cases du tableau systématique, ne peut se concevoir qu'au moment de la plénitude des temps, c'est à dire, de la réalisation de la dernière faune, qui accomplit tout ce que les précédentes avaient laissé vacant, ce qui pourrait bien être arrivé avec l'homme. La paléontologie, en tant que savoir humain de la nature dans sa dimension passée, par où elle peut se saisir complètement, devient à son tour la marque de l'achèvement de l'homme, et en ce sens, avec l'histoire, mieux peut-être que l'histoire, elle est condition du savoir absolu, sinon ce savoir lui-même. Le concept de progression ne fait alors que mesurer la distance d'une faune passée par rapport à cette dernière faune qui contient l'homme, et qui, de ce fait, est principe de toute mesure, indépendamment de toute idée de perfection variable des espèces en elles-mêmes, c'est à dire, dans leur pouvoir d'adaptation. Ce principe est acquis pour tout le siècle : les équivalences des faunes impliquent les équivalences des adaptations entre les espèces elles-mêmes ; une espèce quelle qu'elle soit, a ce qu'il lui faut pour se conserver.

5. – LA PHYSIOLOGIE DES TRANSFORMATIONS.

La cohérence de la doctrine de Cuvier signifiait l'écrasement du transformisme sous tous ses aspects, la condamnation de toute théorie des métamorphoses ou du développement du Règne animal : les espèces sont ainsi vouées à l'histoire, puisque la physiologie des genèses leur est interdite. Les conditions d'existence font ainsi des événements la trame du temps (1), et les révolutions sont les plus marquants de ces événements. Un transformisme existe pourtant, transformisme qui, pour interpréter physiologiquement la succession des espèces, change les événements en processus, et esquive de ce fait la possibilité d'une histoire dans une réciprocité entre les transformations des conditions physico-chimiques de la surface de la terre, et celles des espèces qui sont censées en dépendre passivement ; mais alors, comme Leibniz l'a pensé avant Lamarck, les espèces, en se transformant, échappent à la mort. Dans la perspective économique de Cuvier, la mort l'emporte encore, au contraire, parce que l'obsession des voies de la conservation est un moyen de mettre en évidence sa puissance, qui est celle de l'histoire.

Alors, à quoi bon évoquer le transformisme, puisqu'il s'agit d'un échec ? Cet échec reste significatif de deux points de vue : d'une part, l'histoire ne rend compte qu'en décrivant, tandis que la physiologie, fût-elle mythique, prétend expliquer, et les savants veulent devancer quelquefois la science dans la voie de l'explication, par des moyens qu'ils tirent nécessairement de l'arsenal théorique disponible, et qui éclairent de ce fait la nature des débats ; d'autre part, il faut bien tenir compte de ce transformisme qui explose dès que la Théorie de l'Evolution lui donne l'occasion de se manifester : il faut donc voir dans quels cadres il se trouvait auparavant contenu, au moins dans le domaine de la Paléontologie.

L'idée d'une passivité totale du vivant par rapport aux conditions physiques de la surface terrestre est très clairement formulée par Pander et D'Alton.

Pander et D'Alton transposent en Paléontologie le concept de métamorphose, repris non de Lamarck, mais de Gœthe (2). Ils considèrent ce concept comme l'acquisition la plus importante de la Physiologie et de l'Anatomie comparée, à cause de l'extension que l'Embryologie a pu lui donner, depuis son origine botanique (3). Cette transposition implique directement la négation de la mort, parce qu'elle suppose l'unité d'une vie identique à elle-même à travers des variations formelles qui excluent la discontinuité des révolutions et des créations. Cette unité de la vie se retrouve encore morphologiquement sous la forme d'une même structure embryologique initiale et fondamentale, qui produit tous les êtres vivants en fonction des mêmes lois, dont l'exercice est modifié par les conditions de milieu. Par conséquent, c'est la diversité actuelle des êtres, en rapport avec la variété géographique de leur habitat, qui donne à l'emploi du concept de métamorphose sa première justification : l'étrangeté des formes fossiles devient la révélation directe de l'importance des variations géologiques subies anciennement par la surface terrestre, tandis que la constance apparente de l'état actuel du globe se traduit par la constance illusoire des espèces (4). Dans ce cadre, Pander et d'Alton font intervenir aussi un élément lamarckien, dans la mesure où l'activité et l'habitude, définis par les possibilités offertes par le milieu, accentuent cette diversité des formes (5), mais cet élément reste à comprendre dans la perspective du tout de l'organisme, et de sa dépendance globale par rapport au monde, dont un aspect majeur est la nutrition (6). Toute la doctrine semble ainsi fondée sur la dissociation entre un « Organismus » entièrement dépendant du monde, et un « Bildungstrieb », puissance productrice d'organes et d'organismes, qui trouve dans chaque être individuel sa limitation absolue, pour se trouver provisoirement libéré à chaque génération (7). Le paléontologue, qui n'a à sa disposition que le squelette, reflet cependant authentique de tout l'animal, ne peut que méditer sur le monde comme cause déterminante des organismes, tandis que l'embryologiste accède à la connaissance du dynamisme vital dans ses premières activités morphogénétiques : entre 1817 et 1821, Pander semble ainsi avoir quitté la science pour la poésie ; c'est l'énorme Mégathérium qui a provoqué ce recyclage.

On trouvera des considérations du même ordre sous la plume d'Etienne Geoffroy Saint-Hilaire (8), mais l'universalité du « Bildungstrieb » y est remplacée par l'unité de plan et de composition : la démonstration de l'unité morphologique des êtres semble alors réciproque d'un modèle physiologique de leur transformation, que Geoffroy Saint-Hilaire s'efforce de construire sans en avoir les moyens, autres qu'un mécanisme des transformations, issu du XVIIIème siècle (Telliamed), et qui traîne dans la philosophie de la nature. La respiration y joue le même rôle que la nutrition chez Pander (9), mais à travers des réflexions plus techniques sur l'organisation animale.

Certes, il y a Lamarck, que Geoffroy Saint-Hilaire mentionne en plusieurs occasions : Lamarck est habile au niveau des principes, mais moins heureux pour les exemples (10) ; les modifications de la constitution physique du globe agissent sur les organes conformément aux deux « lois » de Lamarck, c'est à dire, à travers l'habitude et l'hérédité des caractères acquis (11). Il s'agit cependant de tout autre chose.

Dans la mesure où Lamarck est uniformitarien (12), les circonstances susceptibles d'agir sur la vie pour la modifier ne sont constituées que par des vicissitudes locales, tout justes capables de rendre compte de la variété géographique des êtres vivants et des modifications de leur distribution. C'est la raison pour laquelle Lamarck évoque une « puissance de la nature », dont l'« empire des circonstances » ne permet que la mise en œuvre. Cette puissance progressive est au principe de la sensibilité et de l'activité, qui permettent de construire des habitudes dont les organes sont la traduction fixe. Le fondement du devenir est psychologique et sa marche est homogène dans l'ordre de la variété croissante, ce qui peut s'exprimer par un tableau dans lequel la dimension temporelle n'est pas apparente.

Au contraire, chez Geoffroy Saint-Hilaire, le lien génétique entre les espèces suppose d'abord un usage de la dimension chronologique tel que les animaux des temps passés, désignés comme ancêtres, ne soient plus « mêlés, au moyen d'arbitraires classifications, avec les êtres de la création actuelle » (13). Il ne s'agit plus de construire un tableau unitaire, sous quelque forme que ce soit, ni de remplir les lacunes de l'Echelle des Etres, ou bien les hiatus dans les séries actuelles (14), mais de situer une zoologie ancienne par rapport à une zoologie présente, de ne voir de transition que dans le temps.

C'est ici que la Morphologie et la Physiologie vont intervenir.

La Morphologie est représentée par le principe des connexions : les positions réciproques des os du crâne étant nécessairement respectées, chez les crocodiles qui sont l'objet de cette recherche, les variations observées doivent se décrire en termes de modifications, réciproques en plus ou moins, c'est à dire de « balancement », dont il faut découvrir le facteur inducteur. Ce facteur est lié à l'organe ou à l'os dont la croissance révèle l'importance morphologique en commandant l'essemble des variations du système : il en constitue l'« ordonnée générale » (15) : il dépend de la signification physiologique de cet organe ou de cet os, du point de vue de l'adaptation de l'animal à des conditions déterminées de milieu et au rôle qui lui est imparti dans l'économie naturelle (16).

La signification physiologique principale des structures craniennes du crocodile est liée à la respiration : la position du canal nasal dépend du mode et de la quantité de respiration de l'animal, et sa situation en fait la clef de toutes les particularités ostéologiques de la boîte crânienne (17). On peut donc en conclure que les particularités du crâne des crocodiles fossiles sont en rapport avec des modalités différentes de la respiration, comme le montrent les affinités mammaliennes du Téléosaure, ce qui implique un autre genre de vie, et avec une quantité de respiration également différente, ce qui évoque une autre atmosphère, c'est à dire, d'autres conditions géologiques (18). De ce fait, au moins pour les crocodiles, c'est le rôle de la respiration qui paraît responsable des modifications les plus profondes des organismes qui se succèdent dans l'ordre génétique, et, puisque la respiration est directement liée aux activités chimiques internes qui en dépendent, elle est l'instrument d'une dépendance entièrement passive des organismes par rapport aux conditions géologiques de l'atmosphère : les espèces doivent alors disparaître ou se tranformer. Les espèces disparues ne sont que le déchet de ces transformations nécessaires qui séparent les deux zoologies, ancienne et actuelle. Pour souligner cette passivité, Geoffroy Saint-Hilaire parle de l'influence « pathologique » des agents physiques et chimiques (19), sur les êtres vivants, passivité générale, comme le montrent les particularités du singe fossile découvert par Lartet à Sansan, qui fait des être vivants les échos de l'histoire de la terre, et, dans certains cas, les traces de continents perdus, dont certaines îles, comme celle de la Sonde, portent témoignage par leur faune (20).

Quant au mécanisme des transformations, issu du XVIIIème siècle, il faut ajouter que le principe en est quelque peu rénové, soit par des observations agricoles « étendues sur plusieurs siècles » (21), soit à partir des expériences de W. Edwards sur la métamorphose des grenouilles (22) qui montrent l'influence retardatrice d'un milieu moins oxygéné (23), soit enfin, à partir de ses propres recherches en tératologie expérimentale, où un accident initialement peu considérable s'avère d'une « importance incalculable quant à ses effets » (24) : le passage des reptiles aux oiseaux s'expliquerait de cette manière. Mais cette argumentation n'a pas convaincu ses contemporains qui ont associé les transformations au progressionnisme et à l'Echelle des Etres, c'est à dire, à une philosophie des vivants largement dépassée, quoique vivace et multiforme, pour de nombreux savants du siècle. C'est ce dont Pictet témoigne :

> « La théorie de la Transformation des Espèces nous paraît complètement inadmissible, et diamétralement opposée à tous les enseignements de la zoologie et de la physiologie. Cette théorie se lie, comme je l'ai déjà fait entrevoir ci-dessus avec l'idée de l'Echelle des Etres, et avec celle du perfectionnement graduel dans les âges géologiques ; elle est leur lien, leur complément et leur explication, et forme avec elles un corps de doctrine complet. Les naturalistes qui ont adopté une partie de ces idées sont conduits à accepter les autres, mais les mêmes raisons qui nous ont fait, dans le chapitre prédédent, nous refuser à reconnaître d'une manière générale et absolue l'Echelle des Etres et le perfectionnement graduel des faunes zoologiques, nous forceront aussi à rejeter l'idée de la transformation des espèces, comme explication de la succession des êtres organisés à la surface du globe. » (25).

Il n'en reste pas moins que, si le principe des conditions d'existence s'impose à la saine paléontologie, il renferme un insoutenable mystère : « mystère de la préexistence des germes » disait Cuvier, que la reconnaissance des affinités structurales des espèces transforme en mystère de leur filiation, qui, en attendant que l'on puisse en rendre raison, assure la survie de l'Echelle des Etres, du progressionnisme, du développement, et des métamorphoses, au niveau des superstructures spéculatives de la Paléontologie.

6. – *LES BETES EXTRAORDINAIRES.*

Aux environs de 1830, indépendamment des questions insolubles de genèse et de métamorphose, la Paléontologie reconnaît, dans les fossiles qu'elle déterre, d'une part, une étrangeté devenu indice de la profondeur du temps, et d'autre part, la constance des lois de cœxistence organique qui rend possible le « grand système des êtres naturels ». La réciprocité de l'étonnement et de la connaissance définissent l'accueil reçu par les reptiles extraordinaires que les couches secondaires commencent à livrer.

Cuvier s'est occupé avant tout des ossements fossiles des mammifères tertiaires, mais il connaissait quelques crocodiles, quelques tortues fossiles, plusieurs sauriens dont l'animal de Maestricht ou Mosasaure, les ptérodactyles, deux batraciens, dont la célèbre salamandre d'Oeningen, et enfin, tout à fait à part, l'ichthyosaure et le plésiosaure (1). Il mentionne encore quelques ossements de sauriens géants, trouvés par Gidéon Mantell en 1822 dans la forêt de Tilgate, qui lui ont été communiqués aux fins d'identification, parmi lesquels se trouvent des dents qui annoncent un « saurien encore plus extraordinaire que tous ceux dont nous avons connaissance » (2), du fait d'un caractère herbivore qui l'oppose à tous les lézards connus, qui sont insectivores ou carnivores. Ce fossile a été désigné en 1825 du nom d'Iguanodon (3) : il constitue, avec le Mégalosaure transmis par Buckland, l'un des deux premiers Dinosauriens découverts. A cette occasion, Mantell souligne l'opinion unanime des paléontologues selon laquelle les réalités de la géologie surpassent largement les fictions des légendes (4).

En un premier temps, les ichthyosaures et les plésiosaures vont suffire au développement de ce fantastique de type nouveau, qui se projette comme il fallait s'y attendre, en théologie naturelle. Il faut ici mentionner les deux ouvrages de Th. Hawkins : « Memoirs or Ichthyosauri and Plesiosauri, extinct monsters of the Ancient Earth » (1834) et « the Book of the Great Sea-Dragons – Ichthyosauri etc... » (1840). Hawkins y associe la volonté providentielle et le principe des conditions d'existence pour conclure de la différence jugée radicale de ces êtres aux êtres actuels, à un état de la planète aussi radicalement différent. Le progressionnisme, lié à la même vision providentielle centrée sur la formation de l'homme qui exige la perfection de la planète et la neutralisation du Mal, implique une représentation de cet état archaïque – préadamitique – comme monstrueux et chaotique (5), répondant aux cosmogonies orientales et bibliques (6). La Paléontologie est, de ce fait, perçue à la lettre, comme une archéologie conforme au contenu des Ecritures, qui relève les traces de l'épopée du Mal : la furie est censée caractériser l'Ichthyosaure, tandis que le Plesiosaure est décrit comme une concentration d'horreur (7), sans doute à cause de la réminiscence de terreurs infantiles liées à l'abondance des dents chez ces fossiles, en oubliant que cette abondance est commune chez les reptiles, même les plus inoffensifs. Cette science extravagante se traduit en représentations graphiques, dans le prolongement de celles qui ont provoqué l'ironie de De Blainville (8), produits dégénératifs de la méthode de Cuvier, sans rapports avec les exigences internes de cette méthode. Hawkins permet ainsi de définir un climat qui a fait des carrières les hauts lieux d'une nouvelle curiosité active, source de collections que les savants vont pouvoir exploiter.

Avec les Enaliosauriens et les Dinosauriens, apparaissent aussi les Labyrinthodontes, classés par les auteurs allemands comme « sauriens imparfaitement connus ». Comme tous ces reptiles n'appartiennent pas aux mêmes couches, l'âge des Reptiles tend également à s'organiser en plusieurs étages distincts, comme cela avait été le cas auparavant pour l'Age des Mammifères, Age des Reptiles dont les prolongements tertiaires et actuels donnent encore bien des espèces étranges, parmi lesquelles Colossochelys Atlas, la tortue géante des monts Sewalik, décrite par Falconer (9), et les Iguanes des îles Galapagos. Les reptiles passent donc au premier plan, non seulement de la curiosité vulgaire, mais encore de l'intérêt anatomique, stratigraphique et géographique, si l'on en croit Pictet : « ils sont... plus propres que les mammifères et les oiseaux à donner une idée de ces renouvellements remarquables de l'organisation et de cette succession des différentes faunes dont nous avons parlé » (10). Cet intérêt paléontologique recoupe l'intérêt que présentaient déjà les reptiles en Anatomie comparée, à cause de la position centrale qu'ils occupent dans la série des vertébrés, en vue de comparaisons généralisées dans une perspective qui est moins celle de Cuvier que de Geoffroy Saint-Hilaire.

Les premiers problèmes posés par les reptiles fossiles portent sur leur classification et sur leur distribution dans les terrains.

Les contemporains de Cuvier disposent d'une classification des reptiles en quatre ordres : Chéloniens, Sauriens, Ophidiens et Batraciens, division qui est due à Brongniart et qui est fondée sur « la comparaison de leur quantité de respiration et leurs organes de mouvement » (11). En 1816, De Blainville en dissocie les Batraciens dont il fait soit une classe, soit une sous classe (12), mais cette soustraction est surcompensée par l'apport paléontologique qui exige la création d'ordres nouveaux. Parmi ces ordres, De Blainville voulait encore donner aux Pterodactyles et aux Ichtyosaures le rang de classe, pour mieux graduer la chaîne des êtres, mais leur niveau ordinal est reconnu par Pictet, qui adjoint les Labyrinthodontes aux Pterodactyles et aux Enaliosauriens, mais ne traite les Dinosaures que comme une famille de Sauriens (13). Par cet enrichissement des reptiles en ordres fossiles, distincts des ordres actuels, c'est l'équivalence de la zoologie ancienne et de la zoologie actuelle qui se trouve reconnue, équivalence qui n'exclut pas une progression, liée pour Owen à la purification de l'atmosphère (14). Cette doctrine est celle de Geoffroy Saint-Hilaire, le transformisme en moins : il ne s'agit que d'exprimer des convenances économiques. Ces mêmes convenances économiques associent la progression à la diversification, d'une manière qui imposent la représentation arborescente du règne animal (15), parce qu'elle s'accorde mieux avec une distribution géographique et géologique qui devient de ce fait, l'objet capital de la recherche paléontologique, dans laquelle le groupement des espèces par catégories en fonction de leurs affinités structurales devient une sorte de préambule, et non plus le couronnement de la science, comme le prétendait De Blainville. Dans l'interprétation de cette distribution, le principe des conditions d'existence est au premier plan.

Buckland le traduit en termes directement providentiels ; chaque espèce, « objet d'un plan et d'une prévoyance à part, a été mise en harmonie parfaite avec les conditions diverses de la vie terrestre ou aquatique pour laquelle elle avait été faite » (16). A chaque pas dans la découverte des espèces fossiles, on trouvera donc « une nouvelle preuve de l'action régulière d'un plan invariable dans l'économie de la nature animée », tel que chaque individu, en recherchant instinctivement son bien être, « ne cessera pas d'être un instrument du bien-être général de tout l'ensemble des créatures qui vivent en même temps que lui » (17). Ce minimum de bien-être dans la nature, aussi important pour Buckland que l'utilité pour l'homme qui définit l'autre finalité de ce plan, suppose, par exemple, que les carnivores évitent aux herbivores, en les dévorant, les souffrances de la famine et de la vieillesse. Les exigences éternelles de cette « police » de la nature font que, dans la succession des temps et des espèces, les mêmes fonctions ont été remplies par des formes différentes (18), qui utilisent les mêmes moyens, pour produire les mêmes résultats, dans des groupes éloignés et en des époques différentes (19). Les observations correspondantes démontrent alors la constance des lois physiologiques intérieures aux animaux et des lois physiques propres aux milieux : par ses analogies avec les données actuelles, la structure des yeux des Trilobites exclut donc l'idée d'un chaos primitif dans lequel les rapports des matériaux terrestres et aériens aurait été différent, et prouve en même temps la perfection des adaptations quel que soit l'être considéré (20). L'état de la surface terrestre est donc physiquement constant, sauf une aptitude à se diversifier qui la rend apte à recevoir une quantité de vie croissante (21), à travers la série des catastrophes et des renouvellements (22). Un devenir chimique du globe et de son atmosphère est exclu : les particularités respiratoires de l'Ichthyosaure ne sont que des adpatations à la plongée, comme actuellement celles de l'ornithorhynque, et non pas les conséquences d'une composition différente de l'air (23).

Malheureusement, les géologues – du moins certains d'entre eux – enlèvent à la Providence son mode préféré d'intervention dans le cadre de l'économie naturelle : les révolutions. L'élimination de ces deux possibilités illusoires d'explication de la succession des êtres vivants : l'action transformatrice du milieu et les révolutions, charge les paléontologues d'un problème en face duquel ils sont désarmés. Il ne leur reste plus qu'à approfondir l'analyse fine de leur matériel, limité à lui-même, de se faire intégralement, rigoureusement et exclusivement les historiens du monde vivant, à partir des éléments archéologiques qui leur sont fournis par les géologues que leur positivité rend plus rigoureusement historiens de la terre. Les reptiles sont l'objet privilégié d'une telle histoire, qui, cependant, ne se limite pas à leur classe.

Cette transformation est sensibles chez Richard Owen ; elle est évidente dans les travaux d'Herman Von Meyer, dont une des conclusions est l'impossibilité d'expliquer le succession des espèces soit par l'intervention de déluges, car les géologues savent que les spécimens fossiles se retrouvent aux lieux où les animaux ont vécu, soit par des causes physiques, déjà insuffisantes pour rendre compte de tous les aspects de la distribution géographique. On ne peut que constater cette succession, et rendre compte de la chronologie des disparitions en envisageant un principe interne spécifique qui limite la durée d'existence d'une forme donnée, car il faut bien justifier la physionomie particulière que donnent à une formation les espèces qui l'habitent entre une limite inférieure et une limite supérieure qu'elles sont seules à indiquer et sur lesquelles on peut fonder une chronologie relative sûre (24). C'est ainsi que les Sauriens confèrent une physionomie propre à ce Moyen-Age géologique, que Von Meyer situe entre le Lias et la formation du Weald (rattachée au Jurassique par Vogt, mais au Crétacé par Lyell) où ils foisonnent et développent une richesse de types qu'ils n'ont connue à aucune autre époque (25) : dans le cadre de ce Moyen-Age, ils se succèdent à la fois du point de vue géologique et du point de vue des variations zoologiques propres à leur groupe. Le problème chronologique est directement lié au problème systématique et au problème anatomique.

H. Von Meyer aborde l'analyse chronologique de ce Moyen-Age par les Sauriens du Muschelkalk, c'est à dire l'étage moyen du Trias (26) : les exemplaires de cette faune lui permettent d'établir, en particulier, la contemporanéité du genre Mastodonsaurus, qui représente la famille des Labyrinthodontes, et le genre Platéosaurus qu'il rattache à celle des Dinosaures. Ces deux genres sont accompagnés de Nothosaurus, Pistosaurus, etc. qui appartiennent aux Enaliosauriens caractéristiques du Lias et du Jurassique, où ils donnent les Ichthyosaures et les Plésiosaures déjà célèbres. Par conséquent, si les genres semblent bien limités, à un étage précis, à quelques exceptions près qui semblent se répandre sur tout le Trias, les familles apparaissent et disparaissent sans tenir compte des limites entre les périodes (27) : les unes sont antérieures et les autres postérieures. Ces périodes sont donc composites ; or, il apparaît que les animaux qui leur appartiennent sont également composites au point de contredire la « Typique de la Nature », comme c'est le cas pour les Labyrinthodontes (28). Cette mise en question de la Typique de la Nature se traduit par l'impossibilité d'insérer les formes fossiles dans les systèmes actuels, et par la nécessité de fonder les diagnoses sur la connaissance la plus exacte possible du plus grand nombre de spécimens (29), permettant de mettre en évidence le plus grand nombre possible de caractères, en vue de remédier à l'ambiguïté des caractères isolés dans des formes composites (30), dont le Pterodactyle fournit un exemple, puisqu'on rencontre dans le même exemplaire un conflit entre les types classiques des Sauriens et des oiseaux (31).

Ces formes composites sont donc une objection aux prétentions de Cuvier : tirer d'un seul os, l'animal entier ; mais cette objection n'a de sens que dans la méthode, tout à fait différente de celle de Cuvier, dont H. Von Meyer se sert. Pour Cuvier, les corrélations se marquent dans des variations de tous les caractères, quels que soient leurs affinités apparentes, si bien que l'individualité de l'échantillon peut toujours être reconnue ; Von Meyer, quant à lui, utilise la méthode plus classique, qui consiste à juger directement une pièce sur les affinités qu'elle présente par rapport par un catalogue de types : la combinaison l'emporte alors sur la corrélation, et les affinités sur l'individualité. Du point de vue de la reconnaissance des espèces, cette méthode est sans doute de valeur inférieure à celle de Cuvier, mais compensée par l'habileté du paléontologue et son expérience ; elle a cependant le mérite d'éviter une sorte de fascination par l'individualité ayant vécu, et, en cela, de permettre la distinction entre les caractères qui signifient l'unité de Plan, et ceux qui dépendent d'autres raisons parmi lesquelles il faut compter les « forces extérieures » (32. De ce fait, le problème posé par ces reptiles, vite résolu pour les Ptérodactyles, mais beaucoup plus controversé pour les Labyrinthodontes, est devenu celui de la discrimination de leurs affinités réelles et de leurs caractères adaptatifs, représentés de part et d'autre par des traits susceptibles de justifier toutes les erreurs, comme celles de Jaeger qui avait pris les Labyrinthodontes pour des Ichthyosaures, ou même de Von Meyer lui-même qui les prend pour des Sauriens (33). Ce problème anatomique, qui n'est plus celui de la reconnaissance des animaux fossiles, de leur « résurrection », qui avait accaparé Cuvier, mais celui de la détermination de leurs affinités – en vue de préciser la « physionomie » d'un étage géologique dans une succession temporelle, repousse au second plan l'insoluble problème génétique (34). Disons que Von Meyer l'envisage suivant un modèle adopté par Jaeger (35) dans la tradition de Kielmeyer : les organismes se remplacent à la surface de la terre comme les dents adultes remplacent les dents de lait.

7. – TYPES ET RADIATIONS.

C'est en 1850 seulement que la question des Labyrinthodontes est définitivement réglée en Allemagne par un article de Quenstedt qui démontre que, si l'on fait abstraction de la cuirasse dermique, les os céphaliques internes représentent une structure batracienne typique (1). Ce sont les mêmes structures craniennes qui avaient conduit Owen en 1841 à la même identification, malgré des caractères crocodiliens et lacertiens surajoutés, en rapport probable avec une respiration plus développée que chez les Batraciens ordinaires. Les objections à une telle diagnose, tirées des os dermiques, sont jugées non pertinentes parce que la peau, conformément au principe de la subordination des caractères, est, de par sa position extérieure, le siège des caractères les plus variables (2). Le principe de cette distinction est formulée dans l'Odontographie, à propos des os de la mâchoire et du palais dans ce groupe :

> « Physiologiquement, le Labyrinthodonte, dans cette partie de sa structure, se rapproche au maximum du crocodile, mais la structure elle-même est essentiellement batracienne. » (3).

Les analogies physiologiques doivent donc être nettement séparées des caractères typiques, et, à cette occasion, les combinaisons de caractères d'une forme donnée vont signifier tout autre chose que sa position intercalaire entre les groupes d'où paraissent provenir ces caractères : elles vont signifier l'existence de radiations comparables à partir de souches éventuellement très éloignées. C'est ce qui se passe chez les Labyrinthodontes ; c'est ce qui se passe de manière encore plus frappante pour Owen chez les Dicynodontes qui viennent d'être découverts en Afrique du Sud : il s'agit d'une radiation mammalienne, de signification adaptative, greffée sur un type morphologique lacertilien, parmi d'autres combinaisons tout aussi extraordinaires, même si elles sont moins lointaines (4).

L'opposition fondamentale entre analogie et homologie , adaptation et type, établie par Owen au cœur de la philosophie de l'Anatomie comparée, peut déployer en Paléontologie toute sa portée méthodologique, comme le montrent d'autres spécimens fossiles en grand nombre, pris non seulement parmi les Reptiles, mais aussi chez les Oiseaux et les Mammifères. La représentation du Règne animal à travers le temps s'en trouve changée. Les échelles ou les séries, continues ou discontinues, cèdent la place aux arborescences de souches multiples, dont la succession n'est pas forcément linéaire, mais qui constituent autant de Provinces ou de Cantons, au développement propre. L'adaptation fait que, conformément à la doctrine de Brongniart, la distribution des formes dans le temps est comparable à celle qui a lieu dans l'espace, mais une progressivité, caractéristique de la vie, arrache les espèces à la constance des conditions d'existence, pour leur permettre d'exploiter toutes les virtualités de l'archétype en ordre successif et continu. Les différences entre les espèces actuelles et fossiles n'a donc plus besoin d'une segmentation du monde vivant en faunes indépendantes grâce au tranchant des révolutions.

Richard Owen étudie en laboratoire les échantillons qui lui sont envoyés de toutes les parties du monde, aussi bien que d'Angleterre proprement dite : il commence par l'identification des pièces et la restauration du squelette, passe à la détermination de ses appartenances typiques, au regard des types actuels, puis à l'étude des variations génériques et spécifiques sur le thème fondamental pour établir les affinités du fossile, et termine par des considérations sur sa distribution géographique et sa position stratigraphique (5). La question des analogies se pose au moment de l'appréciation des affinités.

L'archétype, qui fonde les homologies, implique la comparabilité des espèces actuelles et fossiles dans leur ensemble et dans le détail de leurs parties : l'Anatomie comparée le démontre. Le problème paléontologique principal n'est donc plus que celui des différences, une fois le type reconnu ; ces différences s'inscrivent sur deux axes : celui de la progressivité et celui de la spécialisation adaptative. Au terme de ces deux axes seulement, on peut retrouver la vie réelle de l'animal et la signification géologique de sa découverte : la place dans la série progressive des classes indique l'époque de manière présomptive, et les spécialisations introduisent la variable paléogéographique.

Bien entendu, la progression exclut transmutation ou filiation. Sa signification, strictement anatomique, se traduit par l'effacement de la répétition au profit de l'organisation (6), et par la disparition des caractères embryonnaires propres aux formes inférieures (7), que montrent, par exemple, les poissons (8) : nous avons donc ici une variation propre à Owen sur la vieille loi du Développement du simple au complexe (9). Mais il n'est plus question de dessiner une série unique, et les Labyrinthodontes sont là pour le démontrer : d'une part, ils présentent des traits à la fois ichthyiques et embryonnaires, semblables en cela au premier reptile connu : l'Archegosaure du Carbonifère (10) ; d'autre part, et indépendamment de leurs adaptations crocodiliennes, ce ne sont pas, et de loin, des Batraciens inférieurs. Une semblable remarque exclut à la fois l'Echelle des Etres et la théorie du Développement.

La supériorité des Labyrinthodontes sur les Batraciens actuels, celle des Dinosaures sur les Sauriens encore vivants, etc., posent donc le problème de la signification du type au moment même de son émergence, puisque c'est à proximité de cette émergence qu'il va présenter la plus grande richesse de formes et ses manifestations les plus élevées. Tout se passe comme si le type qui émerge, apparaît, en raison de la fonction qu'il doit remplir dans le plan providentiel de la nature, constituer la faune dominante, et, parce que dominante, la plus variée. Le type se présente alors comme le foyer des radiations adaptatives, dont certaines annoncent par leur perfection les futurs types supérieurs. Par perfection, il faut entendre : meilleure adaptation physiologique, c'est à dire, si on tient compte du fait que toute espèce est en parfaite harmonie avec ses conditions d'existence, si inférieure soit-elle, augmentation dans les pouvoirs et dans l'activité. Mais la progression ne passe pas directement par cette adaptation : elle demeure l'ordre providentiel de l'émergence des types nouveaux. La supériorité de ces types ne fait donc que reprendre à son compte et traduire morphologiquement dans le type une supériorité physiologique greffée sur le type précédent, de valeur prophétique. S'il y a analogie, elle signifie cependant que les rapports entre les types vont aussi du général au spécial, mais à condition de transformer cette spécialité, d'adaptation fonctionnelle caractéristique de certains appareils, en augmentation générale de complexité de l'organisation. C'est pourquoi la multiplicité des caractères que les Dinosauriens combinent, en fait, un groupe plus généralisé qu'aucun reptile actuel (11), et le Galéosaure possède à la fois le caractère saurien le plus généralisé, et une dentition qui constitue l'approche la plus suggestive et la plus singulière des Mammifères (12).

Il faut donc souligner l'importance de la distinction entre adaptation et affinité. Si l'Ichtyosaure apparaît comme une combinaison de caractères sauriens, mammaliens et ichtyiques, tous en rapport avec son mode de vie aquatique et sa taille, les connexions des os du crâne qu'il présente, indiquent un type fondamentalement lacertilien : les caractères non adaptatifs sont donc supérieurs aux caractères adaptatifs, du point de vue taxonomiques (13). Mais les caractères adaptatifs, outre leur intérêt pour une paléogéographie, permettent aussi une discrimination fine des étages et des temps, et leur donnent une physionomie à partir de la physionomie de leurs espèces. Or, pour rétablir une physionomie d'une espèce perdue, il n'est qu'une méthode : celle de Cuvier.

8. – LA PHYSIONOMIE DES ESPECES ET DES FAUNES.

En 1860, échauffé par les parti-pris des évolutionnistes, Owen déclare que le principe des corrélations est lié à la pensée téléologique, et que cette pensée définit la condition la plus normale de la raison, dont le refus marque un défaut d'esprit peut-être congénital, comparable à la cécité aux couleurs et à la surdité aux notes (1). Il y a là de la fureur théléologique, mais il y a aussi que le principe de Cuvier apparaît encore comme le seul moyen de rendre raison de rapports qui ne peuvent rester à l'état de coïncidences sans une sorte de démission intellectuelle. L'observation des coïcidences doit avoir lieu d'abord ; le principe de raison suffisante transforme ensuite ces coïncidences en corrélations nécessaires par la découverte de leurs causes (2), qui seront finales, à défaut de mécaniques. Une telle déclaration de principe engage une méthode, que Owen déclare reprendre de Cuvier et dont il indique le fonctionnement, à l'occasion de l'identification d'une espèce qu'il effectue comme Cuvier, pour démentir De Blainville, sur « un seul fragment d'os » : il s'agit de Stereognatus ooliticus (3).

Le fossile désigné sous le nom de Stereognathus est représenté par un fragment de mâchoire, porteur d'une dent d'un type différent de toutes les dents de mammifères actuellement connues, mais qui se rapproche de celles des fossiles Hyracotherium et Hyopotamus. Owen y voit une forme de petite taille, appartenant à l'ordre des Ongulés, famille des Artiodactyles, à caractère omnivore, comme les porcs et les pécaris. La caractère mammalien est déduit de la pluralité des racines de cette dent : il s'agit d'un fait d'observation, fondé sur des tables positives et négatives comparées, mais ce fait possède une intelligibilité liée au mode de vie de toute la classe ; et par conséquent à la perfection de sa machine digestive, qui implique une implantation dentaire particulièrement solide. La raison d'un trait isolé se trouve ainsi fondée dans la signification qui lui est conférée par le schéma d'ensemble virtuel où il trouve sa place, à l'exclusion de tous les autres schémas, et la cohérence de chacun de ces schémas est bien évidemment fondée sur le principe de la corrélation des organes. Les autres traits dentaires permettent de préciser les propriétés de ce schéma, et, par conséquent, le mode de vie du fossile, dont l'individualisation part de l'individualisation de cette dent : la couronne multicuspide apparaît comme herbivore ou insectivore, mais sans rapport avec aucune dent d'insectivore actuel.

Owen passe alors à un travail d'approximation comparative qui lui fait poser cette dent en face de celles des petits herbivores à sabots actuels, puis de celles des fossiles voisins du même groupe qui présentent une ressemblance plus grande. Il semble que cette procédure fasse perdre de vue toute loi rationnelle, mais pour Owen, il n'en est rien, parce qu'il se réserve de « pénétrer la cause suffisante de telles coïncidences », ou encore, de « connaître la loi intérieure à la loi ». Toute coïncidence actuelle est corrélation virtuelle, et celles de ces coïncidences qui ne sont pas encore intelligibles du point de vue des corrélations peuvent encore permettre de préciser les affinités de l'animal du point de vue pratique, dans le cadre du type général ; et de faire apparaître sa physionomie, conformément à la méthode de Cuvier.

Cette physionomie peut devenir encore plus évidente, si on tient compte du fonctionnement possible du principe des corrélations en circuit externe : non seulement les dents impliquent le système digestif correspondant au type de nourriture qu'elles indiquent, et le type de musculature nécessaire pour se la procurer, mais on peut encore dire que toute la forme du corps est en corrélation avec la source de la nourriture. Pour Owen, tout le corps de Mylodon robustus représente le projet d'abattre des arbres (4). L'intimité et la rigidité de cette dépendance fait qu'il y aura peut-être là un moyen de rendre compte des disparitions d'espèces, en l'absence des catastrophes géologiques.

Le problème ainsi soulevé se trouve posé en termes généraux dans les circonstances suivantes : si, malgré l'absence de révolutions, la disparition de faunes entières reste admise, tous les paléontologues reconnaissent cependant que certaines espèces passent d'une couche à la couche supérieure, sans aller jusqu'aux recouvrements chronologiques des genres admis par Von Meyer. Les observations de Murchison, la loi de De Verneuil, évoquent des différences dans la vitalité des espèces plutôt que dans l'action destructrice des causes physiques (5), toujours utilisée cependant : Pictet minimise pour son compte le nombre des espèces qui passent d'une faune à l'autre, et s'efforce d'expliquer les exceptions par l'action locale des causes physiques, elles mêmes responsables des disparitions (6). Par ailleurs d'une faune à l'autre, la transition peut être marquée, selon Pictet, par une plus ou moins grande « intensité dans les modifications organiques » (7), jugée totalement inexplicable par les moyens scientifiques disponibles, puisque d'une part, la théorie des créations successives ne fait que baptiser le problème, et que d'autre part, la transmutation est contredite par tout ce que l'on sait sur la génération des animaux. On ne peut que supposer l'existence d'une loi inconnue, susceptible de rendre compte du seul fait acquis : « les animaux de diverses faunes géologiques, ne proviennent pas par voie de génération directe des espèces qui les ont précédés. » (8). Mais ce problème à résoudre est à faces multiples, et il se pourrait qu'il s'éclaire à partir d'une seule de ces faces (9). De ce point de vue, entre 1842, date du premier « Sketch » de Darwin, et 1859, Richard Owen fait apparaître des données de premier ordre.

Tout d'abord, Owen, comme Darwin, reconnaît l'existence d'une physionomie particulière à la faune d'un secteur géographique donné, et la constance de cette physionomie dans le temps (10) : c'est la faune australienne qui donne à Owen l'occasion d'insister sur ce point. En effet, lorsqu'on limite l'analyse des faunes passées à un canton étroit comme l'Angleterre, on se trouve devant une apparence d'extinction et de substitution complète des faunes ; par contre, si on traite l'Europe comme un simple prolongement de l'Asie, on en retire l'impression d'une correspondance étroite entre les faunes des dernières périodes géologiques et la faune actuelle (11) – remarque qui recoupe l'observation de Darwin selon laquelle les différences entre espèces récentes et fossiles croît avec le temps, ce qui a été déjà maintes fois noté (12). Ainsi, « les mêmes formes étaient restreintes au cours d'une période géologique antérieure aux mêmes provinces qu'actuellement. » (13), conclusion qui laisse supposer que l'explication de la distribution géographique d'une espèce ne se réduit pas à l'action des influences du sol et du climat, mais fait intervenir l'histoire passée de cette distribution comme variable principale. L'idée de faunes résiduelles trahissant des continents disparus, évoquée par Geoffroy Saint-Hilaire, est devenue une proposition générale et démontrée.

Ensuite, Owen introduit l'idée que les combats entre espèces entrent parmi les facteurs de transformation de la nature : les os de Dinornis révèlent que non seulement les espèces sont plus ou moins résistantes aux variations des conditions du milieu, ce que Cuvier et Buckland savaient (14), mais encore que leurs équipements physiologiques respectifs les rendent inégales en face d'une situation de pénurie : c'est ainsi que les petits animaux, par leur consommation moindre et leur prolificité plus grande, sont plus aptes à survivre que les espèces de taille supérieure. Il n'y a donc pas eu dégénérescence des grandes espèces, mais triomphe des plus petites, qui se sont révélées capables d'adaptation et ont éliminé les autres (15). De l'idée d'une limitation interne de la durée des espèces, on passe ainsi explicitement à la subordination de cette durée par rapport aux circonstances, parmi lesquelles sont prépondérantes les questions de nourriture et l'activité des autres espèces. La causalité qui se dessine ici apparaît à la fois comme événementielle et interne au monde vivant lui-même, c'est à dire, comme historique : le devenir des vivants ne dépend plus de la terre, mais d'eux-mêmes, mais Owen ne parvient pas encore à lier la progressivité des espèces à la survie des plus aptes.

Corrélation des formes, conditions d'existence internes et externes, et histoire des vivants continuent ainsi d'avoir partie liée chez Owen, au même titre que chez Cuvier. Mais si la rigidité de la perspective économique ne permettait à Cuvier de concevoir de devenir dans cette histoire que sous la forme de destructions et de créations (ou de migrations) d'origine ou d'intervention extérieures, la nécessité de renoncer aux catastrophes oblige Owen à introduire subrepticement un dynamisme dans cette économie, sous la forme de cette activité destructrice dont le programme encore inconscient est cependant préfiguré par ce progressionnisme qui coiffe toute la théorie. Les faunes perdent ainsi leur excès de cohésion, et la Paléontologie de Richard Owen s'oriente vers une « histoire biographique », suivant l'expression de H. Miller (16) : les populations ne sont pas ressuscitées dans leur ensemble, mais dénombrées et reconstituées au terme de ce dénombrement. Il est vrai que, depuis Cuvier, on n'en est plus à rencontrer des dépôts entiers de fossiles entièrement inconnus, sans références autres qu'actuelles : le plus souvent, les espèces nouvelles se présentent individuellement parmi des ossements d'espèces déjà identifiées. Grâce à Cuvier, les paléontologues ont acquis une familiarité avec les faunes perdues qui est probablement une condition essentielle de cette histoire biographique.

9. – *PROGRESSION ET EMBRYOGÉNIE.*

Contemporain de l'élaboration de l'« Origine des espèces » par sa méthodologie qui le conduit du principe de la corrélation des formes à l'introduction timide d'un devenir dans l'économie naturelle, Owen reste surtout le contemporain de la théorie du Développement, par son progressionnisme, qui n'obéit cependant pas, et de loin, au même modèle ou à la même logique. Si le principe des conditions d'existence définit un des versants de la théorie de la Paléontologie pendant la première moitié du XIXème siècle, l'autre versant est représenté par cette théorie du Développement, qui, depuis l'Anatomie transcendante, est soutenue par le succès de l'Embryologie comparée et par l'intérêt du modèle embryologique comme support d'une vision temporelle du monde vivant.

Cette théorie du Développement, apparaît en 1830 comme un moyen pour les paléontologues qui sont hantés par l'unité du monde vivant, de surmonter l'abandon d'un transformisme qui apparaît de plus en plus dépourvu de bases scientifiques sérieuses au niveau des recherches sur la génération et l'hérédité. Les concepts de métamorphose et de développement progressif sont utilisés dans cet esprit par Kaup (1) pour construire une représentation de l'enchaînement des êtres vivants qui rende compte du caractère naturel de l'hypothèse génétique, même si elle n'est pas démontrable (2). A cette occasion, il faut mentionner que ce caractère « naturel » de l'hypothèse génétique est resté populaire, d'une popularité qui a soutenu l'opération de diffusion « scandaleuse » des « Vestiges », en contradiction avec la science à la fois officielle et la plus scrupuleuse (3), et qu'il maintient encore quelques savants authentiques, comme Omalius d'Halloy, dans la pensée que l'enchaînement des êtres vivants ne peut être que généalogique (4). Le lien, dénoncé par Pictet, entre Développement, Echelle des Etres, et Transformisme, est donc indéniable, et la théorie du Développement servira encore d'accueil, avant et après Darwin, au Transformisme : Spencer le prouve en 1852 (5). Mais, pour l'essentiel avant 1859, elle n'est pas transformiste ches ses deux principaux représentants : Agassiz et Bronn. Elle n'est pas non plus parfaitement unitaire, comme la voulait la Philosophie de la Nature, chez tous ses représentants. Agassiz, en effet, a été élève de Cuvier, et, dans la mesure où il le reste quelque peu, il ne peut pas se situer entièrement dans la perspective qui de l'Echelle des Etres, passait à l'unité de Plan et de Composition, puis à l'Anatomie transcendante : il retient, des connaissances récemment acquises sur les faunes siluriennes, l'existence primitive d'une pluralité de types généraux (6), qui pluralisent le développement dans sa source. Il ne s'agit donc pas exactement pour lui d'utiliser et d'illustrer un schéma théorique défini à priori, mais de coordonner rationnellemenr un ensemble de découvertes contemporaines, et de dégager une signification théorique de ses découvertes personnelles (7), projet que Bronn va s'efforcer également de réaliser dans un esprit sensiblement différent.

Pour Agassiz, le développement est le passage d'une forme embryonnaire à une forme mûre. C'est la raison de l'importance qu'il attribue dans ses recherches sur les poissons à l'hétérocerquie, c'est à dire à l'inégalité et à la courbure de la queue, présentée par tous les poissons fossiles antérieurs au Lias, mais que les groupes plus récents, Cténoïdes et Cycloïdes (Teleostéens des Manuels plus récents), dont on ne trouve pas trace avant la Craie, ne présentent qu'au cours de leur ontogénèse (8). L'hétérocerquie démontre ainsi la conjonction des résultats de la paléontologie et de l'embryologie, où la première garantit un ordre chronologique de manifestation sur terre, et la seconde, un ordre de croissance et de perfectionnement dans les aptitudes : il y a de part et d'autre progression, parce que le perfectionnement individuel est l'écho d'un perfectionnement sucessif des vertébrés, depuis leur apparition sur terre sous forme de poissons, c'est à dire, d'animaux capables de réagir dans toutes les directions, dans un monde statique et muet, grâce à leurs mouvements de natation progressifs, encore « vacillants » (9). L'infériorité morphologique commence donc à fonctionner comme un souvenir : la réalisation d'un plan morphologique n'esquive pas les étapes antérieures de cette réalisation, quoique ces étapes restent définies par la loi interne des développements successifs, sans qu'il y ait effet direct du milieu, mais plutôt harmonie préétablie. De ce point de vue, l'hétérocerquie représente tout de même quelque chose de plus qu'un simple caractère embryonnaire, comme la persistance de la corde dorsale : elle suppose un monde aussi primitif qu'elle-même suppose de maladresse (10).

Les poissons sont donc des vertébrés primitifs, parce qu'ils sont le seul groupe par lequel l'embranchement est représenté depuis le Silurien jusqu'au Carbonifère, et parce que leurs caractères (fentes branchiales) sont répétés dans le cours du développement embryologique actuel de tous les membres de la classe. Mais la progressivité qui en résulte distingue les Vertébrés de tous les autres groupes, parce que eux seuls ont une finalité : la production de l'homme ; les autres groupes renvoient à une pluralité de types « qui se perpétuent dans les mêmes relations sous des formes toujours nouvelles, à travers toutes les formations géologiques (11). Tout développement n'est donc pas progressif, et par là, Agassiz s'éloigne de l'Anatomie transcendante, mais il peut encore servir à fonder une classification zoologique et paléontologique, où primitivité signifie primordialité et non infériorité.

L'importance de l'Embryologie comparée du point de vue zoologique, est soulignée dans les « Twelve lectures » de 1849. Selon Agassiz, tout ce que l'Anatomie comparée pouvait fournir à la méthode naturelle avait été apporté par Cuvier avec la doctrine des quatre embranchements. Dans ces cadres anatomiques fondamentaux, seule l'embryologie peut donner la signification des différences anatomiques, et fixer la position naturelle réciproque des groupes subordonnés (12). Le fonctionnement de ce modèle d'ordre peut être illustré par le groupe des Echinodermes, où les formes larvaires possèdent une vie indépendante pour des formes adultes fixées, et où les Crinoïdes fossiles trouvent d'emblée leur place, en raison de leur primitivité qui les rapproche des polypes (13). Le développement constitue donc une échelle naturelle dans les limites de chaque type. Si alors on remarque l'identité formelle de l'œuf dans toutes les classes du Règne animal, et l'analogie entre œuf et cellule, les types représenteront des séries divergentes (14), et la primitivité des formes fossiles les plus anciennes démontreront que le temps sert de cadre à cette divergence.

Mais dant tout ceci, il ne s'agit pas de filiation réelle : ce n'est que l'unité d'un plan démontrant la cohérence de la pensée de Dieu (15), qui s'applique spécialement à la succession des poissons à travers l'ensemble des âges de la terre (16). La logique de Dieu est la garantie de la valeur chronologique des modifications de forme qui se traduisent dans les détails de la structure interne et par conséquent de leur valeur pour la détermination de l'âge des formations ; ainsi, les « différences d'organisation deviennent des caractères pour les époques biologiques » (17), puisque tout animal est en rapport intime avec le monde qui l'entoure.

Ce premier intérêt géologique est cependant secondaire par rapport à l'intérêt théorique que représente la cohérence de la pensée de Dieu, du point de vue de la disposition d'ensemble de la classe des Vertébrés et de la loi de son devenir. Les Poissons fossiles archaïques ont alors une position privilégiée, parce qu'ils sont primitifs non seulement par rapport à leur propre classe, mais encore par rapport au reste des Vertébrés, comme on peut l'observer chez les « Poissons Sauroides » :

> « Je dirai que le principe de la vie animale qui, plus tard, s'est développé sous la forme de poissons ordinaires, de reptiles, d'oiseaux, et de mammifères, existait en quelque sorte à l'état de germe dans ces singuliers poissons Sauroides qui tiennent à la fois des poissons et des reptiles. » (18).

Ce caractère mixte se traduit par un foisonnement exceptionnel des familles car ce groupe primitif est encore le seul à occuper toute la création : il annonce, dans sa solitude, les groupes zoologiques qui le remplaceront dans de nombreuses positions, à la manière dont Richard Owen concevait l'occupation de la terre par les radiations adaptatives d'un groupe généralisé, dont la forme préfigurait des types futurs. C'est ainsi que se dégagent les concepts de type synthétique et de type prophétique, qui s'ajoutent en Paléontologie à celui de type embryonique, en attendant le type progressif, réservé à la description de séries continues de transformations, comme en offrent les Ammonites (19).

Le concept de type synthétique, qui répond au type généralisé de Owen, reste la conclusion des observations de Cuvier, puis des autres paléontologues, sur le caractère disparate des fossiles les plus anciens qui combinent les traits de plusieurs classes. Le concept de type prophétique, par contre, est plus neuf au sens où il exprime une lecture directement chronologique des analogies structurales entre groupes successifs, en l'absence de toute filiation : c'est ainsi que les Pterodactyles prophétisent les Oiseaux. Ce qui, pour Owen relevait de réponses différentes, analogiques ou morphologiques, à des conditions d'existences semblables, est ramené par ce biais à des « essais » de la Nature, à travers lesquels le concept de type retrouve sa définition théologique : « prophétie incarnée dans un symbole » (20). S'il y a une histoire de la nature vivante, cette histoire est une histoire sacrée.

Cette histoire de la nature, ramenée à celle des projets de Dieu sur les espèces, se trouve confirmée dans une certaine forme d'historicité, parce qu'il s'agit de « volontés », d'actes de Dieu, dont les types montrent la liaison symbolique, et non des faits, réductibles aux variables ou aux lois qui les produisent. La Paléontologie prend aussi ses distances par rapport à une Embryologie qui fait du développement le produit de l'action continue d'une loi interne : la correspondance de ces deux sciences peut conduire ainsi à traiter la seconde comme simplement dérivée du projet qui constitue la première. Dans ces conditions, le modèle embryologique n'est plus le soutien d'une progression, c'est au contraire la progression des espèces que l'embryon retrace : l'inversion de modèles qui sépare la loi du parallélisme des états embryonnaires et des formes animales caractéristiques de l'Anatomie transcendante, et l'idée de récapitulation de la série ancestrale par la croissance de ses descendants, est donc accomplie par Agassiz, hors de toute perspective évolutionniste.

Dans ces conditions, le rapport souvent signalé par Agassiz entre la physionomie de l'animal et sa structure (21) reçoit toute sa valeur : cette physionomie prend place dans l'histoire générale de la Nature ; elle en est un moment. De même, pour la connaissance de l'animal, les écailles en reçoivent une valeur privilégiée : elles sont le reflet superficiel de tout ce qui se passe à l'intérieur et à l'extérieur du poisson (22). Leurs transformations, qui vont de la constitution de rayons à celle de pièces osseuses (23), sont liées au développement de l'organisation interne en rapport avec ce que le milieu peut offrir ou réclamer, ce qui leur donne une valeur chronologique : indication de caractères d'époque, comme il existe actuellement des caractères locaux (24). Au même titre que les dents avaient une importance spéciale, parce qu'elles indiquaient la nourriture, et que l'animal se définit par ce qu'il mange, les écailles ont une portée physionomique qui complète ce que donne les dents, rôle complémentaire d'autant plus justifié que les dents ont pour origine des plaques dermiques. On peut donc fonder sur ces deux objets une Paléontologie microscopique, dont le créateur est Richard Owen (25).

Cette correspondance entre l'intérieur et l'extérieur, devenue capitale pour l'interprétation des données paléontologiques, conduit à l'idée que les stades morphologiques du développement émergeraient à l'occasion de « révolutions organiques générales », susceptibles de modifier les conditions d'existence et les manifestations de la vie (26). Agassiz est catastrophiste et étend le principe d'une séparation brusque des faunes aux poissons, pour lesquels il est plus difficilement explicable, au nom de l'homogénéité de la nature dans ses procédures (27), malgré la difficulté qu'il y a à maintenir ce point de vue en face de la géologie du milieu du siècle : sinon géologiques, ces révolutions seront donc au moins organiques. Mais, étant organiques, elles sont radicales : Agassiz n'a pas les réticences de Cuvier en face du risque de briser l'unité de la création ; pour lui, les nouvelles faunes ne peuvent provenir de migrations : elles sont issues de la volonté de Dieu, qui garantit l'unité manifestée par les rapports typiques.

10. – PROGRESSION ET ADAPTATION.

L'idée d'une réalisation providentielle d'un plan général du monde vivant grâce à des créations successives permettait à Agassiz d'affirmer la parfaite indépendance du monde vivant par rapport à tout effet modificateur d'influences physiques, qu'il peut supposer constantes depuis les niveaux les plus anciens où la vie a été reconnue sur terre (1). Le principe des variations progressives à la surface de la terre est la vie et elle seule. Les rapports des espèces fossiles au monde qui les entoure doivent donc être compris comme des rapports économiques : rôle dans une faune déterminée, qui justifie la distribution géographique de l'espèce. Strictement économiques, ces rapports sont rigides : entre les « révolutions organiques », les faunes sont immuables. Une telle distance du vivant à la terre n'est plus reconnue par Bronn, auquel le concept de force, qu'il utilise de la même manière que Jaeger et Von Meyer, et par conséquent, que Kielmeyer, permet d'instaurer une dépendance beaucoup plus directe entre les transformations de la surface terrestre et le développement du monde vivant : c'est une force actuellement inconnue, mais en rapport étroit avec les forces inorganiques, qui serait responsable de la production successive des espèces – hypothèse destinée à répondre d'une part au fait qu'il n'existe aucune expérience en faveur ni de la génération spontanée, ni du passage d'une espèce à une autre, et d'autre part, au caractère impensable des créations spéciales (2).

Bronn est un paléontologue de stricte obédience, qui utilise systématiquement les méthodes de Lyell, et construit des Tableaux pour décrire la répartition zoologique des espèces (3). Les relations numériques ainsi établies vont constituer le fondement de la description de l'ordre et des lois du développement du monde vivant à la surface de la terre :

> « Lorsqu'il devient important d'établir l'ordre du développement des organismes à la surface de notre terre, il ne suffit pas de déterminer le temps de la première apparition d'une classe ou famille, qui, bien des fois, n'est représentée pendant longtemps que par quelques précurseurs isolés ; mais il devient nécessaire de fixer encore les relations numériques, la représentation complète, la progression, la culmination, la décroissance et la disparition définitive de chaque embranchement en question. Car il n'est pas rare de voir le développement d'une classe procéder, par exemple, de telle manière que l'un de ses ordres va peu à peu dépérir en nombre autant que l'autre s'augmente, pendant qu'un troisième conserve les mêmes relations numériques. » (3').

Cet ordre du développement des espèces doit pouvoir s'interpréter par une théorie qui sera capable de mettre en relation les « rapports systématiques » fondés sur des caractères dépendant des lois internes de la métamorphose animale, et les « conditions d'existence » ou encore les « événements » qui règlent l'exercice de ces lois en agissant sur la production des individus : les nombres mettent alors en évidence des variations dans cette production, et les dépendances générales de ces variations, qui permettent de conclure au rôle des « forces inorganiques ».

Ces forces sont d'abord les forces physiques et chimiques, dont les variations sont liées au refroidissement général de la terre. Les géologues ont prétendu montrer que ce refroidissement était responsable non seulement du rétrécissement de l'écorce terrestre (d'où résultent des fractures de plus en plus affirmées, des mers de plus en plus profondes, des montagnes de plus en plus hautes, des continents de plus en plus vastes et géographiquement de plus en plus variés), mais encore du progrès dans la diversification des climats et de l'apparition de zones climatiques à la surface de la terre. Cette diversification généralisée se traduit dans une diversification organique qui obéit à la même progressivité, sous la forme d'une multiplication des types nouveaux, à la place des types anciens plus uniformes. De résultats, les organismes deviennent secondairement causes de transformation parce qu'ils modifient l'atmosphère en incorporant le carbone, mais ceci ne vaut que pour les végétaux (4). Une telle diversification interdit désormais de penser le développement sous la forme d'une série, d'une nappe ou d'un faisceau homogènes, dont le principe serait essentiellement une loi interne : le développement doit tenir compte des conditions d'existence. Cette hétérogénéité est encore accentuée par la loi dite du développement terripète, qui est fondée sur l'occupation des territoires en voie d'émersion et d'élargissement constant, et exclut toute progression, au profit de la diversification, parce que cette occupation dépend avant tout des conditions écologiques (5). La progression en devient elle-même quelque chose de presque accidentel, que Bronn rattache à la meilleure adaptation, donc à la multiplication plus rapide des types les plus parfaits (6), quoique la réussite adaptative ne puisse être confondue avec un perfectionnement général du type, dans la mesure où elle peut se réaliser au moyen de pertes d'organes, comme le montrent les parasites.

Le traitement numérique des espèces conduit Bronn à en déduire une seconde conséquence, celle qui en avait été tirée par Lyell, à savoir la continuité des changements zoologiques à travers le devenir du globe, ce qui implique l'abandon des révolutions universelles. Diversification des conditions d'existence et des formes animales à la surface de la terre vont avoir partie liée (7) avec cette continuité, qui associe apparitions et disparitions d'espèces comme les deux faces d'une seule activité créatrice (8) : la succession temporelle des genres peut ainsi être comparée au remplacement des espèces contemporaines dans l'espace. Cette activité créatrice est téléologique, principe qui fait que les organismes simples répondent à des conditions externes simples, et réciproquement, des organismes complexes à des conditions diversifiées (9). Le caractère téléologique de ce lien lui assure sa souplesse, et fait encore de l'adaptation la question majeure, qui se réalise dans le détail des situations particulières. La valeur générale des lois paléontologiques en reçoit une portée simplement, pourrait-on dire, statistique, ce qui est beaucoup plus conforme aux sonnées paléontologiques concrètes qu'un catastrophisme comme celui de d'Orbigny, ou qu'un transformisme asservi étroitement aux conditions physiques. L'idée d'une force créatrice spéciale, quoique liée à la matière, et dont il faut bien croire que l'exercice est discontinu, puisque personne n'a pu constater actuellement une seule génération spontanée, présente l'avantage d'éviter l'intervention personnelle du Créateur dans un monde où tout se fait par lois (10), et de s'appliquer aussi bien aux changements localisés qu'aux substitutions d'ordre plus général. Il devient dès lors inutile d'attribuer aux espèces des limites internes d'existence : les changements dans les conditions d'existence pourront suffire pour rendre compte des disparitions (11). Enfin les discussions sur l'unité ou la pluralité des centres de création deviennent superflues : on peut même concevoir la possibilité d'une renaissance des espèces disparues, dans des conditions adéquates (12). Mais sur ce point, le principe devient trop souple : l'impossibilité d'une telle renaissance est un fait acquis.

Réduire l'importance de la progression, cela ne signifie pas la nier : le développement des conditions de la surface terrestre dans le sens de la diversification en est le principe, et la force de production organique en est le moteur, dans le sens de la complication et de la différenciation. Bronn se souvient ici de Milne-Edwards et de la division physiologique du travail (13), dont il décrit les effets structuraux : réduction du nombre des organes homologues, concentration du corps, centralisation et constitution d'une série organique médiane, tendance des organes essentiels à s'interner (14). Ces métamorphoses elles-mêmes sont secondaires par rapport à la production géométrique des formes vivantes fondamentales à partir de la forme primordiale de l'œuf : il s'agit là d'une promorphologie qui assure la transition des considérations métagéométriques de la Philosophie de la Nature, telles qu'elles en ont été illustrées par Carus, vers une interprétation de cette géométrie fondamentale comme l'indication des orientations motrices de l'animal, (15), interprétation plus homogène à une théorie où le rôle de l'adaptation est dominant. Mais en dernier ressort, le terme de cette progression morphologique à travers les productions paléontologiques reste l'homme, qui permet seul de la définir :

> « En prenant l'organisme humain pour le type le plus parfait du règne animal, nous reconnaissons qu'il doit la haute supériorité qu'il possède sur tous les autres principalement au perfectionnement prépondérant du cerveau et du système nerveux entier, à sa demeure sur la surface solide de la terre, à sa respiration aérienne, à l'harmonie qui existe entre le développement des autres systèmes organiques, à son port droit, à la forme et la mobilité de la main et du pied, à sa nourriture substantielle et variée, d'où nous concluons que ce n'est que par ces mêmes qualités (et non par les marques opposées) que tous les types du règne animal parviennent à s'élever de plus en plus dans la série systématique. Nous découvrons facilement pourquoi le développement, en lui-même si admirable et si multiple de la locomotion, en détruisant l'harmonie générale du système organique, éloigne plutôt les Oiseaux du type le plus élevé, qu'il ne les rapproche. » (16).

Le cerveau, critère absolu de supériorité, marque l'émergence de l'intelligence, et cette intelligence humaine, ectype, répond à l'intellect archétype, qui produit ainsi les espèces pour parvenir à l'homme fait à son image. Dans la Théorie du Développement, pour Bronn, comme pour Agassiz, l'homme conserve la fonction qui lui avait été assignée par l'Echelle des Etres, à ceci près que ce qui était autrefois le départ d'une dégradation est désormais compris comme un retour, mais ce ne sont que des querelles de Théologiens. Que signifie alors la diversification des espèces, le foisonnement des ramures autour du tronc principal qui conduit à l'homme (17). On peut répondre qu'en divisant le Règne animal en quatre embranchements, Cuvier lui a permis d'exister pour la science, autrement que comme l'ombre portée de l'homme sur la Nature, après avoir découvert qu'il posait des problèmes de « conditions d'existence ». Mais ces « conditions d'existence » l'ont d'abord figé : il restait donc à percevoir son dynamisme, son aptitude à occuper la surface de la terre en multipliant ses formes en s'adaptant aux exigences imposées par la nature du sol. C'est la dimension du temps qui a permis la prise de conscience de ce dynamisme envahisseur et polymorphe, lors du déclin du fantastique en Géologie, et dans le cadre d'un développement mythique de la surface terrestre qui marquait la clôture de ce fantastique. Mais cette conquête pouvait d'autant plus être confondue avec une progression, que l'homme, qui définit toute progression est aussi un envahisseur. Avant que la théorie de l'Evolution ne fasse éclater toutes ces ambiguités, l'œuvre de Bronn marque le point extrême de cette cohabitation entre un principe hiérarchique anthropocentrique, et la loi des adaptations qui traduit le dynamisme d'un Règne animal dont les listes de fossiles redoublent le décompte des espèces actuelles, pour démontrer sa richesse.

11. – CONCLUSION.

La Théorie du Développement se présente donc soit comme supportée par l'embryologie comparée, qui fournit avec le développement individuel le principe de l'ordre temporel des espèces, soit sous la forme d'un faisceau de lois qui associent progression et diversification. Dans le premier cas, la critique va s'exercer sur la portée du modèle lui-même, c'est à dire, sur la signification des concepts de caractère embryonique ou de type embryonique en paléontologie et sur leur bien-fondé ; dans le second cas, l'abandon de l'idée de diversification progressive de la surface du globe grâce à la critique actualiste en Géologie, entraîne la nécessité d'une redéfinition du devenir du monde vivant à partir des seules conditions propres à la vie. La conjonction de ces deux critiques ferme toute autre voie que celle de Darwin, c'est à dire, celle où le devenir du monde vivant est fonction des rapports que les individus et les populations entretiennent entre eux, tels que leur mobilité peut être zoologiquement observée, et tels qu'ils permettent l'interprétation simultanée de tout l'acquis géographique, paléontologique et morphologique disponible sur les espèces. Hors cette hypothèse, dont la date de publication ne relève bien entendu d'aucun déterminisme, force est de constater qu'il n'y a plus, vers 1850, que des variations autour des thèmes du développement ou de la progression, qui conduisent, de manière répétitive, aux mêmes impasses : métaphysique injustifiable et contradiction avec la réalité des faits, à moins que le modèle ne soit laxiste au point de rendre compte de propositions intenables, ce qui le ruine.

Une semblable situation théorique est démontrée par le contenu des critiques adressées par Huxley à la théorie du Développement. Pour commencer par la Morphologie, Huxley s'attaque à l'hétérocerquie : celle-ci n'aurait pas la valeur d'un caractère embryonnaire, parce que, chez les Salmonidés étudiés par Vogt et Agassiz, elle constituerait une structure tardive. La démonstration d'une homocerquie plus ancienne renverse le parallélisme des séries paléontologiques et embryogénique et rejoint des doutes élevés par Owen sur le caractère embryonnaire du squelette cartilagineux des Sélaciens, compte tenu de l'admirable adaptation de ces poissons (1). L'hétérocerquie des formes embryonnaires et archaïques, argument capital, sinon unique en faveur de la Théorie du Développement, ne prouve donc rien de plus que les recherches effectuées dans les classes d'Invertébrés, où les formes archaïques, jugées embryonnaires, peuvent être traitées, en vérité, comme supérieures aux formes actuelles entre lesquelles on peut quelquefois les ranger. A cela, il faut ajouter la constance de certaines espèces, depuis les couches les plus anciennes jusqu'à nos jours (observée pour les Infusoires par Ehrenberg) (2). L'idée de Développement progressif est, pour ces raisons entre autres, perçue comme mal soutenue par les faits, et la démonstration numérique de cet absence de soutien concret est apportée par Alcide d'Orbigny (3). De la critique morphologique, on débouche donc sur le traitement de la succession des espèces qui avait été envisagé par Lyell : rejet de l'idée de progrès extinction inexplicable par l'idée de limites internes à la durée des espèces, explication des fluctuations du monde vivant à partir d'exigences « économiques », mais enfin, création pour expliquer l'apparition d'une espèce nouvelle ; tout ceci dans un continuum temporel sans origine assignable, si bien que des espèces peuvent avoir existé bien avant leur repérage paléontologique, point illustré par les mammifères jurassiques de Stonesfield, et qui ne va pas sans faire penser à l'idée d'une reconstitution des faunes par migrations grâce à laquelle Cuvier sauvait l'unité de la création (4). Il reste à la perspective généalogique de donner un contenu au concept de création – et au concept de Développement progressif, parce que, au terme du foisonnement des espèces, il faut bien faire apparaître l'homme, et, avec lui, des attributs dont l'infusoire le plus complexe semble privé, malgré la richesse de ses virtualités adaptatives.

Cinquième Partie

APRES DARWIN

Chapitre Premier

L'ORDRE GÉNÉALOGIQUE

I. – TYPE ET GÉNÉALOGIE.

La clef du système naturel est dans la généalogie qu'il représente (1), et non pas dans un Intellect Archétype. Cette proposition pouvait s'écrire en 1842, mais n'a pu être publiée qu'en 1859, date à laquelle elle était attendue, car Huxley indique au nom de ses contemporains qu'à cette date :

> « Ce que nous cherchions sans pouvoir le trouver, c'était une hypothèse concernant l'origine des formes organiques connues, en supposant l'action d'aucune cause qu'on ne peut prouver exister et agir actuellement. Nous avions besoin non d'attacher notre foi à telle ou telle spéculation, mais d'acquérir des conceptions claires et définies qu'on put mettre face à face avec des faits, et dont la validité put être éprouvée. » (2).

Il faut donc aux naturalistes une définition empirique des origines des vivants qui rende compte de la loi des développements et des extinctions. L'histoire, c'est à dire, l'ordre temporel des phénomènes, doit devenir le principe explicatif de leur production. Parce que la science cherche à se suffire, elle va se servir du temps pour y enfermer le vivant.

Depuis 1830, la branche des sciences morphologiques dont l'essor est le plus éclatant est l'Embryologie comparée, dont la méthodologie et les orientations théoriques ont été fixées par Von Baer : en 1850, Huxley lit Von Baer, et l'impression que lui fait la lecture de l'« Origine des Espèces » en 1859, n'est qu'une répétition de celle que lui fit Von Baer neuf ans auparavant (3). Mais Von Baer ne peut plus être lu en 1850 comme il l'était en 1830, parce que dans l'intervalle, l'image de l'organisme s'est transformée sous l'effet de la Théorie cellulaire, des recherches sur les Invertébrés, et des travaux portant sur l'organogénie d'un certain nombre d'appareils chez les Vertébrés, au premier plan desquels il faut placer le squelette, c'est à dire le principal fondement morphologique du type vertébré depuis Gœthe. Dans cette image de l'organisme, ce sont les rapports entre la manière dont se trouve comprise l'unité du vivant et la problématique du type qui ont changé parce que la « convenance des parties », nécessaire du point de vue physiologique pour la survie de l'organisme, n'est plus seulement l'expression de la perfection du plan providentiel, mais la conséquence du jeu des lois organisatrices qui transforment le plan primitif dans le sens d'une adaptation d'efficacité progressive : ce sont les rapports de l'organisation et de l'adaptation qui changent, parce que l'adaptation n'est plus seulement le résultat des dispositions morphologiques, mais leur instance régulatrice, depuis leur apparition.

Autrement dit, l'organisation a d'abord été pensée par Cuvier comme préadaptée à ses conditions d'existence, définies par le mode de vie adulte. L'embryologie, ensuite, en a fait l'aboutissement des processus morphogénétiques qui développent une géométrie fondamentale, celle du type morphologique à partir duquel s'édifie l'individualité du vivant, conformément aux exigences téléologiques de son Idée formatrice. Mais cette téléologie change de style lorsque le type vertébré, par exemple, n'est plus défini seulement par la structure bilatérale redoublée, mais aussi par une disposition segmentaire dont la distribution vertébrale est la conséquence secondaire, destinée à assurer les performances motrices de l'animal en servant d'appui à la musculature. La mobilité n'est plus seulement le résultat du développement : elle est l'essence du type dont elle éclaire la structure, si bien qu'on ne peut plus distinguer géométrie et exigence fonctionnelle. Dans ces conditions, la doctrine des quatre types morphologiques doit être révisée : non seulement on découvrira que le type radiaire ne peut englober des formes aussi différentes que celles de Cœlentérés et des Echinodermes, mais encore et surtout, que la symétrie bilatérale appartient aux articulés et aux vertébrés en réponse à des exigences de mobilité, et que cette même symétrie se trouve jusque chez les Radiaires, à chaque fois qu'ils seront voués à une existence conditionnée par un déplacement rapide, comme Johannes Müller a pu l'observer (4).

Or, si le type n'a de sens qu'en raison d'une adaptation au moins potentielle, on ne peut plus le traiter comme un pôle initial du développement, dont le pôle terminal est l'individu : le type, susceptible de varier comme le mode d'existence de l'individu, est l'expression de l'individu et de ses exigences adaptatives qui existent d'abord, point sur lequel Charles Robin est d'accord avec Agassiz (5). Les exigences de cette individualité, inapparentes dans les classes dont le développement embryogénique a lieu dans l'œuf ou dans les enveloppes fœtales, sont au contraire bien évidentes lorsque les formes larvaires sont plus actives que les formes adultes elles mêmes, ce qui vaut pour un nombre considérable d'invertébrés. Lorsque le polymorphisme caractéristique des Cœlentérés, des Echinodermes et des Crustacés démontre une succession de formes typiques, diversement adaptées, au cours d'un même développement individuel, il n'est plus possible de se servir d'un concept géométrique du type pour définir des cadres systématiques fondamentaux et inébranlables qui dissocient le règne animal en une pluralité de provinces ou embranchements : le problème principal devient celui de la production des types, et la solution de ce problème doit être cherchée du côté des activités individuelles. De l'Anatomie, il faut passer à une « Physiologie transcendante », qui n'est plus seulement celle que Burdach décrivait comme la contemplation de l'Esprit éternel dominant dans la loi.

2. – LA PHYSIOLOGIE TRANSCENDANTE.

Un premier modèle de « Physiologie transcendante » est fourni par Herbert Spencer, dans le prolongement de l'Anatomie transcendante qu'il comprend comme la division de la science qui s'occupe des « principes structuraux communs »à de vastes groupes, c'est à dire, de l'« unité de plan » discernable à travers des genres très différents. Mais plus loin que l'Anatomie transcendante, il y a l'Analyse transcendante qui représente en Mathématiques un au delà de l'Algèbre dont les généralités sont d'ordre supérieur à celles de cette dernière (1). Par analogie, Spencer prétend fonder les attributs les plus généraux du vivant sur les attributs les plus généraux des choses par déduction a priori (2). Ces attributs les plus généraux des choses sont les lois dites de « l'instabilité de l'homogène » (3) et de la « multiplication des effets » (4) qui se prolonge dans le sens d'une genèse des différences, c'est à dire de la transformation de l'homogène. La transformation de l'homogène en hétérogène définit tout progrès, mais à une condition : que cette hétérogénéité soit ordonnée et non pas désordonnée ou chaotique (5). Cette condition implique la conservation du composé organique initial et sa modification dans le sens d'une réponse adaptée, c'est à dire équilibrée, à l'égard de ces causes perturbatrices qui sont la raison de l'instabilité de l'homogène (6) : les différences sont donc fonction de la position de la partie où elles apparaissent par rapport au tout en voie d'organisation et par rapport aux conditions environnantes. Différenciation, organisation et adaptation apparaissent ainsi comme des concepts réciproques, car s'il n'y a pas adaptation des êtres à leurs conditions, il ne peut y avoir que décomposition (7). L'hérédité est la transmission de ces différences à travers une lignée, transmission que Spencer considère comme un fait dont la modalité reste un mystère : elle est responsable de ce que « dans l'agrégat d'unités organiques similaires composant un germe, le groupe destiné à la formation d'un tissu particulier prendra les caractères spéciaux que l'adaptation de ce tissu à de nouvelles circonstances a produits chez les parents » (8) ; autrement dit, elle conserve les différenciations passées, de quelque ordre qu'elles soient. L'existence de l'hérédité permet ainsi de dédoubler la signification adaptative des organismes, en adaptation passée et en adaptation directe : l'adaptation passée est conservée dans le noyau structural des organes dont la fonction représente la plus présente adaptation. La production de l'organisation sous le signe de la loi d'adaptation implique l'attribution d'un caractère récapitulatif à l'organisme.

Par conséquent, l'hypothèse du Développement, définie en 1852 comme pensable alors que le dogme des créations ne l'était plus, parce qu'il existe un modèle mathématique et embryologique du développement, alors qu'il n'existe aucun modèle concevable de création, se trouve renforcée par l'idée d'un progrès dans l'organisation qui exprime la loi universelle du perfectionnement adaptatif de la vie (9). Mais cette loi est d'abord idéale, dérivée de la téléologie inhérente à l'Echelle des Etres aussi bien qu'à l'Epigénèse ; c'est en l'étendant à l'ensemble de l'Univers que Spencer lui donne un poids dont il tire une illusion de réalité, car il ne s'agit que d'une illusion, parce que cet Univers en progrès est lui-même une illusion culturelle du XIXème siècle. Cette illusion est renforcée par un emploi perverti de concepts tirés des sciences : l'Esprit auquel se référait Burdach est remplacé par la loi, qui régit un système de forces, en principe matérielles, mais lorsqu'il s'agit de comprendre le fonctionnement exact de ces forces matérielles et de leur devenir dans les vivants, du modèle mécaniste, on passe rapidement au modèle sociologique, auquel la Physiologie doit déjà une « idée lumineuse », à savoir la division physiologique du travail (10). S'il est vrai que cette « méthode sociologique » fournit une « illustration » de ce que peut être une réponse adaptative, soit aux conditions de ce milieu, soit aux conséquences de la croissance d'un ensemble organisé, on est cependant passé de l'explication à la simple métaphore : scientifiquement, le gain réalisé depuis Burdach est nul.

Cependant, même pervertis, les concepts utilisés ont une signification théorique qui n'est pas négligeable, au sens où il répondent à un nouvel état de la science et de ses exigences. Explicitement, Spencer emprunte un modèle de distribution des formes à Von Baer, mais chez Von Baer, ce modèle supposait la subordination de la production épigénétique de l'individu à une idée directrice globale, si bien que l'adaptation y restait une présupposition métaphysique. Au contraire, la place fondamentale de la loi d'adaptation dans l'interprétation de tout ce qui relève de la morphogénèse chez Spencer répond à l'image implicite du vivant qui oriente la théorie et la pratique scientifique au milieu du siècle : il faut coûte que coûte définir la signification des organismes et des organes en termes positifs, c'est à dire en termes dont la connotation empirique est suffisante pour éliminer ou masquer une métaphysique possible.

Ce déplacement est sensible par la manière dont Spencer traite la question des corrélations organiques. Il existe dans ces corrélations quelque chose de plus qu'un effet empirique de fréquence dans l'association, quelque chose qui relève d'une rationalité, et de ce point de vue, Spencer approuve Owen, contre Huxley qui récuse l'importance théorique et méthodologique attribuée aux corrélations par Cuvier. Mais cette approbation reste réservée, parce qu'un même résultat global peut être obtenu grâce à des dispositions mécaniques distinctes, et plus la machine est complexe, plus les faits de substitution peuvent se multiplier aux dépens de la constance des corrélations. Réciproquement, si les corrélations sont fondées sur une rationalité de type mécanique, tous les organes qui ne contribuent pas directement au mécanisme responsable d'une activité donnée, ne sont pas liées aux modifications de cette activité et de ce mécanisme. L'image de l'organisme perd donc son globalisme et sa rigidité parce que la loi de l'adaptation, et le modèle mécanique sur lequel elle s'appuie jouent localement sur les parties qu'ils individualisent, de telle sorte que la complexité du vivant y affaiblit les corrélations au profit de la variété des adaptations morphologiques et fonctionnelles qui répondent individuellement aux causes perturbatrices (11). La corrélation est réduite à la nécessité d'un équilibre d'ensemble, susceptible de se maintenir à travers des marges de variations assez importantes : elle n'est donc plus utilisable comme principe morphologique et paléontologique. En pratique, Spencer rejoint donc Huxley, parce qu'il récuse l'usage fait par Paley et Cuvier du concept d'adaptation, représentatif chez eux d'une pensée théologique et téléologique (12).

En associant « mécaniquement » l'adaptation à l'Epigénèse pour interpréter les résultats morphologiques et physiologiques du développement, Spencer répond au souci majeur des naturalistes contemporains : fonder la classification naturelle sur des lois morphologiques et rendre raison de ces lois morphologiques qui permettent d'établir une hiérarchie de parentés de plus en plus générales, dont les parentés intra-spécifiques ne sont que les cas les plus spéciaux. Il faut se souvenir que les incertitudes du concept physiologique d'espèce font contraste, depuis Cuvier, avec le succès d'un concept morphologique d'espèce, spécialement dans le domaine de la paléontologie et que dans ce domaine, la détermination des espèces et des variétés est postérieure à celle du genre et des appartenances plus extensives. Spencer construit un schéma synthétique, parce que la pratique comparative qui domine la science conduit directement à des problèmes de synthèse : si l'individu n'est plus le produit du type, il est l'instrument de la construction du type, et c'est la construction du type qui occupe le premier plan dans une science définie encore par la généralité de son objet, c'est à dire, portant sur les « lois de formation de l'animal en général » (13), au moment où le concept de type a perdu sa stabilité géométrique (14) et son caractère a priori (15).

Donc, ce qui va opposer Darwin à Spencer, c'est la fonction assignée à l'individu biologique proprement dit. Tout se passe avant Darwin comme si l'émergence d'une problématique de l'individualité dans les sciences naturelles s'éparpillait du côté des individualités élémentaires et composantes (cellules, zoonites), aux dépens de l'individualité biologique proprement dite, difficile à définir morphologiquement du fait des découvertes portant sur les métamorphoses et les générations alternantes. Cet éparpillement est l'indice que le problème majeur est celui de la composition de l'organisme plutôt que celui de sa vie. Avec Darwin, apparaît une vie qui ne se réduit plus à une économie du corps fondée sur sa composition, réciproque d'une économie de la nature, qui exprime les rapports des vivants qui « composent » les milieux naturels, parce qu'elle est la manifestation globale de l'individu vivant dans le cadre d'un conflit. C'est parce qu'elle est un conflit que la vie « déborde la structure et ne peut pleinement s'y refléter » (16) : dans cette lutte, il y a un projet de conservation et d'expansion de soi qui ne peut pas se limiter à la structure parce qu'il implique un avenir non défini par cette structure seule, au sens où il suppose l'existence de l'environnement, à l'imprévisibilité duquel il faut pouvoir répondre par une stratégie adéquate sous peine d'élimination. De ce fait, lorsqu'il sera question des espèces, de leur origine et de leurs variations, l'espèce morphologique devra le céder à l'espèce physiologique, et ce concept d'espèce physiologique servira à désigner non seulement les individus qui se reproduisent entre eux, mais encore les populations, qu'ils constituent et qui possèdent un mode d'existence commun : les caractères structuraux ne sont plus que des conditions de ce mode d'existence, au même titre, par exemple, que le cadre géographique défini par la distribution de ces populations.

Autrement dit, s'il y a eu modification de la grille théorique des sciences naturelles entre Von Baer et Spencer, en rapport avec le point de vue d'une adaptation devenant cause « mécanique » de la forme, l'ordre des connaissances biologiques reste centré sur un noyau morphologique. Au contraire, avec Darwin, cet ordre des connaissances biologiques est inversé, puisque la lutte pour la vie et la sélection naturelle constituent désormais le centre à partir duquel les autres données de la biologie tirent leur intelligibilité. Une telle inversion de perspective a pour conséquence directe celle des rapports de l'Embryologie et de la Paléontologie : l'Embryologie est le lieu où se manifeste la loi des développements, tandis que la Paléontologie permet de décrire les étapes des évolutions. Dans le premier cas, les priorités embryologiques sont aussi des priorités dans le passé de l'espèce dont le degré de perfection, c'est à dire, de différenciation et d'adaptation, suppose toute la chaîne des degrés antérieurs : les espèces archaïques présentent donc nécessairement des caractères « embryoniques », et réciproquement, l'embryologie permet de décrire les états archaïques qui n'ont pas été reconnus à l'état fossile. Dans le second cas, au contraire, l'organisme pourra conserver en lui-même et manifester au cours de son développement des traces de son passé, mais ces traces ne peuvent plus être comprises comme des étapes physiologiques nécessaires du développement, comme des conditions inévitables de la réalisation des structures adultes, mais comme de simples souvenirs, de simples témoignages, plus ou moins estompés, et dont la signification ne peut être comprise qu'à la condition d'être référée dans la mesure du possible aux documents directs fournis sur ce passé par la Paléontologie, ou, à défaut, mais à travers un travail critique effectué avec la plus grande prudence théorique, par l'Anatomie comparée des formes zoologiques inférieures. Dans le premier cas, la récapitulation des formes primitives par les formes embryonnaires ne fait que transposer le parallélisme idéel des séries en terme de genèse, comprise comme généralisation de l'Epigénèse ; dans le second cas, cette même récapitulation traduit dans le vivant l'existence d'une histoire préalable dont il est le produit.

C'est à ce signe qu'il faudra reconnaître si la perspective Darwinienne a pu pénétrer le domaine de la Morphologie, ou si au contraire les sciences morphologiques se sont attachées à un modèle d'évolution spencérien. Or, au XIXème siècle, pénétrer le domaine de la Morphologie, c'est s'introduire dans les sciences naturelles par la voie principale, parce que leur problématique est centrée sur un corpus anatomique qui commande toute la Zoologie. Une telle pénétration se traduira à la fois par une perte de la position dominante de l'Embryologie dans l'ensemble des sciences morphologiques, et par l'émergence de problèmes de Biologie générale,irréductibles à la Morphologie.

3. – BIOPHYSIQUE ET BIOTAXIE.

Darwin n'est spécialiste ni d'Anatomie comparée, ni d'Embryologie, ni de Physiologie : il est un « field-naturalist » dont les premiers travaux importants ont porté sur la Géologie (1), parmi lesquels il faut compter ceux où la Géologie pouvait rendre compte de certains phénomènes zoologiques, tels la question des récifs de corail (1842) et les problèmes de distribution géographique et géologique des espèces qui venaient de se formuler au décours de la théorie des révolutions. Mais il faut rappeler qu'il vivait aussi en un temps où la rédaction d'un travail de zoologie systématique quelque peu approfondi impliquait un minimum de connaissances morphologiques, et l'aptitude à la manipulation des concepts correspondants : la Monographie des Cirripèdes suppose le traitement de leurs « homologies » et de leurs « métamorphoses » (2). Il n'est donc pas tout à fait exact de croire que les concepts habituels de son temps lui étaient étrangers (3). Par conséquent, s'il existe chez lui une attitude réaliste et observatrice qui permettrait de rappeler Palissy ou Smith, il faut voir aussi qu'il a réinterprété les données disponibles pour les naturalistes de son temps dans un travail original de synthèse des informations issues de tous les domaines de la biologie, ce qui suppose leur existence. Dans ces conditions, il y a, au moins, une raison qui fait que Darwin n'a pas eu de précurseurs, c'est qu'avant lui les moyens de fonder une Théorie de l'Evolution n'étaient pas réunis (4), et, parmi ces moyens, il faut compter avec l'état de la Systématique et de la Morphologie.

L'œuvre de Darwin tourne autour de deux groupes de problèmes qui donnent le contenu de chacune des deux sections du « Sketch » de 1842 : les problèmes biophysiques de la variation et de ses causes, les problèmes biotaxiques et leurs fondements morphologiques (5). La recherche d'une explication réaliste du système naturel et des parentés morphologiques met au premier plan les problèmes biophysiques dont la solution devra prouver son efficacité en permettant l'interprétation des données biotaxiques. Or, le lieu où les problèmes biophysiques peuvent être posés n'est pas le laboratoire des dissections et des vivisections, dont les résultats doivent être réinterprétés en termes de processus naturels dont ils n'offrent que des aspects partiels et mutilés, mais la nature elle-même où les populations animales sont observables dans leurs conditions d'existence. L'expérience zoologique s'en trouve déplacée du niveau des embranchements et des classes, dont les rapports sont l'objet des recherches morphologiques traditionnelles, vers celui de l'espèce et des variations infra-spécifiques. Cette expérience zoologique suffit à montrer le lien qui existe entre ces variations et les différences de localisation géographique, et à fournir des exemples de continuité dans les variations de quelques organes, telle qu'il n'est pas possible de traiter comme espèces aucun membre de la série qui les porte (6) : ce qui vaut ici pour les Cirripèdes valait déjà pour les Passeraux (Geospitza) des Iles Galapagos (7). S'il est possible d'en conclure que ces variations sont capables de franchir les limites qui, en d'autres circonstances, sont jugées spécifiques, et si « beaucoup d'espèces comprises dans les genres les plus riches ressemblent à des variétés en ce qu'elles sont très étroitement, mais inégalement, voisines les unes des autres, et en ce qu'elles ont un habitat très limité » (8), on en revient à une conception « artificielle » de l'espèce, à la manière de Lamarck, ou du moins, nominaliste. On peut alors dégager les deux problèmes biophysiques fondamentaux et réciproques : celui des causes de variation, et celui des causes qui garantissent dans la plupart des circonstances la fixité des caractères spécifiques, indispensable pour qu'il y ait des espèces morphologiques, nécessaires à la Paléontologie. C'est ici qu'interviennent les variations individuelles et la sélection naturelle.

L'espèce est ainsi le lieu où se croisent les deux problématiques distinguées dans le « Sketch » de 1842 : la problématique d'une production du règne animal à partir des individus réels et des populations qu'ils constituent et la problématique d'une classification des membres de ce règne au moyen d'un réseau de différences constantes. Autrement dit, l'espèce physiologique est définie par les limites provisoires qui sont imposées aux variations individuelles dans une population, et l'espèce morphologique décrit les particularités formelles qui en dérivent, dans le cadre plus stable du genre. Il s'ensuit que la superposition des deux problématiques, de la variabilité et de la stabilité, au niveau spécifique, implique la mise en question de la stabilité du règne animal à tous les niveaux, parce que le phénomène de la conservation en général devient empiriquement explicable. Elle permet de substituer à une conception réaliste (au sens scolastique) des concepts de la classification, leur traitement nominaliste, et transforme leur stabilité en un phénomène historique de conservation limitée, même s'il existe encore actuellement des groupes très primitifs. La succession des formes zoologiques ne marque donc plus leur passivité à l'égard des conditions physiques de la surface de la Terre, ni l'existence d'une limitation interne de la vie des espèces, mais la loi de production très graduelle des nouvelles formes est liée à l'extermination des anciennes (9). S'il existe ici encore une différence radicale entre le transformisme Lamarckien et la théorie de l'évolution de Darwin, elle repose sur les réticences de Lamarck vis à vis de l'extinction, devenue pour Darwin un aspect nécessaire du devenir du règne animal. Par contre, ils ont en commun une attitude nominaliste vis à vis des catégories taxonomiques, qui fait de la stabilité même des espèces, non plus un principe métaphysique, mais un fait à expliquer.

Puisque le problème biotaxique fondamental est devenu celui de l'espèce, et non plus celui de l'embranchement ou du type, parce que l'espèce seule est représentée par les populations d'individus où se pose le problème biophysique, et puisque, de ce fait, tout le reste de la classification est engagée par l'historicité de l'espèce, y compris les catégories supérieures, le rapport entre l'extension logique de ces catégories et la dimension temporelle qu'elles couvrent, tel qu'il est utilisé par Lyell, devient intelligible : lorsque le temps est la dimension où se produit la diversité, le cadre qui rassemble la plus grande variété doit avoir disposé du temps le plus long. Dire que le système naturel est nécessairement généalogique, c'est donc signifier que la Paléontologie ne se contente pas de combler les lacunes d'une classification fondée sur les groupes actuels, mais que la dimension temporelle de ces groupes, telle qu'elle est démontrée par cette même Paléontologie, est responsable en général de leur importance du point de vue taxonomique, importance qui doit s'expliquer non pas par leur rôle dans une économie naturelle, mais par l'ensemble des conditions géologiques et biologiques qui ont assuré leur expansion, leur démultiplication, et leur survie, indépendamment de toute loi interne de développement. De ce point de vue, la stabilité dans la durée et la variété très limité de certains types (Limules) est aussi importante pour la Théorie de l'Evolution que la variabilité des autres, parce qu'elle démontre cette absence de nécessité intrinsèque de changement (10).

C'est pourquoi, dans le texte du « Sketch » de 1842, aussi bien que dans celui de l'« Origine des Espèces », on constate la priorité de la Paléontologie par rapport aux autres sciences zoologiques et morphologiques. Or, il faut rappeler encore que les « enchaînements » systématiques d'ordre supérieur ne sont pas au centre de l'intérêt des paléontologues ; ce qu'ils ont demandé d'abors à la zoologie et à l'anatomie comparée, c'est la possibilité de déterminer les appartenances spécifiques des fossiles pour pouvoir, par leur reconnaissance exacte, déterminer l'âge des terrains. Les problèmes de variations et de constance posés par Darwin au niveau des espèces rencontrent directement les préoccupations des Paléontologues autour des mêmes objets, à savoir les variations des formes fossiles et leur répartition dans les couches de la terre, qui permettent de distinguer les étages stratigraphiques en l'absence de toute trace de modification physique de la surface terrestre. Les distributions, dans le temps comme dans l'espace, ont une signification biologique équivalente à celle des affinités, et le rapport direct de ces distributions à l'espace et au temps permet à Huxley de penser en 1880 que si la doctrine de l'Evolution n'avait pas existé, les Paléontologistes l'auraient inventée (11).

C'est donc non seulement la signification de la Morphologie, mais encore son importance qui est en question, dans le sillage de celle de la classification. En 1859, la Zoologie, avant tout, compare et classe : la classification est son but (12). Darwin, au contraire, explique. Ce décalage entre Darwin et ses contemporains a pour conséquence l'accès à Darwin à travers une vulgarisation morphologique et systématique qui le masque. C'est ce que Vialleton indique : Lyell signalait à Darwin un excès de densité qui rendait difficile son texte ; il fallait des exemples, et, pour cette raison, « les écrits de Haeckel, en apportant les schémas anatomiques dont la gastrula est un des plus typiques, fournirent ces exemples que demandait Lyell, aussi, leur succès fut-il très vif auprès du grand public, et les lecteurs de l'« Origine des Espèces » sont peut-être beaucoup plus faciles à compter que ceux de l'« Histoire de la Création » et de l'« Anthropogénie » qui vint ensuite (13).

Il en résulte que la Paléontologie elle-même va être abordée dans la perspective généalogique, non pas à partir des problèmes techniques qui lui sont propres (variation et distribution) où l'évolution peut être rencontrée, mais à partir des aspects spéculatifs déjà encombrés par le thème du développement progressif. Qu'il y ait là un facteur de méconnaissance, est difficile à récuser, mais on peut se demander si cette méconnaissance est une oblitération totale, et si la Morphologie postérieure à Darwin reste enfermée dans des cadres théoriques antérieurs. Or, si différents que soient les problèmes biophysiques et morphologiques, si mauvais morphologiste que l'on puisse juger Darwin, et si mauvais darwiniens qu'aient été les Morphologues, cela ne suffit pas à exclure toute possibilité d'échange, malgré l'importance de cette méconnaissance réciproque, car, contrairement à Mendel, Darwin existe pour ses contemporains.

4. – DARWIN ET LA MORPHOLOGIE.

Le principal texte morphologique officiel de Darwin est le chapitre XIII de l'« Origine des Espèces », qu'il faut compléter par quelques remarques éparses, tirées surtout de la Monographie sur les Cirripèdes, par les observations morphologiques liées à l'étude des variations, et par les recherches sur les parentés animales de l'Homme (1).

L'Evolution est d'abord la raison pour laquelle la classification est indifférente à la valeur physiologique des organes :

> « On aurait pu croire, et on a cru autrefois, que les parties de l'organisation qui déterminent les habitudes vitales et fixent la place générale de chaque être dans l'économie de la nature devaient avoir une haute importance au point de vue de la Classification. Rien de plus inexact. » (2).

Cuvier reçoit ainsi son congé. Il n'y a pas réciprocité entre une économie naturelle et une économie animale qui ont cessé d'exister, puisque les êtres vivants ne peuvent plus être définis par un rôle constant dans la nature et par un système fixe et hiérarchisé d'organes interdépendants. Dans un Univers qui se révèle conflictuel et mobile, les structures organiques, problématiques en ce qu'elles ne se réduisent pas toujours aux exigences de l'adaptation immédiate, manifestent une valeur généalogique que les naturalistes, selon Darwin, ont toujours cherchée « sans en avoir conscience » (3). En effet, si l'adaptation est à la fois le principe et le résultat de l'organisation, les parties ou les structures qui n'on pas de valeur directement adaptatives ne peuvent devoir leur existence qu'à un rôle adaptatif, qui, pour n'être pas actuel, ne peut être qu'ancestral : la présence en plusieurs organismes d'un même « fonds d'organisation », selon l'expression de Geoffroy Saint-Hilaire, ne peut alors que signifier leur parenté réelle. Autrement dit, la distinction des affinités et des analogies, du « pouvoir de la vie » et de « l'empire des circonstances », de la répétition et de l'adaptation, est la condition du traitement généalogique du système naturel, enfermé par Cuvier dans la perspective économique. Au niveau de l'interprétation biologique de l'individu organique, cela suppose que la vie n'est plus assurée seulement par l'équilibre de l'organisme en son ensemble (principe des corrélations) dans les conditions d'existence qui lui sont fixées une fois pour toutes par la nature, mais que la survie puisse être fonction de l'activité fébrile d'un seul organe, dont l'importance dépend des circonstances, et non pas d'un plan préalable du monde et de l'organisation.

C'est pourquoi Linné pouvait affirmer « que les caractères ne donnent pas le genre, mais que le genre donne les caractères » (4) : un ensemble de caractères de faible valeur peut l'emporter sur un caractère unique bien tranché, de grande importance physiologique, parce que cet ensemble de caractères ne se réduit pas à un système de valeur purement fonctionnelle. C'est pourquoi les constances de certains caractères à travers un grand nombre de formes l'emportent également sur leur valeur physiologique. C'est pourquoi enfin, il faut utiliser les caractères embryonnaires, mais à condition d'en avoir exclu les adaptations larvaires, etc. C'est donc la classification, comme pressentiment de la généalogie des espèces, qui rend raison de la valeur purement morphologique des faits d'organisation dont l'importance physiologique n'est jamais constante. Cette inconstance de la valeur physiologique des organes avait déjà été démontrée par John Hunter, bien avant que F. Müller ne découvre dans un même groupe de crustacés tantôt la présence, tantôt l'absence du cœur (5).

Mais si la signification du système naturel est généalogique, il n'est pas la généalogie elle-même parce que les catégories systématiques restent arbitraires (des genres ont été élevés au rang de familles), et parce que d'un groupe à l'autre, les divergences peuvent varier d'importance, si bien qu'il peut y avoir équivalence entre un genre d'une forme qui se modifie peu et des catégories bien supérieures de formes qui se modifient beaucoup. Ce qui reste stable dans le système naturel, ce n'est donc que la disposition d'ensemble, qui, seule, représente un « arrangement généalogique » (6).

Cet arrangement est compris par Darwin à partir de deux modèles : celui de la parenté des langues définies depuis G. de Humboldt comme des « organismes », c'est à dire, comme des principes autonomes d'ordre dans l'expression verbale (7), et celui du rapport des espèces aux variétés, que l'homogénéité de la classification permet de généraliser. De ces deux modèles, le principal reste le second, puisque les langues dépendent des races qui les parlent et dont elles expriment les évolutions naturelles : c'est ainsi la généalogie des races humaines qui présenterait la meilleure classification des langues (8), que Schleicher s'efforce à la même époque d'aborder à la manière des naturalistes (9). Le modèle linguistique n'est donc qu'un artifice pédagogique en vue de faciliter la compréhension du passage entre la micro-évolution qui constitue l'obet principal du travail de Darwin, à cette macro-évolution que le système naturel représente, artifice d'autant plus opportun qu'il utilise des métaphores comme celles de « racines », de « souches », de « troncs », de « familles », etc. Mais en même temps, il démontre un changement de perspective d'un niveau à l'autre : la substitution de la comparaison structurale à l'analyse causale, qui reste, en dernier ressort, l'instance décisive et indéfiniment multipliée à travers l'immensité des temps géologiques.

La Morphologie, utilisée par Darwin pour justifier une macro-évolution impliquée par l'existence des mécanismes évolutifs qu'il a décrits, est celle de R. Owen et de L. Agassiz (10).

Chez Owen, il prend la distinction des analogies et des homologies. Les variations analogues démontrent l'action des mêmes conditions sur des animaux différents, mais disposant de « caractères constitutionnels » communs (11) : elles ne peuvent marquer d'affinités véritables qu'au niveau des catégoties taxonomiques inférieures, mais elles démontrent l'« empire des circonstances », devenu l'action de la sélection naturelle, à des niveaux distincts du système naturel. Les homologies, au contraire, fondées sur le principe des connexions établi par Geffroy Saint-Hilaire (12), traitées auparavant comme la manifestation de l'unité de plan et de composition, sont révélatrices de l'existence de parentés entre des espèces dont les différences peuvent apparaître alors comme des variations sur un même thème : composition homologue des membres des vertébrés, de la bouche des insectes, etc (13). Ces variations sont des « métamorphoses », au sens donné par Gœthe et les botanistes à ce terme. Ce cadre permet à Darwin d'aborder « un des sujets les plus importants de toute l'histoire naturelle » (14), dans la mesure où, à travers le développement des insectes, les métamorphoses rencontrent l'Embryologie. Les deux problèmes abordés à cette occasion sont ceux de la signification des caractères embryonnaires et de la progressivité.

Ce que l'Embryologie est censée démontrer, c'est la similitude fréquente des embryons d'animaux appartenant à la même classe, mais qui sont destinés à présenter les formes adultes les plus différentes : Darwin en appelle au témoignage de Von Baer (15). Que signifie donc cette similitude ?

Elle peut signifier l'existence d'une loi de développement qui va du simple au complexe, de l'homogène à l'hétérogène, ou encore, puisqu'il s'agit de Von Baer, du général au spécial, telle que les plus grandes différences entre les formes animales émergent au terme du développement. Spencer a généralisé cette loi à l'ensemble du règne animal, au même titre qu'à l'Univers, si bien que les formes complexes doivent être précédées par les plus simples qui leur correspondent, dont les embryons fournissent les images. Or Darwin s'engage dans une direction très différente, en faisant remarquer que la métamorphose est autre chose qu'un développement, et suppose une autre interprétation, dans la mesure où il existe des développements sans transformations, dans des groupes entiers où « l'embryon, à toutes les périodes de son existence, ne diffère pas beaucoup de la forme adulte » (16). Il cite en exemple le développement de la Seiche, observé par R. Owen, celui des coquillages terrestres et des crustacés d'eau douce, par opposition aux formes marines correspondantes, l'araignée, certains insectes (17). Comme il est également convaincu depuis « une découverte de Wagner » sur la production asexuelle de larves par une larve de Cecidomye, qu'il y a identité foncière entre métamorphoses et générations alternantes, force est de reconnaître qu'il n'y a pas de loi universelle de développement embryonnaire, mais une diversité de séquences, de significations probablement très différentes. Parmi ces différences, il y a les adaptations larvaires, démontrées par les observations de similitudes larvaires chez des insectes très différents, reprises de Lubbock (18).

Mais, à l'inverse, il faut aussi noter que « les points de conformation par lesquels les embryons d'animaux fort différents d'une même classe se ressemblent n'ont souvent aucun rapport avec les conditions d'existence » (19) : c'est ce qui se passe, par exemple, pour « la forme particulière en lacet qu'affectent chez les embryons des vertébrés, les artères des fentes branchiales » (ibid.). Or, de telles similitudes de conformation, qui apparaissent aussi chez des formes larvaires les mieux adaptées à des conditions d'existence différentes de celles qui sont offertes à la forme adulte, signalent parfaitement des similitudes de classe, comme, depuis Thompson, le montrent les Cirripèdes :

> « L'illustre Cuvier lui-même ne s'est pas aperçu qu'une Balane est un Crustacé, bien qu'un seul coup d'œil jeté sur la larve suffise pour ne laisser aucun doute à cet égard. » (20).

Le problème ainsi posé par l'exclusion d'une loi générale et uniforme de différenciation morphologique progressive, et par l'existence de conformités qui ne relèvent pas de l'adaptation, ne peut être résolu que par l'observation d'une tendance des variations à reparaître chez les descendants à l'âge où elles sont apparues chez les parents. Darwin transforme cette tendance en deux principes distincts : celui de l'occurence tardive des variations, et celui de leur répétition au même âge (21). Les conformités héréditaires dans un groupe zoologique peuvent donc être l'indice, soit d'une variation adaptative réussie dans l'histoire du groupe, mais recouverte par des variations ultérieures, soit de l'état de l'animal préalable à ces variations : elles sont donc l'expression d'une mémoire organique.

Donc, lorsque Darwin reprend à Agassiz le triple parallèlisme des séries embryologique, zoologique et paléontologique (22), c'est dans la mesure où les formes inférieures, par leurs adaptations, ont traduit dans leur structure un état de choses dont les formes supérieures conservent le souvenir dans leur développement. Alors que pour Spencer, la récapitulation des formes antérieures ne faisait que répondre aux nécessités « mécaniques » d'un perfectionnement de l'organisation exigeant que ce qui est le moins différencié précède le plus différencié, Darwin s'accorde avec Agassiz pour traiter cette même récapitulation comme le témoignage d'un parcours, point sur lequel il prend également ses distances vis à vis de Von Baer (23), mais, au lieu de dépendre d'un plan de Dieu, la conservation des dispositions organiques passées devient pour Darwin un aspect de l'organisme lui-même, mais l'organisme est un réceptacle beaucoup plus fragile que la volonté du Créateur :

la sélection naturelle, activée par un changement dans les conditions d'existence peut donc faire que les animaux traversent des phases de développement tout à fait distinctes de la condition primitive de leurs ancêtres adultes (24).

La question de la progression est aussi profondément remaniée par Darwin que celle de la signification des caractères embryonnaires. En 1850, la progression se définit en termes de différenciation et de division physiologique du travail : la civilisation de la société industrielle est ainsi transformée en idée régulatrice pour l'activité organique – thème exploité par Spencer et mentionné par la plupart de ses contemporains chez lesquels la théorie cellulaire favorise cette conception sociale de l'organisation. Or, pour Darwin, à tous les niveaux du développement, la différenciation dépend de la sélection naturelle qui la dirige dans le sens défini par les conditions d'existence : il n'y a donc pas de loi générale de développement progressif, mais une exploitation de plus en plus raffinée des possibilités offertes par le milieu, de la part des espèces qui pour survivre, se montrent les plus aptes – exploitation qui peut s'accomoder de sacrifices organiques importants au profit d'une spécialisation définie qui favorise une seule activité. L'unité de l'organisme, et par conséquent du progrès, s'efface devant la spécialisation des activités dont les organes sont individuellement l'écho : la plasticité du type est ainsi proportionnelle à l'affaiblissement du principe des corrélations (25), et le perfectionnement unilatéral d'une activité peut impliquer une régression de toutes les autres, conformément aux processus de métamorphose régressive décrits par Rathke (26): Mais, par ailleurs, et c'est peut-être encore plus contradictoire avec une loi de progrès, on peut constater, chez certaines espèces, une pure et simple stagnation dans des conditions d'existence constantes, favorisée par l'isolement biologique d'un secteur géographique (27), ce dont Huxley a déjà fourni des exemples paléontologiques avec la permanence de certains groupes depuis le Silurien, utilisé par lui contre la théorie du développement progressif.

Darwin admet cependant que « dans des conditions de climat à peu près identiques », les espèces actuelles l'emporteraient sur les espèces eocènes (28), progrès de même nature que celui qui est marqué par l'apparition des Vertébrés, capables de nager, par rapport au monde statique antérieur, et par la succession des poissons par rapport à la maladresse inscrite dans la structure des poissons primitifs, d'après Agassiz. Mais l'évidence d'une telle progression adaptative ne peut se justifier qu'à partir de la sélection naturelle : il faut donc supposer la permanence globale de la pression sélective à travers la réciprocité des transformations chez les êtres vivants en situation de concurrence, dont le résultat est le raffinement progressif des activités et de leurs instruments dans toutes les directions adaptatives, à l'exception des formes demeurées constantes parce qu'elles échappent par leur mode de vie à cette pression générale. Contrairement à ce que pensaient les tenants du développement progressif, une telle progression peut ne rien devoir au milieu physique, dont Lyell a démontré l'uniformité dans le temps : elle doit tout aux autres espèces vivantes qui jouent le rôle de « concurrents » et d'« agresseurs » (29). L'extinction des faunes préalablement dominantes en est le corollaire.

S'il y a donc une différence capitale entre les problématiques de Darwin et de Spencer, c'est bien dans la mesure où Darwin exclut radicalement toute loi morphologique de développement progressif, pour donner aux faits morphologiques la simple valeur d'indices d'une histoire réelle infiniment variée du fait de la variété infinie des conditions engendrées par la lutte pour l'existence (30). C'est la raison pour laquelle la Paléontologie devient seule décisive aux niveaux où elle peut intervenir, parce qu'elle fournit des documents directs sur la réalité à laquelle renvoient ces indices, contrairement à une pratique qui traitait les données paléontologiques en complément et en confirmation des hypothèses morphologiques.

L'importance de la Paléontologie reste cependant masquée par deux faits : l'unité de la classification et l'imperfection du registre paléontologique.

S'il y a parenté entre les espèces, il doit toujours être possible de rassembler les espèces présentes et passées dans une même classification. Les effets de divergence, qui sont réciproques des spécialisations, entraînent pour conséquence que les espèces fossiles doivent trouver leur place parmi les espèces actuelles dans un catalogue général de toutes les spécialités organiques possibles : elles comblent des lacunes (31), conformément à une pratique qui était celle de Cuvier et surtout de De Blainville. Le changement de perspective théorique introduit par Darwin n'induit donc aucun changement au niveau de cette pratique, mais confirme au contraire les procédures traditionnelles qui jugent les espèces fossiles à partir des formes actuelles. La vieille idée d'un ancien monde entièrement original, ou de plusieurs âges spéciaux du monde, séparés par des catastrophes, formulée par Blumenbach, et reprise dans un contexte transformiste par Geoffroy Saint-Hilaire, s'estompe : l'originalité des faunes anciennes se réduit à leur position plus ou moins exactement intermédiaire entre celles qui les précèdent et celles qui les suivent (32). Autrement dit, la même dissociation que Darwin a opérée entre les caractères zoologiques aux dépens du principe de la corrélation des formes, joue également aux dépens des faunes, qui perdent leur originalité globale dans le temps, parce que leur destin varie selon le secteur géographique où elles sont étudiées et selon les espèces qui les constituent : l'impression générale que le paléontologue peut se faire de la faune d'un étage déterminé recouvre en réalité une très faible cohérence, qui contraste fortement avec la succession des mêmes types dans les mêmes régions. S'il n'y a pas de faunes spéciales dans la dimension synchronique, définissant les Ages entre les limites formées par les catastrophes, comme le voulait Cuvier, et s'il n'y a pas de développement général divisible en étapes, le concept de faunes est mieux défini par les limites géographiques dans lesquelles il reçoit une dimension diachronique (33). Dans ces conditions, la Paléontologie permet de développer dans la dimension du temps l'acquis des observations géographiques sur la distribution actuelle des espèces animales : elle explique moins la distribution géographique actuelle des espèces par les données paléogéographiques, qu'elle n'utilise les formes actuelles et leur distribution pour dessiner une paléogéographie hypothétique, destinée à être précisée par les géologues. Ici encore, le changement de principes peut s'accorder avec le maintien de procédures et d'attitudes traditionnelles.

Mais l'imperfection du registre paléontologique, à laquelle Darwin consacre le chapitre X de l'« Origine des Espèces » (34), joue un rôle beaucoup plus important : elle est la raison, déjà évoquée par Agassiz (35), au nom de laquelle la Paléontologie disparait au profit de l'Embryologie, pour définir les arbres généalogiques des espèces. L'insistance sur cette imperfection a donc pour réciproque l'importance de la loi biogénétique fondamentale, c'est à dire de récapitulation de la phylogénèse par l'ontogénèse, grâce à laquelle l'Embryologie est censée détenir la documentation généalogique que la Paléontologie a laissé se perdre.

5. – DE LA GÉOMÉTRIE A L'HISTOIRE.

Ernst Haeckel a lu l'« Origine des espèces » pendant ses recherches sur les Radiolaires dont la publication fournira le premier écho (1). Ces recherches ont pour point de départ une initiation à l'étude du plancton marin sous la direction de Johannes Müller à la station d'Heligoland (2) : l'attention particulière aux Radiolaires qui en est résultée serait due à la beauté de leurs formes, à la multiplicité des types nouveaux qu'ils offraient, et aux particularités physiologiques présentées par ces organismes simples, situés à la limite du règne animal et du règne végétal (3). Ce faisant, Haeckel s'inscrivait dans l'axe des derniers travaux de Johannes Müller qui ont eu pour objet les Rhizopodes (4), et surtout dans l'esprit de ce dernier, pour lequel les cas limites ont toujours eu une particulière importance (5). Cette recherche des cas-limites était en contradiction avec le « principe du développement complet universel » formulé par Ehrenberg (6), dans la mesure où ce principe entérinait une conception de l'organisation des infusoires dirigée contre l'idée de leur caractère prototypique (7), tel qu'il était compris dans la Philosophie de la Nature et par Von Baer. En tant que cas-limites de l'organisation, du fait de la reconnaissance d'une simplicité qui permettait d'y voir des vivants primordiaux, les Radiolaires semblaient manifester directement les propriétés physiologiques du Sarcode homogène de Dujardin (8), et présenter une structure monocellulaire, évoquée par Siebold et Kölliker (9), à une époque où le caractère monocellulaire de l'œuf s'impose avec de plus en plus d'évidence. C'est donc le problème des fondements de la Zoologie et de la Biologie que les Radiolaires vont poser, parce qu'ils sont perçus comme des vivants fondamentaux : la lecture de Darwin permet simplement de franchir le pas qui va du fondamental à l'originaire, et de leur assigner au sens plein une véritable nature de Protozoaires, mieux que la Philosophie de la Nature (10).

Le problème central autour duquel s'organisent les recherches sur les Radiolaires est celui, bien classique, de leur système naturel, problème rendu difficile par leur infinie variété. Les concepts qui permettent d'aborder ce problème sont ceux de type et de série, concepts dont le fondement morphologique est aussi distinct de toute perspective physiologique que la capsule centrale des Radiolaires, d'importance morphologique, est distincte des parties molles extracapsulaires, de valeur physiologique (11).

Les Radiolaires sont d'apparition récente en Zoologie. Parmi une foule d'organismes microscopiques, au nombre desquels il faut compter les bactéries, les flagellés, etc. on regoupe sous le nom de Protozoaires proprement dits deux classes : les Rhizopodes et les Infusoires (12). Siebold distinguait ces deux classes d'organismes unicellulaires par la forme extérieure, définie chez les Infusoires, indéfinie chez les Rhizopodes qui se déplacent au moyen de pseudopodes (13). Parmi ces Rhizopodes, Johannes Müller définit un type radiaire qui donne l'ordre des Radiolaires (14), par opposition aux Polythalames, en ce qu'ils ne sont jamais de forme spirale, caractéristique de ces derniers. Etant données la simplicité de ces organismes et l'indétermination caractéristique de la forme extérieure de leurs corps, le squelette prend pour leur classification une importance particulière, exclusive pour la distinction des genres et des espèces (15) : à ce niveau aussi, comme le voulaient Troxler et Gœthe, le squelette reste donc « l'indice physiologique le plus important » de la pénétration de la matière par l'Esprit, c'est à dire, de la manifestation des Différences.

Il ne s'agit donc que d'un ordre, mais dans les limites de cet ordre une carctérisation morphologique du type va paraître d'autant plus difficile, qu'il paraît épuiser toutes les formes pensables, qu'il fournit une plus grande richesse en formes fondamentales et en variations que le reste du règne animal (16). Il apparaît même que le type radiaire, donné comme physiognomonique par Johannes Müller, offre des exceptions : on observe des formes spirales parallèles à celles des Polythalames, des formes bilatérales et des formes irrégulières (17). C'est pour Haeckel l'occasion d'une réflexion théorique sur la signification du concept de type, dont la portée lui semble avoir été surestimée, comme Johannes Müller l'a, par ailleurs, dûment reconnu, en particulier dans ses travaux sur le développement des Echinodermes (18), où il montre le passage du type radiaire au type bilatéral et réciproquement. Les observations sur les Radiolaires ne font donc que confirmer et radicaliser cette mise en question de la valeur classificatrice du concept de type, dont la conséquence est l'abandon de la définition géométrique du type de l'ordre, au profit du caractère différentiel décisif (durchgreifend) : la présence d'une capsule centrale (19), qui constitue un organe de reproduction par division (20).

Ce qui est mis ainsi en question ici, c'est le rapport de la géométrie à la morphologie, confondues par le concept de type, de telle sorte que la production des vivants pouvait être assimilée à une dérivation géométrique des formes, dont la classification ne fait que regrouper les résultats. L'irréductibilité des catégories supérieures de la classification à une simple formule géométrique, comme le changement de géométrie fondamentale au cours du développement d'un même individu vivant, disjoint la problématique taxonomique où la structure morphologique vaut par sa signification biologique, d'une géométrie que Haeckel ramène à une Promorphologie, comprise comme science géométrique portant sur les formes élémentaires des vivants, parce que leur production dépend aussi des lois qui régissent la matière inorganique, et dont la portée figurative est démontrée par la cristallisation (21). La géométrie est donc prébiologique, et signifie pour Haeckel que la vie dépend de la matière. Mais la vie dépasse cette géométrie, comme le montre l'impossibilité de réduire une catégorie taxonomique à une forme géométrique, parce qu'il s'est glissé entre les lois matérielles de la forme et n'importe lequel des êtres vivants quelque chose qui est spécifique de la vie, à savoir l'histoire de ses adaptations successives, inscrite dans ses dispositions structurales. En cela, la Morphologie de Haeckel se distingue autant de celle de R. Owen que de celle de W. His.

Pour Owen, la géométrie du vivant est liée à la loi de répétition « irrelative », dont l'effet est analogue à la répétition de cristaux semblables sous l'action de forces polarisantes ; cette géométrie est reprise par une force adaptative et organisatrice spéciale au cours du développement de l'organisme, d'une manière d'autant plus puissante que l'organisme est plus élevé(22). Si le concept de type désigne « l'ensemble des cristaux dont les systèmes d'axes sont semblables, et dans lesquels les formes primitives sont analogues, quoique pouvant différer par la valeur des angles » (23) chez les cristallographes contemporains, Owen lui conserve quelque chose de cette définition en traitant le type comme cette construction abstraite, dont la composition régulière et répétitive sert d'appui à toutes les adaptations et à tous les développements (24). Au contraire, si le type se ramène à la disposition organique différentielle d'une catégorie zoologique susceptible de transformations illimitées, la structure du vivant n'est plus l'écho du cristal fondamental, pétri par la volonté providentielle qui l'adapte aux conditions de la vie : elle est d'abord le produit de la vie, dont la nature matérielle se traduit par des constances morphologiques relatives, répondant de manière plus ou moins affirmée à des dispositions géométriques. A l'origine, il n'y a donc pas de forme rigide : il ne peut y avoir qu'un réceptacle universel, c'est à dire un grumeau homogène et amiboide, dont le célèbre Bathybius Haeckeli a représenté la malencontreuse projection imaginaire au fond des océans (25), capable de produire toutes les formes par épigénèse mécanique et de les conserver. La Promorphologie est l'étude des conditions géométriques les plus générales de l'« apparition de ces formes et de leurs enchaînements » (26). Ces formes ont d'autant moins de portée taxonomique et de valeur typique, que, loin de s'appliquer aux seuls organismes complets qui consituent pour Haeckel les individus de cinquième ordre ou « personnes », elles peuvent être étudiées au niveau de chaque sorte d'individualité, par exemple, à celui des métamères ou des antimères, qui, hors de la théorie des zoonites dont Haeckel se souvient quelquefois, n'ont guère qu'une signification segmentaire (27).

L'épigénèse mécanique, responsable des enchaînements morphologiques, est donc le résultat du jeu des forces matérielles, en conformité avec les lois générales de la matière, doctrine qui est la condition du rejet de toute téléologie (28), et qui met à sa place le « Monisme », comme fondement philosophique de l'Evolution (29), thèmes à propos desquels Haeckel est inépuisable. Mais si l'épigénèse est mécanique au sens où elle résulte du jeu des lois matérielles, elle ne se réduit pas à une loi mécanique de développement, ce qui signifie que l'Embryologie causale sera toujours impuissante à rendre raison de l'intégralité du développement d'un organisme : la cause du développement n'est pas une loi de croissance différentielle, mais une histoire dont les faits de croissance et de déplacements morphogénétiques sont l'écho (30). Haeckel proteste contre les embryologistes qui ne connaissent pas la perspective historique, parce que l'Embryologie n'est plus pour lui une science physiologique – ce qu'elle était jusqu'ici, au moins par sa place dans les Traités de Physiologie – mais une science morphologique et historique. Autrement dit, le développement ne suppose pas de différences matérielles dans les diverses régions du germe, dont la forme de l'organisme futur devrait dériver mécaniquement comme le suppose His (Prinzip des organbildenden Keimbezirke (31)), il implique un programme épigénétique d'ensemble qui traduit la nature historique de toute matière vivante : le protoplasme aussi a une structure historique (32). Lorsque Gœtte traite le développement comme la caractéristique qui distingue l'organique de l'inorganique, contre la doctrine moniste qui suppose aussi un développement de la matière (33), il manque le point central de la doctrine de Haeckel, à savoir que les particularités chimiques de la matière vivante font de l'organisme le produit de l'hérédité, donc d'une histoire ancestrale, tandis que le cristal est le produit direct de sa constitution matérielle (34).

La signification du Darwinisme pour Haeckel devient donc claire : il prend la place de la doctrine des types, devenue inconsistante, c'est à dire une place fondamentale pour le Zoologiste systématicien : l'Evolution rend compte des affinités, remet à l'honneur les séries continues et les transitions qui permettent de concevoir un développement possible des lignées organiques à partir de souches communes (35). Comme pour Bronn, traducteur allemand de Darwin, il s'agit de rendre raison des « lois » du Développement qui subsistent au déclin de la problématique des types, et pour ce faire, le Darwinisme apparaît comme « den einzig möglichen Weg » (36). L'unique voie possible ne peut être que la voie réelle, si bien que le Darwinisme en est démontré par le caractère indispensable de sa fonction théorique : il ne reste plus qu'à l'exploiter, et cette exploitation ne fera que renforcer son évidence. C'est pourquoi Haeckel construit l'arbre généalogique des Radiolaires au terme de son premier travail, comme l'équivalent du véritable système naturel (37), en prélude aux innombrables arbres généalogiques des vivants dont ses contemporains et lui se rendront ensuite coupables. C'est à cause du caractère dynamique de ces arbres que Giard pouvait écrire en 1876 qu'on trouverait difficilement aujourd'hui un naturaliste disposé à soutenir que la classification est l'idéal auquel l'histoire naturelle doit tendre, et que cet idéal, s'il était réalisé, serait l'expression exacte et complète de la nature entière » (38), puis en 1904, que le point de vue des savants s'est déplacé de la « natura naturata » à la « natura naturans » (39), déplacement résultant de la perspective généalogique et qui va permettre d'élaborer quelques unes des conditions d'accueil de la « théorie mendélienne de l'hybridité » (40).

Cependant, si au XXeme siècle, la « Natura naturans » devient l'objet d'une approche expérimentale, grâce à la génétique et à l'embryologie expérimentale, l'insuffisance de cette approche n'est pas au XIXeme siècle finissant un obstacle à l'essor de la spéculation généalogique. Sur ce point, Haeckel est formel : la théorie généalogique relève des sciences morphologiques et non de la physiologie. De ce fait, l'objection qu'on lui fait d'une absence de preuves physiologiques n'est pas pertinente. Sa seule valeur synthétique ou « inductive » lui suffit :

> « Tous les curieux phénomènes que nous fournissent l'ontogénie, la paléontologie, l'anatomie comparée, la dystéléologie, la chorologie, l'œcologie, des organismes, et toutes les lois générales que nous abstrayons de cette masse de faits, et qui se lient si harmonieusement et si intimement entre elles, tout cela n'est qu'une large base de cette grande loi déductive, biologique. En effet, tous les faits infiniment variés provenant de ces sources mutiples ne se peuvent intimement relier, expliquer et comprendre que par la théorie généalogique ; force nous est donc de considérer cette théorie de l'évolution comme une loi d'induction générale. » (41).

Une particularité avantageuse de cette théorie généalogique, c'est de ne pouvoir produire que des hypothèses spéciales, susceptibles d'être démenties dans leur spécialité sans que la théorie en soit atteinte : toutes les filiations supposées peuvent se révéler inexacte sans que le principe d'une filiation des espèces en soit ébranlé. Réciproquement, la découverte d'un « missing link » prévu par la théorie, que ce soit l'Archeopteryx et le Compsognathus (42), ou le Pithécanthrope de Java (43), est pour elle une confirmation éclatante. Une position aussi confortable met hors d'eux-mêmes les épistémologues limités quoique grands savants, qui, comme Virchow, renouvellent avec le Pithécanthrope l'opération de Daubenton sur l'animal de l'Ohio, traité comme un mélange d'ossements (44) ou qui, comme Ludwig, refusent à la Morphologie toute existence scientifique (45), en contradiction avec les développements contemporains de la science. Cette indifférence de la théorie à la précision dans le détail de ce qu'elle suppose, abusivement et maladroitement exploitée par Haeckel, signifie simplement que la cohérence dans les informations venues de sources différentes est significative de vérité : les « faits » et les « expériences » restent alors subordonnées aux « ensembles » et aux « enchaînements » qu'ils ne peuvent que confirmer (46), et parmi ces faits, Haeckel place les séries zoologiques continues, par exemple, celles qui permettent de dériver les Eponges calcaires à partir d'Olynthus. Une critique n'est possible dans ce cas qu'à partir d'une alternative de même rang : c'est pourquoi, en son absence, tant d'efforts ont été dépensés pour maintenir en vie la doctrine du type, malgré ses implications directement transcendantes.

6. – LA LOI BIOGÉNÉTIQUE FONDAMENTALE.

La loi biogénétique fondamentale est la clef morphologique de cette théorie généalogique, issue du démantèlement du concept de type, conjugé avec la lecture de Darwin. Cette loi est formulée par Haeckel dans de nombreux textes, depuis sa première expression dans la « Generelle Morphologie » :

« L'ontogenèse est la courte et rapide récapitulation de la phylogénèse, conditionnée par les fonctions physiologiques de l'hérédité (reproduction) et de l'adaptation (nutrition). » (1).

Et le paragraphe 43 précise aussitôt que cette récapitulation est effacée et raccourcie par les condensations ontégénétiques, le paragraphe 44, qu'elle est falsifiée et altérée par des remaniements secondaires dûs aux nouvelles adaptations produites par le vivant au cours de son développement individuel. Il est donc caricatural de soutenir que le vivant est pour Haeckel un être purement récapitulatif, défini par son passé, sans présent, ni futur. Le présent est responsable de l'effacement du passé à travers les processus regroupés en 1875 sous le terme de « Cénogénèse », auxquels les marques du passé s'opposent comme « Palingénèse » (2). Mais il faut mentionner que l'idée même d'une cénogénèse forme « la substance de l'admirable petit livre intitulé « pour Darwin » que tout zoologiste devrait connaître par cœur », raison pour laquelle le Giard l'a désigné comme « Principe de Fritz Müller » (3).

La raison de ce principe est une « lex parcimoniae », son mécanisme, une « dégénérescence graisseuse normale », son résultat, l'adaptation. L'organisme ne conserve que ce dont il a besoin pour vivre : il ne nourrit que ce qui a une valeur adaptative actuelle, ce qui – dans une perspective darwinienne – est une condition de ses performances, donc de sa survie, et par conséquent de son seul avenir scientifiquement définissable. Pour Giard, comme pour Haeckel, l'adaptation passe par la nutrition : la nutrition présente l'avantage de reposer sur des faits chimiques, c'est à dire, dont la scientificité ne peut être contestée, de valoir pour les organismes comme pour les organes, et, en général, pour les individus organiques d'ordre divers, et d'avoir des conséquences morphologiques directes et « mécaniques ». Du fait de ce principe de la cenogénèse, le triple parallélisme des séries zoologique, embryologique et paléontologique, qui est repris d'Agassiz par Haeckel (4), n'est que résiduel, mais, comme les organes rudimentaires, il sera d'autant plus significatif qu'il n'est que résiduel.

Du point de vue morphologique, l'opposition entre hérédité et adaptation, palingénèse et cénogénèse, dans cette problématique qui, pour se dire moniste, n'en procède pas moins toujours par couples de concepts antagonistes, recoupe la distribution classique entre homologie et analogie, déjà réinterprétée par Darwin en termes de parenté et de convergence.

La portée généalogique des homologies représente pour Haeckel le point où se recoupent plusieurs déplacements. En premier lieu, il suppose une jonction de la Systématique avec l'Anatomie comparée, tandis que la Systématique d'Agassiz s'appuyait avant tout sur la forme et sur les caractères extérieurs qui sont les plus sensibles aux effets de l'adaptation : les homologies structurales décrivent au contraire ce qui est identique à travers les déformations, et permettent ainsi de définir l'origine commune des variations d'ordre divers, parce que ce qui est à la fois commun et interne ne peut être résultat, mais principe.

En second lieu, c'est au niveau de l'interprétation des homologies que les parentés se substituent aux types. Il faut rappeler que, depuis Gœthe et Geoffroy Saint-Hilaire, les homologies prennent leur sens dans une doctrine de l'unité de plan et de composition ou de type, avant même que le terme en soit vulgarisé par Owen dans le même contexte, à ceci près que le type est le fondement morphologique de l'embranchement. Lorsque Haeckel, à la suite de Johannes Müller, fait le bilan de l'inconsistance taxonomique du concept de type, il se doit de redonner un sens aux homologies, sur lesquelles est fondée la méthodologie anatomique. Lorsque ce sens devient celui d'une parenté généalogique, les homologies peuvent alors contribuer à démontrer la relativité des types en témoignant de l'existence de parentés entre formes et types différents, au même titre que certaines homologies pouvaient survivre à travers les remaniements dus aux changements de type, au cours d'une métamorphose comme celle des Oursins : c'est ainsi que Haeckel a pu souligner les homologies d'organismes appartenant à deux types, radié et spirale, représentés par les Radiolaires et les Polythalames, dans son travail sur les Radiolaires (5), ce qui suppose la parenté des deux ordres ; la Taxonomie et la Morphologie ne sont donc plus que l'écho de la Phylogénèse.

Le caractère résiduel du parallélisme s'en trouve confirmé, car aucune série anatomique actuelle ne peut donner une Phylogénèse qui appartient au passé. La seule science qui porte directement sur la Phylogénèse est la Paléontologie, qui découvre l'ordre des archives géologiques, parce que la Phylogénèse est « l'histoire de l'évolution paléontologique des organismes » (6). Puisque ces archives sont incomplètes (7), la Phylogenèse devra être reconstituée, de la même manière que les géologues rétablissent idéalement la série totale des couches à partir d'une multitude d'observations isolées :

> « C'est exactement de cette manière qu'il nous faut procéder dans la phylogénèse humaine. En rapprochant divers fragments phylogénétiques, constatables encore dans des groupes zoologiques très différents, nous nous formerons une image approximative de la série ancestrale de l'homme. Par le rapprochement raisonné et la comparaison de l'ontogénèse chez des animaux très divers, il nous sera réellement possible de nous faire une image très approximative de l'évolution paléontologique des ancêtres de l'homme et des mammifères. » (8).

Si les documents paléontologiques semblent d'abord présenter la plus grande valeur, parce qu'ils offrent l'évidence de quelques formes ancestrales dont il suffirait de fixer la positions systématique dans un tableau des phylogénèses, leur caractère incomplet justifie un transfert d'évidence : l'embryologie a en effet le mérite opposé de fournir des séquences complètes de formes, dans lesquelles la méthode comparative peut distinguer entre les témoignages palingénétiques et les falsifications cénogénétiques. La Paléontologie finit par en être oubliée, même aux niveaux où sa documentation est la plus dense.

Mais il faut reconnaître aussi que cette documentation est nulle en ce qui concerne le problème le plus classique de la Zoologie et de l'Anatomie comparée : celui du rapport entre les embranchements, et de l'origine des

Vertébrés ; la Paléontologie ne montre, dès le Silurien, que des formes déjà complexes dans chaque Embranchement, et par conséquent, éloignés des origines. Pour traiter ce problème, il faut donc se rabattre sur l'Anatomie comparée et l'Embryologie, qui sont censées fournir, grâce à la loi biogénétique, des éléments significatifs, à condition que l'on s'éloigne des types supérieurs, chez lesquels la falsification cénogénétique est maximale, parce que proportionelle au degré de supériorité, vers les types inférieurs et les formes larvaires, qui donneront la clef des stades ontogénétiques primordiaux de tous les vivants, et par déduction, de leurs origines. Comme le voulait Johannes Müller il faut se tourner vers les organismes du littoral marin et du plancton : les fondements de l'ordre généralogique du monde vivant ne peuvent être appréhendés que dans des stations de zoologie marine.

C'est donc à la station de Naples qu'il fallait venir pour découvrir l'origine des Vertébrés, découverte fondée sur la comparaison anatomique exacte de l'embryogénie de l'Amphioxus avec celle des Ascidies, publiée par Kowalevsky en 1867 (9). Kowalevsky était élève, non de Von Baer, mais de Rathke, c'est à dire, d'un embryologiste moins orthodoxe vis à vis de la doctrine du type, et qui avait été attiré, comme Johannes Müller, par l'Amphioxus, par les formes inférieures et marines, et par cette question des métamorphoses qui avait contribué à transformer l'image de l'organisme et de son développement au cours du second tiers du XIXème siècle. Les deux points capitaux du Mémoire sur l'Amphioxus de 1867 sont, d'une part le traitement comme « formations analogues » de la chorde dorsale de l'Amphioxus et du ruban axial de la queue des larves d'Ascidies (10), et d'autre part, la correspondance entre les deux feuillets fondamentaux entre lesquels se forme la cavité du corps, chez l'Amphioxus et les Invertébrés, feuillets dont le processus de formation est l'invagination (11). Ces deux points sont retenus par Haeckel : le premier, c'est à dire les homologies de la chorde dorsale chez l'Amphioxus et les larves d'Ascidies, comme celles des cavités branchiales dans les deux groupes, révèle l'existence de parentés malgré une incroyable différence dans les formes extérieures, dues aux métamorphoses régressives des Ascidies (12) ; le second indique la valeur généalogique générale chez les Métazoaires des deux feuillets primitifs, dont Huxley avait déjà reconnu en 1849 l'homologie chez les Méduses et dans les premiers stades de l'Embryogénie (13). Autrement dit, à travers la découverte de Kowalevsky, l'Embryologie comparée confirme le bien-fondé d'une recherche des homologies hors des limites du type où Cuvier et Von Baer, suivis par Owen, tendaient à les limiter.

Cette illimitation de la recherche des homologies à travers les groupes zoologiques inférieurs aussi bien qu'à travers les stades ontogénétiques précoces, est à la base de la Théorie de la Gastrée, application majeure de la loi biogénétique fondamentale, puisque son noyau est constitué par « l'homologie générale de la gastrula et de ses deux feuillets primaires chez tous les Métazoaires à partir d'une forme souche commune, la Gastrée » (14) : la généralité morphologique des formes ontogénétiques précoces devient l'indication de l'existence primitive d'un ancêtre unique, dont l'hérédité a conservé les structures, répondant à des dispositions originairement adaptatives, parce que

« la Phylogénèse est la cause mécanique de l'ontogénèse » (15). Donc, l'homologie anatomique ou homomorphie peut être comprise comme homophylie ou homologie génétique (16). Dans cette perspective, l'homologie des feuillets primordiaux représente celle d'un organe, celui qui est le fondement de toute adaptation, c'est à dire pour Haeckel, de toute nutrition, à savoir l'intestin primitif, mis en place par une invagination des feuillets (17) lorsque l'imbibition directe ne suffit plus à la nutrition de la « Planaea », ou vésicule fermée de membrane monocellulaire.

Mais en dernier ressort, parce que l'adaptation est la seule puissance productrice de forme concevable, abstraction faite du Dieu créateur, ce qui justifie ces inductions, c'est l'existence actuelle de formes zoologiques qui offrent cette structure élémentaire, et démontrent qu'elle est biologiquement suffisante pour assurer la survie d'un Métazoaire, au même titre que les Protozoaires étaient censés démontrer l'autonomie biologique possible des éléments pré-cellulaires ou cellulaires qui leur sont jugés homologues. A partir d'une génération spontanée chimique qui donne des Monères, dont proviennent les Amibes, correspondant aux stades embryonnaires du germe dont le noyau est disparu, puis de la première sphère de segmentation, il faut donc compter les Protozoaires sociaux, correspondants à la Morula, les Magosphères, homologues à la blastula, et enfin, les Eponges inférieures dont Haeckel fait la classe des Gastréadés, en raison de leur conformité structurale avec la gastrula (18). C'est donc l'Anatomie comparée qui permet de justifier l'existence réelle des formes primitives hypothétiques, dont les homologies avec les formes embryonnaires garantissent simplement la position originaire dans la Phylogénèse, c'est à dire, le rôle de « souches ».

Ce déplacement va commander la détermination pratique des homologies, en présence de la difficulté due à l'existence de structures d'origine cénogénétique ; elle dépend toujours de l'ordre du général au spécial, et de l'antérieur au postérieur dans l'ontogénèse, conformément aux règles mises au point par Von Baer, et utilisées en particulier par Huxley, mais qu'il faut réinterpréter.

La seule présence d'un organe défini morphologiquement et fonctionnellement n'indique rien concernant son homologie avec un organe de même nature dans un autre groupe : entre les organes des Infusoires et ceux des Métazoaires, il ne peut pas y avoir homologie, mais seulement analogie, parce que le matériel organique mis en œuvre est de niveau entièrement différent (19). Par contre, il existe chez tous les Métazoaires, depuis les Eponges jusqu'aux Vertébrés, l'homologie fondamentale du canal intestinal primitif et de son épithélium, représenté par l'entoderme de la Gastrula, et celle de la paroi du corps ou exoderme (20). La signification de la théorie des feuillets est donc donnée par la théorie de la Gastrée qui décrit, non pas une disposition embryonnaire, mais la disposition anatomique d'un organisme. Cependant, la théorie des feuillets peut rester le guide pratique dans la détermination des homologies suivantes, fondées sur la provenance du matériel organogénétique, et sur la continuité des séquences qui vont de la structure primitive à la structure dérivée, à travers des processus secondaires qui masquent ou dissolvent les homologies primitives. Ces rapports morphologiques de dérivation concordante donneront les homologies des organes dans des groupes plus ou moins vastes (21), dont les homologies particulières donneront la filiation par leur rapport à des homologies plus fondamentales qu'ils ont en commun avec d'autres groupes (22).

A ces homologies, qui, en l'absence de plan préconçu ou de type, ne peuvent avoir de signification que palingénétiques, il faut opposer les structures qui relèvent des processus cénogénétiques. Ces processus sont responsables avant tout des hétérochronies et des hétérotopies ontogénétiques (23). Les hétérochronies sont des modifications dans l'ordre relatif de l'apparition des organes, sous la forme d'accélération (apparition précoce de la corde dorsale chez les Vertébrés) ou de ralentissement (formation tardive des organes sexuels, du canal intestinal ou du cœlome). Les hétérotopies se définissent par des déplacements de cellules à l'intérieur des feuillets, ou des changements de forme et de lieu des organes qui en proviennent (24). L'exemple en est fourni par le mésoderme, après correction de la théorie d'une formation primaire des quatre feuillets, exposée dans l'Anthropogénie, conformément à l'exposé de Von Baer. Il apparaît, en effet que les deux feuillets fibreux, d'origine exodermique et entodermique fusionnent pour se séparer ultérieurement, si bien que la provenance du mésoderme d'un seul de ces feuillets primaires apparaît comme hétérotopique (25). La règle de dérivation des homologies à partir de ces feuillets doit donc être révisée à partir de ces hétérotopies, en un sens où l'identité de position et de fonction organogénétique globale compense la différence topique, ce qui montre que, pour Haeckel, les homologies sont moins tributaires d'une dérivation strictement embryogénétique qu'on a pu le croire (26), sans pour cela que la loi biogénétique fondamentale doive en être contestée ou aménagée. C'est que la loi biogénétique suppose avant tout un « causalnexus » entre Ontogénèse et Phylogénèse (27), dont dérive un parallélisme morphologique relatif et fragmentaire, largement perturbé par le jeu infiniment multiple et varié des adaptations : loin de faire du vivant un organisme purement récapitulatif, cette loi garantit seulement la valeur palingénétique possible des homologies, sans préjuger entièrement des règles de leur établissement et de leur portée exacte, qui constituent des problèmes pratiques à résoudre chaque fois en fonction de la nature des dispositions locales dans leur ensemble.

Il faut donc distinguer les homologies par dérivation de celles qui relèvent des conditions les plus primitives de l'existence d'un organisme métazoaire, comme le tube digestif en fournit un exemple (28), et les homologies secondaires, qui se greffent sur les premières de manière variable, et définissent les types zoologiques et leur rapports : l'origine et la formation de la chorde, qui appartient à tous les chordés, y compris les Ascidies et le Balanoglosse, reste un problème dont la solution (passage du déplacement par reptation à la natation) est hypothétique (29), mais, une fois la chorde reconnue, elle donne le principal caractère différentiel à partir duquel on peut décrire idéalement le prototype des Vertébrés, et par prototype, il faut entendre à peu près ce que l'on désigne par portrait-robot, à savoir un procédé technique qui permet une reconnaissance. Les homologies du squelette, et spécialement celles des vertèbres, sont d'ordre encore différent, car « le corps polyarticulé du vertébré doit être considéré comme un produit secondaire, dû à la formation ou différenciation progressive des métamères, aux dépens d'une forme ancestrale non articulée » (30) : le type vertébré se greffe sur un type chordé qu'il transforme, point sur lequel Haeckel est tributaire des travaux de Johannes Müller, de Rathke, de Remak et de Vogt, beaucoup plus que du modèle de développement par différenciation des organes primitifs, mis au point par Von Baer. Contrairement à l'axiome de ce dernier, il y a substitution et « Neubildung » : les organes se remplacent dans l'organisation comme les organismes à la surface de la Terre ; le modèle fourni par la substitution des dents définitives aux dents de lait, utilisé par Kielmeyer, s'applique aux deux domaines. Il y a donc toujours enchaînement épigénétique des types et jamais développement du type.

Les adaptations structurales anciennes laissent donc toujours subsister des traces originelles pour qui sait les examiner : Haeckel le démontre pour les diverses formes connues de la Gastrula, dont les variations sont liées à la présence ou à l'absence de réserves nutritives et à leur mode de distribution. L'Embryologie comparée permet de définir la forme primitive ou « archigastrula », dont le propre est de ne pas se trouver chargée de ces réserves surajoutées, responsables des déformations des autres formes, qui peuvent en être dérivées. Cette forme primitive ou primordiale est à la fois la plus simple et viable d'une manière autonome (31). Que les effets de la cénogenèse puissent ainsi être démontrés et distingués, par la comparaison et l'observation zoologique, cela permet de confirmer le bien-fondé d'une Palingénèse parfaitement distincte, puisque d'énormes variations dans la gastrulation s'observent dans des groupes très limités, tandis que réciproquement, les mêmes formes s'observent dans des groupes lointains : si le type organique marque son indépendance par rapport aux variétés actuelles les plus sensibles de son ontogénèse, c'est donc bien qu'il relève avant tout d'une palingénèse, d'un ordre généalogique.

Chapitre II

L'ENQUETE ANATOMIQUE

I. – LA POLITIQUE DE L'ORGANISME.

La loi biogénétique fondamentale garantit donc aux recherches embryologiques le rôle décisif en Zoologie qui leur avait déjà été assigné par Von Baer, et confirmé par Agassiz : l'ontogénèse contribue à la détermination des homologies, et, du point de vue de la phylogénèse, permet de compléter les insuffisances des données paléontologiques, en particulier, lorsqu'il s'agit des étapes les plus archaïques. Cependant, la distinction entre la palingénèse et la cénogénèse implique une redistribution complète des rôles entre l'Embryologie et l'Anatomie comparée, telle que l'Embryologie comparée perd son autonomie théorique au moment où l'analyse expérimentale des mécanismes de l'embryogénèse pose le problème de ce qui, dans la production de la forme vivante, relève de l'explication physiologique ou de l'interprétation historique. La palingénèse va rétablir l'Anatomie comparée dans tous ses droits (sans pour autant éliminer l'apport embryologique), parce qu'elle permet de poser en principe que la signification du matériel embryologique ne peut être interprétée que par référence à l'Anatomie comparée :

> « ... une embryogénie comparée ne peut pas exister par elle-même. Elle ne serait admissible qu'en ce qui concerne les enveloppes de l'œuf ; pour le reste, soit le corps même de l'embryon, ce serait toujours dans les formes complètes d'autres organismes qu'il faudrait chercher les rapports des changements d'organisation qui se succèdent dans le cours du développement. » (1).

Mais ce rétablissement n'est pour Gegenbaur que la confirmation d'une conviction antérieure : pour situer un animal dans un tableau systématique, il ne suffit pas de relever la concordance de son mode de développement avec le type de développement caractéristique d'une classe ou d'un ordre, il faut aussi reconnaître dans son organisation un « Type commun » avec le groupe en question, soit à l'état adulte, soit dans les stades antérieurs en cas de métamorphose régressive (2). Le type anatomique est donc la base des comparaisons, permettant de définir des affinités (3), que les différences de développement dans des groupes très proches pourraient faire méconnaître. Gegenbaur tire ici la leçon de ce que les Invertébrés démontrent, tandis que chez les Vertébrés, au contraire, les particularités du développement dans un même groupe, comme celles du Cochon d'Inde signalées par Kölliker (4), restent assez exceptionnelles. Il faut donc interpréter désormais du point de vue de la phylogénèse un matériel embryologique qui pouvait l'être auparavant du point de vue du type, ce qui, à première vue, ne représente qu'une transformation terminologique. La question est de savoir si le traitement du type comme souche a changé quelque chose au contenu et à l'usage anatomique de ce concept, parallèle à sa désaffection zoologique.

Gegenbaur définit le type comme « un ensemble de caractères possédés par l'organisme, qui sont prédominants dans une grande division du règne animal et qui s'expriment aussi bien dans le cours du développement que dans l'état de complet achèvement » (5). Une telle définition se distingue de celle qui en était donnée par Von Baer, dans la mesure où « ensemble de caractères » s'oppose à « rapport de situation des éléments organiques et des organes ». Ce qui pour Von Baer représentait une géométrie normative, assignant aux fonctions une position dans l'espace que les organes vont matérialiser au terme de leur développement, est devenu un concept exclusivement taxonomique, qui décrit entre les espèces une concordance dont la raison n'est pas dans une géométrie du développement, mais doit être recherchée à la fois dans leur origine et dans leur parcours. L'idée d'un parcours phylogénétique se distingue de « variations sur un thème » dans la mesure où le thème définit a priori les variations qu'il permet, tandis qu'un parcours, qui dépend du paysage environnant, permet des effets initialement imprévisibles de sédimentation, susceptibles d'apparaître comme « Neubildungen », strictement exclus par Von Baer.

Ainsi, pour Gegenbaur, « l'histoire de la clavicule dans la série des Vertébrés fournit un exemple frappant de l'apparition de nouvelles parties du squelette interne » (6). Dans le même domaine ostéologique, on peut traiter en ce sens nombre de formations secondaires, dont la distance par rapport à un archétype vertébré sont déjà connues, et, ce faisant, on retrouve la dissociation du concept morphologique de Type, telle qu'elle a été amorcée par Johannes Müller et Rathke, pour aboutir aux conclusions de Haeckel, avec lesquelles Gegenbaur se trouve en plein accord.

La conséquence de cette dissociation est l'assouplissement indiqué par Gegenbaur dans sa redéfinition du concept de Type, assouplissement marqué par la relativisation non seulement de son contenu, mais encore de ses limites : si les Types sont des produits ou des résultats, ils doivent dériver d'autres formes plus anciennes qu'ils incorporent (7). Il y a donc un enchaînement entre les types et les types sont eux-mêmes les cadres d'enchaînements généalogiques :

« Nous avons d'après cette conception à nous représenter comme type une série de développements d'organismes provenant d'une forme pimitive, qui, pendant les époques géologiques, s'est différenciée en de nombreuses branches et rameaux dont la plupart ont disparu à différentes périodes, tandis que quelques unes d'entre elles, bien que considérablement modifiées, se sont conservées jusqu'à aujourd'hui. C'est cet ensemble commun qui, hérité avec modifications de la souche primitive, s'est maintenu au milieu des innombrables états de différenciation, constitue le type d'organisation. Chaque type comprend ainsi un ensemble d'organismes que relient des rapports généalogiques, c'est à dire une dérivation de formes alliées entre elles, et constitue une souche animale (Phylum, Haeckel. » (8).

Autement dit, le concept de type permet de décrire un groupe zoologique dans lequel un « ensemble de caractères » communs à toutes les espèces, constitue un air de famille permettant de conclure à l'existence d'une parenté à travers toutes les différences qui proviennent d'une longue histoire. Les catégories systématiques, depuis les plus extensives jusqu'aux plus compréhensives, décrivent les diversités des degrés de parenté produits par cette histoire : il ne peut plus y avoir entre ces degrés de stricte équivalence, de telle sorte que la disposition arborescente de la phylogenèse ne peut plus représenter ni l'ordre logique, ni la symétrie d'un tableau.

Par conséquent, ce que Von Baer désignait comme les « rapports de situation », forme, volume, nombre et disposition des organes, entrent dans la catégorie de ces caractères qui peuvent être multipliés et dont l'ensemble seulement donne le type. Cela signifie qu'il faut leur ajouter des caractères de détail dont l'importance peut être plus grance que la disposition géométrique ou la loi du développement : du type vertébré, défini par la double symétrie, on passe au type cordé, défini par la possession exclusive, transitoire, ou permanente, de la corde dorsale, c'est à dire, d'une formation organique reconnaissable par sa structure et sa position, si rudimentaire ou passagère soit-elle. La présence d'un tel organe dans un organisme quelconque suppose sa transmission, qui suffit alors pour décider de l'appartenance au type, quelles que soient les différences observées par ailleurs, et réciproquement, l'absence de cet organe démontre une exclusion que toutes les analogies concevables ne peuvent surmonter. Or, la Chorde est un exemple de telles formations, qui disparaissent chez les Vertébrés supérieurs, mais sont présentes dans leur ontogénèse, alors qu'elles sont développées chez les Vertébrés inférieurs, l'Amphioxus, et les formes larvaires des Tuniciers : elle est donc héritée par les uns et par les autres, ce qui suffit à l'attribuer à la forme souche. Les concordances entre les dispositions transitoires de certaines espèces, et les dispositions permanentes d'autres espèces, dites supérieures, permettent à la fois de donner l'image de cette forme souche, et de conclure que les formes inférieures en sont plus proches parce qu'une disposition organique ne peut se développer qu'en raison de sa valeur fonctionnelle : on ne peut hériter que de ce qui a eu d'abord une existence biologique complète, et plus on s'éloigne de la forme fonctionnelle initiale dans l'ordre des dérivation, plus le groupe considéré doit être traité comme d'apparition récente.

Gegenbaur superpose donc la sériation anatomique du complexe au simple qui permet de conclure hypothétiquement la primitivité du simple, et l'observation embryologique d'organes transitoires qui confirment la primitivité des organismes dits inférieurs où ils sont permanents. Pour Serres, la forme simple se révèlait transitoirement parce que les formes supérieures s'avéraient complexes en la transformant ; mais ce que Gegenbaur ajoute, c'est que le passage d'un ordre de complexité moindre à un ordre de complexité supérieure n'a pas lieu seulement par différenciation progressive, mais aussi par substitution. Il y a donc une originalité biologique de la forme simple par rapport à la forme complexe qui lui succède, et cette originalité biologique de la forme dite simple ou primitive, se traduit par une certaine forme de complexité qui ne se retrouve plus dans la forme supérieure surajoutée, si ce n'est à l'état de trace, au cours du développement de cette dernière. C'est pourquoi les dispositions embryogéniques précoces des formes complexes ne sont pas seulement des conditions du développement des états adultes, et ne prennent tout leur sens que par référence à l'Anatomie comparée des formes inférieures, où les traces typiques sont restées à l'état de dispositifs fonctionnels. Mais il est possible d'aller encore plus loin : lorsqu'il y a concordance entre les dispositions transitoires de nombreux groupes, on peut en induire l'image de la forme primitive d'autant plus sûrement que « les dispositions transitoires se montrent semblables et concordantes dans un cercle plus étendu d'une division animale. Par conséquent :

> « C'est par l'indication de ces rapports, et seulement par là, que l'embryologie trouve toute sa signification scientifique. Ce qui, considéré isolément, ne paraît être qu'une merveille inintelligible, prend une grande valeur lorsqu'on le rattache à des dispositions d'autres organismes. Les diverses phases du développement se présentent à nous comme des phénomènes réglés par une loi, dans lesquels l'organisation actuelle est le résultat de l'acquisition graduelle et prolongée, pendant le cours d'innombrables générations, d'un ensemble de dispositions héréditaires, et dont les divers états se succèdent dans l'individu dans un temps relatif infiniment plus court. » (9).

Nous retrouvons donc la loi biogénétique fondamentale, à laquelle on peut opposer l'affirmation de O. Hertwig selon laquelle « l'histoire du développement embryonnaire des organismes est la base fondamentale, capable de faire comprendre leur organisation. » (10).

Une telle affirmation, signalée comme courante à l'époque, peut se rattacher à l'avis plus ancien de Kölliker, selon lequel il faudrait admettre que, « du point de vue Darwiniste, ce soit l'ontogénie qui doive éclairer la phylogénie » (11). Or, d'une part, Kölliker est fort loin d'adopter pour son propre compte ce point de vue « Darwiniste », auquel il préfère une conception saltatoire de l'Evolution (12), et d'autre part, cette primauté de l'ontogénie serait justifiée par l'impossibilité de définir zoologiquement l'ancêtre dont dépendent les formations héritées, argument négatif, donc de faible portée. Tout se passe, pour Hertwig, comme si la marge d'indétermination des hypothèses phylogéniques suffisait à garantir la scientificité des lois de développement, dont le règne animal serait le produit, indépendamment d'une référence à son histoire. Ces lois de développement relèveraient de causes internes, dont l'effet mécanique serait susceptible d'un traitement mathématique : un modèle de cette approche serait fourni par la théorie de His, d'après laquelle « la mécanique de la formation du corps est réductible à un simple problème, celui des changements de forme d'une lame élastique qui s'accroît inégalement » (13). La raison pour laquelle Kölliker reconnaît une concordance entre les conceptions de His et les siennes, malgré les critiques qu'il leur adresse, c'est la place accordée à la croissance cellulaire par ce mécanisme : « tout accroissement d'un organisme doit être en première ligne et surtout ramené au mode d'accroissement de ses éléments anatomiques » (14) dont la production mécanique des dispositions morphologiques n'est que la conséquence. C'est donc l'Histologie qui joue en dernier ressort contre la Phylogénèse, c'est à dire, une approche de l'être vivant à partir de l'analyse des processus intimes qui s'y déroulent, appréhendés microscopiquement au moyen de leurs conséquences figurées, en opposition avec une saisie globale des rapports de l'organisme dans ses conditions réelles et habituelles d'existence. La querelle porte sur ce qu'il peut y avoir de fondamental dans le phénomène vie : les moments matériels de la production et de l'organisation du corps vivant, ou bien, le simple pouvoir d'exister dans toutes ses dimensions.

Pour qu'une approche ontégénétique du problème de l'Evolution puisse être jugée insuffisante, il faut et il suffit qu'une disposition anatomique adulte ou embryonnaire ne puisse être déduite mécaniquement de la géométrie du germe, quels que soient les relais que l'on puisse imaginer. Comme l'imagination, dans ce domaine, peut jouer à l'infini, il faut conclure à partir de vraisemblances : c'est ainsi qu'il est peu vraisemblable que l'on puisse jamais expliquer par les conséquences mécaniques de la croissance les faits de substitution organique. Dans ces conditions, l'Epigénèse n'est pas simple production; elle est aussi reproduction de détours liés à l'histoire du type, et qui ne peuvent être compris que par cette histoire, détours susceptibles d'être observés à tous les niveaux du développement de l'organisme, depuis les états les plus précoces jusqu'aux états adultes. C'est ainsi que, selon Balfour, « les caractères du développement des Mammifères placentaires reçoivent leur explication la plus satisfaisante dans l'hypothèse que leurs ancêtres possédaient un œuf à gros vitellus comme celui des Sauropsidiens » (15) : cela signifie que la distance observée entre le développement des œufs d'Amphioxus et d'Ichthyopsidiens, et celui des Mammifères, ne peut s'expliquer directement par des lois de croissance dépendant de la seule structure matérielle de l'œuf, parce que le modèle le plus simple des œufs dépourvus de vitellus, tel qu'il est exemplifié par celui de l'Amphioxus, n'est pas reproduit par celui des Mammifères, également privé de vitellus que la placentation rend inutile : la conformité de disposition entre l'œuf des Mammifères et celui des Sauropsidiens ne peut donc indiquer qu'un détour par ce groupe, marquant un ordre historique de succession.

Gegenbaur ne prétend rien démontrer de plus, mais cela suffit pour entériner les rapports théoriques qu'il pose entre Embryologie et Anatomie comparée : à chaque fois que les lois physiologiques de développement ou d'adaptation directe laissent inexpliquées certaines particularités d'une structure, celle-ci ne peut désigner qu'une histoire. Comme le souligne Spemann, la Palingénèse s'exclut, mais ne se démontre pas (16) ; elle constitue le fond que l'expérimentation embryologique ne peut que réduire en le précisant, mais qu'elle aurait le tort de dénier, en se laissant emporter par son propre mouvement.

Admettre cette histoire, c'est reconnaître que la politique de l'organisme est fondamentalement réformiste : elle aménage avec patience un acquis ancestral qui n'est jamais entièrement biffé, et par rapport auquel la prise de distance n'est jamais soudaine, mais suppose du temps. Ce réformisme est aussi progressiste, mais, loin d'être un élan, cette progression est une capitalisation lente, à travers laquelle les intérêts s'ajoutent au principal : s'il y a, sur ce point, divergence entre les biologistes de la fin du XIXème siècle, elle ne porte que sur le lieu de l'accumulation : l'organisme lui-même, dans la perspective de la loi biogénétique, ou les cellules germinales, si cette loi est récusée. La généralité de la croyance en cette capitalisation organique, déjà explicitée par Spencer, est indiquée par O. Hertwig, qui doit beaucoup plus à Spencer qu'à Darwin :

> « Comme les représentants pluricellulaires complexes de l'espèce, c'est à dire, les individus d'ordre supérieur (le soma de Weismann) sont dès leur ébauche déterminés par l'organisation des cellules spécifiques, il en résulte que ces dernières ont dû subir dans la phylogénèse un développement correspondant ; leur organisation intime a dû passer d'un état très simple à un état de plus en plus compliqué. De même qu'un petit capital bien placé augmente d'année en année de la valeur des intérêts qu'il produit et peut ainsi s'accroître indéfiniment, de même, les caractères acquis par l'espèce au cours de la vie des générations successives, se sont ajoutés pour former un bien commun, à la masse héréditaire, très réduite au début, de la cellule spécifique. » (17).

On constate ainsi que les Darwiniens associent dans l'organisme récapitulation et capitalisation, tandis que les embryologistes se satisfont d'une capitalisation cellulaire. Ce faisant, on s'aperçoit que la « cause intime » des évolutions, qui, selon Kölliker, était responsable de changements brusques, peut se ramener à cette production lente d'intérêts qui s'ajoutent au capital, à distance du travail effectif, seul créateur de valeur : tout se passe comme si l'appropriation de la richesse par le capital se transformait en genèse de cette richesse à partir du capital, devenu magiquement susceptible d'auto-développement. L'inconsistance économique de la métaphore utilisée par Hertwig désigne son fondement idéologique dans une surévaluation de l'épargne aux dépens du travail dont elle provient et qu'elle asservit lorsqu'elle est devenue capital. Cette faiblesse théorique ne peut être reprochée à la perspective darwinienne où l'accent est mis sur l'adaptation, c'est à dire, sur la lutte pour la vie qui représente le travail dont proviennent les modifications organiques. Que ces modifications puissent laisser des traces dans l'architecture de l'organisme lui-même, cela signifie que la cellule germinale, qui capitalise nécessairement les acquisitions phylogénétiques en vue de produire les organismes nouveaux n'est pas dissociable de ces organismes au point de ne rien laisser transparaître en eux de cette histoire passée d'où elle tire sa richesse, à laquelle répond la perfection des produits actuels d'une longue évolution.

2. – *LE TRAVAIL ANATOMIQUE.*

Parce qu'il n'est pas admissible que le poids de l'histoire dont l'œuf est chargé ne se manifeste pas dans les organismes dont il n'est que le premier état, il doit y avoir dans ces organismes des traces de cette histoire, si altérées soient-elles par les exigences du présent. Il y a donc par ce biais une dépendance morphologique du présent par rapport au passé dont il provient, dépendance dont les faits de récapitulation sont une manifestation. Gegenbaur peut fonder sur cette manifestation une anatomie comparée, critique et par conséquent, scientifique.

Cette critique est celle du matériel anatomique qui est fourni par la pure description, matériel qui constitue la source à partir de laquelle il apparaît possible de reconstruire un schéma de l'histoire phylogénétique. La comparaison est l'instrument de cette critique (1), et son efficacité est fonction de l'ampleur du matériel pris en charge :

> « Ainsi, pour la première reconnaissance d'une région, il peut suffire de parcourir la vallée ; si nous désirons un aperçu sur la répartition des hauteurs environnantes, il faut grimper sur une montagne ; mais si nous voulons obtenir une vue complète du paysage, il faut faire l'ascension du sommet le plus élevé. De même que chaque pas en avant ouvre de nouveaux aperçus et modifie beaucoup les représentations acquises dans le sens d'une plus grande profondeur grâce à l'élargissement de la perspective, ou met à leur place une vue plus exacte et plus précise, de même, pour la compréhension d'une organisation, chaque connaissance acquise par des études nouvelles d'autres organisations parentes conduit à de nouveaux points de vue et ouvre au jugement de nouvelles conceptions. » (2).

Il est donc exclu de prétendre consturire une Morphologie complète des Vertébrés à partir du développement du Poulet ou du Crapaud, parce que l'intelligibilité morphologique ne résulte pas de l'extrapolation de lois, mais du regroupement des faits qui s'éclairent les uns par les autres :

> « En effet, aucun fait ne peut être interprété par lui-même ; pour arriver à son interprétation, il faut que l'on puisse établir les relations qui existent entre lui et d'autres faits. Ces termes de comparaison, nous les cherchons dans les états d'organisation présentant des liens de parenté avec celui dont nous cherchons l'explication : nous ramenons ainsi l'étude

de l'organisme humain dans le domaine de l'Anatomie comparée. Par là nous acquérons une nouvelle base fondamentale, qui nous sert à expliquer son organisation ; nous établissons ainsi pour chaque organe toute une série de formes successives qui ont la plus grande valeur pour son interprétation. » (3).

Ce qui vaut ici pour l'organisme humain, s'applique aussi à n'importe quel organisme, si bien qu'il n'est de science anatomique, comme du temps de Cuvier, que des « enchaînements » (4), à cette différence près que les enchaînements sont dorénavant compris comme des parentés, qu'il faut établir. Tout se passe donc comme s'il devait y avoir réciprocité complète entre l'explication des dispositions morphologiques des organes et l'établissement des parentés à travers une procédure d'élargissement du savoir grâce à la méthodologie anatomique, comparative et critique.

La critique comparative a donc pour fonction de discerner en premier lieu entre la valeur fonctionnelle des organes dans l'organisme étudié, et leur valeur morphologique, par l'étude des diverses formes du même organe, susceptibles d'être disposées en séries opposant les convergences et les homologies ; mais en second lieu, il lui faut tirer de cette disposition en séries, et de l'appréciation comparative des diverses séries, spécialement des séries homologiques, la séquence hypothétique susceptible de représenter la succession phylogénétique à partir de laquelle seule, une disposition anatomique peut être comprise dans et par le système des formes qui lui sont apparentées. Donc, pour Gegenbaur, la sériation abstraite des organes ne constitue jamais qu'un travail préliminaire à une histoire des organisations, dont l'individualité s'exprime par la corrélation des organes en vue de leur adaptation aux conditions extérieures (5). Les distorsions entre les positions sériales des divers organes, du point de vue de la croissance ou de la décroissance de leurs propriétés dans un organisme où ils sont liés par le principe des corrélations, doivent conduire à un travail d'appréciation de la valeur de chaque forme, de telle sorte que les diverses séries puissent donner un réseau cohérent qui exclut de ce fait toute progression générale des séries parallèles, au profit d'une combinatoire des développements et des régressions. Il faut alors trouver les pôles à partir desquels, et les nœuds autour desquels, cette combinatoire s'organise et se resserre. Pour y parvenir, les caractères typiques, les faits de récapitulation, qui pour un organe, peuvent être biffés, mais non inversés, et les lois de succession, qui aboutiront plus tard à la formation du concept d'orthogénèse, vont jouer un rôle nécessaire et suffisant, tel que l'analyse anatomique et embryologique des complexités de structure pourra toujours préciser le moment d'une divergence ou d'une réduction distinctes des primitivités qui leur sont antérieures et des perfectionnements qui relèvent d'un autre niveau.

C'est ainsi, par exemple, que le squelette des membres du Plésiosaure se montre d'une part en concordance complète avec celui des autres vertébrés, et d'autre part, « dans le cadre de cette concordance, offre des différenciations de mode particulier, qui démontre sa position particulière, exclusive d'un prolongement dans les formes supérieures » (6). Il s'agit, en effet, d'une forme polydactyle, supérieure à celle de la nageoire des Sélaciens, et de type amphibien discutable (7), mais distincte de la forme pentadactyle qui caractérise les Vertébrés supérieurs, chez lesquels l'adaptation à la vie aquatique redonne quelquefois une nageoire par modification réductrice de la structure pentadactyle définitivement acquise. Cette possibilité méthodologique de décrire le parcours historique d'un organe, à travers des remaniements structuraux successifs, est réciproque d'une succession phylogénétique d'ensemble, par rapport à laquelle elle apparaît comme un cas particulier, mettant en évidence une divergence autrement imprévisible, susceptible d'éclairer d'autres aspects de ces êtres dont le caractère composite avait provoqué autrefois l'étonnement de Cuvier, et de préciser leur position systématique. Mais dans cette succession, l'ordre l'emporte sur le temps ; les moments morphologiques des inflexions, des divergences, des développements spéciaux ont priorité sur l'occupation d'une portion du temps géologique par un groupe déterminé. La phylogénèse est moins la succession des êtres que les tournants de l'histoire de leur morphologie.

L'Anatomie comparée l'emporte donc sur les autres sciences morphologiques : la Paléontologie, par son matériel, ne peut que lui permettre de fournir des précisions supplémentaires sur la réalité des séquences anatomiques, sans pouvoir la contester vraiment par la succession des ossements fossiles dans les couches de la terre. L'infériorité de la Paléontologie ne résulte pas simplement de son caractère lacunaire : les rapports de contemporanéité et de succession géologiques ne suffisent pas pour établir des liens de famille entre les documents fossiles, tant qu'ils n'ont pas été soumis à la critique anatomique destinée à éliminer les formes sans descendance de la lignée des formes actuelles (8). Pour que la Paléontologie prenne un jour un rôle efficace de contestation des lignées anatomiques, il faut sans doute qu'elle soit elle-même anatomique, et que ces lignées aient été établies, au moins hypothétiquement. La première partie de ce programme est en cours de réalisation, depuis Cuvier ; la seconde doit son élaboration à Gegenbaur.

Comment les moments morphologiques qui constituent l'essentiel de la succession phylogénétique vont-ils pouvoir être précisés dans le cours effectif du travail anatomique, une fois connu le principe de leur détermination ? Gegenbaur fait remarquer que la quantité d'informations ne suffit pas si elle est isolée du jugement critique qui la maîtrise (9) en distinguant l'essentiel de l'accessoire. Dans cette optique, c'est tout le système conceptuel de l'Anatomie comparée cuvierienne et de la Morphologie idéaliste, à travers les dernières mises au point qu'il a reçues dans les travaux de Rathke et de Johannes Müller, qui trouve son réemploi. Au cœur de ce système conceptuel, on retrouve le concept capital d'homologie.

Gegenbaur conserve au concept d'homologie une position centrale en Anatomie comparée et sa dépendance traditionnelle par rapport au type, mais le changement de contenu du concept de type modifie le traitement des homologies.

Tout d'abord, sont homologues « les organes ayant une valeur morphologique égale » (10), valeur dans laquelle s'exprime l'expérience comparative (11) qui sert de base aux recherches phylogénétiques sans se confondre avec elles, parce que l'établissement de la phylogenèse suppose que soit définie la « valeur phylétique » du porteur des organes dont les homologies sont étudiées. En ce sens, l'homologie s'oppose à l'analogie, et permet de distinguer les problèmes de « nature », devenus problèmes d'origine, des problèmes posés par le rapport des organes à leurs fonctions.

Parmi les homologies, Gegenbaur distingue les homologies générales et les homologies spéciales (12). Les homologies générales désignent pour lui ce que Owen appelait homologies sériales, et regroupent ainsi les répétitions organiques en plusieurs sous-catégories, d'après les divers axes de symétrie, généraux ou régionaux, présentés par le corps organisé : l'homotypie se rapporte à la bilatéralité ; l'homodynamie à la distribution segmentaire suivant le grand axe du corps ; l'homonomie, aux rapports limités à un segment par exemple ceux qui se trouvent entre les rayons des nageoires ; – l'homonymie, concernant les parties qui résultent de la division de parties secondaires, est jugée enfin, d'intérêt insignifiant. Les homologies spéciales, à leur tour, correspondent à ce que Owen désignait du même terme : elles décrivent les rapports entre organes de même origine chez des espèces différentes « comme étant provenus d'une même ébauche » ; elles sont complètes lorsque l'organe « n'a éprouvé aucun changement dans sa situation et dans ses connexions », et incomplètes lorsque, entre deux organes homologues, l'un possède des parties, soit en moins, soit en plus. Lorsqu'un des organes est défini comme primitif, il y a homologie défective en cas de perte d'une des parties initialement présente, et homologie augmentative en cas d'adjonction. Enfin, Gegenbaur mentionne en supplément à ces dernières l'homologie imitative de Fürbringer, définie par le déplacement de l'homologie d'un métamètre à un autre.

Par rapport à la doctrine de l'homologie formulée par Owen, les déplacements les plus significatifs semblent être d'une part l'abandon de l'homologie générale, prise au sens d'une unité fondamentale de plan, susceptible de se démultiplier soit en homologies spéciales, soit en homologies sériales, unité définie chez les Vertébrés par la Vertèbre typique, base de l'Archétype vertébral, dont le polymorphisme vertébral et ostéologique ne fait que masquer la constance fondamentale (13). Cet abandon est à rattacher principalement au fait que le concept de type ne décrit plus un plan rigide, mais un parcours commun, susceptible non seulement de variations formelles, mais encore de pertes et d'acquisitions structurales, qui rendent incomplètes les homologies spéciales considérées dans l'ensemble de l'embranchement, et même dans de nombreux groupes subordonnés. Mais d'autre part, tandis que Owen déterminait les homologies grâce à la position relative et aux connexions de l'organe (14), Gegenbaur ne maintient cette détermination qu'en seconde position, après l'appartenance à une même ébauche embryonnaire. Ce faisant, il conserve à l'Embryologie la fonction capitale qui lui avait été assignée par Von Baer, et ensuite par Huxley, pour lequel l'homologie se démontre soit par le cours du développement, soit par la constitution de séries anatomiques (15). Ce qui est donc abandonné ici, c'est le traitement purement géométrique d'une Morphologie réduite à un système topologique de variations préconisé par Geoffroy Saint-Hilaire à travers le principe des connexions et l'unité de plan et de composition, au profit d'un dégagement pas à pas des continuités, auquel s'ajoute un sens de l'imprévisibilité de la création morphologique chez les vivants, par lequel Gegenbaur s'éloiggne de la philosophie du vivant caractéristique de la Morphologie idéaliste, pour se rapprocher de celle de Cuvier, comme le signale à bon droit E. S. Russel. L'histoire morphologique de la vie est donc devenue autre chose que le résumé des déformations subies passivement par l'organisation du vivant sous l'effet de modifications physiques et chimiques de l'écorce terrestre : l'adaptation, productrice de formes est un concept actif, aussi actif que celui de création, lorsque le Créateur était censé innover.

De ce fait, après avoir réduit la prédominance théorique acquise par l'Embryologie comparée depuis Von Baer, prédominance de l'ontogénie sur la phylogénie, toujours utilisée depuis Kölliker contre le Darwinisme, Gegenbaur peut souligner l'importance méthodologique du matériel ontogénétique en vue de fonder les homologies, à condition que l'ontogénèse ne soit jamais traitée comme une voie exclusive (16) : même si les ébauches ne se confondent pas avec les dispositions ancestrales réalisées par des vivants adultes, elles en sont l'héritage ou la trace, et le parcours de l'ébauche la plus primitive à l'état adulte d'une forme actuelle ne peut pas être sans rapport avec le parcours phylogénétique, dont il n'est plus compris comme le modèle (doctrine de Spencer), mais comme l'écho. Il faut donc rattacher l'Ontogénèse à l'Anatomie comparée comme le Devenu se rapporte au Devenir, « wie das Gewordene sich aus dem Werdenden erklären lässt » (17). C'est de cette manière que l'Ontogénèse et l'Anatomie comparée sont les bases scientifiques de l'explication en Anatomie humaine (18).

Mais Gegenbaur ne cessera jamais de préconiser la plus grande prudence dans l'usage du matériel ontogénétique, prudence qui résulte de l'importance qu'il accorde aux modifications cénogenétiques. La Cénogenèse est, pour Haeckel, le développement falsifié par une adaptation qui transforme les dispositions ontogénétiques en fonction des conditions d'existence actuelles de l'embryon ou de la larve. Mais comme c'est le même principe adaptatif qui vaut pour les états précoces aussi bien que pour les états tardifs, on peut regrouper dans la Cénogenèse l'ensemble des processus qui masquent l'héritage palingénétique par un apport morphologique nouveau qui répond aux exigences de l'adaptation (19). Un tel apport, greffé sur les dispositions héritées, peut donc les rendre méconnaissables, mais « ne détruit jamais complètement l'image palingénétique » (20). Pour que cette image soit reconnue, il faudra faire intervenir l'Anatomie comparée, devenant critère d'identification des dispositions ontogénétiques héritées par opposition aux acquisitions ultérieures (21). La forme adulte inférieure est jugée plus conservatrice que les étapes embryonnaires chez les animaux supérieurs, mais surtout, elle a le mérite de présenter des dispositions archaïques en position d'activité, même si ces dispositions archaïques ne peuvent jamais être considérées comme les véritables dispositions originaires du groupe étudié.

La Cénogénèse, obstacle à la reconnaissance de l'héritage palingénétique, peut-elle se réduire à cela ? Le moment causal de la Cénogénèse est donc l'adaptation : par rapport à elle, l'ontogénèse se caractérise par la production de dispositions organiques qui ne seront fonctionnelles que plus tard ; en d'autres termes, l'ontogénèse « n'est concevable qu'au sens de l'ancienne téléologie » (22), qui traite le but recherché comme la cause des processus qui permettent d'y parvenir.

Gegenbaur utilise le concept de division physiologique du travail pour renverser cette téléologie : la fonction est responsable des différenciations productrices des organes depuis leur origine, pour répondre aux exigences de la lutte pour la vie au moyen de dispositions organiques adaptées. L'hérédité assure la survie de ces dispositions lorsque la valeur adaptative aura été reportée plus loin sous l'effet cumulatif des changements morphologiques résultant de la constance des mêmes exigences. Ce déplacement est seul reponsable de l'illusion d'une production ontogénétique de la fonction phylogénétiquement première :

> « Mais en fait, il n'y a là que la somme des états particuliers que l'organe a parcourus d'abord fonctionnellement, pour ainsi dire, une cénogénèse physiologique, qui va parallèlement à la cénogénèse morphologique, et comme nous la suivons depuis l'origine, la fonction se donne comme le facteur formatif. » (23).

Gegenbaur introduit alors le principe fondamental en vertu duquel les Darwiniens marquent leur distance par rapport aux doctrines morphologiques antérieures : « Die Natur treibt kein Promessenspiel », la Nature ne fait pas de promesses ; autrement dit, il n'y a pas de « type prophétique », tel que le concevait Agassiz, ou, plus exactement, le concept de type ne peut être conservé qu'à la condition qu'il soit vidé de tout le caractère prophétique qui lui était inhérent en raison de son origine platonicienne et de son usage en Théologie. Il n'est pas antérieur et supérieur à la multiplicité des formes qu'il produirait dans le devenir : il n'est que l'expression morphologique relativement fixe d'un devenir exclusivement responsable de toute production organique. Gegenbaur poursuit :

> (La fonction) « ne forme rien qui doive plus tard fournir quelque activité ; ce qu'elle produit est dès l'origine lié à un travail, est acquis par celui-ci, et si l'ontogénèse cache la voie par laquelle l'acquisition se réalise et s'additionne, la Phylogénèse la montre encore, et élimine le manteau téléologique dans lequel on cherchait d'abord à la cacher. » (24).

On pourrait relever dans la division physiologique du travail un caractère déjà téléologique, et le même caractère téléologique peut être également imputé à la sélection naturelle, dont les effets sont adaptatifs et progressifs : il suffit de douter de leur réalité en tant que processus effectifs pour y voir simplement un masque empirique ou matérialiste, susceptible de recouvrir le caractère fondamentalement téléologique de la vie. Mais, s'il s'agit encore de téléologie, elle ne fonctionne plus de manière providentielle ou à distance : elle ne fait que manifester l'identité de la vie et de l'action. Gegenbaur apparaît alors comme tributaire de la formule de Gœthe ; « au commencement était l'Acte », en plein accord sur ce point avec Haeckel – Acte qui n'est pas principe théologique responsable de la production des formes « ex potentia materiae », mais tissu de l'Univers, dont le vivant est à la fois partie et expression.

Ce en quoi une telle philosophie intéresse la démarche scientifique, c'est dans la mesure où elle pose en principe l'homogénéité absolue de l'Univers (Monisme, d'après Haeckel), et par conséquent, l'unité de la démarche scientifique. L'intérêt de la division physiologique du travail et de la sélection naturelle est alors dans la description au moyen de ces concepts de processus empiriques descriptibles ou possibles, suffisants pour rendre compte des données morphologiques en termes exclusivement biologiques, au même titre que les faits physiques s'élucident en termes de mécanisme ou de dynamisme. Les ambiguïtés et les incertitudes de ces concepts sont alors moins importantes que leur fonction : éliminer les promesses d'une nature mythique pour approfondir les conditions du devenir de la nature réelle et en retracer les étapes, à travers une recherche critique.

Il est donc facile de reprocher à Haeckel un optimisme scientiste associé à une certaine insouciance critique, mais à conditions d'oublier que le même contexte théorique a permis à Gegenbaur de transformer la Morphologie idéaliste en Morphologie critique, fondée sur l'Anatomie comparée parce que l'Anatomie comparée montre tout l'éventail des structures organiques en acte, et que, d'un point de vue biologique, on ne peut aborder le vivant qu'en acte, y compris lorsqu'il s'agit de la disposition de ses organes. En l'absence d'activité fonctionnelle, les faits ontogénétiques sont des faits mutilés, qui doivent être rapportés à leurs analogues complets, et qui ne peuvent en rien expliquer la production et l'organisation des organes actifs, car c'est l'ordre inverse qui doit être suivi.

Entre la Cénogénèse et la Palingénèse, il n'y a donc pas différence de nature : si la disposition de la gastrula dans l'œuf des Sauropsidiens peut être comprise comme une modification cénogénétique d'une archigastrule semblable à celle de l'Amphioxus, la même disposition est devenue ancestrale ou palingénétique chez les Mammifères où la placentation a rendue inutile la réserve vitelline, laquelle était adaptée chez les Sauropsidiens. Puisque l'œuf est vivant, tout se passe pour lui comme pour n'importe quel autre vivant : ses adaptations ont des conséquences irréversibles pour l'avenir de la lignée au sens où il en restera toujours des traces. Adaptation et hérédité sont de ce fait les conditions fondamentales et réciproques à partir desquelles seules on peut rendre compte scientifiquement, c'est à dire intégralement, du corpus morphologique dans son ensemble, en donnant la raison de tous les rapports d'analogie et de différences.

Que signifient donc adaptation et hérédité pour Gegenbaur ?

Rien de plus que ce qui vient d'être dit : les conditions d'une Morphologie historique. Ce n'est pas au systématicien, ni au morphologiste de déterminer exactement les mécanismes respectifs de l'adaptation et de l'hérédité : il leur suffit de les présupposer en rapport avec l'existence des faits de variation et de conservation, qui seuls comptent pour qu'il y ait histoire des formes vivantes. Les faits de variation sont fournis par les séries d'organes homologues et les faits de conservation par la permanence des caractères qui permettent d'assurer l'unité d'un type que les documents ontogénétiques et paléontologiques confirment de manière différente en lui garantissant une dimension temporelle. Ce que l'adaptation et l'hérédité ajoutent à la variation et à la conservation, c'est simplement l'idée qu'ils impliquent une physiologie, quelle que soit cette physiologie, plutôt qu'une métaphysique. En l'absence des sciences futures qui donneront à cette physiologie un contenu expérimental, la division physiologique du travail, la sélection naturelle, l'hérédité des caractères acquis, la variation spontanée, l'adaptation fonctionnelle, ne font que désigner un ou plusieurs problèmes dont la solution expérimentale immédiate n'est pas nécessaire pour qu'une Morphologie historique à caractère scientifique puisse être fondée. Ce n'est pas la première fois qu'il suffira de supposer un problème résolu pour en dériver les conditions nécessaires d'une démonstration théorique parfaitement fondée, susceptible d'être ultérieurement discutée puis confirmée au cours du développement même de ces sciences, dont l'objet était au départ dessiné métaphoriquement en creux. Autrement dit, la possibilité offerte par le Darwinisme, d'une histoire de la vie sans transcendance, conduit la Morphologie à se définir comme historique. Par là, elle pose le problème de ses fondements physiologiques, compris comme les conditions de l'activité productrice des formes au cours de cette histoire dont elle décrit les résultats. Elle engage ainsi la recherche scientifique dans des directions étrangères à ses buts et à sa méthodologie propre, mais auxquelles elle va subordonner dans une certaine mesure ses conclusions, pour répondre à un besoin d'intelligibilité plus radicale. Au XXème siècle, la Morphologie ne peut pas ne pas tenir compte des modèles d'évolution offerts par la science de l'hérédité, c'est à dire, la Génétique.

3. – DU CRANE A LA TETE.

Ces prémisses théoriques étant posées, le travail de recherche morphologique se spécifie en fonction de son objet : « Aus der Aufgabe bestimmt sich die Methode » (1). C'est la conséquence directe du caractère critique de la science, qui la rend tributaire de la nature et de la quantité des informations dont elle dispose, en opposition avec les sciences qui produisent expérimentalement les informations dont elles traitent à partir d'un programme théoriquement prédéterminé. La question de la Cephalogénèse, dont l'importance morphologique est irrécusable, et à laquelle Gegenbaur a consacré certains de ses travaux les plus considérables fournit ainsi l'occasion de marquer la manière dont l'Anatomie comparée critique parvient à prendre ses distances de fait par rapport à la Morphologie idéaliste à laquelle elle emprunte ses principaux concepts opératoires.

Gegenbaur reprend la question du crâne en l'état où Huxley l'avait laissé en démontrant le caractère intenable de la théorie vertébrale : rien, dans les divisions du crâne des mammifères que l'on avait traités depuis Gœthe et Oken comme des ceintures osseuses représentant des vertèbres modifiées, ne présente un caractère vertébral, à l'exception du segment occipital, où, du fait de la présence de la chorde, Kölliker est parvenu à retrouver la disposition vertébrale, qui disparaît entièrement du segment préchordal (2). Cet état de la question résulte, il faut le rappeler, de la conjonction des recherches anatomiques, embryologiques et histologiques, de la Morphologie pré-Darwinienne, centrées sur la signification et la production des formations osseuses, dont une des conclusions les plus importantes était la dissociation du crâne primordial et des os dermiques. Cette dissociation met en évidence le caractère continu de la capsule cartilagineuse qui répond au nom de crâne primordial, seul présent chez les Vertébrés les plus archaïques. Mais le problème d'une disposition métamérique du crâne restait posé par la distribution des arcs viscéraux et par l'observation chez l'Amphioxus des segments distincts le long de la partie du corps qui contient le squelette viscéral, conformément à une tendance générale de la métamérie chez les Invertébrés à rejoindre la portion antérieure du corps (3) ; c'est en ce point précis que les recherches de Gegenbaur vont intervenir en deux directions : la confirmation du caractère vertébral de la région postérieure du crâne et l'existence ancienne d'une métamérie antérieure, disparue lors de la constitution d'un crâne primordial homogène.

Gegenbaur retient donc l'absence de segmentation vertébrale de la capsule cartilagineuse désignée par les embryologistes du nom de crâne primordial, capsule transitoire héritée par les Tétrapodes et les Poissons osseux, à laquelle correspond le crâne cartilagineux d'une section des Vertébrés, les Sélaciens, qui, jusqu'ici, n'ont jamais été étudiés que de manière très imparfaite (4). Sans cette dernière étude d'un groupe défini comme primitif pour de nombreuses raisons, la démonstration de Huxley reste incomplète.

Comme les contemporains et les élèves de Johannes Müller, l'intérêt de Gegenbaur est orienté vers les formes primitives et marginales : ses recherches sur les Invertébrés ont pour objet les Méduses, les Siphonores, le Sagitta, etc., mais contrairement à Johannes Müller, il substitue les Sélaciens aux Cyclostomes comme formes primitives de premier plan en ce qui concerne les Vertébrés. La raison en est que, tant du point de vue de l'ensemble de leur organisation, que de chacun des organes qui la constituent, les Sélaciens constituent un groupe phylogénétiquement inférieur, parce que leurs dispositions morphologiques forment la base dont on peut dériver l'organisation des autres groupes de vertébrés par dissociation, par différenciation ou par régression : ils apparaissent ainsi comme situés au centre de séries divergentes (5). Autrement dit, Gegenbaur définit la primitivité comme le lieu de divergence des séries anatomiques, indépendamment de toute considération physiologique de supériorité ou d'infériorité dans les performances. De ce point de vue, conforme à sa conception générale de la phylogénèse, les Cyclostomes ne peuvent présenter pour lui le même intérêt, parce que d'une part, ce sont des êtres dont le mode de vie est le plus souvent parasitaire et dont l'organisation présente de ce fait des indices de régression, et parce que d'autre part, si leur infériorité morphologique est évidente, confirmée par des caractères communs avec les Sélaciens (chorde dorsale permanente, capsule cranienne cartilagineuse, etc), ils présentent des dispositions morphologiques (spécialement le caractère agnathe), qui en font un groupe isolé, que rien ne permet de traiter comme l'ancêtre des Gnathostomes (6).

Gegenbaur est parvenu à de telles conclusions à partir, par exemple, de la recherche des homologies des membranes qui constituent la gaine de la chordre dorsale : la couche cellulaire qui passe à l'état cartilagineux chez les Sélaciens, forme une couche cuticulaire simple chez les Ganoïdes et les Téléostéens, et les mêmes rapports se retrouvent chez les Holocéphales et les Dipneustes, observation qui confirme la position des Sélaciens à l'origine des Ganoïdes, des Téléostéens et des rameaux supérieurs. Au contraire, il se pourrait que la chorde des Cyclostomes soit le produit d'une transformation réductrice, analogue à celle que présentent les Ganoïdes (7). Une conclusion semblable peut être tirée de l'étude des nageoires : les Sélaciens offrent un type de nageoires à la fois primitif et complet, dont celles des Téléostéens dérivent par régression (8), au même titre que les membres des autres Vertébrés (9). Ce sont elles qui permettent, pour cette raison, de définir comme Archipterygium la forme hypothétique originelle dont dériveraient les nageoires pectorales et ventrales homodynames et diversifiées que ce groupe présente (10). Pour la même raison, Gegenbaur a donc choisi les Sélaciens pour étudier comparativement la signification des nerfs craniens en regard des nerfs spinaux (11). Il en résulte que les Sélaciens prennent dans la Morphologie historique la place qui était occupée par L'Eléphant chez Cuvier, le Lepidosiren chez Owen, et les Ganoïdes chez Agassiz.

La permanence du crâne cartilagineux chez les Sélaciens élimine les difficultés liées aux dispositions ostéologiques qui lui sont surajoutées chez les autres Vertébrés. Mais, pour établir la signification des parties, du crâne, il faut découvrir dans les parties existantes de nouveaux principes de distinction, que la structure osseuse ne peut plus fournir. Gegenbaur retient comme Kölliker la limite de pénétration de la chorde dorsale, et lui ajoute la différence de valeur des nerfs crâniens dans leur rapport soit au squelette viscéral, soit aux organes des sens (12). Mais la présence de la chorde dans la partie postérieure du crâne cartilagineux ne fait en réalité que poser le problème, que la distribution des nerfs crâniens va seule pouvoir résoudre, parce que leur lien aux arcs viscéraux dont la disposition est métamétrique permet de conclure à leur homologie avec les nerfs spinaux, malgré les déplacements et les condensations que l'on peut observer (13), par opposition aux nerfs sensoriels. C'est ainsi le nerf vague qui va jouer le rôle décisif dans la démonstration du caractère vertébral de la partie postérieure du crâne cartilagineux, parce qu'il représente la condensation d'une pluralité de nerfs spinaux (comme sa distribution l'atteste), dont les racines répondent en nombre aux métamètres innervés, auxquels correspondaient autant d'arcs viscéraux, avant leur réduction (14). La structure du nerf vague des Sélaciens est donc le témoignage d'une histoire phylogénétique, dont ni les formes actuelles inférieures, ni l'ontogénèse ne donnent plus trace. Le problème technique qui se pose désormais n'est plus que d'établir exactement pour chaque espèce le nombre de segments qui entrent dans cette partie postérieure du crâne, dont les variations peuvent aussi aller jusqu'à l'exclusion complète d'une partie vertébrale du crâne chez les Téléostéens (15).

Cette métamérie serait donc encore une métamérie vertébrale, dont la partie postérieure du crâne résulterait par concrescence, tandis que la partie antérieure proviendrait d'un développement extrême du premier segment, porteur des organes des sens (16). Mais il faut se rappeler que chez les Sélaciens, les vertèbres proprement dites se réduisent quelquefois à l'épaissement des parties annulaires de l'étui de la chorde qui correspond aux arcs vertébraux (17), en l'absence de toute ossification proprement dite. Ce que Gegenbaur est parvenu à démontrer est moins une théorie « vertébrale » proprement dite que l'idée sous-jacente, à savoir qu'il n'y a rien dans le crâne qui soit étranger au système vertébral pris en son sens le plus large, c'est à dire à la structure du corps (18), dont le caractère est essentiellement métamérique. Il s'agira d'autant moins de vertèbres au sens usuel, que les vertèbres osseuses des vertébrés supérieurs ont été démontrées comme de formation secondaire par Vogt et Remak, en position intercalaire par rapport à la segmentation primitive dont les somites mésoblastiques fournissent le témoignage. En conséquence, le rôle méthodologique et théorique que Gegenbaur fait jouer aux parties molles que constituent les nerfs et les organes des sens dans la détermination de la signification du crâne par référence au squelette viscéral dont la métamérie est particulière, transforme le problème du crâne en problème de la tête, et conduit à affronter cette difficulté : de quelle sorte de métamérie la formation de la tête peut-elle relever, et n'a-t-elle pas eu une extension primitive antérieure plus considérable avant la constitution de la capsule homogène prévertébrale qui répond au dévelopement sensoriel ?

Pour répondre à cette seconde question, Gegenbaur fait intervenir la structure de l'Amphioxus. Si la véritable limite entre la tête et le tronc doit être déplacée du trou occipital à la région du nerf vague, puisque la partie intermédiaire est le produit d'une concrescence vertébrale, cela ne suffit pas pour conclure que la région antérieure est dépourvue de toute métamérie, au moins à l'origine, mais le rapport de la tête à la métamérie générale pourrait y être different. L'Amphioxus, bien qu'il ne puisse être placé dans l'ascendance directe des Craniotes, fournit l'état de différenciation infime de la tête que l'on connaisse, et par tête, il faut entendre chez lui toute la section antérieure du corps qui contient l'intestin céphalique et les branchies (19). Cette section et le reste du corps offrent la même métamérie. Tout se passe donc bien comme si le développement des organes des sens, qui a entraîné celui du cerveau, avait biffé cette métamérie primitive demeurée plus résistante au niveau du squelette viscéral pour des raisons fonctionnelles, parce qu'elle y entrait au service de la bouche et des branchies. Mais cette différence de destin n'implique pas une différence de nature : la branchiomérie se rattache à des somites céphaliques qui indiquent une segmentation plus ancienne.

4. – LA PLACE DE L'EMBRYOLOGIE.

Mais pour arriver à cette conclusion, Gegenbaur est conduit à faire intervenir l'ontogénèse qu'il avait jusqu'ici soigneusement exclue de sa démarche, moins pour des raisons de principe que de fait. Si la réflexion théorique pose en principe l'existence de faits palingénétiques au même titre que celle de faits cénogénétiques, elle ne dit rien de leurs rapports réciproques qui dépendent de la diversité des avatars de la phylogénèse : il existera donc des cas où l'ontogénèse sera éclairante et d'autres où elle ne le sera pas, et seul l'objet de la recherche pourra en décider. Si l'embryologie du canal intestinal et de ses glandes annexes, de l'organe de la circulation et du système uro-génital peuvent éclairer la structure complexe des organes adultes, les données ontogénétiques ne permettent pas d'expliquer la disposition des nerfs craniens, dont la signification ne peut être donnée que par leur comportement chez les Vertébrés inférieurs (1). D'une manière plus générale, l'ontogénèse ne peut pas servir de base à une phylogénèse de la tête, exemple qui confirme l'inanité de la prétention de Goette : fonder toute la Morphologie sur l'Embryologie du Crapaud. L'ontogénèse du crapaud dépend de la phylogénèse de l'espèce, c'est à dire de l'ensemble des moments adaptatifs qu'elle a parcourus, et qui ont modifié de manière spécifique les traces de ses origines, en la différenciant à tout moment des autres Vertébrés, dont chaque espèce est aussi le terme d'une histoire qui lui est propre (2).

Pour la Morphologie historique, il faut répéter qu'il n'y a pas de modèle général de développement. Chaque organe, appareil, système pose des problèmes particuliers, selon qu'il est plus ou moins conservateur à travers ses adaptations : c'est ainsi que le système vasculaire ne l'est pas du tout (3), que le squelette l'est beaucoup plus (4), et que ce caractère sera ontogénétiquement très variable d'une espèce à l'autre. La méfiance de Gegenbaur contraste ici fortement avec la confiance manifestée par Haeckel pour la documentation ontogénétique ; mais dans la mesure où cette divergence n'est pas de principe, elle peut être éclairée par une différence dans le matériel de référence habituel des deux auteurs, dont Balfour donne la raison générale de la manière suivante :

> « Les chances relatives, pour l'histoire ancestrale, d'être préservée chez le fœtus ou chez la larve, peuvent être résumées de la manière suivante : il y a plus de chances pour que l'histoire ancestrale soit perdue dans les formes qui se développent dans l'œuf et pour qu'elle soit masquée dans celles qui éclosent à l'état de larve. » (5).

Autrement dit, les Invertébrés, à développement pricipalement larvaire, présenteront au cours de leur ontogénèse une récapitulation plus importante que les Vertébrés, si bien que l'Embryologie comparée présentera chez les Invertébrés, par lesquels Haeckel a abordé ces questions, un intérêt phylogénétique dont il faudra compenser la perte chez les Vertébrés au moyen de l'Anatomie comparée. Dans les cas où elle fournira une confirmation ou un complément des hypothèses anatomiques, rien ne s'oppose à ce qu'elle soit mentionnée, mais son absence de témoignage ne pourra en aucun cas fonder une argumentation, car la cénogénèse a pu intervenir dès les stades les plus primitifs (6) et la méconnaissance des faits de cénogénèse a conduit aux conclusions les plus fantaisistes (7).

Le souci constant de Gegenbaur reste donc critique : ne pas tirer du matériel morphologique qu'il fait entrer dans son travail de comparaison des conclusions qu'il ne permet pas vraiment de soutenir, mais réciproquement, en dégager toutes les implications permettant de préciser la nature et les homologies des organes en vue d'une phylogénèse des organismes. La distinction fondamentale reste celle de la Palingénèse et de la Cénogénèse, mais en second lieu, il faut pouvoir distinguer les faits de récapitulation et de dérivation : ce sont les homologies spéciales qui donneront les dérivations en raison des séries qu'elles permettent d'établir dans le sens soit des différenciations, soit des régressions, à partir de la forme primitive qui joue le rôle de point de départ pour les divergences. Pour un travail de cet ordre, les données paléontologiques ont le même statut que les observations des formes actuelles : elles peuvent contribuer à enrichir le catalogue morphologique en présentant des rameaux phylogénétiques sans descendance ou des variantes imprévues du point de vue des séries actuelles d'organes.

Mais ces origines morphologiques sont multiples et hypothétiques : le problème de leurs rapports se pose et on peut rester soucieux de préciser et de confirmer ces hypothèses. A ce niveau, l'apport embryologique ne peut pas être minimisé. Il faut rappeler le lien qu'il a permis d'établir entre les Vertébrés et les Invertébrés par l'intermédiaire des Ascidies et des Entéropneustes, en raison des homologies transitoires que présentent les états larvaires des Ascidies. Certes, ce lien est encore fragile, parce que la question du sens dans lequel jouent les parentés n'est pas encore tout à fait tranché, étant donné que l'on a pu considérer l'Amphioxus et les Tuniciers comme des formes dégénérées de Poissons (8). Mais la fécondité de ce type de comparaisons en reste confirmée et permettra ultérieurement de préciser encore la véritable parenté des Chordés, non plus de côté des Annelés, mais du côté des Echinodermes, en raison d'homologies dans la disposition du système nerveux rendues claires par les formes larvaires.

Dans ces conditions, pour les recherches concernant la forme originaire des Craniotes, rien ne s'oppose non plus à ce que l'apport embryologique soit utilisé s'il peut confirmer la présomption de métamérie qui est déjà tirée de la structure de l'Amphioxus, quels que soient ses rapports généalogiques à la souche des Chordés. En effet, outre les somites céphaliques, il existe d'autres signes ontogénétiques de segmentation primitive qui peuvent attirer l'attention. C'est le cas des cartilages parachordaux où s'insère l'extrémité antérieure de la chorde dorsale dans le crâne. A ces cartilages correspondent des arcs branchiaux d'une manière qui rend très vraisemblable que la métamérie qui régit ces arcs ait commandé une segmentation de ces cartilages, aujourd'hui disparue (9). Cependant, à ce niveau, le problème est d'autant plus complexe qu'il y a transformation des arcs viscéraux antérieurs et qu'une disparition possible d'arcs préoraux peut expliquer l'origine de formations dégradées comme les cartilages labiaux des Sélaciens (10).

Les somites céphaliques proprement dits ont été étudiés par Balfour, Milne Marshall et Van Wijhe, mais à leur niveau également, on ne peut pas éliminer l'hypothèse d'une réduction de leur nombre primitif, si bien que le nombre observé aurait peu de valeur phylogénétique (11). L'existence de ces somites confirme donc simplement une métamérie dont on ne peut pas fixer l'ampleur. Pour fixer cette ampleur, il faudra analyser de manière approfondie l'anatomie et la genèse des formations faciales susceptibles d'être interprétées comme les résidus d'arcs segmentaires préoraux. L'analyse du comportement ontogénétique des formations restées problématiques du point de vue de l'Anatomie comparée seule a donc pour but, avant tout, de densifier le réseau des informations morphologiques dans l'espoir de parvenir à une densité suffisante, sinon à une saturation, qui permette de déterminer le nombre hypothétique des métamères céphaliques originaires d'une manière qui, sans constituer une démonstration évidente, impossible en ces matières, ne pourra plus laisser la place à une autre interprétation.

Mais en définitive, c'est l'extension de la métamétrie chez l'Amphioxus qui légitime cette démarche et qui permet d'interpréter la signification des somites céphaliques et de leur résidu chez les Craniotes comme les indices d'une segmentation primitive beaucoup plus accentuée : l'ontogénèse reste en position subordonnée, car elle demeure un abrégé qu'il faut à tout prix développer par des moyens qu'elle ne fournit pas.

L'analyse des divergences morphologiques et de leur succession restera donc plus simple et plus sûre que celle des récapitulations et des origines. Plutôt que de construire un Archipterygium resté contestable, il était plus facile, par exemple, de résumer l'histoire phylogénétique des membres des Vertébrés en fonction des structures connues, en la regroupant autour des trois types structuraux : la nageoire des Sélaciens, la palette des Enalosauriens, et l'extrémité des Tétrapodes. Ces trois types peuvent diverger d'un Archiptérygium, mais aussi, procéder l'un de l'autre, former une séquence qui donne le tronc de l'arbre des divergences. C'est dans un cas semblable seulement que des récapitulations peuvent intervenir, non plus pour servir à la description d'un état originaire hypothétique, mais pour permettre l'organisation dans le temps d'un ensemble de divergences. Le type le plus courant de ces récapitulations est fourni par l'observation embryologique de parties surnuméraires par rapport à celles que l'organe adulte présente. Or, pour les membres, de semblables récapitulations n'existent plus, mais seulement une analogie entre les ébauches des nageoires des Poissons et celles des extrémités paires des Tétrapodes (12). Il en résulte que la succession phylogénétique des formes fondamentales des membres ne peut être confirmée que d'une part, par la position respective de leurs détenteurs, telle qu'elle est connue par ailleurs, et d'autre part, par l'irréversibilité de la réduction numérique des rayons, au cours de l'Evolution, telle qu'elle est démontrée par l'Anatomie comparée (13). Ce ne sont donc pas les faits de récapitulation, compte tenu de leur rareté, qui peuvent jouer le rôle le plus important dans la recherche phylogénétique, à quelques exceptions près ; comme celles que fournit l'histoire de la tête, de la colonne vertébrale et des arcs viscéraux, toutes formations conservées, semble-t-il, parce que leur matériel a été réemployé dans des structures encore fonctionnelles, quoique la plupart du temps, rudimentaires. Ce sont, au contraire, les faits de réduction et de disparition définitive, sans autre forme de retour que des phénomènes d'atavisme exceptionnels et en général, tératologiques.

Pour Gegenbaur, par conséquent, si le passé laisse quelques traces, l'irréversibilité du temps est avant tout celle des disparitions. La loi du vivant est celle du présent : ce qui ne sert plus à rien, perd, de ce fait même, sa raison d'être. Au niveau morphologique, elle est aussi celle de la performance et non pas celle du nombre : la multiplicité est simplement la condition d'une sélection, d'une ségrégation des meilleurs qui acquièrent seuls le droit au développement. La vie n'est pas humanitaire et la seule tradition concevable est celle de la nouveauté. S'il y a donc encore quelquefois récapitulation, cela veut dire simplement que la nouveauté ne se produit pas à partir de rien, mais qu'elle demeure l'extrême point d'une longue histoire, dont le principe est la dévoration. L'essentiel du vivant n'est cependant pas dans cette histoire, mais dans l'aptitude à répondre de manière efficace aux situations nouvelles, en dévorant ou en pullulant, aptitude dans laquelle son histoire n'a fait que le confirmer. Il n'y a pas d'autre leçon à tirer de la philosophie Darwinienne, telle qu'elle est comprise par les Morphologues.

5. – LA CRITIQUE DE HERTWIG.

Reste le problème suivant : toute critique des rapports de la Phylogénèse et de l'Ontogénèse, qui conclut au primat de l'Ontogénèse pour rendre compte de la signification des phénomènes morphologiques, ne traduit-elle pas la persistance d'une conception pré-darwinienne du développement du monde vivant ?

L'argumentation de O. Hertwig contre le traitement des fentes branchiales transitoires chez les Vertébrés tétrapodes comme traces de l'existence d'un ancêtre appartenant à la classe des Poissons, repose sur la valeur systématique qu'il juge indéterminée, d'un tel caractère, indépendamment de son appartenance au type vertébré en général. Dans sa forme actuelle, permanente ou transitoire, ce caractère ne permet pas de préciser la nature de son premier possesseur, parce qu'il est situé à une distance infinie de ce qu'il pouvait être chez ce dernier. Ce premier possesseur pourrait donc être poisson, amphibien, dipneuste, ou encore appartenir à une catégorie zoologique éteinte, encore inconnue (1). Dans ces conditions, le rapport entre le caractère observé à l'état embryonnaire dans une classe zoologique, et le même caractère, à l'état fonctionnel dans une autre classe, peuvent être traités comme des « variations sur un thème », à ranger parmi de multiples variations du même ordre qui peuvent être observées chez les animaux inférieurs, conclusion applicable aussi bien aux arcs viscéraux qu'à la chorde dorsale (2). On ne devrait donc retenir des travaux de Gegenbaur que les séries de sens divergent, résultant de la sériation des homologies spéciales, conformément à une pratique dont la doctrine du type et du développement peut rendre compte.

Or, cette argumentation se trouve en porte-à-faux : Gegenbaur ne prétend pas classer un ancêtre plus ou moins connu, mais simplement réduire l'incertitude portant sur la catégorie à laquelle il pourrait appartenir et la place phylogénétique qu'il pourrait occuper, en utilisant des faits de correspondance anatomique, parmi lesquels les faits ontogénétiques n'ont aucune précellence de principe. Ce travail lui-même n'est pas son objet principal : il n'est au fond qu'une condition destinée à permettre de comprendre la genèse et la signification morphologique des organes ou des parties d'un organisme quelconque, parmi lesquels le cas princeps est fourni par l'organisme humain. La possibilité d'une réduction de l'incertitude concernant la nature de la forme-souche grâce au traitement des arcs branchiaux permanents comme antérieurs à leur manifestation transitoire, semble déjà reconnue involontairement par Hertwig, puisque les groupes connus dont la diversité exprime l'incertitude qui règne sur la nature de l'ancêtre appartiennent tous aux Vertébrés inférieurs : l'ordre des variations dans le type n'est donc pas tout à fait quelconque. Cette définition de deux niveaux distincts et successifs est pourtant de première importance en ce qui concerne une disposition phylogénétique des formes vivantes et l'interprétation de la valeur morphologique d'un organe. Il est important que l'origine d'un organe transitoire ou rudimentaire soit constituée par une disposition fonctionnelle, sans quoi il n'est plus d'autre raison que théologique pour expliquer des structures organiques avant qu'elles n'aient leur place dans le circuit biologique.

Ce à quoi Gegenbaur voudrait parvenir, c'est à une réduction beaucoup plus poussée de l'indétermination de l'ordre des variations à l'intérieur du type qui exprime la communauté d'origine, c'est à dire, à une maîtrise de la phylogénèse nécessaire pour que la valeur réciproque des organes soit pleinement appréciée. L'accent mis sur l'intérêt de la documentation anatomique et embryologique reste réciproque de l'insuffisance du matériel paléontologique, sorte de rengaine darwinienne que l'essor de la paléontologie va rendre de plus en plus contestable. Que cet ordre phylogénétique hypothétique réponde à des nécessités morphologiques qui ne sont pas imaginaires, c'est cependant ce qu'il restera à la Paléontologie à confirmer, grâce à la découverte de formes ancestrales ou de passage, conformes aux prédictions morphologiques : l'Archéopteryx, le Compsognathus longipes, le Pithécanthrope de Java, ont ainsi confirmé les Morphologues dans la confiance qu'ils pouvaient avoir dans leurs méthodes. Elle ne peuvent plus être traitées de purement arbitraires et la critique doit renforcer leur efficacité et leur précision, quoiqu'il ne puisse être jamais question que d'une connaissance approchée.

Que vaut la proposition de Herwig, selon laquelle il n'est pas possible de lire aucune des formes primitives dans les formes actuelles, parce qu'elles sont infiniment distantes du point de vue temporel ?

Hertwig récuse à bon droit la supposition d'une identité complète entre forme primitive et forme actuelle : parmi les cousins d'une famille, personne ne peut être confondu avec le grand-père ; Gegenbaur le savait avant lui, et ce n'est pas ce que la loi biogénétique implique. Mais il ajoute encore que de la série phylogénétique à la série ontogénétique, il y a aussi une distance infinie en raison du principe selon lequel :

> « Pour chaque membre successif de la chaîne phylogénétique, le développement ne commence jamais au point où était parti un développement précédent, un mouvement rétrograde n'apparaît nulle part. Plus compliqué est le produit final d'une ontogénèse, plus compliqué est également l'ébauche qui lui correspond. » (3).

Ce principe s'applique immédiatement à la cellule-œuf, à laquelle Hertwig attache la définition de Von Baer : « l'animal lui-même, à l'état non développé », et vaut pour tous les stades du développement, qui sont ceux de la même individualité, présentant la même complication virtuelle. Dans ces conditions, la série phylogénétique doit être comprise comme une série d'ontogénèses distinctes dès leur principe, puisque la modification de la cellule-œuf est impliquée par tous les stades qui en proviennent (4). Une telle argumentation est physiologiquement irrécusable, mais elle pose le problème des rapports entre les virtualités physiologiques et les dispositions morphologiques dans une théorie de l'œuf et de son développement : Hertwig identifie ces deux aspects de l'objet biologique que rien n'autorise à confondre, sinon une sorte de déduction anatomique inversée qui ne peut concevoir un changement dans le programme du développement sans modification concomitante de la structure qui le détient, caractéristique d'une pensée préformationniste plutôt que de la doctrine de l'Epigénèse. Ce faisant, en effet, l'Epigénèse se trouve réduite au fait que le développement est relayé et modifié par les dispositions de chacune des cellules qu'il produit, mais à son origine, il faut admettre une ébauche substancielle spécifiquement et hautement organisée (5), à laquelle répond une ébauche formelle individualisée.

Or, une telle ébauche substantielle doit être distinguée, depuis His, des ébauches formelles qui s'observent au cours du développement et qui engagent directement et visiblement la disposition des organes, sous la forme de courbures, de plis, etc. Les ébauches substantielles sont alors limitées aux territoires du disque germinatif qui fournissent le matériel de la formation (6), c'est à dire le point de départ du processus de croissance différentielle dont résultent les variations morphologiques. Tant que ces ébauches substantielles constituent un potentiel de départ qui commande directement le développement formel de l'embryon en raison d'une disposition géographique de l'œuf, c'est un préformationnisme qui prévaut et aux différences de la séquence qui conduit à la forme adulte répond une différence sensible dès l'origine. Si, au contraire, l'Epigénèse est prise au sérieux, on peut concevoir que les particularités morphologiques les plus originales contenues dans l'œuf sous la forme d'« ébauches substantielles », ne se manifestent que tardivement, à travers un jeu d'interactions cellulaire devenu très complexe, plutôt que dès le départ. Il n'existe donc rien, sinon une philosophie préformationniste, qui puisse s'opposer à ce que l'activité précoce de la cellule-œuf et de sa progéniture cellulaire la plus directe se montre conservatrice, au sens où elle persisterait dans des voies établies depuis toujours, pour laisser se produire les variations phylogénétiquement enregistrées à des moments ultérieurs du développement. Traiter l'individu comme présent en acte dans l'œuf sous la forme d'une spécificité structurale homogène aux processus morphologiques qui en découlent, c'est en rester à une théorie comparable à celle des déterminants de Weismann, que Hertwig, somme toute, ne récuse (7), que pour y substituer un modèle chimique d'explication de l'hérédité et du développement qui en retient certaines propriétés.

Ce qui s'annonce ici, c'est le conflit entre les deux conceptions de la variation qui s'opposent au cours de la première moitié du XXème siècle : la variation par remaniement du germe, et la variation par accumulation de mutations tardives et limitées. Il s'agit à la fois de la dimension des mutations et de la manière dont elles se manifestent dans l'organisation. L'embryologie expérimentale, dont l'origine se trouve dans la tératologie expérimentale, fondée par Geoffroy Saint-Hilaire, véhicule une philosophie des grands bouleversements dus à des causes minimes, qui va favoriser une théorie des macromutations opérant dès les premières manifestations ontogénétiques par réorientation complète du cours du développement. Il ne peut donc pas y avoir conservation par l'ontogénèse des structures parentales extérieures, et ce sont les seules lois du développement ontogénétique qui peuvent rendre compte de la forme nouvelle. Au contraire, une philosophie darwinienne, aux fondements paléontologiques et écologiques, sera sensible aux supports constants des variations, à l'intérêt des variations limitées, aux processus cumulatifs, aux infrastructures historiques des acquisitions les plus récentes de l'espèce, qui définissent son originalité, mais dont la position est toujours marginale, parce que le vivant vit en marge de lui-même.

Que faut-il penser de la scientificité que Hertwig tire du modèle chimique ?

Le chimiste cherche les lois structurales des corps chimiques (8), et la variété des formes cellulaires fondamentales peut équivaloir à la multiplicité des hydrocarbures et des graisses (9). De même que les corps chimiques répondent à autant de formules structurales, subordonnées à des régularités générales, de même, les formes animales et végétales répondent à des lois déterminées qu'il faut approfondir (10). Enfin, un systématicien qui ne s'appuierait que sur les caractères extérieurs ne construirait qu'un système artificiel, à la manière d'un chimiste qui établirait la position systématique des corps chimiques à partir de la couleur, de la cristallisation, etc (11). Le problème est alors de savoir si la physionomie que l'être vivant présente au monde qu'il habite est aussi secondaire que les propriétés sensibles des corps chimiques. On pourrait penser au contraire que l'essentiel du vivant est constitué par cette physionomie, dont l'expression est enracinée sur une structure mobile, hors de laquelle il n'existe aucune formule a priori. De ce point de vue, on découvrira plus tard que le programme génétique qui est la raison interne dernière de cette physionomie, est lui-même le produit d'une histoire, sous la forme d'une conservation codée des variations qui ont réussi à travers elle, en garantissant d'abord une survie suffisante du vivant qui en était porteur.

On ne peut donc pas assimiler le programme biologique dont les morphologistes étudient les aspects structuraux, dans leur enchaînement à travers tout le monde vivant à l'établissement de formules chimiques complexes, parce que les formules chimiques complexes des corps qui entrent dans la composition des êtres vivants ne traduisent leurs propriétés que dans la mesure où elles sont le support ou le produit des informations dont les dispositions morphologiques et les activités physiologiques résultent. Il en est donc de la philosophie chimique de Hertwig ce qu'il en était du modèle fourni à Geoffroy Saint-Hilaire par la cristallisation : la traduction d'une méconnaissance de la spécificité du vivant et de son histoire (12), dont la raison est à chercher du côté de la fascination que les sciences de la matière exercent fréquemment sur les théoriciens des sciences de la vie. La conséquence de semblables déportements est en général une apparence de rigueur, mais punie d'un nœud de confusions qui laissent échapper certains traits essentiels de la vie, et qu'il est difficile de corriger. Dans le cas de Hertwig, ce transfert d'évidence se traduit par des spéculations métaphoriques héritées de Spencer, dont un exemple est l'assimilation qu'il propose entre des espèces vivantes et des courbes mathématiques, qu'il reprend de Naegeli (13).

Au contraire, Darwin avait la chance d'être un amateur et un explorateur, ce qui le mettait à l'abri des rêveries qui tendraient à faire de la Biologie une science pure, conformément à un modèle mathématique, physique ou chimique. Gegenbaur et Haeckel ont eu une autre chance : être marqués par l'enseignement de Johannes Müller, c'est à dire, d'un savant, qui, déçu des incertitudes d'une physiologie qui était encore à la veille de recevoir son statut de science expérimentale, s'était retourné vers les sciences morphologiques dans lesquelles il avait introduit sa tendance à la description la plus exacte et la plus exhaustive, indépendamment de tout a priori. Entre une telle formation zoologique et la sensibilisation à l'apport de Darwin, il semble bien qu'il y ait un lien. La substitution de problèmes phylogénétiques à une doctrine du type que l'observation zoologique fait éclater, représente ainsi un approfondissement de la philosophie biologique par ses propres moyens – en opposition avec ses adultérations mathématiques, chimiques, ou cristallographiques, répondant à un modèle dominant, mais étranger, de la science. Comme le voulait Auguste Comte, en de tout autres termes, si la biologie implique toutes les autres sciences préliminaires, son originalité par rapport à celles-ci, que la Morphologie et la Systématique traduisent, ne peut être esquivée.

Lorsque Hertwig, enfin, signale l'indépendance de la recherche des homologies par rapport aux hypothèses phylogénétiques (14), comme auparavant vis à vis de la doctrine du type, il a encore et toujours raison, mais dans la mesure où il reconnaît que les critères des homologies sont variables autant que leurs degrés, il est difficile de dissocier entièrement leur recherche de la perspective théorique dans laquelle elle s'inscrit, c'est à dire de la signification qui peut leur être donnée : la théorie donne la direction dans laquelle leur investigation sera poussée, et la fécondité de ces orientations est variable. Il n'est donc pas possible de récuser sans paradoxe la fécondité de la théorie de l'Evolution dans le développement des sciences morphologiques au cours du dernier tiers du XIXème siècle, et l'impulsion que la phylogénèse a donnée à la recherche et à la critique des homologies – travail dans lequel le matériel paléontologique a pu ensuite prendre toute sa valeur, parce qu'il a pu s'insérer parmis les données anatomiques et embryologiques antérieures, pour provoquer la révision des conclusions qui en ont été tirées. Le traitement par Gegenbaur des problèmes d'origine métamétrique des formations craniennes chez les Sélaciens a permis aux paléontologues de comprendre toute la valeur des dispositions morphologiques offertes par les Cyclostomes cuirassés de l'ère primaire (15) : l'hypothèse d'une réduction phylogénétique du nombre des arcs viscéraux et de leur transformation a donné toute son importance à la multiplicité et à la métamérie présentée par la disposition du squelette viscéral qui s'étend plus cranialement chez les Agnathes que chez les Gnathostomes (16).

6. – *L'INDUCTION POLICIERE.*

En conclusion des deux précédents chapitres, il faut souligner à la fois le réemploi par Gegenbaur et ses contemporains des concepts anatomiques qui ont été mis au point au cours de la première moitié du XIXème siècle, et l'inversion de la procédure dans laquelle ils sont utilisés dans la perspective phylogénétique, inversion qui répond à la valeur de traces qu'il accorde aux dispositions organiques non directement adaptatives. Cette inversion est la conséquence directe de l'impact darwinien en Morphologie : puisque la vie n'est plus une émergence dans le temps, mais une production du temps, connaître la vie, c'est dégager rétrospectivement son parcours temporel.

La construction par Cuvier de séries anatomiques dans l'ordre d'une simplification des organes représentait ainsi le traitement descriptif d'une Anatomie comparée naissante, qui n'avait pour fonction que d'introduire le point de vue économique dans le cadre d'une Histoire Naturelle officiellement dominante parmi les sciences des vivants. La doctrine du type a permis d'inverser cet ordre des descriptions et des sériations, dans la perspective d'une complexité croissante, qui permet le passage de l'idée de hiérarchie à celle de développement. La naissance de l'Embryologie comparée a pour effet de démultiplier les développements, comme l'Anatomie comparée avait permis de démultiplier les séries : le résultat de la science reste constitué par ces séries, que l'idée de développement permet d'ordonner à partir du type, et la signification d'un organe est définie simplement par la position que sa structure lui permet d'occuper dans le catalogue général des développements du type auquel il répond. Pour Gegenbaur, tout ceci ne constitue que les conditions préliminaires de l'enquête anatomique.

Cette inversion reste inconcevable sans l'existence de la perspective darwinienne, parce qu'elle supprime l'équivalence maintenue par Spencer, entre l'ordre progressif des développements et le devenir temporel des espèces. Entre la méthodologie de Von Baer, la métaphysique du développement mise au point par Agassiz et Bronn dans le prolongement de certains thèmes de l'Anatomie transcendante, et la philosophie de Spencer, la profondeur des oppositions n'atteint pas le noyau de la doctrine : la valeur intangible des séries de complexité croissante, parallèles ou divergentes, à la production desquelles l'effet du temps peut être réduit, à travers la mise en œuvre soit d'une téléologie, soit d'une mécanique, aussi mythiques l'une que l'autre.

Qualifions ce qui précède de Morphologie dogmatique, le concept de Morphologie critique convient alors à la manière dont Gegenbaur comprend la science, parce que l'introduction de la contingence par la sélection naturelle dans l'élaboration des adaptations exclut désormais toute linéarité dans la succession réelle des dispositions organiques. De ce fait, non seulement, la construction de séries anatomiques apparaît comme une procédure artificielle, comme c'était déjà le cas pour Cuvier, dont le sens biologique ne s'est jamais trouvé en défaut, puisque, pour lui, les séries des organes ne concordaient ni entre elles, ni avec les séries des organismes fondées sur un organe dominant, mais encore, les faits de substitution dans le développement des organes, soit du point de vue de l'ordre zoologique, soit au niveau du développement embryonnaire, déjà connus depuis Rathke et Johannes Müller, reçoivent une place de premier plan dans la science, avec le « Prinzip der Functionwechsel » de Dohrn, qui doit beaucoup, certes, à Geoffroy Saint-Hilaire, et les développements qui leur ont été donnés par Kleinenberg (1). Les séries anatomiques continues ne peuvent donc pas représenter une reconstitution de la phylogénèse confondue avec un développement, comme les anatomistes coupables d'avoir lu Spencer ont pu le penser, mais une procédure préalable, destinée à être remaniée par l'enquête anatomique proprement dite.

De ce fait, comme la Paléontologie, et, plus largement encore, comme la Géologie, point sur lequel il y a accord entre Haeckel et Gegenbaur, l'Anatomie comparée est devenue la science, non des séries ou des types, mais des traces, à partir desquelles l'induction n'est plus une généralisation des lois, mais la détermination et la reconstitution « policière » des faits (2) : il faut retrouver les chemins par où la phylogénèse est passée pour commettre son crime, fabriquer un homme. Une telle tâche a pour réciproque une liberté méthodologique telle qu'il est non seulement possible de réutiliser tout l'acquis antérieur, mais d'élargir le contenu du concept d'homologie hors des limites de la généalogie aussi bien que de celles du type, comme le montre l'homologie imitative de Fürbringer et les homoplasies de Ray Lankester. Comme les autres concepts morphologiques, l'homologie ne donne pas la généalogie, mais permet de la rechercher. Morphologie critique et Morphologie historique sont des désignations rendues synonymes en face de l'imprévisibilité du temps et de la compexité des détours de l'Evolution.

CONCLUSION

En 1795, avec le « Mémoire sur les espèces d'Eléphants vivants et fossiles », une Anatomie comparée en gestation autour du principe de la corrélation des dispositions organiques se montre capable d'identifier une espèce disparue, et permet la naissance d'une Paléontologie qui lui donne toute son importance dans la perspective d'une Histoire Naturelle en train de s'ouvrir sur son passé. C'est ainsi que Cuvier fonde l'Anatomie comparée, ou science des principes de l'organisation, qui peut rendre compte des rapports zoologiques des êtres vivants, actuels ou disparus. Ce premier chapitre de l'Anatomie comparée se termine en 1830 par la querelle de l'Unité de Plan et de Composition.

Cette querelle n'a laissé que des vaincus : le principe des corrélations ne pouvait rendre compte des résultats de la théorie des Analogues, et la théorie des Analogues s'avérait impuissante à dépasser les limites de l'Embranchement des Vertébrés. C'est dans cette impasse que se termine la révision anatomique des fondements de la systématique zoologique, dont les résultats sont consignés dans une doctrine des classes analysées définitivement par H. Daudin. L'Anatomie comparée était donc la condition du travail systématique, mais elle était un peu plus, en introduisant les espèces perdues dans une zoologie pénétrée par le temps. Le principe des conditions d'existence, c'est à dire des conditions de la vie et de la mort des individus et des espèces, indique le caractère de relativité historique que l'organisation en reçoit. Puisque la variété des conditions d'existence rend raison de la variété des dispositions anatomiques, dans le cadre des rapports réciproques de l'Economie naturelle et de l'Economie animale, l'organisation peut varier comme la surface de la Terre, et le Monde vivant se révéler lui aussi accessible au temps.

La Zoologie et la Paléontologie donnent désormais les deux dimensions du Monde vivant : en regard, l'Anatomie comparée, science de l'organisation, établit ses principes et ses méthodes par une mobilisation technique des schèmes et des concepts qui définissaient auparavant les Philosophies de l'organisation, au premier rang desquels se trouve l'idée de série et le concept d'économie. Tout se passe alors comme si elle avait pour mission d'exploiter toutes les implications morphologiques et physiologiques de ces concepts. Le radicalisme de son exploration et de cette exploitation a eu pour conséquence de faire émerger au cœur de la science les antagonismes philosophiques antérieurs, qui opposent une ontologie de la plénitude de la Nature et de la gradation des formes à une téléologie des adaptations. Pour qu'il y ait adaptation, il faut qu'il y ait du jeu, c'est à dire, de l'espace et du hasard ; mais, parce qu'il y a analogie, il y a sériation, continuité, parenté, c'est à dire, enchaînement, exclusion du jeu, de l'espace et du hasard. Défini en ces termes, le conflit est insoluble, et par conséquent, ruineux.

Après 1830, l'ouverture d'un second chapitre de l'histoire de l'Anatomie comparée est marquée, en premier lieu, par l'abandon du niveau philosophique, stérile, au profit d'un niveau théorique, où les concepts d'homologie et d'analogie ont pour fonction de permettre l'interprétation différenciée des détails de l'organisation dans le cadre des philosophies devenues complémentaires du type et de l'adaptation. La philosophie eu type représente ainsi la référence ontologique requise par une perception technique de l'organisation, comprise comme production intelligente effectuée par une Cause unique – ontologie ambiguë, puisque l'architecture typique relève d'un plan fondamental au caractère transcendant, mais aussi de lois matérielles de répétition dérivées de la cristallogénie, comme on l'observe chez Owen. Cependant, cette distance de la transcendance, lieu des continuités intelligibles, et de la matérialité, lieu de la cause errante, permet de définir un espace exploitable par la téléologie providentielle des adaptations.

En second lieu, l'espace de l'Anatomie comparée est apparu comme sous-tendu par l'espace des genèses. La mutation des superstructures philosophiques de l'Anatomie comparée, rendue nécessaire par le conflit de 1830, est infléchie par l'existence d'une embryologie comparée où la diversité des vivants est comprise sous la forme de « variations sur un thème ». Le type constitue le thème des genèses qui l'individualisent dès l'origine en l'orientant vers la production de formes adultes conformes à leurs Idées : le processus génétique est un processus téléologique de transformation adaptative à une forme d'existence donnée. On retrouve donc les deux mêmes dimensions, accentuées différemment, dans les concepts de « Typus der Organisation » et « Grad der Ausbildung », dans la mesure où le développement adapte les êtres naturels à leur mode particulier d'existence par la production de l'équipement spécialisé requis. Dans le cadre des processus génétiques, la diversification des êtres répond alors entièrement à la spécialisation des organes et à la différenciation des tissus : l'émergence du Type par différenciation primitive est suivie de différenciation histologique et de différenciation morphologique, par lesquelles se mettent en place les différents aspects de l'organisation, mise en place qu'il est possible de suivre depuis son origine absolue :

la cellule-œuf qui assure la liaison théorique entre ces deux sciences maintenant réciproques en ce qui concerne la question des origines ou des départs : l'Anatomie générale devenue Histologie et l'Embryologie descriptive et comparée.

C'est la même perspective génétique qui provoque aussi l'investigation systématique de la morphologie et du développement des autres types d'organisation, et spécialement, des organismes inférieurs et marins. Tandis que la doctrine déjà ancienne du parallélisme des séries zoologiques et des états successifs de développement embryogénétique, centrale dans la perspective de l'Anatomie transcendante, bloque l'attention autour des formes supérieures de l'organisation, c'est à dire, des Vertébrés, la théorie des quatre types pose le problème de la signification biologique de chacun de ces types, et provoque leur investigation en vue de répondre à un besoin de connaissance générale des lois de l'organisation, où le concept de différenciation, répondant au modèle de la division physiologique du travail, rencontre celui de composition, qui repose sur une conception sociale de l'origine de l'organisation, indiquée par des êtres vivants formant des colonies. Si l'unité morphologique du règne animal est abandonnée au profit d'une multiplicité croissante de Types divers, puisqu'il faudra bientôt distinguer encore les Echinodermes, les Cœlentérés et les Protistes, le problème reste posé de ce qu'il y a de commun entre ces êtres profondément divers, et ce caractère est cherché du côté de la manière dont l'équipement biologique des organismes est produit et affronte avec plus ou moins de succès les conditions de leur environnement. Le règne animal reste traversé par de grandes constantes physiologiques, dont l'organisation peut encore témoigner.

Or, jusqu'en 1859, date où Darwin publie son « Origine des Espèces » mais où Serres produit également une dernière « Anatomie comparée transcendante », une certaine philosophie de l'Anatomie comparée a persisté dans la croyance au triple parallélisme des séries zoologiques, ontogénique, et paléontologique, en y englobant les problèmes d'organogénie et d'histogénie dans une même progression du simple vers le complexe. Cette grille, où l'on retrouve l'héritage du début du siècle, marqué par l'inversion de l'Echelle des Etres en Développement progressif, et que la doctrine des Types rend inadéquate, se transpose dans cette physiologie métaphorique, à laquelle les phénomènes embryologiques et larvaires donnent un contenu en révélant la richesse des processus que le développement met en œuvre à travers tout le règne animal, indépendamment de l'appartenance à des types déterminés.

Mais si la doctrine des types ne semble pas très menacée par ce souci persistant d'unité auquel la Physiologie sert d'exutoire, parce que son origine archaïque ne fait de doute pour personne, et parce qu'une distance tend à s'instaurer entre les sciences anatomiques et la Physiologie comparée, elle va être minée par la découverte de substitutions difficilement réductibles à une règle de transformations, dans le cours des développements. C'est ainsi que des chapitres entiers de l'organogénie des Vertébrés rejoignent les pages les plus inquiétantes écrites sur le développement par métamorphose et par alternance des générations chez les Invertébrés. Or, ce problème des substitutions dans un même cycle organique définissant le développement individuel d'un organisme, fait écho au problème d'un développement paléontologique du règne animal par substitution des faunes, c'est à dire par des révolutions organiques et non plus géologiques. De Pictet à Kölliker, n'y aurait-il donc pas succession des êtres dans le temps, par transformations intra-organiques, par des révolutions viscérales, dont les métamorphoses et les générations alternantes constituent le modèle ? Aboutissement spéculatif de ce second chapitre, cette idée de transformations par saut a persisté jusqu'au développement de la Génétique des populations, c'est à dire jusqu'à la seconde partie du XXème siècle.

Il s'agit de doctrine : si l'ontologie continuiste et la téléologie discontinuiste ont pu cohabiter parce qu'un terrain scientifique en voie de neutralisation a permis le travail de concepts de cette double provenance, la philosophie n'est pas loin. L'intelligibilité du vivant reste coincée dans une problématique philosophique au fond de laquelle il est question d'autre chose que de lui-même : matière d'une part, intelligence archétype et technicienne, d'autre part. La reconnaissance scientifique du vivant implique l'échec des doctrines, la mise en question des concepts qui en dérivent à partir des faits critiques, et par conséquent, la possibilité de réinterpréter les faits critiques en termes essentiellement biologiques. Les faits de substitution d'organes ou de formes organiques typiques à l'intérieur d'un cycle individuel de développement, constituent ces faits critiques, au même titre que l'éclatement du système où quatre plans structuraux étaient réciproques de quatre modes de développement, soit par la division de l'Embranchement des Radiés, qui a donné les Echinodermes et les Cœlentérés, dont il ne faut pas minimiser l'importance, soit par révision des modes de développement eux-mêmes, en particulier chez les Mollusques où il a fallu abandonner l'« Evolutio contorta ». Mais ce que le type perd, est gagné par l'adaptation. Or, l'adaptation est déjà pensable non seulement comme résultat de l'activité providentielle, mais aussi comme l'expression de l'activité du vivant lui-même. Le Lamarckisme est l'alternative biologique de la Théologie naturelle, au sens où il fournit un modèle biologique d'adaptation.

Mais le Lamarckisme suppose également l'hérédité des caractères acquis par l'effort adaptatif, définie à partir du modèle psychologique de la conservation des habitudes. L'organisme est donc la traduction visible ou structurale de l'effort de la vie dans le temps, effort commandé par les sensations qui indiquent à l'individu son bien. Ce qui compte en premier temps, c'est donc la sensorialité et sa croissance progressive, au point que les dernières acquisitions effacent ou font oublier les précédentes qu'elles dépassent, si bien que l'histoire n'a guère de rôle à jouer, mise à part la contingence du présent. Que ce transformisme n'ait pas résisté à la critique scientifique qui soulignait son absence de preuve, en un temps où l'Anatomie transcendante se servait de l'ontogénèse comme modèle de la série zoologique, cela n'a pu que favoriser l'élimination de l'hérédité au profit des concepts de plan et de type dans l'explication de la genèse de la forme vivante. La primordialité des développements ne signifie aucune primitivité, et l'idée d'une puissance conservatrice dans les organismes fait place à la subordination à des modèles intelligibles dont les individus assurent la répétition indéfinie.

Autrement dit, la détermination du vivant par la doctrine du type et de l'adaptation, concepts qui impliquent transcendance et providence, fait de l'organisation une réalité étrangère au monde et supérieure aux organismes, au moment où la succession paléontologique des espèces révélait leur dépendance par rapport aux vicissitudes de ce même monde, tandis qu'une psychologie sensualiste définissait une forme possible de dépendance de la vie par rapport aux milieux environnants. Mais dans le Lamarckisme, il y avait une discontinuité entre le temps réel des superpositions géologiques et de la succession des faunes, récusée par Lamarck, et la temporalité inhérente à l'activité du vivant, qui s'est traduite par un transformisme sans substitutions. Tout ceci ne pouvait survivre au temps d'une Biologie dont le matériel était constitué avant tout par un catalogue des formes vivantes dont la stabilité était impliquée par tout l'héritage de l'Histoire naturelle. Un transformisme était une incohérence là où les doctrines du type et de l'adaptation providentielle pouvaient garantir cette stabilité dans l'organisation, et l'idée d'un ordre du monde qui lui est lié, malgré la reconnaissance des successions géologiques, devenant un insupportable miracle, et l'approfondissement de l'historicité de l'activité humaine, dont l'activité animale est considérée comme une ombre. Il n'en reste pas moins vrai que le problème d'une affection de la forme vivante par le temps avait été évoquée et que la succession stratigraphique des faunes, accessible à une lecture historique directe, se trouvait à l'étroit dans une théorie providentielle du Développement progressif.

C'est donc une forme de cohérence philosophique dans la compréhension du vivant, qu'une perception croissante de l'importance novatrice du temps, dans la dimension ontogénétique et dans la dimension paléontologique, rend fragile – forme de cohérence qui implique une énorme incohérence, le refus de faire de l'organisation un objet scientifique comme les autres en l'adossant à une métaphysique et à une théologie.

Darwin est en 1859 à l'origine d'un troisième chapitre d'une histoire qui n'est plus seulement celle de l'Anatomie comparée, parce que les sciences morphologiques y perdent leur splendide isolement pour devoir tenir compte de recherches qui entament leur fondement théorique. Ce chapitre est marqué par la transformation brusque des rapports de l'organisation et du temps : déjà traité comme cadre offert par la terre à la succession des vivants, comme dimension des genèses, commandées par la loi du type et du développement, et comme caractéristique des activités individuelles, limitées par l'ordre de l'Economie naturelle, le temps devient dorénavant la condition naturelle de la production des organismes, ce dont l'organisation est censée fournir le témoignage historique.

Darwin n'a pas inventé cette histoire : il l'a reprise du lieu où elle se trouvait le plus évidemment en gestation au cours de la précédente période : de la Géologie. Le remplacement du critère minéralogique par le critère paléontologique en stratigraphie, et l'abandon des doctrines des Révolutions du globe et du refroidissement de l'écorce terrestre, associées depuis Buffon, au profit de modèles explicatifs actualistes, transforment la succession des êtres vivants, jusqu'ici passive, en histoire originale qui définit le contenu le plus précisément historique de la Géologie. Sur une terrre dont les variations sont lentes et explicables par l'accumulation des effets produits par des causes climatiques et orogéniques actuelles, les érosions, les soulèvements et le volcanisme, les espèces, considérées comme fixes, ne peuvent se succéder qu'en raison des événements qui commandent leur distribution, événements par lesquels on peut rendre compte directement de leur extinction. Reste la question de l'apparition de nouvelles espèces, qu'il devient difficile de faire toutes surgir du fond des temps, à la manière de Cuvier et encore de Lyell, et qui provoque une intenable démultiplication de la Création, aussi bien du point de vue théologique que du point de vue scientifique. Rien ne permet encore de concevoir ces créations, si ce n'est la philosophie zoologique de Lamarck, c'est à dire, l'hérédité et l'adaptation, comprises dans des rapports que toute la saine physiologie récuse.

Chambers, puis Spencer témoignent ainsi du maintien d'une pression transformiste, contenue hors de la science, mais dont la persistance est liée au noyau scientifiquement inintelligible au moyen de la grille conceptuelle disponible, que l'histoire paléontologique de la succession des espèces, contemporaines de la Géologie actualiste, maintient au cœur de la science. La théorie de la Sélection naturelle est donc d'abord le moyen de concevoir scientifiquement la succession stratigraphique des espèces, en justifiant un transformisme au nom duquel les impensables créations sont remplacées par des dérivations génétiques. A l'histoire de la terre, répond désormais l'ordre généalogique des espèces : les filiations et les diversifications décrites par la Paléontologie anatomique en sont justifiées, au même titre que les lois de substitution établies par la Paléontologie stratigraphique.

Du point de vue morphologique, c'est l'idée d'un ordre généalogique des espèces qui a été retenu pour être traduit dans une théorie de l'organisation. L'odre généalogique s'est donc efforcé de répondre aux questions auparavant résolues par référence à l'unité de type et aux lois idéales de son développement. Il est devenu, en même temps, le premier contenu scientifique du concept d'hérédité, compris comme moyen de concevoir un lien réel entre groupes zoologiques distincts, sous-jacent à leurs affinités structurales. Ce faisant, l'organisme a été perçu comme morphologiquement conservateur, parce que parenté et conservation se sont trouvées regroupées par la transposition généalogique du système zoologique. En second lieu, le contenu du concept d'adaptation, placé en regard d'un ordre généalogique, ne peut plus équivaloir à celui qu'il possédait en face d'une doctrine du type : l'adaptation ne peut plus être le produit d'une prévision intelligente, mais l'effet du même pouvoir conservateur de l'organisme, conservateur de propriétés et de structures, parce que la vie est conservation de soi dans le temps, à travers un conflit constant avec les effets destructeurs du monde environnant, où chaque être persévère dans l'être aux dépens de ce qui l'entoure, comme Bichat et Cuvier l'ont également pensé au début du siècle. La Sélection naturelle est par excellence l'instrument d'une promotion de ce qui se conserve : l'aptitude sélectionnée est l'aptitude qui permet à l'individu et à l'espèce de durer le plus longtemps possible. La conservation morphologique est donc liée à une conservation biologique qui est la racine d'une histoire dont l'essence conflictuelle joue au profit du pouvoir de survivre.

Si le pouvoir de la Nature n'est plus qu'un pouvoir de survivre, il n'est plus la puissance fondamentale progressive qu'il représentait pour Lamarck et pour les théoriciens du Développement. L'état actuel de la nature vivante dans son infinie diversité est un résultat contingent, qui ne présente, de ce fait, aucun intérêt particulier : les moyens de sa production passent après l'archéologie des étapes parcourues. C'est pourquoi, après que la Géologie eût adopté l'ordre historique, conforme à l'ordre génétique des développements progressifs, représenté, pour Murchison, par la succession paléontologique, la Morphologie inverse son regard et se fait rétrospective et critique. Détaché de tout contenu téléologique, le concept de signification reçoit pour contenu l'idée d'un rapport de l'organe à son origine, et le travail anatomique reçoit pour but la discrimination des origines authentiques parmi les parentés douteuses : toute la fin du XIXème siècle est obnubilée par la question non seulement de la forme originelle des Vertébrés, mais aussi de celle du groupe dont ils ont émergé. L'homologie de la larve des Ascidies et de l'Amphioxus, établie par Kowalevsky, met en avant le groupe des Tuniciers, dont les appartenances doivent être, à leur tour, déterminées : Mollusques, Annelés, Cœlentérés, Echinodermes.

La loi biogénétique fondamentale – de récapitulation de la phylogénèse par l'ontogénèse – est une condition de ce mouvement rétrospectif ; de la part d'une Morphologie qui se détourne de la recherche des lois du développement et du progrès, au profit d'une critique des titres qui ne sont pas de noblesse. L'absurdité de son application totalitaire – qui relève plus de l'imagination de ses critiques, que de ses protagonistes : Haeckel l'a évitée par l'introduction du concept de cénogénèse – ne doit pas faire oublier la méthodologie critique dont elle a sous-tendu la promotion. Elle est contemporaine du principe posé par Gegenbaur : « la nature ne fait pas de promesses ». Pour qu'une forme, jugée typique, ou qu'une ébauche, ne soient pas tenues pour de simples promesses, il faut leur trouver une raison d'être dans des déterminations soit passées, soit actuelles, regroupées dans la manière dont une structure fonctionnelle ancienne est devenue le support des conditions actuelles du développement d'un organe apparu consécutivement dans l'histoire des variations d'une lignée organique. Ainsi, il n'est de structure qu'en fonction d'une adaptation directe : une adaptation différée signifie prise de distance par rapport à une origine, dont les ébauches ne peuvent être que le rappel, lorsque leur fonction dans la genèse n'épuise pas leur structure.

S'il est donc vrai que la méthodologie de l'Anatomie comparée a pour noyau le concept d'homologie, c'est à dire, d'identité structurale entre formes organiques différentes, concept dont la manipulation est étrangère à toute perspective temporelle, on peut constater historiquement que la recherche des homologies, c'est à dire, des identités essentielles à travers les différences, a le temps pour horizon, dès que la dimension temporelle est reconnue comme la dimension fondamentale de la diversité des êtres vivants. Or, le problème de l'unité dans la variété ne devient un problème biologique qu'à partir du moment où cette variété n'est plus un aspect des choses, mais une expression de rapports. Pour que ces rapports soient biologiques, il faut qu'ils soient liés à la vie, c'est à dire, reçoivent leur signification du travail de résistance à la mort qui se lit dans toute activité vitale. La recherche anatomique des identités chez les êtres vivants n'a donc pu prendre de valeur qu'à partir du moment où elle intéressait leur manière d'être ou d'avoir été : Economie animale et Paléontologie. C'est pourquoi Cuvier et non pas Aristote, est le fondateur de l'Anatomie comparée.

Qu'une Morphologie idéaliste ait été plus propice à l'élaboration du concept d'homologie que la perspective Cuvierienne des conditions d'existence, trop directement physiologique pour dissocier les homologies des convergences dues aux adaptations fonctionnelles, le temps n'en reste pas moins le cadre de l'activité des êtres vivants, par laquelle leurs structures prennent leur valeur, et leur succession, son caractère historique. On peut même constater que plus la Morphologie idéaliste s'éloignait de la réalité temporelle de la vie, plus l'image qu'elle donnait de l'organisation perdait son sens biologique au profit de sciences de l'inerte, qui vont de la Géométrie à la Cristallographie, tandis que la question de l'adaptation faisait intervenir une technologie mécaniciste : le vivant disséqué n'avait plus été vivant que par métaphore. Ce n'est donc qu'au regard d'une conception qui rend à la vie tous ses droits en soulignant la primordialité de la fonction adaptative dans tous les faits biologiques, que l'homologie peut reprendre une valeur pleinement biologique: elle y indique le seul lien concevable entre les êtres vivants en termes biologiques, à savoir le lien généalogique, résultant d'un des pouvoirs particuliers au vivant, celui de se reproduire.

Ce que Darwin a provoqué, ce n'est donc pas l'émergence d'un temps dont la dimension biologique était déjà plus ou moins consciente avant lui, mais une modification des rapports du temps au vivant, allant dans le sens d'une radicalisation, favorisée par une mutation de la représentation philosophique qui rend le vivant à lui-même, c'est à dire, à ses activités adaptatives, en vue desquelles les structures constituent un équipement nécessaire, variable comme elles. Les problèmes et les impasses de la Morphologie idéaliste et de la Paléontologie antérieure à Darwin, ont préparé cette mutation irréversible, malgré savants et philosophes qui, jusqu'à nos jours, sont restés habités d'une haine insurmontable de l'histoire et d'un traitement historique du monde vivant.

* * *

Qu'en est-il de l'Anatomie comparée et du temps aujourd'hui ? La fin du XIXème siècle est marquée d'abord par un effort pour réapprécier l'importance réciproque de l'Anatomie comparée et de l'Embryologie en vue de fonder les homologies et induire l'état des structures primitives hypothétiques qui permettent de penser la signification respective des structures connues, en raison de leurs parentés. Avec Gegenbaur, l'Anatomie comparée l'emporte, sans que soit négligé pour autant l'apport embryologique, indispensable en vue de la solution de problèmes bien précis : organogénie du système digestif, somites primordiaux dans la tête etc. Ensuite, avec Huxley et Zittel, la Paléontologie fera reconnaître ses droits, malgré un matériel incomplet, mais moins qu'on aurait pu croire, et malgré les divergences sans descendance que constituent de nombreuses lignées. Les documents paléontologiques ont le mérite d'être des témoignages directs d'un passé réel : les affinités indiquées par les fossiles peuvent révéler avec précision les niveaux de divergence et préciser les filiations en même temps que les impasses phylogénétiques. Vis à vis des phylogénèses abstraites, la Paléontologie présente ainsi un incontestable pouvoir critique aux niveaux où elle offre sa documentation : elle permet de resserrer la fourchette des possibilités hypothétiques ; elle limite la fantaisie morphologique.

Parallèlement à ces questions techniques, les problèmes théoriques se développent, problèmes qui portent sur la nature des processus évolutifs. Le point central est de savoir si l'Evolution résulte bien de l'histoire des vivants, ou si au contraire, l'histoire des vivants demeure l'expression d'un pouvoir interne de transformations et de développement, commandé par des forces particulières et des lois autonomes. Cette question est abordée de deux manières distinctes : celle des rapports de la phylogénèse et de l'ontogénèse, et celle des variations évolutives en regard de l'adaptation. Le primat de la phylogénèse est celui de l'histoire ; l'ontogénèse marque au contraire la suprématie de la loi. Au primat de la phylogénèse est liée l'idée de variations minimes soumises à la sélection naturelle, tandis que l'insistance sur l'ontogénèse favorise l'idée de grandes transformations, de ces remaniements brusques et complets de l'organisation évoqués par Kölliker, qui distendent les parentés, en assurant la survie d'une problématique des types dans les termes où Von Baer l'avait définie en 1828.

C'est ici que la querelle du Darwinisme pénètre sur le terrain de la Morphologie. En 1907, Vernon L. Kellog (« Darwinism to-day », New York) distingue la théorie de la sélection naturelle et la théorie de la descendance (« descent »). Avec optimisme, il déclare la seconde définitivement acquise, tandis que la première, seule, resterait controversée : les diverses branches de la Morphologie fournissent, en effet, les évidences sur lesquelles s'appuie cette « theory of descent ». De la théorie Darwinienne de l'Evolution, comprise comme la promotion de l'hypothèse généalogique fondée sur l'existence démontrée d'un mécanisme évolutif défini par la variation et la sélection, la Morphologie, et spécialement l'Anatomie comparée, ne retiennent ainsi que la généalogie, qui leur suffit.

Une telle présentation de la question n'est pas entièrement exacte : il est vrai que les morphologistes peuvent rester relativement étrangers aux discussions techniques qui portent sur la validité des processus de la variation et de la sélection. Ces processus sont l'objet de sciences distinctes : la Physiologie et l'Ecologie. Il ne faut donc pas trop s'étonner – et s'indigner – qu'ils mélangent sans trop de scrupules les mécanismes lamarckiens de l'hérédité des caractères acquis, (hérédité progressive de Haeckel), et la sélection naturelle de variations contingentes, malgré l'antagonisme philosophique de principe que ces modèles supposent. Spencer avait bien accordé sa caution philosophique à un tel mélange, et de toutes façons, ce n'est pas leur problème.

Il n'en est pas de même lorsqu'il est question de la dimension et du lieu de la variation : que la variation soit précoce et considérable, ou tardive et minime, et c'est l'image de la phylogénèse qui en est changée, c'est à dire la place respective de l'ontogénèse et de l'histoire dans l'Evolution, et la nature du rythme paléontologique de l'Evolution. Il existe donc un clivage entre Morphologie darwinienne et non-darwinienne en rapport exclusif avec ce problème. On constatera même que la survie des thèmes issus de la Morphologie idéaliste dans cette Morphologie « évolutionniste » non-darwinienne, aboutit à l'abandon de l'Evolution. Les conceptions théoriques de Vialleton, dans lesquelles le devenir invertébré conçu par Bergson entre en collision avec la doctrine des types de Von Baer revue, corrigée et adaptée à l'époque, sont exemplaires de l'importance et des conséquences de ce clivage, en raison de leur caractère tératologique et quelque peu fossile, dénoncé avec virulence par Et. Rabaud. Ce clivage, amorcé dès les premiers moments de la controverse transformiste, traverse l'Anatomie comparée jusque très avant dans le XXème siècle, et forme un blocage théorique que la richesse des matériaux acquis par l'exploration scientifique ne parvient pas à lever, au contraire, tant que les macro-mutations n'auront pas été éliminées de l'horizon scientifique par la Paléontologie et par la Génétique des populations.

En même temps, s'est produit un fait d'importance primordiale pour l'histoire de la Biologie en son ensemble : l'Anatomie comparée et les sciences morphologiques ont perdu au XXème siècle la place centrale qu'elles occupaient au XIXème siècle dans les recherches qui ont le vivant pour objet. Ce passage au second plan des sciences descriptives et « historiques » est réciproque de la montée des approches expérimentales dans la Biologie moderne, depuis la seconde partie du siècle précédent.

Ce qui a manqué à Magendie et à Johannes Müller pour poser les fondements théoriques d'une Physiologie expérimentale conquérante, a été mis à la disposition de Claude Bernard et des physiologistes formés par Johannes Müller, par les physiciens : la théorie de la conservation de l'énergie qui permettait de résoudre la question de l'origine de l'énergie physiologique et d'en relier toutes les formes. Le moment décisif a été constitué ici par la démonstration de l'origine chimique de l'énergie musculaire fournie en 1842 par R. Mayer. L'Economie animale perdait alors son caractère de métaphore politique pour devenir le système régulateur des consommations d'énergie dans l'organisme à travers le métabolisme cellulaire. Ce métabolisme, instrument de constitution des réserves énergétiques (anabolisme) et d'ordonnancement de leur dépense (catabolisme), donnait ainsi à l'alimentation une autre fonction que celle de produire et d'entretenir la matérialité des structures, en laissant à l'âme le rôle de principe des activités fonctionnelles, à travers le système nerveux.

La Physiologie expérimentale, ayant donné définitivement son congé à la force vitale et à l'âme, rejette dans le même mouvement la Morphologie vers la métaphysique, comme Claude Bernard ne s'est pas privé de le faire en abordant la Morphologie par la doctrine du type. On pouvait également traiter comme Métaphysiques les concepts d'hérédité et d'adaptation, sans trop de difficulté, en raison de l'emploi rigoureusement théorique qui en était fait pour fonder une théorie généalogique. En effet, si l'effort de Darwin visait à donner de l'adaptation une explication fondée sur des données exclusivement empiriques, et par conséquent, intégralement scientifique, la science ne pouvait se satisfaire ni de la théorie pangénétique de l'hérédité formulée par Darwin, ni de l'interprétation de l'hérédité comme prolongement des processus de croissance que l'on retrouve chez Gegenbaur. La Morphologie historique reposait donc sur un fondement inconsistant au moins, et peut-être deux, tant que l'efficacité du processus sélectif pouvait être discutée.

Il faut rappeler, sans doute, que ces fondements sont de simples conditions d'intelligibilité, et non pas des prémisses méthodologiques. Cependant, si le traitement des rapports morphologiques des êtres vivants conduit à la reconnaissance d'un ordre généalogique comme clef de leur signification, le problème de la nature de cette généalogie ne peut plus être esquivé, et par conséquent, il en est de même de celui de l'hérédité et de l'adaptation qui restaient secondaires dans la doctrine du type. Par conséquent, la Morphologie historique soulignait l'urgence d'une explication physiologique cohérente de l'hérédité et de l'adaptation du point de vue d'une Biologie générale, parce que l'absence d'une telle explication représentait une lacune, pouvant mettre en question la validité de sa propre grille théorique, au profit de la Morphologie idéaliste. En l'absence d'une théorie scientifique de l'hérédité cumulative, une doctrine du type restait, en effet, pensable.

Or, parallèlement, les conditions d'une physiologie expérimentale du Développement étaient dégagées par les embryologistes, sous la forme d'une analyse des processus morphogénétiques et des effets de leur perturbation, par des voies mécaniques ou chimiques. Dans ce cadre, au préformationnisme, qui place la raison mécanique des formes dans les territoires de l'œuf, la théorie de l'Epigénèse peut opposer les faits de régulation, mis expérimentalement en évidence, dont Hans Driesch fournit en 1901 un exposé (« Die organische Regulationen » Leipzig), qui reprend le contenu des travaux antérieurs. Les succès ainsi obtenus et paraissant prometteurs, rendaient tentant un modèle ontogénétique de la phylogénèse qui aurait répondu aux recherches expérimentales avec la même fécondité.

C'est dans un tel contexte, où il faudrait replacer les recherches de Boveri sur la signification des processus caryocinétiques liés à la mitose et surtout à la méiose cellulaire, que la Génétique naît en 1900, et ouvre par cette naissance non pas un chapitre, mais une nouvelle section de l'histoire de la Biologie, celle du XXème siècle. Par elle, les processus de transmission héréditaires des caractères de l'organisation deviennent directement l'objet de manipulations expérimentales.

Il est bien connu que, dans un premier temps, la génétique a joué contre le Darwinisme, parce qu'elle démontrait l'apparition et la transmission discontinue des caractères, comme objet unique d'une science de l'hérédité, et non pas la production continue de caractères nouveaux par variation des caractères anciens. Bateson a accueilli la redécouverte des travaux de Mendel dans l'optique de ses « Materials for the study of Variation » (1894), où il rassemblait toutes les formes de variations discontinues, en contradiction avec le modèle darwinien de variations continues. Dans la même optique, des faits tératologiques héréditaires, tels l'achondroplasie, pouvaient rejoindre des données de tératogénie et d'embryogénie expérimentale, où des interventions minimes sur le germe donnaient des variations considérables de la forme adulte. Si on ajoute à ces données des faits relevant du dimorphisme sexuel et de ses conditions génétiques et chimiques, des métamorphoses, etc., on aboutit à une théorie générale des macro-mutations (Goldschmidt), dont les équivalents paléontologiques sont fournis par une théorie de l'évolution saltatoire (Schindewolf). Ces macro-mutations, parmi lesquelles entre la néoténie, sont directement ouvertes sur une intériorité métaphysique dont les formes nouvelles « émergent » (Bolk). Les premiers travaux expérimentaux dans le domaine du développement et de l'hérédité ont ainsi pour résultat de rénover les thèmes les plus archaïques de la Biologie idéaliste, contre la possibilité même d'une Morphologie historique.

Dans un second temps seulement, datant en gros de la seconde guerre mondiale, le néo-darwinisme parviendra à regagner ses positions perdues, pour aboutir à la construction d'une théorie synthétique de l'Evolution (Simpson), dans laquelle la sélection naturelle s'avère capable de conserver les variations discontinues de faible amplitude sur lesquelles la Génétique travaille. La pénétration de ces variations à travers toute une population par le moyen de la reproduction sexuelle devient ainsi l'origine de la succession des espèces, puis des autres groupes taxonomiques par effets cumulatifs et réorganisations internes au cours de portions des temps géologiques d'amplitude croissante. Le fait que ces variations génétiques soient précédées par des adaptations phénotypiques ne signifie pas un retour au lamarckisme, parce que la distance du phénotype au génotype l'exclut. Il ne reste plus qu'à étudier les bases biochimiques de cette conservation et de cette transmission des caractères héréditaires : en passant par la découverte du chromosome, puis des unités génétiques matérielles localisables sur le chromosome, dont la valeur a été mise en évidence par l'étude des variantes dans la production des caractères à travers les échanges chromosomiques liés à chaque reproduction, on est parvenu au problème de la nature de la molécule dont l'activité seule est responsable d'un caractère donné, et de la nature du rapport de ce caractère à la structure de cette molécule, problème dont la solution a été fournie par la découverte du codage biochimique du programme génétique qui se trouve au principe de l'organisation.

Bien entendu, l'apparente simplicité de ce résumé abusivement laconique n'est que de surface. Elle suffit cependant à introduire l'idée que la Morphologie historique du XIXème siècle a permis de dégager les problèmes qui ont constitué les objets des divers départements de la Biologie expérimentale au XXème siècle. Une dernière question se pose donc : quelle peut être la place de la Morphologie historique parmi les sciences à la naissance desquelles elle a présidé et qui s'en sont dans une certaine mesure, délivrées ?

Avec Cuvier, la naissance de l'Anatomie comparée s'est trouvée liée à une reconnaissance philosophique de la spécificité du vivant : conditions d'existence et succession d'espèces mortelles, en contradiction avec l'homogénéité ontologique de l'Echelle des Etres. L'existence des vivants y est d'emblée apparue comme cernée de toutes parts par le temps, sauf du côté de leur origine, relevant de la volonté de Dieu. Cette référence de la téléologie à la théologie permettait donc au vivant d'appartenir au temps, mais d'échapper à l'histoire, dernier point sur lequel Cuvier reste en accord avec ses contemporains, y compris les philosophies de la Nature, en train de fonder la Morphologie idéaliste : que l'on soit créationniste ou panthéiste, l'origine des vivants est affaire de théologiens, et non de savants. Sur ce point, Darwin et la Morphologie historique sont en désaccord complet avec les doctrine antérieures imbibées de métaphysique, dont la forme la plus exsangue est le pseudo-positivisme de Spencer, adossé à un Inconnaissable qui permet bien des facilités dans l'usage des concepts scientifiques, en vue de construire une théorie exhaustive, en apparence, de l'univers, qui absorbe le vivant comme un simple niveau ontologique.

Darwin cherche du vivant une explication strictement scientifique, intégrale et exclusive de l'emploi de modèles scientifiques relevant d'autres objets, inertes ou sociaux. En cela, il est suivi par la Morphologie historique. Mais une telle recherche représente d'abord une option philosophique : la nature historique du vivant comme clef unique de l'interprétation des faits biologiques. La théorie de l'Anatomie comparée qui en découle dépend de cette philosophie qui donne aux homologies leur sens généalogique, comme la doctrine du type traitait les formes de l'organisation auparavant comme des réalités intellligibles et transcendantes. En l'absence d'une science expérimentale de l'hérédité et de l'adaptation, la valeur de cette théorie de l'Anatomie comparée n'est que celle de la philosophie qu'elle véhicule, philosophie qui présente le double caractère de rester préscientifique, et de définir la spécificité du vivant, non plus en termes de transcendance, mais d'immanence : en ce dernier sens, elle constitue l'anticipation d'une science possible.

A partir du moment où cette science, ou ces sciences, existent, la philosophie qui les préfigure perd sa raison d'être. Si la fonction de l'Anatomie comparée a été de justifier une image philosophique de l'organisation, fût-elle historique, à quoi pourrait-elle servir désormais, puisque les bases de cette historicité sont l'objet d'investigations expérimentales ? On a dit et écrit que le vivant ne peut se confondre avec un produit d'ultra-centrifugation, et que, par conséquent, on ne pouvait concevoir de Biologie sans référence à la diversification infinie des formes, sans Zoologie, sans Botanique, et sans Morphologie. Une telle affirmation est-elle l'expression d'une position sentimentale de principe, ou peut-elle être validée en raison ?

L'Anatomie comparée conserve sa place en Zoologie taxinomique et en Paléontologie. Elle établit la signification des organes, la valeur des caractères qui peuvent en être tirés du point de vue des affinités et des parentés ; elle joue son rôle critique dans l'établissement des lignées phylétiques, à travers le jeu des morphoclines et des chronoclines (Kluge 1971). A ce niveau, elle demeure avant tout une simple technique d'identification, toujours utilisable. La véritable question est donc plus loin : elle est de savoir quelle signification peuvent prendre, par exemple, des recherches comme celles qui portent sur la céphalisation, sur les homologies des membres et des ceintures des Vertébrés, sur la neuromérie des Vertébrés, etc., à caractère purement spéculatif à première vue, au temps de la Génétique et de la Biologie moléculaire.

Cette question semble analogue à celle des rapports de l'Histoire de la littérature à la Linguistique de la langue naturelle utilisée par cette littérature.

En effet, la découverte de la « double hélice », c'est à dire de la structure de la macromolécule qui porte l'information génétique, et de son fonctionnement biochimique situé à l'origine de synthèses que Haldane a pu suivre jusqu'à la production d'un caractère zoologique (la pigmentation), permet de penser que la science détient désormais la clef de tous les phénomènes biologiques, c'est à dire, le principe fondamental de la production et de la conservation d'une propriété quelconque. Elle cherche désormais à mieux connaître la nature, le fonctionnement, et éventuellement, les conditions de formation d'une telle clef, redoublée perpétuellement et indéfiniment dans le monde vivant qui fournit toujours à ce mécanisme un contexte de protéines préalablement existantes. Cette dimension de la recherche répond au besoin traditionnel d'explication causale : la cause est ici dans le rapport de l'information génétique à son support matériel, par l'intermédiaire d'un codage. L'Evolution est constituée par la réalisation de tous les programmes que ce code a permis de construire dans les conditions successives offertes par la surface de la terre et ses habitants. La Biologie moléculaire et la sélection naturelle l'ont rendue intégralement intelligible, comme Jacques Monod a pu le conclure.

Mais s'il existe un code génétique comme fondement du langage dans lequel le vivant peut être analysé, la connaissance scientifique d'un langage n'épuise pas la signification des textes qu'il produit. L'explication des conditions de la production linguistique laisse indéterminé le contenu de ces textes qui relève d'une autre forme d'intelligibilité. Entre le langage et le texte parlé ou écrit, il y a ce que le sujet veut dire. Pour justifier cette métaphore, peut-on définir en Biologie l'équivalent d'un sujet responsable de la multitude des textes animés, des formes vivantes ? Pour Cuvier, ce sujet était une Providence ; pour Haeckel, à la suite des Philosophies de la Nature, ce sujet est une Nature immanente, sur laquelle est fondée la condition d'une histoire de la vie. Il est tentant de faire de cette seule histoire du monde vivant le sujet des formes, de ces textes qui sont écrits à partir du langage génétiquement codé, et cela suffirait pour justifier philosophiquement l'existence d'une Morphologie historique au XXème siècle, comprise comme l'étude spécifique des productions de la littérature vivante.

Le principe de cette littérature est alors l'adaptation, et celui de sa syntaxe, la sélection naturelle. Adaptation et sélection supposent l'existence d'un principe de variation et de conservation codée des variations favorables : en ce sens, l'analyse parcellaire s'oriente vers la connaissance de la structure des molécules chimiques responsables du codage des informations qui commandent les variations. Mais à cette orientation, s'en oppose une autre : l'adaptation et la sélection naturelle impliquent l'existence du monde dont elles font, du vivant, l'écho. Il n'existe pas de sélection naturelle sans population placée dans des conditions géographiques et écologiques déterminées ;

et ces conditions écologiques et géographiques représentent un état défini de l'histoire de la Terre et des êtres vivants qui l'habitent, en lui donnant une certaine physionomie, en rapport avec celle du reste de l'Univers, même si ce rapport n'est pas assignable. Au fonctionnement totalisant de la sélection naturelle, répond, du côté de l'organisme le caractère totalitaire de l'adaptation dont la formule, de ce point de vue, reste donnée par Cuvier, avec ce principe des conditions d'existence, au nom duquel les parties et le tout ne peuvent être compris que de manière réciproque. L'adaptation zoologique est elle-même corrélative d'une adaptation fonctionnelle par laquelle la survie de l'organisme est assurée au moyen de l'activité compensée de l'ensemble des organes, activité compensée qui suppose l'exercice constant de mécanismes de régulation, eux-mêmes codés génétiquement.

On peut donc concevoir une analyse littéraire des produits de la nature vivante, fondée sur des concepts descriptifs et totalisants, par opposition aux concepts explicatifs et analytiques de la Génétique et de la Biologie moléculaire. Le fonctionnement de ces concepts peut être légitimé sans référence à une typologie métaphysique, à condition que soit reconnu un passage à la limite entre les résultats de la biologie moléculaire et les êtres qui forment l'histoire du monde.

L'histoire est le sujet de cette littérature vivante, parce qu'elle implique, sinon l'infinité du temps, du moins l'immensité des âges géologiques, qui se traduit dans l'infinité des combinaisons génétiques possibles et réelles qui loin de s'épuiser, ne peuvent que croître à travers l'apparition de nouvelles espèces. Cette infinité chimique est le lieu qui permet la réflexion d'une image du monde et de son devenir, qui est l'essence de chaque vivant : le vivant ne peut donc pas être pensé autrement que comme un microcosme, réflexion partielle et limitée du macrocosme.

Dans une telle philosophie du vivant, défini entre un principe moléculaire d'explication, et un principe historique de production, ce qu'il y a de plus essentiel en lui est la physionomie, et les sciences qui visent à l'interprétation de cette physionomie, au premier plan desquelles se trouve l'Anatomie comparée, conservent une position d'importance fondamentale, si on veut éviter l'absorption du vivant dans des modèles cristallographiques qui nient sa spécificité, qu'une métaphysique est alors tentée de récupérer. Ces sciences physiognomoniques sont la garantie philosophique de l'originalité des vivants autant que l'expression de cette originalité dans un savoir humain.

C'est pourquoi, si l'Anatomie comparée est restée longtemps centrale dans une Biologie demeurée un foyer d'antagonismes philosophiques, elle est maintenant devenue le lieu où le vivant est reconnu au niveau de ce qu'il y a de plus radicalement authentique en lui : sa dépendance, non par rapport à des lois, mais par rapport au monde et au temps.

NOTES

NOTES DU DISCOURS PRELIMINAIRE

1. KALIN (J.), Ganzheitliche Morphologie und Homologie, Freiburg & Leipzig, 1941, p. 20-22.
2. Ibid., p. 20.
3. DAUDIN (H.), Cuvier et Lamarck. Les classes zoologiques et l'idée de série animale (1790-1830), Paris 1926, p. 249.
4. PALISSY (B.), Recepte véritable par laquelle tous les hommes de la France pourront apprendre à multiplier et augmenter leurs trésors, In Oeuvres éd. Cap. reprint, Paris 1961, p. 35.
5. JACOB (F.), La Logique du Vivant, Paris 1970, p. 330.
6. VOVELLE (M.), Mourir autrefois, Paris, 1974.
7. Du développement à l'Evolution au XIXème siècle, Thalès 1962, p. 5.
8. THOMAS d'AQUIN,Compendium theologicae XCII, in Opuscula, Paris, 1956, p. 146 a-c: « Unde naturalis generatio non procedit continue per multa media de imperfecto ad perfectum ; sed oportet esse ad singulos gradus perfectionis novam generationem et corruptionem. Sic igitur in generatione hominis, conceptum quidem, primo vivit vita plantae per animam vegetabilem ; deinde remota hac forma per corruptionem, acquirit quadam alia generatione animam sensibilem et vivit vita animalis ; deinde, remota hac anima per corruptionem, introducitur forma ultima et completa, quae est anima rationalis, comprehendens in se quicquid perfectionis in praecedentibus formis erat ».
9. DAUDIN (H.), ibid., p. 266-267.

10. GILSON (Et.), la philosophie de saint Bonaventure, 3ème éd., Paris, 1953, p. 166.
11. Voir sur ce point BREHIER (E), Chrysippe et l'Ancien Stoïcisme. 2ème éd. 1951, p. 44-147.
12. AUGUSTIN, De Civitate Dei, Liber XXII c. 14.

NOTES DE LA PREMIERE PARTIE

NOTES DU CHAPITRE I

1. – L'Anatomie comparée et l'ordre.

1. RUSSEL (E.S.), Form and Function, London, 1916 (rep. 1972), p. 2.
2. TARIN, Art. Anatomie, in DIDEROT et D'ALEMBERT : Encyclopédie ou Dictionnaire raisonné des sciences et des arts, T. 1, 1751, p. 416.
3. De JAUCOURT, Art. Zootomie ibid., T. XVII, 1765, p. 744.
4. Voir sur ce point CUVIER (G.). Eloge de Daubenton in Recueil des Eloges historiques. Paris, 1861, T. 1, p. 17 et suivantes.
5. ARISTOTE, Analytiques seconds 71b 9-10 (trad. Tricot).
6. Idem, Les Parties des Animaux 639b 10-15 (trad. Louis).
7. Idem, Ibid., 640a 15-25.
8. Idem, Ibid. 640a 35-640b 5.
9. Idem, Métaphysique th 1050a (trad. Tricot).
10. Idem, Physique, IV, 222b, 18, (trad. Carteron).
11. Les parties des animaux 694b 10-15.

2. – L'ordre des vivants chez Aristote.

1. RUSSEL (E.S.), o.c. p. 14 – LOVEJOY (A.O.), The great Chain of Being (1936), New York 1965, p. 55 et surtout DAUDIN (H.), de Linné à Jussieu. Méthodes de la classification et idée de série, Paris, 1926, p. 81.
2. ARISTOTE, De l'âme, 415b 5-15 (trad. Tricot).
3. Idem, Les parties des animaux, 645b 15-20.
4. Météorologiques, 389b 30-390a 15 (Tricot).
5. Idem, Les parties des animaux, 646a 10-646b 10.
6. Idem, De l'âme, 413a 20-413b 25.
7. DAUDIN (H.), Ibid., p. 83.
8. Idem, Ibid. p. 87.
9. Passage signalé par RUSSEL, Ibid. p. 16 et DAUDIN, Ibid. p. 88.
10. Les précédentes remarques sont reprises de DAUDIN, Ibid. p. 81-92, qui développe ces arguments et fournit la documentation correspondante en note.

11. ARISTOTE, Les parties des animaux, 644b 20-645a 20.
12. Idem, Ibid., 686a 25-30.
13. Idem, Ibid. 686b 1-687a 5.
14. Idem, Ibid. 686b 5-687b 5.
15. Idem, Histoire des Animaux 494a 20-30 (Tricot).
16. Idem, Ibid. 494b 20-25.
17. Voir sur ce point le texte de RUSSEL, Ibid. p. 6-10.
18. C'est la conclusion de Daudin (H.), p. 91-92.
19. ARISTOTE, Histoire des Animaux 588a 10-589a 10.

3. – La production et l'ordre du monde.

1. Le rapprochement entre âmes et idées effectué par Lovejoy, (Ibid. p. 48) qui tend à identifier le Démiurge et le Bien, est peu convaincant, et ne permet pas de comprendre la facilité avec laquelle les éléments mythiques de la théologie vont investir la hiérarchie platonicienne des âmes.
2. PLATON, Alcibiade 130c-131e ; République 589a, textes cités par GOLDSCHMIDT (V.), La religion de Platon, Paris, 1949, p. 68.
3. FOESIUS (A), Oeconomia Hippocratis (1588), Genève, 1662, p. 415.
4. PLATON, Phédon 80b cité par Goldschmidt, Ibid. p. 52-53.
5. GOLDSCHMIDT, Ibid. p. 53. Réf. FESTUGIERE (A.J.), Contemplation et vie contemplative selon Platon, Paris, 1936, p. 114.
6. GOLDSCHMIDT, Ibid. p. 69 ; sur le rôle intermédiaire de l'âme entre physique et métaphysique, voir aussi ROBIN (L.), Etudes sur la signification et la place de la physique dans la philosophie de Platon (1918), in ROBIN (L.), La pensée Hellénique des origines à EPicure, 2ème édition, Paris, 1967, p. 286-289.
7. GOLDSCHMIDT, Ibid. p. 49.
8. PLATON, Philèbe 30c-e.
9. GOLDSCHMIDT, Ibid. p. 61.
10. PLATON, Timée 29d-31b (Rivaud).
11. ROBIN (L.), La Pensée grecque, Paris, 1923, p. 256.
12. PLATON, Timée 48e-49a.
13. Idem, Ibid. 46 d.
14. Idem, Ibid., 34b-c.
15. Idem, Ibid. 39d.
16. Idem, Ibid. 41e-42d.
17. Idem, Ibid. 90e-92c.
18. Idem, Ibid. 39e.
19. Idem, Epinomis 981b-986a (trad. Des Places).
20. Genèse XXVIII 11-13.
21. PHILON. De Somniis - cité et traduit par BREHIER (E.). Les idées philosophiques et religieuses de Philon d'Alexandrie, 3ème éd. Paris, 1950, p. 126-127 (extraits).
22. BREHIER, Ibid. p. 128-129.
23. Sur le rôle des concepts de continuité et d'homogénéïté dans la Physique stoïcienne, voir SAMBURSKY, Physics of the Stoïcs, London, 1959.
24. CHENU (M.D.), La théologie au XIIème siècle, 2ème éd. Paris, 1966, p. 33, 130.

4. – La hiérarchie céleste.

1. Voir GILSON (Et.), Le Thomisme, Paris, 1927, p. 304.

2. CHENU (M.D.), Ibid. p. 33, 129.
3. PLOTIN, Ennéades, Trad. Bréhier I, Paris, 1954, p. 39.
4. Idem, Ibid. II, 1964, p. 121.
5. Idem, Ibid. V, 1967, p. 33.
6. Voir LOVEJOY, Ibid. p. 61-66.
7. PLATON, Timée, 77a-b.
8. Idem, Timée, 60b-61c.
9. PLOTIN, Ennéades. II. Ibid. p. 38.
10. Note de Bréhier au paragraphe précédent.
11. ARISTOTE, Métaphysique L, 1075a, 10-15.
12. AUGUSTIN, De Civitate Dei, XII 2, cité par GILSON (Et.). Introduction à l'étude de saint Augustin, 4ème éd. Paris, 1969, p. 275.
13. GILSON, Ibid. p. 276-281.
14. CHENU, Ibid. p. 33. En ce qui concerne la datation des écrits attribués à Denys, voir les polémiques surgies dès le XVIIIème siècle in Sancti Dionysii opera omnia quae exstant, Venise, 1746 T. II 2ème partie, Anonymi scriptoris problema, p. 325-418. Ils remontent au Vème siècle.
15. CHENU, Ibid. p. 129, note 2.
16. DIONYSIUS, De Caelesti Hierachia III i ibid. 28 c.
17. Idem, De divinis Nominibus XI 2 ibid. 514a-515a.
18. Ibid. I i, ibid. 283b-284d.
19. PACHYMERE, Paraphrasis, in DIONYSIUS, De Caelesti Hierarchia I, ibid. 6b-c ; DIONYSIUS, de Ecclesiastica Hierarchia I i ibid. 153b-154c.
20. Idem, Ibid. V 6, ibid. 245-246c.
21. Idem, De divinis Nominibus IV 2-3 ibid. 356a-357a.
22. De Caelesti Hierarchia XV 3 ibid. 1401-141a.
23. BONAVENTURE, Breviloquium II i, i - cité par GILSON, ibid. p. 151, note 1.
24. DIONYSIUS, De Caelesti Hierarchia, VI, ibid. 49-50 et X, 94-95.
25. GILSON (Et.), Le Thomisme, Ibid. p. 141-142.
26. Sagesse, XI, 20 - AUGUSTIN, De Genesi ad litteram, IV, 7-12.

5. – *Formes substantielles et espèces.*

1. Sur le développement de la pensée de Leibniz à travers sa biographie,voir BELAVAL (Y.), Leibniz, initiation à sa philosophie, 3ème éd. Paris, 1969.
2. LEIBNIZ, Lettre à Remond, 10 janv. 1714 in Gerhardt, Ibid. T. III, p. 606, texte signalé par BOUTROUX (E.), Introduction in Lebniz, la Monadologie, 2ème éd. Paris, 1881, p. 3.
3. Idem, Disputatio metaphysica de Principio individui 1663 in Gerhardt, Ibid. T. IV, p. 15-26. BELAVAL, Ibid. p. 36-38.
4. BELAVAL, Ibid. p. 68, « Le monde est l'horloge de Dieu ».
5. LEIBNIZ, Hypothesis Physica nova 1671 – Theoria motus concreti paragraphe 10. Gerhardt, Ibid. IV, p. 184.
6. Idem, Lettre à Thomasius 6 oct. 1668. Gerhardt I p. 11 ; voir aussi p. 13 « pulcherrimam scalam ».
7. Idem, Hypothesis Physica nova, Ibid., paragraphe 12. Gerhardt IV, p. 184.
8. Idem, Lettre à Conring s.l.n.d. Gerhardt I p. 173-174 et l'Hypothesis physica nova ; voir BELAVAL, Ibid. p. 68-69.
9. Idem, Texte VIII de la Scientia generalis Gerhardt VIII, p. 153.
10. BELAVAL, Ibid. p. 95.
11. Idem, Ibid. p. 99.

12. Idem, Ibid., p. 200-202.
13. LEIBNIZ, Eclaircissement sur les Natures Plastiques, et les Principes de Vie et de Mouvement, par l'Auteur du Système de l'Harmonie Préétablie, Gerhardt VI, p. 548.
14. Idem, Lettre à Des Bosses 4 Oct. 1706, Gerhardt II, p. 319.
15. Idem, Ibid. p. 320 ; BELAVAL, p. 225-230.
16. THOMAS D'AQUIN, Compendium theologiae, cap. 123, in Opuscula omnia, 1656, p. 154.
17. Idem, Ibid. cap. 124, p. 154.
18. Voir LE BLOND (J.M.), Logique et Méthode chez Aristote (1939), 3ème éd., Paris, 1973, p. 346-372.
19. BREHIER (E.), La philosophie de Plotin, Paris, 1928, p. 48 ; PLOTIN, Ennéades III 4. 3.
20. BREHIER, Ibid. p. 191.
21. JEAN DE LA CROIX, Le Degré du Mont Carmel, La Nuit Obscure, et la Vive Flamme d'Amour, Trad. franc. Gaultier. Paris, 1621, 3ème Partie p. 134-138.
22. LEIBNIZ, Lettre à Bayle, Gerhardt III, p. 72.
23. BELAVAL, Ibid. p. 204, et DAUDIN, Ibid. p. 95.
24. LEIBNIZ, Lettre à l'Electrice Sophie, 6 Fev. 1706, Gerhardt, VII, p. 568.
25. Idem, Considération sur les Principes de Vie et sur les Natures Plastiques, par l'Auteur du Système de l'Harmonie préétablie, Gerhardt, VI, p. 545.
26. Nouveaux Essais sur l'entendement par l'auteur de l'Harmonie Préétablie, Liv. III, chap. 3. Gerhardt V, p. 266.
27. Idem, Ibid., p. 268.
28. Idem, Ibid., p. 269.
29. Idem, Ibid. Liv. III, chap. 6, p. 284. Les propositions qui suivent sont également tirées de ce chapitre (Gerhardt V, p. 283-309).
30. Idem, Ibid. Liv. IV, Chap. 16, Gerhardt p. 453-454.
31. Idem, Ibid. p. 455.
32. Idem, Ibid. Liv. III, Chap. 6, p. 296.
33. Idem, Lettre à Th. Burnett, 17/27 jui. 1696, Gerhardt III, p. 184.
34. Idem, Protogée, Trad. Bertrand de Saint-Martin. Paris, 1859, p. 66.
35. Idem, Nouveaux essais, Ibid. Liv. IV, C. 16. Gerhardt V, p. 453.

6. – Les Animaux.

1. CUVIER (G.), Mémoire sur les Cephalopodes et sur leur anatomie, in Mémoires pour servir à l'Histoire et à l'anatomie des mollusques. Paris, 1817, 1er mémoire, p. 42.
2. BONNET (Ch.), Contemplation de la Nature (nouv. éd. corr. et aug.). Hambourg, 1782, T. I, Préface p. XIX.
3. Idem, Ibid. p. 51 (part. II, chap. 9).
4. Idem, Ibid. p. 53 (part. II, chap. 11).
5. DAUDIN, Ibid. p. 125-132.
6. Voir plus loin, Chapitre III.
7. DAGOGNET (F.), Le catalogue de la vie. Paris, 1970, p. 107.
8. DAUDIN, Ibid. p. 105-110.
9. PALLAS (P.S.), Elenchus Zoophytorum, 1766, Intr: p. 5, cité par DAUDIN, Ibid. p. 164 ; appréciation de Pallas, p. 163-166.
10. DAUDIN, Ibid. p. 168-169.
11. Idem, Ibid., p. 171.

12. LEIBNIZ, Nouveaux essais... liv. III, Chap. 6, paragraphe 12. Gerhardt V, p. 286.
13. GUETTARD, Mémoires sur différentes parties des sciences et des arts. T. IV, 1783, 1er mémoire : sur plusieurs corps marins fossiles de la classe des coraux, p. 52 – Mêmes conclusions : Ibid: T. V, 1783, 9ème Mémoire : sur les Belemnites, p. 216, etc.
14. DAUBENTON (J.M.), Histoire naturelle des Animaux, T. I. Introduction p. IV ; Les trois règnes de la Nature, p. XI-XV in Encyclopédie Méthodique, Paris-Liège, 1782.
15. Idem, Ibid. p. III.
16. Idem, Règne animal, Ibid. p. XVI-XVIII.
17. Idem, Art. Quadrupèdes, Ibid. p. 257-258.
18. Voir sur ce point les analyses critiques de OEHME (C.J.), De serie corporum naturalium continua, Lipsiae, 1772 in LUDWIG (C.F.), Delectus opusculorum ad scientiam naturalem spectantium, Lipsiae, 1790, p. 10-11 ; voir l'ensemble du mémoire : Ibid. p. 1-22.

7. – Du simple au complexe.

1. DAUDIN, Ibid. p. 89, p. 96-98, p. 104-105.
2. FERNEL (J.), De Abditis Rerum Causis cap. III in Opera, 1566 p. 501.
3. SENNERT (D.), De Chymicorum cum Aristotelicis et Galenicis consensu ac dissensu, 1619 cap. XI in Opera, Lyon, 1556, T. I, p. 220.
4. Idem, Ibid. p. 215-216.
5. Idem, Ibid. p. 221.
6. Idem, Hypomnema Physicum, I, cap. 6 ibid. p. 109.
7. BACON (F.), De dignitate et augmentis scientiarum, liv. IV cap. 2 in Opera Omnia, Francfurt am Main, 1665 col. 103 ; trad. Buchon. Oeuvres, Paris, 1836, p. 109.
8. Idem, De sapiente Veterum cap. XXVI. Prometheus sive status hominis, ibid. p. 1281 ; trad. Buchon, ibid., p. 566-567.
9. BUFFON, Histoire des Minéraux. Art. De la figuration des minéraux.
10. GLISSON (F.), Tractatus de Natura substantiae energetica seu de Vita Naturae, London, 1672, cap. IV, p. 50.
11. HERDER (J.G.), Ideen zur Philosophie der Geschichte der Menschheit, Ister Theil, Buch I Leipzig s. d. T. III, p. 23.
12. Ibid. III 2, p. 68-75.
13. Ibid. V 6, p. 154-159.
14. KANT (E), Critique du Jugement, 2ème Partie, paragraphe 80, trad. Gibelin, Paris, 1946, p. 218-219.
15. Idem, Compte rendu de Herder « Idées en vue d'une philosophie de l'Histoire de l'Humanité, 1785, in KANT, La philosophie de l'Histoire, trad. Piobetta, Paris, 1947, p. 110.
16. KIELMEYER (C.F.), Ueber die Verhältnisse der organischen Kräfte unter einander in der Reihe der verschiedenen Organisationen, die Gesetze und Folgen dieser Verhaältnisse – Rede II fev. 1783 Tubingen 1814, p. 5-6 ; trad. DROZ (G.) : Kielmeyer (C.F.) : les notions d'organisme et de développement d'après son discours de 1793. Mémoire dact. Inst. Hist. Sciences, Paris, 1963, p. 21.
17. Idem, Ibid. p. 7. Droz, p. 22.
18. CUVIER (G.), Leçons d'anatomie comparée, T. I, Paris an VIII, p. 18 : Chacun d'eux peut être considéré comme une machine partielle, coordonnée à toutes les autres machines dont l'ensemble forme le monde ».
19. KIELMEYER, Ibid. p. 13. Droz, p. 25.

20. Idem, Ibid., p. 42-43. Droz, p. 39.
21. Idem, Ibid. p. 38-39. Droz, p. 37.
22. HUME (D.), Dialogues sur la religion naturelle (1751). Trad. David (M.), Paris, 1964, p. 156.
23. KIELMEYER, Ibid. p. 46. Droz, p. 39-40.
24. Idem, Lettre à Cuvier, 1801, Trad. Droz ibid. p. 17-19.
25. AUTENRIETH (J.H.F.), Supplementa ad historiam embryonis humani quibus accedunt observata quaedam circa palatum fissum, verosimilimamque illi medendi methodam, Tubingen, 1797, p. 20-22.
26. MECKEL (J.F.), Traité général d'Anatomie comparée, Trad. Riester et Sanson. T. I. Paris, 1828, paragraphe 128, p. 531-533 ; ARISTOTE, Génération des animaux, 758 a 33-36 ; HARVEY (W.), Exercitationes de generatione animalium 1651, Trad. Willis, 1847, ex. 18, p. 251.

8. – La différenciation.

1. LINK (H.F.), Beyträge zur Naturgeschichte, T. I Rostock-Leipsig, 1894, p. 17 et 77.
2. KANT (E), Critique du Jugement, 2ème part. paragraphe 76. Ibid. p. 206.
3. BUFFON, De l'Homme, De la nature de l'homme, in Histoire naturelle etc. T. VIII p. 354 (éd. Richard).
4. D'ALEMBERT (J.), Art. Différence et Différentiel, in Encyclopédie, t. IV, 1754, p. 984-989.
5. FORMEY, Art. Différence, Ibid. p. 984.
6. Par exemple, chez DU PETIT THOUARS, Sur l'enchaînement des êtres (1788), in Mélanges de Botanique, Paris, 1811, p. 10 (A propos de la Chauve-souris) « sans nous arrêter à sa forme et à l'espèce même de ses ailes qui la différencient des autres volatiles... ».
7. SCHELLING (F.W.), Einleitung zu dem Entwurf eines Systems der Naturphilosophie (1799), in Werke (Schroter), München, 1927 (1965), T. II, p. 272. Sur les rapports entre philosophie de la Nature et philosophie transcendantale, voir TILLIETTE (X.), Schelling, une philosophie en devenir. Paris, 1970, T. I, p. 127-132 et 172-177.
8. TILLIETTE (X.), Ibid. p. 138.
9. Idem, Ibid. p. 144.
10. KANT (E), Premiers principes métaphysiques de la science de la nature (1786), Trad. Gibelin, Paris, 1952, Chap. 2, Théorême 5, Démonstration, p. 70-71. Voir VUILLEMAIN (J.), Physique et métaphysique kantiennes, Paris, 1955, p. 155-169.
11. KANT (E.), Ibid. p. 77.
12. TILLIETTE, Ibid. p. 162-163 ; SCHLANGER (J.), SCHELLING et la réalité finie, Paris, 1966, p. 73-76.
13. SCHELLING (F.W.), Erster Entwurf eines Systems der Naturphilosophie (1799), in Werke. Ibid. II, p. 33, 42-43 ; voir aussi SCHLANGER, Ibid. p. 65-66 ; à propos des tourbillons, SCHELLING, Einleitung ibid. p. 289 et TILLIETTE, ibid. p. 177.
14. SCHELLING, Ibid. p. 260, p. 223.
15. Schelling présente les lois de Kepler dans l'ordre réel de leur énonciation : la proportionnalité du carré des aires au temps est la 1ère loi découverte ; voir Taton éd., Histoire générale des sciences, T. II. La science moderne, Paris, 1958, p. 281 (art. de G. Walusinski).
17. SCHELLING, Fernere Darsetellungen ibid. p. 494.

18. Voir sur ce point KOYRE (A.), La révolution astronomique, Paris, 1961, p. 230-241.
19. TILLIETTE, Ibid. p. 140.
20. Ce terme, absent des Ideen zu einer Philosophie der Natur (1797), apparaît dans les Zuzätze de la 2ème édition de 1803.
21. TILLIETTE, Ibid. p. 324-325.
22. SCHLANGER, Ibid. p. 117.
23. SCHELLING, Fernere Darstellungen, Ibid. p. 510.
24. Idem, Ibid. p. 517.
25. SCHELLING, Ideen zu einer Philosophie der Natur (1803), Ister Erganz. p. 155 ; voir aussi p. 172 (forme verbale).
26. Idem, Ibid. p. 196.
27. SCHLANGER, Ibid. p. 56-58 ; p. 145-146.
28. TILLIETTE, Ibid. p. 168.
29. SCHELLING, Erster Entwurf, Ibid. p. 61 ; TILLIETTE, p. 165.
30. SCHELLING, Ibid. p. 240, 251 ; SCHLANGER p. 87-92.
31. SCHELLING, Ibid. p. 160.
32. Idem, Ibid. p. 195 note.
33. Idem, Ibid. p. 199-203.
34. Idem, Ibid. p. 62 note I.
35. Idem, Ibid. p. 64.
36. TILLIETTE, Ibid. p. 533.
37. Idem, Ibid. p. 346-347.
38. Idem, Ibid. p. 403, p. 599.
39. Idem, p. 205 – Texte de SCHELLING : System des transzendentalen Idealismus (1800), ibid. p. 490.
40. SCHELLING, Ibid. p. 494.
41. SCHELLING, Cit., Trad. Tilliette, p. 352.
42. TILLIETTE, Ibid. p. 352 note 27 avec référence à Philon. Voir en particulier PHILON, De Plantatione Noe, in Opera 1613 p. 167.
43. Voir COURTES (F.), La raison et la vie. Paris, 1972, p. 38-42.
44. KIESER (D.G.), Commentatio physiologica de anamorphosi oculi Goettingen, 1804, p. 9.
45. KIESER, Ibid. p. 13-14.
46. OKEN (L.), Lehrbuch der Naturphilosophie, T. I, Iéna, 1809, paragraphe 472-473, p. 144 ; paragraphe 525, p. 160. Polarität et Differenz-Indifferenz semblent suffire à la description cosmogénique la plupart du temps.
47. OKEN, Ibid. T. II 1810 paragraphe 845 p. 15.
48. WALTHER (PH.F.), Physiologie des Menschen mit durchgangiger Rücksicht auf die comparative Physiologie der Thiere, T. I Landshut, 1807, paragraphe 68, p. 109.
49. HEUSINGER (C.F.), Berichte von der königlichen zootomischen Anstalt zu Würzburg, Erste Bericht für das Schuljahr 1824-1825, Würzburg, 1826, paragraphe 6, p. 12.
50. HEUSINGER, Ibid. paragraphe 3, p. 10.
51. OKEN (L.), Ueber das Universum als Fortsetzung des Sinnessystems Iena, 1808, p. 6-8, p. 45.
52. Idem, Lehrbuch. Ibid. III, 1811, p. 35-38.
53. Idem, Ibid. II, 1810, paragraphe 817, p. 10.
54. GORRES (J.), Exposition der Physiologie-Organologie Koblentz, 1805, p. 4, p. 8 note, p. 148-149.
55. MECKEL (J.F.), Ueber den Charakter der allmähligen Vervoll-kommung der Organisation oder den Unterschied zwischen den höheren und niedern Bildungen. In

Beyträge zur vergleichende Anatomie, Zweider Band Helt I Leipzig, 1811, p. 64.
56. Idem, Ibid. p. 67-68.
57. Idem, Ibid. p. 123.
58. OKEN (L.), Die Zeugung, Bamberg-Würzburg, 1805, p. 2, 19, 103, etc.
59. MECKEL (D.A.), Ueber die Ahnlichkeit zwischen den Genitalien und dem Darmcanale, In MECKEL (J.F.), Ibid. Heft 2, Leipzig, 1812, p. 2-12.
60. MECKEL (J.F.), Handbuch der menschlichen Anatomie, 1816, Trad. Breschet et Jourdan : Manuel d'Anatomie générale, descriptive et pathologique, T. I, Paris, 1825, p. 15-16.
61. Ibid. p. 43-44.
62. Sur ce point, nous ne suivrons pas les auteurs de Thales. Du Développement à l'évolution. Paris, 1960, p. 12-13, mais plutôt DARESTE (C.), Recherches sur la production artificielle des monstruosités, ou Essais de Tératologie expérimentale, Paris, 1877, p. 25 texte et note, p. 107 note 2. Dareste souligne que Meckel réfère explicitement toutes les transformations des êtres vivants à une force interne, ce qui exclut la présence de structures matérielles dans le germe, supposées par le préformationnisme. Voir MECKEL, Traité d'anatomie comparée, Trad. Riester et Sanson, T. I, Paris, 1828, p. 449.
63. MECKEL, Ibid. p. 64.
64. Idem, Ibid. p. 128.
65. Idem, Ibid. p. 357-358.
66. Idem, Ibid. p. 297.
67. Idem, Ibid. p. 612-613.
68. Idem, Ibid. p. 4.

NOTES DU CHAPITRE II

I.– Cuvier.

1. CUVIER (G.), Leçons d'Anatomie comparée, T. I, Paris an VIII, p. 1.
2. Idem, Histoire des progrès et des sciences naturelles depuis 1789 jusqu'à ce jour, T. I, Paris, 1834, p. 308-309.
3. Idem, Discours prononcé par le citoyen Cuvier à l'ouverture du Cours d'Anatomie comparée qu'il fait au Museum National d'Histoire Naturelle pour le citoyen Mertrud – Magasin Encyclopédique T. V an IV (1975), p. 151-153 ; Lettre à Mertrud in Leçons. Ibid. p. III-IV.
4. C'est l'orthographe du terme proposé par De Candolle lui-même.
5. CAMPER (P.), Description anatomique d'un éléphant mâle, publiée par Camper (A.G.), in Oeuvres etc. R. II, p. 62-64.
6. CUVIER (G.), Lettre du 17 Nov. 1788, in Lettres à Pfaff (C.M.) éd. Marchant, Paris, 1858, p. 71-72.
7. Ibid. p. 71. – voir le commentaire fait de ce texte par DAUDIN (H.), Classes zoologiques et l'idée de série animale, Paris 1926, p. 58 n. 2, où il conteste l'interprétation génétique de Von Baer fondée sur l'idée de gradation, au profit d'une insistance sur les rapports fonctionnels des êtres, sans que les formes en soient nécessairement dérivées.

8. BERNARDIN de SAINT-PIERRE, Etudes de la Nature, 1784 – Voir Oeuvres, éd. Aimé-Martin (L.), Paris, 1840 T. I. Convenance p. 152, p. 260, etc. ; Compensation p. 202 sq ; et enfin le concept majeur de consonance, p. 283 sq. Chez BERNARDIN de SAINT-PIERRE, l'Economie désigne un plan architectural et un ordre musical.
9. CUVIER (G.), Lettres du 31 déc. 1790 et du 19 fév. 1791, in Lettres à Pfaff, Ibid. p. 198 et 212.
10. CUVIER (G.), Lettres ud 31 déc. 1790 et du 19 fév. 1791, Ibid. p. 198 et 212.
11. Idem, Le règne animal distribué d'après son organisation pour servir de base à l'Histoire Naturelle des Animaux et d'introduction à l'Anatomie comparée, Paris, 1817, p. VII.
12. Idem, Lettre du 19 fév. 1791, Ibid. p. 217.

2. – Economie et Anatomie.

1. CUVIER (G.). Leçons d'Anatomie comparée. Ibid. p. 1.
2. Idem, Ibid. p. 3.
3. Idem, Ibid. p. 5-6.
4. Idem, Ibid. p. 7-9.
5. Par histoire, il faut entendre ici science descriptive. Ibid. p. 9.
6. Idem, Ibid. p. 47.
7. Idem, Ibid. p. 45-60.
8. BACON (F.), Novum Organum, 1620 Liv. II.
9. CUVIER, Ibid. p. 54.
10. Idem, Ibid. p. 9-10.
11. Idem, Ibid. p. 56.
12. Idem, Ibid. p. 58.
13. Idem, Tableau élémentaire de l'Histoire Naturelle des Animaux, Paris, an VI, p. 17.
14. Idem, Leçons, Ibid. p. 58-59.
15. Idem, Lettre à Lacépède p. XVIII in Leçons d'Anatomie comparée T. III an XIV – 1805. – Texte cité par CANGUILHEM (G.), La constitution de la Physiologie comme science. In KAYSER (Ch.), Physiologie, T. I, 2ème éd., Paris, 1970, p.13, n. 1. Ce texte montre chez Cuvier l'affranchissement de la physiologie par rapport à la déduction anatomique, caractéristique d'une méthodologie dont le principal représentant est Haller.

3. – L'Origine de l'Economie.

1. Voir B. BALAN, Premières recherches sur l'origine et la formation du concept d'économie animale, in Revue d'Histoire des Sciences, 1975 – XXVIII/É, p. 289-326.
2. Article Oeconomie animale, Encyclopédie, T. XI, 1765, p. 360.
3. L'identification de l'Economie animale comprise comme science avac la Physiologie est fréquente et attestée en particulier par HALLER (A. Von), Elementa Physiologia, T. I, Préface, p. 11, 1757.
4. BORELLI (J.A.), De Motu Animalium, Naples 1784, p. 297.
5. CHARLTON (G.), Exercitationes Physico-Anatomicae De Oeconomia animali (Novis in Medicina Hypothesibus superstructa et Mechanice explicata), Amsterdam, 1653, Dedicace p. 3-4. – HARVEY (G.), Exercitatio Anatomica de Motu Cordis et Sanguinis,

1628, Lettre dédicace au Prince Charles, in Works, éd. Willis (R.), 1847, p. 3-4.
6. PLATON, Phèdre 256 c.
7. EPICTETE, Entretiens.
8. Voir sur ce point BREHIER (E.), Chrysippe et l'Ancien Stoïcisme. Paris, 1951, p. 34 note 2 – VON ARNIM, Fragmenta Veterum Stoïcorum, IV art. Oikonomia.
9. ARISTOTE, (Pseudo) De Mundo, VI 400b 30.
10. Idem, Métaphysique, L. XII, Chap. 10.
11. Idem, Histoire des Animaux, Liv. IX, Chap. XXXVIII 622a.
12. Idem, Politique I, chap. 4, 5, 6, 13 (Casaubon éd., 1590, 179e, 180b, 181c, 186d-e ; textes signalés par M. Canguilhem). Sur la place des schèmes biologiques chez Aristote, voir LE BLOND (J.M.). Logique et Méthode chez Aristote, 3ème éd. Paris, 1973, p. 360.
13. DIOGENE LAERCE, VII 85 – VON ARNIM, III, p. 43, 14-15.
14. PHILO Judaeus, Opera exegetica, éd. Hoeschel, Cologne, 1613, 623e-f (De specialibus Legibus).
15. Voir mon article, p. 316 et n. 98.
16. Voir BREHIER (E.), Les idées philosophiques et religieuses de Philon d'Alexandrie, Paris, 1950, p. 293.
17. HIPPOCRATE, Epidémies, VI, sect. 2, paragraphe 33 – GORRAEUS (De GORRIS Jean), Definitionum medicarum Libri XXIV, in Opera, Paris, 1622, p. 442.
18. GALIEN, Opera, éd. Kuhn, T. XVII, 1ère Part., p. 995-1001.
19. Idem, Ibid. p. 403.
20. Idem, In Hippocratis vel Polybi opus de Salubri Victus Ratione, Kuhn, T. XV, p. 234.
21. TATIEN, Oratio adversus Graecos, 12. Migne, Patr. Gr., VI. 831a-b.
22. Voir sur ce point FRIEDRICH (G.), Theologisches Worterbuch zum Neuer Testament, V, p. 154. Les métaphores tirées de la Maison et du Médecin sont regroupées in GLASSIUS (S.), Philologia Sacra, 1623 rééd. Leipzig, 1743, col. 1463, etc. – Sur les rapports du Stoïcisme et du Christianisme, voir JAGU, Saint Paul et le Stoïcisme ; Revue des Sciences Religieuses de Strasbourg, 32-1958, p. 225-250.
23. PAUL, Ephesiens III 8-11.
24. Voir Jean CHRYSOSTOME, sur l'incompréhensibilité de Dieu, Trad. Flacelière, Paris, 1951, p. 56 etc. et p. 262 (p. 263 note du traducteur).
25. AHRWEILER (H.), l'idéologie politique de l'Empire Byzantin, Paris, 1975, p. 133, etc. – Le dernier chapitre de l'ouvrage est consacré aux implications idéologiques et politiques de ce terme.
26. Voir CHANTRAINE, Mystère et Philosophie du Christ selon Erasme, Namur, 1974, p. 299 – référence communiquée par Stauffer (R.).
27. Voir SPANNEUT (M.), Le Stoïcisme des Pères de l'Eglise, Paris, 1957, p. 309 note 57.
28. ARISTOTE, Economiques, liv. I, chap. I.
29. TERTULLIEN, Adversus Praexas, in Opera, Paris, 1664, p. 504.
30. Idem, Ibid. p. 501.
31. Idem, Ibid. p. 504 ; SPANNEUT, Ibid. p. 306-307.
32. Sur la conjonction de ces deus sortes d'unités, voir SCHLOSSMANN : Tertullien im Lichte der Jurizprudenz in Zeitschrift für Kirchengeschichte 27-1906, p. 413-416. Mentionné par Spanneut. Ibid. p. 309, n. 50.
33. SPANNEUT, Ibid. p. 310. – SERVET (M.), De trinitatis erroribus, 1531. Liv. III paragraphe 12.
34. Voir CHENU (M.D.), La théologie au XIIème siècle, 2ème éd., Paris, 1966. Avant propos, p. 12.
35. BEATUS RHENANUS : voir mon article p. 318 note 101.

36. SERVET (M.), Ibid. liv. II, p. 48. Voir mon article p. 310-312.
37. Mon article p. 319-322.
38. Sur ce point, voir WOLFF (E.), Deus Omniformis. Bemerkungen zur Christologie des Michel Servet. In Theologische Aufsätze Karl Barth zum 50. Geburtstag. München 1936, p. 443-466 (art. communiqué par Stauffer (R.).
39. Voir CHENU, Ibid. p. 67, p. 258-273.
40. PAGEL (W.), Paracelse, (1958) trad. 1963, p. 245 ; voir aussi p. 44.
41. OLYMPIODORE, Commentaire sur le livre « de l'Action » de Zozime et sur les livres d'Hermes et des Philosophes, paragraphe 9 in BERTHELOT (M.) et RUELLE, Collection des Anciens Alchimistes grecs, Paris, 1887-1888, p. 73-74 ; – mon article p. 322-323.
42. BACHELARD (G.), La formation de l'Esprit Scientifique, Paris, 1947, p. 46-54, p. 98-102, p. 185-194.
43. DEMOCRITE (Pseudo), Questions naturelles et mystérieuses paragraphe 3, in BERTHELOT, Ibid. p. 43.
44. Chimie de Moïse, Ibid. p. 300-310.
45. ZOZIME, Sur la vertu et l'interprétation, paragraphe 18. Ibid. p. 132.
46. Idem. Livre véritable de Sophe l'Egyptien et du divin Maître des Hébreux et des puissances Sabaoth, paragraphe 1, ibid. p. 213.
47. Philosophe anonyme : Chimie et musique, Ibid. p. 433-441.
48. La grande Heliurgie, Ibid. p. 387-388.
49. HIEROTHEE, Sur l'art sacré, Ibid. p. 451.
50. PAGEL, Paracelse, Ibid. p. 63-64.
51. Idem, Ibid. p. 64-65, p. 72.
52. BREHIER (E.), Chrysippe etc., Ibid. p. 159.
53. DIOGENE LAERCE, VIII 135-136. VON ARNIM, I, 28 1. 26 ; et surtout AETIUS, Plac. I, 7, 33 ; VON ARNIM II 306 1. 19-24.
54. PROCLUS, in PLAT. Parm. V 135 VON ARNIM II 205 1. 28-30.
55. PHILARGYRIUS, ad Verg. Georg. II 336. VON ARNIM I 32 1. 15-18.
56. BREHIER (E.). La philosophie de Plotin, Paris, 1928, p. 52-53.
57. PLOTIN, Ennéades, V 9 paragraphe 6 1. 20-24, trad. Brehier.
58. Ibid., II 9 paragraphe 7 a. 33-39 ibid.
59. LUCRECE, De Natura Rerum, V v. 837-877.
60. AUGUSTIN, De Trinitate, III 13 paragraphe 16, in Opera Paris 1679-1700. T. VIII p. 801 f.
61. PAGEL, Ibid. p. 89, p. 159.
62. PARACELSE: Livre Paragranum, trad. Corceix, in Oeuvres médicales, Paris, 1968, p. 46.
63. Idem, Ibid. p. 79, p. 76.
64. PAGEL, Ibid. p. 102-103.
65. Idem, Ibid. p. 123.
66. Idem, Ibid. p. 117.
67. DORN (G.), Monarchia Physica in Aurora, Thesaurusque Philosophorum, etc., Bâle, 1577, complément p. 84.
68. Idem, In Theophrasti Paracelsi : Auroram Philosophorum, Thesaurum et Mineralium Oeconomiam commentaria, Francfort, 1583, p. 117, p. 157.
69. AUGUSTIN, De Trinitate, III, paragraphe 14. Ibid. p. 800f.
70. SEVERINUS (P.), Idea medicinae philosophicae, Bâle 1571, p. 13-14.
71. Idem, Ibid. p. 36-37, p. 45, p. 48-50, etc.
72. Idem, Ibid. p. 106-107, p. 167-168. Voir aussi SENNERT, Hypomnena physicum, I, cap. 4, in Opera, Lyon, 1656, T. I, p. 107, col. 2 qui cite Scaliger Ex. 6, 5.
73. SEVERINUS, Ibid. p. 131-132.

74. Idem, Ibid. p. 161.
75. Idem, Ibid. p. 92-93.
76. Idem, Ibid. p. 58-59. L'idée d'une sagesse des semences est aussi de Galien ; voir SENNERT, De consensu ac dissensu Galenicorum et Peripateticorum cum Chymicis, cap. 9 in Opera, ibid. p. 201-202.
77. LEIBNIZ, Hypothesis Physica Nova, in Gerhardt, Ibid. IV p. 216. (réf. communiquée par Belaval.).

4. – Economie et Médecine.

1. CUVIER (G.), Extrait d'un rapport sur l'état de l'Histoire Naturelle et sur ses accroissements depuis le retour de la paix maritime, lu le 24 avril 1824, in Recueil des Eloges historiques, T. III, Paris, 1861, p. 274.
2. BACON (F.), De Dignitate et Augmentis Scientiarum, liv. I in Opera, 1645 col. 3 (trad. Buchon p. 18).
3. Voir sur ce point LIMOGES (C.), introduction in LINNE (C.), L'équilibre de la Nature, Paris, 1972, p. 7-22.
4. Voir CANGUILHEM (G.), La constitution de la Physiologie comme science, 1963, in Etudes d'Histoire et de Philosophie des sciences, Paris, 1968, p. 226.
5. VAN HELMONT (J.B.), Ortus Medicinae, Amsterdam, 1648 (rep. Bruxelles 1966), Causae et Initia Naturalium, paragraphe 24 p. 36 ; et Imago Fermenti impraegnat massam semine, p. 111-117 ; voir aussi d'AUMONT art. Ferment in Encyclopédie T. VI-1754 p. 516-517, et art. Fermentation (œconomie animale), ibid. p. 518-526 spéc. 519.
6. Idem, Pylorus rector, paragraphe 17 ibid. p. 229.
7. Idem, Sextuplex Digestio Alimenti Humani, paragraphe 63 ibid. p. 222.
8. Idem, Causa et Initia naturalium, paragraphe 34 p. 37.
9. Idem, Butler, ibid. p.585.
10. COURTIN (G.), Adversus Paracelsi, de tribus principiis, auro potabili totaque pyrotechnia, portentosas opiniones disputatio, Paris, 1579, p. 40-41, p. 57.
11. DURETUS (L.). Hippocratis Magni Coacae Prenotiones, ed. nov., Paris, 1621, p. 147 1.10-14.
12. Voir mon article p. 300-302.
13. DURET, Ibid. p. 148.
14. Par exemple, chez Houllier, Baillou, Liebault, etc.
15. CHARLTON, Ibid. p. 243 (Sagesse XI 20).
16. CORDEMOY, Le discernement du corps et de l'âme en six discours, Paris, 1680, p. 15.
17. Idem, Ibid. p. 112.
18. HOFFMANN (F.), Medicinae rationalis systematicae, T. I Venise 1730, Praefatio, VI ; voir aussi Prologomena, cap. VIII paragraphe X-XV p. 47-50.
19. Idem, Ibid. Lib. I sect. III cap. III paragraphe I scholie p. 278.
20. Idem, Ibid. Lib. I sect. I cap. I paragraphe 8-10 p. 55-56.
21. HIPPOCRATE, De alimento in Opera ibid. I p. 381, 42 ; HOFFMANN ibid. paragraphe 29 p. 62.
22. HOFFMANN, Ibid. Lib. I sect. I cap. IX paragraphe 29 p. 149.
23. Idem, Ibid. Lib. I sect. II cap. I paragraphe 3 p. 156 et cap. II paragraphe 2 p. 160.
24. Idem, Ibid. Lib. III sect. II cap. I paragraphe 14 et sect. I cap. IV paragraphe 46.
25. CANGUILHEM (G.), Machine et Organisme, in La connaissance de la vie, Paris, 1952, p. 126.
26. HOFFMANN, Ibid. Lib. I sect. I cap. I paragraphe 9 p. 56.

27. CANGUILHEM, Ibid. p. 148.
28. HOFFMANN, Ibid. Lib. I sect. II cap. 12 paragraphe 8 scholie p. 237.
29. STAHL (G.E.), Paraenesis ad aliena a medica doctrina arcendum, Halle, 1706, paragraphe XX, in Theoria medica vera, 2ème éd., 1737, p. 51.
30. Idem, Ibid. paragraphe XLVI, p. 60 : « Alia vero incedit natura rerum, vitae auctor, seu potius Animalis natura, vel Anima » (par erreur XXXVI).
31. Idem, Ibid. paragraphe LI p. 62 (par erreur XLI).
32. Ibid. paragraphe XLVIII p. 61 (par erreur XXXVIII).
33. Idem, Ibid. Physiologia, sect. membrum II paragraphe 8 p. 212 « Natura seu Oeconomia animalis ».
34. Idem, Pathologia, Part. Gen. sect. I membrum I art. III paragraphe I ibid. p. 448.
35. Idem, De scriptis suis ad hunc diem schemadiasmatibus vindiciae quaedam et indicia, paragraphe 102 ibid. p. 175.
36. SPANNEUT (M.), Permanence du Stoïcisme, Gembloux 1973, p. 37.
37. STAHL, Disquisitio de mechanismi et organismi diversitate, 1706, paragraphe 97 ibid. p. 42.
38. Idem, Pathologia, Part. Gen. sect. II membrum III paragraphe 3, ibid. p. 468.
39. Sur ce point voir STAHL, De mixti et vivi corporis vera diversitate, paragraphe I-II, ibid. p. 67-73.
40. Voir ALBERTI (M.), Tractatus medica de longaevitate Hominis etc., Halle 1738, constitué de cinq dissertations inaugurales de ses élèves portant sur les moyens de parvenir à une mort naturelle.
41. CHRYSOSTOME (J.). Sur la Providence de Dieu, ed. trad. Malingrey, Paris, 1961, chap. II, 6 p. 62 etc:, chap. XXII, 17 p. 266 etc.
42. Voir sur ce point les analyses de COURTES (F.), la raison et la vie, Paris, 1972, p. 199-203.
43. ALBERTI (M.), Introductio in Medicinae, Halle, 1719, Praefatio, (p. III).
44. GLISSON (F.), Tractatus de Naturae Substantiae energetica seu de vita Naturae ejusque tribus primis facultatibus I perceptiva II Appetitiva III Motiva, Londres, 1672, p. 57, p. 73.
45. WIEGAND, Dissertatio inauguralis medica De vitae et Mortis commercio (Praes. Alberti (M.)), Halle, 1735, p. 14.
46. SIMONDON (G.), l'individu et sa genèse physico-biologique, Paris, 1964, p. 197-266.

5. – *Economie et Physiologie comparée.*

1. BUFFON, Discours sur la nature des animaux, in Oeuvres complètes de Buffon, éd. Richard, Paris, 1834, t. X p. 115.
2. TAUVRY (D.), Nouvelle Anatomie raisonnée, Paris 1698 Préface.
3. BUFFON, Ibid. p. 116 – On peut noter que les mécanistes parleront d'Oeconomie animale parce que les facultés animales sont celles où justement la motricité, donc le mécanisme, joue le plus grand rôle, tandis que les chimistes préfèrent l'Oeconomia vitalis.
4. CUVIER, Leçons d'Anatomie comparée. Ibid. T. I p. II.
5. BUFFON, Ibid. p. 121.
6. BLUMENBACH (J.F.), Kleine Schriften zur vergleichenden Physiologie und Anatomie une Naturgeschichte gehörig (ub. GRUBER), Leipzig, 1800 p. I et p. 61. Ce sont les traductions allemandes des articles parus en latin dans les Commentaires de Goettingen : Specimen Physiologiae comparatae inter animantia calidi sanguinis vivipara et ovipara, 1788, et Specimen Physiologiae comparatae inter animantia

calidi et frigidi sanguinis, 1786, suivies d'un travail sur les variétés des crânes humains.
7. Idem, Ibid. p. 139-142.
8. Idem, Ibid. p. 28-32.
9. Idem, Vorrede. VIII-IX, in NEERGAARD J.W. Vergleichende Anatomie und Physiologie der Verdauungswerkzeuge der Saugethiere und Vögel Berlin 1806.
10. BROUSSONNET (A.), Variae positiones circa respirationem, Montpellier, 1778, in LUDWIG, Delectus opusculorum ad scientiam naturalem spectantium, T. I Leip-Leipzig, 1790, p. 118-123.
11. CUVIER (G), Eloge de Broussonnet, 1808, in Recueil, ibid. T. I p. 215.
12. BROUSSONNET (A.), Mémoire pour servir à l'histoire de la respiration des Poissons, in Mem. Ac. Sc. 1785, p. 182.
13. Idem, Variae positiones ibid. p. 134.
14. Idem, Mémoire ibid. p. 176-177.
15. CUVIER, Leçons ibid. p. 59-60.
16. ARISTOTE, Histoire des Animaux, I, 16 (494b 19-28).
17. OWEN (R.), Préface de HUNTER (J.), Observations sur certaines parties de l'Economie animale, in HUNTER (J.), Oeuvres complètes, trad. Richelot, T. IV, Paris 1841, p. 62 (1766 : An account of an Amphibious Bipes by Ellis, with supplement by Hunter.
18. GOETHE, Uber den Zwischenkieferknochen des Menschen und der Thiere, 1784.
19. HUNTER (J.), Leçons sur les principes de la Chirurgie, Chap. II, in Oeuvres complètes, ibid., T. I, p. 257.
20. Idem, Leçons crooniennes sur le mouvement musculaire, 3ème Leçon, in Oeuvres, ibid. T. IV, p. 330.
21. PLATNER (E.), Quaestionum physiologicarum libri duo, Leipzig, 1794, p. 127-131.
22. HUNTER (J.), Traité du sang, 1ère Part., Chap. I paragraphe 6, Ibid., T. III, p. 139-141.
23. PLATNER, Quaestionum, Ibid. p. 64.
24. BARTHEZ (P.J.), Nouvelle Méchanique des mouvements de l'homme et des animaux, Carcassonne, an VI-1798, Discours préliminaire p. III-IV.
25. HUNTER (J.), Leçons sur les principes de la Chirurgie, Chap. IV, Ibid. T. I, p. 280-281.
26. Idem, Ibid. Chap. VI, p. 301-302.
27. Idem, Traité du sang, 1ère Part. Chap. II paragraphe 4 ibid. T. III, p. 202.
28. Idem, Ibid. p. 211-213.
29. OWEN (R.), Préface. Ibid. p. 52-57.
30. OWEN, Ibid. p. 43.

6. – Economie et Organisation.

1. LAWRENCE (W.), An introduction to comparative Anatomy and Physiology, London, 1816, p. 128-129 ; voir COURTES, La raison et la vie, p. 202.
2. BONAVENTURE, II Sent. cité par GILSON (Et.), La philosophie de Saint Bonaventure, ibid. p. 195 n. 2.
3. VESALE, De Humani corporis fabrica libri septem, Bâle, p. 35, 57, etc.
4. SENNERT, Hypomnemata physica, IV, cap. VII, in Opera, T. I, Lyon, 1656, p. 142.
5. Idem, Ibid. p. 128-150 (cap. VI-XIV).
6. Idem, Ibid. p. 160.
7. CUVIER, Leçons, ibid. p. 9 (supra n. 16).

8. VEIT (D.), Diss. Inaug. de organorum corporis humani tam energia seu activitate interna quam cum organis sociis connexione seu sympathia, Halle, 1797, p. 42-43.
9. Idem, Ibid. p. 6.
10. ROSCHLAUB, Untersuchungen über Pathogenie oder Einleitung in die Medizinische Theorie, Frankfurt am Main, 1798, paragraphe 107 p. 83, paragraphe III p. 87.
11. WOLFF (C.F.), Theorie von der Generation, 1764, rééd. Hildesheim, 1966, p. 162-163.
12. PFAFF (C.F.), Grundriss eine allgemeine Physiologie und Pathologie des menschlichen Köpers, Bd. I, Copenhague, 1801, p. 59-70.
13. Idem, Ibid. p. 14.
14. REIL (J.C.), Ueber die Lebenskraft, in Arch. f. d. Physiol. I-1796, p. 40-44.
15. BONNET (C.), La palingenesie philosophique, etc., Oeuvres, VII, Neufchâtel, 1783, p. 240.
16. LEIBNIZ, Lettre à Lady Masham, in Gerhardt, Ibid. T. III, p. 356.

NOTES DU CHAPITRE III

1. – Le calendrier.

1. ARISTOTE, Histoire des Animaux, IX, I 608b 19-609 a 5 (trad. Tricot).
2. LUCRECE, De Natura Rerum, V, v. 923-924 (Trad. Ernout).
3. Idem, Ibid., V, v. 834-836 et 1276-1280.
4. LUCRECE, Ibid. II v. 1150-1152.
5. MACROBE, Saturnales, I, 22 in Oeuvres Paris, 1845, T. I, p. 263.
6. Idem, Ibid. I, 8, p. 104-107.
7. Idem, Commentaire sur le Songe de Scipion, Liv. II, 10 ibid. T. III, p. 495.
8. Voir LYELL (C.), Principles of Geology, 1ère Part. Chap. 2 Vol. 1, Londres, 1830, (rep. 1969), p. 4-20.
9. D'HOLBACH, Art. Fossile, in DIDEROT et D'ALEMBERT, Encyclopédie, T. VII-1757, p. 209-211 ; voir RUDWICK (M.), The Meaning of Fossils, London-New-York, 1972, p. 49-100.
10. FONTENELLE, hist. Ac. Sc. 1710, p. 19-23 ; concernant l'identification des fossiles comme restes d'être vivants, voir aussi LEIBNIZ, Protogée, Trad. Bertrand de Saint-Germain, Paris, 1859. Le mécanisme de la fossilisation est interprété par Leibniz grâce à un modèle technologique : la fabrication par les orfèvres d'une araignée en argent par inclusion dans un moule et calcination d'une araignée véritable, puis injection de métal fondu (p. 48-49).
11. BERNARD (C.), Leçons sur les phénomènes communs aux animaux et aux végétaux, Paris, 1878, rep. 1966, p. 333-334.
12. Idem, Ibid. p. 332, p. 342.
13. Pour Guettard comme pour la plupart de ses contemporains, c'est la connaissance qui est essentiellement finie : le réel est indéfini, et par conséquent, lui échappe en tant qu'il dépend de la cause infinie, Dieu. Voir : Mémoires, etc., T. IV-1783, Second Mémoire : Sur les Eponges, p. 120-121.
14. Un exposé des conceptions qui ont fleuri au XVIIIème siècle et au début du XVIIIème siècle sur la nature et les fonctions du Déluge du point de vue géomorphologique

est fourni par DAVIES (G.L.), The Earth in Decay. A History of British Geomorphology 1578 to 1878, London, 1968, Chap. III, p. 63-64. Mais rappelons aussi BUFFON, Théorie de la Terre, Preuves art. II à V.

15. Genèse, VI 19 : « De tout ce qui vit, de toute chair, tu feras entrer dans l'arche deux de chaque espèce, pour les conserver en vie avec toi : ce sera un mâle et une femelle ».
16. BUFFON, Théorie de la terre, Preuves, art. IV, éd. Richard T. I, p. 171-175.
17. Idem, Ibid. art. V, p. 184.
18. Voir l'article « Chronologie » in Encyclopédie, T. III-1753 p. 390-400. Pour l'enjeu de la chronologie : LEPENIES (W.), Das Ende der Naturgeschichte, München-Wien, 1976 p. 9-20. Die Krise der Chronologie.
19. Article : Chronologique (Machine), in Encyclopédie, Ibid. p. 400-401.
20. FONTENELLE, Eloge de Bianchini, cité dans l'article Chronologie, ci-dessus.
21. Voir sur ce point HOOYKAAS (R.), Continuité et discontinuité en Géologie et Biologie, Trad. franc. Paris, 1970, p. 258-267 (spéc. 264) ; pour les rapports entre temps historique et pensée chrétienne : HABER (F.C.), The Age of the World, Moses to Darwin. Baltimore, 1959, p. 11-13.
22. Voir un exposé plus complet de ces mouvements de pensée dans RUDWICK, Ibid. p. 93 et note 57 ; mieux encore : DESMAREST (N.), Géographie Physique, In Encyclopédie Méthodique, T. I an III art. Ferner p. 132 ; pour les discussions ayant pour objet le mouvement de la mer, voir art. Linné etc.
23. CELSIUS (A.), Observations sur la diminution des eaux de la mer dans la Baltique ainsi que dans l'Océan (1743), in Recueil de Mémoires les plus intéressantes de Chimie et d'Histoire Naturelle contenus dans les Actes de l'Académie d'Upsal et dans les Mémoires de l'Académie Royale des Sciences de Stockholm, publiés depuis 1720 jusqu'en 1760. Paris, 1764, T. I, p. 112 paragraphe I.
24. Idem, Ibid. p. 114 paragraphe 2 sq.
25. Idem, Ibid. p. 119 paragraphe 19 sq.
26. Idem, Ibid. p. 124 paragraphe 26.
27. Idem, Ibid. p. 125 paragraphe 27.
28. LINNE (C.), Discours sur l'accroissement de la Terre habitable, 1744, in L'équilibre de la Nature. Paris, 1972, p. 31 paragraphe 16.
29. Idem, Ibid. p. 34 paragraphe 33 (2 700 pieds).
30. DE MAILLET, Telliamed ou Entretiens d'un Philosophe indien avec un Missionnaire français sur la diminution de la mer, la formation de la terre, l'origine des hommes, etc. Amsterdam, 1748, T. II, p. 52-53.
31. Idem, Ibid. p. 54.
32. Concernant l'extension de la dimension temporelle, Rudwick signale (p. 92-93) que la difficulté du débat portait sur la possibilité de réanimer l'éternalisme aristotélicien au moyen d'une semblable extension, dans la mesure où une étendue indéfinie du temps présente le danger de rejoindre l'infini de l'éternité. Nous verrons l'éternalisme resurgir à la fin du siècle en Géologie et en Philosophie, mais principalement sous la forme d'une succession des révolutions et des mondes, c'est-à-dire des cycles stoïciens.
33. BUFFON, Preuves de la Théorie de la Terre. Art. I Formation des Planètes. RICHARD T. I p. 135. Buffon connaissait le Mémoire de Leibniz paru en janvier 1693 dans les Acta Eruditorum de Leipzig ; la Protogée ne sera publiée qu'en 1749, alors que le premier volume de l'Histoire Naturelle est sorti. L'origine cartésienne de l'hypothèse est indiquée par LEIBNIZ, Protogée, ibid. p. 4.
34. Cette hypothèse géogénique est seconde par rapport à une première formulation de l'Histoire et de la Théorie de la Terre, d'où se trouve exclu tout système cosmogonique (BUFFON, Second Discours : Histoire et Théorie de la Terre. RICHARD

T. I p. 80) ; Buffon y rapporte l'ordre visible sur la surface de la Terre à un mouvement de la mer, d'Orient en Occident (ibid. p. 98), et à la baisse du niveau de celle-ci par l'effondrement d'une vaste caverne intérieure (ibid. p. 109), où à des tremblements de terre qui auraient ouvert les isthmes (ibid. p. 110-116), et enfin au volcanisme et à l'érosion (ibid. p. 118 & 123). Ce discours est daté de 1744, quoique publié en 1749.

35. Idem, Ibid. p. 81-82.
36. Idem, Ibid. p. 111.
37. Idem, Art. Pétrifications et Fossiles. Histoire des Minéraux. Ibid. T. VI, p. 329-330. – Sur le calcul du temps terrestre, voir Histoire des minéraux, Introduction. Partie Hypothétique (ibid. T. III, p. 178-186). La date de la formation des planètes est fixée ainsi à 74.832 années : la procédure suivie par Buffon est décrite par Roger in BUFFON, Les Epoques de la Nature. éd. critique ROGER (J.), Mém. du Muséum série C T. X-1962 p. LX-LXVIII (Les idées et les sources).

2. – *La physique.*

1. D'ALEMBERT, Art. Physique, Encyclopédie, T. XII-1765, p. 539.
2. VOLTAIRE: Art. Histoire, Encyclopédie, T. VIII-1765 p. 221 ; mentionné par Lepenies. Ibid. p. 37.
3. D'ALEMBERT, Art. Cosmologie, Encyclopédie, T. IV-1754, p. 294.
4. Le modèle de loi générale proposé par d'Alembert est la loi de « la moindre quantité d'action » de Maupertuis, comprise comme clef d'une exposition du système de l'Univers, et qu'il distingue du principe métaphysique selon lequel « la Nature agit par la voie la plus simple », en tant qu'elle représente un mode précis de cette simplicité (ibid. p. 297). La nécessité des enchaînements naturels est donc celle de la Mécanique. Sur l'histoire du « principe de la moindre action » voir DUGAS (R.), Histoire de la mécanique, Paris, 1950. L. III, Chap. V, p. 244-264.
5. MIRABAUD (D'HOLBACH), Système de la Nature ou des Lois du monde physique et du monde moral, 1ère Partie, 1770, p. 83.
6. Idem, Ibid. p. 80 sq.
7. BUFFON, Histoire des oiseaux. art. Toucan, Ibid. T. XIX, p. 232. « Tout ce qui peut être, est ».
8. 1779 – Roger donne la bibliographie justificative sur ce point.
9. D'ALEMBERT, Art. Nature, Encyclopédie, T. XI-1765 p. 41.
10. CONDILLAC, Traité des Systèmes, in Oeuvres. 1798, p. 345.
11. Sur ce point, voir l'introduction écrite par Roger en tête de son édition des « Epoques de la Nature ». Cette absence de perspective historique est caractéristique des textes de 1749.
12. DESMAREST (N.), Art. Géographie Physique, Encyclopédie, T. VII-1757, p. 613. Ce désordre est souligné par MAUPERTUIS, Lettre sur la Comète, 1742, in Oeuvres, Dresde 1752, p. 201.
13. Idem, Ibid. p. 626.
14. « On appelle « monument », tout ouvrage d'Architecture ou de Sculpture fait pour conserver la mémoire des hommes illustres ou des grands événements, comme un mausolée, une pyramide, un arc de triomphe, et autres semblables ». DE JAUCOURT, Art. Monument, Encyclopédie, T. X-1765, p. 687.
15. BUFFON, Epoques de la Nature, Ibid. T. III, p. 326 et 336.
16. Ce point est souligné par ROGER (J.), Ibid., Genèse de l'œuvre, p. XXI. Mais il n'en est pas pour autant certain que ce soit l'étude des êtres vivants qui ait amené Buffon à ces conceptions historiques, dans la mesure où les êtres vivants ne sont

qu'un détail, si important soit-il dans l'ensemble du paysage géographique.

17. BUFFON, Epoques de la Nature, Ibid. R. III, p. 326.
18. Idem, Ibid. p. 334.
19. Voir les textes caractéristiques qui servent de référence constante au cours du siècle : JUSSIEU (A.) de. Examen des causes des impressions des Plantes marquées dans certaines pierres des environs de Saint-Chaumond dans le Lyonnais. Mémoires de l'Académie des Sciences 1718 p. 287-297 ; REAUMUR. Remarques sur les coquilles fossiles de quelques cantons de la Touraine et sir mes utilités qu'on en tire. Ibid. 1720, p. 400-416. Ces textes se situent dans une tradition ouverte par Bernard PALISSY. Cf. Oeuvres complètes éd. CAP 1842 rep. Paris, 1961, p. 268-281 « Des pierres » (on trouve une liste des références des savants du XVIIIème siècle à Palissy dans la Préface à ses œuvres éditées par Faujas de Saint-Fond en 1777 p. LI sq.).
20. Les termes de ruines, débris et décombres appartiennent d'abord aux théoriciens du Déluge. Ils sont repris par FONTENELLE. Hist. Ac. d. sc. 1718 p. 3-6, qui y voit la marque d'une succession d'inondations et de révolutions. De même, après la mise en place de l'écorce terrestre par couches, Desmarest voit le travail des dégradations (DESMAREST. Art. Géographie Physique ibid. p. 623).
22. BUFFON, Discours sur la manière d'étudier l'Histoire Naturelle. Ibid. T. I, p. 70.
23. Idem, Second Discours : Histoire et théorie de la Terre. Ibid. T. I p. 80.
24. Idem, Preuves de la Théorie de la Terre, Art. VII. Ibid T. I, p. 210-211.
25. Voir ROGER (J.), Ibid. p. XXVII.

3. – L'action du temps.

1. BUFFON, Oiseaux qui ne peuvent voler, Ibid. T. XV, p. 214.
2. Idem, Du soufre, Hist. d. Min, Ibid. T. V, p. 32.
3. Idem, De la figuration des minéraux, Ibid. T. IV, p. 5.
4. Idem, Epoques de la Nature, T. III, p. 408, p. 476-477.
5. Idem, Art. Pétrifications et Fossiles, Hist. d. Min. Ibid. VI, p. 327.
6. Idem, Art. De la figuration des minéraux, Ibid. T. IV, p. 6.
7. Voir HENCKEL. Pyritologie ou Histoire Naturelle de la Pyrite (1725), Trad. d'Holbach, Paris, 1760, sepc. p. 160, 218, etc.
8. GUETTARD, Mémoire sur les ardoisières d'Angers, Mém. Ac. d. Sc. 1757, p. 85.
9. Dictionnaire de l'Académie, 3ème éd. 1740 ; 4ème éd. 1762.
10. D'ARGENVILLE, Art. Dégénérer, Encyclopédie, T. IV-1754 « se dit d'un oignon inférieur à la mère qui l'a produit, une graine qui dégénère ».
11. Voir : VIREY, in « Nouveau Dictionnaire d'Histoire Naturelle », de DETERVILLE, T. 9 p. 197 (1817) ; critiques de BORY de SAINT-VINCENT in « Dictionnaire classique d'Histoire Naturelle », T. 5-1824 p. 378 : concept trop finalisé.
12. Le facteur qui répond à la contrainte chez les animaux domestiques, chez les animaux sauvages est la terreur, dont l'action, liée au temps, dénature l'activité animale et détruit l'intelligence : la décadence morale est ici symétrique de la dégénération physique, comme conséquence de l'empire humain et de son caractère contre-nature. Dès que l'homme apparaît il n'y a plus d'innocence. BUFFON, Des Animaux sauvages, Ibid. T. XI, p. 3-8.
13. BUFFON, De la Dégénération des Animaux, Ibid. T. XIV, p. 193. Voir aussi DAUDIN (H.), Méthodes etc. Ibid. p. 141-143.
14. BUFFON, De la Dégénération...Ibid. T. XIV, p. 181.
15. Idem, Nomenclature des Singes, Ibid. T. XIV, p. 21. Auparavant, la noblesse animale était fonction de sa proximité de l'Homme (voir BUFFON, Art. Lion, T. XII,

p. 8). Ce changement de critère s'accompagne de la reconnaissance d'une proximité « par le corps » entre l'homme et l'orang-outang.
16. Les termes « souche » et « tige » sont de BUFFON (Art. Lion, Ibid. p. 8 et De la Dégénération des Animaux, T. XIV, p. 193).
17. DAUBENTON, Art. Genre, Encyclopédie, T. VII-1757, p. 594.
18. BUFFON, De la Nature. Seconde vue, Ibid. T. XII, p. 117.
19. Idem, Art. Ane, Ibid. T. X, p. 263-173.
20. Idem, De la Nature, Première vue, Ibid. T. XII, p. 108.
21. Idem, Histoire de l'Homme, T. IX, p. 273-275, où les mœurs se ramènent aux deux premières causes, complétées par une action plus ou moins sélective, et p. 241 où la couleur est une conséquence de la nourriture.
22. Idem, De la Dégénération, Ibid. T. XIV, p. 188.
23. Idem, Histoire générale des animaux, Chap. III De la nutrition et du développement. T. VIII, p. 31-78.
24. Idem, Ibid. T. VIII, p. 223-224.
25. Idem, Ibid. T. VIII, p. 190.
26. Idem, Ibid. T. VIII, p. 38-39.
27. Idem, Ibid. T. VIII, p. 252. Il s'agit d'une addition, dans laquelle Buffon cite les réflexions de Moublet « très habile physicien et médecin de Montepellier » qu'il reprend à son compte.
28. Buffon, Addition. Ibid. p. 269-270.
29. LINNE, Economie de la Nature, ib. p. 92-95.
30. BUFFFON, Histoire de l'homme, T. IX, p. 242.
31. Idem, Ibid. T. IX, p. 246.
32. Idem, Ibid. T. IX, p. 261.
33. Idem, Ibid. T. IX, p. 264.
34. Idem, Ibid. T. IX, p. 253-256.
35. DESMAREST (N.), Dissertation sur l'ancienne jonction de l'Angleterre à la France (Prix de l'Ac. d'Amiens 1751), Amiens-Paris, 1753, p. 23-26.
36. BUFFON, Animaux communs aux deux continents, Ibid. T. XI, p. 369-386.
37. Idem, Dégénération des Animaux, Ibid. T. XIV, p. 220.

4. – La mort des espèces : la mort possible.

1. BUFFON, Théorie de la Terre, Preuves, art. VIII. Ibid. T. I, p. 259.
2. Animaux communs aux deux continents, Ibid. T. XI, p. 385-386.
3. Idem, Art. Elémhant, Ibid. T. XII, p. 267.
4. Idem, Epoques de la Nature, Ibid. T. III, p. 349-353.
5. PALISSY (B.), Des Pierres, Ibid. p. 263-264.
6. Idem, Ibid. p. 265-272.
7. CARDAN (J.), De Subtilitate, Opera, T. III, 1663, p. 478.
8. PALISSY, Ibid. p. 272-281.
9. Idem, Ibid. p. 281, 361, 369.
10. PLATON, Timée, 22b-23a.
11. VON ARNIM, Fragmenta..., Ibid. T. IV « Ek Purôsis » (p. 48) ; SENEQUE, Quesrions Naturelles III, 29.
12. GALIEN, De l'usage des parties... L. XIX chap. 2 trad. Daremberg T. II, p. 88-89.
13. PALISSY, Ibid. p. 194 (Des métaux et de l'Alchimie).
14. En 1777, Faujas de Saint-Fond cite en particulier Fontenelle, d'Holbach, et Rouelle, dont les cours non publiés, mais largement entendus et diffusés manuscrits semblent

avoir joué un rôle essentiel dans la confirmation de l'idée d'une extinction des espèces aux environs de 1740. Voir les témoignages concordants de D'HOLBACH Art. Fossile, Encyclopédie, VII-1757 p. 211, de VENEL, Art. Chymie, Encyclopédie, III-1753 p. 437, et surtout de DESMAREST (N.), Géographie Physique, T. I, Encyclopédie méthodique, Paris an III, p. 409-422.

15. HOOKE (R.), The Posthumous Works fo – London, 1705, p. 435.
16. Idem, Ibid. p. 427.
17. Idem, Ibid. p. 321, p. 335-338.
18. Idem, Ibid. p. 435.
19. FONTENELLE, Hist. d. l'Ac. d. Sc. 1710, p. 20.
20. Voir sur la question de l'interprétation aristotélicienne de la ressemblance organique présentée par certains fossiles RUDWICK, Ibid. chap. I Fossil objects p. 1-48 ; et METZGER (H.), La genèse de la science des cristaux, 2ème éd. Paris, 1969, p. 120. Cette histoire se termine pour le monde savant en 1759, par le mémoire de Guettard qui élimine définitivement ce type d'interprétation encore utilisé par Elie Bertrand. Voir BERTRAND (E), Essai sur les usages des Montagnes (1754), in Recueil de divers traités, sur l'Histoire Naturelle de la terre et des fossiles, Avignon, 1766, p. 152 et GUETTARD, Mémoire sur les accidents des coquilles fossiles comparés à ceux qui arrivent aux coquilles qu'on trouve maintenant dans la mer, Mem. ac. d. Sc. Paris, 1759, p. 189-226, 329-357, 399-417.
21. SCHEUCHZER (J.J.), Specimen lithographiae Helveticae curiosae, Tiguri, 1702, p. 30 sq.
22. RUDWICK, Ibid. p. 49-60 ; il montre que cet argument a été utilisé par STENON N.), Elementorum Myologiae Specimen, seu musculi descriptio geometrica, cui accedunt Canis Carchiariae dissectum caput, et dissectus Piscus ex Canum genere, Florentiae, 1667 ; et, De Solido intra solidum naturaliter contento Dissertationis Prodromus, Florentia 1669.
23. BERTRAND (E.), Mémoires sur la structure intérieure de la terre, Zurich, 1760, p. 107-108.
24. RUDWICK. Ibid. p. 64-65.
25. SCHEUCHZER (J.J.). Herbarium Diluvianum, Tiguri 1709 p. 4 et 37. Les fossiles antédiluviens sont les pétrifications ordinaires ; les fossiles diluviens sont les dentrites, et les fossiles post-diluviens sont les pétrifications obtenues dans les sources pétrifiantes actuelles.
26. SCHEUCHZER (J.J.), Museum Diluvianum, Tiguri, 1716, p. 90 ; voir aussi BOURGUET, Lettres philosophiques sur la formation des sels et des cristaux et sur la génération et le mécanisme organique des plantes et des animaux à l'occasion de la pierre Belemnite et de la pierre Lenticulaire, avec un mémoire sur la théorie de la Terre, Amsterdam, 1729 Préface p. XVII, où il cite une lettre de Scheuchzer, qui exprime sa certitude de trouver les analogues actuels des espèces fossiles dans les abîmes de la mer, certitude qui apparaît comme l'envers d'une exigence : « Vous direz que nous avons beau nous réfugier dans les abîmes de la mer pour y chercher un Asile à notre Ignorance. Mais que faire jusques à ce que nous trouvions l'original ? » (ibid. p. XXIX, à propos des soixante espèces de cornes d'Ammon).
27. Cette doctrine a été répandue par WOODWARD, An Essay toward a Natural History of the Earth (1965), traduit par Noguez sous le titre : Geographie Physique ou Essai sur l'Histoire Naturelle de la Terre, Paris, 1735. Voir p. 16, 148. Il estime que depuis la parution de son livre, peu de naturalistes doutent que ce soient de véritables coquillages, alors que c'était le contraire auparavant.
28. WOODWARD, Ibid. p. 50 sq.
29. LEIBNIZ, Protogée, Ibid. p. 67-68, 97-98.
30. JUSSIEU (A. de), Examen des impressions des Plantes..., Ibid. p. 287-297.

31. Idem, Recherches physiques sur les Pétrifications qui se trouvent en France de diverses parties de plantes et d'animaux étrangers, Mém. Ac. Sc. 1721, p. 69-75.
32. Idem, Observations sur quelques ossements d'une tête d'hippopotame, Mem. Ac. Sc. 1724, p. 209-215.
33. Idem, De l'origine et de la formation d'une sorte de pierre figurée que l'on nomme Corne d'Ammon, Mem. Ac. Sc. 1722, p. 235-243.
34. REAUMUR, Remarques sur les coquilles fossiles..., Ibid. et Hist. Ac. 1720, p. 5-9.

5. – *La mort des espèces : la mort constatée.*

1. D'HOLBACH, Art. Fossile, Ibid. p. 211.
2. DESMAREST (N.), Géographie physique, T. I, ibid. p. 419.
3. Point souligné par FAUJAS, Ibid. 1777, P. LXIII.
4. L'importande de la diffusion des idées de Palissy, est le rôlé des copies du Telliamed dans cette diffusion sont décrits par Malesherbes dans sa critique de Buffon qui semble avoir été rédigée vers 1750, et publiée en 1798 seulement. Voir LAMOIGNON-MALESHERBES (C.G. de), Observations sur l'Histoire Naturelle générale et particulière de Buffon et Daubenton, Paris, an VI-1798, T. I, p. 222-270.
5. D'HOLBACH, Préface in LEHMANN (J.G.), L'art des mines ou introduction aux connaissances nécessaires pour l'exploitation des mines métalliques, T. III, Essai d'une Histoire naturelle des couches de la Terre, Paris, 1759, p. XIII – Idem, art. Terre, (Révolution de la –). Encyclopédie T. XVI-1765 p. 170 – MIRABAUD, Système de la Nature etc., Ibid. p. 83-88 ; textes auxquels on peut ajouter une évocation prudente dans l'Histoire de l'Académie en 1757, à propos du Mémoire de GUETTARD sur les ardoisières d'Angers, où il décrit les Trilobites auxquels l'Historien de l'Académie attribue le même sort qu'aux ammonites (Hist. Ac. d. Sc. 1757, p. 22). Guettard lui-même est bien entendu hostile à une telle interprétation. Voir aussi MAUPERTUIS, Essai de Cosmologie, in Oeuvres, Dresde, 1752 p. 35 : – Vénus physique, ibid. p. 261.
6. BRUCKMANN (F.E.), Epistola Itineraria 50 : Memorabilia Musei Leseriani ad Siemens, Wolffenbüttel, 1735 ; ibid. 56 : Catalogum fossilium figuratorum Guelpherbytensium ad Stobaeum, 1737. Bruckmann est signalé par Faujas comme ayant cité Palissy en 1732 Cf. LEUPOLD et BRUCKMANN, Prodromus Bibliothecae metallicae, 1732. – Camerarius souligne la différence des ammonites et des nautiles, contre Woodward (cf. CAMERARIUS (E.), Dissertationes Taurinenses, Tübingen, 1712 XVI p. 295-297 ; il mentionne TOURNEFORT (XIX, p. 249).
7. Sur l'attitude de physicien chez Buffon, Voir LAMOIGNON-MALESHERBES, Ibid. T. II, p. 277.
8. Lazare Riviere, doyen de Médecine à Montpellier, est mentionné par CAMERARIUS. Dissertationes Taurinenses, Ibid. XV, p. 268.
9. LEIBNIZ, Protogée, Ibid. p. 97-98 ; 101-104.
10. Cette question est développée en particulier par David SPLEISS, Oedipus osteolithogicus seu Dissertatio Historico-Physica de Cornibus et ossibus fossilibus Canstadiensibus, Schaffhouse, 1701. Cette dissertation est historique dans sa première partie où elle discute l'explication de ce gisement d'ossements fossiles d'éléphants par les invasions romaines, et physique dans sa seconde partie où elle retrouve la question d'une production de ces ossements par des forces plastiques. Un historique complet de la question des éléphants fossiles se trouve dans CUVIER, Recherches sur les ossements fossiles, 4ème éd. T. II, 1834, Chap. I sect. 2, art. I, p. 1-154.
11. SLOANE (H.), Mémoire sur les dents et autres ossements de l'éléphant trouvés dans la terre, Mem. Ac. d. Sc. 1727, p. 305-334 spec. 319.

12. Voir plus haut, Epistola Itineraria 56, de 1737.
13. KRUGER (J.G.), Geschichte der Erde in den allerältesten Zeiten, Halle 1746, p. 96 paragraphe 53.
14. Idem, Ibid. p. 156 paragraphe 85.
15. GMELIN (J.G.), Reise durch Sibirien von dem Jahr 1733 bis 1743, Göttingen 1751-1752 T. III, p. 147 sq., cité par D'HOLBACH, art. Ivoire fossile, Encyclopédie, T. IX-1765, p. 63, qui en fait un compte-rendu correct. La traduction française, tardive et abrégée a été donnée en 1767 par Keralio : cf. GMELIN. Voyage en Sibérie, Paris, 1767, T. II, chap. XL, p. 32-47. On trouve une traduction du passage consacré aux osments d'éléphants dans BUFFON, art. Eléphant, Histoire Naturelle (RICHARD) T. XII, p. 268, qui signale une première publication russe datant de 1735 : Relation d'un voyage au Kamschatka. Gmelin y souhaite que l'on découvre en Sibérie l'espèce d'animal auquel appartiendraient les os qu'ils distingue de ceux de l'éléphant, mais sans trop d'espoir, de la même manière qu'il regrettait de ne plus trouver dans la mer Baltique les analogues des coquilles fossiles, dont il pensait que les espèces s'étaient réfugiées au fond de la mer. Cf. GMELIN (J.G.) De radiis articulatis lapideis, Comm. Ac. Scient. Imp. Petr. III-17728, p. 246-264. Voir enfin D'HOLBACH, Preface, in LEHMANN, Traités de physique etc., Paris, 1759, Vol. I.
16. MAUPERTUIS, Essai de Cosmologie, Ibid. p. 36-37. Lettre sur la Comète, Ibid. p. 200-201.
17. GMELIN, Ibid. (trad. Deralio) II, p. 35.
18. Idem, Ibid. p. 40-47.
19. CUVIER (G), Recherches, Ibid. II p. 254 ; référence à BUFFON, Epoques de la Nature, Note justificative 9.
20. GUETTARD, Mémoires sur différentes parties des sciences et des arts, Paris, 1768, T. I Préface p. V Ier Mémoire p. 15.
21. Idem, Ibid. p. 10.
22. Idem, Ibid. Préface p. XI ; 3ème Mémoire, p. 36.
23. JUSSIEU (A. de), Recherches physiques sur les pétrifications qui se trouvent en France, etc. Ibid. p. 323 (Supplément).
24. HOLLMANN (J.S.), Ossium fossilium insolitae magnitudinis in praefectura vicina Herzbergensis A. 1751 a Marga erutorum descriptio, in Comm. Göttingen vol. 2-1752-1753. Cette dissertation est citée avec éloges par CUVIER, Oss. foss., III-1836, p. 86, qui lui accorde une valeur de modèle.
25. Idem, Ibid. p. 221.
26. Idem, Ibid. p. 225.
27. Idem, Ibid. p. 239-240.
28. Idem, Ibid. 2ème dissertation, p. 242-272.
29. Idem, Ad commentationem de corporum marinorum aliorumque peregrinorum, in terra continente origine quaedam supplementa ; Comm. in Reg. Scient. soc. Goettingen, 1765, p. 175-176.
30. DAUBENTON (J.M.), De la description des animaux, in BUFFON, Histoire Naturelle générale et particulière, T. IV, Paris, 1753 p. 122-124.
31. Idem, Ibid. p. 128.
32. Idem, Ibid. p. 130.
33. Idem, Ibid. p. 137-138.
34. Idem, Mémoire sur des os et des dents ramarquables par leur grandeur, Mémoires de Mathématiques et de Physique tirés des registres de l'Ac. Roy. d. sc. 1762 p. 206-229 ; et Description de la partie du Cabinet qui a rapport à l'histoire naturelle de l'Eléphant, in BUFFON, Histoire Générale et particulière, T. XI-1764, p. 143-172 ; Description de la partie du Cabinet qui a rapport à l'histoire naturelle du zèbre et de l'hippopotame, Ibid. T. XII-1764, p. 64-77.

35. Sur des Os et des Dents d'une grandeur extraordinaire, Hist. Ac. d. Sc. 1762, p. 26-30.
36. DAUBENTON, Mémoire sur des Os et des Dents... Ibid. p. 207-218.
37. Idem, Ibid. p. 206.
38. Idem, Ibid. p. 218-222. Ces molaires sont rangées au Cabinet du Roi avec celles de l'Hippopotame.
39. COLLINSON (P.), An account of some very large fossil teeth found in North America and described by –, Phil. Trans. VoL. LVII, part. I-1967, p. 464-469. HUNTER (W.), Observations on the Bones, commonly supposed to be Elephant bones which have been found near the River Ohio in America, Phil. Trans. LVIII-1768, p. 34-35.
40. COLLINSON, Ibid. p. 465 ; HUNTER. Ibid. p. 39.
41. HUNTER, Ibid. p. 37, 41. – Ces différences anatomiques sont confirmées par John Hunter, son frère.
42. HUNTER, Ibid. p. 44.
43. BUFFON, Epoques de la Nature, Ibid. T. III, p. 344 (note). Il fait état d'une correspondance avec Collinson datant de 1767 à propos d'un envoi d'ossements fossiles et de renseignements sur le lieu d'où ils étaient tirés, par Croghan, et ensuite, fournit un compte-rendu commenté du Mémoire de Collinson sur cette question, publié dans les Transactions philosophiques, complété par d'autres éléments d'une correspondance qui s'avère avoir été suivie.
44. DAUBENTON, Description de la partie du Cabinet qui a rapport à l'histoire naturelle de l'Eléphant, Ibid. p. 149-151 ; Description de défenses provenant de Sibérie dans le prolongement du squelette d'éléphants actuels, – BUFFON, Epoques de la Nature, T. III, p. 340 (note).
45. BUFFON, Epoques, Ibid. p. 352 (note).
46. Idem, Ibid. p. 349-350.
47. Idem, Ibid. p. 408 (note).

6. – Les Anciennes Espèces.

1. PALLAS (P.S.), Voyages en différentes provinces de Russie et dans l'Asie septentrionale (trad. Gauthier de Lapeyronie), Paris, 1788-1793, Préface du traducteur T.I.
2. PALLAS (P.S.), De ossibus Sibiriae fossilibus, craniis praesertim Rhinocerotum atque Buffalorum observationes, Nov. Com. Ac. scient. imp. Petr. XIII-1768, p. 460-461.
3. Voir l'argumentation de PALLAS: Ibid. p. 467-468 ; BUFFON, ci-dessus.
4. PALLAS, Ibid. p. 451 (note) ; DAUBENTON, art. Quadrupèdes, in Histoire Naturelle des Animaux, (Encyclopédie méthodique) Paris 1782, T. I, p. 236.
5. PALLAS (P.S.), De reliquis Animalium exoticorum per Asiam borealem repertis complementum, Nov. Comm. Ac. Scient. Imp. Petr. XVII-1772, p. 576-606.
6. Idem, Observatio de dentibus molaribus fossilibus ignoti animalis, canadensibus analogis, etiam ad Uralense jugum repertis, Acta Ac. Sc. Imp. Petr. 1777 – 2 p. 213-222.
7. CAMPER (P.), Dissertatio de Cranio Rhinocerotis Africani, cornu gemino, Academiae scientiarum imperiali petropolitanae oblata. In Acta Ac. Sc. Imp. Petr. 1777 – 2, p. 193-209, avec un appendice de Pallas, p. 210-212.
8. CAMPER (P.), Complementa varia Acad. Imp. Scient. Petrop. Communicanda, (lu le 6 sept. 1787), Nova Acta, vol. 2, 1784-1788, p. 250-264. Voir aussi sur la destruction des espèces CAMPER (P.), Du rhinocéros à deux cornes (1777), in Oeuvre de –, qui ont pour objet l'histoire naturelle, la physiologie, et l'anatomie

comparée, Paris, anXI-1803, T. I, p. 223-224. A noter que ce travail se termine par l'indication des différences entre le Rhinocéros d'Asie et celui d'Afrique – espèces dont les multiples espèces fossiles se distinguent également comme le remarque MERCK in Lettres sur les os fossiles d'éléphants et de rhinocéros qui se trouvent dans le pays de Hesse-Darmstadt, 3ème Lettre à Forster, 1786, p. 3-4.

9. BECKMANN (J.), De reductione rerum fossilium ad genera naturalia protyporum, in Novi Commentarii Soc. Scient. Göttingen, Vol. 2, 1771-1772, p. 68, vol. 3, 1772-1773, p. 95.
10. DAUBENTON, Observations sur un grand os qui a été trouvé en terre dans Paris, et sur la conformation des os de la tête des Cétacés ; in Mém. Ac. Scien. 1782, p. 211-218.
12. WALCH (J.E.E.), Recueil des Monuments des Catastrophes que le globe terrestre a essuyées, contenant des Pétrifications dessinées, gravées et enluminées d'après les originaux, commencé par feu Mr Georg Wofgang Knorr et continué par ses héritiers avec l'histoire naturelle de ces corps, T. I, Nurember, 1777, p. 99.
12. ESPER (J.F.), Description des Zoolithes nouvellement découverts d'animaux quadrupèdes inconnus et des cavernes qui les renferment, de même que plusieurs autres remarquables qui se trouvent dans le Margraviat de Bayreuth (trad. Isenflamm), Nurember, 1774, p. 76.
13. Idem, Ibid. p. 51.
14. GALIEN, De l'utilité des parties du corps humain, Liv. XI, chap. 8, Trad. Daremberg I, Paris, 1854, p. 667-670.
15. MERCK (J.M.). 3ème Lettre à Forster, 1786, p. 24 ; 2ème Lettre à M. de Cruse, 1784, p. 23.
16. BURTIN (F.X.), Réponse à la question physique proposée par la société de Teyler sur les Révolutions générales qu'a subies la surface de la Terre, et sur l'ancienneté de notre globe, Haarlem, 1790, p. 7 et note.
17. Ceci vise Delametherie et Lamarck.
18. Idem, Oryctographie de Bruxelles ou Description des fossiles tant naturels qu'accidentels découverts jusqu'à ce jour dans les environs de cette ville, 1784, p. 109 – Réponse, ibid. p. 45-48.
19. Idem, Réponse, Ibid. p. 29-30.
20. MERCK, 2ème Lettre à M. de Cruse, Ibid. p. 14.
21. CAMPER (P.), Description anatomique d'un éléphant mâle, publiée par CAMPER (A.G.), in Oeuvres, T. III, p. 63-64 ; p. 68. Cuvier ne mentionne de Camper que sa description de l'éléphant des Indes (Oss. Foss. 1836 I p. 466).
22. ROSENMULLER, Beytrage zur Geschichte und nähern Kenntniss fossiler Knochen, Ier Stück, Leipzig, 1795, p. 32-36.
23. Idem, Ibid. p. 44-60.

7. – *L'histoire de la Terre.*

1. BUFFON, Epoques de la Nature – « Troisième monument » : les coquilles et autres débris des productions de la mer se trouvent enfouis plus profondément dans la Terre que les dépouilles d'éléphant et d'autres animaux terrestres. T. II, p. 336.
2. Idem, Ibid. T. III, p. 349-353.
3. Idem, Histoire des Animaux. Chap. IX : Variétés dans la génération des animaux, additions T. VIII, p. 269. Voir aussi Epoques ibid. (5ème époque) T. III, p. 476 sq.
4. LAMOIGNON-MALESHERBES (C.G.), Ibid. T. I, p. 91.
5. Une « faune » est d'abord un recueil des espèces d'une même région (LINNÉ : Fauna Suecica 1746). Mais sous la pression d'une tendance à regrouper tous les produits

de la terre issus d'un même lieu, comme tendent à le faire les géographes et les minéralogistes (par exemple LEHMANN, Specimen oryctographiae stara-russiensis et lacus Ilmen, in Nov. Comm. Ac. Scient. Petr. XII, 1766-1767, p. 391), on s'oriente vers leur traitement sous la forme d'une communauté réelle d'existence susceptible de constance ou de variations (BLUMENBACH, Beytrage zur Naturgeschichte Ier Theil 1790, p. 29-30). Le concept est donc disponible avant la fin du XVIIIème siècle.

6. LINNE (C.), L'économie de la Nature. Ibid. p. 57-58.
7. Voir sur ce point BUFFON, Variétés dans la génération, Additions, Ibid. T. VIII, p. 269.
8. BLUMENBACH, Handbuch der Naturgeschichte, Ier Ed. Göttinger, 1779, paragraphe 7, p. 10-14. Ce texte est cité et commenté par DAUDIN (H.), Méthodes etc. Ibid. p. 175-176.
9. BLUMENBACH, Ibid. paragraphe 39 p. 43-44 – cité par DAUDIN, Ibid. p. 175.
10. BLUMENBACH, Beytrage etc. Ibid. p. 12.
11. Idem. Ibid. p. 7 note 2.
12. BURTIN (F.X.), Réponse... Ibid. p. 200-210.
13. BLUMENBACH, Beytrage... Ibid. p. 24-27.
14. Idem, Ibid. p. 33-35.
15. Idem, Ibid. p. 28-32.
16. Sur ce point, voir DAUDIN, Ibid. p. 76, qui souligne la persistance de cette manière de penser jusqu'à Darwin.
17. DELUC (J.A.), Lettres sur l'histoire physique de la terre, adressées à M. le Professeur Blumenbach, renfermant de nouvelles preuves géologiques et historiques de la mission divine de Moïse, Paris an VI-1798, p. 53.
18. BURTIN, Réponse... p. 2.
19. Idem, Ibid. p. 216.
20. LEPENIES (W.), Ibid. et le chapitre suivant : Erfahrungsdruck und Verzeitlichung p. 16-20.
21. Les résultats de cette méthode n'ont guère fait illusion. Voir aussi DELUC (J.A.), Lettres physiques et morales sur l'histoire de la terre et de l'homme adressées à la Reine de la Grande Bretagne, T. V. La Haye-Paris, 1779, p. 489-504. Lettre 139, spécialement p. 497, où le processus des atterrissements est comparé à une clepsydre, fonctionnant en vue d'une chronométrie. Pour ce terme de chronomètre, voir Lettres à Blumenbach, ibid. p. 26-27, p. 248, 264, 268. Ces chronomètres se multiplient pour démontrer le caractère récent de la situation actuelle des continents.
22. DELUC, Lettres physiques et morales... T. V, p. 455.
23. Idem, Lettres à Blumenbach... p. 60.
24. Idem, Ibid. p. 66.
25. Idem, Ibid. p. 59-63.
26. Idem, Ibid. p. 383.
27. LEHMANN (J.G.), Essai d'une histoire naturelle des couches de la Terre etc., (trad. D'Holbach), in Traités de physique etc., Ibid. T. III, p. 212 sq.
28. PALLAS (P.S.), Observations sur la formation des montagnes et les changements arrivés au globe, Saint-Pétersbourg, 1779, p. 42-50.
29. Idem, Ibid. p. 54-61.
30. WERNER (A.G.), Kurze Klassification und Beschrweibung der verschieden Gebirgsarten, Dresde, 1787. Voir aussi idem. Nouvelle théorie de la formation des filons 1791, (trad. D'Aubuisson), Paris, 1802, p. 122.
31. DELUC, Lettres à Blumenbach, p. 7.
32. GIRAUD-SOULAVIE, Histoire naturelle de la France Méridionale, T. I. Nîmes-

Paris, 1780, Histoire naturelle du Vivarais 2ème Partie, p. 100, p. 270. Voir aussi SAUSSURE, Agenda, 1796, p. 27-28.
33. GIRAUD-SOULAVIE, Ibid. p. 317-346, ce chapitre est daté de 1777.
34. Idem, Ibid. p. 62-63.
35. Idem, Ibid. Chap. IX, p. 348-357.
36. DE MAILLET, Ibid. Vol. II, p. 225-226.
37. BLUMENBACH, Specimen archeologiae telluris terrarumque imprimis Hannoveranarum, Göttingen 1803 p. 7.
38. Outre le texte précédent, voir BLUMENBACH: Handbuch der Naturgeschichte, 6ème éd. 1799 (trad. Soulange Artaud, 1803, p. 401-403) ; et – Beytrage zur Naturgeschichte, Ier Theil, 2ème éd. 1806, Zuzätze zu s 15, p. 115-122.
39. BLUMENBACH, Specimen... ibid paragraphe II, p. 26-27.
40. Ibid. p. 19 – VICO (J.B.), La Science Nouvelle (1744), trad. Doubine. Paris, 1953 paragraphe 31, p. 20. Vico préfère désigner ses trois âges comme âges des dieux, des héros et des hommes, conformément, dit-il, à une tradition égyptienne, c'est-à-dire, qui relève de l'origine de l'histoire.

8. – CONCLUSION.

1. FAUJAS DE SAINT-FOND, Essai de Géologie ou Mémoire pour servir à l'histoire naturelle du globe, T. I, Paris, 1803, p. 3, 46, etc.

NOTES DE LA SECONDE PARTIE

NOTES DU CHAPITRE I

I. – Le mécanisme.

1. TARIN, art. Anatomie, Encyclopédie, T. I. – 1751 p. 411-412.
2. (DIDEROT), art. Philosophie, ibid. T. XII – 1765 p. 513.
3. VICQ d'AZYR (F.), Eloge de Pierre Camper in Oeuvres de Pierre CAMPER, Paris an XI-1803, T. I, p. XCV.
4. CAMPER (P.), Du Rhinocéros à deux cornes, in Oeuvres, ibid. T. I p. 207.
5. LE ROY (J.B.), art. Ressort, Encyclopédie, T. XIV-1765 p. 186-187.
6. HEISTER, l'Anatomie d'– avec des Essais de Physique sur l'usage des parties du corps humain et sur le Méchanisme de leurs mouvements (2ème éd. augmentée), Paris, 1735, Préface p. IX.
7. SUE : Préface de l'Editeur in Monro (A.). Traité d'Anatomie comparée, publié par son fils Alexandre Monro, nouv. ed., Paris, 1786, p. XVIII-XIX.

8. C'est à dire, les pores, corpuscules, matières subtiles des cartésiens et, avant eux, des Méthodistes.
9. PERRAULT (Cl.), la Méchanique des animaux, in Essais de Physique etc, 1680 – cité par COLE (F.G.), A History of Comparative Anatomy from Aristotle to the eighteenth century, London, 1949, p. 426.
10. DU VERNEY, Observations sur la circulation du sang dans le fœtus, et description de la Tortue et de quelques autres animaux, in Hist. Acad. d. Sc., 1699 (extrait), Amsterdam, 1706 p. 320-325.
11. VICQ d'AZYR (F.), Discours sur l'Anatomie comparée, suivis du Tableau des fonctions ou caractères propres aux corps vivants, (1786) p. 29-36.
12. BACON (F.), De dignitate et augmentis scientiarum (1621), L. IV cap. 2 ibid. col. 106 ; trad. Buchon p. 112-113.

2. – L'organisation.

1. COLE, ibid. p. 114.
2. GORRAEUS (GORRIS J. de), Définitionum medicarum, in Opera, Paris, 1622, p. 987 « Haec quanto magis composita sunt, tanto etiam magis instrumenta dici merentur et actionem quoque edunt perfectionem ».
3. HARVEY (W.), Praelectiones Anatomie Universalis, in The anatomical Lectures of W. Harvey, ed. Gweneth Whitteridge, Edinburg-London, 1964, p. 8-9.
4. Harvey mentionne Fernel. Le texte est donné en note par G. Whitteridge : FERNEL (J.), Methodus Medendi, L. II, cap. I, in Opera, 1566 p. 434, mais il faut aussi citer l'emploi du terme par FABRICIUS d'AQUAPENDENTE J., De Formatione ovi, in Opera, Lugduni Batavorum, 1738, p. 83, et – De ventriculo intestinis et gula, ibid. p. 112 etc.
5. HARVEY (W.). Praelectiones ibid. p. 12-15.
6. Idem, Ibid. ; AUGUSTIN, Sermon CCXLVIII (Migne) ; correspondant au Sermon CCXLIII, Opera, Paris, 1683 T. V p. 1012-1016.
7. GALIEN, De l'utilité des parties du corps humain, in Oeuvres, trad. Daremberg, T. I p. 111-116 voir spéc. 129.
8. BARTHEZ (P.J.), Nouvelle mechanique des mouvements de l'Homme et des animaux, Carcassonne, an VI-1798, discours préliminaire, p. VI. Le principe vital est première cause, tandis que l'ouvrage ne porte que sur « les causes prochaines et méchaniques de ces mouvements ».
9. BICHAT (X.), Traité des membranes (nouv. ed.), Paris, 1816, paragraphe CCIV p. 165. Voir aussi – Recherches physiologiques sur la vie et la mort (ed. Magendie), Paris, 1829, p. 108-110.
10. Idem: Anatomie générale (avec notes et add. de Beclard), Paris, 1821, T. I, Préface, p. XIX-XX.
11. Idem, Traité d'anatomie descriptive (nouv. ed.) Paris 1823 Discours préliminaire p. XII ; Anatomie générale, ibid. T. I, p. 48-49. A propos des édifices mobiles et immobiles cf. Heister, O.C.. Préface p. VIII.
12. BICHAT Anatomie générale ibid. T. I p. 40 ; Recherches Ibid. p. 171-185.
13. Idem, Anatomie générale, ibid. T. I p. 7-19 ; Recherches Ibid. p. 111-171.
14. Idem, Anatomie descriptive ibid. T. I p. X.
15. Idem, Recherches, ibid. p. 186-188.
16. Idem, Anatomie générale, ibid. T. I p. 24.
17. Idem, Anatomie descriptive, ibid. T. I p. XI.
18. Idem, Anatomie générale, ibid. T. I p. 73.
19. Idem, Ibid. p. 92-93.

20. Ibid. p. 92-93.
21. Ibid. p. 195.
22. Idem, Traité des membranes, paragraphe CXXII p. 112.
23. Idem, Anatomie générale, ibid. T. I p. 5-6.
24. VICQ d'AZYR, Discours, ibid. p. 13, p. 20-23.
25. DUVERNOY (G.L.), art. Anatomie, in d'ORBIGNY (Ch.), Dictionnaire universel d'Histoire Naturelle, T. I, Paris, 1841, p. 438. Le lien de la vie et de l'organisation est souligné in LITTRE et ROBIN, artc. Organisation, in Dictionnaire de Médecine (12ème ed.), Paris, 1865, p. 1056.
26. Idem, art. Animal, ibid. p. 515.
27. Sur l'organisation comme « lien » chez Cuvier voir ci-dessus Part. I chap. 2. Sect. 2.
28. DUCROTAY de BLAINVILLE (H.), De l'organisation des Animaux ou Principes d'Anatomie Comparée, T. I, Paris, 1882, p. 16 « Un corps vivant est une sorte de foyer chimique » etc.
29. COMTE (Aug.). Cours de Philosophie positive Leçon 40 T. III Paris 1908 p. 180-182 (cit. 182).
30. Ibid. p. 185-187.

3. – Le programme de Cuvier.

1. CUVIER (G.), Leçons d'anatomie comparée, ibid. T. I p. 18.
2. Voir DAUDIN (H.), Cuvier et Lamarck. Les Classes zoologiques et l'idée de série animale, Paris, 1926, T. I p. 62.
3. DUJARDIN, art. Physiologie, in d'ORBIGNY, Dictionnaire, ibid. T. X 1847 p. 75.
4. CUVIER (G.), Tableau élémentaire, ibid. p. 20. Ce principe apparaît chez Cuvier dès 1795, cf. DAUDIN, ibid. T. II p. 20.
5. DAUDIN, ibid. T. I p. 15, T. II p. 14.
6. Ibid. T. II p. 17.
7. Ibid. T. II p. 31.
8. BUFFON, Discours sur la nature des animaux, cité par DAUDIN, T. II p. 27.
9. CUVIER, Tableau élémentaire, ibid. p. 16.
10. Idem, Mémoire sur les Céphalopodes et sur leur anatomie p. 3, in Mémoires pour servir à l'Histoire et à l'Anatomie des Mollusques, Paris, 1817 ; voir aussi DAUDIN, ibid. T. II p. 61.
11. CUVIER (G.), Histoire des progrès des sciences naturelles depuis 1789 jusqu'à ce jour, Paris, 1826, T. I p. 310 sq.
12. DU PETIT-THOUARS (A.), Dissertation sur l'enchaînement des êtres (1788), p. 37-38, in Mélanges de Botanique et de voyages, Paris, 1811. Le modèle « géographique» de distribution est connu des botanistes depuis Linné. cf. de CANDOLLE (A.), Théorie élémentaire de la Botanique, Paris, 1813, p. 200-203 paragraphes 166 et 167.
13. DAUDIN (H.), ibid. T. II p. 102-106. p. 75-83.

4. – La morphologie.

1. BICHAT, Anatomie générale T. I p. 97.
2. BUFFON, Histoire des Animaux (1748), chap. XI, in Oeuvres (Richard) T. VIII p. 307.
3. CONDORCET, Rapport sur le « mémoire sur les rapports qui se trouvent entre les usages et la structure des quatres extrémités dans l'Homme et dans les Quadru-

pèdes », in VICQ d'AZYR (F.), Oeuvres, (ed. Moreau de la Sarthe), an XIII-1805, T. IV, p. 315. Voir aussi VICQ d'AZYR, Discours, ibid. p. 52-54, 69-72.
4. VICQ d'AZYR, Mémoires sur les rapports..., ibid. T. IV p. 317.
5. GEOFFROY SAINT-HILAIRE (Et.), Philosophie anatomique, T. I Paris 1818 Discours préliminaire, p. XXXVIII.
6. VICQ d'AZYR, Discours, ibid. p. 59, p. 74.
7. Idem, Mémoires sur les Oiseaux, 2ème Mémoire, in Oeuvres, ibid. T. V p. 246.
8. Idem, Discours, ibid. p. 212.
9. Idem, Discours préliminaire sur l'anatomie simple et comparée. Système anatomique, T. II Quadrupèdes, Encyclopédie méthodique, 1792 p. VII.
10. Idem, Discours préliminaire, ibid. p. XXV.
11. Ibid. p. LXIII.
12. Ibid. p. CLXII.
13. GOETHE (J.W.), Erster Entwurf einer allgemeiner Einleitung in die vergleichende Anatomie ausgehend von der Osteologie (1795), in Zur Morphologie, T. I Stuttgart-Tübingen 1817 p. 152.
14. Ibid. p. 150.
15. Idem, Vorträge über die drei ersten Capitel des Entwurfs einer allgemeiner Einleitung in die vergleichende Anatomie augehend von der Osteologie (1796), in Zur Morphologie, ibid. p. 267.
16. Idem, Erster Entwurf, ibid. p. 151.
17. Idem, Vorträge, p. 283.
18. Idem, Erster Entwurf, ibid. p. 181.
19. Ibid. p. 157.

5. – La Théorie des Analogues.

1. GEOFFROY SAINT-HILAIRE (Isidore), Vie, travaux et doctrine scientifique d'Etienne Geoffroy Saint-Hilaire par son fils, Paris-Strasbourg, 1847, p. 69-70.
2. CUVIER (G.) et Geoffroy SAINT-HILAIRE (E.), Mémoire sur une nouvelle division des Mammifères, et sur les principes qui doivent servir de base dans cette sorte de travail (lu à la Soc. d'Hist. Nat. le 1er Floréal de l'an III-20 Avril 1795), in Magasin Encyclopédique 1795 T. II p. 168-169.
3. DAUDIN, Classes zoologiques, ibid., T. II, p. 40.
4. Texte cité par DAUDIN, ibid., T. II, p. 44, note I, mais déjà allégué par Isidore GOEFFROY SAINT-HILAIRE, ibid. p. 71-72 et p. 134-135.
5. Voir DAUDIN, ibid. T. II p. 42-46.
6. L'incapacité de Geoffroy Saint-Hilaire à la dissection qui aurait été la raison de sa préférence pour l'ostéologie est signalée par DAUDIN ibid. T. I p. 80-82. Mais si Daudin, visiblement, n'aime pas Geoffroy Saint-Hilaire, à l'inverse, F. Dagognet a montré les bévues qui résultent chez Cuvier de la spéculation méta-physiologique inspirée par le succès des recherches de Lavoisier sur la chimie de la respiration, en jonction avec la métaphore du vivant-flamme. Voir DAGOGNET (F.), Le Catalogue de la Vie, Paris 1970 p. 109-113.
7. CAHN (Th.), La vie et l'œuvre d'Etienne Geoffroy Saint-Hilaire, Paris 1962 p. 37-38. Auparavant, les organes rudimentaires, spécialement les clavicules étaient « jetées comme inutiles » (G.S.H. Is. Vie, ibid. p. 213-214 note 2).
8. GEOFFROY SAINT-HILAIRE (Et.), Lettre à Cuvier, 29 Thermidor an VII-16 Août 1799, in Lettres écrites d'Egypte, ed. Hamy, Paris, 1901, p. 132.
9. Ibid. p. 129, p. 132-133.
10. Idem, Lettre à Cuvier du 18 Brumaire an IX-9 Nov. 1800, ibid. p. 193. GEOFFROY

SAINT-HILAIRE (Is.), Vie, ibid. p. 136-137.
14. CAHN, ibid. p. 38. GEOFFROY S.H. (Is.), Vie, ibid. p. 137-138.
15. DAUDIN, Classe, ibid. T. I p. 99-100.
13. GEOFFROY SAINT-HILAIRE (Et.), Philosophie anatomique, T. II, Paris, 1822, Discours Préliminaire, p. XXXI-XXXIII.
14. CAHN, ibid. p. 83.
15. GOETHE, Erster Entwurf, ibid. p. 182. Voir traduction de ce texte in FAIVRE (E.), Oeuvres scientifiques de Gœthe analysées et appréciées par –, Paris, 1862, p. 125-126, et la description des règles utilisées par Gœthe, dont la première est la recherche de la place de chaque os, p. 120.
16. GEOFFROY SAINT-HILAIRE (Et.), Philosophie anatomique T. I ibid. p. 405.
17. GEOFFROY SAINT-HILAIRE (Is.), Vie, p. 259-260.
18. GEOFFROY SAINT-HILAIRE (Et.), Phil. Anat., ibid. T. II p. 388.
19. VICQ d'AZYR, Discours, ibid. p. 36.
20. GOETHE, Erster Entwurf, ibid. p. 156.
21. GEOFFROY SAINT-HILAIRE (Et.), Phil. Anat., T. II p. 14-15.
22. Idem, Principes de philosophie zoologique, Paris, 1830, p. 22-23.

6. – Le conflit.

1. GEOFFROY SAINT-HILAIRE (Is.), Vie, ibid. p. 207.
2. Ibid. p. 333-334.
3. GEOFFROY SAINT-HILAIRE (Et.), Principes, ibid. p. 166.
4. CUVIER (G.), Histoire des Poissons, T. I Paris 1828 p. 550, cité par GEOFFROY SAINT-HILAIRE (Et.), Principes, ibid. p. 122.
5. Ibid. p. 4-8.
6. GEOFFROY SAINT-HILAIRE (Isid.), Vie, ibid. p. 150.
7. Voir ibid. p. 42-43 ; p. 131-133.
8. Ibid. p. 121.
9. CUVIER (G.), art. Nature, Dictionnaire des Sciences Naturelles, 1825. Cité par CAHN, ibid. p. 162.
10. CAHN, ibid. p. 194 : « Geoffroy Saint-Hilaire avait très tôt adopté les idées de Lamarck sur l'évolution » – avant 1796. En fait, ses conceptions paléontologiques montreront que nous sommes plus près de d'Holbach que de Lamarck.
11. GEFFROY SAINT-HILAIRE (Is.), Vie, p. 154-162 spec. 158-160.
12. Idem, Vie, ibid. p. 344-346.
13. GEOFFROY SAINT-HILAIRE (Et.), Principes, ibid. p. 21-22.
14. LE GALLOIS, Expériences sur le Principe de la Vie, Paris 1812, Avant-Propos, p. XIII.
15. GOLDSCHMIDT (V.), Le système stoïcien et l'idée de temps, Paris, 1953, spéc. paragraphe 18, p. 43.

7. – L'Anatomie Transcendante ; conclusion.

1. DUVERNOY, art. Anatomie, ibid. p. 445.
2. DUCROTAY DE BLAINVILLE, De l'organisation des animaux, ibid. Intr. p. VII.
3. MUNTER (G.W.), Allgemeine Zoologie oder Physik er organischen Körper, Halle, 1840.
4. CUVIER: Histoire des progrès, ibid. T. I, p. 187-188.
5. CUVIER, Histoire..., ibid. p. 62 : la théorie de la combustion est « la plus importante

des révolutions que les sciences naturelles aient éprouvées dans le XVIIIème siècle ».
6. Ibid. p. 15-17.
7. Ibid. p. 186.
8. GEOFFROY SAINT-HILAIRE (Is), Vie ibid. p. 9-10.
9. GEOFFROY SAINT-HILAIRE (Et.), Phil. Anat. ibid. T. I, dixc. Prél. p. XV.
10. HAUY (J.), Traité de Minéralogie, 2ème éd. T. I, Paris, 1822, p. 247, voir aussi p. 81.
11. Ibid. p. 24.
12. Ibid. p. 25 ; p. 273.
13. BLAINVILLE, De l'organisation, ibid. p. LVI.
14. Ibid. p. 4-5.

NOTES DU CHAPITRE II.

I. – Homologie et classification.

1. OWEN (R.), Principes d'ostéologie comparée ou Recherches sur l'Archétype et les Homologies du squelette vertébré, Paris, Baillère 1855, Préface p. 5-6.
2. London 1848 – Cette première édition anglaise reprend un texte prononcé en 1846, et publié comme : Report on the Archetype and Homologies on the Vertebrate Skeleton, in Report on the sixteenth Meeting of the British Association for the Advancement of Science (held at Southampton in September 1846), London, Murray, 1847, p. 169-340.
3. MULLER (Johannes), Zur vergleichenden Physiologie des Gesischtssinnes der Menschen und der Thiere nebst einem Versuch über die Bewegungen der Augen und über den Menschlichen Blick, Leipzig, Cnobloch, 1826, p. 6-7. Le texte de référence est un discours tenu à l'Université de Bonn le 19 octobre 1824, et intitulé « Von dem Bedurfniss der Physiologie nach einer philosophischen Naturbetrachtung ». La portée de ce discours est extensible à ce nouveau traitement des sciences de la vie qui se généralise après 1830 et où l'Anatomie comparée reste l'élément le plus philosophique (voir aussi p. 27-35).
4. NAEF (Adolf), Die Gestalt als Begriff und Idee, in BOLK, GOPPERT, KALLIUS, LUBOSCH, Handbuch der vergleichenden Anatomie der Wirbelthiers, T. I, Berlin, p. 101-102.
5. STEVIN, Arithmetique, 1585, p. 66, voir Dictionnaire de HATZFELD et DARMESTETER, à l'article Homologie.
6. On trouve par exemple une définition de l'homologie comme congruence, convenance et similitude, au niveau des rapports intérieurs ou inapparents dans de NECKER (Noël-Joseph), Phytozoologie philosophique, Neuwied sur le Rhin et Strasbourg 1790, p. 53. Avec OKEN (L.), Die Zeugung, Bamberg et Wurzburg, 1805, il y a homologie entre les fonctions (voir p. 167, 175, 182). Un sens morphologique apparaît par contre avec le terme d'homotypie, in OKEN, Ueber die Bedeutung der Schädelknochen, Iena, 1807, p. 16, mais ce sens morphologique ne semble pouvoir s'imposer qu'après 1802, avec, par exemple HUSCHKE, Ueber Thierische Bewegung une ihre Organe, Isis von Iken, 1822, p. 798-812. C'est cette signification morphologique limitée au sens de l'homologie sériale, qui est reprise par GEOFFROY SAINT-HILAIRE: Composition de la tête osseuse de l'homme et des animaux,

Annales des sciences naturelles, 1824, p. 4 et Mémoire sur les structures et les usages de l'appareil olfactif chez les Poissons, suivi de considérations sur l'olfaction des animaux qui odorent dans l'air, Tiré à part p. 20 et Ann. Sc. Nat. 1825, p. 341. Ce dernier mémoire est cité par Owen, Principes, etc., p. 25, et ensuite par toute la littérature, jusqu'à nos jours.

7. DUGES (A.), Mémoires sur la conformité organique dans l'échelle animale, Montpellier, Ricard, 1832, p. 47.
8. Idem, Traité de physiologie comparée de l'homme et des animaux, T. I, Montpellier, Castel, 1838, p. 9-10 et Tableau des segments et régions homologues, (annexe p. 10).
9. Idem. Mémoire sur la conformité organique, p. 13-14.
10. Ibid. p. 19 ; voir aussi pp. 9-11.
11. Idem, Traité de Physiologie comparée, etc, T. I, p. 13.
12. Idem, Mémoire etc, p. 31.
13. Ibid., p. 67.
14. Idem, Traité de physiologie comparée, ibid., T. III, p. 108-410.
15. Ibidem, T. III, p. 401 sq.
16. Ibidem, T. I, p. 14.
17. VICQ d'AZYR, Mémoire sur les rapports qui se trouvent entre les usages et la structure des quatre extrémités dans l'homme et dans les quadrupèdes – rapport de CONDORCET in Oeuvres, ed. Moreau de la Sarthe, Paris, 1805, T. IV, p. 313.

2. – *Affinités et analogies.*

1. DAUDIN (H.), Cuvier et Lamarck, ibid., T. II, p. 222-225. Voir les références : LAMARCK, Philosophie zoologique, T. I, 1809, 1ère Partie, chapitre VI, p. 132-135 et chapitre VII, p. 232.
2. LAMARCK (J.B.), Discours d'ouverture, An VII-1800, in Bulletin scientifique de la France et de la Belgique, T. XL, 1907, p. 29.
3. DAUDIN (H.), Cuvier et Lamarck, ibid. p. 248.
4. Ibid., p. 249.
5. LITTRE et ROBIN, Article Affinité, in Dictionnaire de Médecine, 12ème éd. Paris 1865, p. 29.
6. MAC LEAY (W.S.), Horae Entomologicae or Essays on the annulose animals, T. I, Londres 1819, p. 26-29.
7. Ibid: T. II, 1821, p. 170.
8. MAC LEAY (W.S.), Horae Entomologicae, T. II, 1821, p. 329-335.
9. Ibid. p. 363-364.
10. Ibid. p. 169-170, et aussi p. 253-254 où Cuvier est explicitement contesté mais malheureusement au profit d'affinités discutables, entre céphalopodes et chéloniens par exemple.
11. Ibid. p. 163-164 ; p. 206.
12. Ibid. T. II, p. 273-274.
13. OWEN (R.), Lectures on the comparative Anatomy and Physiology of the Invertebrate animals (Hunterian Lectures 1843), London 1843, Glossary, p. 373.
14. MAC LEAY (W.S.). Remarks ont the identity of certain general laws which have been lately observed to regulate the natural distribution of insects and fungi. Philosoph. Mag. vol. 62, 1833, p. 195-196.
15. Idem, Horae Entologicae etc., T. I, p. 10.
16. Ibid., T. II, p. 454.
17. Voir SWAMMERDAM: Histoire naturelle des insectes, Collection académique, T. V

de la partie étrangère, Dijon-Paris, 1758, Chap. IV, p. 19 et spécialement p. 131.
18. VON BAER (K.E.), Johann Swammerdam, Leben und Verdienst um die Wissenschaft, in Reden, etc., T. I, p. 3-30.
19. MAC LEAY (W.S.), Remarks, ibid. p. 194.
20. Idem, Horae Entomologicae, ibid. T. I, p. 28.

3. – *« Bedeutung »*.

1. NITZSH (Ch. L.), Ueber die zwischen den Ruckgratthieren und Panzerthieren überhaupt und den Vogeln und Inseckten insbesondere stattfindende Parallele, MECKELS Archiv für Anatomie und Physiologie, 1826, p. 43.
2. Ibid. p. 62.
3. RATHKE (H.), Anatomisch-Philosophische Utersuchungen über den Kiemenapparat und das Zungenbein der Wirbelthiere, Riga und Dorpat, Frantzen, 1832, p. 97.
4. HEUSINGER (C.F.), De evolutione extremitatum in animalibus vertebratis, Würzburg, Becker, 1824, p. 11. – Berichte von der Königlichen zootomischen Anstalt zur Würzburg. Erster Bericht. Würzburg, Etlinger, 1826, p. 14-15.
5. RATHKE (H.), Anatomisch-Philosophische Untersuchungen, p. 102.
6. Ibid. p. 103.
7. Ibid. p. 109-110.
8. Ibid. p. 113.

4. – *La classification anatomique.*

1. OWEN (R.). Lectures etc., 1843, p. 379.
2. Ibid., p. 377.
3. CUVIER (G.), Règne animal, Préface p. XIV.
4. Ibid. p. 6.
5. Ibid; p. 10-12.
6. Idem, Tableau élémentaire de l'histoire naturelle des animaux, Paris, Baudoin, An VI, intr. & 7, p. 21.
7. GEOFFROY SAINT-HILAIRE (Et.), Philosophie Anatomique, Paris, Méquignon-Marvis, 1818, Discours préliminaire, p. XXXVII-XXXVIII.
8. GOETHE, Erster Entwurf, ibid. p. 165.

5. – *Les séries embryologiques.*

1. AGASSIZ (L.), Twelve Lectures on comparative Embryology (delivered before the Lowell Institute in Boston Dec. and Jan. 1848-1849), Boston, Redding, 1849, p. 26-29.
2. Ibid. p. 6.
3. Ibid. p. 26, p. 103.
4. Ibid. p. 29.
5. Ibid. p. 52-53.
6. Ibid. p. 65.
7. Iibd. p. 58.
8. Idem, Recherches sur les Poissons fossiles, T. I, Neuchâtel, Petitpierre, 1833-1843, p. 92-93.
9. AGASSIZ (L.), Twelwe Lecture, ibid., p. 104.

10. Idem, Recherches etc., T. IV, p. VII.

6. – La progression.

1. OWEN (R.), Préface 15 nov. 1837, in Oeuvres complètes de John HUNTER, trad. Richelot, T. IV, Paris 1841, spéc. p. 44 et 52-53.
2. OWEN (R.), Lectures, ibid., 1843, p. 367-371.
3. Ibid, p. 12-15.
4. Idem, Principes d'ostéologie comparée, ibid. p. 9-10.
5. Ibid. p. 224.
6. Idem, On the Anatomy of Vertebrates, T. I, Fisches and Reptiles, London, 1866, Preface p. XXV, voir aussi OWEN (R.), Lectures, ibid. (1844) 1846, p. 38.
7. Ibid, p. 71.
8. OWEN (R.), ibid. p. 73.
9. OWEN (R.), ibid. p. 79-83.
10. OWEN (R.), ibid. p. 122-123.
11. Idem, Principes d'ostéologie comparée, ibid. p. 228.
12. Concernant l'attitude de R. Owen vis à vis du transformisme, voir la conclusion de « On the Anatomy of Vertebrates », T. III, 1868, p. 806-808, et consulter également Rev. OWEN, The Life of Richard Owen, London, 1894, Vol. I, p. 248, sq et 311-312. – Concernant l'absence de pénétration du Lamarckisme chez les morphologues, Voir LUBOSCH (W.), in BOLK, etc Handbuch etc: T. I, p. 36.
13. OWEN (R.), Principes d'ostéologie comparée, ibid., p. 366.
14. Ibid., p. 367-368.
15. Idem, On the nature of limbs, London, 1849, p. 1.
16. Idem, Principes etc., p. 367.
17. Idem, On the nature of limbs etc, p. 6.

7. – Les homologies.

1. Idem, Lectures (1844) 1846 ; p. 40-41.
2. Idem, Principes d'ostéologie comparée, p. 6-7.
3. Ibid., p. 29.
4. Ibid., p. 30.
5. Ibid., p. 27.
6. On the nature of limbs, p. 14.
7. Ibid., p. 56.
8. Ibid., p. 62-63.
9. Idem, Principes d'ostéologie comparée, p. 258.
10. Idem, On the nature of limbs, p. 82.
11. Ibid., p. 51.
12. Ibid., p. 83.
13. Ibid., p. 65.
14. Idem, Principes d'ostéologie comparée, p. 369.

8. – Conclusion.

1. HUXLEY (T.H.), Owen's position in anatomical science, in Rev. R. Owen, The life of Richard Owen etc., vol. II, p. 273-332.

2. Ibid. p. 281.
3. Ibid. p. 283-284.
4. Ibid. p. 298-300.
5. Ibid. p. 321.
6. OWEN (rev. R.), The life of Richard Owen, T. II, p. 93-94.
7. MULLER (Johannes), Vergleichende Anatomie der Myxinoiden, der Cyclostomen mit durchbohrtem Gaumen. Erster Theil Osteologie und Myologie. Berlin K. Akad. der Wiss. 1835, p. 234.

NOTES DU CHAPITRE III

1. – Le développement.

1. AGASSIZ (L.), Recherches sur les poissons fossiles, T. I, Neuchâtel 1833-1843, p. 172.
2. SPENCER (H.), The Development Hypothesis (Leader, du 23/3/ 1852), in Essays : scientific, political and speculative, T. I, London 1883, p. 382-386.
3. CUVIER (G.), Histoire des progrès des sciences naturelles, ibid. T. I, p. 220.
4. Ibid. p. 182-183.
5. TREVIRANUS (G.R.), Biologie, T. III, Goettingen, 1805, p. 226.
6. AGASSIZ, Recherches, ibid. T. I, Introduction, p. XVIII-XIX.

2. – La Physiologie transcendante.

1. BURDACH (C.F.), Traité de Physiologie considérée comme science d'observation trad. fr. JOURDAN), T. I, Paris, 1837, p. 2.
2. Ibid. p. 3.
3. OKEN (L.). Lehrbuch der Naturphilosophie, T. I, Iena 1809, p. 140.
4. BURDACH ibid. T. IV, p. 124.
5. HUXLEY (T.H.), The Cell-Theory (1853), in Scientific Memoirs of –, ed. Forster (M.) and Ray Lankester (E.), London, T. I, 1898, p. 267.
6. BURDACH ibid., T. I, p. 5.
7. Ibid., T. IV, p. 124.
8. DUCROTAY de BLAINVILLE, De l'organisation. Ibid., p. 22.
9. BURDACH ibid., T. IV, p. 129.
10. TIEDEMANN (F.), Physiologie des Menschen, T. I, Allgemeine Betrachtung des organischen Körper, Darmstadt, 1830, p. 105 : texte qui contient une référence caractéristique à l'opposition faite par Kielmeyer entre la géométrie élémentaire du non-vivant et la géométrie supérieure du vivant (Ibid. p. 106). Ce thème provient de Romé de l'Isle (Cf. METZGER (H.), La genèse de la science des cristaux, 2ème éd., Paris, 1969, p. 106 sq).
11. CARUS (C.G.), Traité élémentaire d'Anatomie comparée, suivi de Recherches d'Anatomie philosophique ou transcendante sur les parties primaires du système nerveux et du squelette intérieur et extérieur (trad. fr. Jourdant), T. III, Paris 1835, p. 18, note 2.
12. BURDACH, ibid., T. IV, p. 129 sq.

13. Ibid., T. II, p. 123.
14. OKEN (L.), Die Zeugung Bamberg und Wurzburg, 1805, p. 15-24.
15. VON BAER (K.E.), Beiträge zur Kenntniss der niedern Thiere in Nova Acta Naturae Curisosorum, 1827, p. 594-602.
16. VON BAER (K.E.), Das allgemeinste Gesetz der Natur in aller Entwickelung (1834), Reden, T. I, Saint-Petersbourg, 1864, p. 40-41.
17. BURDACH, ibid., T. IV, p. 154.
18. Ibid., T. V, p. 480.
19. Ibid., T. IV, p. 160-161.
20. Ibid., T. V, p. 157-158.
21. Ibid., T. V, p. 481.
22. Ibid., T. V, p. 492 sq et VON BAER, Das allgemeinste Gesetz der Natur, ibid., p. 63-72.
23. TIEDEMANN (F.), Anatomie und Bildungsgeschichte des Gehirns im Foetus des Menschen, nebst einer vergleichenden Darstellung des Hirnbaues in den Thieren, Nuremberg, 1816 (trad. Jourdan, Paris 1823).
24. SERRES (E.R.A.), Anatomie comparée du Cerveau dans les quatre classes des animaux vertébrés, appliquée à la physiologie et à la pathologie du système nerveux, Paris, 1824.

3. – Les métaphores.

1. DUVERNOY (D.M.), Article Animal, in d'ORBIGNY (Ch.), Dictionnaire etc., T. I, p. 515.
2. OKEN (Lorenz), Entwickelung der Wissenschaftlichen Systematik der Thiere, in OKEN et KIESER, Beyträge, etc, T. I, 1806, p. 103.
3. OKEN (L.), Lehrbuch der Naturphilosophie, T. II, etc. p. 19 sq.
4. MECKEL (J.F.), Ueber den Charakter der allmahligen Vervollkommung der Organisation etc., in Beyträge, T. II, 2ème cahier, p. 61.
5. WALTHER (Ph. Fr.), Physiologie des Menschen etc., T. I, paragraphe 13-16, p. 11-14.
6. KIELMEYER (C.F.), Ueber die Verhaltnisse etc., p. 7.
7. TREVIRANUS (G.R.), Biologie, T. III, p. 40.
8. Ibid., T. I, p. 104-105.
9. TIEDEMANN (Friedrich), Zoologie zu seinen Vorlesungen entworfen, T. I, Landschut Weber 1808, p. 73-74.
10. BORDEU (Th.), Recherches anatomiques sur les positions des glandes et sur leur action (1752) in Oeuvres, T. I, Richerand, Paris 1818, p. 187, et DIDEROT, Le rêve de d'Alembert, Oeuvres, Pléïade, Paris, p. 914.
11. TIEDEMANN (F.), Physiologie des Menschen, T. I, Darmstadt, Leske, 1830, p. 106 et MUNTER, Allgemeine Zoologie etc, p. 62.
12. CARUS (C.G.), Von der Ur-Theilen des Knochen und Schalengerüstes, 1828, Recherches d'Anatomie philosophique ou transcendante, in Ttaité élémentaire d'Anatomie Comparée, T. III, Paris Baillère 1835, p. 18, n. 2 (trad. Jourdan).
13. Ibid, p. 17-18.
14. Ibid., p. 19.
15. SERRES (E.R.A.), Principes d'organogénie, Paris Gosselin 1842, p. 18-19.

4. – Les éléments organiques.

1. Ibid, p. 54.

2. BICHAT (Xavier), Traité des membranes, p. 28-19.
3. Idem, Anatomie générale, p. 48-53.
4. SERRES (E.R.A.), Principes, p. 81.
5. Ibid., p. 123.

5. – Les organismes.

1. CUVIER (G), Le règne animal, T. I, Préface, p. 13-19.
2. SERRES (E.R.A.), Principes, p. 125-126.
3. MOQUIN-TANDON (A.), Monographie de la famille des Hirudinées, Montpellier 1826, p. 89.
4. GOETHE (J.W.), Oeuvres d'histoire naturelle, trad. Martins, 1837, p. 16-19 et la reconnaissance de la priorité de Wolff, ibid. p. 271-277.
5. OKEN (L.), Die Zeugung Bamberg and Würzburg, 1805, p. 103.
6. DUGES (A.), Mémoire sur la conformité organique dans l'échelle animale, Montpellier 1832, p. 15-18.
7. SERRES (E.R.A.), Anatomie comparée transcendante. Principes d'Embryogénie, de Zoogénie et de Tératogénie, Paris Didot 1859, p. 565-566.

6. – Les transformations.

1. Ibid., p. 140.
2. GEOFFROY SAINT-HILAIRE (Et.), Philosophie Anatomique, T. II, Paris 1822, p. 14.
3. SERRES (E.R.A.), Anatomie comparée transcendante, p. 12.
4. Ibid., p. 404.
5. Ibid., p. 195-496.
6. Idem, Anatomie comparée du cerveau dans les quatre classes des animaux vertébrés appliquée à la physiologie et à la pathologie du système nerveux, Paris Gabon 1824, p. 585.
7. CAMPER (Petrus), Second Discours sur l'analogie qu'il y a entre la structure du corps humain et celle des quadrupèdes, des oiseaux et des poissons, 1778 in Oeuvres, T. III, Paris Jansen, An XI-1803, p. 347-361.
8. SERRES (E.R.A.), Anatomie comparée du cerveau, p. 586.
9. Idem, Principes, p. 61.

7. – Anatomie et esthétique.

1. Du développement à l'évolution etc., pp. 39-40, 43-44, 61.
2. DARESTE (Camille), Recherches sur la production artificielle des monstruosités, Paris, Reinwald, 1877, p. 131.

8. – Conclusion.

1. SERRES (E.R.A.), Anatomie comparée transcendante, p. 660.
2. HUXLEY (T.H.), On natural history as knowledge, discipline and power, in Scientific Memoirs etc., T. I, p. 34 (article de 1855).
3. JACOB (F.), La logique du vivant, Paris 1970, voir CANGUILHEM (G.), Logique du vivant et histoire de la biologie, Sciences, 3/4/71, p. 25.

NOTES DU CHAPITRE IV

1. – Pander.

1. MECKEL (J.F.), Manuel d'anatomie générale, descriptive et pathologique, trad. Jourdan et Breschet, T. I, Paris, Baillière, 1825, p. 49-50 ; et Traité général d'Anatomie comparée, Trad. Riester et Sanson, Paris, Villeret, 1828, p. 12. (Les éditions allemandes respectives datent de 1816 et 1821).
2. MECKEL (J.F.), Manuel, T. III, p. 775.
3. Ibid., p. 776.
4. WOLFF (C.F.), De formatione intestinorum etc. Novi commentarii Academiae scientiarum imperialis petropolitanae, T. XII et XIII, 1766, 1767, 1768 ; voir spécialement la conclusion T. XIII, p. 519-520.
5. PANDER (Christian), Dissertatio inauguralis sistens historiam metamorphoseos quam ovum incubatum prioribus quinque diebus subit, Würzburg, Nitribitt, 1817, p. 7-14.
6. Ibid. p. 26.
7. VON BAER (K.E.), Selbstbiographie. Nachrichten über Leben und Schriften, Braunschweig, Wieweg, 1886, 2ème éd. p. 200-201.
8. PANDER (Christian), Beyträge zur Entwickelungsgeschichte des Hünchens im Eye, Würzburg, 1817, p. 29.
9. Ibid., p. 30.
10. Idem, Dissertation, ibid., p. 7-17.

2. – De Wolff à Pander.

1. Ibid., p. 21 et note I.
2. WOLFF (C.F.), De formation intestinorum etc., Pars I paragraphe 33 T. XII, p.431, des Novi Commentarii etc., et trad. all. Meckel, 1812, p. 97.
3. Ibid. Pars II, N.C., XII paragraphe 80, p. 473. Trad. Meckel, p. 151.
4. Ibid. Pars I, N.C., XII p. 413 ; Meckel, Ibid. p. 70.
5. Ibid., Meckel, p. 76.
6. Ibid. Pars I N.C. XII paragraphe 26, p. 425 ; Meckel, p. 96.
7. Le faux amnios est ce velum général, défini lui-même comme une partie de la couche profonde du blastoderme de l'aire embryonnaire, formé par le feuillet fibro-intestinal et l'entoderme, et qui reçoit l'embryon dans ses plis, de telle sorte que si l'on isole un blastoderme au 4ème jour, et si l'on examine la partie ventrale, on n'aperçoit plus aucune partie de l'embryon, sauf la gouttière intestinale plus ou moins close. Voir KOLLIKER (A.), Embryologie, Trad. Schneider, Paris, Reinwald, 1879, p. 197-199. – Voir : WOLFF (C.F.), De formatione intestinorum, Pars I, N.C. XII paragraphe 49, p. 448 ; Meckel, p. 1880189.
8. PANDER (Christian), Dissertatio, ibid. p. 21:
9. Idem, Beyträge ibid. paragraphe 4, p. 7.
10. Ibid. paragraphe 3, p. 6.
11. VALENTIN (G.), Handbuch der Entwickelungsgeschichte des Menschen mit vergleichender Rucksicht der Entwickelung der Saügethiere und Vögel, Berlin, Rücker, 1835, p. 99.
12. MECKEL (J.F.), Einleitende Abhandlung des Herausgebers, (in WOLFF (C.F.), Ueber die Bildung des Darmskanals im bebruteten Hünchen, Halle, Rengen 1812, p. 5).

3. – *L'épigénèse.*

1. WOLFF, (C.F.), Theoria Generationis, 1759, reprint p. 112-114 paragraphes 239 et 240.
2. Idem, Theorie von der Generation, 1764, reprint p. 51.
3. Ibid. p. 62.
4. Idem, Theoria, Ibid. paragraphe 233, p. 106-107.
5. Ibid. paragraphe 234, p. 107.
6. Idem. Theorie, Ibid. p. 63.
7. Idem, Theoria, Ibid. paragraphe 255 scholie 2, p. 126-127.
8. Idem, Theorie, Ibid. p. 81.
9. Ibid. p. 123-135.
10. Sur ce point voir THALES 1960, Du développement à l'évolution au XIXème siècle, p. 7-8.
11. THALES, Ibid. p. 10.

4. – *Le concept de feuillet.*

1. WOLFF (C.F.), Theorie, Ibid. p. 7-10.
2. Ibid. p. 12-13.
3. Idem, Theoria generationis. Expositio et ratio instituti, paragraphe 12, p. 6.
4. HUXLEY (T.H.), The Cell Theory, 1853, in Scientific Memoirs, Ibid. T. I, pp. 243, 251, etc.
5. WOLFF (C.F.), De formatione intestinorum, Ibid. Pars I N.C. XII, paragraphe 9, p. 410.
6. Ibid., Pars I, N.C. XII paragraphes 76 et 77, p. 469-472.
7. Idem, Uber die Bildung des Darmkanals im bebruteten Huchnchen, p. 64-65, note de Meckel.
8. VON BAER (K.E.), Selbstbiographie etc. p. 297 : « Die Trennung der Keimhaut, d. h. des in die Breite entwickelten Hahnentritt, in mehrere Blätter war Wolff nicht klar Geworden, von Pander aber verfolgt ».
9. Idem, Ueber Entwickelungsgeschichte etc. T. I, Préface p. VI, et Selbstbiographie etc., p. 195-196.
10. Idem, Selbstbiogaphie etc., p. 164-165.
11. Idem, Uber Entwickelungsgeschichte etc., T. I, p. X.
12. Idem, Selbstbiographie etc., p. 191-193.
13. Ibid., p. 195-196.
14. Ibid., p. 196 et PANDER (Christian), Entwickelung des Küchels, Isis 1818 p. 512-524.
15. VON BAER (K.E.), Selbstbiographie, p. 187-188.
16. Ibid., p. 184.
17. DOELLINGER (Ignaz), Vom Kreislaufes des Blutes. Deukschriften der K. Akademie der Wissenschaft zu München, T. VII, 1821, p. 174.
18. Ibid., p. 198.
19. VALENTIN (G.), Handbuch, p. 573.
20. VON BAER (K.E.), Selbstbiographie, p. 198-199.
21. Ibid. p. 200.
22. PANDER (Christian), Dissertatio etc., p. 26-27. Une analyse plus développée est fournie dans les Beyträge, paragraphe 3, p. 5-7.
23. Comparer PANDER, Dissertatio paragraphe 4 p. 28 ; Beyträge paragraphe 5 p. 8 et Entwickelung des Küchels, in Isis 1818 paragraphe 6, p. 515.

24. Idem, Dissertatio p. 33-34 paragraphe 5 et Beytrage paragraphe 8 p. 11.
25. VON BAER (K.E.), Du développement de l'embryon des oiseaux, in BURDACH (K.F.), Traité de Physiologie, T. III. Trad. Jourdan p. 206 et Uber Entwickelungsgeschichte etc., T. I, p. 11-12.
26. Idem, Uber Entwickelungsgeschichte etc., T. I, p. 154.
27. PANDER (Christian), Beyträge paragraphe 8, p. 12 (cité par J. OPPENHEIMER, Essays in the History of Biology and embryology, M.I.T. press, 1967, p. 258).
28. PANDER (Christian), Entwickelung des Küchels, paragraphe 8, p. 515.

5. – *La morphogénèse.*

1. Idem, Beyträge, paragraphe 3, p. 6-7.
2. Ibid., paragraphe 8, p. 12.
3. BUFFON, Oeuvres etc. T. X, chap. 9, p. 307.
4. PANDER (Christian), Entwickelung des Küchels, p. 524.
5. OKEN (Lorenz), In Isis nº 192 rapporté par VON BAER, Selbstbiographie, p. 293 et PANDER (Christian), Entwickelung des Küchels, paragraphe 8, p. 515.
6. Dans Isis 1818 1er Cahier, voir les mémoires suivantes : OKEN, Uber die Entstehung der Därme aus dem Nabelblaschen, und anderer Gegenstande aus der Entwickelungsgeschichte der Jungen, p. 59, qui comprend une récapitulation et des extraits de ses Beyträge zur Zoologie, Anatomie und Physiologie de 1807, complétée par des références aux travaux faits ensuite sur cette question, par Meckel dans son introduction à sa traduction de Wolff de 1812 ; par Reil (Arch. f. Physiologie VIII, 1807) ; par Kieser (Der Ursprung des Darmkanals aus der Vesicula Umbilicalis im menschlichen Embryo 1810); par Emmert et Hochstetter (plusieurs mémoires) ; par Jorg et enfin par Samuel, Bojanus et Doellinger. Ce premier ensemble est suivi de plusieurs articles sur le même sujet, repris de diverses revues : EMMERT & HOCHSTETTER, Untersuchungen über die Entwickelung der Eidechsen in ihren Eyern, p. 102 ; DUTROCHET, Untersuchungen über die Entwickelung der Jungen im Eye der Vögel und Schlangen, p. 114 ; et enfin un mémoire de Cuvier sur les œufs des quadrupèdes publiés déjà en 1817, p. 126.
7. VON BAER (K.E.), Selbstbiographie, p. 294.
8. Ibid., p. 292-293.
9. Ibid., p. 297.
10. Idem, Uber Entwickelungsgeschichte, T. I, p. VI-VII.
11. Idem, Du développement de l'embryon des oiseaux, p. 207 ; Uber Entwickelungsgeschichte etc., T. I, p. 14-16 ; Selbstbiographie, p. 296.
12. Idem, Selbstbiographie, p. 300.
13. Uber Entwickelungsgeschichte, T. I, p. 20 note.

6. – *Développement et type.*

1. SERRES (E.R.A.), Anatomie comparée transcendante, p. 192-201.
2. Idem, Principes... Ibid., p. 217-224.
3. VON BAER (K.E.), Ueber Entwickelungsgeschichte. Ibid., T. I, p. 200-201.
4. Ibid. P. 205, et T. II, 1837, p. 234.
5. Ibid., T. I, p. 9-11.
6. Ibid., p. 153-159.
7. Ibid. p. 153-155. Sur les rapports entre Sonderung et Differenzirung, voir OPPENHEIMER (J.), Essais in the history of Embryology and Biology, p. 298. Il n'est pas certain que Von Baer ramène entièrement Differenzirung vers Sonderung,

si on remarque l'importance des implications philosophique du terme, conformes à la Naturphilosophie, mais peut-être au contraire : Sonderung pourrait ne décrire que l'aspect ségrégatif du processus désigné comme Differenzirung.

8. Voir plus haut, sect. 3.
9. VON BAER (K.E.), Ibid. 178-179.
10. Idem, Ibid. 257-258.
11. Idem, Reden, Gehalten im wissenschaftlichen Versammlungen..., Erster Theil, Saint-Pétersbourg, 1864, p. 63.
12. Idem, Ueber Entwickelungsgeschichte etc., Ibid. p. 208.
13. Ibid. p. 224.
14. Ibid. p. 193, 230, etc.
15. Ibid. T. I, p. 229-231. Voir aussi Beyträge, p. 470.
16. Idem, Beyträge, p. 740.

7. – *La réalisation du type.*

1. Comparer WOLFF (C.F.), De formatione intestinorum, paragraphe 78, Corollaire, et MECKEL, 1812, trad. p. 147-148.
2. VON BAER (K.E.), Beyträge, p. 742-743.
3. Idem, p. 745-746.
4. Idem, Ueber Entw. d. Thiere. T. I, p. 148.
5. Idem, Beyträge, p. 760.
6. Idem, Ueber Entw. d. Thiere, T. I, p. 174-175.
7. Ibid. p. 219, conclusion d'une longue analyse de la fonction du sang et de la répartition des vaisseaux par rapport à la symétrie de la partie animale, à partir de la p. 213. Le type vertébré est défini comme synthétique en résumant les trois autres types, ce qui n'est pas sans évoquer un déplacement de ce qui n'était que la situation de l'homme pour l'ensemble du règne animal, définie par Oken.
8. Ibid. p. 219 sq.
9. GOETHE (J.W.), Erster Entwurf einer allgemeinen Einleitung in die vergleichende Anatomie ausgehend von der Osteologie, 1795, in Werke., T. XIII, Hamburg, 1960, p. 178.
10. VON BAER (K.E.), Ueber Entw. d. Thiere, T. I, p. 176.

8. – *Les fondements d'une théorie morphologique de l'organisation.*

1. Ibid. p. 223-224.
2. Idem, Beyträge p. 646-647.
3. Idem, Ueber Entw. d. Thiere, T. II, p. 92.
4. Idem, Selbstbiographie etc., n. pp. 380-386 spéc. 386. Il ne faut pas oublier qu'une telle assimilation ne peut être considérée que comme tardive, car la présence des globules laiteux dans la liste des éléments globulaires primitifs fournis par les Beyträge (O.C. p. 72) exclut par principe toute nature cellulaire, et nous place dans un contexte semblable à celui de l'Anatomie transcendante tel qu'il est illustré plus tard par Serres avec le concept d'ovonite (Cf. SERRES Anat. comp. trans. p. 104-109).
5. VON BAER (K.E.), Ueber Entw. d. Thiere, T. II, p. 92-93.
6. Ibid., p. 92-93.
7. ROUX (W.), Ueber die Leitungfahigkeit der Prinzipien der Descendenzlehere zur Erklärung der Zweckmässingkeiten des Thierischen Organismus, 1880, in Gesam-

melte Abhandlungen über Entwickelungsmechanik der Organismen, T. I Leipzig Engelmann 1895, p. 102-133.

8. VON BAER (K.E.), Selbstbiographie, p. 381, n. Il s'agit d'une sorte d'allergie vis-à-vis des termes composés de Logos. Les termes d'éléments morphologiques et histologiques ont été formés par lui, après sa nomination à Saint Pétersbourg. Ce sont des termes opérant au niveau d'une comparaison interne où se trouvait d'abord limité le concept d'homologie.
9. VON BAER (K.E.), Ueber Entw. d. Thiere, T. II, p. 83.
10. Ibid. T. I, p. 90 ; 212-213.
11. Ibid. p. 209-210.
12. On pourrait objecter à cette analyse un texte (p. 87 de la 2ème partie 1837) où il est dit que chez les Articulés, plus le type est pur et plus la segmentation apparaît, si bien que, en vertu du principe des gradations, la segmentation morphologique doit se manifester même chez les Vertébrés au niveau du canal intestinal et de la vie organique à un faible degré pour disparaître ensuite. En ceci, la segmentation est située sur le même plan que la symétrie. La réponse serait alors que l'axe de symétrie apparaît dès la différenciation primaire, qu'il est antérieur à la transformation des feuillets en tubes, qu'il dirige, et qu'il est par conséquent antérieur à la différenciation en éléments morphologiques qui se répètent sur sa longueur ; même si cette différenciation est générale dans le type, elle n'est pas pour autant primordiale (Cf. T. I, p. 163).
13. Ibid., T. II, p. 85.
14. Ibid. p. 84.
15. GEGENBAUR (Karl). Manuel d'Anatomie comparée. Trad. Vogt. Paris, Reinwald, 1847, p. 47.
16. VON BAER (K.E.), Ueber Entw. d. Thiere, T. I, p. 159.
17. Ibid. p. 157-158.
18. Ibid. p. 15.
19. Ibid. p. 164.
20. Ibid. T. II, p. 58.
21. SERRES (E.R.A.), Anatomie comparée transcendante etc., p. 204-206, n.

9. – L'ordre génétique.

1. VON BAER (K.E.), Ueber Entw. d. Thiers, T. I, p. 259.
2. Ibid. p. 261-262.
3. Ibid. p. 233.
4. Ibid. p. 237.
5. Ibid. p. 237.
6. Ibid. p. 242.
7. Id., Das allgemeinste Gesetz der Natur in aller Entwickelung. Reden, T. I. Saint-Petersbourg, 1864, p. 72.
8. VALENTIN (G.), Handbuch etc., p. 590.
9. Ibid., p. 592 et 597.
10. Ibid., p. 601.
11. HUXLEY (T.H.), On the Anatomy and the affinities of the family of the Medusae, 1849, in Scientific Memoirs, etc., T. I, p. 24, paragraphe 58.

10. – Conclusion.

1. VON BAER (K.E.), Zwey Worte über den jetzigen Zustand der Naturgeschichte Koenigsberg, 1821, p. 41.

NOTES DE LA TROISIEME PARTIE

NOTES DU CHAPITRE PREMIER

1. – Les éléments.

1. HERTWIG (O.), Einleitung und allgemeine Litteraturübersicht in Handbuch der vergleichenden une esperimentellen Entwickelungslehre der Wirbelthiere, T. I, 1ère partie, 1ère section, Jana, Fischer, 1906, p. 1-85.
2. Ibid. p. 35.
3. Ibid. p. 46.
4. HEUSINGER (C.F.), System der Histologie. Erster Theil : Histographie. Erstes Heft. Einletung oder allgemeine Histologie, Eisenach, Bärecke, 1822.
5. VALENTIN (G.), Handbuch ibid. p. 652.
6. Ibid., p. 638.
7. Voir sur ce point FLORKIN (M.), Naissance et déviation de la théorie cellulaire dans l'œuvre de Théodore Schwann, Paris, Hermann, 1960, p. 66.
8. HENLE (J.). Traité d'Anatomie générale. T. I. in Encyclopédie Anatomique. Trad. Jourdan. VI, Paris, Baillière, 1843, p. 124.
9. TREVIRANUS (G.R.). Ueber die organische Elemente des thierischen Körpers in Vermischte Schriften anatomischen und physiologischen Inhalts von G.R. und L.C. TREVIRANUS T. I. Göttingen Röwer 1816, p. 118-120.
10. Ibid. p. 128.
11. Ibid. p. 142-143.
12. MILNE-EDWARDS (H.). Recherches microscopiques sur la structure intime des tissus organiques des Animaux. Extr. des Annales des sciences naturelles. Paris, 1826, p. 29.
13. EHRENBERG (C.G.). Organisation in der Richtung des Kleinsten Raumes, Berlin AK. d. Wss. 1834, p. 3 – voir aussi p. 28 où le « Chaotisches Gewimmel » de Von Baer est réduit à la présence parasitaire dans les moules d'espèces d'infusoires bien déterminées : monas crepusculum et peripheres conchyliospermaticus.
14. SCHWANN (Th.). Mikroscopische Untersuchungen über die Uebereinstimmung in der Struktur und dem Wachstum der Thiere und Pflanzen. Berlin, 1839, p. 72.
15. REICHERT (K.B.), Bericht über die Fortschritte der mikroskopischen Anatomie in dem Jahren 1839 und 1840, (Müller's Archiv 1841, p. 164-165).

2. – L'individualité.

1. VALENTIN (G.), Hanbuch ibid., p. 635.
2. Liber Memorialis cité par FLORKIN (M.). Naissance et déviation etc p. 57.
3. SCHWANN (Th.) Mikroscopische Untersuchungen etc. Vorrede p. XI-XIII.
4. Ibid. p. 2 et 45.
5. SCHLEIDEN (M.J.). Grundzüge der Wissenschaftlichen Botanik paragraphes 14 et 45.

6. SCHWANN (Th.). Mikr. Untersuchungen ibid. p. 196-197.
7. Voir sur ce point WATERMANN (Rembert), Theodor Schwann : Leben und Werke, Dusseldorf, 1960, p. 126-127.
8. Cette hypothèse est développée par BERGMANN (C.) et LEUCKART (R.), Vergleichende Anatomie une Physiologie, Stuttgart, 1852. Introduction et spéc. p. 19-20. Le développement de la forme vivante à partir des conditions chimiques du vitellus est comparée à celui d'une ligne géométrique dont tout le parcours est décrit par une même formule : la diversification est alors le produit d'une répétition continue de l'identique qui est seul original, parce que l'on ne peut pas concevoir une traduction de l'infinité des particularités cohérentes qui assurent à un vivant son individualité en termes d'une infinité de processus chimiques virtuels, inscrits dans une composition de substances sans principe d'ordre. La biologie moléculaire montrera que le développement est commandé chimiquement à partir de molécules qui déterminent non seulement des réactions, mais surtout un ordre de celles-ci, en fonction de leurs structures préexistantes, ce qui suppose une autre chimie que celle qui était disponible en cette partie du XIXème siècle.

3. – L'œuf.

1. HERTWIG (O.), Einleitung etc., p. 48.
2. WAGNER (Rodolphe), Traité de Physiologie, Histoire de la Génération et du Développement. Trad. Habets, Bruxelles, 1841, p. 40.
3. Ibid., p. 41-44 et spéc. p. 44 n. 2.
4. Ibid. p. 90.
5. Ibid. p. 46. Voir aussi la note 4, où il apparaît que la différence avec l'autre possibilité choisie par Schwann ne lui semble pas très considérable, puisque dans un cas comme dans l'autre, c'est le même processus qui est en jeu. La question est simplement celle de l'interprétation de la macule, comme noyau ou bien comme nucléole.
6. SCHWANN (Th.), Mikr. Untersuchungen, ibid, p. 68-69.
7. VOGT (Carl), Untersuchungen über die Entwickelungsgeschichte der Geburtshelferkröte (Alytes obstetricans), Solothurn, 1842, p. 14-19.
8. Ibid., p. 5-11.
9. Ibid, p. 5-11.
10. Idem, Embryologie des Salmonés, – in Histoire naturelle des poissons d'eau douce de l'Europe centrale par AGASSIZ (L.), Neufchâtel, 1842, p. 37.
11. REICHERT (K.B.), Das Entwickelungsleben in Wirbelthier-Reich, Berlin, 1840, p. 1.
12. Ibid. p. 2-3.

4. – La lignée.

1. KOLLIKER (A.), Entwickelungsgeschichte der Cephalopoden, Zürich, 1844, p. 160.
2. Ibid. p. 30, 31, 33, 111.
3. Ibid. p. 142.
4. Ibid. p. 171-176.
5. KOLLIKER (A.), Embryologie ou Traité complet du développement de l'homme et des animaux supérieurs, Trad. Schneider, Paris, 1879, p. 5 et 240.

5. – L'atelier organique.

1. Cette question a été l'objet d'un traitement oral dans le cadre du séminaire de Canguilhem (Institut d'Histoire des Sciences, 1970). Je n'utiliserai que les éléments de ce travail personnel dont le rapport est direct aux problèmes qui sont dégagés ici, après révision et compléments.
2. SMITH (A.), Recherches sur les causes de la richesse des nations, 1776 (texte utilisé : trad. Germain Garnier, Paris, 1859).
3. Adam Smith reprend la description de Delaire dans l'article Epingle de l'Encyclopédie T. V 1755 p. 804-808.
4. Idem, Richesse des nations, T. I. Ibid. p. 94-104.
5. Ibid. p. 104-112.
6. Ibid. p. 112-121.
7. MILNE EDWARDS (H.), Article Organisation, Dict. class. d'Hist. Nat., T. XII, 1827, p. 340-344.
8. Idem, Mémoire sur la structure élémentaire des principaux tissus organiques des animaux, Paris, 1823, p. 19 – voir aussi idem, Recherches microscopiques sur la structure intime des tissus organiques des animaux, Extrait des Ann. Sc. Nat. 1826, où se trouve proposé un modèle d'organisation par composition.
9. Idem, Eléments de zoologie, Paris, 1834, p. 13-14.
10. Ibid. p. 208-217.
11. Idem, Leçons sur la physiologie et l'anatomie comparée de l'homme et des animaux, T. I, Paris, 1857, 1ère Leçon paragraphe 10.
12. Idem, Introduction à la Zoologie générale ou considérations sur les tendances de la nature dans la constitution du règne animal, Paris, 1851, p. 8-9, p. 60-61, p. 121.
13. Ibid. p. 19.
14. Idem, Leçons T. I 1ère Leçon paragraphe 14.
15. Idem, Introduction p. 124.
16. CUVIER (G.), Mémoires pour servir à l'histoire et à l'anatomie des mollusques, Paris, 1817, p. 42.
17. BONNET (Ch.), Considérations sur les corps organisés, T. I, 1776, paragraphe 52 p. 29, paragraphe 199 p. 158 etc. T. II paragraphe 244 p. 4.
18. Voir sur ce point la récapitulation historique fournie par PERRIER (E.), La philosophie zoologique avant Darwin, Paris, 1886, p. 182-184.
19. MILNE EDWARDS (H.), Histoire naturelle des crustacés, Paris, 1834, T. I, p. 13.
20. Ibid. p. 17 note.
21. Ibid. p. 23, p. 51.
22. Ibid. p. 57-59, p. 107.
23. Ibid. p. 94.
24. Ibid. p. 145-147. Voir aussi AUDOUIN (V.) et MILNE EDWARDS (H.), Recherches anatomiques sur le système nerveux, 1828, 3ème mémoire des Mémoires pour servir à l'histoire naturelle des crustacés, Paris, 1829, p. 119-129.
25. PERRIER (E.), La philosophie zoologique avant Darwin, p. 187.
26. BICHAT (X.). Recherches physiologiques sur la vie et la mort. 5ème éd. (Magendie), Paris, 1829, Art II paragraphes 1-2, p. 15-21.
27. L'intérêt de Milne Edwards pour Rathke est attesté par un compte rendu qu'il a publié de son travail sur l'écrevisse (1829) dans les Ann. Sc. Nat. Vol. 20, 1830, sous le titre : Recherches sur le développement des écrevisses par RATHKE. Il est cité dans l'Histoire naturelle des crustacés, T. I, p. 27, p. 147, p. 165, etc.

6. – Les ouvriers.

1. MILNE EDWARDS (H.), Observations sur les ascidies composées des côtes de la Manche ; lu à l'Ac. d. Sc. le 11 nov. 1839, Paris, 1841, p. 36-39.
2. Ibid. p. 46.
3. Il faut rappeler ici la référence de Moquin-Tandon à une doctrine qui s'est fait jour à partir de la botanique, où l'individualité des bourgeons s'est trouvée posée en principe, de telle sorte que le végétal a pu être conçu comme un être composé : MOQUIN-TANDON, Monographie de la famille des hirudinées, Montpellier, 1826, p. 92 note (voir supra p. 97). Le thème d'un caractère composite de l'organisme végétal est présent chez BONNET, Considérations sur les corps organisés, T. II. Chap. 2 paragraphe 54 ; chez WOLFF (C.F.), Theorie von der Generation, 1764, p. 193-134 ; chez Gœthe, Erasme Darwin etc. cités par GERVAIS (P.), De la métamorphose des organes et des générations alternantes dans la série animale et dans la série végétale, Thèse d'agrégation, Montpellier, 1860, p. 124 sq.
4. MILNE EDWARDS (H.), Observations sur le développement des annélides faites sur la côte de la Sicile, Cptes rendus de l'Ac. d. sc. ; séance du 30 déc. 1844, vol. XIX, p. 1410.
5. Ibid., p. 1421.
6. VIRCHOW (R.), La pathologie cellulaire 1858. Trad. Picard, de la 3ème éd. Paris 1868, p. 22. Les difficultés liées à la reconnaissance de l'individualité cellulaire ont été la source de débats qui se sont poursuivis au XXème siècle : voir CANGUILHEM (G.), La théorie cellulaire, in La connaissance de la vie, 1ère éd., Paris, 1952, p. 82-91.
7. VIRCHOW (R.), La pathologie cellulaire p. 15-16.
8. Sur ce point, voir VERWORN (M.), Physiologie générale, Trad. Hedon, Paris, 1800, p. 637-650.
9. OWEN (R.), On parthenogenesis or the successive production of procreating individuals from a single ovum, London, 1849, p. 5. L'idée que la cellule est un petit organisme qui fusionne pour en former un plus grand, est énoncé aussi dans : OWEN (R.), Lectures on the comparative anatomy and physiology of the invertebrate animals, London, 1843, p. 25, par référence à la théorie des infusoires de Oken. La nature cellulaire des infusoires est ensuite explicitement formulée.
10. Idem, On parthenogenesis, p. 56-73.

NOTES DU CHAPITRE II

1. – Le concept de métamorphose.

1. LITTRE et ROBIN, Dictionnaire de Médecine, 12ème éd. 1865, p. 935.
2. SWAMMERDAM, Histoire naturelle des insectes, etc. p. 3.
3. SWAMMERDAM, Histoire naturelle des insectes etc., p. 383-384.
4. WADSTROM, Metamorphosis humana, 1767, in LINNE, Amoenitates Academicae, T. VIII, 1769, p. 326-344.
5. BAER (K.E. von) Observations sur l'exfoliation de l'épiderme de l'embryon des mammifères, appliquées à la connaissance des métamorphoses des insectes, trad. Breschet, Ann. Sc. nat., Paris, 1833, p. 13.

6. Ibid, p. 22-23.
7. DUTROCHET (H.), Recherches sur la métamorphose du canal alimentaire chez les insectes, 1818, in Mémoires pour servir à l'histoire anatomique des végétaux et des animaux, T. II, Paris, 1837, p. 358-360 et 331-332.
8. DUTROCHET (H.), Recherches sur les enveloppes du fœtus, 1814 in Mémoires, T. II, p. 258-261.

2. – Métamorphose et Epigénèse.

1. HEROLD (M.), Entwickelungsgeschichte der Schmetterlinge, anatomisch und physiologisch bearbeitet Cassel une Marbung 1815.
2. Ibid., p. 1-2.
3. SWAMMERDAM, Histoire naturelle des insectes, ibid. p. 393. Le texte consacré aux métamorphoses de la chenille, à comparer avec celui de Herold, est placé sous le titre : Anatomie du papillon diurne coloré de l'espèce la plus commune, p. 386-419.
4. SWAMMERDAM, Histoire naturelle des insectes, ibid. p. 409.
5. HEROLD (M.), Schmetterlinge, ibid. p. 35-52.
6. Ibid., p. 54-108.
7. Ibid., p. 77-79, p. 85, p. 81-82, et 97-98.
8. Ibid., p. 27.
9. HEROLD (M.), Schmetterlinge, ibid. p. 21.
10. Ibid., p. 109-113.
11. Ibid., p. 115-116.
12. Ces processus sont décrits par DAWYDOFF, Traité d'embryologie comparée des invertébrés, Paris, 1928, p. 613-621.
13. HEROLD (M.), Von der Erzeugung der Spinnen im Eie, Marburg, 1824.
14. HEROLD (H.), Spinnen. p. 24, p. 51. Il me paraît regrettable qu'Herold ait été ignoré sur ce point, autant par RUSSEL (Form and Function p. 208) que par OPPENHEIMER (The non-specificity of the germs-layers 1940 in Essays in the history of embryology and biology. Cambridge Mass. & London 1967, p. 260. Il semble que ce soit de lui que Rathke tienne ses premières conceptions épigénétiques, qu'il a ensuite révisées par référence à Wolff (1825) ; il en résulte une inflexion théorique particulière, qui a été recouverte ultérieurement par la doctrine de Von Baer, mais dont il est toujours resté quelque chose, dont cette dernière doctrine ne peut rendre compte, et qui a peut-être permis à Rathke d'infléchir ultérieurement, à la fois sa compréhension du développement des crustacés et sa théorie générale des métamorphoses organiques. Contrairement à Oppenheimer, je crois volontiers que sans Von Baer, l'embryologie comparée aurait eu au XIXème siècle un visage fort différent. Pander et Herold sont mentionnés dans l'article de Rathke sur l'écrevisse de 1825.
15. RATHKE (H.). Flusskrebs, Isis Von Oken 1825 p. 1099-110.
16. HEROLD (M.). Spinen p. 49-50.
17. Voir les textes de Harvey : Anatomical exercices on the generation of animals, 1651, in The Works of William Harvey. Trad. angl. Willis (R.), London, 1847 (reprint 1955) p. 232-234 et 513-518.

3. – Les arcs branchiaux.

1. REICHERT (K.B.), Ueber die Visceralbogen der Wirbelthiere im Allegemein und deren Metamorphosen bir den Vögeln und Saugethieren, Muller's Archiv für Anatomie, Physiologie und Wiss. Medicin, Berlin, 1837, p. 121.

2. GEOFFROY SAINT-HILAIRE (Et.), Philosophie anatomique, p. 217 : définition des pleuréaux ; p. 384 : la correspondance entre les scissures du poumon et le nombre des arcs branchiaux ; p. 394 : la raison du phénomène en question ; p. 398 : l'identification des dents branchiales.
3. RATHKE (H.), Kiemen bei Saugthieren, Isis von Oken, 1825, p. 747-749. Certains articles occasionnés par cette découverte sont cités par RUSSEL, O.C., p. 134-136.
4. HUSCHKE (E.), Ueber die Umbildung des Darmcanals und der Kiemen der Froschkappen, Isis von Oken, 1826, p. 613-627, et Huschke spricht über die Kiemenbogen und Kiemengefâsse beim bebruteten Huhnchen, Versammlung der deutschen Naturforscher und Aertze zu Dresden, 18-23 Sept. 1826 ; Isis von Oken, 1827, p. 401-403.
5. Idem, Beyträge zur Phylosophie une Naturgeschichte, Erster Band : Ueber die Sinne, Weimar, 1824 p. 11.
6. VON BAER (K.E.), Des branchies et des vaisseaux branchiaux dans les embryons des animaux vertébrés, – Meckel's Archiv, 1827, p. 556 trad. Breschet (Ann. Sc. Nat. 1828). Signalons que Breschet revendique la priorité de l'observation de traces de branchies sur l'embryon humain dix ans avant Rathke, mais il n'en a rien tiré.
7. RATHKE (H.), Kiemen bei Vogeln, Isis von Oken, 1825 p. 1100-1101.
8. RATHKE (H.), Bemerkungen zu den Aufsatze des Herrn Professor HUSCHKE : Ueber die Kiemenbogen und Kiemengefässe beym bebruteten Hühnchen, Isis von Oken 1828 p. 80-85. Voir aussi : RATHKE (H.), Ueber die Entwickelung der Athemwerkzeuge bei den Vogeln und Saugethieren, Nova Acta physico-Medica Academiae Caesareae Leopoldino-Carolinae Naturae Curiosorum, Bonn, 1828, p. 161-216, spécialement p. 162-164.
9. OKEN (L.), Ueber die Beteudung der Schädelknochen Iena 1807, p. 10-16.
10. VON BAER (K.E.), Ueber Entwickelungsgeschichte der Thiere, T. I, p. 197. On trouve une allusion à la même doctrine : VON BAER (K.E.), ibid., T. II 1837 p. 102.
11. RATHKE (H.), Anatomisch-Philosophische Untersuchungen über den kiemenapparat und das Zungenbein der Wirbelthiere, Riga u. Dorpat, 1832, p. 102-104.
12. La concordance entre les arcs branchiaux et l'Hyoide est établie par Rathke dans ses études sur les sélaciens auxquels il se réfère dans son article de 1825. Il y fait remarquer que les arcs branchiaux cartilagineux et présentant des rayons dans ce groupe paraissent construits d'après le même type que l'hyoide des poissons osseux .; ce sont donc des formations parentes et de même signification ; mais déjà s'introduit l'idée que les arcs branchiaux sont des répétitions de l'hyoide, qui représente l'élément fondamental. Si donc l'hyoide manque chez les sélaciens, c'est qu'il s'y est en quelque sorte totalement démultiplié. Voir RATHKE (H.), Beyträge zur Entwickelungsgeschichte der Haifische und Rochen, in Beiträge zur Geschichte der Thierwelt, Vierte Abtheilung – Neueste Schriften der Naturforschenden Gesellschaft in Danzig, Bd II, Haft 2, 1827 p. 62-63.
13. Idem, An Ph. Untersuchungen, p. 46 et 32-33.
14. REICHERT (K.B.), De arcubus sic dictis branchialibus Diss. Inaug. Berlin 1836.
15. Idem, Ueber die Visceralbogen der Wirbelthiere im Allgemeinen und deren Metamorphosen bei den Vogeln und Saugethieren Müller's Archiv etc. 1837 p. 122.
16. Idem, Vergleichende Entwickelungsgeschichte des Kopfes der nackten Amphibien, etc., Köningsberg, 1838, p. 179.
17. Idem, Vergl. Entw. des Kopfes, p. 193.
18. Idem, Ueber die Visceralbogen p. 134 ; Vergl. Entw. d. Kopfes p. 178.
19. Idem. Ueber die Visceralbogen, p. 143.
20. Idem, Vergl. Entw. des Kopfes, p. 230.

21. Ibid., p. 139, p. 238.
22. Ibid., p. 147-148 ; Visceralbogen, p. 174-178.
23. Idem, Visceralbongen, p. 143 sq.
24. Ibid., p. 121.
25. Ibid., p. 201-205.

4. – Le système uro-génital.

1. RATHKE (H.), Ueber die Entstehung und Entwicklung der Geschlechtstheile bei den Urodelen, Beyträge zur Geschichte der Thierwelt, Irste abtheilung ; Neueste Schriften der Naturforschenden Gesellschaft in Danzig, Ister Band, Istes Heft, 1820, p. 1-126.
2. RATHKE (H.), De Salamandrorum corporibus adiposis, ovariis et oviductibus eorumque evolutione, Diss. Inaug. Berlin, Juin 1818, p. 7 note.
3. RATHKE (H.), Beobachtungen und Betrachtungen über die Entwickelung der Geschlechtswerkzeuge bei den Wirbelthieren – Beyträge zur Geschichte der Thierwelt 3te Abth. – Neueste Schriften der Naturforschenden Gessellschaft in Danzig, Iste Band, 4te Heft, 1825, p. 1-146.
4. Ibid. p. 105-108.
5. RATHKE (H.), Ueber die Geschlechtstheile der Fische. Beyträge zur Geschichte der Thierwelt 2teAbth, Neueste Schriften etc., Danzig, T. I 3te Heft 1824 p. 117-120.
6. Ibid., p. 159-160.
7. Ibid., p. 122-126.
8. Ibid., p. 143-145. La référence est TIEDEMANN, Anatomie der Fischherzens, Landsshut, 1809, p. 14.
9. Idem, Beobachtungen, p. 2.
10. Idem, Fische, p. 125-126.
11. Idem, Beobachtungen, paragraphe 47 p. 34.
12. Ibid., paragraphe 62, p. 49.
13. Ibid., paragraphe 66, p. 53.
14. Ibid., paragraphes 67, 68, 69, p. 53-56.
15. Ibid., paragraphe 77, p. 63-64.
16. Ibidem, paragraphe 84, p. 68-69.
17. Ibid., paragraphe 133 p. 115 sq ; STEINHEM (S.L.), Die Entwickelung der Frösche. Ein Beytrag zur Lehre der Epigenese, Hambourg, 1820, p. 25-31.
18. RATHKE (H.), ibid. p. 136.
19. MULLER (J.), Bildungsgeschichte der Genitalien, Dusseldorf, 1830.
20. Ibid. Paragraphe 1 p. 9. Cette découverte est celle d'un pronéphros, c'est à dire, d'une formation antérieure au mésonéphros, désigné par Rathke comme corps de Wolff et d'Oken. Le transfert de la dénomination de corps de Wolff effectué par Johannes Müller représente donc une confusion qui va peser sur les recherches pendant plusieurs décennies. A cette première remarque, on peut en ajouter une seconde : si Rathke n'a pas cherché un corps de Wolff chez les batraciens dans une portion du corps aussi antérieure, c'est peut-être aussi qu'il n'en avait pas besoin, dans la mesure où les connexions régionales, génétiques et physiologiques entre les reins des batraciens et les organes génitaux correspondaient d'une manière suffisante à la fois à celle des corps de Wolff, et des reins définitifs des vertébrés supérieurs, avec ces mêmes organes génitaux, pour fonder leur équivalence. C'est la raison pour laquelle un embryologiste aussi averti que Von Baer a maintenu les déterminations de Rathke, suivi en cela par de nombreux autres chercheurs

(VON BAER, Ueber Entw. d. Thiere, T. II, 1837, p. 314-315). La signification de la découverte de Johannes Müller restait donc d'autant plus énigmatique, qu'elle avait quelque chose de superflu.

21. MULLER, Bildungsgeschichte, ibid. paragraphe 11 p. 16-17. La découverte des corps de Wolff chez les poissons, conformément aux vœux de Johannes Müller et au prix de la même confusion, est réalisé par REICHERT (B.), Ueber die ' Muller-Wolff ' schen Körper bei Fisch-Embryon und über die sogenannte Rotationem des Dotters im Befruchteten Hechteie, Sendschreiben an den Herrn Geheim Rath Prof. Dr. Joh. Müller, Muller's Archiv, 1856, p. 125-143 ; voir spécialement p. 126-127.
22. MULLER J.), Bildungsgeschichte, ibid. paragraphe 7 p. 13-14.
23. Ibid. paragraphe 34 p. 30-31 ; paragraphe 116 p. 95-96.
24. Ibid. paragraphe 39 p. 34-35.
25. Ibid. paragraphe 40 p. 36.
26. Ibid. paragraphes 72-73 p. 59-61 ; paragraphe 117 p. 96-97.
27. RATHKE (H.), Urodelen p. 14-17.
28. Ibid. p. 46-47 ; Beobachtungen, paragraphe 139 et 140, p. 124 sq.
29. MULLER (J.), Bildungsgeschichte ibid. paragraphe 123 p. 98-99.
30. Ibid. paragraphe 146-148 p. 117-120.
31. Ibid. paragraphe 145 p. 116.
32. Ibid., paragraphe 141 p. 112.

5. – Les vertèbres et le crâne.

1. Voir sur ce point l'historique de la question in DAUDIN (H.), Cuvier et Lamarck. Les classes zoologiques et l'idée de série animale, Paris, 1926, p. 105-121.
2. CUVIER, Leçons d'anatomie comparée etc. I p. 144, 148.
3. GOETHE, Erster Entwuf einer allgemeinen Einleitung in die vergleichende Anatomie, ausgehend von der Osteologie, in Zur Morphologie 1817 p. 171-177.
4. Ibid. p. 226, 250.
5. Pour résumer rapidement les principales étapes des modifications du concept de type au début du XIXème siècle, rappelons le type général, valable pour tout le règne animal, et constitué de la tête, du thorax et de l'abdomen, avec quelques appendices accessoires. Ce schéma est doublé, chez Gœthe par le type ostéologique dont le plan consiste en une tête, un tronc vertébré et des organes annexes. Cuvier accentue le rôle de la tête et du tronc comme parties constantes, en limitant ce plan aux vertébrés ; en même temps, la structure interne la plus importante devient le système nerveux central, dont le squelette exprime la disposition. Parallèlement, la théorie vertébrale du crâne limite l'importance typique de la tête, puisqu'elle ne serait qu'un développement particulier de la vertèbre :
« Une vésicule s'ossifie et elle est une vertèbre. Une vésicule s'allonge en tube, se segmente, s'ossifie, et elle est une colonne vertébrale. Le tube donne (suivant certaines lois) des canaux latéraux aveugles, ils s'ossifient ; et c'est un squelette du tronc. Le squelette se répète aux deux pôles, chaque pôle répète l'autre en lui-même ; et ils constituent la tête et le bassin. Le squelette n'est qu'une vertèbre développée, ramifiée, répétée ; et une vertèbre est le germe préformé du squelette. L'Homme entier n'est qu'une vertèbre. » OKEN (L.), Ueber die Bateutung der Schädelknochen, Iena, 1807.
Lorsque l'axe vertébral segmenté sera remplacé par la corde dorsale plus primitive comme caractère fondamental du type embryologique représenté par la superposition de deux tubes, la désignation du groupe entier pourra glisser de Vertébré à cordé

après l'admission de l'amphioxus dans son cadre, justifié par Rathke en 1841 et J. Müller en 1844.

6. LACEPEDE (B.G.E. de), Histoire naturelle des Poissons, 1798-1803 in Oeuvres, S.D., Librairie de l'Encyclopédie du XIXème siècle, T. I p. 395 – Le Petromyzon Lamproie.
7. Ibid. p. 355-356. Discours sur la nature des Poissons.
8. SPIX (J.), Geschichte und Beurtheilung aller Systeme in der Zoologie nach ihrer Entwickelungsfolge von Aristoteles bis auf die gegenwartige Zeit, Nurnberg, 1811, p. 415 – voir juste jusque 418.
9. CONSTANT-DUMERIL (A.M.), Dissertation sur les poissons qui se rapprochent le plus des animaux sans vertèbres. Thèse 1812, p. 15.
10. CUVIER (G), Mémoire sur la composition de la mâchoire supérieure des poissons, 1814, in Mémoires du Muséeum, T. I, 1815, p. 128, et CUVIER et VALENCIENNES, Histoire naturelle des poissons, T. I Paris 1C28 p. 357.
11. DUTROCHET (H.), Observations sur l'ostéogénie et le développement des parties végétantes des animaux, 1822, in Mémoires pour servir à l'histoire anatomique et physiologique des animaux et des végétaux, T. II, Paris 1837 p. 302-330.
12. VON BAER (K.E.), Du développement des oiseaux, in BURDACH, Traité de Physiologie, etc. T. III, p. 208-211.
13. RATHKE (H.), Bemerkungen über den Bau des Amphioxus lanceolatus ein Fisches aus der Ordnung der Cyclostomen, Königsberg, 1841, p. 10-11.
14. VON BAER (K.E.), Du développement des oiseaux, etc. p. 316.
15. MULLER (J.), Vergleichende Anatomie des Myxinoiden, der Cyclostomen mit durchbohrtem Gaumen. Erster Theil, Osteologie und Myologie, Berlin, K. AK. der Wiss., 1835, p. 74-75, p. 80, p. 82-83.
16. CONSTANT-DUMERIL (A.M.), Considérations sur les rapports de structure qu'on peut observer entre les os et les muscles du tronc chez tous les animaux, 1808, in Mémoires divers d'anatomie et de physiologie comparée, p. 59.
17. VOGT (C.), Embryologie des Salmonés, in AGASSIZ (L.), Histoire naturelle des Poissons d'eau douce de l'Europe centrale, Neuchatel 1842.
18. Ibid.
19. Le terme de la somite, successeur de celui de somatome, proposé par Goodsir, s'est substitué à celui de protovertèbre au début du XXème siècle. Cette mutation tire la conclusion de l'histoire embryologique de la colonne vertébrale au cours du XIXème siècle, en prenant ses distances par rapport à cette histoire. De ce fait, il peut paraître inadéquat pour toute la période où l'analyse des formations en rapport avec la colonne vertébrale s'est faite en termes de vertèbres, conformément à une origine du problème dans le concept du type ostéologique.
20. REMAK (R.), Untersuchungen über die Entwickelung der Wirbelthiere, Berlin, Reimer, 1855 p. 66-80.
21. Ibid. p. 42-44, p. 151.
22. Voir RUSSEL (E.S.), Form and Function, London, 1916 (1972), p. 95 sq.
23. DUGES (Ant.), Traité de Physiologie comparée, etc., p. 140-142.
24. MULLER (J.), Vergl. Anat. der Myxinoiden, I p. 126-128.
25. KOLLIKER (A.), Die Theorie des Primordialschädels festgehalten, Zeitschrift für wissenschaftliche Zoologie, II, 1850, p. 282-286.
26. Sur ce point voir GAVIN DE BEER, The development of the vertebrate skull, Oxford, 1971 p. 1-2, qui cite les textes correspondants de KERKRING (T.), Opera academica. Leiden, 1717 p. 213 (texte initial de 1670), et de NESBITT (R.), Human Osteogeny explained in two lectures, London, 1736 p. 4, 10, 21.
27. RATHKE (H.), Ueber die Entwickelungsgeschichte der Schildkröten, Braunschweig, 1848, p. 53-54.

28. DUGES (A.), Recherches sur l'ostéologie et la myologie des Batraciens à leur différents âges, Paris, 1834, p. 14-15.
29. ARENDT (E.), De capitis ossei Esocis Lucii structura singulari, Dissertatio inauguralis zootomica, Königsberg, 1822.
30. VON BAER (K.E.), Ueber das aussere und innere Skelet, etc. P. 327-376.
31. VOGT (C.), Embryologie des Salmonés, etc. p. 119-126.
32. AGASSIZ (L.) Recherches sur les Poissons fossiles etc. T. II 2ème partie p. 6-7.
33. HUXLEY (T.H.), On the theory of the vertebrate skull, 1858, in the scientific Memoirs etc., p. 538-605. Voir le résumé donné par E.S. Russel, O.C.

6. – Le changement de type.

1. RATHKE (H.), Ueber die Bildung und Entwickelung des Flusskrebses, Leipzig, 1829.
2. Idem, Flusskrebs, Isis von Oken, 1825, p. 1093-1100.
3. Idem, Flusskrebs, 1829, p. 80-81.
4. Idem, Zur Morphologie. Reisebemerkungen aus Taurien, Riga & Leipzig, 1837, p. 148-150. – Voir les mémoires de THOMPSON (J.V.) publiées entre 1828 et 1830 sous le titre suivant : Zoological researches and illustrations ; or natural history of non-descript or imperfectly known animals, Vol. I part. I, Cork, 1830. Rathke le cite d'après un compte-rendu publié dans Isis Von Oken, 1834, Heft 8, d'un article publié par Thompson sur cette question dans le Philosophical Magazine, T. IX, p. 140 ; les deux découvertes capitales de Thompson sont d'une part celle de l'existence d'un stade zoé comparable aux schizopodes chez les décapodes brachioures, et d'autre part celle de l'existence d'une forme larvaire libre chez les cirripèdes, qui ont pu, de ce fait, être déterminés comme crustacés, alors que Cuvier les plaçait entre les annélides et les mollusques. C'est pour Thompson la démonstration de l'importance de la connaissance du développement et spécialement des métamorphoses, pour la détermination systématique des groupes. Cf. Zoological Researches etc. p. 73.
5. GOETHE, Die Metamorphose der Pflanzen, in Werke, Hamburg, XIII, 1960, p. 64-65.
6. RATHKE (H.), Beiträge zur vergleichenden Anatomie und Physiologie, Neueste Schriften etc., Danzig, T. III, Heft 4, 1842, p. 46.
7. VOGT (C.), Recherches sur les animaux inférieurs de la Méditerranée, 1er Mémoire : Sur les siphonores de la mer de Nice, Genève, 1854, p. 57.
8. D'après Leuckart, le caractère composé ou colonial des siphonophores a été l'objet d'abord de remarques épisodiques, qui n'ont pas attiré l'attention, jusqu'aux travaux de Huxley, Vogt, et lui-même, dont la validité a été admise par Kölliker, tandis qu'elle restait contestée par d'autres auteurs (cf. LEUCKART, Zoologische Untersuchungen Ister Heft : Siphonophoren Giessen 1853, p. 71). Il s'agit donc bien d'un mouvement théorique distinct de celui qui s'est trouvé amorcé par Moquin-Tandon et Duges, pour lesquels, il était question seulement d'une origine composite d'organismes complexes et bien intégrés, idée restant très spéculative dans sa formulation comme dans ses développements, ce qui n'est plus le cas ici.
9. HUXLEY (T.H.), Upon animal individuality, 1851, Scientific memoirs, p. 147-148.
10. STEENSTRUP (J.J.S.), Ueber den Generationswechsel oder die Fortpflanzung und Entwickelung durch abwechselnde Generationen (eine eigenthumliche Form der Brutpflege in den niedern Thierclassen), trad. all. Lorenzen (C.H.), Kopenhagen, 1842: On y trouve un historique des recherches effectuées chez les méduses, les

polypes, les salpes, et les trématodes, jusqu'à son propre travail.
11. STEENSTRUP (J.J.S.), Generationwechsel p. IX-XII, p. 17-18, p. 125-126.
12. SIEBOLD (C. Th.), Lehrbuch der vergleichenden Anatomie der Wirbellosen Thiere, Berlin, 1848. Préface p. V-VI (trad. Spring et Lacordaire, 1850, p. VII).
13. PERRIER (E.), La philosophie zoologique avant Darwin, p. 199.
14. La liste des sept mémoires sur le développement des oursins publiés par Müller dans les mémoires de l'académie de Berlin entre 1846 et 1851 est rapportée par HUXLEY (T.H.), Report on the researches of Prof. Müller into the anatomy and development of the echinoderms, 1851, Scientific memoirs, T. I, p. 103 :
– Ueber die Larven und die Metamorphose der Ophiuren, 1846.
– Ueber die Larven und die Metamorphose der Echinodermen, 1848.
– Ueber die Larven und die Metamorphose der Holothurien und Asterien, 1849.
– Anatomisch Studien über die Echinodermen, 1850 (Muller's Archiv).
– Berechtigung und Nachtrag zu den anatomischen Studien über die Echinodermen, 1850.
– Fortsetzung der Untersuchungen über die Metamorphose der Echinodermen, 1850.
– Ueber die Ophiuren-larven des Adriatischen Meeres, 1851.
Il faut y ajouter un texte de conclusion de grande importance théorique : MULLER (J.), Ueber den allgemeinen Plan in der Entwickelung der Echinodermen, Berlin K. Ak. d. Wiss., (1852), 1853.

NOTES DE LA QUATRIEME PARTIE

NOTES DU CHAPITRE PREMIER

1. – Histoire de la Terre et histoire de la vie.

1. HOOKE (R.), Lectures and Discourses of Earthquakes, etc. in The Posthumous Works of –, London, 1705, p. 321 et 335.
2. Voir section 1 chap. 2.
3. Voir les « Epoques de la Nature » de BUFFON.
4. BLUMENBACH (J.F.), Beyträge zur Naturgeschichte, 2ème éd., 1806, Ier Theil, Zusatze, p. 113.
5. BOUE (A.), Essai pour apprécier les avantages de la Paléontologie appliqués à la Géologie et à la Géognosie, in Mémoires géologiques et paléontologiques publiées par –, T. I, Paris, 1832, p. 112-113, p. 141.
6. CUVIER, Histoire des progrès, Ibid. T. I p. 5.
7. BRONGNIART (A.) et DESMAREST (A.G.), Histoire naturelle des Crustacés fossiles sous les rapports zoologiques et géologiques, Paris, 1822, Ière Partie : les Trilobites (par BRONGNIART), p. 65.

2. – La Géognosie.

1. Sur ce point, on peut souligner l'importance de deux travaux de Nicolas Desmarest, en premier lieu sa « Dissertation sur l'ancienne jonction de l'Angleterre à la France » (Prix de l'Académie d'Amiens 1751), Amiens-Paris, 1753, et en second lieu, le « Mémoire sur l'origine et la nature des basaltes à grandes colonnes polygones ; déterminées par l'histoire naturelle de cette pierre, observée en Auvergne. » in Mém. Acad. Sc., 1771-1773. Ce second travail renferme une carte de l'Auvergne, qui établit la distinction entre courants de lave anciens et récents.
2. CUVIER, Histoire des progrès..., ibid., T. I, p. 168.
3. Sur Fuchsel et sa méthode, voir ZITTEL (K. von), Geschichte der Geologie und Paläontologie bis Ende des 19 Jahrhunderts, München-Leipzig, 1899, p. 51-53.
4. Voir DAVIES (G.L.), The Earth in Decay, London, 1968, p. 154-199 : The Huttonian Earth Machine.
5. Sur l'histoire de la Cristallographie, voir METZGER (H.), La genèse de la science des cristaux, 2ème Tirage, Paris, 1969, et DAGOGNET (F.), Méthodes et doctrine dans l'œuvre de Pasteur, Paris, 1967, Chap. I : Les précurseurs : doctrines et instruments, p. 3-36 ; l'état de la minéralogie dans ses rapports à la géognosie est décrit par CUVIER, Histoire des progrès..., ibid. T. I, p. 151 sq. D'AUBUISSON DE VOISINS (J.F.), Traitée de géognosie, Strasbourg-Paris, 1819, Discours préliminaire et Chapitre V T. I, p. 270-352, et aussi Note I p. 374. HAUY (J.), Traité de Minéralogie, 2ème éd., Paris, 1822, Discours préliminaire.
6. CUVIER (G.), Rapport, 1806, in ANDRE, Théorie de la surface actuelle de la Terre, Paris, 1806, p. 319. La même critique est souvent reprise par Cuvier, par exemple : Eloge historique de Werner, in Recueil des Eloges historiques, Paris, 1861, T. 2, p. 113.
7. METZGER (H.), Genèse, ibid. p. 172. Citation de Guyton de Morveau : « Le phlogistique est donc aux métaux ce qu'est aux sels l'eau qu'ils retiennent dans leur cristallisation. » et DOLOMIEU (D.), Mémoire sur les îles Ponces, d'après un voyage fait par l'auteur en 1786 ; publié en 1788 in Oeuvres, ed. de Dree, S.I. N.D., p. 269, et « Distribution méthodique de toutes les matières dont l'accumulation forme les montagnes volcaniques », ibid. T. 2, Paris, 1806, p. 82-86. Dolomieu a admis ensuite la cristallisation ignée. Même chose pour BREISLAK (Sc.), Introduction à la Géologie (trad. Bernard), Paris, 1812, p. 58, sq.
8. WERNER (A.G.), Nouvelle Théorie de la formation des filons (trad. d'Aubuisson), Paris, an XI-1802, Préface de l'auteur, p. 5 et CUVIER, Eloges de Werner, ibid. p. 123-126.
9. JAMESON (R.), System of Mineralogy, vol. 3, Elements of Geognosy, Edinburgh, 1808, paragraphe 33, p. 43-45 : « We have thus a geognostic series of structures from hand-specimens which can be examined in the closet to that which can only be known by travelling through many countries. »
10. D'AUBUISSON, Traité de Géognosie, ibid. T. I, p. 374, note I. Werner lui-même n'a publié que très peu (voir CUVIER, Eloge) si bien que sa théorie n'est connue que par les exposés de ses élèves, spéc. FREIESLEBEN, Geognostische Arbeiten, 1807-1817, Jameson et d'Aubuisson, ouvrages cités. Sur Werner et sa doctrine, puis les conséquences de l'abandon de celle-ci, voir ADAMS (F.D.), The birth and Development of the geological sciences, 2ème éd., 1954, p. 209-249, Chap. VIII : The birth of historical geology with the rise and fall of the neptunian theory.
11. D'AUBUISSON, Traité, ibid. T. I, p. 375.
12. Ibid. T. I, p. 272.
13. BONNARD (A.H. de), Aperçu géognostique des terrains, Paris, 1819, p. 23 ; D'AUBUISSON, ibid. T. 2, p. 1-2.

14. BONNARD, ibid., p. 85 ; D'AUBUISSON, ibid. T. I, p. 326.
15. BONNARD, ibid., p. 24 ; D'AUBUISSON, ibid. T. 2, p. 1-2.
16. WERNER (A.G.), Kurze Klassification und Beschreibung der verschiedenen Gebirgsarten Dresden, 1787. Le concept de terrain de transition n'y est pas encore énoncé : il semble s'être formé à partir de 1780 (cf D'AUBUISSON, T. 2. p. 195-196). Le premier mémoire qui en traite est de VON BUCH (L.), Von der Uebergangsformation mit einer Anwendung auf Schlesien (Ier dec. 1797), voir BUCH (L. von), Gesammelte Schriften, Berlin, 1867, T. I, p. 84-97.
17. BUCH (L. von), Fragment d'une lettre à M.A. Pictet sur la controverse entre R. Kirwan et Sir James Hall, 1800, in Gesammelte Schriften, ibid T. I, p. 129 : « L'ancienneté des terres est donc en raison de ce que leur nature s'éloigne de plus en plus des alcalis... », etc.

3. – Problèmes critiques : a) Le basalte.

1. HUMBOLDT (A.de), Essai géognostique sur le gisement des roches des deux hémisphères, Paris, 1823, p. 3-5.
2. JAMESON, System of Mineralogy, ibid., vol. 3, p. 128-133. Une définition complète du Hornblende est donné par DELAFOSSE, Nouveau cours de Minéralogie, Paris, 1860, T. 3, p. 430-432.
3. JAMESON, ibid. p. 183-189.
4. BUCH (L. von), Beschreibung des Buchberges bei Landschut, 1797, in Ges. Schriften, ibid., T. I, p. 73-77.
5. Idem, Briefe gerichtet an den Freiherrn Von Moll, 1798, ibid., T. I, p. 98-101.
6. Idem, Geognostiche Beobachtungen auf Reisen durch Deutschland und Italien, 2. Band, Anhang : Mineralogische Briefe aus Auvergne. Montdor, Berlin, 1809, in ibid., T. I, p. 516-518, (lettre datée de 1802).
7. Idem, Von den Geognostischen Verhältnissen des Trapp-Porphyrs (1813), ibid ; T. 2, p. 629-754.
8. D'AUBUISSON, Traité, ibid., T. 2, p. 552-553, et 601-606.
9. DOLOMIEU, Rapport fait à l'Institut National le 6 frimaire an VI-nov. 1797, sur ses voyages de l'an V et VI (1797), in Oeuvres, ibid. T. 2, p. 381-442.
10. BUCH, Lettre à Pictet, ibid. T. I, p. 129.
11. CORDIER (L.), Essai sur la température de l'intérieur de la Terre, lu à l'Acad. des Sciences les 4 juin, 9 et 23 Juillet 1827, p. 83-84.
12. BUCH (L. von), Reise durch Norwegen und Lappland, 1er Theil, Berlin, 1810, in Ges. Schr., T. 2, p. 317, 334 et 2. Theil, ibid. p. 504. Ce texte est confirmé par Lyell en 1834. Toute la polémique qui oppose la théorie des soulèvements à celle de l'abaissement du niveau de la mer est analysée par SUESS (Ed.), La Face de la Terre (trad. De Margerie), T. 2, Paris, 1918, p. 3-39.
13. BUCH (L. von), Lettre à M. A. de Humboldt, renfermant le tableau géologique de la partie méridionale du Tyrol (1823), ibid., T. 3, p. 119-120.
14. Idem, Ueber den Thuringer Wald (1824), ibid., T. 3, p. 186-187.
15. Idem, Ueber die Geognostischen Systeme von Deutschland, 1824, ibid. T. 3, p. 218-221 ; HUMBOLDT (A. von), Essai, ibid. pp. 56-60. Concernant le tribut de Von Buch et Humboldt vis à vis de Werner, voir SAINTE-CLAIRE DEVILLE, Coup d'oeil historique sur la Géologie, etc. Paris, 1878, p. 196-198.

4. – Problèmes critiques : b) les fossiles et l'alternance des couches.

1. JAMESON (R.), Appendix containing mineralogical notes etc. in CUVIER (G.), Essay on the Theory of the Earth (trad. Kerr), Edinburg, 1815, note i p. 228-230.
2. Ibid., p. 247-248.
3. Voir sur ce point BOUE, Essai pour apprécier, etc., ibid., p. 98-144.
4. Ibid. p. 106.
5. Ibid. p. 109.
6. LYELL (Ch.), Principes de Géologie (trad. Ginestou, Paris, s. d. p. 108.
7. SMITH (W.), Strata identified by organized fossils containing prints on colored paper on the most characteristic specimen in each stratum, London, 1816, p. 1-2.
8. Idem, Stratigraphical system of organized fossils with reference to the specimens of the original geological collection in the British Museum, explaining their state of preservation and their use in identifying the British stráta, London, 1817, Intr. p. 111.
9. Ibid. p. VII-X.
10. BOUE, Essai, Ibid. p. 107.
11. L'originalité géologique de Cuvier est souligné par Jameson, cf. Appendix ibid. Note K : Cuvier's Geological discoveries p. 253-332.
12. Voir sur ce point COLEMAN (W.), Georges Cuvier Zoologist, Harvard, 1964, p. 107-140, chap. V : The study of fossil organic remains, sauf quelques rectifications. En Octobre 1791, (lettres à Pfaff, ibid. p. 249), Cuvier écrit : « la méthode de Werner ne m'est pas inconnue, quoique je n'aie pas encore pu acheter son livre. » Par contre, quelques mois plus tard (mars 1972), il adresse à Pfaff un exposé de trois pages sur les idées récentes de Deluc destinées à compléter la connaissance que Pfaff pouvait avoir de son ancien système fourni dans les « lettres physiques et morales » (lettres à Pfaff, p. 261-264) ; cet exposé se termine par la reconnaissance des difficultés du système, mais aussi de son mérite, qui consiste en « beaucoup de points solides de physique » et « des faits géognostiques nombreux. » Enfin, Cuvier estime en 1810 que De Saussure a trouvé la Géologie à l'état de science chimérique et qu'il s'est dévoué à en faire une science réelle. Cf. CUVIER (G.), Eloges historiques de Bonnet de De Saussure in Recueil, ibid. T. I, p. 284. Il semble que la place qu'il attribue à l'étude des fossiles dans le Rapport de 1806 sur l'ouvrage de M. André (Théorie de la surface actuelle de la Terre, p. 326-328,), réponde au reproche qu'il fait à De Saussure d'avoir négligé les pétrifications, pour ne s'occuper que des « grandes chaînes primitives et des épouvantables catastrophes » aux dépens des collines qui renferment des « restes des époques les plus nouvelles de l'histoire du globe » (Eloges, ibid. p. 293-294). Le programme contenu dans ce rapport reprend et corrige dans une certaine mesure le chap. XVII de l'Agenda de De Saussure (Genève 1796 p. 27-28). Cuvier semble par ailleurs aussi peu disciple de Werner qu'on puisse l'être de son temps, compte tenu de l'autorité assurée à ce dernier par le succès de la méthode géognostique à travers toute l'Europe continentale (CUVIER, Eloge de Werner in Recueil, ibid. T. 2, p. 114), lorsque, par ailleurs, on adopte une conception neptunienne de la formation des roches, partagée par Deluc et De Saussure.
13. CUVIER, Lettres à Pfaff ibid. p. 249-252 ; rapport de 1806 ibid.
14. Idem, sur les ossements fossiles de quadrupèdes pachydermes découverts dans les carrières de pierre à plâtre des environs de Paris etc. Idée générale de ces ossements et des couches qui les recèlent, in Recherches sur les ossements fossiles, 4ème éd., T. 4, Paris, 1836, p. 6.

15. D'AUBUISSON, Traité de Géognosie, ibid. T. 2, p. 403.
16. BOUE (A.), Considérations générales sur la distribution géographique, la nature et l'origine des terrains de l'Europe (1827), in Mémoires, ibid. p. 8-9.
17. BONNARD (A. de), Aperçu Géognostique, ibid. p. 211.
18. BRONGNIARD (Al.), Tableau des terrains qui composent l'écorce du globe, ou Essai sur la structure de la partie connue de la Terre, Paris, 1829, p. 130-131. Voir aussi : id. De quelques terrains analogues à la formation du calcaire grossier de Paris, 1822, in CUVIER, Recherches sur les ossements fossiles, T. 4, p. 309-310 ; et CROIZET & JOBERT, Recherches sur les ossements fossiles du département du Puy de Dôme, Paris, 1828, T. I, p. 16.
19. CUVIER, Recherches, ibid., T. 4, p. 8.
20. MAUPIED (F.L.M.), Dieu, l'Homme et le Monde : cours de Physique sacrée et de Cosmogonie mosaïque professé de 1845 à 1848, T. 3, Paris, 1851, p. 268, qui recopie DE BLAINVILLE, Ostéographie, Paris, 1839-1864, T. IV, I, p. 9.
21. BOUE (A.), Essai, ibid., p. 107.
22. Ibid., p. 108-111.
23. CUVIER (G.), et BRONGNIART (Al.), Description géologique des couches des environs de Paris, in Recherches, ibid., T. 4, p. 32-33.
24. BRONGNIART (AL.), Sur les caractères zoologiques des formations etc., in Annales des Mines, 1821 ; Voir DE LA BECHE (H.), A Selection of geological Memoirs, London, 1836, p. 237.
25. CUVIER et BRONGNIART, ibid. p. 37.
26. Ibid. p. 59.
27. Ibid. p. 62. Cette idée est développée par Brongniart dans l'article mentionné plus haut. Le travail de Deshayes est joint en Appendice à LYELL (CH.), Principles of Geology, vol. 3, London, 1833.
28. Difficulté relevée par BOUE, Essai, ibid. p. 100.
29. CUVIER et BRONGNIART, ibid. p. 67, sq.
30. Ibid. p. 80.
31. Ibid. p. 162, note.
32. Ibid. p. 445. La continuité géognostique des terrains est particulièrement soulignée par Bonnard (Aperçu, ibid. p. 16), qui en déduit le caractère artificiel des espèces géognostiques (p. 24) assimilées en cela aux espèces zoologiques d'après Lamarck.
33. BRONGNIART, Tableau, ibid. p. 20.

5. – Les Révolutions.

1. D'AUBUISSON, Traité, ibid. T. I, paragraphe 143, p. 368-369 ; qui contient la remarque suivante : « J'observerai ici que Werner était très circonspect lorsqu'il s'agissait des cataclysmes et des révolutions de la nature ; il ne se prononçait jamais d'une manière positive, vraisemblablement parce qu'il n'avait pas encore une opinion définitivement arrêtée sur ces matières ; peut-être aussi son respect pour les livres sacrés lui faisait craindre que les assertions qu'il aurait émises ne fussent mal interprétées. »
2. CUVIER, Lettres à Pfaff ibid. p. 261-264 (cf note 55).
DELUC (J.A.), Lettres sur l'histoire physique de la Terre, addressées à M. le Professeur Blumenbach, Paris, an VI-1798, p. 151-160.
4. Ibid., p. 223-276.
5. BREHIER (E.), Chrysippe et l'ancien Stoïcisme, 2ème éd., Paris, 1951, p. 154-156.

6. HERACLITE, Fragment 33 ; DIOGENE LAERCE, IX, 8.
7. CENSORINUS, Du jour natal, XVIII, 10 sq.
8. Censorinus vivant probablement au IIIème siècle.
9. PLUTARQUE, De Communibus notitiis, XXXI, 4.
10. BREHIER (E.) parle d'après Cléanthe d'une divination ou transfiguration, marquant la victoire du Zeus qui pénètre le Monde.
11. Voir sur ce point GOLDSCHMIDT (V.), Le système stoïcien et l'idée de temps, Paris, 1953, p. 190-192 paragraphes 96-97. Au contraire, l'Apocalypse, même prévue de toute éternité, garde un aspect strictement événementiel.
12. SENEQUE, Questions naturelles, III, 28, 7.
13. Ibid., III, 29, 7.
14. Ibid., III, 30, 8.
15. Article Déluge, Encyclopédie, T. IV-1754, p. 795-803. Cet article est formé de fragments tirés de Boulanger.
16. Voir 1ère section, chapitre 3.
17. DESMAREST (N.), Géographie physique, T. I, in Encyclopédie méthodique, Paris, an III, p. 436-489, art. Sénèque ; voir spéc. p. 438-442 et 446-472.
18. Voir BUFFON, Théorie de la Terre. Preuves art. 2, 3, 4.
19. DESMAREST (N.), ibid. p. 474.
20. BLUMENBACH (J.F.), Beyträge zur Naturgeschichte, I. Theil, Göttingen, 1790, p. 16-17, et le chapitre sur le basalte, p. 19-23. Blumenbach est vulcaniste et attribue la production du basalte à des volcans sous-marins. HUTTON (J.), Theory of the Earth with proofs and illustrations, vol. I, Edinburgh, 1795, p. 16-17, p. 200. Le Stoïcisme de Hutton est signalé par Conybeare cf. CONYBEARE & PHILIPS, Outlines of the Geology of England and Wales, Part I, London, 1822, Introd. p. XXXIX.
21. HUTTON (J.), ibid., vol. 2, p. 562.
22. EUSEBE, Praeparatio Evangelica, L. XIV, c. 3 et 4.
23. PARKINSON (J.), Organic remains of a former World. An examination of the mineralized remains of the vegetables and animals of the antediluvian World, generally termed extraneous fossils, vol. I, London, 1811 (achevé en 1804), p. 12-14, p. 458-460.
24. Ibid., vol. 2, 1808, p. 77-78, vol. 3 1811 p. XII-XIV.
25. CUVIER, Histoire des progrès..., ibid., T. 5, 1836, p. 140. Sur Adolphe Brongniart et la Paléobotanique, voir CONRY (Y.), Correspondance entre Charles Darwin et Gaston de Saporta, Paris, 1972, p. 35-40.
26. CUVIER: Discours, ibid. p. 140-146.
27. Ibid., p. 141-142.
28. Ibid., p. 359-409.
29. Ibid., p. 346-359.
30. Ibid., p. 358.
31. LAURILLARD, Eloge de Cuvier, in CUVIER, Recherches, ibid., T. I, p. 57, n. 15.

6. – Les Soulèvements.

1. CORDIER, Essai sur la température de la terre, ibid., (note 36) ; voir CUVIER, Histoire des progrès..., ibid., T. 5, p. 108 sq.
2. Ibid., p. 83-84.
3. Voir sur ce point MAUPIED, ibid. T. 3, p. 61, 224, etc.
4. CORDIER, ibid., p. 82.
5. Voir sur ce point SAINTE-CLAIRE DEVILLE (Ch.), Coup d'oeil historique sur

la Géologie et sur les travaux d'Elie de Beaumont, Paris, 1878, p. 216-218.
6. BEAUMONT (E. de), Recherches sur quelques-unes des révolutions de la surface du globe, in DE LA BECHE (H.), Manuel géologique (trad. Brochant de Villiers), Paris, 1833, p. 662.
7. DE LA BECHE (H.), Manuel géologique, ibid., p. 39 ; CROIZET et JOBERT, ibid., p. 71.
8. BARRANDE (J.), Observations sur les rapports de la Stratigraphie et de la Paléontologie, Bull. Geol. de France, 2ème série, XI-1854, p. 311 sq.
9. DE LA BECHE (H.), Manuel, ibid. p. 667-668. Il s'agit des recherches de Sedgwick.
10. DUFRENOY et ELIE DE BEAUMONT, Explication de la carte géologique de la France, T. I, Paris, 1841, p. 4-9.
11. ELIE DE BEAUMONT, Recherches sur quelques-unes des révolutions de la surface du globe etc. (Mémoire lu par extrait à l'Académie des Sciences le 22 Juin 1829), Ann. d. Sc. Nat., 1829-1830, p. 4 (extrait).
12. Ibid., p. 63.
13. Idem, art. Système de Montagnes in D'ORBIGNY (Ch.), Dictionnaire universel d'Histoire Naturelle, T. 12, Paris, 1848, p. 167-168 ; SAINTE-CLAIRE DEVILLE, ibid., p. 487-488.
14. DUFRENOY et ELIE DE BEAUMONT, Explication, ibid., p. 45-46.
15. SAINTE-CLAIRE DEVILLE, ibid., p. 496.
16. ELIE DE BEAUMONT, art. Système, ibid., p. 171.
17. Ibid., p. 171-190.
18. SAINTE-CLAIRE DEVILLE, Ibid., p. 499, 512, 546.
19. Ibid., p. 538-539.
20. Ibid., p. 546.
21. MURCHISON (R.I.), On the geological structure of the Alps etc., Quart. Journal of the geol. soc. of London, vol. 5-1849, p. 305 ; id. de VERNEUIL, KEYSERLING, the Geology of Russia in Europe and the Ural mountains, vol. 1., London, 1845, p. 205, 584 ; vol. 2, avant propos, p. VI-VII etc ; et surtout, MEYER (H.Von), Paleologica, zur Geschichte der Erde und ihre Geschöpfe, Frankfurt am Main, 1832, p. 264-274, etc....
22. ELIE DE BEAUMONT, art. Système de Montagnes, ibid., p. 168-169.
23. Idem, Recherches (1829), ibid. p. 298.

7. – Conclusion.

1. BERTRAND (M.), Préface in SUESS, La Face de la Terre, ibid. T. I, p. XV.
2. PICTET (F.J.), Traité de Paléontologie ou Histoire Naturelle des animaux fossiles dans leurs rapports zoologiques et géologiques, 2ème éd., Paris, 1853, T. I, p. 80-90.
3. Voir le « Tableau comparatif des diverses classifications des terrains » in HUOT (J.), Nouveau cours élémentaire de Géologie, T. I, Paris, 1837, p. 304.

NOTES DU CHAPITRE II

1. – La géologie des voyageurs et le système de Hutton.

1. Voir sur ce point : SAINT MARTIN (Vivien de), Histoire de la Géographie et des découvertes géographiques depuis les temps les plus reculés jusqu'à nos jours, Paris, 1875, p. 423-465.

2. CUVIER (G.), Eloge historique de Desmarest, lu le 16 Mars 1818 in Recueil ibid. T. 2. Paris 1861 p. 147 :
« Reprenant dans ses voyages ses habitudes rustiques, il les faisait à pied, avec un peu de fromage pour toute provision : aucun sentier ne lui semblait impraticable, aucun rocher inaccessible. Il ne cherchait point les châteaux, ni ne s'arrêtait dans les auberges : passer la nuit sur la dure, dans quelque cabane de pâtre, n'était pour lui qu'un jeu. Il accostait ceux qui fouillent la terre, ceux qui travaillent aux mines, il entrait en conversation avec les forgerons et les maçons du pays plus volontiers qu'avec les savants ; et c'est ainsi qu'il s'était procuré cette connaissance détaillée du sol de nos provinces, dont il a nourri ses ouvrages. »
3. C'est ce que Pallas reproche à Buffon. Cf PALLAS (P.S.), Observations sur la formation des montagnes et les changements arrivés au globe, Saint-Pétersbourg, 1779, p. 6-10.
4. On trouve un historique des recherches sur le métamorphisme in DAUBREE, Etudes et Expériences synthétiques sur le métamorphisme et sur la formation des roches cristallines, Paris, 1859 p. 3-35. A noter le fait souvent signalé que Hutton ne s'est jamais directement intéressé aux expériences de Hall, mais il le cite pour des excursions en sa compagnie et les remarques géologiques qu'il a faites.
5. La coupure peut être placée entre la « Théorie de la Terre » de Hutton et l'« Explication » de Playfair : les arguments essentiels ne sont plus théologiques, mais géognostiques.
6. CUVIER, Histoire des Progrès etc., ibid., T. I, p. 184.
7. CUVIER, Eloge de Desmarest, ibid., p. 152.
8. HUTTON (J.), Theory of the Earth with proofs and illustrations, Edinburgh, 1795, vol. I, p. 3-6 et 13-17.
9. Ibid., p. 19-20.
10. Ibid., p. 297.
11. Ibid., p. 373.
12. Voir sur ce point PLAYFAIR, Explication sur la Théorie de la Terre par Hutton (trad. Basset), Paris-Londres, 1815, p. 13, note du traducteur, où Basset cite un compte-rendu de la traduction de l'« Introduction à la Géologie » de Breislak dans le Moniteur du 27 Juin 1812, où la « matière » géologique est déclarée « encore inabordable ». Le mérite de l'auteur consiste à être « un sincère ami de la vérité », qui cherche à la deviner par des conjectures quand il ne peut la découvrir directement. Les géomètres le trouveront trop hasardeux et le géologue trop timide ». Sans doute, l'hypothèse de Laplace qui « satisfait... à tous ces phénomènes astronomiques » converge avec les expériences de Hall et les observations des géologues en faveur d'un volcanisme qui suppose l'origine ignée de la terre. Il n'en reste pas moins que la meilleure manière « d'avancer la géologie » est celle de Cuvier et Brongniart « en la renfermant dans ses bornes, en l'établissant sur des observations précises, nombreuses, et en étendant les conséquences des faits observés dans les seules limites que ces faits embrassent ». Ce climat est celui dans lequel l'acquis géognostiques va pouvoir être détaché de la théorie neptunienne de Werner, au profit d'un neptunisme limité, qui ne contredit plus la théorie des soulèvements.
13. PLAYFAIR ibid. p. 23.
14. Ibid. p. 29.
15. HUTTON, Theory..., ibid. p. 200.
16. PLAYFAIR ibid. p. 375-380 (paragraphe 124) ; HUTTON ibid. p. 189-195. Cette impossibilité d'une mesure géologique de temps est réaffirmée par Suess au début du XXème siècle. Cf SUESS (E.) La face de la terre, ibid. T. 2. p. 867.
17. HUTTON ibid. p. 432-438, avec vérification concrète sur la jonction entre schistes et

terres basses en Ecosse (p. 453 sq) ; PLAYFAIR, ibid. p. 122 paragraphe 43 et XIIème note.

18. Iibd. p. 223 ; PLAYFAIR ibid. paragraphe 119 p. 351.
19. CUVIER (G.), Eloges historiques de Ch. Bonnet et d'Horace Bénédict de Saussure (3 janvier 1810), in Recueil, ibid., T. I, p. 285-287.
20. PLAYFAIR, ibid., p. 8-9.
21. Ibid., p. 6-7.
22. BRONGNIART (Alex), Tableau des terrains, ibid., p. 6-7.

2. – L'actualisme et les catastrophes.

1. VON HOFF (K.E.), Geschichte der durch Ueberlieferung nachgewiesenen natürlichen Veränderungen der Erdoberfläche, 1er Theil, Gotha 1822–, Die Aufgabe, p. XIII-XIV.
2. PLAYFAIR, ibid., p. 424.
3. VON HOFF, ibid., Introduction p. 1-6.
4. Ibid., IV Hauptstück : Vergrösserung der Oberfläche des Landes, p. 214-228, etc., Von Hoff admet par ailleurs la constance du niveau de la mer pour des raisons astronomiques, p. 474 sq.
5. Ibid. T. 2, 1824, p. 3-4, p. 27 sq.
6. Ibid., T. I, p. 7 ; T. III, p. 209-210 ; p. 224-226.
7. KEFERSTEIN, Die Naturgeschichte des Erdkörpers in ihren ersten Gründzügen, Leipzig, 1834, p. 6-61.
8. VON HOFF, ibid., T. 2, p. 6-97.
9. POULETT SCROPE (G.), Considerations on Volcanoes, London, 1825, p. IV-VI.
10. Ibid., p. 221.
11. Ibid., p. 240-241.
12. Ibid., p. 191-192, p. 200-219.
13. BREISLAK (Sc.), Introduction à la Géologie ou à l'Histoire Naturelle de la Terre (trad. Bernard), Paris, 1812, p. 112-118 ; POULETT SCROPE, ibid. p. 222-229. Sur Lazarro Moro, voir GEIKIE (A.), The founders of Geology, 2ème éd., 1897, reprint New-York, 1962, p. 61-65.
14. POULETT SCROPE, ibid. p. 17-50.
15. DARWIN (Ch.) On the connexion of certain volcanic phenomena in South America ; and on the formation of mountain-chains and volcanoes, as the effect of the same power by which continents are elevated, Trans. of the Geol. Soc. of London, V-1940, p. 601-631 ; SUESS (E.), ibid. T. I, p. 131-137.

3. – La géologie positive.

1. COMTE (A.), Cours de philosophie positive (1830), 5ème éd. Schleicher, Paris, 1907, 1ère leçon, T. I, p. 7 ; voir aussi COMTE (A.), Considérations philosophiques sur les sciences et les savants, nov. 1825, in Système de politique positive, 5ème éd., T. IV, Paris, 1929, Appendice, 4ème partie, p. 146 : « La philosophie positive est donc l'état définitif de l'homme, et ne doit cesser qu'avec l'activité de notre intelligence. »
2. Idem, Système, ibid., T. I. p. 57-58.
3. Idem, Cours, ibid., T. I. p. 3.
4. Ibid., p. 30.

5. Idem, Système, ibid., T. 2, p. 441.
6. Ibid., T. 1, p. 432.
7. BEUDANT (F.S.), Voyage minéralogique et géologique en Hongrie pendant l'année 1818, T. 3, Paris, 1822, p. 15.
8. Ibid. p. 8-10.
9. Ibid. p. 576.
10. Ibid., p. 576.
12. Ibid., p. 108-109. Les arguments avancés se trouvent dans le chap. VI : Terrain basaltique, p. 577-644, chap. V : Terrain trachytique, p. 198-576, Chap. II Terrains intermédiaires, p. 81-135. Chap. III : Terrains secondaires, p. 194-205.
12. HUMBOLDT (Al. von), Essai géognostique sur le gisement des roches dans les deux hémisphères, 2ème éd., Paris, 1826, p. 130-131.
13. Ibid., p. 195-196 et 349-350.
14. Ibid., p. 173.
15. Ibid., p. 16.
16. BUCH (L. von), Reise durch Norwegen und Lappland, 1810, Ges. Schr. ibid. T. 2, p. 526-528.
17. Idem, Ueber die geognostischen Verhältnissen des Trapp-Porphyr, 1813, G.S., Ibid., T. 2, p. 630.
18. Idem, Ueber die Zusammensetzung der basaltischen Inseln und ueber Erhebungs-Kratere, 1818, G.S., ibid., T. 3, p. 17.
19. Idem, Ueber Dolomit als Gebirgsart. Zweite Abhandlung, renfermant le tableau géologique de la partie méridionale du Tyrol, 11 Nov. 1822, ibid. p. 119-124.
20. BOUE (A.), Essai géologique sur l'Ecosse, Paris, 1820, p. 324.
21. Ibid. p. 422-423.
22. Ibid., p. 461-462.
23. Ibid., p. 451.

4. – L'écrasement du temps.

1. BRONGNIART (Al) et DESMAREST (A.G.), Histoire naturelle des crustacés fossiles sous les rapports zoologiques et géologiques, savoir les Trilobites par Al. Brongniart ; les Crustacés proprement dits par A.G. Desmarest, Paris, 1822, p. 65.
2. Ibid., p. 64.
3. BOUE (A.), Considérations générales sur la distribution géographique ; la nature et l'origine des terrains de l'Europe (1827), in Mémoires, ibid., T. I, p. 1-92.
4. Idem, Essai sur l'Ecosse, ibid., p. 462-464. BOUE reconnaîtra le métamorphisme en 1822 : – Mémoire géologique sur l'Allemagne, Journ. de Phys., mai 1822, extrait, p. 1-145. La permanence des volcans est réciproque de celle des soulèvements : – Considérations, ibid., p. 1-11.
5. Idem, Considérations, ibid., p. 89.
6. Ibid. p. 57.
7. SERRES (M. de), Géognosie des terrains tertiaires ou Tableau des principaux animaux invertébrés des terrains marins tertiaires du Midi de la France, Montpellier, 1829, p. 31-42.
8. MAUPIED (F.L.M.), Dieu, l'Homme et le Monde etc. Cours de physique sacrée et de Cosmogonie mosaïque, T. 3, Paris, 1851, p. 209.
9. HOOYKAAS (R.), Continuité et discontinuité en géologie et biologie, (trad. Pavans), Paris, 1970, p. 42-44.
10. Etant donné le succès de l'ouvrage de BUCKLAND (W.), Reliquae Diluvianae or observations on the organic remains contained in caves, fissures, and Diluvial gravel

and on other geological phenomena, attesting the action of an universal Deluge, London, 1823.

11. PREVOST (C.), Les continents actuels ont-il été, à plusieurs reprises, submergés par la mer ? Dissertation géologique lue à l'Ac. d. Sc., les 18 juin et 2 juillet 1827, in Documents pour l'histoire des terrains tertiaires, s. l. n. d., p. 6-7, 9-10, 72-77, et Essai sur la formation des terrains des environs de Paris (suite du précédent), ibid. p. 105-113. Les mêmes idées apparaissent dès 1820, mais sur un mode dubitatif : – Essai sur la constitution physique et géognostique du bassin à l'ouverture duquel est située la ville de Vienne en Autriche, Jour. d. Phys. nov. 1820, ibid., p. 217-221, et p. 227, note.
12. PREVOST, Les continents actuels..., ibid., p. 7.
13. Idem, art. Géologie, in D'ORBIGNY (Ch.), Dictionnaire univ. d'Hist. Nat., T. 6, Paris, 1845, p. 194.
14. Idem, Les continents actuels..., ibid., p. 85.
15. RUDWICK (M.J.S.), Introduction, in LYELL (Ch.), Principles of Geology (1830), reprint New-York & London, 1969, p. XIII.
16. PREVOST, Les continents actuels..., ibid., p. 82.
17. Ibid., p. 80-81. LINNE (C.), Discours sur l'accroissement de la terre habitable (1744) in – L'équilibre de la nature, ibid., p. 29-55.
18. PREVOST, Les continents actuels..., ibid. p. 84.
19. HOOYKAAS, ibid. p. 174.
20. PREVOST, Essai sur la formation des terrains..., ibid., p. 114, note.
21. HOOYKAAS, ibid. p. 175 (ce n'est pas la Paléontologie qui est rendue impossible, mais la stratigraphie) ; voir aussi NICARD (P.), Etude sur la vie et les travaux de M. de Blainville, in DUCROTAY DE BLAINVILLE (H.), Ostéographie, Paris, 1839-1864, T. I, p. CLXXXII-CXCI, et encore –, Ostéographie, T. 2, Des petits ours, p. 116 ; T. IV, I, Des paléothériums, p. 1-2.
22. MAUPIED, Dieu, l'Homme et le Monde, ibid. T. 3, p. 224 : « la géologie est l'histoire des ruines et de la décomposition de la terre créée à l'origine. » Voir p. 724-725, pour la contemporanéïté des formations tertiaires et de l'histoire humaine ; p. 732-733 pour la vérification de l'Ecriture par la géologie « positive ».
23. Ibid., T. I, p. 124.
24. Ibid., T. I, p. 345-349 et T. 3. p. 4-5 où Maupied récuse toute « organisation », et par conséquent toute réparation du globe comme la concevaient Hutton, Boué, etc.
25. L'abbé Maupied a été obligé de terminer en 1848 son cours à la Sorbonne pour se retirer à Gourin (Morbihan), tandis que Constant Prévost est resté en place : il était peut-être malsain en 1850 de paraître cautionner scientifiquement des conceptions étroitement ultramontaines.
26. PREVOST (C.), Quelques propositions relatives à l'état originaire et actuel de la masse terrestre, à la formation du sol, aux causes qui ont modifié le relief de sa surface, aux êtres qui l'ont habité, Comptes-rendus de l'Académie des Sciences, Vol. XXXI ; 31 sept. 1850, extrait, p. 15.
27. Idem, Remarques à l'occasion d'un mémoire de M. Elie de Beaumont sur la corrélation des différents systèmes de Montagnes. 9 sept. 1850 ibid. tiré à part p. 1-8, et Extrait d'une lettre adressée (de Canon, près Caen, le 30 sept. 1850) par M. ELIE DE BEAUMONT à M. Constant Prévost. 7 oct. 1850 ibid. p. 20 : « Quant à ce qui concerne la production du relief des montagnes, une manière de voir qui a reçu l'assentiment d'un grand nombre d'observateurs mérite sans doute de conserver un avocat, et je vous demande la permission, mon cher confrère, de ne pas cesser d'être celui du mot soulèvement... » Cependant cette doctrine de Prévost trouve peut-être chez Suess son véritable prolongement, puisque les soulèvements sont

remplacées chez lui par des dislocations dues aux poussées latérales provoquées par la contraction de l'écorce terrestre en refroidissement constant ; mais à ce moment-là, l'échelle stratigraphique est incorporée à la théorie, tandis que en 1830, elle en est aux premiers moments de son élaboration.

5. – La paléontologie stratigraphique.

1. HUOT (J.J.N.), Nouveau cours élémentaire de Géologie, Paris, 1839, T. I, p. 304.
2. Le texte fondamental est le vol. 3 des « principes of Geology » de LYELL. Son importance est peut-être plus grande que celle des deux premiers volumes qui constituent un regroupement de thèmes et de résultats en voie de développement et d'accumulation depuis plusieurs années.
3. PREVOST (C.), art. Terrains in D'ORBIGNY (CH.), Dictionnaire, ibid., T. 12, Paris, 1848, p. 479.
4. BRONGNIART (Al.) Tableau ibid. p. 202-205.
5. Idem, On the zoological characters of formations, with the application of these characters to the determination of some rocks of the Chalk-formation (1821), in DE LA BECHE (H.), A selection of geological memoirs, London, 1836, p. 235-261.
6. LYELL (Ch.), Principles of Geology, vol. 3, London, 1833, p. 7.
7. Ibid., p. 104-106.
8. Ibid., p. 125.
9. HOOYKAAS, ibid. p. 164-169.
10. LYELL, Principles, ibid., vol. 3, p. 31-32.
11. Ibid., p. 45-61.
12. Ibid., p. 20 (terrain de Touraine, absent du bassin Parisien).
13. BARRANDE (J.), Système silurien du centre de la Bohème, 1ère partie : Recherches paléontologiques, VoL I, Crustacés. Trilobites, Prague-Paris, 1852, Avant-propos p. XXV. Sur la méthode de Lyell et sa validité, voir BERRY (W.), Growth of a prehistoric time scale based on organic evolution, San Francisco, 1968, p. 103-104.
14. LYELL, ibid. VoL. 3, Preface, p. XIII-XVII ; comparez avec BOUE, Résumé des observations conchyliologiques de M. Deshayes, relativement au classement des dépôts tertiaires, in Mémoires, ibid., T. I, p. 93-97.
15. Allusion moins aux « Animaux sans vertèbres » qu'aux « Mémoires sur les fossiles des environs de Paris », de 1802 à 1806.

6. – Le Silurien.

1. LYELL, ibid. vol. 3, Chap. XXIII, p. 324-326.
2. Ibid., Table 2, p. 389-393.
3. Ibid., p. 375, 377 sq.
4. Sur l'ensemble de ce travail, voir BERRY, Ibid., p. 64-102.
5. GEIKIE, ibid., p. 410 ; BERRY, ibid., p. 81, sq.
6. DE LA BECHE (H.), Manuel geologique, ibid., p. 46-47.
7. LYELL, Principles, ibid., vol. 3, p. 341-345.
8. SEDGWICK (A.), On some beds associated with the Magnesian limestone, and on some fossil fishes found in them, Proceed. of the Geol. Soc. of London, vol. I, 1827-1833, p. 2.
9. MURCHISON (R.I.), On the Coal-field of Brora in Sutherlandshire and some

other stratified deposits in the North of Scotland, ibid., p. II, et trans. of the Geol. Soc. 2nd Series, vol. 2-1829, p. 292-326.
10. SEDGWICK (A.) & MURCHISON (R.I.), On the geological relations of the secondary strata in the Isle of Arran (1828), Trans. of the Geol. Soc. of London, 2nd series, vol. 3, 1829-1835, p. 21-36.
11. SEDGWICK (A.) On the geological relations and internal structure of the Magnesian Limestone etc. ibid. p. 99 ; p. 122.
12. SEDGWICK (A.) & MURCHISON (R.I.), A sketch of the structure of the Eastern Alps ; with sections through the newer formations of the northern flanks of the chain, and through the Tertiary deposits of Styria etc., 1831, Transactions, ibid., p. 320, p. 351.
13. SEDWICK (A.), Introduction to the general structure of the Cumbrian Mountains ; with a description of the great dislocations by which they have been separated from the neighbouring carboniferous chains, 1831, Transactions, ibid., vol. 4, 1835-1837, p. 47-65.
14. Idem, Adress of the President, 1830, Proceedings, ibid. voL. I, 1827-1833, p. 204.
15. Idem, Adress of the President, 1831, Proceedings, ibid., p. 307-314 (critique de l'uniformitarisme de Lyell p. 304 ; limitation de la doctrine d'Elie de Beaumont p. 311 ; adoption de la théorie du refroidissement p. 298 ; de la théorie du développement progressif des êtres vivants p. 306).
16. Ibid. p. 67, Note complémentaire de 1833.
17. Ibid. p. 66.
18. Idem, A Synopsis of the English series of stratified Rocks inferior to the old red sandstone – with an attempt to determine the successive natural groups and formations (1838), Proceedings, ibid. vol. 2, 1833-1838, p. 675.
19. LYELL (Ch.), Anniversary address of the President, Quart. journ. of the geol. soc. of London, VII–1851, P. LXXIV-LXXV.
20. SEDGWICK, A Synopsis, ibid., p. 684-685.
21. GEIKIE, ibid., p. 416-417.
22. HUOT en 1837 utilise les expressions : système silurien et système cambrien, termes également adoptés par Elie de Beaumont . Cf. Nouveau cours, Ibid. T. I, Table, et T. II, 1839, p. 476-580.
23. MURCHISON (R.I.), On the structure and classification of the transition rocks of Shropshire, Herefordshire, and part of Wales, and of the lines of disturbances, which have affected that series of deposits, including the Valley of elevation of Woodhope, Proceedings, ibid. vol. 2, 1833-1838, p. 14.
24. Ibid. p. 17.
25. MURCHISON (R.I.), The Silurian System founded on geological researches in the countries of Salop, Hereford, Radnor, Montgomery, Caermathen, Brecon, Pembroke, Monmouth, Gloucester, Worcester and Stafford – with descriptions of the coalfields and overlying formations, London, 1839.
26. Ibid. p. 6.
27. Ibid. p. 9.
28. CHARPENTIER, Essai sur la constitution géognostique des Pyrénées, Paris, 1623, p. 80 paragraphe 37 note.
29. FITTON, A review of Mr Lyell's « Elements of Geology » with observations on the progress of the Huttonian Theory of the Earth, Edinburgh Review, vol. 69-1839, p. 428. Les idées contraires avancées par Bronn en 1859 marquent un retard évident.
30. MURCHISON (R.I.), On the geological structure of the Alps, Apennines, and Carpathians, more especially to prove a transition from secondary to tertiary rocks, and the development of modern deposits in southern Europe (1848), Quart. Journ.,

ibid., vol. 5-1849, p. 199. Les schistes tertiaires de Glarus fournissent une preuve particulièrement évidente de ce que Murchison savait déjà vingt ans auparavant. Les mêmes faits, relevant de la même méthode, se retrouvent dans les Alpes « as in Siluria » ibid. p. 255-256.

7. – L'ordre historique.

1. CONYBEARE (W.D.), Examen des phénomènes de la géologie qui semblent avoir le rapport le plus direct avec les idées théoriques (1830-1831), in BOUE, Mémoires, ibid., T. I, p. 320.
2. Ibid. p. 329.
3. MURCHISON, The Silurian System, ibid. p. 10-11.
4. Ibid. p. 75-576.
5. Ibid. p. 582.
6. Ibid., p. 584.
7. Ibid., p. 585.
8. MURCHISON, On the geological structure of Pembrokenshire, more particularly, on the extension of the Silurian System of rocks into the coast cliffs of that country (1836), Proceedings, ibid. vol. 2, 1833-1838, p. 226.
9. SEDGWICK (A.), On the classification of the fossiliferous Slates of North Wales, Cumberland, Westmoreland and Lancashire etc. (1846), The quarterly journal, ibid. vol. 3, 1847, p. 133-134. Murchison aurait lui-même contribué à la création du terme en complément du terme Silurien : après avoir rejeté la proposition du terme « Hercynien », proposé par Elie de Beaumont, il aurait demandé à Sedgwick de trouver un terme géographique tiré de la région d'Angleterre où se trouvaient des masses schisteuses inférieures au silurien, moins ambiguës que le Harz, d'où le mot « Cambrien » cf. MURCHISON, Anniversary Address of the President, Proceedings, ibid. vol. 3, 1838-1842, p. 640-641.
10. BERRY, ibid. p. 78-79.
11. Ibid. p. 88-91.
12. Ibid. p. 91-95.
13. MURCHISON, Address of the President (1842), Proceedings, ibid. vol. 3, 1838-1842, p. 648, et Address (1843), ibid. vol. 4, 1842-1845, p. 105-106.
14. Cette invasion est confirmée dans MURCHISON R.I., DE VERNEUIL, et KEYSERLING (Comte A. von), The Geology of Russia in Europe and the Ural mountains, vol. I, Geology, London, 1845, p. 2-3.
15. MURCHISON, Address 1842 ; p. 642 et SEDGWICK, Outline of geological structure of North Wales (1843), Proceedings, ibid. vol. 4, 1842-1845, p. 221.
16. MURCHISON, The Geology of Russia, ibid. p. 9.
17. Ibid. p. 7.
18. Ibid. p. 26.
19. SEDGWICK (A.), On the classification of the fossiliferous Slates of North Wales etc., Quart. Journ., ibid., vol. 3, 1847, p. 158, p. 162.
20. Idem, On the classification of the fossiliferous slates of Cumberland, Westmoreland and Lancashire, Quart. Journ., ibid., VoL. 2, 1846, p. 125, p. 219.
21. BERRY, ibid. p. 87.
22. SEDGWICK (A.) et MAC COY (F.), A Synopsis of the classification of the British Palaeozoic Rocks with a systematic description of the British Palaeozoic Fossils in the Geological Museum of the University of Cambridge, 3rd fasciculus, London-Cambridge, 1855, introduction.

23. SEDGWICK (A) et MURCHISON (R.I.). On the distribution and classification of the older or Palaezoic deposits of the North of Germany and Belgium, and their comparison with formations of the same age in the British Isles (1840), Transactions ibid. VoL. VI-1840-1842, p. 221-301..
24. D'ARCHIAC (A.) et DE VERNEUIL (E.), On the fossils of the older deposits in the Rhenish Provinces : preceded by a general survey of the Fauna of the Palaeozoic rocks, and followed by a tabular list of the organic remains of the Devonian system in Europ (1841), Transactions, ibid., p. 303-310.
25. MURCHISON, etc., The Geology of Russia, ibid., Vol 2, Avant-propos, p. VI-VII.
26. Ibid., p. XXXII. Concernant Brocchi, voir Lyell (Ch.), Principles of Geology, ibid., vol. II, 1832, p. 128-129.
27. LYELL (Ch.), Principles of Geology, vol. 2, ibid. p. 159 :
« If therefore, the Author of Nature had not been prodigal of those numerous contrivances before alluded to, for spreading all classes of organic beings over the earth – if he had not ordained that the fluctuations of the animate and inanimate creation should be in perfect harmony with each other, it is evident that considerable spaces, now the most habitable on the globe, would soon be as devoid of life as are the Alpine snows, or the dark abysses of the Ocean, or the moving sands of the Sahara. »

NOTES DU CHAPITRE III.

1. – Préambule.

1. BUCH (L. von), Ueber die Ammoniten in den ältern Gebirgschichten (1830), Gesammelte Werke, ibid. T. IV, p. 70.
2. BUCH (L. von), Ueber Terebratulen (1833), ibid. T. IV, p. 167.

2. – Identification et reconstitution.

1. Lettre du citoyen GEOFFROY, professeur de Zoologie au Muséum d'Histoire Naturelle, et du citoyen CUVIER aux Rédacteurs du Magasin Encyclopédique sur le Rhinocéros bicorne, in Mag. Enc., 1975, T. I. p. 326.
2. VoL. XL, n° 446, pl. 1 et 2, d'après CUVIER (G.), Recherches sur les ossements fossiles, 4ème éd., Paris, 1834, T. 2, p. 199.
3. CUVIER, Recherches, ibid. p. 201-202.
4. Idem, Tableau élémentaire de l'histoire naturelle des animaux, Paris, an VI, p. 11 – voir aussi Recherches, ibid. T. I, p. 200 (Discours).
5. Idem, Tableau, ibid. p. 18.
6. Ibid. p. 13.
7. Idem, Recherches, ibid. T. I, p. 464.
8. CAMPER (P.), Description anatomique d'un éléphant mâle, publiée par A.G. Camper. Avant-propos, et chapitre 2 : Du caractère des différentes espèces d'éléphants, in Oeuvres, Paris, an XI-1803, T. 2, p. 62-86.

9. CUVIER (G.), Mémoire sur les espèces d'éléphants vivantes et fossiles, in Mém. de l'Inst. (sc. math. et phys.), T. 2, an VII, p. 1-22, spéc. p. 5.
10. Ibid. p. 12.
11. Ibid. p. 21.
12. Idem, Recherches, ibid. T. I, p. 540 et 562.
13. Ibid. T. I, p. 457-458 ; voir aussi T. 6, p. 2-3.
14. Ibid. T. 2, p. 249-250.
15. Idem, Mémoire, ibid. p. 20 ; CAMPER ibid. p. 86.
16. Idem, Recherches, ibid. T. I, p. 178-189.
17. Leçons d'Anatomie comparée, ibid. T. I, p. 57 sq.
18. Idem, Recherches, ibid. T. I, p. 187.
19. Idem, ibid. T. I, p. 197-198.
20. Ibid. T. 1, p. 187.
21. Ibid. T. IV p. 4-5.
22. DUCROTAY DE BLAINVILLE (H.), Ostéographie ou description iconographique comparée du squelette et du système dentaire des mammifères récents et fossiles pour servir de base à la zoologie et à la géologie, Paris, 1838-1864, T. 4, Fzsc. I, p. 114.
23. Ibid. T. 3, fasc. 4, p. 90.
24. Ibid. T. 3, fasc. 4, p. 212.
25. Ibid. T. 3, fasc. I, p. 222.

3. – La reconnaissance des types.

1. CUVIER, Recherches, ibid. T. V, p. 1.
2. Ibid., T. 2, p. 200-201.
3. Ibid., T. 2, p. 489-490.
4. Ibid., T. 1, p. 183-184.
5. Ibid. T. 5, p. 1-2.
6. Ibid., T. 5, p. 20.
7. GALIEN, De l'utilité des parties du corps humain, L. XI, chap. 8 et 9, in DAREMBERG, Oeuvres anatomiques, physiologiques et médicales de Galien, T. I, Paris, 1854, p. 670-673.
8. CUVIER, Recherches, ibid. T. 5, p. 244.
9. Ibid. T. 5, p. 43.
10. Ibid. T. 5, p. 418.
11. Ibid. T. 5, p. 136.
12. Ibid. T. 5, p. 188-189.
13. Ibid. T. 5, p. 245-246.
14. Ibid. T. 5, p. 264.
15. Ibid. T. 5, p. 417-419.
16. Ibid. T. 5, p. 429-430.
17. BLAINVILLE, Ostéographie, ibid. T. 3, fasc. I, des Dinothériums, p. 1, p. 17. Celui-ci n'est pas un Tapir gigantesque comme le voulait Cuvier, mais un genre nouveau de la famille des Pachydermes.
18. HUXLEY (T.H.), On the method of Palaeontology (1856), in The scientific memoirs of –, (Forster M. & Ray Lankester E ; ed), Vol. I, 1898, p. 432-444.
19. Cuvier n'est étranger ni au concept d'unité de plan, ni au concept de type : il refuse uniquement de les appliquer à la totalité du règne animal, pour les appliquer spécialement à chacune des catégories subordonnées de la classification, spécialement aux classes. Recherches, ibid., T. 7, p. 62, p. 72 ; et T. 9, p. 2.

4. – *Les anciennes faunes.*

1. BLAINVILLE, Ostéographie, ibid. T. 3, fasc. I, Du Dinothérium, p. 61 ; T. 4, fasc. I, p. 1-6 ; T. 4, fasc. 3, p. 105-106, p. 220-221, etc.
2. CUVIER, Recherches, ibid. T. 3, p. 305-306.
3. Ibid. T. 5, p. 459-460.
4. Ibid. T. 3, p. 190-191.
5. Ibid. T. 3, p. 221.
6. Ibid. T. 5, p. 464.
7. Ibid. T. 10, p. 587-588.
8. LAMARCK (J.B. fr Monet de), Philosophie zoologique, Paris, 1809 ; voir spéc. : Des parties de l'art dans les productions de la nature, et De l'espèce.
9. CUVIER, Tableau élémentaire, ibid., p. 14-17.
10. Idem, Recherches, ibid., T. I, p. 453.
11. Ibid., T. 5, p. 597-598.
12. Idem, Règne animal, Paris, 1817, T. I, p. 6.
13. Idem, Histoire des Poissons, T. I, Paris, 1828, p. 551, cité par DAUDIN (H.), CUVIER et LAMARCK. Les classes zoologiques et l'idée de série animale, Paris, 1926, p. 255 note 1.
14. CUVIER, Recherches, ibid., T. 5, p. 541-542.
15. Idem, Discours sur l'état de l'histoire naturelle et sur ses accroissements depuis le retour de la paix maritime. in Histoire des progrès des sciences naturelles depuis 1789 jusqu'à ce jour, 1829, T. IV, Paris, p. 350.

5. – *La physiologie des transformations.*

1. CROIZET et JOBERT, Recherches sur les ossements fossiles du Département du Puy de Dôme, T. I, Discours préliminaire, Paris, 1828, pp. 15, 17, 20, et 64 : « Le temps n'est que la succession des événements ».
2. PANDER (Chr.) et D'ALTON (E.), Die vergleichende Osteologie, T. I, fasc. I, Das Riesen-Faulthier, Bonn, 1821, p. 5.
3. PANDER mentionne sa Dissertation de 1817.
4. PANDER et D'ALTON, ibid. p. 5-6, voir aussi T. I, fasc. 3, p. 1-4.
5. Ibid. T. I, fasc. 3 p. 6.
6. Ibid. T. I, fasc. 6 p. 1-2.
7. Ibid. T. I, fasc. 2 p. 3..
8. GEOFFROY SAINT-HILAIRE (Et.), Recherches sur de grands Sauriens trouvés à l'état fossiles vers les confins maritimes de la Basse-Normandie, attribués d'abord au Crocodile, puis déterminées sous les noms de Teleosaurus et Sténeosaurus, Paris, 1831, 4ème mémoire, p. 67.
9. Ibid. p. 75-76.
10. Ibid. p. 81.
11. Idem, Recherche sur l'organisation des Gavials etc. in Mémoires du Muséum, T. 12, 1824, tiré à part p. 54-55.
12. HOOYKAAS (R.), Continuité et discontinuité en Géologie et en Biologie, trad. Pavans, Paris, 1970, p. 135 et 141.
13. GEOFFROY SAINT-HILAIRE (Et.), Recherches sur de grands sauriens, etc. ibid. p. 3.
14. Ibid. p. 53.
15. Ibid. p. 36 ; Recherches sur l'organisation des Gavials, ibid. p. 2 etc.

16. Les crocodiles assurent la « police des terrains lacustres. Cf. GEOFFROY SAINT-HILAIRE (Et.), Considérations sur des ossements fossiles la plupart inconnus, trouvés et observés dans les Bassins de l'Auvergne, accompagnés de notes où sont exposés les rapports et les différences des deux zoologies, celle des époques antédiluviennes et celle du monde actuel (art. reproduit in Etudes progressives d'un naturaliste, 1835, p. 87-123), Revue Encyclopédique, vol. 53-1833, extrait, p. 16, note.
17. Idem, Recherches sur de grands sauriens, ibid. p. 12-14 ; Recherches sur l'organisation des Gavials, ibid. p. 4-14, p. 36, p. 39-47.
18. Idem, Recherches sur de grands sauriens, ibid. p. 22-25 ; p. 36-39 ; Recherches sur l'organisation des Gavials, ibid. p. 54.
19. Idem, Gavials, ibid. p. 56-57.
20. Idem, sur la singularité et la haute portée en philosophie naturelle de l'existence d'une espèce de singe, trouvé à l'état fossile dans le Midi de la France, Comptes rendus de l'Ac. des Sciences, T. V. – 1837, p. 40-42.
21. Idem, Sauriens, ibid. p. 69, p. 76.
22. Ibid. p. 83.
23. EDWARDS (W.F.), De l'influence des agents physiques sur la vie, Paris, 1824, p. 107.
24. GEOFFROY SAINT-HILAIRE, Sauriens, ibid. p. 80. Ces points sont rappelés par HOOYKAAS, ibid., p. 142-153. Les travaux de Geoffroy Saint-Hilaire en Tératologie expérimentale sont analysés par DARESTE, Recherches sur la production artificielle des monstruosités, ou Essais de Teratogénie expérimentale, Paris, 1877, paragraphe 15, p. 32-37.
25. PICTET (F.J.), Traité de Paléontologie, 2ème éd., T. I, 1853, p. 82-83.

6. – *Les bêtes extraordinaires.*

1. CUVIER, Recherches, ibid., T. 10, Résumé général, p. 488-490.
2. Ibid., T. 10, p. 200.
3. MANTELL (G.), Notice on the Iguanodon, London, 1825.
4. Idem, The Geology of the South East of England, London, 1833, p. 268-280.
5. HAWKINS (Th.), Memoirs of Ichthyosauri and Plesiosauri, London, 1834, p. 51.
6. Idem, The book of great Sea-Dragons, London, 1840, Epigraphe.
7. Idem, The book..., ibid., p. 22.
8. BLAINVILLE, Ostéographie, ibid., T. 4, fasc. I, p. 9.
9. FALCONER (H.), Palaeontological Memoirs, (ed. Murchison), vol. I, Fauna Antiqua Sivalensis, London, 1868, p. 359-381, où sont regroupés plusieurs mémoires de 1837 et 1844.
10. PICTET, Traité, ibid., T. I, p. 42.
11. CUVIER, Règne animal, ibid., T. 2, p. 5.
12. NICARD, Etude sur la vie et les travaux de M. de Blainville, in BLAINVILLE, Ostéographie, ibid., T. I, p. XLIX. Voir aussi GERVAIS (P.), art. Reptiles in D'ORBIGNY (Ch.), Dictionnaire, ibid. T. XI-1848, p. 60.
13. Voir PICTET, Traité de Paléontologie, ibid. T. I, p. 424-425, et GERVAIS, art. Reptiles, ibid. p. 61.
14. OWEN (R.), Report on Britisch Fossil, II, in Report on the IIth Meeting of the British Association for the advancement of science (1841), London, 1842, p. 202-204.
15. PICTET, Traité, ibid. T. I, p. 65.
16. BUCKLAND (W.), La Géologie et la Mihéralogie dans leurs rapports avec la Théologie Naturelle (trad. Doyère), Paris, 1836, p. 6.

17. Ibid. p. 219.
18. Ibid. p. 362-363.
19. Ibid. p. 175-176.
20. Ibid. p. 26, 352-354.
21. Ibid. p. 94.
22. Ibid. p. 85-86, 113.
23. Ibid. p. 158.
24. MEYER (H.Von), Zur fauna der Vorwelt, T. I, Fossile Saugethieren, Vögeln, une Reptilien aus dem Molasse Mergel von Oeningen, Frankfurt am Main, 1845, p. 46-49, et Préface I-II. Voir aussi – Cervus Alus Fossilis in Beyträge zur Petrefactenkunde. Fossile Saugethiere, Nova Acta Leop. Ac. Nat. Cur. XVI (2), 1832,p. 463 sq.
25. Idem, Pterodactylus (Rhamphorynchus) Gemmingii aus dem Kalkschiefer von Solenhofen, Palaeontographica, Vol. I-1846-1851, p. 1.
26. Idem, Zur Fauna der Vorwelt, T. 2, Die Saurier des Muschelkalkes mit Rücksicht auf die Saurier aux bunten Sandstein und Keuper, Franckfut am Main, 1847-1855.
27. Ibid. T. 2, p. 162.
28. Ibid. T. 2, p. 164.
29. Ibid. T. 4 : Reptilien aus dem lithographischen Schiefer des Jura in Deutschland und Frankreich, 1860, Vorrede ; p. VIII.
30. Ibid. T. 4, p. VII.
31. Ibid. T. 4, p. 21.
32. Idem, Beiträge zur Paläontologie Württembergs, enthaltend die fossilen Wirbelthierreste aus dem Triasgebilden, mit besonderer Rücksicht auf die Labyrinthodonten des Keupers, Stuttgart, 1844, p. 23-24.
33. Ibid., Historique, p. 1-4, et JAEGER (G.F.), De Ichtyosauri sive Proteosauri fossilis speciminibus in agro Bollensis in Wurtembergia, Stuttgart, 1824.
34. MEYER, Fauna, ibid. Préface, p. I, et – Ueber die Reptilien und Saugethiere der verschiedenen Zeiten der Erde. Zwei Reden, Frankfurt am Main, 1845, p. 59-60.
35. JAEGER (G.F.), Ueber fossile Saugethieren aus dem Diluvium und älteren Alluvium des Donauthals und den Bohnerzablagerungen der Schwabischen Alp. Stuttart, 1853, p. 44-45.

7. – Types et radiations.

1. QUENSTEDT (F.A.), Die Mastodonsaurier im grünen Keupersandsteine Wurttembergs sind Batrachier, Tübingen, 1850, p. 8-15 ; p. 34.
2. OWEN (R.), Report on British fossil Reptiles II, ibid. p. 181-189.
3. Idem, Odontography, or a treatise on the comparative anatomy of the teeth, their physiological relations, mode of developement and microscopic structure in the vertebrate animals, London, 1840-1845, VoL. I, p. 209. Voir aussi cette distinction appliquée à d'autres structures : Idem, Description of parts of the skeleton and teeth of the genus Labyrinthodon, etc (1841), Trans. of the Geological Soc. of London, VI, part. I, 1842, p. 519, 525, 541.
4. Idem, Report on the Reptilian Fossils of South Africa, Part.I (1845), Trans. of the geol. soc. of London, vol. 7, 1845-1856, p. 77-83, et Part. 2 (1855), p. 233-234.
5. Idem, Report on British Fossil Reptiles, part. I (1839), Report the 9th Meeting of the Brit. Ass., London, 1840, p. 44-45.
6. Idem, On the Archetype.
7. Poins sur lequel les textes abondent ; voir OWEN (R.), Description of the Lepidosiren annactens, London, 1839.

8. Idem, Lectures on the comparative Anatomy and physiology of the Vertebrate Animals (Hunterian Lectures 1844), London, 1846, p. 13.
9. Idem, Lectures on the comparative Anatomy and Physiology of the Invertebrate animals, London, 1843, Introduction.
10. Idem, Palaeontology or a systematic summary of extinct animals and their geological relations, Edinburg, 1860, p. 170-179 et 187-199.
11. Idem, Monograph of the Fossil Reptilia of the Wealden Formation, part. 2 : Dinosauria, in The Palaeontographical Society, London, 1854, p. 33.
12. Idem, On some Reptilian fossils from South Africa (1859), Quart. Journ. of the geol. Soc. of London, 16-1860, p. 60.
13. Idem, Report on British fossil Reptiles, part. I, ibid., p. 38-39.

8. – La physionomie des espèces et des faunes.

1. Idem, Palaeontology, ibid. p. 313-314.
2. Ibid. p. 314-316.
3. Idem, On the affinities of the Stereognathus ooliticus (Charlesworth), a mammal from the Oolithic slate at Stonesfield (1856), Quart. Journ. of the geol. soc. of London, 13-1857, p. I-II.
4. Idem, Description onf the skeleton of an extinct gigantic Sloth (Mylodon robustus OWEN), with observations of the osteology, natural affinities and probable habits of the Megatherioids Quadrupeds in ggeneral, London, 1842, p. 162-163 ; voir aussi – Fossil Mammalia, in DARWIN (Ch.), ed. Zoology of the Voyage of the Beagle (1832-1836), London, 1838-1840, Vol. I, p. 85.
5. PICTET, Traité de Paléontologie, ibid. T. 4, p. 562.
6. Ibid. T. 4, p. 563-564.
7. Ibid. T. 4, p. 566.
8. Ibid. T. 1, p. 87-88.
9. Ibid. T. I, p. 89-90.
10. DARWIN (Ch.), Journal of researches into the natural history and geology of the countries visited during the voyage of H.M.S. Beagle around the World under the command of captain Fitz-Roy, 2ème éd., London, 1889, p. 398.
11. OWEN (R.), Report on the extinct mammals of Australia, with description of certain fossils indicative of the former existence in that continent of large Marsupial representatives of the ordre Pachydermata. Report of the 14th Meeting of the Brit. Ass. (1844), London, 1845, p. 237.
12. DARWIN (Ch.), Geological observations on South America (being the 3rd Part of the Geology of the voyage of the Beagle... (1832-1836), London, 1846, p. 104-105.
13. OWEN (R.), Report on... Australia, ibid. p. 240 ; la même idée est soutenue par FALCONER, Introductory observations on the Geography, geological structure and fossil remains of the Sewalik hills (1844), in Palaeontological memoirs, VoL I, ibid. p. 24.
14. BUCKLAND (W.), Reliquiae diluvianae, London, 1823, p. 44.
15. OWEN (R.), On Dinornis, part. 4 (1850), Trans. of the Zool. soc. of London, vol. IV, 1862, p. 15.
16. MILLER (H.), The testimony of the rocks, or Geology in its bearing on the two Theologies, Natural and Revealed, Edinburgh, 1862, p. 1.

9. – Progression et embryogénie

1. KAUP (J.), Skizzirte Entwickelungsgeschichte and natürliches System der Europäischen Thierwelt, Darmstadt-Leipzig, 1829, p. 8-9.
2. Ibid. Vorrede VIII-XI.
3. Voir GAVIN DE BEER Introduction : in CHAMBERS (R.), Vestiges of the natural history of Creation (1844), rep. Leicester-New-York, 1969.
4. OMALIUS D'HALLOY (J.J.), Eléments de Géologie, 2ème partie, 3ème éd., Bruxelles, 1838, p. 373-374 et notes ; il s'agit du transformisme de Geoffroy Saint-Hilaire.
5. SPENCER (H.), The Development Hypothesis (1852), in Essays scientific, political and speculative, vol. I, London, 1883, p. 381-387.
6. AGASSIZ (L.), De l'espèce et de la classification en zoologie (1859), trad. Vogeli, Paris, 1869, p. 32-36.
7. Idem, Twelve Lectures on Comparative Embryology, Boston, 1849, p. 24.
8. Idem, Recherches sur les Poissons fossiles, Neuchatel, 1833-1843, T. I, p. 102.
9. Ibid., T. 2, p. 179-180 ; ibid. T. 2, 2ème partie, p. 23-24.
10. Maladresse qui n'est pas liée à cette structure, mais à la lourdeur d'esemble des poissons du primaire, car il ne faut pas oublier la parfaite adaptation et les remarquables performances des actuels Sélaciens, malgré leur hétérocerquie.
11. AGASSIZ, Recherches, ibid. T. I, introduction, p. XVIII-XIX.
12. Idem, Twelve Lectures, ibid. p. 6. Voir aussi 2ème Partie, chap. 2, section 6.).
13. Ibid. p. 24-26.
14. Idem, On animal Morphology. Proceedings of the American ass. for the advancement of science, II-1849, p. 415, 420-423.
15. Idem, On animal Morphology, ibid. p. 413.
16. Idem, Recherches, ibid. T. I, p. VIII.
17. Ibid. T. I, p. XXIV.
18. Ibid., T. I, p. XXXI.
19. Voir sur ce point AGASSIZ (L.), On the difference between progressive, embryonic and prophetic Types in the succession of organized Beings through the whole range of geological times, Proc. of the american ass. for the adv. of Science, II-1849, p. 432-437, et – De l'espèce... ibid., p. 182-185.
20. MILLER (H.), The testimony of the rocks, ibid., p. 193-195.
21. AGASSIZ, Recherches, ibid. T. I, p. 91 ; T. 2, 2ème Partie, p. 158 etc.
22. Ibid. T. I, p. XXIV.
23. Ibid. T. 2, p. 43.
24. Ibid. T. 2, 2ème Partie p. 28 ; T. 4, p. X-XVI.
25. Ibid. T. 3, p. 77 ; 212, 301.
26. Ibid. T. 2, p. 189-190.
27. Ibid. T. 2, p. 67.

10. – Progression et adaptation.

1. AGASSIZ, De l'espèce..., ibid. p. 21-23.
2. BRONN (H.G.), Essai d'une réponse à la question de Prix proposée en 1850 par l'Académie des Sciences pour le concours de 1853 et puis remise pour celui de 1856, savoir : Etudier les lois de la distribution des corps organisés fossiles dans les différents terrains sédimentaires suivant l'ordre de leur superposition. – Discuter la question de leur apparition ou de leur disparition successive ou simultanée. – Rechercher la nature des rapports qui existent entre l'état du règne organique

et ses états antérieurs. In Comptes-rendus suppl. des séances de l'Ac. d. Sc., T. 2, 1861, p. 511-515.

3. Ibid., p. 389-474 ; les tableaux sont rattachés à la page 486, voir aussi p. 487-493, 497-500, 501-502 et 503-508. L'utilisation par Bronn des méthodes de Lyell adoptées par les paléontologues qui lui sont contemporains est signalée par RUDWICK (M.), The Meaning of fossils, London, 1972, p. 221. Bronn est présenté par RUDWICK comme l'auteur d'une synthèse qui fournissait en 1857 la véritable alternative du Darwinisme.
3'. Ibid. p. 776.
4. Ibid. p. 544-551.
5. Ibid. p. 556-562.
6. Ibid. p. 568.
7. Ibid. p. 545 : « la population de la terre n'a pas ordinairement changé subitement et universellement, mais peu à peu et d'une manière variable dans les divers continents, suivant les localités, les zones, les mers etc. »
8. Ibid. p. 659-660 : « Nous concevons l'apparition et la disparition des espèces successives comme des conditions nécessaires l'une à l'autre, réglées par chaque changement des conditions extérieures durant la période de l'activité créatrice... »
9. Ibid. p. 565.
10. Ibid. p. 653.
11. Ibid. p. 655.
12. Ibid. p. 720.
13. Ibid. p. 525 ; il mentionne en note l'« Introduction à la Zoologie générale », 1ère partie, Paris, 1851 ; traduite en allemand en 1853.
14. Ibid. p. 526-528.
15. Voir sur ce point : BERGMANN et LEUCKART, Vergleichende Anatomie und Physiologie, Stuttgart, 1852, p. 357-358, 392-397.
16. BRONN, Essai, ibid. p. 541.
17. Ibid. p. 899-900.

11. Conclusion.

1. HUXLEY (J.H.), On certain zoological arguments commonly adduced in favour of the hypothesis of the progressive development of animal life in time (1855), in The scientific memoirs of –, ibid. T. I, p. 302-304.
2. EHRENBERG (C.G.), Mikrogeologie, Leipzig, 1854, Vorrede, p. XIV.
3. D'ORBIGNY (A.), Cours élémentaire de paléontologie et de géologie stratigraphiques, Paris, 1851, T. 2, 3ème partie, chap. 9, p. 217-232.
4. LYELL (Ch.), Principles of Geology, ibid. vol. 2, p. 60-64, 124-129, 159, 176, 179 ; et –, Anniversary address of the President. Quart. Journ. of the geol. soc. of London, VII-1851, p. XXV-LXXVI ; spéc. pp. XXXIII et LXXII-LXXVI.

NOTES DE LA CINQUIEME PARTIE

NOTES DU CHAPITRE PREMIER

1. – Type et généalogie.

1. DARWIN (Ch.), Sketch of 1842, in DARWIN (Ch.) et WALLACE (A.R.), Evolution by Natural Selection, Cambridge, 1958, p. 72-73.
2. HUXLEY (T.H.), De l'accueil fait à l'« Origine des Espèces », in – L'Evolution et l'origine des espèces, trad. Varigny, Paris, 1892, p. 334.
3. Idem, Lettre à Darwin du 23 nov. 1859, in DARWIN (Ch.) The life and letters of –, rééd. New-York, 1959, p. 26.
4. GIARD (A.), Controverses transformistes, Paris 1904, p. 50.
5. ROBIN (CH.), Mémoire sur le développement embryogénique des Hirudinées. Mém. de l'Institut Paris 1785 T. XL N° 9 p. 373-375, qui cite : AGASSIZ (L.), De l'espèce, Paris 1867 p. 277-280, texte qui se trouve dans la 1ère édition anglaise de 1859.

2. – La Physiologie transcendante.

1. SPENCER (H.), Transcendantal Physiology (1857), in – Essays : scientific, political, speculative, 4ème éd. T. 3 London 1888 p. 369.
2. Ibid. p. 389.
3. Ibid. p. 390. Voir aussi – Premiers Principes trad. Cazelles 3ème éd. Paris 1883 p. 360-385.
4. Même texte et Premiers Principes ibid. p. 386-410. Le texte mentionné est : SPENCER (H.) Progress, its law and Cause (1857) in Essays ibid. T. I. p. 32.
5. SPENCER (H.) Transcendantal Physiology ibid. p. 393.
6. Ibid. p. 394.
7. Ibid. p. 399.
8. Ibid. p. 401.
9. Idem, Progress its Law and Cause ibid. p. 2.
10. Idem. Transcendantal Physiology ibid. p. 414-415.
11. Ibid. p. 403-414.
12. HUXLEY (T.H.) On natural history, as knowledge, discipline and power (1855), in The Scientific memoirs of – ibid. T. I. p. 305-314.
13. CARUS (J.V.) System der Thierische Morphologie Leipzig 1853 p. 27.
14. Ibid. p. 31-33.
15. Ibid. p. 223, 246, 395, etc.
16. CANGUILHEM (G.), LAPASSADE (G.), PIQUEMAL (J.) et ULMANN (J.), Du Développement à l'Evolution, Thales II – 1960, Paris, 1962, p. 30.

3. – Biophysique et biotaxie.

1. Voir in DARWIN, Life and Letters, ibid. T. 2. Appendix 2 p. 532-541 ; A noter spécialement que dans le « Manual of scientific enquiry » à l'usage des officiers et des voyageurs, édité par Herschel, Darwin a été chargé de la section 6 : Geology. Voir aussi – Autobiography, in Life and Letters, ibid. T. I, p. 46-49, 54-55, etc..
2. DARWIN (Ch.) A Monograph of the Sub-Class Cirripedia, with figures of all the species T. I. London 1851 p. 3. Von Baer est mentionné ibid. T. II 1854 p. 19-20.
3. TSCHULOK (S.) Zur Methodologie und Geschichte des Descendenz-Theorie. Inaug. Diss., Zurich, 1908, p. 40.
4. Ibid. p. 37.
5. Ibid. p. 10.
6. DARWIN (Ch.), A Monograph of the Sub-class Cirripedia, ibid., T. 2. p. 155-156.
7. Idem, A Naturalist's Voyage etc. Rééd., London, 1889, p. 379.
8. Idem, l'Origine des Espèces, trad. Barbier sur l'édition anglaise définitive Paris s. d. p. 62.
9. Idem, Sketch of 1842 ibi. p. 60.
10. HUXLEY (T.H.), l'évolution et l'origine des espèces ibid. p. 198-201. Voir aussi – On the persistant types of animal life (1859) in The scientific Memoirs ibid. VoL. 2 p. 90-93 ; – The Anniversary Address of the President to the Geological Society (1862) ibid. Vol. 2 p. 529 ; et enfin DARWIN, Origine, ibid., p. 390-391.
11. HUXLEY (T.H.), The coming of age of the Origine of species (1880) in Scientific Memoirs ibid. vol. 4 p. 420 ; L'évolution, ibid., p. 307.
12. Voir sur ce point GIARD, Controverses transformistes, ibid. p. 63.
13. VIALLETON (L.), Un problème de l'Evolution. La théorie de la récapitulation des formes ancestrales au cours du développement embryonnaire, Montpellier-Paris, 1908, p. 55.

4. – Darwin et la Morphologie.

1. Voir RUSSEL (E.S.), Form and Function, ibid. p. 232 sq. Ce chapitre XIII est devenu le chapitre XIV de l'édition définitive.
2. DARWIN, Origine (Barbier), p. 490.
3. Ibid. p. 495.
4. Ibid. p. 493.
5. Ibid. p. 493-494.
6. Ibid. p. 496.
7. HUMBOLDT (W. von), La recherche linguistique comparative dans son rapport aux différentes phases du développement du langage (1820) in – Introduction à l'œuvre sur le Kavi et autres essais. Trad. Cusset, Paris 1974 p. 71, p. 77 etc.
8. DARWIN, Origine, ibid. p. 497.
9. SCHLEICHER (A.), Les langues de l'Europe moderne, trad. Ewerbeck, Paris, 1852, Introduction, p. 3, p. 15-16.
10. RUSSEL, Form and Function, ibid. p. 238.
11. DARWIN, Origine, ibid. p. 503.
12. Ibid. p. 513.
13. Ibid. p. 514.
14. Ibid. p. 518.

15. Ibid. p. 520.
16. Ibid. p. 523.
17. L'écrevisse a été étudiée de ce point de vue par Rathke, l'araignée par Herold.
18. DARWIN Origine ibid. p. 521.
19. Ibid. p. 520.
20. Ibid. p. 521-522.
21. Ibid. p. 525.
22. Ibid. p. 531, cité in CANGUILHEM etc., Du Développement à l'Evolution, ibid. p. 37.
23. Voir OPPENHEIMER (J.), An embryological enigma in the Origin of Species in GLASS (B.), TEMKIN (O.), STRAUSS (W.), Forerunners of Darwin, 1745-1859, Baltimore, 1959, p. 292-322. L'auteur démontre qu'il faut lire Agassiz là où Darwin mentionne Von Baer. Ce point est capital pour comprendre le passage des formules darwiniennes à l'énoncé par Haeckel de la loi biogénétique fondamentale, ce qui peut mériter discussion.
24. DARWIN, Origine, ibid. p. 529.
25. CANGUILHEM, etc., Du Développement à l'Evolution, ibid., p. 33.
26. Ibid. p. 36.
27. Ibid. p. 32.
28. Ibid. p. 36.
29. Ibid. p. 31.
30. Ibid. p. 32.
31. DARWIN, Origine, ibid. p. 406-408, p. 422.
32. Ibid. p. 409.
33. Ibid. p. 416-319.
34. Dans l'édition définitive.
35. Voir section 4 chap. 3 p. 732.

5. – De la géométrie à l'histoire.

1. BOLSCHE (W.), ERNST HAECKEL, Ein Lebensbild, 4ème éd., Berlin-Leipzig, s. d. p. 89 sq.
2. Ibid. p. 43-44.
3. HAECKEL (E.), Die Radiolarien (Rhizopoda radiatia). Eine Monographie. Berlin 1862 Vorwort p. VI.
4. MULLER (J.), Uber die Thalassicollen, Polycystinen und Acanthometren des Mittelmeeres. Abhandl. d. Akad. d. Wiss. zu Berlin 1858 p. 1-62, Compte-rendu in HAECKEL Radiolarien ibid. p. 17-24.
5. DU BOIS-REYMOND (E.), Gedâchtnissrede auf Johannes Müller (1858) in Reden 2ème série Leipzig 1885 p. 231. Cette orientation a motivé les travaux de Johannes Müller sur les Cyclostomes et sur l'Amphioxus avant ceux qui ont eu pour objet les formes larvaires des Echinodermes.
6. HAECKEL, Radiolarien, ibid. p. 7. sq. compte-rendu et critique des travaux de Ehrenberg.
7. EHRENBERG (C.G.), Organisation, Systematik, une geographisches Verhältniss der Infusionsthierchen, AK. d. Wiss., Berlin, 1830, p. 37-38, p. 41. Organisation in der Richtung des Kleinsten Raumes, AK. d ; Wiss. Berlin, 1834, p. 9-19.
8. DUJARDIN, Infusoires, Paris, 1841, p. 35-42.
9. CLAPAREDE (E.) et LACHMANN (J.), Etudes sur les Infusoires et les Rhizopodes (1858-1860), Genève, 1868, p. 9-14 ; HAECKEL, Radiolarien, ibid. p. 194-198.
10. CLAPAREDE et LACHMANN, ibid. p. 58.

11. HAECKEL, Radiolarien, p. 68-69.
12. CLAUS (C.), Traité de Zoologie, trad. Moquin-Tandon, 2ème éd., Paris, 1884, p. 196.
13. SIEBOLD (Th. v.), Animaux Invertébrés, in – et STANNIUS (N.), Nouveau Manuel d'Anatomie comparée, trad. Sping et Lacordaire, Paris, 1850, p. 7-8.
14. HAECKEL, Radiolarien ibid. p. 199.
15. Ibid. p. 30.
16. Ibid. p. 37.
17. Ibid. p. 207-208, p. 210.
18. Ibid. p. 209.
19. Ibid. p. 210-211.
20. Ibid. p. 144 et 146.
21. HAECKEL (E.), Generelle Morphologie der Organismen, Berlin 1866 T. I p. 377-380.
22. OWEN (R.), On the Archetype and Homologies of the Vertebrate Skeleton. Conclusion. Voir partie 2 chap. 2 paragraphe 5.
23. LITTRE et ROBIN, Dictionnaire ibid. p. 1572.
24. OWEN, On the Archetype, ibid., texte de 1848, p. 80-86.
25. HAECKEL (E.), Histoire de la Création des Etres organisés d'après les lois naturelles, trad. Letourneau 2ème éd. Paris 1877 p. 164-168. En ce qui concerne le Bathybius, voir –, Le règne des Protistes, trad. Soury paris 1879 chap. 5 p. 77-98.
26. HAECKEL, Generelle Morphologie, ibid. T. I. p. 395.
27. Ibid. T. I. p. 391. Les six ordres d'individus sont décrits ibid. liv. 3 chap. 9 « Morphologische Individualität der Organismen p. 269-230. Ce sont 1) les plastides, 2) les organes, 3) les antimères, 4) les métamères, 5) les personnes, 6) les souches ou cormes.
28. Ibid. T. I. p. 164 sq. Voir aussi in HEBERER (G.), Der gerechtfertigte Haeckel, Stuttgart, 1968 p. 106-108.
29. HAECKEL (E.), Le Monisme, lien entre la religion et la science, Profession de foi d'un naturaliste, trad. Vacher de Lapouge, Paris, 1897, p. 20-25. Voir aussi Heberer, p. 101-103.
30. HAECKEL (E.), Gegen die Gegner. Ziele und Wege der heutingen Entwickelungsgeschichte (1875) in HEBERER, ibid., p. 312-314.
31. HIS (W.), Unsere Köperform und das physiologische Problem ihrer Entstehung. Briefe an einen befremdeten Naturforscher, Leipzig, 1875, p. 18. etc.
32. BERTHOLD (G.), Studien über den Protoplasmamechanik, Leipzig, 1886, cité par GIARD, Oeuvres diverses, T. I, Paris, 1911, p. 178.
33. HAECKEL, Gegen die Gegner ibid. p. 326.
34. Idem, Generelle Morphologie ibid. T. I, p. 153.
35. Idem, Radiolarien ibid. p. 231.
36. Ibid. p. 231 note (suite p. 232).
37. Ibid. p. 234.
38. GIARD (A.), Les faux principes biologiques et leurs conséquences en taxonomie (1876), in Controverses transformistes ibid. p. 63.
39. Idem, Les tendances actuelles de la Morphologie et ses rapports avec les autres sciences (1904), in Oeuvres diverses T. I. ibid. p. 153.
40. Idem, L'éducation du morphologiste (1908), in Oeuvres diverses T. I. ibid. p. 50-51.
41. HAECKEL (E.), Anthropogénie ou Histoire de l'Evolution humaine, trad. Letourneau, 2ème éd. Paris, 1877, p. 325.
42. Idem, Histoire de la Création; ibid. p. 530-533 : HUXLEY (T.H.), L'évolution et l'origine des espèces, ibid. p. 211-232.

43. Idem, Etat actuel de nos connaissances sur l'origine de l'homme (1898), trad. Laloy, Paris, 1903, p. 25-26.
44. Ibid. p. 28.
45. Idem, Gegen die Gegner, ibid. p. 320.
46. Idem, Les preuves du transformisme. Réponse à Virchow. Trad. Soury, Paris, 1879, p. 24, p. 25-32.

6. – La loi biogénétique fondamentale.

1. HAECKEL, Generelle Morphologie, ibid. T. 2, p. 300, paragraphe 41.
2. HEBERER, ibid. p. 497. Ausklang ; HAECKEL, Gegen die gegner, ibid. p. 346-347.
3. GIARD (A.), Principes généraux de la biologie in HUXLEY (T.H.), Eléments d'Anatomie comparée des animaux invertébrés, trad. Darin, Paris 1877, p. XXXIV.
4. HAECKEL, Generelle Morphologie, in HEBERER, ibid. p. 155 ; p. 252-254. Voir aussi –, Histoire de la Création, ibid. p. 60-62.
5. Idem, Radiolarien, p. 56, p. 60-61, p. 206-207.
6. Idem, Histoire de la Création, ibid. p. 10.
7. Ibid. p. 333.
8. Idem, Anthropogénie, p. 260-261.
9. RUSSEL (E.S.), Form and Function, ibid. p. 269-271.
10. KOWALEVSKY (A.), Entwickelungsgeschichte des Amphioxus lanceolatus (1866), Mémoires de l'Ac. d. Sc. de Saint-Petersbourg, 7ème série, T. XI, no 4, 1867, extrait p. 8.
11. Ibid. p. 5, p. 13.
12. HAECKEL, Anthropogénie, ibid. p. 280-287.
13. HUXLEY (T.H.), On the Anatomy and the affinities of the family of the Medusae (1849), in –, The scientific Memoirs ibid. p. 23-24 ; voir aussi HAECKEL (E.), Die Kalkschwamme T. I. Berlin, 1872, p. 466-467.
14. HAECKEL (E.), Studien zur Gastraea-Théorie, Iena, 1877, p. 265.
15. Ibid. p. 7, p. 16 etc.
16. Ibid. p. 266.
17. Ibid. p. 12-13, 17, 21, 78-81, etc.
18. Ibid. p. 171-178.
19. Ibid. p. 36.
20. Ibid. p. 37.
22. Voir dans HAECKEL, Anthropogénie, ibid. p. 573, le tableau 34 : « Vue d'ensemble des organes primitifs qui, vraisemblablement, peuvent être considérés comme homologues chez les Vers, les Articulés, les Mollusques et les Vertébrés », et p. 298, le tableau 5 : « Résumé des principales homologies entre les embryons de l'Homme, de l'Ascidie, de l'Amphioxus adulte, d'une part, et de l'homme adulte, d'autre part ».
22. HAECKEL, Studien, ibid. p. 54-55, les Tableaux phylogénétiques fondés sur la théorie de la Gastrée et l'homologie des feuillets et des organes primitifs.
23. Ibid. p. 63.
24. Ibid. p. 72.
25. Ibid. p. 73, p. 233-240.
26. DE BEER (G.), Embryos and ancestors, 3ème éd. London 1958-1962 p. 168-169.
27. HAECKEL, Studien, ibid. p. 73.
28. HAECKEL, Anthropogénie, ibid. p. 526.

29. Ibid., p. 361-363.
30. Ibid. p. 508.
31. HAECKEL, Die Gastrula und die Eifurgung der Thiere (1875), in Studien, ibid. p. 59-167.

NOTES DU CHAPITRE II

1. – La politique de l'organisme.

1. GEGENBAUR (C.), Manuel d'Anatomie comparée (trad. Vogt), Paris 1874 p. 7.
2. Idem, Ueber die Entwickelung der Sagitta (1858) in – Gesammelte abhandlungen (ed. Furbringer & Bluntschli) Leipzig 1912 T. I p. 436-437.
3. Idem, C. Studien über Organisation und Systematik der Ctenophoren (1856) ibid. T. I. p. 326.
4. KOLLIKER (A.), Embryologie (trad. Schneider) Paris 1879 p. 240, p. 410 d'après l'observation de Hensen, il s'agit d'une inversion des feuillets.
5. GEGENBAUR, Manuel, ibid. p. 71.
6. Ibid. p. 644.
7. Idem, Vergleichende Anatomie der Wirbelthiere mit Berücksichtigung der Wirbellosen T. I. Leipzig 1898 p. 62.
8. GEGENBAUR, Manuel, ibid. p. 72.
9. Ibid. p. 73.
10. HERTWIG (O.), Traité d'Embryologie ou Histoire du Développement de l'Homme et des Vertébrés (trad. Julin 2ème éd.), Paris, 1900, Préface de la 1ère éd. allemande (1886).
11. KOLLIKER, Embryologie, ibid. p. 409.
12. Ibid. p. 410.
13. Ibid. p. 411.
14. Ibid. p. 412.
15. BALFOUR (F.), Traité d'Embryologie et d'organogénie comparées (trad. Robin et Mocquart), T. 2, Paris, 1885, p. 272.
16. SPEMANN (H.), Zur Geschichte und Kritik des Begriffs der Homologie in die Kultur der Gegenwart, IIIer Theil, 4er Abtheilung, Ier Band : Allgemeine Biologie, S.D., p. 63-86. Voir p. 75-76.
17. HERTWIG (O.), Les Tissus ; (trad. Julin) Paris 1908 p. 367.

2. – Le travail anatomique.

1. GEGENBAUR (C.), Die Stellung und Bedeutung der Morphologie (1975) in Ges. Abh. ibid. T. 3. p. 3-5 voir trad. angl. in COLEMAN (W.), The interprétation of animal form New-York. London 1967 p. 40-42.
2. GEGENBAUR, Die Stellung, ibid. p. 8 ; COLEMAN, p. 46.
3. GEGENBAUR (C.), Traité d'Anatomie humaine (trad. Julin), Paris, 1889, p. 7-8.
4. BRISSEAU-MIRBEL, Eléments de Physiologie végétale et de Botanique, 1ère partie, Paris, 1815, Avertissement.
5. GEGENBAUR, Manuel ibid. p. 69-70.

6. Idem, Ueber die Gliedmassenskelet der Enaliosaurien (1870) in Ges. Abh. ibid. T. 2. p. 343.
7. Idem, Vergleichende Anatomie, ibid. T. I. p. 531.
8. Ibid. T. I, p. 20-21.
9. Idem, Die Stellung, ibid. p. 8, COLEMAN, p. 46.
10. Idem, Manuel ibid. p. 77.
11. Idem, Vergleichende Anatomie ibid. T. I. p. 25.
12. Voir sur ce point les paragraphes 17 du Manuel (p. 76-79) et 14-15-16 de la Vergleichende Anatomie (T. I. p. 21-28).
13. OWEN (R.), On the Archetype (1848), ibid. p. 163.
14. Ibid. p. 6.
15. HUXLEY (T.H.), On the Anatomy and the affinities of the family of the Medusae (1849), in – Scientific Mémoirs of, ibid. T. I, p. 23-24.
16. GEGENBAUR, Vergleichende Anatomie, ibid. T. I, p. 25.
17. Idem, Die Stellung, ibid. p. 10, COLEMAN, p. 48.
18. Idem, Traité d'Anatomie humaine, ibid. p. 8.
19. Idem, Vergleichende Anatomie, ibid. T. I, p. 16.
20. Ibid. T. I, p. 17.
21. Ibid. T. I. p. 18.
22. Même référence.
23. Même référence suite p. 19.
24. Ibid. suite.

3. – Du crâne à la tête.

1. GEGENBAUR, Vergleichende Anatomie, ibid. T. I, p. 22.
2. KOLLIKER, Embryologie, ibid. p. 474.
3. GEGENBAUR: Manuel, ibid. p. 595-596.
4. Idem, Das Kopfskeket der Selachier, ein Beitrag zur Erkenntniss der Genese des Kopfskelets der Wirbelthiere ; in – Untersuchungen zur vergleichenden Anatomie der Wirbelthiere, 3es Heft, Leipzig, 1872, p. 8-9.
5. Ibid. p. 21-22.
6. Idem, Vergleichende Anatomie ibid. T. I. p. 65.
7. Idem, Ueber die Entwickelung der Wirbelsaüle des Lepidosteus, mit vergleichend-anatomischen Bemerkungen (1967) in Ges. Abh. T. 2. p. 272-277.
8. Idem, Ueber das Gliedmassenskelet der Enaliosaurien (1870) in Ges. Abh. T.2. p. 332.
9. Idem, Ueber das Skelet der Gliedmassen der Wirbelthieren im Allgemeinen und der Hintergliedmassen der Selachier insbesondere (1870) in Ges. Abh. ibid. T. 2. p. 436.
10. Ibid., p. 370 et 377.
11. Idem, Ueber die Kopfnerven von Hexanchus und ihre Verhaltniss zur « Wirbeltheorie » des Schädels (1871) in – Ges. Abh. ibid. T. 2. p. 458 note 1.
12. Idem, Das Kopfskelet ibid. p. 295.
13. Idem, Ueber die Kopfnerven ibid. p. 489.
14. Ibid. p. 491-192 ; Das Kopfskelet ibid., p. 272.
15. Idem, Ueber die Occipitalregion und die ihr benachbarten Wirbel der Fische (1887) in Ges. Abh. ibid. T. 3, p. 338.
16. Idem, Das Kopfskelet, ibid. p. 292 ; Ueber die Kopfnerven ibid. p. 504-506.
17. Idem, Manuel, p. 565.
18. Idem, Das Kopfskelet, ibid. p. 250-251.

19. GEGENBAUR (C.), Die Metamerie des Kopfes und die Wirbeltheorie des Köpfskelets im Lichte des neueren Untersuchungen betrachtet und geprüft (1887), in Ges. Abh., ibid., T. 3, p. 418-419.

4. – La place de l'Embryologie.

1. Idem, Ueber die Kopfenerven ibid. p. 455-456.
2. Idem, Einige Bemerkungen zu Gœtte's « Entwickelungsgeschichte der Unke » als Grundlage einer vergleichenden Morphologie der Wirbelthiere 1875 in Ges. Abh. ibid. T. 3. p. 72-73.
3. Idem. Die Metamerie ibid. p. 411.
4. Idem, Zur Morphologie der Gliedmassen der Wirbelthiere 1876 in Ges. Abh. ibid. T. 3. p. 115.
5. BALFOUR, Traité d'Embryologie, ibid., T. 2, p. 335.
6. GEGENBAUR (C.), Ueber Cänogenese 1888 in Ges. Abh. ibid. T. 3 p. 447.
7. Idem, Ontogenie und Anatomie, in ihren Wechselbeziehungen betrachtet 1889 in Ges. Abh. ibid. T. 3. p. 455.
8. C'est l'hypothèse de Dohrn. Voir un état de la question in Van Beneden (E.) et Julin (Ch.), Recherches sur la Morphologie des Tuniciers, Gand 1886, p. 437-459.
9. GEGENBAUR, Vergleichende Anatomie, Ibid. T. I, p. 315-316, p. 328.
10. Untersuchungen, ibid. p. 211 sq. et 229-230.
11. Idem, Die Metamerie des Kopfes ibid. p. 342-343 ; p. 420.
12. BRAUS (H.), Die Entwickelung der Form der Extremitäten und des Extremitätenskeletts, in HERTWIG (O.), Handbuch der vergleichenden und experimentellen Entwickelungslehre der Wirbelthiere, Iena, 1906. T. 3. 2ème Part. chap. 5 p. 224.
13. GEGENBAUR, Vergleichende Anatomie, ibid. T. I, p. 519-521.

5. – La critique de Hertwig.

1. HERTWIG (O.), Ueber die Stellung der vergleichenden Entwickelungslehre zur vergleichenden Anatomie, zur Systematik, und Descendenztheorie (Das biogenetische Grundgesetz, Palingenese und Cenogenese) in – Handbuch ibid. T. 3. 3ème part. chap. 10 p. 166-168.
2. Ibid. p. 170.
3. Ibid. p. 159.
4. Ibid. p. 156.
5. HERTWIG (O.), Zeit – und Streitfrage der Biologie, Heft I, Iena, 1894, p. 132-134.
6. HIS (W.), Unsere Köperform, ibid. p. 3-31.
7. HERTWIG, Zeit – und Streitfrage, ibid. T. I, p. 137.
8. Idem, Ueber die Stellung, ibid. p. 150.
9. Ibid. p. 165.
10. Ibid. p. 177.
11. Ibid. p. 166.
12. A noter que Hertwig n'exclut pas la possibilité actuelle de la génération spontanée (Ueber die Stellung, p. 165) préférée par Von Baer à la transmutation des formes vivantes, contrairement aux Darwiniens qui la reportent en général à l'origine de la vie sur terre exclusivement.
13. HERTWIG (O.), Les Tissus, ibid. P. II ; à noter que Hertwig mentionne fréquemment Spencer, d'où provient la métaphore de l'organisme capitalisant.

14. HERTWIG, Ueber die Stellung, ibid. p. 151.
15. JOLLIE (M.), Chordate Morphology, New-York, 1962, p. 135-140.
16. GASC (J.P.) et LESSERTISSEUR (J.), La cephalisation et le problème de l'intégration organique Cahiers d'études biologiques 13-14-15 p. 135 ; voir également LESSERTISSEUR (J.) et ROBINEAU (D.), Le mode d'alimentation des premiers vertébrés et l'origine des mâchoires. Bulletin du Museum national d'Histoire Naturelle 41-1969 No 6 p. 1332-1340.

6. – L'induction policière.

1. VIALLETON (L.), Un problème de l'Evolution, ibid. p. 85-91.
2. STUART-MILL (J.), A system of Logic, ratiocinative and inductive. Peoples edition London 1886 p. 332.

COMPLEMENT BIBLIOGRAPHIQUE

I. – Répertoires :

ENGELMANN (G.) – Index librorum Historiam naturalem spectantium ab anno MDDCC ad MDCCXLVI. Leipzig, 1846.

CARUS (J.V.) et ENGELMANN (W.) – Bibliotheca Zoologica. Verzeichniss der Schriften über Zoologie welche in den Periodischen Werken enthalten und vom Jahre 1846-1860, selbständig erschienen sind. T. I et 2, Leipzig, 1861.
(suite assurée par Taschenberg O. – 6 livraisons 1886-1905)

Catalogue of sicentific papers compiled and published by the ROYAL SOCIETY OF LONDON.
- 1800-1862 6 vols. pub. 1867-18/2.
- 1864-1873 2 vols. pub. 1877-1879.
- 1874-1883 3 vols. pub. 1891-1897 avec un supplément sur les années 1800-1883 pub. 1902.
- 1884-1900 7 vols. pub. 1914-1925.

2. – Etudes historiques ou théoriques portant sur l'Anatomie comparée et les sciences avec lesquelles elle se trouve en rapport.

ABEL (O.) – Grundzüge der Palaeobiologie der Wirbelthiere. Stuttgart, 1912.

ABERNETHY (J.) – Physiological Lectures exhibiting a general view of M. Hunter Physiology and of his researches in comparative anatomy. London, 1817.

ADAMS (F.D.) – The birth and development of the geological science. 2e ed., London, 1954.

BAER (J.G.) – Cours d'Anatomie comparée des Vertébrés. Neuchatel, 1958.

BATESON (W.) – Materials for the study of variations, – treated with special regard to discontinuity in the origin of species. London, 1894.

BEER (Sir Gavin de) – The development of the Vertebrate Skull. Oxford, 1971.
– Embryologie et Evolution. Trad. Rostand, Paris, 1930.
– Embryos and ancestors. 3e ed., London, 1958.

BEKLEMISHEV (W.N.) – Principles of comparative anatomy of Invertebrates. 3e éd., 1964, trad. Mac Lennan, Edinburgh, 1969, 2 vols.

BERTALANFFY (L.), Kritische Theorie der Formbildung, Berlin, 1928.

BERGSON (H.) – L'évolution créatrice, Paris, 1907.

BERRY (W.B.N.) – Growth of a Prehistoric time scale based on organic evolution. San Francisco-London, 1968.

BOKER (H.) – Vergleichende biologische Anatomie der Wirbelthiere. Erster Band, Iena, 1935.

BOLK (L.), GOPPERT (E.), (KALLIUS (E.), LUBOSCH (W.) – Handbuch der vergleichenden Anatomie der Wirbelthiere. Berlin, 1931-1934, (rep. Amsterdam, 1967, 6 vols.).

BOLSCHE (W.) Ernst Haeckel. Ein Lebensbild. 4e ed., Berlin-Leipzig, s. d.

BRACHET (A.) – Traité d'Embryologie des Vertébrés. Nouv. ed. rev. et comp. par A. Dalcq et P. Gerard, Paris, 1935.

BRAUNING OKTAVIO H. – Vom Zwischenkieferknochen zur Idee des Typus. Nov. Act. Leop. Neue Folge. T. XVIII, n° 126, Leipzig, 1956.

BRAUS (H.) – Die Morphologie als historische Wissenschaft. In Exp. Beitr. zur Morphologie, 1906.

BUSCH (A.) – Die Geschichte der Privatdozenten. Ein soziologische Studie zur grossbetrieblichen Entwickelung der deutschen Universitäten. Stuttgart, 1959.

CAHN (Th.) – La vie et l'œuvre d'Etienne Geoffroy Saint Hilaire. Paris, 1962.

CANGUILHEM (G.), LAPASSADE (G.), PIQUEMAL (J.), ULMANN (J.) – Du développement à l'évolution au XIXème siècle. Thales, T. XI, 1960, Paris, 1962.

CANGUILHEM (G.) – La connaissance de la vie. Paris, 1952.
– Etudes d'Histoire et de Philosophie des sciences. Paris, 1968.
– Logique du vivant et Histoire de la Biologie. Sciences n° 71, mars-avril, 1971, p. 20-25.

CHAINE (J.) – Histoire de l'Anatomie comparative. Bordeaux, 1925.

COLE (F.J.) – A history of Comparative Anatomy, from Aristotle to the eighteenth century. London, 1949.

COLEMAN (W.) – Georges Cuvier, Zoologist. A study in the history of evolution theory. Harvard, 1964.

– The interpretation of animal form. Essays by Jeffries, Wyman, Carl Gegenbaur, E. Ray Lankester, Henry Lacaze Duthiers, Wilhelm His, and H. Newell Martin. 1868-1888, New-York-London, 1967.

CONRY (Y.) – Correspondance entre Charles Darwin et Gaston de Saporta, précédée de Histoire de la Paléobotanique en France au XIXème siècle. Paris, 1972.
– L'introduction du Darwinisme en France au XIXème siècle. Paris, 1975.

CONYBEARE (W.D.) – Report on the progress, actual state aud ulterior prospect of geological science. Brit. Ass. Rep. I and 2 Meeting 1831-1832. London, 1833, p. 365-414.

DAGOGNET (F.) – Méthode et doctrine dans l'œuvre de Pasteur. Paris, 1967.
– Le catalogue de la vie. Etude méthodologique sur la taxinomie. Paris, 1970.
– Pour une théorie générale des formes. Paris, 1975.
– Une épistémologie de l'espace concret. Néo-géographie. Paris, 1977.

D'ARCY W-THOMPSON, On Growth and Form. 2nd ed., Cambridge, 1949.

DAUDIN (H.) – De Linné à Jussieu. Méthodes de la classification et idée de série en Botanique et en Zoologie (1740-1790). Paris, 1926.
– Cuvier et Lamarck. Les classes zoologiques et l'idée de série animale (1790-1830). Paris, 1962, 2 vols.

DAVIES (G.L.) – The Earth in Decay. A history of British Geomorphology. 1578 to 1878. London, 1968.

DAWYDOFF (C.) – Traité d'embryologie comparée des Invertébrés. Paris, 1928.

DELAGE (Y.) – La structure du protoplasme et les théories sur l'hérédité et les grands problèmes de la biologie générale. Paris, 1895.

DEVILLERS (CH.) – Introduction à l'étude systématique des Vertébrés. Paris, 1973.

DRIESCH (H.) – Die Organischen Regulationen. Vorbereitung zu einer Theorie des Lebens. Leipzig, 1901.

FLORKIN (M.) – Naissance et déviation de la Théorie cellulaire dans l'œuvre de Theodore Schwann. Paris, 1960.

FOUCAULT (M.) – Naissance de la clinique. Une archéologie du regard médical. Paris, 1963.
– Les mots et les choses. Une archéologie des sciences humaines. Paris, 1966.

GASC (J.P.) et LESSERTISSEUR (J.) – La céphalisation et le problème de l'intégration organique. Cahiers d'études biologiques N° 13, 14, 15.

GAUDRY (A.) – Les enchaînements du monde animal dans les temps géologiques. Paris, 1878, 2e éd. 1895.
– Essai de Paléontologie philosophique. Paris, 1896.

GEIKIE (A.) – The founders of Geology (1897). Rep. New-York, 1962.

GEOFFROY SAINT HILAIRE (Is.) – Histoire générale et particulière des anomalies de l'organisation chez l'homme et les animaux etc. ou Traité de Teratologie. Paris, 1832, 3 vols.

GLASS (B.), TEMKIN (O.), STRAUSS (W.) – Forerunners of Darwin. Baltimore, 1959.

GOODRICH (E.S.) – Studies on the structure and development of Vertebrates. Nouv. ed., New-York, 1958, 2 vols.

GRASSE (Pierre P.) – Traité de Zoologie : Anatomie, systématique, biologie. T. XII. Vertébrés : Embryologie, grands problèmes d'Anatomie comparée, caractéristiques biochimiques. Paris, 1954.

HABER (F.G.) – The age of the World, Moses to Darwin. Baltimore, 1959.

HALDANE (J.B.S.) – Biochimie et génétique. Trad. Ph. L'Héritier et N. Plus, Paris, 1956.

HALSTEAD (L.B.) – The pattern of vertebrate evolution, Edinburgh, 1969.

HEBERER (G.) – Der gerechtfertige Haeckel. Stuttgard, 1968.

HENNIG (W.) – Phylogenetic Systematics. Trad. angl. Davies et Zangerl, Chicago-London, 1966.

HERTWIG (O.) – Zeit-und Streitfage der Biologie. Iena, 1894, 2 cahiers.
– Les tissus. Trad. Julin, Paris, 1908.
– Traité d'Embryologie, ou Histoire du développement de l'homme et des vertébrés. Trad. Julin, Paris, 1908.
– Einleitung und allgemeine Ubersicht. In O. Hertwig ed. Handbuch der vergleichenden und experimentellen Entwickelungslehere der Wirbelthiere, T. I, Ière Partie, Ière Section, Iena, 1906, p. 1-85.
– Ueber die Stellung der vergleichenden Entwickelungslehere zur vergleichenden Anatomie, sur Systematik, und Descendenztheorie (Das biogenetische Grundgesetz, Palingenese und cenogenese). In Ibid., T. III, 3ème Partie, Chap. 10, p. 149-180.

HOYKAAS (R.) – Continuité et discontinuité en Géologie et Biologie. Trad. Pavans, Paris, 1970.

HOUSSAY (F.) – La Forme et la Vie. Essai de la méthode mécanique en Zoologie. Paris, 1900.

HUMBOLDT (A. de) – Cosmos. Essai d'une description physique du Monde. Trand. H. Faye, Paris, 1848-1851, 3 vols.
– Lettres à Varnhagen Von Ense, 1827-1858. Genève, 1860.

IHLE (J.E.), VAN KAMPEN (P.N.), NIERSTRASZ (H.F.), VERSLUYS (J.) – Vergleichende Anatomie der Wirbelthiere. Trad. all. G. Chr. Hirsch, Berlin, 1927.

JACOB (F.) – La logique du vivant. Une histoire de l'Hérédité. Paris, 1970.

JACOBSHAGEN (E.) – Zur Reform der bergleichenden Formenlehre der Tiere. Iena, 1927.

JARVIK (E.) – Theories de l'Evolution des Vertébrés reconsidérées à la lumière des récentes découvertes sur les vertébrés inférieurs. Trad. Lehman, Paris, 1960.

JOLLIE (M.) – Chordate Morphology. New-York, 1962.

KALIN (J.) – Ganzheitliche Morphologie und Homologie. Freiburg et Leipzig, 1941.

KELLOG (VERNON L.) – Darwinism to-day. A discussion of present-day scientific criticism of the darwinian selection theories, together with a brief account of the principal other proposed auxiliary and alternative theories of species-forming. New-York, 1907.

KLAAUW (C.J. Van der) – Introduction to the philosophic backgrounds and aspects of the supraspecific comparative anatomy of conservative characters in the adult stages of conservative elements of vertebrata, with an enumeration of many exemples. – Verhandelingen der K. Nederlanse AK. van Vetenschappen... vol. LVII, n° I, 150 pp.

KLUGE (A.G.) – Concepts and principles of morphologie and functional studies. In WATERMANN (A.G.) – Chordate structure and function. New-York-London, 1971, p. 3-41.

LAPPARENT (A. de) – Traité de Géologie. 2e éd., Paris, 1885, 2 vols.

LEPENIES (W.) – Das Ende der Naturgeschichte. München-Wien, 1976.

LESSERTISSEUR (J.) et ROBINEAU (D.) – Le mode d'alimentation des premiers vertébrés et l'origine de leurs mâchoires. Bull. Mus. Hist. Nat., 2e série, T. 41, 1969, p. 1329-1340 et T. 42, 1970, p. 102-121.

LIMOGES (C.) – Introduction. In LINNE (C.) – L'équilibre de la nature. Paris, 1972.
– La sélection naturelle. Etude sur la première constitution d'un concept (1837-1859). Paris, 1970.

LOVEJOY (A.O.) – The great chain of being. A study of the history of an idea. Harvard, 1936, rééd. New-York, 1965.

MAYR (E.) – Systematics and the origin of species. New-York, 1964.

MAYR (E.) – Populations, espèce et évolution. Trad. Y. Guy, préf. J. Monod, Paris, 1974.

METZGER (H.) – La genèse de la science des cristaux. 2e éd., Paris, 1969.

MEYER (A.) – Logik der Morphologie im Rahmen einer Logik der gesamten Biologie. Iena, 1926.

MONOD (J.) – Le hasard et la nécessité. Essai sur la philosophie naturelle de la biologie moderne. Paris, 1970.

NAEF (A.) – Die Gestalt als Begriff und Idee (Diagnostik und Typologie der organischen Formen). In Bolk etc. Handbuch etc. T. I, p. 77-118.
– Idalistische Morphologie und Phylogenetik (Zur Methodik der systematischen Morphologie). Iena, 1919.

NICARD (P.) – Etude sur la vie et les travaux de M. de Blainville. In DE BLAINVILLE – Ostéographie, T. I.

OPPENHEIMER (J.) – Essays in the History of Biology and Embryology. M. I. T. Press, 1967.

OSBORN (H.F.) – L'origine et l'évolution de la vie. Ed. Sartiaux, Paris, 1921.

OSPOVAT (D.) – The influence of Karl Ernst von Baer's Embryology, 1828-1859 : A Reappraisal in Light of Richard Owen's and William B. Carpenter's « Paleontological Application of « von Baer's Law ». Journal of the history of biology, vol. 9, 1976, n° I, pp. 1-28.

PAGEL (W.) – William Harvey's Biological Ideas. Basel-New-York, 1967.

PERRIER (E.) – La philosophie zoologique avant Darwin. Paris, 1886.
– Les colonies animales et la formation des organismes. Paris, 1881.

PERRIER (R.) – Eléments d'Anatomie comparée. Paris, 1893.

PETER (K.) – Die Zweckmässigkeit in der Entwicklungsgeschichte. Ein finale Erklärung embryonaler und verwandter Gebilde und Vorgänge, Iena, 1920.

PEYER (B.) – Goethes Wirbeltheorie des Schadels. Zürich, 1950.

PLATE (L.) – Allgemeine Zoologie und Abstammungslehre. Iena, 1922.

RADL (E.) – Geschichte der biologischen Theorien. Bd I-2, Leipzig, 1901-1909.

REMANE (A.) – Die Grundlagen des natürlichen Systems, der vergleichenden Anatomie und der Phylogenetik (Theoretische Morphologie und Systematik), 2te Auflage, Leipzig, 1956.

ROGER (J.) – Les sciences de la vie dans la pensée française du XVIIIe siècle. La génération des animaux de Descartes à l'Encyclopédie. Paris, 1963.
– éd. de Buffon, Les époques de la Nature. In Mém. Museum. série C., T. X, 1962.

ROMER (A.S.) – The vertebrate body. 2e éd., Philadelphia-London, 1965.

RUDWICK (M.) – The Meaning of Fossils. London-New York, 1972.

RUSSEL (E.S.) – Form and Function. London, 1916, rep. 1972.

SABAN (R.) – Le fil d'Ariane en anatomie comparée : les homologies. Ouest médical, 1973, t. 26, p. 1647-1668.
– Aspects modernes de la théorie vertébrale du crâne. Ann. de Paléont. (vertébrés), 1964, T. L, fasc. I, p. 1-21.

SAINT MARTIN (Vivien de) – Histoire de la géographie et des découvertes géographiques depuis les temps les plus reculés jusqu'à nos jours. Paris, 1973.

SCHMIDT (O.) – Descendance et Darwinisme. 3e éd., Paris, 1878.
– Les mammifères et leurs ancêtres géologiques. Paris, 1887.
– Die Entwicklung der vergleichenden Anatomie. Ein Beitrag zur Geschichte der Wissenschaften, Iéna, 1855.

SEMPER (M.) – Die geologischen Studien Goethes. Leipzig, 1914.

SIMONDON (G.) – L'individu et sa genèse physico-biologique. Paris, 1964.

SIMPSON (G.G.) – Rythme et modalité de l'Evolution. Trad. P. de Saint Seine, Paris, 1950.
– L'Evolution et sa signification. Trad. Ungar Levillain et F. Bourliere, Paris, 1951.

SOL TAX éd. – Evolution after Darvin. The University of Chicago Centenial, 1860, 2 vols.

SOURY (J.) – Philosophie naturelle, Paris, 1882.

SPEMANN (H.) – Zur Geschichte und Kritik des Begriffs der Homologie. In Die Kultur des Gegenwart. 3r Theil, 4e Abtheilung, Ir Band : Allgemeine Biologie s. d. n. l., p. 63-86.

STARCK (D.) – Die Metamerie des Kopfes der Wirbelthiere. In Zoologische Anzeiger. T. 170, 1963, p. 393-428.

SUESS (Ed.) – La face de la Terre (Das Antlitz der Erde). Trad. Emm. de Margerie, préf. Marcel Bertrand. Paris, 1912-1918, 3 tomes en 6 volumes et Tables.

TATON (R.) éd. – La science moderne (de 1450 à 1800). Histoire générale des sciences, T. 2, Paris, 1958.
– La science contemporaine. Vol. I : le XIXe siècle. Histoire générale des sciences, T. 3, Paris, 1961.

TSCHULOK (S.) – Zur Methodologie und Geschichte des Descendenz-Theorie. Inaug. Diss. Zürich, 1908.

VIALLETON (L.) – Un problème de l'Evolution. La théorie de la récapitulation des formes ancestrales au cours du développement embryonnaire. Montpellier-Paris, 1908.
– Eléments de Morphologie des Vertébrés. Paris, 1911.

VIALLETON (L.) – Morphologie générale. Membres et ceintures des vertébrés tétrapodes. Critique morphologique du transformisme. Paris, 1924.
– L'origine des êtres vivants. L'illusion transformiste. Paris, 1929.

VOELLER (B.R.) – The chromosome theory of inheritance. Classic papers in Development and Heredity. Appleton century Crofts, 1968.

WATERMANN (R.) – Theodor Schwann : Leben und Werke. Dusseldorf, 1960.

WEAVER (Ch. E.) – Invertebrate Palaeontology and historical Geology from 1850 to 1950. In A Century of progress in the Natural Science, California Academy of Science, San Francisco, 1955.

WEISMANN (A.) – Essais sur l'hérédité et la sélection naturelle. Trad. H. de Varigny, Paris, 1920.

WIEDERSHEIM (R.) – Vergleichende Anatomie der Wirbelthiere. 6e éd., Iéna, 1906.

ZITTEL (K. Von) – Geschichte der Geologie und Palaeontologie bis Ende des 19. Jahrhunderts. München-Leipzig, 1899.

INDEX DES NOMS

TABLE DES MATIERES

Chapitre II
L'Economie animale

Chapitre III
La mort des espèces

SECONDE PARTIE
THEORIES ET CONCEPTS

Chapitre Premier
Le programme anatomique

Chapitre II
L'Anatomie homologique

Chapitre IV
L'embryologie

TROISIEME PARTIE
INDIVIDUALITE ORGANIQUE ET PHILOSOPHIE MORPHOLOGIQUE

Chapitre Premier
L'individualité organique

QUATRIEME PARTIE : LA PALEONTOLOGIE

Chapitre III
Le Puzzle Paléontologique

CINQUIEME PARTIE : APRES DARWIN

Chapitre Premier
L'ordre généalogique